江苏省高等学校重点教材

全国高等教育药学类规划教材

药物制剂工程学

吴正红　周建平　主编

化学工业出版社

·北京·

内容简介

《药物制剂工程学》全书共分为八章，主要阐述了药物制剂生产实践过程的主要内容。第一章“绪论”介绍了药物制剂工程学的概念、内容、任务、起源和发展，以及GMP、ICH、制药机械等的基本常识；第二章“制剂工程设计”介绍了制剂工程基本设计、工艺流程设计、制剂工程计算、车间布置设计、设备的选型与安装等工程设计相关内容；第三章“工程验证”介绍了工程设计审查、检查方法验证、空气净化系统验证、工艺用水验证、灭菌验证、生产工艺验证、设备清洁验证等；第四章“制剂生产工程”介绍了制剂生产工程体系、文件管理、生产计划、生产准备和劳动组织、生产过程及过程控制等内容；第五章“制剂生产各论”主要介绍了口服固体制剂、液体制剂、无菌制剂、其他制剂（软膏剂、栓剂、膜剂、气雾剂、粉雾剂、喷雾剂、中药制剂）等制剂操作单元、设备、工艺和车间设计等；第六章“制剂包装工程”介绍了药物制剂包装的基本概念、药品包装法规、包装材料、药物制剂的包装和辅助包装等内容；第七章“制剂质量控制工程”介绍了质量控制常用的统计学方法、生产过程的质量控制、抽样和检验、工艺卫生控制、流通跟踪和信息反馈处理等；第八章“制剂新产品研究开发”介绍了制剂新产品开发立题与可行性分析、剂型与处方工艺设计、制剂新产品研究开发中试放大与工艺规程、质量研究、稳定性研究等内容。

《药物制剂工程学》可作为高等院校药物制剂、制药工程等药学类相关专业的核心课程教材，亦可供从事药物制剂研发、工艺设计的科技人员、制药企业在职人员参考使用。

图书在版编目（CIP）数据

药物制剂工程学/吴正红，周建平主编. —北京：化学工业出版社，2022.1（2024.6重印）

江苏省高等学校重点教材　全国高等教育药学类规划教材

ISBN 978-7-122-40485-5

Ⅰ. ①药…　Ⅱ. ①吴… ②周…　Ⅲ. ①药物-制剂-高等学校-教材　Ⅳ. ①TQ460.6

中国版本图书馆CIP数据核字（2021）第254222号

责任编辑：褚红喜　宋林青　　文字编辑：朱　允

责任校对：杜杏然　　装帧设计：关　飞

出版发行：化学工业出版社（北京市东城区青年湖南街13号　邮政编码100011）

印　　装：涿州市般润文化传播有限公司

889mm×1194mm　1/16　印张32½　字数981千字　　2024年6月北京第1版第2次印刷

购书咨询：010-64518888　　售后服务：010-64518899

网　　址：http://www.cip.com.cn

凡购买本书，如有缺损质量问题，本社销售中心负责调换。

定　　价：69.80元

《药物制剂工程学》编写组

主　　编　吴正红　周建平

副 主 编　祁小乐　蔡　挺　丁　杨　彭剑青

编　　者　（按姓氏笔画排列）

丁　杨（中国药科大学）

王若宁（南京中医药大学）

刘珊珊（江苏经贸职业技术学院）

祁小乐（中国药科大学）

杨　丹（南京海陵药业有限公司）

吴正红（中国药科大学）

吴琼珠（中国药科大学）

吴紫珩（Monash University）

何　伟（中国药科大学）

何小荣（中国药科大学）

张华清（中国药科大学）

陈　艺（贵州医科大学）

季　鹏（泰州学院）

周建平（中国药科大学）

黄海琴（南通大学）

彭剑青（贵州医科大学）

葛　亮（中国药科大学）

蔡　挺（中国药科大学）

前 言

药物制剂工程学（Pharmaceutical Preparation Engineering）是一门集药剂学、工程学及相关科学理论、规范和技术来综合研究药物制剂生产实践的应用性工程学科。药物制剂工程学是我国药学教育中制药工程和药物制剂两个专业的必修课程。通过学习本课程，学生能够掌握制剂生产中各单元操作、生产工程、制剂包装工程、质量控制、工程设计、工程验证和制剂新药研究开发的相关概念及主要内容；熟悉制剂生产过程及生产研发中相关法规、药典、GMP、ICH中与药物制剂工程相关的内容；了解制剂生产企业的主要技术过程，以及如何进行厂房设计和工程验证等；学会运用所学制剂工程相关知识解决制剂生产、研发等方面的实际问题。

为应对新一轮科技革命与产业变革，推进“新工科”建设，落实“卓越工程师教育培养计划”；主动服务于国家大健康产业战略，着力培养药学卓越工程人才；主动服务于医药行业需求，提供合格的药学类应用型人才；结合中国药科大学药物制剂国家一流专业建设，编者们在总结和梳理现有教材的基础上，编写了本教材。

本教材的主要特色如下：

（1）具有理工相融性，基础知识与制剂生产实际统一

在编写本教材时，突破传统教材的知识理论结构，重点突出药剂学科特色，理工兼备，走“理论与应用相结合”之路；注重实践性教学环节，理论联系实际，增强理论应用的典型性和能力培养的针对性。例如：第五章“制剂生产各论”主要介绍了口服固体制剂、液体制剂、无菌制剂、其他制剂（软膏剂、栓剂、膜剂、气雾剂、粉雾剂、喷雾剂、中药制剂）等制剂操作单元、设备、工艺和车间设计。同时，注意知识的循序渐进，注意理论联系实际，便于学生自学。

（2）具有多层次教学的选择性

随着药学类专业分类精细化，培养目标差异化，教材建设应该结合不同专业的不同特点和需求，根据培养模式、培养规格、教学对象和区域经济社会发展水平的不同，满足多层次办学水平的选择性。例如：第三章“工程验证”介绍了工程设计审查、检查方法验证、空气净化系统验证、工艺用水验证、灭菌验证、生产工艺验证、设备清洁验证等；第四章“制剂生产工程”介绍了制剂生产工程体系、文件管理、生产计划、生产准备和劳动组织、生产过程及过程控制、生产自动化和计算机应用、生产安全和劳动保护、三废治理和综合利用、生产效益分析、生产过程中易出现的问题和处理方法等内容。

（3）具有与时俱进的新颖性

随着新技术、新工艺、新要求、新规范不断呈现，教材建设要保持动态化，不能把落后于时代要求的教材用于今天的教学实践。要使教材“动”起来，需确保编写出来的教材总是具有前沿性。例如：第八章“制剂新产品研究开发”介绍了制剂新产品开发立题与可行性分析、剂型与处方工艺设计、制剂新产品研究开发中试放大与工艺规程、质量研究、稳定性研究、药理与毒理学研究、临床研究、资料呈报与审批等内容。

本教材编者由长期从事药物制剂教学、科研和生产的专业技术人员组成。编写力求新颖、实用、系统，以适合制药行业实用工程人才培养要求；可用于高等教育药学类院校药物制剂、制药工程及相关专业的课程教学，亦可作为从事药物制剂研发生产的科技人员的参考用书。

鉴于现代制剂工程技术发展迅速，专业性强，且编者水平所限，书中难免有疏漏之处，恳请读者指正，并请同仁多提宝贵意见和建议，以期进一步修正和完善。

编 者

2021年12月

目 录

第一章 绪论 / 1

第二章 制剂工程设计 / 30

第三章　工程验证 / 112

第五章 制剂生产各论 / 199

第六章　制剂包装工程 / 354

第七章 制剂质量控制工程 / 417

第八章 制剂新产品研究开发 / 473

第一章 绪论

本章学习要求

1. 掌握：药物制剂工程学、GMP、ICH 以及制药机械的基本概念。

2. 熟悉：药物制剂工程学的内容及任务，GMP 和 ICH 的内容与特点，制药机械的分类以及 GMP 对制药机械的要求。

3. 了解：药物制剂工程学、GMP、ICH 和制药机械的发展。

第一节 概 述

一、基本概念

药物制剂工程学（pharmaceutical preparation engineering，或 engineering of drug preparation）是以药剂学、工程学及相关科学理论和技术来综合研究制剂工程化的一门应用学科。简而言之，药物制剂工程学是研究制剂工业化生产的筹划准备、组织实施、维护和改进的工程性应用学科。

药物（drugs）是指能够用于预防、诊断、治疗人类和动物的疾病，以及对机体的生理功能产生影响的物质。药物最基本的特征是具有防治疾病的活性，故在药物研发的上游阶段常称之为**活性药物成分**（active pharmaceutical ingredients，API）。根据活性药物成分来源，药物可分为三类：①中药与天然药物；②化学药物；③生物技术药物。其中**中药**（traditional Chinese medicines）是指在中医理论指导下使用的，来源于我国民间经典收载的中药材、中成药和草药等。**天然药物**（natural medicines）是指在现代医药理论指导下使用的，包括植物、动物和矿物等天然药用物质及其制剂。**化学药物**（chemical drugs）通常指西药，系指通过化学合成途径而得到的化合物。**生物技术药物**（biotechnological drugs）系指通过基因重组、发酵、核酸合成等生物技术手段获得的药物，如细胞因子药物、核酸疫苗、反义核酸、单克隆抗体等。

无论哪一种药物，都不能直接应用于患者，必须在临床应用之前制成适合于治疗与预防并具有与一定给药途径相对应的形式，此种形式称为**药物剂型**（pharmaceutical dosage forms），简称**剂型**。剂型是患者应用并获得有效剂量的药物实体，也是药物临床使用的最终形式，如片剂、注射剂、胶囊剂、软膏剂、气雾剂等。**药物制剂**（pharmaceutical preparation）简称**制剂**，系指将原料药物制成适合临床需要并具有一定质量标准的具体品种，如地高辛片、阿莫西林胶囊、注射用青霉素钠等。**药剂学**（pharmaceutics）是以药物剂型和药物制剂为研究对象，以患者获得最佳疗效为目的，研究药物制剂的设计理论、处方工艺、生产技术、质量控制与合理应用等综合性应用技术学科。

药物制剂生产是一个整体，其综合研究的内容包括产品开发、工程设计、单元操作、生产过程和质量控制等。药物制剂工程学是药剂学在生产实践中的应用，但与药剂学又有所不同。例如将某药物制成片剂，每片含药物 50 mg，以同样的辅料（混合辅料配比应一致）制成片重分别为 200 mg、300 mg 和 400 mg 的片剂。从药剂学的观点看，将药物制成质量符合标准的制剂，这三种片剂都符合要求。但从制剂工程学的观点讲，生产片重为 200 mg 的片剂更为合理。因为与片重为 300 mg、400 mg 相比，片重为 200 mg 的片剂辅料投料少，物料处理量减少，使用的包装材料少（小），运输、储存方便，从而可以大大降低成本，提高劳动生产率。

制剂工程学是紧紧围绕企业的需要来确立内容的。任何企业从创办到发展都是以经济效益为中心，兼顾社会效益。要实现降低成本、提高效益，就必须在设计和管理上充分利用好每一个人、每一寸场地、每一元钱、每一个信息、每一个市场，必须在工程实施上控制好每一个参数、每一个过程、每一道工序、每一项指标，深挖潜力，降消耗，堵漏洞，调动一切积极因素。药物制剂生产企业又是一部活的制剂工程学“教材”，其中每一项设计、每一步操作、每一个问题的解决都是十分生动的案例。

二、药物制剂工程学的起源与发展

当人类出现时，药物便以植物或矿物的形式出现了，人类的疾病和强烈的求生愿望促使药物的不断发现。例如 1805 年，德国药师弗雷德里希·塞特纳（Friedrich Serturner）（1783—1841 年）首先从鸦片中提取出了吗啡，引发了从植物药物中提取活性成分的热潮，随后从金鸡纳树皮中提取出了奎宁和弱金鸡纳碱，从马钱子中提取出了士的宁和马钱子碱等。但是，对于药物制剂的加工，国内外都是从手工操作开始的。

中国古代的医药不分家，医生行医开方、配方并加工制剂，大多制剂是即配即用。自唐代开始了作坊式加工，常常是“前店后坊”的形式。到了南宋，全国熟药所均改为“太平惠民局”，推动了中成药的发展。当时的生产力水平低下，加工器械主要靠称量器、盛器、切削刀、粉碎机、搅拌棒、筛滤器、炒烤锅和模具等。加工技术有炒、烤、煎煮、粉碎、搅拌、发酵、蒸馏、生物转化、手搓、模制和泛制等。制剂剂型相当丰富，从原药、原汁到加工成丸、散、膏、丹、酒、露、汤、饮等达 130 余种。明代以后，随着商品经济的发展，作坊制售成药进一步繁荣。1669 年北京同仁堂开业，以制售安宫牛黄丸、苏合香丸、虎骨酒而驰名海内外。1790 年广州敬修堂开业，所生产的回春丹也颇具盛名。19 世纪以后西药开始输入我国，1882 年首个由国人创办的西药店泰安大药房在广州挂牌。1907 年由德国商人在上海创办了“上海科发药厂”，西药的大量输入使民族制药业受到严重的冲击。直到 1949 年，中药制剂仍分散存在于各私营药店的“后坊”中，生产方式十分落后。

中华人民共和国成立后，从 20 世纪 50 年代初开始将“后坊”集中，联合组建中药厂。各厂逐步增设一定数量的单机生产设备，较多工序由机械生产取代了手工制作。由于我国的国民经济长期在计划经济体制下运行，制剂生产企业中形成了一种重品种、重产量、轻工程、轻效率的模式，导致劳动生产率低、资源浪费严重。造成这种情况的原因除了与当时的经济和技术落后有关外，还直接与缺乏制药工程概念有关。全国的制剂厂星罗棋布，出现数十家甚至数百家药厂生产同一制剂产品的情况，导致市场纷乱、设备闲置、原料浪费，无法形成规模化生产。改革开放以来，由于对外交流扩大，《药品管理法》和《药品生产质量管理规范》（GMP）的颁布实施，国家加大对 GMP 认证实施力度和知识产权保护，有效地遏制了产品低水平重复。随着科学技术的迅猛发展，我国制剂新技术、新材料、新设备和新剂型，从引进、仿制到开发创新，有力地推动了制剂工程的发展。中国的制药企业正在重组、合并，希望以此壮大规模，以集团军的形式争夺国际市场。在这样的趋势下，制药企业对高级工程技术人才的需求急剧增加，但真正懂得制剂工程的科技人才却非常缺乏，因此制药行业正面临前所未有的挑战与机遇。

近年来，国家对制剂工程学倍加重视，在医药行业组建了若干个医药方面国家工程技术中心，其中包括药物制剂国家工程研究中心。教育部在大量缩减专业设置的情况下，于1998年在药学教育和化学与化学工程学科中增设了制药工程专业，特别列出制剂工程学为必修课，这将为培养制药工程人才、缓解企业人才紧缺矛盾发挥关键作用，为制药企业的发展注入生命活力。

三、药物制剂工程学的内容及任务

现代药物制剂工程学正是在传统制剂的基础上发展起来的，如何将原料与辅料通过一定的制剂技术生产出合格的制剂产品贯穿着整个制剂工程。

1. 药物制剂工程学的内容

药物制剂工程学涵盖了新制剂的研究开发、制剂生产工艺控制、制剂质量控制、厂房车间及设施设备设计、安装、工程验证、包装设计等内容。制剂工程学涵盖的内容如图1-1所示。

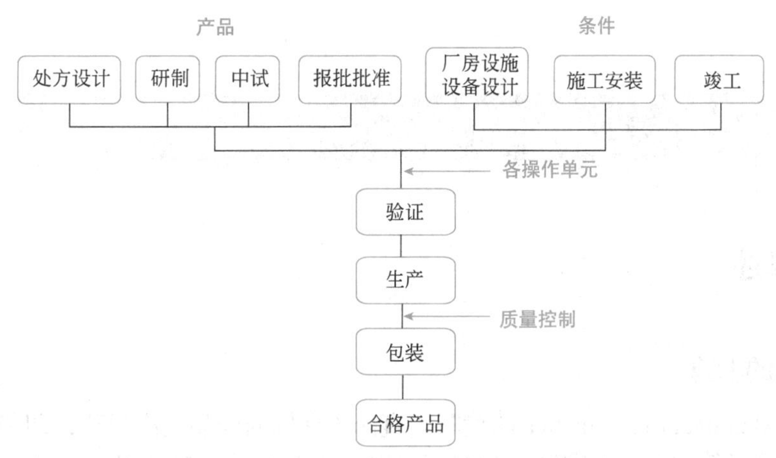

图1-1　制剂工程学涵盖的内容简图

制剂生产过程是各操作单元有机联合作业的过程。不同剂型的制剂生产操作单元不同，同一剂型也会因工艺路线不同而操作单元有异。同一操作单元的设备选择又往往是多类型、多规格的。制剂操作单元内容丰富，参照企业生产的实际情况，一般将操作单元按口服固体制剂、液体制剂、无菌制剂及其他制剂，遵循工艺流程顺序分别给予介绍。每个操作单元的作业完成都有一个产品（半成品）产出。把各操作单元进行有序的配套组装就是生产线。在严格的规范管理下，制订生产计划，组织生产实施，控制每一个工艺参数，以低成本、高效率、批量地生产出标准化的制剂产品，这是制剂工程学的重要内容。

质量是企业的生命，药品质量必须从生产过程中控制，把引起质量不合格的因素和引起质量不一致的因素解决于生产过程中，控制原料、辅料、包装材料、卫生环境及工艺条件，并做好质量跟踪和质量分析、成本分析。制剂成型后进入待检、待包装，待质量检验合格后进行包装。在一定程度上，制剂是通过包装来实现药品在使用过程中的稳定，储存、携带和使用的方便。包装是制剂生产线的最后一道工序，属于制剂操作单元的一部分。包装工序主要涉及制剂生产中专门的包装材料、包装技术和包装设备。因此，包装也是制约药物制剂工业发展的主要因素之一。

工程设计是一项综合性、整体性的工作，所涉及的专业多、部门多、法规条例多，必须统筹安排。制剂工程设计必须首先掌握法规要求、工程计算、生产工艺和质量控制，以此指导设计（选择）厂房、设备、设施及生产辅助系统。工程设计的主要内容是根据现有条件，遵循设计原则，进行图纸设计及其说明。一切工程优劣的基础在于设计。无论是厂房与设备设施的设计、建造安装竣工到投放使用，还是新产品的设计研制到批准生产，在投放批量生产之前都必须经过一系列验证。以现有的设施、设备生产现有产品也必须制订复验计划，尤其会影响产品质量的生产条件发生变更时必须进行生产条件变更验证。验证一般包括设备设施和工艺条件的预确认、确认和运行测试，以证明设备设施运行参数、工艺条件在设计范围内的反复测试结果具有重现性，保证生产在验证条件（状态）下产品质量的一致性。

2. 药物制剂工程学的基本任务

药物制剂工程学的基本任务是以规模化、规范化、现代化的生产方式将药物制造成符合质量标准的制剂产品。以制剂产品处方及工艺为出发点，通过对制剂工业化生产的筹划准备、组织实施、维护和改进展开研究，探索制剂工业化生产过程的一般规律，推动制剂产品工业化生产的实现。其具体任务主要有：①研究工程设计，提高工程效率；②加速新剂型产业化和产品结构调整，争创市场优势；③开发应用新材料、新技术、新装备，提高生产力水平；④加强过程开发，缩短新技术工业化周期；⑤加速中药制剂产业现代化，发挥传统中药优势；⑥强化企业管理，发展规模经济等。

通过本课程学习，学生能够懂得如何进行制剂厂房（车间）设计、工程验证、制剂生产和质量控制，了解相关的法规，以期使学生毕业后在制剂生产企业有能力承担并做好相应的工作。

第二节　GMP简介

一、GMP的概述

（一）GMP 的概念

GMP 是 Good Manufacturing Practice 的缩写，直译为良好的药品生产规范，即药品生产质量管理规范，是药品生产和质量管理的基本准则。GMP 适用于原料药生产、药用辅料生产、药物制剂生产、药用包装材料和直接涉及药品质量有关物料生产的全过程。所谓 GMP，是指从负责指导药品生产质量控制的人员和生产操作者的素质到生产厂房、设施、建筑、设备、仓储、生产过程、质量管理、工艺卫生、包装材料与标签，直至成品的储存与销售的一整套保证药品质量的管理体系。简而言之，GMP 的基本出发点是为了保证药品质量，必须做到防止生产中药品的混批、混杂污染和交叉污染。

cGMP 是 Current Good Manufacturing Practice 的缩写，即动态药品生产管理规范，也翻译为现行药品生产管理规范。

世界各国药品生产与质量管理的长期实践证明，GMP 是防止药品在生产过程中发生差错、混杂、污染，确保药品质量十分必要和有效的手段，其核心是“防止混药、防止交叉污染”。推行 GMP 的目的是：①将人为造成的错误减小到最低；②防止对医药品的污染和低质量医药品的生产；③保证产品高质量的系统设计。GMP 的检查对象包括：①人；②生产环境；③制剂生产的全过程。其中心思想是：药品质量是在生产过程中形成的，而不是检验出来的。国际上早已把是否真正实施 GMP 看作是药品质量有无保障的先决条件，是否符合 GMP 要求决定着药品能否进入国际市场。GMP 作为指导药品生产和质量管理的法规，在国际上已有 60 多年的历史，在我国推行也有 40 余年。虽然我国实施 GMP 起步较晚，但目前的水平和速度已经接近国际先进水平。我国新版 GMP 也于 2011 年 3 月 1 日起实施，标志着我国实施 GMP 已进入向国际化迈进的实质性关键阶段。

（二）GMP 的主要内容

GMP 总体内容包括机构与人员、厂房和设施、设备、卫生管理、文件管理、物料控制、生产控制、质量控制、发运和召回管理等方面内容，涉及药品生产的方方面面，强调通过生产过程管理保证生产出优质药品。

从专业化管理的角度，GMP可分为**质量控制系统和质量保证系统**两大方面。一方面是对原材料、中间品、产品的系统质量控制，称为质量控制系统。另一方面是对影响药品质量、生产过程中容易产生人为差错和污染等问题进行系统的严格管理，以保证药品质量，称为质量保证系统。

从软件和硬件系统的角度，GMP可以分为**软件系统和硬件系统**。软件系统主要包括组织机构、组织工作、生产技术、卫生、制度、文件、教育等方面的内容，可以概括为以智力为主的投入产出。硬件系统主要包括对厂房、设施、设备等的要求，可以概括为以资本为主的投入产出。

因此，GMP的主要内容概括起来有以下几方面内容：①训练有素的生产人员、管理人员；②合适的厂房、设施、设备；③合格的原辅料、包装材料；④经过验证的生产方法；⑤可靠的监控措施；⑥完善的售后服务；⑦严格的管理制度等。

（三）GMP的特点

GMP具有原则性、时效性、基础性、一致性、多样性和地域性。

1. 原则性

GMP条款指明了质量或质量管理所要达到的目标，但没有列出达到这些目标的解决办法。其实达到GMP要求的方法和手段是多样化的，企业有自主性、选择性，不同的药品生产企业可根据自身产品或产品工艺的特点等，选择最适宜的方法或途径来满足GMP标准。例如，无菌药品的灭菌处理必须达到“无菌”，也就是药品的染菌率不得高于10^{-6}。但是，达到“无菌”的处理方式有很多，如干热灭菌、湿热灭菌、辐射灭菌、过滤灭菌等，企业可以根据自身产品和产品工艺要求进行选择，只要能满足GMP要求，就是适宜的方法。

2. 时效性

GMP条款是具有时效性的，因为GMP条款只能根据该国、该地区现有一般药品生产水平来规定。随着医药科技和经济贸易的发展，GMP条款需要定期或不定期地补充、修订。对目前有法定效力或约束力或有效性的GMP，称为现行GMP。新版GMP颁布后，前版的GMP即废止。

3. 基础性

GMP是保证药品生产质量的最低标准，不是最高、最好的标准，更不是高不可攀的标准。任何一个国家的药品GMP都不可能把只能由少数药品生产企业做得到的一种生产与质量管理标准作为全行业的强制性要求。生产企业将生产要求与目标市场的竞争结合起来必然会形成现实标准的多样性，因此，企业有自主性，可以超越GMP。

4. 一致性

各类GMP有一个最重要的特征，就是结构与内容的布局上基本一致。各类药品GMP都是从药品生产与质量管理所涉及的硬件（如厂房设施、仪器设备、物料与产品等），软件（如制度与程序、规程与记录等），人员（如人员的学历、经验与资历等），现场（如生产管理、质量管理、验证管理等）进行规定的，都基本分为人员与组织、厂房与设施、仪器与设备、物料与产品、文件管理、验证管理、生产管理、质量管理等主要章节。这些章节的具体分类也基本一致。比如“质量管理”这个章节，各类药品GMP都包括：质量控制、实验室管理、物料和产品放行、持续稳定性考察、变更控制、偏差处理、纠正措施和预防措施、供应商的评估和批准、产品质量回顾分析、投诉与不良反应报告。虽然在具体内容方面有所侧重和差异，但具体框架和基本规定基本一致。各类药品GMP都是强调对这些元素或过程实施全面、全过程、全员的质量管理，防止污染和差错的发生，保证生产出优质药品。

5. 多样性

尽管各类GMP在结构、基本原则或基本内容上是一致或基本相同的，但同样的标准要求，在所要求的细节方面，有时呈现多样性，有时这样的多样性还会有很大的差别。例如，各国 GMP 中都对“生产车间的管道铺设”提出了一定要求，这主要是为了防止污染，保持室内洁净。但是，有的国家的 GMP 就要求生产车间中不能有明管存在，各种管道一律暗藏。也有国家的 GMP 中规定，只要能便于清洁并具有严格的卫生制度，管道不一定要全部暗藏。对于药品生产企业来说，从厂房设计、管道走向设计以及随之展开的工艺布局，管道是否要暗设，情况往往大相径庭。不同国家的 GMP 表现出一定的水平差异和各自特色，使得各药品 GMP 得以相互借鉴、相互促进和提高。

6. 地域性

一般而言，一个国家（或地区）在一个特定的时期，有一个版本的 GMP，只有通过这个版本的 GMP 认证，药品质量才能得到这个国家（或地区）有关政府部门的认可，才能在这个国家（或地区）进行销售。但是，有的国家却可以通行多个不同版本的 GMP，比如有的国家既认可本国的 GMP，也认可世界卫生组织（WHO）的 GMP、美国的 GMP、欧盟的 GMP 等。

（四）实施 GMP 的三要素

硬件设施、软件系统、高素质人员被称为 GMP 的三要素。①硬件设施是指厂区环境、厂房、生产设施设备、辅助设施设备，质量控制与检验仪器设备、原辅材料、仓储设施等为生产和质量控制所必备的基础条件。②软件系统是指符合法律法规技术标准要求，适应某企业、特定品种和工艺特点的经过科学论证和验证，能够对生产全过程、各要素进行组织和有效控制的管理系统。具体包括企业组织管理体制机制、运行机制、规章制度、技术措施、标准体系、各种管理文档资料、记录等。③高素质人员是指生产企业的人员配备情况，应具有与生产性质、规模、要求相适应的人员配置，是最关键因素。因此，硬件设施是基础，软件系统是保证，高素质人员是关键。

1. 良好的厂房设备、完善的硬件设施是基础条件

良好的硬件建设需要充足的资金投入作保障，对于企业来说，资金充足与否始终是相对而言的，而且投入的资金需要计入成本。因此，在 GMP 硬件改造和建设过程中，要抓住重点。在新厂房筹建或老厂房改造之前，应广泛征求专家、专业人士如生产车间、技术、质量、设备等部门负责人的意见，对照 GMP 要求，就设备的选型、建筑材料的挑选、工艺流程布局进行综合考虑，制订出合理的资金分配方案，使有限的资金发挥最大的效能。而不应本末倒置，在外围生产区域装修上占去较多的资金，使关键的生产设备、设施因陋就简，这将给未来的生产埋下隐患。例如粉针剂生产线，由于粉针剂产品对微细颗粒和微生物控制这两方面有特殊要求，因而与药粉直接接触的设备（如分装机）、内包材料的清洁消毒设备（如洗瓶机、洗胶塞机、隧道烘箱及运送轨道等）应不脱落微粒、毛点，并易清洁、消毒；在产品暴露的操作区域（无菌室）其空气洁净级别要符合工艺规定，不产生交叉污染等，这些是资金投入的重点。

2. 具有实用性、现行性的软件系统是产品质量的保证

质量是设计和制造出来的，而产品的质量要通过遵循各种标准的操作方法来保证，同其他事物一样，企业的软件系统管理也经历了一个形成、发展和完善的过程。随着 GMP 实践的不断深入，从中细化出各类具有实用和指导意义的软件，即标准操作规程（standard operation procedure，SOP）。发展到现在，GMP 引入了“工艺验证”这一具有划时代意义的概念，通过验证，了解所制定的各种规程是否切合实际，是否随着时间的推移需要修订，因为 GMP 的实践是一个动态过程，与之相对应的软件系统也需要不断地补充、修订、完善。例如，一些沿用已久的工艺规程在经过科学“验证”后，证明达不到预先设想的目的，需要进行修改。所以，经过验证的，具有实用性、现行性的软件系统是产品质量的保证，是企业在激烈的市场竞争中立于不败之地的秘密武器。

3. 具有高素质的人员是实施 GMP 的关键

一个企业从产品设计、研制、生产、质量控制到销售的全过程中，“人”是最重要的因素。因为优良的硬件设备要由人来操作，完善的软件系统要由人来制定和执行，全体员工的工作质量决定着产品

质量，人员的素质决定工作质量。因此人员的培训工作是一个企业GMP工作能否开展、深入和持续的关键，企业必须按要求对各类人员进行行之有效的教育和培训，要像抓硬、软件建设工作那样，去做好“人”的素质提高的建设工作。建立和完善各类人员应受到的培训、考核内容，规定其每年受训时间不少于一定学时。例如，粉针剂车间无菌分装岗位，为严格控制无菌操作室内环境，确保生产合格的无菌产品，制定了严格的工艺卫生操作规程，但如果操作者不能正确理解为什么要这么做，或质量意识不强，在没有人监督时不认真执行，导致消毒灭菌不彻底，就会给产品质量带来隐患。因而，企业必须认真、扎实地做好人员培训工作。

综上所述，良好的硬件设备（施）、实用的软件系统、高素质的人员参与是组成GMP体系的重要因素，缺一不可。

二、GMP的发展

GMP是社会发展中医药实践经验教训的总结和人类智慧的结晶。GMP的理论与实践经历了一个形成、发展、完善的过程。药品生产是一门十分复杂的科学，从产品设计、注册到生产，从原料、中间产品到成品的全部过程，涉及许多技术细节和管理标准。其中任何一个环节的疏忽大意，都可能导致药品质量不符合要求，从而导致劣药的产生。因此，必须在药品研发、生产的全过程中，进行全面质量管理与控制来保证药品质量。在国际上，GMP已成为药品生产和质量管理的基本准则，它是一套系统的、科学的管理制度。实施GMP，可以防止生产过程中药品的污染、混药和错药，保证药品质量的不断提高。

GMP起源于美国，在此之前人类社会已经历了十多次较大的药物灾难，特别是20世纪最大的药物灾难“反应停”事件促进了GMP的诞生。

20世纪50年代后期，联邦德国格仑南苏（Chemie Grünenthal）制药厂生产了一种声称治疗妊娠反应的镇静药Thalidomide（沙利度胺，又称反应停）。而实际上，这是一种100%的致畸药。在该药出售后的6年间，先后在联邦德国、澳大利亚、加拿大、日本以及拉丁美洲、非洲的28个国家，发现畸形胎儿12000余例（其中西欧就有近8000例）。患儿无肢或短肢、趾间有蹼、心脏畸形等先天性异常，呈海豹肢畸形，这种畸婴死亡率约50%，反应停的另一副作用是可引起多发性神经炎，约有患者1300例。

造成这场药物灾难的原因是“反应停”未经过严格的临床前药理试验，另外，生产该药的格仑南苏制药厂虽已收到有关“反应停”毒性反应的100多例报告，但都被隐瞒了下来。在17个国家里，“反应停”经过改头换面隐蔽下来，继续制造危害。日本至1963年才停用“反应停”，造成巨大的危害。此次药物灾难的严重后果在美国引起了不安，激起公众对药品监督和药品法规的普遍关注，并最终导致了美国国会对《联邦食品、药品和化妆品法》的重大修改，明显加强了药品法的作用，具体有以下三个方面：①制药企业不仅要证明药品是有效的，而且是安全的；②制药企业要向美国食品药品监督管理局（FDA）报告药品的不良反应；③制药企业实施药品生产质量管理规范。

1962年，FDA组织美国坦普尔大学6名教授编写制定GMP并由美国国会于1963年首次发布，经过多年的实践，逐渐在世界范围内得到推广应用。

1967年，WHO编写GMP首版草案，当时名为《药品的生产和管理控制规范草案》。1968年该草案被提交到第21届世界卫生大会（WHA），并获得通过。

1969年WHO也颁发了自己的GMP，并向成员国推荐，受到很多国家和组织的重视，经过三次修订，也成为一部较全面的GMP。1971年英国制定了第一版GMP。1972年欧共体公布《GMP总则》指导欧共体国家药品生产。1974年日本以WHO的GMP为蓝本，颁布本国的GMP。1988年东南亚国家联盟制定了GMP，作为东南亚联盟各国实施GMP的文本。此外，德国、法国、瑞士、澳大利亚、韩国、新西兰、马来西亚等，也先后制定并执行GMP。到目前为止，已有100多个国家、地区实施了GMP制度。

三、中国GMP

（一）中国 GMP 的发展

新中国成立以来，制药工业有了很大的发展，但其质量主要是以“三检三把关”为代表的质量检验方法。“三检”即自检、互检、专职检验。“三把”关即把好原材料、包装材料关；把好中间体质量关；把好成品质量关。

1982 年，中国医药工业公司制定了《药品生产管理规范（试行本）》。

1985 年，经修订后由国家中医药管理局推行颁布。作为行业 GMP 正式发布执行，并由中国医药工业公司编制了《药品生产管理规范实施指南（1985 年版）》。

1986 年，中国药材公司制定了《中成药生产管理规范》。

1988 年，卫生部颁布了中国第一部法定的《药品生产质量管理规范》。

1992 年，卫生部对 GMP 规范进行了修订，并与《GMP 实施细则》合并，编成并颁布了《药品生产质量管理规范（修订本）》。

1993 年，中国医药工业公司、中国化学制药工业协会修订《药品生产管理规范实施指南》。

1995 年，开始 GMP 认证工作。

1998 年，国家药品监督管理局颁布《药品生产管理规范（修订版）》。修订后的 GMP 条理更加清晰，也便于与国际相互交流，是符合国际标准并具有中国特色的 GMP。同时规定在 3 年内，血液制品、粉针剂、大输液、基因工程产品和小容量注射剂等剂型、产品的生产要达到 GMP 要求，并通过 GMP 认证。实施 GMP 认证工作与《药品生产许可证》换发及年检相结合，规定期限内未取得“药品 GMP 证书”的企业或车间，将取消其相应生产资格。

2001 年，中国医药工业公司、中国化学制药工业协会修订了《药品生产管理规范实施指南》。

2003 年 1 月执行新的《药品生产质量管理规范认证管理办法》，同时规定为了实现药品 GMP 认证工作的平稳过渡，自 2003 年 1 月 1 日起至 2003 年 6 月底前，对条件不成熟、尚未开展药品 GMP 认证工作的省、自治区、直辖市所在地的药品生产企业，经省、自治区、直辖市药品监督管理局初审同意后，仍可向国家药品监督管理局申请药品 GMP 认证。

2010 年，最新版的《药品生产质量管理规范（2010 年修订）》已于 2010 年 10 月 19 日经卫生部部务会议审议通过，并于 2011 年 3 月 1 日施行。

自 1998 年版 GMP 颁布以来，国家药品监督管理局在全国范围内开展了紧张有序的 GMP 实施工作，自 1998 年至 2003 年共发文 4 次，拟定和部署了实施 GMP 的工作。截至 2004 年 6 月 30 日，全国所有药品生产企业的所有剂型均已全部按要求在符合 GMP 的条件下组织生产，为我国药品生产企业第一阶段的 GMP 强制执行工作画上了圆满的句号。

在制剂和原料药全面实施 GMP 的基础上，2003 年，国家食品药品监督管理局将中药饮片、医用氧和体外生物诊断试剂纳入了 GMP 认证范围。明确规定：体外生物诊断试剂自 2006 年 1 月 1 日起，所有医用气体自 2007 年 1 月 1 日起，中药饮片自 2008 年 1 月 1 日起必须在符合 GMP 的条件下生产。届时对未在规定期限内达到 GMP 要求并取得药品 GMP 证书的相关中药饮片、医用气体、体外生物诊断试剂生产企业一律责令停止生产。

截至 2008 年 1 月 1 日，国家食品药品监督管理局制定的分步骤、分品种、分剂型组织实施 GMP 工作的规划全部完成。中国 GMP 认证工作取得了令世界瞩目的成绩。同时，国家食品药品监督管理局已将药用辅料、体内植入放射性制品、医疗器械 GMP 的认证工作纳入日程。

2007 年开始执行新的《药品 GMP 认证检查评定标准》，新评定标准条款的制定更加细化、严格，不仅取消了限期整改，进一步提高和完善了人员、质量、生产、物料和文件管理的检查项目，还强调与药品注册文件要求相匹配，要求原料药和制剂必须按注册批准的工艺生产。

（二）现行 GMP 的内容

现行 GMP 是在 1998 年版基础上更加完善的版本，在修订过程中参考借鉴了欧盟、FDA 和 WHO 的 GMP 内容，其基本框架与内容采用欧盟 GMP 文本，附录中的原料药标准等同 ICH GMP（ICH Q7A）版本。现行 GMP 与 1998 年版 GMP 比较有两大主要变化：一是增加了变更控制、偏差管理、供应商管理、质量风险管理等内容，对洁净室（区）空气洁净度要求实行类似欧盟的 A、B、C、D 分级管理，从而使现行 GMP 的内容更加充实和完善；二是对无菌药品的洁净度提出更高要求，现行 GMP 要求无菌药品的暴露区域应达到 B 级背景下的 A 级，且要动态监测。因此，从贯彻执行的层面讲，现行 GMP 对原料药和固体制剂的影响不大，只是强化了软件系统的要求。但对无菌药品而言，涉及面比较广，难度也比较大。现有的无菌药品在提升软件系统要求的同时，还要对厂房、设备设施进行全面的升级改造。

现行 GMP 包括**基本要求和 5 个附录**（无菌药品、血液制品、生物制品、中药制剂、原料药）。其中，GMP 基本要求、无菌药品附录是 GMP 修订的重中之重，血液制品附录是现行 GMP 新增加的附录。

无菌药品附录采用了欧盟和最新 WHO 的 A、B、C、D 分级标准，并对无菌药品生产的洁净度级别提出了非常具体的要求。特别对悬浮粒子的静态、动态监测，对浮游菌、沉降菌和表面微生物的监测，都作出了详细的规定，并对监测条件给出了明确的说明。细化了培养基模拟灌装、灭菌验证和管理的要求，增加了无菌操作的具体要求，强化了无菌保证的措施，以期为强有力地保证无菌药品的安全和质量提供法规和科学依据。

根据生物制品生产的特点，**生物制品附录**重点强调了对生产工艺和中间过程严格控制以及防止污染和交叉污染的一系列要求，强化了生产管理，特别是对种子批、细胞库系统的管理要求和生产操作及原辅料的具体要求。

血液制品附录是参照欧盟相关的 GMP 附录、我国的相关法规、《中国药典》标准及 2007 年颁布的《血液制品疫苗生产整顿实施方案》的要求等制定的全新附录。重点内容是确保原料血浆、中间产品和血液制品成品的安全性，对原料血浆的复检、检疫期设定、供血浆人员信息和产品信息、追溯、中间产品和成品安全性指标的检验、检验用体外诊断试剂的管理、投料生产、病毒灭活、不合格血浆处理等各个环节，都专门提出了有关确保原料血浆、中间产品和成品安全性的具体要求。

中药制剂附录强化了中药材和中药饮片质量控制、提取工艺控制、提取物储存的管理要求。对中药材及中药制剂的质量控制项目提出了全面的要求，还对提取中的回收溶剂的控制提出了要求。

原料药附录强化了软件要求，增加了经典发酵工艺的控制要求，明确了原料药的回收、返工和重新加工的具体要求。

现行 GMP 修订重点细化了软件要求，强化了文件管理，吸纳了国际 GMP 先进标准，增加了诸如质量风险管理、供应商的审计和批准、变更控制、偏差处理等内容，以期强化国内企业对于相关环节的控制和管理。引入或明确了一些概念，如：①产品放行责任人（qualified person）；②质量风险管理；③设计确认；④变更控制；⑤偏差处理；⑥纠正和预防措施（corrective action and protective action，CAPA）；⑦超标（out of specifications，OOS）结果调查；⑧供应商审计和批准；⑨产品质量回顾分析；⑩持续稳定性考察计划等。

（三）现行 GMP 的特点

1. 强化了管理方面的要求

（1）提高了对人员的要求

现行 GMP 中明确将质量受权人与企业负责人、生产管理负责人、质量管理负责人列为药品生产企业的关键人员，并从学历、技术职称、工作经验等方面对关键人员提出要求，如对生产管理负责人和质量管理负责人的学历要求由大专提高到本科以上，规定需要管理经验并明确了关键人员的职责。在制药企业工作人员培训方面，现行 GMP 主张加强工作人员的培训，并且在培训的过程中向工作人员渗透 GMP 意识，帮助工作人员适应 GMP 的药品质量管理模式，从而使工作人员在制药企业中发挥最大的贡献值。

（2）明确要求企业建立药品质量管理体系

质量管理体系是为实现质量管理目标、有效开展质量管理活动而建立的，是由组织机构、职责、程序、活动和资源等构成的完整系统。现行 GMP 在“总则”中增加了对企业建立质量管理体系的要求，以保证药品 GMP 的有效执行。

（3）细化了对操作规程、生产记录等文件管理的要求

现行 GMP 增强了指导性和可操作性。为规范文件体系的管理，增加指导性和可操作性，现行 GMP 分门别类地对主要文件（如质量标准、生产工艺规程、批生产和批包装记录等）的编写、复制以及发放提出了具体要求。

（4）进一步完善了药品安全保障措施

现行 GMP 引入了质量风险管理的概念，在原辅料采购、生产工艺变更、操作中的偏差处理、发现问题的调查和纠正、上市后药品质量的监控等方面，增加了供应商审计、变更控制、纠正和预防措施、产品质量回顾分析等新制度和措施，对各个环节可能出现的风险进行管理和控制，主动防范质量事故的发生。现行 GMP 提高了无菌制剂生产环境标准，增加了生产环境在线监测要求，提高无菌药品的质量保证水平。

2. 提高了部分硬件要求

（1）调整了无菌制剂生产环境的洁净度要求

1998 年修订的 GMP，在无菌药品生产环境洁净度标准方面与 WHO 标准（1992 年修订）存在一定的差距，药品生产环境的无菌要求无法得到有效保障。为确保无菌药品的质量安全，现行 GMP 在“无菌药品附录”中采用了 WHO 和欧盟最新的 A、B、C、D 分级标准，对无菌药品生产的洁净度级别提出了具体要求；增加了在线监测的要求，特别是对生产环境中的悬浮微粒的静态、动态监测，对生产环境中的微生物和表面微生物的监测都做出了详细的规定。

（2）增加了对设备设施的要求

现行 GMP 对厂房生产区、仓储区、质量控制区和辅助区分别提出设计和布局的要求，对设备的设计和安装、维护和维修、使用、清洁及状态标识、校准等几个方面也都做出了具体规定。无论是新建企业设计厂房还是现有企业改造车间，都应当考虑厂房布局的合理性和设备设施的匹配性。

3. 围绕质量风险管理增设了一系列新制度

质量风险管理是美国 FDA 和欧盟都在推动和实施的一种全新理念，现行 GMP 引入了质量风险管理的概念，并相应增加了一系列新制度。例如：供应商的审计和批准、变更控制、偏差处理、超标（OOS）结果调查、纠正和预防措施（CAPA）、持续稳定性考察计划、产品质量回顾分析等。这些制度分别从原辅料采购、生产工艺变更、操作中的偏差处理、发现问题的调查和纠正、上市后药品质量的持续监控等方面，对各个环节可能出现的风险进行管理和控制，促使生产企业建立相应的制度，及时发现影响药品质量的不安全因素，主动防范质量事故的发生。

4. 强调了与药品注册和药品召回等其他监管环节的有效衔接

药品的生产质量管理过程是对注册审批要求的贯彻和体现。现行 GMP 在多个章节中都强调了生产要求与注册审批要求的一致性。例如：企业必须按注册批准的处方和工艺进行生产；按注册批准的质量标准和检验方法进行检验；采用注册批准的原辅料和与药品直接接触的包装材料的质量标准，其来源也必须与注册批准一致；只有符合注册批准各项要求的药品才可放心销售等。

现行 GMP 还注重与《药品召回管理办法》的衔接，规定企业应当召回存在安全隐患的已上市药品，同时细化了召回的管理规定，要求企业建立产品召回系统，指定专人负责执行召回及协调相关工作，制定书面的召回处理操作规程等。

（四）实施现行 GMP 的意义

党中央和国务院高度重视食品药品质量安全。中央经济工作会议提出，食品药品质量安全事关人民群众生命、事关社会稳定、事关国家声誉，要高度重视并切实抓好食品药品质量安全；建立最严格的食品药品安全标准。GMP 是国际通行的药品生产和质量管理必须遵循的基本准则，我国现行的 GMP 已施行达 40 年之久，但无论在标准内容上，还是在生产质量管理理念上均与国际先进的 GMP 存在着一定的差距。特别是近年来，国际上 GMP 还在不断发展，WHO 对其 GMP 进行了修订，提高了技术标准；美国 GMP 在现场检查中又引入了风险管理理念；欧盟也在不断丰富其条款内容。与国际先进的 GMP 相比，我国现行 GMP 在条款内容上过于原则化，指导性和可操作性不强，偏重于对生产硬件的要求，软件管理方面的规定不够全面、具体，缺乏完整的质量管理体系要求等，需要与时俱进，以适应国际 GMP 发展趋势。

我国现有药品制剂和原料药生产企业有 5000 多家，在总体上呈现出多、小、散、低的格局，生产集中度低、自主创新能力不足的问题依然存在。修订我国 GMP、提高 GMP 实施水平，一方面有利于促进企业优胜劣汰、兼并重组、做大做强，进一步调整企业布局，净化医药市场，防止恶性竞争，同时也是保障人民用药安全有效的需要；另一方面也有利于我国与国际 GMP 的标准接轨，加快我国药品生产获得国际认可、药品进入国际主流市场的步伐。

四、国外 GMP

全世界 GMP 的形式多种多样，内容也各有特点。目前，世界上现行 GMP 的类型主要有三种，可分为国际组织和地区的 GMP、各国政府颁布的 GMP 和制药行业或企业自身制定的 GMP。

（一）国际组织和地区的 GMP

国际组织主要是指世界卫生组织（World Health Organization，WHO），地区性组织则是欧盟，其 GMP 一般原则性较强，内容较为概括，无法定强制性。

1. WHO 的 GMP

WHO 的 GMP 属于国际性的 GMP。其总论中指出，GMP 是组成 WHO 关于国际贸易中药品质量签证体制的要素之一，是用于评价生产许可申请并作为检查生产设施的依据，也作为政府药品监督员和生产质量管理人员的培训材料。GMP 适用于药品制剂的大规模生产，包括医院中的大量加工生产、临床试验用药的制备。

WHO 的 GMP 发展经历了以下过程：

- 1967 年，WHO 出版的《国际药典（1967 年版）》附录将 GMP 收载其中。
- 1969 年，第 22 届世界卫生大会建议各成员国的药品生产采用 GMP 制度，以确保药品质量和参加“国际贸易药品质量签证体制”（Certification Scheme on the Quality of Pharmaceutical Products Moving in International Commerce，简称签证体制）。
- 1975 年 11 月 WHO 提出了修正的 GMP，并正式公布。
- 1977 年，第 28 届世界卫生大会上，WHO 将 GMP 确定为 WHO 的法规。WHO 提出施行 GMP 是保证药品质量并把发生差错事故、混药、各类污染的可能性降到最低程度所规定的必要条件和最可靠的办法。
- 1986 年 5 月，世界卫生组织大会通过了 WHO 药物政策修订版，认为“为保证药品安全性和质量有效，应建立国家药品立法和监管系统机制”。
- 20 世纪 90 年代，WHO 又多次对 GMP 进行了修订。1992 年修订版与 1975 年版比较，修订后的 GMP，要求更加严格，内容更为充实，包括以下四方面：

① 导言、总论和术语介绍了 GMP 的产生、作用和 GMP 中所使用的术语。

② 制药工业中的质量管理、宗旨和基本要素这一部分包括 QA、GMP、QC、环境和卫生、验证、用户投诉、产品收回、合同生产与合同分析、自检与质量审查、人员、厂房、设备、物料和文件共 14 个方面。

③ 生产和质量控制这部分包括生产、质量控制两项内容。

④ 增补的指导原则包括灭菌药品及活性药物组分（原料药）的 GMP。

- 1992 年，WHO 还公布了 GMP 指南修订版。WHO 的 GMP 指南是建议性文本，各国需要根据具体条件进行采纳。
- 1996 年，WHO 公布了生产工艺验证 GMP 指南。
- 1997 年，WHO 公布了《药品质量保证：指南和相关资料的概述》。

考虑到各国经济发展的不平衡，同时也考虑到药品的特殊性，在 GMP 内容上 WHO 只是作了原则性的规定，使用时通用性强，其目的是为各国政府和药品生产企业提供一个综合性的指导。

2. 欧盟的 GMP

欧盟（European Union，EU）是一个集政治实体和经济实体于一身、在世界上具有重要影响的区域一体化组织，组成国有法国、德国、意大利、荷兰、比利时、卢森堡、爱尔兰、丹麦等。欧盟的 GMP 属于地区性的 GMP。1972 年，欧共体颁布了该组织的第一部 GMP，用于指导欧盟成员国的药品生产。而欧盟的第一版 GMP 出版于 1989 年，它是以英国 GMP 为蓝本制定的。1991 年，欧盟又对 GMP 进行了修订，并于 1992 年 1 月公布了《欧洲共同体药品生产管理规范》。后来欧盟规定其颁布的第二部 GMP（1992 年版）可以取代欧盟各成员国的 GMP，或者可以和欧盟各成员国政府颁布的 GMP 并行使用。

欧盟 GMP 的框架结构的特点是在主体 GMP 章节的基础上，通过附件的形式制定各种类型医药产品的 GMP 指导，在目前已发布的 19 个附件中有 10 个附件是不同类型医药产品的 GMP 指导，见表 1-1。

表 1-1　欧盟 GMP 发布的有关 GMP 指导的附件及相关内容

附件编号	医药产品类型	附件编号	医药产品类型
附件1	无菌制剂	附件6	医用气体
附件2	生物药品	附件7	植物药
附件3	放射性药物	附件9	液剂、乳剂及膏剂
附件4	非免疫学兽药	附件10	压力气雾剂和吸入剂
附件5	免疫学兽药	附件18	原料药

以附件形式起草各种类型医药产品的 GMP 可以使这些文件具有与 GMP 主体章节同等的地位，共同构成一个法规体系。但除了不同类型医药产品的 GMP 指导，欧盟的 GMP 体系中把 GMP 的操作规范也以附件的形式发布，而且穿插在不同类型医药产品 GMP 指导之间，这使得欧盟 GMP 整体框架结构显得比较凌乱。目前在 19 个附件中有 8 个附件属于 GMP 的操作规范，见表 1-2。

表 1-2　欧盟 GMP 发布的有关 GMP 操作规范的附件及相关内容

附件编号	医药产品类型	附件编号	医药产品类型
附件8	起始物料和包装材料的取样	附件15	确认与验证
附件11	计算机系统	附件16	QP的审核和批放行
附件12	药品生产中离子射线的应用	附件17	参数放行
附件13	研究性药品	附件19	参照样品和留样

2009 年 3 月欧盟又修订了 GMP，新修订的 GMP 引入了“质量风险管理”，已于 2009 年 7 月 1 日生效。

（二）各国政府颁布的GMP

各国政府颁布的GMP一般原则性较强，内容较为具体，有法定强制性。

1. 美国的GMP

美国是GMP创始国，在实施过程中，经过数次修订，可以说是至今较为完善、内容较详细、标准最高的GMP。美国FDA对GMP的研究，一直处于全球领先地位。美国的GMP又称为cGMP，具有以下特点：

① 强调实施动态的GMP，即强调药品生产与质量管理的现场管理。

② 强调验证工作的重要性，美国FDA认为达到cGMP的途径有很多，只要药品生产企业用规范的验证方法能够证明过程和目标的确定性就可以使用这个方法。因此，cGMP也具有一定的灵活性。在cGMP实施过程中，美国FDA鼓励企业创新。

③ 强调工作记录的重要性，因为只有有了真实的、及时的、规范的记录，才能对生产与质量管理活动的效果进行有效的追溯，才能为今后持续改进提供基础性支持。

1963年，美国国会第一次颁布GMP法令，经过FDA实施，收到实效。此后FDA对GMP进行了数次修订，并在不同领域不断充实完善，使GMP成为美国药事法规体系的一个重要组成部分。

1972年，美国规定：凡是向美国输出药品的药品生产企业以及在美国境内生产药品的外商都要向FDA注册，要求药品生产企业能够全面符合美国的GMP。

1976年，美国FDA又对GMP进行了修订，并作为美国法律予以实施。

1979年，美国GMP修订本增加了包括验证在内的一些新的概念与要求。具体有以下几个方面：①首次正式提出了生产工艺验证的要求。②药品质量在整个有效期范围内均应予以保证。因此所有产品均应有由足够稳定性数据支持的有效期。③不论企业是如何组织的，任何药品生产企业均应有一个足够权威的质量管理部门，该部门要负责所有规程和批记录的审批。④强调书面文件和规程。执行GMP就意味着药品生产和质量管理活动中所发生的每一种显著操作都必须按书面规程执行，并且要有文字记录。⑤事故调查和生产数据的定期审查。规范要求对不能满足预期质量标准的批或者不能达到预期要求的批，必须调查其原因并采取相应的纠正措施。对所有生产工艺数据至少每年审查一次，以发现可能需要调整的趋势。

目前，美国实施的现行GMP，是FDA在2004年颁布的最新版本，体现了最新的技术水平。

在美国，GMP的原则性条款都包含在《联邦法典》（Code of Federal Regulations，CFR）中的CFR 210和CFR 211部分中。此外，FDA还以行业指南的形式起草和修订了不同类型医药产品的GMP和具体GMP操作的行业规范，这些不断增补和修订的文件统称为cGMP指导文件。每份cGMP指导文件都是独立的，包括按照不同医药产品类型起草的cGMP指导和具体的GMP操作的cGMP指导。例如，生物制品：《联邦法典》21 CFR 600；血液及血液成分：《联邦法典》21 CFR 606 。另有一些医药产品类型的cGMP是以行业指南的方式发布的，例如《行业指南：通过灭菌工艺生产的无菌制剂的cGMP》。更多的cGMP指导文件是针对特定GMP操作的指导规范，如《行业指南：混粉及终剂型加工剂型分层取样与评估》《行业指南：对制剂和原料药批准上市前工艺验证方案的要求》。还有很多行业指南是与新药研发和药品注册相关的指导文件，这些文件中也包含了如何进行实验方法验证、工艺验证等与GMP相关的内容，这些文件都是GMP检查中需要依从的标准。除此之外，还有一些指导文件属于供GMP检查员参考的检查指南，例如《制剂生产商现场检查指南》《原料药现场检查指南》《药品质量控制实验室检查指南》等。

2. 英国的GMP

英国早在1971年就制定了第一版的GMP，1977年修订公布了第二版，1983年公布了第三版。英国的GMP及其指南的封面是橙色的，故又称为“橙色指南”（The Orange Guide），其内容丰富齐全，共分20章，有许多内容已成为其他各国制定GMP的依据。例如“第七章 确认”，即为现在验证的前身。“第十章 无菌药品的生产和管理”，率先列出了基本环境标准及清净级别要求，还提出了环氧乙烷灭菌和射线灭菌方法。对于出口到英国的药品，需要由进口当局审定合格的人员负责鉴定批量小的药品，并且鉴定批量要做到符合英国的GMP要求。英国已于1992年开始采用《欧共体GMP指南》。

3. 日本的GMP

1973年，日本提出了自己的GMP，并于1974年9月14日颁布试行，1976年4月1日起实施。1993年日本开始推行国际GMP，对国际进出口的药品需遵循国与国之间相互承认的GMP，日本GMP和WHO的GMP版本被认为是等效的。

（三）制药行业或企业自身制定的GMP

制药行业的GMP一般指导性较强，内容较为具体，无法定强制性。例如英国制药联合会制定的GMP、瑞典制药工业协会制定的GMP等。此外，还有一些大型跨国医药公司也制定了本公司的GMP。

第三节 ICH简介

ICH是The International Council for Harmonisation of Technical Requirements for Pharmaceuticals for Human Use的英文缩写，译为“人用药品技术要求国际协调理事会”，简称国际协调理事会。ICH是由欧盟、美国、日本三方成员国发起，并由各成员国的药品管理当局与制药企业管理机构为主要成员所组成。ICH的使命就是在全球范围内实现更加协调一致，确保以最有效的方式研发和注册安全、有效、高质量的药物。

一、ICH的起源与发展

在不同的国家或地区，为了严格管理药品，在药品上市之前，必须对药品进行独立评估。在许多情况下，这种认识往往是由悲剧驱动的，比如美国在1937年发生的磺胺酏剂事件，当时美国一家公司用二甘醇代替乙醇作溶剂，配制色、香、味俱全的口服液体制剂，称为磺胺酏剂，未做动物实验，全部进入市场，用于治疗感染性疾病。当时的美国法律是许可新药未经临床试验便进入市场的。结果当年的9～10月间，美国南方一些地方开始发现患肾功能衰竭的患者大量增加，共发现358名患者，死亡107人（其中大多数为儿童），成为20世纪影响较大的药害事件之一。欧洲也是在20世纪60年代发生的反应停惨案后才认识到新一代合成药既有疗效作用，也有潜在的风险性。因此，许多国家意识到必须对药品的研发、生产、销售、进口等进行审批，在二十世纪六七十年代分别制定了药品注册的法规、条例和指导原则。但是，不同国家对药品注册要求各不相同，这不仅不利于患者在药品安全性、有效性和质量方面得到科学的保证，也不利于国际技术和贸易交流。同时，随着制药工业趋向国际化并寻找新的全球市场，以致制药企业同一药品在不同国家上市，需要长时间和昂贵的多次重复试验和重复申报，从而导致新药研究和开发的费用逐年提高，医疗费用也逐年上升。因此，为了降低药价并使新药能早日应用于患者，满足公众需要，各国政府纷纷将“新药申报技术要求的合理化和一致化的问题”提上议事日程。

欧共体（European Community）成立于1957年，组成欧共体的6个成员国之间为确保欧洲生产的药品质量和促进药品贸易，相互之间存在着协调过程和密切的协作关系，并有较好的互相通过协调取得一致意见的基础。一些跨国组织，如欧盟委员会（European Commission，EC）起着欧盟国家药品管理当局的作用，惯于和各成员国当局协调解决问题，并积累了一定的经验，实践证明也是可行的。欧盟委员会与美国、日本的药品管理当局即美国 FDA 与日本厚生省（日本卫生福利部，MHW）之间常有双边的联系与协商。1990 年三方经过接触，均认为有必要成立一个机构，对有关人用药品注册技术要求三方能经常磋商，并定期召开国际协调会议，以寻求解决三方之间存在的一些不统一的规定和认识，以期通过协调逐步取得一致；并设法采取措施，对世界范围内的药物研制、开发过程有所革新，避免重复，节约开支，统一申报注册技术要求，提高质量、缩短时间。三方商定这种努力首先在欧盟、美国与日本三个地区内进行，并制定一些文件（指导原则）在 ICH 三方成员国之间实施。此后，三方政府的注册部门与国际药品制造商工业协会联合会（IFPMA）联系，讨论由注册部门和工业部门共同发起国际协调会议的可能性。1990 年 4 月欧洲制药工业协会联合会（European Federation of Pharmaceutical Industries Associations，EFPIA）在布鲁塞尔召开由三方注册部门和工业部门参加的国际会议，成立了"人用药品注册技术要求国际协调会"，即 ICH，讨论了 ICH 的意义和任务，成立了 ICH 指导委员会。其目的就是：①对各成员国之间人用药物注册技术要求通过国际协调取得一致。包括统一标准、检测要求、数据收集及报告格式等，使药物生产厂家能够应用统一的注册资料规范，按照 ICH 的安全性、质量、有效性及综合学科指南申报。②对新药研究开发技术标准进行改进与革新以期提高研究质量。③节约人力、动物、物资等资源，缩短研究开发周期，节约经费开支。④提高新药研究、开发、注册、上市的效率，为控制疾病提供更多更好的新药。

随后 ICH 于 1991 年召开第一届会议，该会议由欧盟、美国及日本发起，并由三方成员国的药物管理当局以及制药企业管理协会共同组成。世界卫生组织各成员国以及加拿大和瑞士等国家以观察员身份参加会议。在成功运作 25 年后，为了更好地应对全球药品监管和行业发展的巨大变化和挑战，特别是要强化监管机构在国际法规协调方面的主导作用，ICH 在 2015 年 10 月 23 日召开大会宣布对 ICH 进行改革，并正式更名为"人用药品技术要求国际协调理事会"。此项改革将在 25 年来已形成的全球医药开发和监管的协调指导原则的基础上，继续加强发挥 ICH 的协调作用，以更好地应对全球医药开发和监管的挑战。ICH 将吸纳全世界更多的监管机构参与其中，并融合所有重要的监管机构和业界相关方，以促使其成为全球药品监管协调的关键平台。此次改革的另一个重要内容是通过在瑞士设立 ICH 理事会的合法实体，以保证其运作模式更加稳定和规范。

中国国家药品监督管理局（NMPA）在加拿大蒙特利尔举行的 ICH2017 年第一次大会上通过了申请，并于 2017 年 6 月 19 日成为 ICH 正式成员。在日本神户举行的 ICH2018 年第一次大会上，当选为 ICH 管理委员会成员，短短一年左右时间，中国完成了由成员到管理委员会成员的转变。中国成功加入 ICH，意味着中国药品注册技术要求与国际接轨之路已经全面打开，药品研发和注册已经进入全球化时代。实现药品注册技术要求的协调和一致，对开展国际注册的制药企业而言，将可以按照相同的技术要求向多个国家或地区的监管机构进行申报，大大节约研发和注册的成本。这将有利于国外生产的新药进入中国市场，也有利于中国生产的药品走向国际，推动越来越多的中国企业加入国际注册的行列。

二、ICH 的组织机构、成员及其权利和义务

（一）ICH 的组织机构

ICH 的组织机构，如图 1-2 所示，分设 ICH 大会（ICH Assembly）、ICH 管理委员会（ICH management committee，MC）、ICH 工作组（ICH working groups，WGs）、ICH 秘书处（ICH secretariat）、ICH 联络员（ICH coordinators）、MedDRA 管理委员会（MedDRA management committee）和审计（auditors）。

① ICH 大会：负责章程制定，成员准入，指导原则采纳。每一年举行两次会议。ICH 管理委员会负责 ICH 的监管运营工作，由 6 个创始机构，2 个常务规章会员国，2 个常任观察员组成。

② ICH 工作组：作为指导委员会的技术顾问。包括专家工作组 EWG、实施工作组 IWG、非正式

工作组和讨论组（如基因治疗、女性）。六个主办单位对每个起草文件的专题派若干专家参加，其中一名任专题组长，负责该专题的工作，协调的专题分四个类别（简称QSEM），即质量（Quality，Q）、安全性（Safety，S）、有效性（Efficacy，E）和综合学科（Multidisciplinary，M）。

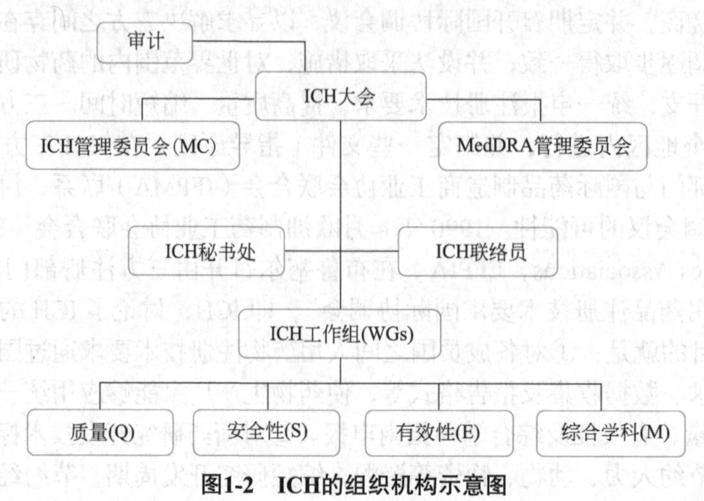

图1-2 ICH的组织机构示意图

③ ICH管理委员会：督促其工作，每半年向大会面对面汇报工作。ICH官网上可查到每个工作组的工作计划。

④ ICH秘书处：设在日内瓦IFPMA总部，负责日常管理协调工作，为ICH大会、MC、WGs提供支持，并负责与各协调员联系，以保证将讨论文件按时发送到有关人员。

⑤ ICH联络员：每个成员机构设有一名联络员，负责与ICH秘书处、MC、WGs直接接触。

⑥ MedDRA管理委员会：主要由美国、欧洲、英国、加拿大、日本的药监部门和WHO成员组成，其职责主要是指导国际医学用语词典（Medical Dictionary for Regulatory Activities，MedDRA）的编撰。

⑦ 审计：主要负责年度财务审计，由ICH大会制定，任期两年，可重新任命，需符合瑞士相关法律。

（二）ICH成员及其权利和义务

1. ICH成员

ICH主要由15个成员和24个观察员组成。其中15个成员包括3个创始监管机构和3个创始行业组织，分别是欧盟委员会（EC）/欧洲制药工业协会联合会（EFPIA）、日本厚生省/日本制药工业协会（JPMA）、美国食品药品监督管理局（FDA）/美国药品研究和生产商协会（PhRMA）。6个后加入的药监机构和3个后加入的行业组织包括加拿大卫生部（Health Canada）、瑞士医药管理局（Swissam edic）、巴西国家卫生监督局（ANVISA）、韩国食品药品安全部（MFDS）、中国国家药品监督管理局（NMPA）、新加坡卫生科学局（HSA）、国际仿制药和生物类似药协会（IGBA）、世界自我药疗产业协会（WSMI）和生物技术创新组织（BIO），见图1-3。

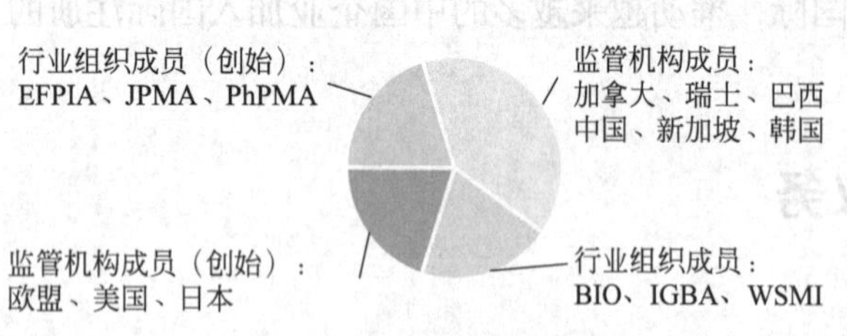

图1-3 ICH 15个成员

24个观察员包括：① 2个常任观察员，即WHO和IFPMA；② 9个监管机构观察员，即印度、古巴、墨西哥、哥伦比亚、南非、哈萨克斯坦、俄罗斯、中国台湾、澳大利亚；③ 6个区域性协调行动组织，即APEC、ASEAN、EAC、GHC、PANDRH、SADC；④ 1个国际药品行业组织（APIC）；⑤ 6个国际协调组织（即ICH指导原则所覆盖的组织），即比尔·盖茨和梅琳达基金会（Bill & Melinda Gates Foundation）、CIOMS、EDQM、IPEC、PIC/S、USP，详见图1-4。

观察员（国际协调组织）：比尔·盖茨和梅琳达基金会、CIOMS、EDQM、IPEC、PIC/S、USP

常任观察员：WHO、IFPMA

观察员（国际药品行业组织）：APIC

观察员（监管机构）：印度、古巴、墨西哥、哥伦比亚、南非、哈萨克斯坦、俄罗斯、中国台湾、澳大利亚

观察员（区域协调组织）：APEC、ASEAN、EAC、GHC、PANDRH、SADC

图1-4　ICH 24个观察员

2. 各成员和观察员的权利和义务

ICH 各成员和观察员的权利和义务见表 1-3。

表1-3　ICH各成员和观察员的权利和义务

成员和观察员	权利	义务
监管机构成员	1.出席大会会议 2.根据适用的程序规则进行在会投票 3.若满足第30章的条件，可提议2名当选管理委员会代表 4.根据适用的程序规则任命专家至专家组	1.必须实施以下ICH指导原则：ICHQ1A-E稳定性；ICHQ7生产质量管理规范；ICHE6药物临床研究质量管理规范 2.服务并支持协会目的 3.行使权力时秉公行事
行业组织成员	1.出席大会会议 2.根据适用的程序规则，就大会上ICH指导原则的议题遴选、通过、修订或撤销之外的其他事项进行投票 3.若满足第31章的条件，可提议2名当选管理委员会代表 4.向工作组任命至少一位专家，开发ICH指导原则	1.积极支持并鼓励与影响或监管行业成员或附属成员的ICH指导原则相一致 2.服务并支持协会目的 3.行使权力时秉公行事
常任观察员	1.出席大会会议和管理委员会会议，但没有投票权（可以最多提名2名代表参加大会会议） 2.行使适用的程序规则中授予他们的附加权利 3.向工作组任命专家	
观察员	1.有权参加ICH大会，但没有投票权（可以提名1名代表和1名在代表无法出席大会会议时代替代表的副代表） 2.有权按照程序规则、管理委员会肯定的情况下，向工作组任命专家	

三、ICH的职责、特征与工作程序

（一）ICH 的职责

ICH 的职责包括以下 4 个方面：

① 对在欧盟、美国和日本注册产品的技术要求中存在的不同点，创造注册部门和制药部门对话的场所，以便更及时将新药推向市场，使患者及时得到治疗；监测和更新已协调一致的文件上，ICH 成员国在最大程度能相互接受的研究开发数据。

② 随着新技术进展和新治疗方法的应用，选择一些课题及时协调，以避免今后技术文件产生分歧。

③ 推动新技术新方法替代现有文件的技术和方法，在不影响安全性的情况下，减少受试患者、动物和其他资源。

④ 鼓励已协调技术文件的分发、交流和应用，以达到共同标准的贯彻。

（二）ICH 的特征

ICH 的特征如下：

（1）患者第一

一切从患者利益出发是 ICH 讨论和协商的基础。决定技术文件的准则是：“是否有利于患者？如何才能更快地为患者提供高质量、安全有效的药物？如何才能按国际标准进行高质量的临床试验？”

（2）对话和协作

管理部门和工业部门的专家在同一原则下讨论，从不同角度提出更合理的见解，避免片面性。在ICH会议中，管理部门和工业部门是对话不是对抗，是相互合作和相互信任，不是相互推诿。

（3）透明度

透明度是ICH另一个重要特征。为了使达成一致的协议能很快付诸实施，要求所讨论的技术信息不仅要在各成员国共享，而且应尽量使信息传递到非ICH国家，使所有国家了解ICH的活动，并从中受益。

（4）高科技

ICH的产值占全世界的80%，所使用的研究和开发费用占世界药物研究总投入的90%，并集中了有经验的药品审评和研究开发方面的专家的智慧，提出了一系列技术要求的指导原则。

（三）ICH的工作程序

ICH的工作程序包括5个阶段：

① 取得共识：专家工作组对新选题目进行初步讨论，并起草出初稿，初稿可以是建议（recommendation）、政策说明（policy statement）、指导原则（guideline）或讨论要点（points to consider）等形式。专家工作组基于概念文件起草技术文件草稿，在专家组内取得一致意见。

② 共识确认：全体大会对技术文件共识进行确认，形成技术文件终稿，并基于此起草和形成指导原则草案。

③ 评议讨论：指导原则草案交予监管机构和工业协会成员进行征求意见，专家工作组对意见进行讨论，达成一致并签署同意后，报送全体大会。

④ 最终采纳：全体大会与管理委员会协商后采纳指导原则，然后ICH各个监管机构成员采纳该指导原则。

⑤ 发布实施：根据各国家、地区的程序，批准的ICH指导原则在成员国分别发布实施。

四、ICH的工作与成就

（一）ICH文件（指导原则）的产生与实施

ICH通过协调一致产生的ICH文件（指导原则）经过ICH管理委员会批准后送往其成员国，经各成员国同意后由成员国管理当局发布实施。

ICH指导原则分为Q、S、E、M四个部分，其中：质量指导原则（Q），主要包括12个主题，详见表1-4；安全性指导原则（S），包括药理、毒理、药代等试验，详见表1-5；有效性指导原则（E），包括临床试验中的设计、研究报告、GCP等，详见表1-6；综合学科指导原则（M），包括术语、管理通信等，详见表1-7。

表1-4　质量指导原则（Q）

Q1	Stability（稳定性）
Q2	Analytical Validation（分析方法验证）
Q3	Impurities（杂质）
Q4	Pharmacopoeias（药典）
Q5	Quality of Biotechnological Products（生物技术产品的质量）
Q6	Specifications（质量标准）
Q7	Good Manufacturing Practice（药品生产质量管理规范）

续表

Q8	Pharmaceutical Development（药物研发）
Q9	Quality Risk Management（质量风险管理）
Q10	Pharmaceutical Quality System（药物质量体系）
Q11	Development and Manufacture of Drug Substances（原料药研发和生产）
Q12	Lifecycle Management（生命周期管理）

表1-5　安全性指导原则（S）

S1	Carcinogenicity Studies（致癌性研究）
S2	Genotoxicity Studies（遗传毒性研究）
S3	Toxicokinetics and Pharmacokinetics（毒代动力学和药代动力学）
S4	Toxicity Testing（毒性试验）
S5	Reproductive Toxicology（生殖毒性）
S6	Biotechnological Products（生物技术药品）
S7	Pharmacology Studies（药理学研究）
S8	Immunotoxicology Studies（免疫毒性研究）
S9	Nonclinical Evaluation for Anticancer Pharmaceuticals（抗癌药物的非临床研究）
S10	Photosafety Evaluation（光安全性研究）
S11	Nonclinical Safety Testing（非临床安全性试验）

表1-6　有效性指导原则（E）

E1	Clinical Safety for Drugs used in Long-Term Treatment（长期用药的临床安全性）
E2	Pharmacovigilance（药物警戒）
E3	Clinical Study Reports（临床研究报告）
E4	Dose-Response Studies（量-效关系研究）
E5	Ethnic Factors（种族因素）
E6	Good Clinical Practice（药物临床研究质量管理规范）
E7	Clinical Trials in Geriatric Population（老年人群的临床试验）
E8	General Considerations for Clinical Trials（临床试验的一般考虑）
E9	Statistical Principles for Clinical Trials（临床试验的统计原则）
E10	Choice of Control Group in Clinical Trials（临床试验中对照组的选取）
E11	Clinical Trials in Pediatric Population（儿童用药品的临床试验）
E12	Clinical Evaluation by Therapeutic Category（新抗高血压药的临床评价）
E14	Clinical Evaluation of QT（QT临床评价）
E15	Definitions in Pharmacogenetics / Pharmacogenomics（药物遗传学/药物基因组学的定义）
E16	Qualification of Genomic Biomarkers（基因组生物标记物的条件）
E17	Multi-Regional Clinical Trials（国际多中心临床试验）
E18	Genomic Sampling（基因组采样）

表1-7　综合学科指导原则（M）

M1	MedDRA Terminology（监管活动医学术语）
M2	Electronic Standards（电子标准）
M3	Nonclinical Safety Studies（非临床安全性研究）
M4	Common Technical Document（通用技术文件）
M5	Data Elements and Standards for Drug Dictionaries（药物词汇的数据要素和标准）

续表

M6	Gene Therapy（基因治疗）
M7	Genotoxic Impurities（基因毒性杂质）
M8	Electronic Common Technical Document（eCTD，电子通用技术文件）
M9	Biopharmaceutics Classification System-based Biowaivers（基于生物药剂学分类系统的生物豁免）
M10	Bioanalytical Method Validation（生物样品分析的方法验证）

（二）CTD 和 eCTD 格式的统一和实施

CTD，即通用技术文件，它是 Comment Technical Document 首字母缩写，系指 ICH 为协调统一各成员国新药申报资料格式而制定的通用申报资料撰写格式。其目的就是使各成员国就药品注册的格式达成统一，主要用于人用新药（包括新的生物技术产品），也适用于兽用药物。2002 年 9 月发布，CTD 是欧盟和日本申报资料的强制格式，是 FDA 和其他各国药监部门的推荐格式。现在我国新药申报资料也都要求按 ICH 的 CTD 格式撰写。

（三）国际医学用语词典的编写

MedDRA（Medical Dictionary for Regulatory Activities）是在 ICH 主办下创建的国际医学用语词典，由各国的"不良反应术语集"整合而来。MedDRA 用于医疗产品整个研发与应用周期的行政管理，对医学信息进行分类、检索、报告与信息交流。其目标是提供一个全面的、专业的术语集，简化药事管理过程，促进管理过程的标准化。MedDRA 对于新药上市前后不良事件报告的电子传输，以及临床试验数据的编码尤其重要。自 2001 年以来，MedDRA 每年更新两次，分别是 3 月份和 9 月份，现行的是 V20.1。目前，MedDRA 不仅提供原始英文版本，以及中文、捷克语、荷兰语、法语、德语、匈牙利语、意大利语、日语、葡萄牙语和西班牙语的翻译，而且还可以提供免费的面对面（face-to-face）的培训。

ICH 从 1990 年创建至今取得了公认的显著成就，可归纳为：①促进了制药企业与药品管理当局的对话与合作；②各成员国之间对人用药品注册技术存在的分歧通过国际协调达成了一致；③公布了经 ICH 管理委员会批准的 51 个指导原则；④缩短了各成员国新药研究开发时间；⑤减少了临床前安全性试验动物数量；⑥改进了某些试验技术方法；⑦减少了各成员国之间的重复研究，节约经费开支；⑧加强了各成员国之间的合作关系；⑨对一些非成员国起了一些积极的影响，为向全球推广打下了一些基础。

五、质量源于设计的理念

近年来国际上大力推行质量源于设计（quality by design，QbD）理念来进行药物研发，包括原料药和制剂产品、分析方法等。在制药工艺研究中，QbD 的主旨是对原料药的起始物料选择、工艺路线以及制剂产品的处方和工艺参数的合理设计，以保障其质量，而原料药或制剂产品成品的放行检测仅仅是质量检测的手段。QbD 贯穿于药品的整个生命周期，它的实施，意味着药品的弹性监管，而非以前的刚性监管，将有助于实现企业、监管部门和患者的三方共赢：一方面降低企业成本和减少现场检查过程中的质疑；另一方面，在不影响质量的前提下，减少监管部门对不同工艺审批的压力；同时患者可以获得有效性和安全性保障的药品。本节介绍 QbD 及其在原料药生产工艺开发中的应用。

（一）QbD 的概念

20 世纪 70 年代，日本丰田公司为了提高汽车制造质量提出了质量源于设计的相关概念，并在通信和航空等领域发展，逐渐形成了质量源于设计的方法论。为了应对制药企业对药品严格监管的质疑，2004 年 FDA 发布《21 世纪制药 cGMP—基于风险的方法》，首次提出药品 QbD 的概念，并被 ICH 纳入药品质量管理体系中。2006 年美国正式推出了 QbD，指导药物研发，于 2013 年后，不再接受无

QbD 要素的注册文件。2010 年中国颁布的 GMP 中，也引入部分 QbD。制药界实施 QbD，是大势所趋。2012 年 5 月 10 日，ICH 发布的 Q11《原料药研发和生产》（化学实体和生物技术 / 生物制品实体），开发原料药过程中可以按照传统方法或 QbD 方法或联合两种方法进行。

质量源于设计是在充分的科学知识和风险评估基础上，始于预设目标，强调对产品与工艺的理解及过程控制的一种系统优化方法。从产品概念到工业化均需精心设计，要对产品属性、生产工艺与产品性能之间的关系理解透彻，是全面、主动的药物开发方法。

质量源于设计概念的提出，标志着药品质量管理模式的重大变迁。第一阶段的模式是**药品质量源于检验**，它以药典标准为基础，用药典规定的方法进行检验，符合药典标准时，即可放行上市销售，成为合格药品。该模式具有滞后性和随机性，如果检验不合格，整批次成品药报废；如果抽检合格，也不能完全代表全部批次的质量水平。第二阶段的模式是**质量源于生产**，即 GMP 和拓展 cGMP。将监管重心转移到生产阶段，对生产过程同步进行多点控制，包括各种文件和记录系统，对质量有一定的保障。第三阶段就是**质量源于设计**，属于生产过程参数控制，QbD 的理念在产品开发初期开始贯穿整个产品生命周期，同时对生产关键工艺给予一定的设计空间。在产品设计空间内的偏移不会对产品质量产生影响，最大限度地贴近生产的实际情况。因此，质量不是从产品中检验出来的，也不完全通过生产实现的，而是在研发阶段通过大量的实验数据所赋予的，即质量应通过设计来建立。

（二）QbD 的基本内容

1. 目标产品质量概况

目标产品质量概况（quality target product profile，QTPP）是对产品质量属性的前瞻性总结。具备这些质量属性，才能确保预期的产品质量，并最终标志药品的有效性和安全性。由于不同制剂产品对原料药质量要求不同，因此对于原料药研发，必须与其制剂产品相适应并以制剂产品作为目标产品，总结出原料药的质量概况。目标产品质量属性是研发的起点，应该包括产品的质量标准，但不仅仅局限于质量标准。

2. 关键质量属性

关键质量属性（critical quality attribute，CQA）是指产品的某些物理和化学性质、微生物学或生物学（生物制品）特性，且必须在一个合适的限度或范围内分布时，才能确保预期产品质量符合要求。在原料药研发中，如果涉及多步化学或生物反应或分离时，每一步产物都应该有其关键质量属性，中间体的质量属性对成品有决定性作用。通过进行工艺实验研究和风险评估，可确定关键质量属性。

3. 关键物料属性

关键物料属性（critical material attribute，CMA）是指对产品质量有明显影响的关键物料的理化性质和生物学特性，这些属性必须限定和控制在一定的范围内，否则将引起产品质量的变化。

4. 关键工艺参数

关键工艺参数（critical process parameter，CPP）是指一旦发生偏移就会对产品质量属性产生很大影响的工艺参数。在生产过程中，必须对关键工艺参数进行合理控制，并且能在可接受的区间内操作。有些参数虽然会对质量产生影响，但不一定是关键工艺参数。这完全取决于工艺的耐受性，即正常操作区间（normal operating range，NOR）和可接受的区间（proven acceptable range，PAR）之间的相对距离。如果它们之间的距离非常小，就是关键工艺参数；如果距离大，就是非关键工艺参数；如果偏离中心，就是潜在的关键工艺参数（图 1-5）。

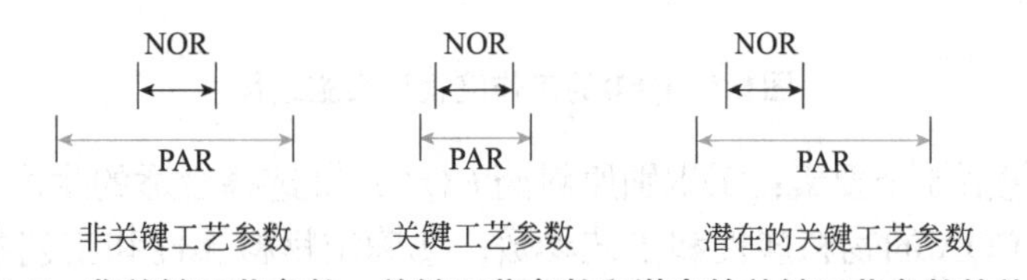

图1-5　非关键工艺参数、关键工艺参数和潜在的关键工艺参数的关系

5. 设计空间

设计空间（design space）是指经过验证能保证产品质量的输入变量（如物料属性）和工艺参数的多维组合和相互作用，目的是建立合理的工艺参数和质量标准参数。设计空间信息的总和就构成了理论空间（图1-6），其来源包括已有的生物学、化学和工程学原理等文献知识，也包括积累的生产经验和开发过程中形成的新发现和新知识。

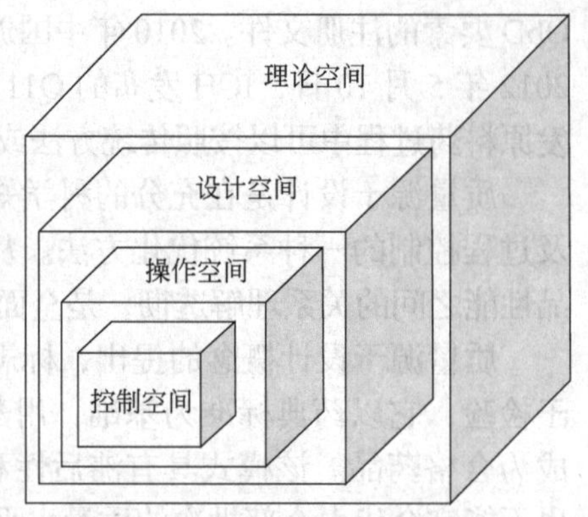

图1-6 QbD设计空间的构成

在设计空间内运行的属性或参数，无须向药监部门提出申请，即可自行调整。如果超出设计空间，需要申请变更，药监部门批准后方可执行。合理的设计空间并通过验证可减少或简化药品批准后的程序变更。

6. 全生命周期管理

全生命周期就是从产品研发开始，经过上市，到产品退市和淘汰所经历的所有阶段。全生命周期管理就是原料药产品、生产工艺开发和改进贯穿于整个生命周期。对生产工艺的性能和控制策略定期评价，系统管理涉及原料药及其工艺的知识，如工艺开发活动、技术转移活动、工艺验证研究、变更管理活动等；不断加强对制药工艺的理解和认识，采用新技术和知识持续不断地改进工艺。

（三）QbD 的工作流程

通过科学知识和风险分析，对于目标产品进行理解，以预定制剂产品的质量属性为起点，确定原料药关键的质量属性。基于工艺理解，采用风险评估，提出关键工艺参数或关键物料属性，进行多因素实验研究，开发设计空间。基于过程控制，采用风险质量管理，建立一套稳定工艺的控制策略，确保产品达到预期设计标准。QbD 的工作流程是确定产品质量概况，建立关键质量属性，确定关键工艺参数（包括重要工艺参数）和关键物料属性，开发设计空间，建立控制策略（图1-7）。

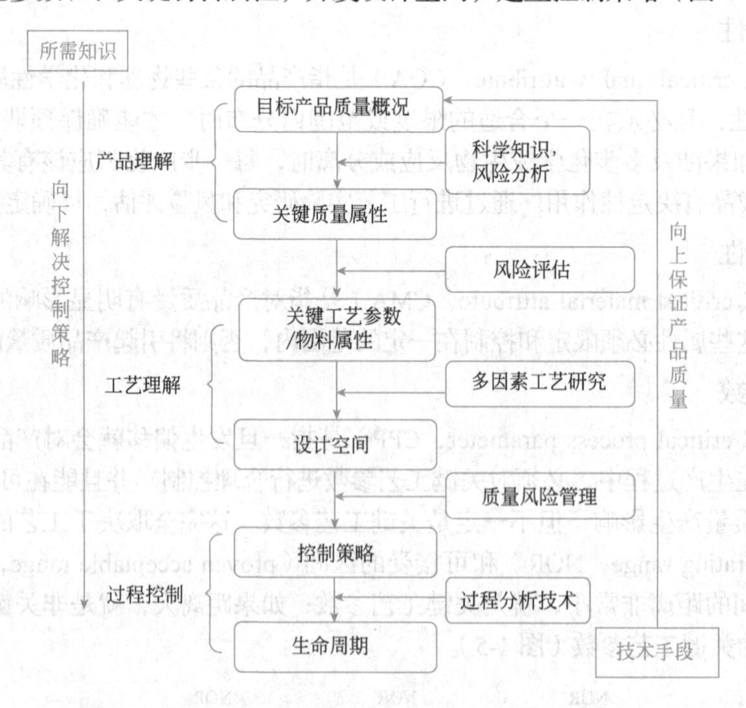

图1-7 QbD的工作流程和实施过程

例如原料药的研发包括5个要素：①识别原料药CQA；②选择合适的生产工艺、规模和设计空间；③识别可能影响原料药CQA的物料属性和工艺参数；④确定物料属性和工艺参数与原料药CQA之间的关系；⑤建立合适的控制策略，包括工艺路线、工艺过程和成品质量等。

QbD 将风险评估和过程分析技术、实验设计、模型与模拟、知识管理、质量体系等重要工具综合起来，应用于药品研发和生产，建立可以在一定范围内调控变量，排除不确定性，保证产品质量稳定的生产工艺。而且，还可以持续改进，实现产品和工艺的生命周期管理。

第四节　制药机械简介

一、制药机械的基本概念

制药机械系指主要用于制药工艺过程的机械。药品生产企业为进行生产所采用的各种机器设备均属于此范畴，其中包括制药设备（如粉碎机、混合机、压片机、流化床、高效包衣机等）和非制药专用的其他设备（如片剂崩解仪、硬度仪、脆碎度仪、溶出仪等）。制药机械的生产制造从属性上来说属于机械工业的子行业之一，为区别制药机械的生产制造和其他机械的生产制造，从行业角度将完成制药工艺的生产设备统称为制药机械。

众所周知，机械设备是将物料转化为产品的工具和载体，也是生产的重要要素之一。制药机械设备与医药工业生产有着十分密切的联系。制药机械设备既是药品生产的手段，同时又是不可忽略的污染因素之一。要生产高质量的药品，必须具有品质精良的制药机械设备。在药品生产过程中，生产任何一种剂型的药品，都需要有一个完整的能完成特定工艺要求的设备系统来执行，在很多情况下，这个系统是由具备各种功能的单台机器组合而成的，其中任何一台设备发生故障，就会影响整个系统的正常运行。

二、制药机械的分类

药物制剂生产的过程主要包括原料的粉碎、筛分、混合、有效成分的提取与纯化、干燥、制粒、胶囊填充、压片、包衣等单元操作，以及其他制剂的均化、配制、过滤、洗瓶、干燥、灭菌、灌封和包装等单元操作。每个单元操作都需要一系列特定的制药机械设备来完成。

按照 GB/T 15682—2008 标准，制药机械产品可分为八大类，即原料药机械及设备，制剂机械及设备，药用粉碎机械，饮片机械，制药用水、气（汽）设备，药用包装机械，药用检测设备，其他制药机械及设备等。

三、制药机械的GMP

（一）GMP 对制药设备的要求

我国 GMP 对直接参与药品生产的制药设备作了指导性的规定，设备的设计、选型、安装均应符合生产要求，易于清洗、消毒和灭菌，便于生产操作和维修与保养，并能防止差错和减少污染。药品生产企业除要求制药设备厂生产、销售的设备应符合 GMP 规定外，并要求有第三方权威机构验证的材料。GMP 对制药设备有以下要求：

① 有与生产相适应的设备能力和最经济、合理、安全的生产运行；

② 有满足制药工艺所要求的完善功能及多种适应性；

③ 能保证药品加工中品质的一致性；

④ 易于操作和维修；

⑤ 易于设备内外的清洗；

⑥ 各种接口符合协调、配套、组合的要求；

⑦ 易安装，且易于移动、有利组合的可能；

⑧ 进行设备验证（包括型式、结构、性能等）。

（二）制药机械 GMP 的实施要求

制药工艺的复杂性决定了设备功能的多样化，制药设备的优劣也主要反映在能否满足使用要求和无环境污染上，一般应符合以下几方面要求。

1. 功能设计要求

功能是指制药设备在指定的使用和环境条件下，完成基本工艺过程的机电运动功能和操作中使药物及工作室区不被污染等辅助功能。随着高新技术的发展，交叉领域新技术的渗入，先进的原理、机构、控制方法及检测手段的应用，使制药设备的功能不断充实和完善，但药品生产对设备的要求越来越苛刻，常规的设计已不能满足制药中洁净、清洗、不污染的要求，因而必须考虑改进或增加制药生产所需的功能。

（1）净化功能

洁净是 GMP 的要点之一，对制药设备来讲包含两层意思，即设备自身不对药物产生污染，也不会对环境形成污染。要达到这一标准就必须在药品加工中，凡有药物暴露的室（区）洁净度达不到要求或有人机污染可能的，原则上均应在设备上设计有净化功能。

不同的设备，净化功能的形式也不尽相同。例如：热风循环干燥设备，气流污染是最主要的，因此需考虑其循环空气的净化；洗瓶、洗胶塞等应考虑工艺用水的洁净度；粉碎、制粒、包衣、压片等粉体机械，应考虑其散尘的控制；灌装设备的防尘需采取特殊的净化方法和装置，并应尽可能考虑在密闭的设备中生产。像一步制粒机将原来多台设备、敞口生产的多道工序合并在一个密闭的内循环的容器内完成，这就是制药过程与净化需求相结合的例子；又如压片机、包衣锅采用密闭的结构，不让粉尘散发出来，也是这类例子。

（2）清洗功能

目前设备多用人工清洗，能在线清洗的不多，人工清洗在克服了物料间交叉污染的同时，常常容易带来新的污染，加上设备结构因素，使之不易清洗，这样的事例在生产中比较多。随着对药品纯度和有效性要求的提高，设备自线清洗（CIP）功能，将成为清洗技术的发展方向。在生产中因物料变更、换批的设备，需容易清洗且拆装方便，所以 GMP 极其重视对制药系统的中间设备、中间环节的清洗及监控，强调对设备清洁的验证。

（3）在线监测与控制功能

在线监测与控制功能主要指设备具有分析、处理系统，能自动完成几个步骤或工序的功能，这也是设备连线、联动操作和控制的前提。GMP 要求药品的生产应有连续性，且工序传输的时间最短。针对自动化水平不高、分散操作、靠经验操作的人机参与比例大的设备，如何降低传输周转间隔，减少人与药物的接触及缩短药物暴露时间，应成为设备设计及设备改进中重要的指导思想。

实践证明，在制药工艺流程中，设备的协调连线与在线控制功能是最有成效的。设备的在线控制功能取决于机、电、仪一体化技术的运用，随着工业 PC 机及计量、显示、分析仪器的设计应用，多机控制、随机监测、即时分析、数据显示、记忆打印、程序控制、自动报警等新功能的开发，使得在线控制技术得以推广。

（4）安全保护功能

药物有热敏、吸湿、挥发、反应等不同性质，不注意这些特性就容易造成药物品质的改变。因此产生了诸如防尘、防水、防过热、防爆、防渗入、防静电、防过载等保护功能，并且有些还要考虑在非常情况下的保护，如高速运转设备的“紧急制动”；高压设备的“安全阀”；粉体动轴密封不得向药物方面泄漏的结构；以及无瓶止灌、自动废弃、卡阻停机、异物剔除等。以往的产品设计中较多注意对主要功能的开发，保护功能相对比较薄弱。应用仪器、仪表、电脑技术来实现设备操作中预警、显示、处理等来代替人工和靠经验的操作，可完善设备的自动操作、自动保护功能，提高产品档次。

2. 结构设计要求

制药设备的结构具有不变性，设备结构（整体或局部）不合理、不适用，一旦投入使用，要改变是很困难的。故在设备结构设计中要注意以下几点。

（1）结构要素

在药物生产和清洗的有关设备中，其结构要素是主要的方面。制药设备几乎都与药物有直接或间接的接触，粉体、液体、颗粒、膏体等性状多样，在药物制备中其设备结构应有利于上述物料的流动、移位、反应、交换及清洗等。实践证明设备内这些部位的凸凹、槽、台、棱角等是最不利物料清除及清洗的，因此要求这些部位的结构要素应尽可能采用大的圆角、斜面、锥角等，以免挂带和阻滞物料，这对固定的、回转的容器及制药机械上的盛料、输料机构具有良好的自卸性和易清洗性是极为重要的。另外，与药物有关的设备内表面及设备内工作的零件表面（如搅拌桨等）上，尽可能不设计台、沟，避免采用螺栓连接的结构。

（2）非主要结构

制药设备中一些非主要结构的设计比较容易被轻视，这恰恰是需要注意的环节。如某种安瓿瓶的隧道干燥箱，结构上未考虑排玻屑，矩形箱底的四角聚积了大量玻屑，与循环气流形成污染，为此要采用大修方式才能得以消除。

（3）与药物接触部分的结构

与药物接触部分的结构均应具有不附着物料的低粗糙度。抛光处理是有效的工艺手段。制药设备中有很多的零部件是采用抛光处理的，故有单面、双面不锈钢抛光板的应用，抛光的物件主要为不锈钢板材、铸件、焊件等。在制造中抛光不到位是经常发生的，故外部轮廓结构应力求简洁，使连续回转体易于抛光到位。

（4）防止润滑剂、清洗剂的渗入

润滑是机械运动所必需的，在制药设备中有相当一部分属台面运动方式。动杆动轴集中、结构复杂，又都与药品生产有关，且设备还有清洗的特定要求。无论何种情况下润滑剂、清洗剂都不得与药物相接触，包括掉入、渗入等的可能性。解决措施大致有两种：一是对药物的阻隔，二是对润滑部分的阻隔，以保证在润滑、清洗中的油品及清洗水不与药物原料、中间体、药品成品相接触。

（5）防止设备自身污染

制药设备在使用中会有不同程度的尘、热、废气、水、汽等产生，对药品生产构成威胁。要消除它们，主要应从设备本身加以解决。每类设备所产生污染的情况不同，治理的方案和结构要求也不同。散尘在粉体机械中是最多见的，像粉碎、混合、制粒、压片、包衣、筛分、干燥等工序，对散尘的设备要求应有捕尘机构；散热散湿的设备应有排气通风装置；非散热的设备应有保温结构。当设备具有防尘、水、汽、热、油、噪声、震动等功能，无论是单台运转还是移动、组合、联动，都能符合使用的要求。

3. 材料选用要求

GMP 规定制造设备的材料不得对药品性质、纯度、质量产生影响，其所用材料需具有安全性、可辨别性及使用强度。因而在选用材料时应考虑设备与药物等介质接触中，或在有腐蚀性、有气味的环境条件下不发生反应，不释放微粒，不易附着或吸湿等，无论是金属材料还是非金属材料均应具有这些性质。

（1）金属材料

凡与药物或腐蚀性介质接触的及潮湿环境下工作的设备，均应选用低含碳量的不锈钢材料铁、钛及钛复合材料或铁基涂覆耐腐蚀、耐热、耐磨等涂层的材料制造。非上述使用的部位可选用其他金属材料，原则上用这些材料制造的零部件均应做表面处理，其次需注意的是同一部位（部件）所用材料的一致性，不应出现不锈钢配用普通螺栓的情况。

（2）非金属材料

在制药设备中普遍使用非金属材料，选用这类材料的原则是无毒性、不污染，即不应是松散状的或掉渣、掉毛的。特殊用途的还应结合所用材料的耐热、耐油、不吸附、不吸湿等性质，密封填料和过滤材料尤其应注意卫生性能的要求。

4. 外观设计要求

制药设备使用中涉及换品种、换批号等，且很频繁，为避免物料的交叉污染、成分改变和发生反应，清除设备内外部的粉尘、清洗黏附物等操作与检查是必不可少且极为严格的。GMP 要求设备外形整洁就是为达到易清洁彻底而规定的。

（1）强调对凸凹形体的简化

这是对设备整体以及必须暴露的局部来讲的，也包括某些直观可见的零件。依据 GMP，进行形体的简化可使设备常规设计中的凸凹、槽、台变得平整简洁，减少死角，可最大限度地减少藏尘积污，易于清洗。

（2）内置、内藏式设计

对与药品生产操作无直接关系的结构，应尽可能设计成内置、内藏式。如传动等部分即可内置。

（3）包覆式结构设计

包覆式结构是制药设备中最多见的，也是最简便的手段。将复杂的机体、本体、管线、装置用板材包覆起来，以达到简洁的目的。但不能忽视包覆层的其他作用，如有的应有防水密封作用，有的要有散热通风作用（需开设百叶窗），有的要考虑拆卸以便检修。采用包覆结构时应全面考虑操作、维修及上述的功能要求。

5. 设备接口要求

在 GMP 系统中，设备与厂房设施、设备与设备、设备与工程配套设施之间都存在互相影响与衔接的问题，即接口关系。设备的接口主要是指设备与相关设备、设备与配套工程方面的，这种关系对设备本身乃至一个系统都有着连带影响。

（1）接口与设备的关系

接口就设备本身来讲，有进口、出口之分。进口指进入设备中工作介质（蒸汽、压缩空气、原料、水等）的连接装置及材料、物料传送的输入端；出口则指设备使用中所排废水、汽、尘等传送部分的输出端。一些生产实例表明，接口问题对设备的使用以及系统的影响程度是不应低估的。例如：设备气动系统气动阀前无压缩气过滤装置，阀被不洁气体、污物堵塞产生设备控制事故机障；纯水输水管系中有非卫生的管路泵造成水质下降；多效蒸馏水机排水出口安装成非直排结构致使容器气堵；以及传送设备、器具不统一、不配套等都反应在接口问题上。所以接口的标准化及系统化配套设计是设备正常使用和生产协调的关键。

（2）设备与设备的相互连接关系

特别强调制药工艺的连续性，要求缩短药物、药品暴露的时间，减小被污染的概率，制药设备连线、联动就成为其发展的趋向，因此设备与相关设备无论连线、可组合或单独使用，都应考虑相互接口的通入、排出、流转性能。在非连续、不具备连线设备居多的情况下，单元操作较为普遍，从而致使药物要随工艺多次传送，洗好的瓶要放着待用、灌装时要人工振动，污染因素就会增多。

（3）设备与工程配套设施的接口问题

此问题比较复杂，设备安装能否符合 GMP 要求，与厂房设施、工程设计有很大关系。通常工程设计中设备选型在前，故设备的接口又决定着配套设施，这就要求设备接口及工艺连线设备要标准化。

6. 设备 GMP 验证

GMP 始终把药品生产验证作为重要的工作内容，无论什么验证，设备都无一例外地成为验证过程中主要受检的硬件，如对灭菌设备的验证，包括灭菌釜内热分布的测量及热穿透的性能试验。因此新型的灭菌釜都留有验证孔口。

四、制药机械的发展

（一）国内制药机械的发展

制药机械是制药行业发展的手段、工具和物质基础。随着中国加入 WTO，以及 GAP、GMP、GLP、GSP 等规范的实施，中国制药工业得到了迅速发展。截至 2023 年底，我国规模以上医药工业企业超过 1 万家。

1998 年，国家药品监督管理局制定了分步骤、分品种、分剂型组织实施 GMP 认证的规划，为了在规定的期限内使自己的企业能够从硬件系统（厂房、设备、设施）和软件系统（SMP、SOP、其他各种管理文件）两方面达标完成认证工作，全国各地各药厂进行了 GMP 改造工作。各地医药设计院、制药企业和制药装备行业协会狠抓制药设备引进、仿制、消化工作，新的制药设备不断出现。全国制药机械厂从开始的近百家迅速发展到 960 家之多。这些制药机械厂主要分布在江浙沿海地区、上海、长沙、北京、南京及其周边地区。制药设备产品的品种系列已基本满足医药企业的需要，总计已有 3000 多个品种规格。在这门类繁多的产品中，不但有先进的符合 GMP 要求的单机设备，而且还有整套全自动生产机组。不仅为国内医药企业的基本建设、技术改造、设备更新提供了大量的优质先进装备，而且还出口到美国、英国、日本、韩国、俄罗斯、泰国、印度尼西亚、马来西亚、菲律宾、巴基斯坦等 30 多个国家或地区。由于产品质量稳定可靠、售后服务及时、价格低廉实惠、深受国内外用户的欢迎和青睐。

中国制药机械随着制剂工艺的发展和新型品种的日益增长而发展，一些新型先进的制药机械的出现又将先进的工艺转化为生产力，促进了制药工业整体水平的提高。近年制药机械新产品不断涌现，如高效混合制粒机、高速自动压片机、大输液生产线、口服液自动灌装生产线、电子数控螺杆分装机、水浴式灭菌柜、双铝热封包装机、电磁感应封口机等。这些新设备的问世，为中国制剂生产提供了相当数量的先进或比较先进的制药设备，一批高效、节能、机电一体化、符合 GMP 要求的高新技术产品为中国医药企业全面实施 GMP 奠定了设备基础。

中国制药机械与国际先进水平相比，自控水平、品种规格、稳定性、可靠性、全面贯彻 GMP 等方面还存在差距，面对 cGMP 对制药机械的要求，制药机械企业必须加强技术创新，应做到以下几点：①制药机械均应尽可能封闭、自控，以防止粉尘外扬。②人机界面操作更趋向于人性化，易操作、易维修；运用高科技手段如模块化，对设备每个动作进行工艺参数的状态显示及控制，防止差错。③减少机械传动的模式，以伺服驱动机构来取代，减少污染；改进机械结构，提高加工精度，防止机械传动机构漏油、漏气等。④有工艺要求的单机尽量考虑配置 CIP、SIP 系统，便于更换产品品种时用，以彻底防止交叉污染，并配备打印记录。⑤机器工作表面和周边区域表面应无死角、平整与光滑。对药品、药液更换品种时，设备便于清洗、消毒，清洗应无死角。

（二）国外制药机械的发展

国外制药机械发展的特点是向密闭生产、高效、多功能、提高连续化和自动化水平发展。1969 年，第 22 届世界卫生组织大会提出的 GMP 已被许多成员国认可并执行。因此，国外几十年来研制药品生产的设备和取得的进展都是围绕设备如何符合 GMP 为前提，而且为了获得对药品质量的更大保障和用药的安全感，不断采取措施使药品质量的保证更为可靠、更为全面。制药机械的密闭生产和多功能化，除了提高生产效率、节省能源、节约投资外，更主要的是符合 GMP 的要求，如防止生产过程对药物可能造成的各种污染，以及可能影响环境和对人体健康的危害等因素。

集多功能为一体的设备都是在密闭条件下操作的，而且往往都是高效的。制药机械的多功能化缩短了生产周期，减轻了生产人员的操作和物料输送，必然要与应用先进技术、提高自动化水平相适应，这些都是 GMP 实施中对制药机械提出的要求，也是近年来国外制药机械发展的结果。

固体制剂中混合、制粒、干燥是片剂压片之前的主要操作，围绕这个课题，国外几十年来一直投入大量技术力量研究新工艺，开发新设备，使操作更能满足 GMP 的要求。虽然 20 世纪 60 ～ 70 年代开发的流化床喷雾制粒器和 20 世纪 70 ～ 80 年代开发的机械式混合制粒设备（如 Gral 强化混合制粒机、高速混合制粒机、Diosna 高速混合制粒机等）仍在发挥其作用，具有较广泛的使用价值和实用性。但是随着新工艺的开发和 GMP 的进一步实施，国外开发了大量的多功能混合、制粒、干燥为一体的高效设备，不仅提高了原有设备水平，而且满足了工艺革新和工程设计的需要（见图 1-8）。

图1-8　多功能混合、制粒、干燥一体机

20 世纪 70 年代问世的离心式包衣制粒机已为制剂工艺提供了制作缓释颗粒剂或药丸的多层包衣需要，但随着制剂新工艺、新剂型的需要，国外又开发了一些新型包衣、制粒、干燥设备。有的是适合于大批量全封闭自动化生产，具有高的生产效率（如 Huttlin 包衣、造粒、干燥装置），有的是无需溶剂即可进行连续化操作的熔融包衣，且又无需再进行干燥（如多功能连续化熔融包衣装置），这些都是对颗粒进行包衣的先进装置。

注射剂设备方面，国外已把新一代的设备开发与工程设计中车间洁净要求密切结合起来。如在水针剂方面，入墙层流式新型针剂灌装设备，机器与无菌室墙壁连接混合在一起，操作立面离墙壁仅 500 mm，当包装规格变动时更换模具和导轨只需 30 min。检修可在隔壁非无菌区进行，维修时不影响无菌环境。机器占地面积小，更主要的是大大减少了洁净车间中 100 级平行流所需的空间，既节能又可减少工程投资费用，而更深的含义在于进一步保证了洁净车间设计的要求。

吹气 / 灌装 / 密封系统（简称“吹灌封”）是成套专用机械设备，从一个热塑性颗粒吹制成容器到灌装和密封，整个过程由一台全自动机器连续操作完成。“吹灌封”技术在大容量注射剂中运用较多，近年欧美国家在塑料安瓿水针剂与滴眼剂中也有较多运用。由于我国 GMP 对此没有具体规定，所以在生产实践中，药厂大多按照设备供货商提出的技术及环境要求和建议，再结合中国 GMP 对操作环境不同的净化要求来实施，以至于国内“吹灌封”生产工艺良莠不齐。同样，由于我国 GMP 对此没有具体规定，使得在欧洲运用很广的塑料安瓿水针这一剂型在我国没能推广。

又如在粉针剂设备方面可提供灌封机与无菌室为组合的整体净化层流装置，它能保证有效的无菌生产，而且使用该装置的车间环境无需特殊设计，即能实现自动化。其他还有隔离层流式等。总之把装备的更新、开发与工程设计更紧密地结合在一起，这样在总体工程中体现了综合效益，这些就是国外工业先进国家近年来在制药机械研制开发方面的新思路、新成果。

欧盟 GMP 中规定了无菌药品生产隔离操作技术，其宗旨是使设备能依靠屏障类隔离系统在两个不同洁净等级环境之间进行隔离，或者通过系统将人与实际生产环境相对隔离开。采用隔离操作技术能最大限度降低对操作人员的影响，并大大降低无菌生产环境中产品被微生物污染的风险。制药机械隔离化技术常有以下多种形式：手套式操作、封密仓、快速交换传递口、充气式密封、空气锁、装袋进出、管路密封输送、机械手等自动控制装置。隔离操作器及其所处环境的设计，保证相应区域空气质量达到设定标准，传输装置可设计成单门的、双门的，甚至可以是同灭菌设备相连的全密封系统。该技术在我国 GMP 中尚未涉及。

国外制剂生产和药品包装线在向自动化、连续化发展。从片剂车间看，操作人员只需要用气流输送将原辅料加入料斗和管理压片操作，其余可在控制室通过一个管理的计算机和控制盘完成。药品包装生产线的特点是各单机既可独自运转又可连成自动生产线，主要是广泛采用了光电装置和先进的光纤技术等以及计算机控制，使生产线实现在线监控，自动剔除不合格品，保持正常运行。

此外，新技术在包装线上的应用也在不断扩大，如电磁感应式瓶口铝箔封口机、无油墨激光打印机等均在药品包装上得到广泛使用。

（吴琼珠　刘珊珊）

思考题

1. 什么是药物制剂工程学？主要内容有哪些？
2. 什么是 GMP ？其主要内容有哪些？检查对象包括哪些方面？
3. 什么是 ICH ？ ICH 指导原则包括哪四个方面？
4. 什么是质量源于设计？其主要内容有哪些？
5. 简述制药机械的分类。
6. 简述 GMP 对制药机械的要求。

参考文献

[1] 元英进，赵广荣，孙铁民. 制药工艺学. 2版. 北京：化学工业出版社，2017.
[2] 李亚琴，周建平. 药物制剂工程. 北京：化学工业出版社，2008.
[3] 张洪斌，汤青，郑鹏武. 药物制剂工程技术与设备. 2版. 北京：化学工业出版社，2010.
[4] 邢永恒. 药品GMP教程. 北京：化学工业出版社，2015.
[5] 周海钧. 人用药品注册技术规范国际协调会（ICH）. 中国药学杂志，1996，31（10）：627-629.
[6] 孙智慧. 药品包装学. 北京：中国轻工业出版社，2015.
[7] 邓才彬，王泽. 药物制剂设备. 北京：人民卫生出版社，2009.
[8] 陈燕忠，朱盛山. 药物制剂工程. 3版. 北京：化学工业出版社，2018.
[9] 方亮. 药剂学. 8版. 北京：人民卫生出版社，2016.
[10] 国家药典委员会. 中华人民共和国药典. 2020年版四部. 北京：中国医药科技出版社，2020.

第二章
制剂工程设计

本章学习要求

1. 掌握：制剂工程设计的基本程序、制剂车间设计的一般原则、制剂车间的布置、工艺流程设计的原则和任务、工艺设备的设计和选型。

2. 熟悉：制剂工程设计的重要性、制剂工程基本设计、工艺流程设计的重要性、工艺流程设计的基本程序、管道设计、空调净化系统设计、公用工程设计。

3. 了解：工艺流程设计的成果、工艺流程设计的技术处理、制剂工程计算、设备的安装。

第一节 概 述

制剂工程设计是将制剂工程项目按照其技术要求，由工程技术人员用图纸、表格及文字的形式表达出来，是一项涉及面很广的综合性技术工作。制剂工程设计的研究对象就是如何组织、规划并实现药物制剂的大规模工业化生产。其目的是要保证所建药物制剂生产厂符合《药品生产质量管理规范》（GMP）及其他技术法规要求，在技术上可行，经济上合理，安全有效，易于操作。其最终成果是建设一个运行安全、生产高效的药物制剂生产工厂或车间。

一、制剂工程设计的基本要求

制剂工程设计是根据各类制剂的特点对其生产厂房或车间进行合理的工程设计，是一项技术性很强的工作。各类制剂因其特点不同，其工程设计亦有所差异，但均应遵循以下基本要求：

① 严格执行现行 GMP，使制剂生产在环境、厂房与设施、设备、工艺布局等方面符合 GMP 要求。

② 严格执行国家及省市地方相关法规、法令，确保环境保护、消防、职业安全、卫生、节能设计与制剂工程设计同步。

③ 对工程实行统一规划，合理使用工程用地，同时还应结合医药产品的生产特点，尽可能采用生产厂房连片一次性设计，一期或分期建设。

④ 设备选型宜选用先进、成熟、自动化程度高的设备。

⑤ 公用工程的配套和辅助设施的配备均以满足项目工程生产需要为原则，并考虑与预留设施或发展规划的衔接。

⑥ 为方便生产车间进行成本核算和生产管理，一般各车间的水、电、汽、冷单独计量。仓库、公用工程设施、备料以及人员生活用室（更衣室）统一设置，按集中管理模式予以考虑。

总之，制剂工程设计应适应市场需求，满足生产需要，控制成本，同时在设计过程中，注重智能制造、连续制造、自动化生产等先进技术的应用，以保障制剂产品安全有效。

二、制剂工程设计的工作程序

制剂工程设计项目从设想提出、立项设计到交付生产运行，一般经过如图 2-1 所示工作程序。此工作程序一般可分为三个阶段：**设计前期工作阶段、设计中期工作阶段和设计后期工作阶段**。在不同的阶段中，所进行的工作有所不同，但这些阶段又是相互交织渗透和逐步推进的。

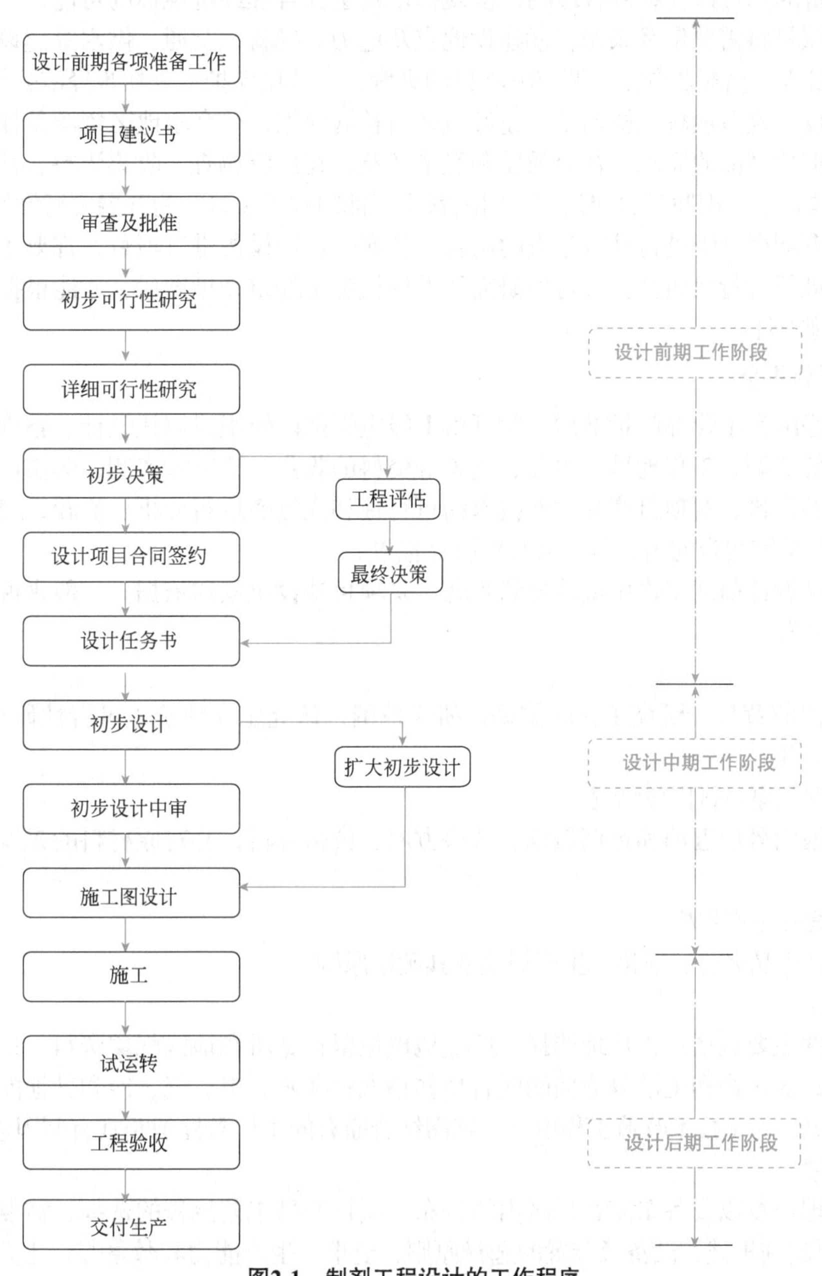

图2-1　制剂工程设计的工作程序

（一）设计前期工作阶段

工程设计前期工作的目的和任务是对项目建设进行全面分析，研究产品的社会需求和市场、项目建设的外部条件、产品技术成熟程度、投资估算和资金筹措、经济效益评价等，为项目建设提供工程技术、工程经济、产品销售等方面的依据，以期为拟建项目在建设期能最大限度地节省时间和投资，在生产经营时能获得最大的投资效益奠定良好的基础。

工程设计前期工作的主要内容有项目建议书、可行性研究报告和设计任务书等。在此阶段提出欲建制剂工程项目的设置地区、生产制剂的类别、年产量、项目投资及分配、生产工艺技术方案、原辅料来源、制剂机械设备和其他材料的供应，以及实施项目必需的非工艺条件、其他辅助设施配套等。

1. 项目建议书

项目建议书一般包括：①项目名称、建议理由；②承办企业的基本情况；③产品名称、质量规格、国内外需求预测，以及预期的市场发展趋势、销售及价格分析；④拟采用的工艺介绍、优缺点及技术来源；⑤主要设备的选择研究；⑥合理的经济规模以及达到合理经济规模的可能性；⑦生产规模、销售方向；⑧主要原材料需要量及来源；⑨建设地点及电力、燃料、交通、供水等建设条件，以及协作配套情况；⑩项目投资估算及资金来源；⑪ 项目的进度；⑫ 环境保护；⑬ 初步经济分析等。

对于新建或技术改造项目，根据工厂建设地区的长远规划，结合本地区资源条件、现有生产能力的分布、市场对拟建产品的需求、社会效益和经济效益，在广泛调查、收集资料、踏勘厂址、基本弄清工程立项的可能性后，编写项目建议书，向国家主管部门推荐项目，为开展可行性研究提供依据。

国家规定所有利用外资进行基本建设的项目、技术引进和设备进口项目，都要事先编制项目建议书，经批准后再进行可行性研究。可行性研究和设计任务书经审查批准后，才能根据批准内容与外商正式签约，再实施设计。

2. 可行性研究报告

项目建议书经国家主管部门批准后，即可由上级主管部门组织或委托设计、咨询单位进行可行性研究，进一步做好资源、工程地质、水文、气象等资料的收集、研究和实测，落实产品市场、项目资金来源和经济效益评价，对项目产品生产技术的可行性和先进性进行分析、比较，对工程建设的风险进行预测，然后按国家规定的内容编写可行性研究报告。

可行性研究是设计前期工作中最重要的步骤，是项目建设决策的依据。一般来说，可行性研究报告主要包括以下内容：

（1）总论

说明项目提出的背景，研究工作的依据，研究范围，研究工作评价（可行性研究的结论、提要、存在的主要问题）等。

（2）市场预测及原材料供应情况

阐述产品在国内外的近期和远期需求、销售方向、价格分析，并对原材料的来源、供应量等情况进行说明。

（3）产品方案和生产规模

扼要说明项目产品名称、规格、生产规模及其确定原则。

（4）建设条件

项目建设条件主要包括：①厂址选择、厂址地理位置；②所在地区气象资料、地质地形条件、水文、地震等情形；③生产和生活等方面的配合协作情况；④水、电、气、冷和其他能源供应；⑤交通运输、三废排放等。对于技术改造工程项目，则需结合原有的工厂条件阐明其有利因素。

（5）设计方案

阐明厂区地理位置以及各车间在厂区内的分布；项目产品工艺流程的选择，需要的工艺过程（以框图表示）；主要制剂机械、设备及装置的选择原则、要求、生产能力和数量等；主要原材料来源及消耗；车间布置原则及方案（多层车间需说明各层分布情况）；厂房的建筑设计和结构设计方案、公用系统设计方案等。其中，公用系统设计方案包括：①生产、生活、消防、给排水方案；②配电设计范围、供电电源、车间环境特征，如防爆、洁净度要求、负荷计算、配电设备选型、配电方式及线路敷设、照明设备选择、照度标准及线路敷设、防雷与接地等；③冷冻空压的用冷量和用气量，主辅机设备选型及水电消耗量；④采暖通风设计的室外气象条件，室内设计参数，系统划分及电、气、冷消耗量；⑤厂（车间）内通信和火灾报警系统等；⑥辅助设施，如仓储与运输能力、生活设施、维修等。分析和评价项目工艺生产技术和设计方案的可行性、可靠性和先进性，技术来源和技术依托。

（6）职业安全卫生

阐述项目的防爆、防火、防噪、防腐蚀等安保技术及消防措施，确保职工生产安全；说明为保证项目产品达到GMP要求所采取的人净措施和各制剂车间净化区域的洁净度级别及净化措施。

（7）环境保护

阐述项目建设地点，周围地域环境特征、厂区绿化规划、生产污染情况。

（8）管理体制和人员

项目的全面质量管理机构和劳动定员、组成及来源。

（9）关于GMP实施要求

说明工程队管理人员、技术人员和生产工人的科学文化知识、GMP概念等知识结构的要求，有关GMP专门培训的培训对象、目标、主要内容和步骤，旨在软件方面建立一套结合国情并能符合GMP要求的各项管理系统和制度，使项目无论是硬件还是软件，都能达到先进水平。

（10）项目实施计划

对项目立项、落实资金渠道、可行性研究及论证、初步设计、施工图设计、设备预购、施工、验收设备、竣工和试生产等各阶段提出时间进度安排计划。

（11）项目投资估算和资金筹措

对项目的建筑工程、设备购置、安装工程及其他（如配电增容、厂区绿化、勘察、咨询、工程设计、前期准备）投资费用进行估算，并说明建设资金筹措方式和资金逐年使用计划。项目资金若为贷款或有贷款，须明确贷款利率及偿还方式。

（12）财务评价

估算产品成本、依照项目投产后的生产负荷计算销售收入、利税和税后纯收入，然后按项目总投入进行分析，评价项目的静态效益（投资利润率、投资利税率、投资收益率、投资回收期）、动态效益（内部收益率、财务净现值）和资金借贷偿还期。进行盈亏平衡及敏感性分析，计算盈亏平衡点（break even point，BEP），评价影响内部收益率的变化因素。

（13）可行性研究结论

对建设项目的技术可靠性、先进性、经济效益、社会效益、产品市场销售给出结论，对项目的建设和经营风险给出结论，并列述项目建设存在的主要问题。可行性研究报告编制完成后，按照分级管理权限，区分不同规模、不同性质的项目，分别报送有审批权的部门审查批准。

3. 设计任务书

设计任务书，又称计划任务书，是工程建设中非常重要的指导性文件。它是根据可行性研究报告及批复文件编制的。编制设计任务书阶段，要对可行性研究报告优选的方案再深入研究，进一步分析其优缺点，落实各项建设条件和外部协作关系，审核各项技术经济指标的可靠性，比较、确定建设厂址方案，核实建设投资来源，为项目的最终决策和编制设计文件提供科学依据。可以说设计任务书是指导和制约工程设计和工程建设的决定性文件，有了设计任务书，项目可以进行初步设计和建设前期的准备工作。

设计任务书主要包括：①建设的目的和依据；②建设规模和产品方案；③技术工艺、主要设备选型、建设标准和相应的技术经济指标；④资源、水文地质、工程地质条件；⑤原材料、燃料、动力、运输等协作条件；⑥环境保护要求，资源综合利用情况；⑦建设厂址、占地面积和土地使用条件；

⑧建设周期和实施进度；⑨投资估算和资金筹措；⑩企业组织劳动定员和人员培训设想；⑪ 经济效益和社会效益等。

设计任务书应按照建设项目的隶属关系，由主管部门组织建设单位委托设计单位或工程咨询单位进行编制，再报送有审批权的部门审批。

（二）设计中期工作阶段

根据已批准的设计任务书或可行性研究报告，可以开展设计工作，这样可通过技术手段把可行性研究报告和设计任务书的构思和设想变成现实。一般根据计划任务书的规定，按照工程的重要性、技术的复杂性可将设计分为三段式设计、两段式设计或一段式设计三种情况。

三段式设计包括初步设计、扩大初步设计和施工图设计；两段式设计包括扩大初步设计和施工图设计；一段式设计只有施工图设计。

对于重大工程，可以采用比较新颖和比较复杂的生产技术的工程，为保证设计质量可采取三段式设计；而设计技术成熟的中、小型工程项目，为简化设计步骤，缩短设计时间，可将初步设计和扩大初步设计合并为扩大初步设计，扩大初步设计经过审批后即可着手施工图设计，即两段式设计；对于技术上比较简单、规模较小的工程项目，经主管部门同意，可直接进行施工图设计，即一段式设计。目前，我国的制剂工程项目，一般采用两段式设计。

1. 初步设计

初步设计的开展必须有已批准的可行性研究报告和必要的基础资料及技术资料。设计单位在接受建设单位直接委托项目或参与投标中标项目后，对建设单位提出的可行性研究报告有重大不合理的问题应与建设单位共同商议，提出解决办法，并报上级批准后，编制设计任务书，进行初步设计。

初步设计工作基本程序：初步设计准备、制定设计方案、签订资料流程、互提条件及中间审查、编制初步设计文件、成品复制、发送及归档。具体工作程序如图 2-2 所示。

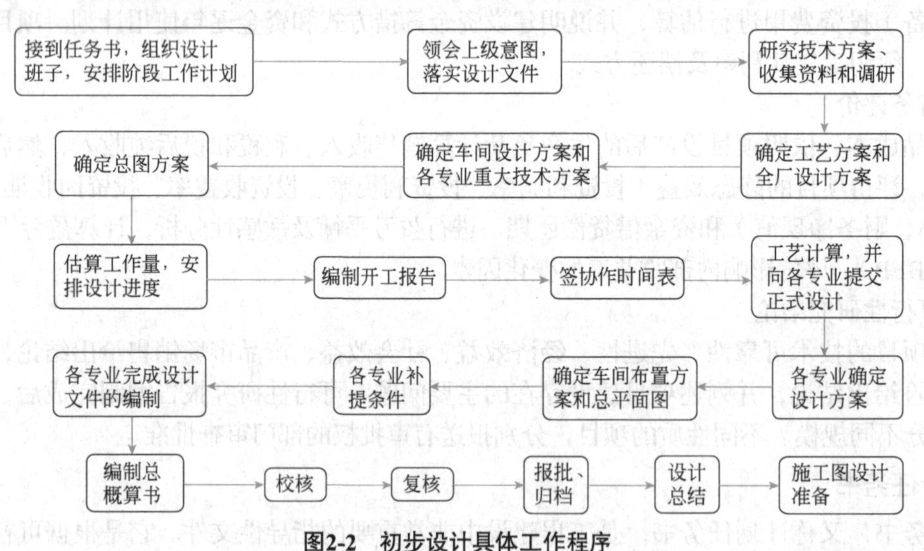

图2-2　初步设计具体工作程序

初步设计内容主要包括：项目概况；设计依据；设计指导思想和设计原则；产品方案及设计规模；生产方法工艺流程；原料及中间产品的技术规格；工艺物料衡算；热量衡算；工艺主要原材料及公用系统消耗；车间（设备）布置；工艺机械设备选择与说明；工艺区域布置；工艺过程控制；仪表及自动控制；土建；采暖通风与空调公用工程（给排水、电气、供热和外管道等）；原辅料及成品储运；车间维修；职业安全卫生；环境保护；消防；节能；项目行政编制及车间定员；工程概算及财务评价；存在问题及处理建议。

初步设计文件主要有：初步设计说明书、初步设计图纸、设计表格、计算书和设计技术条件、初步设计的审查和变更等。

（1）初步设计说明书

① 设计依据和设计范围：文件（任务书、批文等）；设计资料（中试报告、调查报告等）。

② 设计指导思想和设计原则：设计指导思想（关于工程设计的具体方针政策和指导思想）；设计原则（各专业设计原则，如工艺路线选择、设备选型和选用原则等）。

③ 建设规模和产品方案：产品、产品方案及包装方式（以列表方式说明产品品名、处方、规格、年产量、理化性质、包装方式、备注等）；生产制度与设计规模（确定年工作或生产日、日工作班次、各品种年生产量 / 班）。

④ 生产方法、工艺过程及流程简述：生产方法（扼要说明制剂处方组成和制备工艺）；工艺过程及工序划分（按照各剂型和制剂品种的具体工艺要求进行工序划分）；工艺流程简述（带控制点工艺流程图和流程叙述，按生产工艺工序，物料经过工艺设备的顺序及单元设备操作及操作参数表化时序表，标明主要操作条件，如温度、流量、压力、时间等）；绘制工艺流程框图。

⑤ 原料及中间产品的技术规格：原料、辅料的技术规格；中间产品及产品的技术规格。

⑥ 工艺物料计算：基础计算数据（说明年工作日、日工作班次、班有效工作时间、分步投料量、收率等计算依据）；原料及其他辅料、包装材料的名称、规格、标准、单位、日消耗量、年消耗量、来源地的运输方式（以列表方式）；三废的组成及其排放量，按废气（粉尘）、废水（废液）、废固分类列出三废的名称、组成及特性数据，排放特性如温度、压力、排放方式（连续排放或间歇排放），日排放量和排放地点等；绘制工艺物料平衡（流程）图。

⑦ 工艺能量及公用系统计算

a. 计算基础数据。各种单元设备操作过程的热效应、物料的热力学性质数据、车间公用系统（水、电、汽、压缩空气）及管道设计控制参数。

b. 列出单元设备公用系统的使用规格，并计算其消耗量。按照工艺控制参数，计算制剂生产过程各单元设备或岗位使用的公用系统负荷。例如，新建一个生产颗粒剂、胶囊剂、片剂、冻干粉针剂的综合制剂车间，涉及的公用系统如饮用水、纯水、循环水、注射用水、设备用电、蒸汽等的使用规格和负荷，可以按表 2-1 分别列出。

c. 计算并列出工艺过程公用系统的使用规格及 24h 范围内的消耗量数据，见表 2-2 所示。

表 2-1　饮用水负荷表

序号	设备或岗位	数量 / 台	使用时间 /h	用量 /（m^3/h）		日耗量 /m^3	备注
				最大	最小		
1	纯水制备						
2	铝塑包装						
3	一般工衣清洗						
4	洁净工衣清洗						
5	清洗及其他						

表 2-2　综合制剂车间工艺过程公用系统消耗

序号	名称	单位	规格	每小时最大量	日耗量	备注
1	饮用水	m^3				
2	循环水	m^3				
3	蒸汽	t				
4	供电	kW				

⑧ 工艺设备选型与计算：工艺设备选型与设备选材的原则；主要设备选型与计算；工艺设备一览表。

⑨ 工艺平面布置：车间平面布置原则；车间布置说明，包括对生产部分、辅助生产部分、生活部分的区域划分，生产流向、防毒、防爆的考虑等；设备布置平面图与立面图。

⑩ 工艺流程控制：主要工艺流程化验分析控制；车间分析化验室的设置。

⑪ 仪表及自动控制：控制方案说明，具体表现在带控制点的工艺流程图上；控制测量仪器设备汇总表。

⑫ 土建：设计说明；车间（装置）建筑物、构筑物表；建筑平面、立面、剖面图。

⑬ 采暖通风及空调。

⑭ 公用工程：供电（设计说明，包括电力、照明、避雷、弱电等；设备、材料汇总表）；供排水（供水；排水，包括清下水、生产污水、生活污水、蒸汽冷凝水；消防用水）；蒸汽（各种蒸汽用量及规格等）；冷冻与空压（冷冻、空压设备及材料汇总表）。

⑮ 设备安装：说明厂房结构、建筑面积；厂房内各种工艺生产设备总台（件）数、总重量，最大设备的外形尺寸，最重设备的重量；设备的保温方式和保温材料用量，设备的安装和运输方式等。

⑯ 原辅料及产品储运。

⑰ 车间维修。

⑱ 职业安全卫生。

⑲ 环境保护：三废情况表；处理方法及综合利用途径。

⑳ 消防。

㉑ 节能。

㉒ 车间定员：生产工人、分析工、维修工、辅助工、管理人员等。

㉓ 概算。

㉔ 工程技术经济

a. 投资。

b. 产品成本（计算数据：各种原料、中间产品的单价和动力单价依据；折旧费、工资、维修费、管理费用依据。成本计算：原辅料和动力单耗费用；折旧、工资、维修、管理费用及其他费用；产品工厂成本）。

c. 技术经济指标：规模；年工作日；总收率、分布收率；车间定员（生产人员与非生产人员）；主要原材料及动力消耗；建筑与占地面积；产品车间成本；年运输量（运进与运出）；基建材料；三废排出量；车间投资。

㉕ 存在的问题及建议。

（2）设计图纸

设计图纸包括：①工艺流程框图（置于说明书内）；②工艺物料平衡图（置于说明书内）；③工艺区域平面布置图；④工艺设备平面布置图；⑤带控制点工艺流程图；⑥给排水平面布置图；⑦空调系统流程图；⑧送风、回风管布置图。

（3）设计附表

设计附表包括：①工艺设备一览表；②自控设备一览表；③环保设备一览表；④空调系统设备一览表；⑤电气设备一览表；⑥质检设备一览表。

（4）初步设计的审查和变更

对于工程项目的初步设计文件，按隶属关系由主管部门或投资方审批，特大或特殊项目，由国家发改委报国务院审批。具体项目的建设审批程序可查询各地建设主管部门的网站。必须经过原设计文件批准机关的同意才能变更已经过批准的设计文件。

2. 扩大初步设计

扩大初步设计一般是根据已批准的初步设计，解决初步设计中存在的和尚未解决的而需要进一步研究解决的一些技术问题，如特殊工艺流程方面的试验、研究和确定，新型设备的试验、创造和确定等，使之进一步明确化、具体化。

扩大初步设计的成果是技术设计说明书和工程概算书，其设计说明书内容同初步设计说明书，只是根据工程项目的具体情况进行了相应增减。

3. 施工图设计

施工图设计是根据已批准的（扩大）初步设计文件，进行施工图绘制，并编写必要的文字说明书和工程预算书，为施工提供依据和服务。本阶段的设计成品是详细的施工图纸、施工文字说明、主要原材料汇总表及工程量。

（1）施工图设计

施工图设计主要包括：各种设备、材料的订货、备料；各种非标设备的制作；工程预算的编制；土建、安装工程的要求。

（2）施工图内容

施工图内容由文字说明、表格和图纸三部分组成，主要包括：图纸内容设计说明；管道及仪表流程图（piping and instrumentation diagram，PID）；设备布置图；设备一览表；设备安装图；设备地脚螺栓表；管道布置图；软管站布置图；管道及管道特性表；管架表；弹簧表；隔热材料表；防腐材料表；综合材料表；设备管口方位表等。

（3）施工图设计工作程序

施工图设计工作程序见图 2-3。

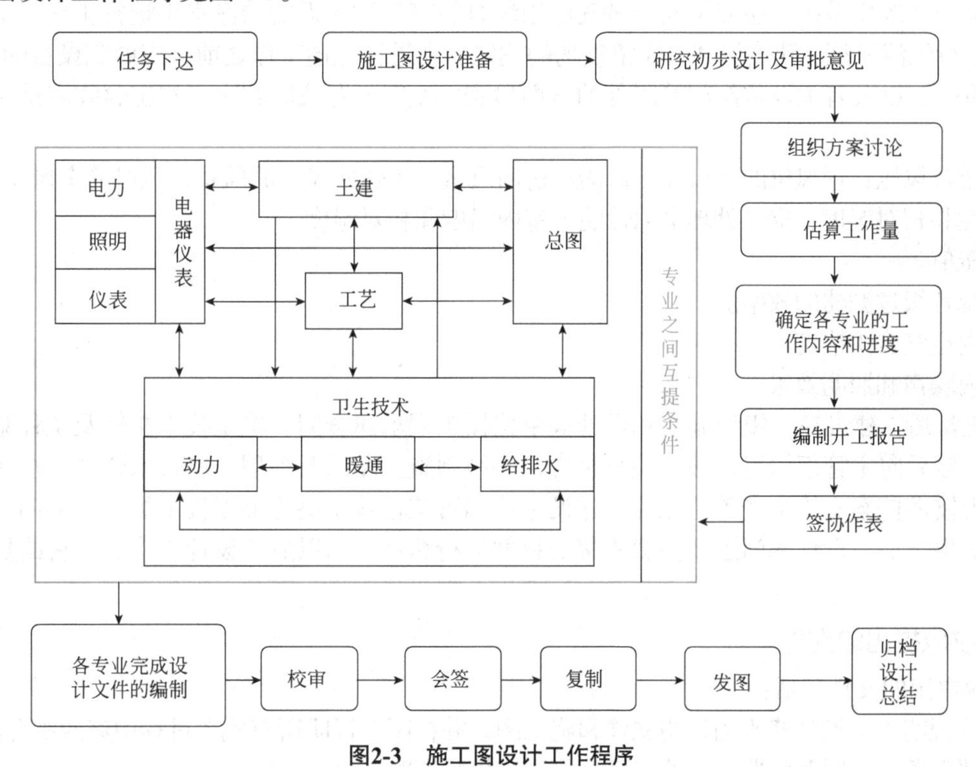

图2-3　施工图设计工作程序

（三）设计后期工作阶段

设计完成后，设计人员对项目建设进行施工技术交接，还要深入施工现场指导，了解和掌握施工情况，确保施工符合设计要求，同时能及时发现和纠正施工图中存在的问题，并参与设备安装、调试、试运转和工程验收，直至项目运营。

1. 施工

施工中凡涉及方案问题、标准问题和安全方面问题的变动，都必须首先与设计部门协商，待取得一致意见后，方可改动。方案是经过可行性研究阶段、初步设计阶段和施工图阶段慎重考虑后确定的，并与其他专业有密切联系，施工中若轻易改动，势必会影响到竣工后的使用要求。标准的改动涉及投资的增减。而安全方面的问题更是至关重要。其中不仅包括结构的安全问题，而且包括洁净厂房设计中建筑、暖通、给排水和电气专业所采取的一系列安全措施，如建筑防火区的划分，暖通和气体动力专业的防火阀，给排水专业的消防设施，以及电气专业报警装置。这些措施对于竣工投产后的安全运行是不可缺少的，因此都不得随意改动。

高效和亚高效过滤器的安装，应符合以下要求：安装时间应严格控制，在土建施工、净化空调系统施工完毕，系统经过检查、擦拭并吹洗运转 12 h 后方能进行；在进行安装时方可将高效或亚高效过滤器从保护袋中取出，进行透光目视检查，凡滤纸破损、漏胶和外框变形者，不得安装；安装时应注意使气流方向和外框上的箭头保持一致，竖向安装的高效过滤器，应使波纹板垂直于地面；此外，过滤器与安装框架之间，必须采取密封措施；安装就位后，必须进行检漏和堵漏。

其他设备的安装应按设备说明书的要求进行。

2. 调试

净化空调系统验收前，必须进行系统的调整与测试，即调试。该项工作是在建设单位的组织下，以施工单位为主，设计单位为辅，共同进行的。

3. 竣工验收的测试

整个设计工程的验收是在建设单位的组织下，以设计单位为主，施工单位为辅，共同进行。

对于每一个净化系统，还应从同一种气流组织且换气次数相近的洁净室中选择 1 ～ 2 个有代表性的洁净室进行气流流型、速度场和含尘浓度场的测定。在进行上述工作之前，应做完设备的单体试车，系统的大清扫，以及有关设备阀门等附件的全面检查，发现问题及时解决。竣工验收测试时应注意以下几点：

① 风量及风压：通风机的出口和入口的总送回风量，各送回风口的风量，风机的全风压及转速。

② 温度和相对湿度：空气处理室的性能，室内温度和相对湿度。

③ 静压值。

④ 系统各级过滤器的效率。

⑤ 室内空气含尘浓度。

⑥ 室内噪声和照明效果。

试车正常后，建设单位组织施工和设计等单位按工程承建合同、施工技术文件及工程验收规范先组织验收，然后向主管部门提出竣工验收报告，并绘制施工图以及整理一些技术资料，在竣工验收合格后，作为技术档案交给生产单位保存，建设单位编写工程竣工决算书以报上级主管部门审查。待工厂投入正常生产后，设计部门还要注意收集资料并进行总结，为以后的设计工作、厂房的扩建和改建提供经验。

4. 验收应提出的文件

验收应提出的文件包括：

① 设计说明书、设计修改的证明文件和施工图，并在图上标明所有施工过程中修改部分的内容。

② 主要设备、材料和仪器仪表的出厂合格证或检验资料。

③ 单项设备的评定记录。

④ 系统调试的记录。

第二节　制剂工程基本设计

一、厂址选择

厂址选择是指在拟建地区、地点范围内具体明确建设项目坐落的位置，是基本建设的一个重要环节，是一项政策、经济、技术性很强的综合性工作。厂址选择必须结合建厂的实际情况及建厂条件，进行调查、比较、分析、论证，最终确定出理想的厂址。在选择厂址时应考虑周全，更应严格按照国家有关规定、规范执行。目前，我国制药厂的选址工作大多采取由建设业主提出，主管部门及政府审批，设计部门参加的组织形式。选厂工作组一般由工艺、土建、供排水、供电、总图运输和技术经济等专业人员组成。选择厂址时，根据 GMP 要求应考虑以下因素：

① 地点：应在大气含尘、含菌浓度低，无有害气体，自然环境好的区域，如农村、市郊等含尘浓度低的地方。应远离铁路、码头、机场、交通要道以及散发大量粉尘和有害气体的工厂、储仓、堆场等严重空气污染、水质污染、震动或噪声干扰的区域。如不能远离严重空气污染区时，则应位于其全年最大频率风向上风侧或全年最小频率风向下风侧。

② 交通：交通应便利。制药厂应建在交通运输发达的城市郊区，厂区周围有已建成或即将建成的市政道路设施，能提供快捷方便的公路、铁路或水路等运输条件，消防车进入厂区的道路不少于两条。但为避开交通主干道的严重污染区，规定医药工业洁净厂房新风口与市政交通主干道之间距离不宜小于 50 m。当洁净厂房处于交通主干道全年最大频率风向上风侧，或与交通主干道之间设有城市绿化带等阻尘措施时，该距离可适当减小。

③ 供水：制剂工业用水分非工艺用水和工艺用水两大类。非工艺用水（自来水或水质较好的井水）主要用于产生蒸汽、冷却、洗涤（如洗浴、冲洗厕所、洗衣、消防等）；工艺用水分为饮用水（自来水）、纯水（即去离子水、蒸馏水）和注射用水。水在药品生产中是保证药品质量的关键因素，因此制药厂厂址应靠近水量充沛和水质良好的水源。

④ 能源：制药厂生产需要大量的动力和蒸汽。在选择厂址时，应考虑建在电力供应充足和邻近有燃料供应的地点，有利于满足生产负荷、降低产品生产成本和提高经济效益。

⑤ 自然条件（气象、水文、地质、地形）：主要考虑拟建项目所在地的气候特征（如四季气候特点、日照情况、气温、降水量、汛期、风向、雷暴雨、灾害天气等）是否有利于减少基建投资和日常操作费用。地质地貌应无地震断层和基本烈度为 9 度以上的地震。土壤的土质及植被好，无泥石流、滑坡等隐患。地势利于防洪、防涝或厂址周围有积蓄、调节供水和防洪等设施。当厂址靠近江河、湖泊或水库地段时，厂区场地的最低设计标高应高于计算最高洪水位 0.5 m。

⑥ 土地资源：应有长远发展的余地，节约用地，珍惜土地。制药企业的品种相对来讲是比较多的，而且更新换代也比较频繁，每个药厂在选择厂址时必须要考虑长远的规划，应有发展的余地。

⑦ 环保：选厂时应注意当地的自然环境条件，对工厂投产后给环境可能造成的影响作出预评价，并得到当地环保部门的认可。选择的厂址应当便于妥善地处理三废（废水、废气、废渣）和治理噪声等。

⑧ 其他：下列地区不宜建厂，如有开采价值的矿藏地区；国家规定的历史文物、生物保护和风景游览地；地耐力在 0.1 MPa 以下的地区；对机场、电台等使用有影响的地区等。

二、总图布置

确定厂址后，需要根据制剂工程项目的生产品种、规模及有关技术要求缜密考虑建筑物和构筑物在平面和竖向上的相对位置、运输网、工程网及绿化设施的布置等问题，即进行工厂的总图布置（又称总图布局）。设计时，要遵循国家的方针政策，按照 GMP 要求，结合厂区的地理环境、卫生、防火技术、环境保护等进行综合分析，做到总体布置紧凑有序，工艺流程规范合理，以达到项目投资省、建设周期短、产品生产成本低、经济效益和社会效益高的效果。

（一）总图布置设计依据

总图布置设计的依据主要有：①政府部门下发、批复的与建设项目有关的一系列管理文件；②建设地点建筑工程设计基础资料（厂区地貌、工程地质、水文地质、气象条件及给排水、供电等有关资料）；③建设地点厂区用地红线图及规划、建筑设计要求；④建设项目所在地区控制性详细规划。

（二）总图布置设计范围

按照项目的生产品种、规模，在用地红线内进行厂区总平面布置设计、竖向布置设计、交通运输布置设计和绿化布置设计。

1. 总平面布置设计

根据建设用地外部环境、工程内容的构成以及生产工艺要求，确定全场建筑物、构筑物、运输网和地上地下工程技术管网（上下水管道、热力管道、煤气管道、动力管道、物料管道、空压管道、冷冻管道、消防栓高压供水管道、通信与照明电缆电线等）的坐标。

2. 竖向布置设计

根据厂区地形特点、总平面布置以及厂外道路的高程，确定目标物的标高并计算项目的土石方工程量。竖向布置和平面布置是不可分割的两部分内容。竖向布置的目的是在满足生产工艺流程对高程要求的前提下，利用和改造自然地形，使项目建设的土石方工程量最小，并保证运输、防洪安全（例如使厂区内雨水能顺利排出）。竖向布置有平坡式和台阶式两种。

3. 交通运输布置设计

根据人流与物流分流的原则，设置人流出入口、物流出入口和对外、对内采用的运输途径、设备和方法，并进行运输量统计。

4. 绿化布置设计

确定厂区的绿化面积、绿化方式及投资。

（三）总图布置的基本要求

制药厂需满足生产、安全、发展规划三个方面的要求。

1. 生产要求

按照生产流程进行合理布局，充分合理利用空间，始终贯彻GMP原则，满足药品的工业化生产要求。

① 合理的功能分区和避免污染的总体布局：a. 办公、质检、食堂、仓库等行政、生活辅助区布置在厂前区，并处于全年最大频率风向的上风侧或全年最小频率风向的下风侧。所谓风向频率系指在一定时间内，各种风向出现的次数占所有观察次数的百分比。b. 三废处理、锅炉房等有严重污染的区域应置于厂区全年最大频率风向的下风侧；原料药生产区应置于制剂生产区全年最大频率风向的下风侧；青霉素类生产厂房的设置，应考虑防止与其他产品的交叉污染。c. 车库、仓库、堆场等布置在邻近生产区的货运出入口及主干道附近，应避免人流、物流交叉，并使厂区内外运输短捷顺直。

② 动物房的设置应符合国家标准《实验动物环境及设施》等有关规定，并有专用的排污和空调设施，与其他区域严格分开。

③ 性质相似或工艺流程有相互关联的车间要靠近或集中布置，以提高建筑系数、土地利用系数及容积率，节约建设用地。如生产性质相近的水针剂车间和大输液车间，对洁净、卫生、防火要求相近，可合并在一座楼房内分区生产；片剂、胶囊剂、散剂等固体制剂加工有相近的过程，可按中药、西药类别合并在同一区域内生产。目前各制剂厂房的设计趋向于采用单层大跨度、无窗厂房。

④ 协调的人流、物流途径。在厂区设置人流入口和物流入口，车库、仓库、堆场等布置在邻近生产区的货运出入口及主干道附近。车间货物出入口与门厅分开；人流和物流的交通路线尽可能径直、短捷、通畅、避免交叉和重叠；生产负荷中心靠近水、电、汽、冷供应源。

⑤ 合理的工程管线综合布置。药厂涉及的工程管线主要有生产和生活用的上下水管道、热力管道、压缩空气管道、冷冻管道及生产用的动力管道、物料管道等，另外还有通信、广播、照明、动力等各种电线电缆。进行总图布置时要综合考虑，一般要求管线之间、管线与建筑物、构筑物之间尽量相互协调，方便施工，安全生产，便于检修。药厂管线的铺设，有技术夹层、技术夹道或技术竖井布置法、

地下埋入法、地下综合管沟法和架空法等几种方式。

⑥ 适宜的绿化布置。医药工业洁净厂房周围应绿化，可铺植草坪或种植对大气含尘、含菌浓度不产生有害影响的树木，但不宜种花。尽量减少厂区内露土面积。绿化以种植草坪为主，最好达50%以上，常辅以常绿灌木和乔木，厂区道路两旁植上常青的行道树，这样可以减少露土面积，利于保护生态环境，净化空气；不能绿化的道路应铺成不起尘的水泥地面，杜绝尘土飞扬。草坪可以吸附空气中灰尘，使地面尘土不飞扬。铺植草皮的上空，含尘量可减少2/3～5/6，草坪吸收空气中CO_2量为1.5/（m^2·h）。如种花则因花粉散发而影响空气洁净度。

2. 安全要求

药厂生产常使用有机溶剂、液化石油气等易燃易爆危险品，厂区布置应充分考虑安全布局，严格遵守防火等安全规范和标准的有关规定，重点是防止火灾和爆炸事故的发生。

① 根据生产使用物质的火灾危险性、建筑物的耐火等级、建筑面积、建筑层数等因素确定建筑物的防火间距。

② 油罐区、危险品库应布置在厂区的安全地带，生产车间污染及使用液化气、氮、氧气和回收有机溶剂（如乙醇蒸馏）时，则将它们布置在邻近生产区域的单层防火、防爆厂房内。

③ 危险品库应设于厂区安全位置，并有防冻、降温、消防措施。麻醉药品和剧毒药品应设专用仓库，并有防盗措施。

3. 发展规划要求

考虑企业发展需要，以近期为主，留有余地，即发展预留生产区，使近期建设与远期的发展相结合。

（四）药厂组成

药厂厂区按功能可划分为生产区、辅助区、动力区、仓库区、厂前区等。其中一般厂房约占总建筑面积的15%；生产车间约占总建筑面积的30%；库房约占总建筑面积的30%；管理及服务部门约占总建筑面积的15%；其他约占总建筑面积的10%。

一般药厂由以下几个部分组成：①主要生产车间（原料、制剂等）；②辅助生产车间（机修、仪表等）；③仓库（原料、成品库）；④动力（锅炉房、空压站、变电所、配电间、冷冻站）；⑤公用工程（水塔、冷却塔、泵房、消防设施等）；⑥环保设施（污水处理、绿化等）；⑦全厂性管理设施和生活设施（厂部办公楼、中央化验室、研究所、计量站、食堂、医务所等）；⑧运输道路（车库、道路等）。

第三节　工艺流程设计

按照产品的工艺技术成熟程度，工艺流程设计可分为两类，即**试验工艺流程设计**和**生产工艺流程设计**。对于仅有文献资料，尚未进行试验和生产，且技术比较复杂的产品，其工艺流程设计一般属于试验工艺流程设计；对于工艺技术比较成熟的产品，如国内已经大量生产的产品、技术比较简单的产品，以及中试成功需要通过设计实现工业化生产的产品，其工艺流程设计一般属于生产工艺流程设计。

生产工艺流程设计的目的是通过图解的形式表示出在生产过程中由原辅料制得成品过程中物料和能量发生的变化及流向，以及表示出生产中采用哪些药物制剂加工过程及设备（主要是物理过程、物理化学过程及设备），为进一步进行车间布置、管道设计和计量控制设计等提供依据。本节主要讨论生产工艺流程设计。

一、工艺流程设计的作用

工艺流程设计是在确定的原辅料种类和药物制剂生产技术路线及生产规模基础上进行的，它是整个工艺设计的核心，是车间设计最重要、最基础的设计步骤。车间建设的目的在于生产产品，而产品质量的优劣、经济效益的高低，取决于工艺流程的可靠性、合理性及先进性。此外，车间工艺设计的其他项目，如工艺设备设计、车间布置设计和管道布置设计等，均受工艺流程约束，必须满足工艺流程的要求。

二、工艺流程设计的任务

工艺流程设计的任务是通过图解和必要的文字说明将原料变成产品（包括污染物治理）的全部过程表示出来。通常在两段式设计中，工艺流程设计的任务主要是在扩大初步设计阶段完成，施工图设计阶段只是对扩大初步设计中间审查意见进行修改和完善。其任务具体内容包括以下几个方面。

（1）确定全流程的组成

全流程包括由药物原料、制剂辅料（包括赋形剂、黏合剂、栓剂基质、软膏及硬膏基质、乳化剂、助悬剂、防腐剂、抗氧剂等）、溶剂及包装材料制得合格产品所需的加工工序和单元操作，以及它们之间的顺序和相互联系。流程的形成通过工艺流程图表示，其中加工工序和单元操作表示为制剂设备类型、大小；顺序表示为设备毗邻关系和竖向布置；相互关系表示为物料流向。

（2）确定工艺流程中工序划分及其对环境的卫生要求

工序系指一个或一组工人，在一个工作地（机床设备）上，对同一个或同时对几个工件所连续完成的那一部分工艺过程，是完成产品加工的基本单元。在生产过程中按其性质和特点，工序可分为：①工艺工序，即使劳动对象直接发生物理或化学变化的加工工序；②检验工序，指对原辅料、半成品、在制品、成品等进行技术质量检查的工序；③运输工序，指劳动对象在上述工序之间流动的工序。每一工序都有相应的环境卫生要求，如洁净度级别等。

（3）确定载能介质的技术规格和流向

制剂工艺常用的载能介质有水、电、汽、冷、气（真空或压缩）等。

（4）确定生产控制方法

流程设计要确定各加工工序和单元操作的空气洁净度、温度、压力、物料流量、分装、包装量等检测点，显示计（器）和仪表，以及各操作单元之间的控制方法（手动、机械化或自动化），以保证按产品方案规定的操作条件和参数生产符合质量标准的产品。

（5）确定安全技术措施

根据生产的开车、停车、正常运转及检修中可能存在的安全问题，制定预防、制止事故的安全技术措施，如报警装置、防毒、防爆、防火、防噪等措施。

（6）编写工艺操作规程

根据生产工艺流程图编写生产工艺操作说明书，阐述从原辅料到产品的每一个过程和步骤的具体操作方法。

三、工艺流程设计的成果

在初步设计阶段，工艺流程设计成果主要有：①工艺流程示意图；②物料流程图；③带控制点的工艺流程图（简称工艺流程图）。

在施工图设计阶段，设计成果主要是管道及仪表流程图（PID），它包括工艺管道及仪表流程图和辅助系统管道及仪表流程图。前者是以工艺管道及仪表为主体的流程图，后者的辅助系统包括仪表、空气、惰性气体、加热用燃气或燃油、给排水、空气净化等。一般按介质类型分别绘制。对流程简单、设备不多的工程项目可并入工艺管道及仪表流程图中。

四、工艺流程设计的原则

工艺流程设计的原则包括以下几个方面：

① 按 GMP 要求对不同类型的药物制剂进行分类的工艺流程设计。

② β - 内酰胺类药品（包括青霉素类、头孢菌素类）按单独分开的建筑厂房进行工艺流程设计。中药制剂生产所涉及中药材的前处理、提取、浓缩（蒸发），以及生化药物制剂生产所涉及的动物器官、组织的洗涤或处理等生产操作，按单独设立的前处理车间进行前处理工艺流程设计，不得与其制剂生产工艺流程设计混杂。

③ 其他，如避孕药，激素，抗肿瘤药，生产用与非生产用毒菌种，生产用与非生产用细胞，强毒与弱毒、死毒与活毒、脱毒前与脱毒后的制品的活疫苗与灭活疫苗，血液制品、预防制品的剂型及制剂生产按各自的特殊要求进行工艺流程设计。

④ 遵循“三协调”原则，即人流与物流协调、工艺流程协调、洁净级别协调，正确划分生产工艺流程中生产区域的洁净级别，按工艺流程合理布置，避免生产流程的迂回、往返和人流、物流交叉等。

五、工艺流程设计的基本程序（初步设计）

1. 工艺路线的选择

工艺路线的选择是对项目采用的工艺技术进行选择。项目产品生产一般有若干条不同的工艺路线，工艺路线的选择就是在若干条工艺路线中选择出适用于该工程项目情况的工艺路线。

工艺路线的选择要注意以下几点：①资本密集型工艺技术与劳动密集型工艺技术的权衡；②可得到的原材料等投入物的性质；③工艺技术的成熟性，过时的技术与未经生产检验过的技术是不适当的；④工艺技术对产品质量、投资费用、生产成本的影响；⑤工艺技术来源及费用。

工艺路线一经选定，就要规定项目原材料的供应条件、产品质量与规格、设备规格及数量、技术来源及费用，以及对运输、通信、给排水、动力等基础设施的具体要求。

2. 对选定的生产方法、工艺过程进行工程分析及处理

根据选定的工艺路线，确定产品、产品方案（品种、规格、包装方式）、设计规模（年工作日、日工作班次、班生产量）及生产方法，再将产品的生产工艺过程按剂型类别和制剂品种要求划分为若干个工序，确定每一步加工单元操作的生产环境、洁净级别、人净物净措施要求、制剂加工、包装等主要生产工艺设备及工艺技术参数（如单位生产能力、运行温度与压力、消耗、类型、数量等）。在此基础上，确定各设备之间的连接顺序以及载能介质的技术规格和流向。

3. 绘制工艺流程示意图

当工艺路线及工艺流程的组成和顺序确定之后，可以用方框、圆框、文字和箭头等形式定性表示出由原料变成产品的路线和顺序，绘制工艺流程示意图。

4. 绘制物料流程图

在物料计算完成时，开始绘制工艺物料流程图，它为设计审查提供资料，并进一步作为进行定量设计（如设备计算选型）的重要依据，同时为日后生产操作提供参考信息。

5. 绘制带控制点的工艺流程图

在绘制工艺流程示意图和物料流程图后，结合车间布置设计的工艺管道、工艺辅助设施、工艺过程仪器在线控制及自动化等设计的结果，绘制带控制点的工艺流程图。

六、工艺流程设计的技术方法

1. 工艺流程设计的基本方法——方案比较

（1）方案比较的意义

制剂工业生产中，一个工艺过程往往可以通过多种方法来实现。以片剂的制备为例，固体间的混合有搅拌混合、研磨混合与过筛混合等方法；湿法制粒有三步制粒法（混合、制粒、干燥）和一步制粒法；包衣方法有滚转包衣、流化包衣、压制包衣和埋管喷雾滚转包衣等。工艺设计人员只有根据药物的理化性质和加工要求，对上述各工艺过程方案进行全面的比较和分析，才能产生一个合理的片剂制备工艺流程设计方案。

（2）方案比较的判据

进行方案比较，首先要明确判断依据。在制剂工程上，常用的判据有：药物制剂产品的质量、产品收率、原辅料及包装材料消耗、能量消耗、产品成本、工程投资、环境保护、安全等。制剂工艺流程设计应以采用新技术、提高效率、减少设备、降低投资和设备运行费用等为原则，同时也应综合考虑工艺要求、工厂或车间所在的地理和气候环境、设备条件和投资能力等因素。

（3）方案比较的前提

进行方案比较的前提是保持药物制剂工艺的原始信息不变。例如，制剂工艺过程的操作参数，如单位生产能力、工艺操作温度、压力、生产环境（洁净级别、湿度）等原始信息，设计者是不能变更的。设计者只能采用各种工程手段和方法，保证实现工艺规定的操作参数。

2. 工艺流程设计的技术处理

当生产方法确定后，必须对工艺流程进行技术处理。在考虑工艺流程的技术问题时，应以工业化实施的可行性、可靠性和先进性为基点，综合权衡多种因素，使流程满足生产、经济和安全等诸多方面的要求，实现优质高产、低成本、安全等综合目标，因此进行工艺流程的技术处理时应考虑下述主要问题。

（1）操作方式

制剂工业操作方式有连续操作、间歇操作和联合操作。采用哪一种操作方式，要因地制宜。

① 连续操作：连续操作具有设备紧凑、生产能力大、操作稳定可靠、易于自动控制、成品质量高、符合 GMP 要求、操作运行费用低等一系列优点。因此，生产量大的产品，制剂工业上一般都宜采用连续操作方式。例如，在水针剂生产中，除了灭菌工序外，从洗瓶到灌封以及异物检查到印包都实施了连续化生产操作，大大提高了水针剂生产的技术水平。又如抗生素粉针剂的生产，一般需经过如下过程：粉针剂玻璃瓶的清洗、灭菌和干燥，粉针的充填及盖胶塞、轧封铝盖，半成品检查，粘贴标签，装盒装箱。目前，国外许多公司已有成套粉针剂生产联动线及单元设备，从而实现了上述粉针剂生产过程的连续自动化生产，避免了间歇操作时人体接触、空瓶待灌封等对产品带来的污染，从而提高并保证了产品的生产质量。

② 间歇操作：间歇操作是我国制剂工业目前采用的主要操作方式。这主要是因为制剂产品的产量相当小，国产化连续操作设备尚未成熟，原辅料质量不稳定，技术工艺条件及产品质量要求严格等。目前采用间歇操作的多数制剂产品不是不应该连续化（自动化），而是制剂技术条件达不到。从国外制药工业发展情况看，广泛采用先进的连续化操作生产线（联动线）是制药工业向专业化、规模化方向发展的必然趋势，也是促进我国制药企业全面实施 GMP 与国际接轨的有效途径。

③ 联合操作：在不少情况下，制剂工业采用联合操作，即连续操作和间歇操作的联合。这种组合方式比较灵活。在整个生产过程中，可以是大多数过程采用连续操作，而少数过程为间歇操作的组合方式；亦可以是大多数过程采用间歇操作，而少数为连续操作的组合方式。例如片剂的制备工艺过程，制粒为间歇操作，压片、包衣和包装可以采取连续操作方式。

（2）根据生产操作方法，确定主要制剂过程及机械设备

生产操作方法确定以后，工艺设计应该以工业化大规模生产的概念来考虑主要制剂过程及机械设

备。例如，以间歇式浓缩法配制水针剂药液，在实验室操作很简单，只需玻璃烧杯、玻璃棒和垂熔漏斗，将原料加入部分溶剂中，加热过滤后再加入剩余溶剂混匀精滤即可。但是这个简单的混合过程在工业化生产中就变得复杂起来，必须考虑以下一系列问题：①要有带搅拌装置的配料罐；②配制过程是间歇操作，要配置溶剂计量罐，该溶剂若为混合溶剂，情况更复杂；③由车间外供应的原料和溶剂不是连续提供，则应考虑输送方式和储存设备；④将溶剂加入溶剂计量罐中的方法，如果采用泵输送，则需配置进料泵；⑤固体原料的加入方法；⑥根据药液的性质及生产规模选择滤器；⑦确定过滤方式是静压、加压或减压。

综上所述，工业化生产中药液的配制工序，至少应确定备有配料罐、溶剂计量罐、溶剂贮槽、进料泵、过滤装置等主要设备。

（3）保持主要设备能力平衡，提高设备的利用率

制剂工业中，剂型加工过程是工艺的主体，制剂加工设备及机械是主要设备。在设计时，应保持主要设备的能力平衡，提高设备的利用率。若引进成套生产线，则应根据药厂的制剂品种、生产规模、生产能力来选定生产联动线的组成形式和由什么型号的单元设备配套组成，以充分发挥各单元设备的生产能力和保证联动线最佳生产效能。

（4）确定配合主要制剂过程所需的辅助过程及设备

制剂加工和包装的各单元操作（如粉碎、混合、干燥、压片、包衣、充填、配制、灌封、灭菌、贴签、包装等）是制剂生产工艺流程的主体，设计时应以单元操作为中心，确定配合完成这些操作所需的辅助设备、公用工程及设施，如厂房、设备、介质（水压、压缩空气、惰性气体）及检验方法等，从而建立起完整的生产过程。

例如，包糖衣过程是片剂车间的主要制剂加工过程之一，除了考虑包衣机本身外，尚需考虑：①片芯进料方式，人工加料或者机械输送；②包衣料液的配制、贮存及加入方式；③包衣锅的动力及鼓风设备；④包衣过程的除尘装置；⑤包衣片的打光处理；⑥操作环境（洁净级别、空气湿度）；⑦包衣设备的清洗保养。

（5）其他

还应考虑如物料的回收、套用、节能、安全；合理地选择质量检测和生产控制方法等问题。

七、工艺流程图

在通常的两段式设计中，扩大初步设计阶段的工艺流程图包括：**工艺流程示意图、物料流程图**和**带控制点的工艺流程图**。

（一）工艺流程示意图

工艺流程示意图是用来表示生产工艺过程的一种定性的图纸。在生产线路确定后，物料计算前设计绘制。工艺流程示意图一般有**工艺流程框图**和**工艺流程简图**两种表示方法。

（1）工艺流程框图

工艺流程框图是用方框和圆框（或椭圆框）分别表示单元过程及物料，以箭头表示物料和载能介质流向，并辅以文字说明表示制剂生产工艺过程的一种示意图。它是物料计算、设备选型、公用工程（种类、规格、消耗）、车间布置等各项工作的基础，需在设计工作中不断进行修改和完善。图 2-4 为片剂生产工艺流程及环境区域划分示意图。

（2）工艺流程简图

工艺流程简图由物料流程和设备组成。它包括：①以一定几何图形表示的设备示意图；②设备之间的竖向关系；③全部原辅料、中间体及三废名称及流向；④必要的文字注释。图 2-5 为某硬胶囊剂生产工艺流程简图。

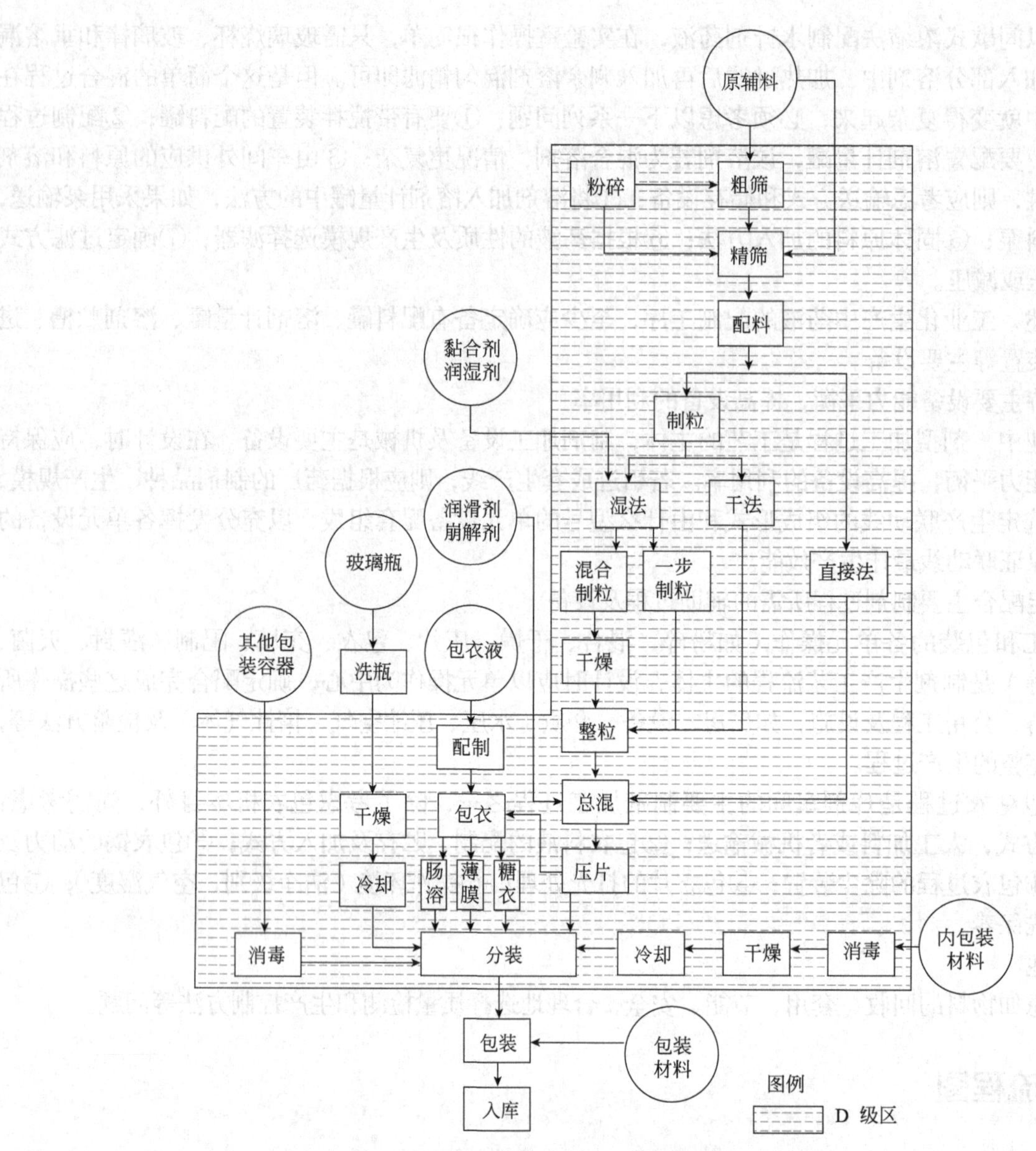

图2-4 片剂生产工艺流程及环境区域划分示意图

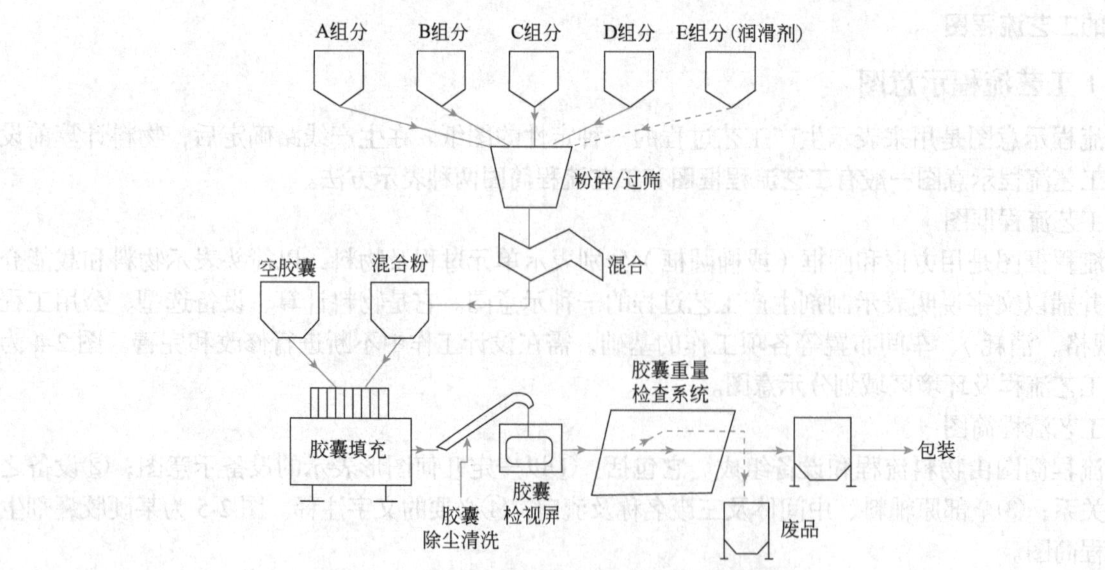

图2-5 某硬胶囊剂生产工艺流程简图

（二）物料流程图

在工艺流程示意图完成后，开始进行**物料衡算**，再将物料衡算结果注释在流程中，即成为物料流程图。它说明车间内物料组成和物料量的变化，单位以批（日）计（针对间歇操作）或以小时计（针对连续操作）。从工艺流程框图到物料流程图，工艺流程就由定性转为定量。物料流程图是初步设计的成果，需编入初步设计说明书中。

与工艺流程示意图相对应，物料流程图亦有两种表示方法：①以方框流程表示单元操作及物料成分和数量；②在工艺流程简图上方列表用于表示物料组成和量的变化，图中应有设备位号、操作名称、物料成分和数量。对总体工程设计应附总物料流程图。图 2-6 为某中药固体制剂车间工艺物料流程图。

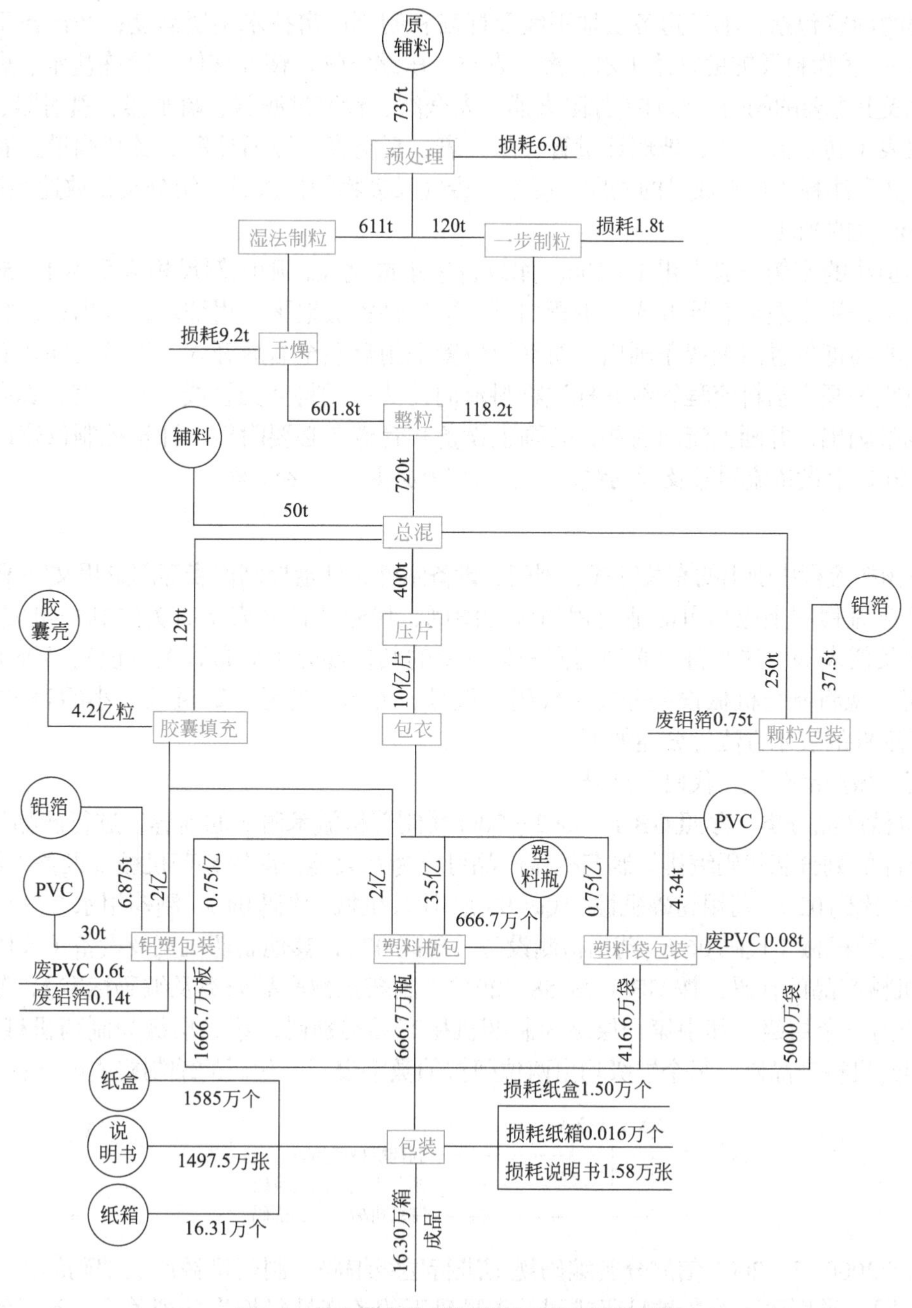

图2-6　某中药固体制剂车间工艺物料流程图

注：年工作日250天；片剂5亿片/年（单班产量），70%瓶装，15%铝塑包装，15%袋装；胶囊2亿粒/年（单班产量），50%瓶装，50%铝塑包装；颗粒剂5000万袋/年（单班产量）。

（三）带控制点的工艺流程图

带控制点的工艺流程图是指各种物料在一系列设备或机械内进行反应或操作最后变成所需产品的流程图。它是在物料流程图绘制后，待设备设计、车间布置、生产工艺控制方案等确定的基础上绘制，作为设计的正式成果编入初步设计阶段的设计文件中。

在药物制剂工程设计中，带控制点的工艺流程图的绘制没有统一的规定。从内容上讲，它应由图框、物料流程、图例、设备一览表和图鉴等组成。现结合某医药设计院对初步设计及施工图设计阶段带控制点的工艺流程图绘制的规定，并参考有关资料分述如下。

1. 物料流程

（1）物料流程的内容

物料流程的内容包括：①厂房各层地平线及标高和制剂厂房技术夹层高度；②设备示意图、设备流程号（位号）；③物料及辅助管路（水、汽、真空、压缩空气、惰性气体、冷冻盐水、燃气等）管线及流向；④管线上主要的阀门及管件（如阻火器、安全阀、管道过滤器、疏水器、喷射器、防爆膜等）；⑤计量控制仪表（转子流量计、玻璃计量管、压力表、真空表、液面计等）及其测量控制点和控制方案；⑥必要的文字注释（如半成品的去向，废水、废气及废物的排放量、组分及排放途径等）。

（2）物料流程的画法

物料流程画法的比例一般采用1∶100。如设备过小或过大，则比例尺相应采用1∶50或1∶200。物料流程的画法采用由左至右展开式，步骤如下：①先将各层地平线用细双线画出；②将设备示意图按厂房中布置的高低位置用细线条画出，而平面位置采用自左至右展开式，设备之间留有一定的间隔距离；③用粗线条画出物料流程管线并标注物料流向箭头；④将动力管线（水、汽、真空、压缩空气管线）用细线条画出，并画上流向箭头；⑤画上设备和管道上必要附件、计量控制仪表以及管道上的主要阀门等；⑥标上设备流程号及辅助线；⑦最后加上必要的文字注解。

2. 图例

图例是将物料流程中画出的有关管线、阀门、设备附件、计量控制仪表等图形用文字予以对照表示。

在工艺管道流程图上应尽可能地应用相应的图例、代号及符号表示有关的制药机械设备、管线、阀门、计量件及仪表等，这些符号必须与同一设计中的其他部分（如布置图、说明书等）相一致。为方便绘图使用，现将制药机械设备分类、代码、型号、外形、位号、数量及大小的表示方法，管件、管道、阀门及附件的表示方法等分述如下。

（1）制药机械产品分类、代码及型号

① 制药机械产品分类：参照GB/T 15692—2008《制药机械术语》的内容，进行产品类别、产品类目及其所属产品的划分和代码编排。制药机械产品可分为八大类，即原料药机械及设备（代码01），制剂机械及设备（代码02），药用粉碎机械（代码03），饮片机械（代码04），制药用水、气（汽）设备（代码05），药用包装机械（代码06），药用检测设备（代码07），其他制药机械及设备（代码08）等。

② 制药机械产品的代码：按GB/T 28258—2012《制药机械产品分类及编码标准》，制药机械产品代码结构共分为三个层级，其中第一层级为制药机械产品类别码，第二层级为制药机械产品类目码，第三层级为制药机械产品码。每个层级均由两位阿拉伯数字表示。代码的编制格式如下：

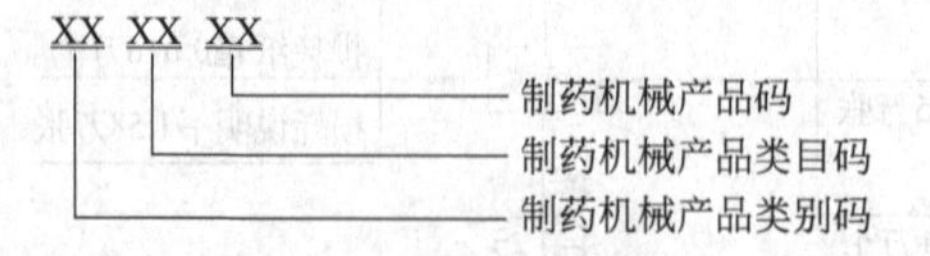

按照GB/T 20001.3—2001信息分类编码规则进行层级编码。制药机械产品编码的上、下层级之间为隶属关系；同一类别码下的各类目码或同一类目码下的各产品码均为并列关系，类目和产品的编码均从“01”开始按升序编排，最多编至“99”。

产品类别代码：由产品类别组成第一层级码，即由两位阿拉伯数字表示。

产品类目代码：由第一层级的产品类别码和第二层级的产品类目码组合而成，即由四位阿拉伯数字表示。

产品代码：由第一层级的产品类别码、第二层级的产品类目码和第三层级的产品码组合而成，由六位阿拉伯数字表示（亦称“全码”）。

制药机械产品代码均用全码表示。若产品代码在第二层级的类目中不再细分时，则在其后补“0”至代码的第6位。

在产品类目代码和产品代码的每个层级中均设置了收容码，用以囊括尚未规划到的和不断扩充的制药机械类目或产品。收容码均用两位阿拉伯数字“99”表示。

例 2-1　制药机械代码示例

a. 0101 为类目代码。表示原料药机械及设备类中，反应设备的类目代码。

b. 010101 为产品代码。表示原料药机械及设备类，属于反应设备类目中的机械搅拌反应器的产品代码。

c. 030400 为第二层级类目中不再细分的产品代码。表示药用粉碎机械类中的低温粉碎机的产品代码。

d. 010199 为收容产品代码。表示原料药机械及设备类，属于反应设备类目中尚未有编码的收容产品代码。

e. 0299 为收容类目代码。表示制剂机械及设备类中，尚未有编码的收容类目代码。

f. 019900 为收容类目中的产品代码。表示原料药机械及设备类中，收容类目中不再细分的产品代码。

③ 制药机械产品的型号：按照 JB/T 20188—2017《制药机械产品型号编制方法》，制药机械产品型号由产品类别代号、功能代号、型式代号、特征代号和规格代号组成。其中，类别代号表示制药机械产品的类别；功能代号表示产品的功能；型式代号表示产品的机构、安装形式、运动方式等；特征代号表示产品的结构、工作原理等；规格代号表示产品的生产能力或主要性能参数。制药机械产品类别代号及功能代号见表 2-3，型式代号及特征代号表 2-4。

表 2-3　制药机械产品类别代号及功能代号

产品大类名称及类别代号	产品功能及功能代号①		
原料药机械及设备（Y）	反应、发酵设备		F
	培养基设备		P
	塔设备		T
	结晶设备		J
	分离设备		LX
	过滤设备		GL
	筛分设备		S
	提取、萃取设备		T
	浓缩设备		N
	换热设备		R
	蒸发设备		Z
	蒸馏设备		L
	干燥设备		G
	贮存设备		C
	灭菌设备		M
	萃取设备		Q
制剂机械及设备（Z）	颗粒剂机械		KL
	片剂机械	混合机械	H
		制粒机械	L
		压片机械	P
		包衣机械	BY
	胶囊剂机械		N
	小容量注射剂机械	抗生素瓶注射剂机械	K
		安瓿注射剂机械	A
		卡式瓶注射剂机械	KP
		预灌封注射剂机械	YG

续表

产品大类名称及类别代号	产品功能及功能代号①		
制剂机械及设备（Z）	大容量注射剂机械	玻璃输液瓶机械	B
		塑料输液瓶机械	S
		塑料输液袋机械	R
	丸剂机械		W
	栓剂机械		U
	软膏剂机械		G
	糖浆剂机械		T
	口服液剂机械		Y
	气雾剂机械		Q
	滴眼剂机械		D
	药膜剂机械		M
药用粉碎机械（F）	机械粉碎机械		J
	气流粉碎机械		Q
	超微粉碎机械		W
	研磨机械		M
	低温粉碎机械		D
饮片机械（P）	筛选机械		S
	洗药机械		X
	切制机械		Q
	润药机械		R
	烘干机械		H
	炒药机械		C
	煅药机械		D
	蒸煮药机械		Z
	煎药机械		J
制药用水、气（汽）设备（S）	工艺用气（汽）设备		Q
	纯化水设备		C
	注射用水（蒸馏水）设备		Z
药用包装机械（B）	印字机械		Y
	计数充填机械		J
	塞纸、棉、塞、干燥剂机械		S
	泡罩包装机械		P
	蜡壳包装机械		L
	袋包装机械		D
	外包装机械		W
	药包材料制造机械		B
药用检测设备（J）	硬度测试仪		Y
	溶出度试验仪		R
	崩解仪		B
	脆碎仪		C
	厚度测试仪		Y
	药品重量分选机械		Z
	金属检测仪		J
	水分测试仪		S
	粒度分析仪		L
	澄明度测试仪		M
	微粒检测仪		W
	热原测定仪		RY
	细菌内毒素测定仪		N
	渗透压测定仪		ST
	药品异物检查设备		YW
	液体制剂检漏设备		L
	泡罩包装检测设备		P

续表

产品大类名称及类别代号	产品功能及功能代号①	
其他制药机械及设备（Q）	输送设备及装置	S
	配液设备	P
	模具	M
	备件	B
	清洗设备	Q
	消毒设备	X
	净化设备	J
	辅助设备	F

①：多功能机的功能代号可按产品功能由两个或多个不同功能的字母组合表示。

表 2-4　制药机械产品的型式及特征代号

代号	型式①	特征②
A		安瓿
B	板翅式、板式、荸荠式、变频式、钵式、表冷式、耙式	半自动、半加塞、玻璃瓶、崩解、薄膜
C	槽式、齿式、沉降式、沉浸式、充填式、敞开式、称量式、传导式、吹送式、锤式、磁力搅拌式、穿流式	超声波、充填、除粉、超微、超临界、冲模、除尘、萃取、纯蒸汽、瓷缸、垂直
D	带式、袋式、滴制式、蝶式、对流式、道轨式、吊袋式	灯检、电子、多效、电磁、动态、电加热、滴丸、大容量、电渗析、冻干粉、多功能、滴眼剂
E	颚式	
F	浮头式、翻袋式、风冷式	封口、封尾、沸腾、风选、粉体、翻塞、反渗透、粉针、防爆、反应、分装
G	鼓式、固定床式、刮板式、管式、滚板式、滚模式、滚筒式、滚压式、滚碾式、罐式、轨道式、辊式	干法、高速、干燥、灌装、过滤、高效、辊压、干热
H	虹吸式、环绕式、回转式、行列式、回流式	回收、混合、烘箱
J	挤压式、加压式、机械搅拌式、夹套式、降膜式、间歇式	计数、煎煮、加料、结晶、浸膏、均质、颗粒、胶塞
K	开合式、开式、捆扎式、可倾式	抗生素、开囊、扣壳、口服液瓶
L	冷挤压式、离心式、螺旋式、立式、连续式、列管式、龙门式、履带式、流化床、链式、料斗式	冷冻、冷却、联动机、理瓶、铝箔、蜡封、料斗、离子交换
M	模具式、膜式、脉冲式	灭菌、灭活、蜜丸、棉
N	内循环式、碾压式	浓缩、逆流、浓配、内加热
P	喷淋式、喷雾式、平板式、盘管式	泡罩、炮制、炮灸、配液、抛光、破碎、片剂
Q	气流搅拌式、气升式	清洗、切药、取样、器具
R	容积式、热熔式、热压式	热泵、润药、溶出、软胶囊、软膏、乳化、软袋、热风
S	三足式、上悬式、升降式、蛇管式、隧道式、升膜式、水浴式	输液瓶、湿法、筛分、筛选、双效、双管板、渗透压、上料、塑料、塞、双锥、筛、水平、生物
T	填充式、筒式、塔式、套管式、台式	椭圆形、提取、提升、搪玻璃
U		U形
V		V形
W	外浮头式、卧式、万向式、涡轮式、往复式	外加热、微波、微粒、外循环
X	旋转式、旋流式、旋涡式、箱式、厢式、铣削是、悬筐式、下悬式、行星式、旋压式	循环、洗药、洗涤、旋盖、小容量、稀配
Y	摇摆式、摇篮式、摇滚式、叶片式、叶翅式、圆盘式、压磨式、移动式	预灌液、压力、一体机、易折、硬度、异物、液氮、硬胶囊、压塞、印字、液体

续表

代号	型式①	特征②
Z	直联式、自吸式、转鼓式、转笼式、转盘式、转筒式、锥篮式、枕式、振动式、锥形、直线式	真空、重力、转子、周转、制粒、制丸、整粒、蒸药、蒸发、蒸馏、轧盖、纸、注射器、注射剂、自动、在位、在线、中膜

① 在特殊情况时，型式代号及特征代号按下列方法编制：a. 表中未含的型式或特征时，应以其词的第一个汉字的大写拼音字母确定代号；b. 当产品特征不能完整被表达时，可增加其他特征的字母表达；c. 遇与其他产品型号雷同或易引发混淆时，允许用词的两个汉字的大写拼音字母区别。

② 规格型号原则上应表达产品的一个主要参数，如需要以两个参数表示产品规格时，应按下列方法编制：a. 两个参数的计量单位相同或其中一个为无量纲参数时，用符号"/"间隔；b. 字母代号与规格代号之间或规格代号的两个参数之间，不应用符号"-"间隔；c. 因计量单位原因出现阿拉伯数字位数较多时，应调整剂量的单位表示。

代号设置规定如下：①代号中拼音字母的位数不宜超过 5 个，且字母代号中不应采用 I、O 两个字母；②规格代号用阿拉伯数字表示。当规格代号不需用数值表示时，可用罗马数字表示。

在型号编制中，类别代号、功能代号和规格代号为型号的主体部分，是编制型号的必备要素，型式代号和特征代号为型号的补充部分，是编制型号的可选要素。型号编制格式如下：

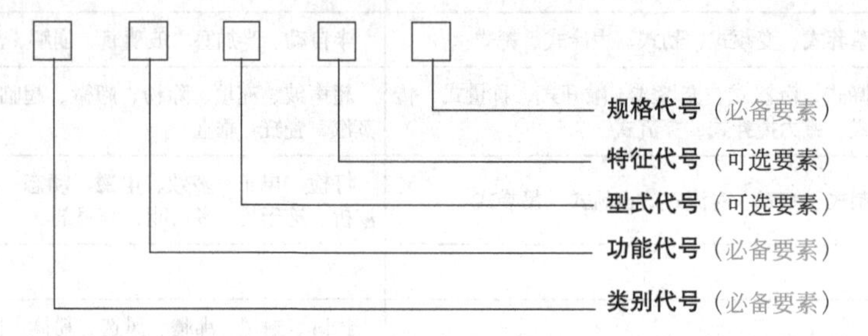

型号可根据产品的具体情况选择如下组合形式：①类别代号、功能代号、型式代号、特征代号及规格代号；②类别代号、功能代号、型式代号及规格代号；③类别代号、功能代号、特征代号及规格代号；④类别代号、功能代号及规格代号。

例 2-2　制药机械产品的型号示例

① YGHS2000 型双锥回转式真空干燥机。Y 为类别代号；G 功能代号；H 为型式代号；S 为特征代号；规格代号为 2000 L，双锥形。

② ZYGZ1 型卡式瓶灌装封口机。Z 为类别代号；KP 功能代号；规格代号为 1 mL，卡式瓶。

③ ZLLB120 型流化床制粒包衣机。Z 为类别代号；L 功能代号；L 为型式代号；B 为特征代号；规格代号为 120 kg/ 批。

（2）制药设备外形、位号、数量、大小表示方法

① 设备外形表示：设备外形应与设备实际外形或制造图的主面视图相似，按设计规定绘制。未规定的图形可根据实际外形和内部结构特征按象形法用细线条绘制。设备上管道接头、支脚、支架一律不表示。

② 设备位号、数量的表示：在工艺流程图中，每台机械设备可以按其所在的车间、工段及工段中的先后顺序标注其序号，这种序号即为**设备位号**。现列举一种设备位号编法如下。

设备位号由设备所处车间序号、工段号和工段中顺序号组成。通常一个生产车间根据工艺流程可以分为几个工段，每个工段按其在工艺流程中的先后顺序冠以数字 1，2，3，…；一个工段的设备一般不会超过 100 台，因此，再在工段数字后以两位阿拉伯数字 01，02，03，…，表示具体设备的顺序号；当同一位号（同一工段同一序号）有数台（套）以上设备时，再在设备位号右下角标上 1，2，3，…，格式如下：

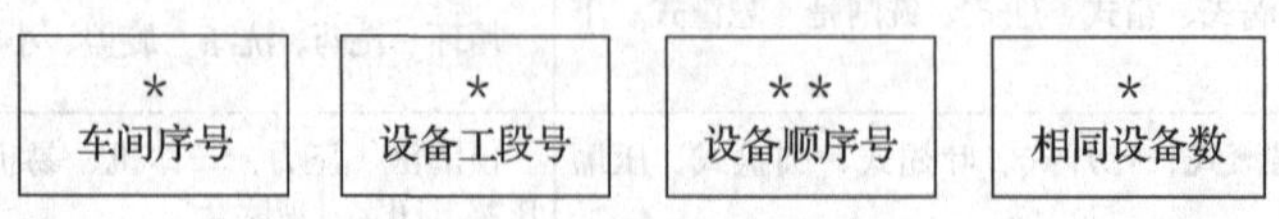

例如：某制剂车间（第一车间）的第二工段是制粒工段，工段中的制粒机有两台，那么它们的机

械设备位号分别是 1201 和 1202。

③ 机械设备大小的表示：绘制工艺流程图时，同一车间的流程图采用统一相对比例。当遇个别机械设备过高（大）或过低（小）时，需酌情予以缩小或放大，但应保持设备在整个工艺流程图中的相对大小及高低。车间内楼层用两条细线表示，地面用单根细线和断面符号表示，并于右端注明标高。操作台在流程图上一般不表示，如有必要表示时亦可用细线来说明，但不注标高。

（3）管道、管件、阀门及附件的表示方法

制剂工艺流程图管道、管件、阀门及附件的绘制和标注，一般沿用原化工部 HG 20519—92 标准，并根据本专业设计的特点补充编制一些新的图例、代号或符号。

① 流程图上的控制点、控制回路及仪表图例：化工与医药工程设计中常见仪表及元件的操作参数（即被测变量）代号见表 2-5，仪表及元件的功能代号见表 2-6。

表 2-5　常见仪表及元件的操作参数代号

参数	代号	参数	代号
温度	T	水分或湿度	M
压力	P	厚度	E
流量	F	热量	Q
液位（料位）	L	电压	V
重量	G	氢离子浓度	PH

表 2-6　仪表及元件的功能代号

功能	代号	功能	代号
报警	A	指示	I
控制	C	记录	J
调节	T	累积	Q
信号	X	手动（工人触发）	H

② 不同设计阶段管线表示：初步设计阶段流程图上需画出主要管道、主要阀门管件及控制点。其管道需注明流体介质（代号）、管径（mm，用公称直径表示）、管材代号、物料流向和控制点（仪表符号）。

施工图阶段的管道及仪表流程图应包括全部的管道、管件、阀门及控制点。除另有规定外，应对每一根工艺管道标注管道组合号、物料流向和控制点。

管道的组合号由下列六个单元组成（见图 2-7），其标注有两种方式：①一般是标注在管道的上方，②也可将管道号、管径、管道等级和隔热（声）分别标注在管道的上下方。

管道组合号××　××　××——××　×××-×

①　②　③　④　⑤　⑥

图2-7　管道组合号组成单元

①物料代号；②主项编号，按工程规定的主项编号填写；③管道顺序号［①、②、③三个单位组成管道号（管段号）］；④管径，以mm为单位，只注数字，不注单位，也可直接填写管子的外径 × 壁厚；⑤管道等级，包括公称压力和管材；⑥隔热或隔声代号，可缺项或省略

3. 设备一览表

设备一览表的作用是表示出工艺流程图中所有工艺设备及与工艺有关的辅助设备序号、位号、名称、技术、规格、操作条件、材质、容积、附件、数量、重量、价格、来源、保温或隔热（声）等。设备一览表的表示方法有以下两种：

① 将设备一览表直接列置在工艺流程图图鉴的上方，由下往上写，如图 2-8 所示。

物料流程图	…
	…
	13
	12
	11
	10 设备一览表
	9
	8
	7
	6
	5
	4
	3
	2
	1
	序号 流程号……
	图鉴

图2-8 设备一览表、图鉴在工艺流程图中的布置示意图

② 单独编制设备一览表文件，其内容包括文件扉页和一览表，现列述某医药设计院设备一览表文件的编制格式供参考（见图2-9）。

(a) 设备一览表扉页样式（参考）

设计单位资格证书名及编号

库号：

共##页

工程名称

设计项目（###）车间

设计阶段（初步设计）

设计专业（工艺专业）

设 备 一 览 表

年 月 日

			编制	年 月 日
			校核	年 月 日
汇总数据	设备总台数	设备总重量	审核	年 月 日

(b) 设备一览表样式（参考）

设计单位	工程名称		设备一览表	编制	年 月 日	图号
	设计项目	###车间（##工段）		校核	年 月 日	
	设计阶段	初步设计		审核	年 月 日	工程号

序号	流程图位号	设备名称	型号规格	操作条件			材料	容积或面积	附件	数量台	单位	单价	复用或设计	图纸图号	保温		备注
				主要介质	温度	压力									材料	厚度	
					℃	MPa		m^3/m^2			kg	元				mm	

图2-9 设备一览表文件编制格式

4. 图鉴

图鉴是将图名、设计单位、设计工程及项目名称、设计人、校核人与审核人、设计阶段、图纸比例、图号、设计日期等以表格的方式列出。

图鉴一般置于工艺流程图的右下角，若设备一览表亦在流程图中表示时，其长度应和图鉴的长度取齐，以使整齐美观（图 2-8）。

5. 图框

图框是采用粗线条，给整个流程图以框界。

第四节 制剂工程计算

一、物料衡算

物料衡算是利用物料的质量守恒定律对操作前后物料总量与产品以及物料损失状况的计算方法，也就是进入设备用于生产的物料总量恒等于产物与物料损失的总量。物料衡算与生产经济效益有着直接的关系。

物料衡算是医药工艺设计的基础，根据所需要设计项目的年产量，通过对全过程或者单元反应与操作进行物料衡算，可以得到单耗［即生产 1 kg 产品所需要消耗的原料的质量（kg）］、副产品量、输出过程中物料损耗量以及三废生成量等。

在制剂生产工艺流程确定并绘制流程示意图以后，就可以进行产品的物料衡算。通过物料衡算，设计由定性转向定量。物料衡算是车间工艺设计中最先进行并完成的一个计算项目，其结果是车间热量衡算、设备工艺设计与选型、进行车间设备布置设计和管路设计等各种设计的依据。因此，物料衡算结果的正确与否将直接关系到工艺设计的可靠程度。为使物料衡算能正确客观地反映出生产实际状况，除对生产过程要进行全面而深入地了解之外，还必须有一套科学、系统而严密的规范分析与求解方法。

在进行车间物料衡算前，首先要确定生产工艺流程示意图，这种图限定了车间的物料衡算范围，使计算既不遗漏，也不重复；其次要收集必需的数据、资料，如各种物料的名称、组成及其含量、各种物料之间的配比等。具备以上条件后，就可进行车间物料衡算。

物料衡算的计算基准：药物制剂车间通常以一批货一日产量为基准，年生产日视具体情况而定，通常有 250 天、300 天、330 天等，以此为基准进行物料衡算。

物料衡算根据原料与产品的定量转变关系，在知道产量和产品规格的前提下计算各种原料的消耗量、各种车间产品及副产品量、损耗量，它是质量守恒定律的具体表现形式。其表达式为：

$$\Sigma G_1 = \Sigma G_2 + \Sigma G_3 \tag{2-1}$$

式中，G_1 为输入的物料量；G_2 为输出的物料量；G_3 为物料的损失量。

通过物料衡算可解决以下问题：①计算原辅料消耗量、副产品量；②输出过程物料的损耗量和三废生成量；③在物料衡算的基础上进行能量衡算，计算蒸汽、水、电、煤或其他燃料的消耗定额；④在拟定原料消耗定额的基础上，进一步计算日消耗量、时消耗量，为所需设备提供必要的基础数据；⑤计算产品的技术经济指标。

例 2-3　以头孢类固体制剂为例，设计规模：片剂 2.5 亿片 / 年；胶囊 2.5 亿粒 / 年；颗粒剂 5000 万袋 / 年（1 g/ 袋）。

已知计算基础数据：年工作日 250 天；生产班别 2 班生产，每班 8 h，班有效工时 6 ～ 7 h。生产方式为间歇式生产。

解：假设片剂平均片重 0.3 g/ 片，胶囊剂平均粒重 0.3 g/ 粒。则

（1）片剂

年制粒量为 $2.5 \times 10^8 \times 0.3 \times 10^{-6} = 75$（t/ 年）；

日制粒量为 $75000 \div 250 = 300$（kg/ 天）；

班制粒量为 $300 \div 2 = 150$（kg/ 班）。

（2）胶囊

年制粒量为 $2.5 \times 10^8 \times 0.3 \times 10^{-6} = 75$（t/ 年）；

日制粒量为 $75000 \div 250 = 300$（kg/ 天）；

班制粒量为 $300 \div 2 = 150$（kg/ 班）。

（3）颗粒剂

年制粒量为 $5000 \times 10^4 \times 1 \times 10^{-6} = 50$（t/ 年）；

日制粒量为 $50000 \div 250 = 200$（kg/ 天）；

班制粒量为 $200 \div 2 = 100$（kg/ 班）。

（4）班总制粒量为 $150 + 150 + 100 = 400$（kg/ 班）。假设原辅料损耗为 2%，则年原辅料总耗量 $(75 + 75 + 50) \div (1 - 2\%) \approx 204$（t/ 年）。

二、能量衡算

在物料衡算的基础上，即可进行车间**能量衡算**。能量衡算的主要目的是确定设备的热负荷。根据设备热负荷的大小、所处理物料的性质及工艺要求再选择传热面形式，计算传热面积，确定设备的主要工艺尺寸。同时，传热所需的加热剂或冷却剂的用量也是以热负荷的大小为依据进行计算的。对已投产的生产车间，进行能量衡算是为了更加合理地用能。通过对一台设备能量平衡测定与计算可以获得设备用能的各种信息，如热利用效率、余热分布情况、余热回收利用等，进而从技术上、管理上制定出节能措施，以最大限度降低单位产品的能耗。

能量衡算主要依据是能量守恒定律，它是以物料衡算结果为基准而进行的。对于车间工艺设计中的能量衡算，其主要目的是要确定设备的热负荷，所以能量衡算可简化为热量衡算。其热量衡算一般表达式为：

$$Q_1 + Q_2 + Q_3 = Q_4 + Q_5 + Q_6 \tag{2-2}$$

式中，Q_1 为物料带到设备中的热量；Q_2 为由加热剂（冷却剂）传给设备和物料的热量（加热时取正值，冷却时取负值）；Q_3 为过程的热效应，它分为化学反应热效应和物理状态变化热效应；Q_4 为物料从设备离开所带走的热量；Q_5 为消耗于加热（冷却）设备和各个部件上的热量；Q_6 为设备向四周散失的热量。

通过式（2-2）可计算 Q_2，而关键是求取 Q_3。由 Q_2 进而可计算加热剂或冷却剂的消耗量。

例 2-4　纯水系统采用纯蒸汽灭菌所需的纯蒸汽用量计算。

纯水系统由 10 m^3 的立式 304 不锈钢贮罐、长 100 m 管径（d）为 50 mm 的 304 不锈钢管道及输送泵组成，采用 0.3 MPa（表压）的纯蒸汽灭菌，灭菌时用卡箍连接的同材质短管代替泵连接管路系统。

已知条件：不锈钢材料的比热容 $c = 0.12$ kcal/(kg · ℃)[1]；10 m^3 不锈钢纯水贮罐质量为 1900 kg，直径 $D = 2400$ mm，贮罐圆柱体高 $H = 2000$ mm，立式椭圆形封头，贮罐封头表面积 6.6 m^2；管路系统

[1] 1 cal = 4.1868 J。

不保温，灭菌温度121 ℃，维持30 min。求需消耗0.3 MPa纯蒸汽的量。

解： 先分析管路系统从20 ℃（环境温度）升温至121 ℃后的传热情况。

（1）传入热量

系统内持续通入0.3 MPa的饱和纯蒸汽，温度143 ℃，其焓值$H_1 = 654.9$ kcal/kg，121 ℃水的焓值$H_2 = 121.3$ kcal/kg，143 ℃饱和纯蒸汽转化为121 ℃的水的焓变ΔH为533.6 kcal/kg，设通入纯蒸汽量为G_1。

（2）传出热量

管路系统通过热传导散热量$Q_1 = KA\Delta t$

查《化工工艺设计手册》（化学工业出版社，2009）取$K = 30$ kcal/（m^2·h·℃），

A为10 m^3贮罐及100 m管道的外表面积之和，即A= 贮罐表面积 + 管道表面积。

贮罐表面积：$A_1 = \pi DH + 2\times$（封头表面积）$= 3.14\times2.4\times2+2\times6.6\approx28.3$（$m^2$）

管道表面积：$A_2 = \pi dl = 3.14\times0.05\times100 = 15.7$（$m^2$）

$\Delta t = 121$ ℃ − 20 ℃ = 101 ℃

所以，$Q_1 = 30\times(28.3+15.7)\times101 = 133320$（kcal/h）

管路系统内表面温度为121 ℃时，假设外表面温度近似为121 ℃，其辐射热为Q_2。

将管路系统近似看成黑体，其最大辐射热：

$$Q_2 = C_0\left(\frac{T}{100}\right)^4 A = 5.67\times\left(\frac{121+273}{100}\right)^4\times(28.3+15.7)$$

$$\approx 60120.2\,(\text{W}) \approx 60120.2\,(\text{J/s}) \approx 51943.9\,(\text{kcal/h})$$

式中，C_0为黑体发射系数，C_0=5.67 W/（m^2·k^4）。

（3）排放活蒸汽的量G_2

采用纯蒸汽灭菌时，各使用点及贮罐需分别打开阀门排气以达到"活蒸汽"（即在管道的一端进饱和蒸汽，另一端设蒸汽和冷凝水排放的管道，通过调节阀门的开度排出冷凝水，并尽量减少排蒸汽）灭菌的目的，假设每次同时排气点为2个，排气管内径d为10 mm，蒸汽流速v为20 m/s，蒸汽密度ρ为2.12 kg/m^3。

蒸汽排放量：$G_2 = 2\times\dfrac{\pi}{4}d^2 v\rho = 2\times0.785\times0.01^2\times20\times2.12\times3600\approx24$（kg/h）

根据能量守恒定律，达到灭菌稳态时通入蒸汽量G_1用于克服热损失，则

$$G_1\Delta H = Q_1 + Q_2;\ G_1 = \frac{Q_1+Q_2}{\Delta H} = \frac{133320+51943.9}{533.6} = 347.2\,(\text{kg/h})$$

因此，灭菌达到稳态是纯蒸汽耗量：347.2 + 24 = 371.2（kg/h）

再来分析纯水系统从20 ℃升温至121 ℃时的传热情况，这是一个非稳态过程，由于升温时间可以调节，可以通过适当延长通入纯蒸汽的时间来达到。整个管路系统从20 ℃升温至121 ℃所需吸收的总能量$Q = cm\Delta t$，贮罐质量$m_1 = 1900$ kg。

假设管道壁厚为2.0 mm，其单重为3.5 kg/m，则管路系统质量$m_2 = 100\times3.5 = 350$ kg，则

$$Q = 0.12\times(1900+350)\times(121-20) = 27270\,(\text{kcal})$$

其热量相当于蒸汽量：$\dfrac{27270}{533.6} = 51.1$（kg）

该数值与维持稳态灭菌时蒸汽消耗量371.2 kg/h相比相对较小，因此保证蒸汽流量为371.2kg/h时可满足该管道系统灭菌要求。

实际生产中，纯化水系统一般采用80 ℃热水循环的巴氏消毒法，仅注射水系统考虑采用纯蒸汽灭菌，而注射水系统均为保温系统，灭菌时热损失较小，所消耗的纯蒸汽量也较小。

第五节　车间布置设计

一、概述

车间布置设计是车间工艺设计的最重要环节之一，也是工艺专业向其他非工艺专业提供开展车间设计的基础资料之一。车间布置设计的目的是对厂房的配置和设备的排列作出合理的安排。一个布置不合理的车间，基建时工程造价高，施工安装不便；车间建成后又会带来生产和管理问题，造成人流和物流紊乱、设备维护和检修不便等问题。因此，车间布置设计时应遵守设计程序，按照布置设计的基本原则，进行细致而周密的布置设计。

（一）制剂车间布置设计的任务

①确定车间的火灾危险类别，爆炸与火灾危险性场所等级及卫生标准；②确定车间建筑（构筑）物和露天场所的主要尺寸，并对车间的生产、辅助生产和行政生活区域位置作出安排；③确定全部工艺设备的空间位置。

（二）制剂车间布置设计的基本要求

1. 制剂车间设计的一般原则

① 车间应按工艺流程合理布局，合理、紧凑，有利于生产操作，并能保证对生产过程进行有效的管理。

② 车间布置要防止人流、物流之间的混杂和交叉污染，要防止原材料、中间体、半成品的交叉污染和混杂。做到人流、物流协调；工艺流程协调；洁净度级别协调。

③ 车间应设有相应的中间贮存区域和辅助房间。

④ 厂房应有与生产量相适应的面积和空间，建设结构和装饰要有利于清洗和维护。

⑤ 车间内应有良好的采光、通风，按工艺要求可增设局部通风。

2. 满足 GMP 的要求

① 设备的设计、选型、安装应符合生产要求，易于清洗、消毒或灭菌，便于生产操作和维修、保养，并能防止差错或减少污染。

② 与药品直接接触的设备表面应光洁、平整、易清洗或消毒、耐腐蚀，不与药品发生化学反应或吸附。设备所用的润滑剂、冷却剂等不得对药品或容器造成污染。

③ 与设备连接的主要固定管道应标明管内物料名称、流向。

④ 纯化水、注射用水的制备、储存和分配应能防止微生物的滋生和污染；贮罐和输送管道所用材料应无毒、耐腐蚀；管道的设计和安装应避免死角、盲管；贮罐和管道要规定清洗、灭菌周期；注射用水储存设备的通气口应安装不脱落纤维的疏水性除菌滤器；注射用水可采用 80 ℃以上保温或 70 ℃以上保温循环储存。

⑤ 用于生产和检验的仪器、仪表、量具、衡器等，其适用范围和精密度应符合生产和检验要求，有明显的合格标志，并定期校验。

⑥ 生产设备应有明显的状态标志，并定期维修、保养和验证。设备安装、维修、保养的操作不得影响产品的质量。生产、检验设备均应有使用、维修、保养记录。

3. 满足工艺要求

① 必须满足生产工艺要求是设备布置的基本原则，即车间内部的设备布置尽量与工艺流程一致，并尽可能利用工艺过程使物料自动流送，避免中间体和产品有交叉往返的现象。原料药生产一般可将

计量设备布置在最高层，主要设备（如反应器等）布置在中层，贮槽及重型设备布置在最底层。

② 在操作中相互有联系的设备应布置彼此靠近，除保持必要的间距以照顾到合理的操作范围、行人的方便、物料的输送外，还应考虑在设备周围留出堆存一定数量原料、半成品、成品的空地，必要时亦可作一般检修场地。同时还需考虑设备搬运通道应该具备的最小宽度，并留有车间的扩建位置。

③ 设备布置尽可能对称，相同或相似设备应集中布置，并考虑相互调换使用的可能性和方便性，以充分发挥设备的潜力。

④ 设备布置时必须保证管理方便和安全。操作方楼梯坡度一般≤ 45°；关于设备与墙壁之间的距离、设备之间的距离的标准以及运送设备的通道和人行道的标准都有一定规范，设计时应予遵守。表2-7 列出的是建议可采用的安全距离。

表 2-7　设备与设备、设备与建筑物之间的安全距离

项目	安全距离 /m
往复运动的机械，其运动部分与墙之间的距离	≥1.5
回转运动的机械与墙之间的距离	0.8 ～ 1.0
回转机械互相间距离	0.8 ～ 1.2
泵的间距	≥1.0
泵列与泵列间的距离	≥1.5
被吊车吊动的物品与设备最高点的间距	≥0.4
贮槽与贮槽之间的距离	0.4 ～ 0.6
计量槽与计量槽之间的距离	0.4 ～ 0.6
反应设备盖上传动装置离天花板（如搅拌轴拆装有困难时，距离还需加大）	≥0.8
通廊、操作台通行部分最小净空高度	2.0
不常通行的地方，最小净高	1.9
设备与墙之间有一人操作	≥1.0
设备与墙之间无人操作	≥0.5
两设备间有两人背对背操作，有小车通过	≥3.1
两设备间有一人操作，且有小车通过	≥1.9
两设备间有两人背对背操作，偶尔有人通过	≥1.8
两设备间有两人背对背操作，且经常有人通过	≥2.4
两设备间有一人操作，且偶尔有人通过	≥1.2

4. 满足建筑要求

① 尽可能实现设备的露天化布置，这将大大节约建筑物的面积和体积，减少设计和施工的工作量，对节约基建投资具有很大意义。但设备的露天化必须考虑建设地区自然条件和生产操作的可能性。

② 在不影响工艺流程的原则下，将较高的设备集中布置，可简化厂房的立体布置，避免由于设备高低悬殊造成的建筑体积的浪费。

③ 十分笨重的设备、生产中能产生很大振动的设备，如压缩机、离心机等，尽可能布置在厂房的地面层（设备基础的重量等于机组毛重的三倍），以减少厂房的荷载和振动。这些设备应避免设置于操作台上，个别场合必须布置在楼上时，应将设备安置在梁的上侧，设备穿孔必须避开主梁。

④ 操作台必须统一考虑，避免平台支柱零乱重复，以节约厂房类构筑物所占面积。

⑤ 厂房出入口、交通道路、楼梯位置都要精心设计与安排。

5. 满足安装和检修要求

① 制药厂物料腐蚀性大，需要经常对设备进行维护、检修和更换。在设备布置时，必须考虑设备

的安装、检修和拆卸的可能性及其方式方法。

② 必须考虑设备运入或搬出车间的方法及经过的通道。一般厂房内的大门宽度要比需要通过的设备宽 0.2 m 左右，当设备运入厂房后，很少需要再整体搬出时，则可在外墙预留孔道，待设备运入后再砌封。

③ 设备通过楼层或安装在二层楼以上时，可在楼板上设置安装孔。安装孔分有盖及无盖两种，后者需沿其四周设置可拆卸的栏杆。对需穿越楼板的设备（如反应器、塔设备等），可直接通过楼板上预留的安装孔来吊装。对体积庞大而又不需经常更换的设备，可在厂房外墙先设置一个安装洞，待设备进入厂房后，再行砌封。

④ 厂房中要有一定的供设备检修及拆卸用的面积和空间，设备的起吊运输高度，应大于在运输线上的最高设备高度。

⑤ 必须考虑设备的检修、拆卸以及运送物料的起重运输装置，若无永久性起重运输装置，也应该考虑安装临时起重运输装置的位置。

6. 满足安全和卫生要求

① 要创造良好的采光条件，设备布置时尽可能做到工人背光操作；高大设备避免靠窗设置，以免影响采光。

② 对于高温及有毒气体的厂房，要适当加高建筑物的层高，以利于通风散热。

③ 必须根据生产过程中有毒物质，易燃、易爆气体的逸出量及其在空气中允许浓度和爆炸极限，确定厂房每小时通风次数，采取加强自然对流及机械通风的措施。对产生大量热量的车间，也需作同样考虑。在厂房楼板上设置中央通风孔，可加强自然对流通风和解决厂房采光不足的问题。

④ 有一定量有毒气体逸出的设备，应设有排风装置，并将此设备布置在下风位置；对毒性较大的岗位应设置隔离单独排风的小间。处理大量可燃性物料的岗位，特别是在楼上，应设置消防设备及紧急疏散等安全设施。

⑤ 防爆车间必须尽可能采用单层厂房，避免车间内有死角，防止爆炸性气体及粉尘的积累，建筑物的泄压面积一般为 0.05 m^2/m^3。若用多层厂房，楼板上必须留出泄压孔，防爆厂房与其他厂房连接时，必须用防爆墙（防火墙）隔开；加强车间通风，保证易燃、易爆物质在空气中的浓度不大于允许极限浓度；采取防静电及防火措施。

⑥ 对于接触腐蚀性介质的设备，除设备本身的基础须加防护外，对于设备附近的墙、柱等建筑物，也必须采取防护措施。

（三）制剂车间布置的特殊要求

1. 车间的总体要求

① 车间应按一般生产区、洁净区的要求设计。

② 为保证空气洁净度要求，应避免不必要的人员和物料流动。为此，平面布置时应考虑人流、物流的严格分开，无关人员和物料不得通过生产区。

③ 车间厂房、设备、管线的布置和设备的安装，要从防止产品污染方面考虑，便于清扫。

④ 厂房能够防尘、防昆虫、防鼠类等的污染。

⑤ 不允许在同一房间内同时进行不同品种或同一品种、不同规格的操作。

⑥ 车间内应设置更换品种及日常清洗设备、管道、容器等必要的水池，上下水道等设施，这些设施的设置不能影响车间内洁净度的要求。

2. 生产区的隔断

为满足产品的卫生要求，车间要进行隔断，原则是防止产品、原材料、半成品和包装材料的混杂和污染，并留有足够的面积进行操作。

（1）必须进行隔断的地点

①一般生产区和洁净区之间；②通道与各生产区域之间；③原料库、包装材料库、成品库等；

④原材料称量室；⑤各工序及包装间等；⑥易燃物存放场所；⑦设备清洗场所；⑧其他。

（2）进行隔断的地点应留有足够的面积

以注射剂生产为例说明：①包装生产线之间，如进行非同一品种或非同一批号产品的包装，应用隔板进行必要的分隔；②包装线附近的地板上划线作为限制进入区；③半成品、成品的不同批号间存放地点应进行分隔或标以不同的颜色以示区别，并应堆放整齐、留有间隙，以防混料；④合格品、不合格品及待检品之间，其中不合格品应及时从成品库移到其他场所；⑤已灭菌产品和未灭菌产品之间；⑥其他。

3. 制剂车间的分区

在药品生产中，微生物及尘埃粒子的污染途径主要有：①工具和容器；②人员；③原材料；④包装材料；⑤空气中的尘粒。其中①、②项可以通过卫生消毒、净化制度来解决；③项可以通过原材料检验手段、保存条件、精制过滤等来解决；④项可以通过洗涤、消毒来解决；⑤项是一个很关键的污染源，这一项的有效保证方法是控制洁净度。由此产生了按照洁净度对车间洁净区分类。

制剂车间根据药品工艺流程和质量要求进行合理布置和分区。按规范可将制剂车间分为 2 个区，即一般生产区、洁净区（D 级、C 级、B 级、A 级）。

（1）一般生产区

无洁净级别要求的房间所组成的生产区域。它包括：①针剂车间的纯水制备、安瓿粗洗、消毒、灯检、包装；②输液的纯水制备、洗涤（玻瓶、胶塞）、盖铝盖、轧盖、灭菌、灯检、包装；③无菌粉针和冻干的胶塞粗洗、包装；④片剂的洗瓶、外包装；⑤药品化验等。

（2）D 级洁净区

D 级洁净区包括：①口服固体制剂生产除去洗瓶和外包装以外的工艺过程，胶囊囊壳生产的全过程；②口服液体制剂灌装、灌封、加盖，最终灭菌产品料液的配制和过滤，轧盖，产品配制和过滤，直接接触药品的包装材料和器具的最终清洗；③洗瓶工段的粗洗以及非无菌原料药的精制、烘干、内包装等。

（3）C 级洁净区

C 级洁净区包括：①最终灭菌注射剂安瓿的精洗、烘干、贮存工段；②不能热压灭菌注射剂的调配室、粗滤、瓶子的清洗；③大输液的稀配、粗滤、灌装，瓶、盖、膜的精洗，加薄膜、盖塞；④滴眼剂的灌封；⑤无菌粉针和冻干剂的原料外包装消毒、洗瓶、胶塞精洗、轧盖；⑥无菌原料药的玻瓶精洗。

（4）B 级洁净区

B 级洁净区包括：①最终不能热压灭菌注射剂（包括冻干产品及粉针）的瓶子的烘干、贮存；②针剂的精滤、灌装、封口、玻瓶的冷却；③输液的精滤、灌装、盖塞、膜的精洗；④冻干制剂的无菌过滤、分装、加盖；⑤粉针原料检查、玻瓶冷却、原料调配、过筛、混粉、分装、加盖；⑥无菌眼药膏、药水的调配和灌封室；⑦无菌原料药生产的过滤、结晶、分离、干燥、过筛、混粉、包装；⑧血浆制品的粗分室、精分室。

（5）局部 A 级洁净区

A 级洁净区包括：①无菌检验；②菌种接种工作台；③无菌生产用薄膜过滤器的装配；④输液的精滤、灌装、放膜、盖塞；⑤冻干制剂的无菌过滤、灌装、冻干、加塞；⑥无菌粉针的玻瓶冷却、分装、盖塞；⑦无菌原料药的瓶冷却、过筛、混粉、装瓶；⑧血制品的冻干室、血浆的粗分工作台、精分工作台。

以上洁净区分区是根据 GMP 的规定制定的。应该注意：提高标准将增加能耗、提高成本，要根据实际需要制定标准，不必无限制地提高标准。

（四）车间组成

车间是企业内部组织生产的基本单位，也是企业生产行政管理的一级组织。由若干工段或生产班组构成。它按企业内部产品生产各个阶段或产品各组成部分的专业性质和各辅助生产活动的专业性质而设置，拥有完成生产任务所必需的厂房或场地、机械设备、工具和一定的生产人员、技术人员和管理人员。

1. 按区域的总体功能划分

制剂车间按区域的总体功能划分，一般由生产部分、辅助生产部分和行政生活部分组成。

（1）生产部分

生产部分包括：一般生产区和洁净区。洁净区又分为四个等级：D 级、C 级、B 级和 A/B 级。

（2）辅助生产部分

辅助生产部分包括：①物料净化用室、原辅料外包装清洁室、包装材料清洁室；②称量室、配料室、设备容器具清洁室、清洁工具洗涤存放室、洁净工作服洗涤干燥室；③原辅料和成品仓库、灭菌室、分析化验室；④动力室（真空泵和压缩机室）、配电室、维修保养室、通风空调室、冷冻机室等。

（3）行政生活部分

行政生活部分包括：①人员净化用室有雨具存放间、管理间、换鞋室、存外衣室、盥洗室、洁净工作服室、空气吹淋室等；②生活用室有办公室、会议室、厕所、淋浴室、休息室以及女工保健室等。

2. 按区域的具体用途划分

制剂车间按区域的具体用途来划分，可由仓储区、称量及前处理区、中贮区、辅助区、生产区、质检区、包装区、公用工程及空调区、人物流净化通道等几个部分所组成。

（1）仓储区

制剂车间的仓库位置的安排大致有两种。一种为集中式，即原辅料、包装材料、成品均在同一仓库区，这种形式是较常见的，在管理上收存货方便，但要求分割明确。另一种是原辅料、包装材料与成品库分开设置，各设在车间的两侧。这种形式在生产过程进行路线上较流畅，减少往返路线。

仓储布置现一般采用多层装配式货架，物料均采用托板分别贮存在规定的货架位置上，装载方式有全自动电脑控制堆垛机、手动堆垛机及电瓶叉车等。

仓储内应分别采用严格的隔离措施，互不干扰，取存方便。仓库只能设一个管理出入口，若将进货与出货分设两个缓冲间，但由一个管理室管理是允许的。

仓库设计要求室内外环境清洁、干燥，并维持在认可的温度限度之内。仓库地面要求耐磨、不起灰、有较高的地面承载力、防潮。

（2）称量及前处理区

称量及前处理区的设置较灵活，此岗位可设在仓库附近，也可设在仓库内。设在仓库内，使全车间使用的原辅料集中加工、称量，然后按批号分别堆放待领用，这样可避免大批原料领出，也有利于集中清洗和消毒容器。亦有将称量间设置在车间内的情况，这种布置需设一原辅料存放区，使称量多余的原辅料不倒回仓库而贮存在此区内。

根据生产工艺要求，备料室内应设有原辅料存放间、称量配料间、称量后原辅料分批存放间、生产过程中剩余物料的存放间。当原辅料需要粉碎处理后才能使用时，还需要设置粉碎间、过筛间以及筛后原辅料存放间。对于可能产生污染的物料要设置专用称量间及存放间。

原辅料的加工和处理岗位，包括称量岗位，都是粉尘散发严重的场所，车间布置中应设置有效的捕集吸尘设施，岗位应尽可能采用多间独立小空间，这样有利于排风、除尘效果，也有利于不同品种原料的加工和称重。这些加工小室，在空调设计中特别要注意保持负压状态。在这些小室中需设置地漏，以便工毕清洗，但条件是经清洗的洁净室的湿度在短时间内能调整到适合原辅料存放的数值。这些岗位设计中特别要注意减少积尘点，故设计中宜在操作岗位后侧设技术夹墙，以便管道暗敷。

（3）中贮区

中贮区无论是一个场地或一个房间，对 GMP 管理都是极为重要和必需的。设置中贮区是降低人为差错，防止生产中混药，保证产品质量的最可靠措施之一，符合GMP有关厂房内应有足够的空间和场地安置物料的要求。不管是上下工序之间的暂存，还是中间体的待检，都需有地方有序地暂存。中贮区的设置有分散式和集中式两种安排方法，即可将贮存、待检场地在生产过程中分散设置，也可将中贮区相对集中地设置。

① 分散式：它是指在生产过程中各自设立颗粒中贮区、素片中贮区、包衣片中贮区。其优点是各个独立的中贮区邻近生产操作室，联系较为方便，不易引起混药。其缺点是不便管理，而且很多生产企业或设计人员由于片面追求人流、物流分开，在操作室和中贮区之间开设了专用物料传递的门，不利于保证操作室和中贮区的气密性和洁净度。分散式在中、小型企业中普遍采用。

② 集中式：它是指生产过程中只设一个大的中贮区，专人负责，划区管理，负责对各工序半成品入站、验收、移交，并按品种、规格、批号加盖区别存放，明显标志。其优点是便于管理，能有效地防止混淆和交叉污染。缺点是对管理者的要求很高。目前已在大型及合资企业中普遍采用。

在工艺布局设计时采用哪种形式的中贮区，应根据生产企业的管理水平来确定。重要的是设计人员应考虑使工艺过程衔接合理，进出中贮区或中贮间的路线应顺应工艺流程，不要来回交叉，更不要储存在操作室内，并使物料传输的距离最短。

（4）辅助区

GMP要求必须在洁净厂房内的适当位置设置设备和容器清洗室、清洁工具清洗室和洁净工作服洗涤室及其配套的存放室等辅助区。

① 设备和容器清洗室：清洗对象有设备、容器、工器具，现国内很少对设备清洗采取运到清洗室清洗，故清洗对象主要是容器和工器具，为了避免经清洗的容器发生再污染，故要求清洗室的洁净度与使用此容器的场地洁净度相协调。A级、B级洁净区的设备及容器宜在本区域外清洗。工器具清洗室的空气洁净度不应低于D级，有的是在清洗间中设置层流罩，高洁净度区域用的容器在层流罩下清洗、消毒并加盖密闭后运出。工器具也需有专用贮存柜存放。

清洗室内清洗容器的洗涤池目前主要有两种方式：一是不锈钢地坑上加不锈钢格栅，此类洗涤池容器推上去方便，排水畅通无积水，但可能冲洗后的污染物易积聚在格栅处，难以清洗干净。二是地槽型，即一斜坡地面形成的槽。

清洗用水要根据被洗物品是否直接接触药物来选择。不接触者可使用饮用水清洗；接触者还要依据生产工艺的要求使用纯水或注射用水清洗。但不论是否接触药物，凡进入无菌区的工器具、容器等均需灭菌。

② 清洁工具清洗室：此岗位专门负责车间的清洁消毒工作，故房间要设有清洗、消毒用的设备，对用于清洗揩抹用的拖把及抹布并进行消毒工作。此房间还要贮存清洁用的工具、器件，包括清洁车等；并负责清洁用消毒液的配制。清洁工具室一般设在洁净区附近，也可设在洁净区内。

③ 洁净工作服洗涤室及其配套的存放室：GMP规定工作服应按洁净级别的要求使用各自的清洗设施。洁净工作服是在与生产洁净区同等级的区域内清洗、干燥并完成封装的，并存放在洁净工作服存衣柜中，而后取出拆封，穿衣时又必然暴露在洁净工作服室的空气中，可见洁净工作服室的净化级别应与穿着工作服后的生产操作环境的洁净级别相同。此外，存放洁净工作服的衣柜不应采用木质材料，以免生霉长菌或变形，应采用不起尘、不腐蚀、易清洗、耐消毒的材料。衣柜的选用应该与GMP对设备选型的要求一致。

（5）生产区

生产区的布局要顺应工艺流程，减少生产过程的迂回往返。但对大面积厂房而言，对于不同剂型的相同工序可以集中设置，以便管理，互为通用。

GMP中生产区的要求：①洁净区与非洁净区之间、不同级别洁净区之间的压差应当不低于10 Pa。必要时，相同洁净度级别的不同功能区域（操作间）之间也应当保持适当的压差梯度。②对生产特殊产品的要求：污染性、高活性、高致敏性的药品生产应使用独立厂房和设施，排风需要净化。a.生产特殊性质的药品，如高致敏性药品（如青霉素类）或生物制品（如卡介苗或其他用活性微生物制备而成的药品），必须采用专用和独立的厂房、生产设施和设备。青霉素类药品产尘量大的操作区域应当保持相对负压，排至室外的废气应当经过净化处理并符合要求，排风口应当远离其他空气净化系统的进风口。b. 生产 β- 内酰胺结构类药品、性激素类避孕药品必须使用专用设施（如独立的空气净化系统）和设备，并与其他药品生产区严格分开。c. 生产某些激素类、细胞毒性类、高活性化学药品应当使用专用设施（如独立的空气净化系统）和设备；特殊情况下，如采取特别防护措施并经过必要的验证，上述药品制剂则可通过阶段性生产方式共用同一生产设施和设备。d. 上述空气净化系统，其排风应当经过净化处理。

（6）质检区

质检区通常应当与生产区分开。生物检定、微生物和放射性同位素的实验室，还应当彼此分开。此外，质检区应设置必要的分析化验室，以及设置专门的仪器室，使灵敏度高的仪器免受静电、震动、潮湿或其他外界因素的干扰。

（7）包装区

包装区要尽可能集中，以充分利用场地，节约面积。若同时有数条生产线进行包装时，应采取隔离或其他有效防止污染或混淆的设施。

（8）公用工程及空调区

公用工程及空调区主要指配电室、空调机房等。空调机房应紧靠洁净生产区，使通风管道线最短，这样可减少管道接头和相应的渗漏、污染机会，能降低能源消耗。

（9）人物流净化通道

为防止人流、物流混杂，应采取如下措施：①人员和物料的出入门必须分设，分门而入。②人员和物料要有各自的净化用室和设施。③按工艺流程布局，尽量将洁净度要求相同的洁净室安排在一起。在同一洁净室内，尽量将洁净度要求高的工序布置在洁净气流首先到达的区域，容易产生污染的工序布置在靠近回、排风口的位置。④用于生产、储存的区域，不得用作非本区域人员通道。

洁净区的卫生通道洁净度由外到内逐步提高，故要求越往内送风量越大，以便造成正压，防止污染空气倒流，带入尘粒及细菌。

（五）车间布置设计的条件、内容和成果

制剂车间布置设计按两段式设计方案进行讨论。

1. 扩大初步设计阶段

车间布置设计是在工艺流程设计、物料衡算、热量衡算和工艺设备设计之后进行的。

（1）布置设计需要的条件和资料

车间布置设计应遵守国家有关劳动保护、安全和卫生等规定，这些规定以国家或主管业务部委制定的规范和规定形式颁布执行，定期修改和完善。它们是国家技术政策和法令、法规的具体体现，设计者必须熟悉并严格遵守和执行，不能任意解释，更不能违背。若违背造成事故，设计者应负技术责任，甚至被追究法律责任。

布置设计需要的资料包括车间外部资料和车间内部资料。

车间外部资料包括：①设计任务书；②设计基础资料，如气象、水文和地质资料；③本车间与其他生产车间和辅助车间等之间的关系；④工厂总平面图和场内交通运输。

车间内部资料包括：①生产工艺流程图；②物料计算资料，包括原料、半成品、成品的数量和性质，废水、废物的数量和性质等资料；③设备设计资料，包括设备简图（形状和尺寸）及其操作条件，设备一览表（包括设备编号、名称、规格形式、材料、数量、设备空重和装料总重，配用电机大小、支撑要求等），物料流程图和动力［水、电、气（汽）等］消耗等资料；④工艺设计部分的说明书和工艺操作规程；⑤土建资料，主要是厂房技术设计图（平面图和剖面图）、地耐力（地基承载力）和地下水等资料；⑥劳动保护、安全技术和防火防爆等资料；⑦车间人员表（包括行管、技术人员、车间分

析人员、岗位操作工人和辅助工人的人数，最大班人数和男女的比例）；⑧其他资料。

（2）设计内容

① 根据生产过程中使用、产生和贮存物质的火灾危险性，按《建筑设计防火规范》和《炼油化工企业设计防火规定》确定车间的火灾危险性类别；按照生产类别、层数和防火分区内的占地面积确定厂房的耐火等级。

② 按 GMP 要求确定车间各工序的洁净度级别。

③ 在满足生产工艺、厂房建筑、设备安装和检修、安全和卫生等要求的原则指导下，确定生产、辅助生产、行政生活部分的布局；决定车间场地与建筑（构筑）物的平面尺寸和高度；确定工艺设备的平、立面布置；决定人流和管理通道，物流和设备运输通道；安排管道电力照明线路、自控电缆廊道等。

（3）设计成果

车间布置设计的最终成果是车间布置图和布置说明。车间布置图作为初步设计说明书的附图，包括下列各项：①各层平面布置图；②各部分剖面图；③附加的文字说明；④图框；⑤图鉴。

车间布置图和设备一览表还要提供给土建、设备安装、采暖通风、上下水道、电力照明、自控和工艺管道等设计工种作为设计条件。

2. 施工图设计阶段

初步设计经审查通过后，需对初步设计进行修改和深化，进行施工图设计。它与初步设计的不同之处在于：①施工图设计的车间布置图表示方法更详细，不仅要表示设备的空间位置，还要表示进出设备的管口以及操作台和支架。②施工图设计的车间布置图只作为条件图纸提供给设备安装及其他设计工种，不编入正式设计文件。由设备安装及其他设计工种完成的安装设计，才编入正式设计文件。

设备安装设计包括：①设备安装平、立面图；②局部安装详图；③设备支架和操作台施工详图；④设备一览表；⑤地脚螺钉表；⑥设备保温及刷漆说明；⑦综合材料表；⑧施工说明书。

车间布置设计涉及面广，它以工艺专业为主导，在非工艺专业如总图、土建、设备安装、电力照明、采暖通风、自控仪表和外管等密切配合下由工艺人员完成。因此，在进行车间布置设计时，工艺设计人员要集中各方面的意见，采取多方案比较，经过认真分析，选取最佳方案。

二、车间的总体布置与基本要求

车间总体布置设计既要考虑车间内部的生产、辅助生产、管理和生活的协调，又要考虑车间与厂区供水、供电、供热和管理部分的呼应，使之成为一个有机整体。

（一）厂房组成形式

根据生产规模和生产特点，以及厂区面积、城区地形和地质等条件考虑厂房的整体布置，厂房组成形式有集中式和单体式。药物制剂车间多采用集中式布置。

（二）厂房的层数

工业厂房有单层、双层或单层和多层结合的形式。这几种形式的选用主要根据生产工艺流程的需要来综合考虑占地和工程造价等。

洁净厂房的平面和高度设计应满足生产工艺和空气洁净度级别要求，主要决定于工艺、安装和检修要求，同时也要考虑通风、采光和安全要求。应考虑生产操作、工艺设备安装和维修，管线布置、气体流型以及净化空调系统等各种技术设施的综合协调。此外，厂房占地面积较少，提高土地利用率，降低基础工程量，缩短厂区道路、管线、围墙等长度，提高绿化覆盖率。平面布局应考虑生产工艺流程、工序组合、人流和物流路线、自然采光和通风的利用等要求。柱网的选择应考虑除满足生产要求外，还应具有最大限度的灵活性和尽可能满足建筑模数（跨度、柱距、宽度、层数、荷载及其他技术参数）要求。

工业厂房的结构按构成材料分，主要有钢筋混凝土框架结构、全钢框架结构、半钢框架结构等，现多采用钢筋混凝土框架结构。钢筋混凝土框架结构按受力方向的不同，一般有横向、纵向及纵横向受力框架；按施工方式分，有全现浇、半现浇、全装配及装配整体式四种，医药洁净厂房以现浇框架居多。

虽然多层洁净厂房较单层厂房有较多优点，但它的非生产面积，如走廊、楼梯间、电梯、卫生间等较单层增加15%左右，建筑物的地基处理费用较高，尤其是地质状况较差的场地，其处理费用更高，故选择厂房结构方案时要根据生产要求及建筑场地的大小、自然地质状况和地震烈度等有关资料，对其经济的合理性和安全可靠性进行认真分析，对比后再确定。

药物制剂车间不论是多层或单层，车间底层的室内标高应高于室外地坪0.5～1.5 m。如有地下室，可充分利用，将冷热管、动力设备、冷库等优先布置在地下室内。生产车间的层高为2.8～3.5 m，技术类层高1.2～2.2 m，库房层高4.5～6 m（因为采用高货架），一般办公室、值班室高度为2.6～3.2 m。

（三）厂房设计和建筑模数制

厂房的平面形状和长宽尺寸，既要满足工艺要求，又要考虑土建施工的可能性和合理性。简单的平面外形容易实现工艺和建筑要求的统一。因此，车间的体形通常采用长方形、L形、T形、M形等，尤以长方形为多。这些形状，从工艺要求上看，有利于设备布置，具有更多的可变性和灵活性，能缩短管线，便于安装，有较多可供自然采光和通风的墙面；从土建上看，占地较少，有利于设计规范化、构件定型化和施工机械化。

建筑模数系指建筑设计中，为了实现建筑工业化大规模生产，使不同材料、不同形式和不同制造方法的建筑构配件、组合件具有一定的通用性和互换性，统一选定的协调建筑尺度的增值单位，即选定的尺寸单位，也是建筑设计、建筑施工、建筑材料与制品、建筑设备、建筑组合件等各部门进行尺度协调的基础。其目的是使构配件安装吻合，并有互换性。我国建筑设计和施工中，必须遵循《建筑模数协调标准》（GB/T 5002—2013）。

厂房的宽度、长度和柱距，除非特殊要求，应尽可能符合工业建筑模数制的要求。工业建筑模数制的基本内容是：①基本模数为100 mm；②门、窗和墙板的尺寸，在墙的水平和垂直方面均为300 mm的倍数；③一般多层厂房采用6-6的柱网（或6 m柱距），若柱网的跨度因生产及设备要求必须加大时，一般不应超过12 m；④多层厂房的层高为0.3 m的倍数。

常用的宽度为12 m、15 m、18 m，柱网常按6-6、6-3-6、6-6-6布置。例如6-3-6，表示宽度为三跨，分别为6 m、3 m、6 m，中间的3 m是内廊的宽度。而制剂厂房用单层、全空调、人工照明时则不受限制。

1. 单层厂房

根据投资省、上马快、能耗小、工艺路线紧凑等要求，随着建筑技术与建筑材料的快速发展，参考国内外新建的符合GMP的厂房的设计，制剂车间以建造单层大框架、大面积的厂房最为划算，同时可设计成以大块玻璃为固定窗的无开启窗的厂房。其优点是：①大跨度的厂房，柱子减少，有利于按区域概念分隔厂房，分隔房间灵活、紧凑、节省面积，便于以后工艺变更、更新设备或进一步扩大产量；②外墙面积最小，能耗少（这对严寒地区或高温地区更有利），受外界污染也少；③车间布局可按工艺流程布置得合理紧凑，生产过程中交叉污染、混杂的机会也最小；④投资省、上马快，尤其对地质条件较差的地方，可使基础投资减少；⑤设备安装方便；⑥物料、半成品及成品的运输，有条件采用机械化输送，便于联动化生产，有利于人流、物流的控制和便于安全疏散等。其不足是占地面积大。

2. 多层厂房

多层厂房是制剂房的另一主要形式，以条形为主要形式。多层厂房具有占地少，节约用地，采用自然通风、采光容易，生产线布置比较容易，对剂型较多的车间可减少相互干扰，物料利用位差较易输送，车间运行费用低等优点，在老厂改造、扩建时可能只能采用此种形式。但多层厂房的不足主要表现如下：①平面布置上必然增加水平联系走廊及垂直运输电梯、楼梯灯，这就增加了建筑面积，使有效面积减小，建筑载荷高，造价高，同时也给按不同洁净度分区的建筑的使用带来难度；②层间运输不便，运输通道位置制约各层合理布置；③人员净化路程长，增加人员净化室个数与面积；④管道系统复杂，增加敷设难度；⑤在疏散、消防及工艺调整等方面受到约束；⑥竖向通道增加对药品污染的危险。

目前制剂厂这两种厂房都有建设和使用，也有将两种形式结合起来建设成大跨度多层厂房。

制剂厂在确定跨距、柱距时，单层大跨度厂房是采用组合式布局方式。一般此类厂房是框架结构，布局灵活、跨距、柱距大多是 6 m。也有 7.5 m 跨距，6 m 柱距。有些厂房宽度已突破过去 18 m 或 24 m 界限。宽度达 50 m 以上，长度超 80m 的大型单层厂房也屡见不鲜。从现今生产需要来看，6 m 跨距已不是最合理的距离，现常见跨距、柱距一般为 6 m、7.5 m、9 m 或大横向跨距与纵向 6 m 柱距相结合，其形式应以生产工艺的具体要求而确定。由于大跨距、大柱距造价高，梁底以上的空间难以利用，又需增加技术隔层的高度，所以限制其推广。但如果能在梁上预埋不同管径、不同高度的套管，使除风管之外的多数硬管利用梁上空间来安装，则可以大大提高空间的利用率，也可以有效降低技术隔层的高度。

制剂厂关于有窗厂房与无窗厂房的考虑如下：无窗厂房是一种理想的形式，其能耗少，受污染也少，但无窗厂房与外界完全隔绝，厂房内的工作人员感觉不良。其中有窗洁净厂房有两种形式：一种是装双层窗，这种节约面积，但空调能耗高；另一种是在厂房外设一环形封闭起环境缓冲作用的走廊，不仅使洁净区的温湿度有一缓冲地带，而且对防止外界污染非常有利，同时也相对节能，但增加了建筑面积，提高了造价。究竟采用何种形式，要根据实际情况，统筹兼顾，综合考虑。

三、车间布置的方法、步骤和车间设备布置图

（一）车间布置的方法、步骤

车间布置一般是根据已经确定的工艺流程和设备、车间在总平面图中的位置、车间防火防爆等级和建筑结构类型、非工艺专业的设计要求等，绘制车间平面布置草图，提交土建专业，再根据土建专业提出的土建图绘制正式的车间布置图。其具体步骤如下：

① 将工艺设备按其最大的平面投影尺寸，以 1∶100 的比例（特殊情况可用 1∶200 或 1∶50）用硬纸制成平面图，并注上设备编号。

② 把小方格坐标纸订在图板上，初步框定厂房的宽度、长度和柱网尺寸，划分生产区、辅助区和行政生活区，并以 1∶100 的比例将其绘在坐标纸上。

③ 在生产区将制作好的设备硬纸片按布置设计原则精心安排，同时，考虑通道、门窗、楼梯、吊物孔和非工艺专业的要求，将设备描在坐标纸上，标注设备编号、主要尺寸和非生产用室的名称。这样就产生了一个布置方案，一般至少需考虑两个方案。

④ 将完成的布置方案提交有关专业征求意见，从各方面进行比较，选择一个最优的方案，再经修正、调整和完善后，绘成布置图，提交土建专业设计建筑图。

⑤ 工艺设计人员从土建专业取得建筑图后，再绘制成正式的车间设备布置图。

（二）车间设备布置图

车间设备布置图是表示车间的生产和辅助设备以及非生产部分在厂房建筑内外布置的图样，它是车间布置设计的主要成果。车间设备布置图比例一般用 1∶100，包括车间设备平面布置图和剖面布置图。初步设计和施工图设计都要绘制车间设备布置图，但它们的作用不同，设计深度和表达要求也不

完全相同。

1. 车间设备平面布置图

车间设备平面布置图一般每层厂房绘制一张。它表示厂房建筑占地大小、内部分隔情况以及与设备定位有关的建筑物、构筑物的结构形状和相对位置。具体内容如下：

① 厂房建筑平面图，注有厂房边墙及隔墙轮廓线，门及开向，窗和楼梯的位置，柱网间距、编号和尺寸，以及各层相对高度。

② 安装孔洞、地坑、地沟、管沟的位置和尺寸，地坑、地沟的相对标高。

③ 操作台平面示意图，操作台主要尺寸与台面相对标高。

④ 设备外形平面图，设备编号、设备定位尺寸和管口方位。

⑤ 辅助区（室）和行政生活区（室）的位置、尺寸及区（室）内设备器具等的示意图和尺寸。

2. 车间设备剖面布置图

车间设备剖面布置图是在厂房建筑的适当位置上，垂直剖切后绘出的立面剖视图，表达在高度方向设备布置情况。车间设备剖视布置图内容如下：

① 厂房建筑立面图，包括厂房边墙轮廓线，门及楼梯位置（设备后面的门及楼梯不画），柱网距离和编号，以及各层相对标高、主梁高度等。

② 设备外形尺寸及设备编号。

③ 设备高度定位尺寸。

④ 设备支撑形式。

⑤ 操作台立面示意图和标高。

⑥ 地坑、地沟的位置及深度。

图纸的表达深度因设计阶段不同而有差别。

四、制剂洁净厂房布置设计

（一）制剂车间洁净区相关参数

1. 制剂车间洁净区的分级

根据药品生产规范和质量控制要求，制剂车间洁净区的空气洁净度级别分为 A、B、C、D 四个等级，医药工业洁净室和洁净区是以微粒和微生物为主要控制对象（见表 2-8 和表 2-9），同时还应对其环境温度、湿度、压差、照度、噪声等作出规定。

A 级：高风险操作区，如灌装区、放置胶塞桶和与无菌制剂直接接触的敞口包装容器的区域及无菌装配或连接操作的区域，应用单向流操作台（罩）来维持该区的环境状态。单向流系统在其工作区域必须均匀送风，风速为 0.36 ~ 0.54 m/s（指导值）。应有数据证明单向流的状态并须验证。在密闭的隔离操作器或手套箱内，可使用较低的风速。

B 级：无菌配制和灌装等高风险操作 A 级区所处的背景区域。

C 级和 D 级：生产无菌药品过程中重要程度较低的洁净操作区。

表 2-8　洁净室各级别空气悬浮粒子的标准规定

洁净度级别[①]	每立方米中悬浮粒子最大允许数			
	静态		动态[③]	
	≥0.5 μm	≥5 μm[②]	≥0.5 μm	≥5 μm
A级	3520	20	3520	20
B级	3520	29	352 000	2900

续表

洁净度级别①	每立方米中悬浮粒子最大允许数			
	静态		动态③	
	≥0.5 μm	≥5 μm②	≥0.5 μm	≥5 μm
C级	352 000	2900	3 520 000	29 000
D级	3 520 000	29000	不作规定	不作规定

① 为确认A级洁净区的级别，每个采样点的采样量不得少于1 m^3。A级洁净区空气悬浮粒子的级别为ISO 4.8，以≥5.0 μm的悬浮粒子为限度标准。B级洁净区（静态）的空气悬浮粒子的级别为ISO 5，同时包括表中两种粒径的悬浮粒子。对于C级洁净区（静态和动态）而言，空气悬浮粒子的级别分别为ISO 7和ISO 8。对于D级洁净区（静态）空气悬浮粒子的级别为ISO 8。测试方法可参照ISO14644-1。

② 在确认级别时，应当使用采样管较短的便携式尘埃粒子计数器，避免≥5.0 μm悬浮粒子在远程采样系统的长采样管中沉降。在单向流系统中，应当采用等动力学的取样头。

③ 动态测试可在常规操作、培养基模拟灌装过程中进行，证明达到动态的洁净度级别，但培养基模拟灌装试验要求在“最差状况”下进行动态测试。

表2-9　现行GMP规定洁净度各级别的微生物监测动态标准

洁净度级别	浮游菌/（cfu/m^3）	沉降菌（ϕ90mm）/（cfu/4 h）	表面微生物	
			接触碟（ϕ55 mm）/（cfu/碟）	5指手套/（cfu/手套）
A级	< 1	< 1	< 1	< 1
B级	10	5	5	5
C级	100	50	25	—
D级	200	100	50	—

注：表中各数据均为平均值；单个沉降碟的暴露时间可少于4 h，同一位置可使用多个沉降碟连续进行监测并累积数。

2. 制剂车间不同级别洁净区的工作环境参数

制剂车间A、B、C、D洁净区工作环境要求如下：

（1）A级洁净区

①洁净操作区的空气温度：20～24 ℃。②洁净操作区的空气相对湿度：45%～60%。③洁净操作区的风速：水平风速≥0.54 m/s，垂直风速≥0.36 m/s。④高效过滤器的检漏大于99.97%。⑤照度：300～600 lx。⑥噪声：≤75 dB（动态测试）。

（2）B级洁净区

①洁净操作区的空气温度：20～24 ℃。②洁净操作区的空气相对湿度：45%～60%。③房间换气次数：≥25次/h。④压差：B级洁净区相对室外≥10 Pa，同一级别的不同区域按气流流向应保持一定压差。⑤洁净操作区的风速：水平风速≥0.54 m/s，垂直风速≥0.36m/s。⑥高效过滤器的检漏大于99.97%。⑦照度：300～600 lx。⑧噪声：≤75 dB（动态测试）。

（3）C级洁净区

①洁净操作区的空气温度：20～24 ℃。②洁净操作区的空气相对湿度：45%～60%。③房间换气次数：≥25次/h。④压差：C级洁净区相对室外≥10 Pa，同一级别的不同区域按气流流向应保持一定压差。⑤洁净操作区的风速：水平风速≥0.54 m/s，垂直风速≥0.36m/s。⑥高效过滤器的检漏大于99.97%。⑦照度：300～600 lx。⑧噪声：≤75 dB（动态测试）。

（4）D级洁净区

①洁净操作区的空气温度：18～26 ℃。②洁净操作区的空气相对湿度：45%～60%。③房间换气次数：≥15次/h。④压差：D级洁净区相对室外≥10 Pa。⑤洁净操作区的风速：水平风速≥0.54 m/s，垂直风速≥0.36 m/s。⑥高效过滤器的检漏大于99.97%。⑦照度：300～600 lx。⑧噪声：≤75 dB（动态测试）。

3. 不同种类药品生产环境的空气洁净度要求

在药品生产中，因产品和工序的不同，其生产环境的洁净度级别要求亦不相同（见表2-10）。

表2-10　不同种类药品生产环境的空气洁净度级别

<table>
<tr><th colspan="2">药品种类</th><th colspan="2">洁净度级别</th></tr>
<tr><td colspan="2" rowspan="2">可灭菌小容量注射剂（＜50mL）</td><td colspan="2">浓配、粗滤：D级</td></tr>
<tr><td colspan="2">稀配、精滤、灌封：C级</td></tr>
<tr><td colspan="2" rowspan="3">可灭菌大容量注射液（⩾50mL）</td><td rowspan="2">配液、过滤</td><td>非密闭系统：C级</td></tr>
<tr><td>密闭系统：C级</td></tr>
<tr><td colspan="2">灌封：局部A级</td></tr>
<tr><td colspan="2" rowspan="4">非最终灭菌的无菌药品及生物制品</td><td rowspan="2">配液</td><td>不需除菌过滤：局部A级</td></tr>
<tr><td>需除菌过滤：C+A级</td></tr>
<tr><td colspan="2">灌封分装、冻干、压塞：局部A级</td></tr>
<tr><td colspan="2">轧盖：A级</td></tr>
<tr><td rowspan="2">栓剂</td><td>除直肠用药外的腔道用药</td><td colspan="2">暴露工序：D级</td></tr>
<tr><td>直肠用药</td><td colspan="2">暴露工序：D级</td></tr>
<tr><td rowspan="2">口服液体药品</td><td>非最终灭菌</td><td colspan="2">暴露工序：C+A级</td></tr>
<tr><td>最终灭菌</td><td colspan="2">暴露工序：D级</td></tr>
<tr><td rowspan="2">外用药品</td><td>深部组织创伤和大面积体表创伤用药</td><td colspan="2">暴露工序：B+A级</td></tr>
<tr><td>表皮用药</td><td colspan="2">暴露工序：D级</td></tr>
<tr><td rowspan="2">眼用药品</td><td>供角膜创伤或手术用滴眼剂</td><td colspan="2">暴露工序：B+A级</td></tr>
<tr><td>一般眼用药品</td><td colspan="2">暴露工序：C级或D级</td></tr>
<tr><td colspan="2">口服固体药品</td><td colspan="2">暴露工序：D级</td></tr>
<tr><td rowspan="2">原料药</td><td>药品标准有无菌检查要求</td><td colspan="2">局部A级</td></tr>
<tr><td>其他原料药</td><td colspan="2">D级</td></tr>
</table>

（二）车间布置中的若干技术要求

1. 工艺布置的基本要求

工艺流程布置合理、紧凑，避免人流、物流交叉混杂是工艺布置的基本要求。

（1）对人流和物流要求

在工艺布置中，人流和物流要求如下：①洁净厂房中人员和物料出入口必须分别设置，原辅料和成品的出入口也宜分开。②对极易造成污染的物料和废弃物，必要时要设置专用出入口，洁净厂房内的物料传递路线要尽量短捷。③相邻房间的物料传递尽量利用室内传递门窗，减少在走廊输送。④人员和物料进入洁净厂房要有各自的净化用室和设施。⑤净化用室的设置要求与生产区的洁净度级别相适应。⑥生产区的布置要顺应工艺流程，减少生产流程的迂回、往返。⑦操作区内只允许放置与操作有关的物料，制造、贮存区域不得用作非区域内工作人员的通道。⑧人员和物料使用的电梯宜分开；电梯不宜设在洁净区，必须设置时，电梯前应设置气闸室；货梯与洁净货梯也应分开设置。⑨全车间人流、物流入口理想状态是各设一个，这样容易控制车间的洁净度。⑩安排车间内的人、物流路线时，无关人员和物料不得通过正在生产的操作区。

（2）对气流要求

①高级别洁净度（如A级）体积要严格加以控制，且对洁净度要求高的工序应置于上风侧，对于水平层流洁净室则应布置在第一工作区，对于产生污染多的工艺应布置在下风侧或靠近排风口。②洁净室仅布置必要的工艺设备，以求紧凑，在减少面积的同时，要有一定间隙，以利于空气流通，减少涡流。③易产生粉尘和烟气的设备应尽量布置在洁净室的外部，如必须设在室内时，应设排气装置。

2. 提高洁净度的措施

在满足工艺条件的前提下，为提高净化效果，应按下列不同功能区域和要求进行布置。

（1）洁净房间或区域

对空气洁净度要求高的房间或区域宜布置在人最少到达的地方，并靠近空调机房，布置在上风侧。空气洁净度相同的房间或区域宜相对集中，以利于通风布置合理化。不同洁净度级别的房间或区域宜按空气洁净度的高低由里及外布置。同时，相互联系的房间或区域之间要有防止污染措施，如设置气闸室、空气吹淋室、缓冲间、传递窗（柜）等。

（2）原材料、半成品和成品存放区

洁净区内应设置与生产规模相适应的原材料、半成品和成品存放区，并应分别设置待验区、合格品区和不合格品区。这样能防止不同药品、中间体之间发生混杂，防止由其他药品或其他物质带来的交叉污染，并防止遗漏任何生产或控制步骤的事故发生。洁净厂房使用的原辅料、包装材料及成品待检仓库与洁净厂房的布置应在一起。根据工艺流程，在仓库和车间之间设一输送原辅料的入口和一送出成品的出口，并使运输距离最短。多层厂房一般将仓库设在底层，或紧贴多层建筑物的单层裙房内。

（3）合理安排生产辅助用室

生产辅助用室应按下列要求布置。称量室宜靠近原料库，其洁净度级别同配料室。对设备及容器具清洗室，D 级的清洗室可放在本区域内，A、B、C 级区的设备及容器具清洗室宜设在本区域外，其洁净度级别可低于生产区一个级别。清洁工具洗涤、存放室，宜放在洁净区外。洁净工作服的洗涤、干燥室，其洁净度级别可低于生产区一个级别。无菌服的整理、灭菌室，洁净度级别宜与生产区相同。维护保养室不宜设在洁净生产区内。

（4）卫生通道

卫生通道可与洁净室分层设置。通常将换鞋、存外衣、淋浴、更内衣室置于底层，通过洁净楼梯至有关各层，再经二次更衣（即穿无菌衣、鞋和手消毒室），最后通过风淋进入洁净区。卫生通道也可与洁净室设在同一楼层布置，它适用于洁净区面积小或严格要求分隔的洁净室。无论洁净室与卫生通道是否设在同一层，其进入洁净区的入口位置均很重要，理想的入口应尽量接近洁净区中心。

（5）物流路线

由车间外来的原辅料等的外包装不宜进入洁净区，只能将拆除外包装后的物料容器经过处理后，才能进入。进入 D 级区域的容器及工具需对外表面进行擦洗。进入 C 级区的容器及工具需在缓冲间内用消毒水擦洗，然后通过传递窗或气闸，并用紫外线照射灭菌。灌装用的瓶子，经过洗涤后，通过双门烘箱或隧道烘箱经消毒后进入洁净区。

（6）空调间的安排

空调间的安排应紧靠洁净区，使通风管路线最短。对于多层厂房宜每层设一个空调机房，最多两层设一个。这样可减小上下穿行大面积通风管道占用的面积，也简化风道布置，更有利于管道布置。空调机房位置的选定要根据工艺布置及洁净区的划分安排最短捷、交叉最少的送回风管道，这时多层厂房的技术夹层显得更加重要，因技术夹层不可能很高，而各专业管道较多，作为体积最大、线路最长的风道若不安排好，将直接影响其他管道的布置。

3. 车间布置的其他技术要求

（1）人员净化用室、生活用室布置的基本要求

人员净化用室和生活用室布置应避免往复交叉，一般按下列程序进行布置。

① 非无菌产品、可灭菌产品生产区人员净化程序见图 2-10。

② 不可灭菌产品生产区人员净化程序见图 2-11。

人员净化用室包括雨具存放室、换鞋室、存外衣室、盥洗室、缓冲室和气闸室或空气吹淋室等。人员净化用室要求应从外到内逐步提高，洁净度级别可低于生产区。对于严格分隔的洁净区，人员净化用室和生活用室布置在同一层。

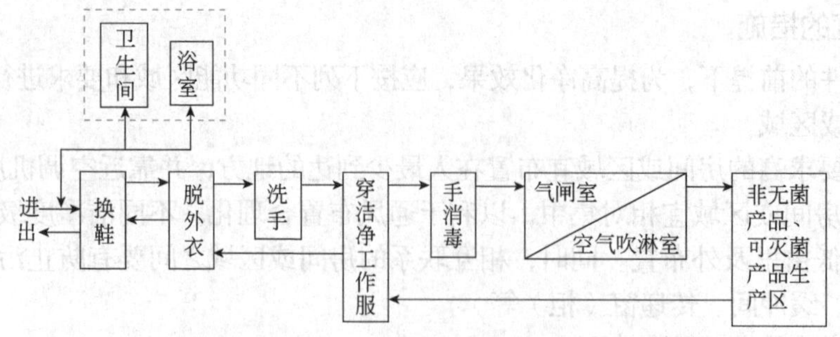

图2-10　非无菌产品、可灭菌产品生产区人员净化程序

（虚线框内的设施可根据需要设置）

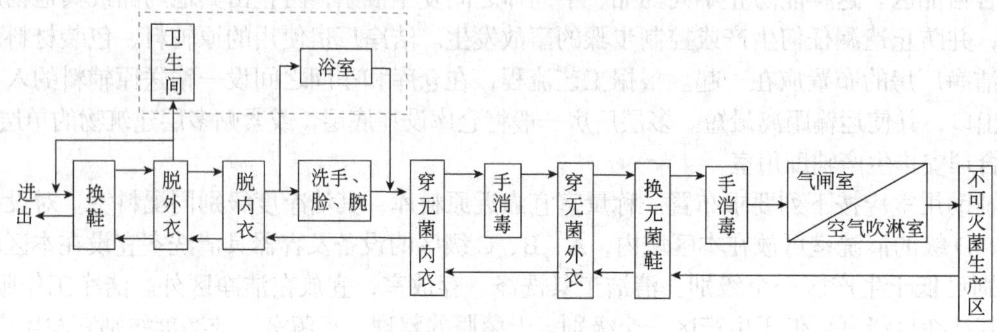

图2-11　不可灭菌产品生产区人员净化程序

（虚线框内的设施可根据需要设置）

人员净化用室的入口应有净鞋设施。在A、B、C级洁净区的人员净化用室中，存外衣室和穿洁净工作服室应分别设置，按最大班人数每人各设一外衣存放柜和洁净工作服柜。盥洗室应设洗手和消毒设施。安装烘干器，水龙头按最大班人数每10人设一个，龙头开启方式以不直接用手为宜。洁净生产区内不得设置厕所，厕所宜设在人员净化室外。淋浴室可以不作为人员净化的必要措施，特殊需要设置时，可靠近盥洗室。为保持洁净区域的洁净度和正压，洁净区域的入口应设气闸室或空气吹淋室。气闸室的出入口应予以联锁，使用时不得同时打开。设置单人空气吹淋室时，宜按最大班人数每30人一台，洁净区域工作人员超过5人时，空气吹淋室一侧应设旁通门。人员净化室和生活用室的建筑面积应合理确定。一般洁净区设计人数可按平均每人4～6 m^2 计算。

（2）物料净化用室布置要求

物料净化用室包括物料外包装清洁处理室、气闸室或传递窗（柜）。气闸室或传递窗（柜）的出入门也应予以联锁。原辅料外包装清洁室设在洁净区外，经处理后由气闸室或传递窗（柜）送入贮藏室、称量室。物料外包装清洁处理室，设在洁净室外，处理后送入贮藏室。凡进入无菌区的物料及内包装材料除设清洁室外，还应设置灭菌室。清洁室与灭菌室设于D级区域内，并通过气闸室或传递窗（柜）送入C级区域。生产过程中产生的废弃物出口应单独设置专用传递设施，不应与物料进口合用一个气闸室或传递窗（柜）。

（3）生产洁净区布置要求

洁净车间在工艺条件许可下应尽可能地降低洁净室的净高，一般洁净车间净高可控制在2.6 m以下，以减少空调净化处理的空气量，使空调费用减少，造价降低，也有利于提高防尘效果。但精制、调配设备带有搅拌器，房间高度应考虑搅拌轴的检修高度。当然若选用磁力搅拌配料罐，其搅拌器设在底部，可不必增高房间高度。对洁净度要求高的房间内，应少用地脚螺栓，仪器设备尽量平放在地面上，以减少地面积尘的死角。

洁净车间布置时应考虑输送通道及中间品班存量（即临时堆放场地）。片剂生产时的粉碎、粗筛、精筛、制粒、整粒、总混、压片等工序，其粉尘大、噪声杂，应与其他工序分开，隔成独立小室，并采用消声隔音装置，以改善操作环境。干燥灭菌烘箱、灭菌隧道烘箱、物料烘箱等宜采用跨墙布置，即主要设备布置在低洁净区（如D级区），将待烘的瓶或物料送入，以墙为分隔线，墙的另一面为高洁净区（如C级区）。烘干后的瓶或物料从高洁净区（C级区）取出。所选设备应为双面开门，但不允许同时开启。设备既起到消毒烘干作用，又起到传递窗（柜）的作用。墙与烘箱需采用可靠密封隔断材料，以保证达到不同级别的洁净度要求。

（4）人员与物料净化通道和设施

① 人员净化通道。净化通道分为缓冲区通道和洁净区通道。下述通道可列入缓冲区通道，主要是清除外界带入的尘埃。

a. 门厅与换鞋处：门厅是人员进入车间的第一个场所。为了最大限度地控制人员将外界泥沙带入车间，进入门厅前首先应将鞋上泥沙除去。目前常用的刮泥格栅，能将鞋底的大部分泥沙除去。为了进一步控制泥沙的带入，在门厅设换鞋区，将外用鞋在该区换掉，使进入更衣室时不致将泥沙带入而污染更衣室。方法可采用按车间定员数每人一个鞋柜，脱去外出鞋，通过换鞋平台，穿上车间供应的拖鞋，再将外出鞋存入鞋柜。也可采用鞋套方式，即在换鞋处套上鞋套，跨入换鞋平台进入车间，在存外衣室将鞋连鞋套一起存入各自的更衣柜内，换上车间供应的清洁鞋。鞋套可采用尼龙制的，也可采用纸质一次性鞋套。

b. 存外衣室：为保证生产区洁净度，员工的鞋、外衣及生活用品（如手提包等）必须存放在指定地点，然后换上白大衣（一般生产区为工作服），对进入洁净区的员工尚需再换洁净工作服。存外衣室的衣柜数量按车间定员数每人一个。面积指标单层的约 $0.8m^2$/ 人，双层的约 $0.45m^2$/ 人。较理想存衣柜最好分三层，上部存放提包，中间挂衣服，下部存鞋。挂衣服处分左右两格，将外出衣和工作衣分开挂存，以减少污染。

c. 卫生间与淋浴室：在制剂厂房中卫生间与淋浴室的设置一直是难以统一的问题，这和管理制度是否严格、设计中气流组织是否正确、平面布置是否合理等有关，还与员工素质和自觉性有关。因为从生活习惯来讲，这两个房间必不可少，但它们又是给洁净车间带来污染、臭味和滋生细菌的场所。另外，淋浴室湿度很高，距洁净区较近，又影响洁净区的湿度。

淋浴是人员净化的一种手段，可清除人体表面的污垢、微生物和汗液。但国外也资料表明：淋浴后不但不能降低人体的发尘量，相反，淋浴后使皮肤干燥，皮屑脱落，反而加强了发尘量。国外有些制药厂，进入C级甚至B级洁净区的人员并不经过淋浴室。一般淋浴室设在洁净区之外的车间存外衣室附近较理想，这样淋浴室的湿气不致影响洁净区的湿度，既能减少污染又能解决洗澡问题。若洁净车间面积极小，人员也少，则可以考虑将淋浴室设在更换无菌衣之前。淋浴室的位置呈口袋形，而不是通过式（图2-12），这样可避免淋浴室的湿鞋子带入更换无菌衣室，减少污染。设计中需重点注意淋浴室的排风问题，并使其与人员净化室维持一定的负压差。

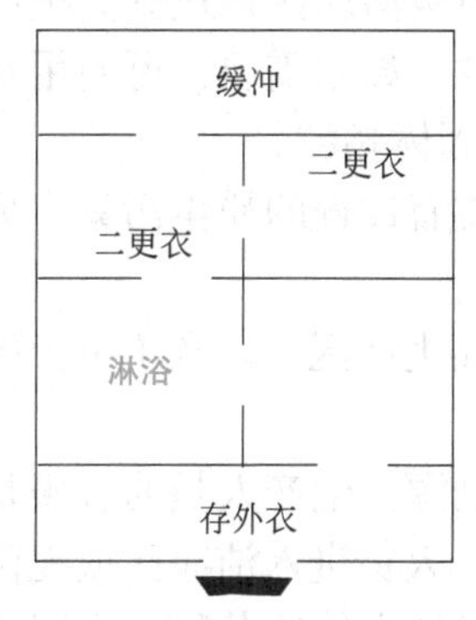

图2-12　淋浴室

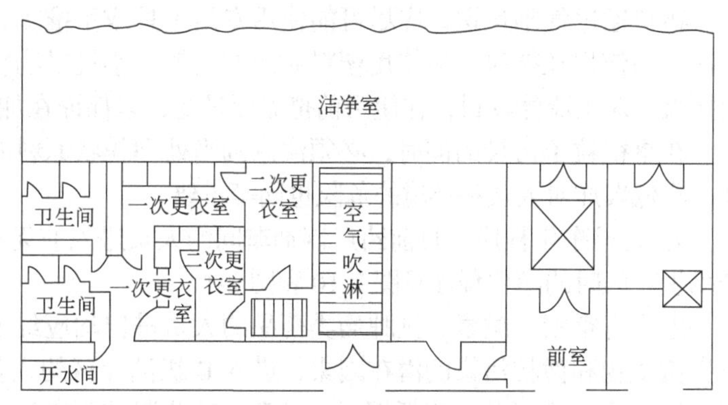

图2-13　洁净室外的卫生间布置

卫生间应集中设置在洁净区更衣室之外，即人员净化程序以外，并布置在靠近人员净化设施的同一层面上（图2-13），可避免污染和臭味。但会给使用带来很大不便，实际上进入洁净室的人员一般进去后中途不出来。如果需要将卫生间、淋浴室设在人员净化程序以内，卫生间、淋浴室前应增设前室，入厕者需更换鞋，脱工作服。室内连续排风，以免臭气、湿气进入洁净区。改进的方法是开发B级垂直层流洁净卫生间，这种卫生间有坐式便桶、洗手池、烘手器，还有紫外线杀菌。便桶水箱内加有消毒液自动滴加器等。人员进入卫生间，风机立即自动启动，照明灯具点亮，人员离开卫生间，紫外线杀菌灯点亮至规定时间，便桶水箱内消毒液自动滴加器把消毒液滴入水箱中的水内。这种卫生间既无臭，又能消毒杀菌，这就可以使人员不用离开洁净区至非洁净区上卫生间，从而消除了因上卫生间从外界带入污染的可能。

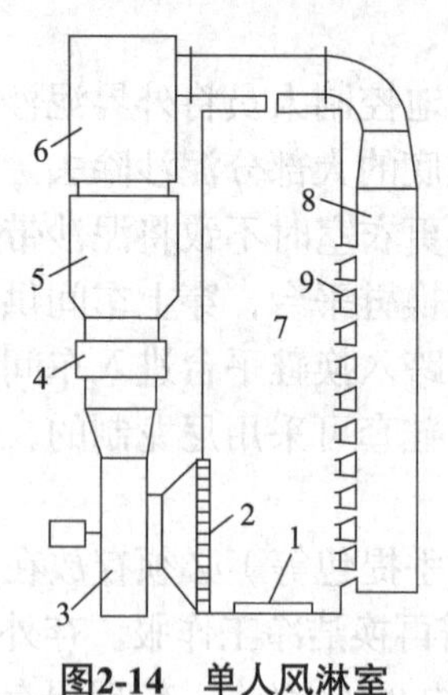

图2-14　单人风淋室

1—站人转盘；2—回风格栅；3—风机；4—电加热器；5—中效过滤器；6—精过滤器；7—门；8—静压箱；9—喷嘴

d. 风淋室、气闸室和缓冲室：人员净化后进入洁净生产区前应设风淋室、气闸室和缓冲室。

风淋室的目的是强制吹除工作人员及其工作服表面附着的尘粒，如图2-14所示。风淋室分为四个部分，中间为风淋室，底部为站人转盘，旋转周期14 s，以保证人体受到同样的射流作用，并且射流强弱不等，使工作服产生抖动，使灰尘易除掉。左部为风机、电加热器、过滤器等。右部为静压箱、喷嘴、配电盘间。风淋室的门有自控联锁装置，不能将出入门同时开启。目前设计中C级洁净区入口处设风淋室，在D级洁净区入口设风淋室或气闸室。使用风淋室时，当超过5个人时，应设置旁通门，以便于安全疏散并延长风淋室使用寿命。

气闸室是为保持洁净区的空气洁净度和正压控制而设置的缓冲室，也是人、物进出洁净室时控制污染空气进入洁净室的隔离室。气闸室必须有两个以上出入门，并有防止出入门同时被打开的措施，门的联锁可采用自控式、机械式或信号显示等方法。一般可采用无洁净空气幕的气闸室，当对洁净度要求高时，亦可采用有洁净空气幕的气闸室。空气幕是在洁净室入口处顶板设置有中、高效过滤器，并通过条缝向下喷射气流，形成遮挡污染的气幕。

缓冲室是为防止进门时带入污染的设施。它位于两间洁净室之间。与气闸室不同的是，它除了可以有两个以上出入门，并有防止同时被打开的措施外，还必须送洁净风，使其洁净度达到将进入的洁净室所具有的级别。目前，在洁净厂房设计中，缓冲室的使用越来越广泛。

② 物料的传递技术。整个制药过程中的物料传递是非常重要的，如果要避免它们可能带入的污染，就必须严格控制它们在洁净车间的进出。

原料必须在清洁的地方进行生产和包装。聚乙烯或类似的包装材料比纸好。在用到货运箱的地方，物料进入洁净车间前，箱子等物品要彻底消毒。

物料通过气闸运送，应尽可能使用专用工具或手推车，避免使用卡车从中级洁净区运送到高级洁净区。当使用托架时，应使用塑料质地的托架。小批量物料通过气闸入口运送，如果需要，可使用专用托盘。对于流体物料，在使用前也需要过滤，以保证在加工过程中不会出现固体颗粒。

在重视粒子污染的同时，必须注意到当处理粒状原料时，会产生压片和装瓶过程的粉尘污染。另外，降低爆炸对人员和环境的危险也同等重要。

③ 人员净化程序。目前药厂制剂车间的人员进入非无菌产品、可灭菌产品生产区，以及不可灭菌产品生产区时的净化程序见图2-10和图2-11。

生产青霉素、激素、抗肿瘤类药品的人员进出均应经淋浴，防止携带污染源。生产人员的衣服是产生微生物和微粒污染的潜在因素，进入D级洁净区的人员应有专用工作服。人员进入洁净区或无菌区必须更换特殊服装，包括帽子、鞋套，这些服装不产生纤维、微粒，同时阻隔人体脱落物。衣服应该宽松舒适，避免磨损。在无菌分装区穿全身整件式工作服，其他区域穿两件式工作服，裤装为踝部有收口的高腰裤。头罩或工作帽必须将头发和胡须完全包住并塞进脖领中，鞋套应完全把脚包住，裤口也应该塞在鞋套里面。无填料橡胶或塑料手套应包在衣袖里面。还应戴一个无脱落纤维的面罩。上衣用手将袖口锁紧，然后将帽子戴到头顶，扣紧以确保帽子下边放在衣领内。注意不要让衣服裤子碰到地板。把上衣的下摆卷进裤子里面，系紧。材质应是长纤维，不起毛防静电，如聚酯或涤纶、棉纶布料。

④ 物料净化的程序。物净与人净路线应分开独立设置。物料传递路线应短捷，并尽量避免与人员路线交叉。

原料及容器包装应按 GMP 要求清洁，在进入车间的物料入口处应安排一个清扫外包装的场所，其目的与人员的净鞋、换鞋相同。

凡进入 D 级洁净区的物料容器及工具，均须在缓冲室内对其外表面进行处理或剥去污染的外皮，换生产区内使用的周转容器及托板。凡进入 A、B、C 级洁净区的物料容器及工具，均须在缓冲室内用消毒水擦洗，然后通过传递窗（柜）或气闸室用紫外线灯照射灭菌后传入。

多层厂房的电梯尽量不设在洁净区内。如果生产工艺要求在洁净区内安装电梯，电梯间和机房要经过特殊处理，如电梯出入口均应增加一缓冲间，此室应对洁净区保持负压状态，保证洁净区的洁净度，并且装入电梯内的物料、容器均应预先进行清洁处理。

（三）制剂车间布置举例

1. 片剂车间布置

（1）片剂的生产工序及区域划分

片剂为固体口服制剂的主要剂型，产品属非无菌制剂。片剂的生产工序包括原辅料预处理、配料、制粒、烘干、压片、包衣、洗瓶、包装。片剂生产及配套区域的设置要求见表 2-11。

表 2-11 片剂生产及配套区域设置要求

区域	要求	配套区域
仓储区	按待验、合格、不合格品划分，温度、湿度、照度要控制	原材料区、包装材料区、成品库、取样室、特殊要求物品区
称量区	宜靠近生产区、仓储区，环境要求同生产区	粉碎区、过筛区、称量工具清洗区、存放区
制粒区	温度、湿度、洁净度、压力要控制，干燥器的空气要净化，流化床要防爆	制粒室、溶液配制室、干燥室、总混室、制粒工具清洗区
压片区	温度、湿度、洁净度、压力要控制，压片机局部除尘，就地清洗设施	压片室、冲模室、压片室前室
包衣区	温度、湿度、洁净度、压力、噪声要控制，包衣机局部除尘，就地清洗设施，如用有机溶剂需防爆	包衣室、溶液配制室、干燥室
包装区	如用玻璃瓶需设洗瓶、干燥区，内包装环境要求同生产区，同品种包装线间距 1.5 m，不同品种间要设屏障	内包装、中包装、外包装室，各包装材料存放区
中间站	环境要求同生产区	各生产区之间的贮存、待验室
废片处理区		废片室
辅助区	位于洁净区外	设备、工器具清洗室，清洁工具洗涤存放室，工作服洗涤，干燥室，维修保养室
质量控制区		分析化验室

片剂车间的空调系统除需满足厂房的净化要求和温湿度要求外，还需对生产区的粉尘进行有效控制，以防止粉尘通过空气系统发生混药或交叉污染。因此，在车间的工艺布局、工艺设备选型、厂房、操作和管理上应采取一系列措施，对空气净化系统尚需做到：①在产尘点和产尘区设隔离罩和除尘设备；②控制室内压力，产生粉尘的房间应保持相对负压；③合理的气流组织；④对多品种换批次生产的片剂车间，各生产区均需分室，产生粉尘的房间不采用循环风，外包装可同室但需设不到顶的屏障。控制粉尘可用沉流式除尘器、环境控制室、逆层流称量工作台等。

片剂生产需有防尘、排尘设施，凡通入洁净区的空气应经初效和中效过滤器除尘，局部除尘量大的生产区域，还应安排吸尘设施，使生产过程中产生的微粒减少到最低程度。洁净区一般要求保持室温 18 ～ 28 ℃，相对湿度 50% ～ 65%，生产泡腾片产品的车间，则应维持更低的相对湿度。

（2）片剂车间布置方案的提出与比较

一个车间的布置可有多种方案。进行方案比较时，考虑的重点是有效地避免不同原料药、辅料和产品之间的相互混乱或交叉污染，并尽可能地合理安排物料、设备在各工序间的流动，减轻操作人员的劳动强度，使生产与维修方便，清洁与消毒简单，并便于各操作工序之间机械化、自动化控制。以下对片剂车间布置的三种方案进行比较，如图 2-15 所示。

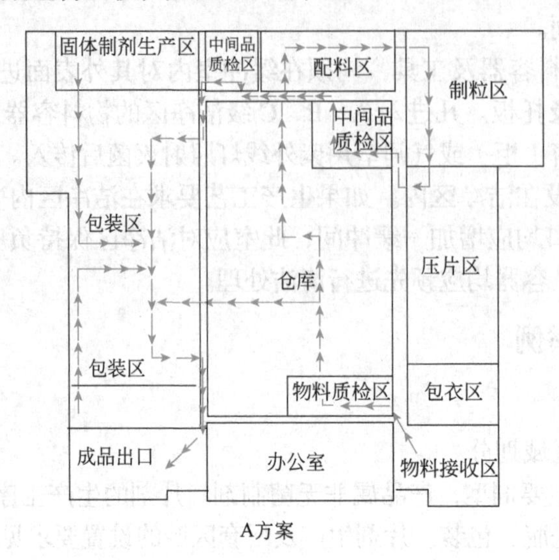

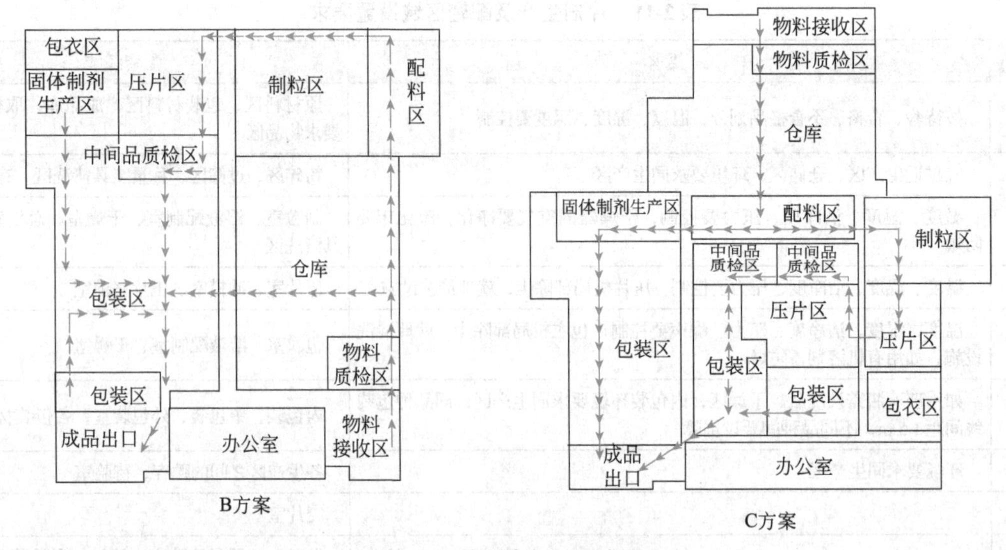

图2-15　片剂车间平面布局

① A 方案：箭头表示物料在各工序间的流动方向及次序。由于片剂原辅料大多为固体物质，故合格的原辅料一般均存放于生产车间内，以便直接用于生产。此方案将原料、中间品、包装材料仓库设于车间中心部位，生产操作沿四周设置。原辅料由物料接收区、物料质检区进入原辅料仓库，经配料区进入生产区。压制后片子经中间品质检区（包括留验室、待包装室）进入包装区。这样的结构布局优点是空间利用率大，各生产工序之间可以采用机械化装置运送材料和设备，原辅料及包装材料的贮存紧靠生产区；缺点是流程条理不清（图中箭头有相互交叉），物料交叉往返，容易造成相互污染或混药差错。

② B 方案：本方案与 A 方案面积相同。为了克服发生混药或相互污染的可能性，可将车间设计为物料运输不交叉的布置。将仓库、接收、放置等贮存区置于车间一侧，而将生产、留检、包装区基本构成环形布置，中间以走廊隔开。在相同厂房面积下基本消除了人流、物流混杂。

③ C 方案：物料由车间一端进入，成品由另一端送出，物料流向呈直线，不存在任何相互交叉，这样就避免了发生混药或污染的可能。其缺点是所需车间面积较大。

（3）片剂车间的布置形式

片剂车间常用的布置形式有水平布置和垂直布置。

① 水平布置：系将各工序布置在同一层面上，一般为单层大面积厂房，有以下两种布置方式：

a. 工艺过程水平布置，而将空调机、除尘器等布置于其上的技术夹层内，也可布置在厂房一角。

b. 将空调机等布置在底层，而将工艺过程布置在二层。

② 垂直布置：系将各工序分散布置于各楼层，利用重力解决加料，有以两种布置方式：

a. 两层布置，将原辅料处理、称量、压片、包糖衣、包装及生活间设于底层，将制粒、干燥、混合、空调机等设于二层。

b. 三层布置，将制粒、干燥、混合设于三层，将压片、包糖衣、包装设于二层，将原辅料处理、称量、生活间及公用工程设于底层。

2. 针剂车间布置

（1）针剂的生产工序及区域划分

针剂属可灭菌小容量注射剂，将配制好的药液灌入安瓿内封口，采用蒸汽热压灭菌方法制备灭菌注射剂。针剂的生产工序包括：配制（称量、配制、粗滤、精滤）、安瓿切割及圆口（此步已取消）、安瓿洗涤及干燥灭菌、灌封、灭菌、灯检、印字（贴签）及包装。

（2）针剂车间的布置形式

针剂生产工序多采用平面布置，可采用单层厂房或楼中的一层，如将配制、粗滤等工序置于主要生产车间的上层，则可采用多层布置，但从洗瓶至包装仍应在同一层面内完成。

（3）针剂车间的基本平面布置

针剂的灌封是将配制过滤后的药液灌封于洗涤灭菌后的安瓿中。车间布置中，安瓿灭菌、配制及灌封需按工序相邻布置，同时，对洁净度高的房间要相对集中。其基本平面布置如图 2-16 所示。

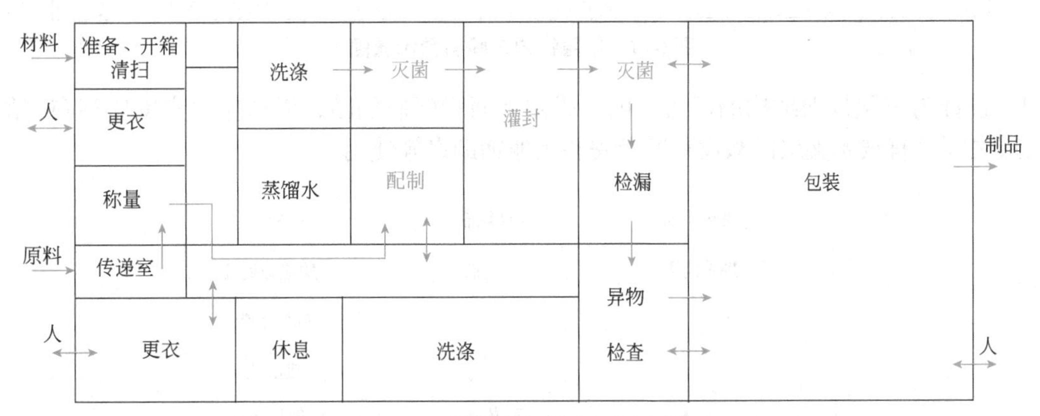

图2-16　针剂车间基本平面布置

（4）针剂车间布置示例

图 2-17 为单层针剂车间布置。原料经浓配、稀配、灌封为一条线。安瓿经洗涤、干燥、冷却为另一条线。两条线汇合于灌封室，再经灭菌、检漏、包装至成品。

3. 粉针剂车间布置

粉针剂属于无菌分装注射剂，所需无菌分装的药品多数不耐热，粉针剂生产的最终成品不做灭菌处理，故生产过程必须是无菌操作。无菌分装的药品，特别是冻干产品吸湿性强，故分装室的环境相对湿度，容器、工具的干燥，以及成品的包装严密性应特别注意。

粉针剂车间工艺流程示意图见图 2-18，粉针剂车间包括理瓶、洗瓶、隧道干燥灭菌、瓶子冷却、检查、分装、加塞、轧盖、检查、贴签、装盒、装箱等工序。粉针剂由洗瓶至包装宜设于同一楼层，洗瓶、分装、轧盖至小包装宜按工序相邻布置，以便于用链带输送。烘干灭菌后的西林瓶、药粉及处理后的胶塞汇集于分装室进行分装及盖胶塞，然后再在轧盖室用处理后的铝盖进行轧盖。主要生产工序温度为 20 ～ 22 ℃，相对湿度 45% ～ 50%。其中洗瓶、隧道干燥灭菌、瓶子冷却、分装、加塞及轧盖等生产岗位采用空气洁净净化技术与装置。主要工序如瓶子灭菌、冷却、分装、加塞、轧盖暴露于空间的工序均须设计为 C+A 级洁净厂房，洗瓶、烘瓶等为 C 级洁净厂房，并采用技术夹层，工艺及通风管道安装在夹层内，包装间及库房为普通生产区。同时还设置了卫生通道、物料通道、安全通道和参观走廊。车间内人流、物流为单向流动，避免交叉污染及混杂。人流的卫生通道需经缓冲间换鞋、更衣、淋浴、一更、二更、三更，通过风淋室进入生产岗位。分装原料的进出通道须经表面处理（用苯酚，即石碳酸溶液揩擦），原料的外包装可用 75% 酒精擦洗消毒，然后通过有紫外灯的传递窗照射灭菌后进入贮存室，再送入分装室。铝盖经洗涤干燥后通过双门电热烘箱干燥，再装桶冷却备用。

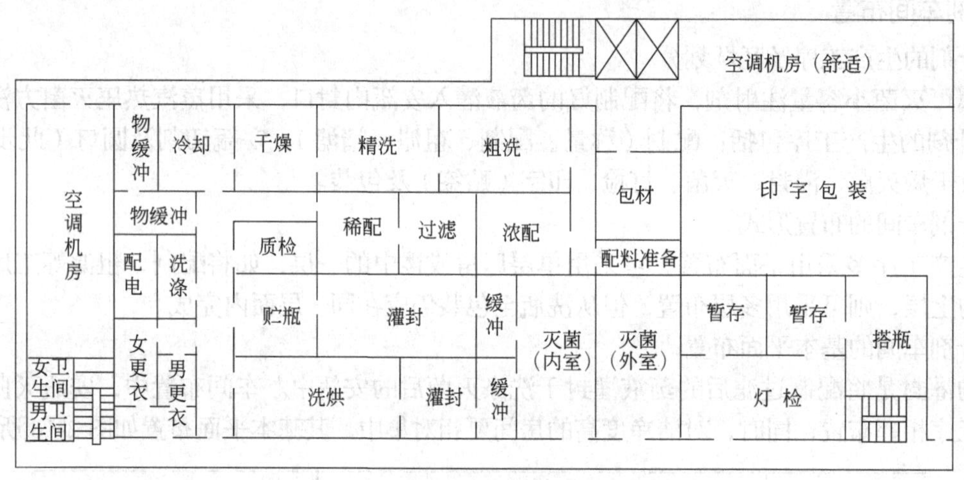

图2-17　单层针剂车间布置示意图

车间可设计为三层框架结构的厂房。内部采用大面积轻质隔断，以适应生产发展和布置的重新组合。层与层之间设有技术夹层供敷设管道及安装其他辅助设施使用。

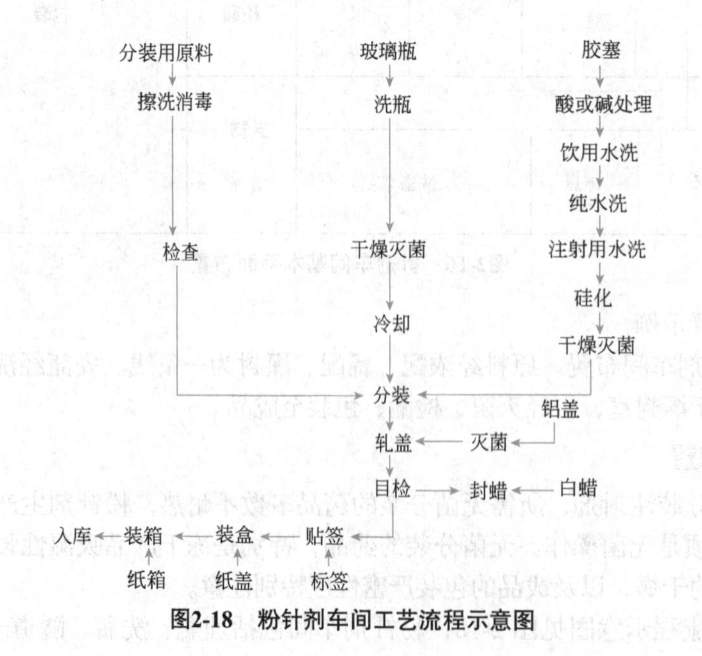

图2-18　粉针剂车间工艺流程示意图

五、BIM技术在制剂车间布置中的应用

建筑信息模型（building information modeling，BIM）技术是一种应用于工程设计、建造、管理的数据化工具，它运用计算机模拟技术，整合车间设计中各设计项目的设计参数，建立一套完整的车间数据模型。各设计项目的初步设计阶段即可在数据模型上进行“预布置”，有效避免了各设计项目独自进行可能产生的“冲突”。该数据模型可帮助工程技术人员对各种车间信息做出正确的理解和高效的应对，为设计团队以及包括建筑运营单位在内的各方建设主体提供协同工作的基础，可在提高生产效率、保证施工质量、节约投资成本等方面发挥重要作用。

BIM技术在制剂车间设计中的优势：①医药厂房对各制剂车间环境有特殊的要求，既要使各制剂车间保持良好的洁净度、可控的温度和湿度，又要调整好适度的光照、减低噪声污染。这必然要求厂房设置繁杂的通风和供回水管道，使工程设计难度增大。应用BIM技术设计时可以对项目的土建、管线、工艺设备进行管线综合布置即碰撞检查，在项目正式施工之前就可以消除因人为设计错误而产生的隐患，避免施工浪费，降低施工风险。②一套完备的医药工业标准厂房按照制药的整体流程应包括各类型标准生产厂房、库房、辅助生产用房、附属设施用房等。整个厂房建筑面积大、工序复杂。整个项目的工程量计算和数据管理耗时巨大且容易出错，严重影响工程实施的效率。应用BIM技术可以简单准确地得到工程的基础数据，在建筑过程中还可以应用BIM模型进行模拟施工和协助管理，大大提高工程实施效率。③在设计和施工中，为了缩短工期提高效率，往往各个专业、各种厂房设计同时进行，各专业不能及时实行信息共享，时常需要设计返工，最终导致设计人员工作效率低下。应用BIM技术可以轻松地完成对工程数据的共享和重复利用，为设计师、建筑师、水电暖铺设工程师、开发商乃至物业维护等各环节人员提供“模拟和分析”的科学协作平台。

第六节　设备的选型与安装

一、概述

制药机械产品，亦称制药装备，包括原料药机械及设备、制剂机械及设备（包括片剂、硬胶囊剂、颗粒剂、大输液、水针剂、粉针剂、软胶囊剂、液剂、霜剂、栓剂、滴眼剂、丸剂等生产机械设备）、药用粉碎机械、制药用水及气（汽）设备、饮片机械、药品检验设备、药用包装机械、药用检测设备、其他制药机械及设备等，与制药机械连用的计算机系统，也包括在其中。与药品直接接触的设备为关键设备；制药用水及气（汽）设备是制药工艺的重要组成部分及必要的技术支撑，也应视为关键设备。在洁净厂房中，药品生产使用的设备，有直接接触药物的，也有不接触药物的，但都在洁净环境下运行，它们必然对环境和药品生产质量、效率产生直接影响。

我国GMP对直接参与药品生产的制药设备作了指导性原则的规定：

第三十八条　厂房的选址、设计、布局、建造、改造和维护必须符合药品生产要求，应当能够最大限度地避免污染、交叉污染、混淆和差错，便于清洁、操作和维护。

第三十九条　应当根据厂房及生产防护措施综合考虑选址，厂房所处的环境应当能够最大限度地降低物料或产品遭受污染的风险。

第四十条　企业应当有整洁的生产环境；厂区的地面、路面及运输等不应当对药品的生产造成污染；生产、行政、生活和辅助区的总体布局应当合理，不得互相妨碍；厂区和厂房内的人、物流走向

应当合理。

第四十一条　应当对厂房进行适当维护，并确保维修活动不影响药品的质量。应当按照详细的书面操作规程对厂房进行清洁或必要的消毒。

第四十二条　厂房应当有适当的照明、温度、湿度和通风，确保生产和贮存的产品质量以及相关设备性能不会直接或间接地受到影响。

第四十三条　厂房、设施的设计和安装应当能够有效防止昆虫或其它动物进入。应当采取必要的措施，避免所使用的灭鼠药、杀虫剂、烟熏剂等对设备、物料、产品造成污染。

第四十四条　应当采取适当措施，防止未经批准人员的进入。生产、贮存和质量控制区不应当作为非本区工作人员的直接通道。

第四十五条　应当保存厂房、公用设施、固定管道建造或改造后的竣工图纸。

我国制药装备的发展从20世纪90年代开始迅速发展，从原先的180家企业增加到现在1000余家，部分产品已具有国际同类产品先进水平。目前制药装备的发展趋势呈现密闭化、集成化、高速化、自动化与智能化。

二、工艺设备的设计和选型

1. 设备设计和选型原则

设备的设计和选型需要慎重，不仅要符合GMP要求，还必须要考虑到安全、环境、健康、工艺需求等诸多因素。通常通过起草用户需求说明（user requirement specification，URS）来指导设计选型，需要有经验和知识的专业人士起草、讨论、定稿。设备设计和选型的原则如下：

（1）符合性原则

设备应首先能满足产品工艺需求，符合预定用途，特别是多产品剂型共用厂房设施、设备，其次应符合GMP、国家行业标准、国际通用标准。

（2）可靠性原则

设备在其寿命周期内应能持续稳定地满足工艺需求，生产出符合预定用途的药品。

（3）先进性原则

设备设计与选型应能满足发展需求，不仅仅满足当前要求，也应考虑到未来发展需要。

（4）安全、环保、健康原则

当前国家对于企业生产安全，废气、废渣、废水等环保要求，职工健康要求越来越高，促使企业在厂房设备选型过程中必须考虑安全、环保、健康要求。

（5）经济性原则

企业的资源是一定的，在设备满足上述四个原则基础上，设备的购买及使用、维护、保养过程的成本将会是一个考虑因素，这是不可回避的。

此外，企业设备设计与选型还要考虑配套的售后服务、能耗等其他因素。总而言之，用于药品生产的设备以满足产品工艺需求和现行GMP为最基本要求，在可能的条件下，积极采用先进技术，既满足当前生产的需要，也要考虑未来的发展。

2. 技术要求

（1）材料选择

直接接触药品的材料不与药品发生反应、吸附或释放有影响的物质，根据产品特性考虑耐温、耐蚀、耐磨、强度等特性进行适当选择。对接触药品处金属材料多采用超低碳奥氏体不锈钢316L，不接触药品的重要部位可选用304不锈钢。非金属材料多采用聚四氟乙烯、聚偏氟乙烯、聚丙烯等。橡胶密封多采用天然橡胶、硅橡胶等化学特性比较稳定的材料。

（2）工艺要求

依据工艺流程、各项工艺参数要求选择相应的设备。设备最大生产能力应大于设计工艺要求。最高工作精度应高于工艺精度要求，对产品质量参数范围留有调节余量。

（3）设备结构选择

① 设备结构设计人性化、便于操作，方便维修；制药设备机械传动结构应尽可能简单，宜采用连杆机构、气动机构、标准件传动机构等。需清洗的设备表面通常应光洁，接触药品的表面需圆弧过渡、平整、光洁、没有死角、便于清洗。

② 设备尽可能选择密闭工艺过程结构设计，以避免暴露产生污染及交叉污染。

③ 模具更换和需清洗的部件，易拆、易装、耐磨损并且定位准确，零件上和安装部位有清晰可见的零件号和定位标记，以保证零件安装正确，避免错位。

④ 设备的润滑和冷却部位应可靠密封；对生产过程中释放粉尘的设备，应采用封闭并有吸尘或除尘装置，出风口应有过滤及防止空气倒灌的装置。

（4）检测功能

① 设备选型推荐考虑在线检测功能，对大批量生产过程中的关键工艺参数进行在线监测。

② 衡器、量具、仪器和仪表的选择宜采用公制计量单位，能明确辨认计量单位。测量范围、精度、分析率能满足工艺要求，不应以测量设备的最高精度定义为工艺需求精度。

③ 通常在线检测感应器需考虑耐腐蚀、耐高温、稳定性、可校准性能，不与药品发生反应、吸附、释放等情况。

④ 关键工艺参数检测结果最好有数据记录及趋势图，便于分析、追踪。

⑤ 在易发生偏差的部位安装相适应的检测控制装置，并有声光报警、自动剔除或自动反馈纠正功能。

（5）安全、环保、健康需要

① 设备选择需考虑当地政府对安全环境的法规要求。

② 特种危险设备需选择有设计、制造、安装资质的供应商。

③ 特种危险设备、管道需有安全卸压装置、防腐防泄漏装置、防爆防静电装置、困境通信装置、紧急故障切断功能。

④ 排放的工艺废水和工艺废气需经过恰当的处理，使其满足环保规范要求。

⑤ 设备需考虑人身和产品安全。通常有过载保护、进入危险部位的光电感应停机保护、安全报警装置、电离辐射防护、防噪声、照度等设计。

⑥ 设备考虑人机工程设计，减少劳动者的劳动强度和长期高频活动损伤。

⑦ 尤其对产生粉尘、易燃挥发性气雾的设备、环境需充分考虑设计防爆、防静电装置。

（6）对公用工程的要求

① 为设备提供的动力能源（水、电、气）、废气废水排放应相匹配，并与设备同时设计、同时施工、同时验收。

② 生产设备与厂房设施、动力与设备以及使用管理之间都存在互相影响与衔接的问题，要求设备接口及工艺连接设备要标准化，在工程设计中处理好接口关系。

（7）自控系统要求

① 制药设备宜采用 PLC（programmable logic controller，可编程逻辑控制器）自控系统，因为其具有高稳定性、保密性、便捷性、控制能力、计算能力、自动检测能力、操作性等优势。

② 设备的自控系统在编程前应按照工艺需求和用户需求起草详细自控系统动作详细描述文件，并得到用户的审核批准，以保证自控系统符合用户需求并给验证提供可检查的依据。

（8）清洗设备

推荐选择就地自动清洗设备、系统，最好安装有在线清洁检测装置，以保证清洗系统达到洗净的目的。清洗区的专用清洗设备、干燥设备建议设计为被清洗物入口与出口分区设置，避免被清洗物倒流产生污染。

清洗设备应考虑设计自清洗功能，以保证设备本身不对被清洗物产生污染。清洗设备排水管口不应产生污水反流、浊气反流，通常考虑设计有反水弯、单向阀、切断并封闭排水管装置。

3. 用户需求说明（URS）的内容

用户需求说明是指使用方从用户角度对厂房、设施、设备或其他系统提出的满足预定用途的要求及期望。用户需求是综合使用目的、环境、用途等提出的技术说明文件，重点强调产品（设备）参数和工艺性能参数，需求的详细程度与产品风险、设备复杂程度相匹配。

（1）URS 准备工作

熟悉设备在产品工艺流程的用途和地位，收集并熟悉设备相关法规、国际标准、国家标准、行业标准等资料；收集设备技术资料。

（2）URS 的内容

① 目的：用于描述起草设备 URS。例如，本用户需求说明概述了 ×× 车间设备系统的工艺需求、安装需求、法规需求等，是 ×× 设备系统的采购、设计、安装、调试、验收等的依据。本用户需求说明中用户仅提出最低限度的技术要求和设备的最基本要求，并未涵盖和限制卖方设备具有更高的设计与制造标准和更加完善的功能。卖方应在满足本用户需求说明的前提下提供卖方能够达到的更高标准和功能的高质量设备及其相关服务。卖方的设备应满足中国有关设计、制造、安全、环保等规程、规范和强制性标准要求。如遇与卖方所执行的标准发生矛盾时，应按较高标准执行（强制性标准除外）。供应商一旦接受了 URS 文件，即意味着可以提供 URS 所含的全部要求。

② 范围：用于描述起草设备 URS 的范围。例如，本用户需求说明适用于 ×× 车间 ×× 设备系统，作为公司采购 ×× 车间设备的技术要求。

③ 设备描述：用于描述设备功能、结构、性能、原理、安装区域等。以小容量注射剂注射用水制备和分配系统为例。该系统主要由纯化水供水循环管路、蒸汽加热管路、多效蒸馏水机、注射用水贮罐、纯蒸汽发生器、注射用水工艺用水循环管路、卫生泵、水质在线监测系统及控制系统等组成。注射用水系统工作时以二级反渗透系统制备的纯化水为原料水，经多效蒸馏水机蒸馏而得到注射用水，同时具备纯蒸汽生产能力，合格注射用水进入注射用水贮罐（不合格水自动排放），以一定流速，在 70 ℃以上通过循环管路保温循环供各使用点使用。本系统安装于小容量注射剂车间制水间。

④ 设备参考标准 / 指南：用于描述本 URS 适用的、参考的法律、法规、国际标准、国家标准、行业标准、公司指南、公司标准操作程序（SOP）等技术资料。例如，×× 设备系统必须满足《药品生产质量管理规范》（2010 年修订版）、《中国药典》（2020 年版）的要求，设计、制造、材料、所有部件的供应以及配置必须基于并符合中华人民共和国相关规范、要求和准则。

⑤ 术语：用于解释和说明本 URS 中用到的专业术语、缩略语，如表 2-12 所示。

表 2-12　URS 中的专业术语和缩略语

缩写	定义
BL	Biohazard Level（生物危害水平）
CFR	Code of Federal Regulations（联邦条例法典）
EMI	Electro-Magnetic Interference（电磁干扰）
HMI	Human-Machine Interface（人 - 机界面）
ISO	International Organization for Standardization（国际标准化组织）
OIP	Operator Interface Panel（操作员界面面板）
RFI	Radio Frequency Interference（无线电频率干扰）
URS	User Requirement Specification（用户需求说明）
FS	Function Specification（功能说明）

续表

缩写	定义
HDS	Hardware Design Specification（硬件设计规范）
SDS	Software Design Specification（软件设计规范）
DQ	Design Qualification（设计确认）
FAT	Factory Acceptance Testing（工厂验收测试）
SAT	Site Acceptance Testing（现场验收测试）
IQ	Installation Qualification（安装确认）
OQ	Operation Qualification（运行确认）
PQ	Performance Qualification（性能确认）

⑥ 用户需求内容：用于描述设备需求的具体内容，针对不同的设备其内容有所不同，但通常至少包含以下内容。

a. 工艺需求：用于描述设备工艺参数范围（如速度、温度、压力、转速等），设备效率产能，清洁消毒灭菌参数及方法等。

b. 安装需求：用于描述设备安装房间环境温湿度，可用的公用系统（如压缩空气、氮气、洁净蒸汽、真空系统、水、电等），材质要求（重点考虑与产品直接接触的部件，此外该项也可以根据实际情况单列），安装尺寸等。

c. 法规需求：用于描述设备的 GMP 要求，环保要求（噪声、排污等），安全要求（电气保护、压力保护、机械锁等）。

d. 操作和功能需求：用于描述设备的电器、自动控制过程的要求，明确设备的运行模式以及相应的硬件要求（PLC、触摸屏、仪表等）。

e. 文件需求：用于描述供应商应提供设备的使用说明书，维护说明书，图纸（机械、电气、管道和仪表流程图，又称 PI & D），产品出厂合格证，材质证明书，压力容器证书，备品备件清单等文件。

f. 验证需求：用于描述供应商应提供或协助进行的验证需求（DQ、FAT、SAT、安装调试等）。

g. 其他需求：用于描述培训需求、售后服务需求（维护和维修需求）等其他需求。

（3）URS 起草的注意事项

① 每个需求描述要求准确，切忌产生歧义。

② 内容必须全面，防止项目遗漏。

③ 关注设备系统的可操作性及易维护性、稳定性、安全性。

④ 每个需求应满足“SMART”特性。

⑤ URS 文件生效前需经批准，一旦批准不得随意更改，需要更改时应按变更控制要求进行，最终需再经批准方可生效。

⑥ URS 文件应按文件管理要求进行编号管理，以便于追溯。URS 有利于集中团队智慧，是各专业人员保持良好沟通交流的结果。

三、设备的安装

制剂车间要达到 GMP 的要求，工艺设备达标是一个重要方面。其中设备的安装是一个重要内容。首先设备布局要合理，其安装不得影响产品的质量；安装间距要便于生产操作、拆装、清洁和维修保养，并避免发生差错和交叉污染。同时，设备穿越不同洁净室（区）时，除考虑固定外，还应采用可靠的密封隔断装置，以防止污染。不同洁净等级房间分段传送，对送至无菌区的传动装置必须分段传送。应设计或选用轻便、灵巧的传送工具，如传送带、小车、流槽、软接管、封闭料斗等。不同洁净等级之间，如采用传送带传递物料时，为防止交叉污染，传送带不宜穿越隔墙，而应在隔墙两边分段传送。设备布局上要考虑设备的控制部分与安置的设备有一定的距离，以免机械噪声对人员的污染损伤，所以控制部分（工作台）的设计应符合人类工程学原理。

除上述之外，设备的安装还应注意：

① A级、B级洁净室（区）使用的传输设备不得穿越较低级别区域。非无菌药品生产使用的传输设备穿越不同洁净室（区）时，应有防止污染措施。

② 与药液接触的管路及其配件应采用优质耐腐蚀材质，管路的安装应尽量减少连接处，密封垫宜采用硅橡胶、聚氟乙烯等材料，管道应方便清洗和消毒。

③ 设备、管道的保温层表面必须平整、光滑，不得有颗粒性物质脱落，不得用石棉材料，宜选用泡沫塑料、珍珠岩制品等，外加不生锈金属外壳保护。

④ 传动机械的安装应加避震、消声装置。动态测试时，洁净室内噪声不得超过 70 dB。

⑤ 当设备安装在跨越不同洁净等级的房间或墙面时，除考虑固定外，还应采取密封的隔断装置，以保证达到不同等级的洁净要求。

⑥ 制剂洁净室内尽量采用无基础，必须设置设备基础的，可采用可移动式表面光洁的水磨石基础块，不影响楼面的光洁和易清洁。

⑦ 跟土建配合，合理考虑设备起吊、进场的运输路线，门窗留孔要允许进场设备通过，必要时把间隔墙设计成可拆卸的轻质墙。

⑧ 设备安装应按工艺流程顺序排布，以方便操作，防止遗漏出差错。

⑨设备配管及安装要方便操作及操作安全。设备、管道上监测指示的仪器、仪表的安装，要方便观察、使用。

⑩ 溶剂管道的垂直“U”形管底部需加排空管、阀。使用有机溶剂的设备、管道应有排除静电等防爆设施。

⑪ 与设备连接的主要固定管道应标明管内物料名称、流向。

⑫ 生产设备应有明显的标志。

⑬ 原料药生产宜使用密闭设备；密闭的设备、管道可以安置在室外。使用敞口设备或打开设备操作时，应有避免污染的措施。

⑭ 原料药生产中难以清洁的特定类型的设备可专用于特定的中间产品、原料药的生产或储存。

⑮ 使用密闭系统生物发酵罐生产的制品可以在同一区域同时生产，如单克隆抗体和重组DNA（脱氧核糖酸）产品。

⑯ 各种灭活疫苗（包括重组DNA产品）、类毒素及细胞提取物，在其灭活或消毒后可以与其他无菌制品交替使用同一灌装间和灌装、冻干设施。但在一种制品分装后，必须进行有效的清洁和消毒，清洁消毒效果应定期验证。

⑰ 生产生物制品的管道系统、阀门和通气过滤器应便于清洁和灭菌，封闭性容器（如发酵罐）应用蒸汽灭菌。

⑱ 放射性药品生产区出口处应设置放射性剂量检测设备。

⑲ 运输放射性药品或核素的空容器，必须按国家有关规定进行包装、剂量检测并有记录。

⑳ 即时标记放射性药品应配备专用运输工具。

㉑ 凡生产、加工、包装下列特殊药品的设备必须专用：a. 青霉素类等高致敏性药品；b. β-内酰胺结构类药品；c. 避孕药品；d. 激素类、抗肿瘤类化学药品应避免与其他药品使用同一设备，不可避免时，应采用有效的防护措施和必要的验证；e. 放射性药品的生产、包装和储存应使用专用的、安全的设备，符合国家关于辐射防护的要求与规定；f. 生物制品的生产过程中、使用某些特定活生物体阶段，要求设备专用，并在隔离或封闭系统内进行；g. 卡介苗和结核菌素；h. 芽孢菌操作直至灭活过程完成之前必须使用专用设备，炭疽杆菌、肉毒梭状芽孢杆菌和破伤风梭状芽孢杆菌制品须在相应专用设施内生产；i. 以人血、人血浆或动物脏器、组织为原料生产的制品。

第七节　管道设计

管道在制药车间起着输送物料及传热介质的重要作用，是制药生产中必不可少的重要部分。药厂管道犹如人体内的血管，规格多，数量大，在整个工程投资中占有重要的比例。因此，正确地设计管道和安装管道，对减少工厂基本建设投资以及维持日后的正常操作有着十分重要的意义。

一、管道设计的内容及步骤

在进行管道设计时，应具有如下基础资料：施工流程图；设备平面、立面布置图；设备施工图；物料衡算和热量衡算；工厂地质情况；地区气候条件；其他（如水源、锅炉房蒸汽压力和压缩空气压力等）。

在初步设计阶段，设计带控制点的工艺流程图时，首先要选择和确定管道、管件及阀件的规格和材料，并估算管道设计的投资；在施工图设计阶段，还需确定管沟的断面尺寸和位置，管道的支承间距和方式，管道的热补偿与保温，管道的平面、立面位置及施工、安装、验收的基本要求。

管道设计的成果是管道平面、立面布置图，管架图，楼板和墙的穿孔图，管架预埋件位置图，管道施工说明，管道综合材料表，以及管道设计概算。管道设计的具体内容、深度和方法如下所述。

1. 管径的计算和选择

由物料衡算和热量衡算，选择各种介质管道的材料；计算管径和管壁厚度，然后根据管子现有的生产情况和供应情况作出决定。

2. 地沟断面的决定

地沟断面的大小及坡度应按管子的数量、规格和排列方法来决定。

3. 管道的配置

根据施工流程图，结合设备布置图及设备施工图进行管道的配置，应注明如下内容：①各种管子、管件、阀件材料和规格，管道内介质的名称、介质流动方向用代号或符号表示，标高以地平面为基准面，或以楼板为基准面；②同一水平面或同一垂直面上有数种管道，安装时应予以注明；③绘出地沟的轮廓线。

4. 管道设计资料的提出

管道设计中应提出的资料包括：①将各种断面的地沟长度提给土建专业设计人员；②将车间上水、下水、冷冻盐水、压缩空气和蒸汽等管道管径及要求（如温度、压力等条件）提给公用系统专业设计人员；③各种介质管道（包括管子、管件、阀件等）的材料、规格和数量；④补偿器及管架等材料制作与安装费用；⑤管道投资概算。

5. 管道施工安装说明书的编写

管道施工安装说明书内容应包括：施工中要注意的问题；各种介质的管子及附件的材料；各种管道的坡度；保温刷漆等要求；安装时采用的不同种类管件管架的一般指示等问题。

二、管道、阀门和管件的选择

制药工艺管路中的管道按材质可以分为金属管和非金属管两大类。

1. 金属管

常用的金属管有钢管、铸铁管、有色金属管等。钢管按制造方式可以分为有缝钢管（焊接钢管）

和无缝钢管。

（1）有缝钢管

有缝钢管是用钢板或钢带经过卷曲成型后焊接制成的钢管，其外形见图 2-19。有缝钢管按其表面质量可分为一般焊管（不镀锌，俗称“黑管”）和镀锌焊管（俗称“白管”）；按壁厚分为普通钢管和加厚钢管；按管端形式分为不带螺纹钢管和带螺纹钢管。该类钢管的优点是厚度均匀、价格低、重量较铸铁管轻等。缺点是有焊道、不能承受压力。在制药工艺中，镀锌管因其耐腐蚀性能较强而用作流体（如水、冷凝水、蒸汽及压缩空气）的输送管路。

（2）无缝钢管

无缝钢管按生产方法不同可以分为热轧管、冷轧管等；按材质不同，可以分为普通碳素结构管、低合金结构管、优质碳素结构管、合金结构管、不锈钢管等。无缝钢管质量均匀、品种齐全、强度高、韧性好、管段长，主要用在高压和较高温度的管路上或作为换热器和锅炉的加热管，是工业管道中最常用的管材。

在制药工艺管路中，不锈钢材质的无缝钢管应用比较多，除了具有普通无缝钢管的上述优点外，还具有防腐性能好、表面光洁、易清洗等优点，符合 GMP“无毒、耐腐蚀、易清洗、易消毒”的基本要求。特别是奥氏体不锈钢如 0Cr17Ni12Mo2（316）无缝钢管和 00Cr17Ni14Mo2（316L）无缝钢管在药物制剂生产中被广泛应用。不锈钢无缝钢管外形见图 2-20。

图2-19　有缝钢管外形

图2-20　不锈钢无缝钢管外形

一般钢管的规格以公称直径（DN）表示。公称直径不是外径，也不是内径，而是近似普通钢管内径的一个名义尺寸。同一规格的管子与管路附件具有通用性、互换性，能相互连接。公称直径的单位一般是 mm。

2. 非金属管

非金属管一般用于温度和压力不高的场合。非金属管包括塑料管、橡胶管、陶瓷管、玻璃管、玻璃钢管等。

（1）塑料管

塑料管有热塑性塑料管和热固性塑料管两大类。塑料管的主要优点是质轻、耐腐蚀、外形美观、无不良气味、加工容易、施工方便，缺点是强度较低、耐热性差。常用的塑料管主要是聚氯乙烯塑料管（PVC 管），它是以聚氯乙烯为原料，加入增塑剂、稳定剂、润滑剂等制成的，是一种热塑性塑料管，耐腐蚀性能较好，而且易于加工成型、可焊性好。

（2）橡胶管

橡胶管是用天然橡胶或合成橡胶制成的，按性能和用途不同有纯胶管、夹布胶管、棉线纺织胶管、高压胶管等。橡胶管为软管，可任意弯曲，多用作制药工艺管路的挠性连接件。橡胶管对多种酸碱液具有耐蚀性能，质轻、挠性好，安装拆卸方便。

（3）陶瓷管

陶瓷管耐腐蚀性能很好，结构致密，表面光滑平整，硬度较高。除氢氟酸、高温碱和磷酸外，陶瓷管几乎对所有的酸类、氯化物、有机溶剂均具有抗腐蚀作用。缺点是耐压能力低，质脆易碎，耐热性能差。

（4）玻璃管

玻璃管在制药生产中主要用于需要监测的管路，一般由硼玻璃或高铝玻璃制成，具有透明、耐腐蚀、阻力小、价格低等优点，缺点是质脆，不耐冲击和振动。

（5）玻璃钢管

玻璃钢管是由玻璃纤维及其制品为增强材料，以合成树脂为黏结剂，经过一定的成型工艺制作而成。玻璃钢管主要用于酸碱腐蚀性介质的管路，具有质轻、强度高、耐腐蚀的优点，但是易老化、易变形、耐磨性差。

除上述管子外，非金属管还有复合管、衬里管。复合管如聚丙烯玻璃钢复合管，衬里管如钢塑复合管、涂塑钢管等。

3. 常用管件

（1）短管和异径管

短管是一段数厘米长的管子，其两端有外螺纹，是用来连接两个具有内螺纹的管和阀门的管件。异径管又称大小头，是两端直径不相等的短管，两管口加工有内螺纹，用来连接同一直线上管径不同的两根管子。异径管可改变流体的流速。短管和异径管外形见图 2-21。

（2）弯头

弯头是管路中改变管路方向的连接管件。按弯头角度不同，弯头可以分为 45°、60°、90°、180° 四种类型。弯头用于管道拐弯处，连接两根等径管子的弯头为等径弯头。用于管道拐弯处，可以连接两根不等径的管子的弯头为不等径弯头。

弯头与管子连接的方式有法兰连接、螺纹连接及承插式连接等。弯头的常用材料为碳钢和合金钢，可用直管弯曲而成，也可用管子组焊，还可用铸造或锻造的方法制造。各类弯头外形见图 2-22。

图2-21　短管和异径管外形

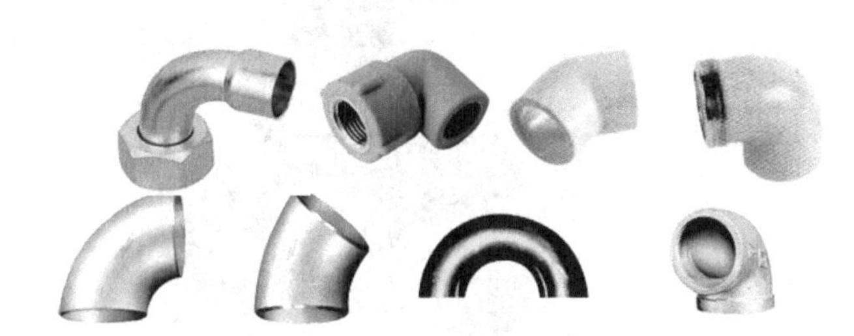

图2-22　各类弯头外形

（3）三通、四通

三通用于三根管子汇集的地方，四通用于四根管子汇集的地方。三通有等径三通和异径三通。三个口直径相等的为等径三通；两端直径相同，汇流端直径与其他两个直径不同的称为异径三通。在直线方向的两端同径，与之垂直分岔的一端为小管径，小管径用于支管的连接。45° 斜三通又叫 Y 形支管，用于管道交汇于分岔处，其局部阻力较小。四通用于管通垂直交叉连接处；其中异径四通在管道上垂直连接两根较小管径的支管时用。各类三通、四通的外形见图 2-23。

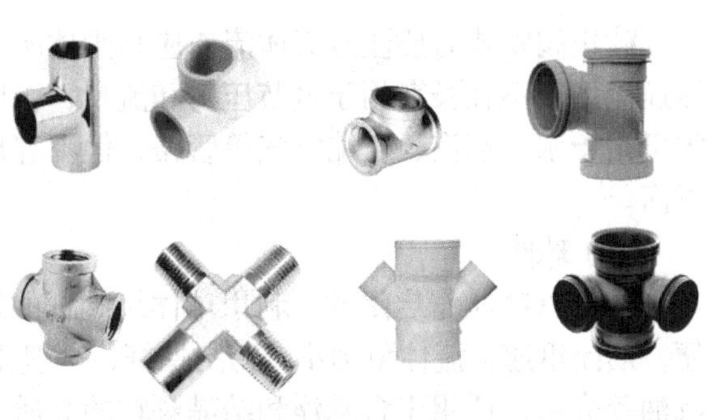

图2-23　各类三通、四通外形

（4）盲板

盲板也叫实心法兰，是用来封堵配对法兰通孔用的实心圆盘，其四周钻有螺栓孔。在制药工艺管路中，因检修设备需要，在两法兰之间插入盲板，以切断管路中的介质，暂时封闭管路，确保人身安全。盲板大小可与插入处法兰密封面外径相同，常用材质为钢材。

（5）活接头

活接头是由两个能互相扣合的管接口以及连接两口的套母组成，管接口两端有内螺纹。活接头用于管路中需将同径管道进行活连接的地方，即不转动管子也能将管道拆开。在管路的适当位置装一些活接头，可以方便拆卸修理管路中的设备。

4. 阀门

阀门是制药工艺管路中非常重要的部件，用于接通和截断流体、调节流体压力和流量、控制流体压力保证管道或设备安全运行等。阀门按作用和用途不同可以分为截止阀、调节阀、止回阀和安全阀等；按结构特征不同可以分为球阀、闸阀、旋塞阀（俗称考克）和蝶阀等；按阀体材料不同可以分为金属材料阀、非金属材料阀等。此外，还可按公称压力、工作温度、驱动方式等对阀门进行分类。

（1）截止阀

截止阀又叫球心阀或球形阀，是指启闭件（阀瓣）由阀杆带动并沿阀座中心轴线做升降运动的阀门，主要用来接通或截断管路中的流体。截止阀是制药生产中广泛使用的一种截断类阀门。

截止阀的密封零件是阀瓣和阀座。通过转动手轮，带动阀杆和阀瓣做轴线方向的升降，改变阀瓣与阀座之间距离，从而改变流体通道面积的大小，使得流体的流量改变或截断通道。为了使截止阀关闭严密，阀盘与阀座配合面应经过研磨或使用垫片，也可在密封面镶青铜、不锈钢等耐蚀、耐磨材料。阀瓣与阀杆采用活动连接，以利于阀瓣与阀杆严密贴合。截止阀外形和结构见图 2-24。

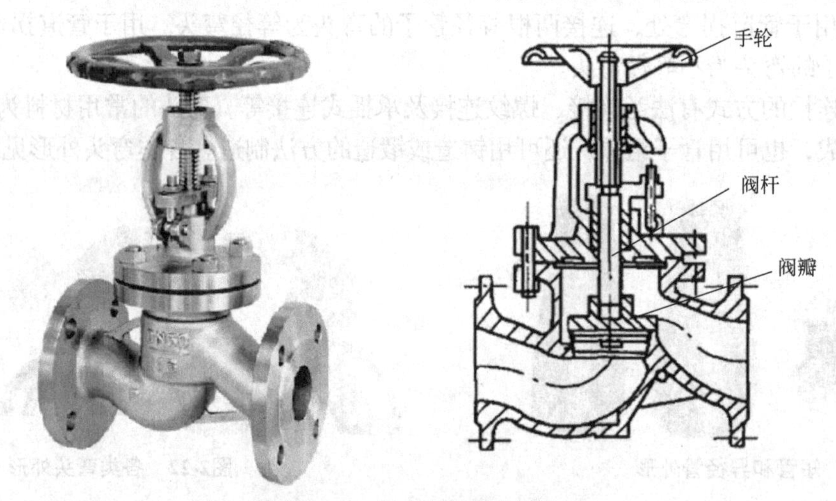

图2-24　截止阀外形和结构

截止阀安装时要注意流体流向应与阀体所示箭头方向一致。截止阀在管路中的主要作用是截断和接通流体，不宜长期用于调节压力和流量，否则，密封面可能被介质冲刷腐蚀，破坏密封性能。截止阀可用于水、蒸汽、压缩空气等管路，但不宜用于黏度大、易结焦、易沉淀介质的管路，以免破坏密封面。

（2）球阀

球阀以球体作启闭件，利用球体绕阀杆的轴线旋转 90°，从而达到启闭通道的目的。球阀操作方便，启闭迅速，流体阻力小，密封性好，一般用于需要快速启闭或要求阻力小的场合。球阀适用于水、汽油等介质，适用于含悬浮和结晶颗粒的介质，也适用于浆液和黏性液体的管道。球阀外形和结构见图 2-25。

（3）闸阀

闸阀又称闸门阀或闸板阀，是利用闸板与阀座的配合来控制启闭的阀门。闸板与管内流体流动方向垂直，通过闸板的升降改变其与阀座的相对位置，从而改变流体通道的大小。闸阀可以分为平行式

（两个密封面互相平行）和楔式（两个密封面成楔形）两种类型。

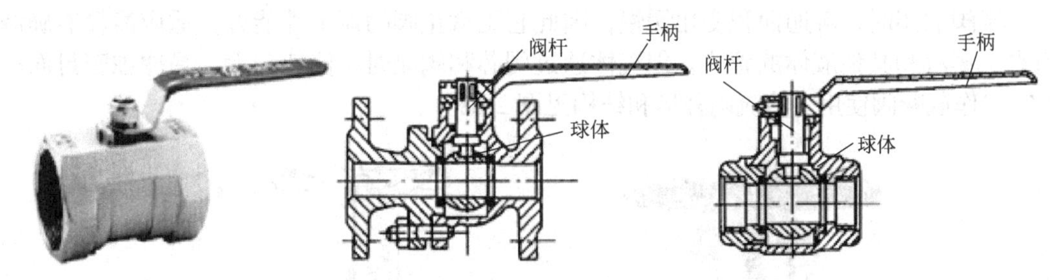

图2-25 球阀外形和结构

闸阀在管路中主要作切断用，可以手动开启，也可以电动开启。闸阀具有流体阻力小、开启缓慢、易于调节、流体流向不受限制的特点。但闸阀结构复杂，造价较高，且磨损快，维修更换困难。闸阀多用于大直径上水管道，故又有水门之称，也可用于真空管路和低压气体管路，但不宜用于蒸汽管路。为了保证阀门关闭严密，通常会在闸板和阀座上镶嵌耐磨、耐蚀的金属材料（如青铜、黄铜、不锈钢等）制成的密封圈。闸阀外形和结构见图 2-26。

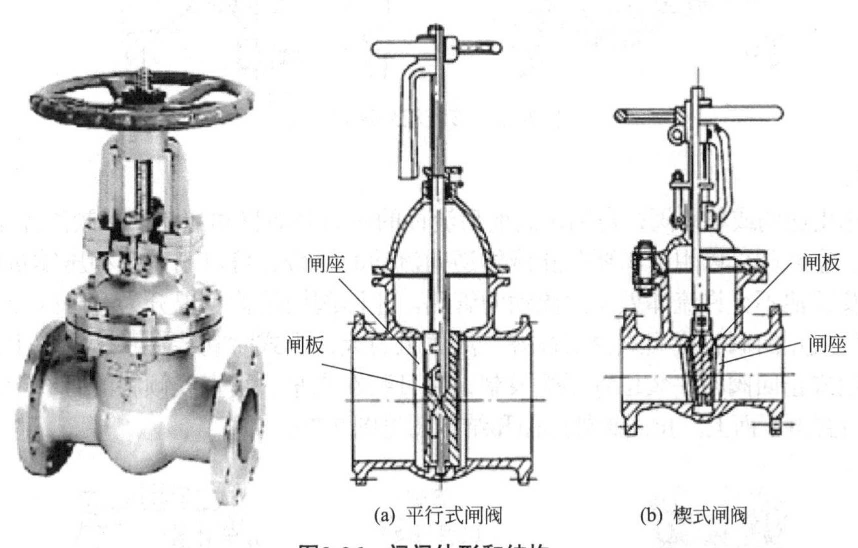

(a) 平行式闸阀 (b) 楔式闸阀

图2-26 闸阀外形和结构

（4）蝶阀

蝶阀是利用一个可绕轴旋转的圆盘来控制流体通道开启与关闭的一种阀门，圆盘形蝶板绕轴旋转，旋转角度在 0° ～ 90° 之间，旋转到 90° 时，阀门呈全开状态。蝶阀在管路上起切断和节流作用。蝶阀外形和结构见图 2-27。

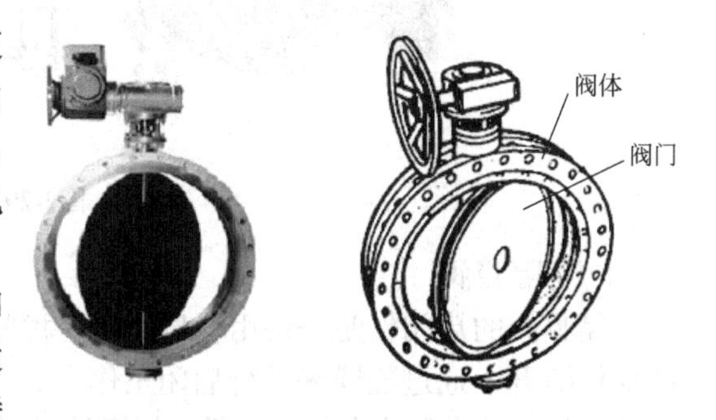

图2-27 蝶阀外形和结构

根据传动方式的不同，蝶阀可以分为手动、气动和电动三种。蝶阀启闭时阀杆只做旋转运动而不做升降运动，阀杆的填料不易破坏，密封可靠。在许多场合，特别是在大流量调节场合，蝶阀取代了截止阀和自控系统的调节阀。蝶阀具有结构简单、开闭迅速、流体阻力小、维修方便等优点，可用于水、液体、悬浮液及蒸汽管道上的截流和流量调节。

（5）节流阀

节流阀是通过改变节流截面或节流长度来控制流体流量的阀门。节流阀属于调节类阀门。通过转动手轮，改变流体通道的截面积，从而调节流体流量与压力的大小。

节流阀与截止阀相似，仅启闭件形状不同，截止阀的启闭件为盘状，节流阀的启闭件为锥状或抛物线状。节流阀启闭时，流通面积变化缓慢，因此它比截止阀的调节性能好，适应需较准确调节流量或压力的水、蒸汽和其他液体的管路。但流体通过阀芯和阀座时，流速较大，易冲蚀密封面；密封性较差，不宜用作截断阀使用。节流阀外形和结构见图 2-28。

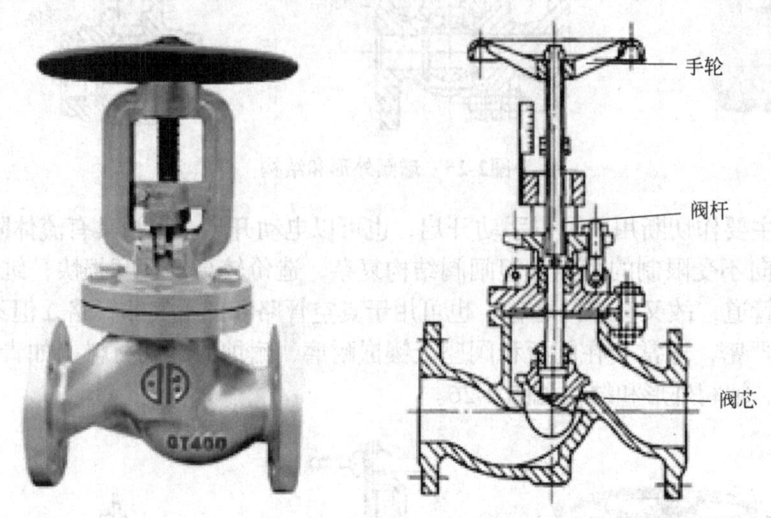

图2-28　节流阀外形和结构

（6）止回阀

止回阀又称止逆阀或单向阀，是利用阀前后流体的压力差而自动启闭，控制流体单向流动的阀门，属于自动阀类。止回阀可以用于需要防止流体逆向流动的场合，可以用于泵和压缩机的管路、疏水器的排水管，以及其他不允许流体做反向流动的管路。止回阀按结构可以分为升降式止回阀和旋启式止回阀。一般升降式止回阀较旋启式密封性好，流体阻力大，卧式时宜装在水平管道上，立式时装在垂直管道上；旋启式止回阀的安装位置不受限制，它可装在水平、垂直或倾斜的管线上，如装在垂直管道上，流体流向要由下而上。止回阀外形图和结构图见图 2-29。

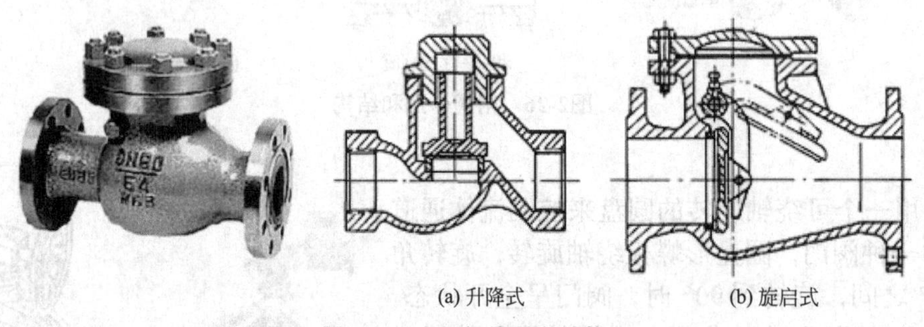

(a) 升降式　　(b) 旋启式

图2-29　止回阀外形和结构

（7）隔膜阀

隔膜阀的启闭件是一块用软质材料（橡胶或塑料）制成的隔膜，隔膜把阀体内腔与阀盖内腔及驱动部件隔开，通过隔膜来进行启闭工作。流体流经隔膜阀时，只在橡胶隔膜以下的阀腔通过，橡胶隔膜片将阀杆与介质完全隔绝，所以阀杆处无须用填料密封。

启闭隔膜阀时，转动手轮带动阀杆上、下移动，使隔膜离开阀座打开阀门或使隔膜紧压在阀座上关闭阀门。隔膜阀结构简单，便于检修，流体流动阻力小，调节性能较好，常用于输送腐蚀性流体和带悬浮物的流体的管路。隔膜阀不能用于流体压力较高的场合，使用温度取决于隔膜材料的耐温性能。隔膜阀外形和结构见图 2-30。

（8）其他阀门

制药工艺管路中除应用上述阀门外，还有疏水阀、减压阀、安全阀等。

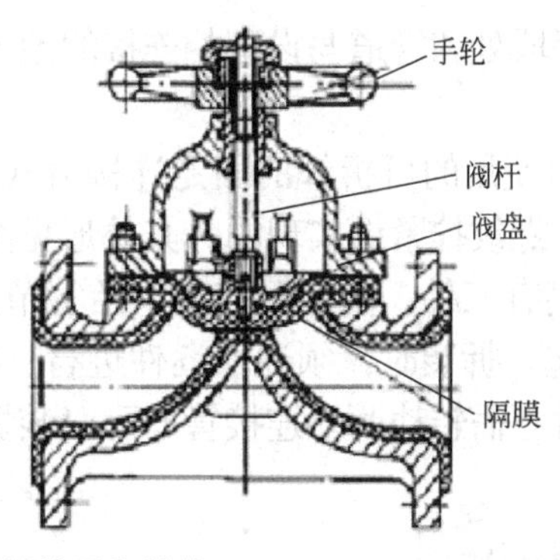

图2-30　隔膜阀外形和结构

① 疏水阀：主要用于蒸汽管网及设备中，能自动排出凝结水、空气及其他不凝结气体，并能阻止蒸汽的泄漏。疏水阀可使蒸汽加热设备均匀给热，充分利用蒸汽潜热提高热效率，并且可以防止凝结水对设备的腐蚀。

② 安全阀：又称排气阀，安装于设备或管路上。当设备或管道内压力超过规定值时，能自动开启，保证设备和管道内流体压力在规定数值以内，从而避免事故的发生。

③ 减压阀：它是通过启闭件的节流，将进口压力降至某一个需要的出口压力，并在进口压力及流量变动时，利用本身介质的能量保持出口压力基本不变的阀门。在蒸汽，压缩空气，工业用气、水、油，以及许多其他液体介质的设备和管路上都可以使用。减压阀的作用是依靠敏感元件，如膜片、弹簧等，来改变阀瓣的位置，将介质压力降低，以达到减压的目的。

综上所述，阀门是流体输送系统中的控制装置，具有导流、分流、截流、调节和防止倒流等功能，关系到管路的安全和正常的生产过程。阀门的选用应遵循以下原则：

① 方便性：尽可能选择结构简单、操作方便的阀门。方便操作人员操作、维护，便于及时处理各种应急故障。

② 满足生产目的：原料药生产中需要输送的流体性质、温度、压力等多有不同，阀门应该能满足生产工艺的要求，满足各种操作流体的性质、温度要求。例如：流体具有腐蚀性时宜选用隔膜阀；需要控制和调节流量时宜选用蝶阀；需要防止流体倒流时用止回阀；需要切断和接通流体、分配流体和改变流体流动方向时用旋塞阀等。

③ 满足阀门技术规范：阀门是用以控制流体的装置，在满足生产目的的前提下，还要符合阀门的技术规范的要求。例如：工作压力不可超过阀门的公称压力；工作温度应在阀门规范的范围内，同时其工作压力不可超过该温度下的允许值；阀门的工作压力和工作温度受组成阀门零件的材料的制约；不能使用对阀门材料有腐蚀作用的流体，而可燃性流体则应选用专用阀门等。

④ 经济性：在满足上述要求的同时，应该尽量降低装置成本，节约投资。例如：普通材质能满足使用要求的，不应该选用较高等级的材质；几种不同阀门类型都能满足使用要求的，则应选用价格低廉的阀门。

三、管道连接

1. 管道连接方法

管道连接包括管子与管子的连接，管子与管件、阀门的连接，以及管子与设备的连接等。其连接方法，由流体的性质、压力和温度，以及管子的材质、尺寸和安装场所等因素决定，主要包括法兰连接、螺纹连接、卡箍连接、承插连接和焊接等方法。

（1）法兰连接

法兰连接是制药工艺管路中应用最多的一种连接方式。法兰连接强度高、拆卸方便、适应范围广，在需要经常拆装的管段处和管道与设备相连接的地方，大多采用法兰连接。法兰连接外形见图 2-31。

（2）螺纹连接

螺纹连接是广泛使用的可拆卸的固定连接方式，具有结构简单、连接可靠、装拆方便等优点。螺纹连接是通过内外管螺纹拧紧而实现的，其外形见图 2-32。

常用的螺纹连接有三种：内牙管连接、活管节连接和长外牙管连接。内牙管连接是把两段管子通过内牙管连接在一起，拆装时，须逐段逐件进行；活管节连接时，不需转动两连接管就可以将两者分开；长外牙管连接时不需转动两端连接管即可以装拆。

图2-31　法兰连接外形

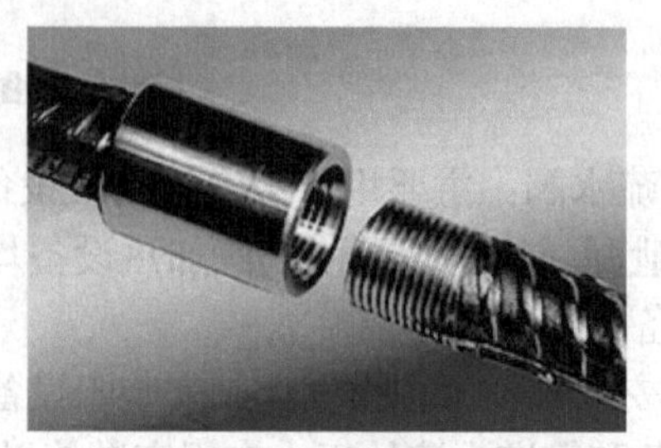

图2-32　螺纹连接外形

螺纹连接方法简单、易于操作，但是密封性较差，主要适用于介质压力不高、直径不大的自来水管和煤气管道，也常用于一些制药设备的润滑油管路中。为了保证螺纹连接的密封性，在螺纹连接前，一般会在螺纹间加上填料。最为常用的填料为聚四氟乙烯缠绕带。

（3）卡箍连接

卡箍连接是一种新型的钢管连接方式，也叫沟槽连接件。卡箍连接具有操作简单、不影响管道原有的特性、施工安全及维修方便的优点。制药工艺管路中直径 100 mm 以下的管路的卡箍连接已取代了法兰和焊接这两种传统管道连接方式。卡箍连接外形见图 2-33。

（4）承插连接

承插连接适用于压力不大，密封性要求不高的场合。连接时，一般在承插口的槽内先填入麻丝、棉线或石棉绳，然后再用石棉水泥或铅等材料填实，还可在承插口内填入橡胶密封环，使其具有较好的柔性，允许管子有少量的移动。承插连接常用于铸铁管的连接，也可用于陶瓷管、塑料管、玻璃管等非金属管路的连接。承插连接密封可靠性较差，且拆卸比较困难。承插连接结构见图 2-34。

图2-33　卡箍连接外形

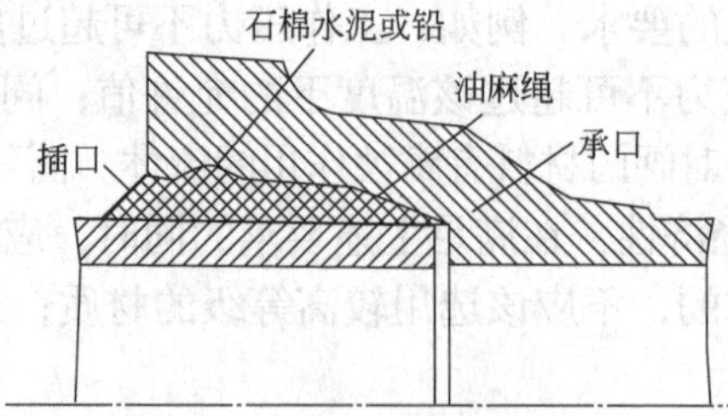

图2-34　承插连接结构

（5）焊接

焊接属于不可拆连接方式，密封性能好、连接强度高，可适用于承受各种压力和温度、无须经常拆卸的管路上。常用的焊接形式见图 2-35。

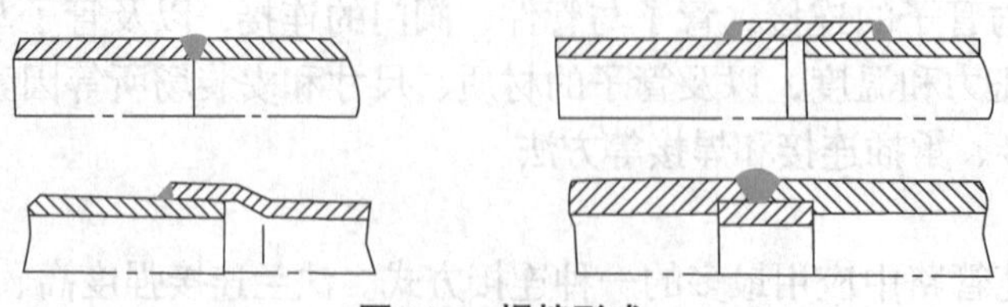

图2-35　焊接形式

2. 温差补偿装置

当输送温度较高的介质（如水蒸气）时，管路会受热膨胀，长度伸长。当一条管路很长时，尽管温差不太大，但所产生的伸长量会导致管路两端连接的装置产生很大的应力，严重时，会发生管路或设备损坏事故。因此，在管路中要考虑温差补偿的问题。管道的温差补偿方法有两种：一种是利用管路本身的弹性变形进行的自然补偿，通常较短管路或温差不大的情况用自然补偿即可；另一种则是通过安装温差补偿器进行补偿，常用的温差补偿器有回折管式补偿器和波形补偿器。

回折管补偿器一般由无缝钢管制成，将直管弯成一定几何形状的曲管，利用刚性较小的回折管所产生的弹性变形来吸收连接在其两端的直管的伸缩变形。采用回折管补偿器，补偿能力大，且制造简单，维护方便。但回折管补偿器要求安装空间大，流体阻力也较大，还可能对连接处的法兰密封有影响。回折管补偿器结构见图 2-36。

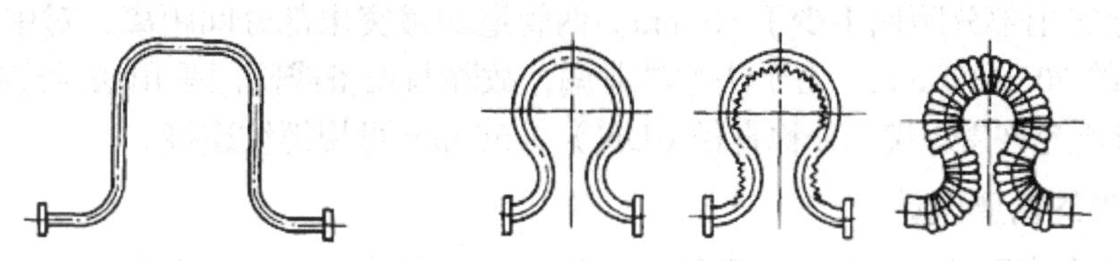

图2-36　回折管补偿器结构

波形补偿器是利用金属薄壳挠性件的弹性变形来吸收其两端连接直管的伸缩变形。波形补偿器结构紧凑，流体阻力小，但补偿能力不大。若将数个补偿器串联安装或分段安装若干组补偿器，可增加补偿量。

3. GMP 对管路连接的要求

洁净室（区）内采用的阀门、管件除需要满足工艺要求外，还应采用拆卸、清洗、检修均方便的结构形式；管道与阀门连接宜采用法兰、螺纹或其他密封性能优良的连接件。凡接触物料的法兰和螺纹的密封应采用聚四氟乙烯。无菌药品生产中，药液输送管路的安装应尽量减少连接处，密封垫宜采用硅橡胶等材料。

四、管道布置

1. 管道布置的一般原则

① 在管道布置设计时，首先要统一协调工艺和非工艺管的布置，然后按工艺流程并结合设备布置、土建情况等布置管道。在满足工艺、安装检修、安全、整齐、美观等要求的前提下，使投资最省、经费支出最小。为便于安装、检修及操作，一般管道多用明线敷设，且价格较暗线便宜。

② 管道应成列平行敷设，尽量走直线，少拐弯，少交叉。明线敷设管子尽量沿墙或柱安装，应避开门、窗、梁和设备，应避免通过电动机、仪表盘、配电盘上方。

③ 管道上操作阀门的安装高度一般为 0.8 ～ 1.5 m，取样阀 1 m 左右，压力表、温度计 1.6 m 左右，安全阀为 2.2 m。并列管路上的阀门、管件应错开安装。

④ 管道上应适当配置一些活接头或法兰，以便于安装、检修。管道成直角拐弯时，可用一端堵塞的三通代替，以便清理或添设支管。

⑤ 按所输送物料性质安排管道。管道应集中敷设，冷热管要隔开布置。在垂直排列时，热介质管在上，冷介质管在下；无腐蚀性介质管在上，有腐蚀性介质管在下；气体管在上，液体管在下；不经常检修管在上，检修频繁管在下；高温管在上，低温管在下；保温管在上，不保温管在下；金属管在上，非金属管在下。水平排列时，粗管靠墙，细管在外；低温管靠墙，热管在外，不耐热管应与热管避开；无支管的管在内，支管多的管在外；不经常检修的管在内，经常检修的管在外；高压管在内，低压管在外。输送有毒或有腐蚀性介质的管道，不得在人行通道上方设置阀件、法兰等，以免渗漏伤

人。输送易燃、易爆和剧毒介质的管道，不得敷设在生活间、楼梯间和走廊等处。管道通过防爆区时，墙壁应采取措施封固。蒸汽或气体管道应从主管上部引出支管。

⑥ 根据物料性质的不同，管道应有一定坡度。其坡度方向一般为顺介质流动方向（注：蒸汽管相反）。坡度大小分别为：蒸汽管道 0.005，水管道 0.003，冷冻盐水管道 0.003，生产废水管道 0.001，蒸汽冷凝水管道 0.003，压缩空气管道 0.004，清净下水管道 0.005，一般气体与易流动液体管道 0.005，含固体结晶或黏度较大的物料管道 0.01。

⑦ 管道通过人行道时，离地面高度不小于 2 m；通过公路时不小于 4.5 m；通过工厂主要交通干道时一般应为 5 m。长距离输送蒸汽的管道，在一定距离处应安装冷凝水排放装置。长距离输送液化气体的管道，在一定距离处应安装垂直向上的膨胀器。输送易燃液体或气时，管道应接地，防止产生静电。

⑧ 管道尽可能沿厂房墙壁安装，管与管间及管与墙间的距离以能容纳活接头或法兰，便于检修为度。一般管道的最突出部分距墙不少于 50 mm。两管道的最突出部分间距离，对中压管道约 40 ～ 60 mm，对高压管道约 70 ～ 90 mm。由于法兰易泄漏，故除与设备或阀门采用法兰连接外，其他应采用焊接。但镀锌钢管不允许用焊接，公称直径（DN）≤ 50 mm 可用螺纹连接。

2. 洁净厂房内的管道设计

① 在有空气洁净度要求的厂房内，系统的主管应布置在技术夹层、技术夹道或技术竖井中。夹层系统中有空气净化系统管线，包括送、回风管道，排气系统管道，除尘系统管道。这种系统管线的特点是管径大、管道多且广，是洁净厂房技术夹层中起主导作用的管道。管道的走向直接受空调机房位置、逆回风方式、系统划分三个因素的影响，而管道的布置是否理想又直接影响技术夹层。

这个系统中，工艺管道主要包括净化水系统和物料系统。这个系统的水平管线大都是布置在技术夹层内。一些需要经常清洗消毒的管道应采用可拆式活接头，并宜明敷。

公用工程管线气体管道中除煤气管道明装外，一般上水、下水、动力、空气、照明、通信、自控、气体等管道均可将水平管道布置在技术夹层中。洁净车间内的电气线路一般宜采用电源桥架敷线方式，这样不仅有利于检修，也有利于洁净车间布置的调整。

② 暗敷管道的常见方式有技术夹层、管道竖井以及技术走廊。

技术夹层的几种形式为：a. 仅顶部有技术夹层，这种形式在单层厂房中较普遍；b. 二层为洁净车间时，底层为空调机房、动力等辅助用房，则空调机房上部空间可作为上层洁净车间的下夹层，亦有将空调机房直接设于洁净车间上部的。

管道竖井：生产岗位所需的管线均由夹层内的主管线引下，一般小管径管道及一些电气管线可埋设于墙体内，而管径较大、管线多时则可集中设于管道竖井内。注意，多层及高层洁净厂房的管道竖井，至少每隔一层要用钢筋混凝土板封闭，以免发生火灾时波及各层。

技术走廊：它的使用和管道竖井相同。在固体制剂车间，有粉尘散发的房间后侧设技术走廊。技术走廊内可安排送、回风管道，工艺及公用工程管线，这样不仅保证操作室内无明管，而且检修方便。这种方法对层高过低的老厂房是非常有效的办法。

③ 管道材料应根据所输送物料的理化性质和使用工况选用。采用的材料应保证满足工艺要求，使用可靠，不吸附和污染介质，施工和维护方便。引入洁净室（区）的明管材料应采用不锈钢。输送纯化水、注射用水、无菌介质和成品的管道材料、阀门、管件宜采用低碳优质不锈钢（如含碳量分别为 0.08%、0.03% 的 316 钢和 316L 钢），以减少材质对药品和工艺用水的污染。

④ 洁净室（区）内各种管道，在设计和安装时应考虑使用中避免出现不易清洗的部位。为防止药液或物料在设备、管道内滞留，造成污染，设备内壁应光滑、无死角；管道设计要减少支管、管件、阀门和盲管；为便于清洗、灭菌，需要清洗、灭菌的零部件要易于拆装，不便拆装的要设清洗口，无菌室设备、管道要适应灭菌需要。输送无菌介质的管道应采取灭菌措施或采用卫生薄壁可拆卸式管道，管道不得出现无法灭菌的盲管。

管道与阀门连接宜采用法兰、螺纹或其他密封性能优良的连接件，采用法兰连接时宜使用不易积液的对接法兰、活套法兰。凡接触物料的法兰和螺纹的密封应采用聚四氟乙烯，输送药液管路的安装应尽量减少连接处，密封垫宜采用硅橡胶等材料。

输送纯化水、注射用水管道，应尽量减少支管、阀门。输送管道应有一定坡度。其主管应采用环形布置，按 GMP 要求保持循环，以便不用时注射用水可经支管的回流管道回流至主管，防止在支管内因水的滞留而滋生细菌。图 2-37 为注射用水管路分配示意。

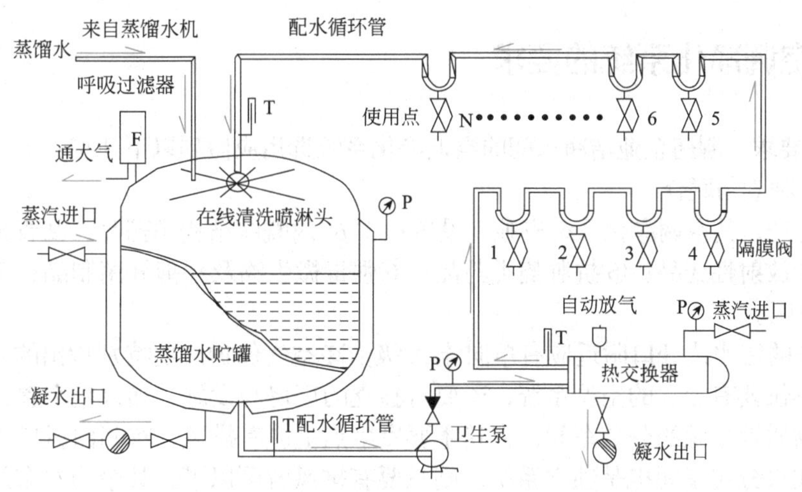

图2-37　注射用水管路分配

引入洁净室（区）的支管宜暗敷，各种明设管道应方便清洁，不得出现不易清洁的部位。洁净室内的管道应排列整齐，尽量减少洁净室内的阀门、管件和管道支架。各种给水管道宜竖向布置，在靠近用水设备附近横向引入。尽量不在设备上方布置横向管道，防止水在横管上静止滞留。从竖管上引出支管的距离宜短，一般不宜超过支管直径的 6 倍。排水竖管不应穿过洁净度要求高的房间，必须穿过时，竖管上不得设置检查口。管道弯曲半径宜大不宜小，弯曲半径小容易积液。

地下管道应在地沟管槽或地下埋设，技术夹层主管上的阀门、法兰和接头不宜设在技术层内，其管道连接应采用焊接。这些主管的放净口、吹扫口等均应布置在技术夹层之外。穿越洁净室的墙、楼板、硬吊顶的管道应敷设在预埋的金属套管中，管道与套管间应有可靠密封措施。

⑤ 阀门选用也应考虑不积液的原则，不宜使用普通截止阀、闸阀，宜使用清洗消毒方便的旋塞阀、球阀、隔膜阀、卫生级蝶阀、卫生级截止阀等。

A 级的洁净室内不得设置地漏，C 级和 D 级洁净室也应少设地漏。设在洁净室的地漏应采用带水封、带格栅和塞子的全不锈钢内抛光的洁净室地漏，开启方便，防止废气倒灌。必要时可消毒灭菌。

洁净区的排水总管顶部设置排气罩，设备排水口应设水封，地漏均需带水封。

⑥ 洁净室管道应视其温度及环境条件确定绝热条件。冷保温管道的保温层外壁温度不得低于环境的露点温度。

管道保温层表面必须平整、光洁，整体性能好，不易脱落，不散发颗粒。应选用绝热性能好、易施工的材料，并宜用金属外壳保护。

⑦ 洁净室（区）内配电设备的管线应暗敷，进入室内的管线口应严格密封，电源插座宜采用嵌入式。

⑧ 洁净室及其技术夹层、技术夹道内应设置灭火设施和消防给水系统。

第八节　空调净化系统设计

空调净化系统是指根据需要将空气经过加热或冷却、增湿或减湿、过滤等处理，用合理的气流输送到既定空间，与内部环境的空气之间进行热量和质量交换，从而达到空气净化的目的。空调净化系统通常包括空调净化机组、输送空气的管路系统。空调净化系统是空气调节系统与空气净化设施的组合，洁净室空调净化系统的性能指标包括不同级别的室内洁净度、温度、湿度、风速、静压差、噪声等。

一、GMP对空调净化系统的要求

根据GMP的要求，制药企业洁净车间的空调净化系统选用应做到以下几点：

（1）严格区分独立与联合

下列药品的生产，其空调净化系统应独立设置：①β-内酰胺结构类药品；②青霉素等强致敏性药品；③避孕药；④放射性药品；⑤抗肿瘤类药品；⑥强毒微生物及芽孢杆菌制品；⑦其他需要特别防范的有菌有毒操作区。

这些药品生产的流水线开口附近应有单向流A级洁净空气保护。要特别指出的是，生产青霉素类高致敏性药品，不仅要有独立的空调系统，还要有独立的厂房与设施。如果整个青霉素厂房是独立系统，则作为致敏物质发生源的分装车间，在其主要发尘点上应有排风，车间回风口上应设置有中效和亚高效过滤器。如果分装车间也是独立系统，则只要有排风就可以了，其余为本车间自循环回风，回风口上如有中效过滤，净化效果会更好。对于没有安装或无法安装排风的已建好的分装车间，必须在回风口上安中效和高效两道过滤器才能使用。

（2）严格区分直流与循环

不能用循环风的对象有：①产生易爆易燃气体或粉尘的场合（如溶剂的原料药精制、烘干，固体物料的加工、压制、灌装等）；②产生有毒有害物质的场合（如生产放射性药品、病原体操作或产尘量大的工序）；③有可能通过系统混药的场合（如多品种生产的片剂车间）；④有可能通过系统交叉污染的场合（如药厂实验动物饲养室）。

（3）严格区分正压与负压

需要负压的对象有：①青霉素等高致敏性药品的精制、干燥，特别是分装车间；②强毒、致病微生物及芽孢菌制品车间；③产尘量大的如口服固体制剂的配料、制粒和压片等操作室。为防止受室外污染，这些车间应保持微正压，为防止污染相邻房间，这些车间应与邻室保持相对负压。

二、空气净化机组

空气净化机组在空气净化整个过程中主要完成新回风混合、调节温度和湿度、除尘、除菌等功能。其中，调节温度和湿度的功能通过外界对空气净化机组提供热源与冷源来实现；除尘、除菌的功能通过空气净化机组内置空气过滤器来实现。污染空气中所含尘粒的粒度范围非常广，设计空气净化机组的除尘性能时通常使用三级组合过滤，即粗效过滤、中效过滤、高效过滤。

1. 空气过滤器

空气过滤器按过滤效率高低分类为：粗效过滤器（又称初效过滤器）、中效过滤器、亚高效过滤器、0.3 μm级高效过滤器和0.1 μm级高效过滤器（又称超高效过滤器），如表2-13。空气过滤器一般以单元形式制作，即把滤材装进金属或木材框架内组成一个单元过滤器，使用时在通风管或通风柜内组合。

表2-13 空气过滤器的分类

类型	有效捕集粒径/μm	计数效率（对粒径≥0.5μm）	滤速/（m/s）	容尘量/（g/m^2）	初阻力/（mm H_2O）①
粗效过滤器	＞10	20～30	0.4～1.2	450	≤3
中效过滤器	＞1	30～50	0.2～0.4	450	≤10

续表

类型	有效捕集粒径/μm	计数效率（对粒径≥0.5μm）	滤速/（m/s）	容尘量/（g/m^2）	初阻力/（mm H_2O）①
亚高效过滤器	＜1	90～99.9	0.2～0.4	100～250	≤15
3级高效过滤器	≥0.3	≥99.91（对粒径为0.3μm的尘粒）	0.01～0.03	＞500	≤25

① 1mmH_2O = 9.8Pa。

（1）粗效过滤器

粗效过滤器是空调、净化系统中的第一级空气过滤器，主要用于过滤 10 μm 以上的大尘粒和各种异物。为了防止中、高效过滤器被大粒子堵塞，以延长中、高效过滤器的寿命，通常设在上风侧的新风过滤。粗效过滤器的滤材一般由涤纶无纺布（毡）和粗、中孔泡沫塑料等制作。其单元过滤器种类很多，主要有平板式或袋式过滤器（如图 2-38）。这两种过滤器结构简单、易于拆卸、外框可以重复利用、滤材可以定期清洗。

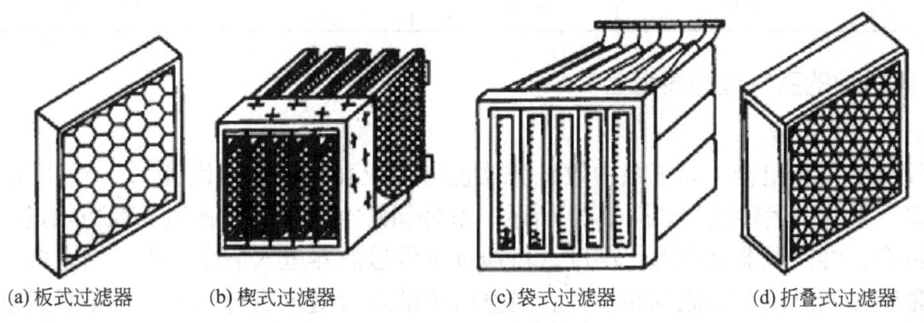
(a) 板式过滤器　(b) 楔式过滤器　(c) 袋式过滤器　(d) 折叠式过滤器

图2-38　单元过滤器

（2）中效过滤器

中效过滤器主要用于过滤 1 μm 以上的尘粒，一般置于高效过滤器之前，又称前置式过滤器，以延长高效过滤器的寿命。中效过滤器的滤材一般由中、细孔泡沫塑料，涤纶无纺布（毡），以及细玻璃纤维等制作。其单元过滤器的外形结构大体与初效过滤器相似。

（3）高效过滤器和亚高效过滤器

高效过滤器（high efficiency particle air filter，HEPA）是一般洁净厂房和局部净化设备的最后一级过滤器。一般装在通风系统的末端（必须在中效过滤器的保护下使用），主要用于滤除 0.3～1 μm 的尘粒。高效过滤器的滤材一般以超细玻璃纤维滤纸和超细过氯乙烯滤布等制作。为了提高微米级粉尘的捕集效率，滤材需多次折叠，使其过滤面积达到过滤器截面积的 50～60 倍，并采用 0.01～0.03 m/s 低滤速。其单元过滤器以折叠式过滤器为主，其结构由外框、褶状滤材、波纹分隔板等部分组成（如图 3-39）。外框可用木板、多层板、镀锌铁皮、不锈钢板等多种材料制成；波纹分隔板可用纸质、铝箔、塑料等材料压制。高效过滤器的滤芯质量很关键，滤芯制作方法大致上分为横向绕制和竖向绕制两种。主要是用波纹板将来回折叠的滤材分隔开，并保持滤材褶与褶之间的间隙，防止滤材变形。组装后的封胶一定要严密，不能有漏点，这是影响高效过滤器效率的主要原因之一。

图3-39　高效过滤器

亚高效过滤器的构造与外形均类似于高效过滤器，但滤材的选择不同，亚高效过滤器主要采用玻璃纤维滤纸或棉短绒纤维滤纸。

在组合使用中，粗效过滤器的计数效率仅为 20%～30%，但能滤除 10～100 μm 的尘粒，滤器可以定期清洗、再生使用；中效过滤器的计数效率一般为 30%～50%，能滤除 1～10 μm 的尘粒，也可以更换清洗；以粗、中效过滤器保护末端过滤器，大大减轻了高效过滤器滤尘的负担，不但提高了过滤效率，而且保证了末端过滤后空气的洁净度要求。高效过滤器价格昂贵，不能再生，所以把粗效、中效、高效三者组合起来各自发挥所长，比较经济合理。组合的过滤器级别不同，得到的净化效果亦不同。

为保证空气过滤器的性能，应定期清洗粗、中效空气过滤器及更换高效空气过滤器，空气过滤器清洗更换周期如表 2-14。

表 2-14 空气过滤器清洗更换周期表（二班生产情况下）

空气洁净度级别	粗效空气过滤器	中效空气过滤器	高效空气过滤器
A	每周	每月	气流速度降到最低限度，更换粗、中效后不显效时，应更换
B	每周	每两个月	出风量为原风量70%时，应更换 出现无法修补的渗漏时，应更换
C	每月	每三个月	一般情况下1～2年更换一次
D	每月	每三个月	—

2. 空气净化机组的空气过滤器组合

（1）中效空气过滤组合

以粗、中效过滤器相组合（第三级中效过滤器也可用亚高效过滤器代替），一般可用于 C 级或 D 级要求的洁净室。系统的运转过程如图 2-40 所示。室外新鲜空气（简称新风）经粗效过滤器过滤后与洁净室的回风混合，经空调器处理温、湿度，再通过中效过滤器进入洁净室内。当室内不发生有害物质时，一般尽量利用回风以节省能源和投资。当室内不散发大量余热时回风，可不经过空调机而由循环风机直接送去与空调处理过的空气混合，进入中效过滤器。

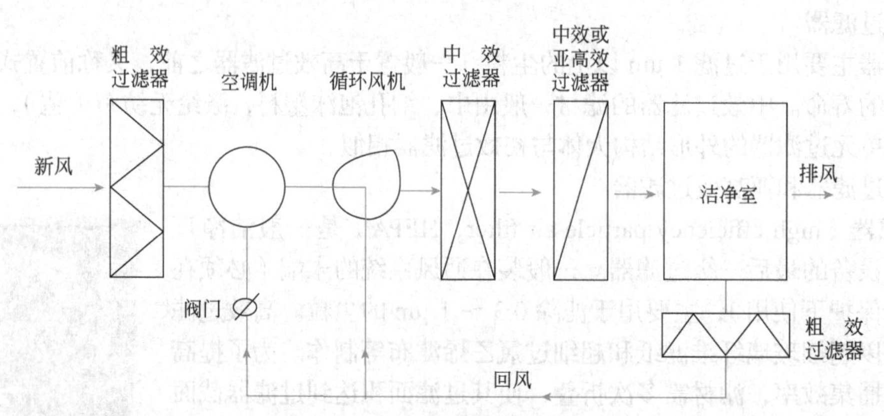

图2-40 中效空气过滤组合

（2）高效空气过滤组合

以粗、中、高效滤过器相组合，一般用于 A 级到 C 级洁净室。系统的运转过程如图 2-41 所示。

（3）局部净化和全室净化

局部净化系指仅使室内局部工作空间的洁净度达到所要求的洁净度级别的净化方法。

由于全室净化洁净室的造价和运转费用都比较高（如层流洁净室仅耗电量一项就是紊流洁净室的数倍），室内操作人员的动作无法彻底消除人为污染，且不易满足工艺条件等，因此在制剂生产中，经常采用在低级别洁净室做全室空气净化处理和补充新风，再采用局部层流净化装置进行二次处理，以达到局部高洁净度的目的。大型输液剂和水针剂洗、灌、封联动线，粉针剂分装线等部分要求高洁净度的操作区域，可采用上述全室空气净化与局部空气净化相结合的方式处理。如局部 A 级布置在 1 万级背景环境下使用。局部 A 级层流装置可根据工艺操作需要，布置垂直层流或水平层流（图 2-42）。

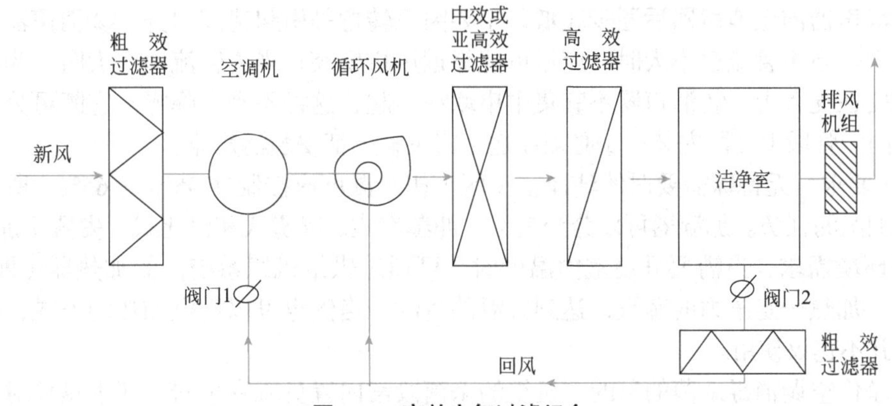

图2-41　高效空气过滤组合

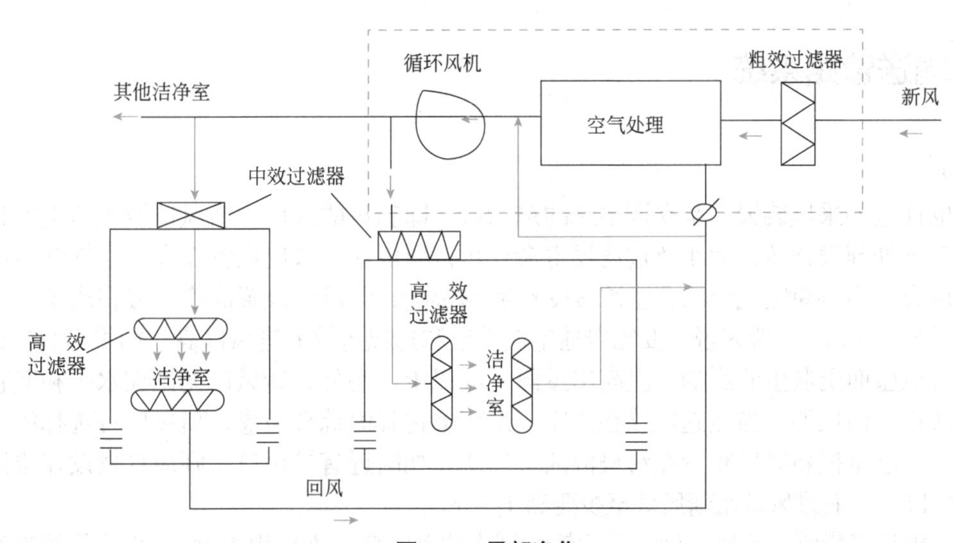

图2-42　局部净化

当要求在洁净室内局部区域达到高洁净度时，可将过滤器送风口布置在局部工作区的顶部或侧部。使洁净气流首先流经并笼罩工作区，以达到局部区域的洁净度要求。

3. 空调机组的构成

根据我国有关标准规定，空调设备做如下划分的：①带制冷机，冷量在 16.3 kW 以上的空调设备，称为空调机；②带制冷机，冷量在 16.3 kW 以下的空调设备，称为空调器；③不带制冷机的空调设备，称为空调机组。

在药品生产中空气净化机组通常采用组合式空调机组（箱）。组合式空调机组因由不同的功能段组合成而得名。设计者和用户可以根据需要选择不同的功能段，一般有以下这些功能段：①新回风混合段，段内并配有对开式多叶调节阀；②粗效过滤器段；③加热段（水、蒸汽、电三种方法加热）；④表面冷却段；⑤加湿段（喷淋、高电加湿、干蒸汽加湿），⑥二次回风段；⑦过渡段（检修段）；⑧风机段；⑨消声段；⑩热回收段；⑪ 中效过滤器段；⑫ 出风段；⑬ 杀菌段。以上各段有的是必备的，有的是供选用的。在机组各功能段的组合中，中效过滤器段应设于风机正压段。

组合式空调器本身不带制冷压缩机，需另由制冷系统供给冷媒，现多采用溴化锂为制冷剂，由制冷系统提供 7 ℃的冷却水给组合式空调器，从而达到降温的目的。

选择组合式空调器应注意：①适用于大系统；②机房面积要有足够的长度，长度可达十几米；③必须另有制冷系统供给冷媒。

此外，消声器是空气动力管道中用来降低噪声的一种装置，消声器有阻性、抗性、共振和阻抗复合几种类型。消声器在管段上安装应注意以下几点：①安装消声器的系统管路应控制其流速从机房至使用房间、从消声器前至消声器后逐步减低，不要因急转弯等引起速度回升。②消声器应尽量安在气流平稳的管段上。当主管流速不大时，应尽可能靠近风机安装；当主管流速太大时，为避免气流再生噪声，宜分别安在支管上。③消声器不宜集中串联在一起，这样不利于降噪。它既可分别安在主、支管上，也可在同一管段上分段安装。④必须在送、回风管上都安装消声器。

根据 GMP 要求，无特殊需要时的洁净室（区）相对湿度应控制在 45% ～ 65%，所以对于北方干燥的冬季就有加湿的任务。加湿器可以分为三类，即蒸汽式、喷雾式和汽化式，安置于加湿段。

根据生产环境需求，当需要升高室内温度时，可通过供给机组系统内的加热器（即蒸汽散热片，内置于加热段）加热一定压力的蒸汽，达到升温的目的。当然也可以用电加热的方式，但是从安全和效果角度考虑并不建议使用。

为达到给净化空调消毒杀菌的目的，机组的杀菌段常内置臭氧发生器，产生臭氧对从机组中送出的洁净空气消毒。

三、空气输送管路系统

1. 新风口

新风口也称室外采风装置，是空调系统的最始端，即新风的入口。新风口设置地点的好坏，直接影响到系统空气处理设备负荷大小及过滤器寿命长短，所以新风口应设置在室外空气含尘浓度较低且变化不大的地方。为避免空气中的含尘浓度受地面的影响，新风口设置高度一般在离地 5 ～ 15 m 处，至少也要高于 3 ～ 4 m。一般来说，要比普通空调系统和通风系统的进风口高。如果新风口设置在屋面上，同样为避免屋面上灰尘的影响，应高出屋面 1 m 以上。另外，新风口无论在水平和竖直方向上都要尽量远离或避开污染源。当然这应该在洁净厂房厂址选择时综合考虑，新风口可选择的地点毕竟有限。常规考虑，总是把新风口布置在污染源的上风侧。如附近有排风口，则应尽量设在排风口的上风侧并低于排风口。一般排风口比新风口至少要高出 2 m。

为避免风雨直接影响，新风口处常设薄钢板制作的百叶窗（不应用木制），但应设置在容易清洗的地点，并应使进风口至新风阀之间管道距离尽量短而不拐弯，以免百叶窗上和管道内的积尘，使得新风含尘浓度波动太大。对于净化空调系统来说，为了保证在系统停止运行时减少室外空气对系统内污染，要求在新风口安装新风密闭阀。有可能的话，应使送风机与新风密闭阀联锁。新风口的空气流通净面积，可根据新风量及风速确定，风速可在 2 ～ 5 m/s 间选取。

2. 排风口

净化空调系统中的排风口，是因生产工艺需要而设置的局部通风的排风口。为在系统停止运行时，不致使室外空气对系统内污染，尤其是局部通风的排风口，往往是直接通到洁净室内，要重视在排风口设防止室外空气倒灌的装置。常用的方法是在排风口设置止回阀、密闭阀、中效至高效过滤器以及水浴密封池等，都是一些较好的措施。排风口的空气流通净截面积，也可按风速来确定，一般不宜小于 1.5 m/s。当然也不能太大，排风风速反映了出口动压损失。

另外，由于排出空气中常会有水蒸气，在冬季为了防止在排出以前因温度下降而在排气口附近风管中结露结霜，在排风风管的外露部分及排风口要考虑保温。

3. 回风口

洁净室的回风口往往被忽视，回风口上应设中效过滤器（层），最低是粗效过滤器（层），对于有害粉尘，有时也设亚高效或高效过滤器。室内回风口速度应≤ 2 m/s，走廊回风口速度应≤ 4 m/s。

回风口应有微调室内静压的可能。一般的百叶风口基本没有这个性能，因其叶片不便调节通气截面大小，而且在调节叶片时，气流方向也随之改变。对于单向流洁净室，回风气流方向的变化，也能影响速度场和浓度场。

4. 风道

风道（也称风管）是空气输送管路，用薄钢板或塑料板制成，是空调净化系统的重要组成部分，它迫使空气按照所规定的路线流动。在集中式空调净化系统中，对风道的要求是能够有效和经济地输送空气。所谓“有效”表现在：严密性好、不漏气；不易发尘、不污染；有足够强度并且能耐火、耐腐蚀、耐潮湿。所谓“经济”表现在：材料价格低廉，施工方便，降低工程造价；内表面光滑，具有较小的流动阻力，减少运行费用。

由于空调净化系统的特殊性，对风道严密性和不易产尘有更高要求。空调净化系统内因增加了三道过滤器，系统的阻力几乎比一般空调系统的大一倍，风道严密性显得更为重要。一般来说，风道负压段泄漏比正压段泄漏大几倍。风道漏风会造成洁净空气污染；会消耗电能、热能；会造成系统空气不平衡，破坏系统原设计的压力分布，使温度、湿度参数控制困难；同时也会在泄漏处堆积尘埃，因某些外界因素而使聚集的尘埃二次飞扬，造成穿透过滤器的尘埃量增加，影响室内洁净度。用薄钢板制作的风道漏风问题，主要是风道咬口漏风和法兰间及法兰翻边漏风。

要保证风道不发尘，一方面从其制作材料及风道结构上避免产尘或集尘，另一方面防止管道内锈蚀和漆层脱落。在空调净化系统中，风道绝大多数均以薄钢板制作。根据要求和截面尺寸不同，钢板厚度为 0.5 ～ 1.5 mm。为防止风道散热，风道需保温处理，保温材料和使用的黏合剂应采用非燃烧型或阻燃型的材料，且燃烧时不应产生窒息性气体。常用的保温材料有硬聚氯乙烯塑料板和橡胶板，现在研制出的新型酚醛保温材料具有防火、防潮、保温、绝热、环保、抗压、隔音、质轻等性能。

5. 管件和阀门

空气能在空调净化系统中流动的主要原因是管段内存在着压力差，而不是压力。要使整个空调净化系统按照预想的正确运行循环，这就要求我们合理布置管路，特别是合理设计好各管件，正确选择好风阀，使各段风管间保持合适的压力差，这样才能保证把一定量的洁净空气按照要求送到各洁净室，并保证各洁净室维持所需的正压。

风阀的执行机构的行程与风量变化成线性或接近线性的关系。一般常采用对开多叶阀，它在风阀开启的任何角度下，气流的总方向总是平行于管道中心的，并具有较好调节性能，但它的阻力要比平行多叶阀大。为了使管路阻力平衡，不致引起失调，除了精心设计外，靠阀门调节平衡是必不可少的。因为设计的系统与实际施工后的系统总是有出入的，在系统使用前，总要经过调试。这种阀门仅仅在调试中一次调整后就不再调整，专为系统和各支风管段达到设计风量用的调节阀，称为一次调节阀。其实这种阀门只起到一种增加阻力作用，只要求阀门调节后位置不变。常用的有蝶阀、三通调节阀、多叶阀（平行式和对开式）和插板阀等。蝶阀适用于风管断面较小的送、回风支管上。在矩形风管边长或圆形风管直径大于 600 mm 时，宜采用多叶调节阀。三通调节阀用于调节两个支管的风量比例，现在受到重视并常用的是变风量阀和定风量阀（定风量阀是一种机械式自力装置，适用于需要定风量的通风空调系统中。定风量阀风量控制不需要外加动力，它依靠风管内气流力来定位控制阀门的位置，从而在整个压力差范围内将气流保持在预先设定的流量上）。

另一类功能型阀门叫做防火阀，它是一种常开阀。当发生火灾，它才自动关闭而切断风管通路。目前，常用的阀门都是利用阀板的本身重力进行自动关闭的，阀板本身做成偏心的，重的一端用钢丝拉起，钢丝上安装易熔片，保持着开启状态。当风管内气流温度超过设计规定要求，易熔片熔断，阀门就自动关闭。防火阀可连接信号报警装置，以便及时报警。防火阀一般安在总管上。

6. 送风末端

送风末端就是有高效过滤器或亚高效过滤器的送风口。其形式有带扩散板送风末端、平面型扩散板送风口、零压密封送风末端。

第九节　公用工程设计

一、建筑设计与厂房内部装修

药品生产企业厂房设施主要包括：厂区建筑物主体（含门、窗）、道路、绿化草坪、围护结构；生产厂房附属公共设施，如洁净空调和除尘装置，照明，消防喷淋，上、下水管网，洁净公用工程（如纯化水、注射用水、洁净气体的产生及其管网等）。对以上厂房设施的合理设计，直接关系到药品质量。

医药工业洁净厂房设计除了充分考虑厂区总体布局、生产区、仓储区、质量控制区、辅助区等要严格遵守 GMP 的相关规定之外，还必须符合国家的有关政策，执行现行有关的标准、规范，符合使用、安全、经济的要求，节约能源和保护环境。在可能的条件下，积极采用先进技术，既满足当前生产的需要，也要考虑未来的发展。

1. 厂址的选择和厂区的总体布局

（1）一般生产企业总体布局的基本原则和要求

① 选址时应了解当地市政规划，应优先选择规划功能相同或相近区域的用地。了解企业所在地区的地质条件、气候、交通运输的现状和中长期规划要求，使企业适应地区规划。避免选择气象灾害和地质活动频繁的区域；避免选择因采矿等原因地质结构已被破坏的区域；全面考虑远期和近期工厂发展用地预留。

② 应重视环保健康安全法规的影响。选址时必须要考虑长期环保法规要求提高的影响，如是否为河流发源地，流域的总体排污限额，现有排污限额分配情况以及余额空间；是否为工业园区，是否有统一的污水处理设施等；要评估当地的环保健康安全法规对企业长远发展的影响。

③ 在满足生产、操作、安全和环卫的基础上，工艺流程应集中布置，集中控制。

④ 道路设施要适应人流、物流合理组织，内外运输相协调，线路短捷、顺畅；避免或减少折返迂回运输。

⑤ 合理配置公用系统。

⑥ 建筑群体组合艺术处理。平面布置与空间建筑相协调，厂区建筑与周边环境相协调。

（2）药品生产企业总体布局的特殊要求

药品生产企业总体布局除要考虑一般工厂建设所应考虑的环境条件之外，还需按照洁净厂房的特殊性，对周边环境和厂区总体布局提出以下要求。

① 选址

a. 医药工厂厂址宜选择在大气含尘、含菌浓度低，无有害气体，自然环境好的区域。如无明显异味，无空气、土壤和水的污染源、污染堆等。

b. 医药工厂厂址应远离铁路、码头、机场、交通要道以及散发大量粉尘和有害气体的工厂、贮仓、堆场等严重空气污染、水质污染、震动或噪声干扰的区域。如不能远离严重空气污染区时，则应位于其最大频率风向上风侧，或全年最小频率风向下风侧。

② 厂区总体布局

a. 厂区总体布局除应符合 GB 50187—2012《工业企业总平面设计规范》外，同时应满足现行版 GMP 相关厂房设施的要求。

b. 厂区按行政、生产、辅助和生活等划区分布。

c. 医药工业洁净厂房应布置在厂区内环境清洁，人流、物流不穿越或少穿越的地方，并应考虑产品工艺特点，合理布局，间距恰当。

d. 兼有原料药和制剂生产的药厂，原料药生产区应位于制剂生产区全年最大频率风向的下风侧。三废处理、锅炉房等有严重污染的区域应置于厂区的全年最大频率风向的下风侧。

e. 动物房的设置应符合 GB 14925—2010《实验动物 环境及设施》的有关规定。

f. 医药工业洁净厂房周围宜设置环形消防车道（可利用交通道路），如有困难时，可沿厂房的两个长边设置消防车道。

g. 厂区主要道路应贯彻人流与物流分流的原则。洁净厂房周围道路面层应选用整体性好、发尘少的材料。

h. 医药工业洁净厂房周围应绿化。宜减少露土面积。不应种植散发花粉或对药品生产产生不良影响的植物。

2. 厂房设施的设计和使用要求

不同种类的生产，如化学原料药、生物原料药、非无菌制剂（口服固体制剂和液体制剂、外用制剂等）、无菌制剂（注射剂、眼用剂等）等，由于其物料和产品的性质和标准不同而对生产设施有不同的要求。不同的生产方式（如单一品种生产、多品种阶段性生产、多品种同时生产等），不同的物料的投放和转运（如开放式或密闭式或半开放、半密闭式）；不同的药品的生产规模（如大批量或小批量）等，都会对生产设施有不同的要求。

药品生产受控环境的分区和基本要求如下：

① 室外区（黑色区）：是厂区内部或外部无生产活动和更衣要求的区域。通常与生产区不连接的办公室、机修车间、动力车间、化工原料贮存区、餐厅、卫生间等在此区域。

② 一般区和保护区（非控制区，制药黑色区）：是厂房内部产品外包装操作和其他不将产品或物料明显暴露操作的区域，如外包装区、QC 实验区、原辅料和成品储存区等。

一般区：没有产品直接暴露或没有直接接触产品的设备和包材内表面直接暴露的环境。如无特殊要求的外包装区域，环境对产品没有直接或间接的影响，环境控制值考虑生产人员的舒适度。

保护区：没有产品直接暴露或没有直接接触产品的设备和包材内表面直接暴露的环境。但该区域环境或活动可能直接或间接影响产品。如有温湿度要求的外包装区域、原辅料及成品库房、更衣室等。

③ 洁净区（制药灰色区）：是厂房内部非无菌产品生产、无菌药品灭（除）菌及无菌操作以外的生产区域。非无菌产品的原辅料、中间产品、待包装产品以及与工艺有关的设备和内包材，能在此区域暴露。如果在内包装与外包装之间没有间隔，则整个包装区域应归入此登记的区域。

④ 无菌区（制药白色区）：是无菌产品的生产场所。

3. 厂房设施使用管理要求

（1）虫害鼠害的防护

制药工厂应结合原辅料特性以及建筑物的特点，建立防虫防鼠的管理程序，对防虫防鼠设施的选择和布置进行规划。对防虫防鼠设施进行定期检查和维护，及时清理捕获物，保证其运行正常、有效。专人负责追踪记录。一旦发现异常情况，要及时报告质量控制部门，分析原因，采取应对措施。通过定置绘图、编号标识、定期检查评估效果和趋势分析等方式，综合控制虫鼠对药品生产的风险。

常见的防虫措施包括风幕、灭虫灯、粘虫胶。防鼠措施包括灭鼠板、超声波驱鼠器、捕鼠笼、外门密封条、挡鼠板等。禁止使用药物防鼠。建筑物内部墙面和地面出现裂缝，要及时修补，避免形成虫害藏匿之地。

（2）洁净厂房的清洁和消毒

① 制药企业洁净厂房内表面必要时可采用化学的、物理的或其他的方式进行定期的清洁和消毒，防止微生物对生产车间环境可能的影响及污染。

② 清洁剂应具有高效、环保、无残留、水溶性强、浓度明确或配制简便等特性。供应商应具备专业资质。每个清洁项目应达到无尘、无痕、无脱落物、整洁。无尘指墙面、地面、设施的表面无灰尘、粉尘。无痕指地面、墙面、设施无施工遗留痕迹，地面无行车痕迹。无脱落物指无纤维、墙皮等脱落

物。整洁指清洁过程有条不紊，清洁现场使用的工器具自身洁净，摆放整齐。

③ 消毒剂应具有高效、环保、残留少、水溶性强等特征。使用符合卫生部（现国家卫生健康委员会）颁发的《消毒管理办法》要求的消毒剂，每月轮换交替使用，以防止微生物产生耐受性。制定标准操作程序规定消毒剂的配制方法，消毒剂应现配现用，针对不同的消毒对象制定适宜的清洁 / 消毒方法的频次。清洁 / 消毒对象包括墙面、地面、设备、地漏、洗手池、空调风口等。

④ 洁净区域内，在清洁完一个生产房间后，使用过的拖把、洗涤车等清洁工具，需要清洗后才能进行下一个生产房间的清洁。

⑤ 清洁 / 消毒工作结束后应及时进行记录。通过季度和年度环境监测报告的数据分析，评估清洁 / 消毒方法的有效性。

（3）洁净厂房人员进入控制

① 建立企业内部管理流程，定期对生产人员进行培训。当体表有伤口、患有传染病或其他可能污染药品疾病时，要求生产人员要及时报告，避免其直接接触药品。

② 建立生产区域人员进入权限制度，设计门禁系统或者中央监控系统等硬件设施，控制非生产人员（如外部技术服务人员、外来参观人员等）进入生产区域和不同生产区域的人员的流动。当外部非生产人员不得不进入生产区域时，必须有人员陪同，培训并监督执行洁净区域的更衣流程和个人卫生事项要求。例如：不得化妆和佩戴饰物；生产区、仓储区应当禁止吸烟和饮食，禁止带入食品、饮料、香烟和个人用药品等非生产用物品；避免裸手直接接触药品、与药品直接接触的包装材料和设备表面。

（4）厂房建筑维护和竣工图管理

① 厂房设施主管部门应建立厂房设施的日常检查流程，制定厂房设施完好标准，定期对厂房设施进行维护保养，保持良好的厂房设施 GMP 状态，将厂房设施对生产活动的潜在不良影响降到最小。

② 检查范围包括生产车间地面、墙面和吊顶、建筑缝隙（如外窗、外门、喷淋头、空调风口、灯具等）、建筑物外墙和屋面防水、技术夹层和空调机房等。

③ 必须在生产环境下进行的作业应有相应的环境保护措施。施工时可能会产生交叉污染，如大量的粉尘、异味和噪声，都必须得到质量管理部门评估批准并完成相关培训后方可进行施工。

④ 对可能引起质量风险的厂房设施的变更，要遵守变更管理流程，经过相关部门综合评估后，方可实施。

⑤ 建立 GMP 相关的厂房设施竣工图清单，每年进行一次现场确认和更新，并注明更新原因。新版图纸发出前，旧版图纸必须回收销毁。每张图纸一式两份。

⑥ 厂房设施因技改项目发生改变时，GMP 相关图纸必须得到及时更新，否则不能通过项目验收。

4. 洁净室的内部装饰

洁净室是从事药品生产相关活动的空间，它是空气净化的一个重要组成部分，其质量影响着药品的质量，做好洁净室的内部装饰有利于药品质量控制。根据 GMP 要求，制药企业洁净室的建筑装饰应做到：不产生菌；不积尘、不积菌；容易清洁消毒；对产品无影响。

（1）洁净室装饰的基本要求

洁净厂房操作室内的地面、墙壁和顶棚等，要使用发尘最小的建筑材料。对于无菌室等洁净级别高的房间，所用装修材料还需经得起消毒、清洁和冲洗。洁净室装修材料要求见表 2-15。

表2-15　洁净室装修材料要求一览表

项目	使用部位			要求
	吊顶	墙面	地面	
发尘性	√	√	√	材料本身发尘量少
耐磨性		√	√	磨损量少
耐水性	√	√	√	受水浸不变形，不变质，可用水清洗

续表

项目	使用部位			要求
	吊顶	墙面	地面	
耐腐蚀	√	√	√	按不同介质选用不同的材料
防霉性	√	√	√	不因温度、湿度变化而霉变
防电性	√	√	√	电阻值低，不易带电，带电后可迅速衰减
耐湿性	√	√		不易吸水变质，材料不易老化
光滑性	√	√	√	表面光滑，不易附着灰尘
施工	√	√	√	加工、施工方便
经济性	√	√	√	价格便宜

（2）洁净室的地面装饰

不同洁净度要求、不同企业对洁净室的地面装饰要求不一，按照GMP要求，地面要求包括：①耐磨性；②耐酸、碱或药液的腐蚀；③防静电；④防滑；⑤无接缝加工；⑥易清扫。通常控制区采用水磨石地面，洁净区采用环氧树脂自流坪地面，但不管采用什么材质，均要求能达到要求。

（3）洁净室的门、窗装饰

洁净室的门、窗造型要简单、平整、不易积尘、易于清洗，门框不留门槛；外墙上的窗宜与内墙面平整，窗台呈斜角或不留窗台，且为双层固定窗以减少能量损失。门窗的造型要简单，不易积尘，清扫方便。

洁净室的门、窗、隔断等装修材料，应选择耐候性好、自然变形小、制造误差小、容易控制缝隙、气密性好的材料。一般情况下，洁净室的门和窗宜用金属和金属涂塑材料，不得使用木制品，以免受潮长菌。

（4）洁净室的内表面装饰

厂房的内修在设计和施工时应考虑便于清洁。洁净室（区）的内表面应平整光滑、无裂缝、接口严密、无颗粒脱落、防霉、防静电、避免眩光，并能耐受清洗和消毒。厂房内的墙壁与天花板、地面的交接处宜做成半径为50 mm的弧形或采取其他措施，以减少灰尘积聚和便于清洁。墙壁的色彩要和谐、雅致，便于识别污染物。洁净室（区）的窗户、天棚及进入室内的管道风口、灯具与墙壁或天棚的连接部位均应密封。

（5）照明

洁净室（区）应根据生产要求提供足够的照明。主要工作室的照度宜为300 lx，对照度有特殊要求的生产部门可设置局部照明。洁净室一般照明的，均匀度不应小于0.7。

洁净区照明灯具应易清洁、更换、不变形、不易破碎，宜选择便于在顶棚下更换的由非玻璃材料制成的吸顶灯具。光源宜采用发热量少、发光效率高、光线柔和、接近自然光的荧光灯。荧光灯的发光效率为白炽灯的3～4倍。防爆区域照明灯具的选用和安装应符合国家有关规定；有防尘、防潮要求的区域应配置防尘、防潮灯具。灯具与天棚接缝处应密封，灯具开关应设在操作室外。

洁净区的电气配线采用在技术夹层内以电缆桥架或托架及电缆槽组合的方式接至用电设备。洁净室的电线应暗装，进入室内的管线口应用硅胶之类严格密封。电源插座宜采用嵌入式。

洁净室（区）内的一般照明灯具宜明装，但不宜悬吊。采用吸顶暗装时应注意灯具与顶棚的接缝处要有可靠的密封措施。如采用嵌入顶棚安装时，安装缝隙应有可靠的密封措施，以防止顶棚的空气漏入室内，防止顶棚的灰尘漏入洁净房间。

二、电气设计

药品生产企业的电气设施包括电力、照明、避雷、自动控制、弱电（通信）以及变电、配电等内容。由于电力的能源广泛，输送简单，取之方便，而且可以远距离控制、调节和测量，为实现生产机械化、自动化创造了良好的条件；但用电不当，可能会造成重大事故以致灾害，因此国家对于电力设计、电力设备制造与选用、供电操作和维修等有一系列具体法规和规程。

1. 供电的要求

供电就是对电力用户（即电力负荷）供应电能。由于电力的生产、输送、分配和使用的全过程实际上是在同一瞬间实现的，是一个紧密联系的整体，因此供电要做到安全、可靠、经济、合理。

① 电力负荷的分级与供电要求：电力负荷按其重要性及因供电中断会在经济上造成损失或影响的程度可分为三级。

a. 一级负荷。中断供电将造成人身伤亡事故；重大设备损坏难以修复；造成国民经济重大损失。

b. 二级负荷。中断供电需要造成大量废品或大量减产，损失较大。

c. 三级负荷。一般电力负荷，不属于一、二级负荷者。

不同的电力负荷对供电要求也是不同的。一级负荷要求供电系统无论是正常运行还是发生事故，都应保证其连续供电。因此对一级负荷应由两个独立的电源供电，即两个独立电源中任一电源发生故障或停电检修时，都不致影响另一个电源继续供电。二级负荷应由双回路供电。三级负荷无特殊的供电要求。

例如，无菌产品生产时，灌装室要保持正压，空调净化系统及层流罩是不能停止运行的，如发生停电，则会引起风机停转而造成空气倒灌和杂菌污染的可能，因此，最好采用二路进线或自备柴油发电机供电。

② 变电、配电要求：配电所的任务是接受电能和分配电能，而变电所的任务是接受电能、变换电能和分配电能。工厂供电一般是由高压配电所、车间变电所、低压配电箱（动力、照明）等组成。

a. 厂区变、配电所。当厂区外输入的高压电源为35 kV或10 kV时，一般就须在厂区内单独设置变、配电所，而后将 10 kV 电源再分送给各厂房的终端变电所。洁净厂房内是否需要设置单独使用的终端变电所，要根据全厂的供电方案、车间规模的大小以及用电负荷的多少确定。也有可能由其他厂房的终端变电所向其供电，在这种情况下视负荷大小确定是否设置低压配电室。

终端变电所的功能：一是使高压（例如 10 kV）变为低压（380/220 V）；二是电源的分配。主要设备包括变压器、低压配电盘及操作开关等。它往往可划分为变压器室与低压配电室。在洁净厂房的总体布置中终端变电所的位置应能接近负荷中心。要设在洁净厂房的外围，以便利进线、出线和变压器的运输。当为多层净化厂房时，变电所应设在底层。

b. 电力配电箱。车间用电须用导线从低压配电室引出，先送至动力配电箱，再由此引出导线分别连通用电设备。

结合洁净厂房的布置与结构情况，动力配电箱可以设在厂房的技术夹层或顶棚层内，也可以设在车间的同层。当设置在技术夹层或顶棚层时，配电箱能隐蔽，线路短，施工方便，维修人员无须进入洁净室内。但若采用的是轻质顶棚或者有其他需要时，可以放在车间的同层。放在同层时使用方便，但维修人员需要进入洁净区并占据车间或走廊的部分面积，须按车间的净化要求进行建筑处理，最好洁净区外面有一间缓冲间。

c. 照明配电箱。车间平时照明电源线，从低压配电室引出先送至照明配电箱，再由此引出支线分别连通开关和灯具。照明配电箱的外形尺寸较小，通常挂墙设置。位置须接近负荷中心，布线半径范围不宜超过 35 m。

2. 洁净室（区）的配电、照明和其他要求

（1）电气设计和安装

洁净室（区）电气设计和安装必须考虑对工艺、设备甚至产品的变动的灵活性，便于维修，且保持厂房的地面、墙面、吊灯的整体性和易清洁性。具体要求如下：

① 洁净室（区）的电源进线应设置切断装置，并宜设在非洁净区便于操作管理的地点。

② 洁净室（区）的消防用电负荷应由变电所采用专线供电。

③ 洁净室（区）内的配电设备，应选择不易积尘、便于擦拭、外壳不易锈蚀的小型暗装配电箱及插座箱，功率较大的设备宜由配电室直接供电。

④ 洁净室（区）内不宜直接设置大型落地安装的配电设备。

⑤ 洁净室（区）的配电线路应按照不同空气洁净度等级划分的区域设置配电回路。分设在不同空气洁净度等级区域内的设备一般不宜由同一配电回路供电。

⑥ 进入洁净室（区）的每一配电线路均应设置切断装置，并应设在洁净区内便于操作管理的地方。如切断装置设在非洁净区，则其操作应采用遥控方式，遥控装置应设在洁净区内。

⑦ 洁净室（区）内的电气管线宜暗敷，管材应采用阻燃材料。

⑧ 洁净（室）区电气管线管口，安装于墙上的各种电器设备与墙体接缝处均应有可靠密封。

（2）照明设计和安装

药品生产企业有相当数量的洁净室（区）处于无窗的环境中，它们需要人工照明，同时由于厂房密闭不利防火，增加了对事故照明的要求。与自然采光的洁净室比较，无窗洁净室的优点在于：一是有利于保持室内稳定的温度、湿度和照度；二是确保了外墙的气密性，有利于保证室内生产要求的空气洁净度。

照明设计和安装的具体要求如下：

① 洁净厂房的照明应由变电所专线供电。

② 洁净室（区）的照明光源宜采用荧光灯。

③ 室内照明应根据不同工作室的要求，提供足够的照度值。主要工作室一般不宜低于 300 lx，辅助工作室、走廊、气闸室、人员净化和物料净化用室可低于 300 lx，但不宜低于 150 lx。对照度要求高的部位可增加局部照明。

④ 洁净室（区）内一般眼明的照度均匀度不应小于 0.7。

⑤ 洁净室（区）内应选用外部造型简单、不易积尘、便于擦拭的照明灯具。不应采用格栅型灯具。

⑥ 洁净室（区）内的一般照明灯具宜明装，但不宜悬吊。采用吸顶安装时，灯具与顶棚接缝处应采用可靠密封措施。如需要采用嵌入顶棚暗装时，安装缝隙应可靠密封，防止顶棚内非洁净空气漏入入室内。其灯具结构必须便于清扫，便于在顶棚下更换灯管及检修。

⑦ 事故照明可采用以下方法处理：

a. 设置备用电源，接至所有照明器。断电时，备用电源自动接通。

b. 设置专用事故照明电源，接至专用应急照明灯。同时，在安全出口和疏散通道转角处设置标志灯，专用消防口处设置红色应急照明灯。

c. 设置带蓄电池的应急灯，平时由正常电源持续充电，事故时蓄电池电源自动接通，此灯宜装在疏散通道上。

⑧ 有防爆要求的洁净室，照明灯具选用和安装应符合国家有关规定。

⑨ 洁净室（内）可以安装紫外线杀菌灯，但须注意安装高度、安装方法和灯具数量。

a. 紫外线波长为 136 ～ 390 nm，以 253.7 nm 的杀菌力最强，但紫外线穿透力较弱，只适用于表面杀菌。

b. 紫外灯的杀菌力随使用时间增加而减退。

c. 紫外灯的杀菌作用随菌种不同而不同，杀霉菌的照射量比杀杆菌大 40 ～ 50 倍。

d. 紫外灯通常按相对湿度为 60% 的基准设计，室内湿度增加时，照射量应相应增加。

⑩ 其他要求：净化车间的特殊性给电力设施的其他方面也带来了新的要求。例如，在自动控制方面，洁净室（区）因空调净化而须自动控制室内的温度、湿度与压力；冷冻站、空压站、纯水以及自动灭火设施等也都分别需要自动控制。在弱电方面，洁净厂房内人员出入受到控制，因而要求通信联络设施更加完善，报警与消防要求也高于一般厂房。此外，线路都有隐蔽敷设的要求。

a. 洁净室（区）内应设置与对外联系的通信装置，尤其是无菌室人数很少，而且穿着特殊的无菌衣不便出来，最好能安装无菌型的对讲机或电话机。

b. 洁净室（区）内应设置火灾报警系统，火灾报警系统应符合《火灾报警系统设计规范》的要求。报警器应设在有人值班的地方。

c. 当有火灾危险时，应有能向有关部门发出报警信号及切断风机电源的装置。

d. 洁净室（区）内使用易燃、易爆介质时，宜在室内设报警装置。

e. 防爆洁净室（区）的所有电气设备及仪表均应采用防爆型的，包括吸尘器、天平、灯具、电热器乃至电脑打印机等。对于静电，除地坪采用导电地面引流外，设备还要有良好的接地装置（直接接地或间接接地）。静电导体与大地间的总泄漏电阻应大于 109 Ω。

三、给水排水设计

1. 给水系统设计

（1）给水系统分类

给水就是根据各类用户对水量、水质的要求，将水由城市给水管网（或自备水源）输送到装置在室内的各种配水龙头、生产设备和消防设备等各用水点。给水系统按用途基本上可分为三类。

① 生活给水系统：供建筑物内的饮用、烹调、盥洗、洗涤、沐浴等生活上的用水。要求水质必须符合国家规定的饮用水质标准，其用水量标准按国家颁布的《建筑给水排水及采暖工程质量验收规范》执行。

② 生产给水系统：供生产车间的内部用水，如生产设备的冷却、原料和产品的洗涤，工艺不同，差异是很大的，一般由工艺提出用水标准。

③ 消防给水系统：供生产车间、仓库、办公楼和其他公共建筑消防系统的消防设备用水。消防用水对水质要求不高，但必须按 GB 50016—2014《建筑设计防火规范》保证有足够的水量和水压。

上述三种给水系统，实际并不一定需要单独设置，按水质、水压、水温及室外给水系统情况，并考虑到技术、经济和安全条件，可以相互组成不同的共用系统。例如：生活、生产、消防共用给水系统，生活、消防共用给水系统，生活、生产共用系统，生产、消防共用给水系统。为了节约用水，可将生产给水再划分为循环给水、循序给水等系统。如空调冷冻机用过的水升高了水温，经冷却塔把水温降低后再重复使用，这种系统称循环给水。又如，一个车间工艺设备冷却水用过后，再供给另一个车间使用或用作沐浴热水，称为循序给水。

药品生产企业的给水系统设计，应根据生产、生活和消防等各项用水对水质、水温、水压和水量的要求，分别设置直流、循环或重复利用的给水系统。

（2）给水方式和防止水质污染

① 给水方式：室内给水系统的给水方式就是室内的供水方案，主要决定于室外给水系统的供水情况，看它的水压和水量能否满足室内给水系统的要求。常用的给水方式有以下七种。

a. 直接给水方式。室内仅设有给水管道系统，无任何加压设备。

b. 设有水箱的给水方式。这种给水方式在屋顶上设置水箱。

c. 设有水泵和水箱的给水方式。这种给水方式与仅设有水箱的给水方式的区别是，还有水泵向屋顶水箱充水。

d. 设有水泵的供水方式。这种方式适用于室内用水量均匀而室外供水系统压力不足，需要部分增压的给水系统。这种方式一般还应设置水池，防止水泵抽水后对室外给水管网中的水压造成大幅度波动，影响其他用户的使用。

e. 设有水池、水箱和水泵的联合给水方式。

f. 气压给水方式。气压给水是利用密闭压力缸内的压缩空气，将罐中的水送到管网中各用水点，其作用相当于水塔和高位水箱，可以调节和储存水量并保持所需的压力。

g. 变频调速恒压供水方式。这种供水方式是直接对管网系统供水（或加压）的水泵机组进行转速和台数调节的控制，即根据供水管网中瞬时变化的流量和压力参数，自动改变供水水泵的转速及水泵的运行台数，实现恒压变量供水，达到合理、经济的运行效果。

② 防止水质污染：无论选择何种给水方式，都必须防止水质污染。城市中自来水的水质，一般都经过卫生监督机关检验控制，符合国家颁布的《生活饮用水卫生标准》，若源水（自来水或井水）水质波动大，经砂滤、活性炭吸附过滤预处理后细菌含量仍不符合要求时，应增设消毒措施，同时还须注意水质因设计和安装上的考虑不周而引起的污染。水质污染一般有两种情况：一是饮用水管因回流而造成污染，因此要求给水管配水出口应高出用水设备溢流水位；二是饮用水与非饮用水管道连接造成的污染。

（3）热水供应系统

药品生产企业要用热水的场合很多，如清洗设备、人员净化用室的盥洗等。热水一般采用集中供应系统，将冷水在加热设备（锅炉或水加热器）内集中加热后，用管道输送到室内各用水点，以保证生产和生活用热水的需要。

水的加热方式很多，常见的有蒸汽直接加热和间接加热两大类。选用时应根据热源种类、热源成本、热水用量、设备造价及运行费用等因素比较后确定。

生产用热水的水质标准要根据生产工艺要求标准来确定，热水水温标准应当满足生产和生活需要，以保证系统不因水温过高而使金属管道腐蚀，设备和零件易损和维护复杂，并不至于因水温过高烫伤人体。

（4）室内消防给水系统

药品生产企业应根据洁净厂房生产的火灾危险性分类和建筑耐火等级等因素确定消防设施。《建筑设计防火规范》（GB 50016—2014）对各类建筑中应设置的室外消防给水及室内消防给水也都作了明确的规定。

室内消防给水系统一般分为三类，即消火栓消防系统（普通消防系统）、自动喷洒消防系统及水幕消防系统。

① 消火栓消防系统：是建筑物内采用最广泛的一种消防给水设备，由消防箱（包括水枪、水龙带）、消火栓、消防管道、水源组成。当室外给水管网水压不能满足消防需要时，还需设置消防水箱（池）和消防泵。室内消火栓消防系统的消防用水量不应小于 10 L/s，每股水量不应小于 5 L/s；消火栓的水枪充实水柱不应小于 10 m，栓口的直径为 65 mm，配备的水带长度不应超过 25 m，水枪喷嘴口径不应小于 19 mm。在洁净区安装消防箱时，要注意与土建的配合，可以采用非玻璃的不锈钢材料。

② 自动喷洒消防系统：是一种自动作用喷水灭火，同时发生火警信号的消防给水设备。这种装置多设在火灾危险性大、起火蔓延很快的场所，容易自燃的仓库，及对消防要求高的办公楼等公共场所。自动喷洒消防系统可为单独的管道系统，也可以和消火栓消防系统合并为一个系统，但不允许与生活给水系统相连接。当火灾发生时，其关键设备洒水喷头会自动打开封闭的喷头喷水灭火。

③ 水幕消防系统：用于隔离火灾地区或冷却防火隔绝物，防止火灾蔓延，保护火灾邻近地区的房屋建筑免受威胁。多用在耐火性能差，不能抗拒火灾的门、窗、孔、洞等处，防止火焰蹿入相邻的建筑物。

2. 排水系统设计

排水系统的任务就是将自生产设备和卫生器具排出的污水以及降落在屋面上的雨水、雪水用最经济合理的管径迅速排到室外排水管道中去；同时应考虑防止室外排水管道中的有害气体、臭气及有害虫类进入室内，并为室外污水的处理和综合利用提供便利条件。

（1）室内排水系统

根据所接纳排出的污（废）水性质，可将排水管道分为三类：

① 生活污水管道：排出日常生活中的盥洗、洗涤生活废水和粪便污水。

② 工业废水管道：排出生产过程中的污水、废水。生产污水和生产废水是按其污染的程度分类的，前者所含化学成分复杂，后者仅受轻度污染。

③ 室内雨水管道：排出屋面的雨雪水。

室内排水系统分为分流制和合流制。分流制即分别设置生活污水、工业废水及雨水管道；合流制为任意两种或三种污（废）水组合的系统。确定室内排水系统分流或合流排水制应当全面考虑污（废）水性质、室外排水体制、室外污水处理设备完善程度、污（废）水综合利用的可能性、室内排水点及排出口位置等因素。药品生产企业厂房的排水系统设计，应根据生产排出的废水性质、浓度、水量等特点来确定排水系统。

（2）室内排水管道的安装

室内排水管道包括卫生器具排水管、生产污水排出管、通气管及清除设备等。排水管道的安装应符合以下原则：

① 排水主管应设置在靠近杂质最多、最脏及排水量最大的排水点处，以减少管道堵塞机会；

② 洁净室（区）内的排水设备以及与排水管相连的设备，必须在其排出口以下部位设水封装置；

③ 排水管安装位置应有足够的空间以利于拆换管件和疏通维护工作；

④ 排水主管不宜穿过洁净室，如必须穿过时，主管上不得设置检查口，检查口要采用暗装方式，可设在管槽内或竖井内，或靠墙安装后由土建装饰；

⑤ A 级洁净室（区）内不得设置地漏，C 级、D 级洁净室（区）内，也应少设地漏；如必须设置时，要求地漏材质不易腐蚀，内表面光洁，不易结垢，有密封盖，开启方便，能防止废水、废气倒灌，必要时还应根据生产工艺要求消毒灭菌。

（3）厂区排水系统

厂区排水系统亦有分流制和合流制两种类型。分流制排水系统有利于环境卫生及污水的综合利用。生活污水和工业废水的最后出路通常有三种，即排入城市排水总管（污水处理厂）、灌溉农田或排入水体。排入城市排水总管的污水、废水应符合国家或地方的有关排放标准；排入水体的应符合《工业企业设计卫生标准》的有关规定。如不符合上述有关标准，必须进行适当处理。污水、废水的处理与回收方法有以下几类：①物理处理（筛、滤、沉淀），如隔油井、降温池等；②生物处理（生物过滤法和活性污泥法等）；③污泥处理（化粪池、隐化池、污泥消化池等）。对于质检化验室及纯化水处理后的酸、碱废水一般可采用建造中和池的办法来调节 pH，达标后排放。

（吴正红　何小荣　蔡挺）

思考题

1. 简述初步设计的任务。
2. 简述制剂车间设计的一般原则。
3. 工艺流程设计的任务有哪些？
4. 简述工艺流程设计的原则。
5. 简述物料衡算和能量衡算的意义。
6. 简述制剂车间布置设计的基本要求。
7. 简述设备设计和选型原则及安装要求。
8. 简述管道布置的一般原则。
9. 根据 GMP 规定，制药企业洁净车间的空调净化系统选用应符合什么要求？
10. 简述药品生产受控环境的分区和基本要求。

参考文献

[1] 张洪斌．药物制剂工程技术与设备．3版．北京：化学工业出版社，2019.
[2] 陈燕忠，朱盛山．药物制剂工程．3版．北京：化学工业出版社，2018.
[3] 胡容峰．工业药剂学．北京：中国中医药出版社，2018.
[4] 王志祥．制药工程学．3版．北京：化学工业出版社，2015.
[5] 吴正红，周建平．工业药剂学．北京：化学工业出版社，2021.
[6] 王沛．制药设备与车间设计．北京：人民卫生出版社，2014.
[7] 朱宏吉，张明贤．制药设备与工程设计．2版．北京：化学工业出版社，2011.

第三章 工程验证

本章学习要求

1. 掌握：验证的定义、内容、原则、程序，D 值、Z 值、对数规则、F_T 值、F_0 值以及无菌保证值的定义，HVAC 的概念与验证过程，灭菌与生产工艺的验证过程。
2. 熟悉：工艺用水系统安装与验证过程、检验方法的验证过程、洁净度的测定方法。
3. 了解：验证文件的管理方法，工程设计审查的内容与要求，设备清洗过程与验证等。

第一节 概 述

一、验证的定义与基本内容

验证指的是证明任何程序、生产过程、设备、物料、活动或系统确实能达到预期结果的有文件证明的一系列活动。验证是制药企业正确、有效实施 GMP 的基础。其基本内容包括：新药开发过程验证、药品生产过程验证、药品检验过程验证。根据 GMP 要求，涉及药品的生产设备与生产过程等均需要进行验证，包括厂房、设施及设备安装确认、运行确认、性能确认与产品验证等，以及空气净化系统、工艺用水系统、生产工艺、设备清洗及灭菌的验证等。

验证按**验证方式**不同可分为前验证、同步验证、回顾验证与再验证。按**验证对象**不同可分为厂房与设施验证、设备验证、计量验证、生产过程验证、产品验证、计算机系统验证。

二、验证的基本原则与程序

1. 验证的基本原则

验证贯穿于药品生产的全过程，以保证药品在开发、生产以及管理上的可靠性、重现性，生产出预期质量的药品。验证应遵循以下原则：

（1）符合 GMP 与《中国药典》的基本原则

我国 GMP 与《中国药典》提出了验证实施的基本要求，同时，GMP 是实施验证的必要条件，是验证过程中首先要遵守的基本原则。不符合 GMP 基本条件的制药企业无法进行有效验证。

（2）切合实际的原则

验证的实施应根据生产的不同环节、不同产品采用不同的方案；不同的生产企业，采用不同的验证方案。例如对于生产大输液的企业，灭菌设备、药液过滤、灌封、分装系统、空气净化系统、工艺用水系统、生产工艺、主要物料、设备清洗等方面的验证应符合各自的要求。

（3）符合验证技术要求的原则

验证科学与计算机技术相结合，与高精度测量技术相结合，使验证仪器智能化、精密化，从而更加符合验证技术要求的基本原则（即统计上的合理性、精确的数据、确凿的证据、低成本且有效的报告）。

2. 验证的基本程序

（1）建立验证组织

企业应根据自身情况与验证需求组建由研究开发、设计、工程、生产、质管、设备维修等部门的人员组成的验证研究机构。

（2）提出验证项目

项目由企业各有关部门或验证小组提出，明确项目范围、内容与目的等。

（3）制订验证方案

验证方案是阐述如何进行验证的工作文件，其内容主要包括目的、要求、任务、责任者、验证实验仪器、检查要点、质量标准、实施方法、数据处理、所需的条件及时间进度等。

（4）验证准备

根据验证方案提出的条件，进行仪器、材料、设备、操作人员等的准备。

（5）组织实施

按验证方案组织实施软件与硬件查看、测试系统运行、参数与抽样分析、收集整理验证数据、起草阶段性与结论性文件。其中阶段性与结论性文件主要包括验证方案、方案批复、仪器校验记录、验证过程、抽样规程、测试方法与结果等。结果分析及结论同报告一并上报验证负责人审批。

（6）审批验证报告

对验证起始完成时间、验证人员姓名、验证地点、设备（仪器）校验日期、测试点、设计参数、实际参数、签名等进行审批。

三、验证文件管理

验证文件是在验证过程中形成的、记录验证活动全过程的技术资料，也是确立生产运行各种标准的客观证据。其主要包括验证要求、建立验证组织、提出验证项目、制订验证方案、审批验证方案、组织实施、验证报告撰写、验证报告审批、验证证书发放等。验证文件管理的作用在于：①向药品监督管理部门报备、明确验证计划有关的企业责任等；②作为管理和执行验证行为的指南，根据 GMP 要求并结合生产企业的实际情况，对验证文件进行系统化管理等，以实现验证过程的方法重现、有案可查、责任明确等目标。

验证文件的编制应符合以下原则：

① 系统性：质量体系文件要从质量体系的总体出发，包含所有要素及活动要求。

② 动态性：药品生产和质量管理是一个持续改进的动态过程，文件必须依据验证与日常监控的结果来不断修订。

③ 适用性：企业应根据实际情况，按有效管理的要求制定切实可行的文件。

④ 严密性：文件的书写应用词明确，标准应量化。

⑤ 可追溯性：文件的标准涵盖了所有的要素，记录了执行的过程，文件的归档应考虑其可追溯性，为企业的持续改进奠定基础。

第二节 工程设计审查

工程设计主要包括项目规模、厂房、车间布局、设施、设备及工艺流程。其中厂房与设施的设计是工程的基础，是工程验证最重要的一环。工程设计审查的主要内容包括：产品品种、制剂剂型、生产工艺、质量控制方法、生产规模和发展方向以及厂房、车间、设施、设备的设计等。审查项目范围是工程验证的第一步，也是重要的一步。

一、厂址选择与厂区布局总图设计审查

选址工作组应包括工艺、土建、供排水、供电、总图运输与技术经济等专业人员。制剂厂址的选择除了应考虑地形、气象、水文地质、工程地质、交通运输、给排水、电力与动力及生产因素协作外，还需按洁净厂房的特殊性对周围环境进行考察。

厂址选定后，需对厂区进行规划或平面布置。厂区布局总图应满足生产、安全与发展规划三方面的基本要求。厂房设计主要考虑以下内容：①按生产、行政、生活与辅助区合理布局，不得互相妨碍。各区域所占场地均应有发展余地。厂内功能设施配套，除制剂生产所需车间、仓库、科研、检验、办公、公用工程外，还需配备机修、培训、食堂和停车等辅助设施。②洁净室（制剂车间）应远离污染源，并在污染源上风侧，有一定防护距离。锅炉、三废排放和处理在下风侧。中药材前处理、原料药生产在制剂车间下风侧。③进厂人流、物流分开。路面坚固不起尘，可通行消防车。其他空地合理绿化，不种花，不栽阔叶树。

二、工艺与车间布局设计审查

工艺流程设计是工程设计的根据，主要包括试验工艺流程图与生产工艺流程图。设计的基本要求包括布置合理、紧凑、避免人流与物流交叉混杂等。它是根据研究、开发部门提供的有关产品资料，用图解的形式将原料和辅料制成合格制剂成品的过程。全过程包括若干工序，各工序的设备、设施、工艺条件及其说明，审查时务必注意：①工艺流程设计及其说明的依据；②各工序对扩大规模的适应性；③全过程与批准的新药工艺路线的一致性，先进设备和优良控制装置的采用。

车间的布置应考虑以下问题：生产区须有足够的平面与空间；保证不同操作在不同的区域进行；相互联系的洁净级别不同的房间之间要有防污染措施；要有与洁净级别相适应的净化设施与房间；原辅料、半成品与成品以及包装材料的存储区域应明显；车间的人流与物流应简单、合理；不同生产工序的区域应按工序先后顺序合理连接；应有足够宽的过道；应有无菌服的洗涤、干燥室；应有设备与容器清洗区。

第三节 检验方法的验证

未验证的检验方法不能用于评价工程质量。检验方法的验证是工程验证的重要组成部分，必须在其他验证工作开始之前完成。检验方法验证的基本内容包括检验仪器的确认、检测方法的验证、检验方法过程的验证。具体而言，检验方法验证工作的基本内容包括验证方案的起草与审批，仪器和试剂的确认，适应性试验，结果评价与批准。图 3-1 是检验方法验证工作的内容。

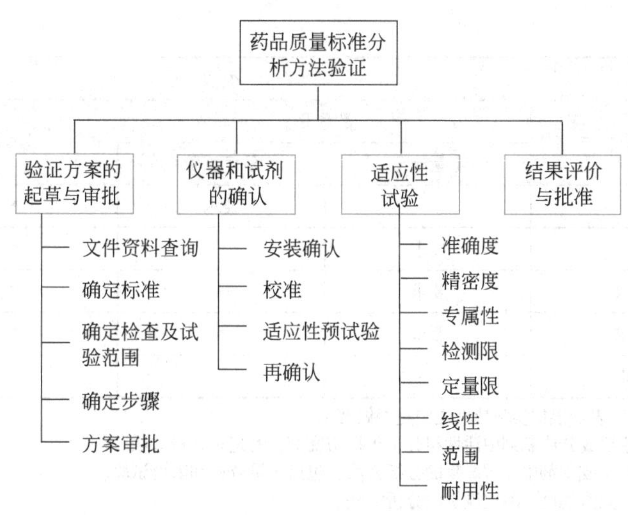

图3-1　检验方法验证工作的内容

一、仪器和试剂的确认

1. 仪器

检验仪器包括测量仪器与分析仪器。仪器的选型和安装确认与生产设备相似。对于分析仪器精度的检验有严格要求，因此对安装环境参数（震动、粉尘、湿度、温度、噪声）有严苛的要求。仪器的检验包括安装确认与性能确认。安装确认指的是资料检查归档、备件验收入库、检查安装是否符合安装与设计要求有记录与文件证明的一系列活动；而性能检验主要考察仪器运行的可靠性、主要运行参数的稳定性与结果的重现性等。

2. 试剂

试剂的纯度会直接影响检验的结果。试剂按纯度分为三个级别：化学纯、分析纯、色谱纯。例如：紫外分光光度法所用的溶剂确认，用 1 cm 石英吸收池盛溶剂，以空气为空白测定其吸光度。溶剂和吸收池的吸光度，在 220 ～ 240 nm 范围内不得超过 0.40，在 241 ～ 250 nm 范围内不得超过 0.20，在 251 ～ 300 nm 范围内不得超过 0.10，在 300 nm 以上时不得超过 0.05。检验用的试剂，不仅要考虑纯度级别，还需明确生产厂商。

二、适应性试验

检验方法的适应性试验的内容包括：准确度、精密度、专属性、检测限、定量限、线性、范围、耐用性（粗放度）。并非所有的方法都需要进行以上 8 项验证，视实际情况而定，具体要求见表 3-1。以上项目的验证必须进行一定样品的采集。

表 3-1　不同分析方法的验证要求

验证项目	类型				
	类型Ⅰ	类型Ⅱ		类型Ⅲ	类型Ⅳ
		定量测定	限度试验		
准确度	要求	要求	*	*	—
精密度	要求	要求	—	要求	—
专属性	要求	要求	要求	*	要求

续表

验证项目	类型				
	类型Ⅰ	类型Ⅱ		类型Ⅲ	类型Ⅳ
		定量测定	限度试验		
检测限	—	—	要求	*	—
定量限	—	要求	—	*	—
线性	要求	要求	—	*	—
范围	要求	要求	*	*	—
耐用性	要求	—	—	—	—

注：1. “—”表示不做要求，“*”表示根据实验特性决定是否做要求。

2. 类型Ⅰ指用于测定原料药中主要成分或制剂中活性组分（包括防腐剂）的定量分析方法。

3. 类型Ⅱ指用于测定原料药中杂质或制剂中降解产物的分析方法，包括定量分析和限度试验。

4. 类型Ⅲ指用于测定性能特性（如溶解度、溶出度）的分析方法。

5. 类型Ⅳ指鉴别试验。

采样即抽样，是检验方法中的一项重要内容。要评估工程质量，必须采集具有代表性的样品进行分析。一个产品从原材料到成品所经工序越长、越复杂，采样点就越多。

生产工艺验证中采样包括对原料、辅料、包装材料、半成品、成品采样。采样应先制订采样方案。对采样环境要求、采样人员、采样容器、采样的部位和顺序、采样量、样品的混合方法、采样容器的清洗和保管、采样操作及记录必须有详细的规程。生产过程中半成品抽样又称中间品抽样，采样点主要集中在关键工序的质量控制点上。我国 GMP 对片剂、针剂都详细地规定了质量控制要点，可供验证采样借鉴。采样量以满足测试和留样为准。不同的产品，不同的生产方法，采样点、采样量均有不同。一般情况下，对同一批次、同一工序常采集前、中、后或上、中、下样品，或按时间间隔定时取样。成品采样，分随机采样，前、中、后采样；在正常生产时，可按时间间隔取样。取样量同半成品，每个取样点采集样品 2 份，供测试和留样。如果采样分析不合格，为避免采样和分析过程中失误带来的影响，有必要考虑重新采样分析，在不合格点重新取样，检验不合格指标，确认该点样品质量合格与否。

三、检验方法的验证过程

由相关人员提出验证方案后，实施包括将仪器和试剂确认、检验方法适应性试验的确认，进行数据汇总分析，得出结论，撰写报告，由相关人员进行审批。只有验证合格的方法方可投放质管部门使用。

第四节　空气净化系统验证

药品生产环境包括室外与室内环境。室内环境可直接影响药品的质量，而室外环境可以影响室内环境的空气质量。室内空气质量主要靠洁净度控制，主要体现为空气中粒子数的控制。生产环境按空气中粒子（≥ 0.5 μm）数分为四个洁净度级别，习惯划为一般生产区、洁净区。洁净区是通过以过滤的空气驱除室内被污染的空气，控制进出空气速度，使室内保持正压，避免外界污染。

生产环境的洁净度主要通过空气净化（heating and ventilation and air conditioning，HVAC）系统实现。HVAC 主要结构包括：送、回风机，加热与冷却盘管，多级过滤器，加湿器和除湿机，空气分配管道，以及调节各个部件性能的控制仪器。

一、HVAC系统的设计审查

进行空气净化系统验证首先应对HVAC的设计进行审查。防止粉尘、微生物污染，创造良好的药品生产环境是空气净化设计的主要目的。HVAC是制剂工程验证的重点之一。其设计的评审是该验证的基础。设计的主要审查内容如下。

① 是否遵循GMP的要求，按产品与生产工序设置了相应级别的洁净工作室。系统构件材料是否符合洁净室要求，设计规格是否与洁净室大小相适应。

② 气流组织形式和换气次数是否合理。

③ 进入洁净室的人和物是否经过了相应净化和缓冲。不同级别洁净室的人、物净化系统是不同的。

④ 工作室的温度、湿度是否符合规定，如何控制。

⑤ 内部装修材料是否合适。C级、D级洁净室不应使用铝合金、玻璃隔断，应选择硬结构的墙壁。

⑥ 不同洁净级别工作间使用的工作服的洗、干及消毒设施是否设置妥当。

⑦ 送风口尽可能设在关键工位。回风口应设在沿墙的地坪高度，靠近角落。送风口、回风口不应被设备、设施挡住，尽可能让洁净空气掠扫工作室的全部区域。

二、HVAC系统的安装确认

HVAC系统的安装确认主要由施工单位和工程部门共同完成。安装确认的主要内容包括：空调设备的安装确认、风管制作与安装的确认、风管与空调设备清洁的确认，以及按照随箱清单清点材料或数据的完整性等。其中需要清点的有空调所用设备的仪表及测试仪器的一览表与鉴定报告，操作手册，标准操作规程及控制标准等。

风管接头采用阶梯形、企口形，见图3-2。风管、法兰、送风口、层流罩、吊顶及其他设备、部件间连接时，翻边和框架边必须平整紧贴，宽度不应小于7 mm。密封垫厚度4～6 mm，压缩率为25%～30%。密封垫内侧与风管内壁相平。法兰螺钉或铆钉间距不大于100 mm。风管口径大于300 mm，应设清扫孔和风量、风压测定孔；过滤器前后应设微粒、风压测定孔；安装后必须将孔口密封。

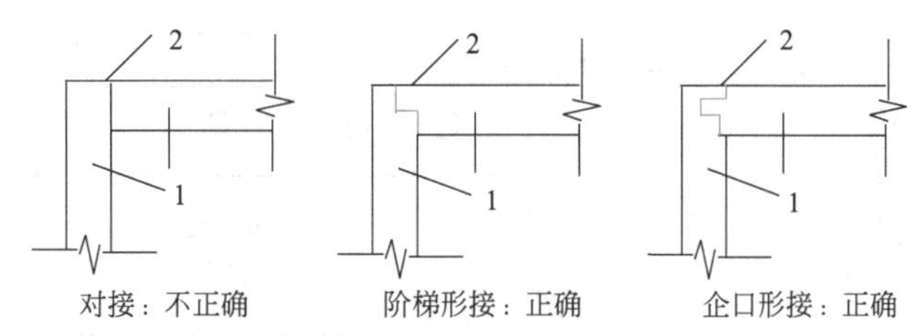

图3-2　法兰密封垫接头

1—密封垫；2—密封胶

高效过滤器在安装前除清洁和检查缺损、规格、渗漏外，还需对洁净室空调系统进行清洁和试运行。试运行12 h以上，经再清洁方可安装。高效过滤器与框架之间紧贴缝隙不超过1 mm。其密封可采用密封垫、负压和液槽密封。安装完毕进行渗漏测试。吹淋室、气闸室、空气自净器、层流罩等设备的安装与高效过滤器的安装要求相似。

阀门的安装应便于操作，监控仪器（表）的安装应便于观察和校正。安装场所的地面应平整、清洁。安装的设备应纵轴垂直，横轴水平。系统中凡与洁净空气接触的部位都应平整、光滑，易清洁。凡有连接缝、孔处（除采用密封装置外）都必须涂密封胶，以防泄漏。凡安装、加工都应避免损坏镀层，损坏处应重新镀锌、镀铬或涂涂料保护。凡有风机的设备（气闸室、吹淋室等），风机与地面之间应垫隔震层，安装完毕，风机应试运行2 h以上。凡有联锁装置的设备（传递窗、气闸室等），安装应确保联锁处于正常状态。

对照比较竣工图与设计图，如果竣工图有改动，必须是按修改规程进行。首先，查看现场：设备就位，风管分布应与竣工图一致；系统连接及连接处涂料、密封胶的涂层应无漏涂、起泡、露底现象；系统应内外整洁、平整。然后，检查、校正仪表（温度计、湿度计、风速仪、压力表、粒子计数器等），测试设备的试运行，并确认调试记录，同时拟写修改操作规程和控制标准。

三、HVAC系统的运行确认

确认内容包括：高效过滤器的测试、风量和风压测试、温度和湿度测试、烟雾测试、悬浮粒子与微生物测定等。

（一）高效过滤器的测试

高效过滤器的安装密封性是空气净化的关键，也是最难通过的一项检验。许多洁净室的不成功就是因为密封不达标，导致泄漏和生菌。通常的密封方式包括负压密封、机械压紧与液槽密封。过滤器泄漏是指送风过滤器本身、过滤器与框架之间、框架本身、框架与围护结构之间的渗漏。过滤系统的检漏试验是粒子测定的基础，其重要性不亚于粒子测定。

1. 检漏方法

检漏方法主要有DOP气溶胶光度计法与粒子计数法。

（1）DOP气溶胶光度计法

图3-3所示为DOP气溶胶光度计工作原理，含DOP的气体经过锥形光束时，悬浮粒子使光发生散射，散射光照射到光电放大器上并将光强度的差异转换为电量大小，并由微安表快速显示。其光（电）量的输出可以反映气体中胶粒的浓度。将气溶胶（如DOP）发生器放置于适当的位置，使溶胶能顺利到达每只高效过滤器的气流上游侧，打开一定数量的喷嘴孔直到气溶胶的浓度达到100 μg/L空气。这个浓度在高效过滤器上游侧气溶胶光度计上对数刻度显示在4～5之间，再把气溶胶光度计转到下风侧取样口离开被测过滤器表面2～3 cm处（见图3-4），以2～3 cm/s的速度扫过过滤器整个断面检漏，扫描路线见图3-5。

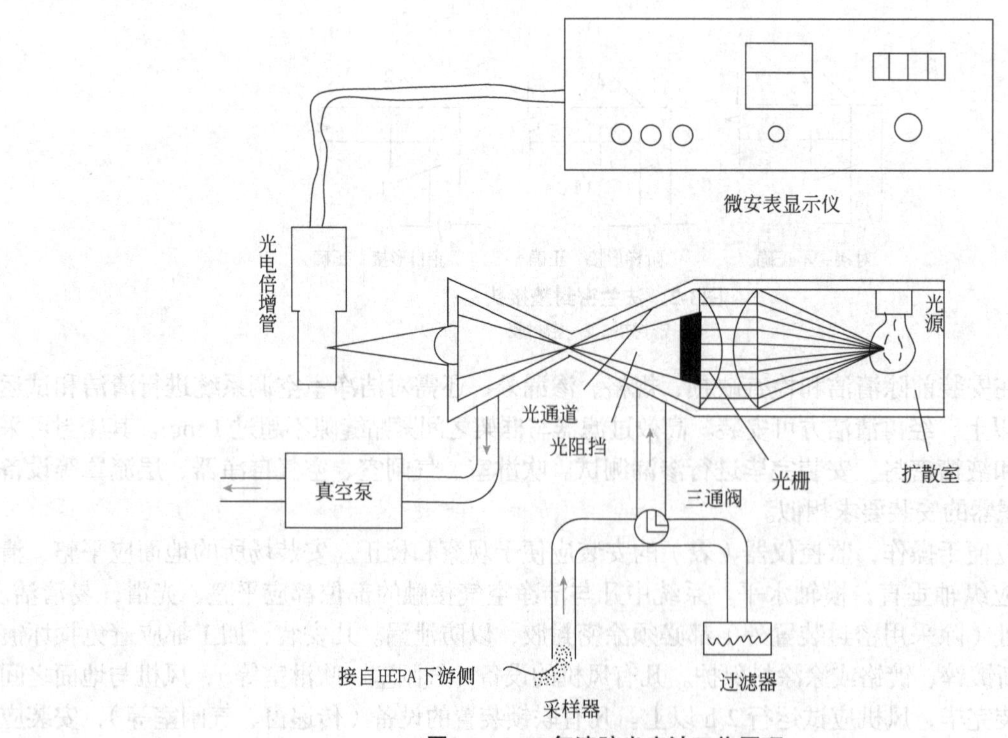

图3-3　DOP气溶胶光度计工作原理

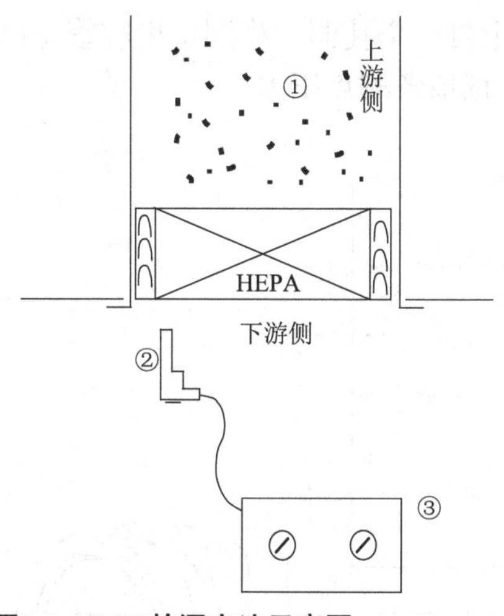

图3-4　DOP检漏方法示意图

①DOP气溶胶；②手枪式采样头（扫描）；③检漏仪（原理见图3-3）

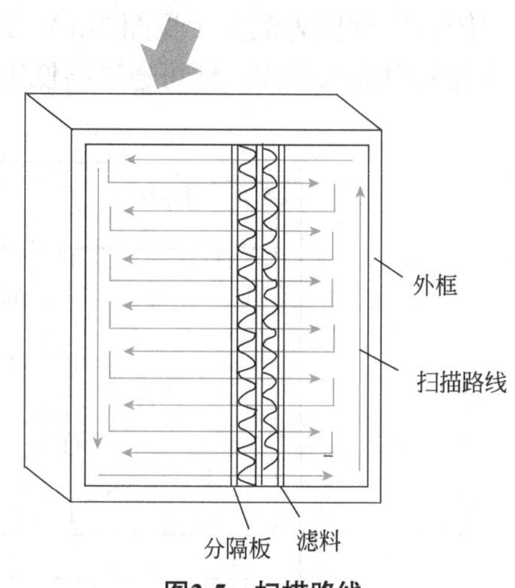

图3-5　扫描路线

（2）粒子计数法

粒子计数器法的工作原理见图3-7。粒子计数器法检漏操作同气溶胶光度计法相似，但测试时间较长，检查一个过滤器约需要1 h，而气溶胶光度计法仅需要5 min，在实际生产中采用较多。

2. 检漏范围

过滤系统的检漏范围包括：过滤器的滤材、滤材与其框架内部的连接、过滤器框架的密封垫与过滤器组支持框架之间、支持框架与墙壁或顶棚之间。新安装的过滤器或更换后的过滤器必须进行检漏，另外正常情况下需对过滤系统进行每年1次的检漏。

3. 泄漏标准

泄漏标准判断如下：由受检过滤器下风侧测得的泄漏浓度换算成穿透率，对于高效过滤器，不应大于过滤器出厂合格穿透率的2倍，对于D级高效过滤器不应大于出厂穿透率的3倍。

（二）风量和风压测试

风量、风压对维持一个洁净环境的完整性非常重要。适当的风压能使洁净室迅速自净，控制污染并调节温度和湿度。

1. 风量测试

风量测试内容包括：总送风量测定、新风量、1次/2次回风量、排风量以及各干支风道内风量与送风口的风量等。测定方法包括：①用皮压管和微压计测风管内风量；②用叶轮风速仪或热球风速仪间接测定。

热球风速仪工作原理是基于空气流过热球的对流冷却效应。①对于层流洁净室，采用室截面平均风速和截面积乘积确定风量。垂直层流洁净室的测定截面取距地面0.8 m的水平截面；水平层流洁净室取距送风面0.5 m的垂直截面。截面上测点间距应＜2 m，测点数不少于10个，均匀布置。②对于紊流洁净室，采用风口法或风管法确定风量。风口法是根据风口形式选用辅助风管，即用硬质板材做成与风口内截面相同、长度等于2倍风口长的直管段，连接在过滤器风口外部，在辅助风管出口平面上，均匀布置≥个6测点，测定各点风速。以各点风速的平均值乘以风口截面积即得风量。风管法是过滤器上风侧风管足够长并且已经或可以打孔，将热球风速仪测杆插入开孔，测点在测定风管切面上均匀布置不少于3点。每点测定时间不少于15 s。

2. 风压测试

通过风压测试可确认洁净室与邻室之间是否保持正压或负压，判断空气的流动。根据GMP要求，空气洁净级别不同的相邻房间之间的静压差大于5 Pa，洁净区与室外的静压差大于10 Pa。风压测试采用倾斜式微压表测试（见图 3-6）。具体操作为：在墙上打一个孔洞，将测定用胶管（口径小于 5 mm）从孔洞中伸入室内，便可通过高低压力管（微压力表）读取各测点压力。

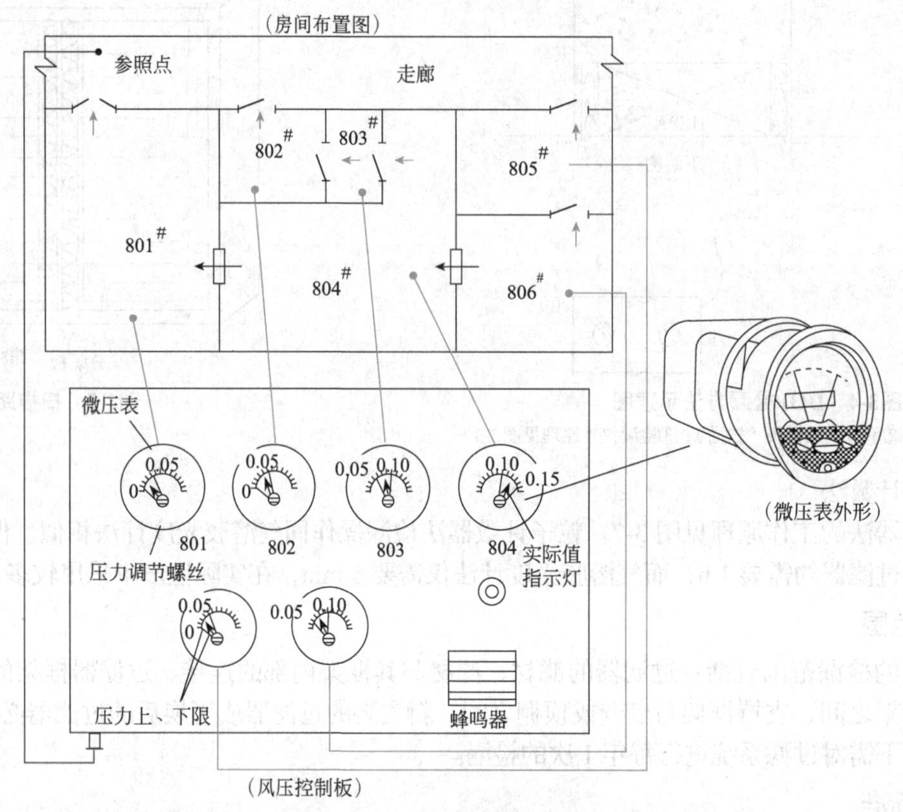

图3-6　微压表测定房间压差

（三）温度和湿度测试

温度、湿度是制剂生产环境的两个重要参数，系统以温度调节器和湿度调节器监控。测试分动态测试和静态测试。测点宜在同一高度，离地面 0.8 m，距外墙面应大于 0.5 m，选择具有代表性的地点布置，如送、回风口处，设备周围，敏感元件（材料）处，室中心。对于 B 级、C 级洁净室，室面积 ≤ 50 m^2 布 5 个点，每增加 20 ～ 50 m^2 增加 3 ～ 5 个点。对于≥ D 级洁净室测点不少于 5 个。测定时，预先打开照明灯，空调系统至少连续运行 24 h，每个房间每个测点用校准过的干球温度计、热电流表、自动湿度记录仪测量和记录温度、湿度。静态测试，每隔 15 min 测 1 次，共持续 8 ～ 24 h。一般情况下，B 级、C 级洁净室控制温度为 20 ～ 24 ℃，相对湿度为 45% ～ 65%；≥ D 级洁净室控制温度为 18 ～ 28 ℃，相对湿度为 50% ～ 65%。

（四）烟雾测试

烟雾测试包括气流流型、粒子扩散和恢复能力的测试，目的在于测试在洁净条件下气流与机械设备的相互作用。发烟器常用烟源为巴兰香烟。

1. 气流流型测试

在灭菌产品或原料暴露的地方或其他关键位置安装烟雾发生器，释放烟雾。当烟雾流过机器的每个关键位置时拍摄下烟雾流线。烟雾流过关键位置，如果空气由于湍流而回流，则系统不能被接受，必须重新调节。但可以允许因设备构造产生小湍流。当烟雾产生时，人员进入洁净区操作，烟雾回到关键位置，则必须建立规程防止动态交叉污染，并重新验证。如果烟雾试验的湍流会将污染物从其他地方带到流水线的关键位置，应调整气流以得到最小的湍流并迅速清洁。如果湍流不能停止，则必须建立不同的空气动力学模型。如果湍流仍将污染物带到关键位置，则生产线和层流设备应分别重新评估，变换或改装。变动后再验证直至湍流最小且不影响关键位置。

2. 粒子扩散试验

在风量测试合格后，将整个工作区划分成 60 cm × 60 cm 的方块。安装烟雾发生器，将输出管置于入口中心对准气流的方向，调节压力使烟雾出口速度等于该测点风速。在工位高度上，从各个方向上把粒度计数器采样管从远离烟雾源向烟雾源中心移动，直到发现粒子数有一个快速的突然增加（达 3 个 /L），准备一张图纸记录方块面积和相应的烟雾发散情况。如果从烟雾源出发径向距离不超过 60 cm，大于等于 0.5 μm 的粒子数不超过 3 个 /L，则说明层流洁净室具有限制粒子扩散功能。

3. 恢复能力测试

恢复能力测试又称自净时间的测试，用来评价系统在污染后的恢复能力或自净能力。测试方法如下：①如果洁净室停止运行相当时间，或受污染较严重，粒子浓度与大气相当，可在先测定粒子浓度后立即开机，同时采用粒子计数仪测定，定时（每隔 0.5 min 或 1 min）读数，直到浓度明显稳定为止，或直到浓度达到设计要求为止。②如果洁净室粒子原始浓度太低，可采用烟雾发生器放烟。在室中心离地面 0.8 m 以上处点发烟 2 min，立即关闭。待 2 min 后，将粒子计数器的采样管口在工作区平面的中心点直接对准烟雾污染下方，记录测得的粒子数。开机后定时读取衰减的浓度，直至恢复符合设计要求，记下时间。层流级洁净室以恢复时间小于 2 min 为合格，紊流恢复时间一般小于 30 min。

（五）悬浮粒子与微生物测定

洁净室中的悬浮粒子与微生物测定是为最终环境评价做准备，以便在测定时发现问题并及时解决；为空气平衡与房间消毒方法的进一步改进提供依据。悬浮粒子的测定应在空调调试及空气平衡完成后进行。微生物的测定应在悬浮粒子测定结束、消毒后进行。尽管如此，悬浮粒子与微生物测定并非控制区环境验证的必要步骤，企业可根据实际情况进行。

另外，在对空气净化系统的测试、调整及监控过程中，需要对空气的状态参数和冷媒（热媒）物理参数、空调设备的性能、洁净室的洁净度等进行大量的测定工作。将测得的数据与设计数据进行比较、判断。这些物理参数的测定需要通过比较标准的、准确的仪表仪器来完成。主要仪表仪器包括：测量温度的仪表、测量空气相对湿度的仪表、测量风速的仪表、测量风压的仪表、直接测量风量的仪器、层流罩等设备上使用的微压表、高效过滤器检漏用仪器、洁净室洁净度测定用的仪器、细菌采样用的仪器等。所有仪器仪表均应制订标准操作规程。所有仪器仪表的校正，必须在设备确认及环境监控前完成，并记录在案，作为整个验证的一个重要组成部分。

四、洁净度测定

洁净室验证是 HVAC 系统验证的最后阶段，主要测试内容有：①房间的洁净度确认，在静态下按 GMP 要求进行，测试方法可参照 ISO14644-1《洁净室及相关控制环境国际标准》的规定；②洁净室动态测试，包含空气微粒与微生物项目；③洁净室由动态恢复到静态标准的时间测试；④房间的温度和湿度。本节重点介绍洁净室的悬浮粒子的测定和微生物的测定。

（一）悬浮粒子的测定

1. 悬浮粒子的测定方法

洁净室的级别通常以每立方米含 0.5 μm 以及 5 μm 以上两种粒径的悬浮粒子数来确定。因此，悬浮粒子的测定是空气净化系统验证中极为重要的一项。主要测定方法包括：自动粒子计算法与显微镜法。

（1）自动粒子计算法

自动粒子计算法工作原理为：来自光源的光线被透镜组聚焦于测量区域，当被测空气的每个微粒快速地通过测量区时，便把入射光散射一次，形成一个光脉冲信号。这一信号经透镜组被送到光电倍增管阴极（如图 3-7 所示），正比地转换成电脉冲信号再放大，选出需要的信号，通过计数系统显示出来。电脉冲信号的高度反映微粒的大小，信号的数量反映微粒的个数，如图 3-8 所示。

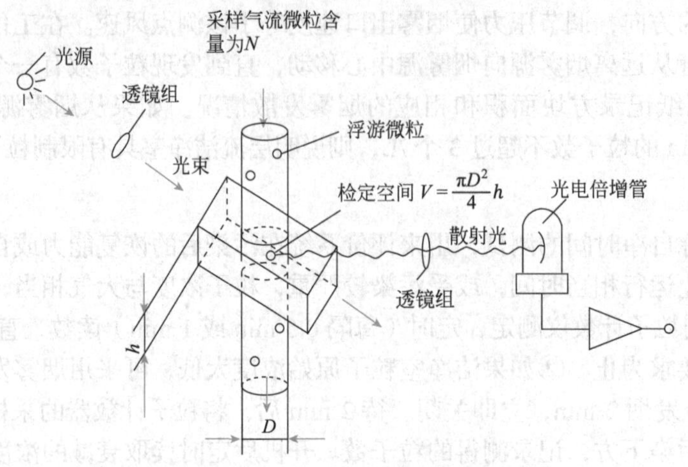

图3-7　粒子计数器工作原理示意图

（2）显微镜法

显微镜法是用抽气泵抽取洁净空气，在测定用的滤膜表面上捕集到的粒径中大于 5 μm 的粒子用显微镜计数的方法。

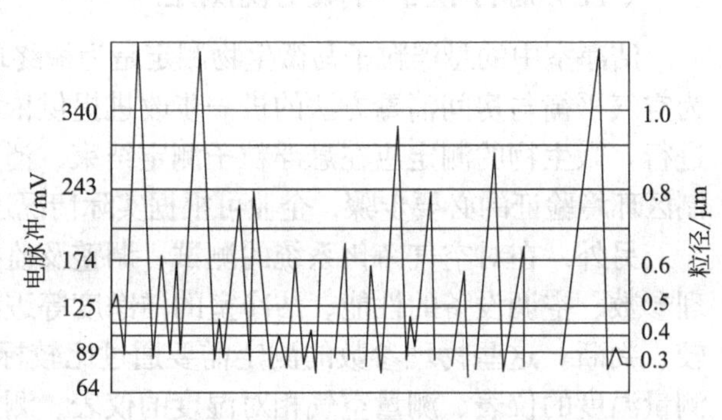

图3-8　电脉冲信号和微粒关系

2. 洁净室悬浮粒子监测取样点数、取样量及布置

洁净室悬浮粒子监测取样点数、取样量及布置应根据产品的生产工艺及生产工艺关键操作区进行设置，最低限度取样点按表 3-2 的规定确定。每点取样不少于 3 次，各点取样次数可以不同。最低取样量按表 3-3 的规定确定。取样点即测点布置原则：5 点或 5 点以下时布置在离地 0.8 m 高平面的对角线上或该平面上的两个过滤器之间的地点，也可以在认为需要布点的其他地方；多于 5 点时可分层布置。

表3-2　最低限度取样点

面积/m²	洁净度级别		
	D级	B级	C级
＜10	2～3	2	2
10	4	2	2
20	8	2	2
40	16	4	2
100	40	10	3
200	80	20	6
400	160	40	13
＞400	400	100	32
	800	200	63

表3-3　最低取样量

净化级别	每个采样点1 ft^3采样量的悬浮粒子数		浮游菌每点采样量/m^3	
	工作区	送风口	工作区	送风口
B级	10		2	2
C级	11	5	2	2
D级	11	5	2	2

注：1ft = 0.3048 m。

3. 悬浮粒子洁净度级别的评定

悬浮粒子洁净度级别的结果评定参照《医药工业洁净室（区）悬浮粒子的测试方法》规定的两个条件。测试状态有静态与动态两种。

① 静态测试：洁净室HVAC已经处于正常运行状态，工艺设备已安装，在洁净室内没有生产人员的情况下进行测试。

② 动态测试：洁净室已处于正常生产状态下进行测试。为了对静态下测得的含尘浓度与运行时（动态）测得的浓度关系进行比较，验证时可按动/静比取（3～5）：1判定。空气洁净度级别以静态控制为先决条件、动态控制为监控条件是必要的，因为生产环境的污染控制，最终必然是正常生产状态下空气中悬浮颗粒与微生物的控制。

（二）微生物的测定

空气中的生物性粒子即悬浮菌和物体表面附着的微生物是药物制剂的污染源，尤其是对灭菌制剂的最终质量构成严重威胁。细菌培养时，由一个或几个细菌繁殖而成的一个细菌团称为**菌落形成单位**（colony for ming unit，cfu），也称菌落数。浮游菌用计数浓度cfu/L或cfu/m^3表示；沉降菌用沉降浓度cfu/皿（沉降30 min）表示。浮游菌与沉降菌的关系可用以下公式表示：

$$N_g = NV_s/T \tag{3-1}$$

式中，N_g为在f面积上的细菌沉降数，cfu；N为空气中的浮游菌浓度，cfu/m^3；V_s为含菌粒子沉降速度，cm/s；T为沉降时间，s。

生物性粒子的测定是空气净化系统验证的重要项目。在测定时必须注意以下问题：①测定的仪器、用具、培养基要做绝对灭菌处理；②严防人对样品的污染；③对使用条件、培养基、培养条件及其他参数做详细记录。

常用的微生物测定方法有沉降法、过滤法、撞击法和表面取样法（如棉签擦拭法）等（图3-9）。其中，沉降法主要用于测定沉降菌，用盛有培养基的培养皿（ϕ90 mm）放在待测地点，暴露一定时间，盖上皿盖，于31～35 ℃培养24～48 h，计算菌落数目（cfu）。过滤法是使空气通过过滤介质（如孔径为0.3 μm或0.45 μm的微孔滤膜），使微生物被捕集在滤膜上，再将滤膜直接放在培养基上培养计数。

培养基可以采用胰蛋白大豆琼脂培养基或血液琼脂培养基等固态平板培养基。开始取样前，先确定取样风速、时间及培养皿的位置，测点及取样原则参照悬浮粒子的测定，即培养皿应布置在有代表性的地点和气流扰动少的地点。培养皿最少数量应满足表3-4的规定。取样结束，盖皿盖，做好标记及记录，然后把培养皿倒置放入培养箱中35 ℃培养18～24 h进行菌落计数（n）。一般测定取样时间为20 min，如果取样空气流量为Q，即可计算出该洁净室空气洁净度为$\frac{n}{20Q}$。

表3-4　最少培养皿数

洁净度级别	所需ϕ90 mm培养皿数（以沉降0.5 h计）
B级	14
C级	2
D级	2

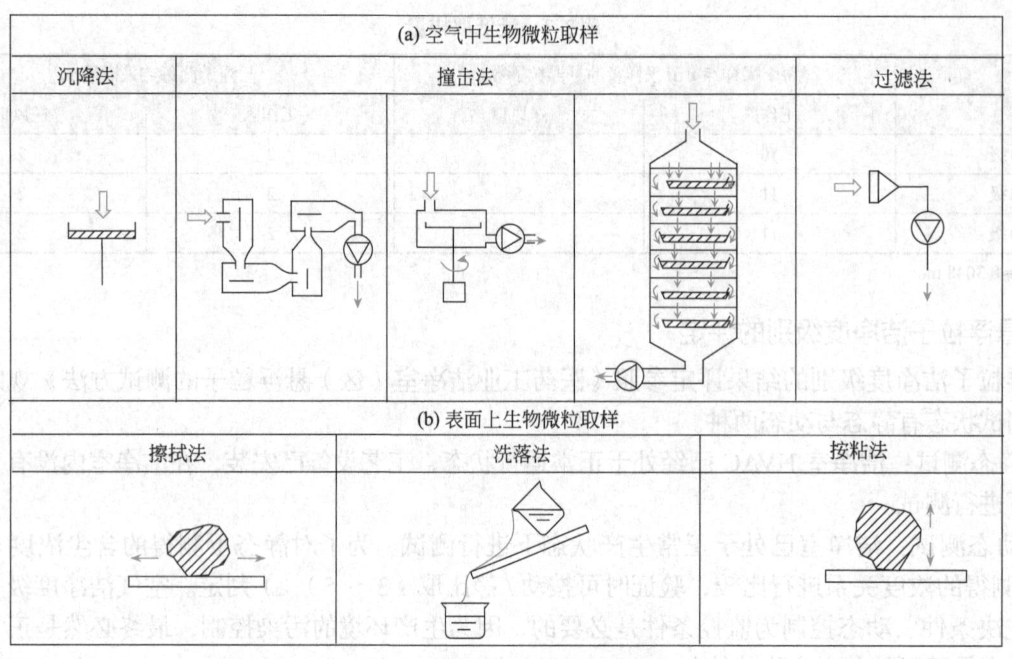

图3-9　生物微粒取样的图解说明

—固体培养基；—培养液；—泵或风机；—过滤器

第五节　工艺用水系统验证

水是药物制剂生产中用量最大、使用最广的原料。制药用水的质量直接影响药品的质量，因此制药用水的质量控制，特别是微生物指标的控制极为重要。按使用范围不同，制药用水可分为纯化水、注射用水以及灭菌用水，纯化水与注射用水水质标准见表 3-5。

表3-5　纯化水与注射用水水质标准

检验项目	纯化水（PW）	注射用水（WFI）	检测手段
酸碱度	符合规定	—	在线检测或离线分析
pH	—	5～7	在线检测或离线分析
硝酸盐	＜0.000006%	同纯化水	采样和离线分析
亚硝酸盐	＜0.000002%	同纯化水	采样和离线分析
氨	＜0.000003%	同纯化水	采样和离线分析
电导率	符合规定 不同温度对应不同的规定值 如20 ℃时＜4.3 μS/cm； 25 ℃时＜5.1 μS/cm	符合规定 不同温度对应不同的规定值 如20 ℃时＜1.1 μS/cm； 70 ℃时＜2.5 μS/cm	在线用于生产过程控制，后续取水样进行电导率的实验室分析
总有机碳（TOC）	＜0.5 mg/L	同纯化水	在线TOC进行生产过程控制，后需取样进行实验室分析
易氧化物	符合规定	—	采样和离线分析
不挥发物	1 mg/100 mL	同纯化水	采样和离线分析
重金属	＜0.00001%	同纯化水	采样和离线分析
细菌内毒素	—	＜0.25 EU/mL	注射用水系统中采样检测，实验室测试
微生物限度	100 cfu/mL	10 cfu/100 mL	实验室测试

制药工艺用水系统验证的目的在于证明该系统能够按照设计的要求稳定地生产规定数量与质量的合格用水。通过已验证数据，证明被验证的工艺用水系统是一个具有高度保证的系统。验证工作需要从设计阶段就开始，通过监控建造以及安装确认、运行确认、性能确认等属性认定，使用过程的监控，收集和整理相关的数据资料，最终形成完整的验证文件，以及在不断的验证中形成的标准操作规程。工艺用水系统验证的内容包括：安装确认、运行确认、监控与周期等。

一、安装确认

（1）纯化水制备装置的安装确认

比较对照竣工图和设计图，检查安装是否符合设计要求和规范；水、电、气、汽等管线、仪表、过滤器等连接情况；水管焊接质量，除做 X 光拍片检查外，还要做静压试验，试验压力为工作压力的 1.5 倍，无渗漏为合格；阀门和控制装置是否正常；纯水设备、蒸馏水机试运行情况；测试设备的参数和系统各功能作用；化验分析每台设备进、出口点水质，以确定该设备处理水的效率、产量是否符合设计要求。例如，离子交换树脂应检查牌号、交换能力、再生周期，再生用酸、碱浓度，每次用量和自动反冲情况，测定出水的电阻率、流量、pH、氯离子；贮水罐应检查加热、制冷、保温和循环情况，通气过滤器膜的完整性（测定起泡点），ϕ0.22 μm 滤膜起泡点压力不小于 0.4 MPa/cm^2；确认校正的仪表和控制器，如流量计、电导仪、温度计、压力表，使其起到监测和控制作用。检查设备调试记录，确认 SOP 草案。

（2）管道分配系统的安装确认

管道与阀门材料应为不锈钢材料；管道的连接和试压；管道的清洗、消毒与钝化；完整性测试。

（3）仪表的校准

纯水处理装置上的所有仪器仪表必须定期校验，使误差控制在允许范围内。

（4）操作手册与 SOP

列出纯化水系统所有设备手册与日常操作、维修、检测的 SOP。

二、运行确认

运行确认阶段是为了对进入贮罐和配水管网上的各个用水点的水质进行评价，建立一套完整的文件用于确认制水系统能在预定范围内正常运行，以证明制水系统能按照标准操作规程运行，能始终稳定地生产出符合质量要求的制药用水。运行确认的内容包括：系统充满水后，泄漏点修理和已损坏的阀门与密封的更换；水泵检验，确认制造与运行符合规定；热交换和蒸馏水器在最大负荷与最小负荷范围内的关键操作参数的测试；验证阀门与控制器的操作适应性；贮水罐与系统配管部位灭菌；离子交换树脂再生，反渗透装置的清洗；检验超过设计规定的流速；书写运行、关闭和灭菌过程的标准操作程序（SOP）。

三、监控与周期

根据设计和使用情况，验证监测一般持续三个星期。整个水监控一般分为三个验证周期，每个周期约 7 天。要控制自进水开始一直到最后使用点的整个水处理过程的水质，必须把水处理系统划分区域采样，以对应的检查方法和标准进行监控。采样阀内径要小，阀门宜全部打开，冲洗就会既高速又迅速，保证在实际的采样之前把阀门后的微生物去除掉。整个系统采样阀应保持型号一致。以去离子水和注射用水为例介绍采样点和采样周期：贮水罐、总送水口、总回水口均每天取样；各使用点，去离子水每周取水 1 次，注射用水每天取样。水质检查按《美国药典》对工艺用水的监测指南规定“一般饮用水每月检查部分项目一次，纯水每 2 小时在制水工序抽样检查部分项目一次，注射用水至少每周全面检查一次”，见表 3-6。

表 3-6　美国对工艺用水的监测情况

采样点所在地	项目	周期		评注
		验证	运行	
原水（自来水）①②	微生物	每天	每天	共同审阅决定接触时间
	余氯	每天	每天	
	化学成分 TDS	每天	每天	快速，低成本化验
	全化学	每周	6个月	
	pH	—	—	取决于设备的使用
砂滤器	微生物	每天	每天	
	余氯	每天	每周	
炭滤器	微生物	每天	每天	
	余氯	每天	每周	
离子交换设备	电导率	连续	连续	
	固体总量（USP）	每天	每天	与该级水的使用有关
	pH	每天	每天	与该级水的使用有关
	微生物	每天	每天	
	热原	每天	每周	与该级水的使用有关
	胶体硅和溶解硅	每天	每周	与该级水的使用有关
	树脂分析	初期	6个月	
反渗透设备	微生物	每天	每天	
	pH	连续	连续	对某些设备是重要的
	余氯	连续	连续	
	热原	每天	每天	取决于使用要求
	电导率	连续	连续	
	固体总量（USP）	每天	每天	取决于使用要求
	进水硬度	每天	每天	对某些设备是重要的
蒸馏水设备（假设为USP的注射用水）	微生物	每一周期多次采样	每天	
	pH		每天	
	热原		每天	
	电导率	连续	连续	进、出口
	化学成分（USP）	每一周期多次采样	每天	
	排污 TDS		每周	
	颗粒		每周	
储存	微生物	每一周期多次采样	每天	
	pH		每天	
	热原		每天	如是WFI可另有要求
	化学成分（USP）		每天	

续表

采样点所在地	项目	周期		评注
		验证	运行	
分配系统的使用点①③	微生物	每天	每周一次	轮换
	热原	每天	不确定④	
	化学成分TDS	每天	每月一次	快速低成本化验
	化学成分（USP）	每周一次	不确定④	
	颗粒	每天	每月一次	
	pH	每周一次	不确定④	
排污设备	化学成分TDS	每天	每月一次	防止结垢

① TDS指溶解的固体总量（按电导率确定）。
② 可以有很大的变化，与水源和季节有关。
③ 溶解固体总量（蒸发方法）。
④ 只有在不合格的情况下为了满足其他的化验才采样化验。

验证的周期：新建或改建的水系统必须验证；水系统正常运行后一般循环水泵不得停止工作，若较长时间停用，在正式生产三个星期前开启水处理系统并做三个周期监控；每周上班第一天应做全检；发生异常情况或出现不符合规定的情况应增加取样检验的频率。系统一般每周用清洁蒸汽消毒一次，鉴定蒸汽能接触到系统的所有部分，其压力、温度均达到指定值。

工艺用水系统验证应特别注意：①设备管道的材料是否污染水质，其粗细是否符合设计要求；②输送水的管线坡度能否保证排水无死角；③设备设施清洗、消毒能否满足工艺用水要求；④离子交换树脂、活性炭、半透膜处理水的效率；⑤水储存和循环温度，纯化水、注射用水85 ℃或4 ℃保温保存，或65 ℃循环；⑥复验证时，还要注意易损件、水垢、生物膜等。

四、验证项目

制药用水系统在验证过程中，除检测药典规定的水质指标外，还需监控工艺用水的制备过程。常见的检测监控一些水处理过程（单元）和管道系统安全运行所必需的内容见表3-7。

表3-7　常见的监控工艺用水制备过程的验证项目的检测内容

系统类型	设备及位置	检测项目	检测方式
纯化水系统	原水	浊度全分析	
	砂滤装置后	浊度分析	在线或离线
	活性炭滤器后	浊度、硬度、pH、SDI、TOC	在线或离线
	软化器后	硬度、电导、pH、TOC	在线或离线
	反渗透装置后	电阻率、压力、温度	在线或离线
	混床后	电导、含氧、pH	在线或离线
	贮罐管道内水	电导、含氧、pH、压力、温度、贮罐液位	在线或离线
注射用水系统	蒸馏水机	出水量、压力温度、电导、pH、热原	在线或离线
	纯蒸汽发生器	产汽量、压力温度、电导、pH、热原	在线
	贮罐管道系统	液位、温度、压力	在线
	水泵	压力	在线
	换热器	介质压力、温度	在线
	用水点	灭菌温度、热原、微生物	离线

第六节　灭菌验证

灭菌方法主要包括湿热灭菌、干热灭菌、紫外线灭菌、辐射灭菌、微波灭菌、环氧乙烷灭菌和过滤除菌等。灭菌的验证实际是对产品、灭菌设备与装载方式的验证。灭菌验证活动包括：对照灭菌设备的参数校验灭菌设备的性能；确认产品与装载方式灭菌程序的有效性与重现性；预估灭菌过程中产品可能发生的变化。本节主要讨论湿热灭菌与干热灭菌的验证。

一、灭菌验证的有关术语

（1）灭菌的对数规则

灭菌的对数规则是指生物指示剂孢子的死亡规律符合阿伦尼乌斯（Arrhenius）一级反应式的质量作用定律，也就是说，灭菌时微生物的死亡遵循对数规则。

（2）灭菌的 D 值

D 值是微生物耐热参数，即一定温度下将微生物杀灭 90% 或使之下降一个对数单位所需的时间（min）。不同的微生物具有不同的 D 值。D 值较小说明微生物抗热性弱，短时间曝热，即可消灭 90%；D 值较大说明微生物的抗热性强，长时间曝热才能消灭 90%。所以 D 值能代表微生物的抗热性。

（3）灭菌的 Z 值

Z 值指灭菌温度系数，即某一种微生物的 D 值下降一个对数单位时，灭菌温度应升高的度数。换言之，Z 值是 D 值减少 90% 所需升高的温度。Z 值被用于定量地描述微生物对灭菌温度变化的敏感性。Z 值越大，微生物对温度变化的敏感性就越弱，此时，如果通过升高灭菌温度的方式来加速杀灭微生物的收效就不明显。

（4）F_T 值

F_T 值指温度 T（℃）时的灭菌时间，系指给定 Z 值下，在温度 T（℃）下灭菌产生给定灭菌效果所需的等效灭菌时间（min）。因为 D 值随温度的变化而变化，所以不同温度下达到相同灭菌效果时，F_T 值将随 D 值的变化而变化。灭菌温度高时，所需的“等效灭菌时间”就短；灭菌温度较低时，则所需的“等效灭菌时间”就长。

（5）F_0 值

F_0 指标准灭菌时间，是灭菌过程赋予一个产品 121 ℃下的等效灭菌时间。

（6）灭菌率 L

灭菌率 L 指在温度 T 下，灭菌 1 min 所获得的标准（T = 121 ℃）灭菌时间，阐明了 F_0 和 F_T 之间的关系。

（7）无菌保证值（sterility assurance level，SAL）

《中国药典》规定无菌保证值定为 6，作为最终灭菌产品最低限度的无菌保证要求。

二、湿热灭菌的验证

1. 设备确认

安装前必须查看设备订单、合格证书、说明书及设备缺损情况。湿热灭菌设备确认内容包括：①检查设备构造、安装控制系统、蒸汽系统、冷却系统、零部件等，均应与采购要求相同；②各控制器、仪表、计时器与测量仪等的确认。安装结束后，查对设计图与竣工图。查看工程质量，具体包括：各部件连接情况（蒸汽、水、压缩空气无渗漏），控制仪器校准情况，各系统试运行；在操作条件下试车，对照设计标准，测定关键变量（温度、压力、真空度、排水温度、灭菌蒸汽洁净情况等）。

2. 验证内容

验证内容主要包括热电偶校正、空载与满载热分布测试、热穿透性试验与灭菌周期研究。灭菌效力可从生物学与物理学手段方面进行评价。生物学的评价使用的是一种特定微生物作为指示剂（生物指示剂），其数据能直接反映灭菌的效果。灭菌方法、生物指示剂和 D 值见表 3-8。验证中指示剂的破坏或去除的结果，将能精确地预测常规操作中灭菌方法的灭菌除菌有效性。每种产品都有适应本身的灭菌方法。

表 3-8　灭菌方法、生物指示剂及其 D 值

生物指示剂	灭菌工艺	D 值
嗜热脂肪芽孢杆菌	饱和蒸汽 121 ℃	1.5 min
枯草杆菌黑色变种	干热 179 ℃	1 min
枯草杆菌格罗别杰变种	环氧乙烷（600 mg/L） 50%RH，54 ℃	3 min
短小芽孢杆菌	γ 射线（湿）	0.2 mrad
	γ 射线（干）	0.15 mrad

注：1 mrad = 10 J/kg。

（1）热电偶校正

温度的测量和控制是湿热灭菌的关键部分，必须予以验证。热电偶的校正选择两个温度：一个是冰点，参照温度是 0.0 ℃；另一点是正常的操作温度的高温点，通常为 121.0 ℃或选用稍高温度（130.0 ℃）。校正方法：将热电偶与标准温度器件一起放在高稳定性的温度槽（0.0 ℃和 130.0 ℃）中，记录读数的误差。其允许误差不得大于热电偶导线准确度（-0.3 ～ 0.1 ℃）与标准器件传递准确度（±0.2 ℃）的总和。在 0.0 ～ 130.0 ℃范围内，热电偶响应值进行线性处理，相对于标准器件输出的最大一次性误差在整个范围内不得超过 ±0.1 ℃，否则，热电偶必须更换。

（2）空载与满载热分布及热穿透性试验

① 空载热分布测试：在空载条件下进行热分布试验，灭菌柜内不放置灭菌产品，即为空载。空载热分布测试的目的在于确认灭菌柜内保持温度均匀性的能力和灭菌蒸汽的稳定性，测定灭菌腔内不同位置的温差状况，确定可能存在的冷点。热分布研究中使用的热电偶分置在灭菌器中有代表性的水平及垂直的平面上，灭菌器的几何中心位置及几个角、蒸汽入口、冷凝水排放口、温度控制传感器旁边必须标示出来，一般用 10 ～ 20 根热电偶有规律地把温度记录下来，热电偶分置见图 3-10 和表 3-9。应注意热电偶焊接处不能与腔室的金属表面接触。在空载条件下按预定的灭菌条件连续灭菌 3 次，必须呈现均匀的热分布，无冷点，全部温度探头的平均值应＜ 1 ℃；如存在低于平均值 1 ℃及以上的点，则说明存在冷点，要求最冷点的温度大于要求温度；探头应覆盖被分化成体积大致一致的整个空间，有 3 个点必须检测，分别是最冷点的产品探头、设备本身附带的温度探头、冷凝水排水口探头。

表 3-9　热电偶分置

探头号	探头位置	探头号	探头位置
1	4-B-Ⅱ	6	2-B-Ⅲ
2	4-C-Ⅲ	7	2-A-Ⅰ
3	4-A-Ⅰ	8	1-B-Ⅱ
4	3-A-Ⅰ	9	1-C-Ⅳ
5	3-D-Ⅳ	10	1-A-Ⅰ

② 满载热分布测试：满载热分布测试使用的热电偶必须放在与空载试验相同的位置上，以得到稳定的结果和可信度。通常采用最小装载、最大装载、典型装载三种方式。其标准与空载时类似，要求各点之间的差值不得超过 2 ℃。满载热分布可确定灭菌柜装载中的“最冷点”。

③ 热穿透性试验：又称冷点测定，是为了确认灭菌柜针对某品种能进行有效灭菌，了解灭菌程序对产品的实用性，合格标准应保证“最冷点”在预定的灭菌条件下获得足够多的无菌保证值。测定时，在代表容器的高、中、低三个区域内放置 3 根热电偶（见图 3-11），至少反复测试 3 次，记录温度。

热穿透测试探头随灭菌器容积大小而变化。一般的装载托盘或装载车至少配置 10 个探头，全部插入相应的产品容器中，将容器固定在难于穿透的位置进行测试。通过热穿透性试验确定热点、冷点、选择的温度控制点之间的关系。热穿透数据可以证实负载内所获取的最高温度和最大 F_0，应不影响产品的质量稳定性；同时确保冷点达到足够的杀灭效果。热穿透性试验结果分析见表 3-10。

表 3-10 热穿透性试验结果分析

试验次数	最低 F_0 值		平均 F_0 值	要求	结论
	位置	F_0 值			
第一次				最低 F_0 ＞ 8； 最低 F_0 值与平均 F_0 值的差值 ≤ 2.5	
第二次					
第三次					

热穿透试验结果分析：

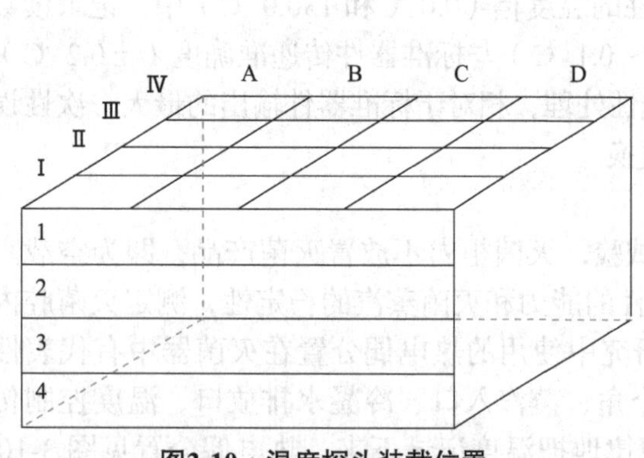

图3-10 温度探头装载位置

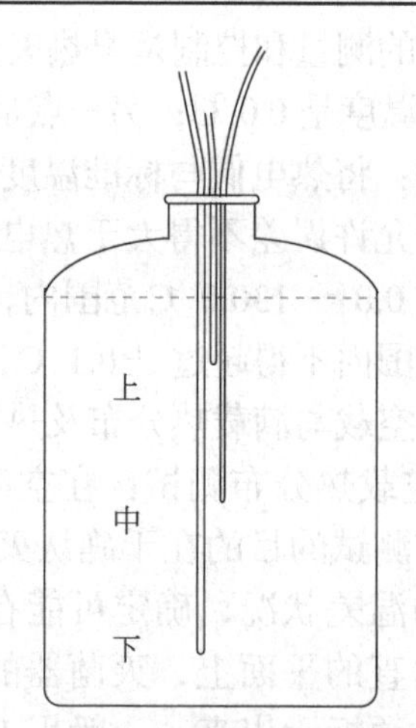

图3-11 容器的冷点测定热电偶的放置

（3）灭菌效力评价（微生物挑战性试验）

确认蒸汽灭菌工艺的真实灭菌效果往往使用生物学手段，即生物指示剂法，又称微生物挑战性试验。热穿透数据确认负载后各位置温度接近，而微生物挑战性试验可以进一步确认负载后各位置具有相同的杀灭微生物的效率。对于湿热灭菌程序，该试验是将一定量嗜热脂肪芽孢杆菌或生孢梭菌的耐热孢子接种入待灭菌产品中，在设定灭菌条件下进行灭菌。通常和热穿透性试验同时进行。标定的生物指示剂也可用于 F_0 的计算，并证实温度探头所获取的温度测试数据。

生物指示剂应选择耐热性比产品初始菌更强的微生物。此外，生物指示剂的耐热性和菌种浓度应通过测试确认。尤其是生物指示剂所处的溶液或载体对生物指示剂的耐热性有影响时，应在验证试验中对实际条件下生物指示剂的耐热性进行评估。

三、干热灭菌的验证

干热灭菌验证与湿热灭菌验证相似，进行设计确认、安装确认后，在运行确认时进行控制仪表及记录仪的校正和测试、控制器动作确认、整体空机系统确认、高效过滤器的定期完整性测试、空载热分布试验。性能确认需进行热穿透性试验、满载热分布试验和微生物挑战性试验等项目。

第七节　生产工艺验证

为保证产品质量的均一性与有效性，在产品开发阶段要筛选合理的处方和工艺，然后进行工艺验证，并通过稳定性试验获得必要的技术数据，以确认工艺处方的可靠性和重现性。生产工艺验证需遵循以下原则：①产品的质量、安全性和有效性必须是在设计和制造中得到的；②质量不是通过检查或检验成品所能得到的；③必须对生产过程的每一步骤加以控制，以使成品符合质量和设计的所有规格标准的概率达到最大程度。

一、处方与操作规程审阅

处方（prescription）是用专业术语按照单位剂量的数量或批量生产中的数量写成的，是验证的基础。操作规程既是一整套的单元操作，又列有必须检测的参数。在审阅处方和操作规程时，必须注意设备动力、加工能力、物料性质和工序周期等在关键步骤上生产与中试的差别，这种差异是否会导致产品质量不能确保或者不稳定。一般情况下，处方在验证工艺时不改动或者尽可能少地改动，除非处方达不到分析技术上的要求。例如，注射剂生产与中试比较，往往因扩大批量而使配料加热时间延长、灭菌器负荷增大（即 F_0 值增大），严重影响热敏感药物的稳定性，当通过改变现有生产线工艺条件无法改善时，就必须考虑重新设计处方，更改附加剂或附加剂的用量，甚至考虑增加主药投料。在片剂生产中，由于设备动力和生产加工能力比中试增大，在物料输送、混合制粒、整粒、压片各工序有可能对物料提出新的要求。又如颗粒输送到压片机，当需要提高输送速度时，就必然要求颗粒流动性增加，这与颗粒粒度大小、分布、松密度有关，而生产上首先想到的是改变或调节助流剂、润滑剂。

生产操作规程（manufacturing direction）的主要内容包括：制剂名称和特点、生产条件和操作方法、重点操作复核、异常情况处理、设备维护、使用和清洗、工艺卫生和环境卫生、劳动保护和安全防火、仪器（表）检查和校正、技术经济指标计算和消耗定额等。审查时必须从实际出发，站在操作人员的角度，逐条分析，确认规程的可操作性。例如：生产条件各工序是否具备，能耗定额是否恰当，能否落实。与生产操作规程相关的技术规程还包括检验规程、采样规程及工艺变更规程等。对规程的审阅是工艺验证的前期工作，工艺验证是规程修改完善的过程。

二、设备与物料确认

1. 设备确认

设备确认是指对生产设备的设计、选型、安装及运行的正确性以及工艺适应性的测试和评估，证实该设备能达到设计要求及规定的技术指标。设备确认包括预确认（prequalification）或设计确认（DQ）、安装确认（IQ）、运行确认（OQ）和性能确认（PQ）。其目的是通过一系列的文件检查和设备考察以确定该设备与 GMP 要求、采购设计及产品生产工艺要求的吻合性。常规设备确认程序见表 3-11。

表3-11 设备确认程序

程序	文件	确认内容
预确认	设备设计要求及各项技术指标	（1）审查技术指标的适用性及GMP要求 （2）收集供应商资料 （3）优选供应商
安装确认	（1）设备规格标准及使用说明书 （2）设备安装图及质量验收标准 （3）设备各部件及备件的清单 （4）设备安装相应公用工程和建筑设施 （5）安装、操作、清洁的SOP （6）记录格式	（1）检查及登记设备生产的厂商名称、设备名称、型号、生产厂商编号及生产日期、公司内部设备登记号 （2）安装地点及安装状况 （3）设备规格标准是否符合设计要求 （4）计量、仪表的准确性和精密度 （5）设备相应的公用工程和建筑设施的配套 （6）部件及备件的配套与清点 （7）制定清洗规程及记录表格 （8）制定校正、维护保养及运行的SOP草案及记录表格式草案
运行确认	（1）安装确认记录及报告 （2）SOP草案 （3）运行确认项目、试验方法、标准参数及限度确定 （4）设备各部件用途说明 （5）工艺过程详细描述 （6）试验需要的检测仪器校验记录	（1）按SOP草案对设备的单机或系统进行空载试车 （2）考察设备运行参数的波动性 （3）对仪表在确认前后各进行一次校验，以确定其可靠性 （4）设备运行的稳定性 （5）SOP草案的适用性
性能确认	（1）使用设备SOP （2）产品生产工艺 （3）产品质量标准及检验方法	（1）空白料或代用品试生产 （2）产品实物试生产 （3）进一步考察运行确认中参数的稳定性 （4）产品质量检验 （5）提供产品的与该设备有关的SOP资料

2. 物料确认

物料包括生产过程中的起始原料、辅料、包装材料、过程物料等。化学原料、中药原药材及其提取物、辅料及包装材料都应有质量标准，除了国家颁发的法定标准、行业指定的行业标准外，企业应根据生产实际需求制定切实可行的企业内控标准。

（1）原辅料

原辅料的物理性状、化学组成是影响产品质量最重要的因素之一，其差异还直接影响到生产的适应性和重现性。例如，原料的晶型不同，会影响到粉碎、混合、填充和压片等操作。其溶解性、稳定性也有差异。对于灭菌制剂来说，原辅料中的微生物、不溶性微粒对制剂质量的影响是不容忽视的。生产工艺验证中一般先评价原辅料，原辅料的确认程序如下：

① 准备工作：建立验证方案，审查原辅料质量标准和操作规程，校正、维护好相关的仪器设备。

② 检查：参照《中国药典》及有关标准检测原辅料的含量、均匀度、微生物、不溶性微粒、晶型、粒度、松密度和溶解度等。

③ 模拟试验：模拟生产操作，将检验合格的原辅料进行3个批量的试生产（辅料多以空白做试验）。试生产遵循操作规程，按工序顺序进行，依次分别取样检查以下各项：固体制剂粉碎的粒度、混合的均匀性、流动性、附着性、可压性；液体、半固体制剂的分散性、溶解性、澄明度等；灭菌制剂应同时做空白和阳性对照，检查微生物和不溶性微粒。

④ 生产评价：按生产计划进行批量生产试验。抽取生产过程中各工序的样品进行检查。如果对选用的原辅料有相当的经验和把握，可以采用同步验证。试验可以结合原辅料的特点，在设计投料的标准范围内挑战极限，如投料的多少、粒度的大小、浓稠度的高低等。这有利于评价原辅料投料参数的变化与生产操作和产品质量的关系。

⑤ 供应商确认：选择原辅料供应商，主要确认的内容包括生产场所、生产设备、检测仪器、生产操作、操作人员、操作规程、制造厂商对GMP的熟悉度及其信誉情况。

（2）包装材料

包装通常分为外包装和内包装。把直接与制剂接触的包装称为内包装；其他则归类到外包装。包装材料确认的内容主要有：规格、材料属性、变形系数、热封性、透气和防潮、生产适应性及相关的文字说明。对内包装的评价可参考上述“原辅料”。

（3）过程物料

过程物料又称中间产品。由于企业在获得质量保证的同时，追求的总是最大产出，这就要求必须采用极限参数验证设备、工艺条件。其中物料的定时、定速、定位、定量传递是现代制剂生产必须重视且应该实现的。除了要求设备运行必须具有完善的控制系统外，还要求物料的性能必须适应生产工艺需要。不同物料状态的主要认证性能见表3-12。

表3-12　不同物料状态的主要认证性能

物料状态	主要认证性能
固体	粉粒粒度大小及分布、松密度、静电荷、流动性、吸湿性、附着性、分散性、可压性、成型制剂（片、丸、胶囊等）规格、抗磨损等
液体	相体系、流动性、张力、渗透压、稠度、黏度、密度、稳定性、澄明度、pH
半固体	稠度、黏度、流动性、相变温度、稳定性、混入空气
气体	压力、组分、密度

三、工艺条件验证与管理

工艺条件是为生产合格产品设定的一系列参数。具体包括：环境参数，厂房、设施结构参数，生产处方，物料性能，设备运行参数，检测条件，介质参数，电气参数等。为了生产出质量始终一致的制剂产品，不仅要设定生产工艺条件，而且要保证工艺条件的一致性。验证能为各参数的设定和在生产过程中重现提供保证。

对于工艺验证，药企应对生产工艺有充分的理解，找到对产品质量、生产成本产生影响的**关键工艺参数**（critical process parameters，CPP）。同时，关键工艺参数的识别应具有一定的科学性并经过充分证明。工艺验证中所包含的关键工艺参数必须明确，且在验证期间必须严格监控，因其可能会影响产品质量。关键工艺参数设定的限制条件，应符合市场认可的限额、稳定性的规格、放行的规格及验证的范围。

以湿法制粒工艺为例，其关键工序及控制参数示例见表3-13。

表3-13　湿法制粒工艺关键工序及关键控制参数示例

工序	工艺参数	考察指标
备料	如需要，粉碎/过筛的目数	物料粒度分布，水分
湿法制粒	批量，制粒机切刃和搅拌的速度；添加黏合剂的速度、温度和方法；原辅料加入顺序；制粒终点的判定；湿法整粒方式和筛网尺寸；出料方法	粒度分布、水分、松密度（如需要）；如可能，可采用PAT技术（过程控制技术）进行在线监测
干燥	批量；进风温度、湿度和风量，出风温度；产品温度；干燥时间；颗粒水分	水分
整粒	筛网尺寸；整粒类型；整粒速度；颗粒的粒度分布	粒度分布，水分
混合	批量；混合速度；混合时间	混合均匀度
分料	（无）	含量均匀度
压片	压片机转速、主压力；加料器转速	外观，片重，片重差异，片厚，脆碎度，水分，硬度，溶出度/崩解度，含量均匀度
包衣	包衣液的制备：投料顺序；温度和搅拌时间；过滤网孔径	外观，包衣增重，水分，硬度，溶出度/崩解度
	预加热：片床温度，排风温度及风量；转速；预加热时间	
	喷浆：进风温度及风量；锅内负压；片床温度；蠕动泵转速；浆液温度和雾化压力；喷浆量；排风温度及风量；锅体转速	
	干燥：进风温度；锅内负压；片床温度；排风温度及风量；锅体转速；干燥时间	
	冷却：进风温度；锅内负压；片床温度；排风温度及风量；锅体转速；降温时间	

新产品生产工艺验证和文件编制就绪后，产品顺利投入生产。一般情况下不应更改验证过的工艺，而是在生产中验证相关的操作规程，建立数据库（生产记录、设备维修记录、检验报告等），确定操作中不合格的极限范围，建立控制技术图表，借助控制图判断生产工艺是否处于受控状态。这就是复验证或称追溯型验证。通过复验证，还可以尽早发现和解决问题，进一步完善操作规程。

事实上，生产工艺没有一成不变的，因为没有改进就没有发展。凡对产品质量产生差异和影响的生产工艺改变都应经过重新验证。例如，生产批量、生产设备、生产地点、原料制造商、配制方法、设备清洗方法、处方及分析技术等，其中任何一个条件有了变动，一般来说，必须进行重新验证。

四、生产工艺控制系统验证

制剂生产装备不断向自动化发展，计算机控制系统的应用越来越广泛。它是用来执行一种特定功能或一组功能的硬件、系统和应用软件及有关外围设施的系统。计算机控制系统能否对工艺起到设计所希望的作用，生产工艺控制系统的验证是质量的保证。其验证过程与设备验证相类似。

（1）设计审查

主要审查计算机系统硬件图，计算机控制系统平面图，软件设计是否遵循数据处理规范，是否具有完整、清晰且能满足生产工艺控制需要的文档，明确全系统要做什么，每个模块要做什么，模块间怎样联系等。

（2）安装确认

安装确认的目的是保证系统的安装符合设计标准，并保证所需技术资料俱全。具体确认内容包括各种标准清单，各种标准操作程序，配置图，硬件和软件手册，硬件配置清单，软件清单和源代码的复制件，环境和公用工程测试等。

（3）运行确认

系统运行确认的目的是保证系统和运作符合需求标准。系统运行确认应在一个与正常工作环境隔离的测试环境下实施，但应模拟生产环境。具体包括：系统的安全性测试，操作人员接口测试，报警、互锁功能测试，数据的采集及储存，确认数据处理能力等。

（4）性能确认

性能确认是为了确认系统运行过程的有效性和稳定性，应在正常生产环境下进行测试。测试项目依据对系统运行希望达到的整体效果而定，测试应在正常生产环境下重复 3 次以上。

（5）系统验证

模拟生产实际环境，以黑盒测试方法测试系统功能，证明系统运行是否符合设计要求。

（6）工艺控制验证

这与工艺条件验证相似，只是生产过程受计算机系统控制。验证至少测试 3 批样品，以证明计算机系统能否用于控制生产过程，处理与产品制造、质量控制及质量相关的数据。

生产工艺控制系统验证合格后可交付生产部门使用。

第八节　设备清洗验证

在制剂生产中，总会有若干原辅料和微生物残留，如果这些残留的原辅料、微生物及其代谢产物进入下批生产过程，则必然会对下批产品产生不良影响。因此在每一道生产工序完成后，需要按照清洗操作规程对制药设备进行清洗，并对清洗进行验证，才能够保证产品质量，防止药品污染和交叉污染。**清洁**是指通过有效的清洁手段将生产设备中残留的原辅料、微生物及其代谢产物除去的方法。设备的清洁程度，取决于残留物的性质、设备的结构、材质和清洗的方法。对于某一产品和与其相关的工艺设备，清洁效果取决于清洗的方法。

设备清洗的方法通常可以分为手工、自动和半自动清洗三种。**手工清洗**又称拆洗，是由操作人员持清洁工具按预定的要求清洗设备，根据目测确定清洁程度的一种方式，主要用于清洗易拆装的设备部件。**全自动清洗**是指大型固定设备或系统在安装基本不变的情况下，由专门的清洗装置按一定的程序自动完成整个清洁过程，又称在线自动清洗，常用于某些体积庞大且内表面光滑无死角的设备的清洗，如灭菌器、针剂灌装系统等。**半自动清洗**是将设备或部件拆卸移至清洗间用机械或超声波清洗。此外，有些设备（如配料罐、包衣锅）可实行在线手工清洗。设备清洗应在清场后进行，否则，清洗的设备必然会受到粉尘或其他异物的再次污染。

清洁效果评价应以设备中各种残留物的总量降低至不影响下批产品规定的疗效、质量和安全性的状态为标准。良好的清洁效果可降低交叉污染的风险，降低产品受污染而报废的可能性，延长设备的使用寿命，降低患者产生负面效应的概率，同时降低产品投诉的发生率，以及降低卫生部门或其他机构检查不合格的风险。

一、清洗设计的审查

审查清洗设计的主要内容包括：清洗房间的大小、位置、结构和设施，清洗设备（工具）的设计和选型，清洗方法和操作规程草案，清洗剂的选择，清洁规程的制定。

清洗方式的选择应当全面考虑设备的材料、设备结构、产品的性质、设备的用途及清洁方法能达到的效果等各个方面。

选择清洁剂应符合以下四点要求：①应能有效溶解残留物，不腐蚀设备，且本身易被清除；②符合 ICH 在“残留溶剂指南”中的使用和残留限度的要求；③清洁废液对环境尽量无害或可被无害化处理；④满足以上前提下应尽量廉价。常用清洁剂见表 3-14。

表 3-14　常用清洁剂

清洁剂种类	举例	用途
酸	磷酸、柠檬酸、乙醇酸	调节pH，可清洗碱式盐、微粒、生物碱及某些糖
碱	氢氧化钠、氢氧化钾	调节pH，可清洗酸式盐、片剂赋形剂、蛋白质及发酵产品
螯合剂	EDTA	增加金属离子的溶解度
助悬剂	低分子聚丙烯酸酯	残余物悬浮在冲洗液中而不沉积在设备上
氧化剂	次氯酸钠	氧化有机化合物成为小分子，清除蛋白质沉积
酶	蛋白酶、脂肪酶、淀粉酶	选择性催化底物降解

根据不同的清洁对象，不管采用何种清洁方式，都必须制定一份详细的书面规程，规定每一台设备的清洁程序，从而保证每个操作人员都能以相同的方式实施清洗，并获得相同的清洁效果。这是进行清洁验证的前提。

从保证清洁重现性及验证结果的可靠性出发，清洁规程至少应对以下方面进行规定：

① 清洁开始前对设备必要的拆卸要求和清洁完成后的装配要求；② 所有清洁剂的名称、成分和规格；③ 清洁溶液的浓度和数量；④ 清洁溶液的配制方法；⑤ 清洁溶液接触设备表面的时间、温度、流速等关键参数；⑥ 淋洗要求；⑦ 生产结束至开始清洁的最长时间；⑧ 连续生产的最长时间；⑨ 已清洁设备用于下次生产前的最长存放时间。

二、污染限度审查

1. 采样方法

① 洗液法：在末次清洗时，以给定数量的漂洗水或溶剂漂洗，收集洗出液作为样品，一般检查残留物浓度和微生物污染水平。如生产有澄明度与不溶性微粒要求的制剂，通常要求淋洗水符合相关剂型不溶性微粒和澄明度的标准。此方法适用于贮罐、配料锅、管道、包衣锅的清洗验证。

② 擦拭法：擦拭取样的原则是选择最难清洁部位取样，通过验证其残留物水平来评价整套生产设备的清洁状况。用醮有溶剂的棉签擦拭清洗设备的边角或死角（最难清洗的部位）。以此棉签作为样品进行残留物料分析。此方法适用于各机械表面残留物的测试。

③ 空白料法：设备清洗后，生产空白料批号。该批号必须涉及在活性成分的批号生产中所采用的所有设备。在空白料批号的最后一步测定活性成分，以此来确认各部位的清洗效果。

2. 样品的检查

（1）物理检查

样品的物理检查要点：①外观，无可见残留物痕迹。②最后淋洗设备的回流水，以淋洗用水为空白，在波长 210 ～ 360 nm 处测吸光度应小于 0.03。③灭菌制剂生产设备清洗后，应取样检查不溶性微粒。

（2）化学检查

样品的化学检查主要测定活性成分和清洁剂的残留量。由于残留量很小，要求检测仪器灵敏度高，可操作性强。常用的检测仪器有高效液相色谱仪和紫外分光光度计。化学污染限度要求如下：①活性成分残留量，任何产品受前一品种污染的活性成分不得超过其日剂量的 0.1%；②洗洁剂、毒剧成分，不能超出 10 mg/kg；③末次冲洗设备收集的水检查各项指标应与选用的工艺用水一致。

活性成分残留限度计算有以下两种。

① 清洗后最难清洗部位每一取样棉签活性成分最大允许残留量（Q_1）计算式：

$$Q_1(\text{mg/棉签})=\frac{A}{B}\times\frac{C}{E}\times D\times F \tag{3-2}$$

式中，A 为前一组产品中活性成分日最低剂量 ×0.1%；B 为一组产品中最大日服用剂量，mg（mL）/日；C 为一组产品中最小批量，kg 或 L；D 为棉签取样面积，25 cm^2/ 棉签；E 为设备内表面积，cm^2；F 为棉签取样有效性（一般取 50%）。

② 末次清洗液取样活性成分最大残留量（Q_2）计算式：

$$Q_2(\text{mg/mL})=\frac{A}{B}\times\frac{C}{G}\times F \tag{3-3}$$

式中，G 为末次淋洗液的体积，mL。

（3）微生物检查

样品的微生物检查要点：① 最难清洗部位棉签擦拭取样培养，菌落计数不大于 50 cfu/ 棉签。②以终淋洗水取样培养，同时以淋洗用水为空白对照。菌落计数不大于 25 cfu/mL。

3. 确定残留量限度

① 分析方法能达到的灵敏度能力：残留物浓度限度标准（10×10^{-6}）。

残留物浓度限度标准规定：由上一批产品残留在设备中的物质全部溶解到下一批产品中的浓度不得高于 10×10^{-6}。对液体制剂而言，这就是进入下批各瓶产品的残留物浓度。残留物浓度（10×10^{-6}）也可进一步简化成最终淋洗水中的残留物浓度限度为 10 mg/kg。取 10×10^{-6} 为残留物浓度限度的理论依据是因为高效液相色谱仪、紫外 - 可见分光光度计、薄层色谱仪等常规实验分析仪器的灵敏度一般都能达到 10×10^{-6} 以上。

② 生物学活性限度：最低日治疗剂量的 1/1000。

在实际生产中，残留物并不是均匀分布的。可能存在某些特殊表面（如灌封头），残留物溶解后并不均匀分散到整个批中，而是全部进入一瓶或几瓶产品中。在这种情况下上述限度就不再适用，必须为特殊部位制定特殊的限度。

依据药物的生物活性数据——**最低日治疗剂量**（minimum treatment daily dosage，MTDD）确定残留物限度是制药企业普遍采用的方法。其理论依据是：不同人群对不同药物产生活性或副作用的剂量存在个体差异，某些患者即使服用较最低日治疗剂量更小的某种药物仍会产生药理反应。

③ 肉眼观察限度：不得有可见的残留物。

④ 残留物成分不稳定时限度标准的确定：确定上述残留物浓度限度、生物学活性限度方法的合格标准是最难清洁物质的残留量或产品中的活性成分应低于规定的限度，而对活性成分的化学稳定性未加考虑。应该看到，清洗过程中和清洗结束后残留物以薄膜的形式，充分暴露在水分、氧气和较高的温度下（如需高温清洗和灭菌），其活性成分的化学性质很不稳定，有可能通过化学反应部分转变为其他物质。清洁验证的合格标准自然失去意义。另一方面，通过化学反应生成的其他物质对人体有更大的毒性，则更要严格限制其在后续成品中的含量。因此，残留物成分不稳定时制定限度标准必须考虑这类物质对下批产品带来的不利影响。

三、清洗设备与清洗剂的确认

1. 清洗设备的确认

清洁设备的确认应侧重检查清洗剂输送管道的安装情况（渗漏、倾斜度）、清洗剂喷淋速度控制系统、清洗操作是否方便。清洗后能否防止再污染。

2. 清洗剂的确认

清洗剂是根据待清洗设备表面及表面污染物的性质进行选择。进行清洗剂的确认时必须注意以下几点：①明确碱、酸和洗涤剂的种类和用量。选用的酸、碱和洗涤剂必须符合有关法规要求。不与物料成分作用析出沉淀物，且在清洗过程中容易除去。目前常用的清洗剂主要有碳酸氢钠、氢氧化钠和盐酸溶液。②确认能否适应热洗。③清洗剂是水还是乙醇（或其他），其纯度（浓度）要求如何。

四、清洗方法的验证

清洗方法的验证流程：首先列出待进行清洗验证的设备所生产的一组产品，从中选出最难清洗（最难溶解）的产品作为参照产品。接着选择难清洗的部位，进行预试验与方法验证。

① 预试验：经济的做法是以参照产品的过期（失效）原料进行试生产后，按照清洗规程清洗设备，记录关键参数，监测每个清洗过程的清洗效果。与此同时修改好操作规程。

② 方法验证：正常生产参照品种一个批量后，对生产设备进行清洗，监控关键参数，取样分析清洗效果，试验不少于 3（批）次，以证明清洗方法的可操作性、结果的重现性。

设备清洗验证的维护主要是通过制订清洗周期和定期复验来实现的。设备清洗周期根据生产需要制订，即：同一设备在加工同一无菌产品时，每批之间要清洗灭菌；同一设备在加工同一非无菌产品时，至少每周或每生产 3 批后，要全面清洗一次；当更换品种时，设备必须全面彻底清洗。

（何伟）

思考题

1. 验证的定义、内容与基本原则是什么？

2. 工程设计主要包括哪些内容？

3. 如何进行检验方法的验证？

4. 什么是 HVAC？其构成有哪些？如何进行 HVAC 验证？

5. 制药工艺用水系统验证的目的是什么？如何进行验证？

6. 灭菌方法有哪些？

7. 何为灭菌的 D 值、Z 值、对数规则、F_T 值、F_0 值以及无菌保证值？

8. 如何进行湿热灭菌的验证？

9. 如何进行生产工艺验证？

10. 为什么要进行设备清洗验证？

参考文献

［1］ 陈燕忠，朱盛山．药物制剂工程．3 版．北京：化学工业出版社，2018.

［2］ 夏晓静，黄晓静．药品生产过程验证．北京：化学工业出版社，2014.

［3］ 周建平，唐星．工业药剂学．北京：人民卫生出版社，2014.

［4］ 李亚琴，周建平．药物制剂工程．北京：化学工业出版社，2008.

［5］ 白慧良，李武晨．药品生产验证指南．北京：化学工业出版社，2003.

第四章
制剂生产工程

本章学习要求

1. 掌握：制剂生产工程体系中的组织机构和生产管理规定，生产计划的内容和生产计划指标的制定，片剂、注射剂的生产过程及过程控制，生产过程中常见问题和处理方法。

2. 熟悉：生产管理文件的内容与分类，生产准备和劳动组织的内容，制剂生产中产生的三废治理和综合利用，生产效益分析方法。

3. 了解：生产自动化中计算机技术的应用，生产安全和劳动保护相关知识。

第一节　制剂生产工程体系

一、组织机构

（一）相关定义

1. 组织

组织（organization）是指职责、权限和相互关系得到有序安排的一组人员及设施。例如：公司、集团、商行、企事业单位、研究机构、慈善机构、代理商、社团或上述组织的部分或组合。组织可以是股份制的、公营的或民营的。

2. 组织机构

组织机构（organizational structure）是对人员的职责、权限和互相关系的有序安排。组织机构可以延伸至包括与外部组织有关的接口。

制药企业的组织机构要适应质量管理和质量保证的需要，人员素质要适应药品生产质量管理规范的要求，才能生产出安全有效的高质量药品。有关组织机构与人员管理的文件的编制应反映出这方面的需求。根据近期国家药品监督管理局印发的《药品检查管理办法（试行）》，制药企业要通过各省级药品监督管理部门组织实施的面向药品生产经营和使用环节的检查。从长远的战略眼光看，制药企业的组织机构要向全球型、创新型、科研型、网络型、应变型、学习型的方向发展，人才要向国际化方向发展，做到管理国际化、资金国际化、技术国际化、市场国际化，这样才能适应全球经济一体化、竞争国际化的发展趋势，迎接知识经济的挑战。

3. 体系（系统）

体系或系统（system）是指相互关联或相互作用的一组要素。

4. 管理体系

管理体系（management system）是指建立方针和目标并实现这些目标的体系。一个组织的管理体系可以包括若干个不同的管理体系，如质量管理体系、财务管理体系或环境管理体系。

（二）组织机构设置

根据国外经验和我国药品生产企业的实际情况，药厂一般应设七八个部门，包括生产部、质量保证部、行政管理部、销售部、供应部、财务部、开发部、工程部。其中，生产和销售应分开，供应和销售应分开，质量保证部必须具有充分的权威性。以某药厂 GMP 组织机构（图 4-1）为例，其 GMP 组织分为生产管理体系、质量管理体系、物流管理体系、工程维护四个子体系。

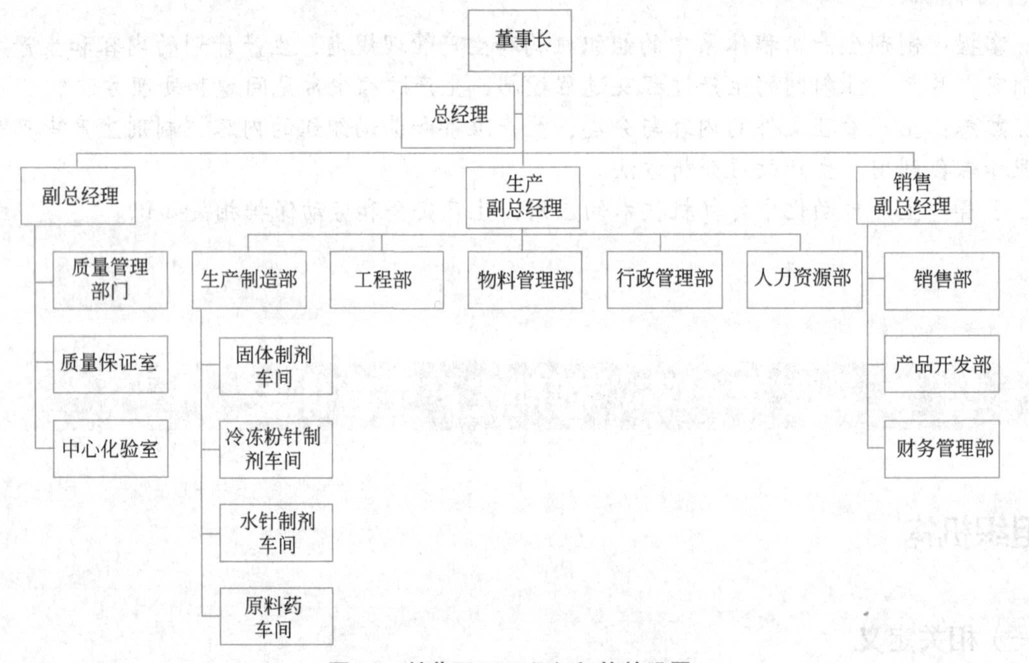

图4-1　某药厂GMP组织机构的设置

1. 生产管理体系

（1）生产管理部门

负责按计划均衡组织生产，做好原料材料、动力供应的限额领用和平衡调度工作。并按 GMP 要求坚持做到不合格原料未经技术部门批准不安排投料，不合格成品不予统计交仓。

（2）技术管理部门

负责按 GMP 要求进行生产过程中一系列技术管理工作，比如技术文件（规程、岗位技术安全操作法等）的组织编写、审定，工艺控制点、原始记录的检查，开展技术分析等，帮助和督促生产车间切实执行 GMP。

（3）各生产车间

在生产过程中负责实施 GMP 中有关生产技术管理、设备管理、原辅料领用管理、质量管理、工艺卫生管理等规定，做到文明生产。图 4-2 为某药厂生产组织机构图。

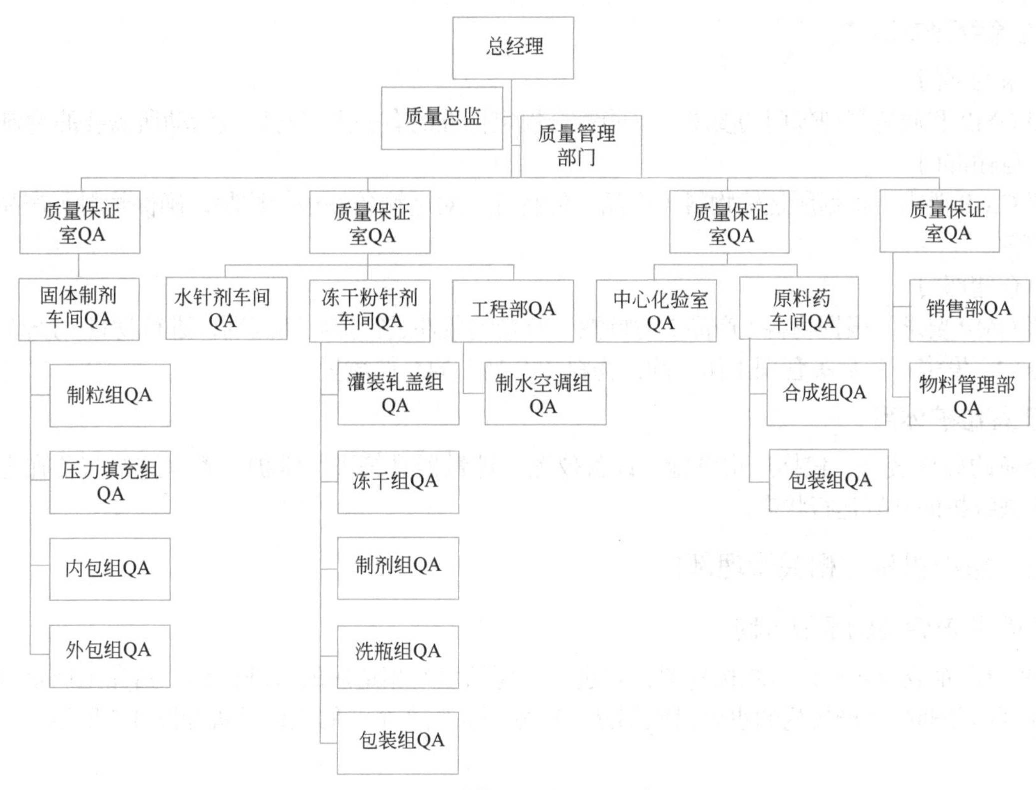

图4-2 某药厂生产组织机构图

2. 质量管理体系

质量管理体系包括实施质量管理的组织机构、职责、程序、过程和资源。为保证质量管理组织机构的独立性和权威性，以便有效地组织各项质量活动，现行 GMP 规定：药品生产企业应建立生产和质量管理机构，各机构和人员职责应明确；药品生产管理部门和质量管理部门负责人不得互相兼任；质量管理部门受企业负责人直接领导。每个企业的规章制度都应当明确规定各部门的职责范围。

在人员方面，现行 GMP 规定：制药企业必须配备一定数量的与药品生产相适应的具有专业知识、生产经验及组织能力的管理人员和技术人员。企业主管药品生产管理和质量管理的负责人应具有医药或相关专业大专以上学历，有药品生产和质量管理经验。生产部门和质量管理部门的负责人应具有医药或相关专业大专以上学历，有药品生产和质量管理的实践经验，有能力对药品生产和质量管理中的实际问题做出正确判断和处理，并对各级人员应进行培训。

此外，药品生产企业的生产环境必须整洁，总体布局合理，厂房应按生产工艺流程及所要求的空气洁净级别进行合理布局。GMP 规定设备的设计、选型、安装应符合生产要求，易于清洗、消毒或灭菌，便于生产操作和维修保养，并能防止差错和减少污染。使用的设备要定期维修、保养和验证；专人管理并且有使用记录。

质量管理体系是深入细致编制质量文件的基础，是使企业内更为广泛的质量活动能够得到切实管理的基础，是有计划、有步调地把整个企业主要质量活动按重要性顺序进行改善的基础。

（1）质量保证部门

负责制定、审核和批准药品生产与质量管理的所有文件，并对生产人员进行培训，实施对生产全过程的严格监督；负责对物料供应企业的质量审计，负责对物料进入企业和生产线、产品出厂等进行放行；负责对所有与药品质量有关的活动进行必要的监督等。

（2）质量控制部门

对药品（物料）的取样、留样等活动所涉及的硬件、软件、人员和工作现场进行管理，确保这些活动满足 GMP 要求。

3. 物流管理体系

（1）采购部门

按照 GMP 和质量管理部门的要求，采购符合规定标准的有关生产与质量活动所需要的物料等。

（2）运输部门

按照 GMP 要求，根据所运输物料（产品）的特性，对运输条件进行控制，确保物料（产品）的在途运输质量。

（3）仓储部门

按照 GMP 要求，根据物料（产品）的特性，对仓储条件进行控制和区别，进行物料（产品）验收、入库、养护、发资、售后等管理工作，确保物料（产品）的仓储质量。

4. 工程维护体系

对企业的硬件装备，包括厂房设施、设备仪器、计量器具等进行维护，确保这些装备在生产等活动中处于被维护的良好运行状态。

（三）组织机构与相关管理部门

1. 药品生产企业的组织机构

GMP 规定企业应当设计组织机构图，并建立与药品生产相适应的管理机构。药品生产管理部门和质量管理部门是药品生产机构的重要组成部分。部分药品生产企业的机构设置如图 4-3 所示。

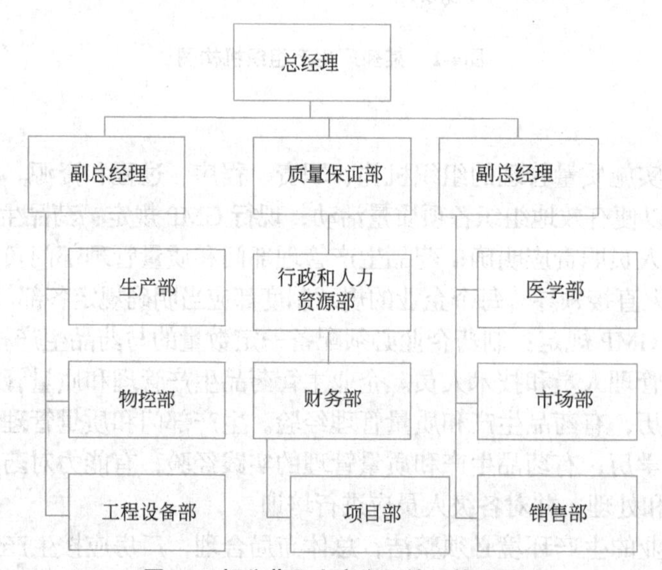

图4-3 部分药品生产企业的机构设置

企业关键人员应当是企业的全职人员，至少应当为企业负责人、生产质量负责人、质量管理负责人和质量受权人。企业应当配备足够数量并具有适当资质（含学历、培训和实践经验）的管理和操作人员，应当明确规定每个部门和每个岗位的职责。岗位职责不得遗漏，交叉的职责应当有明确规定，同一个人所承担的职责不应当过多。所有人员应当明确并理解自己的职责，熟悉与其职责相关的要求，并接受必要的培训，包括上岗前培训和继续培训。

2. 生产系统的生产状态

生产系统的组织机构、生产体系的文件系统、生产设备和物流管理构成了药物制剂生产工程体系。

药物制剂的生产是连续性生产，各阶段物流处于不停的运动状态。企业建立生产组织系统，是实施有效生产的基础之一。而制剂生产的有序运行，必须依赖文件系统的建立与指导。因此，要按照 GMP 要求，对制剂生产从计划、投料生产到出库上市的每一个环节、每一个程序进行标准化的运作规定，以保证药品质量，降低原材料和能源的消耗，不断提高劳动生产率，保障安全生产。

企业应当建立与药品生产相适应的生产管理机构，并设置组织机构图。图4-4是某制剂企业生产系统的组织机构图。生产部门负责企业每月生产计划的制定、组织、实施、调控和成本核算，下达产品生产指令，解决生产中出现的各种疑难技术问题，参与组织新产品工业化验证，负责按计划完成各种制剂产品的生产。

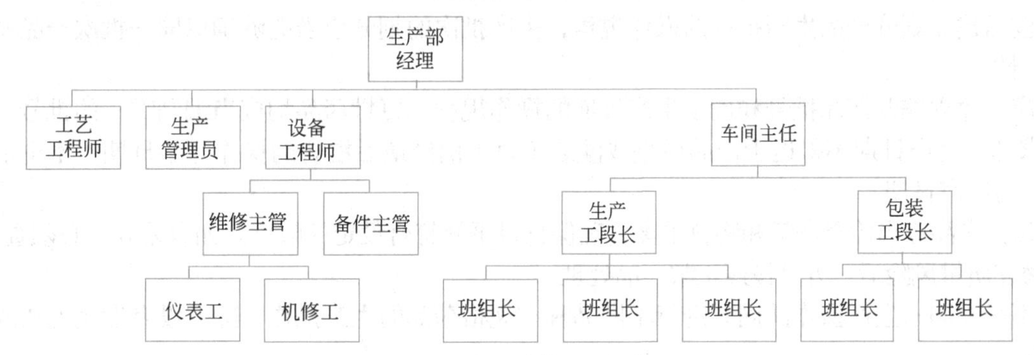

图4-4 生产系统的组织机构图

3. 药品生产管理负责人和质量管理负责人

（1）生产管理负责人

生产管理负责人应当至少具有药学或相关专业本科学历（或中级专业技术职称或执业药师资格），具有至少三年从事药品生产和质量管理的实践经验，其中至少有一年的药品生产管理经验，接受过与所生产产品相关的专业知识培训。

（2）质量管理负责人

质量管理负责人应当至少具有药学或相关专业本科学历（或中级专业技术职称或执业药师资格），具有至少五年从事药品生产和质量管理的实践经验，其中至少一年的药品质量管理经验，接受过与所生产产品相关的专业知识培训。生产管理负责人和质量管理负责人不得兼任。企业应当设立独立的质量管理部门，履行质量保证和质量控制的职责，可分别设立质量保证部门和质量控制部门。

（四）组织机构要符合GMP要求

我国GMP（2010年修订版）第十六条规定："企业应当建立与药品生产相适应的管理机构，并有组织机构图。企业应当设立独立的质量管理部门，履行质量保证的质量控制的职责。质量管理部门可以分别设立质量保证部门和质量控制部门。"

WHO对药品生产企业组织结构的要求是：生产企业应有组织机构图，所有的负责人员都应有用书面规定的明确任务，并应有足以履行其职责的权力。他们的任务可委托给具有足够资格水平的代理人。执行GMP的有关人员的责任，不应有空缺或不必要的重叠。

因此，制药企业的组织机构不仅要适应现代化的生产及其企业经营战略，还要适应实施质量管理与质量保证、GMP的需要。形势要求管理机构必须是高效率和高标准的。一个制药企业组织机构的设置，应能使各部门协调适当，运转自如，效率提高。制药企业机构应组织系统严密，我国GMP对决策层、职能管理层和执行层的人员素质都有要求。跨国制药企业采取精兵简政的方式进行管理，重视中层（职能管理层）干部的培训。这也正是我国一些制药企业的不足之处，通常表现为机构臃肿重叠，中层干部力量薄弱。解决这些问题需要管理层在改革开放的新形势下，锐意进取、改革人事制度、建立健全人员考核聘用制度，开发新产品和开拓市场，提高企业的经济效益和社会效益。我国一些大中型制药企业应投身于现代企业制度改革，全面正确把握现代企业制度的基本特征（产权明晰、权责分明、政企分开管理科学），加强统筹协调，全力推进各项配套改革，造就一支企业家队伍，加大科技投入，积极发展成为集"生产、教学、科研"于一体的大型经济实体。

二、药品生产管理规定的基本原则

根据GMP（2010年修订版），药品生产管理规定的基本原则包括：

① 所有药品的生产和包装均应当按照批准的工艺规程和操作规程进行操作并有相关记录，以确保药品达到规定的质量标准，并符合药品生产许可和注册批准的要求。

② 应当建立划分产品生产批次的操作规程，生产批次的划分应当能够确保同一批次产品质量和特性的均一性。

③ 应当建立编制药品批号和确定生产日期的操作规程，每批药品均应当编制唯一的批号。除另有法定要求外，生产日期不得迟于产品成型或灌装（封）前经最后混合的操作开始日期，不得以产品包装日期作为生产日期。

④ 每批产品应当检查产量和物料平衡，确保物料平衡符合设定的限度。如有差异，必须查明原因，确认无潜在质量风险后，方可按照正常产品处理。

⑤ 不得在同一生产操作间同时进行不同品种和规格药品的生产操作，除非没有发生混淆或交叉污染的可能。

⑥ 在生产的每一阶段，应当保护产品和物料免受微生物和其他污染。

⑦ 在干燥物料或产品，尤其是高活性、高毒性或高致敏性物料或产品的生产过程中，应当采取特殊措施，防止粉尘的产生和扩散。

⑧ 生产期间使用的所有物料、中间产品或待包装产品的容器及主要设备、必要的操作室应当贴签标识或以其他方式标明生产中的产品或物料名称规格和批号，如有必要，还应当标明生产工序。

⑨ 容器、设备或设施所用标识应当清晰明了，标识的格式应当经企业相关部门批准。除在标识上使用文字说明外，还可采用不同的颜色区分被标识物的状态（如待验、合格、不合格或已清洁等）。

⑩ 应当检查产品从一个区域输送至另一个区域的管道和其他设备连接，确保连接正确无误。

⑪ 生产结束后应当进行清场，确保设备和工作场所没有遗留与本次生产有关的物料、产品和文件。下次生产开始前，应当对前次清场情况进行确认。

⑫ 应当尽可能避免出现任何偏离工艺规程或操作规程的偏差。且出现偏差，应当按照偏差处理操作规程执行。

⑬ 生产厂房应当仅限于经批准的人员出入。

第二节　文件管理

一、文件分类及管理

（一）文件、文件系统及文件管理的概念

1. 文件

文件（document）：信息及其承载媒体，如记录、规范、图样、报告或标准。承载媒体可以是纸张、计算机磁盘、光盘或其他电子媒体、照片或样件，或它们的组合。一组“documents”如一组规范和（或）记录，经常称为“documentation”。文件是GMP的重要组成部分。

记录（record）：阐明所取得的结果或提供所完成活动的证据的文件。质量记录可用于追溯性文件，并提供验证、预防措施和纠正措施的证据。《中华人民共和国药品管理法》规定：药品生产企业必须按

照国家药品监督管理部门制定的《药品生产质量管理规范》的要求，配备相应的设施和设备，制定和执行保证药品质量的规章制度、卫生要求。此处，“制定和执行保证药品质量的规章制度、卫生要求”可以视为GMP的软件，而这个软件的核心在于文件系统的完备和执行。

制药企业的文件是指一切涉及药品生产管理、质量管理的书面标准和实施中的记录结果。WHO药品生产质量管理规范指出，制药企业的文件是质量保证体系的基本部分，它涉及GMP的所有方面。其目的在于确定所有物料的规格标准、生产和检验方法；保证与生产有关的所有人员都知道自己应该做什么、何时做以及怎样做；保证受权人具有足够的资料决定一批药品是否发放；提供对怀疑可能有缺陷产品的历史进行调查的线索；文件的设计和使用取决于生产者。此外，英国GMP橙皮书中指出，制药企业的文件是一切涉及医药产品制造的书面生产方法、指示说明和记录、质量控制方法和记录下的测试结果。

2. 文件系统

制药企业的**文件系统**（document system）是指贯穿于药品生产管理全过程、连贯有序的系统文件，也是制药企业GMP的软件基础。一个运行良好的制药企业不仅需要先进的制药厂房设施与设备等硬件支撑，也要靠管理软件来运转。管理软件的基础就是附着在GMP管理网络上的文件系统。

3. 文件管理

文件管理（document management）是指包括文件的设计、制定、审核、批准、分发、执行、归档以及文件变更等一系列过程的管理活动，是制药企业**质量保证**（quality assurance, QA）体系的重要部分。质量保证来自制药企业各个系统的健全和运转，而文件管理则是制药企业各个系统的健全和运转不可缺少的。如果将实施GMP的制药企业比喻为健康而充满活力的人，那么文件可看作为神经元，文件系统可看作为神经系统，而文件管理则可看作为神经系统的调控活动。

（二）文件类型

一个管理规范的先进企业用于药品生产控制的各类文件至少有五六百种，有的制药企业由于剂型多，文件达上千种。文件具体可分为以下几类：阐明要求的文件、阐明所取得的结果或提供所完成活动的证据的文件、规定组织质量管理体系的文件、应对具体情况的文件和阐明推荐建议的文件。

1. 阐明要求的文件

阐明要求的文件包括规范、标准、规定、制度等，一般分为技术标准、管理标准和工作标准三个方面。

（1）技术标准

技术标准是指药品生产技术活动中，由国家、地方及企业颁布和制定的技术性规范、准则、规定、办法、规格标准、规程和程序等书面要求。它包括产品工艺规程、质量标准（原料、辅料、工艺用水、半成品、中间体、包装成品、成品等）、检验操作规程等。例如，《中国药典》规定的注射用水质量标准等。

（2）管理标准

管理标准是指国家、地方、行政单位所颁布的有关法规、制度或规定等文件，以及企业为了完成生产计划、指挥控制等管理职能，使之标准化、规范化而制定的规章制度、规定、标准或办法等书面要求，如厂房、设施和设备的使用、维护、保养、检修以及物料管理制度、GMP培训制度等。广义地说，标准类文件都与管理相关，都可视为管理标准文件；狭义地说，管理标准主要指规章制度。管理标准是GMP软件系统的核心与重要组成部分，其目的在于保证企业管理的标准化与规范化。而文件系统是GMP软件系统的书面形式，所以文件系统中的管理标准要与GMP的要求完全一致。

（3）工作标准

工作标准是企业内部对每一项独立的生产作业或管理活动所制定的规定、标准程序等书面要求，或以人或人群的工作为对象，对其工作范围、职责权限以及工作内容考核所制定的标准、程序等书面要求。工作标准包括：工作职责指令、岗位责任制、岗位操作法和**标准操作规程**（standard operating procedure，SOP）。此外，人员更衣、环境监测、设备校验和清洗等也有 SOP。药品生产企业的 SOP 涉及的管理标准包括：生产管理规程、质量管理规程、生产卫生管理规程。这三个方面的管理规程正是管理标准的主要组成部分。

2. 阐明所取得的结果或提供所完成活动的证据的文件

记录和凭证是反映实际生产活动中执行标准情况的实施结果。

① 记录：岗位操作记录、批生产记录、批包装记录、批档案、日报、周报、月报、产品留样记录、各种台账等。

② 凭证：表示物料、物件、设备和操作室状态的单、卡、证牌以及各类证明文件等。如产品合格证、半成品交接单等。

③ 报告：工作总结报告产品质量综合分析以及各类报告书等。

3. 规定组织质量管理体系的文件

规定组织质量管理体系的文件主要为**质量手册**（quality manual）。为了适应组织的规模和复杂程度，质量手册在其详略程度和编排格式方面可以是不同的。

4. 应对具体情况的文件

规定用于某一具体情况的质量管理体系要素和资源的文件，如**质量计划**（quality plan）。质量管理体系要素包括质量惯例、职责分配和活动的顺序，如某一产品、过程、项目或合同。通常质量计划一般引用质量手册的部分内容或程序文件，其应与质量策划相区分。

5. 阐明推荐建议的文件

用于阐明推荐建议的文件，如药品生产质量管理规范实施指南。某个规范可能与活动或产品有关（如产品规范、性能规范或图样）。而**指南**（guideline）则是阐明推荐或建议的文件。

（三）文件管理

文件是质量保证系统的基本要素。企业必须有内容正确的书面质量标准、生产处方、工艺规程、操作规程以及记录等文件。企业应当建立文件管理的操作规程，系统地设计、制定、审核、批准和发放文件。文件管理是指包括文件的设计、制定、审核、批准、分发、执行、归档以及文件变更等一系列过程的管理活动。因此，企业应制定文件管理制度，内容涉及各类文件的保管和归档，应符合有关法规的要求，各种生产记录应按 GMP 要求保存三年或产品有效期后一年。

1. 文件的编码

文件形成后，所有文件必须有系统的编码及修订号，这就像一个人的身份证编号一样。在制药企业内部，文件的编码及修订号应保持一致，以便于识别、控制及追踪，同时可避免使用或发放过时的文件。

文件的编码应符合系统性、动态性、实用性、严密性和可追溯性等原则。

① 系统性：文件要从总体出发，涵盖生产、质量管理的所有要素及活动要求。

② 动态性：药品生产和质量管理是一个持续改进的动态过程，因此文件必须依照验证和监控的结果不断进行修订。

③ 适用性：制药企业应该根据实际情况，按管理要求制定出符合企业特点的文件。

④ 严密性：文件的书写应该用词准确，标准应统一、量化。

⑤ 可追溯性：文件中的标准涵盖了所有要素，记录反映了执行的过程，文件的归档要充分反映其可追溯性的要求，为企业的持续改进奠定基础。

⑥ 其他：文件的标题应能清楚地说明文件的性质；文件的内容应该简练，条理清楚，且用词准确；企业编制各类文件时应统一格式、统一编号，编号系统应能方便地识别且标示其相关性，便于归档及

查找。

2. 文件的发放

文件批准以后，在执行之日前发放至相关部门或人员并做好记录，同时收回旧文件。发放的应为**正式复印件**（official copy），并盖上红印章。例如：在批产品检验报告及批生产记录的发放中，批产品检验报告书由质量部负责人审批发放，批生产记录由工艺工程师汇总审核，内容包括记录的完整性和无差错，再交质量部 QA 复审，质量部负责人终审后批准放行。

3. 文件的执行与检查

PDCA 循环是全面质量管理所应遵循的科学程序。PDCA 是英语单词 Plan（计划）、Do（执行）、Check（检查）和 Act（处理）的首字母，PDCA 循环就是按照这样的顺序进行质量管理，并且循环不止地进行下去的科学程序。全面质量管理活动的全部过程，就是质量计划的制订和组织实现的过程。

按照 PDCA 循环的要求，在文件起始执行阶段，有关管理人员有责任检查文件的执行情况，这是保证文件有效性最关键的工作。同时，文件管理部门应定期向使用者和收阅者提供现行文件清单并定期复核，以避免使用过时文件。如果文件用于自动控制和管理系统，只能允许授权人操作。

4. 文件使用者培训

文件在执行前应对文件使用者进行专题培训，可由起草人、审核人、批准人进行培训，保证每个文件使用者知道如何使用文件。

5. 文件管理的变更与归档

文件一旦制定，未经批准不得随意更改。若必须更改时应提出理由，按有关程序执行。即文件的使用及管理人员提出理由，提出变更申请，交给该文件的批准人，批准人评价变更可行性后签署意见，变更文件再按新文件起草程序执行。文件管理部门负责检查文件变更引起的其他相关文件的变更，并将变更情况记录在案，以便跟踪检查。文件的归档包括现行文件和各种结果记录的归档。文件管理部门保留一份现行文件或样本，并根据文件变更情况随时更新记录在案。各种记录完成后，整理分类归档，保留至规定期限。对于批生产记录、用户投诉记录、退货报表等应定期进行统计评价，为质量改进提供依据。

记录文件应当保持清洁，不得撕毁和任意涂改。记录填写的任何更改都应当签注姓名和日期，并使原有信息仍清晰可辨，必要时，应当说明更改的理由。记录如需重新撰写，则原有记录不得销毁，应当作为重新撰写记录的附件保存。每批药品应当有批记录，包括批生产记录、批包装记录、批检验记录和药品放行审核记录等与本批产品有关的记录。批记录应当由质量管理部门负责管理，至少保存至药品有效期后一年。

质量标准、工艺规程、操作规程、稳定性考察、确认、验证、变更等其他重要文件应当长期保存。例如使用电子数据处理系统、照相技术或其他可靠方式记录数据资料，应当记录所用系统的操作规程，记录的准确性应当经过核对。使用电子数据处理系统的，应当使用密码或其他方式来控制系统的登录，只有经授权的人员方可输入或更改数据，更改和删除情况应当有记录，数据输入或删除后，应当由他人独立进行复核。用电子方法保存的批记录，应当采用磁带、缩微胶卷、纸质副本或其他方法进行备份，以确保记录的安全，且数据资料在保存期内便于查阅。

6. 文件管理的持续改进

文件管理应不断持续改进。一方面是简化，文件管理应程序化、规范化，使之有效控制，有效管理，即简化工作流程，减少中间环节。另一方面是计算机化，即实现文件管理无纸化。这是现代文件管理的目标，也是实施 GMP 必备的条件。它不仅可以缩短文件形成周期，快速方便，自动储存，也能够减少定员，提高效率。

制药企业文件管理是实施 GMP 软件的基础。持续改进文件档案管理工作的办法至少要做到：①确立档案工作领导体制，即确定档案分管的领导；建立档案工作机构；配备档案工作人员，形成档案管理网络。②认真落实档案管理制度。③建立和健全档案文件材料形成、积累、归档的控制体系。高品位、高效率的文件系统，能保证制药企业有序运作，进而有力地保证产品的质量，保证人民用药的安全有效。

7. 文件管理的目的

用书面的程序进行管理是现代管理的重要特征，实施GMP的一个重要特点就是要做到一切行为以文件为准。按照GMP要求，生产管理和质量管理的一切活动，均必须以文件的形式来体现，即指行动可否进行要以文字为依据。建立一套完备的文件系统可以避免语言上的差错或误解而造成事故，使一个行动如何进行只有一个标准；而且任何行动后，都有文字记录可查，做到“查有据，行有迹，追有踪”。建立完备的文件系统可以明确质量管理系统的保证作用，提供各种标准规定，追踪有缺陷的产品；建立完备的文件系统也可以使管理程序化、规范化，使产品质量和服务质量切实有保证。

建立一套完备的文件系统，其主要目的在于：①明确规定，保证高质量产品的质量管理体系，这是GMP三大目标要素之一；②行动可否进行以文字为准，避免纯口头方式产生错误的危险性；③一个行动如何进行只有一个标准，保证有关人员收到有关指令并切实执行，规范操作者的行为，保证遵循GMP对文件系统的各项标准规定；④任何行动后均有文字记录可查，可以对不良产品进行调查和跟踪，为追究责任、改进工作提供依据；⑤书面的文件系统有助于对企业成员进行GMP培训，保持企业内部良好的联系；⑥文件系统的建立与完善，促使企业实施规范化、科学化、法制化管理，促进企业向管理要效益。

可以用几个英文单词或词组来阐述GMP的要求：Who-谁来做，What-做什么，When-什么时间做，Where-什么地方做，Why-为什么要做，Why not-为什么不能做，How-怎样做。其中，Who-谁来做，指的是人员，涉及企业的每位成员；后6项既强调GMP的条件（包括硬件与软件），又讲清道理，涉及岗位操作与标准操作规程，这些都需要用书面文字的形式表达出来。药品生产涉及面很广，核心是管好人和物。文件系统从不同的侧面规定了每个成员的岗位责任，规定了操作人员的操作程序，规定了物料从采购到成品形成及售后服务整个过程的详尽要求。使企业每位成员（Who）知道自己应该做什么（What），怎样（How）去做，什么时候（When）做，在什么地方（Where）去做，这样做的依据是什么（Why and why not），能得到什么结果。

总之，制药企业实行文件管理的目的是保证企业生产经营活动的全过程按书面文件规定进行运转。明确管理责任，如实反映执行情况，减少因用口头方式交接而产生差错的危险，保证工作人员按文件正确操作，并能积累每批产品的全部资料和数据。制药企业建立和不断完善文件系统、加强文件管理，是实施GMP的需要，更是保证人民用药安全有效的需要。

二、生产管理文件

生产管理文件主要有两大类：**生产工艺规程**（procedures instruction）和**标准操作规程**。这些规程必须经过书面批准，起着指导并规范人员操作的重要作用。

1. 生产工艺规程

生产工艺规程是为生产特定数量的成品而制定的一个或一整套文件，内容包括品名、剂型、生产处方、生产操作要求和包装操作要求，规定原辅料和包装材料的数量、工艺参数和条件加工说明（包括中间控制）、注意事项等内容，是制定其他生产管理文件的重要依据。

2. 标准操作规程

标准操作规程是指经过批准的用以指示安全操作的通用性文件及管理办法，也可作为岗位操作法的基本组成单元。其内容包括题目、编号、制定人及审核日期、批准人及批准日期、颁发部门、生效日期、分发部门、标题及正文。

生产管理文件还包括了岗位操作法，其内容包括：生产操作方法和要点，重点操作的复核、复查，中间产品质量标准及控制，安全和劳动保护，设备维修、清洗，异常情况处理和报告，工艺卫生和环境卫生等。

三、生产记录

生产记录用来反映实际生产活动各工序执行标准的情况，包括批生产记录、批包装记录、批档案等。标准与记录之间有因果关系，标准为记录提供了“规”和“矩”，而记录则是执行标准的结果。

1. 批生产记录

每批产品均应当有相应的批生产记录，可追溯该批产品的生产历史以及与质量有关的情况。批生产记录包括：①配料记录，配料人员双人复查签名的记录要保证物料符合规定的数量和质量。配料前，要检查并复核所要使用的配制设备、其工作日志以及其他附属设施，要有设备的清洗记录，每种组分的加入也都必须予以记录。②灌封记录，对灌封设备的检查要记录，灌封的数量要记录。③最终灭菌关键工序的记录，如灭菌的温度、时间及其他重要信息要记录。④环境监测记录，对关键区域污染情况要通过实验，对结果进行记录。⑤清场记录，上一批工序的结束和下批工序的开始，都应进行清场，然后做记录。⑥生产过程的偏差也应有详细的记录，对较大的偏差要使用专门的事故报告，以详细记载事故情况，调查记录、处理意见和防止类似事故再次发生的措施。

批生产记录应当依据现行批准的工艺规程的相关内容制定，记录的设计应当避免填写差错。原版空白的批生产记录应当经生产管理负责人和质量管理负责人审核和批准。批生产记录的复制和发放均应当按照操作规程进行控制并有记录，每批产品的生产只能发放一份原版空白批生产记录的复制件。

批生产记录的内容应当包括：①产品名称、规格、批号；②生产以及中间工序开始、结束的日期和时间；③每一生产工序的负责人签名；④操作人员的签名；必要时，还应当有操作（如称量）复核人员的签名；⑤每一原辅料的批号以及实际称量的数量（包括投入的回收或返工处理产品的批号及数量）；⑥相关生产操作或活动、工艺参数及控制范围，以及所用主要生产设备的编号；⑦中间控制结果的记录以及操作人员的签名；⑧不同生产工序所得产量及必要时的物料平衡计算；⑨对特殊问题或异常事件的记录，包括对偏离工艺规程的偏差情况的详细说明或调查报告。

2. 批包装记录

每批产品的包装都应当有批包装记录，以便追溯该批产品包装操作以及与质量有关的情况。批包装记录对所有包装材料均必须检查，以保证送到包装线的包装材料数量、质量均符合要求。每种产品的标签要精确计数，记录。贴签记录是保证每一产品正确贴签的控制方法之一。包装线也要有清场记录，包装线人员在使用以前要再次检查包装材料，只有数量与质量均正确时才签字认可。

批包装记录应当依据工艺规程中与包装相关的内容制定。记录的设计应当注意避免填写差错。批包装记录的每一页均应当标注所包装产品的名称、规格、包装形式和批号。批包装记录应当有待包装产品的批号、数量以及成品的批号和计划数量。原版空白的批包装记录的审核、批准、复制和发放的要求与原版空白的批生产记录相同。在包装过程中，进行每项操作时应当及时记录，操作结束后，应当由包装操作人员确认并签注姓名和日期。

批包装记录的内容包括：①产品名称、规格、包装形式、批号生产日期和有效期；②包装操作日期和时间；③包装操作负责人签名；④包装工序的操作人员签名；⑤每一包装材料的名称、批号和实际使用的数量；⑥根据工艺规程所进行的检查记录，包括中间控制结果；⑦包装操作的详细情况，包括所用设备及包装生产线的编号；⑧所用印刷包装材料的实样，并印有批号、有效期及其他打印内容，不易随批包装记录归档的印刷包装材料可采用印有上述内容的复制品；⑨对特殊问题或异常事件的记录，包括对偏离工艺规程的偏差情况的详细说明或调查报告，并经签字批准，所有印刷包装材料和待包装产品的名称代码，以及发放、使用、销毁或退库的数量、实际产量和物料平衡检查。

3. 批档案

批档案是指每一批物料或产品与该批质量有关的各种记录的汇总。产品批档案的建立有利于产品质量的评估及追溯考察。批档案分原辅料批档案和产品批档案。原辅料的批档案见图 4-5，产品批档案见图 4-6。

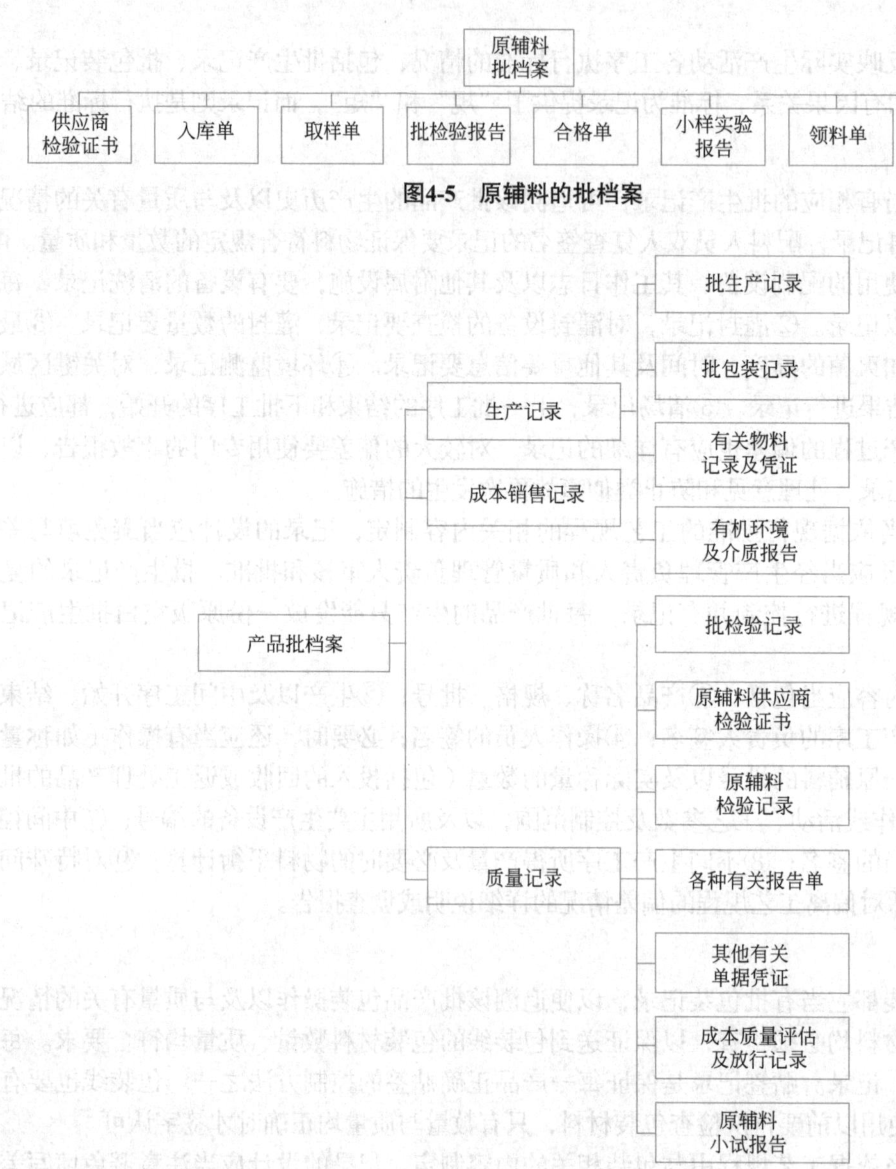

图4-5　原辅料的批档案

图4-6　产品批档案

第三节　生产计划

一、概述

生产计划是企业对生产任务做出的统筹安排，具体拟定生产产品的品种、数量、质量和进度的计划，是企业经营计划的重要组成部分，是企业进行生产管理的重要依据，既是实现企业经营目标的重要手段，也是组织和指导企业生产活动有计划进行的依据。企业在编制生产计划时，还要考虑到生产组织及其形式。同时，生产计划的合理安排也有利于改进生产组织。生产计划是从市场需求和生产出发，一方面为满足客户要求的三要素“交期、品质、成本”；另一方面又是企业获得适当利益，对生产的三要素“材料、人员、机器设备”的准备、分配及使用的计划。按时间的长短，生产计划分为长期计划、年度计划、季度计划、月计划；按管理范围，生产计划分为厂级计划、部门计划、工段计划及小组计划。

1. 生产计划的内容

生产计划的内容包括生产目标、行动方案和计划编制。生产目标是由总经理等高层人员共同制订的，是将来业务发展方面的指标，所有作业的综合程度、规模、财务、生产、市场等方面目标的决策都要在此层次的基础上决定。决策是完成既定目标的工作指导原则，不但要有一贯性，而且要有调和性。行动方案是指在既定的政策下，制订出合理的工作次序，使能达成组织目标。包括将人、财、物、事等因素安排在一定时间内的进度表，并编成一套有秩序的措施，使能准确完成行动方案。存货记录的维护程度、采购程度等都是生产管理中的重要程序，一般而言，越需遵循各种程序以处理业务者，越是比较低的组织层次。在生产活动中有些决策受到一些强制的限制，以执行生产的政策。

2. 生产计划的主要指标

企业的生产计划通过计划指标来表示，计划指标是指企业在计划期内预期要达到的具体目标和水平，制订生产计划指标是生产计划的重要内容。为了有效和全面指导企业生产计划期的生产活动，生产计划应建立包括产品品种、质量、产量和产值的四类指标为主要内容的生产指标体系。相应的生产计划内容的主要指标有：品种指标、质量指标、产量指标和产值指标。

（1）品种指标

品种指标是指企业在计划期内规定生产的药品品种及各种规格（如药品名称、型号、规格和种类，包括同一品种和同一规格药品的不同包装）。它不仅反映企业对社会需求的满足能力，还反映了企业的专业化水平和管理水平，同时它也反映了企业在品种方面满足市场和医疗需求的状况。药品品种指标的确定首先要考虑市场需求和企业实力，再按产品品种系列平衡法来确定。

（2）质量指标

质量指标是指企业在计划期内所生产的产品的质量要求，是衡量企业经济状况和技术发展水平的重要指标之一。产品质量受若干个质量控制参数控制，对质量参数的统一规定形成了质量技术标准，包括国际标准、国家标准、部颁标准、企业标准、企业内部标准等。医药产品是特殊的商品，它不允许有次品的存在，一般都以优级品率（%）和一次合格率（%）进行考核。它不但反映了企业的生产技术和经营管理水平，也反映了企业对患者负责的态度。

（3）产量指标

产量指标是指企业在计划期内产出的符合质量标准的产品数量，以实物量计算的产品产量反映了企业生产经营活动有效成果的数量和规模，也反映了企业生产的发展水平。产量指标是检查产量完成情况，分析各种产品质检比例关系和进行产品平衡分配，计算实物量生产指数的依据。

（4）产值指标

产值指标是指用货币表示的产品产量指标。根据产值指标的具体内容及所起的作用不同，通常又分为商品产值、总产值和毛利润。商品产值是商品产量的货币表现，它是以现行商品价格计算的商品产值，又称销售额（含税）。总产值是总产量的货币表现，它反映企业在计划期内生产发展的总规模和总水平，它是以国家制订的不变价计算的商品产值。利润是企业在计划期内新创造的价值，即从商品产值中扣除生产成本后的净值，也称毛利润。

一个优化的生产计划必须具备以下三个特征：①有利于充分利用销售机会，满足市场需求；②有利于充分利用盈利机会，实现生产成本最低化；③有利于充分利用生产资源，最大限度地减少生产资源的闲置和浪费。其作用包括以下几个方面：①保证交货日期与生产量；②使企业维持同其生产能力相称的工作量（负荷）及适当开工率；③作为物料采购的基准依据；④将重要的产品或物料的库存量维持在适当水平；⑤对长期的增产计划，做人员与机械设备补充的安排。

3. 生产计划的要求

生产计划应满足下列要求：①计划应综合考虑各有关因素的结果；②必须是有能力基础的生产计划；③计划的粗细必须符合活动的内容；④计划的下达必须在必要的时期。

二、生产计划的制订

企业的长期计划是 5 ～ 10 年的宏观战略性规划，是根据国家宏观发展的导向以及相关经济政策和市场需求的预测，结合本企业发展终端目标所编制的具有产品结构调整特征的战略规划，通常伴有新车间、新设备、新剂型、新产品的投入计划，中长期经营策略的设计，以及销售终端网络扩展建设。除个别特殊的新产品外，长期规划通常按产品类别或者销售模式制订经济指标。企业的中期计划是在分解长期计划目标下编制的年度生产计划。企业的短期目标——月生产计划则是企业降低资金运作成本最有效地集中实施生产组织的计划单元。生产计划根据历年产品销售走势、当期市场预测和订货合同、企业上期生产经营计划完成情况的分析、企业的生产能力等综合情况，分别在生产品种、数量、规格、包装、物料等方面制订计划，以满足市场需求。

生产计划制订后，应将生产计划落实到各车间、部门；各车间、部门应明确各自在计划期内的任务、指标，制订相应的生产作业计划。由于制药企业生产所需的原料、辅料及包装材料规格品种较多，各车间部门在制订生产作业计划中，还需互相沟通、互相协调。生产计划在执行过程中，需对指标执行情况进行检查、分析及评价，寻找生产指标与实际执行结果差异的原因并进行分析。然后根据反馈的信息，采取相应措施，纠正影响指标完成的因素，使生产计划得以全面完成。

1. 制剂生产计划指标的制订

药品的使用往往依赖临床疾病的发生规律呈现季节性的变化。企业编制生产计划首先应考虑各品种的历年销售规律、当期的营销策略，依据市场需求，结合企业的生产能力和存货量编制生产计划，使之既能满足需要不脱销，又不会积压过多。生产计划指标的确定依据如下：①相关药品年度销售量变化的规律。收集国内医院用药情况及发展趋势，了解与本企业产品同类的生产企业的生产销售状况、同类产品的市场容量和走势，通过统计分析，掌握各类产品年度销售量动态曲线图，从而找出市场销售量的季节变化规律，确定各月产品的大致销售量。②当期产品销售合同统计情况。③企业内部产品物流的动态存量。分析企业制订每日产品物流存量动态表，包括产品名称、规格、数量单位、月出库数、累计出库数、月末库存数量和完成数量。结合合同数量，制订月拟排产数量、当期产品出厂价格、金额和耗用原辅料、包装材料的计划。④当期特色营销策划的产品计划。⑤市场特殊的信息。通过各种媒体及时了解区域性自然灾害等突发事件，第一时间预见性准备的产品计划。

通常企业分两步制订月生产计划。提前一个月制订初排计划，以便进行生产物料的组织工作；然后再根据销售合同、市场变化和库存对当月计划实行微调处理；最后确定当月生产计划。旺季时生产计划外的库存量可以达到月计划的 30%，淡季时期控制在 10% 以内较好。为了降低生产运作成本，还可以将月生产计划分成上半月和下半月品种计划，在规定的时限内，集中组织生产物料、包装材料，确保生产有序进行。

2. 制剂生产计划的制订

制剂生产计划是企业贯彻执行生产计划，具体组织日常生产活动的重要手段，是制剂车间生产管理的一个重要组成部分。生产计划的编制，应统筹市场需求，结合各工序、各机台与各品种特点数量等因素，以便在产量、耗能、用工、资金占用、供货等方面达到最佳的效果。因此在掌握各工序、各机台产能的情况下，按以下原则编制生产计划：①市场需求紧的品种优先；②工序长的品种优先，如口服制剂以包衣产品优先，可提高包衣设备的生产利用率；③对湿热敏感的品种求稳，实行“万事俱备，一气呵成”的生产法；④结合上下工序的要求，统筹好不同数量规格品种，规格小的品种制粒量少、压片数量高，制粒工时率低、压片工时率高，作业计划编制要适当搭配不同规格品种。各工序生产计划的调整，通常是根据设备产能，通过每日早、中、夜三班生产班次实现。

现假设某药厂片剂车间设计生产能力为年产片剂 5 亿片，该厂 4 月份计划生产片剂 4700 万片，共三个品种，三个品种产量规格见表 4-1。该厂片剂车间主要生产设备见表 4-2。

表 4-1　片剂 A、B、C 三个品种产量规格

品种	计划产量/万片	规格	包装及规格
A	2000	0.1 g（薄膜包衣）	100片/瓶
B	1500	0.3 g（薄膜包衣）	12片*2瓶/盒
C	1200	0.1 g	12片*2瓶/盒

表 4-2　片剂车间主要设备

序号	设备名称	型号	数量	生产能力
1	粉碎机	30B	1台	100 ～ 200 kg/h
2	漩涡振荡筛	GZS-500	1台	100 ～ 1300 kg/h
3	湿法混合颗粒机	HLSG-220	1台	100 kg/批
4	沸腾干燥机	FG-120	1台	120 kg/批
5	热风循环烘箱	RXH-54-C	1台	480 kg/批
6	三维混合机	SYH-1000	1台	400 ～ 600 kg/批
7	压片机	GZPL32C	1台	21万片/h
8	压片机	ZP35A	2台	15万片/h
9	高效包衣机	CBC-150B	1台	150 kg/批
10	泡罩铝箔包装机	DPP-250	2台	10万～ 20万片/h
11	瓶装包装机		1条	60瓶/min

（1）制颗粒

根据处方计算每个品种颗粒总重量，编制颗粒生产作业计划，见表 4-3。

表 4-3　颗粒重量测算

产品名称	计划产量/万片	片重/（kg/万片）	颗粒总重/kg
A	2000	1.228	2456
B	1500	3.436	5154
C	1200	1.183	1419.6

HLSG-220 型湿法制粒机每锅最大投药量为 100 kg，根据式（4-1）计算颗粒应分成多少锅生产。

$$颗粒锅数 = \frac{颗粒总数(\text{kg})}{100(\text{kg/锅})} \tag{4-1}$$

根据批号划分的要求，固体、半固体制剂在成型或分装前使用同一台混合设备，一次混合量所产生的均质产品为一批，因此片剂以所制得的干颗粒连同润滑剂、崩解剂等辅料混合均匀后为一批。SYH-1000 型三维混合机容积为 1000L，装料系数为 80%，干颗粒容重比（体积 / 重量）一般为 40%。

每批所投颗粒量应根据颗粒容重比决定，每次混合颗粒重量在 400 ～ 600 kg 之间。可根据式（4-2）计算批号数量。

$$批号数量=\frac{颗粒总重}{400\sim600(kg)} \tag{4-2}$$

根据三个品种的规格、生产量及设备生产能力计算，品种 A 为 5 个生产批号，品种 B 为 10 个生产批号，品种 C 为 3 个生产批号（表 4-4）。

表 4-4　湿颗粒投料数及生产批号

产品名称	颗粒总重/kg	计划湿颗粒投料锅数	每批混合颗粒重量/kg	计划批号数量	生产批号
A	2456	25锅	491.2	5批	020401-020405
B	5154	52锅	515.4	10批	020406-020415
C	1419.6	14锅	473.2	3批	020416-020418

（2）压片

该车间设 ZP35A 型压片机两台，生产能力最大为 15 万片 /h；CZPL32C 压片机一台，最大生产能力为 21 万片 /h。实际生产能力根据片重大小有所差异，ZP35A 型一般为 11 万～ 14 万片 /h，GZPL32C 为 15 万～ 20 万片 /h。该月片剂生产品种 A 需压片 45.5 h，品种 B 需压片 34.1 h，品种 C 需压片 28 h（表 4-5）。

表 4-5　压片耗时

产品名称	生产量/万片	每小时压片总产量/万片	需生产时间/h
A	2000	44	45.5
B	1500	44	34.1
C	1200	44	28

（3）包衣

该车间设 CBG-150B 型高效包衣机一台，每次可包薄膜衣片 150 kg，包衣时间为 3 ～ 4 h/ 次。根据该月片剂生产计划，包衣需 52 锅，每班可生产 2 锅，包衣次数见表 4-6。

表 4-6　包衣次数

产品名称	片剂重量/kg	包衣次数/次
A	2456	1
B	5154	35

（4）包装

该车间该月生产品种 A 为 PVC 塑料瓶包装，每瓶装 100 片，其余两品种为水泡眼铝塑料包装。该车间瓶装生产线生产能力为 60 瓶 /min。DP250 平板式自动包装机 2 台，每台每小时可包装 12 万片。三个品种所需包装时间见表 4-7。

表 4-7　包装时间

产品名称	生产量/万片	包装时间/h
A	2000	56
B	1500	63
C	1200	50

（5）生产计划

根据上述对各工序实际情况的分析，制订当月生产计划（见表 4-8）。

表4-8　4月份生产计划

工序	生产日期		
	产品A	产品B	产品C
粉碎、过筛	3月26日至30日	4月3日至16日	4月18日至21日
粉碎过筛间清洁	4月2日	4月17日	4月22日
配料	3月27日至4月2日	4月4日至17日	4月19日至24日
配料间清洁	4月3日	4月18日	4月2日
制粒、干燥	3月27日至4月2日	4月4日至17日	4月19日至24日
制粒、干燥间清洁	4月3日	4月18日	4月25日
总混	3月28日至4月3日	4月6日至18日	4月20日至24日
总混间清洁	4月4日	4月19日	4月26日
压片	3月29日至4月6日	4月11日至19日	4月23日至26日
压片间清洁	4月9日	4月20日	4月27日
包衣	3月30日至4月11日	4月12日至30日	
包衣间清洁	4月11日	4月30日	
包装			
塑料瓶包装线	4月2日至12日	4月13日至23日	
铝塑包装线		5月8日至9日	4月24日至30日

（6）生产指令

根据生产计划由技术部门下达产品生产指令，其内容包括产品名称、规格、产量、批号、生产依据、生产日期、处方、包装材料及操作要求等（见表4-9、表4-10）。

表4-9　片剂批生产指令

生产部门：			编制人：		编制日期：　年　月　日	
复核人：	复核日期：　年　月　日			批准人：	批准日期：　年　月　日	
产品名称				规格：	产品批号	
理论产量		片		操作日期：　年　月　日		
执行工艺规程						
物料代号	物料名称	物料厂家	批号	投料量/kg	湿品含量/kg	折纯量/kg

表4-10　粉针剂批生产指令　　编号：

生产部门：			编制人：	编制日期：　年　月　日	
复核人：	复核日期：　年　月　日		批准人：	批准日期：　年　月　日	
产品名称				装量范围（+2%）	
产品批号	规格	g/瓶			
理论产量	瓶			标准装量　g	
投产日期	年　月　日	生产线编号			
工艺规程	生产工艺规程（编号：　）				
原料					
原料名称				原料批号	
生产厂家					

续表

领入量	kg	含量	%	水分	%	色泽	<号
内包材料							
内容 名称		领用数量					
模制瓶							个
管制瓶							个
丁基胶塞							粒
复合铝盖管							个
标签							
名称 内容		生产日期		有效期至		领用数量	
备注							

生产部部长签字：　　　　　　　　　　　　　　　　　　　　　日期：　　年　月　日

第四节　生产准备和劳动组织

一、生产准备

生产车间在接到生产指令后应根据生产指令进行生产前的准备工作。生产准备包括购进原辅料和包装材料、配备生产车间内操作人员并检查其操作场地、检验设施及设备等部分。

1. 人员

根据批准的定员指标编制人员总计划和生产计划以及生产指令内容，适时配备人员，确定各工序人员。提前做好某些环节劳动组织的调整和人员的调配，保证生产作业计划的执行。

2. 物料

根据生产指令内容及车间生产作业计划，分别领取原料、辅料。按生产指令内容仔细核对原辅料名称、代码、规格、批号、数量（质量），保证准确无误。每批产品应按产量和数量的物料平衡进行检查，如有差异，必须查明原因，在得出合理解释并确认无潜在质量事故后，方可正常处理。进行生产前，必须具备品种齐全、质量合格、数量合适的各种原材料和外协件等。这些物资由物资供应部门根据生产计划编制物资供应计划，进行必要的订货和采购。生产部门在编制生产作业计划时，必须同物资供应部门配合，对一些主要原材料、外协件的储备量和供应进度进行检查。物资供应部门必须满足生产的需要，生产管理部门则要根据物资的实际储备和供应情况及时对生产计划进行调整，避免发生停工待料的现象。

3. 设施及设备

机器设备是否处于符合生产条件的良好状态是保证完成生产作业计划的一个重要条件。生产管理部门在安排作业计划时，要按照设备修理计划的规定，提前为待修设备做好制品储备，或者将生产任务安排在其他设备上进行，以便保证设备按期检修。机修部门要按照计划进行检修，做好检查、配件等准备工作，按期将设备检修完成。生产前应确保设施及设备一切正常，例如空气净化系统运行是否正常；生产区域内空气中的尘埃粒子及微生物是否符合相应洁净级别的要求；生产设备是否完好；生产大输液及注射剂的生产车间纯化水及注射用水系统是否处于良好的运行状态。

4. 场地

应做到生产场地清场，生产区域“六面”（地面、墙壁、天花板）清洁，设备器具清洁（灭菌）且摆放整齐有序，空气洁净度和压力符合工艺要求，标记牌确认完好，场内无与本批生产无关的物料和文件，保证场地达到生产标准。我国 GMP（2010 年修订版）第四十条规定：“企业应当有整洁的生产环境；厂区的地面、路面及运输等不应当对药品的生产造成污染；生产、行政、生活和辅助区的总体布局应当合理，不得互相妨碍；厂区和厂房内的人、物流走向应当合理。”

5. 文件

我国 GMP（2010 年修订版）第一百五十一条规定：“企业应当建立文件管理的操作规程，系统地设计、制定、审核、批准和发放文件。与本规范有关的文件应当经质量管理部门的审核。”现行文件（质量标准、SOP 等）应与生产指令内容相适应，如有差异，应向文件批准部门提出处理意见。药品生产过程中的问题和事故主要有两个原因：一是没有标准的书面操作文件或指令，或是文件指令不完善以及未严格执行；二是口头传递信息导致失真。因此，生产前务必准备好完善的文件指令。

二、劳动组织

1. 组织形式

企业应配备与其生产产品、规模和技术特点相适应的组织机构与生产人员，拥有有效的生产管理系统和足够数量的合格人员是 GMP 的基本要求。

生产部经理对本部门产品制造过程负责，包括全面落实 GMP 的生产，保证生产人员按规定的文件和规程操作，并确保生产计划按期完成。

工艺工程师是生产经理的主要技术助手，其职责包括向各工段下达工艺指令；解决生产工艺上发生的各种技术问题、车间问题及车间 GMP 的实施问题；逐批审查生产记录；调查并负责处理生产过程中发生的所有偏差；验证产品工艺；协助研究部门进行新产品中试或产业化工艺放大试验等。

车间的生产设备可以由车间设备主管管理，也可由工程部门负责管理，其职责主要包括：分析并组织解决生产过程中出现的设备故障或能源供应问题，参与生产设备的管理，包括设备的各种技术验证。

2. 劳动定额

劳动定额是在确定的生产技术和合理的劳动组织条件下，为生产一定的产品或完成一定的工作所规定的必要劳动量的标准。劳动定额有两种表现形式：**工时定额和产量定额**。工时定额是指为完成某件产品或某道工序所必须消耗的工时。产量定额是指在单位时间内应当完成的产品数量。

劳动定额是企业计划管理的重要依据，企业的生产计划、成本计划、劳动工资计划等都要以劳动定额为依据；生产计划中的各种工作进度，也要根据劳动定额计算后决定。劳动定额规定了完成各项工作的工时消耗量，所以它是组织各项互相联系的工作和时间上配合、衔接的依据。劳动定额也是核算劳动成果、确定劳动报酬的重要依据。因此，劳动定额是企业正确组织生产和分配的一项重要的基础工作。

劳动定额的水平必须先进合理，也就是在正常的生产条件下大多数工人经过努力能够达到，部分工人可以超过，少数工人能够接近的水平。劳动定额制订的方法如下：①经验估工法。一般由车间管理人员及生产部有关人员，根据实际经验结合生产工艺、设备及其他生产条件，直接估算制订劳动定额。②统计分析法。在生产同类产品或大体相同产品时，根据过去的工时或产量的统计资料，分析当前生产条件的变化，来制订劳动定额。③技术测定法。在充分挖掘生产潜力的基础上，根据合理的技术组织条件和工艺方法，对工时定额的各部分时间的组成进行分析计算和测定，从而确定定额。④工作日写实法。对操作者整个工作日的工时利用情况，按时间的顺序，进行观察、记录统计和分析的一种方法，适用于完全依赖于手工操作的作业，如包装工序等。

3. 岗位定员

企业在确定生产规模和产品方案的前提下，编制人员规划和确定机构设置，包括确定人员数量、素质要求、职责范围、组织机构及劳动组织形式等方面的内容。企业在定员过程中，一般是先定额，后定员；先车间，后辅助单位；先工人，后服务人员。既要定人员数量，又要定人员质量，定经济责任制，把责、权、利有效地结合起来，既要精打细算合理安排劳动力，又要保证以较高的工作效率完成生产任务。定员的方法如下：

$$定员人数=\frac{一轮班次应完成的工作量}{工人每班平均劳动定额\times计划出勤率}\times每日轮班次数 \tag{4-3}$$

（1）按劳动定额定员

根据生产任务和劳动生产率来计算定员人数。该法适用于手工作业，如片剂的包装。产量和劳动生产率的高低取决于工人的数量和工作的熟练程度，合理的定员是降低生产成本的重要因素。

（2）按设备定员

根据设备的数量、工人的操作定额和准备开设的班次来计算人员。制药企业设备的生产能力大多由设计所确定，但对设备所配备的人员则由企业根据设备状况、人员素质、产品品种而定。如2P35压片机设计的最大生产能力为15万片/h，如果生产规格0.1 g的片剂，则15万片/h的产量有可能达到，如果生产规格0.5 g的片剂，则产量就要大幅度下降。同样是压片工序，如果颗粒的性能较好，则一个工人可管理多台压片机，反之管理台也会手忙脚乱。此外还应考虑工人的熟练程度等，因此应结合实际情况来制订。

$$定员人数=\frac{完成生产任务所需设备台数}{工人操作定额\times计划出勤率}\times开设班次 \tag{4-4}$$

（3）按岗位定员

根据工作岗位的多少、各岗位的工作量、工作班次和出勤率来计算所需人数。

（4）按比例定员

按职工总数或某一类人员总数的比例来计算某些非直接生产人员和部分辅助生产人员的人数。

4. 生产调度

生产调度是企业生产作业计划工作的继续，是对企业日常生产活动直接进行控制和调节的管理形式，是组织实现生产作业计划的重要手段。

（1）生产调度的主要工作

生产调度的主要工作是检查生产作业计划的执行情况和生产准备工作的进行情况，并在发现问题后及时处理。在制剂生产过程中，除原料药外，所需辅料、包装材料品种多，规格复杂。如片剂除主药外，各品种还需要稀释剂、吸收剂、润湿剂、黏合剂、崩解剂、润滑剂及包衣材料等；包装材料则有瓶（铝箱）、标签、纸箱、纸盒、说明书等。如果缺少其中一种，生产就会受影响。因此，生产调度需要了解原辅料、包装材料的库存情况，将生产计划与物资供应紧密结合起来，同时尽量避免库存积压和浪费资金。在实际生产过程中也可能发生种种意外而影响生产计划的正常运行，此时也需要对生产任务进行适当的调整。

（2）生产调度的基本要求

① 计划性：是生产调度的基础，调度必须维护计划的严肃性，确保生产计划的实施和顺利完成。

② 统一性：是调度工作的可靠保证，为保证生产有序地进行，生产调度的权力必须相对集中，并建立强有力的调度制度和调度系统。

③ 预见性：是对生产中出现问题的及时解决，当机立断；要根据市场需求，及时、灵活地调整生产计划。

（3）生产调度的措施和方法

生产调度主要是通过部门经理协调企业各部门、生产各环节的进度，如生产车间和动力车间之间能源供应矛盾的协调，中心化验室与供应部门在原辅料检查中发生矛盾的协调等。根据销售部门临时提出的销售计划，及时组织原辅料、包装材料，调整生产计划，满足市场需求。根据需要合理调配劳动力，以免影响生产的正常进行。检查设备运行情况，若发现故障，及时组织有关部门进行抢修。检查各车间、班组生产进度和统计报表，及时向主管领导汇报生产动态。搞好生产调度，关键要建立健全包括值班制度、调度报告制度等一整套调度工作制度。定期检查计划执行情况和生产作业情况。在计算机已普遍使用的今天，应尽可能采用计算机管理，将库存的原辅料、包装材料、产成品销售计划及在制品等信息电子化，通过电子化管理使生产调度更为合理。

第五节　生产过程及过程控制

一、生产过程

不同的剂型有着不同的生产过程，本节主要以片剂和注射用粉针剂为例进行简要介绍。

（一）片剂的主要生产过程

制备片剂时，用于压片的物料（颗粒或粉末）需要具备三个前提条件，即良好的可压性、流动性和润滑性。目前，片剂生产主要采用三种制备方法：湿法制粒压片、干法制粒压片和粉末直接压片。

1. 湿法制粒压片

湿法制粒压片就是将物料先用湿法制粒，颗粒经干燥后再压片的工艺。需要的单元操作包括：粉碎、过筛、称量与混合、制软材、制湿颗粒、湿颗粒干燥、干颗粒过筛整粒、加入润滑剂等辅料混合、压片（如图 4-7）。

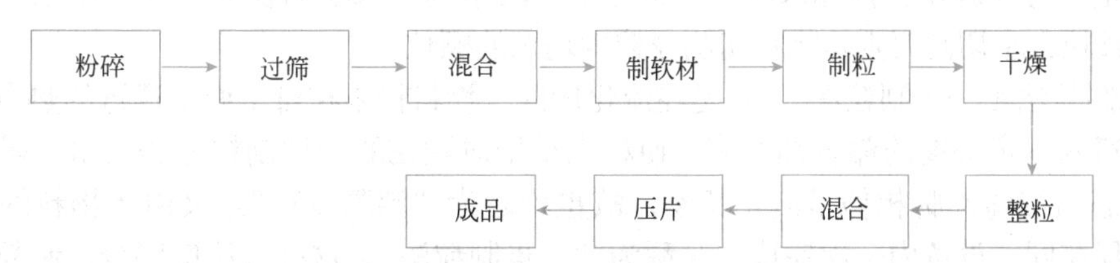

图4-7　湿法制粒压片工艺流程示意图

湿法制粒压片是制备片剂广泛应用的方法，主要原因为：a. 加入黏合剂增加了物料的黏合性和可压性，压片时所需压力较低，设备损耗较低；b. 小剂量药物可以通过制粒达到分散均匀和色泽均匀，片剂含量准确；c. 流动性差、可压性差的物料通过湿法制粒可改善流动性；d. 防止已混合均匀的物料在压片过程中分层。湿法制粒压片适用于对湿热稳定的药物，对于热敏性、湿敏性、极易溶性等物料可采用其他工艺。

（1）粉碎、过筛、称量与混合

处方中的原辅料均应符合药用标准。原辅料结晶或颗粒若在 80 目（五号筛）以下，应进行粉碎，滤过 80 目或 100 目（六号筛）以上的筛网，保证原辅料应有的细度，利于混合均匀。对于溶解度很小的原料，必要时经微粉化处理，使粒径减小（如＜ 5 μm）以提高药物溶出度。为了提高粉碎效率，有时也可将药物与辅料共同研磨。处方中各组分用量差异较大时，应采用“等量递加混合法”或“溶剂分散法”进行混合，以保证物料混合均匀；若有液体成分时，应先用辅料吸收；若有挥发油或挥发性药物时，一般应先将辅料制粒，待颗粒干燥后再加入药物。

（2）制软材

将粉碎、过筛、称量混合后的物料细粉置于混合机内，加入适量的湿润剂或黏合剂，搅拌均匀，制成松、软、黏、湿度适宜的软材。这些物料细粉一般包括主药、填充剂、内加崩解剂或一些稳定剂。黏合剂的用量与其他原辅料的理化性质及黏合剂本身的黏度有关。一般情况下，黏合剂的用量多、湿混的强度大、时间长，将使制得的颗粒密度较大或硬度较大，也会使片剂硬度大；而黏合剂用量少会使软材湿度低，制备的片剂太松软，易松片。通常，黏合剂的用量由生产操作者凭借经验来掌握，以用手能握成团而不黏手，用手指轻压能裂开为度，即“握之成团，轻压即散”。

（3）制粒

制粒是指原辅料经加工制成一定形状和大小的粒状物的操作。在片剂生产工艺中，除某些结晶性药物采用直接压片工艺外，一般粉末状药物都要先制成颗粒后才能顺利压片。

制粒的目的主要包括：①改善物料的流动性，物料细粉一般流动性差，制成颗粒可改善其流动性，保证物料均匀填充入压片冲模中，从而减小片重差异；②改善物料的可压性，制粒可增大物料的松密度，压片时空气易于溢出，改善其压力的均匀传递，从而使松片、裂片现象减少；③防止物料中各成分的离析；④防止生产中粉尘飞扬及在器壁上吸附。湿法制成的颗粒外形美观、流动性好、耐磨性较强、压缩成型性好，在医药工业中应用最为广泛，但本法不适用于热敏性、湿敏性、极易溶性等物料。

湿法制粒通常采用挤压过筛制粒法、高速搅拌制粒法、流化床制粒法（一步制粒法）、喷雾干燥制粒法、离心转动制粒法等。

① 挤压过筛制粒法。此法是用手工或机械的方式将软材挤压通过具有一定大小的筛孔而制粒的方法。少量生产时可由人工将软材搓压过筛网；大量生产时多用制粒设备，如摇摆式颗粒机、螺旋挤压式制粒机、旋转挤压式制粒机等。

② 高速搅拌制粒法。近年来发展较快的另一种湿法制粒方法。这种方法是使物料的混合制粒在密封的不锈钢容器内一次完成，制得的颗粒粒度均匀、大小适宜、近似球形。混合槽内装有速度较慢的大搅拌桨和转速较快的小切割刀，两种桨片的转动由不同的动力系统控制，大搅拌桨主要使物料充分地混合并按一定的方向翻动，使加入的黏合剂分散、渗透到粉末状的物料之中，粉末再相互黏结而形成稍大一些的颗粒，小切割刀则将物料切割成粒度均匀的颗粒。

③ 流化床制粒法（一步制粒法）。它是在流化床内，物料粉末在自下而上通过的热空气作用下，保持流化状态，喷入一定浓度的黏合剂溶液，使粉末结聚成颗粒的一种制粒方法。由于操作过程中粉末粒子的运动状态与液体沸腾相似呈流化状态，故也称之为“沸腾制粒”。又由于物料的混合、黏结成粒、干燥等过程在同一设备内一次完成，又称为“一步制粒法”。这种方法使混合、制粒和干燥 3 道工序在一个设备内完成，有利于 GMP 的实施，生产效率较高，既简化了工序和设备，又节省了厂房和人力，制得的颗粒大小均匀，外观圆整，流动性好，压成的片剂质量较佳，因此，已被国内不少药厂采用。

④ 喷雾干燥制粒法。该法使用喷雾干燥制粒机，将待制粒的药物、辅料与黏合剂溶液混合，制成固体量为 50% ～ 60% 的混合浆，不断搅拌使之处于均匀混合状态，用泵输送至雾化器的高压喷嘴，在干燥室的热空气流中雾化成大小适宜的液滴，热空气流使得液滴中的水分迅速蒸发，形成细小的、近似球形的颗粒并落入干燥器的底部。

雾化器有离心式雾化器、压力式雾化器和气流式雾化器，常用的热气流与雾滴流向的安排有并流型、逆流型和混合流型。干燥制粒时一般使用离心式雾化器，可由其转速等控制液滴（颗粒）的大小。

⑤ 离心转动制粒法。该法使用离心制粒机，设备主要由容器、转盘和喷头组成。物料在固定容器内，受到高速旋转的圆盘产生的离心作用而向器壁滚动；在容器壁部位，物料又受到从圆盘周边吹出的空气流的带动，向上运动的同时在重力作用下往下滑向圆盘中心；落下的粒子重新受到圆盘的离心旋转作用而运动，使物料沿转盘周边以螺旋方式旋转，有利于形成球形颗粒。黏合剂定量喷洒于物料层斜面上面，靠颗粒的剧烈运动使颗粒表面均匀润湿，散布的药粉或辅料得以均匀附着在颗粒表面层

层包裹，如此反复操作可制得所需大小的致密球形颗粒。

（4）湿颗粒的干燥

① 干燥方法。干燥是利用热能去除湿物料中水分或其他溶剂的操作过程。在制剂的生产中，采用挤压过筛制粒法或高速搅拌制粒法等制成的湿颗粒，都应立即干燥，以免受压变形或结块。据药物的性质，干燥温度一般以 50 ～ 60 ℃为宜。个别对热稳定的药物，如磺胺嘧啶等，可适当提高到 70 ～ 80 ℃，甚至可以提高到 80 ～ 100 ℃以缩短干燥时间。一些含结晶水的药物，如硫酸奎宁，干燥温度不宜过高，时间不宜过长，否则因失去过多的结晶水，使颗粒松脆而影响压片及崩解。干燥时应控制合适的温度，以免颗粒表面变干结成一层硬膜而影响内部水分的蒸发。

干颗粒的含水量对片剂成型及质量有很大影响，所以，颗粒的干燥程度应适当。通常颗粒的含水量为 1% ～ 3%，含水量太多，压片时易黏冲，含水量太低也不利于压片。但对某些品种应视具体情况而定，如阿司匹林片的干颗粒含水量应低于 0.3% ～ 0.6%，否则药物易水解，而四环素片则要求水分控制在 10% ～ 14%，对氨基水杨酸钠的水分应为 15% 左右，否则影响压片或片剂崩解。

干燥方法的分类方式有多种：a. 按操作方式，可分为连续干燥和间歇干燥；b. 按操作压力，可分为减压干燥和常压干燥；c. 按热量传递方式，可分为传导干燥、对流干燥、辐射干燥和介电加热干燥等。其中，传导干燥是将热能通过与物料接触的壁面以热传导方式传给物料，使物料中的湿分汽化并由周围空气气流带走而干燥的操作；对流干燥是将热能以对流方式由热气体传给与其接触的湿物料，物料中的湿分受热汽化并由气流带走而干燥的操作，此时热空气既是载热体，又是载湿体；辐射干燥是将热能以电磁波的形式发射，入射至湿物料表面被吸收而转变为热能，将物料中的湿分加热汽化而干燥的操作；介电加热干燥是将湿物料置于高频电场内，由于高频电场的交变作用使物料中的水分加热、湿分汽化而干燥的操作。目前在制药工业中应用最普遍的是对流干燥。

② 干燥设备

a. 箱式干燥器。箱式干燥器是传统的干燥设备，目前，国内许多药厂仍在使用。箱式干燥器包括平行流式箱式干燥器、穿流式箱式干燥器、真空箱式干燥器、热风循环烘箱等种类。

箱式干燥器结构简单，操作简便，投资少，适用于小批量的生产或干燥时间要求比较长的物料以及易碎物料。其缺点主要是劳动强度大，热能利用率低，生产效率低，物料干燥不均匀，尤其是干燥速率过快时，很容易造成外壳干而颗粒内部残留水分过多的“虚假干燥”现象，给下一步的制片工艺带来不利影响，有时也会造成可溶性成分在颗粒之间发生“迁移”而使片剂的含量不均匀。

b. 流化床干燥器。流化床干燥器又称沸腾干燥器，其操作是利用热的空气流使湿颗粒呈流化状态的干燥过程。

（5）整粒与总混

在湿颗粒干燥过程中，由于一部分颗粒彼此粘连结块，故需过筛整粒，使其成为大小均匀且易于压片的颗粒。一般采用过筛法整粒，可使用摇摆式颗粒机。所用筛网一般比制粒时的筛网稍细一些。但如果干颗粒比较疏松，宜选用稍粗一些的筛网整粒。如果选用细筛，则颗粒易被破坏，产生较多的细粉，不利于下一步的压片。“总混”是干颗粒处理的最后一道操作，目的是使干颗粒中的各种成分均匀一致。小量可用手工总混，生产上常用 V 型混合机。

向颗粒中过筛加入润滑剂（外加的崩解剂也在此时加入），然后置于混合机内进行总混。若处方中有挥发性的油类物质，可先从干颗粒内筛出适量细粉，吸收挥发油后再与干颗粒混匀；如果处方中主药的剂量很少或对湿、热很不稳定，则可先制成不含药的空白干颗粒，然后加入主药（为了保证混合均匀，常将主药溶于乙醇喷洒在干颗粒上，密封储存数小时后压片），这种方法常称为“空白颗粒法”。

（6）压片与片重的计算

将总混后的颗粒进行压片。片重的计算有以下两种方法：

① 按主药含量计算片重：药物制成干颗粒时，由于经过了一系列的操作过程，原料药必将有所损耗，所以应对颗粒中主药的实际含量进行测定，然后按式（4-5）计算片重：

$$片重=\frac{每片含主药量（标示量）}{颗粒中主药的百分含量（实测值）} \tag{4-5}$$

② 按干颗粒总质量计算片重：在药厂中，已考虑到原料的损耗，因而增加了投料量，则片重可按式（4-6）计算（成分复杂、没有含量测定方法的中草药片剂只能按此公式计算）：

$$片重=\frac{干颗粒质量+压片前加入的辅料质量}{预定的应压片数} \tag{4-6}$$

2. 干法制粒压片

干法制粒压片是将干法制得的颗粒进行压片的方法。常用于某些对湿、热较敏感，不够稳定，不宜采用湿法制粒的药物。干法制粒是将药物和辅料的粉末混合均匀，用适宜的设备压缩成大片状或板状后，粉碎成所需大小颗粒的方法。该法靠压缩力使粒子间产生结合力，其制备方法有滚压法和压片法。

① 滚压法制粒：将药物和辅料混合均匀后，通过滚压机，加工 1 ～ 3 次即压成所需硬度的薄片，将薄片粉碎成颗粒，加润滑剂即可。滚压法的优点是：能大面积而缓慢地加料，粉层厚薄易于控制，薄片的硬度较均匀，而且加压缓慢，粉末间空气可从容逸出，故此种颗粒压成的片剂没有松片现象。不足之处是由于滚筒间的摩擦常使温度上升，有时所制颗粒过硬，片剂不易崩解。

② 压片法制粒：将药物与辅料混合均匀后，用较大压力的压片机（专供压大片用）压成大片（直径一般为 19 mm 或更大）。大片经摇摆式制粒机，碎成适宜大小的颗粒。压片法的大片不易制好，大片击碎时的细粉多，需反复重压、击碎，耗费时间多，原料亦有损耗，且需有巨大压力的压片机。故目前应用较少。

3. 粉末直接压片

粉末直接压片是不经过制粒过程直接把药物和辅料的混合物进行压片的方法。其工艺流程是将原辅料粉碎（或不粉碎）、过筛等处理后混合直接压片即可。该方法具有明显的优点，如不必制粒、干燥，工序少，省时节能，产品崩解或溶出快，成品质量稳定，尤其适用于遇湿、热不稳定的药物。同时由于工序少、时间短，减少了交叉污染的机会，不接触水分，也不容易受到微生物污染，符合 GMP 要求。

粉末直接压片也有其不足，如粉末的流动性差、片重差异大、易产生裂片等。国外已有多种用于粉末直接压片的药用辅料，如各种型号的微晶纤维素、喷雾干燥乳糖、磷酸氢钙二水合物、可压性淀粉、微粉硅胶（优良的助流剂）等。目前，某些发达国家已有 60% 以上的片剂品种采用了粉末直接压片工艺。随着我国医药科学技术的发展、药用辅料的开发以及压片机的改进，粉末直接压片工艺必将在国内得到更加广泛的应用。

（二）注射用粉针剂的主要生产过程

1. 原材料准备

安瓿或小瓶及胶塞均处理并灭菌。玻璃瓶可用电烘箱 180 ℃干热灭菌 1.5 h，胶塞洗净后要用硅油进行硅化处理，再在 125 ℃干热灭菌 2.5 h。灭菌好的空瓶存放柜应有净化空气保护，瓶子存放时间不超过 24 h。无菌原料可用灭菌结晶、喷雾干燥等方法制备，必要时在无菌条件下进行粉碎、过筛等操作，制得符合分装要求的注射用无菌粉末。

2. 分装

分装必须在高度洁净的无菌室中按照无菌操作法进行，分装时多以容积进行定量。手工分装常采用刮板式分装器，机械分装设备有螺旋式自动分装机、直管式自动分装机和真空吸粉式自动分装机（气流分装机）等。分装机宜有局部层流装置，分装好的小瓶立即加塞，并用铝塑组合盖密封，一般分装和加塞在同一台机器完成。为了避免铝屑污染产品，轧盖常与分装分开，轧盖在另一台设备完成。若是安瓿，分装后应立即用火焰熔封。

3. 灭菌和异物检查

对于在干燥状态下耐热的品种，可进行补充灭菌，以确保安全。对于不耐热的品种，必须严格进行无菌操作，因为终产品不能灭菌。异物检查一般是在传送带上用眼睛进行检视。澄明度检查为抽检，将样品溶解后，按规定方法进行检查。

4. 印字包装

检验合格的产品进入贴签或印字（安瓿）工序，可由贴签机进行瓶口封蜡和贴标签，最后塞入说明书完成包装。目前生产中均已实现机械化。

5. 质量控制

注射用无菌分装产品除了应进行含量测定、可见异物、装量差异等注射剂的一般检查项目外，还应特别注意其吸湿、无菌、检漏和澄明度等问题。

① 吸湿：无菌分装产品在分装过程中应注意防止吸湿问题的发生，此外，铝盖可能封口不严，应确保封口严密。

② 无菌：无菌分装产品系在无菌操作下制备，稍有不慎就有可能使局部受到污染，而微生物在固体粉末中繁殖又较慢，不易为肉眼所见，危险性更大。为了保证用药安全，解决无菌分装过程中的污染问题，应采用层流净化装置，为高度无菌提供可靠的保证。对耐热产品可进行补充灭菌。

③ 检漏：粉针的检漏较困难。耐热的产品可在补充灭菌时进行检漏，漏气的产品灭菌时吸湿结块。不耐热的产品可用亚甲蓝水溶液检漏，但可靠性无法保证。

④ 装量差异：无菌分装的产品由于粉末吸潮结块、流动性差、粉末质轻、密度小、针状结晶不易准确分装等容易造成装量差异不合格，应针对具体产品采取相应的解决措施。往往使粉末溶解后出现毛状物或小点。

⑤ 澄明度：对无菌分装产品，由于未经配液及过滤，以致澄明度不合要求。因此从原料的处理开始至轧口或封口，均应严格控制生产环境的洁净度，杜绝一切可能的污染。

二、过程控制及管理

生产的控制是直接影响产品符合性质量的一个要素。它是指对从原材料进厂到最终成品的整个生产过程实施质量控制。其主要的质量职能是根据制造质量控制计划的要求，按照产品图样及技术文件的规定，对影响符合性质量的诸多因素在生产过程中进行有效的控制，以确保生产出符合设计和规范要求的产品。

企业对生产过程应重点开展的控制活动包括以下几个方面：

1. 物资控制和可追溯性

在生产过程中，应保证做到所有的材料和零部件均应符合相应的规范和质量控制。加强进货检验，并重视仓库储存和物资流转过程中的质量控制，确保不合格的物资不投产。

在制造过程中，必须注意物资的可追溯性，即指根据已记载的标志，追踪实体历史、应用情况或场所的能力，又可称为可追踪性。在生产现场的物资可追溯性是指发现和产生问题后，具备追本溯源的能力，就是能够追踪和查明问题发生的时间、地点、原因和责任者的能力，以便迅速采取纠正措施和预防措施。

实现物资控制和保持可追溯性应对以下两个方面进行重点控制：①在生产过程中，对各类物资（包括原材料、半成品和成品）都必须给予明显的标识，防止在生产中误用或错用。对有储存期限要求的物资应附有使用有效期限的识别标记，防止过期失效。同时，要加强对生产中各类物资的合理存放、搬运和保管的管理，以保证质量。②对有追溯性要求的物品（包括进厂物资、半成品和成品），除了都应有识别的标记外，还要求对逐道工序的质量状态、责任者和检验者等有完整的记录，并按规定的期限妥善保管，以便在需要时可进行质量追踪。

2. 设备的控制

对生产中使用的所有设备必须进行严格的控制。设备控制的要点是合理使用，精心保养，定期检查，及时维修。必要时，还须调查和测定机械能力（即在受控状态下机器保证该工序质量的固有能力），使机械能力符合工序质量要求。

为了切实做好设备控制和保养，企业应制订预防性维修保养计划，对所有的生产设备，在使用前均应验证其准确度和精密度。每天上班前应进行日常点检，确保在使用中持续保持其完好的工作状态。还应注意工序控制中使用的计算机和软件的维护。

必须指出，企业在实施设备控制中，除了对设备分类管理中属于关键和重要的设备进行重点控制外，还必须把对关键的产品质量特性有影响的设备，特别是工序质量控制点上的设备（例如无菌药品的药液灌封设备），作为重点控制的对象。按照工序质量控制的要求，切实做好预防性维修保养工作，认真贯彻设备三级保养规定，除了进行日常维护保养，还应定期进行一级保养（以操作工人为主，维修人员为辅）和二级保养（以维修人员为主，操作工人参加）。保证设备正常运行，确保稳定的机械能力。

3. 工艺装备控制

工艺装备（简称工装）是保证产品质量，提高生产效率的重要手段，在生产过程中企业必须对所有的工装实施有效的控制，包括工装的验证、评审、维护保养、检定和校准。所有的工装，包括新制工装、修复工装、设计更改后的改制工装，在使用前都必须验证合格，达到预期的要求，才能允许在生产中使用。对连续生产产品所用的工装应做好周期检定和校准，确保其准确度和精密度符合规定的要求。为了提高工装控制水平，突出预防为主，企业应重视工装验证试验数据的积累，对工装的准确度和精密度制定磨损极限标准，以便防止因工装磨损造成不合格品的产生。

为加强管理，企业应设立工装库，避免不常用的工装长年在生产现场散放乱堆，这不仅影响生产面积，也不利于工装的维护保养。对入库的工装应建立台账，并采取有效的储存和发放使用的控制措施，防止因保管不当而造成工装精密度的走失。还必须做到存放合理，取用方便，确保账、卡、物一致性的要求。

4. 计量器具和测试设备的控制

生产过程中所有的物资（包括原材料、外购件和外协件、半成品及成品），都需要应用计量器具和测试设备，通过检测后，才能做出合格与否的判断。因此，对在使用的计量器具和测试设备必须严格控制，确保测试的示值准确、统一和可靠。重点应控制量值传递的准确统一，抓好周期检定，确保其准确度和精密度符合测试产品的要求。

为了加强管理，计量管理部门应负责按规定的检定周期，及时通知使用部门按时送检。检定合格的应颁发合格证，并注明有效期限，检定的结果应做好记录。检定不合格的应校准和修复，直至检定合格后才能继续使用。在使用中应采取控制措施，确保正确合理使用，严格禁止在生产中使用不合格的或超期未检的计量器具和测试设备。

5. 关键工序和特殊工序的控制

关键工序是指实现产品关键质量特性值的工序。特殊工序是指工序结束后其质量特性难以评定的关键工序，包括不易测定或不能经济地测定质量特性的工序、操作或维护需要特殊技能的工序，以及事后检验和试验不能充分验证其结果的工序等。由于特殊工序是关键工序的一个组成部分，对产品质量会产生重大影响，必须严格加以控制。企业可通过具体分析，关键工序和特殊工序可按照工序质量控制设置的原则，设立工序控制点进行重点控制。未设控制点的特殊工序，必须对其工序因素进行频繁的验证，验证的主要内容包括以下几个方面：①设备的准确度和精密度；②操作人员的技能、资格和知识是否满足规定的质量要求；③特殊的环境、时间、温度或其他影响质量的因素；④对人员、工艺和设备的认可记录。

6. 文件控制

对生产过程中使用的产品图样、规范、设计和工艺文件（包括操作指导卡），企业应规定分发使用的原则，相应制定分发一览表，规定使用文件的部门和应发文件的名称和份数，并遵照生产用文件分发和使用管理规定进行严格控制，确保符合齐全、正确、统一和清晰的要求。必须强调指出，企业必须采取切实有效的控制措施，杜绝在生产和管理的各个环节使用失效和作废文件的现象。

7. 工艺更改控制

在日常生产过程中，往往因多种原因（如设计改进、采用新的工艺方法、新标准贯彻或工艺文件差错）需要进行工艺更改。因此，对工艺更改必须进行质量控制，其控制的要点包括以下几个方面：

①工艺更改必须以满足设计和质量要求规范为前提。对有可能影响产品主要质量特性的工艺更改，应在事先进行工艺验证试验。更改后对产品质量进行评价，确认更改后的产品质量能达到预期的目标。②只允许指定的产品工艺负责人对其负责的工艺文件进行更改。③正式生产产品的工艺更改必须开具作为更改凭证的工艺更改单，更改内容及实施更改日期应经有关部门会签及主管部门审核才能生效。应凭更改单具体实施工艺更改工作。必须指出，由于设计更改而发生工艺更改时，其实施工艺更改的日期必须与设计更改要求保持一致性。④工艺更改如涉及生产工具、设备、材料或工序等方面，应在工艺文件上做出相应的更改。必须注意对有关联的其他工艺文件一起更改，以保持工艺文件的正确与统一。⑤当工艺更改而引起工序和产品质量特性之间关系的任何变化时，应将变化情况在有关的技术文件上注明，并及时通知有关部门。⑥在合同环境条件下，如果质量保证中规定的工艺需要更改时，必须事前征得顾客同意，并须经顾客的书面认可。

8. 验证状态的控制

在生产过程中，必须对所有物资（包括原材料、外购件和外协件、半成品和成品）的检验和试验进行验证。验证状态一般可分为：待检验、已检验合格接收、已检验不合格拒收、已检验待下结论四种。为了防止将来经检验或已检验待下结论或检验后拒收的产品流入下道工序，企业必须对四种验证状态，分别在相应的产品上做出明显的识别标记。这种识别标记可采用印记、标签、生产过程流转卡或随产品流转的质量检验记录卡等形式，以便在生产过程中实施质量追踪。

三、清场管理

“清场”从字面上可以理解为清理场地和清洁场地，它不同于平常的清洁卫生。但又包括清洁卫生在内。这也是药品生产质量管理的一项重要内容。我国GMP（2010年修订）第二百零一条规定：“每批药品的每一生产阶段完成后必须由生产操作人员清场，填写清场记录。清场记录内容包括：操作间编号、产品名称、批号、清场日期、检查项目及结果、清场负责人及复核人签名。清场记录应纳入批生产记录。”

清场至少涉及四个方面：①物料（原辅料、半成品、包装材料、成品、剩余的材料、散装品、印刷的标志物等）；②生产指令、生产记录等书面文字材料；③生产中的各种状态标志等；④清洁卫生工作。

清场范围应包括生产操作的整个区域、空间，包括生产线上、地面、辅助用房等。这里必须注意的是清场应认真彻底地进行，不允许马马虎虎地走过场。

清场时，必须认真填写清场记录，并按清场SOP执行。清场SOP应对清场目的、要求、负责人、范围、程序、时间、方法、记录、检查等作出专门详细的规定，以便生产操作人员和检查人员共同遵循和执行。

第六节　生产自动化和计算机在制剂生产中的应用

一、生产自动化的概述

自动控制技术在现代众多的科学技术领域中，正起着越来越重要的作用。所谓自动控制，是指在没有人直接参与的情况下，利用外加的设备或装置（称控制器），使机器设备或生产过程（称被控制对象）的某个工作状态自动按照预定的参数（即被控量）运行。

随着医药行业的市场竞争越发激烈，医药经济的发展表现出规模化、集约化以及专业化的特征。医药企业未来扩张的步伐将加快，行业集中度将进一步提升，集团型企业会越来越多。因此，强化集中管控和集团化运作、整合营销模式、推动产业链升级，成为越来越多医药企业信息化的目标。自动控制可以解决人工控制的局限性与生产要求复杂性之间的矛盾。生产实行自动控制具有提高产品质量、提高劳动生产效率、降低生产成本、节约能源消耗、减轻体力劳动、减少环境污染等优越性。自20世纪中叶以来，自动控制系统及自动控制技术得到了飞速的发展，制剂生产中越来越广泛地采用自动化控制，例如：物料的加热，灭菌温度的自动测量、记录和控制；洁净车间空调系统的温度、湿度及新风比的自动调节；多效注射用水机对所产注射用水的温度、电导率检测的控制；注射剂生产中所使用的脉动真空蒸汽灭菌柜对灭菌温度、灭菌时间的自动控制和程序控制等。有关专家指出，自动化制药设备将是行业未来发展的主流。目前，国内药物机械企业在单一自动化设备的生产方面已经取得了不错的进展，对生产综合自动化设备的能力还十分欠缺。因此，国内企业必须加快自动化控制的研究，形成多装备综合性或单一程序复杂任务处理的能力，以适应不断发展壮大的医药产业自动化需求。

二、自动化的内容

（一）自动测量技术

1. 制药过程常见参数自动测量

自动测量技术是推动信息技术发展的基础。随着生产规模的不断扩大，自动测量技术日趋复杂，需要采集的过程信息越来越多。在制药生产过程中，无论是化学反应过程还是生物发酵过程或是中药提取过程，需要检测的过程变量很多，一般可分为物理参数、化学参数和生物参数三大类。常见的物理参数如温度、压力、搅拌器转速、通气量、流量等；生物发酵过程需要自动检测的变量和参数更多，除前面提到的物理参数外，还有化学参数（如pH、溶解氧浓度、氧化还原电位、CO_2浓度等）和生物参数（如菌体浓度、基质浓度、代谢产物浓度、酶活性、细胞的增殖速率、呼吸熵等）。此外，还要检测物料或组分、物性、转化率、环境噪声、颗粒尺寸及分布等特殊变量。

2. 温度测量技术

温度是表征物体冷热程度的物理量，是工业生产和科学研究中最普遍而重要的操作参数。在制药生产中，无论是化学反应还是发酵控制，一般都伴随着物质的物理、化学及生物性质的改变，必然有能量的交换和转化，其中最普遍的交换形式是热交换形式，几乎所有的制药生产工艺过程都需要在一定的温度下进行。因此，温度的测量与控制具有重要的意义，是保证制药生产过程正常进行与安全运行的重要环节。

温度不能直接测量，只能借助于冷热不同物体之间的热交换以及物质的某些物理性质与温度之间的某种函数关系实现间接测量。温度测量方法是与这些特性值的选择密切相关的。根据测温元件是否与被测介质接触，温度测量方法可以分成接触式与非接触式两大类。

3. 压力测量技术

在制药工业生产过程中，压力是重要的工艺参数之一。各种化学反应及许多生物工艺过程都需要在一定的压力条件下进行。压力的检测和控制是保证工业生产过程经济性和安全性的重要环节。

目前工业上常用的压力检测方法和压力检测仪表有很多种，根据压敏元件和转换原理的不同，一般分为以下四种方法。

① 液柱式压力检测：它是根据流体静力学原理，把被测压力转换成液柱高度，一般采用充有水或水银等液体的玻璃U形管或单管进行测量。

② 弹性元件式压力检测：它是根据弹性元件受力变形的原理，把被测压力转换成位移进行测量的。常用的弹性元件有弹簧管、膜片和波纹管等。

③ 电气式压力检测：它是利用敏感元件将被测压力直接转换成各种电量进行测量的仪表，这种仪表的测量范围较广，允许误差较小，其输出信号可以远距离传送，所以在工业生产过程中可以实现压力自动控制系统，并可与工业控制机联用。

④ 活塞式压力检测：它是根据液压机液体传送压力的原理，将被测压力转换成活塞面积上所加平衡砝码的质量来进行测量。活塞式压力计的测量精度较高，允许误差可以小到0.5%～0.02%，因此，活塞式压力仪表常被用作校验工业压力检测仪表的标准压力仪器。

4. 流量测量技术

在制药工业生产工程中，为了有效地进行生产操作和控制，经常需要测量生产过程中各种介质（液体、气体、蒸汽等）的流量，以便为生产操作和控制提供依据。同时，为了进行经济核算，需要知道介质在一段时间（如一班、一天等）内流过的总量。所以，流量是控制生产过程达到优质高产、安全生产以及经济核算所必需的一个重要参数。

测量流量的方法很多，其测量原理和所用的仪表结构形式各不相同。

① 速度法流量检测：速度法流量检测是以测量流体在管道内的流速作为测量依据来计算流量的仪表，如差压流量计、转子流量计、电磁流量计、超声波式流量计等。

② 容积法流量检测：容积法流量检测是以测量单位时间内所排出流体的固定容积数作为测量依据来计算流量的仪表，如椭圆齿轮流量计、活塞式流量计等。

③ 质量法流量检测：质量法流量检测是以测量流过的流体质量为依据的流量传感器，如惯性力式质量流量传感器、补偿式质量流量传感器等。目前，质量流量的检测方法主要有直读式、间接式和补偿式三类。其中：直读式流量传感器的输出可直接指示出质量流量的大小；间接式流量传感器可先检测出体积流量和流体的密度，再通过运算得到质量流量；补偿式流量传感器可先测量出流体的体积流量、温度和压力信号，再根据密度与温度、压力之间的关系，求出工作状态下的密度，最后与体积流量组合，换算成质量流量。

5. 物位测量技术

物位是指存放在容器或工业生产设备中物质的高度或位置。如容器中液体介质液面的高低称为液位；容器中液体与液体或液体与固体的分界面称为界位；容器中固体粉末或颗粒状物质的堆积高度称为料位。液位、界位及料位的测量统称为**物位测量**。测量液位的仪表称为液位计，测量料位的仪表称为料位计，而测量两种密度不同介质的分界面的仪表称为界面计。上述三种仪表统称为物位仪表。

物位测量在现代工业生产过程中具有重要的地位。物位测量的目的：一是确定容器或储存库中的原料、辅料、半成品或成品的数量；二是实时了解物位相对变化，用以连续监视和控制生产过程。

6. 成分测量技术

在制药、化工等生产过程中，成分往往是原料质量和产品质量的直接指标。对于化学反应过程，要求产量多、收率高；对于提取分离过程，要求得到更多的纯度合格的产品；对于生物发酵过程，经常需要对排出气体的氧含量进行分析，以便指导发酵操作和了解生物生长状态以及生物对氧的消耗速率来控制供气量。为此，一方面要对温度、压力、液位、流量等物理参数进行观察、控制，使工艺条件平稳；另一方面又要用分析仪表来检测物质的组成、特性，研究物质结构，以及对药厂各种易燃易爆或对人体有害气体的检测和废气成分检测。将被测气体的浓度、成分转换成电信号的器件称为气敏传感器。气敏传感器种类繁多，常见的有热导式气体成分检测、磁氧式分析仪、电导式浓度检测及色谱分析等。

7. pH 测量技术

制药、化工、食品、发酵、废水处理等行业都需测量 pH，许多发酵过程在恒定的或小范围 pH 内进行最为有效。培养基的 pH 一般会发生变化，这是因为在发酵过程中细胞或基质消耗会产酸或产碱。同时，pH 对细胞生长及产物形成也具有重要影响。因此 pH 是发酵过程中一个非常重要的因素。例如在抗生素发酵过程中，即使很小的 pH 变化也可能导致产率大幅下降。在动物细胞培养中，pH 对细胞生存能力具有很大影响。

pH 测量技术应用广泛。由于直接测量氢离子的浓度很困难，故通常采用由氢离子浓度引起电极电位变化的间接方法来实现 pH 的测量。由于电极电位与氢离子浓度的对数呈线性关系，被测介质的 pH 的测量问题就转化成了电池电动势的测量问题。pH 的测量基于标准氢电极的电化学性质的绝对基准。实践中应用可灭菌的玻璃电极和参比电极组合而成的 pH 探头，pH 电极包括一支测量电极（玻璃电极）和一支参比电极（甘汞电极），二者组成原电池。参比电极的电动势是稳定且准确的，与被测介质中的氢离子浓度无关。玻璃电极是 pH 测量电极，它可产生正比于被测介质的 pH 的毫伏电动势。可见，原电池电动势的大小仅取决于介质的 pH。因此，通过对电池电动势的测量，可以计算氢离子浓度，也就实现了 pH 的检测。

8. 溶解氧测量技术

溶解氧是表征溶液中氧浓度的参数。溶解氧测定的方法有很多，如化学反应法、电化学法、质谱分析法等。其中，基于溶氧电极发生电化学反应是目前工业上最常用的溶解氧检测方法。一般溶氧电极可分为原电池型和极谱型两类。

9. 生物传感器

生物传感器是利用生物催化剂（生物细胞或酶）和适当的转换元件制成的传感器。生物传感器利用生物特有的生化反应，有针对性地对有机物进行简便而迅速地测定，能检测由低分子到高分子的复杂化学物质，如酶、微生物、免疫体和复杂蛋白质等。用于生物传感器的生物材料主要有固定化酶、微生物、抗原、抗体、生物组织或器官等，用于产生二次响应的转换元件包括电化学电极、热敏电阻、离子敏感场效应管、光纤和压电晶体等。由于生物传感器具有极好的选择性、噪声低、操作简单、在短时间内能完成测定、重复性好等特点，广泛用于制药生产、医疗卫生、食品发酵、环境监测等领域。

10. 自动检测

在制剂生产过程中，需要连续对产品进行检测，以控制和保证产品质量或检测生产状况。例如，在粉针剂生产流水线中，为便于对分装、轧盖、灯检等工序进行考核和计算收率，可在各工序后的输送带上设置光电计数器，通过计数器全面掌握各工序生产状况。

在片剂生产中，片重差异是片剂的重要指标之一，因为不可能对每片进行称量，很难防止片重不合格的片子进入终产品中。目前一些压片机已可自动检测片重不合格的片子并将其剔除。其基本原理为：压片中对冲头采用液压传动，所施加的压力已确定，当片重低于或大于合格范围后，冲头所产生的压力也将小于或大于设定值，压力传感器将信号传送给压力控制器，通过微机与输入的设定值比较，将超出设定范围的信号转换成剔除废片的信号，将废片剔除。

在粉针剂生产中，洗净的管制瓶需在隧道烘箱内干燥和灭菌，灭菌温度需达到350 ℃，并保持5 min，因此必须保证隧道烘箱内部的温度保持在规定温度范围内。

（二）自动保护

在制剂生产过程中，有时需对某设备或某部件进行自动保护，否则将可能影响产品质量或产生其他不利影响。以下介绍一些自动保护装置。

1. 防金属微粒的保护

粉针剂生产过程中，主要采用螺杆式分装机对药粉进行分装。分装机的分装头主要由螺杆和粉盒组成，螺杆和粉盒锥底均由不锈钢制成，螺杆与底部出粉口的间隙很小。为防止螺杆与出粉口摩擦，造成金属微粒进入药粉中，在分装头上增设防金属微粒保护装置。当螺杆与出粉口相接触，电路即接通，螺杆将停止转动，并报警。

2. 无瓶保护

粉针剂分装过程中，管制瓶不断由输送轨道进入等分盘，但难免也有瓶不能进入等分盘，为防止无瓶时分装头仍继续下药粉，在等分盘附近设有保护装置。正常运转时，管制瓶将保护片向外推出，保护片的凸出部分挡住光电管，分装头运转，将粉送出；而当等分盘缺口内无瓶时，保护片不动，光电管无信号发出，分装控制器未接收到工作指令，分装头不运转，因此不会因无瓶时仍然落粉而污染工作面。

（三）自动控制系统的分类

制剂生产过程中可以采用自动控制系统实现自动调节。自动控制系统的类型很多，因其结构性能和完成控制任务的目的不同而分类方法也不相同。下面是几种主要的分类方法。

1. 按控制系统给定值的特征分类

（1）定值控制系统

给定值恒定不变的闭环控制系统称为定值控制系统。该控制系统的任务是尽量排除各种干扰的影响，以一定精度维持系统被控变量在期望的数值上。定值控制系统分析、设计的重点是研究各种干扰对被控变量的影响以及抗干扰措施。这类系统在制药及化工生产中得到广泛的应用，例如各种温度、压力、流量、液位控制系统等。

（2）随动控制系统

随动控制系统又称自动跟踪系统，这类系统的特点是给定值不断变化，而这种变化不是预先规定好的，而是随机变化的。随动控制系统的任务是要求系统的被控变量能以一定的精度迅速平稳地跟随给定值的变化。随动控制系统分析、设计的重点是研究被控变量跟随的快速性和准确性。如药品生产中的比值控制系统、军事领域的雷达自动跟踪系统等都是随动控制的例子。随动控制系统一般都具有较强的自适应能力，因而具有较高的控制精度。

（3）程序控制系统

程序控制系统的给定值也是变化的，但它是一个已知的时间函数，是事先可以确定的随时间有规律变化的变量。这类系统要求被控变量能准确地按预先设定好的给定值变化。典型的程序控制系统有电梯控制系统、数控机床以及药品生产过程等。

2. 按控制系统控制方式分类

（1）开环控制系统

开环控制系统是一种最简单的控制方式。该系统的控制装置与被控对象之间只有正向作用而没有反馈作用。其特点是系统的输出（被控变量）不会对控制作用产生影响。

（2）闭环控制系统

闭环控制系统又称反馈控制系统。反馈控制又称偏差控制，是自动控制系统最基本的控制方式，也是目前应用最广泛的一种控制方式。前面介绍的自动控制系统的组成就是闭环控制系统。该系统的特点是当干扰使被控变量偏离给定值而出现偏差时，通过传感器在控制器与被控对象之间的反馈作用，必定会产生一个相应的控制作用去减小或消除这个偏差，使被控变量与给定值趋于一致。闭环控制系统具有抑制干扰对被控变量产生影响的能力，因此有较高的控制精度。

（3）复合控制系统

复合控制系统是在反馈控制的基础上增加了对主要干扰的前馈控制方式。该系统的特点是对于可测量的主要干扰，采用补偿控制器对其进行前馈控制；同时再利用反馈控制系统实现偏差控制，以消除其余干扰产生的偏差。

3. 按控制系统结构形式和调节目的分类

自动控制系统按其结构形式和调节目的分为简单控制系统与复杂控制系统。简单控制系统又称单回路控制系统，能实现对各种被控变量的定值调节。复杂控制系统用于实现不同的调节目的或特殊调节任务，类型较多，如串级控制系统、比值控制系统、均匀控制系统、分程控制系统等。

自动控制系统的分类方法还有很多，例如：按照控制系统的输入和输出信号的数量来分，自动控制系统有单输入单输出系统和多输入多输出系统；按照不同的控制理论的分支设计的新型控制系统分类，则可分为最优控制系统、自适应控制系统、预测控制系统、模糊控制系统、神经网络控制系统等。

液体制剂生产过程中的混液机可以采用自动控制系统实现自动调节。该设备为一自动配料罐，罐顶设一个电磁阀，控制进液口，底部有一带电磁阀的出液口；罐壁上下各安装一个液位传感器；为了加热并检测罐内液体温度，罐内还安装了一个电加热器及温度传感器；为了使液体混合均匀，在罐顶设置搅拌机。开电源后，启动按钮，进液电磁阀打开，液体进入罐内，当液体达到上液位后，传感器发出信号，进液电磁阀关闭，搅拌机启动，并开启电加热器；当达到设定温度后，温度传感器发出信号，即自动停止加热和搅拌，出料电磁阀打开，使已混合的液体流出；当液面低于下液位传感器后，出料阀门关闭，可重复开始上述过程。

三、计算机在制剂生产中的应用

在制剂生产中，已越来越多地使用计算机控制，以提高产品的质量，如固体制剂中的包衣机、压片机，冻干剂生产中的冻干机，大输液生产中的灭菌柜等都可采用计算机编程控制。国内典型的 STP-85 型微机控制片剂包衣自动控制系统与糖衣机配套使用，能使整个包衣过程自动化。该机由动力柜、微机控制操作台、高压无气喷雾机三大部分组成。

该机的核心部件是微机控制部分，它采用以微型计算机为中心的大规模集成电路，当按工艺要求设定程序后，该机能自动完成预热喷浆、干燥等全部包衣工序。该机还具有自动显示、打印记录、自动校检、故障检查、超量报警等多种功能。该机的工作原理为：选择开关、包衣锅参数后输入至单板计算机进行运算，运算后输出控制信号，控制信号到达逻辑电路一方面由显示电路显示（如某种 LED 显示输出大小），另一方面输入至光电耦合电路使其输出驱动信号到达可控硅驱动电路，驱动电路输出指令分别到达喷雾机和动力柜进行包衣。

包衣的计算机控制已普遍应用在高效包衣机上。改进的高效包衣机还可以对送入包衣机内的风量进行检测和调节。因为随着使用时间的增加，经高效过滤器进入包衣机内的风量会因过滤器的堵塞而减少，由于干燥时间已设定在确定的范围内，因此风量的减少会影响干燥效果。随着过滤器阻力的增加，两端的压差也随之增加，如果高效过滤器两端的压差大于某一确定值后，微机控制系统即指令风机增加转速，增加风压，使进入包衣机的风量达到需要的量，从而保证在设定时间内达到应有的干燥水平。

第七节　生产安全和劳动保护

一、生产安全

安全生产是指在保证劳动者的安全和健康、国家和公司财产不受损失的前提下进行的生产，我国的安全生产方针是“安全第一、预防为主”。制药生产的原料和产品很多具有易燃、易爆、毒性、腐蚀性的特点，生产环境复杂多样，如高（低）温、高压等，存在诸多不安全因素。因此，在制药生产及制药设备的操作中，一定要把安全问题放在首位。

1. 安全用电常识

药厂里电气设备很多，新工人必须掌握的安全用电知识如下：

① 不乱动车间内的电气设备，若自己使用的设备、工具的电气部分出了故障，不得私自修理，更不能带故障运行，应立即请电工检修。

② 经常接触和使用的配电箱、配电板、闸刀开关、按钮开关、插座、插销以及导线等，必须保持完好、安全，不得有破损或将带电部分裸露出来。

③ 在操作闸刀开关、磁力开关时，必须将盖子盖好，防止在短路时发生电弧或熔丝熔断，导致飞溅伤人。

④ 电气设备的外壳必须按有关安全规程进行防护性接地或接零，并经常检查，保证连接牢固。

⑤ 需要移动某些非固定安装的电气设备，如电风扇、照明灯、电焊机时，必须切断电源再移动。同时收拾好导线，不得在地面上拖动，以免磨损。如果导线被物体压住，不要硬拉，避免将导线拉断。

⑥ 使用手用电动工具时，操作人员需要直接用手握着这些工具，极不安全，很容易造成触电事故。为此必须注意如下事项：a. 必须设置漏电保护器，同时电动工具的金属外壳应进行防护性接地或接零。b. 对于单相的手用电动工具，其导线、插销、插座必须符合单相三眼的要求；对于三相的手用电动工具，其导线、插销、插座必须符合单相四眼的要求，其中有一相用于防护接零，严禁将导线直接插入插座内使用。c. 操作时应戴好绝缘手套，站在绝缘板上。d. 不得将工件等重物压在导线上，以防轧断导线发生触电。

⑦ 工作台上使用的局部照明灯，其电压不得超过 36 V。

⑧ 使用的行灯要有良好的绝缘手柄和金属护罩，灯泡的金属灯口不得外露，引线要采用有护套的双芯软线，并装有 T 形插头，防止插入电压的插座上。行灯电压在一般场所不得超过 36 V，在特别危险的场所如锅炉、金属容器内、潮湿的地沟等，电压不得超过 12 V。

⑨ 一般情况下禁止使用临时线。如必须使用，须经过机动部门和安技部门批准。同时临时线应按有关安全规定装好，不得随便乱拉，并在规定时间拆除。

⑩ 在进行容易产生静电、火灾、爆炸事故的操作（如使用汽油洗涤零件、擦拭金属板材等）时，必须有良好的接地装置，以便及时导除聚集的静电。

⑪ 发生电气火灾时，应立即切断电源，用黄沙、二氧化碳、四氯化碳等灭火器材灭火。切记不可用水或泡沫灭火器灭火，否则有导电的危险。救火时应注意，自己身体的任何部位及所持灭火器均不得与电线、电气设备接触，以防发生触电。

⑫ 在打扫卫生、擦拭设备时，严禁用水冲洗或用湿抹布擦拭电气设施，以防发生短路和触电事故。

2. 防火防爆及危险化学品安全知识

药厂里的原料和产品有许多是易燃、易爆、有毒、有腐蚀性的危险化学品，操作人员必须进行专门的培训方可持证上岗。新工人须掌握以下安全知识：

① 盛放和输送各种易燃、易爆、有毒、有腐蚀性等危险化学品的容器和管道，不得有跑、冒、滴、

漏的现象，检查漏气时使用肥皂水；严禁用明火试验；气体钢瓶不得放在热源附近或在日光下暴晒；使用氧气时禁止与油脂接触。

② 各种易燃、易爆、有毒、有腐蚀性等危险化学品的残渣不准倒入垃圾箱、污水池和下水道内，应放置在密闭的容器内或妥善处理。沾有油脂的抹布、棉丝、纸张，应放在有盖的金属容器内，不得乱扔、乱放，防止自燃。

③ 在制造、使用各种易燃、易爆、有毒、有腐蚀性等危险化学品的建筑物内，电气设备应具有防爆性能。电气装置、电热设备、电线、保险装置等都必须符合防火要求。这类建筑物一般不得少于两个出入口，门窗要向外开。

④ 各种装有易燃、易爆、有毒、有腐蚀性等危险化学品容器的测温仪表、压力表要灵敏、准确，安全阀、卸压片、报警装置等要灵敏可靠。

⑤ 操作人员应按规定佩戴、使用防护面具、防护口罩、防护手套等防护用品，同时配置自救、急救药物。防护用品应定期检查，自救、急救药物要定期更换，不得掉以轻心。

⑥ 严格按照工艺要求和操作方法投放料、升降温、升降压。投放料、升降温、升降压的速度不宜过快，以免料液喷射产生静电引起事故。投放料时操作者不得离开现场，以防跑料、冲料、混料。易燃、有毒的液体不宜采用人工倾倒法投料。

⑦ 易燃、易爆危险化学品要严格按类存放保管使用，严禁在车间内超量储存。

⑧ 易燃、易爆危险化学品车间应设置防爆型强化通风设备和照明设施，远离火种、热源，工作场所严禁吸烟，禁止使用易产生火花的机械设备和工具。

⑨ 生产结束后，要将工作场所收拾干净。关闭可燃气体、液体的阀门，清查危险物品并封存好，清洗用过的容器，断绝电源，关好门窗，经详细检查确保安全后，方可离去。

3. 动火作业安全知识

在制药化工企业中，凡是动用明火或可能产生明火的作业都属于动火作业。例如：电焊、气焊、切割、喷灯、电炉、熬炼、烘烤、焚烧等明火作业；铁器工具敲击，铲、刮、凿、敲设备及墙壁或水泥构件，使用砂轮、电钻、风镐等工具，安装皮带传动装置、高压气体喷射等一切能产生火花的作业；采用高温能产生强烈热辐射的作业。动火作业是危险性很大的作业，必须严格贯彻执行安全动火和用火的制度，落实安全动火的措施。新工人须掌握以下安全知识：

① 审证：禁火区内动火必须办理"动火证"的申请、审核和批准手续，要明确动火的地点、时间、范围、动火方案、安全措施、现场监护人等。无证或手续不全、动火证过期、安全措施没落实、动火地点或内容更改等情况下，一律不准动火作业。

② 联系：动火前要和有关生产车间、工段联系好，明确动火的设备、位置。事先由专人负责做好动火设备的置换、中和、清洗、吹扫、隔离等工作，并落实其他安全措施。

③ 隔离：要将动火区和其他区域临时隔开，防止火星飞溅引起事故。

④ 拆迁：凡能拆迁到固定动火区或其他安全地方进行的动火作业，尽量减少禁火区的动火作业，不应在生产现场内进行。

⑤ 移去可燃物：将动火作业周围的一切可燃物转移到安全场所。

⑥ 灭火措施：动火期间，动火现场附近要保证有充足的水源，动火现场要备有足够适用的灭火器具。在危险性大的重要地段动火作业，应有消防车和消防人员在现场，作好充分准备。

⑦ 检查和监护：动火前，有关部门的负责人要到现场进行检查落实安全措施，并指定现场监护人和动火指挥，交代安全事项。

⑧ 动火分析：动火分析一般不要早于动火前 0.5 h，如动火中断 0.5 h 以上，应重新进行取样分析。分析试样要保留到动火作业结束，分析结果要做记录，分析人员要在分析报告单上签字。

⑨ 动火作业：动火作业应由安全考试合格的人员担任，特种作业（如电气焊和切割）要由工种考试合格的人员担任，无合格证者不得独立进行动火作业。动火作业中出现异常时，监护人或动火指

挥应果断命令停止作业并采取措施，待恢复正常，重新分析合格并经原审批部门审批后，才能重新动火。

⑩ 善后处理：动火作业结束后，应仔细清理现场，熄灭余火，切断动火使用的电源，不许遗漏任何火种。

4. 罐内作业安全知识

罐内作业是指进入塔、釜、槽、罐等容器以及地下室、阴井、下水道或其他密闭场所进行的作业。化工检修中罐内作业非常频繁，和动火作业一样，罐内作业是危险性很大的作业。由于设备内部活动空间小、工作场地狭窄、内部通风不畅、照明不良，人员出入困难、联系不便，设备内温、湿度高，更有酸、尘、烟、毒的残留物存在，加之氧气稀薄，稍有疏忽，就可能发生燃烧、爆炸、中毒等意外事故，且受伤人员难以抢救。所以，对罐内作业的安全问题必须予以高度重视。

（1）建立罐内作业许可证制度

进入罐内作业，必须申请办证，并得到批准。要明确作业的内容、时间、方案，制定落实安全措施，分工明确、责任到人。

（2）进行安全隔离

作业的设备必须和其他设备、管道进行可靠隔离，绝不允许其他系统的介质进入检修的设备内。作业罐的明显位置要挂上“罐内有人作业”字样的牌子。

（3）切断电源

有搅拌等机械装置的设备，作业前应把传动皮带卸下，把启动电机的电源断开并上锁，使作业中不能启动机械装置，还应在电源开关处挂上“有人检修，禁止合闸”的警示标志。上述措施均要有专人检查、确认。

（4）进行置换通风

进行置换通风以防止危险气体大量残存，并保证氧气充足（氧含量 18% ～ 21%）。作业时应打开所有的入孔、手孔等，保证自然通风。对通风不良及容积较小的设备，作业人员应采取间歇作业或轮换作业，必要时可采取机械通风。

（5）取样分析

入罐作业前，必须按时间要求（一般 30 min 内）进行安全分析，达到安全规定后，才能进行作业。作业中应每间隔一定时间就重新取样分析。

（6）个人防护

入罐作业必须佩戴规定的防护面具，切实做好个人防护。防护面具务必要做到严格检查、确保完好。除防护面具外，根据罐内物质特性，还应采取相应的个人防护，正确使用其他防护用品。为防止落物和滴液，罐内作业应戴安全帽。作业中不得抛掷材料、工具等物品。对于作业时间较长的情况，为减少罐内停留时间，应采取轮换作业。

（7）罐外监护

罐内作业须指定专人在外监护，一般应指派两人以上进行监护。监护人应了解介质的各种性质，位于能经常看见罐内作业人员的位置，眼光不得离开作业人员，更不准擅离岗位。发现罐内有异常时，立即召集急救人员，如果没有代理监护人，任何情况下，监护人都不能自己进入罐内。绝不允许抢救人员不采取个人防护而冒险入罐救人。

（8）用电安全

罐内作业照明、使用的电动工具，必须使用安全电压，干燥的罐内电压≤ 36 V，潮湿环境电压≤ 12 V，若有可燃物存在，还应符合防爆要求。

（9）急救措施

罐内作业必须有现场急救措施，如安全带、隔离式面具、苏生器等，对于可能接触酸碱的罐内作业，应预先准备好大量的水，以供急救时用。

（10）升降机具

罐内作业用升降机具必须安全、可靠。作业结束时，清理杂物，把所有工具、材料等搬出罐外，不得有遗漏。检修人员和监护人员共同仔细检查，在确认无疑后，由监护人在作业证上签字，然后检修人员才能封闭各入孔。

5. 制药设备的安全操作常识

新工人在操作制药设备时，必须严格遵守安全操作规程，并掌握以下安全知识：

① 必须正确穿戴好个人防护用品。该穿戴的必须穿戴，不该穿戴的就一定不要穿戴。

② 操作前要对制药设备进行安全检查，如阀门开闭情况、盲板抽加情况、安全消防措施、各种机电设备及电气仪表等，且要空车运转一下，确认正常后，方可投入运行。

③ 制药设备在运行中也要按规定进行安全检查。例如：各种指示仪表是否正常、是否有异常的噪声和振动、各紧固件是否松动等；保持环境整洁，防锈防潮，保持各转动部件的润滑良好。

④ 严禁向旋转、有相对运动或高温等一切有伤害可能的部位伸手。制药设备在运转时严禁用手调整，也不得用手测量零件或进行润滑、清扫杂物等。

⑤ 制药设备严禁带故障运行，在操作过程中发现设备异常应立即停机处理，不得在运行状态下进行处理，必要时通知维修人员处理。

⑥ 清理设备和处理故障时，必须在停机后处理，必要时切断总电源。对一些特殊设备的清理、润滑等工作必须由一人完成，不得两人同时进行操作。对制药设备上的电气件进行维修、清理时，必须断电后处理或制定有效的安全隔离措施，在电源开关处必须悬挂“禁止合闸”警示牌，并对电气采取临时接地保护措施，非专业维修人员严禁进行电气维修作业。

⑦ 制药设备的安全装置必须按规定正确使用，不准将其拆掉不使用。

⑧ 制药设备运转时操作者不得离开工作岗位，以防发生问题时无人处置。

⑨ 工作结束后，应关闭开关，切断电源，按清场标准操作规程（SOP）进行清场。

6. 压力容器安全操作常识

药厂里压力容器设备很多，新工人必须掌握如下安全操作常识：

① 对压力容器应有全面的了解，了解设备的来源和历史，掌握设备的基本技术参数和结构，熟悉操作工艺条件。

② 严格遵守安全操作规程。安全操作规程是根据生产工艺要求和容器的技术性能而制定的指令性技术法规，一经制定，操作人员必须严格执行。

③ 压力容器应做到平稳操作，缓慢地加压和卸压，缓慢地升温和降温，并在运行期间保持压力和温度的相对稳定。

④ 压力容器严禁超压、超温运行。由于压力容器允许使用的温度、压力、介质充装等参数是根据工艺设计要求和在保证安全生产的前提下制定的，故在设计压力和温度范围内操作压力容器才可确保运行安全。反之，如果容器超温、超压运行，就会造成容器的承压能力不足，可能导致爆炸事故的发生。

⑤ 坚持容器运行期间的巡回检查。检查内容包括工艺条件、设备状况以及安全装置等。容器的操作人员在容器运行期间应经常进行检查，以便及时发现操作上或设备上的不正常状态，采取相应的措施进行调整或消除，防止异常情况的扩大和延续，保证容器安全运行。

⑥ 认真填写操作记录。容器的原始操作记录和交接班记录对保障容器安全生产至关重要，容器操作人员要认真、及时、准确、真实地记录容器实际运行状况。

⑦ 掌握紧急情况处理方法。压力容器运行过程中，如果突然发生故障，严重威胁安全时，操作人员应立即采取紧急措施，停止容器运行，并报告有关部门。

7. 洁净区安全疏散

① 熟悉洁净区安全消防通道。洁净厂房每一生产层、每一防火分区或每一洁净区的安全出口，均不

应少于两个，分散在不同方向。安全出口的门不封闭上锁，从里面能开启。人净入口不应作安全出口。

② 不断提高自己的安全意识，在日常工作中集中组织火灾应急逃生演习和消防器材的使用训练。

③ 保持安全通道出口畅通无阻，切不可堆放杂物或封闭上锁。

④ 火势初期，如果发现火势不大，未对人与环境造成很大威胁，附近有消防器材，如灭火器、消防栓、自来水等，应尽可能地在第一时间将火扑灭，不可置小火于不顾而酿成火灾。

⑤ 当火势失去控制时，不要惊慌失措，应冷静机智、辨明方向，利用消防通道尽快撤离险地，并及时发出信号，寻求外界帮助。如果火灾现场人员较多，切不可慌张，更不要相互拥挤、盲目跟从或乱冲乱撞、相互践踏，造成意外伤害。如果现场烟雾很大或断电，能见度低，无法辨明方向，则应贴近墙壁或按指示灯的提示，摸索前进，找到安全出口。

⑥ 如果逃生要经过充满烟雾的路线，为避免浓烟呛入口鼻，可使用毛巾或口罩蒙住口鼻，同时使身体尽量贴近地面或匍匐前行。烟气较空气轻而飘于上部，贴近地面撤离是避免烟气吸入、滤去毒气的最佳方法。穿过烟火封锁区，应尽量佩戴防毒面具、头盔、阻燃隔热服等护具。如果没有这些护具，可向头部、身上浇冷水或用湿毛巾等将头、身体裹好，再冲出去。

⑦ 如果用手摸房门已感到烫手，或已知房间被大火、烟雾围困，此时切不可打开房门，否则火焰与浓烟会顺势冲进房间。这时可采取创造避难场所、固守待援的办法：首先应关紧迎火的门窗，打开背火的门窗，用湿毛巾或湿布条塞住门窗缝隙，或者用水浸湿棉被蒙上门窗，并不停泼水降温，同时用水淋透房间内可燃物，防止烟火渗入，固守在房间内，等待救援人员到达。

8. 三级安全教育培训

三级安全教育培训是指对新招收职工、新调入职工、来厂实习的学生或其他人员所进行的厂级、车间级、班组级三级安全教育培训。每经过一级教育，均应进行考试，合格后持证上岗。

（1）厂级安全教育的主要内容

厂级安全教育一般由企业安技部门负责进行，安全教育的主要内容有：

① 了解劳动保护的意义、任务、内容及其重要性，使新入厂的职工和学生树立起“安全第一、预防为主”和“安全生产、人人有责”的思想。

② 熟悉企业的安全概况，包括企业安全工作发展史、企业生产特点、工厂设备分布情况、工厂安全生产的组织机构、工厂的主要安全生产规章制度。

③ 熟悉企业职工奖惩条例以及企业内设置的各种警告标志和信号装置。

④ 熟悉企业典型事故案例和教训，抢险、救灾、救人常识以及工伤事故报告程序等。

（2）车间级安全教育的主要内容

车间级安全教育由车间主任或安技人员负责。主要内容有：

① 熟悉车间的概况。如车间的产品、工艺流程及其特点，车间人员结构、安全生产组织状况及活动情况，车间危险区域、有毒有害工种情况，车间劳动保护方面的规章制度和对劳动保护用品的穿戴要求及注意事项，车间事故多发部位、原因、特殊规定和安全要求，车间常见事故和对典型事故案例的剖析等。

② 根据车间的特点进行安全技术基础知识培训。

③ 掌握车间防火知识。包括防火的方针、防火的要害部位及防火的特殊需要、车间易燃易爆品的情况、消防用品放置地点、灭火器的性能和使用方法、车间消防组织情况、遇到火险如何处理等。

④ 对安全生产文件和安全操作规程制度进行培训。

（3）班组级安全教育的主要内容

班组级安全教育由班组长或安全员负责。主要内容有：

① 熟悉本班组的生产特点、作业环境、危险区域、设备状况、消防设施等。重点介绍高温、高压、易燃、易爆、有毒、有害、腐蚀、高空作业等可能导致发生事故的危险因素，介绍本班组容易出事故的部位和典型事故案例的剖析。

② 对本工种的安全操作规程和岗位责任进行培训。思想上应时刻重视安全生产，自觉遵守安全操作规程，不违章作业；爱护并正确使用机器设备和工具；熟悉各种安全活动以及作业环境的安全检查和交接班制度；熟悉发生事故或发现事故隐患及时报告领导并采取相应措施的程序。

③ 正确使用劳动保护用品，熟悉文明生产要求。进入生产作业场所必须按规定穿戴好劳动防护用品，在有毒、有害物质场所操作，还应佩带符合防护要求的面具等。保持工作场所的文明整洁，及时清除通道上的油污和其他杂物，保持通道畅通。

④ 进行安全操作培训。组织重视安全、技术熟练、富有经验的老工人进行安全操作示范，边示范、边讲解。熟悉安全操作要领、怎样操作是危险操作、如何操作是安全操作以及不遵守操作规程将会造成的严重后果等。

二、劳动保护

《中华人民共和国劳动法》(简称《劳动法》)对劳动者的工作时间、休息休假、工资、劳动安全卫生、女职工和未成年工特殊保护、社会保险和福利等作了法律规定。具体劳动保护相关内容，请扫描二维码查看。

劳动保护阅读资料

第八节　三废治理和综合应用

一、制剂生产中的三废

制剂生产中的三废，一般是指制药工业生产过程中产生的废水、废气、废渣，它们属于环境科学所定义的污水、大气污染物和固体废物的范畴。

1. 制药废水的来源及分类

水污染也称为水体污染，是指排入水体的污染物使该物质在水中的含量超过了水体的本底含量和水体的自净力。制药废水是严重的水污染源之一(图4-8)，我国已于2008年8月1日起，强制实施《制药工业水污染物排放标准》。根据该标准，制药废水分为以下六类。

图4-8　制药废水

(1) 发酵类制药废水

发酵法生产的药物或药物中间体有：①抗生素类，如β-内酰胺类、大环内酯类等；②维生素类，如维生素B_{12}、维生素C等；③氨基酸类；④其他类，如核酸类药物辅酶A、甾体类药物氢化物可的松、酶类药物细胞色素c等。

发酵类制药废水，来源于发酵、过滤、萃取、结晶、提炼、精制等过程。根据其来源，发酵类制药废水分为四类：①直接工艺排水，包括废滤液（从菌体中提取药物）、废母液（从滤液中提取药物）、其他母液、溶剂回收残液等；②辅助过程排水，包括工艺冷却水（如发酵罐、消毒设备冷却水）、动力设备冷却水（如空气压缩机冷却水、制冷机冷却水）、循环冷却水系统排污、水环真空设备排水、去离子水制备过程排水、蒸馏（加热）设备冷凝水等；③冲洗水，包括容器设备冲洗水（如发酵罐冲洗水等）、过滤设备冲洗水、树脂柱（罐）冲洗水、地面冲洗水等；④生活污水。

发酵类制药废水的特点表现为：①排水点多，高、低浓度废水单独排放；②污染物浓度高，如废滤液、废母液等高浓度废液的化学需氧量（chemical oxygen demand，COD）一般在1000 mg/L以上；③含氮量高，可生化性较差；④含有大量的硫酸盐，给废水的厌氧处理带来困难；⑤废水中含有药物效价及微生物难以降解，甚至对微生物有抑制作用的物质，废水中青霉素、链霉素、四环素、氯霉素的浓度大于10 mg/L时会抑制好氧污泥活性，降低处理效果；⑥色度较高。

（2）化学合成类制药废水

化学合成类制药包括完全合成制药和半合成（主要原料为提取或生物制药方法生产的中间体）制药。化学合成制药的化学反应过程千差万别，生产工艺各异且较为复杂，化学合成制药废水不好统一概括，可以笼统地分为4类：①母液类，如结晶母液、转相母液、吸附残液等；②冲洗废水，包括过滤机械、反应容器、催化剂载体、树脂、吸附剂等设备及材料的洗涤水；③回收残液，如回收溶剂残液、副产品回收残液等；④辅助过程排水及生活污水。

化学合成类制药废水的特点表现为：①水质、水量变化大，pH变化大，含盐量有时高；②污染物种类多，成分复杂；③可生化性差，一些原料或产物具有生物毒性，或难被生物降解，如酚类化合物、苯胺类化合物、重金属、苯系物、卤代烃溶剂等；④色度高。

（3）提取类制药废水

提取类制药指应用物理、化学、生物化学的方法，将生物体（人体、动物、植物，不包括微生物）中起重要生理作用的各种基本物质经过提取、分离、纯化等手段制造药物的过程。根据《提取类制药工业水污染物排放标准》，提取类制药适用于不经过化学修饰或人工合成提取的生化药物，以动植物提取为主的天然药物和海洋生物提取药物。提取类制药不含中药，不适用于利用化学合成、半合成等方法制得的生化基本物质的衍生物或类似物、菌体及其提取物、动物器官或组织及小动物制剂类药物。

提取类制药废水包括从母液中提取药物后残留的废滤液、废母液和溶剂回收残液等。该废水成分复杂，水质、水量变化大，pH波动范围较大。

（4）中药类制药废水

中药分为中药材、中成药和中药饮片。对于不同产品，中药制药都有其特殊的生产工段，但大多包含洗药、煮提与制剂、洗瓶等工段。中药废水主要含有各种天然有机污染物，如有机酸、苷类、蒽醌、木质素、生物碱、鞣质、蛋白质、淀粉及其降解产物等。该类废水有机污染物含量高，成分复杂，难于沉淀，色度高，可生化性好，水质、水量变化大。

（5）生物工程类制药废水

生物工程类制药是利用微生物、寄生虫、动物毒素、生物组织等，采用现代生物技术方法（主要是基因工程技术等），生产用于治疗、诊断的多肽以及蛋白质类药物、疫苗等的制药过程。它包括基因工程药物、基因工程疫苗、克隆工程制备药物等。

生物工程类制药废水是以动物脏器为原料，培养或提取菌苗、血浆、血清抗生素、胰岛素、胃酶等产生的废水。此类废水成分复杂，COD、SS含量高，水质变化大并且存在难生物降解且有抑菌作用的抗生素。

（6）混装制剂类制药废水

混装制剂类制药指用药物活性成分和辅料通过混合、加工和配制，形成各种剂型药物的过程。按照《混装制剂类制药工业水污染排放标准》，混装制剂类制药不适用于中成药制药。这类制药废水主要是原料和生产器具洗涤水，设备、地面冲洗水，污染程度不高，水质较简单，属于中低含量有机废水。这类生产企业的废水排放标准相对严格，一般所含污染物较少，但也需进行适当的处理。

需要指出的是，以上分类在制药生产过程中存在一定的交叉和联系。例如，发酵类制药生产的药物常需化学合成；而在制药生产的提纯和精制阶段，则可能综合采用生物、物理和化学等诸多工艺，所以制药工艺过程较为复杂，制药废水的组成应视具体情况而定。

2. 制药废气的来源及分类

制药废气属于环境科学所定义的大气污染物范畴，按照国际标准化组织（ISO）的定义："大气污染通常是指由于人类组织或自然过程引起某些物质进入大气中，呈现出足够的浓度，达到足够的时间，并因此危害了人类的舒适、健康和福利，或危害了环境的现象"。见图 4-9。

图4-9 制药工业废气

制药废气涉及面广，所有半成品、原料药、生物制品、中药提取物等生产过程中都有可能产生废气。另外，制剂生产过程中也有废气产生。依照与污染源的关系，可将制药废气分为一次污染物和二次污染物。若从污染源直接排出的原始物质，进入大气后，其性质没有发生变化，则称为一次污染物；若由污染源排出的一次污染物与大气中的原有成分或几种一次污染物之间发生了一系列的化学变化或光化学反应，形成了与原污染物性质不同的新污染物，则所形成的新污染物称为二次污染物。依照污染物的存在形态，制药废气可将其分为颗粒污染物与气态污染物。

（1）颗粒污染物

进入大气的固体粒子与液体粒子均属于颗粒污染物，颗粒污染物一般可进行如下分类：①粉尘。它是指悬浮于气体介质中的小固体颗粒，受重力作用能发生沉降，但在一段时间内能保持悬浮状态，颗粒的尺寸范围一般为 1 ～ 200 pm。②烟。它是指在冶金过程中形成的固体颗粒气溶胶，烟颗粒尺寸很小，一般为 0.01 ～ 1 pm。③飞灰。它是指随燃料燃烧产生的烟气排出的分散得较细的灰分。④黑烟。它一般是指由燃料燃烧产生的能见气溶胶。⑤雾。它是气体中液滴悬浮体的总称。

（2）气态污染物

以气体形态进入大气的污染物称为气态污染物。气态污染物种类极多，按其对我国大气环境的危害大小，主要分为五类：①含硫化合物，主要是指 SO_2、SO_3 和 H_2S 等，其中以 SO_2 的数量最大，危害最大，是影响大气质量的最主要气态污染物；②含氮化合物，种类很多，最主要的是 NO、NO_2、NH_3 等；③碳氧化合物，主要为 CO 和 CO_2；④碳氢化合物，此处主要是指有机废气，有机废气中的许多组分构成了对大气的污染，如烃、醇、酮、酯、胺等，大气中的挥发性有机化合物（VOC）一般是 C_1 ～ C_{10} 化合物，常含有氧、氮和硫原子；⑤卤素化合物，对大气构成污染的卤素化合物主要是含氯化合物和含氟化合物，如 HCl、HF、SiF_4 等。

气态污染物从污染源排入大气中，可以直接对大气造成污染，也可形成二次污染物。

3. 制药废渣的来源及分类

我国对固体废物的定义为：“在生产、生活和其他活动中产生的丧失原有利用价值或者虽未丧失利用价值但被抛弃或者放弃的固态、半固态和置于容器中的气态的物品、物质以及法律、行政法规规定纳入固体废物管理的物品、物质”。固体废物见图 4-10。

图4-10　固体废物

制药废渣是在制药过程中产生的固体、半固体或浆状废物，是制药工业的主要污染源之一。制药废渣的来源很多，如活性炭脱色精制工序产生的废活性炭，铁粉还原工序产生的铁泥，锰粉氧化工序产生的锰泥，废水处理产生的污泥，以及蒸馏残渣、失活催化剂、过期的药品、不合格的中间体和产品等。

固体废物常用的分类方法有以下几种：①按其组成可分为有机废物和无机废物；②按其形态分为固态、半固态和液（气）态废物；③按其污染特性可分为危险废物和一般废物；④按其来源分为城市生活垃圾、工业固体废物、矿业固体废物、危险废物和农林业固体废物；⑤按照 2020 年我国修订的《中华人民共和国固体废物污染环境防治法》，固体废物分为：工业固体废物、生活垃圾、建筑垃圾、农业固体废物、危险废物。

如果处理和处置不当，固体废物中的有毒有害物质，如化学物质、病原微生物等会通过大气、土壤、地表水或地下水体进入生态系统，造成化学型污染和病原型污染，对人体产生危害。

二、环境保护政策和制剂生产的三废处理

1. 环境保护政策

环境保护已成为我国的一项基本国策，特别是改革开放以来，我国先后完善和颁布了《中华人民共和国环境保护法》《中华人民共和国大气污染防治法》《中华人民共和国水污染防治法》《中华人民共和国海洋环境保护法》《中华人民共和国固体废物污染环境防治法》《中华人民共和国环境噪声污染防治法》以及与各项法规相配套的行政、经济法规和环境保护标准，基本形成了一套完整的环境保护法律体系。所有企业、单位和部门都要遵守国家和地方的环境保护法规，采取切实有效的措施，限期解决污染问题。

凡新建、改建和扩建项目都必须按国家基本建设项目环境管理办法的规定，切实执行“环境评价报告”制度和“三同时”制度。做到先进行环境评价，后建设；环保设施与主体工程同时设计同时施工同时投产，防止发生新污染。

因此，要实行环境影响评价制度，把环境影响评价作为开发和建设项目可行性的一个重要组成部分。对于每个项目，不仅要从经济角度进行评价，而且要从环境保护角度进行评价。

2. 制剂生产的三废处理

（1）废气处理

利用多孔过滤介质分离捕集气体中的粉尘。运行中应注意除尘袋的清洁，否则将影响排风量。对于吸湿性较大的粉尘，除尘袋应选用疏水性织物，避免药粉吸湿后黏附在除尘袋上。青霉素类药物的尾气应进入含 1% 氢氧化钠溶液的吸收器内进行二级吸收，尾气再经高效过滤器过滤后排放，所排放的空气中青霉素浓度应小于 0.0008 U/mL，氢氧化钠吸收液进入废水处理系统中做进一步处理。废气处理设施见图 4-11。

图4-11　废气处理设施

（2）废水处理

首先应清污分流，将可利用的冷却水集中处理，然后循环使用。污水处理可采用一级处理和二级处理结合的方法：首先采用沉淀、中和等物理化学方法进行一级处理，然后采用活性污泥或生物膜法等进行二级处理，使废水达到排放标准。废水处理设施见图 4-12。

图4-12　废水处理设施

制剂废水成分复杂，有时还含有对生化处理有抑制作用的头孢类抗生素和难处理的大分子物质。厌氧生物铁水解法是制剂废水处理的方法之一。该方法通过生物铁强化 - 水解酸化处理，可改变含抗生素废水的分子结构，把难降解的大分子有机物转化为小分子有机物，降解抗生素的毒性，为好氧生物铁处理和接触氧化处理（微电解生物铁废水处理技术）创造有利条件。

目前我国废水排放的主要指标为：化学需氧量小于 100 mg/L，生化需氧量小于 60 mg/L，总悬浮物小于 100 mg/L。

（3）固体废料处理

对固体废料应进行分类处理，能回收综合利用的尽量回收。由于制剂生产的固体废料较少，除需经特殊处理的固体废料外，其余可作工业废料，由土地填埋处理。固体废料处理设施见图 4-13。

图4-13　固体废料处理设施

三、废物利用

在粉针剂、注射剂及大输液剂生产中，大量的废水主要来自洗瓶水，约占全车间用水的50%以上。洗瓶排放的废水水质较好，如某企业粉针剂洗瓶废水的电导率为50～80 μS/cm，而自来水的电导率却高达300 μS/cm。我国是严重缺水的国家，节约用水是我国的基本国策，因此可将洗瓶废水集中后，经过滤进入该车间纯化水系统的原水箱中，作为原水的补充水。这样不但节约用水，而且可延长反渗透膜的使用寿命。

将制剂生产中的固体废料按类别集中，如粉针剂、大输液生产中的玻瓶集中后可由玻瓶厂回收，废的包装纸箱收集后由造纸厂回收等。

第九节　生产效益分析

一、生产成本

1. 定义

生产成本（又称生产耗费）有广义和狭义之分。狭义的生产成本是指产品在生产过程中在生产单位内为生产和管理而支出的各种耗费，包括劳动手段（如机器设备）、劳动对象（如原材料）以及劳动力（如人工）等方面的耗费。广义的生产成本指生产发生的各项管理费用和销售费用。实际工作中的生产成本不指产品所耗的全部成本。工业企业的产品销售费用、管理费用和财务费用，可以称为工业企业的经营管理费用或期间费用。

2. 生产成本对于企业的意义

产品的生产成本指标既是判定产品价格的一项重要依据，也是考核企业生产经营和管理水平的一项综合性指标。产品成本直接关系到企业的经济效益，如何降低产品成本是现代企业的一个永恒的研究课题。

3. 生产成本的分类

生产成本可从不同的角度进行分类，常用的分类方法如下。

（1）按计量单位分类

按计量单位的不同，生产成本可分为**单位成本和总成本**。其中单位成本是指生产单位数量或质量的产品所消耗的平均费用，其数值在一定程度上反映了生产同类产品所能达到的技术和管理水平，可用于企业内部或不同企业之间同类产品成本的比较，是技术经济分析的一项重要指标；总成本是指生产一定种类和数量的产品所消耗的全部费用，该指标主要用于计算财务评价中的毛利、净利、流动资金、静态指标和动态指标等，是财务评价最重要的基础。

（2）按计算范围分类

按费用的计算范围不同，生产成本可分为**车间成本、工厂成本、销售成本和经营成本**。其中经营成本可用于现金流量表中净现值和内部收益率等动态指标的计算。

（3）按费用与产量的关系分类

按费用与产量之间的关系，生产成本可分为**可变成本和固定成本**。其中可变成本是指产品总成本中随产品产量的增减而成比例增减的那部分费用，如原材料、辅助材料和燃料的费用等；固定成本则是指产品总成本中与产品产量无关的那部分费用，如折旧费、管理费等。可变成本和固定成本在盈亏分析中有着重要的应用。

4. 生产成本的构成

生产成本的费用包括直接材料费、直接工资、其他直接费用、制造费用及副产品回收的费用。其计算公式为：

$$\text{生产成本}=\text{直接材料费}+\text{直接工资}+\text{其他直接费用}+\text{制造费用}-\text{副产品回收} \tag{4-7}$$

（1）直接材料费

直接材料费包括企业生产经营过程中实际消耗的原材料、辅助材料、备品配件、外购半成品、燃料、动力、包装物及其他直接材料。这类材料耗费通常能够根据原始凭证直接计入产品的成本之中，是产品直接成本的重要组成部分。

$$\text{材料费}=\text{消耗定额}\times\text{材料价格} \tag{4-8}$$

其中，材料价格指材料的入库价：

$$\text{入库价}=\text{采购价}+\text{运费}+\text{途耗}+\text{库耗} \tag{4-9}$$

其中，途耗指原材料运输途中的损耗，库耗指企业所需原材料入库和出库间的差额。

（2）直接工资和其他直接费用

直接工资是企业直接从事产品生产人员的工资、奖金、津贴和各种补贴。

生产工人的年工资总额计算公式：

$$\text{工人年工资总额}=\text{人数}\times\text{年平均工资} \tag{4-10}$$

其他直接费用多指工资附加费，主要是指按国家的有关规定提取的职工福利费，该费用不包括在工资总额中。工资附加费一般按工资总额的百分比提取。

按单位成本计，生产工人工资及附加费的计算公式为：

$$\text{生产工人工资及附加费}=\frac{\text{某产品生产工人年工资总额}\times(1+\text{附费率})}{\text{某产品年产量}} \tag{4-11}$$

（3）制造费用

制造费用是企业为组织和管理生产经营活动而发生的共同费用，包括企业生产部门（如生产车间）发生的水电费、固定资产折旧、无形资产摊销、管理人员职工薪酬、劳动保护费、国家规定的有关的环保费用和修理期间的人工损失等。由于制造费用的具体费用项目众多，代表性的项目如下所述。

① 间接人工费用：是指企业生产单位中不直接参与产品生产的或其他不能归入直接人工的那些人工成本，如修理工人工资、管理人员工资等。对间接人工费用，应当根据“工资及福利费用分配表”确定的数额，计入有关制造费用细账，作为相关成本凭证，计入制造费用。

② 间接材料费：是指企业生产单位在生产过程中耗用的，但不能或无法归入某一特定产品的材料

费用，如机械润滑油、修理备件等。间接费用的归集一般可以根据“材料费用分配表”等原始记录进行。计入制造费用的总账和明细账。

③ 折旧费：指固定资产在使用中由于损耗而转移到成本费用中的那部分价值。固定资产折旧费的归集是通过将按月编制的各车间、部门折旧计算明细表汇总编制整个企业的“折旧费用分配表”进行的。根据“折旧费用分配表”登记制造费用明细账和总账。

④ 低值易耗品：是指不作为固定资产核算的各种劳动手段，包括一般工具、专用工具、管理用具、劳动保护用品等。生产单位耗用的低值易耗品，由于其价值低或容易损坏，一般不用像固定资产那样严格计算其转移价值，而是采用比较简便的方法将其费用一次或分次转入产品成本。采用一次摊销法时，领用低值易耗品的价值，一般可以与领用其他材料一道，汇总编制“材料费用分配表”，直接计入有关成本费用；采用分次摊销时，领用低值易耗品的价值要按其使用期限分月摊入有关成本费用。

⑤ 企业生产单位的其他支出：是指上述各项支出以外的支出，如水电费、差旅费、运输费、办公费、设计制图费、劳动保护费等。这些支出多数是以银行存款或现金支付，并与产品无直接关系，一般均不单独设置成本项目，应在费用发生时，根据有关的原始凭证逐笔编制记账凭证后计入“制造费用”总账及明细账。

（4）副产品的成本估算

副产品采取按厂内价格在产品成本中扣除的方法，在成本中扣除的副产品原则上不直接体现利润。

5. 期间费用的构成

期间费用是指不能直接归属于某个特定产品成本的费用。它是随着时间推移而发生的，与当期产品的管理和产品销售直接相关，而与产品的产量、产品的制造过程无直接关系，即容易确定其发生的期间，而难以判别其所应归属的产品，因而是不能列入产品制造成本，而在发生的当期从损益中扣除。期间费用包括直接从企业的当期产品销售收入中扣除的销售费用、管理费用和财务费用。我们经常说的“当期费用”一般就是指狭义的当期期间费用，也就是某个特定会计期的期间费用（销售费用、管理费用、财务费用）。

（1）销售费用

销售费用是指企业在产品销售过程中所发生的各项费用，包括应由企业负担的运输费、装卸费、包装费、展览费、广告费、保险费、委托代销手续费、租赁费（不含融资租赁费）和销售服务费，以及销售部门人员的工资、办公费、差旅费、职工福利费、修理费、折旧费、物料消耗及低值易耗品摊销等。销售费一般可按产品销售额的一定百分比提取，也可按工厂成本的一定百分比考虑，其计算公式分别为：

$$销售费用=\frac{产品销售额\times销售费用率}{产品年产量} \tag{4-12}$$

或

$$销售费用=\frac{工厂成本\times销售费用率}{产品年产量} \tag{4-13}$$

以上两式中的销售费用率所用的基准不同，取值也不同。销售费用率的取值可根据产品（药品）的种类、市场供求关系等具体情况来确定。

（2）管理费用

管理费用是指企业为管理和组织全厂生产而发生的各项费用，包括公司经费、职工教育经费、劳动保险费、工会经费、董事会费、咨询费、待业保险费、审计费、税金、技术转让费、技术开发费、土地使用费、土地损失补偿费、无形资产摊销、开办费摊销、业务招待费以及其他管理费用。

企业管理费用的计算公式为：

$$企业管理费用=车间成本\times企业管理费用率 \tag{4-14}$$

企业管理费用率一般可取 6% ～ 9%。

（3）财务费用

财务费用为企业进行资金筹集等理财活动而发生的各项费用。财务费用主要包括利息净支出、汇兑损失、金融机构手续费和其他因资金而发生的费用。其中，利息净支出包括短期借款利息、长期借款利息、应付票据利息、票据贴现利息、应付债券利息、长期应付融资租赁款利息、长期应付引进国外设备款利息等，企业银行存款获得的利息收入应冲减上述利息支出；汇兑损失指企业在兑换外币时因市场汇价与实际兑换汇率和不同形成的损失，以脱离因汇率变动期末调整外币账户余额而形成的损失，当发生收益时应冲减损失；金融机构手续费包括开出汇票的银行手续费等。按实际发生额计算。

6. 总成本和其他各项成本的计算

（1）总成本

总成本指工程项目在一定期间内为生产和销售产品而消费的全部成本和费用，包括生产成本、销售费用、财务费用及管理费用。

总成本计算公式：总成本费用 = 生产成本 + 销售费用 + 财务费用 + 管理费用　　(4-15)

（2）可变成本

可变成本指在产品总成本中，随产量的增减而成比例增减的那一部分费用。

可变成本 = 原辅料费用 + 燃料、动力费用　　(4-16)

（3）固定成本

产品成本按其与产量变化的关系分为固定成本、可变成本及边际成本。固定成本指与产量的多少无关的那一部分费用，如固定资产折旧费、管理费用等。

固定成本 = 总成本 − 可变成本

= 生产工人工资及附加费用 + 车间经费 + 企业管理费用 + 销售费用　　(4-17)

（4）车间成本

车间成本 = 原辅料费用 + 燃料、动力费 + 生产工人工资及附加费 + 车间经费　　(4-18)

车间经费可按下式计算：

车间经费 = 车间折旧费 + 车间维修费用 + 车间管理费用　　(4-19)

（5）工厂成本

工厂成本可按下式计算：

工厂成本 = 车间成本 + 企业管理费用　　(4-20)

（6）销售成本

销售成本又称为总成本或完全成本，其计算公式为：

销售成本 = 工厂成本 + 销售费用　　(4-21)

若生产中存在副产品，则销售成本要扣除副产品的固定价格（即副产品的净收入）。副产品的固定价格可按下式计算：

固定价格 = 销售价格 − 单位税金 − 单位销售费用　　(4-22)

（7）经营成本

经营成本可按下式计算：

经营成本 = 销售成本 − 基本折旧费 − 流动资金利息　　(4-23)

7. 产品成本与产品产量的关系

产品成本按其与产量变化的关系分为固定成本、可变成本及边际成本等。这种划分有利于加强成本费用的管理，寻求降低成本费用的途径。其中，节约固定费用主要从降低其绝对额和提高产品产量着手，而节约变动费用则应从降低单位消耗来努力。

二、经济效益指标

经济效益指标是指由企业按照工效挂钩办法规定，与企业工资总额挂钩的经济指标。经济效益指标的选择应综合反映企业经济效益，以实现利润为主要挂钩指标。对实现利润与实物量复合指标挂钩的企业，要降低实物量挂钩指标所占的比重，并逐步转为以实现利润为主要挂钩指标。当年没有实现国有资产增值的企业，不得提取新增效益工资。

由于企业的生产经营活动是一个复杂的过程，由多方面的内容和环节构成，所以决定企业经济效益的因素也是多方面的，任一经济效益指标只能反映其中的一个侧面。因此，为了能够客观地反映企业的经济效益，必须从多角度进行考核，采用一系列相互关联、相互交叉的指标即指标体系进行全面、准确的衡量与评价。

1. 利润

利润是企业从事生产经营活动以及其他业务而取得的净收益。它是企业经营水平的重要评价标准。企业利润总额由营业利润、投资净收益和营业外收支净额组成。

（1）营业利润

营业利润是企业在其全部销售业务中实现的利润，又称经营利润，包含主营业务利润。营业利润永远是商业经济活动中的行为目标，没有足够的利润企业就无法继续扩大发展，甚至无法继续生存。营业利润是企业利润的主要来源，主要由营业收入、营业成本、期间费用、资产减值损失、公允价值变动净收益、投资净收益构成，多指营业收入减去营业成本和营业费用（包括销售费用、管理费用和财务费用），再减去营业税金后的金额。其计算公式如下：

$$\text{营业利润}=\text{营业收入}-\text{营业成本}-\text{营业费用}-\text{营业税金} \tag{4-24}$$

（2）投资净收益

投资净收益是指企业对外投资取得的利润、股票投资取得的股利、债券投资获得的利息等扣除发生的投资损失后的数额。企业或个人对外投资所得的收入（所发生的损失为负数），如企业对外投资取得股利收入、债券利息收入以及与其他单位联营所分得的利润等，是对外投资所取得的利润、股利和债券利息等收入减去投资损失后的净收益。严格地讲，所谓投资收益是指以项目为边界的货币收入等。它既包括项目的销售收入又包括资产回收（即项目寿命期末回收的固定资产和流动资金）的价值。投资可分为实业投资和金融投资两大类，人们平常所说的金融投资主要是指证券投资。

（3）营业外收支净额

营业外收支净额是指与企业生产经营无直接关系的各项收入减去各项支出后的数额。营业外收入包括固定资产盘盈、处理固定资产收益等。营业外支出包括固定资产盘亏、处理固定资产损失、各项滞纳金和罚款支出、非常损失、职工劳动保险费支出等。

2. 劳动效率

劳动效率是劳动者在生产中的劳动生产率，这是反映劳动利用效益的重要指标，是每一个员工提供的劳动成果。劳动成果可以用产值表示，也可以用产量表示。

$$\text{全员劳动效率}=\frac{\text{总产值}}{\text{职工平均人数}}\times 100\% \tag{4-25}$$

$$\text{工人劳动效率}=\frac{\text{总产值}}{\text{生产工人平均人数}}\times 100\% \tag{4-26}$$

3. 产品销售率

产品销售率指报告期工业销售产值与当期全部工业总产值之比，是反映工业产品已实现销售的程度，分析工业产销衔接情况，研究工业产品满足社会需求程度的指标。它可以反映产品生产已实现销售的程度。

4. 资金利税率

资金利税率是利润与税金之和同固定资产平均余额与流动资金平均余额之和的比率。资金利税率越高，表明企业的盈利水平越高，或者实现一定的盈利所占用的资金越少。固定资产平均余额按原值计算，也可按净值计算。前者计算结果，表明企业按固定资产原值平均余额和流动资金平均余额计算的资金利税率；后者计算结果，表明企业按固定资产净值平均余额和流动资金平均余额计算的资金利税率。它可以反映企业资金运用的经济效益。

5. 净产值率

净产值率表明工业企业生产总规模和总水平，反映的是生产总成果，它可以反映企业物化劳动消耗的经济效益。

6. 流动资金周转率

流动资金周转率是在流动资金运动过程中，流动资金周转额与流动资金平均占用额的比率。其是反映流动资金周转速度的指标。企业在一定时期内占用流动资金的平均余额越少，而完成的周转总额越多，表示流动资金的周转越快，周转次数越多，也就意味着以较少的流动资金完成了较多的生产任务。

除上述六项主要指标外，衡量企业经济效益的指标还有单位产品原材料及能源消耗量、单位产品生产设备消耗量、投资回收期等。

三、企业经济效益盈亏平衡分析

盈亏平衡（break-even）是指企业在销售适当的产品时，企业取得的销售收入与其发生的成本刚好相等，企业处于不亏不盈的状态。盈亏平衡分析就是分析产品销售量、产品成本、销售利润三者之间的内在关系。为企业展开生产决策、市场营销决策、产品开发决策提供信息支持。企业经济效益分析方法很多，盈亏平衡分析是其中之一。所谓盈亏平衡分析，是在一定的市场、生产能力及经营管理条件下，研究成本与收益关系的一种方法。它的核心问题是计算盈亏平衡点，通过盈亏平衡点找出能够减少亏损、增加盈利的有效措施，以达到提高经济效益的目的。

1. 盈亏平衡分析的意义

盈亏平衡分析的意义：①计划和控制生产销售过程。②预测成本、销售和利润，据以编制销售计划、生产计划、现金预算计划等。③把盈亏平衡分析中的变量与企业战略与战术决策相联系。④将盈亏平衡分析用于降本增效和边际贡献分析。

2. 基本假设

为了便于理解和掌握盈亏平衡分析的基本原理，必须对实际生产经营活动中的一些复杂问题做如下简化处理：

①假定企业的生产量同销售量相等；②假定固定成本总额、单位变动成本及产品售价不随业务量的变化而变化；③假定企业仅生产销售单一品种的产品；④销售总收入与业务量呈线性关系。

3. 盈亏平衡点

盈亏平衡点（break even point，BEP）又称零利润点、保本点、盈亏临界点、损益分歧点、收益转折点，通常是指全部销售收入等于全部成本时（销售收入线与总成本线的交点）的产量。以盈亏平衡点为界限，当销售收入高于盈亏平衡点时企业盈利；反之，企业就亏损。盈亏平衡点可以用销售量来表示，即盈亏平衡点的销售量；也可以用销售额来表示，即盈亏平衡点的销售额。传统式盈亏平衡图见图 4-14。

4. 盈亏平衡点的计算公式

关于盈亏平衡分析的平衡点，此值越低越好。但说“此点为保本点”，很容易引起误解。因为盈亏平衡点的计算，销售利润为零时，对于投资者来说不仅无利可图，而实际是亏损点。由于各年的固定成本和可变成本不同，各年的产品销售价格、销售额可能不同，所以各年的盈亏平衡点不同。

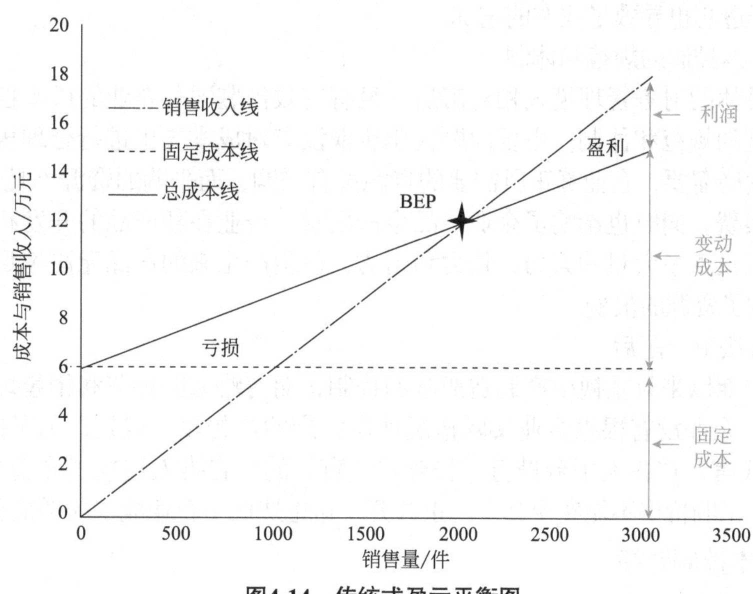

图4-14　传统式盈亏平衡图

盈亏平衡点的基本算法：假定利润为零和利润为目标利润时，先分别测算原材料保本采购价格和保利采购价格；再分别测算产品保本销售价格和保利销售价格。

以数量表示的盈亏平衡点计算公式：

$$盈亏平衡点=\frac{总固定成本}{单位产品毛利} \tag{4-27}$$

以金额表示的盈亏平衡点计算公式：

$$盈亏平衡点=\frac{总固定成本}{1-(\frac{单位变动成本}{单位销售价格})} \tag{4-28}$$

四、提高生产效益的思路

医药企业的生产经营活动，除了要满足人民群众医疗用药的需求外，还需获取一定的利润，为自身的发展创造条件。因此，制药企业向社会提供的产品必须具有良好的质量和合理的价格，同时还需要努力增加企业的经济效益。为提高经济效益，企业可以从降低生产经营费用（降低生产经营成本）、优化生产过程、扩大生产规模、开发高附加值产品、提高产品质量等几个方面入手。

（一）降低生产经营费用

我国制药企业为了提升经济效益，需要降低生产制造成本，降低药品价格，从而提高市场占有份额。因此，制造企业需要分析成本控制方面存在哪些问题，针对相关问题提出解决问题的对策，有效控制企业生产制造成本，避免生产过程中资源的浪费，有效提高经济效益，提高市场竞争力。

1. 目前我国制药企业成本控制存在的常见问题

（1）控制成本的流程不完善

调查结果显示目前大多数制药企业的生产制造成本占总成本的 20% 左右，制药企业大多数成本集中在药品原材料购买和药品的销售方面，药品的销售主要集中在药品推广费用，如广告费、宣传费等。大多数制药企业对于成本的控制只注重生产制造环节，忽视药品原材料的采购和药品销售方面的成本控制，没有针对问题对症下药，导致了过分追求生产制造成本，使药品的质量太差，而药品的广告过分夸大药品的效果，这使人们对国内制药企业的信任度降低，同时药品的采购没有采取竞标的方式进行，采购过程不公开透明也导致了成本的增加。

（2）企业缺乏成本控制的规范和体制

我国制药企业总体的财务管理模式相对落后，没有有效借鉴国外企业的成本控制方式和规划，企业总体缺乏成本控制的规范和体制。主要问题在于企业没有对成本支出进行合理规划，企业成本控制没有根据企业实际发展需要，企业真正所需要的资源没有采购，而采购的资源不是企业生产所需要的，这就造成了资源的浪费，同时也影响了企业产品生产质量。企业在新产品的开发和研究前没有做好充分的市场调研，导致投入了大量的人力、物力和财力，但生产出来的产品无法满足市场需求，致使大量的药品滞销，造成了资源的浪费。

（3）成本控制方法单一落后

我国制药企业长期以来只重视生产制造成本的控制，而忽略采购环节和销售环节的成本控制，尤其是对于销售环节，企业没有根据企业实际情况作出相应的广告投入规划，为了提高产品的知名度，不惜花重金请名人代言，在各大平台进行广告宣传，盲目的广告推入造成了企业成本的超支。其次，采购形式偏行政化，采购价格不能实现公平公正公开，这也造成了企业成本的增加和资源的浪费。

2. 制造企业成本控制对策

（1）改革成本管理模式，树立现代成本管理思想

在有效保障产品质量的前提下控制成本投入是企业共同追求的目标。企业成本控制管理模式应该控制生产制造过程，企业应当根据企业实际情况对企业的成本进行总结和分析，有针对性地对企业的成本进行管理和控制。同时制药企业也应当改变传统成本管理思想，树立现代化的管理思想，站在整个企业发展的战略高度，用长远的眼光看待问题，提前对市场做好调研，根据企业实际情况对资源进行整合，做好成本控制规划。

（2）建立健全成本控制管理体制

健全的成本控制管理体制可以有效保障企业控制成本，提高企业的经济效益。这就要求企业在做好调研的基础上，借鉴优秀企业的成本控制管理体制，结合企业实际情况建立符合企业发展要求的成本控制管理体制。目前主要从药品原材料采购和销售推广两个方面着手，对材料采购和市场推广的成本进行计划和预算，并对成本进行详细分解，建立和完善成本控制和调节机制，形成完整的成本控制管理体制。

（3）改变原材料采购方式

企业需要改变传统的原材料采购方式，运用全新的材料采购方法降低物流成本和原材料的价格，采用竞价的方式采购原材料，这种方式公平、公正、公开，有利于整个社会和企业内部员工的监督，有效控制原材料的成本。企业想要得到长足的发展需要不断开发新产品，企业需提前根据企业发展总体规划对原材料的生产和使用成本做一个规划，提前对材料进行市场调研和竞标，有效降低原材料的价格，避免出现原材料的浪费。

（二）优化生产过程（以化工制药为例）

1. 化工制药工艺过程

药品生产过程主要包括两个方面，一个是制药反应，另一个是药品的包装。在制药反应中，关键要素是采用先进的制药设备、保持封闭的制药环境以及药品的清洁度。使用先进的制药设备，不仅能够满足化工制药工艺需求，同时能够保证药品生产环境的封闭性和洁净，有效提升药品的生产效率和制药企业的经济效益。药品生产完成后还需要进行包装，包装时要保证包装材料的质量以及洁净度，同时还要注意药品包装的真空度。一般的包装材料会有很多的细菌和病毒存在，由于药品和包装材料是直接接触的，如果没有做好消毒措施，极容易导致药品变质，失去治疗效果。因此，不管在制药反应中还是在药品包装过程中，都需要做好消毒杀菌措施。

2. 我国化工制药工艺中存在的问题

目前，就我国现在的化工制药水平而言，与世界先进制药大国相比还有很大的差距，这是由于我国的化工制药基础比较薄弱。对此我们应该正视缺点，并进行研究，不断完善，努力夯实化工制药的基础，为未来的研究与发展积累经验，寻找新的发展途径。我国目前在化工制药领域仍然存在一些问题，这些问题急需解决，例如，实际制药设备与有关部门所规定的制药标准脱节，生产出的药品在药性与品质方面都难以达到标准。若无法提高制药效率，不仅浪费了原材料，还浪费了人力资源。作为传统的灭菌消毒程序，喷洒灭菌水的方法仍然是现如今通用的一种杀菌方式，这种方法主要依靠机器导轨的不断反转来达到灭菌目的。除此之外，还有一种消毒清洁的方法，即将超声波通过一定方式转化为具备一定能量的微波，然后用转化后的具有能量的微波对医药生产机器进行振动与冲击，用此种方法，对医药器械进行消毒杀菌。与此同时，根据国家最新的要求规范，仅仅通过以上的各种方法进行消毒是无法彻底做到零病毒和零细菌的。若还是像传统一样通过人工抽查的手段来对药品质量进行监测，以保证药品的品质，制造工艺的效率将很难得到提升，因而各制药厂以及相关工作人员急需对化工制药工艺进行优化，提高制药的品质与效率，才能最大限度地强化化工制药的基础，为未来的发展奠定基础，并进一步发挥化工制药的优势。

3. 化工制药工艺过程的优化方法分析

（1）改良生产设备，做好设备维护工作

先进的化工制药生产设备是保证药品生产质量的前提，也能有效提高企业的生产效率，在优化化工制药工艺的过程中，要注重更新升级化工制药基础设施，改良生产设备会提高化工制药的生产水平。因此化工制药企业要建立科学合理的发展战略，产品的质量和安全应该是企业的核心竞争力，企业的财力应该得到合理的分配，在化工生产设备方面加大资金投入，可有效控制生产车间的环境参数，提高经营效益。

（2）消毒外包装

制药过程对于清洁度有着非常高的要求，严格的对工艺过程进行灭菌监控，不遗漏每个生产环节。消毒设备对于制药车间来说是必不可少的，为了使质量跟踪和质量检测得到保证，要用消毒设备对每一个环节及时进行消毒，并经常对车间进行清洁度检查。在包装灭菌过程中，目前的化工制药企业采用的方法一般都是热辐射或真空红外线灭菌，这种方法会存在一定的问题，而隧道式的灭菌干燥机能够使这些问题得到很好的解决。干燥灭菌方式的采用使药品包装材料的无菌性得到了有效保证，并在实际制药时能够有效调节和控制洁净度。对于药品包装材料来说，它的洁净度达到C级时就可以达到工艺应用的要求程度。

（3）使用合适的膜过滤技术

在医药行业发展过程中，近年来新兴发展起来的一种高科技技术手段就是膜过滤技术。微滤膜过滤技术、反渗透技术、超滤膜过滤技术以及纳滤膜过滤技术等都属于膜过滤技术，在药品提存、分析和浓缩工艺中被有效应用。这种技术不仅消耗极少的资源，而且具有良好的环保效果。在温度的使用上，这些膜过滤技术具有较小的限制性，常温环境下就能够直接进行操作。在生产热敏性物质的过程中使用膜过滤技术，不仅大大降低了资金的投入量，而且消耗较低的能源，同时不会导致相变的情况出现。膜过滤技术的使用，降低了制药的成本，使企业的经济效益得到了很大的提升。在未来的发展中，应该加大对膜过滤技术的推广和应用，同时要在高科技技术研究的道路上进行不断的探索和创新。

（4）使用干燥灭菌机对药品外包装消毒

隧道式灭菌干燥机是现如今比较新颖的干燥灭菌机，可大大改善灭菌消毒的效果。我国制药企业常用的工艺方法便是使用真空红外线或者是热辐射对药品的包装进行灭菌。然而就现阶段而言，这两种方法都有着各自的缺陷。一般的化工制药的灭菌标准要求是C级或D级的洁净度，干燥灭菌机在实际应用中可以按照要求进行调整。而且包装药品由于需要保证其无菌，所以要求具有很高级别的高效层流，干燥灭菌机能够实现该要求水准。因此，使用干燥灭菌机对药品外包装进行消毒不失为一种可行性办法。总之，随着我国人口的持续增长，对药物需求也在不断上升，制药企业为了能够提高自身的核心竞争力，满足医药市场的需求，必须要加强对化工制药工艺的重视，通过引进和研发先进的制药设备，对制药环境严格控制，对制药人员加强培训，不断优化化工制药工艺，使制药效率和水平得到有效提升。

（三）扩大生产规模

规模（scale）指的是生产的批量，具体有两种情况，一种是生产设备条件不变，即生产能力不变情况下的生产批量变化。在产品的成本构成中，分可变成本和固定成本两类。一件产品即使不生产，也需支出固定的成本费用，因此产品生产量越大，则单位产品所含固定成本所占比例就越小，成本就越低，利润就越高。但是，这种生产规模扩大到一定限度，不仅限制了企业收益，由此产生的协调问题也会导致成本的大大提高。另一种是生产设备条件变化即生产能力变化时的生产批量变化。当这种生产规模扩大时，也会相应提高企业经济效益。企业应根据自身情况适当扩大第一种生产规模，并不断努力扩大第二种生产规模。

（四）开发高附加值产品

高附加值产品的主要特点是：①产品技术含量高，在新产品设计与老产品改造中，采用高新技术、工艺和设备等使产品技术含量显著提高；②质量和性能优异、产品质量高等；③具有较高的品牌文化，经济效益好。因此，开发新产品尤其是开发技术含量高的产品是企业获取高效益的措施之一，同时也可提高企业的核心竞争力。企业总产值实质是由外购价值和附加价值两部分组成。外购价值不是企业直接创造的价值，而是其他企业和劳动者创造的价值；附加价值，即净产值，才是本企业创造的新价值。因此企业要增加利润，提高经济效益，一方面要尽量扩大本企业的附加价值，扩大附加价值表明本企业创造的价值财富增加；另一方面要减少外购价值，减少外购价值表明成本降低。可通过以下途径开发附加价值产品：①采用高新技术，提高产品的品质；②增加文化含量；③创新思维，提高产品深度等。

（五）提高产品质量

提高产品质量，不仅可以提高产品市场竞争力，还能大大降低成本，提高经济效益。一些生产部门仍比较普遍地存在着一种误解，即好的质量应以数量为代价或者是高质量意味着高成本。这是在质量控制还仅处于对最终产品的实物检验阶段时的观点。在那种情况下，越严格的检验要求只能使产品高比率地拒收。随着质量控制进一步发展，现代质量控制的重点已转移到设计和制造过程中的预防方面。这样，从一开始就可以防止生产有缺陷的产品。质量改进通常可以带来较高的生产率并降低生产成本，增加企业生产效益。

一种产品销售成功的因素是多种多样的。它们包括市场条件、产品的特点及通过广告而树立的形象等。除垄断和产品短缺外，在所有的条件中最主要的因素是产品质量，依靠强大的媒介宣传攻势，任何产品的需求都可以创造出来，但这是就产品的产出和首次销售而言，是有可能的。重复和持续地销售却只能依赖于合理的成本和良好的产品质量。如果没有高质量的产品，贸易将会失利。

第十节　生产过程中易出现的问题和处理办法

一、质量问题

制剂生产过程由于种种原因造成制剂的质量不合格，尤其是在片剂生产中，造成片剂质量问题的因素更多。现仅对片剂、胶囊剂及注射剂生产中可能产生的质量问题、原因及解决方法作如下介绍。

（一）片剂生产过程中可能发生的质量问题、原因及解决方法

1. 松片

片剂压成后，硬度不够，表面有麻孔，用手指轻轻加压即碎裂。

松片的原因及解决方法如下：

① 药物粉碎细度不够、纤维性或富有弹性药物或油类成分含量较多而混合不均匀。可利用将药物粉碎过 100 目筛、选用黏性较强的黏合剂、适当增加压片机的压力、增加油类药物吸收剂充分混匀等方法加以克服。

② 黏合剂或润湿剂用量不足或选择不当，使颗粒质地疏松或颗粒粗细分布不匀，粗粒与细粒分层。可利用选择适当黏合剂或增加用量、改进制粒工艺、多搅拌软材、混匀颗粒等方法加以克服。

③ 颗粒含水量太少，过分干燥的颗粒具有较大的弹性，含有结晶水的药物在颗粒干燥过程中失去较多的结晶水，使颗粒松脆，容易松片。故在制粒时，应按不同品种控制颗粒的含水量。如制成的颗粒太干时，可喷入适量稀乙醇（50% ～ 60%），混匀后压片。

④ 药物本身的性质。密度大压出的片剂虽有一定的硬度，但经不起碰撞和振摇。如次硝酸铋片、苏打片等往往易产生松片现象；密度小，流动性差，可压性差，需重新制粒。

⑤ 颗粒的流动性差，填入模孔的颗粒不均匀。应重新制粒或加入适宜的助流剂如微粉硅胶等，改善颗粒流动性。

⑥ 有较大块或颗粒、碎片堵塞刮粒器及下料口，影响填充量。应经常疏通加料斗、保持压片环境干燥，并适当加入助流剂解决。

⑦ 压片机械的因素。压力过小，多冲压片机冲头长短不齐，压片速度过快或加料斗中颗粒时多时少。可通过调节压力、检查冲模是否配套完整、调整压片速度、勤加颗粒使料斗内保持一定的存量等方法克服。

2. 裂片

片剂受到振动或经放置时，有从腰间裂开的称为腰裂，从顶部裂开的称为顶裂。腰裂和顶裂总称为裂片。

裂片的原因及解决方法如下：

① 药物本身弹性较强、纤维性药物或因含油类成分较多。可加入糖粉以减少纤维弹性，加强黏合作用或增加油类药物的吸收剂，充分混匀后压片。

② 黏合剂选择不当、制粒时黏合剂过少，黏性不足则颗粒干燥后细粉较多，颗粒在压片时黏着力差。可将细粉筛出少许，而细粉过多时则干颗粒太坚硬，可造成崩解困难，片面麻点，应返工重新制粒并追加崩解剂。

③ 颗粒太干、含结晶水药物失水过多造成裂片，解决方法与松片相同。

④ 有些结晶型药物，未经过充分粉碎。可将此类药物充分粉碎后制粒。

⑤ 细粉过多、润滑剂过量引起的裂片，粉末中部分空气不能及时逸出而被压在片剂内，当解除压力后，片剂内部空气膨胀造成裂片。可通过筛去部分细粉与适当减少润滑剂用量加以克服。

⑥ 压片机压力过大，反弹力大而裂片；压片速度过快或冲模不符合要求，冲头有长短，中部磨损，其中部大于上下部或冲头向内卷边，均可使片剂顶出时造成裂片。可调节压力与压片速度，改进冲模配套，及时检查调换。

⑦ 压片室室温低、湿度低，易造成裂片，特别是黏性差的药物容易产生。调节空调系统可以解决。

3. 黏冲与吊冲

压片时片剂表面细粉被冲头和冲模黏附，致使片面不光、不平有凹痕，刻字冲头更容易发生黏冲现象。吊冲边的边缘粗糙有纹路。

黏冲与吊冲的原因及解决方法如下：

① 颗粒含水量过多、含有引湿性易受潮的药物、操作室温度与湿度过高易产生黏冲。应注意适当干燥、降低操作室温度、湿度，避免引湿性药物受潮等。

② 润滑剂用量过少或混合不匀、细粉过多。应适当增加润滑剂用量或充分混合，解决黏冲问题。

③ 冲头表面不干净，有防锈油或润滑油、新冲模表面粗糙或刻字太深有棱角。可将冲头擦净、调换不合规格的冲模或用微量液状石蜡擦在刻字冲头表面使字面润滑。此外，如为机械发热而造成黏冲时应检查原因，检修设备。

④ 冲头与冲模配合过紧造成吊冲。应加强冲模配套检查，防止吊冲。

4. 片重差异超限

片重差异超限是指片重差异超过《中国药典》规定的限度。

片重差异超限的原因及解决方法如下：

① 颗粒粗细分布不匀，压片时颗粒流速不同，致使填入模孔内的颗粒粗细不均匀，如粗颗粒量多则片轻，细颗粒多则片重。应将颗粒混匀或筛去过多细粉。如不能解决时，则应重新制粒。

② 如有细粉黏附冲头而造成吊冲时可使片重差异幅度较大，此时下冲转动不灵活。应及时检查，拆下冲模，擦净下冲与模孔即可解决。

③ 颗粒流动性不好，流入模孔的颗粒量时多时少，引起片重差异过大而超限。应重新制粒或加入适宜的助流剂如微粉硅胶等，改善颗粒流动性。

④ 加料斗被堵塞，此种现象常发生于黏性或引湿性较强的药物。应疏通加料斗、保持压片环境干燥，并适当加入助流剂解决。

⑤ 冲头与模孔吻合性不好，例如下冲外周与模孔壁之间漏下较多药粉，致使下冲发生“涩冲”现象，造成物料填充不足。对此应更换冲头、模圈。

⑥ 压片速度过快，填充量不足。要适当降低转速，以保证充填充足。

⑦ 下冲长短不一，造成填料不一。应及时调整仪器，修差，控制在 ±5 μm 以内。

⑧ 分配器未安装到位，造成填料不一。应及时停止仪器运行，并进行调整。

5. 崩解延缓

崩解延缓指片剂不能在规定时限内完成崩解，影响药物的溶出、吸收和发挥药效。

崩解延缓的问题可能受片剂孔隙状态、其他辅料、片剂储存条件的影响。

（1）片剂孔隙状态的影响

水分的透入是片剂崩解的首要条件，而水分透入的快慢与片剂内部具有的孔隙状态有关。尽管片剂的外观为一种压实的片状物，但实际上它却是一个多孔体，在其内部具有很多孔隙并互相联结而构成一种毛细管的网络，它们曲折回转、互相交错，有封闭型的也有开放型的。水分正是通过这些孔隙而进入片剂内部的，其规律可用毛细管理论加以说明。

$$L=\frac{R\gamma\cos\theta}{2\eta t} \tag{4-29}$$

式（4-29）即为液体在毛细管中流动的规律。式中，L 为液体透入毛细管的距离；θ 为液体与毛细管壁的接触角；R 为毛细管的孔径；γ 为液体的表面张力；η 为液体的黏度；t 为时间。

由于一般的崩解介质为水或人工胃液，其黏度变化不大，所以影响崩解介质（水分）透入片剂的四个主要因素分别是毛细管数量（孔隙率）、毛细管孔径（孔隙径 R）、液体的表面张力 γ 和接触角 θ。而影响这四个因素的情况有：

① 原辅料的可压性。可压性强的原辅料被压缩时易发生塑性变形，片剂的孔隙率及孔隙径 R 皆较小，因而水分透入的数量和距离 L 都比较小，片剂的崩解较慢。实验证明，在某些片剂中加入淀粉，往往可增大其孔隙率，使片剂的吸水性显著增强，有利于片剂的快速崩解。但不能由此推断出淀粉越多越好的结论，因为淀粉过多，则可压性差，片剂难以成型。

② 颗粒的硬度。颗粒（或物料）的硬度较小时，易因受压而破碎，所以压成的片剂孔隙率和孔隙

径 R 皆较小，因而水分透入的数量和距离 L 也都比较小，片剂崩解亦慢；反之崩解较快。

③ 压片力。在一般情况下，压力越大，片剂的孔隙率及孔隙径 R 越小，透入水的数量和距离 L 均较小，片剂崩解慢。因此，压片时的压力应适中，否则片剂过硬，难以崩解。但是，也有些片剂的崩解时间随压力的增大而缩短，例如，非那西丁片剂以淀粉为崩解剂，当压力较小时，片剂的孔隙率大，崩解剂吸水后有充分的膨胀余地，难以发挥出崩解的作用；而压力增大时，孔隙率较小，崩解剂吸水后没有充分的膨胀余地，片剂胀裂崩解较快。

④ 润滑剂与表面活性剂。当接触角 θ 大于 90° 时，$\cos\theta$ 为负值，水分不能透入片剂的孔隙中，即片剂不能被水所湿润，所以难以崩解。这就要求药物及辅料具有较小的接触角 θ。如果 θ 较大，例如疏水性药物阿司匹林接触角 θ 较大，则需加入适量的表面活性剂，改善其润湿性，降低接触角 θ，使 $\cos\theta$ 值增大，从而加快片剂的崩解。片剂中常用的疏水性润滑剂也可能严重地影响片剂的湿润性，使接触角 θ 增大、水分难以透入，造成崩解迟缓。例如，硬脂酸镁的接触角为 121°，当它与颗粒混合时，将吸附于颗粒的表面，使片剂的疏水性显著增强，使水分不易透入，崩解变慢，尤其是硬脂酸镁的用量较大时，这种现象更为明显。同样，疏水性润滑剂与颗粒混合时间较长、混合强度较大时，颗粒表面被疏水性润滑剂覆盖得比较完全。因此片剂的孔隙壁具有较强的疏水性，使崩解时间明显延长。

因此，在生产实践中，应对润滑剂的品种、用量、混合强度、混合时间加以严格的控制，以免造成大批量的浪费。

（2）其他辅料的影响

① 黏合剂。黏合力越大，片剂崩解时间越长。一般而言，黏合剂的黏度强弱顺序为：动物胶（如明胶）＞树胶（如阿拉伯胶）＞糖浆＞淀粉浆。在具体的生产实践中，必须把片剂的成型与片剂的崩解综合考虑，选用适当和适量的黏合剂。

② 崩解剂。就目前国内现在的崩解剂品种而言，一般认为低取代羟丙纤维素（L-HPC）和羧甲基淀粉钠（CMS-Na）的崩解度能够符合《中国药典》要求的情况下，干淀粉作为崩解剂普遍应用的实际状况并不矛盾，因为在崩解度能够符合《中国药典》要求的情况下，干淀粉价廉、易得，仍不失为一种良好的崩解剂。另外，崩解剂的加入方法不同，也会产生不同的崩解效果。

（3）片剂储存条件的影响

片剂经过储存后，崩解时间往往延长，这主要和环境的温度与湿度有关，即片剂缓缓地吸湿，使崩解剂无法发挥其崩解作用，片剂的崩解因此而变得比较迟缓。

6. 溶出超限

片剂在规定的时间内未能溶出规定的药物，即为溶出超限或称为溶出度不合格。片剂口服后，经过崩解、溶出、吸收产生药效，其中任何一个环节发生问题都将影响药的实际疗效。未崩解的完整片剂的表面积很小，所以溶出速率慢。崩解后所形成的小颗粒很多，表面积大幅度增加，溶出过程也随之增至最大，药物的溶出速率也最快，所以，能够使崩解加快的因素，一般也能加快溶出。但是，也有不少药物的片剂虽可迅速崩解，而药物溶出速率却很慢，因此崩解度合格并不一定能保证药物快速而完全地溶出，也就不能保证具有可靠的疗效。对于许多难溶性药物来说，这种溶出加快的幅度不会很大，尚需采取一些其他的方法来改善溶出。

（1）研磨混合物

疏水性药物单独粉碎时，随着粒径的减小，表面自由能增大，粒子易发生重新聚集的现象，粉碎的实际效率不高。与此同时，这种疏水性的药物粒径减小、比表面积增大，会使片剂的疏水性增强，不利于片剂的崩解和溶出。如果将这种疏水性的药物与大量的水溶性辅料共同研磨粉碎制成混合物，则药物与辅料的粒径都可以降低到很小。又由于辅料的量多，所以在细小的药物粒子周围吸附着大量水溶性辅料的粒子，这样就可以防止细小药物粒子的相互聚集，使其稳定地存在于混合物中。当水溶性辅料溶解时，细小的药物粒子便直接暴露于溶出介质中，所以溶解（出）速率大大加快。例如，将疏水性的地高辛、氢化可的松等药物与 20 倍的乳糖球磨混合后干法制粒压片，溶出度大大增加。

（2）制成固体分散物

将难溶性药物制成固体分散物是改善溶出速率的有效方法。例如，用1∶9的吲哚美辛与PEG 6000制成的固体分散物粉碎后，加入适宜辅料压片，其溶出度得到很大的改善。

（3）载体吸附

将难溶性药物溶于能与其混溶的无毒溶剂（如PEG 400）中，然后用硅胶类多孔性的载体将其吸附，最后制成片剂。由于药物以分子的状态吸附于硅胶，所以在接触到溶出介质或胃肠液时，很容易溶解，大大加快了药物的溶出速率。

7. 片剂含量不均匀

所有造成片重差异过大的因素，皆可造成片剂中药物含量的不均匀，此外对于小剂量的药物来说，混合不均匀和可溶性成分的迁移是片剂含量均匀度不合格的两个主要原因。

（1）混合不均匀

混合不均匀造成片剂含量不均匀的情况有以下几种：①主药量与辅料量相差悬殊时，一般不易混匀，此时应该采用等级递增稀释法进行混合或者将小剂量的药物先溶于适宜的溶剂中再均匀地喷洒到大量的辅料或颗粒中（一般称为溶剂分散法），以确保混合均匀。②主药粒子大小与辅料相差悬殊时，极易造成混合不匀，所以应将主药和辅料进行粉碎，使各成分的粒子都比较小并力求一致，以便混合均匀。③粒子的形态如果比较复杂或表面粗糙，则粒子间的摩擦力较大，一旦混匀后不易再分离；而粒子的表面光滑，则易在混合后的加工过程中相互分离，难以保持其均匀的状态。④当采用溶剂分散法将小剂量药物分散于空白颗粒时，由于大颗粒的孔隙率较高，小颗粒的孔隙率较低，所以吸收的药物溶液量有较大差异。在随后的加工过程中由于振动等原因，大小颗粒分层，小颗粒沉于底部，造成片重差异过大以及含量均匀度不合格。

（2）可溶性成分在颗粒之间的迁移

这是造成片剂含量不均匀的重要原因之一。为了便于理解，现以颗粒内部的可溶性成分迁移为例，介绍迁移的过程：在干燥前，水分均匀地分布于湿颗粒中，在干燥过程中，颗粒表面的水分发生汽化，使颗粒内外形成了温度差，因而，颗粒内部的水分向外表面扩散时，这种水溶性成分也被转移到颗粒的外表面，这就是所谓的迁移过程。在干燥结束后，水溶性成分就集中在颗粒的外表面，造成颗粒内外含量不均。当片剂中含有可溶性色素时，这种现象表现得最为直观。湿混时虽已将色素及其他成分混合均匀，但颗粒干燥后，大部分色素已迁移到颗粒的外表面，而内部的颜色很淡，压成片剂后，片剂表面形成很多“色斑”。为了防止“色斑”出现，最根本的办法是选用不溶性色素，如使用色淀（即将色素吸附于吸附剂上再加到片剂中）。上述这种颗粒内部的可溶性成分迁移在通常的干燥方法中是很难避免的，而采用微波加热干燥时，由于颗粒内外受热均匀一致，可使这种迁移减少到最小的程度。

颗粒内部的可溶性成分迁移所造成的主要问题是片剂上产生色斑或花斑，对片剂的含量均匀度影响不大。但是，发生在颗粒之间的可溶性成分迁移，将大大影响片剂的含量均匀度，尤其是采用箱式干燥时，这种现象最为明显。颗粒在盘中铺成薄层，底部颗粒中的水分将向上扩散到上层颗粒的表面进行汽化，这就使底层颗粒中的可溶性成分迁移到上层颗粒之中，使上层颗粒中的可溶性成分含量增大。当使用这种上层含药量大、下层含药量小的颗粒压片时，必然造成片剂的含量不均匀。因此当采用箱式干燥时，应经常翻动颗粒，以减少颗粒间的迁移，但这样做仍不能防止颗粒内部的迁移。

采用流化（床）干燥法时由于湿颗粒各自处于流化运动状态，并不相互紧密接触，所以一般不会发生颗粒间的可溶性成分迁移，有利于提高片剂的含量均匀度，但仍有可能出现色斑或花斑，因为颗粒内部的迁移仍是不可避免的。另外，采用流化干燥法时还应注意由于颗粒处于不断的运动状态，颗粒与颗粒之间有较大的摩擦、撞击等作用，会使细粉增加，而颗粒表面往往水溶性成分较高，所以这些被磨下的细粉中的药物（水溶性）成分含量也较高，不能轻易地弃去，也可在投料时就把这种损耗考虑进去，以防止片剂中药物的含量偏低。

8. 花斑与印斑

片剂表面有色泽深浅不同的斑点，造成外观不合格。

花斑与印斑产生原因和解决方法如下：

① 黏合剂用量过多、颗粒过于坚硬、含糖类品种中糖粉熔化或有色片剂的颗粒因着色不匀、干湿不匀、松紧不匀或润滑剂未充分混匀，均可造成印斑。可通过改进制粒工艺使颗粒较松，有色片剂可采用适当方法，使着色均匀后制粒，制得的颗粒粗细均匀，松紧适宜，润滑剂应按要求先过细筛，然后与颗粒充分混匀。

② 复方片剂中原辅料深浅不一，若原辅料未经磨细或充分混匀易产生花斑，制粒前应先将原料磨细，颗粒应混匀才能压片，若压片时发现花斑应返工处理。

③ 因压片时油污由上冲落入颗粒中产生油斑，需清除油污，并在上冲套上橡皮圈防止油污落入。

④ 压过有色品种清场不彻底而被污染。

9. 其他问题

（1）叠片

叠片指两片叠成一片，黏冲或上冲卷边等致使片剂黏在上冲，此时颗粒填入模孔中又重复压一次成叠片或由于下冲上升位置太低，不能及时将片剂顶出，而同时又将颗粒加入模孔内重复加压而成。压成叠片易使压片机受损伤，应解决黏冲问题与冲头配套、改进装冲模的精确性、排除压片机故障。

（2）爆冲

冲头爆裂缺角，金属屑可能嵌入片剂中。冲头热处理不当，本身有损伤裂痕未经仔细检查，经不起加压或压片机压力过大，以及压制结晶性药物时均可造成爆冲。应改进冲头热处理方法、加强检查冲模质量、调整压力、注意片剂外观检查。如果发现爆冲，应立即查找碎片并找出原因加以克服。

（二）片剂包衣过程中可能发生的质量问题、原因及解决方法

糖衣片包衣工序复杂，时间长，易发生的问题多，如龟裂、露边、麻面、花斑等，从药剂学中能找到解决方法。糖衣已逐渐被薄膜衣替代，以下仅介绍薄膜包衣问题。

（1）起泡

起泡的原因：固化条件不当、干燥速度过快。应掌握成膜条件和适宜的干燥速度。

（2）皱皮

发生皱皮的原因：片剂表面与包衣材料的理化性质影响黏附，两次包衣间加料间隔时间过短，喷液量过多。应掌握包衣材料的特性，调节间隔时间，适当降低包衣液的浓度，减少喷液量。

（3）色泽不匀

发生色泽不匀的原因：色素与薄膜衣材料未充分混匀，或包衣处方中增塑剂、色素及其他附加剂用量不当，在干燥时溶剂将可溶性的物料带到衣膜表面。可将薄膜衣材料配成稀溶液多喷几次，或将色素与薄膜衣材料先在胶体磨或球磨机中碾磨均匀、细腻后加入。调节空气和温度，减慢干燥速度。

（4）衣膜强度不够

发生衣膜强度不够的原因：包衣材料配比不当，衣层与药物黏合强度低，衣层厚度不够。改变衣膜配方，增加衣层厚度。

肠溶膜包衣，除上述问题外，还有可能发生如下问题：①在胃部已经崩解。原因是肠溶衣材料选择或配比不当，衣层与药物黏合强度低，衣层层次不够或不均匀。应选择适宜材料掌握适当配比，增加包衣层次并包制均匀，须待测定崩解合格后进一步包衣。②在肠道内不崩解而“排片”。原因是肠溶衣材料选择不当，衣层过厚，贮藏期间发生变化，与胃液渗透有关，当胃液渗入片芯时，片芯膨胀，待进入肠液时，肠溶衣溶解但片芯只稍微膨胀而不完全崩解。可选用肠溶衣材料调整配比，掌握包衣层次，选用适当崩解剂如羧甲基淀粉代替淀粉或加入少量微晶纤维素制粒的方法予以解决。

（三）胶囊剂生产过程中可能发生的质量问题、原因及解决方法

（1）溶出度不合格

其原因主要是原料或辅料生产厂商工艺的差异，改变原料或辅料供应商后影响原处方的溶出度。应稳定原辅料供应商；变更原辅料后，应进行工艺验证。

（2）装量差异超限

引起装量差异不合格的原因为颗粒流动性差，颗粒精细不均匀。应保持颗粒粗细较为均匀，减少细粉，增加流动性；加强颗粒填充过程中的称量检查，可每 15 min 称量一次。

（3）吸潮

吸潮导致水分不合格。应降低胶囊填充、存放间的湿度；某些吸湿性较强的品种使用铝塑包装后，在湿度较大的环境中易造成水分不合格；可改铝 - 铝包装，提高气密性。

（4）抗生素类效价下降

抗生素类药物使用湿法制粒，干燥过程加热易引起药物效价下降，应采用干法造粒。

（四）注射剂生产过程中可能发生的质量问题、原因及解决方法

1. 不溶性微粒

（1）纤维

纤维主要来自操作环境及操作人员的工作服。工作服应使用长纤维织物，清洁卫生的工具及其他辅助用具应使用无纤维脱落的长纤维织物，如真丝绸、丝光毛巾等。

（2）白点或其他微粒

白点或其他微粒可来自水、空气，也可因物料引起；瓶子未洗干净，注射用水被污染而不合格；洗瓶的注射用水冲洗量不够；隧道烘箱冷却段的高效过滤器有破损，塞子未清洗干净；胶塞质量不好，有微粒脱落；安瓿灌封产生碎玻璃；B 级洁净区的高效过滤器损坏，使洁净区未达到洁净要求等。

2. 热原检查不合格

热原检查不合格的原因：①瓶子和塞子的灭菌温度或时间不够，因此灭菌设备应定期验证，一般每年一次。发现异常应立即检查、验证。②注射用水放置时间过长。注射用水储存时间不宜超过 12h，且需在 80 ℃以上保温或 65 ℃以上循环。③生产环境未能达到生产要求。应定期监测无菌室的尘埃粒子及沉降菌。

3. 无菌检查不合格

产生原因及解决办法基本同“热原检查不合格”。

4. 装量不合格

（1）粉针

国内大多采用螺杆式分装机，该机使用较平稳，收率较高。装量不合格原因主要有：药粉粘满计量螺杆，需清除计量螺杆上的药粉；控制装量的弹簧达到疲劳极限，应更换。此外，还有两个螺杆分装头未能调到同步一致，两个料斗内药粉的量有差异，药粉太细或太粗，流动性差。

（2）水针剂

采用 LSAG 型拉丝灌装装量不准的原因主要是推杆螺母及支点拼紧螺母松动，唧筒套弹簧不能复位，灌液管路系统中单向玻璃阀及玻璃唧筒漏气。解决问题的方法是：松的旋紧；不能用的更换；采用蠕动泵输灌药液装量比活塞式灌装准确。

（3）输液

装量不准的原因主要有高位槽液位变化，转速不稳定，药液洒漏瓶外。相应的处理方法是使液位保持稳定，稳定电压，校正漏斗嘴及调整拨轮。

5. 焦头

药液溅滴于安瓿颈丝内壁，熔封时在高温下炭化造成焦头，主要是由针头出液太快或太慢和针头缩水不良引起。解决方法：前者调节灌凸轮，后者调节灌液管路中缓冲气泡的气囊容积。安瓿颈丝粗细不匀，压药液动作与针头行程配合不好，也会造成焦头，可采用相应措施加以克服。

二、设备故障

设备发生故障是不可避免的，但设备发生故障不但影响正常生产，而且有可能给产品质量带来风险，因此必须将设备故障的发生率降到最低。发生故障，应该及时维修，几种设备常见故障及处理方法见表4-11。

表4-11　几种设备常见故障及处理方法

设备	故障记录	产生原因	处理方法
高速压片机	压制同一规格药片时，压力显示值突然变得很大，机器无法正常工作	① 主压力传感器与电脑之间的连接电缆可能有断线 ② 主压力传感器的放大器的零点发生严重漂移	① 断电并断开电脑连接的电缆，测量电桥阻值，如有开路、短路，应分段检查电缆，排除故障 ② 调整主压力传感器的放大器
	机器跑药粉多	① 分料盘与模盘配合间隙太大 ② 刮料器与转台的缝隙过大 ③ 中模高于转台	① 检查平台与模盘的平行度，并控制其间隙在0.04～0.06 mm之内 ② 检查调整贴紧 ③ 检查调平
	按下接通离合器按钮，转台不能旋转	①电磁离合器断线或断电 ② 离合器摩擦片之间的间隙过大 ③ 压片机的负荷过大 ④ 按钮及插件不良	① 测量离合器阻值和工作电压 ② 检查、调整 ③ 检查 ④ 参照电原理图检查控制线路
全自动硬胶囊填充机	排送胶囊不能进入囊板孔中	卡囊弹簧开合时间不当，推囊爪、压囊爪位置不当	调整限位块至适当位置，调整推、压囊爪位置
	胶囊体、帽分离不良	①真空分离器表面有异物，造成与下囊板贴合不严 ② 底部顶杆位置不当，上、下囊板错位 ③ 囊板孔中有异物 ④ 真空管路密封不严，真空度达不到要求	① 排除废囊，清除异物 ② 调整顶杆位置，紧固囊板 ③ 用毛刷清理 ④ 清理过滤器，检查真空系统，调节表压
	离合器过载	① 因计量模板错动，充填杆与计量孔不对中，造成摩擦力增大，甚至卡死 ② 药粉黏潮造成计量模板与密封环境摩擦力增大 ③ 计量盘与密封环间隙不当 ④ 离合器力矩变小	① 松开计量模板紧固螺钉，用调试杆调整后拧紧紧固螺钉 ② 调整药粉黏度、干燥度 ③ 调整计量模板与密封环间隙 ④ 转动离合器螺母，增加摩擦
拉丝灌封机	缺瓶灌液	① 电气控制线路断路 ② 电磁铁吸力弱 ③ 顶杆螺母松动	① 更换线圈或接通断路 ② 清洗吸铁装置内腔，或调节电吸铁芯间隙 ③ 旋紧螺母
	有瓶无药液	① 顶杆栓污染堵塞，弹簧不能复位 ② 电气控制线路短路	① 拆洗或更换弹簧 ② 排除电气故障
螺杆式粉针分装机	运转中突然停止或启动不了	① 剂量螺杆跳动量过大 ② 计量螺杆与粉嘴接触，造成控制电器自动断电	① 拆卸漏斗，调整计量螺杆 ② 调整漏斗，使粉嘴不与计量螺杆接触
	胶塞盖不到瓶口上或胶囊连续下落	① 胶塞卡口与瓶子不对位 ② 胶塞卡口松	① 调整卡口与瓶子的对中性 ② 调整胶塞卡口
软膏自动灌装封口机	管杯对位不准	① 马氏机构传动条（链）销、键松动 ② 马氏轮槽、滚子磨损严重造成间隙过大 ③ 连续马氏机构和杯盘的一对圆锥齿轮磨损严重、间隙过大	① 紧固或更换销、键 ② 更换马氏机构 ③ 更换圆锥齿轮
	软管折尾歪斜、不整、不贴合	① 包装材料尾部卷曲，长短不一 ② 三道折尾的高度调节不当 ③ 翻转折刀及其轴套磨损严重，造成翻转折刀与铲刀的间隙过大 ④ 翻转折刀和铲刀的缝合线与杯轴线偏离 ⑤ 各连杆孔、销轴磨损严重	① 要求软管尾部圆整，无卷的，管身长度公差+0.5 mm ② 根据软管尾部合理的折叠部位，严格调节的折尾装置的高度 ③ 更换翻转折刀及其轴、套 ④ 调节缝合线与杯轴线趋近重合 ⑤ 连杆扩孔加套，更换销轴

注：本表内容摘自《医药工业设备维护检修规程》。

药品生产所涉及的设备大多在洁净环境中运行。因此对参加这些设备维修的人员，也必须进行GMP培训，让其了解卫生及微生物学方面的知识，了解进入洁净区域的有关SOP，这不仅能使他们能遵守洁净车间的有关制度，也使因设备维修而破坏洁净环境的影响减少到最低限度。在线维修，即在该设备所在的原安装位置进行维修，但维修前应清场，将所有与药品生产有关的原辅料、中间体、半成品、包装材料等清理出维修现场，维修工作也不得影响其他工序的生产，否则应停止生产。对于注射剂等B级洁净区域设备的维修，在生产过程中，进入的维修人员应按B级洁净区的更衣要求更衣，需带入的工具及零配件也应按要求清洗、灭菌后进入洁净区。有的制药企业在车间内设专门维修间，需维修的设备运到维修间维修，同时将完好的设备运到需维修的设备位置，这样可避免因维修而影响生产。

生产过程中很可能发生意外情况，如设备、通风系统出现故障或停电。因此必须有应急措施，确保生产仍处于受控状态。首先应制定意外情况的应急措施的制度，并对员工进行培训，让他们知道在发生意外情况时应该采取的措施。设备发生故障，立即通知维修人员进行维修。通风系统故障或停电，不要打开通向低级洁净区的门，立即向上级报告，操作人员应在原地静候尽可能减少人员走动，如通风系统故障在短期内排除及停电在5 min内恢复，生产可继续进行。如故障及停电时间较长，人员应慢慢离开操作间，开门、关门应轻手轻脚，尽可能减少对环境的破坏。

空气净化系统恢复后，应待运转一段时间后（具体时间应根据停电或故障时间的长短，及空气净化系统的自净能力由验证数据确定）或者由环境监测人员对环境进行监测，符合要求后方可开始生产。对于注射剂，此种情况下，灌装线（分装线）上的空瓶及胶塞要全部作为废品处理。同时应对灌装设备进行在线清洁和在线灭菌，并对环境进行清洁和灭菌。

（彭剑青　陈艺）

思考题

1. 制剂生产管理体系中包括哪些部门？各部门的职责是什么？
2. 质量管理体系包括哪些内容？质量管理体系包含哪些部门？各部门的职责是什么？
3. WHO对药品生产企业组织结构的要求是什么？
4. 生产计划内容的主要指标有哪些？生产计划应满足哪些条件？
5. 生产计划指标的确定依据是什么？生产计划编制要遵守哪些原则？
6. 制剂生产中的三废指的是什么？简述制剂生产的三废防治措施。
7. 片剂、注射剂在生产过程中可能出现哪些问题？简述相应的处理办法。

参考文献

[1] 宋航. 制药工程技术概论. 3版. 北京：化学工业出版社，2019.
[2] 陈燕忠，朱盛山. 药物制剂工程. 3版. 北京：化学工业出版社，2018.
[3] 吴正红，周建平. 工业药剂学. 北京：化学工业出版社，2021.
[4] 柯学. 药物制剂工程. 北京：人民卫生出版社，2014.
[5] 李志宁，李钧. 药品GMP简明教程. 2版. 北京：中国医药科技出版社，2011.
[6] 潘卫三. 工业药剂学. 3版. 北京：中国医药科技出版社，2019.
[7] 金杰. 制药过程自动化技术. 北京：中国医药科技出版社，2009.

第五章

制剂生产各论

本章学习要求

1. 掌握：口服固体制剂（片剂、颗粒剂、胶囊剂）、液体制剂、无菌制剂、软膏剂、栓剂、膜剂、气雾剂、粉雾剂与喷雾剂等的生产工艺。
2. 熟悉：口服固体制剂、液体制剂、无菌制剂等相关车间设计；中药的炮制、粉碎和提取操作，以及中药丸剂、中药膏剂的制备工艺。
3. 了解：口服固体制剂（片剂、胶囊剂）、液体制剂、无菌制剂、软膏剂、栓剂、膜剂、气雾剂、粉雾剂与喷雾剂、中药制剂等的生产设备。

第一节　口服固体制剂

一、口服固体制剂生产工艺

（一）片剂生产工艺

1. 片剂概述

片剂（tablets）系指原料药物或与适宜的辅料制成的圆形或异形的片状固体制剂。片剂生产制备简单、成本低廉、包装保存运输简便，同时剂量准确、口感温和、服用方便，因此一直是现代药物制剂中应用最为广泛的剂型之一。

片剂始于 19 世纪 40 年代，到 19 世纪末随着压片机械的出现和不断改进，片剂的生产和应用得到了迅速发展。自片剂面世以来，其制备方法主要是压制法和模制法。其中压制法易于大规模生产各种形状的片剂，是目前普遍使用的片剂生产方法。常见的片剂多为圆形、椭圆形、三角形，此外还有长方形、圆柱形等。

近十几年来，片剂生产技术与机械设备方面也有较大的发展，如流化制粒、全粉末直接压片、半薄膜包衣以及生产联动化等。随着对片剂成型理论的深入研究，新型辅料、新机械、新生产工艺也在不断被开发。

（1）片剂的特点

片剂的优点：①剂量准确，含量均匀，以片数作为剂量单位，药片上也可压制凹纹，可以分成两份或四份，便于取用较小剂量而不失其准确性；②质量稳定，属于干燥固体剂型，压制后体积小、致密，受外界空气、光线、水分等因素的影响较小，必要时可通过包衣加以保护；③携带、运输、服用均较方便；④生产的机械化、自动化程度较高，产量大、成本及售价较低；⑤可以制成不同类型的各种片剂，如分散片、控释片、肠溶包衣片、咀嚼片和口含片等，以满足不同临床医疗的需要。

片剂的不足之处：①儿童和昏迷患者不易吞服；②制备、储存不当时会逐渐变质，以致在胃肠道内不易崩解或不易溶出；③含挥发性成分的片剂久贮易致含量下降。

（2）片剂的分类

片剂种类繁多，主要包括口服片、口腔用片等，其中以口服片种类最多，应用最广。片剂的具体可分为普通片、糖衣片、薄膜衣片、肠溶衣片、泡腾片、咀嚼片、分散片、缓释片、控释片、口腔崩解片、含片、舌下片、可溶片等。

（3）片剂的质量要求

优良的片剂一般要求：①含量准确，重量差异小；②硬度和崩解度要适当；③色泽均匀，光亮美观；④在规定时间内稳定性好、不降解；⑤溶出速率和生物利用度符合要求；⑥符合卫生学检查要求。特殊质量检查按现行《中国药典》具体项下进行。

（4）片剂常用辅料

片剂由药物和辅料组成。辅料是片剂中所有惰性物质的统称，但其性质对制剂质量的影响越来越明显。有些辅料可以改善药物的加工和压制等特性，如稀释剂、黏合剂、助流剂和润滑剂；有些辅料对片剂的质量、外观、使用等有帮助，如崩解剂、着色剂、掩味剂、溶出阻滞剂等。处方前研究表明其可影响制剂的稳定性、生物利用度和制备工艺。

2. 片剂生产工艺技术与流程

片剂所具有的特性受自身处方和加工工艺的影响。片剂的工艺技术与流程（图 5-1）必须按照需要、有利条件、制法及所用的设备来设计。制备片剂的主要单元操作是粉碎、过筛、称量、混合、制粒、干燥、压片、包衣和包装等，据其制备工艺分为湿法制粒压片法、干法制粒压片法和粉末直接压片法等（图 5-2）。在各个工艺单元中都必须控制温度和湿度，以满足 GMP 的要求，并保证药品的质量。

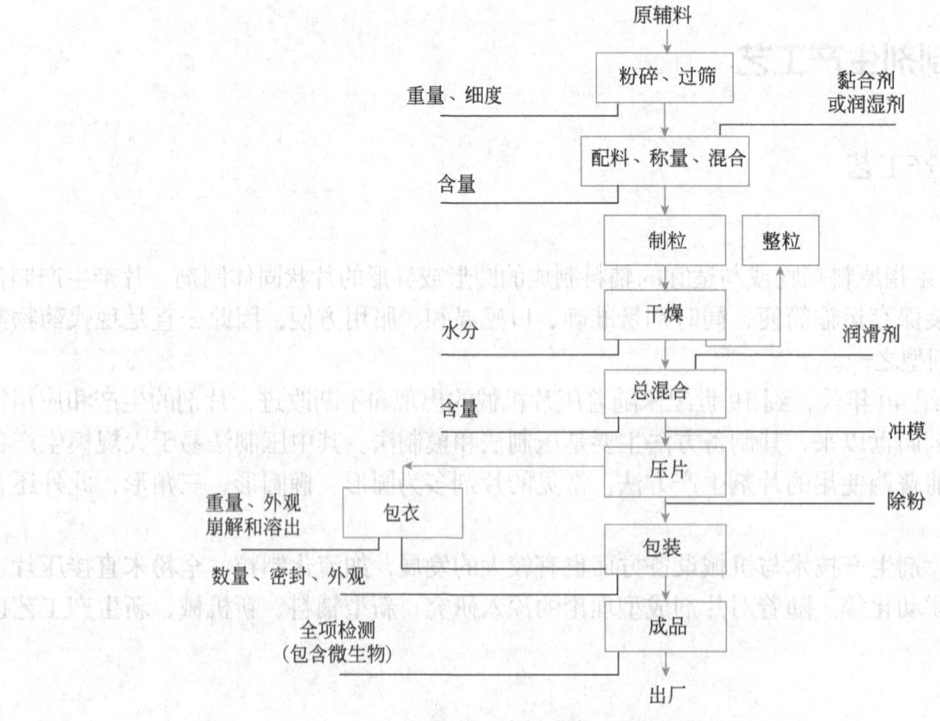

图5-1 片剂生产工艺流程图

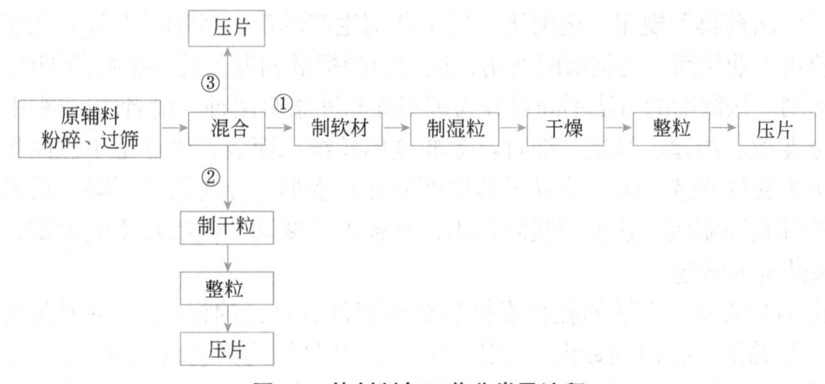

图5-2 片剂制备工艺分类及流程

①湿法制粒；②干法制粒；③粉末直接压片

对于中药片剂，经过处理的原料归纳起来有药粉、稠浸膏和干浸膏三类。药粉包括药材原粉、提纯物粉（有效成分或有效部位）、浸膏及半浸膏粉等，应用这些药粉制片，其细度必须能通过五至六号筛；同时必须灭菌，特别是药材原粉常常带入细菌、霉菌及螨类，因此，原药材粉碎前必须经过洁净、灭菌处理。浸膏粉、半浸膏粉等容易吸潮或结块，应注意新鲜制备或密封保存。

稠浸膏、干浸膏的制备，必须根据其所含成分的性质采用适宜溶剂和方法提取，或按处方规定的溶剂和方法提取。稠浸膏的浓度或稠度必须符合要求。干浸膏的性状与干燥方法有关，一般真空干燥能得到疏松块状物；喷雾干燥可得到粉粒状物；如以常压干燥则得到坚硬的块状物。以前两者更适合于制粒压片。

（1）粉碎与过筛

① 粉碎：主要是借机械力将大块固体物质碎成适宜大小的颗粒或细粉的操作过程。医药工业上也可借助其他方法将固体药物粉碎至微粉。

粉碎的目的：增加药物的表面积，促进药物的溶解与吸收，提高药物的生物利用度；便于适应多种给药途径的应用；加速药材中有效成分的浸出；有利于制备多种剂型，如混悬液、片剂、胶囊剂等。

粉碎度是固体药物粉碎后的细度。常以未经粉碎药物的平均直径（d）与已粉碎药物的平均直径（d_1）的比值（n）来表示，即 $n = d/d_1$。粉碎度与粉碎后的药物颗粒平均直径成反比，即粉碎度越大，颗粒越小。对于药物所需的粉碎度，既要考虑药物本身性质的差异，亦需注意使用要求的不同。过度的粉碎不一定切合实用，例如：易溶的药物不必研磨成细粉，难溶的药物需要研磨成细粉以便加速其溶解和吸收；制备外用散剂需要极细粉末，但在浸出药物中有效成分时，极细的粉末易于形成糊状物，不易达到浸出目的，而且也浪费劳动力及提高成本。所以固体药物的粉碎应随需要而选用适当的粉碎度。

药物粉碎度对制剂的质量至关重要。固体药物粉末粉碎度的大小直接或间接地影响制剂的稳定性和有效性，大块的固体药物无法制备药物制剂及发挥其疗效。此外，药物粉碎不匀可能造成药物混合不匀，影响制剂的剂量或含量。

② 过筛：药物粉碎后，粉末有粗有细，可以通过一种网孔性工具使粗粉与细粉分离，这种操作过程叫过筛或筛分，这种网孔性工具称为筛。一般机械粉碎所得的粉末总是不均匀的，故不能完全用单一的粉末粒度（粗细）来表示，而必须用粉末粒度的分布或粉末平均粒度表示。这种粉碎后粗、细不匀的状况对中草药也适用，而且中草药各部分组织的硬度颇不同，复方药材混合粉碎时更是有难有易，其出粉时有先后，因而粗、细混合很不均匀。所以过筛的目的，不仅能将粉碎好的颗粒或粉末按粒度大小加以分等，而且也能起混合作用，以保证组成的均一性，同时还能及时将合格药粉筛出以减少能量的消耗。但过筛时较细的粉末易先通过，因此过筛后的粉末仍应适当地加以搅拌，才能保证较高的均一性。不合要求的粗粉需再进行粉碎。如现行《中国药典》对颗粒剂、散剂等粉末制剂都有粒度要求；粉体的粒度对物料的混合度、流动性以及片剂的片重差异、硬度、溶出度等有重要影响。

药筛是指按《中国药典》规定，全国统一用于药剂生产的筛，或称标准筛。在实际生产中，除某些科研外，也常使用工业用筛。这类筛的选用，应与药筛标准相近，且不影响药剂质量。药筛的性能、标准主要决定于筛网。按制筛的方法不同可分为编织筛与冲眼筛两种。前者的筛网用不锈铜丝、铜丝、铁丝等金属丝或尼龙丝、绢丝、马尾、细竹丝等非金属丝编织而成，优点是单位面积上的筛孔多、筛分效率高，可用于细粉的筛选，但筛线易于移位而使筛孔变形，分离效率下降。后者是在金属板冲压出圆形或多角形的筛孔而制成，这种筛坚固耐用，孔径不易变动，但筛孔不能很细，多用于高速旋转粉碎器械的筛板及药丸的筛选。

筛孔的大小由筛号表示，筛子的孔径规格各个国家都有自己的标准。《中国药典》规定了 9 种规格的药筛筛号。一号筛的筛孔内径最大，依次减小，至九号筛的筛孔内径最小，具体见表 5-1。目前制药工业上习惯以目数来表示筛号及粉末的粗细，目为每英寸（2.54 cm）或每寸（3.33 cm）长度上的筛孔数目，如每英寸有 120 孔的筛为 120 目筛，能通过 120 目筛的粉末就叫 120 目粉。工业筛规格见表 5-2。

表 5-1 《中国药典》标准筛规格表

筛号	一号筛	二号筛	三号筛	四号筛	五号筛	六号筛	七号筛	八号筛	九号筛
筛孔平均内径/μm	2000±70	850±29	355±13	250±9.9	180±7.6	150±6.6	125±5.8	90±4.6	75±4.1
目号	10 目	24 目	50 目	65 目	80 目	100 目	120 目	150 目	200 目

粉碎后的粉末必须以适当筛号的药筛筛过，才能得到粒度比较均匀的粉末，以适应制剂生产需要。筛过的粉末包括所有能通过该药筛筛孔的粉粒，例如通过一号筛的粉末，是所有小于 2 mm 直径粉粒的混合物。富含纤维素的药材在粉碎过筛时，可以直立地通过筛网，其直径小于筛孔，但长度可能超过筛孔直径。一般可根据实际要求控制粉末的均匀度。

表 5-2 工业筛规格

目数	筛孔内径/mm			
	锦纶涤纶	镀锌铁丝	铜丝	钢丝
10		1.98		
12	1.6	1.66	1.66	
14	1.3	1.43	1.375	
16	1.17	1.211	1.27	
18	1.06	1.096	1.096	
20	0.92	0.954	0.995	0.96
30	0.52	0.613	0.614	0.575
40	0.38	0.441	0.462	
60	0.27		0.271	0.30
80	0.21			0.21
100	0.15		0.172	0.17
120			0.14	0.14
140			0.11	

《中国药典》规定了 6 种粉末，规格如下：**最粗粉**是指能全部通过一号筛，但混有能通过三号筛不超过 20% 的粉末；**粗粉**是指能全部通过二号筛，但混有能通过四号筛不超过 40% 的粉末；**中粉**是指能全部通过四号筛，但混有能通过五号筛不超过 60% 的粉末；**细粉**是指能全部通过五号筛，并含有能通过六号筛不少于 95% 的粉末；**最细粉**是指能全部通过六号筛，并含有能通过七号筛不少于 95% 的粉末；

极细粉是指能全部通过八号筛，并含能通过九号筛不少于95%的粉末。

（2）混合

在片剂生产过程中，根据处方分别称取主药与辅料后，必须将其混合均匀，以保证片剂质量。混合不匀往往会导致片剂的含量均匀性、崩解时限、硬度等出现问题。

固体粉粒的混合一般有以下3种形式：①对流混合。固体粒子群在机械作用下（如容器自身或桨叶的旋转）发生较大的位移，从而产生的总体混合。②剪切混合。由于粒子群内部作用力的结果产生滑动面，破坏粒子群的团聚状态而进行的局部混合。③扩散混合。由于粒子的无规则运动，在相邻粒子间发生相互交换位置而进行的局部混合。

上述3种混合方式在实际的操作过程中并不是独立存在的，而是相互联系的。只不过所表现的程度因混合器的类型、粉体性质、操作条件等不同而存在差异。一般来说，混合开始阶段以对流与剪切混合为主导作用，随后扩散的混合作用增加。大量生产时可采用混合机、混合筒或气流混合机进行混合。

（3）制粒

除某些结晶性药物或可供直接压片的药粉外，一般粉末状药物均需事先制成颗粒才能进行压片。这是因为：①粉末之间的空隙存在着一定量的空气，当冲头加压时，粉末中部分空气不能及时逸出而被压在片剂内；当压力移去时，片剂内部空气膨胀，可导致片剂松裂。②有些药物的细粉较疏松，容易聚积，流动性差，不能由饲料斗中顺利流入模孔，因而影响片重，使片剂含量不准。③处方中如有几种原辅料粉末，且密度差异比较大，在压片过程中会由于压片机的振动而使重者下沉，轻者上浮，产生分层现象，以致含量不准。④在压片过程中形成的气流容易使细粉飞扬，黏性的细粉易黏附于冲头表面，造成黏冲现象。因此必须按照药物的不同性质、设备条件和气候等情况合理地选择辅料，制成一定粗细松紧的颗粒以克服上述问题。

制粒的工艺种类繁多，如湿法制粒、流化床制粒、干法制粒等。

① 湿法制粒：采用湿法制粒然后压片是片剂制备最常用的方法。该法的优点在于：a. 在粉末中加入黏合剂，可提高物料的可压性和黏着性，提高设备的使用寿命并减少压片机的损耗；b. 湿法制粒可使流动性较差且剂量高的药物获得适宜的流动性和黏着性；c. 可使低剂量的药物含量更均匀；d. 可防止压片时多组分处方组成的分离。湿法制粒的主要缺点是劳动力、时间、设备、能源损耗较多，所需场地较大。湿法制粒适用于对湿、热不敏感的药物。

制颗粒前需先制成软材，将原辅料置于混合机中，加适量润湿剂或黏合剂混匀。润湿剂或黏合剂的用量以能制成适宜软材的最少量为原则。由于原辅料性质不同，很难制定出统一的软材标准，一般要求制成的软材达到“握之成团，触之即散”的标准。

取上述制得的软材放在适宜的筛网上，以手压过筛制成湿颗粒。大量生产时用机器进行，按情况不同分为一次制粒和多次制粒，用较细筛网（14～20目）制粒时，一般只要通过筛网一次即得。但在有色的或润湿剂用量不当以及有条状物产生时，一次过筛不能得到色泽均匀或粗细松紧适宜的颗粒，可采用多次制粒法，即首先使用8～10目筛网，通过1～2次后，再通过12～14目筛网。这样可得到所需要的颗粒，并比单次制粒法少用15%左右润湿剂。一些黏性较强的药物如磺胺嘧啶有时难以制粒，可采用8目的筛网二次制粒，也可采用分次投料法制粒，即将大部分药物（80%左右）或黏合剂置于混合机中，首先制成适宜的软材，然后加入剩余的药物，混合片刻，即可制得较紧密的湿颗粒。

湿颗粒的粗细和松紧需视具体品种加以考虑。例如：核黄素片片形小，颗粒应细小；吸水性强的药物如水杨酸钠，颗粒宜粗大而紧密。在干燥颗粒中需加细粉压片时，其湿颗粒亦需紧密；用糖粉、糊精为辅料的产品，其湿颗粒宜较疏松。总之，湿颗粒应显沉重、少细粉，整齐而无长条，但个别品种有例外。湿颗粒制成后，应尽可能迅速干燥，放置过久颗粒也易结块或变形。

湿颗粒的要求目前尚无科学的检查方法。通常在手掌上颠动数次，观察颗粒是否有粉碎情况。湿颗粒制成后，应尽可能迅速干燥，放置过久湿粒也易结块或变形。

② 流化床制粒：也称一步制粒法，是将常规湿法制粒的混合、制粒、干燥3个步骤在密闭容器内一次完成的方法。在流化床制粒机中，流化床层上的物料粉末受到下部热气流的作用，自下而上运动，

至最高点时向四周分开下落，至底部再次被热气流吹起，处于沸腾的流化状态。黏合剂溶液由泵进入管道，在压缩空气的作用下由喷嘴雾化，喷至处于流化状态的粉末中。粉末接触到液滴被润湿，聚集在液滴周围形成粒子核，继续喷入的液滴黏附在粒子核表面，通过架桥作用使粒子核与粒子核之间、粒子核与粒子之间相互结合，逐渐形成更大的颗粒。在热空气的作用下颗粒被干燥，粉末间的液体桥变成固体桥，即得到外形圆整的多孔颗粒（图 5-3）。

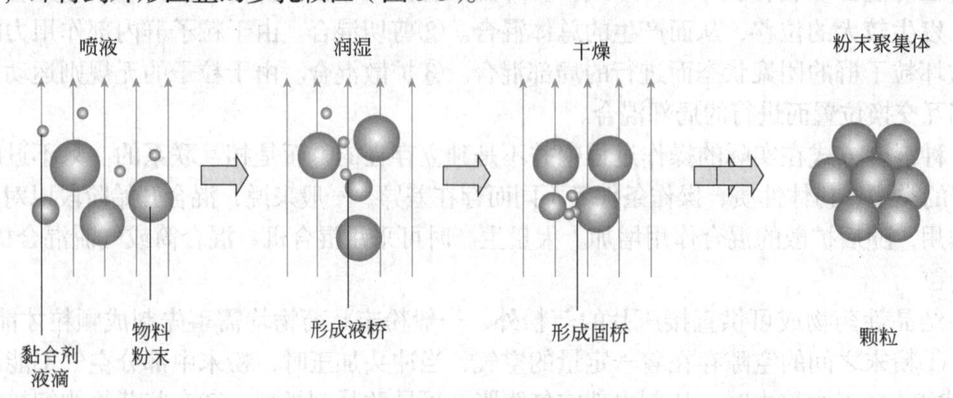

图5-3　流化床制粒原理

由于物料的混合、制粒、干燥在同一台设备内完成，与湿法制粒相比减少了操作环节，因此节约了生产时间。制粒过程在密闭环境中进行，不仅可防止外界对药物的污染，而且可减少操作人员同药物和辅料接触的机会，更符合 GMP 要求。所制备的颗粒密度小、粒子强度低，但粒度均匀、流动性、压缩成型性好，更适合高速压片机的片剂制备。

许多科学家认为流化床制粒法是湿法制粒的延伸，该法体现了湿法制粒的基本原理。然而，曾用过流化床制粒的人们都知道，关于该法的操作参数比湿法制粒更为复杂。流化床制粒技术除了用于制备片剂颗粒外，还可用于固体颗粒包衣上。流化床制出的颗粒比传统方法制出的颗粒稍为疏松，这一点又可能影响颗粒的可压性。

③ 干法制粒：该法使用较大的压力，将粉末物料首先压成相当紧密的大块状，再经粉碎得到适宜大小的颗粒。其最大优点是不需要另添加任何水或是其他液体黏合剂，特别适用于遇湿热易分解失效或结块的物料进行造粒。对湿热敏感的药物如阿司匹林用大片法制粒压出的片剂即是一个很好的例证。其他如阿司匹林混合物、非那西丁、盐酸硫胺、维生素 C、氢氧化镁或其他抗酸药也可用类似方法处理。

干法制粒需要物料必须具有一定的黏性，因此有时在处方中需加入干燥黏合剂，如微晶纤维素等。该法需要较大的压力才能使粉末黏结成块状，有可能会对药物的溶出造成影响，同时该法不适用于小剂量片剂，易造成含量不均匀现象。干法制粒另一种方法为滚压法。该法是滚筒式压缩法，是用压缩磨进行的。在进行压缩前预先将药物与赋形剂的混合物通过高压滚筒将粉末压紧，排出空气，然后将压紧物粉碎成均匀大小的颗粒，加润滑剂后即可压片。该法需要较大的压力才能使某些物质黏结，这样有可能会延缓药物的溶出速率。

（4）干燥

干燥是利用热能除去湿物料中的湿分（水分或其他溶剂）而获得干燥物品的操作。在药剂生产中，新鲜药材除水，原辅料除湿，水丸、片剂、颗粒剂等制备过程中均用到干燥。

在干燥过程中，物料表面液体首先蒸发，紧接着内部液体逐渐扩散到表面，继续蒸发至干燥。如果干燥速率过快，会导致物料表面的蒸发速率明显快于内部液体扩散到物料表面的速率，表面粉粒出现黏着或熔化结壳等现象，阻碍了内部水分的扩散和蒸发，即假干燥现象。假干燥的物料不能很好地保存，也不利于继续制备。

干燥速率的影响因素如下所述：

① 被干燥物料的性质：如形状、大小、料层厚薄、水分的结合方式等，对干燥速率的影响较大。一般来说，物料呈结晶状、颗粒状、堆积薄者，较粉末状、膏状、堆积厚者干燥速率快。物料中的自

由水（包括全部非结合水和部分结合水）可经干燥除去，但平衡水不能除去。

② 干燥空气的性质：在适当范围内，提高空气的温度有利于物料的干燥，但应根据物料的性质选择适宜的干燥温度，以防止某些热敏性成分被破坏。

空气的相对湿度越低，干燥速率越大，因此降低有限空间的相对湿度也可提高干燥效率。实际生产中常采用生石灰、硅胶等吸湿剂吸除空间水蒸气，或采用排风、鼓风装置等更新空间气流。

空气的流速越大，干燥速率越快。这是因为提高空气的流速，可以减小气膜厚度，降低表面气化阻力，从而提高等速干燥阶段的干燥速率。而空气流速对内部扩散无影响，故与降速阶段的干燥速率无关。

③ 干燥方式：它也对干燥速率有较大影响。在采用静态干燥法时，应使温度逐渐升高，以使物料内部液体慢慢向表面扩散，源源不断地蒸发。否则，物料易出现结壳等假干燥现象。在采用动态干燥法时，颗粒处于跳动、悬浮状态，可大大增加其暴露面积，有利于提高干燥效率；但必须及时供给足够的热能，以满足蒸发和降低干燥空间相对湿度的需要。沸腾干燥、喷雾干燥由于采用了流态化技术，且先将气流本身进行干燥或预热，使空间相对湿度降低、温度升高，故干燥效率显著提高。

此外，压力与蒸发量成反比，因而减压是改善蒸发、加快干燥的有效措施。真空干燥能降低干燥温度，加快蒸发速率，提高干燥效率，且产品疏松易碎，质量稳定。

（5）压片

片剂压制中的基本机械单元是两个钢冲和一个钢冲模。物料填充进入冲模中，上下两冲头加压而形成片剂。圆形冲头较为常见，其他形状如椭圆形、胶囊形、扁平形、三角形或其他不规则形状冲头（亦称异形冲）亦多有使用（图 5-4）。冲头表面的形状决定了片剂的形状。实践证明较为满意的且常常被看作标准的直径有：3/16 in、7/32 in、1/4 in、9/32 in、5/16 in、11/32 in、7/16 in、1/2 in、9/16 in、5/8 in、11/16 in 和 3/4 in（1 in = 0.0254 m）。

（6）包衣

片剂包衣是指在素片（或片芯）外层包上适宜的衣料，使片剂与外界隔离。包衣可增加对湿、光和空气不稳定药物的稳定性；掩盖药物的不良臭味，减少药物对消化道的刺激和不适感，或者避免胃肠道对药物的降解；还可以控制药物的释放速率；防止复方成分发生配伍变化；改善片剂外观，使产品具有一定的识别度，患者乐于服用。

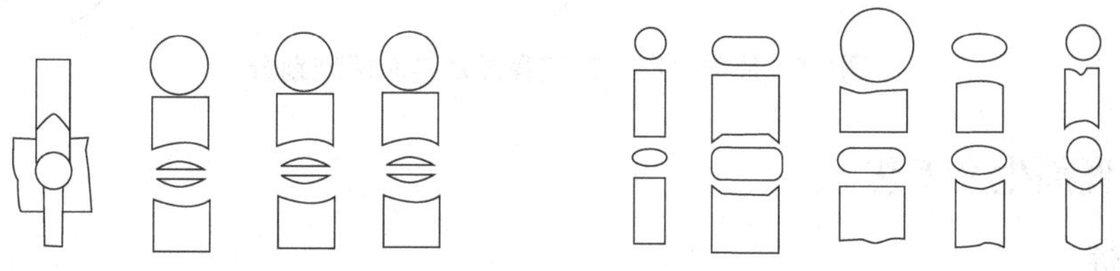

图5-4　冲头形状

19 世纪 40 年代就有糖衣片，20 世纪 50 年代出现压制包衣片，随后又出现空气悬浮包衣。美国雅培制药厂最先推出了薄膜衣片，成为目前片剂包衣的主要方法。近年来，新型包衣材料不断研发面世，例如国内外普遍使用的水性材料薄膜衣，可消除使用有机溶剂时的缺点和危险，而且包衣速度快，所需时间短。

包衣的质量要求：衣层应均匀、牢固、与药片不起作用，崩解时限应符合现行《中国药典》片剂项下的规定；经较长时期储存，仍能保持光洁、美观、色泽一致，并无裂片现象；且不影响药物的溶出与吸收。

根据使用的目的和方法，片剂的包衣通常分糖衣、薄膜衣及肠溶衣等。包衣方法有锅包衣、流化包衣、转动包衣、压制包衣等。

3. 片剂生产洁净区域划分

按工艺流程，片剂车间可分为“控制区”和“一般生产区”，其中“控制区”包括粉碎、配料、混合、制粒、压片、包衣、分装等生产区域，其他生产区域则属于“一般生产区”。凡进入“控制区”的空气应经过初、中双效过滤器除尘。按照 GMP 要求，“控制区”的洁净度要求应达到 D 级。片剂生产工艺流程示意图及环境区域划分如图 5-5 所示。

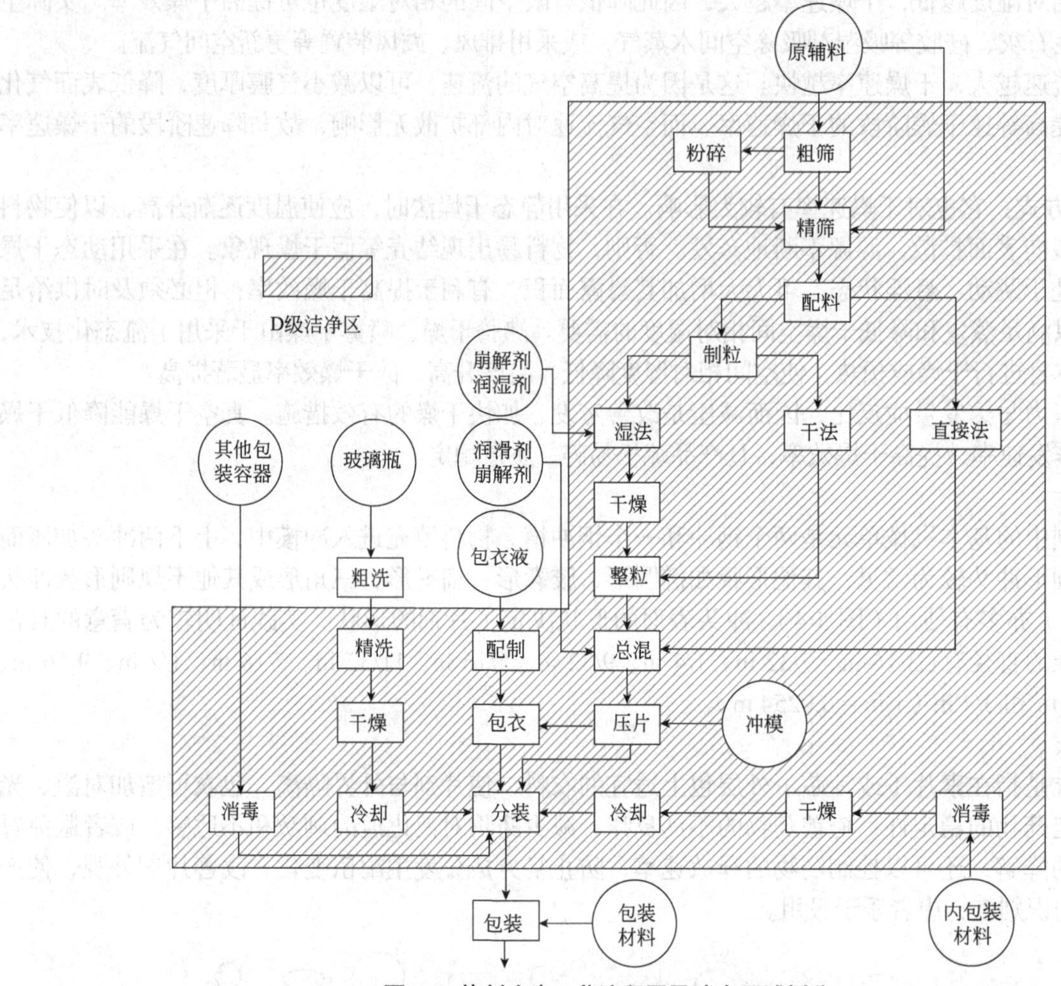

图5-5 片剂生产工艺流程图及洁净区域划分

（二）硬胶囊剂生产工艺

1. 胶囊剂概述

胶囊剂（capsules）系指将药物装于空心硬质胶囊中或密封于弹性软质胶囊中所制成的固体制剂。其中可以填装粉末、液体或半固体。胶囊壳的材料可以是明胶、甘油、水或其他药用材料，但各成分的比例不尽相同，制备方法也不同。我国早在明代就已有类似面囊的应用，欧洲人 Murdoek 和 Mothes 分别于 1848 年和 1883 年提出软胶囊和硬胶囊，之后随着高速自动化机械生产工艺的发展，胶囊剂无论在品种上、数量上还是产量上都有了较大的增长。

（1）胶囊剂分类

胶囊剂可分为硬胶囊、软胶囊（胶丸）以及肠溶胶囊，一般均供口服应用。

① 硬胶囊：将固体或半固体药物制成粉末、小片或小丸等填充于空心胶囊中而制成的，目前应用较广泛。随着科学技术的发展，硬胶囊现在也可装填液体和半固体药物。

② 软胶囊：将油类或对明胶无溶解作用的液体药物或混悬液，封闭于软胶囊中而制成的一种圆形或椭圆形制剂。因制备方法不同，软胶囊剂又可分两种：用压制法制成的，中间往往有压缝，故称有缝胶丸；用滴制法制成的，呈圆球形而无缝，则称无缝胶丸。

③ 肠溶胶囊：不溶于胃液，但能在肠液中崩解并释放活性成分。往往是将硬胶囊或软胶囊经用适宜的肠溶材料和方法处理加工而成。

（2）胶囊剂的特点

胶囊剂可掩盖药物的苦味及臭味；可避免湿气、氧和光线的作用，提高药物的稳定性；含油量高的药物或液态药物可制成软胶囊，方便服用；由于制备时往往不加入黏合剂，也不需压制，因而在胃肠道中分散快、吸收好，有利于提高药物的生物利用度；胶囊剂也可以控制药物的释放，如肠溶胶囊和缓控释胶囊。胶囊剂可用各种颜色或印字加以区别，同时利于服用，携带方便。对需起速效的难溶性药物，可制成固体分散体，然后装于胶囊中；对需要药物在肠中发挥作用时可以制成肠溶胶囊剂；对需制成长效制剂的药物，可将药物先制成具有不同释放速率的缓释颗粒，再按适当的比例将颗粒混合均匀，装入胶囊中，即可达到缓释、长效的目的，如酮洛芬缓释胶囊。

胶囊壳的主要材料是水溶性明胶，是由大型哺乳动物的皮、骨、腱加工出的胶原，经水解后浸出的一种复杂蛋白质，其分子质量为 17500 ～ 450000 Da。药物的水溶液和稀醇溶液能使胶囊壁溶解，不能制成胶囊剂；易溶性药物如溴化物、碘化物、水合氯醛以及小剂量刺激性药物，因在胃中溶解后，局部浓度过高而刺激胃黏膜，亦不能填装成胶囊剂；由于明胶的性质，对所填充的药物有一定的限制，水溶性或稀乙醇溶液会使囊壁溶化；易风干的药物会使囊壁软化；易潮解药物可使囊壁脆裂，均不宜制成胶囊剂，如吸湿性药物加入少量惰性油混合后，装入胶囊，可延缓胶壳变脆；胶囊壳在体内溶化后，局部药物浓度很高，因此易溶性刺激的药物也不宜制成胶囊剂。同时在某些忌用动物材质的地区，也限制了胶囊剂的使用。胶囊剂一般不适用于儿童。

2. 硬胶囊剂的制备

硬胶囊剂的制备过程可分为空胶囊的制备和药物填充两个步骤。

（1）空胶囊的制备

空胶囊呈圆筒形，由囊身、囊帽两节密切套合而成。按容积从大到小，有 000、00、0、1、2、3、4、5 号八种规格。胶囊填充药物后应密闭，以保证囊体和囊帽不分离。目前生产的空胶囊有普通型和锁口型两种。锁口型空胶囊的囊帽和囊壳有闭合用的槽圈，套合后不易松开，这就使胶囊在运输、储存过程中不易漏粉，适合工业化大生产。

明胶是空胶囊的主要成囊材料，是由骨、皮水解而制得（由酸水解制得的明胶称为 A 型明胶，由碱水解制得的明胶称为 B 型明胶，二者等电点不同）。以骨骼为原料制得的骨明胶，质地坚硬，性脆且透明度差；以猪皮为原料制得的猪皮明胶，富有可塑性，透明度好。生产中常将骨胶与皮胶混合使用，其制备的胶囊较理想。

此外，胶囊壳中还有其他一些附加剂，如增塑剂、着色剂、防腐剂和加工助剂等。增塑剂可提高胶壳的可塑性，如甘油、山梨醇、天然胶等，用量低于 5%；食用色素可增加美观，便于识别。添加遮光剂（如 2% ～ 3% 二氧化钛）可制备不透明的胶囊壳，适用于光敏药物。此外，加入少量表面活性剂（如月桂醇硫酸钠）可以使胶囊壳的厚薄均匀，具有光泽；琼脂可以增加胶液的胶冻力；防腐剂可以减少胶囊壳的霉变，常将其甲酯与丙酯按 4 ∶ 1 比例混合使用。

根据胶壳的组成不同，胶囊分为三种：无色透明的（不含色素及二氧化钛）、有色透明（含色素但不含二氧化钛）及不透明的（含二氧化钛）。

空胶囊的生产过程大体分为溶胶、蘸胶翻转制坯、干燥、脱模、切割、套合等工序。操作环境的温度应为 10 ～ 25 ℃，相对湿度为 35% ～ 45%，空气洁净度应达到 C 级。

① 溶胶：一般先称取一定量的明胶，用蒸馏水洗去表面灰尘。加蒸馏水浸泡数分钟，取出，滤去过多的水，放置使充分吸水膨胀。然后移置夹层蒸汽锅中，依次加入增塑剂、防腐剂或着色剂及足量的热蒸馏水，于 70 ℃之下加热熔融成胶液，再用滤袋（约 150 目）过滤，滤液于 60 ℃条件下静置，以除去泡沫，澄明后备用。

在制备空胶囊过程中，明胶溶液的浓度高低，可直接影响硬胶囊囊壁的厚薄。因此明胶应先测定其含水量，再按处方计算补加适宜的水制成一定浓度的胶液。胶液的黏度可影响胶壳的厚薄与均匀，所以应控制其黏度，国外在溶胶与蘸胶工序中采用计算机来监控。

② 蘸胶翻转制坯：用固定于平板上的若干对钢制模杆以一定深度浸于胶液中。浸蘸数秒钟，然后提出液面，将模板翻起，吹以冷风，使胶液均匀冷却固化。囊体、囊帽分别一次成型。模杆要求大小一致，外表光滑，否则影响囊体和囊帽的大小规格，导致不能紧密套合。模杆浸入胶液的时间应根据囊壁厚薄要求而定。

③ 干燥：将蘸好胶液的胶囊囊坯置于架车上，推入干燥室，或由传送带传输，通过一系列恒温控制的干燥空气，使之逐渐而准确地排出水分。在气候干燥时，可用喷雾法喷洒水雾使囊坯适当回潮后，再进行脱模操作。如干燥不当，囊坯则容易发软而粘连。

④ 脱模、切割：囊坯干燥后即进行脱模，然后截成规定的长度。

⑤ 检查并套合：制成的空胶囊经过灯光检查剔去废品。国外药厂是采用电子仪自动检查，挑选空胶囊，自动剔去废品。然后将囊体囊帽套合。

如需要还可在空胶囊上印字，在食用油墨中加 8% ～ 12% 的 PEG 400 或类似的高分子材料，以防所印字迹磨损。空胶囊壳含水量应控制在13%～16%，当低于10%时，胶壳变脆易碎；当高于18%时，胶壳软化变形。胶壳含水量还影响其大小，在含水量改变 1% 时，胶壳大小约有 0.5% 的变化。环境湿度可影响胶壳的含水量，空胶囊应装入密闭的容器中，严防吸潮，贮于阴凉处。

（2）药物填充

① 空胶囊大小的选择：胶囊填充药物多用容积来控制其剂量，但是药物和辅料的密度、形态会影响其体积，故应按药物剂量所占容积来选用适宜大小的空胶囊。可根据经验试装后决定，但常用的方法是先测定待填充物料的堆密度，然后根据剂量计算该物料容积，以决定应选胶囊的号数。

② 处方组成：硬胶囊剂一般是填充粉状药物或颗粒状药物，但近来也有填装液体或半固体药物，两者在生产上的处方和设备有所不同。

③ 药物的填充：生产应在温度 25 ℃、相对湿度 35% ～ 45% 的环境中进行，以保持胶壳含水量不致有大的变化。除少量制备时用手工填充外，大量生产时常用自动填充机。将药物与赋形剂混匀，然后放入饲料器用填充机械进行填充。此混合粉状物料应具有适宜的流动性，并在输送和填充过程中不分层。目前填充机的式样虽很多，但操作步骤都包括排列、校准方向、分离、填充和套合等，只是其中各种填充机填充方法差异较大，可归纳为五类，如图 5-6 所示。

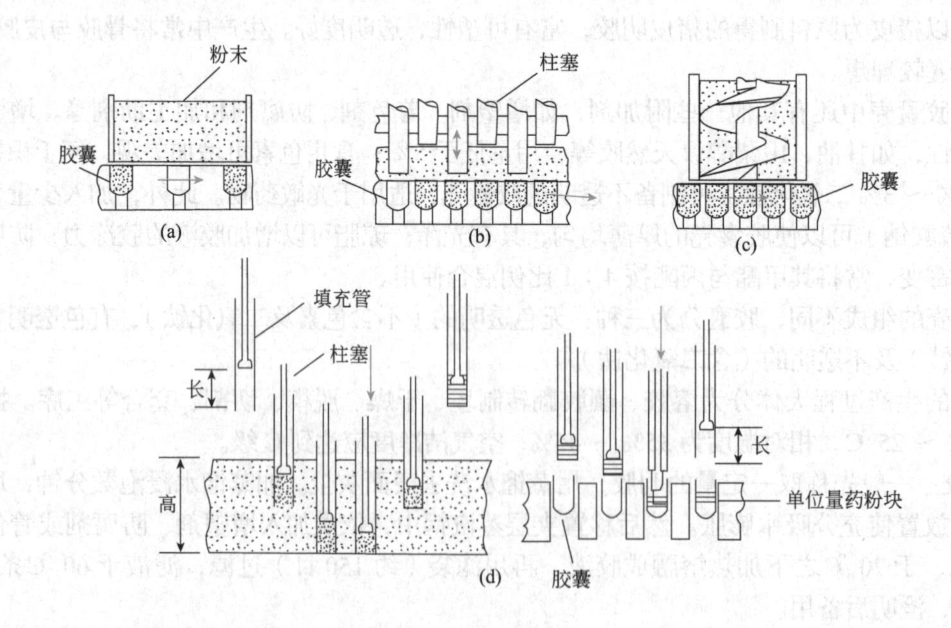

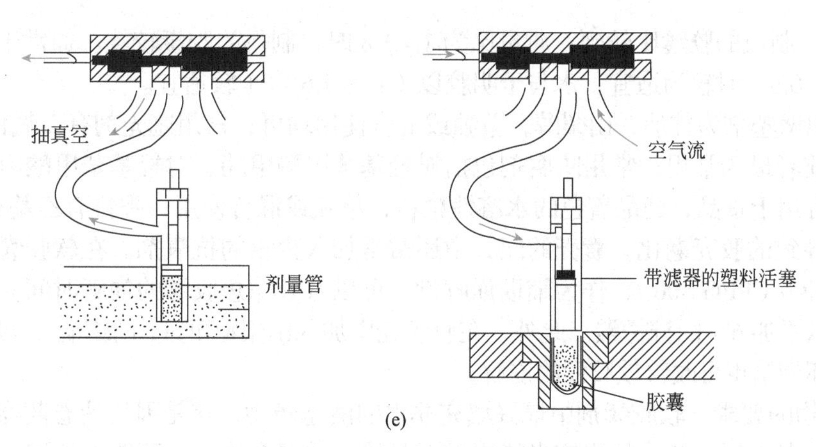

图5-6 硬胶囊药物填充机的类型

3. 硬胶囊剂的质量要求及生产流程洁净区域划分

根据现行《中国药典》规定，胶囊剂的一般检查项目包括水分、装量差异、崩解时限、微生物限度等。具体内容可参见现行《中国药典》或相应参考书。硬胶囊剂的生产工艺流程及环境区域划分与片剂类似，如图5-7所示。

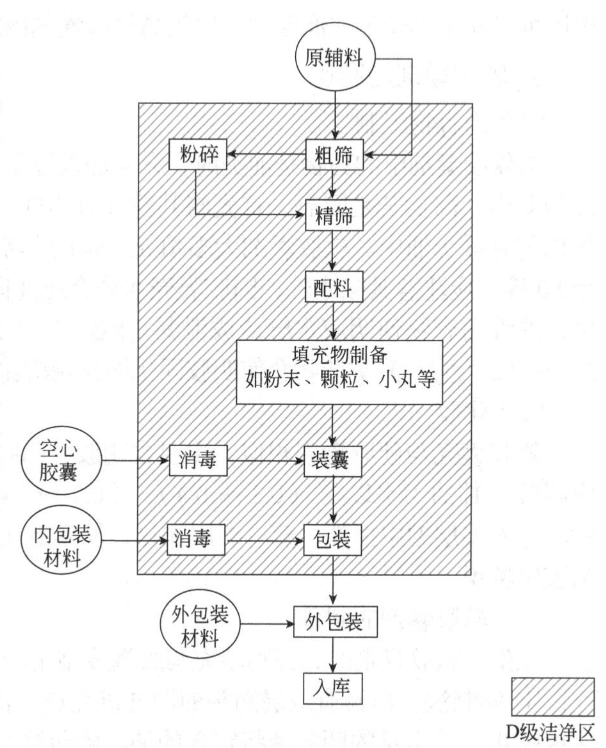

图5-7 硬胶囊剂生产工艺流程及环境区域划分

（三）软胶囊剂生产工艺

1. 软胶囊剂概述

软胶囊剂又称胶丸，系指将一定量的液体药物直接包封，或将固体药物溶解或分散在适宜的赋形剂中制备成溶液、混悬液、乳状液或半固体，密封于球形或椭圆形的软质囊材中的胶囊剂。软胶囊剂也可有其他形状，如长方形、筒形等。软胶囊剂可根据临床需要制成内服或外用的不同品种。

（1）软胶囊剂的特点

软胶囊剂整洁美观、容易吞服；可掩盖药物的不适恶臭气味；可提高药物的稳定性；装量均匀准确，溶液装量精度可达 ±1%，尤其适合药效强、过量后副作用大的药物，如留体激素口服避孕药等；特别适合于油状药物、难以压片或储存中会变形的低熔点固体药物；此外，也适合生物利用度差的疏水性药物，有利于提高药物的生物利用度。

软胶囊剂也有不足之处，表现在以下几方面：①遇高温易分解；②一般不适用于婴儿及消化道有溃疡的患者；③药物的水溶液或稀醇溶液能使明胶溶解。

（2）软胶囊剂的辅料

① 囊材　软胶囊剂的囊材是用明胶、甘油、增塑剂、防腐剂、遮光剂、色素和其他适宜的药用材料制成。制备软胶囊剂时，囊壳的质量直接关系到胶囊的成型与美观。最常用的胶料是明胶、阿拉伯胶。明胶的质量要符合现行《中国药典》规定，还要符合胶冻力、黏度及含铁量的标准。其勃鲁姆强度（Bloom strength）一般应为 150 ～ 250，强度高，胶壳的物理稳定性好。黏度范围为 25 ～ 45 mPa•s，对吸湿性强的药物，宜采用胶冻力高、强度低的明胶。

软胶囊剂可塑性强、弹性大，这与增塑剂、明胶、水三者的比例有关。当干明胶与干增塑剂的质量比为 1∶0.3 时，制成的胶囊比较硬；质量比为 1∶1.8 时，制得的胶囊较软。通常干明胶与增塑剂的比例在 1∶（0.4 ～ 0.6）时较为适宜；水与干明胶以（1 ～ 1.6）∶1 较适宜。

软胶囊的常用增塑剂为甘油、山梨醇，单独或混合使用均可；常用遮光剂有二氧化钛（钛白）、炭黑、氧化铁等，前者最为常用；常用防腐剂包括对羟基苯甲酸甲酯、对羟基苯甲酸丙酯以及它们的混合物；色素应为可用于食品、药品着色的水溶性染料，单独或混合使用；香料有乙基香兰素、香精等。为避免明胶氧化导致的胶壳老化，囊壳的配方中还常常加入少量的抗氧剂。在软胶囊剂中加入明胶量 50% 的聚乙二醇 400（PEG 400），作为辅助崩解剂，可以有效缩短胶囊的崩解时间。为了减缓软胶囊的老化速度，可以添加 6% 的柠檬酸。此外，在胶囊壳中加入山梨糖酐或山梨糖醇，可使软胶囊的硬化速度延缓；加入环糊精也可改善软胶囊的崩解。

② 囊内填充物的要求　软胶囊剂中最好填充非水的液态药物，这是因为液态药物具有较高的生物利用度。填充固体药物时，药物粉末应当能通过五号筛，并混合均匀。不能充分溶解的固体药物可以制成混悬液，但混悬液必须具有与液体相同的流动性。混悬液常用的分散介质是植物油或植物油加非离子表面活性剂。若用植物油作为分散介质时，油量的多少要通过实验比较加以确定。此外，混悬剂中还可以使用助悬剂或润湿剂，以提高软胶囊剂内容物的稳定性。

2. 软胶囊剂的制备

（1）内容物配制

当软胶囊剂中的药物是油类时，只需加入适量抑菌剂，或再添加一定数量的其他油类（如玉米油），混匀即得。药物若是固态，首先将其粉碎过 100 ～ 200 目筛，再与植物油混合，经胶体磨研匀，使药物均匀悬浮于油中。软胶囊剂大多填充药物的非水溶液，若要添加与水相混溶的液体如 PEG、聚山梨酯 80 等，应注意其吸水性，因胶囊壳水分会迅速向内容物转移，从而使胶壳的弹性降低。在长期储存中，酸性内容物使明胶水解造成泄漏，碱性内容物能使胶壳溶解度降低，因而内容物的 pH 应控制在 2.5 ～ 7.0 为宜。醛类药物会使明胶固化而影响溶出。

（2）化胶

软胶囊壳与硬胶囊壳相似，主要含明胶、阿拉伯胶、增塑剂、防腐剂、遮光剂和色素等成分，其中明胶∶甘油∶水以 1∶（0.3 ～ 0.4）∶（0.7 ～ 1.4）的比例为宜。根据生产需要，按上述比例将以上物料加入夹层罐中搅拌，蒸汽夹层加热，使其溶化，保温 1 ～ 2 h，静置待泡沫上浮后，保温过滤，成为胶浆备用。

（3）软胶囊剂的制备

在生产软胶囊剂时，药物填充与胶囊成型是同时进行的。制备方法分为滴制法和压制法。

① 滴制法：由具有双层滴头的滴丸机完成。油状药物与明胶液分别由滴丸机喷头的内外层按不同速度喷出，一定量的明胶液将定量的油状液包裹后，滴入另一种不相混溶的液体冷却剂（必须安全无害，和明胶不相混溶，一般为液状石蜡、植物油、硅油等）中，胶液接触冷却液后，由于表面张力作用而使之形成球形，并逐渐凝固成软胶囊剂。制备过程中必须控制药液、明胶液和冷却液三者的密度，以保证胶囊有一定的沉降速率，同时有足够的时间冷却。滴制法设备简单，投资少，生产过程中几乎不产生废胶，产品成本低。

② 压制法：将明胶与甘油、水等溶解制成胶带，再将药物置于两块胶板之间，调节好胶皮的厚度和均匀度，用钢模压制而成，连续生产采用自动旋转轧囊机。两条机器自动制成的胶带相向移动，到达旋转模前，一部分已加压结合，此时药液从填充泵中经导管进入两胶带间，旋转进入凹槽，后胶带全部轧压结合，将多余胶带切割即可。压制法产量大，自动化程度高，成品率也较高，计量准确，适合于工业化大生产。

（4）干燥、检查与包装

制得的软胶囊剂在室温（20 ～ 30 ℃）条件下冷风干燥，经石油醚洗涤两次，再经 95% 乙醇洗涤后于 30 ～ 35 ℃烘干，直至水分合格，即得软胶囊剂。检查剔除废品即可包装，包装方法及容器与片剂相同。

（5）软胶囊剂的印字

在软胶囊剂上可将商标、图文等借助于食用色膏（俗称油墨）印刷在表面，可提高防伪功能和识别效果。

3. 软胶囊剂的质量要求及生产流程洁净区域划分

软胶囊剂的质量要求与硬胶囊剂相同。因各种原因，软胶囊剂本身存在着一些稳定性问题，如储存期内的崩解不合格、胶囊内发生迁移等，但可通过调整增塑剂、改善工艺过程等方法加以解决。

在软胶囊剂的生产过程中，各种囊材、药液及药粉的制备，明胶液的配制、制丸、整粒和干燥等暴露工序在D级净化条件下操作。不能热压灭菌的原料的精制、干燥、分装等暴露工序在D级净化条件下操作。其他工序在一般生产区内完成，无洁净级别要求，流程图见图5-8。

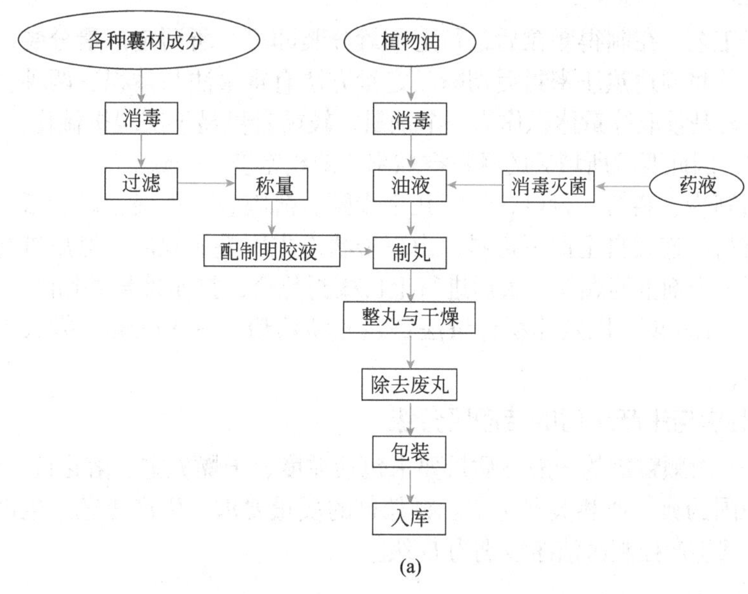

(a)

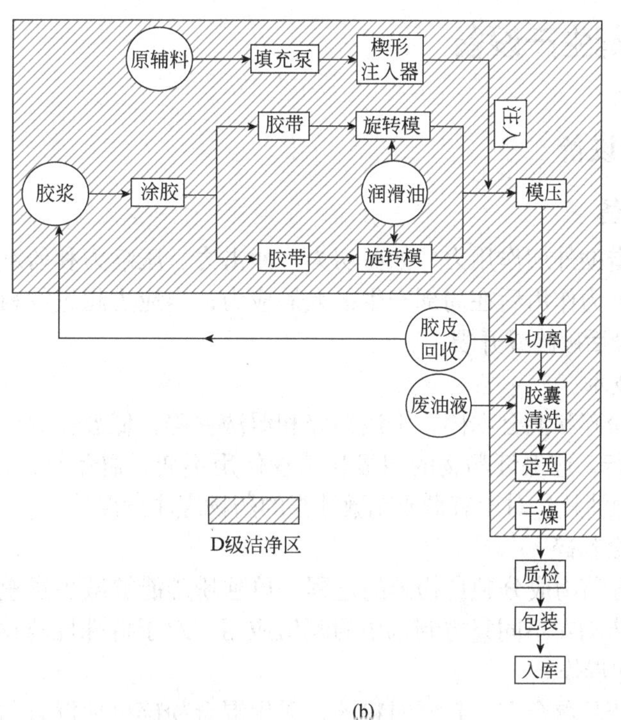

(b)

图5-8 制备软胶囊剂生产工艺流程及洁净区域划分

（a）滴制法；（b）压制法

生产工艺环境要求：

①软胶囊工艺室的温度 22 ～ 24 ℃，相对湿度 20%；②软胶囊干燥室的温度 22 ～ 24 ℃，相对湿度 20%；③软胶囊检测室的温度 22 ～ 24 ℃，相对湿度 35%。

（四）颗粒剂生产工艺

颗粒剂系指药物粉末与适宜的辅料混合而制成的具有一定粒度的干燥颗粒状制剂。颗粒剂一般有可溶颗粒、混悬颗粒、泡腾颗粒、肠溶颗粒、缓释颗粒和控释颗粒等，供口服用。颗粒剂可以看成是中药传统汤剂的延伸，当加入水后与汤药相似，因此储存、运输、携带、服用都方便。颗粒剂的生产工艺较为简单，片剂生产压片前的各道工序再加上定剂量包装就构成了颗粒剂的整个生产工艺。

1. 一般生产工艺

可参见片剂生产工艺，在制得颗粒后进行定剂量分装即可。所谓**定剂量分装**，是将一定剂量的颗粒剂装入薄膜袋中，并将周边热压密封后切断。定量方法有重量法与体积法两种。前者是称取固定重量作为一个剂量；后者是量取等量体积作为一个剂量，较前者更易于实现机械化。在体积定量过程中，由于颗粒间存在空隙，因此要求所填装的颗粒空隙率（即松密度）一致。

装袋的过程包括制袋、装料、封口、切断几个步骤。薄膜卷（如聚乙烯、纸、铝箔、玻璃纸或上述材料的复合包装材料）连续自上而下进料，由平展状态先折叠成双层，然后进行纵封热合与下底口横封热合，同时充填一个剂量的颗粒，最后进行上口横封热合，打印批号并切断。DXD-30A 型自动包装机每分钟包装 50 ～ 100 袋，以定体积计量法每包充填药粉 5 ～ 40 mm，袋长 55 ～ 110 mm，袋宽 30 ～ 80 mm。

2. 一般性质量要求与生产厂房的洁净区分级

现行《中国药典》对颗粒剂的一般性质量要求包括粒度、干燥失重、溶化性、装量、装量差异等。具体请参见现行《中国药典》或相关参考书。颗粒剂的质量要求、生产工艺、生产洁净区分级等均与片剂、胶囊剂类似。其生产控制区洁净级别为 D 级。

二、口服固体制剂生产设备

（一）片剂生产设备

1. 粉碎技术与设备

粉碎过程主要是借助外加作用力，如剪切力、冲击力、压缩力和研磨力等，来破坏分子间的内聚力，被粉碎物料受到外力作用后在局部产生很大的应力，当应力超过物料分子间力时即产生裂隙，并进一步发展为裂缝，最后破碎或开裂。

（1）粉碎方法和技术

粉碎方法有单独粉碎和混合粉碎，干法粉碎和湿法粉碎，低温粉碎，超微粉碎等。选择什么方法应根据物料的性质进行，应保证药物的组成和药理作用不变，避免有效成分的损失，不做过度粉碎，以减少药物损失和能源消耗；对于有毒或刺激性强的药物应注意保护。

① 单独粉碎和混合粉碎

a. 单独粉碎是将各药物成分独自粉碎的过程。单独粉碎能够减少贵重药物或有毒有刺激性药品的损耗，有利于大多数药物在不同复方制剂中的配伍应用。对于特殊性药物如氧化性或还原性药物也必须单独粉碎，避免引起爆炸。

b. 混合粉碎是将药品混合在一起同时粉碎，采用混合粉碎可使混合与粉碎同时进行，节约成本与时间。混合粉碎适用于处方中性质和硬度相似的药物，也适用于黏性强或含油量大的组分。对于混合粉碎中含有共熔成分，可能发生液化或潮解现象的，能否混合粉碎要取决于制剂的具体要求。

② 干法粉碎和湿法粉碎

a. 干法粉碎是指药物在粉碎前一般经过适当的干燥处理，使其水分含量降低到一定限度（一般少于5%）再进行粉碎。

b. 湿法粉碎是指将适量的水或其他液体加入药物中进行研磨粉碎。湿法粉碎中有一种方法叫做**水飞法**，它是将药物与水共置于粉碎机械中一起研磨，一定时间后，将漂浮于液面或混悬于水中的细粉倾出，余下的粗料再加水反复操作，至全部药物研磨完毕，然后将所有混悬液合并，沉降，倾去上层清液，湿粉干燥，从而得到极细粉。

③ 低温粉碎：即利用物质在低温状态下的脆性对物料进行粉碎的方法，适用于一些常温下不易破碎的物料。在温度降低到一定程度时，物质内部原子间间距显著减小，使得吸收外力变形的能力变差，导致物质丧失部分弹性而显示脆性；在快速降温过程中，物质内部不均匀收缩而产生的内应力导致物质出现微裂纹，此时，外部较小的作用力即可使其裂纹迅速扩大而破碎。

④ 超微粉碎：此方法具有产品纯度高，粒度细且粒度分布狭窄，能满足生产或科研的实际要求；生产自动化程度高，工艺简单能耗低等优点。其可分为机械粉碎、物理化学粉碎以及化学粉碎3种方法。机械粉碎的优点是简单，机械化程度较高；缺点是能耗大，对药物粒子的粒径、形状、表面性质及其带电性不能很好控制，导致粉体流动性差。物理化学粉碎包括采用机械粉碎与喷雾干燥、溶胶技术以及超临界流体等技术的结合使用。化学粉碎包括溶剂转化法、重结晶法等。

除了以上4类方法，根据被粉碎物料的性质、产品粒度以及粉碎设备，大生产时还可采用不同的粉碎方式，如闭塞粉碎与自由粉碎，开路粉碎与循环粉碎等。

（2）粉碎设备

目前在制药行业中常用的粉碎设备按其作用方式，主要有截切式、挤压式、撞击式、磨式和重压式等。

① 截切式粉碎设备：利用刀片的剪切原理，将物料切制成片状，又称为切药机、切片机或截切机等。一般用于将中药的根、茎、叶等药用部分切成片、细条或碎块等，以供进一步粉碎、提取或调配处方之用。其中以往复式切药机和旋转式切药机较为常见。

② 挤压式粉碎设备：又称辊压机（图5-9），其主体是两个相向转动的辊子或滚筒，输送设备将脆性物料送入装有重量传感器的称重仓，而后通过进料装置进入两个大小相同、相对转动的辊子之间，由辊子一面将物料拉入辊子中，另一面则以高压将物料压成密实的物料饼，最后从辊隙中落下，由输送设备送至下一道工序，对物料做进一步的分散或粉磨。由于其实现了几十至几百兆帕高压条件下的粉碎，不仅使物料的粒度大幅度降低，而且产品内部微细纹裂增加，使物料的易磨性得到明显改善。

③ 撞击式粉碎设备：一般采用锤子、钢齿或大板等特殊装置，在密闭的机壳内做高速转动，物料受到强烈的撞击、劈裂与研磨等作用而粉碎。

a. 锤式粉碎机：主要依靠冲击作用破碎物料。物料进入粉碎室，受到高速回转的锤头冲击而破碎，破碎的物料从锤头处获得动能，高速冲向粉碎室的器壁，与此同时物料之间也相互撞击，多次撞击粉碎后，小于筛条间隙的物料可从间隙中排出，从而获得所需粒度的产品。

b. 刀式粉碎机：利用高速旋转的刀板与固定齿圈的相对运动对物料进行粉碎。刀式粉碎机进一步可分为普通刀式、斜刀式、组合立刀式和立式侧刀式。

c. 齿式粉碎机：典型代表是万能粉碎机，又称不锈钢粉碎机、高效粉碎机、多功能粉碎机等，其工作原理是利用活动齿盘和固定齿盘之间的高速相对运动，物料受到冲击、摩擦等综合作用被粉碎，被粉碎的物料可直接由主机的磨腔中排出。通过更换不同孔径的网筛，可控制物料的粒度。本机结构简洁、坚固，运转平稳，粉碎物料快速、均匀，效果良好。由于适用于粉碎各种干燥的非组织性药物，中药的根、茎、皮及干浸膏等，故有“万能”之称（图5-10）。但由于转速较高，粉碎过程中机器和物料易发热，因而不宜用于含有大量挥发性成分的药物和具有黏性的药物，也不宜用于腐蚀性、剧毒及贵重药物的粉碎。

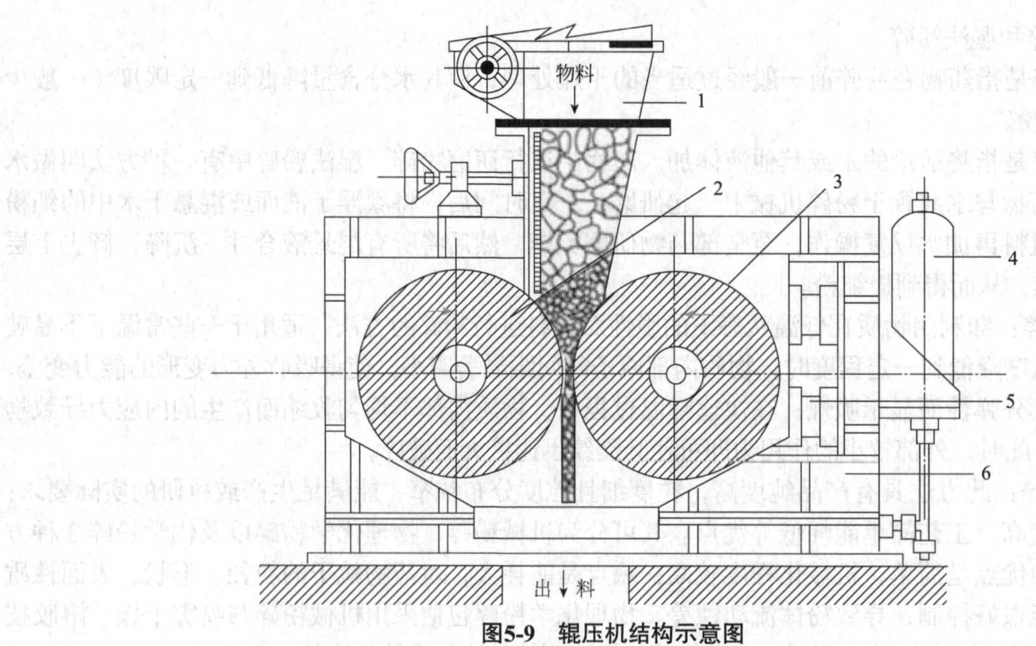

图5-9　辊压机结构示意图

1—加料装置；2—固定辊；3—活动辊；4—储能器；5—滚压油缸；6—机架

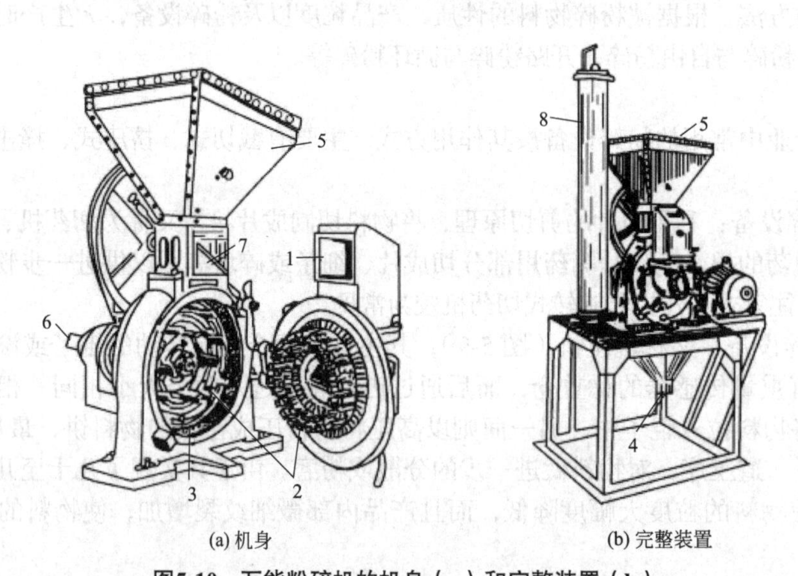

(a) 机身　(b) 完整装置

图5-10　万能粉碎机的机身（a）和完整装置（b）

1—入料口；2—钢齿；3—环状筛板；4—出粉口；5—加料口；6—水平轴；7—抖动装置；8—放气袋

万能粉碎机一般由加料斗、粉碎室、物料收集箱以及吸尘器等组成，一些机型还带有降温装置，可使机温降低，有利于机器平稳运行。物料由加料斗进入粉碎室，粉碎室的转子及室盖上装有相互交叉排列的钢齿，转子上的钢齿能围绕室盖上的钢齿旋转，药物自高速旋转的转子获得离心力而抛向室壁，因而产生剧烈撞击作用；药物在急剧运行过程中亦受钢齿间的劈裂、撕裂与研磨作用。由于转子的转速很高，因而粉碎作用很强烈。被粉碎的物料在气流的帮助下，较细的粉粒通过室壁的环状筛板进入集粉器，已缓冲了的气流带有少量较细的粉尘进入放气袋（一般用厚布制成），气体通过过滤作用排出，粉尘则被阻回于集粉器中，收集的粉末自出粉口放出到盛粉袋。

万能粉碎机在粉碎过程中产生大量粉尘，故必须装有集尘排气装置，以利安全与收集粉末。万能粉碎机操作时应先关闭塞盖，开动机器空转，待高速转动时再加入欲粉碎的药物，以免阻塞钢齿，增加电动机启动时的负荷。加入的药物应大小适宜，必要时预先切成段块。万能粉碎机的生产能力及能量消耗，依其尺寸大小、粉碎度和被粉碎药物的性质不同而有较大范围的伸缩性。一般生产能力在30 ～ 300 kg/h，具体应用时应根据实际需求以及被粉碎药物的性质和粉碎度的不同而选用。

④ 磨式粉碎设备：球磨机是典型的磨式粉碎设备。其工作原理：在不锈钢、生铁或陶瓷制成的圆柱筒内装入一定数量不同大小的钢球或瓷球，使用时将药物装入圆筒内，加盖密封，当圆筒转动时带动钢球转动，并升至一定高度，然后在重力作用下抛落下来，球的反复上下运动使药物受到强烈的撞击和研磨，从而被粉碎（图 5-11）。

球磨机的粉碎效果与圆筒的转速、球与物料的装量、球的大小与质量等因素有关。球磨机必须有一定的转速（图 5-12），如果球罐的转速过慢，主要发生研磨作用，粉碎效果较差；球罐的转速过快，则离心力可能超过球的重力，使球紧贴于罐壁，不能粉碎物料。只有当球罐的转速适宜时，球的上升角度随之增大，大部分球随筒体上升至一定高度，并在重力与惯性作用下沿抛物线抛落，此时物料在球体的冲击和研磨联合作用下，粉碎效果最好。

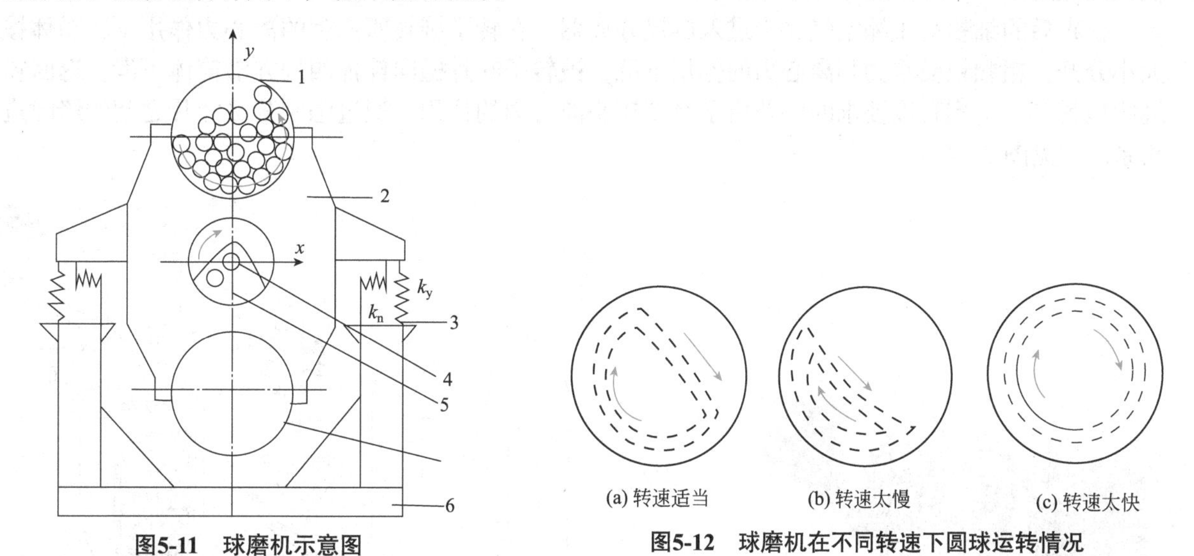

图5-11　球磨机示意图

1—筒体；2—支承板；3—隔振弹簧；4—主轴；5—偏心重块；6—机座

图5-12　球磨机在不同转速下圆球运转情况

使用球磨机时，还应注意根据物料的粉碎程度选择适宜大小的球体。一般来说，球体的直径越小、密度越大，越适合于物料的微粉碎。为了有效地粉碎药物，使圆球从最高位置下落，这一转速的极限值称为临界转速。在临界转速时，圆球已失去研磨作用，实践中计算球磨机转速的经验公式是临界转速的 75%。球磨机中所采用圆球的大小，与被粉碎的药物的最大直径、圆筒内径、药物的弹性系数和圆球的质量等有关。应使圆球具有足够的质量，使其在下落时，能粉碎药物中最大的物块为度。一般圆球直径不小于 65 mm，欲粉碎药物的直径以不大于圆球直径的 1/9 ～ 1/4 为宜。圆球大小不一定要求完全一致，直径不同的圆球可以增加研磨作用。一般球和粉碎物料的总装量为罐体总容积的 50% ～ 60% 时，粉碎效果最好，而圆球的量占圆筒容积的 30% ～ 35% 为宜。

球磨机是最普遍的粉碎机之一，适用于粉碎结晶性药物、脆性药物以及非组织性中药如儿茶、五倍子、珍珠等。球磨机由于结构简单，不需要特别管理，且采用密封操作，可减少粉尘飞扬。因此，其也常用于毒剧药物、贵重药、吸湿性或刺激性强的药物，亦可用在无菌条件下进行无菌药物的粉碎和混合，必要时可以充入惰性气体。除应用于干法粉碎外，球磨机还可进行湿法粉碎，所以应用范围较广。缺点是该法粉碎效率低，粉碎时间长。

⑤ 重压式粉碎机：又称重压研磨式超微粉碎机，粉碎细度较高，可达 1000 目以上。其设计原理与中药沿用多年的研船相似，是利用转轮与研磨槽底部的挤压和下侧部的研磨实现粉碎，见图 5-13。它主要由两个以上压轮与研磨槽组成，并配置粉末分级装置。压轮采用旋转压力结构，可保证旋转均匀，压力一致。当物料由风机吸入粉碎室时，在压轮的压力作用下，物料在压轮与研磨槽之间发生研磨、冲击与碰撞，又在离心力带动下，反复进入压轮与研磨槽之间，被充分挤压与研磨，从而实现超微粉碎。

与其他一些高速粉碎机高达几千转的转速相比，重压研磨式粉碎机中压轮的旋转速度较慢，只有

200 ～ 400 r/min。较低的转速带来了很多的好处：一是产生的热量小，耗能低；二是有利于分级，低转速激扬起的粉末速度也不会很快，一般按自身质量分级，轻而细的粉末在上，粗而重的粉末在下，因而有利于分级；三是噪声低。由于重压研磨式粉碎机具有反复挤压研磨的作用，因此特别适用于一些纤维性以及高硬度物料的粉碎。

⑥ 其他粉碎设备

a. 气流粉碎机：又称流能磨、气流磨等。基本结构包括气体压缩机、气流粉碎机室、旋风分离器、除尘器等。气体压缩机产生 7 ～ 10 atm（1 atm = 101325 Pa）的高压气体，通过喷嘴沿切线进入粉碎室时产生超音速气流，物料被气流带入粉碎室再被气流分散、加速，并在粒子与粒子间、粒子与器壁间发生强烈撞击、冲击、研磨而得到粉碎。

粉碎后的细粉被压缩空气夹带进入旋风分离器，在转子旋转所产生的离心力作用下，粉体按粒径大小分开。粗颗粒受重力和离心力的作用下沉，被转子叶片抛向筒体四周并沿筒体下滑，返回粉碎室继续被粉碎。达到粒度要求的颗粒由于受到较小离心力的作用，通过强制分级叶片之间的缝隙进入收集系统，见图 5-14。

图5-13　重压式粉碎机实物图

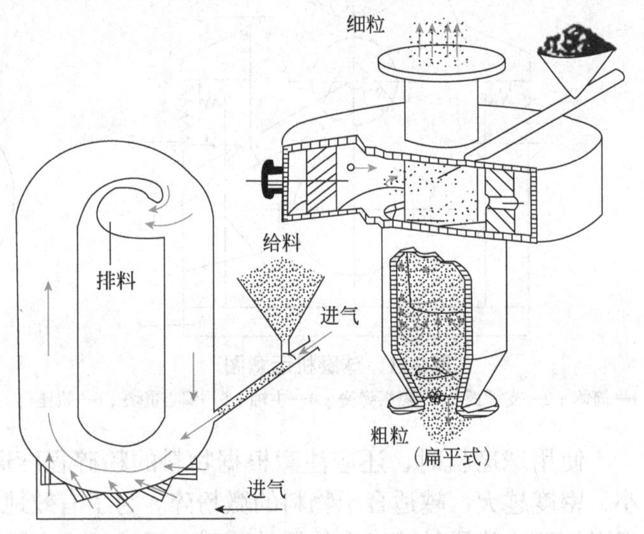

图5-14　气流粉碎机的工作原理图（闭路循环式）

采用气流粉碎机，可使物料粉碎至 3 ～ 20 μm，实现超微粉碎，因而它具有“微粉机”之称。同时，由于高压空气从喷嘴喷出时产生焦耳 - 汤姆逊冷却效应，因此物料在粉碎过程中温度并不明显升高，故适用于热敏性物料（如抗生素、酶和低熔点物料）的粉碎。气流粉碎机的设备简单，易于对机器及压缩空气进行无菌处理，因此还可用于无菌粉末的粉碎；但相对来说，粉碎费用较高。

气流粉碎机的种类很多，根据结构形式，可分为扁平式（又称圆盘式）气流粉碎机、循环管式气流粉碎机、单喷式（又称靶式）气流粉碎机、对喷式气流粉碎机和汇聚式气流粉碎机。其中，单喷式、对喷式和汇聚式气流粉碎机也称流化床式气流粉碎机。

b. 胶体磨：一般分为分立式和卧式两种规格，主机部分由壳体、定子、转子、调节机构、冷却机构和电机等组成。其基本原理是流体或半流体物料通过高速转动的圆盘（与外壳间仅有极小的空隙，可以调节至 0.005 mm 左右），物料在空隙间受到极大的剪切及摩擦，同时在高频振动、高速旋涡等作用下，物料有效地分散、乳化、粉碎和均质，从而获得极小的粒径。其结构示意见图 5-15。

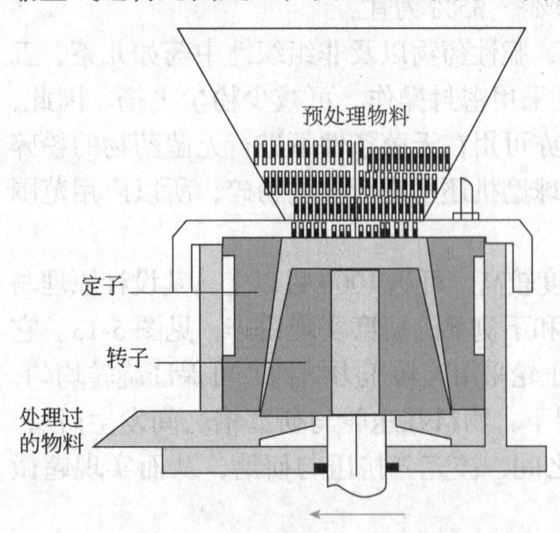

图5-15　胶体磨结构示意图

不同的粉碎设备有自己的特点和优势，待粉碎的物料应根据具体情况选择合适的粉碎设备。

2. 筛分设备

筛分操作时，将欲分离的物料放在筛网面上，采用一定的方法使粒子运动，并与筛网接触，小于筛孔的粒子漏到筛下，大于筛孔的粒子则留置筛面上，从而将不同粒径的粒子分离。按运动方式，筛分设备主要有摇动筛、振动筛和气流筛等。

（1）摇动筛

小批量生产时常使用摇动筛。应用时可取所需号数的药筛，按筛号大小依次叠套，套在接收器上，上面盖上盖子，固定在摇动台上进行摇动和振荡，处理量少时可用手摇动，处理量大时可用马达带动，即可完成对物料的分级。常用于测定粒度分布或少量剧毒药、刺激性药物的筛分。

（2）振动筛

其基本原理是利用振动源使振动筛分机做不平衡运动，然后将之传递给筛面，使物料在筛面上做外扩渐开线运动，从而达到筛分的目的。振动筛的结构如图 5-16 所示，上部重锤使筛网产生水平圆周运动，下部重锤使筛网发生垂直方向运动，改变重锤的相位角可改变物料的运动轨迹，如做圆周运动、涡旋运动等，故筛网的振荡方向具有三维性。物料加在筛网中心部位，筛网上的粗料由上部排出口排出，筛分的细料由下部的出料口排出。

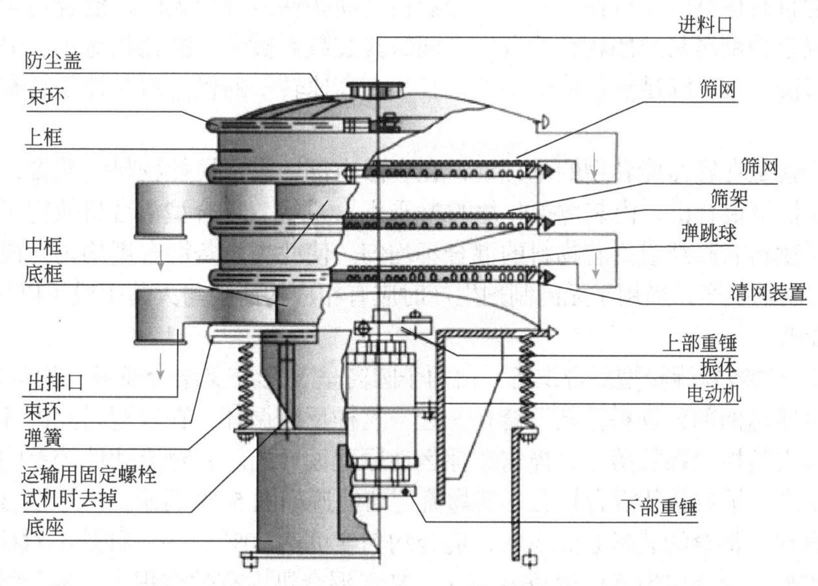

图5-16　振动筛结构示意图

振动筛往复振动的幅度比较大，粉末在筛面上滑动，故适用于筛析无黏性的植物药或化学药物的粉末。由于在密闭箱中筛析，对有毒性、刺激性及易风化或潮解的药粉也适宜。振荡筛具有分离效率高、单位筛面处理能力大、维修费用低、占地面积小、质轻等优点，因而被广泛应用。

（3）气流筛

气流筛又称为气旋筛，由电机、机座、圆筒形筛箱、风轮和气 - 固分离除尘装置组成，见图 5-17。它是在密闭状态下利用高速气流作载体，使充分扩散的粉料以足够大的动能向筛网喷射，达到快速分离的目的。气流筛的筛分效率高，产量大，细度精确，适用细度范围一般为 50 ～ 800 目。因为是全封闭结构，因此无粉尘溢散现象，同时噪声小，能耗低。

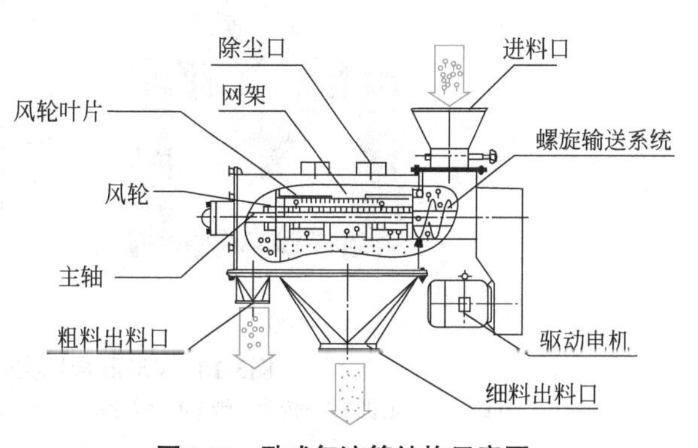

图5-17　卧式气流筛结构示意图

3. 混合设备

混合，从广义上讲是指把两种或两种以上不同性质的组分在空间上分布均匀的过程，包括固 - 固、固 - 液、液 - 液等组分的混合。在药物制剂生产过程中，常以微细粉体作为混合的主要对象。混合对于药物制剂的意义非常重大，混合的结果直接影响制剂的外观质量及内在质量。例如在片剂生产中，混合不好会产生外观不佳、含量均匀度不合格等问题，从而影响药效。因此，合理的混合操作是保证制剂产品质量的重要措施。

固体的混合设备主要有容器旋转型、容器固定型和复合型 3 种。

容器旋转型混合机是靠容器本身的旋转作用带动物料上下运动，使物料混合。传统旋转型混合机的容器有圆筒形、双锥形或 V 形等形状。这些混合机的混合容器一般随定轴定向转动，还有一些新型混合机的容器是在空间做多维运动，从而使粉体得到更为充分的混合，如摇滚式混合机和摇摆式混合机。容器旋转型混合机在混合流动性好、物性相似的物料时，可以得到较好的混合效果，当混合物料物性差距较大时，一般不能得到理想的混合物；同时因混合物料需与容器同时转动进行整体混合，其装料系数较小，且所需的能耗比容器固定型混合机要大；而且与固定型相比，其混合机噪声相对较大。

容器固定型混合机是物料在容器内靠叶片、螺带、飞刀或气流的搅拌作用进行混合。对凝结性、附着性强的混合物料有良好的适应性，且当混合物料之间物性差异较大时，混合均匀度也较好，还能进行添加液体的混合和潮湿易结团物料的混合，同时其装载系数大、能耗相对小。但容器固定型混合机一般难以彻底清洗，难以满足换批清洗要求，且装有高速转子的机型对脆性物料有再粉碎倾向，易使物料升温。

复合型混合机就是在容器旋转型的基础上，在容器内部增设了搅拌物料的装置，也可以说是容器旋转型的延伸，如摇滚混合机、内装搅拌叶片的 V 形混合机等。复合型混合机兼容了容器旋转型混合机的特点，克服了物料有凝结或附着物料的混合不均匀，使此类设备混合更均匀。该类设备常适用于固体制剂与非无菌制剂生产，当用于无菌制剂生产时应有相应的清洗与灭菌手段予以保证。

（1）V 形混合机

V 形混合机是一种容器旋转型混合设备。由两个圆筒呈 V 形交叉结合而成，物料在圆筒内旋转时，被分成两部分，再使这两部分物料重新汇合在一起，这样反复循环，在较短时间内即能混合均匀，见图 5-18。V 形混合机是按照颗粒落下、撞击摩擦运动原理设计的。它对流动性较差的粉体可进行有效分割、分流，强制产生扩散循环混合状态，其物流运动轨迹如图 5-19 所示。V 形混合机有两种，一种是对称型 V 形混合机，混合的装料系数 30%，混合均匀度可达 90%；另一种是不对称型混合机，混合的装料系数可达 40%，混合均匀度可达 96% 以上。V 形混合机内有效容积大，易于清洗，在旋转混合时，可将颗粒分成两部分，再使这两部分药粉混合均匀。目前 V 形混合机在国内应用较广泛。V 形混合机的缺点是体积大，回转空间大，内部不易全抛光，易造成死角和交叉污染。

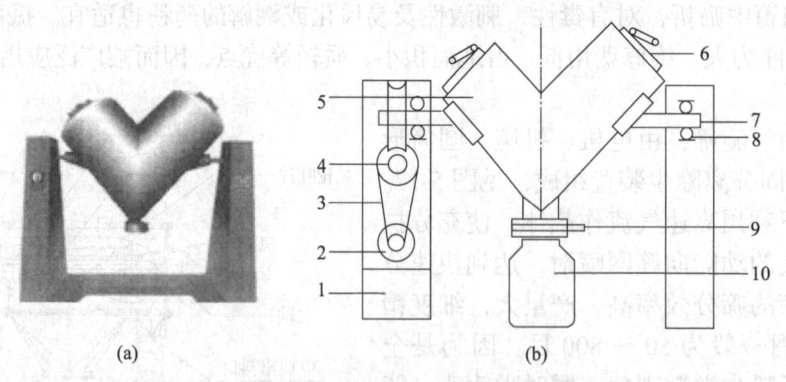

图5-18　V形混合机实物图（a）和结构示意图（b）

1—机座；2—电机；3—传动皮带；4—蜗轮蜗杆；5—容器；6—盖；7—旋转轴；8—轴承；9—出料口；10—盛料器

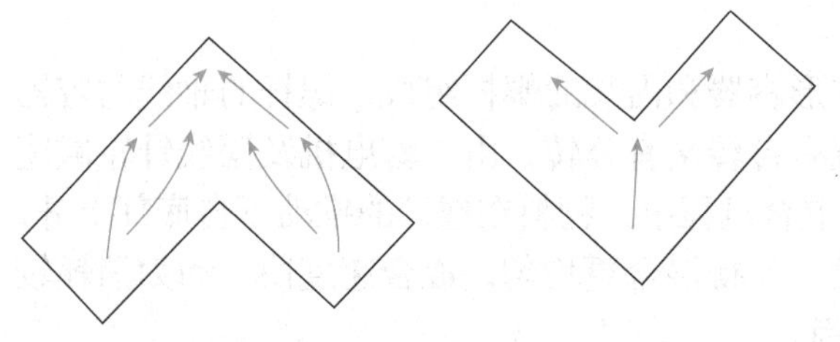

图5-19　V形混合机运动轨迹图

（2）双锥形混合机

双锥形混合机类似于V形混合机。双锥形混合机是将粉末或粒状物料通过真空或人工加料到双锥容器中，随着容器的不断旋转，物料在容器中进行复杂的撞击运动，达到均匀的混合，见图5-20。双锥形混合机是按照重力滑移摩擦运动原理设计的。由固体颗粒在旋转容器内的运动轨迹可知，其运动形式呈现滑移、对流、循环、混合状态，固体颗粒间的分离、混合两个过程是同时进行的。运动轨迹如图5-21所示。因为物料只做单向运动，混合效果不良，已趋于淘汰。

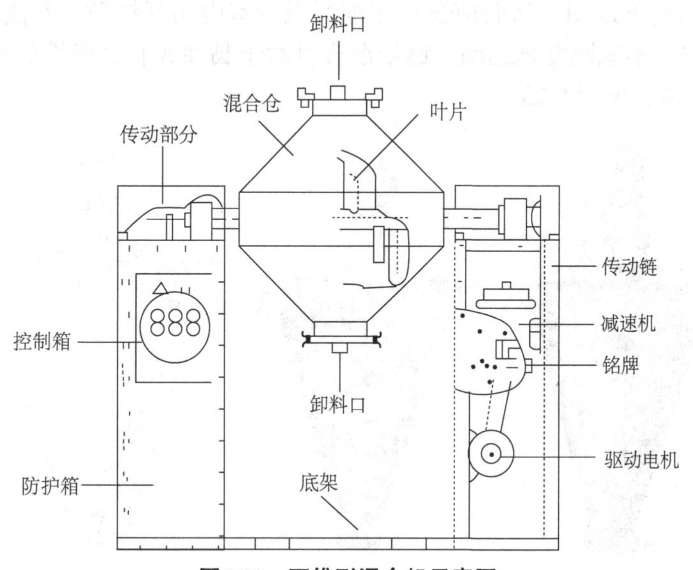

图5-20　双锥形混合机示意图

（3）槽型混合机

槽型混合机是一种容器固定型混合设备。由断面为U形的混合槽和螺旋状搅拌桨组成，混合槽可以绕水平轴转动以便于卸料。在搅拌桨的作用下，物料不停地朝上下、左右、内外各方向运动，从而达到混合均匀的作用，见图5-22。混合时物料主要以剪切为主，混合时间较长，混合度与V形混合机类似。

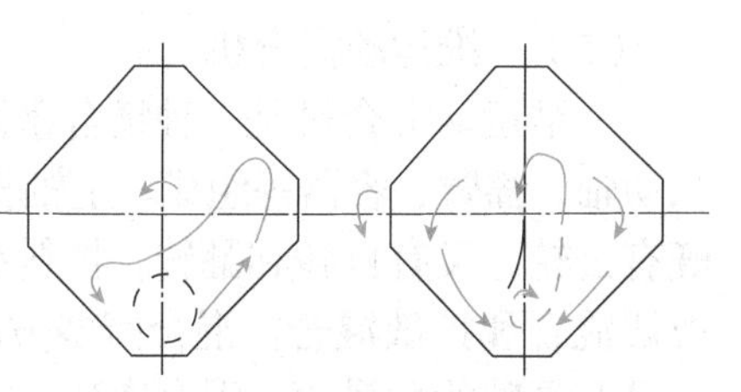

图5-21　双锥形混合机运动轨迹图

其主要特点是一般用在称量后、制粒前的混合，与摇摆式制粒机配套使用，目的是使物料达到均匀分布，以保证药物剂量准确。一般装料约占混合槽容积的80%。优点是价格低，操作简便，易于维修；缺点是混合时间长，搅拌效率低，搅拌轴两端易漏粉，污染环境，对人体健康不利。

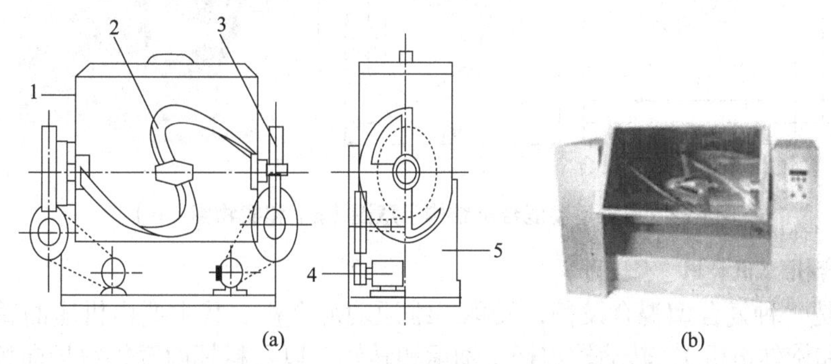

图5-22　槽型混合机结构示意图（a）和实物图（b）

1—混合槽；2—搅拌桨；3—蜗轮减速器；4—电机；5—机座

（4）锥形螺旋混合机

锥形螺旋混合机是一种容器固定型混合设备，由锥形容器和内装的螺杆组成，螺杆的轴线与容器锥体的母线平行，几个螺杆的运动为非对称。混合机既有自转又有公转，由一套电机及摆线针轮减速机来完成，采用非对称搅拌，使物料搅拌范围更大。在混合过程中，物料在螺杆的推动下自底部上升，又在公转的作用下在全容器内产生涡旋和上下循环运动，使得混合更均匀，混合速度快，动力消耗较其他混合机少，比较适合于密度悬殊、混配比较大的物料。

类似的还有锥形螺带混合机，结构与锥形螺旋混合机相似，只是主轴上有大小不同的两圈或三圈螺带。启动混合机后，外层螺旋将物料从两侧向中央汇集，内层螺旋将物料从中央向两侧输送，形成对流混合，同时物料在混合室内沿壁以自下而上的圆周移动而进行提升或抛起，当物料达到中心位置或最高点时，便靠重力向下运动，从而使物料在锥形混合室内相互扩散、对流、剪切、错位和掺混，迫使物料做全方位的空间不规则复合运动。螺带混合机对于黏性或有凝聚性的粉粒体中添加液体及糊状物料的混合有良好效果，见图 5-23。

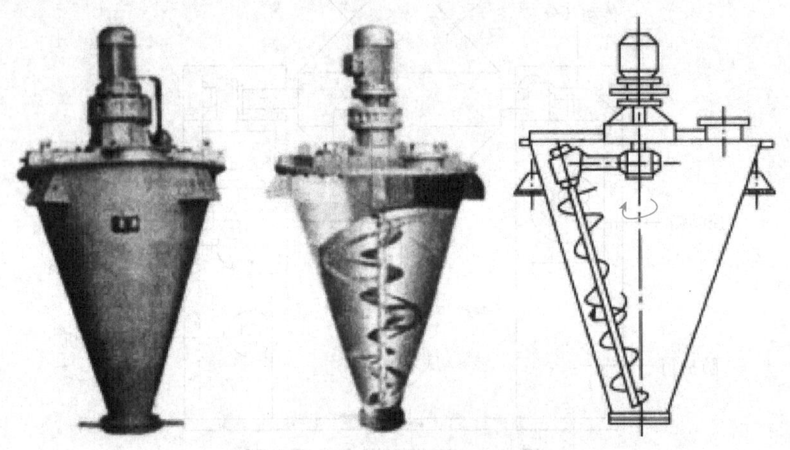

图5-23　锥形螺带混合机示意图

（5）三维运动混合机

三维运动混合机是一种复合型混合设备，又称摇滚式混合机或多向运动混合机，由机座、主动轴、从动轴、摇臂、容器等组成。主轴转动一周时，混合容器在两空间交叉轴上、下颠倒 4 次，容器在空间既有公转，又有自转和翻转。物料在容器内除被抛落、平移外，还做翻转运动，进行有效的对流混合、剪切混合和扩散混合。混合筒多方向运动，物料无离心力作用，无比重偏析及分层、积聚现象，各组分可有悬殊的质量比，混合率达 99.9% 以上，是目前各种混合机中的一种较为理想的产品，见图 5-24。

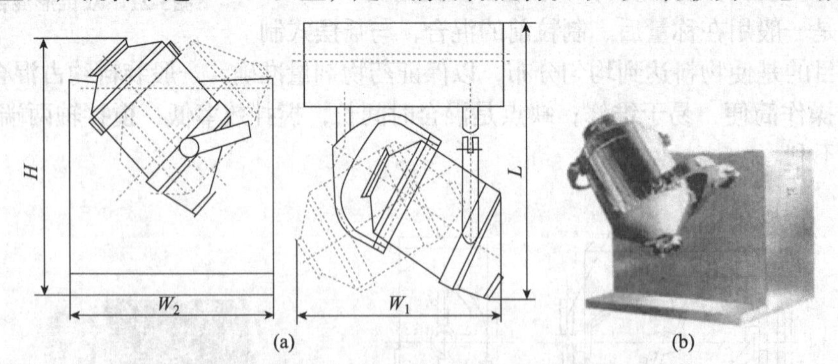

图5-24　三维运动混合机结构示意图（a）和实物图（b）

（6）摇摆式混合机

摇摆式混合机是一种复合型混合设备，又称二维运动混合机。其主要由机座曲臂、混合料桶、料桶电机（摆动电机和旋转电机）、转动轮连杆（轴承和转轴）以及料桶内壁物料导向板等组成。其桶体有两个运动方向，一方面绕其对称轴做自旋，另一方面还绕一根与其对称轴正交的水平轴做摇摆运动。

桶体参与的运动是水平和摇动两个方面的复合运动，而不是单一的定轴转动。再加之桶体内壁焊有物料导向板，有类似搅拌器的功能，从而使物料混合更加充分，见图 5-25。二维运动混合机的特点是占有空间小，混合量大，混合的装料系数达 50% ～ 60%，混合均匀度最高可达 98% 以上。

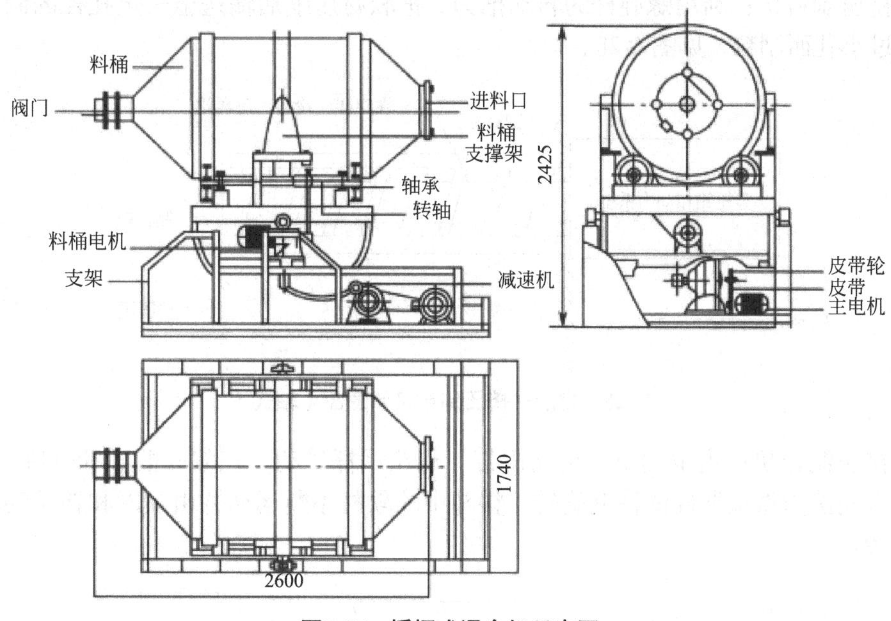

图5-25　摇摆式混合机示意图

4. 制粒设备

（1）干法制粒设备

干法制粒通常包括压片法和滚压法。压片法系将固体粉末先在重型压片机上压成直径为 20 ～ 25 mm 的胚片，再破碎成所需大小的颗粒。滚压法系利用滚压机将药物粉末滚压成片状物，再通过进一步的碾碎和筛分得到一定大小的颗粒，是目前常规的大生产方法。

在使用干法制粒机制备颗粒时，将混合物由制粒机的顶部加入，经预压进入轧片机内，在轧片机的双辊挤压下，物料变成了片状，片状物料经过破碎、整粒、筛粉等过程，变成需要的粒状产品。

干法制粒机（图 5-26 和图 5-27）由加料器、轧片机、破碎整粒机等组成。物料经机械压缩成型，不破坏物料的化学性能，不降低产品的有效含量，整个过程封闭，无杂质流入，产品纯度高，且对环境无污染，生产流程自动化，适用于大规模生产。

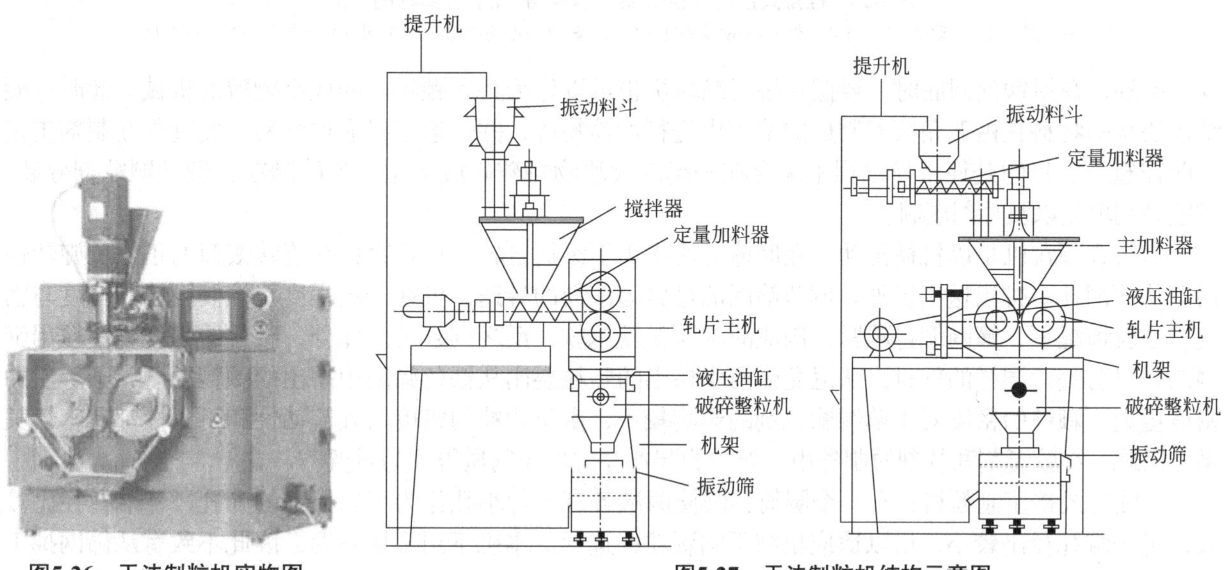

图5-26　干法制粒机实物图　　图5-27　干法制粒机结构示意图

（2）湿法制粒设备

① 挤压制粒设备：先将药物粉末与处方中的辅料混合均匀，然后加入黏合剂制软材，用强制挤压的方式将软材通过筛网而制粒。这类制粒设备有螺旋式挤压、摇摆式挤压、旋转式挤压等。

a. 螺旋式挤压制粒机：利用螺旋杆的转动推力，把软材压缩后输送至一定孔径的制粒板前部，强迫软材挤压通过小孔而制粒，见图 5-28。

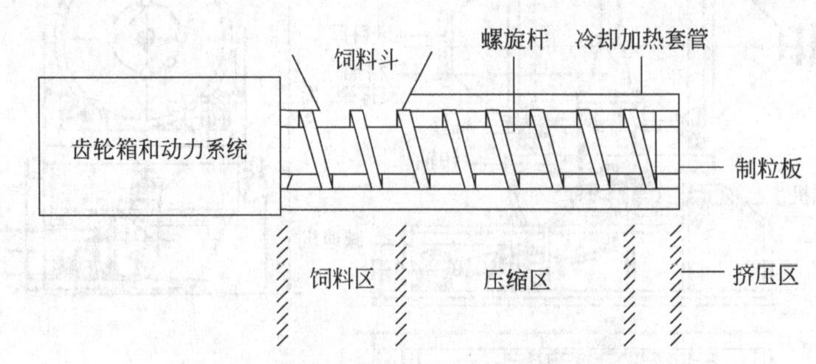

图5-28　螺旋式挤压制粒机示意图（轴式）

b. 摇摆式挤压制粒机：由电动机、传动皮带、蜗轮蜗杆传动，在偏心曲轴和升降齿条的作用下，使齿轮轴带的五角滚刀做周期性的往复旋转。料斗中的软材不断运动并由筛网和转子间隙控制及挤出颗粒，见图 5-29。

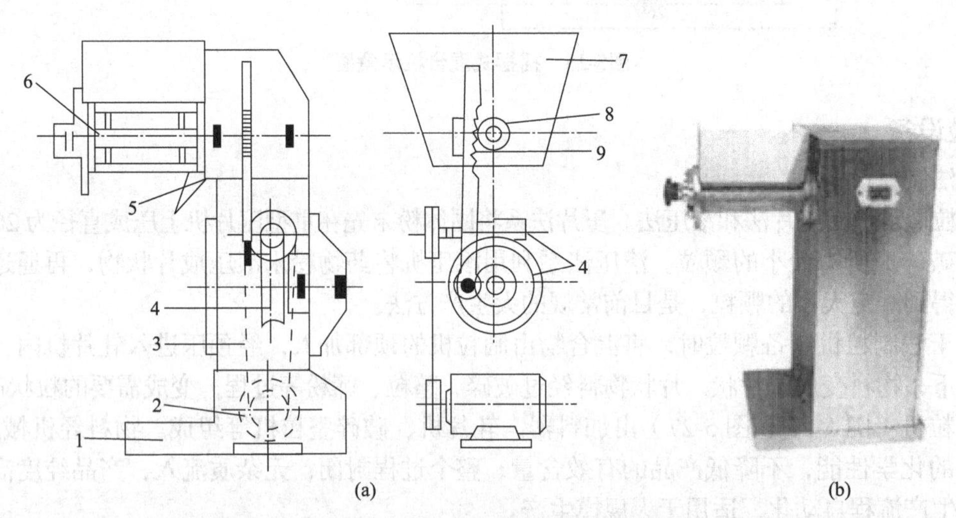

图5-29　摇摆式挤压制粒机结构示意图（a）和实物图（b）

1—底座；2—电动机；3—传动皮带；4—蜗轮蜗杆；5—齿条；6—七角滚轮；7—料斗；8—转轴齿轮；9—挡块

此外，在用铁丝网底时，摇摆式挤压制粒机也可以作为将大颗粒破碎成小颗粒的机械。此时，凝结成块状的物料在由五角滚刀制成的滚筒中进行冲撞粉碎，并强迫干料通过筛网。此过程在制剂工艺中叫作整粒，目的是使干燥过程中黏合在一起的大块物料破碎成大型均匀的颗粒，便于颗粒剂分装，或胶囊剂填充以及片剂压制。

摇摆式颗粒机是以机械传动，在摩擦力的作用下滚筒自转，粉状物料在旋转滚筒的正、反旋转作用下从筛网孔中排出送出机外。调节筛网的松紧与滚筒的转速，可在一定程度上控制颗粒的粒度与密度。一般情况下，筛网绷得越紧，制成的湿颗粒就越软，反之则越硬。此外，颗粒的强度与制粒用筛网的材料有关。同样的软材，从尼龙筛网中挤出的颗粒要比从铁丝筛网中挤出的颗粒要硬，干燥后的密度更大。颗粒的密度对于单纯颗粒剂的影响较小，由于颗粒的密度与其流动性和可压性都有密切关系，因此，在胶囊剂和片剂的制备中，颗粒的制备与质量控制显得尤为重要。

c. 旋转式挤压制粒机：有一个圆筒，圆筒两端各有一种小孔作为不同筛号的筛孔，一端孔径比较大，另一端孔径比较小，借以适应粗细不同颗粒的选用。本机不用金属筛网，因此不致有从筛网掉下的金属屑。但由于刮板与圆筒间没有弹性，其松紧难以掌握恰当。软材中黏合剂用量不好控制，稍多时所成颗粒过于坚硬或压制成条状；用量稍少则成粉末。本机仅适用于含黏性药物较少的软材，其生产量小于摇摆式，故现在已少用。

② 高速搅拌制粒设备：又称为三相制粒机，是 20 世纪 80 年代发展起来的集混合与制粒于一体的设备，有立式和卧式两种，见图 5-30 和图 5-31。

高速搅拌制粒机主要由混合桶、搅拌桨、切割刀和动力系统组成。大搅拌桨的作用是使物料上下、左右翻动并进行均匀混合，小切割刀则将物料切割成均匀的颗粒。操作时，将原辅料按处方量加入混合桶中，密盖，开动搅拌桨，将干粉混合 1 ～ 2 min，待混合均匀后加入黏合剂或润湿剂，再搅拌 4 ～ 5 min，物料即被制成软材，然后，再开动切割刀，容器内的物料在搅拌桨、切割刀的快速翻动和转动下，短时间内被制成大小均匀的颗粒。

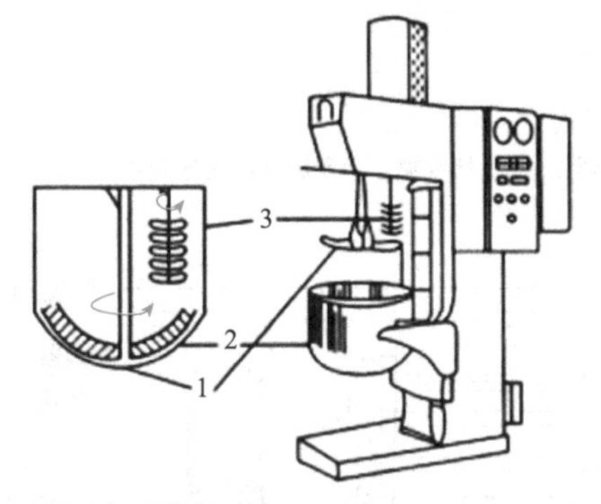

图5-30　立式高速搅拌制粒机的结构示意图

1—搅拌桨；2—混合桶；3—切割刀

图5-31　立式高速搅拌制粒机的实物图

高速搅拌制粒机将混合、制粒二道工序一步完成，与传统的摇摆式制粒工艺相比，效率提高 4 ～ 5 倍。在高速搅拌制粒机上制备一批颗粒仅需 8 ～ 10 min，黏合剂用量比传统工艺节约 15% ～ 25%，而且所制成的颗粒在粒度均匀性、硬度、溶出度、光洁度等方面也优于传统工艺制成的颗粒。同时，高速搅拌制粒机采用全封闭操作，无粉尘飞扬，最大限度地降低污染，符合 GMP 和劳动保护要求。因此，高速搅拌制粒机是一种比较理想的进行混合制粒过程的设备。

（3）流化床制粒设备

流化床制粒设备由进风处理系统、喷液系统、出风处理系统及控制系统等组成（图 5-32），也称为一步制粒机。按其喷液方式的不同，流化床制粒设备又可分为顶喷、底喷、切线喷等（图 5-33）。制粒一般选择顶喷流化床。

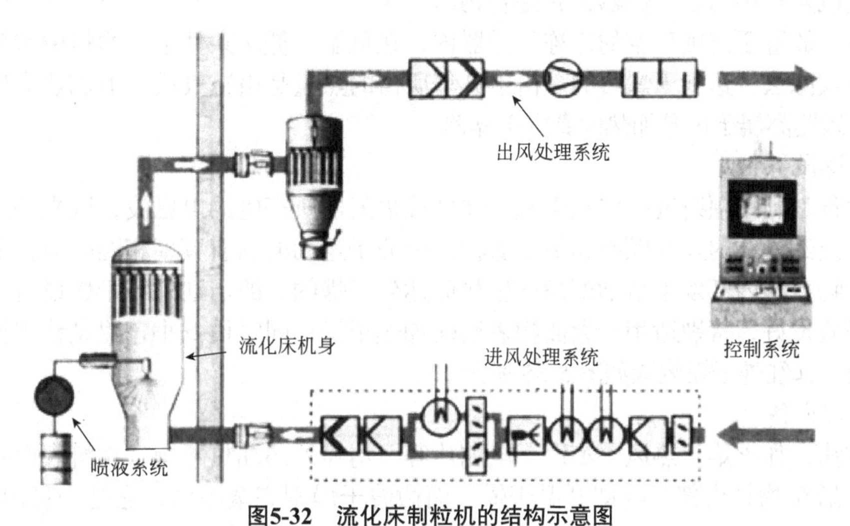

图5-32　流化床制粒机的结构示意图

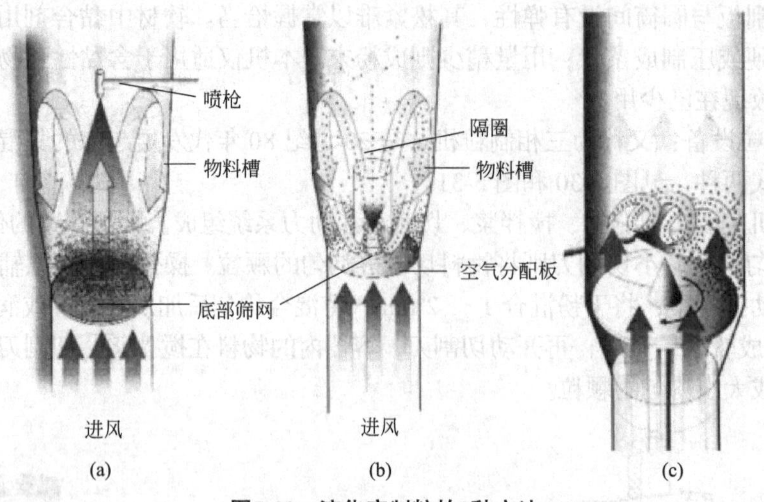

图5-33 流化床制粒的3种方法

（a）顶喷，用于普通流化床制粒机；（b）底喷，用于Wurster气流悬浮柱；（c）切线喷，用于旋转流化床制粒

5. 干燥设备

干燥方法可按不同的情况进行分类。按操作方式不同，干燥方法可分为连续式干燥和间歇式干燥；按操作压力，可分为减压干燥和常压干燥；按热量传递方式，可分为传导干燥、对流干燥、辐射干燥、介电加热干燥等；按结构形式，可分为箱式、隧道式、转筒式、气流式等。

（1）减压干燥设备

减压干燥设备又称真空干燥器，方法是在密闭容器中抽去空气后进行干燥。减压干燥可显著减少干燥介质所带走的热量损失，并容易收集从物料中所分出的、有价值的（或有害的）蒸汽。适用于干燥热敏性的或有爆炸危险性的物料，以及从湿物料回收溶剂等。该类设备主要由干燥箱、冷凝器和真空泵等组成，如图5-34所示。

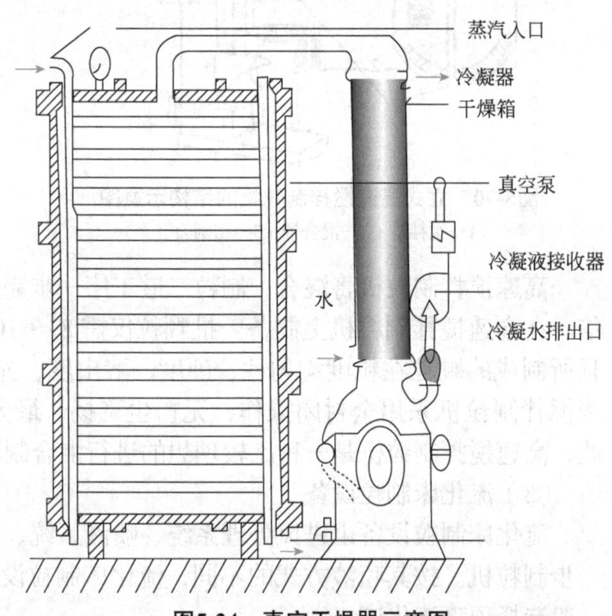

图5-34 真空干燥器示意图

冷冻干燥机也是一种真空干燥器，它是将物料冷冻至冰点以下，放置于高度真空的冷冻干燥器内，在低温、低压条件下，物料中水分由固体冰直接升华成水蒸气而被除去，达到干燥目的。由于升华所需的热量是由空气或其他加热介质以传导方式供给，所以冷冻干燥器亦属于传导加热的真空干燥器。

（2）红外干燥设备

红外干燥设备是利用辐射进行传热干燥。红外线辐射器所产生的电磁波，以光的速度直线传播到被干燥的物料，当红外线的发射频率和被干燥物料中分子运动的固有频率相匹配时，引起物料中的分子强烈振动，在物料的内部发生激烈摩擦产生热而达到干燥的目的。红外线干燥设备干燥速率快，生产效率高，干燥质量好，特别适用于大面积表层的加热干燥；同时设备小，建设费用低；但电能消耗大，振动噪声大。远红外干燥装置如图5-35所示。

（3）微波干燥设备

传统干燥方法，如火焰、热风、蒸汽、电加热等，均为外部加热干燥，物料表面吸收热量后，经热传导，热量渗透至物料内部，随即升温干燥。而微波干燥则完全不同，它是一种内部加热的方法。微波是一种高频电磁波，频率为300 MHz～300 GHz。湿物料处于振荡周期极短的微波高频电场内，内部的水分子发生极化，并沿着微波电场的方向整齐排列，而后迅速随高频交变电场方向的交互变化而转动，并产生剧烈的碰撞和摩擦（每秒钟可达上亿次），结果一部分微波能转化为分子运动能，并以热量的形式表现出来，从而使水的温度升高而离开物料，使物料得到干燥。也就是说，微波进入物料并被吸收后，其能量在物料电介质内部转换成热能。因此，微波干燥是利用电磁波作为加热源，被干燥物料本身为发热体的一种干燥方式。

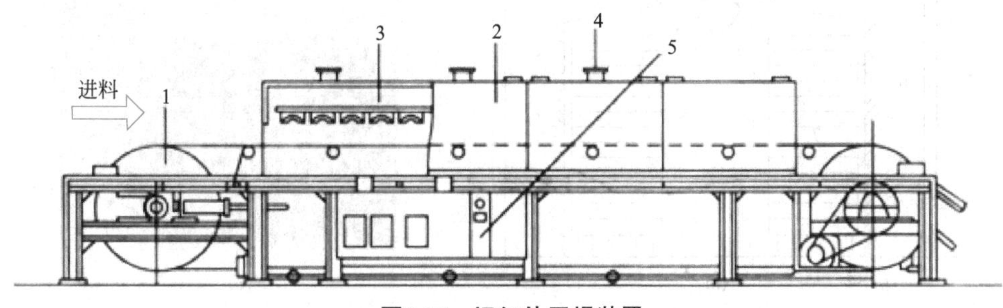

图5-35　远红外干燥装置

1—输送带；2—干燥器；3—辐射器；4—排气口；5—控制器

与传统干燥方式相比，微波干燥具有干燥速率快、节能、生产效率高、干燥均匀、清洁生产、易实现自动化控制和提高产品质量等优点，因而越来越受到重视。微波干燥设备包括微波 - 热风干燥设备、微波 - 真空干燥设备、微波 - 冷冻干燥设备等。图 5-36 为微波 - 真空连续干燥机示意图。

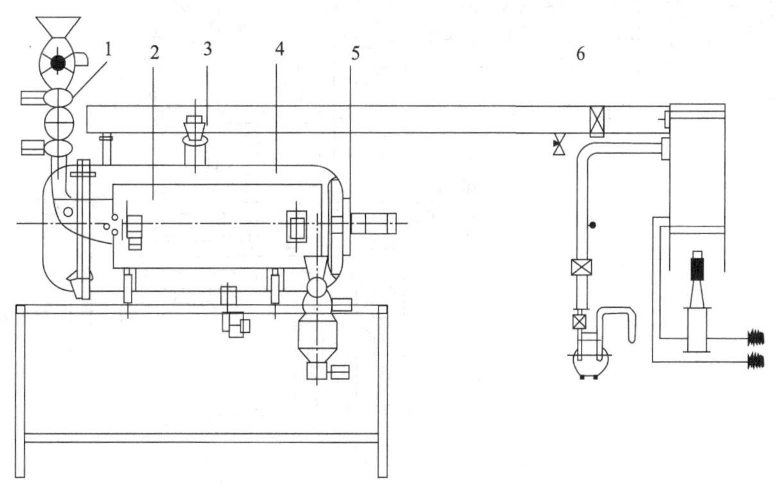

图5-36　微波-真空连续干燥机示意图

1—进料系统；2—输送系统；3—微波系统；4—真空干燥室；5—出料系统；6—真空系统

（4）箱式干燥器

箱式干燥器又称热风循环烘箱，简称烘箱，如图 5-37 所示。待干燥的物料分装在烘盘中并依次放置在烘干车上；风机带动风轮，将风源送至加热器（可以利用蒸汽或电作为热源），产生的热风经由风道至烘箱内室，与烘盘中的湿物料交换带走水分，并携带热湿空气至出口处，排出箱外。通过强制通风循环方式，大量热风在箱内进行循环，新风不断从进风口进入箱体补充，然后不断从排气口排出，使箱内物料水分逐渐减少。

为了使干燥均匀，干燥盘内的物料层不能太厚，必要时在干燥盘上开孔，以使空气透过物料层。箱式干燥器最大的特点是对各种物料的适应性强，干燥产物易于进一步粉碎。但湿物料得不到分散，干燥时间长，完成一定干燥任务所需的设备容积及占地面积大，热损失多。因此，主要用于产量不大、品种需要更换的物料干燥。

（5）喷雾干燥设备

喷雾干燥设备是通过喷雾器将溶液、浆液或悬浮液分散成雾状细滴，分散于热空气中，使水分迅速汽化而达到干燥的目的。喷雾干燥设备主要由空气加热系统、雾化器、干燥室、气-固分离系统和控制系统等组成。其示意图如图 5-38 所示。

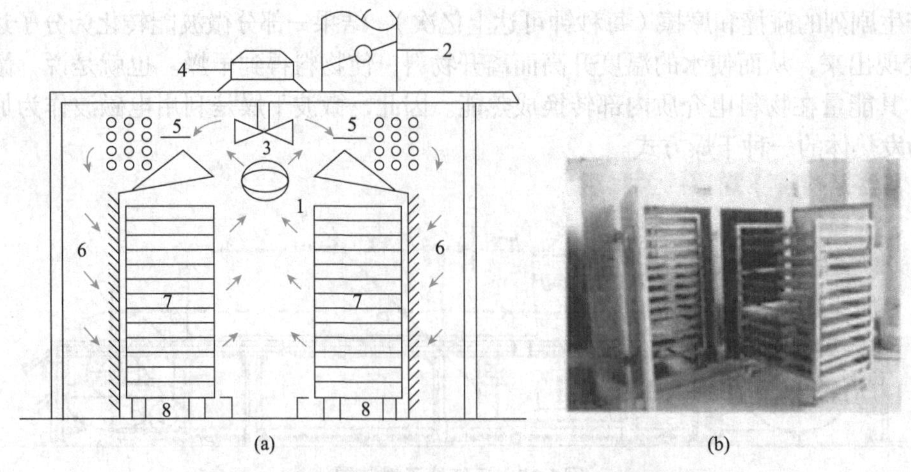

图5-37　箱式干燥器结构示意图（a）和实物图（b）

1—空气入口；2—空气出口；3—风机；4—电动机；5—加热器；6—挡板；7—盘架；8—移动轮

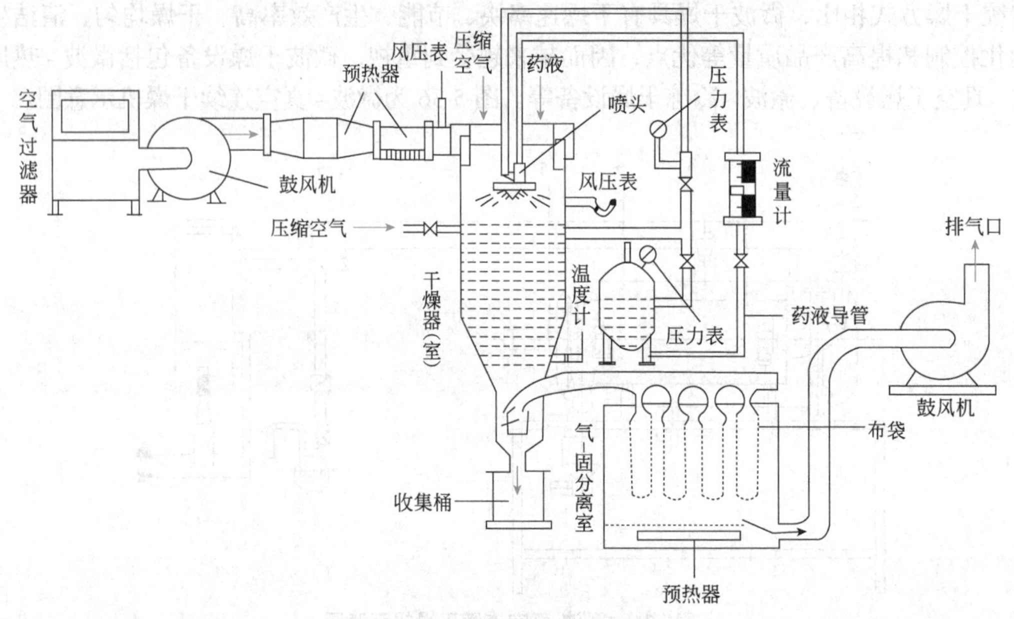

图5-38　喷雾干燥设备示意图

药液自导管经流量计至喷头后，进入喷头的压缩空气（4 ～ 5 kgf/cm^2，1 kgf/cm^2 = 98.0665 kPa）将药液自喷头嘴形成雾滴喷入干燥室，再与热气流混合进行热交换，很快即被干燥。当开动鼓风机后，空气经过滤器、预热器加热至 280 ℃左右后，自干燥器上部沿切线方向进入干燥室，干燥室温度一般保持在 120 ℃以下，已干燥的细粉落入收集桶中，部分干燥的粉末随热气流进入分离室后捕集于布袋中，热废气自排气口排出。

喷雾的液滴蒸发面积大，因此干燥时间短，干燥速率快，颗粒或细粉粒度均匀，适合于热敏物料及无菌操作的干燥，如制备抗生素、奶粉等。但是由于原料的湿含量高，热量消耗大。

雾化器是喷雾干燥器的关键组成部分，常用的雾化器有 3 种，分别是离心式、气流式和压力式。

① 离心式雾化器：又称转盘式雾化器，为一个高速的圆盘，圆盘转速可达 4000 ～ 20000 r/min，圆盘圆周速度 100 ～ 160 m/s，圆盘里有放射形叶片，料液送入圆盘中央受离心力作用加速，到达周边时呈雾状洒出，在离心盘加速作用下，料液被高速甩出，形成薄膜、细丝或液滴，并即刻受周围热气流的摩擦、阻碍与撕裂等作用而形成雾滴。这种雾化器的优点是操作简单、适用范围广、料路不易堵塞、动力消耗小，多用于大型喷雾干燥；但结构较为复杂，制造和安装技术要求高，检修不便，有时润滑剂会污染物料。

② 气流式雾化器：将压缩空气或蒸汽以较高的速度从环形喷嘴喷出，高速气流产生的负压将液体物料从中心喷嘴以膜状吸出。液膜与气流的速度差产生较大的摩擦力，液膜被分散成为雾滴。一般液膜与高速气流在环形喷嘴内侧混合者称为内混式，而在外侧混合者称为外混式。气流式喷嘴结构简单，磨损小，对高、低黏度的物料，甚至含少量杂质的物料都可雾化，调节气液量之比还可控制雾滴大小，即控制了成品的粒度。其缺点是动力消耗较大。

③ 压力式雾化器：又称机械式喷嘴，由空室、切向小孔、漩涡室及喷嘴组成，泵将料液在高压下（20 ～ 200 atm，1 atm = 101.3 kPa）送入空室，利用高压液泵，以 2 ～ 20 MPa 的压力将液态物料加压喷出，从切向入口送入雾化器旋转室，料液高速旋转，再从喷嘴喷出。锥体液膜由于伸长而变薄，最后分裂为细小的雾滴。压力式雾化器的特点是制造成本低，操作、检修和更换方便，动力消耗较气流式雾化器要低得多；但这种雾化器需要配置一台高压泵，料液黏度不能太大，而且要严格过滤（不能含有固体颗粒），否则易发生堵塞；喷嘴的磨损也较大，往往要用耐磨材料制作。

（6）流化床干燥器

流化床干燥器又称沸腾干燥器，是一种运用流态化技术对固体物料进行干燥的仪器，可以用于湿颗粒的干燥等。在流化床中，颗粒分散在热气流中，上下翻动，互相混合和碰撞，气流和颗粒间又具有大的接触面积，因此流化干燥器具有较高的体积传热系数。在流化干燥器中，热空气或烟道气经气体分布板进入流化的物料层中，湿物料直接加进床层，与床内的干物料充分混合。气固两相在流化床中进行热量传递和质量传递，穿过流化床的气体，经旋风分离器回收所夹带的粉尘后离去，干燥产品从出料口溢出。

在流化床干燥器中，物料与气流可充分接触，接触面积较大，因此干燥速率较快。可根据需要调节物料在床内停留的时间，特别适用于难以干燥或含水量要求较低的颗粒状物料干燥。但物料在床内停留时间分布不均，易引起物料的返混，因此不适用于易结块及黏性物料的干燥。流化床干燥器结构简单、造价低、活动部件少、操作维修方便，对物料的磨损较轻，气固分离较易，热效率高。

流化床干燥器种类很多，下面主要介绍立式流化床干燥器和卧式多室流化床干燥器。其中立式流化床干燥器有单层和多层的区别。由于物料的返混，单层流化床干燥器不可能得到含水量很低的干燥产品。而在多层流化床干燥器中，气体与物料做逆向流动，不仅提高热量利用率，而且减少了物料的返混，因此干燥产品的含水量可降到很低的程度。如图 5-39 所示。

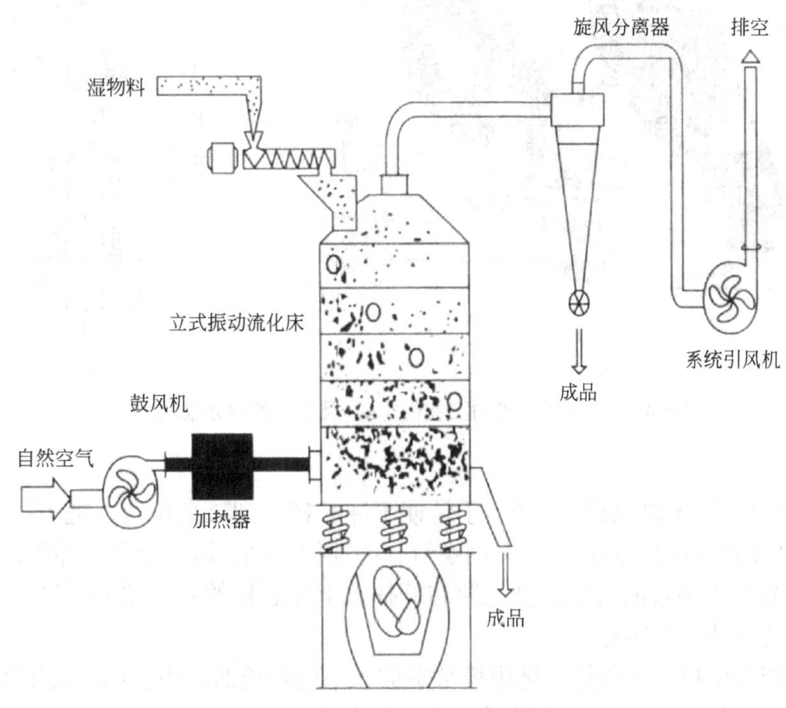

图5-39　立式流化床干燥器示意图

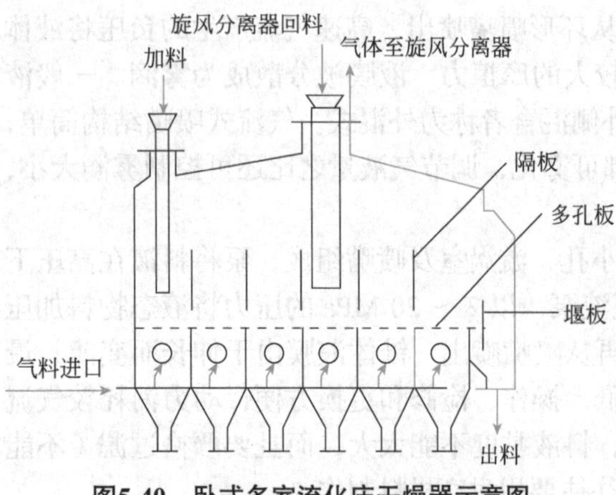

图5-40 卧式多室流化床干燥器示意图

卧式多室流化床干燥器的横截面为矩形，沿长度方向用垂直挡板隔成若干室（一般为4～8室）。隔板底部与分布板间留有几十毫米的间隙（一般为静止料层高度的1/4～1/2）。热气流由分布板自下而上穿过流化物料层，经旋风分离器回收所夹带产品的粉尘后离去。湿物料由床层一侧加入，依次通过各室。干燥产品由另一侧溢出。进入各室的气体流量按需要调节。通常最后一室吹入冷风，使干燥产品迅速冷却，便于包装、储存。流化干燥要求所处理的物料未因受潮而结块，粒径宜为0.03～6 mm。粒径过细，流化干燥时易产生沟流；粒径过大则必须在高气速下操作，能耗较大。卧式多室流化床干燥器示意图见图5-40。

在选择干燥器时，应根据湿物料的形状、特性、处理量、处理方式及可选用的热源等选择适宜的干燥器类型。

6. 压片设备

压片机是将干性颗粒状或粉状物料通过模具压制成片剂的机械。常用压片机按其结构不同分为单冲压片机和旋转式压片机；按压制片形状分为圆形片压片机和异形片压片机；按压缩次数分为一次压制压片机和二次压制压片机；按片层分为双层压片机和有芯压片机等。

（1）单冲压片机

单冲压片机（图5-41）是一种单歇式生产设备，一般适用小批量生产和实验室试制。其主要由冲模、加料机构、填充调节机构、压力调节机构和出片机构组成。

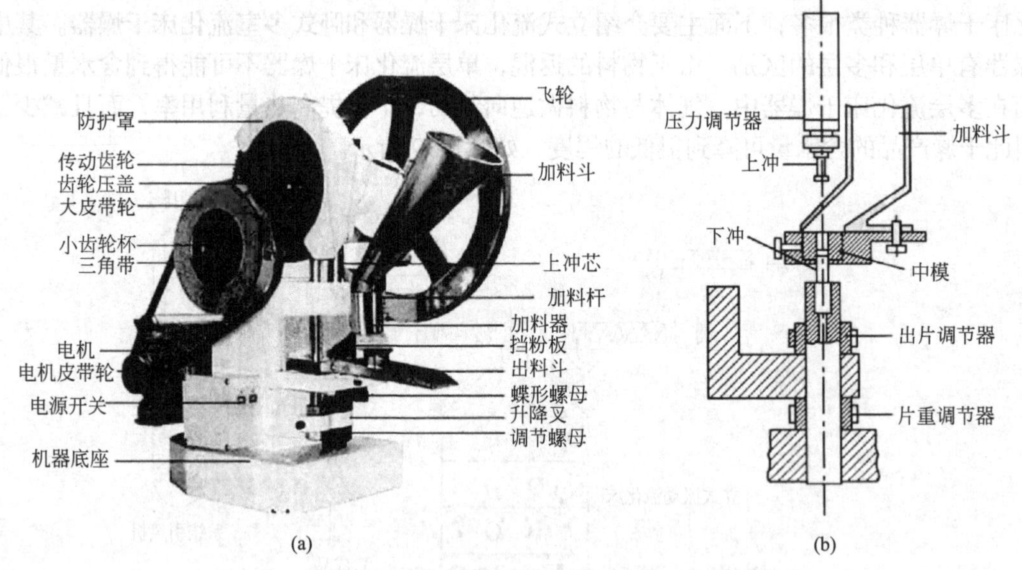

图5-41 单冲压片机的实物图（a）及工作原理示意图（b）

① 冲模的安装

a. 安装下冲：旋转下冲固定螺钉，转动手轮使下冲芯杆升到最高位置，把下冲杆插入下冲芯杆的孔中（注意使下冲杆的缺口斜面对准下冲紧固螺钉，并要插到底，最后旋紧下冲固定螺钉）。

b. 安装上冲：旋松上冲紧固螺母，把上冲芯杆插入上冲芯杆的孔，要插到底，用扳手卡住上冲芯杆下部的六方，旋紧上冲紧固螺母。

c. 安装中模：旋松中模固定螺钉，把中模拿平放入中模台板的孔中，同时使下冲进入中模的孔中，按到底，然后旋紧中模固定螺钉。放中模时需注意把中模拿平，以免歪斜放入时卡住，损坏孔壁。用手转动手轮，使上冲缓慢下降进入中模孔中，观察有无碰撞或摩擦现象，若发生碰撞或摩擦，则松开中模台板固定螺钉（两只），调整中模台板固定的位置，使上冲进入中模孔中，再旋紧中模台板固定螺钉，如此调整直到上冲头进入中模时无碰撞或摩擦，方为安装合格。

② 出片的调整：转动手轮使下冲升到最高位置，观察下冲口面是否与中模平面相齐（或高或低都将影响出片）。若不齐则旋松蝶形螺丝，松开齿轮压板，转动上调节齿轮，使下冲口面与中模平面相齐，然后仍将压板按上，旋紧蝶形螺丝。

③ 充填深度的调整（即片重的调整）：旋松蝶形螺丝，松开齿轮压板。向左转动下调节齿轮，使下冲芯杆上升，则充填深度减少（片重减轻），反之则增加填充深度。调好后仍将齿轮压板按上，旋紧蝶形螺丝。

④ 压力的调整（即药片硬度的调整）：旋松连杆锁紧螺母，转动上冲芯杆，向左转使上冲芯杆向下移动，则压力加大，压出的药片硬度增加；反之则压力减少，药片硬度降低。调好后用扳手卡住上冲芯杆下部的六方，仍将连杆锁紧，螺母锁紧。至此，冲模的调整基本完成，再启动电机试压十余片，检查片重、硬度和表面光洁度等，如合格，即可投料生产。在生产过程中，仍须随时检查药片质量，及时调整。

⑤ 压片过程

a. 上冲抬起，饲粉器移动到模孔之上。b. 下冲下降到适宜深度，饲粉器在模上摆动，颗粒填满模孔；饲粉器由模孔上移开，使模孔中的颗粒与模孔的上缘相平。c. 上冲下降并将颗粒压缩成片，此时下冲不移动。d. 上冲抬起，下冲随之抬起到与模孔上缘相平；将药片由模孔中推出，同时进行第二次饲粉，如此反复饲粉、压片、推片等操作。压片过程示意见图 5-42。

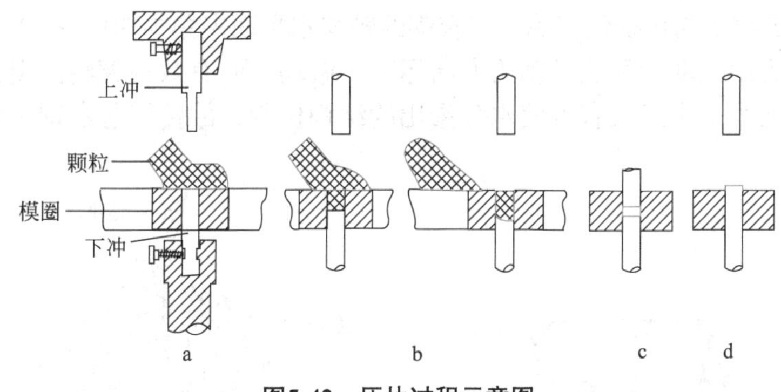

图5-42　压片过程示意图

a—饲粉；b—刮平；c—压片；d—推片

（2）旋转式压片机

旋转式压片机用于将各种颗粒原料压制成圆片及异形片，是片剂大生产的主要设备。主要工作部分包括：机台、上下压轮、片重调节器、推片调节器、加料斗、饲粉器、吸尘器和保护装置等（图 5-43）。

旋转式压片机的压片过程如下：当下冲转到饲粉器之下时，其位置最低，颗粒填入模孔中；当下冲运行至片重调节器之上时略有上升，经刮粉器将多余的颗粒刮去；当上冲和下冲运行至上压轮和下压轮之间时，两个冲之间的距离最近，将颗粒压缩成片；然后上冲和下冲抬起，下冲将片剂抬到恰与模孔上缘相平，药片被刮粉器推开。每套冲模都如此反复进行饲粉、压片、推片等操作。

压片时转盘的速度、物料的充填深度、压片厚度均可调节。机上的机械缓冲装置可避免因过载而引起的机件损坏。机内配有吸粉箱，通过吸嘴可吸取机器转动时所产生的粉尘，避免黏结堵塞，并可回收原料重新使用。

旋转压片机有多种型号，按冲数分有 16 冲、19 冲、27 冲、33 冲、55 冲、75 冲等。旋转压片机按流程分单流程和双流程两种。单流程仅有一套上下压轮，旋转一周每个模孔仅压出一个药片；双流程有两套压轮、饲粉器、刮粉器，片重调节器和压力调节器等均装于对称位置，中盘转动一周，每副冲模压制两个药片。

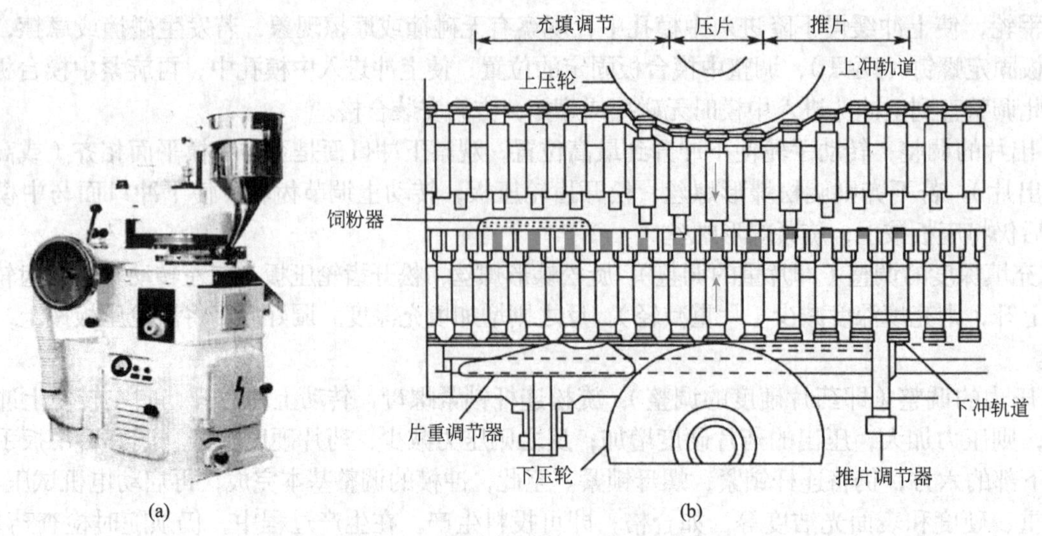

图5-43　旋转式压片机实物图（a）和结构示意图（b）

7. 包衣设备

包衣的基本类型有糖包衣、薄膜包衣和压制包衣等。包衣的方法有滚转包衣法、流化包衣法和压制包衣法。包衣装置可分为锅包衣装置、转动包衣装置、流化包衣装置和压制包衣装置。常见的片剂包衣设备如下所述。

（1）倾斜包衣锅

倾斜包衣锅（图 5-44）为传统包衣锅，包衣锅的轴与水平面夹角为 30° ～ 50°，在适宜转速下，使物料既能随锅的转动方向滚动，又能沿轴的方向运动，做均匀而有效的翻转。但包衣锅内干燥空气只存在于片芯的表面，而片剂中又没有可使水分渗出的结构机制，故传统包衣锅干燥效率不太理想，不宜用于薄膜包衣。

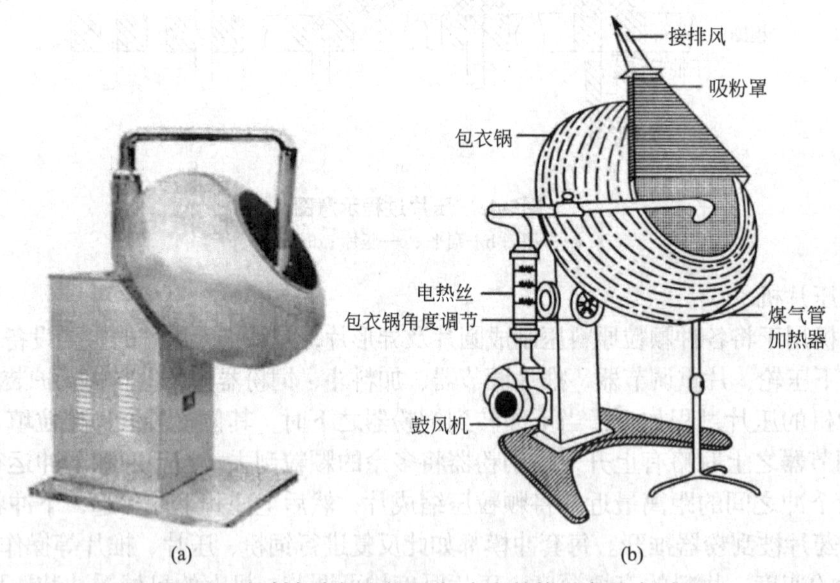

图5-44　倾斜包衣锅实物图（a）和结构示意图（b）

（2）埋管包衣锅

埋管包衣锅是在倾斜包衣锅的基础上进行了改良，在物料层内插进喷头和空气入口，使包衣液的喷雾在物料层内进行，热气通过物料层，不仅能防止喷液的飞扬，而且加快物料的运动速度和干燥速率。见图 5-45。

（3）高效包衣机

高效包衣机的基本工作原理（图 5-46）是：被包衣的药片在包衣机洁净密封的旋转筒内，不停地做做复杂的轨迹运动，翻转流畅，交换频繁；由恒温搅拌桶搅拌的包衣介质，经过蠕动泵的作用，从喷枪喷洒到片芯上，同时在热风和负压作用下，由热风柜供给的洁净热风穿过片芯，对其进行干燥，同时排风柜排出废气；随着溶剂的挥发，包衣介质在片芯表面快速干燥，形成坚固、致密、光滑的表面薄膜。

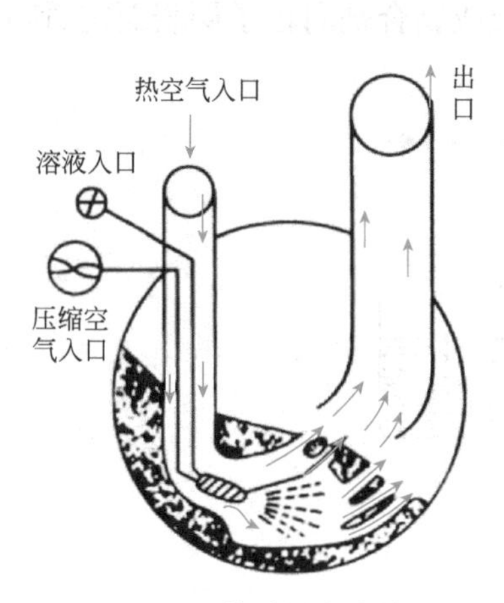

图5-45 埋管喷雾包衣体系

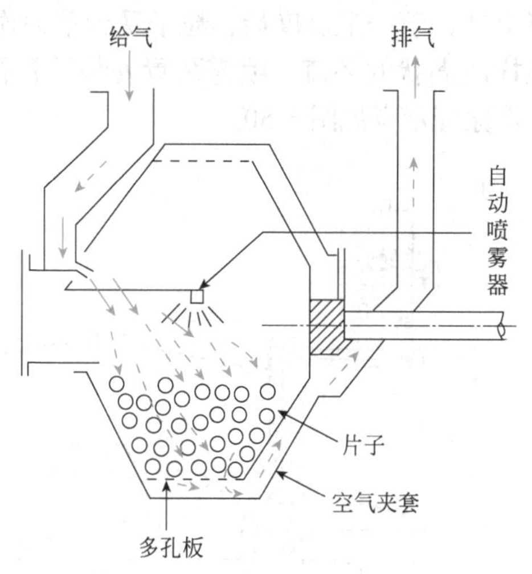

图5-46 高效包衣机工作示意图

高效包衣机主要包括热风柜、排风柜、电脑控制系统、喷雾装置、控温装置、自动清洗装置及下料装置等部件（图 5-47 和图 5-48）。为保证片剂等在锅内有效翻转，包衣锅内安装有导流板式搅拌器（图 5-49）。高效包衣机从热交换形式分有孔包衣机和无孔包衣机。有孔包衣机热交换效率高，主要用于片剂、较大丸剂等的有机薄膜衣、水溶薄膜衣和缓控释包衣。无孔包衣机热交换效率较低，常用于微丸、小丸、滴丸等包制糖衣、有机薄膜衣、水溶薄膜衣和缓控释包衣。高效包衣机中粒子运动比较稳定，不易磨损片芯；装置密闭、卫生、安全、可靠，是目前比较常见的包衣设备。

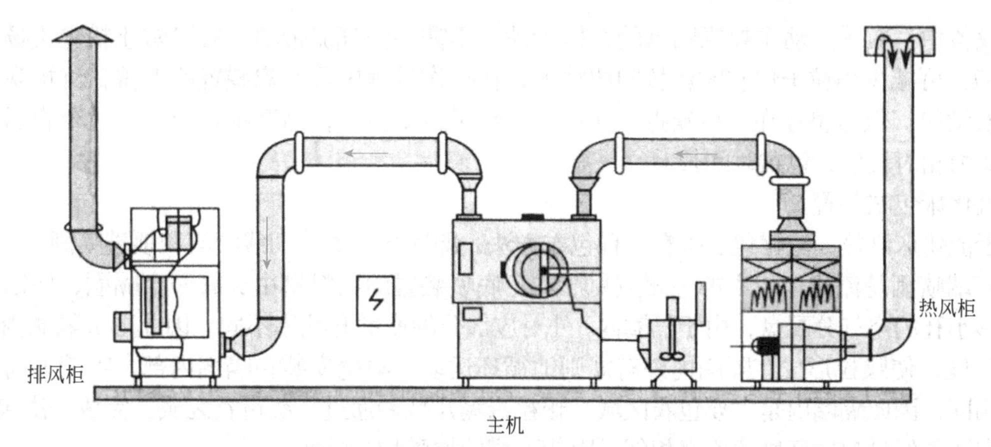

图5-47 高效包衣机组成结构示意图

图5-48 高效包衣机实物图

喷枪

滚筒内部

图5-49 高效包衣机内部结构

（4）转动包衣机

转动包衣机是在转动造粒机的基础上发展起来的，其原理是将物料加于旋转的圆盘上，物料受离心力和旋转力的作用，在圆盘上做圆周旋转运动，同时受圆盘外缘缝隙中上升气流促进，物料沿壁面垂直上升，至一定高度后，粒子受到重力作用向下滑动，落入圆盘中心，这样物料在旋转过程中形成麻绳样漩涡状的环流。喷雾装置安装于颗粒层斜面上部，将包衣液或黏合剂向粒子层表面定量喷雾。其工作原理示意见图 5-50。

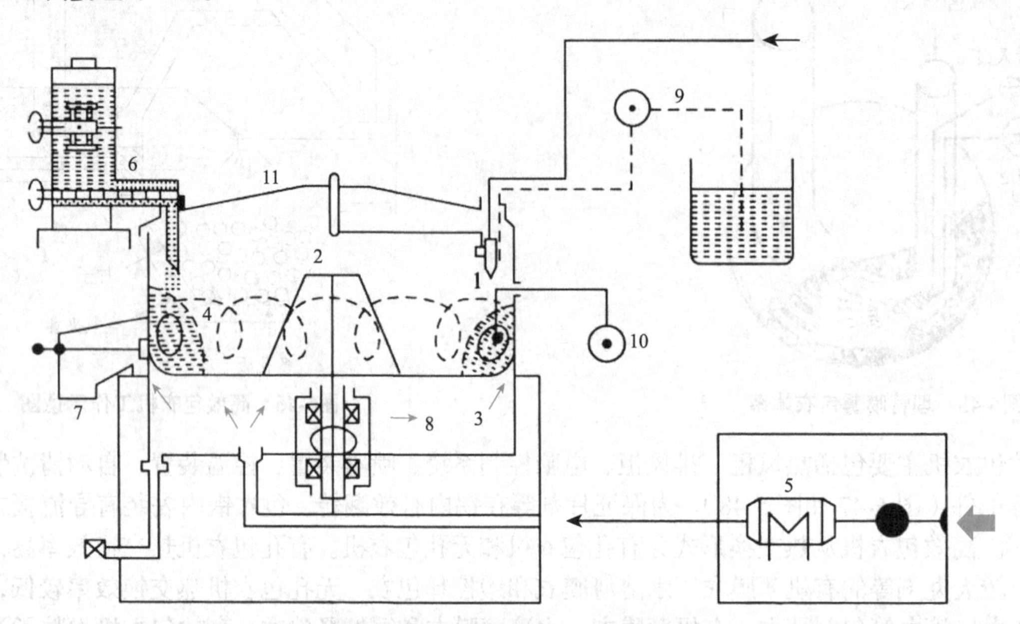

图5-50　转动包衣机工作原理示意图

1—喷雾；2—转子；3—进气；4—粒子层；5—热交换器；6—粉末加料器；7—出料口；8—气室；9—计量泵；10—湿分计；11—容器盖

在该设备中，粒子运动主要靠圆盘的机械运动，不需用强气流带动，可以防止粉尘飞扬；由于粒子运动激烈，可减少小粒子包衣时颗粒间的粘连；在操作过程中可开启装置的上盖，直接观察颗粒的运动与包衣情况。但是也存在一些缺点，如：由于粒子运动激烈，易磨损颗粒，不适合脆弱颗粒的包衣；干燥能力相对较低，包衣时间长。

（5）流化床包衣装置

类似于流化床制粒，流化包衣也有 3 种包衣方法，即底端喷洒、切线喷洒和顶端喷洒。

其中底端喷洒是流化床包衣的主要应用形式。底喷装置的物料槽中央有一个隔圈，底部有一块开有很多圆形小孔的空气分配盘，由于隔圈内 / 外对应部分的底盆开孔率不同，因此形成隔圈内外的不同进风气流强度，使颗粒形成在隔圈内外有规则地循环运动。喷枪安装在隔圈内部，喷液方向与物料的运动方向相同，因此隔圈内是主要包衣区域，颗粒每隔几秒钟通过一次包衣区域，完成一次包衣 - 干燥循环。所有颗粒经过包衣区域的概率相似，因此形成的衣膜均匀致密。

（6）压制包衣机

压制包衣法亦称干法包衣，是一种较新的包衣工艺，是用颗粒状包衣材料将片芯包裹后在压片机上直接压制成型。该法适用于对湿热敏感药物的包衣。

压制包衣机的基本原理是：将两台旋转式压片机用单传动轴配成一套机器，执行包衣操作时，先用一台压片机将物料压成片芯，然后由特制的传动器将片芯传递到另一台压片机的模孔中，传动器由传递杯、柱塞以及传递杯和杆相连接的转台组成；当片芯从模孔推出时，即由传递杯捡起，通过桥道输送到包衣转台，桥道上有许多小孔眼与吸气泵相连接，吸除片面上的粉尘，可防止在传递时片芯颗粒对包衣颗粒的混杂；在片芯到达第二台压片机之前，模孔中已填入了部分包衣物料作为底层，然后将片芯置于其上，再加入包衣物料填满模孔，进行第二次压制成包衣片。压制包衣机结构示意图见图 5-51。在机器运转中，不需要中断操作即可抽取片芯样品进行检查。

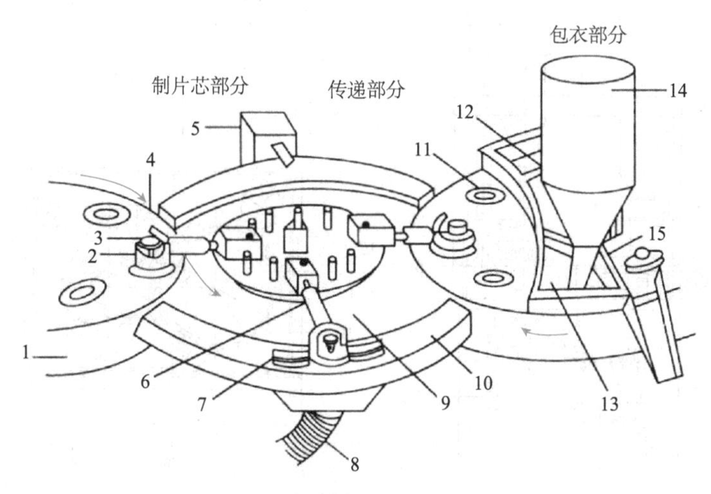

图5-51　压制包衣机结构示意图

1—片模；2—传递杯；3—负荷塞柱；4—传感器；5—检出装置；6—弹性传递导臂；7—除粉尘小孔眼；8—吸气管；9—计数器轴环；10—桥道；11—沉入片芯；12—充填片面及周围用的包衣颗粒；13—充填片底用的包衣颗粒；14—包衣颗粒漏斗；15—饲料框

为了保证所压成的包衣片均含有片芯，该设备采用了一种自动控制装置，可以检查出不含片芯的空白片。如发现无片芯的片剂，并未能传递到包衣转台上时，机器上设置的精密传感器立即停止并将空白片抛出。如果片芯在传递时被黏住不能置于膜孔中，则该装置也可将其抛出。

（二）硬胶囊剂生产设备

根据胶囊生产工序，可将胶囊充填机分为半自动型及全自动型，其中全自动胶囊充填机按其工作台运动形式，又可分为间歇运转式和连续回转式。

1. 胶囊充填的工艺过程

不论间歇式或连续式胶囊充填机，其工艺过程几乎相同，一般分为以下几个步骤：空心胶囊自由落料；空心胶囊定向排列；胶囊帽和体分离，未分离的胶囊清除；胶囊体中充填物料；胶囊帽体重新套合及封闭；充填后胶囊成品被排出机外，如图 5-52。半自动、全自动充填机中的落料、定向、帽体分离原理几乎相同，仅充填药粉计量结构按运转方式不同而有变化。

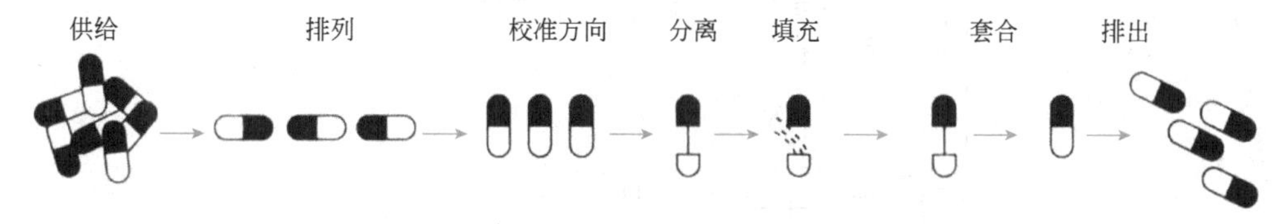

图5-52　全自动胶囊充填机填充操作流程示意图

2. 全自动胶囊充填机的机器组成及传动

全自动胶囊充填机的机器组成如图 5-53 所示。

全自动胶囊充填机的传动原理见图 5-54。主电机经减速器、链轮带动主传动轴，在主传动轴上装有两个槽凸轮、四个盘凸轮以及两对锥齿轮。中间的一对锥齿轮通过拨轮带动胶囊回转机构上的分度盘（回转盘），拨轮每转一圈，分度盘转动 30°。回转盘上装有 12 个滑块，受上面固定复合凸轮的控制，在回转的过程中分别做上、下运动和径向运动。右侧的一对锥齿轮通过拨轮带动粉剂回转机构上的分度盘，拨轮每转一圈，分度盘转动 60°。

主传动轴上的成品胶囊排出槽凸轮 1 通过推杆的上下运动将成品胶囊排出，合囊盘凸轮 2 通过摆杆的作用控制胶囊的锁合，分囊盘凸轮 3 通过摆杆的作用控制胶囊的分离，送囊盘凸轮 4 通过摆杆的作用控制胶囊的送进运动，废胶囊剔出盘凸轮 5 通过摆杆作用将废胶囊剔出，粉剂充填槽凸轮 6 通过推杆的上下运动控制粉剂的充填。主传动轴上还有两个链轮，一个带动测速器，另一个带动颗粒充填装置。

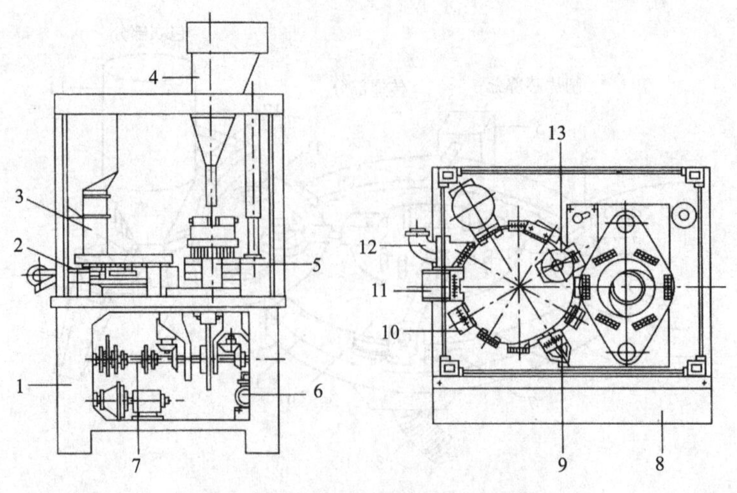

图5-53　全自动胶囊充填机组成图

1—机架；2—胶囊回转机构；3—胶囊送进机构；4—粉剂搅拌机构；5—粉剂充填机构；6—真空泵；7—传动装置；
8—电气控制系统；9—废胶囊剔出机构；10—合囊机构；11—成品胶囊排出机构；12—清洁吸尘机构；13—颗粒充填机构

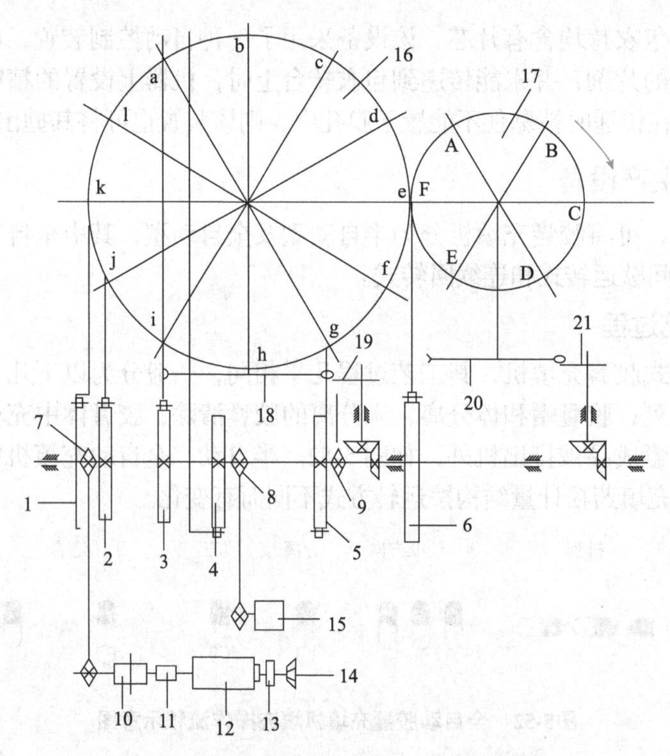

图5-54　全自动胶囊充填机传动原理示意图

1—成品胶囊排出槽凸轮；2—合囊盘凸轮；3—分囊盘凸轮；4—送囊盘凸轮；5—废胶囊剔出盘凸轮；
6—粉剂充填槽凸轮；7—主传动链轮；8—测速器传动链轮；9—颗粒充填传动链轮；10—减速器；11—联轴器；12—电机；
13—失电控制器；14—手轮；15—测速器；16—胶囊回转盘；17—粉剂回转盘；18—胶囊回转分度盘；19，21—拨轮；20—粉剂回转分度盘

胶囊回转盘有 12 个工位，分别是：a ～ c 送囊与分囊，d 颗粒充填，e 粉剂充填，f、g 废胶囊剔出，h ～ j 合囊，k 成品胶囊排出，l 吸尘清洁。粉剂回转盘有 6 个工位，其中 A ～ E 为粉剂计量充填位置，F 为粉剂充入胶囊体位置。目前国内有的分装机取消颗粒充填，将回转盘简化为 10 个工位，并从结构上做了改进，但胶囊充填原理是相同的。

（1）胶囊送进机构

胶囊送进机构是本机开始工作的第 1 个机位，其功能是将空胶囊由垂直叉、水平叉和矫正座块自动地按大头（胶囊帽）在上、小头（胶囊体）在下，每六个一批垂直送入胶囊回转机构的上模块内，再利用真空将胶囊体吸入下模块，使其帽、体分开，然后由胶囊回转机构送至下步工序。

胶囊送进机构（图 5-55）主要由胶囊料斗 1、箱体 11、垂直叉 3、水平叉 5、矫正座块 6、摆杆 13、长杠杆 12 等组成。整个机构由 4 根支柱螺栓 17 安装在工作台上。凸轮 19 的转动使长杠杆 12 动作，并经由关节拉杆 16 拉动摆杆 13 反复运动，导致水平叉 5 做水平前进后退动作，垂直叉 3 做上下往复运动。在垂直叉向上运动时，叉板的上部插入胶囊料斗 1 内，胶囊就进入叉板上端的六个孔内，并顺次溜入叉板槽内。

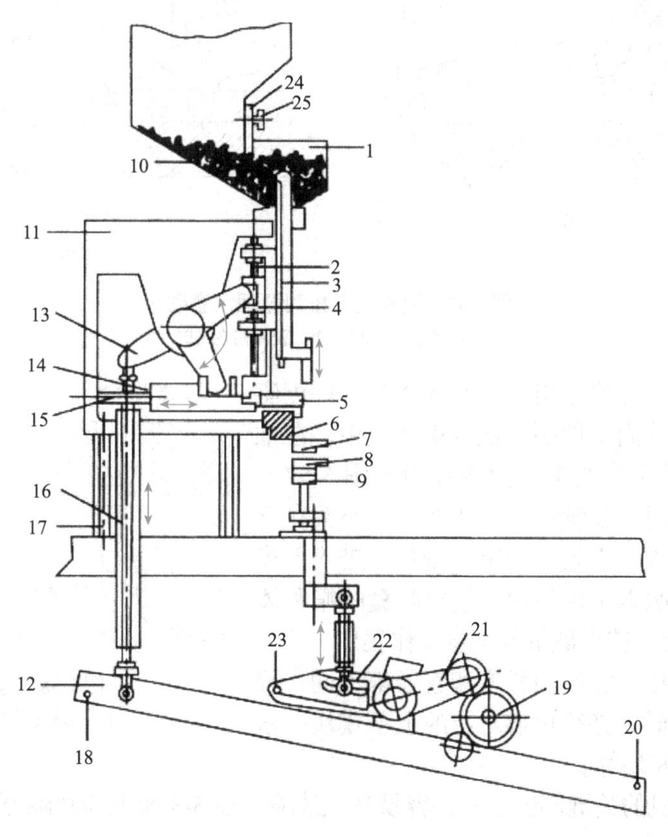

图5-55　胶囊送进机构

1—胶囊料斗；2—垂直轴；3—垂直叉；4—凹形座块；5—水平叉；6—矫正座块；
7—上模块；8—下模块；9—铜座块；10—胶囊；11—箱体；12—长杠杆；13—摆杆；14—滑块；
15—水平轴；16—关节拉杆；17—支柱螺栓；18，20，23—拉力弹簧；19—凸轮；21—杠杆；22—螺栓；24—闸门；25—螺母

图 5-56 显示了空胶囊的自由落料过程。当垂直叉在下行进囊时卡囊簧片脱离开胶囊，胶囊靠自重

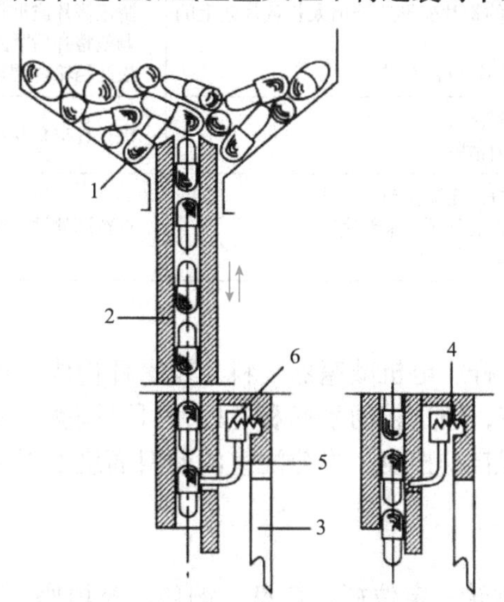

图5-56　空胶囊自由落料过程示意图

1—贮囊盒；2—排囊板（垂直叉）；3—压囊爪；4—压簧；5—卡囊簧片；6—簧片架

进入；当垂直叉在上行时，压簧叉将簧片架压回原来位置，卡囊簧片将下一个胶囊卡住，排囊板（即垂直叉）一次行程只能完成一个胶囊的下落动作。

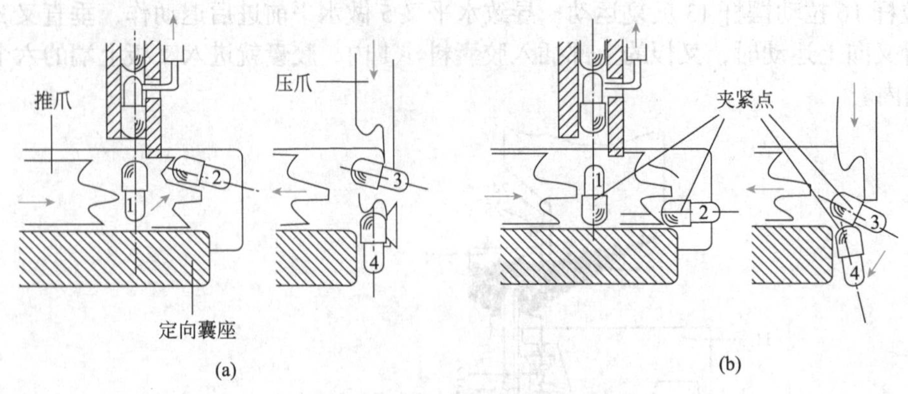

图5-57　胶囊定向排列原理示意图

（a）胶囊帽在上时；（b）胶囊帽在下时

由于垂直叉和卡囊簧片的作用，胶囊逐个落入矫正座块内，此时胶囊的大小头尚未理顺。在矫正座块中，在推爪的作用下，胶囊总是小头在前、大头在后（图 5-57），这样，当压爪向下动作时，胶囊均以大头在上、小头在下的方式送入上模块，实现空心胶囊的定向排列。进入上模块后，利用真空将囊体吸入下模块中，使空胶囊的帽和体分开（图 5-58）。分囊后，胶囊被带入下步工作程序。

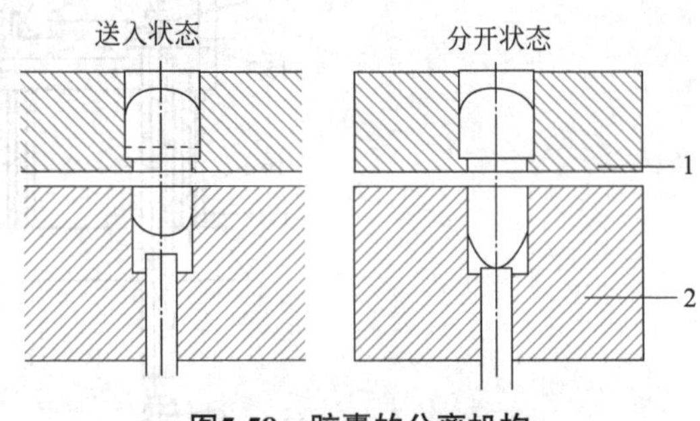

图5-58　胶囊的分离机构

1—胶囊上模块；2—胶囊下模块

由于胶囊有多种规格，它们的长度和直径都不同，因此在生产不同规格胶囊时，必须更换对应的上下模块、水平叉、垂直叉以及矫正座块等。

胶囊送进机构是本机的关键部位之一，容易产生故障，表 5-3 所列为故障原因及排除的方法举例。

表 5-3　胶囊送进机构故障原因及排除方法

序号	故障	原因	排除方法
1	垂直叉板槽内无胶囊	料斗无料 闸门口开得太小	重新加足胶囊 旋开螺母，加大开口并固紧
2	没有胶囊落入矫正座块，或落入不足6个胶囊	簧片架的簧片变形或伸出太长簧片架上的簧片不齐 挡轮块挡轮位置不对	矫正簧片或重新更换 调整整齐后紧固 松开挡轮块调整到挡轮等挡住簧片架上的小轮位置后紧固
3	胶囊帽与胶囊体脱不开	真空吸管漏气 真空泵有故障	检查真空泵及真空管，修理或更换
4	垂直叉与水平叉动作不协调	关节拉杆固定端松动 拉力弹簧有问题，未能使拉杆力点紧靠凸轮	重新调整关节拉杆长度并固紧修理或更换拉力弹簧

（2）粉剂搅拌机构

本机构是由一对锥齿轮和丝杆、电机减速器、料斗及螺杆构成，见图 5-59。其功能是将药粉搅拌均匀，并将药料送入计量分配室，通过转动手柄和丝杆，可以调整下料口与计量分配室的高度到适当位置，下料粉通过接近开关实现自动控制，当分配室的药料高度低于要求时，自动启动电机送料，达到所需高度便自动停止。

（3）粉末充填机构

该机构主要由凸轮、分度槽轮、定位杆、料盘、铜环、充填座、充填杆构成。经多级定量夯实，将药粉压成有一定密度和质量相等的粉柱，便于充填入胶囊中。装药量的大小要由料盘上药料的厚度

（以下简称料盘厚度）来确定，料盘厚度还与药料的密度有关，由于药料的粒度、流动性不同，选定料盘后应实际调试。

粉盘上共有 6 个充填位置，在前 5 个充填位置中逐次增加粉柱的夯实量，最后一个位置将夯实的粉柱冲入胶囊体内。调整充填杆浸入深度，可改变粉柱的压实程度和一致性，以获得较理想的装量差异，同时对装量也有微调作用。由于胶囊规格不同，更换胶囊时，也必须同时更换充填杆和料盘。

（4）废胶囊剔除装置

本装置的作用是将没有打开、未装药的空胶囊剔除出去，以免混入成品内，见图 5-60。工作时，回转盘每转一个位置，凸轮 9 就推动杠杆 7，以支脚 8 下端为支点摆动一次，该动作经接杆组件 2 带动滑柱 5，滑柱 5 的上下滑动带动剔除顶杆 1 上下滑动。在运动过程中，剔除顶杆 1 插入上模块 4 内，已分开的胶囊不会被顶出，而没有分开的胶囊被顶出上模块，使废胶囊进入集囊箱 3 内。顶杆初始位置及行程调整，可由顶杆下部螺母及双向螺母 6 的调整达到。弹簧 10 的作用是保证杠杆 7 上的滚轮始终与凸轮 9 接触。

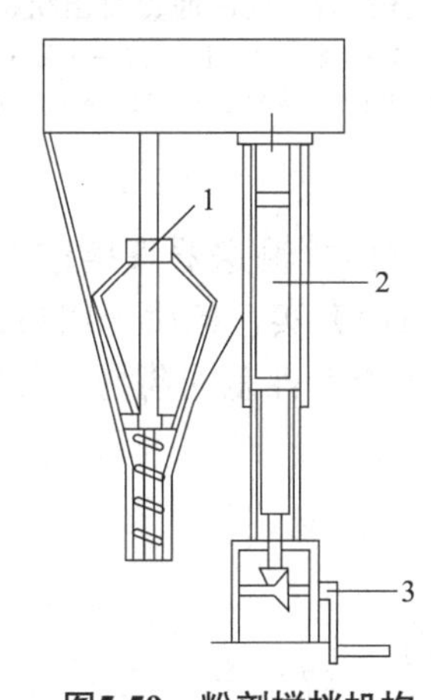

图5-59　粉剂搅拌机构

1—搅拌螺杆；2—丝杆；3—手柄

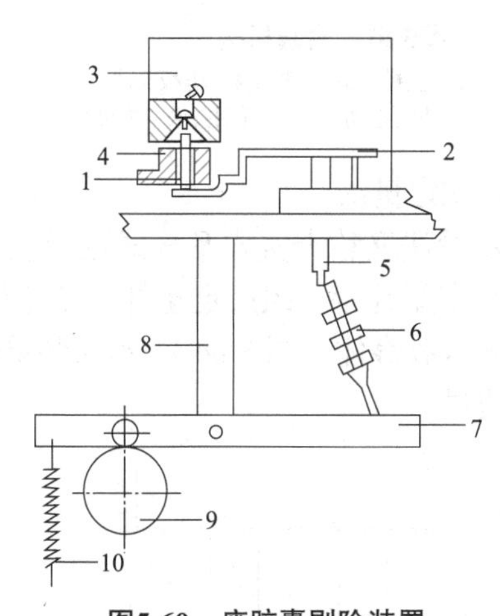

图5-60　废胶囊剔除装置

1—剔除顶杆；2—接杆组件；3—集囊箱；4—模块；5—滑柱；6—螺母；7—杠杆；8—支脚；9—凸轮；10—弹簧

（5）合囊机构

本机构的作用是将已装好药的体和帽锁合，见图 5-61。当上模 2 和下模 1 转到本工位时，凸轮推动杆 6 和顶杆 5 向上，使胶囊体向上插入帽中，由于帽被压板 3 所限，上下囊即锁合。8 为导向座，滚柱 7 在导向槽内运动，使杆 5、6 不会发生偏转。顶杆 5 位置调整，可以松开其下部螺母，再调顶杆，锁紧螺母即可。亦可调整杆 6 与双头螺栓（图中未画出）。

（6）成品胶囊排出机构

本机构用于将成品胶囊排出，见图 5-62。上模 2 和下模 1 转到本工位时，槽凸轮 7 转动，推杆 4 向上，顶杆 3 将胶囊推出上模，自动掉入倾斜的导槽 5 落下。其中 6 为导向座，槽凸轮再继续转动，顶杆 3 下降。顶杆高度调整与合囊机构相同。

3. 充填方式

胶囊的充填方式可分为冲程法、填塞式（夯实式及杯式）定量法、插管式定量法多种。由于胶囊内容物形式多样，因此必须选择不同的充填方式。制药厂可按药物的流动性、吸湿性、物料状态等选择适合的充填方式和机型，以确保生产操作和装量差异符合要求。

（1）冲程法

本法是依据药物的密度与容积和剂量的关系，通过调节充填机速度，变更推进螺杆的导程，来增减充填时的压力，以控制分装的重量及差异（图 5-63）。半自动充填机采用此法适应性强，一般粉末及颗粒均适用此法。

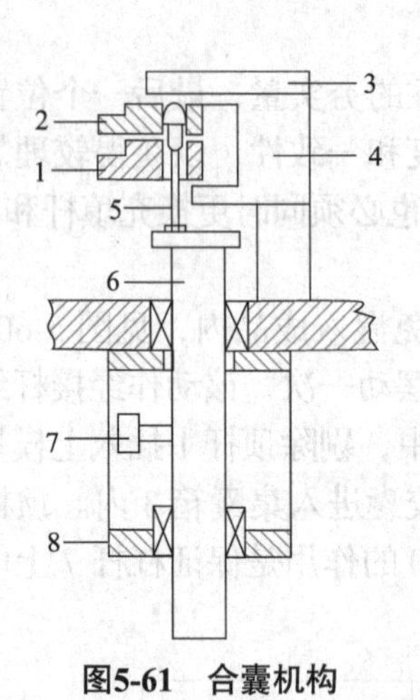

图5-61 合囊机构

1—下模；2—上模；3—压板；4—压板支座；
5—顶杆；6—凸轮推动杆；7—滚柱；8—导向座

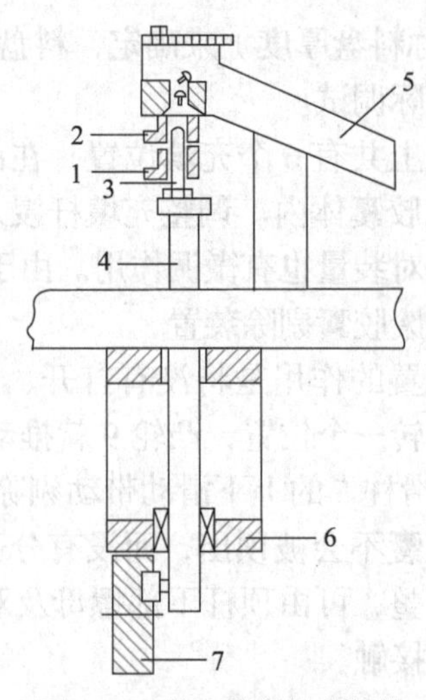

图5-62 成品胶囊排出机构

1—下模；2—上模；3—顶杆；
4—推杆；5—导槽；6—导向座；7—槽凸轮

（2）填塞式定量法

填塞式定量法又称夯实式及杯式定量法。药粉从锥形储料斗通过搅拌输送器直接进入计量粉斗，计量粉斗里有多组孔眼，组成定量杯，填塞杆经多次将落入杯中的药粉夯实，最后一组将已达到定量要求的药粉充入胶囊体（图5-64）。本法装量准确，误差较小，适用于流动性差的药物，可通过调节参数控制充填质量。

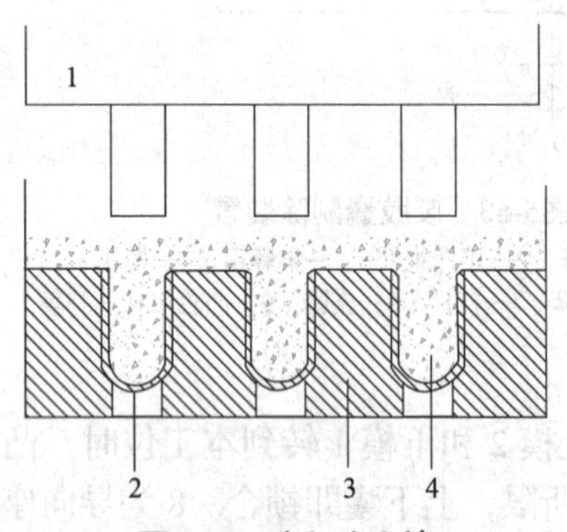

图5-63 冲程法充填

1—充填装置；2—囊体；3—囊体盘；4—药粉

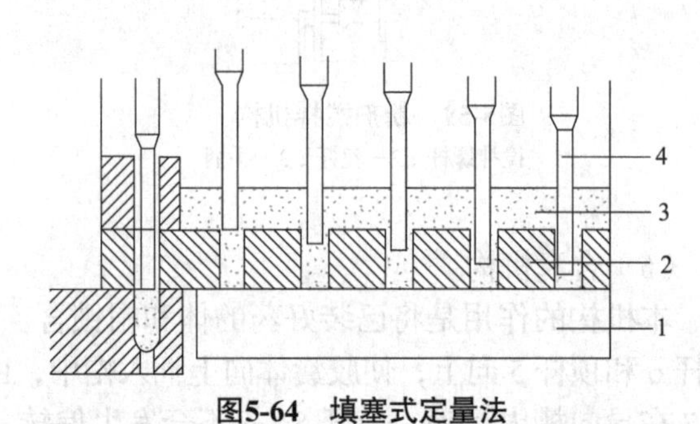

图5-64 填塞式定量法

1—计量盘；2—定量杯；3—药粉或颗粒；4—填塞杆

（3）插管式定量法

插管式定量装置分为间歇式和连续式两种，如图5-65所示。

① 间歇式插管定量法：将空心计量管插入药粉斗，由管内的活塞将管内药粉压紧，计量管离开药粉旋转180°，活塞下降，将孔里的药料压入胶囊体中。填充效果主要取决于储料斗内粉末的流动性及粉床高度。为了减少填充差异，药粉需具备一定的高度和流动性，故药物处方中常加入一些润滑剂或助流剂。在生产过程中采用间歇式操作由于要单独调整各计量管，因而比较耗时。

② 连续式插管定量法：同样是用计量管计量，但其插管、计量、充填是随机器本身在回转过程连续完成的。由于填充速度较快，插管在药粉中停留时间很短，所以对药粉的流动性及可压缩性要求更高，且药粉各组分密度应相近，不易分层。为了避免计量器从粉床中抽出后在粉床内留有空洞，影响填充精度，储料斗内常设置有机械搅拌装置，以保证粉体的流动性及均匀性。

（4）双滑块定量法

该法是利用双滑块以计量室容积控制进入胶囊的药粉量，适用于混有药粉的颗粒充填，对于几种微粒充入同一胶囊体特别有效，见图5-66。

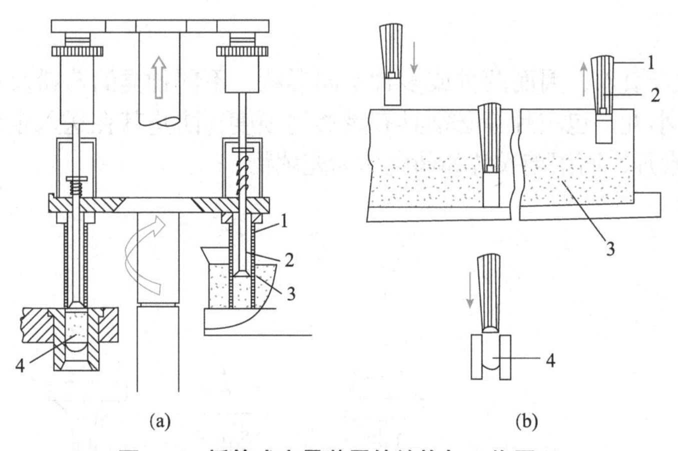

图5-65　插管式定量装置的结构与工作原理

（a）间歇式；（b）连续式

1—定量管；2—活塞；3—药粉斗；4—胶囊体

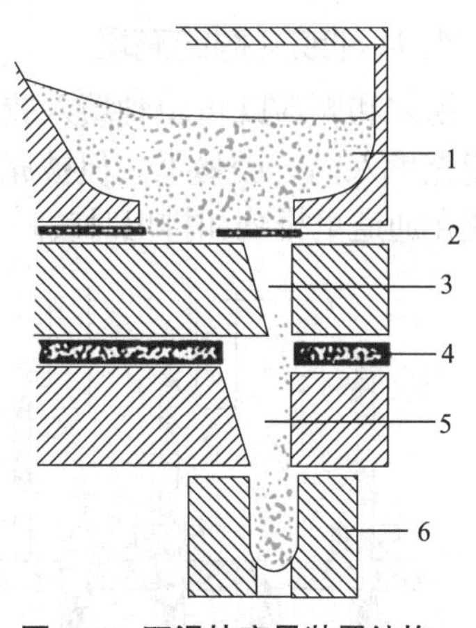

图5-66　双滑块定量装置结构

1—药粉斗；2—计量滑块；3—计量室；

4—出料滑块；5—出粉口；6—囊体套

（5）活塞 - 滑块定量法

本法同样是容积定量法。料斗下方有多个平行的定量管，每个定量管内均有一个可上下移动的定量活塞。料斗与定量管之间设有可移动的滑块，滑块上开有圆孔。当滑块移动并使圆孔位于料斗与定量管之间时，料斗中的药物微粒或微丸经圆孔流入定量管。随后滑块移动，将料斗与定量管隔开。此时，定量活塞下移至适当位置，使药物经支管和专用通道填入胶囊体（图 5-67）。调节定量活塞的上升位置可控制药物的填充量。

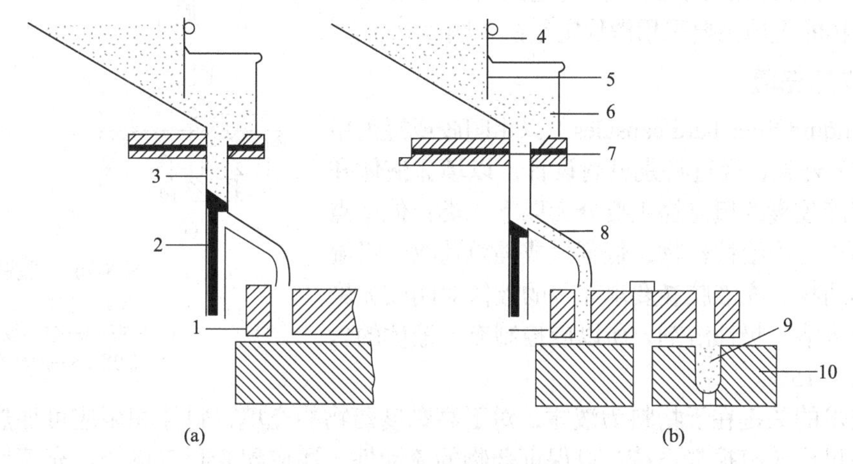

图5-67　活塞-滑块定量装置的结构及工作原理

（a）药物定量；（b）药物填充

1—填料器；2—定量活塞；3—定量管；4—料斗；5—物料高度调节板；6—药物颗粒或微丸；7—滑块；8—支管；9—胶囊体；10—囊体盘

（6）定量圆筒法

本法的本质为一种连续式活塞 - 滑块定量法。其核心部件为一个设有多个定量圆筒的转盘，每个圆筒内设有一个可上下移动的定量活塞。工作时，定量活塞下行到一定距离使第一料斗内物料进入定量圆筒。当定量圆筒转至第二料斗下方时，定量活塞又下行一定距离，使第二料斗中的物料进入定量圆筒。随着转盘转动，药物填充过程可连续进行。由于该装置设有两个药斗，因此可将不同药物的颗粒或微丸装入同一胶囊中（图 5-68）。

（7）定量管法

定量管法也称为真空填充法，亦是一种容积定量法。采用真空吸力将药物颗粒吸附于定量管内，定量管逐步插入转动的定量槽内，定量活塞控制管内的计量腔体积，以满足装量要求（图 5-69）。

4. 片剂或丸剂的充填

粉末和颗粒既可单独填入胶囊，也可混合填入，因而两种或多种不同形状、不同种类的药粉及小片能充填入同一胶囊里。但被充填的片芯、小丸、包衣片等必须具有足够的硬度，防止其在送入定量腔或在通道里排列和排出时破碎。一般不用素片，而用糖衣片和药丸作为充填物。

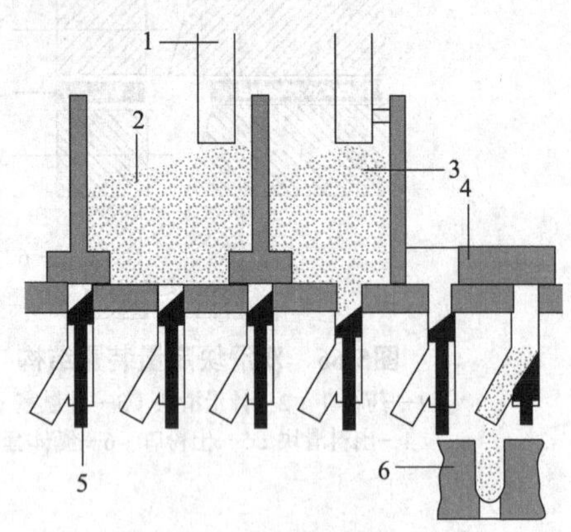

图5-68　定量圆筒法

1—料斗加料；2—第一定量斗；3—第二定量斗；4—滑块底盘；5—定量活塞；6—囊体盘

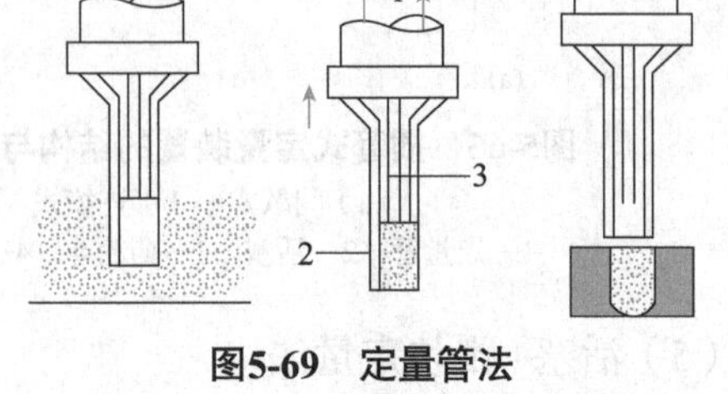

图5-69　定量管法

1—真空；2—定量管；3—定量活塞

被充填的固体药物尺寸公差应要求严格，否则很难在输送管里排列。从流动性来看，圆形最好排列。为保证其充填顺利，糖衣片和糖衣药丸的半径与长度之比为 1.08 和 1.05 较合适。固体药物的充填主要采用滑块定量法（图 5-70）。

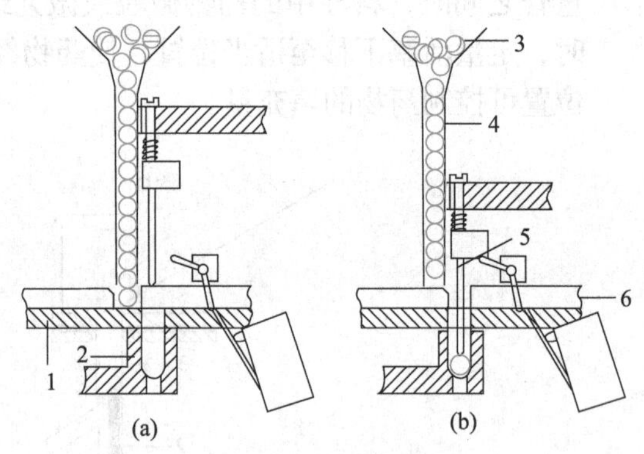

图5-70　滑块定量法

（a）计量；（b）充填

1—底板；2—囊体板；3—料斗；4—溜道；5—加料器；6—滑块

5. 液体药物的充填

充液胶囊（liquid filled hard capsules）采用明胶或羟丙甲纤维素（HPMC）外壳，经过特别密封设计，以填充液体和半固体制剂。充液胶囊的填充物主要分为以下几类：低熔点药物；低生物利用度难溶性药物；低剂量或强效药物；吸湿性药物及缓控释药物。充液胶囊要求充入的液体对明胶无副作用。由于明胶可溶于极性溶剂，所以应控制充入液体的含水量，一般应低于 15%。

充液胶囊技术的关键在于物料为液体，对于高黏度药物的充填，料斗和泵应可加热，以防止药物凝固，同时料斗里应装有搅拌系统，以保证药物的流动性，还应配套封口设备。充填设备和胶囊调动设备、封口设备在同一条生产线，充填设备能够连续地执行装填操作，调动设备及时地将被充填胶囊转运到封口设备进行封口，整段工序的完成时间短而紧凑，在转运过程中显著减少了液体的损失，也提高了生产力。在充填时采用技术性喷管，同时适当调节液体黏度，防止充填液体的飞溅；密封的胶囊将防止液体泄漏。在空胶囊充填之前先进行残次胶囊壳的检查，将其抛出系统外。在封口操作之后进行封口状态的检测，处理不合格品。

（三）软胶囊剂生产设备

成套的软胶囊剂生产设备包括明胶液熔制设备、药液配制设备、软胶囊压（滴）制设备、软胶囊干燥设备、回收设备等。下面主要介绍滚模式软胶囊压制机、软胶囊定型干燥设备、滴制法生产设备。

1. 滚模式软胶囊压制机

滚模式软胶囊压制机见图 5-71 和图 5-72，主要由胶带成型装置、软胶囊成型装置、药液计量装置、剥丸器、拉网轴等组成。

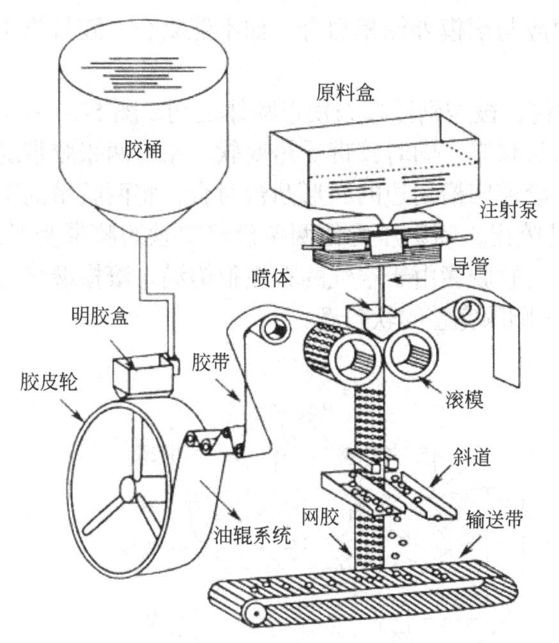

图5-71　滚模式软胶囊压制机结构示意图

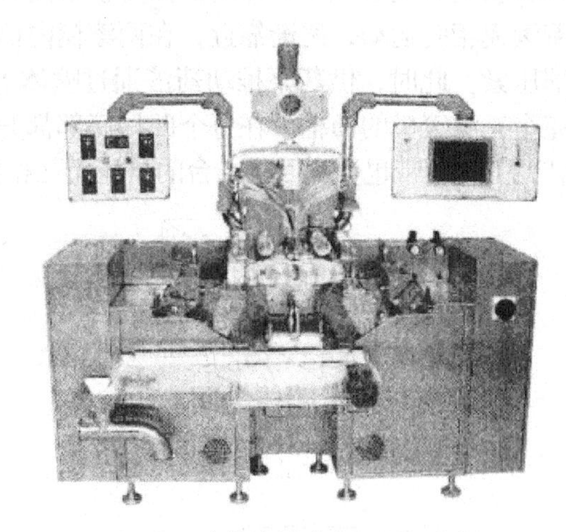

图5-72　滚模式软胶囊压制机实物图

（1）胶带成型装置

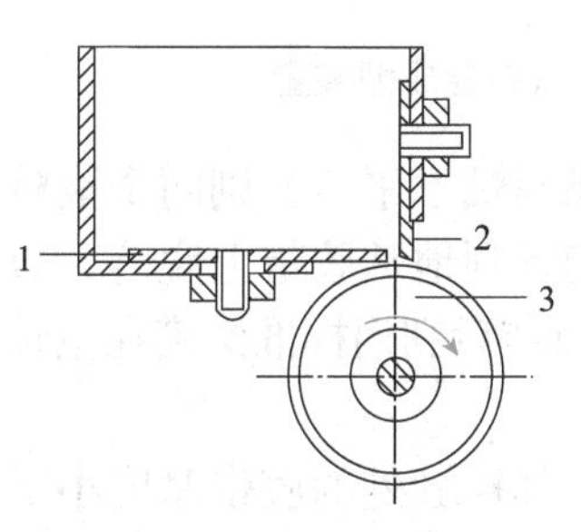

图5-73　明胶盒示意图

1—流量调节板；2—厚度调节板；3—胶带鼓轮

将由明胶、甘油、水及附加剂制备而成的明胶液放置于胶桶中，温度控制在 60 ℃左右。明胶液通过保温导管，靠自身重量流入位于机身两侧的明胶盒中。

明胶盒是长方形的，其纵剖面如图 5-73 所示。盒内有电加热元件，保持盒内胶液的温度在 36 ℃左右，既维持胶液的流动性，又防止胶液冷却凝固。在明胶盒后面及底部各安装了一块可以调节的活动板，使明胶盒底部形成一个开口。通过前后移动流量调节板可以控制胶液的流量，通过上下移动厚度调节板可以控制胶带的厚度。明胶液通过此开口，依靠自身重量涂布于下方的胶皮轮（又称鼓轮）上。鼓轮的宽度与滚模长度相同，其外表面很光滑、同时转动非常平稳，从而保证生成均匀光滑的胶带。冷风（温度在 8 ～ 12 ℃较好）从主机后部吹入，使涂布于鼓轮上的明胶液冷却形成胶带。

在胶带成型过程中还设置了油辊系统，保证胶带在机器中连续、顺畅地运行。油辊系统是由上、下两个平行钢辊引领胶带移动，在两钢辊之间有两个“海绵”辊子，利用“海绵”的毛细作用吸饱可食用油并涂敷在经过其表面的胶带上，使胶带外表面更加光滑。

（2）软胶囊成型装置

软胶囊成型装置主要包括楔形喷体和一对完全相同的滚模。每个滚模上有许多凹槽，相当于半个胶囊的形状，均匀分布在其圆周表面。滚模轴向凹槽的个数与喷体的喷药孔数相等，而滚模周向凹槽的个数和供药泵冲程的次数及自身转数相匹配（图 5-74）。滚模上凹槽的形状、大小不同，即可生产出形状、大小各异的软胶囊。每个凹槽的外周是一圈凸台，高度为 0.1 ～ 0.3 mm，其作用是将两张胶带互相挤压黏合。

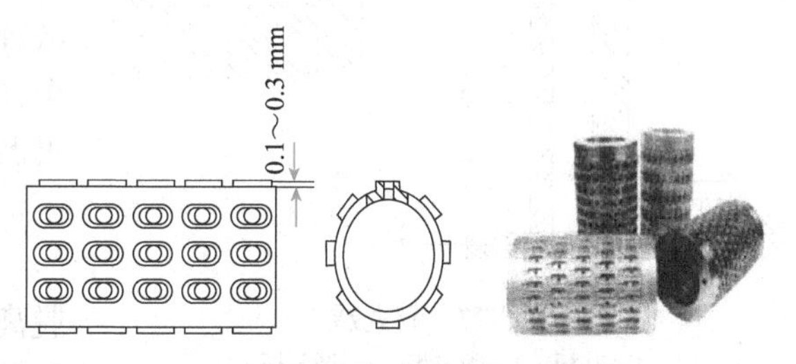

图5-74　滚模示意图和实物图

楔形喷体如图 5-75 所示，在喷体内装有管状加热元件，其作用是使到达此处的胶带受热变软，以更好地变形，方便药液填充。管状加热元件应与喷体均匀接触，从而保证喷体表面温度一致，使胶带在此处受热变软的程度处处均匀一致。此外，喷体曲面应与滚模外径相吻合。如不能吻合，胶带将不易与喷体曲面良好贴合，会导致药液外渗。

上一步制备成型的连续胶带，经过油辊系统和导向筒，被送到滚模与楔形喷体之间。图 5-76 所示为软胶囊成型装置。喷体的曲面与胶带良好贴合形成密封状态，同时胶带受热变软。左右两张胶带随着滚模相向运动，逐渐靠近，在两滚模内侧最接近处，滚模凹槽周边的回形凸台对合，将两胶带的下部压紧。此时，供药泵推动药液通过喷体上的一排小孔喷出，喷射压力使两条已经变软的胶带变形，完全充满滚模的凹槽，在每个凹槽底部都开有小通气孔，软胶囊由于空气的存在很饱满。滚模继续旋转，上部胶带也受到回形凸台的挤压而互相黏结，形成一颗颗完整的软胶囊。

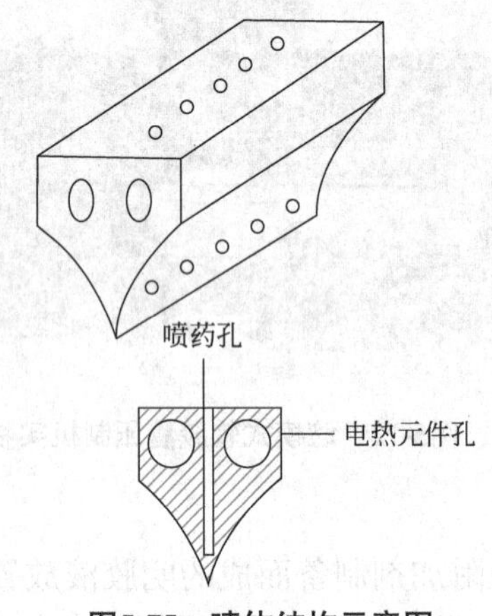

图5-75　喷体结构示意图

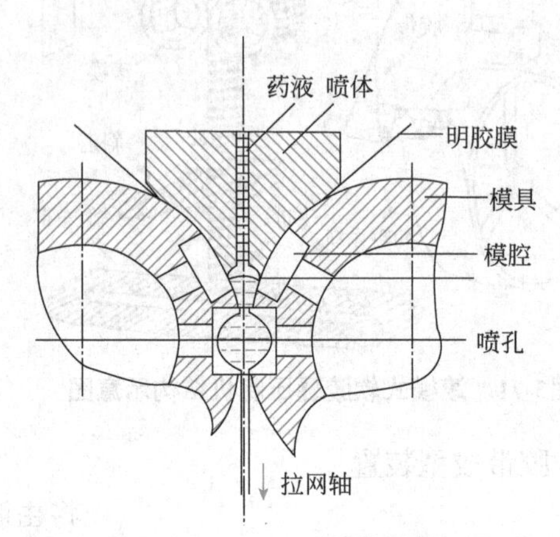

图5-76　软胶囊成型装置

正常生产软胶囊的关键之一在于保证两个滚模主轴的平行度。如果两轴不平行，则两个滚模上的凹槽及凸台不能够良好地对应，胶囊就不能可靠地被挤压黏合，也不能顺利地从胶带上脱落。通常滚模主轴的平行度要求不大于 0.05 mm。为了确保滚模能均匀接触，需在组装后利用标准滚模在主轴上进行漏光检查。

滚模的设计与加工也会影响软胶囊的质量。压制法生产的软胶囊，其接缝处的胶带厚度小于其他部位，有时会在储存及运输过程中产生接缝开裂漏液现象，主要是因为接缝处胶带太薄，黏合不牢。因此，滚模中凸台的设计应恰到好处。当凸台高度合适时，凸台外部空间基本被胶带填满，当两滚模的对应凸台互相对合挤压胶带时，胶带向凸台外部空间扩展的余地很小，大部分被挤压向凸台的内部空间，此时接缝处胶带厚度可达其他部位的 85% 以上。若凸台过低，就会产生切不断胶带、软胶囊黏合不上等不良后果。

（3）药液计量装置

软胶囊的一个重要技术指标是药液装量差异。为了保证装量差异合格，首先需要保证向胶囊中喷送的药液量可调；其次保证供药系统密封可靠，无漏液现象。使用的药液计量装置是柱塞泵，其利用凸轮带动的 10 个柱塞，在一个往复运动中向楔形喷体中供药两次，调节柱塞行程，即可调节供药量大小。

（4）剥丸器

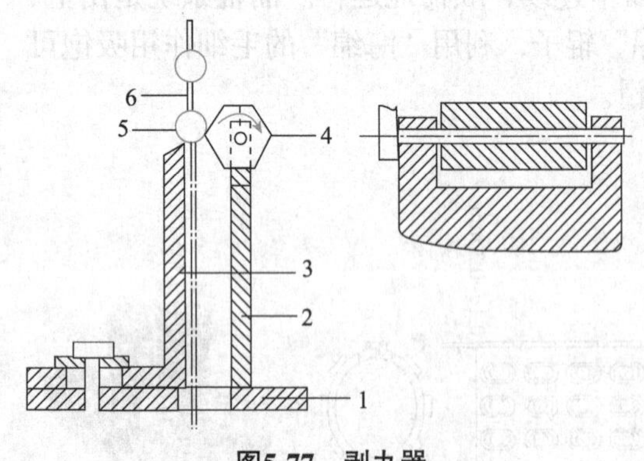

图5-77　剥丸器

1—基板；2—固定板；3—调节板；4—滚轴；5—胶囊；6—胶带

软胶囊经滚模压制成型后，有一部分软胶囊不能完全脱离胶带，为了将其从胶带上剥离下来，在软胶囊机中安装了剥丸器，结构见图 5-77。在基板上面焊有固定板，将可以滚动的六角形滚轴安装在固定板上方，利用可以移动的调节板控制滚轴与调节板之间的缝隙，一般将两者之间缝隙调至大于胶带厚度、小于胶囊外径，当胶带通过缝隙间时，滚轴将不能够脱离胶带的软胶囊剥落下来。被剥落下来的胶囊沿筛网轨道滑落到输送机上。

（5）拉网轴

随着软胶囊不断地从胶带上剥离下来。同时产生出网状的废胶带，需要回收和重新熔制，为此在剥丸机下方安装了拉网轴，其结构如图5-78所示。在基板上有固定支架和可调支架各一个，其上装有滚轴，两滚轴与传动系统相接，并能够相向转动，两滚轴的长度均长于胶带的宽度，调节两滚轴的间隙使其小于胶带的厚度，当剥落了胶囊的网状胶带被夹入两滚轴中间时，被垂直向下拉紧，并送入下面的剩胶桶内回收。

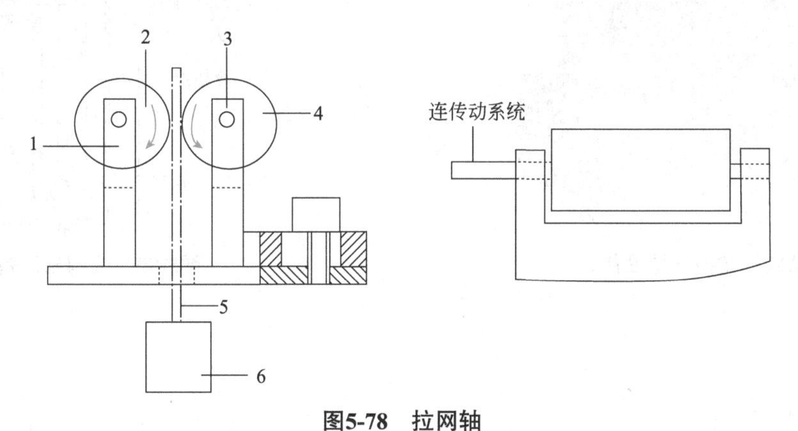

图5-78　拉网轴

1—支架；2，4—滚轴；3—可调支架；5—网状胶带；6—剩胶桶

2. 软胶囊定型干燥设备

压制法生产的软胶囊，其胶皮中含有较多量的水分，需要进行干燥。定型干燥是将胶囊放入干燥机转笼中进行动态风干，通常干燥6～8 h。环境要求温度18～24 ℃，相对湿度30%～40%。

软胶囊定型干燥设备（见图5-79）由若干个转笼组成，每条转笼内外光亮平滑、无毛刺，避免胶丸在干燥过程中的损坏或污染。转向可通过控制系统实现单独正反旋转，工作过程可自行设定，可随意拆装其中一节，而不影响其他各节转笼的正常运转。双进风风机单独送风，具有风力强、干燥快等优点，可有效提高胶丸的干燥性能。转动变速部位采用摆线减速、无级变速、PLC程序控制等形式控制运转，可任意选择转笼变速旋转，进一步缩短干燥时间，干燥效率显著提高。

3. 滴制法生产设备

采用滴制机生产软胶囊剂，将油料和明胶液分别加入不同贮槽中，并保持一定温度；冷却管中放入冷却液。根据每一胶丸内含药量多少，调节好出料口和出胶口。胶液和油料先后以不同的速度从同心管出口滴出，明胶在外层，药液从中心管滴出，明胶液先滴到液状石蜡上面并展开，油料立即滴在刚刚展开的明胶表面上。由于重力加速度，胶皮继续下降，使胶皮完全封口，油料便被包裹在胶皮里面。再加上表面张力作用，胶皮成为圆球形。由于温度不断地下降，逐渐凝固成软胶囊。将制得的胶丸在室温冷风干燥，经石油醚洗涤两次，再经95%乙醇洗涤，于30～35 ℃烘干，直至水分合格后为止，即得软胶囊。其装置图见5-80。

在滴制法生产软胶囊时，喷头是一种同心的套管（图5-81）。其中药液由侧面进入喷头并从套管中心喷出，明胶从上部进入喷头，通过两个通道流至下部，然后在套管的外侧喷出，在喷头内两种液体互不相混。只有在严格的同心条件下，两种液体先后有序地喷出才能形成正常的胶囊，而不致产生偏心、拖尾、破损等不合格现象。从时间上看，两种液体喷出的顺序是明胶喷出时间较长，而药液喷出过程应位于明胶喷出过程的中间位置。

软胶囊滴制部分的装置还包括凸轮、连杆、柱塞泵、喷头、缓冲管等，见图5-82。凸轮1通过连杆2推动柱塞泵内柱塞做往复运动，从贮槽内分别吸出明胶液与油状药液，再分别由柱塞泵3喷出。其中，明胶液通过连管由上部进入喷头4，药液经过缓冲管6由侧面进入喷头，两种液体均垂直向下，喷到充有稳定流动的冷却液的视盅 5 内，经过冷却固化，即可得球形软胶囊。通过调两凸轮的方位，可以调整两种液体的喷出时间。

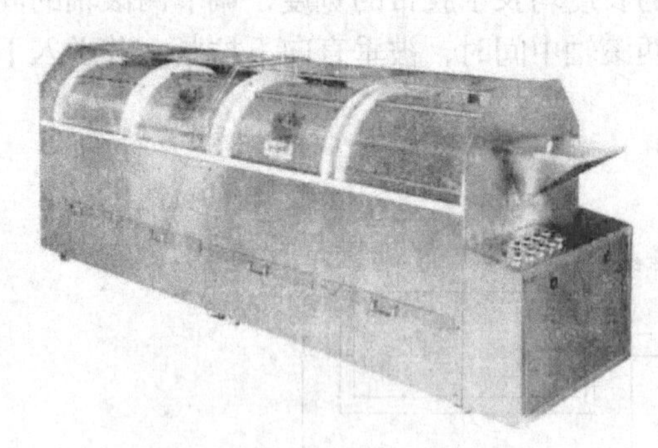
图5-79　软胶囊定型干燥设备

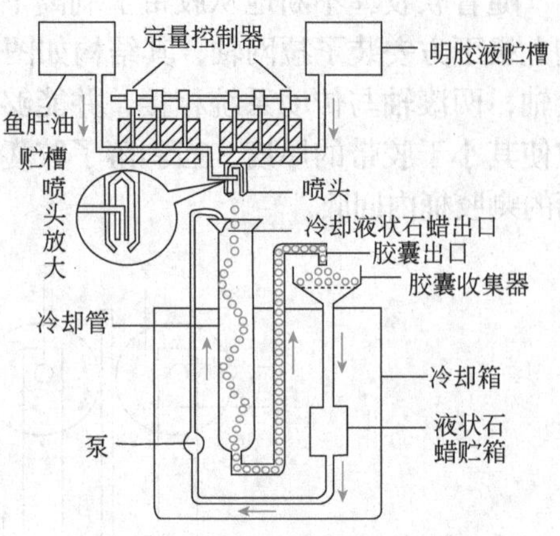

图5-80　滴制法制备软胶囊的装置

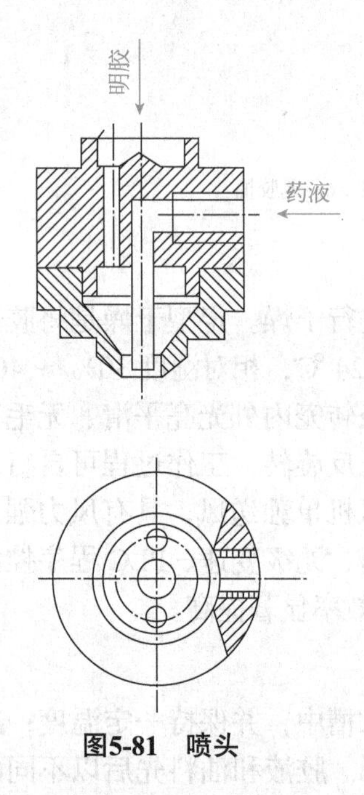

图5-81　喷头

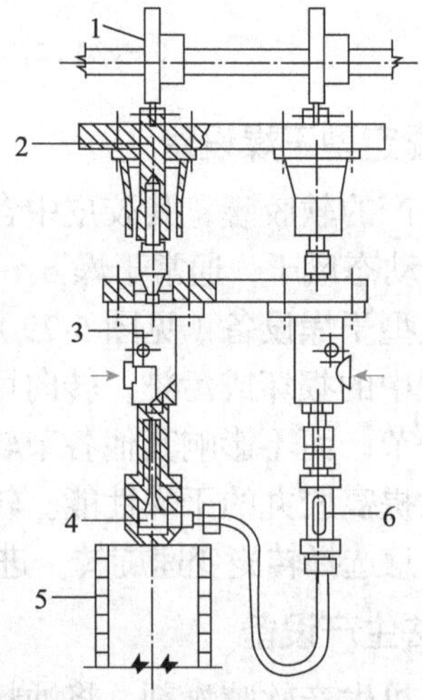

图5-82　软胶囊的分散装置

1—凸轮；2—连杆；3—柱塞泵；4—喷头；5—视盅；6—缓冲管

在软胶囊的制备中，明胶液和药液的计量采用柱塞泵。柱塞泵有多种形式，最简单的柱塞泵见图 5-83。泵体 2 中有柱塞 1，可以在垂直方向上往复运动。当柱塞 1 上行超过药液进口时，将药液吸入；当柱塞下行时，将药液通过排出阀 3 压出，由出口管 5 喷出；喷出结束后，出口阀的球体在弹簧 4 的作用下，将出口封闭，柱塞泵又进入下一个循环。

另一种形式见图 5-84。该泵采用动力机械的油泵原理。当柱塞 4 上行时，液体从进油孔进入柱塞下方。待柱塞下行时，进油孔被柱塞封闭，使室内油区增高，迫使出油阀 6 克服出油阀弹簧 7 的压力而开启，此时液体由出口管排出。当柱塞下行至进油孔与柱塞侧面凹槽相通时，柱塞下方的油压降低，在弹簧力的作用下出油阀将出口管封闭喷出的液量由齿杆 5 控制柱塞侧面凹槽的斜面与进油孔的相对角度来调节。该泵的优点是可微调喷出量，因此滴出的药液剂量更准确。

三柱塞泵则更为常见，见图 5-85。在泵体中有三个柱塞，起吸入与压出作用的为中间柱塞，其余两个相当于吸入与排出阀的作用。通过调节推动柱塞运动的凸轮方位来调节三个柱塞运动的先后顺序，即可由泵的出口喷出一定量的液滴。

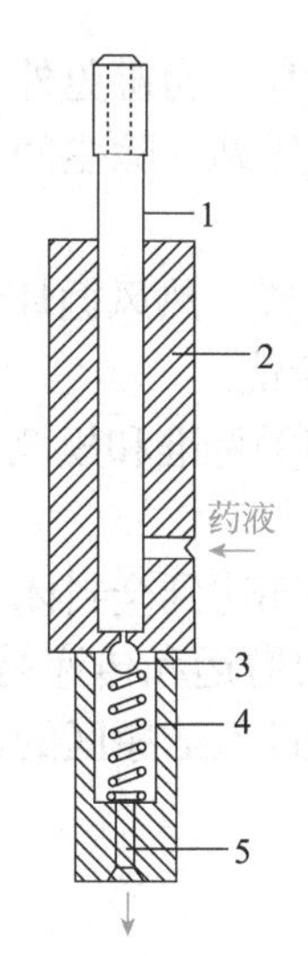

图5-83　柱塞泵（1）

1—柱塞；2—泵体；3—排出阀；4—弹簧；5—出口管

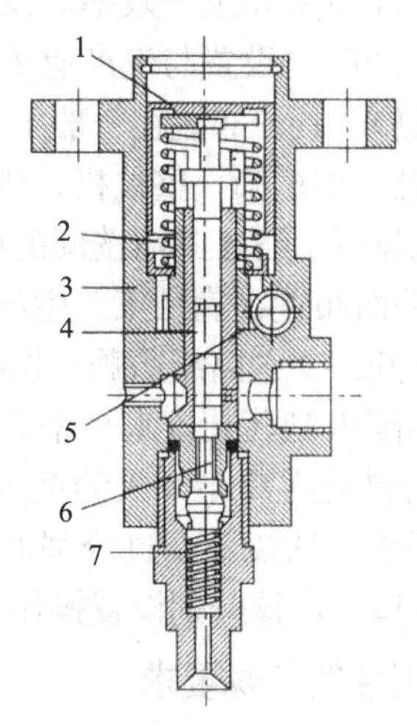

图5-84　柱塞泵（2）

1—弹簧座；2—柱塞弹簧；3—泵体；4—柱塞；5—齿杆；6—出油阀；7—出油阀弹簧

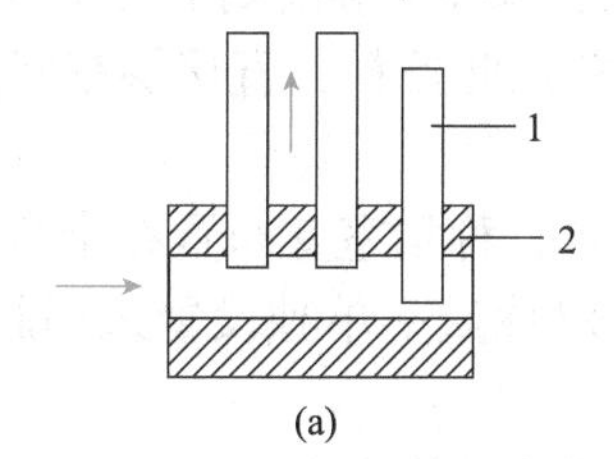

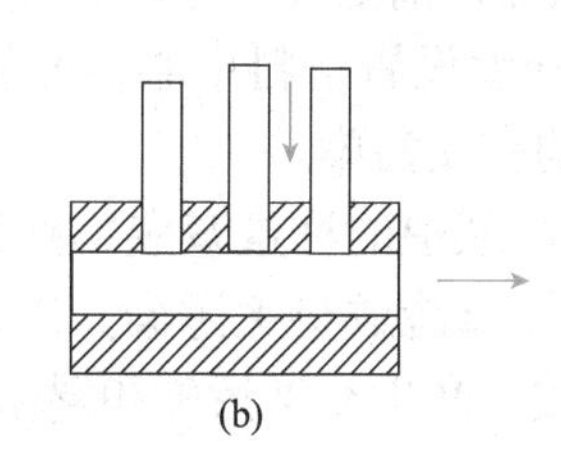

图5-85　三柱塞泵

（a）吸入；（b）压出

1—柱塞；2—泵体

三、口服固体制剂车间设计

（一）口服固体制剂车间 GMP 设计原则

1. 口服固体制剂车间 CMP 设计的一般原则

在口服固体制剂车间设计中，应遵循以下一般原则。

① 符合 2010 年修订的《药品生产质量管理规范》及其实施指南，以及国家关于建筑消防、环保能源等方面的规范设计。

② 应合理布置固体制剂车间，使车间人流、物流出入口尽量与厂区人流、物流道路相吻合，交通运输方便。由于固体制剂发尘量较大，其总图位置应不影响洁净级别较高的生产车间，如大输液车间等。对生产过程中产生的容易污染环境的废弃物，应设专用出口，避免对原辅料和内包材造成污染。

③ 操作人员和物料进入洁净区应设置各自的净化用室或采取相应的净化措施。人员行为应当符合一定的卫生规范，如：在洁净区内人员进出次数应尽可能的少，同时在操作过程中应尽量减少动作幅度，避免不必要的走动或移动，以保持洁净区的气流、风量和风压等，保持洁净区的净化级别。物料脱外包、外表清洁、消毒后，经缓冲室或传递窗（柜）进入洁净区。若用缓冲间，则缓冲间是双门连锁，空调送洁净风。

④ 若无特殊要求，一般固体制剂车间生产类别为丙类，耐火等级二级。洁净级别应达 D 级、温度 18 ～ 26 ℃、相对湿度 45% ～ 65%。洁净区设紫外线灯，内设置火灾报警系统及应急照明设施，级别不同的区域之间保持 5 ～ 10 Pa 的压差并设测压装置。

⑤ 充分利用建设单位现有的技术、装备、场地、设施。要根据生产和投资规模合理选用生产工艺

设备，提高产品质量和生产效率。设备布置便于操作，辅助区布置适宜。为避免外来因素对药品产生污染，洁净生产区只设置与生产有关的设备、设施和物料存放间。空压站、除尘间、空调系统、配电等公用辅助设施，均应布置在一般生产区。

⑥ 粉碎机、旋振筛、整粒机、压片机、混合制粒机需设置除尘装置。热风循环烘箱、高效包衣机的配液需排热排湿。各工具清洗间的墙壁、地面、吊顶要求防霉且耐清洗。

⑦ 车间平面布置在满足工艺生产、GMP、安全、防火等方面的有关标准和规范条件下尽可能做到人流、物流分开，工艺路线通顺、物流路线短捷、不返流。

但从目前国内制药装备水平来看，口服固体制剂生产还不可能全部达到全封闭、全机械化、全管道化输送，物料运送离不开人的搬运。大量物料、中间体、内包材的搬运和传递是人工操作完成的，即人带着物料走。所以不要过分强调人流、物流交叉问题。但应坚持进入洁净区的操作人员和物料不能合用一个入口，应该分别设置操作人员和物料出入口通道。

2. 相关工序的特殊要求

① 备料室的设置：综合固体制剂车间原辅料的处理量大，应设置备料室，并在仓库附近，便于实现定额定量、加工和称量的集中管理。生产区用料时由专人登记发放，可确保原辅料领用。车间与仓库邻近，对GMP要求的原辅料前处理（领取、处理、取样）等前期准备工作充分，可减少或避免人为的误操作所造成的损失。仓库设置备料中心，原辅料在此备料，直接供车间使用。车间内不必再考虑备料工序，可减少生产中的交叉污染。

② 称量室的设置：生产区中的称量室应单独设置，称量室宜布置在带有围帘的层流罩下或采取局部排风除尘，以防止粉尘外逸造成交叉污染。以往对称量室单独设置未引起重视，常在备料室称量，易使剩余的原辅料就地存放，产生交叉污染和混淆。

③ 固体制剂车间产尘的处理：将产尘量大、有噪声的设备集中在一起，既可集中除尘，又方便了车间的管理。发尘量大的粉碎、过筛、压片、充填等岗位，若不能做到全封闭操作，则除了设计必要的捕尘、除尘装置外，还应设计前室，以避免对邻室或共用走道产生污染。除尘室内同时设置回风及排风，风量相同，车间内所有排风系统均与相应的送风系统连锁，即排风系统只有在送风系统运行后才能开启，避免不正确的操作，以保证洁净区相对室外正压。工序产尘时开除尘器，关闭回风；不产尘时开回风，关闭排风。所有控制开关设在操作室内。捕尘、除尘装置见图5-86。

前室相对洁净走廊为正压，相对工作室为正压。这样可以确保洁净走廊空气不流经工作室，而产尘空气不流向洁净走廊，从气流组织上避免交叉污染。同时可降低室内噪声向外界的传播。如图5-87所示，压片间和胶囊充填间与其前室保持5 Pa的相对负压。

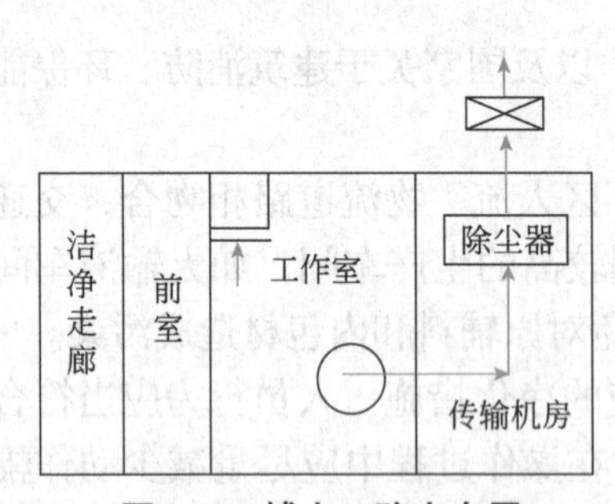

图5-86 捕尘、除尘布置

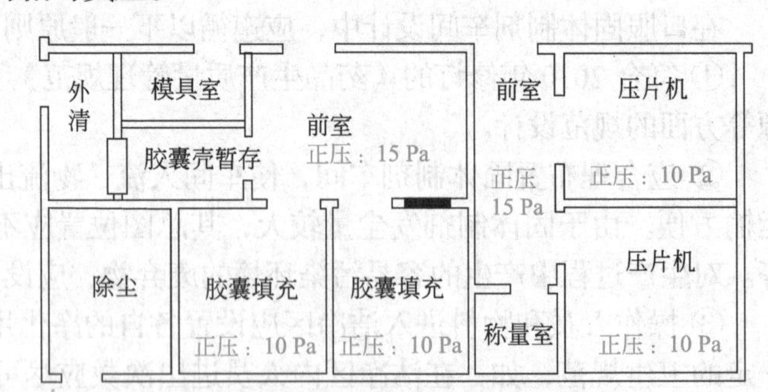

图5-87 压片间和胶囊充填间与其前室压差

室内排风应采用侧下排风方式，排风口要设置在发尘设备下风向。否则，不仅会使室内存在空气死区，而且还会使上风侧工艺设备或操作对下风侧工艺设备或操作产生污染。除尘器或除尘间应就近布置在发尘工艺设备周围。

④ 除设计排湿装置外，也可设置前室，避免由于散温和散热量大而影响相邻洁净室的操作和环境空调参数。烘房是产湿、产热较大的部位，如果将烘房排气先排至操作室内再排至室外，则会影响

工作室的温度、湿度。将烘房室排风系统与烘箱排气系统相连，并设置三通管道阀门，阀门的开关与烘箱的排湿连锁，即排湿阀开时，排风口关。此时烘房的湿热排风不会影响烘房工作室的温度和气流组织。

胶囊壳易吸潮，吸潮后易粘连，无法使用，应在温度 18 ～ 24 ℃、相对湿度 45% ～ 65% 条件下储存。可使用恒温恒湿机调控。硬胶囊充填相对湿度应控制在 45% ～ 50%，应设置除湿机，避免因湿度而影响充填。胶囊剂特别易受温度和湿度的影响，温度过高易使包装不良的胶囊剂变软、变黏、膨胀并有利于微生物的滋长，因此成品胶囊剂也要设置专库进行除湿储存。

⑤ 排风及防爆：铝塑包装机工作时产生 PVC 焦臭味，故应设置排风。排风口位于铝塑包装热合位置的上方。高效包衣可能会使用大量的有机溶剂，根据安全要求，高效包衣工作室应设计为防爆区，全部采用排风，不回风，防爆区相对洁净区公共走廊为负压。

⑥ 参观走廊的设置：参观走廊应该保证其直接到达每一个生产岗位、中转物或内包装材料存放间。不能把其他岗位操作间或存放间作为物料和操作人员进入本岗位的通道，这样才可有效防止因物料运输和操作人员流动而引起不同品种药品的交叉污染。应尽量减少中间走道，从而避免粉尘通过人、周转桶等途径的传播，避免把粉尘带到其他工段去，控制并避免交叉污染。同时，由于固体制剂生产的特殊性及工艺配方和设备不断改进，应适当加宽洁净走廊，减少运输过程中对隔断的碰撞，避免设备更换时必须拆除或破坏隔断。

⑦ 安全门的设置：设置参观走廊和洁净走廊时就要考虑相应的安全门，它是制药生产车间洁净厂房所必须设置的，其功能是保证出现突然情况时迅速安全疏散人员，因此安全门的开启必须迅速简捷。

（二）口服固体制剂车间设计相关内容

1. 片剂车间设计举例

图 5-88 所示为片剂车间工艺布置图。该车间生产类别为丙类，耐火等级为二级。其结构形式为单层框架，层高为 5.10 m；洁净控制区设吊顶，吊顶高度为 2.70 m。车间内的人员和物料通过各自的专用通道进入洁净区，人流和物流无交叉。整个车间主要出入口分 3 处，一处是人流出入口，即人员由门厅经过更衣进入车间，再经过洗手、更洁净衣进入洁净生产区、手消毒；一处是原辅料入口，即原辅料脱外包后由传递窗送入；另一处为成品出口。车间内部布置主要有湿法混合制粒、烘箱烘干、压片、高效包衣、铝塑内包等工序。

图5-88　片剂车间工艺布置

2. 胶囊剂车间设计举例

图 5-89 所示为胶囊剂车间工艺布置图，该车间生产类别为丙类，耐火等级为二级。层高为 5.10 m，洁净控制区设吊顶，吊顶高度为 2.70 m，一步制粒间局部抬高至 3.5 m。车间内人流和物流分开，人员和物料通过各自的专用通道并经过一定的净化措施进入洁净区。进出车间主要分三处：一处是人流出入口，即人员更衣、洗手、更洁净衣、手消毒进入洁净生产区；一处是原辅料入口，即原辅料经过脱外包外清后由传递窗送入；另一处为成品出口。洁净级别为 D 级车间内部布置主要有集混合、制粒、干燥为一体的一步制粒机、全自动胶囊充填机、铝塑内包等工序。

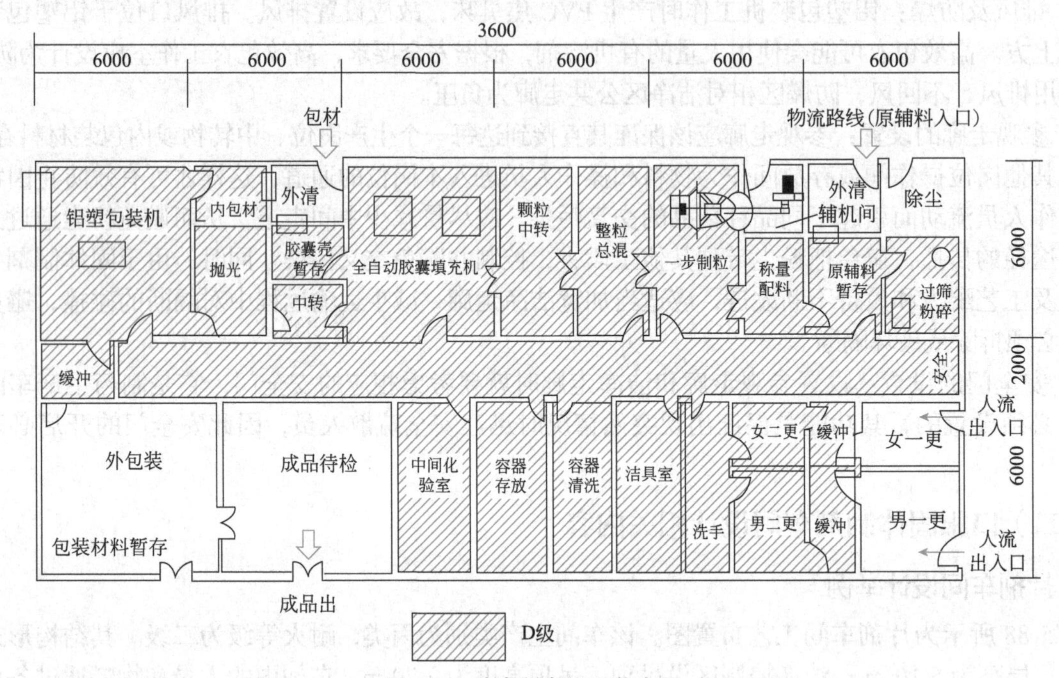

图5-89 胶囊剂车间工艺布置

3. 固体制剂综合车间

由于片剂、胶囊剂、颗粒剂生产的前段工序，如混合、制粒、干燥和整粒等基本相同，因此可将片剂、胶囊剂、颗粒剂生产线布置在同一洁净区内，这样可提高设备使用率，减少洁净区面积，节约建设资金。在同一洁净区内布置片剂、胶囊剂、颗粒剂 3 条生产线，在平面布置时尽可能按生产工段分块布置，如将造粒工段（混合制粒、干燥和整粒总混）、胶囊工段（胶囊充填、抛光选囊）、片剂工段（压片、包衣）和内包装等各自相对集中布置，这样既可减少各工段的相互干扰，又有利于空调净化系统的合理布置。

（1）中间站的布置

洁净区内应设置与生产规模相适应的原辅料、半成品存放区，如颗粒中间站、胶囊和素片中转间等，有利于减少人为差错，防止生产中混药。中间站布置方式有两种：①分散式，优点为各个独立的中间站邻近操作室，二者联系较为方便，不易引起混药。在这种方式下，如果没有特别要求，操作间和中转间可以开门相通，避免对洁净走廊的污染，但缺点是不便管理。②集中式，即整个生产过程中只设一个中间站，专人负责，划区管理，负责对各工序半成品入站、验收、移交，并按品种、规格、批号加盖区别存放，明显标志。此种布置的优点是便于管理，能有效地防止混淆和交叉污染；缺点是对管理者的要求较高。当采用集中式中间站时，生产区域的布局要顺应工艺流程，不迂回、不往返，并使物料传输距离最短。

（2）固体制剂综合车间的设计举例

现以某固体制剂综合车间为例，如图 5-90 所示。该车间生产片剂、胶囊剂和颗粒剂 3 种剂型的产品，且3种剂型为不同成分的产品。根据我国现行版GMP，由于这3种剂型所要求的生产洁净级别相同，都是D级，且其前段制粒工序，即粉碎、过筛、造粒、干燥、总混工序相同，故可集中共用；而后段工序，包括压片、包衣、胶囊填充等不同，需分块布置。最后包装工序有部分相同，也可集中设置。通过合并相同工段等方式，可以明显降低固体制剂生产车间的建设成本。

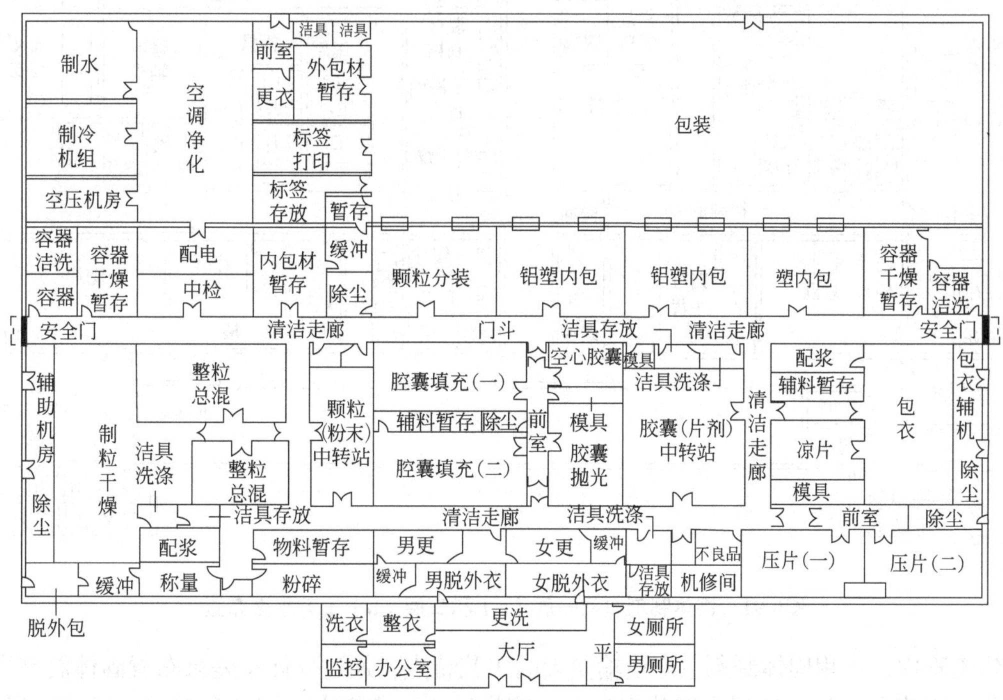

图5-90　固体制剂综合车间布置

再如，图5-91（a）和（b）分别为同一建筑物内固体制剂车间一层、二层工艺平面布置图，该建筑物为两层全框架结构，每层层高为5.50 m。

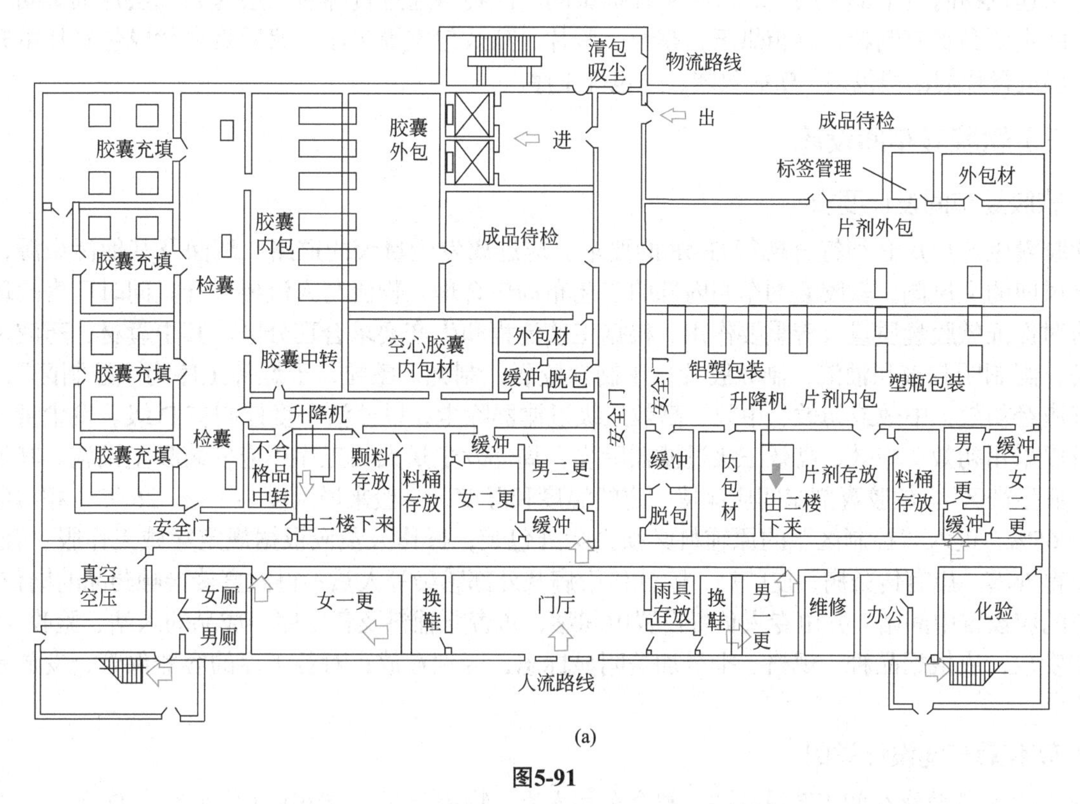

图5-91

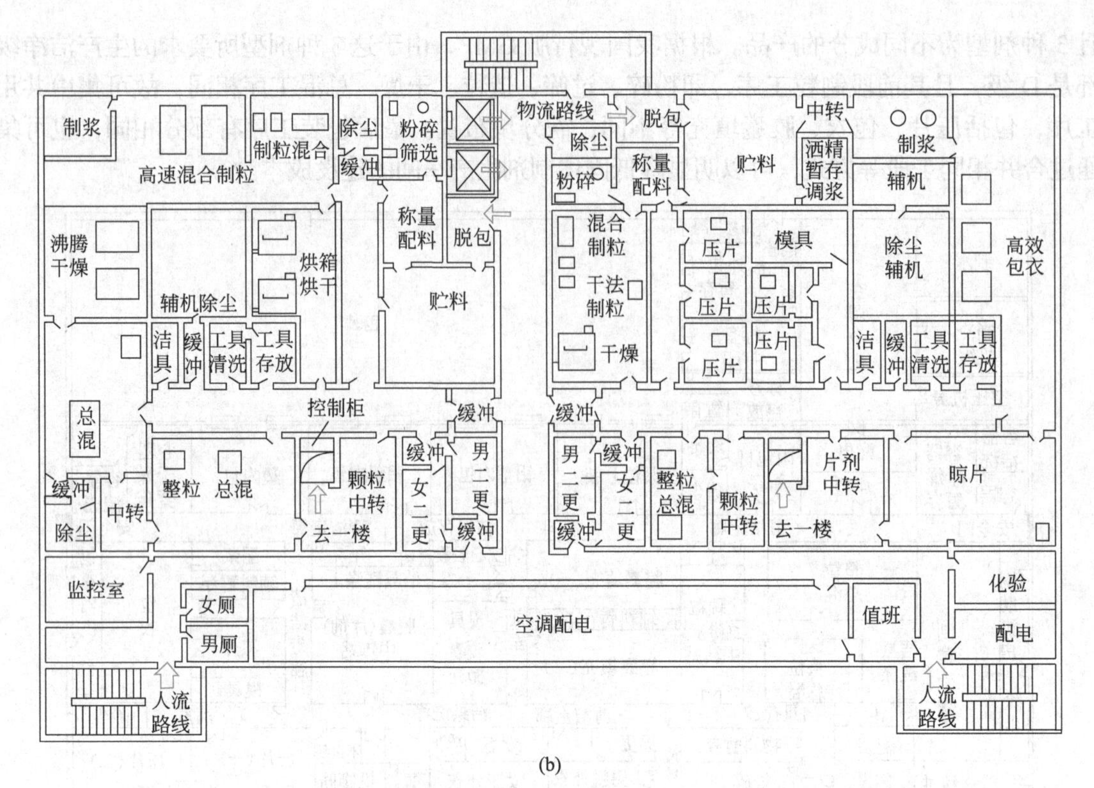

图5-91 固体制剂车间一层（a）和二层（b）工艺平面布置

在该建筑物内，利用固体制剂生产运输量大的工艺特点，通过立体位差来布置固体制剂生产车间。在该建筑物内左半部一层、二层布置胶囊车间，即物料通过货梯由一层送到二层，二层胶囊车间主要布置有多种制粒方式、沸腾干燥、烘箱烘干、整粒等工序。然后将颗粒由升降机送到一层进行胶囊充填抛光、铝塑内包、外包等。

在该建筑物内右半部一层、二层布置片剂车间，即物料通过货梯由一层送到二层片剂车间，二层片剂车间主要布置有制粒、烘箱烘干、整粒、压片、高效包衣等工序。然后将素片或包衣片由升降机送到一层进行片剂铝塑包装、塑瓶包装、外包等工序。

（三）软胶囊车间设计

1. 软胶囊车间设计要求

软胶囊生产厂房必须符合现行 GMP 的要求。应远离发尘量大的道路、烟囱及其他污染源，并位于主导风向的上风侧。软胶囊剂车间内部的工艺布局应合理，物流与人流要分开。同时厂房的环境及其设施对保证软胶囊质量有着重要作用。根据工艺流程和生产要求合理分区。其中囊材、药液及药粉的制备，配制明胶液和油液，制软胶片，压制软胶囊，制丸，整粒，干燥等工序为“控制区”，进入的空气应经初效、中效或初效、中效、高效三级过滤器除尘，以使洁净度控制在 D 级。发尘量大的企业也可以采用初效、中效、高效三级过滤器除尘，局部发尘量大的工序还应安装吸尘设施。其他工序为“一般生产区”。软胶囊剂车间应保持一定的温度和湿度，一般来说温度为 18 ～ 26 ℃，相对湿度为 45% ～ 65%。进入“控制区”的原辅料必须去除外包装，操作人员应根据规定穿戴工作服、鞋、帽，头发不得外露。患有传染病、皮肤病、隐性传染病及外部感染等人员不得做直接接触药品的岗位工作。生产车间应设置中间站，并由专人负责设置中间站，负责原辅料及各工序半成品的入站、验收、移交、储存和发放，应根据品种、规格、批号加盖明显标志，区别存放；对各工序的容器保管、发放等也有严格要求。

2. 软胶囊车间设计举例

图 5-92 为软胶囊车间工艺设计图，整个车间人流、物流分开，洁净区净化级别为 D 级。

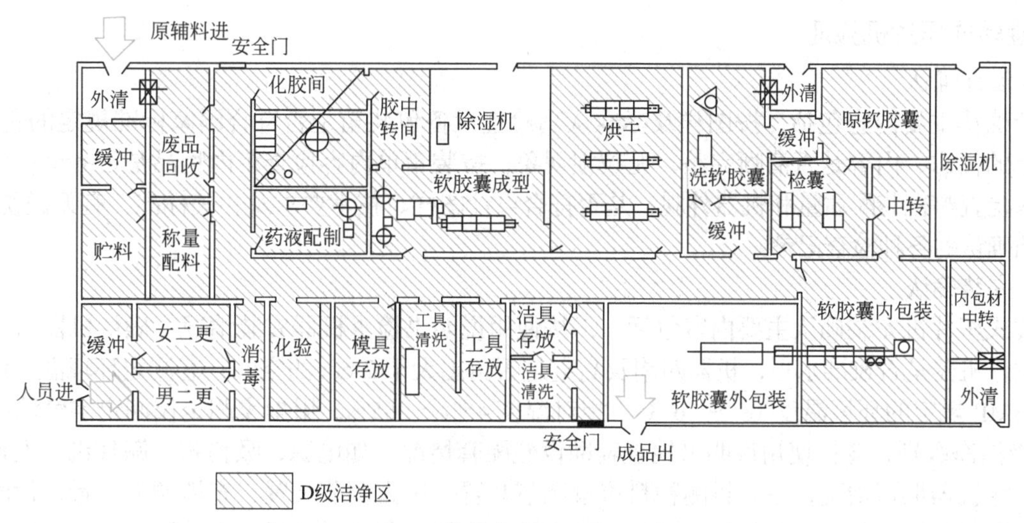

图5-92 软胶囊车间工艺设计图

（四）口服固体制剂的验证

1. 口服固体制剂设备与工艺的验证

口服固体制剂生产过程中，必须对所使用的设备、工艺进行系统验证。验证的项目和主要内容见表5-4。

表5-4 口服固体制剂验证的项目和主要内容

类别	序号	名称	主要验证内容
设备	1	高速混合制粒机	搅拌桨、制粒刀转速、电流强度、粒度分布、混合时间、水分、松密度
	2	沸腾干燥器	送风温度、风量调整、袋滤器效果、干燥均匀性、干燥效率
	3	干燥箱	温度、热分布均匀性、风量及送排风
	4	V形混合器	转速、电流、混合均匀性、加料量、粒度分布、颜色均匀性
	5	高速压片机	压力、转速、充填量及压力调整、片重及片差变化、硬度、厚度、脆碎度
	6	高效包衣机	包衣液的均匀度、喷液流量与粒度、喷枪位置、进排风温度及风量、转速
	7	胶囊充填机	填充量差异及可调性、转速、真空度、模具的配套性
	8	铝塑泡罩包装机	吸泡及热封温度、热材压力、运行速度
	9	空调系统	尘埃粒子、微生物、温度和湿度、换气次数、送风位、滤器压差
	10	制水系统	贮罐及用水点水质（化学项目、电导率、微生物）、水流量、压力
工艺	1	设备、容器清洗	药品残留量、微生物
	2	产品工艺	对制粒、干燥、总混、压片、包衣工序制定验证项目和指标
	3	混合器混合工艺	不同产品的装量、混合时间

由于验证内容较多，此处仅以设备验证为例进行说明。设备验证是对设备的设计、选型、安装及运行和对产品工艺适应性作出评估，以证实是否符合设计要求。设备验证按设计确认、安装确认、运行确认、性能确认四个阶段进行。①设计确认（DQ），应证明厂房、辅助设施、设备的设计符合现行GMP要求。②安装确认（IQ），应证明厂房、辅助设施和设备的建造和安装符合设计标准。③运行确认（OQ），应证明厂房、辅助设施和设备的运行符合设计标准。④性能确认（PQ），应证明厂房、辅助设施和设备在正常操作方法和工艺条件下能持续有效地符合标准要求。下面以旋转式压片机验证为例，介绍设备验证。

2. 旋转式压片机验证

（1）设计确认

设计确认主要内容包括：按图样及标准认真检查设备包装箱是否符合国家标准规定的包装形式，包装箱上的标志、内容是否清晰完整，无破损现象；按装箱单内容检查箱内物品是否齐全；按图样及技术要求检查整机装配质量和机器外观，是否符合设计图样、技术要求及相关标准，有无碰伤等现象。并做好预确认的各种检查记录。

（2）安装确认

旋转式压片机安装确认主要内容包括：①按使用说明书检查机器安装情况，确认机器防震垫是否安装就位，机器是否校准水平，机器四周及高空是否留出大于2 cm的空间；②测定环境温、湿度，是否达到GMP规定的环境温度18～26 ℃、相对湿度45%～65%，用尘埃测定仪测定空气洁净度是否达到D级洁净级别；③按使用说明书检查辅助设施配套情况，如电源、吸粉箱、筛片机、上料器等是否配齐；④机器调试情况，主要目测物料流量调节装置、压力调节装置、充填调节装置、片厚调节装置、速度调节装置等是否调节作用明显，有无失效、失控现象；⑤机器空运转试验，空运转1～2 h，按技术指标及标准检查运转是否平稳，有无异常噪声，仪器仪表工作状况是否可靠。

（3）运行确认

根据设计确认和安装确认后，草拟该设备的SOP。对整机进行足够的空载试验，证明旋转式压片机的各项参数是否达到设定指标。

旋转式压片机运行确认内容、要求及方法见表5-5。

表5-5　旋转式压片机运行确认内容、要求及方法

类别	确认内容	要求	方法
性能指标	最大工作压片力	60 kN	压力表显示
	最大压片直径	13 mm	实物压制
	最大片剂厚度	6 mm	实物压制
	大压片产量	150000片/h	根据转速计算
	最高转速	不低于额定转速的95%	测速仪测定
	轴承在转动中的升温	≤35 ℃	温度计测定
	空载噪声	≤82 dB（A）	声级计测定
	液压系统	在75 kN压片力时不渗漏	目测
片剂成品指标	片剂外观	外观光洁，无缺陷	目测
	片剂厚度	规定要求	卡尺测定
	片重差异	±7.5%（平均重量＜0.3 g）	用天平测定
	片剂硬度	＞7 kg	硬度计测量
电气安全指标	电气系统绝缘电阻	＞1 MQ	500V兆欧表
	电气系统耐压试验	1 s、1000 V无击穿/闪终现象	耐压试验仪
	电气系统接地电阻	＜0.1 MQ	接地电阻测试仪
调节装置性能	物料流量调节装置	调节作用明显，无失效、失控现象	目测
	压力调节装置	调节作用明显，无失效、失控现象	目测
	充填调节装置	调节作用明显，无失效、失控现象	目测
	片厚调节装置	调节作用明显，无失效、失控现象	目测
	速度调节装置	调节作用明显，无失效、失控现象	目测
安全保护装置性能	压力过载保护装置	当压力超过60 kN时，自动停机	目测
	电流过载保护装置	当电流超过额定值时，电源自动切断，停机	目测
	故障报警装置	装拆下冲模报警	目测
压片工作室状况		密闭，无污染，无死角，易拆卸，易清洗	按GMP要求检查
技术文件	技术图纸	满足性能要求及符合国家标准	审查、归档
	工艺文件	能指导制造、装配、调试	审查、归档

（4）性能确认

旋转式压片机性能确认的主要内容要求如下：①片剂质量。片剂外观光洁，无缺陷；片剂厚度符合实际要求；片重差异为±7.5%（平均重量＜0.3 g）或±5.0%（平均重量≥0.3 g），片剂硬度＞7 kg。

②运行质量。吸粉效果较高，充填无不可调整的异常漏粉现象，运转平稳、无异常振动现象，操作便利。③维护保养情况。清洗方便、无死角、无泄漏，加料器、料斗、模具等装拆方便，润滑点清晰、观察方便。

压片机经过以上验证后还应完成以下工作：①将得到的各种验证数据和结果进行分析比较并整理出验证报告，最终得出验证结论；②相关的文件资料（如产品使用说明书、产品合格证、验证数据和记录、验证报告等）归档；③验证工作结束，出具验证报告书。

第二节　液体制剂

一、液体制剂生产工艺

（一）概述

液体制剂系指药物分散在适宜的分散介质中制成的可供人体内服或外用的液体形态的制剂。药物以分子状态分散在介质中形成**均相液体制剂**，如低分子溶液剂、高分子溶液剂等；药物以微粒状态分散在介质中形成**非均相液体制剂**，如溶胶剂、乳剂、混悬剂等。

均相液体制剂应是澄明溶液，非均相液体制剂的药物粒子应分散均匀；口服的液体制剂应外观良好、口感适宜，外用的液体制剂应无刺激性；液体制剂在保存和使用过程中不应发生霉变；包装容器适宜，方便患者携带和使用。

低分子溶液剂又包含溶液剂、芳香水剂、糖浆剂、醑剂、酊剂和甘油剂等。本章以口服液和糖浆剂两种常见的液体制剂为例进行重点介绍。

口服液一般是指将药物溶解于适宜溶剂中制成澄清溶液供口服的液体制剂。**糖浆剂**是含药物或芳香物质的浓蔗糖水溶液，供口服应用。其中的药物可以是化学药物也可以是中药材提取物。口服液和糖浆剂均属于口服液体制剂，除配液工艺和包装材料略有不同，其他的生产工艺、设备和车间布置基本相同。

（二）口服液和糖浆剂生产工艺

口服液和糖浆剂的生产均由洗瓶、配液、灌装等工艺组成，最后经过灭菌、检验和包装得到成品。一般情况下药液的配制、瓶子精选、干燥与冷却、灌封或分装及封口加塞等工序应控制在D级；不能热压灭菌的口服液体制剂的配制、过滤、灌封应控制在C级；其他工序为“一般生产区”，无洁净级别要求，但要“清洁卫生、文明生产”。口服液和糖浆剂的生产工艺流程及洁净区域划分见图5-93。

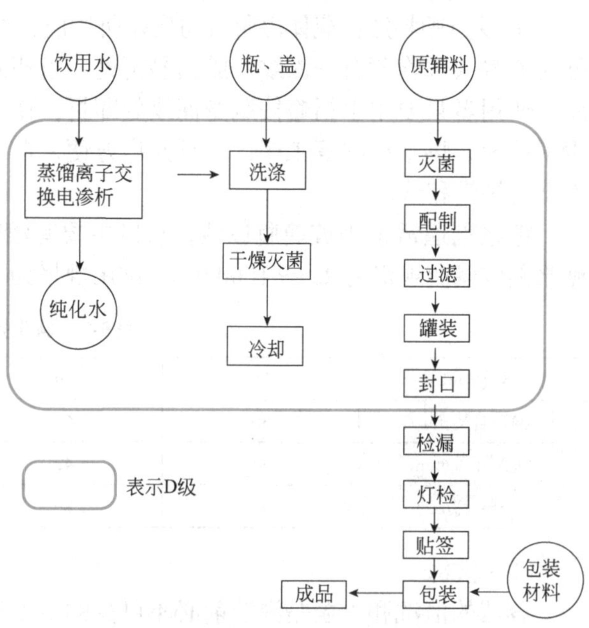

图5-93　口服液和糖浆剂生产工艺流程及洁净区域划分

1. 瓶、盖的清洗和灭菌

（1）瓶的类型

口服液瓶现在常用的有4种形式：塑料瓶、直口瓶、螺口瓶和易折塑料瓶。

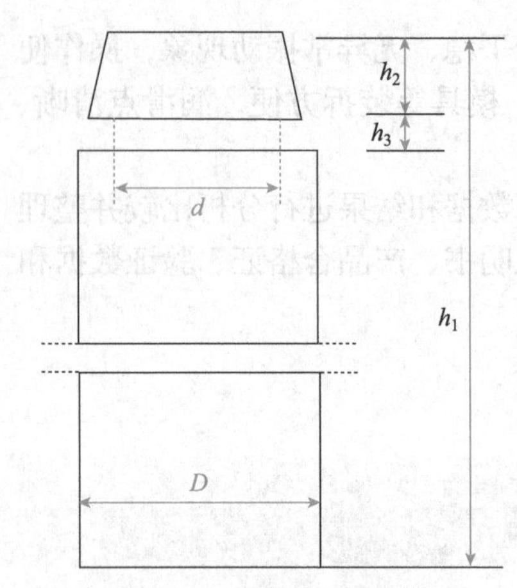

图5-94　C型直口瓶外形

D—瓶身直径；d—瓶颈外径；h_1—瓶子高度；h_2—瓶盖高度；h_3—瓶颈高度

① 塑料瓶：塑料瓶是伴随着意大利塑料瓶灌装生产线的引进而采用的一种包装形式，该联动机入口处以塑料薄片卷材为包装材料，通过将两片分别热成型，并将两片热压在一起制成成排的塑料瓶，然后自动灌装、热封封口、切割得成品。塑料包装成本较低，服用方便，但由于塑料透气、透温，产品不易灭菌，对生产环境和包装材料的洁净度要求很高。

② 直口瓶：直口瓶是20世纪80年代初随着进口灌装生产线的引进而发展起来的一类新型玻璃包装瓶，由无色或琥珀色玻璃管制成，配套铝塑组合盖、铝盖、全撕开铝塑盖。这种包装具有良好的化学稳定性，并且透明、外形美观、价格低廉、可回收，不会造成环境问题。但撕拉铝盖的拉舌在撕拉过程中有时会断裂，给服用造成麻烦。此外，由于瓶身和盖的材料不一致易出现灌封不严的情况，影响药物的保质期。为了提高包装水平，2015年国家食品药品监督管理局颁布了《钠钙玻璃管制口服液体瓶》（YBB00032004—2015）国家药品包装容器（材料）标准。其中列出的C型瓶制造困难，但由于外形美观，很受欢迎，此种包装的口服液剂目前市场占有率最高。其规格见表5-6，外形见图5-94。

表5-6　C型直口瓶规格

规格/mL	瓶颈外径（D_{5max}）/mm	瓶颈高度（h_3）/mm	瓶重（W）/g	满口容量（V）/mL
5	12.5	2.3	6.3	70.0
10	12.5	2.3	9.9	12.3
12	12.0	3.0	10.0	14.3
15	14.5	2.3	12.5	17.5
20	14.5	2.3	14.2	22.5

③ 螺口瓶：螺口瓶是在直口瓶基础上新发展的一种很有前景的改进包装，它克服了封盖不严的隐患，而且结构上取消了撕拉铝盖这种启封形式，且可制成防盗盖形式。但由于这种新型瓶制造相对复杂，成本较高，而且制瓶生产成品率低，所以现在药厂实际采用的还不是很多。

④ 易折塑料瓶：瓶体由瓶身与底盖所构成，成圆形或椭圆形（也可按需制成不同造型），其特别之处为瓶身头部隐藏有一深纹，成为易折处。当药液灌装入瓶体后，再将瓶底盖上热封即可完成灌封工序。使用者只要用手指略按瓶身深纹处即折，便可方便饮用药液。易折塑料瓶在清洁区域内制造，减少了洗瓶、烘干灭菌等工序，而且开启方便，在装瓶和运输过程中不易破碎，降低了贮运成本，方便消费者携带和饮用。

糖浆剂通常采用玻璃瓶包装，封口主要有滚轧防盗盖封口、内塞加螺纹盖封口、螺纹盖封口等。糖浆剂玻璃瓶规格为25～1000 mL，常用规格为25～500 mL，见表5-7。

表5-7　糖浆剂玻璃瓶常用规格

规格/mL	25	50	100	200	500
满口容量/mL	30	60	120	240	600
瓶身外径/mm	34	42	50	64	83
瓶子全高/mm	74	89	107	128	168

（2）洗涤

容器的清洗和灭菌是灌液前必不可少的重要准备工序，可以保证产品的无菌或基本无菌状态，防止微生物的污染和滋长。一般玻璃瓶的内外壁均需清洗，而且每次清洗后必须除去残水。洗涤一般包括粗洗和精洗两步，洗瓶后需对瓶做洁净度检查。常用的洗瓶设备有喷淋式洗瓶机、毛刷式洗瓶机和超声波式洗瓶机。

（3）干燥灭菌

洗净的玻璃瓶需进行灭菌干燥。灭菌的温度、时间必须严格按工艺规程要求，并需定期验证灭菌效果。常用的灭菌设备包括蒸汽灭菌柜、隧道式远红外灭菌干燥机和隧道式热风循环灭菌干燥机。

（4）冷却

在使用灭菌隧道灭菌时，最后都设计有冷却区对灭菌后的玻璃瓶进行冷却，防止温度过高，影响药物的稳定性。

2. 溶液配制

口服液的配制主要有溶解法和稀释法。

化学药口服液的制备过程主要包括原料药粉碎、过筛、配液、搅拌、适当加热或助溶剂等工艺过程。中药口服液的配制过程一般包括中药饮片的浸提、浸提液的净化、浓缩、配液、分装、灭菌等工艺过程。

糖浆剂的配制主要有溶解法和混合法。其中溶解法是取纯化水适量，煮沸，加蔗糖，加热搅拌溶解后，继续加热至 100 ℃，在适宜温度下加入其他药物搅拌溶解，趁热过滤，自滤器上添加适量新沸过的纯化水，使其达到处方规定量，搅匀即得。混合法是将药物与单糖浆用适当的方法混合而得。药物如为水溶性固体，可先用少量新沸过的纯化水制成浓溶液；在水中溶解度较小的药物可酌量加入其他适宜的溶剂使其溶解，然后加入单糖浆中，搅拌即得；药物如为可混合的液体或液体制剂，可直接加入单糖浆中，搅匀，必要时过滤，即得。

3. 过滤

药液在提取、配液过程中，由于各种因素带入的各种异物，以及中药提取液中所含的树脂、色素及胶体等均需滤除，以保证药液的澄明度，同时也可以通过过滤除去微粒及细菌等。

4. 灌装

口服液或糖浆剂配制完毕后，需按剂量灌入玻璃瓶或塑料瓶中，便于储存和服用。

5. 封口

密封保存溶液剂，更有利于保持药物的稳定性，延长储存期。糖浆剂常用螺纹盖封口，便于开启，少数为类似口服液的撕拉铝盖压盖封口。

6. 灭菌

对灌封好的瓶装口服液或糖浆剂进行灭菌，以杀灭药液中的所有微生物，保证药品的稳定性。以往常采用蒸汽灭菌柜对成品瓶装口服液进行高温灭菌，但此举的弊端是在一定程度上破坏盖子的密封，不利于长期保存。现在已采用辐射灭菌法、微波灭菌法等克服这一问题。

7. 检查

口服液和糖浆剂生产过程中，为避免有漏灌、异物落入溶液等意外情况的发生，均需进行检漏和灯检。确定合格后，方可包装。

8. 包装

为便于运输和销售，口服液和糖浆剂需包装入盒，糖浆剂常配有塑料量杯。

二、液体制剂生产设备

（一）口服液生产设备

1. 洗瓶设备

在制备口服液前必须对口服液的容器进行充分的清洗以保证口服液达到无菌或基本无菌，从而防止口服液被微生物污染而导致药液腐败变质，所以除应确保药液无菌之外，还应对包装物进行清洗。在口服液的生产及运输过程中，污染是不可避免的，为防止交叉污染，瓶的内外壁均需清洗，而且每次清洗后，必须除去残水。目前制药厂中常用的洗瓶设备有以下几类。

（1）毛刷式洗瓶机

这种洗瓶机可以单独使用，也可接联动线，以毛刷的机械运动再配以碱水或酸水、自来水、纯化水使得口服液瓶获得较好清洗效果。此洗瓶机的缺点：以毛刷的运动来进行洗刷，难免会有一些毛掉入口服液瓶中，此外瓶壁内粘得很牢的杂质不易被清洗掉，还有一些死角也不易被清洁干净，所以此类洗瓶机档次不高，在此不做详细介绍。

（2）喷淋式洗瓶机

该设备是用泵将水加压，经过滤器压入喷淋盘，由喷淋盘将高压水流分成许多股激流将瓶内外冲洗干净，这一类设备亦属于档次不高型，主要由人工操作。在《直接接触药品的包装材料、容器生产质量管理规范》实施以前，有些制药厂的瓶子很脏，需以强洗涤剂预先将瓶浸泡数小时，然后喷淋清洗，有的辅以离心机甩水，从而将残水除净。国外有的厂家认为喷淋清洗方式优越，一直生产高压大水量喷淋式洗瓶机。

（3）超声波式洗瓶机

这种清洗方法是近几年来最为优越的清洗设备，具有简单、省时、省力、清洗成本低等优点，从而被广泛应用于医药、化工、食品等各科研及生产领域。此种清洗设备的工作原理是利用超声波换能器发出的高频机械振荡（20 ～ 40 kHz）在液体清洗介质中疏密相间地向前辐射，使液体流动而产生大量非稳态的微小气泡，在超声场的作用下气泡进行生长闭合运动，即达到“超声波空化效应”，空化效应可形成超过 100 MPa 的瞬间高压，其强大的能量连续不断冲击被洗对象的表面，使污垢迅速剥离，达到清洗目的。下面介绍制药工业生产中常用的和最新的一些超声波式洗瓶机。

① 转盘式超声波洗瓶机。其主体部分为连续转动的立式大转盘，大转盘周向均布若干机械手机架，每个机架上装两个或三个机械手。这种洗瓶机突出特点是每个机械手夹持一支瓶子，在上下翻转中经多次水、气冲洗。由于瓶子是逐个清洗，清洗效果能得到更好的保证。YQC 8000/10-C 是这类超声波洗瓶机的典型代表，是原 XP-3 型超声波洗瓶机的新的标准表示方法，其额定生产功率为 8000 瓶 /h，适用于 10 mL 口服液瓶。这种设备目前是比较先进的，下面就其常用的几种转盘式超声波洗瓶机做简要介绍。

a. YQC 8000/10-C 型。如图 5-95 所示，玻璃瓶预先整齐地放置于贮瓶盘中，将整盘玻璃瓶放入洗瓶机的料槽 1 中，用推板将整盘的瓶子推出，撤掉贮瓶盘，此时玻璃瓶留在料槽中，瓶子全部口朝上紧密靠紧，料槽的平面与水平面成 30° 的角，料槽中的瓶子在重力的分力作用下下滑，料槽上方置有淋水器，将玻璃瓶内注满循环水（循环水由机内泵提供压力，经过滤后循环使用）。装满水的玻璃瓶滑至水箱中水面以下时，利用超声波在液体中的空化作用对玻璃瓶进行清洗。超声波换能头紧紧地靠在料槽末端，其与水平面也成 30° 角，因此可以保证瓶子顺畅地通过。

经过超声波初步清洗的玻璃瓶，由送瓶螺杆 3 将瓶子理齐并逐个送入提升轮 4 的 10 个送瓶器中，送瓶器由旋转滑道带动做匀速回转的同时，受固定的凸轮控制做升降运动，旋转滑道 13 运转一周，送瓶器完成接瓶、上升、交瓶、下降一个完整的运动周期。提升轮 4 将玻璃瓶依次交给大转盘的机械手。大转盘周向均布 13 个机械手机架，每机架上左右对称装两对机械手夹子，大转盘带动机械手匀速转动，夹子在提升轮和拨盘 12 的位置上的由固定环上的凸轮控制开夹动作接送瓶子。机械手在工位 5 由翻转凸轮控制翻转 180°，从而使瓶口向下便于接受下面诸工位的水、气冲洗。在工位 6 ～ 11，固定在摆环上的射针和喷管完成对瓶子的三次水和三次气的内外冲洗。射针插入瓶内，从射针顶端的五个小孔中喷出的水流冲洗瓶子内壁和瓶底，与此同时固定喷头架上的喷头则喷水冲洗瓶外壁，工位 6、7、9 喷的是压力循环水和压力净化水，工位 8、10、11 均喷压缩空气以便吹净残水。射针和喷管固定在摆环上，摆环由摇摆凸轮和升降轮控制完成“上升→跟随大转盘转动→下降→快速返回”这样的运动循环。洗净后的瓶子在机械手夹持下再经翻转凸轮作用翻转 180°，使瓶口恢复向上，然后送入拨盘 12，拨盘拨动玻璃瓶由滑道 13 送入下步操作。

整台超声波洗瓶机由一台直流电机带动，能够实现平稳的无级调速，三水三气由外部或机内泵加压并经机器本体上的三个过滤器过滤，水、气的供和停由行程开关和电磁阀控制，压力可根据需要调节并由压力表显示。

b. CXP-A 型。CXP-A 型超声波营养洗瓶机是对直管营养瓶在 50 ～ 60 ℃的水温下进行超声波清洗，同时在密闭情况下进行三水二气冲洗营养瓶的内外壁的新颖机械，适用于口服液瓶及糖浆剂瓶的清洗。该机生产能力 7000 支 /h；瓶子规格 ϕ18 mm × 70 mm，瓶颈间隙≥ 12 mm；电机等总功率为 2560 W；设备外形尺寸：长 × 宽 × 高 = 960 mm × 1300 mm × 1230 mm。

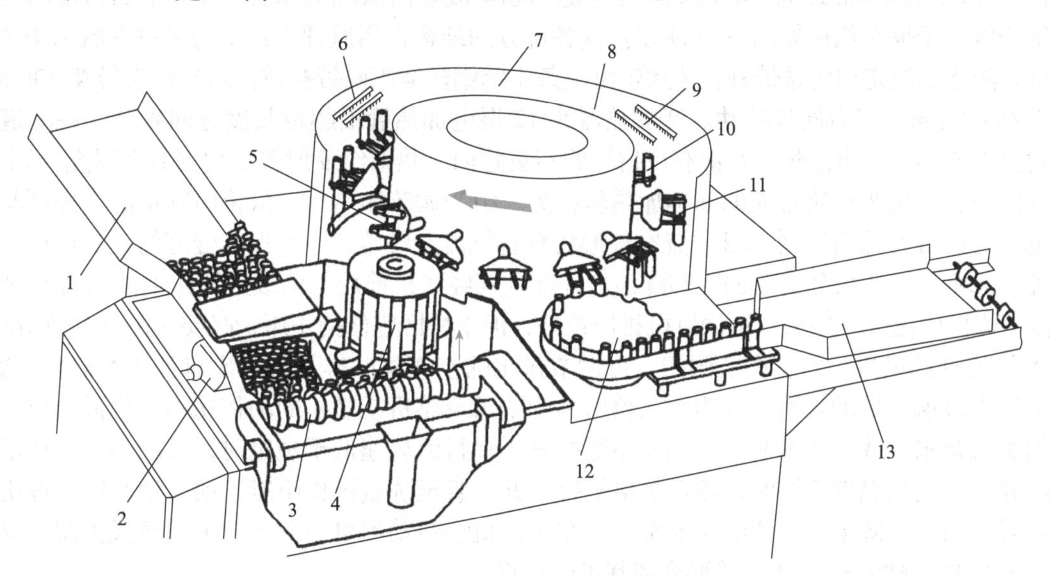

图5-95 YQC 8000/10-C型超声波洗瓶机

1—料槽；2—超声波换能头；3—送瓶螺杆；4—提升轮；5—瓶子翻转工位；6，7，9—喷水工位；8，10，11—喷气工位；12—拨盘；13—滑道

② 转鼓式超声波洗瓶机。该机的主体部分为卧式转鼓，其进瓶装置及超声处理部分与 YQC 8000/10-C 基本相同，经超声处理后瓶子继续下行，经排列和分离，以定数瓶子为一组，由导向装置缓缓推入做间歇回转的转鼓上的针管上，随着转鼓的回转，在后续不同的工位上断续冲循环水、冲气、冲净水、再冲净水，瓶子在末工位从转鼓上退出，翻转使瓶口向上，从而完成洗瓶工序。其原理见图 5-96。

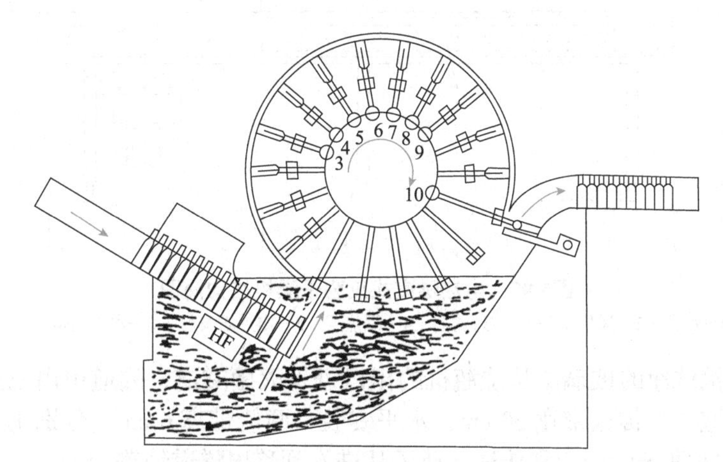

图5-96 转鼓式超声波洗瓶机原理图

③ 简易超声波洗瓶机。用功率超声对水中的小瓶进行预处理，送到喷淋式或毛刷清洗装置。因为增加了超声预处理，大大改进了清洗效果，但由于未对机器结构做其他大的改动，故瓶子只能整盘清洗，不能提供联动线使用，工序间瓶子传送只能由人工完成，增加了污染概率。

2. 口服液瓶的灭菌干燥设备

口服液瓶洗净后，需进行灭菌干燥，才能符合口服液的生产要求。下面介绍几种口服液瓶的灭菌干燥设备。

（1）手工操作的蒸汽灭菌柜

利用高压蒸汽杀灭细菌是一种较可靠的常规湿热灭菌方式，一般需 115.5 ℃（表压 68.9 kPa）、30 min。

（2）GMS 600-C 隧道式灭菌干燥机

这种干燥机的基本形式也为隧道式。可考虑与超声波安瓿清洗机和安瓿拉丝灌封机配套使用，组成联动生产线。干燥机组成如图 5-97 所示。其各部分的结构作用原理为：①为了将安瓿水平送入、送出干燥机并防止安瓿走出传送带外，传送带由三条不锈钢丝编织网带构成。水平传送带宽 400 mm，两侧垂直带高 60 mm，三者同步移动。②加热器为 12 根电加热管沿隧道长度方向安装，在隧道横截上呈包围安瓿盘的形式。电热丝装在镀有反射层的石英管内，热量经反射聚集到安瓿上以充分利用热能。电热丝分两组，一组为电路常通的基本加热丝；另一组为调节加热丝，依箱内额定温度控制其自动接通或断电。③该机的前后提供 A 级层流空气形成垂直气流空气幕，一则保证隧道的进、出口与外部污染的隔离；二则保证出口处安瓿的冷却降温。外部空气经风机前后的两级过滤达到 A 级净化要求。干燥机中段干燥区的湿热气经另一可调风机排出箱外，但干燥区应保持正压，必要时由 A 级净化气补充。④隧道下部装有排风机，并有调节阀门，可调节排出的空气量。排气管的出口处还有碎玻璃收集箱，以减少废气中玻璃细屑的含量。⑤为确保箱内温度要求及整机或联机的动作功能，均需由电路控制来实现。如层流箱未开或不正常时，电热器不能打开。平行流风速低于规定时，自动停机，待层流正常时，才能开机。电热温度不够时，传送带电机打不开，甚至洗瓶机也不能开动。生产完毕停机后高温区缓缓降温，当温度降至设定值时（通常 100 ℃）风机会自动停机。属于热风循环式灭菌干燥机，它的主传送带宽度为 600 mm，下面简要介绍其工作过程。

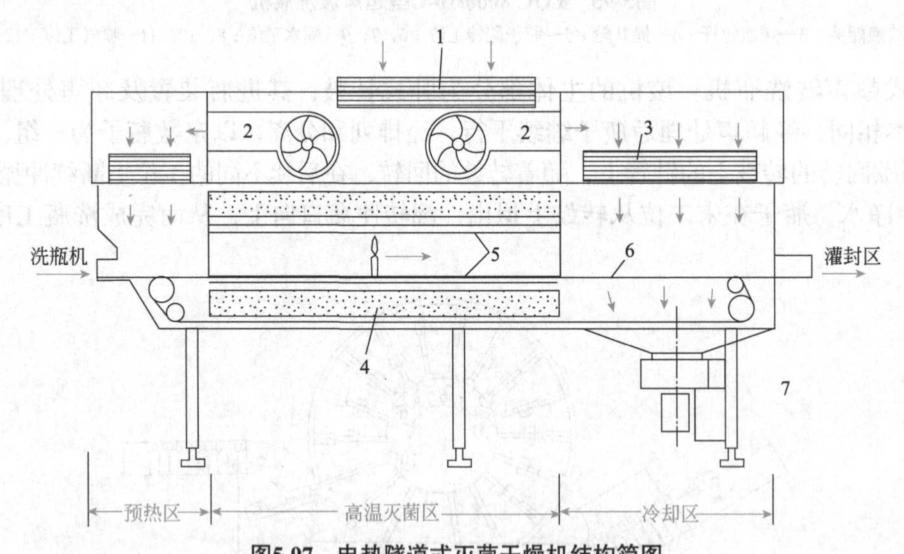

图5-97 电热隧道式灭菌干燥机结构简图

1—中效过滤器；2—风机；3—高效过滤器；4—隔热层；5—电热石英管；6—水平网带；7—排风机

经过超声波清洗机洗净的玻璃瓶从洗瓶机的出口进入灭菌隧道，隧道中由三条同步前进的不锈钢丝编织带形成输瓶通道，主传送带宽 60 cm，水平安装，两侧带高 6 cm，分别垂直于主传送带的两侧成倒 Π 形，共同完成对瓶子的约束和传送。瓶子从进入到移出隧道约需 40 min，从而保证瓶子在热区停留 5 min 以上完成灭菌。三条传送带由一台小电机同步驱动，电机根据传送带上瓶满状态传感器的控制处于频繁的启停交替状态。

传送带携带布满的瓶子在隧道内先后通过预热区（长约 60 cm）、高温灭菌区（长约 90 cm）、冷却区（长约 150 cm）。高温灭菌区的温度可视需要自行设定，通过温度自控系统来实现，设定温度最高可达 350 ℃，在冷却区瓶子经大风量洁净冷风进行冷却，隧道出口处的瓶温应降至常温附近。

在隧道传送带的下方安装高效排风机，在它的出口处装有调节风门，根据需要可以调节风门以控制排出的废气量和带走的热量。

灭菌隧道的关键运行参数是设定所需温度，由该机电控系统自动实现、自动保持、自动显示、自动记录（存档备查），温度控制器回路与联动线各机器联锁，隧道中未达设定条件时洗瓶机主控回路锁死，不能启动。当平行流风速低于设定值时，整个机器会自动停机，待排除故障后重新启动。每班生产结束，主机停机，但风机继续工作，排风门开到最大，强迫高温区降温至某设定值（通常是 80 ℃或 100 ℃），风机自动停机，以上全部都是自动控制。

（3）PMH-B5 对开门远红外灭菌烘箱

此种设备适用于口服液瓶的烘干、灭菌。该设备采用平流热风内循环结构，见图 5-98，自动排湿装置，工作温度为 350 ～ 400 ℃，各点温差在 ±1 ℃，现代化自动控制装置，配有清洗流水自排和强制冷却装置，设备噪声低。该型设备总功率 30 kW，工作室尺寸 800 mm × 200 m × 1000 mm，外形尺寸 1550 mm × 2400 mm × 2200 mm，净化级别能达到局部 A 级。

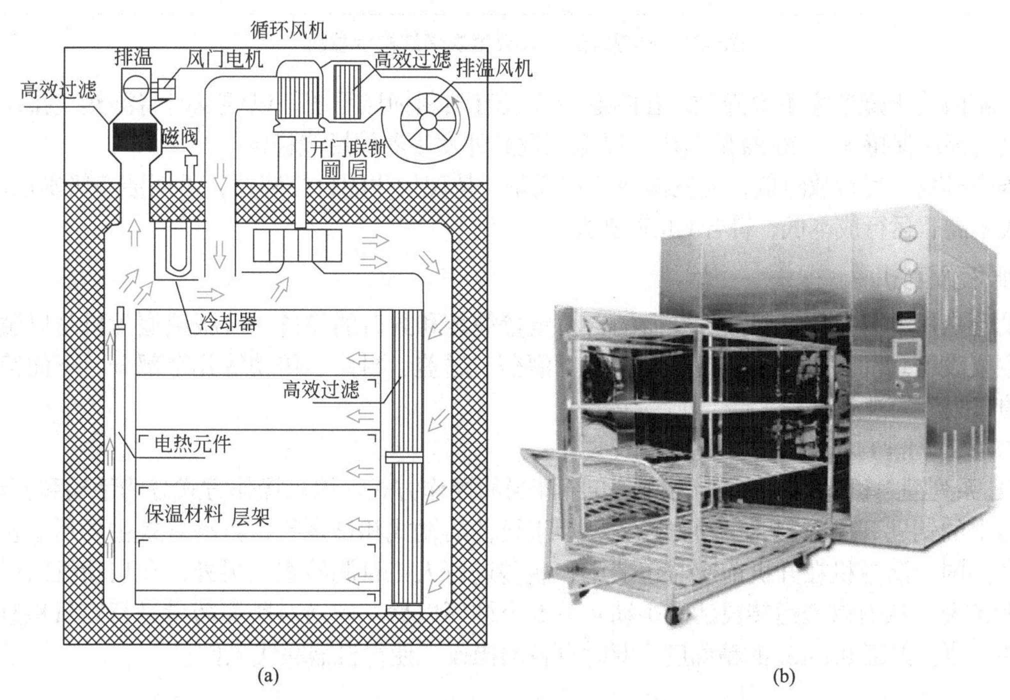

图5-98 PMH-B5对开门远红外灭菌烘箱结构简图（a）和实物图（b）

（4）HDC 型隧道式远红外灭菌烘箱

远红外线是指波长大于 5.6 μm 的红外线，它是以电磁波的形式直接辐射到被加热物体上的，不需要其他介质的传递，所以加热快、热损小，能迅速实现干燥灭菌。

任何物体的温度大于绝对零度（−273 ℃）时，都会辐射红外线。当物体的材料、表面状态及温度不同时，其产生的红外线波长及辐射率均不同。不同物质由于原子、分子结构不同，其对红外线的吸收能力也不同，如显示极性的分子构成的物质就不吸收红外线，而水、玻璃及绝大多数有机物均能吸收红外线，特别是强烈吸收远红外线。对这些物质使用远红外线加热，效果也更好。作为辐射源材料的辐射特性应与被加热物质的吸收特性相匹配，而且应该选择辐射率高的材料作为辐射源。

隧道式远红外灭菌烘箱是由远红外发生器、传送链和保温排气罩等组成的，具体结构如图 5-99 所示。瓶口朝上的盘装安瓿由隧道的一端用链条传送带送进烘箱。隧道加热分预热段、中间段及降温段三段。预热段内安瓿由室温升至 100 ℃左右，大部分水分在这里蒸发；中间段为高温干燥灭菌区，温度达 300 ～ 450 ℃，残余水分进一步蒸干，细菌及热原被杀灭；降温段是由高温降至 100 ℃左右，而后安瓿离开隧道。

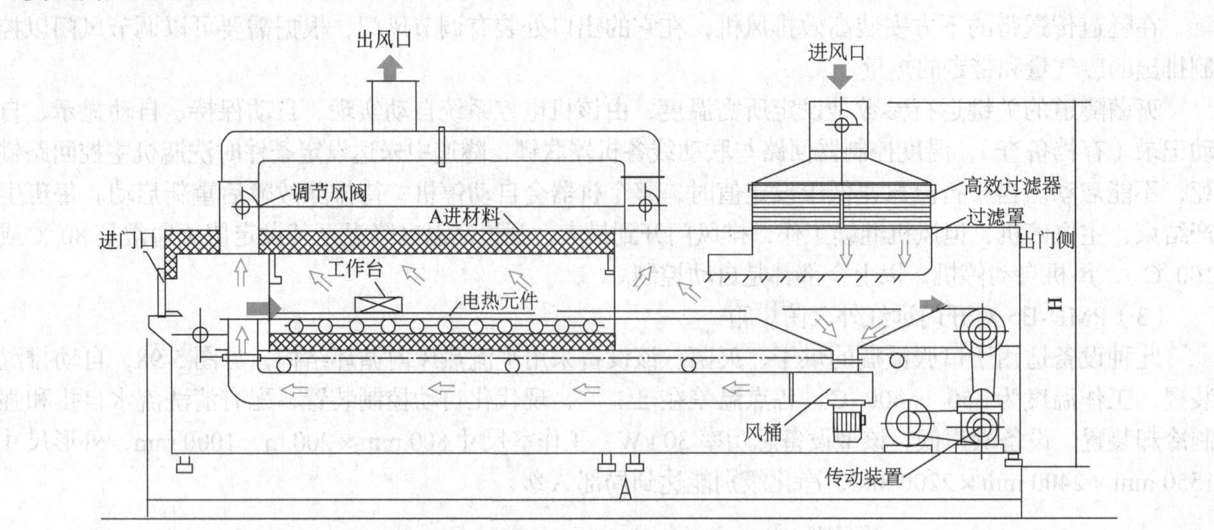

图5-99　隧道式远红外灭菌烘箱结构示意图

为保证箱内的干燥速率不致降低，在隧道顶部设有强制抽风系统，以便及时将湿热气排出；隧道上方的罩壳上部应保持 5 ～ 20 Pa 的负压，以保证远红外发生器的燃烧稳定。

该设备产量高，运行故障低，无机械性破瓶现象，是现代化的自控装置，不同洁净级别层次分明，设备使用效率高、运行成本低，符合 GMP 要求。

3. 口服液灌封机

该类设备是用于易拉盖口服液玻璃瓶的自动定量灌装和封口的设备。口服液灌封机是口服液生产设备中的主要设备。灌封机主要包括自动送瓶、灌药、送盖、封口、传动等几个部分。下面简单介绍几种典型的口服液的灌封机。

（1）YGE 系列灌封机

以 YGE 系列灌封机（图 5-100）为例，介绍灌封的操作方式。该机操作方式分为手动和自动两种，由其操作台上的钥匙开关控制。手动方式主要用于设备的调式和试运行，自动方式主要用于机器联线的自动生产。国产灌封机在开机前应对包装瓶和瓶盖进行人工目测检查。另外，在启动机器以前要检查机器润滑情况，从而保证运转灵活。手动 4 ～ 5 个循环以后，应当对所灌药量进行定量检查。调整药量和部件，至少保证 0.1 mL 的精确度。此时可自动操作，使得机器联线工作。

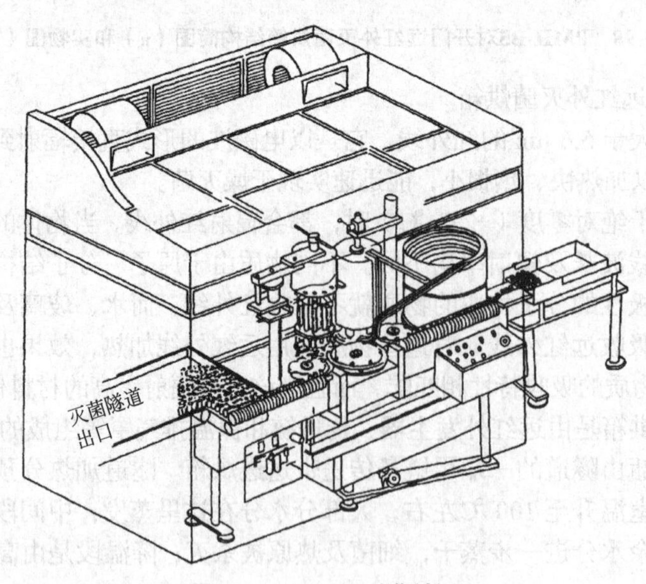

图5-100　YGE系列灌封机

操作人员在联线工作中要随时观察设备，处理一些异常情况，如下盖不通畅、走瓶不顺畅或碎瓶等，并抽检轧盖质量。如果发现异常情况，如出现机械故障，可以按动安装在机架尾部或设备进口处操作台上的紧急制动开关，进行停机检查、调整。在联线中，机器的运转速度是无级调速，使灌封机与洗瓶机、灭菌干燥机的转速相适应，从而实现全线联动。

（2）YD-160/180 型口服液多功能灌封机

该机主要适用于口服液生产中的计量灌装和轧盖。灌装部分采用八头连续跟踪式结构，轧盖部分采用八头滚压式结构。其具有生产效率高、占地面积小、计量精度高、无滴漏、轨盖质量好、轨口牢固、铝盖光滑无折痕、操作简便、清洗灭菌方便、变频无级调速等特点。该机生产能力 100 ～ 180 瓶 /min；灌量范围 5 ～ 15 mL；外形尺寸为 2090 mm × 1040 mm × 1500 mm。该机符合 GMP 要求，是目前国内生产能力最高的液体制剂灌装轧盖设备。

（3）DGK10/20 型口服液瓶灌装轧盖机

该设备是将灌液、加铝盖、轧口功能汇于一机，结构紧凑，生产效率高。其采用螺旋杆将瓶垂直送入转盘，结构合理，运转平稳。灌液分两次灌装，避免液体泡沫溢出瓶口，并装有缺瓶止灌装置，以免料液损耗、污染机器及影响机器的正常运行。轧盖由三把滚刀采用离心力原理，将盖收轧锁紧。因此在不同尺寸的铝盖及料瓶的情况下，机器都能正常运转。该机生产能力为 3000 ～ 3600 支 /h；装量 10 ～ 20 mL；外形尺寸（长 × 宽 × 高）为 1050 mm × 1200 mm × 1400 mm。

除以上几种以外，常见的口服液灌封设备还有 FBZG 型口服液灌装轧盖机、DHGZB 型口服液灌轧机、GZZG 型口服液灌轧机等。

4. 口服液联动线

口服液联动线是用于口服液包装生产的各台生产设备，为了生产的需要和进一步保证产品质量，有机地连接起来而形成的生产线。其主要包括洗瓶机、灭菌干燥设备、灌封设备、贴签机等。采用联动线生产方式能提高和保证口服液剂的生产质量。在单机生产中，从洗瓶机到灌封机，都必须由人工搬运，在此过程中，很难避免污染的可能，例如人体的触摸、空瓶等待灌封时环境的污染等，因此，采用联动线灌装口服液可保证产品质量达到 GMP 需求。在联动线生产中，减少了人员数量和劳动强度，设备布置更为紧密，车间管理得到了改善。

口服液联动方式有串联式和分布式。前者每台单机在联动线中只有一台，因而各单机的生产能力要相互匹配，此种方式适用于产量中等情况。在串联式联动线中，生产能力高的单机要适应生产能力低的设备，这种方式易造成一台设备发生故障时整条生产线就要停下来。而后者是将同一种工序的单机布置在一起，完成工序后产品集中起来，送入下道工序，此种方式能够根据各台单机的生产能力和需要进行分布，可避免一台单机故障而使全线停产，该联动线用于产量很大的品种生产。国内口服液一般采用串联式联动方式，各单机按照相同生产能力和联动操作要求协调原则设计，确定各单机参数指标，尽量使整条联动线成本下降，节约生产场地。两种联动方式见图 5-101。

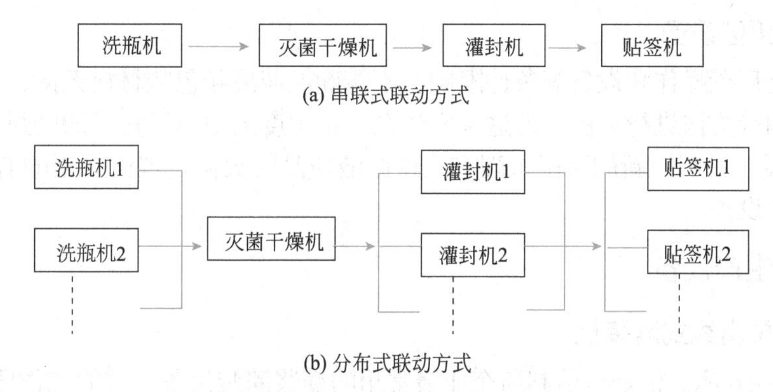

图5-101　口服液联动方式

下面简单介绍两种工业生产中常用的口服液洗灌封联动设备。

（1）BXKF 系列洗烘灌轧联动机

其基本工作原理是将瓶子放盘中，推入 XL.PQ-Ⅱ型翻装置中。在 PLC 程序控制下，翻盘将瓶口朝下的瓶子旋转 180°，使瓶口朝上，瓶子注满水并浸没在水中进行超声波清洗，经过 25s（可调节）翻盘自动回到初始状态。由推盘送到冲淋装置中进行内外壁冲洗，每支针管插入瓶子中，进行若干次（可调节）水、气交换冲洗。完成粗洗后自动进行第二次清洗——精洗（原理同第一次清洗）。精洗完毕后自动进入分瓶装置（瓶子与瓶盘分开），再由出瓶汽缸把散瓶子推入隧道烘箱。瓶子进入 SDHX 型网带式隧道烘箱后，在 PLC 程序控制下，瓶子随网带进入预热区、高温区、冷却区。网带无级调速，层流风速变频调节，温度由显示屏调节监控。干燥灭菌后瓶子自动进入液体灌装加塞机。瓶子进入 FBZG 型液体灌装轧盖机内，按顺序进入变螺旋距送瓶杆的导槽内，被间歇性送入等分盘的 U 形槽内，然后进行灌装、轧盖，在拨杆作用下进入出瓶轨道。

该设备外形尺寸为 1500 mm × 9500 mm × 2000 mm（长 × 宽 × 高）。

（2）YLX8000/10 系列口服液自动灌装联动机

本机是工业生产中常见的口服液灌封联动设备，见图 5-102。口服液瓶从洗瓶机入口处被送入后，洗干净的口服液瓶被推入灭菌干燥机隧道，隧道内的传送带将瓶子送到出口处的振动台，再由振动台送入灌封机入口处的输瓶螺杆，在灌封机完成灌装封口后，再由输瓶螺杆送到贴口处。与贴签机连接目前有两种方式：一种是直接和贴签机相连完成贴签；另一种是由瓶盘装走，进行清洗和烘干外表面，送入灯检带检查，看瓶中是否含有杂质，再送入贴签机进行贴签。贴签后即可装盒、装箱。

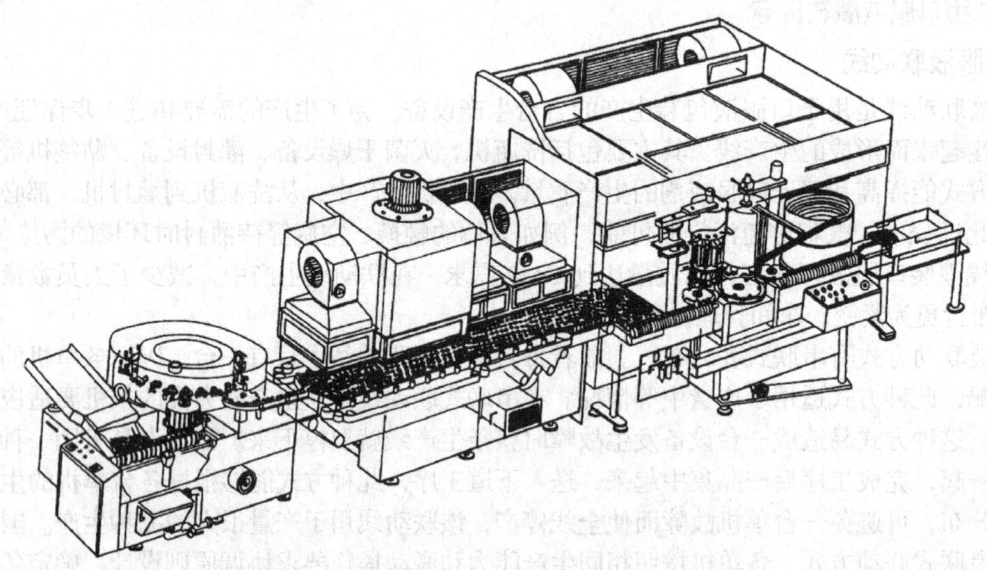

图5-102　YLX8000/10系列口服液自动灌装联动机

5. 口服液成品灭菌设备

国内许多中小药厂受操作和设备等条件限制，不能确保药液和包装材料无菌，常采用蒸汽灭菌柜、辐射灭菌、微波灭菌等方法进行灭菌。但这种方法在一定程度上破坏了盖子的密封，不利于长期保存。随着当今科技的发展，可利用新的灭菌机理完成口服液成品的灭菌，现已采用的有辐射灭菌和微波灭菌等糖浆剂生产工艺设备。

（二）糖浆剂生产设备

1. GCB4D 四泵直线式灌装机

GCB4D 四泵直线式灌装机是目前制药企业最常用的糖浆灌装设备。它的工作原理是：容器经整理后，通过输瓶轨道进入灌装工位，药液通过柱塞泵计量后，经直线式排列的喷嘴灌入容器。机器具有堆瓶、缺瓶、卡瓶等自动停车保护机构。生产速度、灌装容量均能在其工作范围内调节。该种设备结构见图 5-103，生产工艺流程见图 5-104。

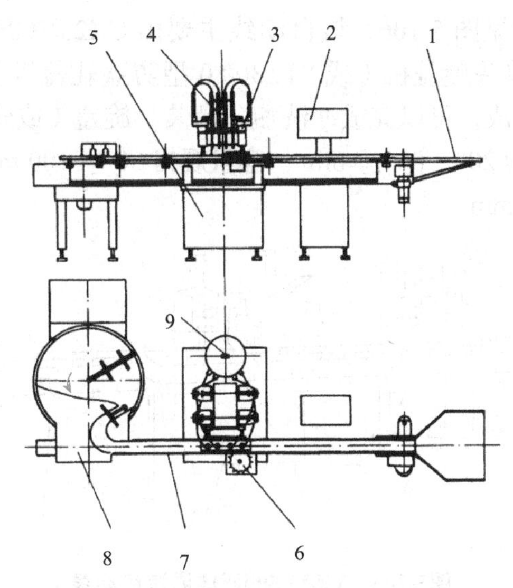

图5-103　GCB4D四泵直线式灌装机结构图

1—贮瓶盘；2—控制盘；3—计量泵；4—喷嘴；5—底座；6—挡瓶机；7—输瓶轨道；8—理瓶盘；9—贮药桶

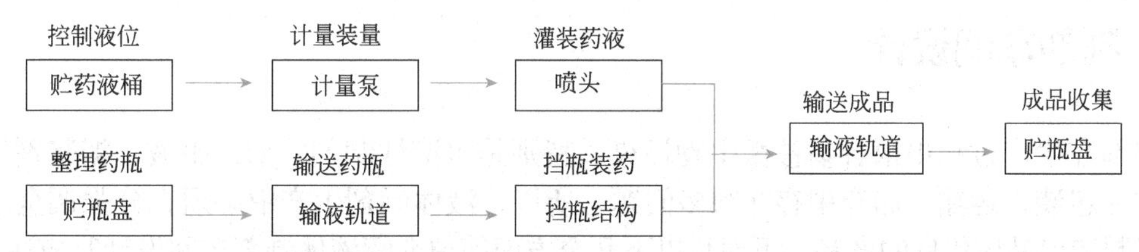

图5-104　GCB4D四泵直线式灌装机生产工艺流程

GCB4D 四泵直线式灌装机一般适用容积是 50 ～ 1000 mL 的糖浆瓶；喷头 4 个；生产能力是 15 ～ 80 瓶 /min；电机功率是 1.73kW；外形尺寸是 3860 mm × 1870 mm × 1700 mm。

2. JC-FS 自动液体充填机

JC-FS 自动液体充填机结构见图 5-105。该机以活塞定量充填设计，使用空汽缸定位，无噪声，易于保养，可快速调整各种不同规格的瓶子。有无瓶自动停机装置，易于操作。充填量可以一次调整完成，亦可微量调整，容量精确，误差小。拆装简便，易于清洗，符合 GMP 标准。该机充填容量 5 ～ 30 mL；生产能力是 40 ～ 70 瓶 /min；外形尺寸（长 × 宽 × 高）为（2200 ～ 3000）mm × 860 mm × 1550 mm。

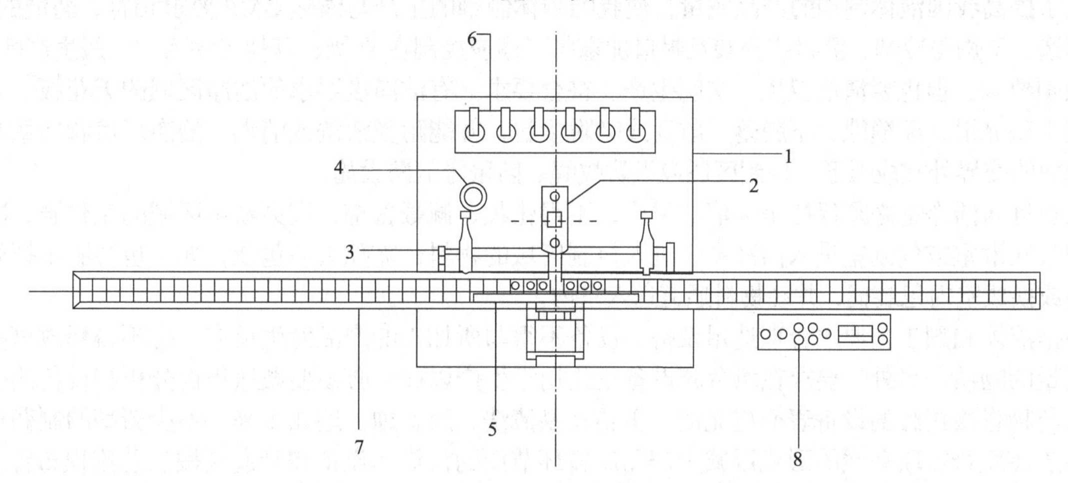

图5-105　JC-FS自动液体充填机结构图

1—机体；2—充填机转动组；3—大小瓶调整轮；4—充填时微调整；5—定瓶板；6—充填机构；7—输送带；8—操作盘

3. YZ25/500 液体罐装自动线

YZ25/500 液体灌装自动线见图 5-106，该自动线主要由 CX25/1000 型冲洗瓶机、GCB4D 型四泵直线式灌装机、XGD30/80 型单头旋盖机（或 FTZ30/80 型防盗轧盖机）、ZT20/1000 转鼓贴标机（或 TNJ30180 型不干胶贴标机）组成，可以完成冲洗瓶、灌装、旋盖（或轨防盗盖）、贴签、印批号等步骤。该自动生产线的生产能力为 20 ～ 80 瓶 /min；容量规格 30 ～ 100 mL；外形尺寸（长 × 宽 × 高）为 12000 mm × 2020 mm × 1800 mm。

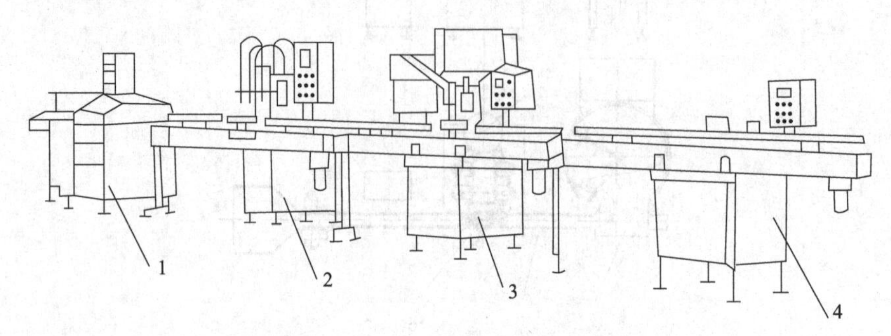

图5-106　YZ25/500液体灌装自动线

1—洗瓶机；2—四泵直线式灌装机；3—旋盖机；4—贴标机

三、液体制剂车间设计

液体制剂在生产过程中很容易被微生物污染，特别是水溶性制剂，如口服液、糖浆剂等，容易腐败变质，并在包装、运输、储存中存在很多问题。所以，液体制剂生产中必须充分强调全过程的质量监控，保证制造出品质优良的产品。下面从以下几个方面简单介绍液体制剂车间设计时应注意的问题。

（一）厂房环境与生产设施

液体制剂生产厂房应远离发尘量大的交通频繁的公路、烟囱和其他污染源，并位于主导风向的上风侧。药厂周围的大气条件良好，另外水源要充足而清洁，从而保证制出的纯水符合现行《中国药典》规定的标准。洁净厂房周围应绿化，尽量减少厂区内的露土面积。绿化有利于保护生态环境，改善小气候，净化空气，起滞尘、杀菌、吸收有害气体和提供氧气的作用。

生产厂房应根据工艺要求合理布局，人流、物流分开。人流与物流的方向最好相反进行布置，并将货运出入口与工厂主要出入口分开，以消除彼此交叉。此外，生产车间上下工序的连接要方便。

为了提高我国液体制剂的产品质量，使我国液体制剂的生产与国际 GMP 要求相符，药液的配制、瓶子精选、干燥与冷却、灌封或分装及封口加塞等工序应控制在 D 级；其他工序为“一般生产区”，无洁净级别要求，但也要清洁卫生、文明生产、符合要求。有洁净度要求的洁净区域的天花板、墙壁及地面应平整光滑，无缝隙，不脱落、散发或吸附尘粒，并能耐受清洗或消毒。洁净厂房和墙壁与天花板、地面的交界处宜成弧形。控制区还应设防蚊蝇、防鼠等五防设施。

人员进入洁净室必须保持个人清洁卫生，不得化妆、佩戴首饰，应穿戴本区域的工作服，净化服经过空气吹淋室或气闸室进入洁净室。进入控制区域的物料，需除去外包装，如外包装脱不掉则需擦洗干净或换成室内包装桶，并经物料通道送入室内。

根据液体制剂工艺要求合理选用设备。设备不得与所加工的产品发生反应，也不得释放可能影响产品质量的物质。另外，要求在每台新设备正式用于生产以前，必须要做适用性分析和设备的验证工作。与药物直接接触的设备表面应光洁、平整、易清洗、耐腐蚀。近几年来，不少新型的制药机械设计成多工序联合或联动线的形式以减少产品流转环节中的污染。设备和管道应按工艺流程布置，间距恰当，整齐美观，便于操作、清洗和维修。安装跨越不同洁净度级别房间的设备和管道，在穿越房间的连接处应采用可靠的密封隔断措施。有些公用管道可将其安装于洁净室的技术夹层或室外走廊里。

洁净室内设备和管道的保温层表面必须平整、光滑，不得有颗粒性物质脱落，不得使用石棉及其制品作为保温材料。各种管道的色标应按统一规定处理。设备应有专人维修保养，保持设备的良好状态。此外，设备安装尽可能不进行永久性固定，尽量安装成可移动的半固定式，为今后可能的设备搬迁或更新带来方便。

（二）生产工艺要求和设施

液体制剂的配制、过滤、灌装、封口、灭菌、包装等工序，除严格按处方及工艺规程的要求外，还应注意以下要求和措施。

1. 限额领料

车间应按生产需要，限额领取原材料。所领取的原材料必须是合格产品，不合格原材料不得发放。进出车间的原材料必须有质检部门的合格证或检验报告单，并且包装完好，品名、批名、数量、规格等相符，有记录人、领料人和发料人的签字。在运输过程中，外面加保护罩，容器需贴有配料的标志。

2. 计量与称量

按规定要求称重计量，并填写称量记录。称量前，必须再次核对原辅料的品名、批号、数量、规格、生产厂家及合格证等，核对处方的计算数量，检查衡器量具是否经过校正或校验。然后正确称取所需要的原辅料置于清洁容器中，作好记录并经工人复核签字。剩余的原辅料应封口储存，并在容器外标明品名、数量、日期以及使用人等，在指定地点保管。

3. 配制与过滤

在药液配制前，要求配制工序必须有清场合格证，配料锅、容器、管道必须清洗干净。此后，必须按处方及工艺规程和岗位技术安全操作法的要求进行。配制过程中所用的水（去离子水）必须是新鲜制取的，去离子水的储存时间不能超过 24 h；若超过 2 h，必须重新处理后才能使用。如果使用了压缩空气或惰性气体，使用前也必须进行净化处理。在配制过程中如果需要加热保温则必须严格加热到规定的温度并保温至规定时间。当药液与辅料混匀后，若需要调整含量、pH 等，调整后需经重新测定和复核，药液经过含量、相对密度、pH、防腐剂等检查复核后才能进行过滤。应注意按工艺要求合理选用无纤维脱落的滤材，不能够使用石棉作为滤材。在配制和过滤中应及时、正确地做好记录，并经人工复核。滤液放在清洁的密闭容器中，及时灌封。在容器外应标明药液品种、规格、批号、生产日期、责任人等。

4. 洗瓶、灭菌、干燥

直形玻璃瓶等口服液体制剂瓶首先必须用饮用水把外壁洗刷干净，然后用饮用水冲洗内壁 1 ～ 2 次，最后用纯水冲洗至符合要求。洗净的玻璃瓶应及时干燥灭菌，符合制剂要求。洗瓶和干燥灭菌设备应选用符合 GMP 的设备。灭菌后的玻璃瓶应置于符合洁净度要求的控制区域冷却备用，一般应当在一天内用完。若储存时间超过 1 天，则需重新灭菌后使用，超过 2 天应重新洗涤灭菌。

直形玻璃瓶塞（与药液接触的部分）也要用饮用水洗净后用纯水漂洗，然后干燥或消毒灭菌备用。

5. 灌封

在药液灌装前，精滤液的含量、色泽、澄明度等必须符合要求，直形玻璃瓶必须清洁才可使用；灌装设备、针头、管道等必须用新鲜蒸馏水冲洗干净和煮沸灭菌。此外，工作环境要清洁，符合要求。配制好的药液一般应在当班灌装、封口。如有特殊情况，必须采取有效的防污措施。可适当延长待灌时间，但不得超过 48 h。经灌封或灌装、封口的半成品盛器内应放置生产卡片，标明品名、规格、批号、日期、灌装（封）机号及操作者工号等。

操作工人必须经常检查灌装及封口后的半成品质量，随时调整灌装（封）机器，保证装量差异及灌封等质量。

6. 灭菌消毒

从灌封至灭菌时间应控制在12h以内。在灭菌时应及时记录灭菌的温度、压力和时间。有条件情况下，在灭菌柜上安装温度、时间等自动检测设备，并和操作人员的记录相对照。灭菌后必须真空检漏，真空度应达到规定要求。对已灭菌和未灭菌产品，可采用生物指示剂、热敏指示剂及挂牌等有效方法与措施，防止漏灭。灭菌后必须逐柜取样，按柜编号进行生物学检查。

灭菌设备宜选用双扉式灭菌柜，并对灭菌柜内温度均一性、重复性等定期进行可靠性验证，对温度、压力等检测设备定期校验。

7. 灯检、印包

对直形玻璃瓶等瓶装的口服液体制剂原则上都需要进行灯检，以便发现异物并去除有各种异物的瓶子及破损瓶子等。每批灯检结束，必须做好清场工作，被剔除品应标明品名、规格、批号，置于清洁容器中交给专人负责处理。经过检查后的半成品应注明名称、规格、批号及检查者的姓名等，并由专人抽查，不符合要求者必须要返工重检。

经过灯检和车间检验合格的半成品要印字或贴签。操作前，应当对半成品的名称、批号、规格、数量和所领用的标签及包装材料是否相符进行核对。在包装过程中应随时抽查印字贴签及包装质量。印字应清晰，标签应当贴正、贴牢固；包装应当符合要求。包装结束后，应当准确统计标签的领用数和实用数，对破损和剩余标签应及时做销毁处理，并做好记录。包装成品经厂检验室检验合格后及时移送成品库。

（三）工艺规程与质量监控

正式生产的口服液体制剂都必须制定工艺规程，主要包括：药品名称，处方，剂型，规格，生产的详细操作规程，药品和半成品储存的注意事项，半成品质量标准和各项技术参数，理论收率和实际收率，以及成品使用的容器、包装材料和标签等。工艺规程由厂技术部门或车间技术主任组织编写，并由工厂组织有关部门进行专业审查，经总工程师（或厂技术负责人）审定批准，由厂长发布执行。工艺规程一经确立，厂各部门及职工必须严格执行，任何擅自偏离工艺规程的现象都不允许发生。一般工艺规程3～5年修订一次，并应有严格的修订程序和手续。岗位技术安全操作法由车间技术人员根据工艺规程编写，经车间技术主任批准，报经厂技术部门备案后执行。岗位技术安全操作法是工人操作的直接依据，一般1～2年修订一次，也应有严格的修订手续。

质量监控是企业各部门及车间内全体工作人员的共同职责。车间必须设有专职或兼职的质量监督员。质量监督员按照工艺要求和质量标准，检查产品质量和工艺卫生，并做好检查记录。在各生产工序，应当建立质量监控点，并制定监控项目和要求，质量由监督员或操作员定时检测，并做好记录。

企业及车间应当对原辅材料、包装材料、标签的领用、生产记录、洁净室、设备与器具、成品所用的容器、工艺用水、中间产品、成本与不合格品、留样观察、批号、清场、清洁卫生等制定严格的管理制度，对其进行严格的质量监控。

（四）仓储

企业必须具有与生产规程相适应的原辅料库、包装材料库、成品库等，并有专人管理和记录台账。仓库货物应按品种、批号堆码，堆放整齐，有间距、墙距。合格品、待检品和不合格品均有明显标记，物料的领用发放应按先进先出的原则执行，有记录和复核。

（五）液体制剂车间设计举例

图5-107为口服液体制剂车间布置图。物料称量，药液配制，瓶子和易拉盖的洗涤、干燥，药液灌封，以及洁净工作服洗涤消毒等工序在D级洁净区，其他工序在一般生产区。

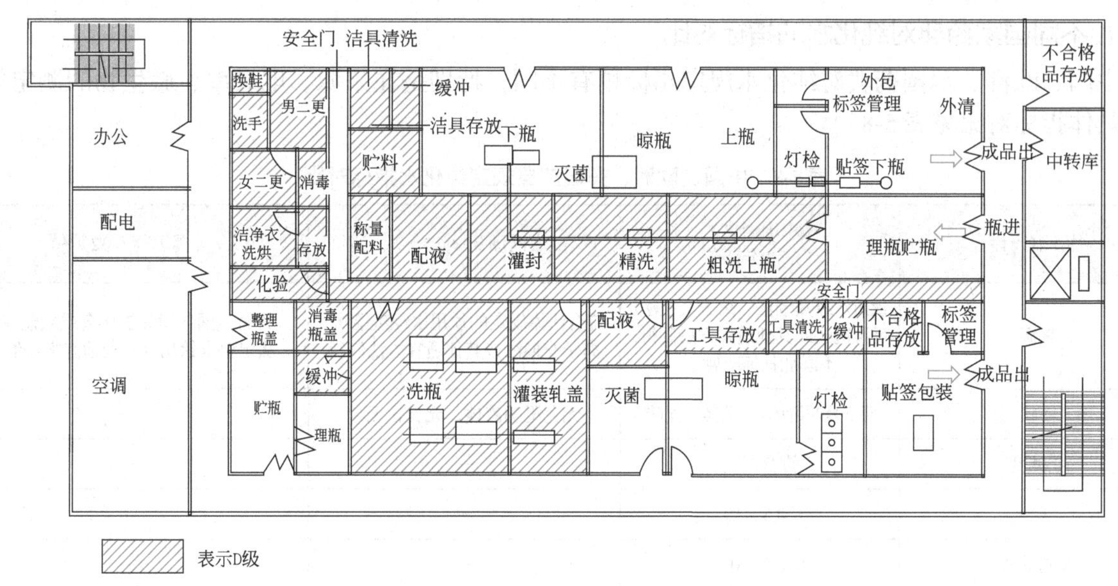

图5-107　口服液体制剂车间布置图

第三节　无菌制剂

一、制药用水的生产工艺

制药用水通常是指制药工艺过程中用到的各种质量标准的水。对制药用水的定义和用途一般以药典为准。根据使用范围的不同，现行《中国药典》将制药用水分为**饮用水**、**纯化水**、**注射用水**和**灭菌注射用水**。

（一）制药用水的应用范围

制药用水的原水通常为饮用水，为天然水经净化处理得到的水，其质量必须符合现行中华人民共和国国家标准《生活饮用水卫生标准》。饮用水可作为药材净制时的漂洗、制药用具的粗洗用水。除另有规定外，也可作为药材的提取溶剂。纯化水为饮用水经蒸馏法、离子交换法、反渗透法或其他适宜方法制得的制药用水，不含任何添加剂，其质量应符合纯化水项下的规定。纯化水可作为配制普通药物制剂的溶剂或试验用水，中药注射剂、滴眼剂等灭菌制剂所用饮片的提取溶剂，口服、外用制剂配制用溶剂或稀释剂，非灭菌制剂用器具的精洗用水，也用于非灭菌制剂所用饮片的提取溶剂。但纯化水不得用于注射剂的配制与稀释。注射用水为纯化水经蒸馏所得的水，可作为配制注射剂、滴眼剂等的溶剂或稀释剂及容器的精洗用水。灭菌注射用水为注射用水照注射剂生产工艺制备所得，不含任何添加剂，主要用于灭菌注射用灭菌粉末的溶剂或注射剂的稀释剂。

（二）纯化水的制备

天然水一般含有多种可溶性的盐类物质、气体和有机物，也存在大量的藻类、泥沙和黏土、细菌、微生物、热原等非溶解性物质，因此，天然水必须经过处理达到饮用水的标准，才能作为制药用水或者纯化水的起始用水。纯化水是以饮用水为原水，采用离子交换法、反渗透法、蒸馏法或其他适宜方法制得的水，不含有任何添加剂。纯化水有多种制备方法，必须严格监控生产的各个环节，以防止微生物的污染。

1. 不同国家药典对纯化水的指标对比

中国、欧洲、美国药典对纯化水规定指标稍有不同，特别是在来源、电导率、微生物的测定等方面，具体指标对比见表 5-8

表 5-8　中国、欧洲、美国药典规定纯化水指标对比

检测项目	《中国药典》（2020年版）	《欧洲药典6.7》[①]	《美国药典32》[②]
来源	饮用水经蒸馏法、离子交换法、反渗透法或其他适宜方法制得，不添加任何防腐剂	符合法律规定的饮用水经蒸馏法、离子交换法或其他适宜方法制得	符合美国环境保护协会或欧盟或日本法定要求饮用水，经适宜方法制得
性状	无色澄明液体，无臭，无味	无色澄明液体，无臭，无味	—
酸碱度	符合规定	—	—
氨	$\leqslant 0.3 \times 10^{-6}$	—	—
亚硝酸盐	$\leqslant 0.2 \times 10^{-7}$	—	—
不挥发物	≤1 mg/100 mL	—	—
硝酸盐	$\leqslant 0.6 \times 10^{-7}$	$\leqslant 0.2 \times 10^{-6}$	—
重金属	$\leqslant 0.1 \times 10^{-6}$	$\leqslant 0.1 \times 10^{-6}$	—
铝盐	—	用于生产渗析液时方控制此项	—
易氧化物	符合规定	符合规定	—
总有机碳（TOC）/（mg/L）	≤0.5	≤0.5	≤0.5
电导率 /（μS/cm）	＜4.3（20 ℃）	＜4.3（20 ℃）	符合规定
细菌内毒素 /（EU/mL）	—	0.25	—
无菌检查	—	—	符合规定（用于制备无菌制剂时控制）
微生物限度（microbial limit）/（CFU/mL）	≤100	≤100	≤100

①《欧洲药典》中 TOC 和易氧化物项目，可任选一项监控。

②《美国药典》中规定：现生产的纯化水监测 TOC 和电导率，灌装入容器内供商用的纯化水，应符合无菌纯化水的试验要求。表中所列为现生产的纯化水的监测项目。纯化水不得用于制备肠外制剂。

2. 纯化水制备方法

（1）原水的预处理方法

水源的选择与处理是保证制药工艺用水质量的重要前提，原水用于制备纯化水前，通常需要进行预处理。预处理的目的是除去水中悬浮的固体杂质及大部分离子，这样可减轻纯化水和注射用水制备过程中杂质和水垢对设备的损害和负担，同时还可以提高纯化水和注射用水的质量。原水的预处理可通过多介质过滤器、活性炭过滤器、精密过滤器而实现。

① 多介质过滤器：多介质过滤器大多填充石英砂、无烟煤和锰砂等滤料。滤料之间形成的微小空隙对水中的细小悬浮物和细菌有机械阻挠和吸附作用，同时这些被截留的固体物质相互之间又发生重叠和桥梁作用，犹如在滤层的表面形成过滤薄膜，继续过滤水中的固体杂质。多介质过滤器主要用于去除水中的悬浮物、机械杂质，降低出水浊度，以满足后续深度净水、脱盐系统的进水水质指标。

② 活性炭过滤器：活性炭表面存在大量的微孔，使其具有巨大的比表面积和极强的物理吸附能力。活性炭可以有效地吸附有机物和微生物。因其表面的含氧官能团具有催化氮化功能，也可以去除一部分水中的金属离子。此外，活性炭对水中尚存的余氯也有极强的吸附作用，可保护下游的不锈钢设备及管道表面，保证后续系统的正常运行。

③ 精密过滤器：精密过滤器是一种效率高、阻力小的深层过滤方式，其过滤精度有 1 μm、5 μm、10 μm 等，可作为膜分离系统的保安过滤器。

（2）离子交换法

离子交换法是原水处理的基本方法之一。该方法可去除水中溶解的盐类、矿物质及溶解性气体，对细菌和热原也有一定的清除作用，但无法完全清除水中的热原。

① 离子交换树脂的原理：离子交换树脂是一类疏松的、具有多孔结构的网状固体，既不溶于水也不溶于电解质，可分为阳离子交换树脂和阴离子交换树脂。常用的离子交换树脂有两种：一种是 732 型苯乙烯强酸性阳离子交换树脂，其极性基团是磺酸基，可用简化式 $RSO_3^-H^+$（氢型）或 $RSO_3^-Na^+$（钠型）表示。另一种是 717 型苯乙烯强碱性阴离子交换树脂，其极性基为季铵基团，可用简化式 $R—N^+(CH_3)_3Cl^-$ 或 $R—N^+(CH_3)_3OH^-$ 表示。前者为氯型，后者为 OH 型，其中氯型较稳定。

阳离子树脂里的酸性基团如磺酸基（$—SO_3H$）、羧基（—COOH）或者苯酚基（$—C_6H_4OH$）中的 H^+ 可与水中的一些金属阳离子（如 Mg^{2+}、K^+、Ca^{2+}、Fe^{3+} 等）进行离子交换，从而将树脂中的 H^+ 交换进入水中。

$$R—SO_3^-H^+ + \left.\begin{matrix}Na^+\\K^+\\Ca^{2+}\\Mg^{2+}\end{matrix}\right\}\left\{\begin{matrix}SO_4^{2-}\\Cl^-\\NO_3^-\\HCO_3^-\end{matrix}\right. \longrightarrow R—SO_3^-\left\{\begin{matrix}Na^+\\K^+\\Ca^{2+}\\Mg^{2+}\end{matrix}\right. + H^+\left\{\begin{matrix}SO_4^{2-}\\Cl^-\\NO_3^-\\HCO_3^-\end{matrix}\right.$$

同样，阴离子树脂中的碱性基团如季铵基 $[—N(CH_3)_3^+OH^-]$、氨基（$—NH_2$）或亚氨基（—NH—）中的 OH^- 可与水溶液中的阴离子（Cl^-、HCO_3^-）进行离子交换，这样树脂中 OH^- 就转移进水中，H^+ 和 OH^- 相结合就生成水，因此通过离子交换树脂可以大大降低水中的含盐量。

$$\begin{matrix}R'\\|\\R—N^+\\|\\R''\end{matrix}OH^- + H^+\left\{\begin{matrix}SO_4^{2-}\\Cl^-\\NO_3^-\\HCO_3^-\\HSiO_3^-\end{matrix}\right. \longrightarrow \begin{matrix}R'\\|\\R—N^+\\|\\R''\end{matrix}\left\{\begin{matrix}SO_4^{2-}\\Cl^-\\NO_3^-\\HCO_3^-\\HSiO_3^-\end{matrix}\right. + H_2O$$

② 离子交换设备：离子交换柱是离子交换设备的基本单元，产水量 5 m^3/h 以下的离子交换柱一般用有机玻璃制成。产水量较大时，材质多为钢衬胶或者复合玻璃钢的有机玻璃，其高径比为 2 ～ 5，树脂床层的高度约占交换柱圆筒高度的 60% ～ 70%。

离子交换柱的结构如图 5-108 所示，其中上排污口在工作期用以排出空气，在再生和反洗时用以排污；下排污口在工作期间通入压缩空气使树脂松动，正洗时用以排污。

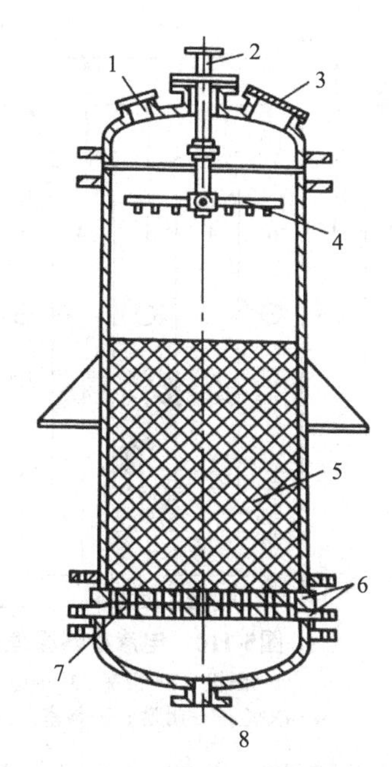

图5-108　离子交换柱结构示意图

1—视镜；2—进料口；3—手孔；4—液体分布器；5—树脂层；6—多孔板；7—尼龙布；8—出液口

离子交换柱运行时分为反洗、再生、正洗和交换四个步骤。反洗就是将水从出水口输入，从上排污口流出，以除去树脂顶部拦截的污物及破碎的树脂颗粒，并重新调整床层以使液流分配得更均匀，从而保证再生效果。离子交换树脂使用一段时间后要进行再生。阳离子交换树脂可用 5% 盐酸溶液进行再生，阴离子交换树脂则用 5% 氢氧化钠溶液进行再生。再生液以较低的流速供液，体积量一般是树脂体积量的 2 ～ 3 倍，且为了防止再生过程中生成沉淀，常采用分布洗脱，再生剂的浓度先低后高，梯度洗脱。混合床再生时，因阴、阳离子树脂再生所用药品不同，需利用阴、阳离子交换树脂密度的差异使其在反洗过程中完全分层，然后将上层的阴离子树脂引入再生柱，两种树脂分别于两个容器中再生。再生后将阴离子树脂抽入混合柱内，柱内加水超过树脂面，通入压缩空气进行树脂混合。如果采用的是中部带有排液口的混合柱，可以直接在混合床内使阴阳树脂完全分层进行再生，再生过程见图 5-109。反洗分层后，由上部输入碱液再生阴离子树脂，废液由中部排液口排出，再生完毕，进行阴离子树脂正洗；阳离子树脂再生时，酸液由底部输入，从中部排液口排出，再生完毕，进行阳离子树脂反洗；阴、阳离子树脂分别再生完毕，柱内加水，超过树脂面，通入压缩空气进行树脂混合。

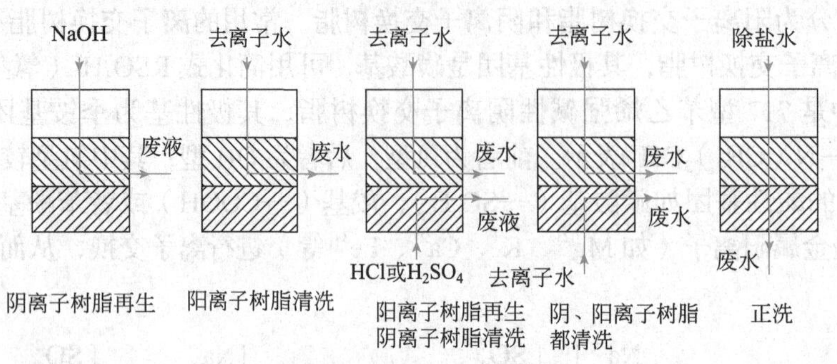

图5-109　混床树脂的再生

③ 离子交换法的特点：离子交换法制取纯化水最大的优点是除盐率高，一般可除去 98% ～ 100%，而且设备简单，节约燃料与冷却水，成本低。但其最大缺点是树脂再生时耗用的浓盐酸和浓氢氧化钠的量较大，致使制水成本高且对环境有污染，另外微生物和热原不易除尽，故在使用发展上受到较大限制。

（3）电渗析

① 原理：电渗析是在外加直流电场的作用下，利用离子交换膜对离子的选择透过性，使溶液中的阴、阳离子发生定向迁移，分别通过阴、阳离子交换膜，从而一部分水被淡化，另一部分被浓缩，达到分离溶质和溶剂的目的。

② 电渗析设备：电渗析器由阴离子和阳离子交换膜、隔板、垫板、电极等部件组装而成。其中离子交换膜可分为均相膜、导向膜、半均相膜三种。电渗析器原理如图 5-110 所示，两端为电极，极室、浓室、淡室均由 2 mm 厚聚氯乙烯隔板制成，隔板间有阳膜或阴膜，在两极间，按照阴极→极室→阳膜→淡室→阴膜→浓室→阳膜→淡室→阴膜→浓室……→极室→阳极……这种顺序交替排列。

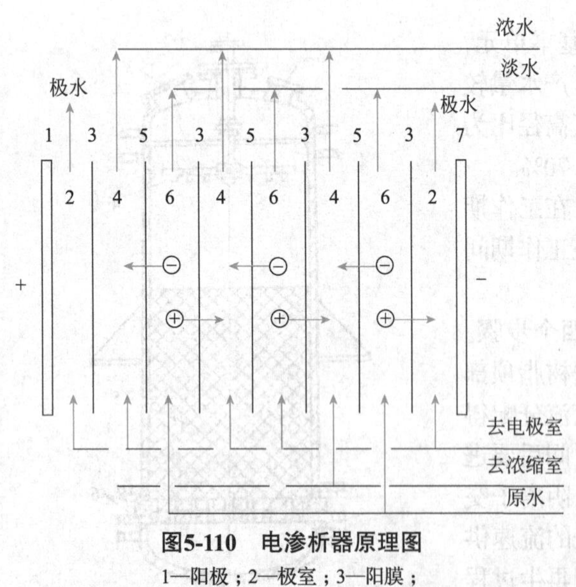

图5-110　电渗析器原理图

1—阳极；2—极室；3—阳膜；4—浓室；5—阴膜；6—淡室；7—阴极

在外加直流电场的作用下，淡水室原水中的杂质离子发生定向迁移。阳离子向阴极方向移动，并通过只能让阳离子通过的阳离子交换膜进入邻室，并受阻于邻室的阴离子交换膜；阴离子向阳极方向移动，通过只能让阴离子通过的阴离子交换膜进入邻室，并被邻室的阳离子交换膜所阻挡，从而使原水得到净化。而浓室中的离子增加并滞留于浓室，起到浓缩的作用。

电渗析器通电后，在电极表面会发生电极反应，阳极的极室水有初生态氯产生，对阴膜有毒害作用，而阳膜价格相对较低且耐用，故贴近电极的第一张膜宜用阳膜；而阴极水呈碱性，并生成初生态氢，同时当极水中含有 Ca^{2+} 和 Mg^{2+} 时，会在阴极的极室及阴膜的浓室生成沉淀，并集结在阴极和膜上。因此电渗析器每运行 4 ～ 8 h 需要倒换电极一次，将原浓室变为淡室，减轻阴极和膜上沉淀的生成。

电渗析器的组装方式是用“级”和“段”表示，一对电极为一级，水流方向相同的若干隔室为一段。增加段数可增加流程长度，所得水质较高。极数和段数的组合由产水量及水质确定。

（4）电去离子技术（EDI）

① 原理：EDI是将电渗析和离子交换相结合的一种除盐方法。这种技术通过离子交换树脂的交换吸附以及离子交换膜的选择性吸附，在直流电场的作用下，利用电离产生H^+和OH^-，达到树脂再生的目的，相比普通电渗析的电流效率显著提高。

② EDI设备：EDI设备系统的主要功能是进一步除盐，主要包括反渗透产水箱、EDI给水泵、EDI装置及相关的阀门、连接管道、仪表及控制系统等。EDI利用电的活性介质和电压来达到离子的运送，从水中去除电离的或可以离子化的物质。

EDI单元是由两个相邻的离子交换膜或由一个膜和一个相邻的电极组成，一般有交替离子损耗和离子集中单元，这些单元可以用相同的进水源，也可以用不同的进水源，水在EDI装置中通过离子转移被纯化。被电离的或可电离的物质从经过离子损耗单元的水中分离出来而流入离子浓缩单元的浓缩水中。

EDI的结构及工作原理如图5-111所示，通电时在EDI装置的阳极和阴极之间产生一个直流电场，原料水中的阳离子在通过纯化单元时被吸引到阴极，通过阳离子膜进行介质交换；阴离子被吸引到阳极，并通过阴离子膜交换介质。有些EDI单元利用浓缩单元中的离子来交换介质。在EDI单元中被纯化的水只通过通电的离子交换介质，而不是通过离子交换膜。离子交换膜是能透过离子化的或可电离的物质，而不能透过水。

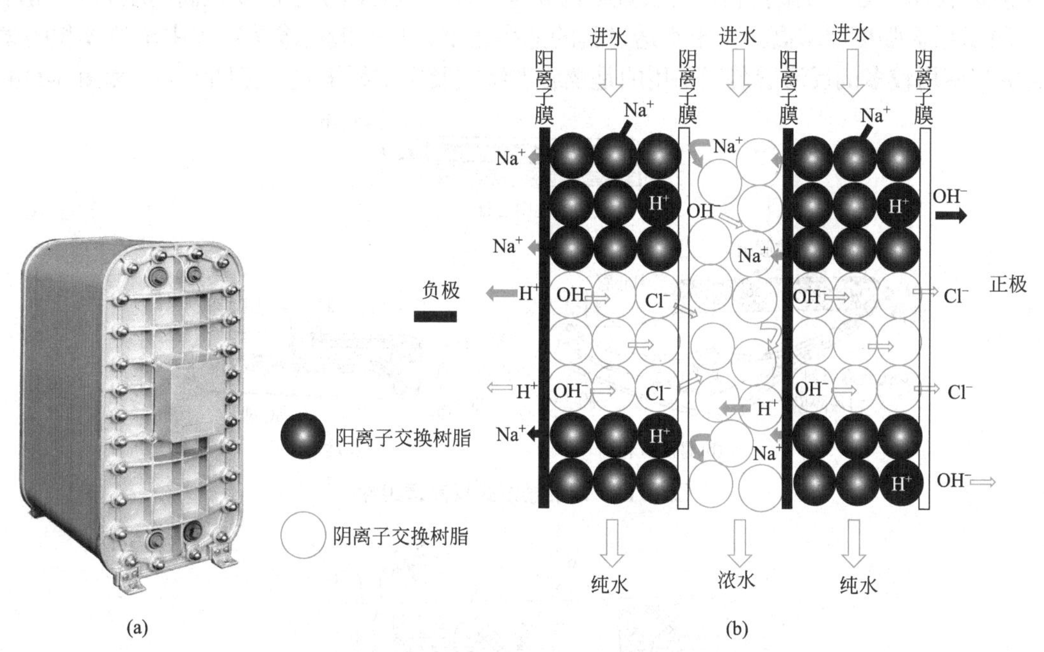

图5-111 EDI的结构及工作原理图

③ EDI的特点：可连续生产符合用户要求的合格纯化水，水质稳定，离子交换树脂不用进行化学再生，对环境没有污染，而且电去离子装置安装方便、系统紧凑、占地面积小、制水成本低、运行操作简单方便等。

（5）反渗透法

① 原理：通常的渗透是指被半透膜所隔开的两种液体，当处于相同的压强时纯溶剂通过半透膜而进入溶液的现象。渗透作用不仅发生于纯溶剂和溶液之间，而且还可以在同种不同浓度溶液之间发生，低浓度的溶液通过半透膜而进入高浓度的溶液中。反渗透又称逆渗透，利用外界较高的压力作为推动力使原溶液中的纯水部分透过半透膜，而原溶液中的溶质（杂质、无机盐、热原等）无法通过半透膜，从而达到分离、提取、纯化和浓缩的目的。因为它与自然渗透的方向是相反的，故称为反渗透。

反渗透膜是反渗透法的关键，膜必须具有较高的透水率和较好的脱盐性能，制备纯化水常用的膜有醋酸纤维膜和聚酰胺膜。反渗透的原理见图 5-112。

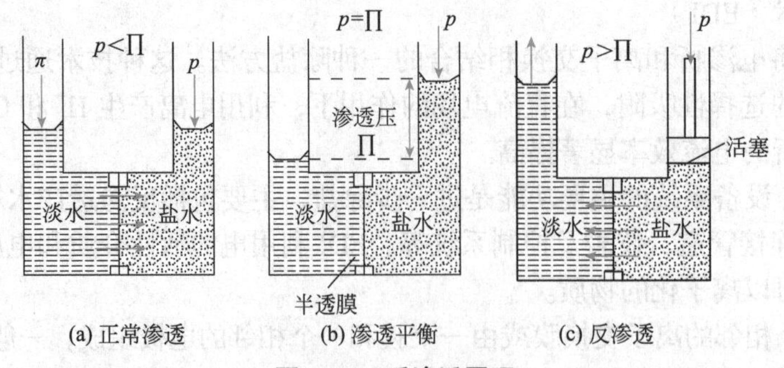

图5-112　反渗透原理

图 5-112 中 $\prod$ 为溶液渗透压，p 为所加外压。反渗透膜不仅可以阻挡细菌、病毒、热原、高分子有机物，还可以阻挡盐类及糖类等小分子。反渗透法制纯水时没有相变，故能耗较低。反渗透膜能使水透过的机理有许多假说，一般认为是反渗透膜对水的溶解扩散过程，即水被膜表面优先吸附溶解，在压力作用下，水在膜内快速移动，溶质不易被膜溶解，而且其扩散系数也低于水分子，所以透过膜的水远多于溶质。

② 反渗透装置：与一般微孔膜过滤装置结构完全一样，只是由于它需要较高的压力（一般在 2.5 ~ 7 MPa），所以结构强度要求高。由于水透过膜的速率较低，故一般反渗透装置中单位体积的膜面积要大。工业生产使用较多的反渗透装置采用的是螺旋卷绕式及中空纤维式（见图 5-113 和图 5-114）。

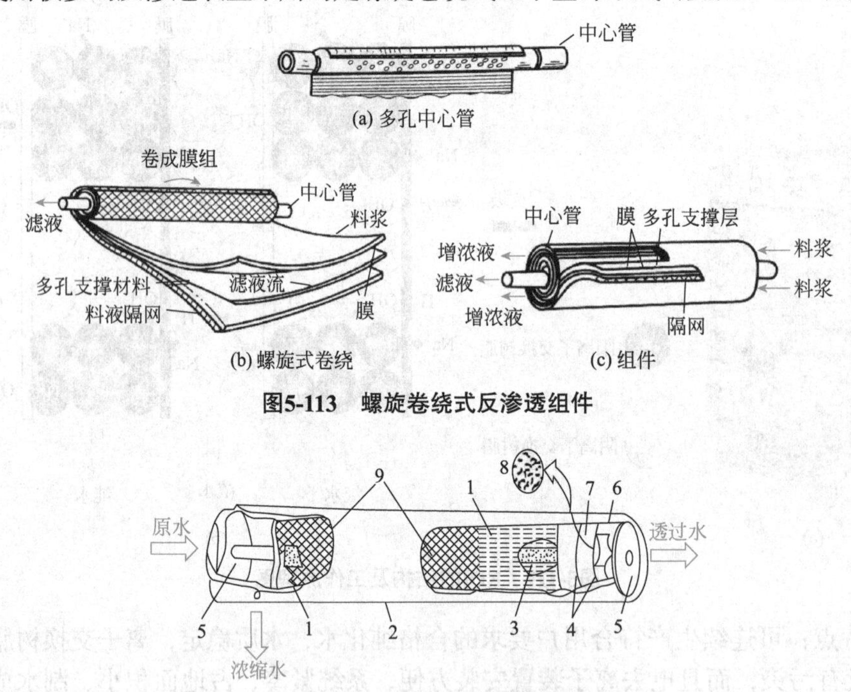

图5-113　螺旋卷绕式反渗透组件

图5-114　中空纤维式反渗透组件

1—中空纤维；2—外壳；3—原水分布管；4—密封隔圈；5—端板；6—多孔支撑板；7—环氧树脂管板；8—中空纤维端部示意；9—隔网

a. 螺旋卷绕式反渗透组件：是将两张单面工作的反渗透膜相对放置，中间夹有一层原水隔网，以提供原水通道。在膜的背面放置有多孔支撑层，以提供纯水通道。将这样四层材料一端固封于开孔的中心管上，并以中心管为轴卷绕而成。在卷轴的一端保留原水通道，密封膜与支撑材料的边缘；而另一端保留纯水通道，密封膜与隔网的边缘。将整个卷轴装入机壳中即成组件。利用高压迫使原水以较高的流速沿隔网空隙流过膜面，纯水透过膜而汇集于中心管，带有截留物的浓缩水则顺隔网空隙自组件另一端汇集引出。

b. 中空纤维式反渗透组件：是由许多根中空的细丝状反渗透膜束集在一起用环氧树脂固封，并用其成形为管板，再将整束纤维装在耐压管壳内，构成组件。内压式组件是自一端管内通入原水，透过纤维壁渗出，在壳内汇集并引出纯水，浓缩水由纤维另一端引出。也有外压式组件，如图 5-114 所示。原水自管壳一端引到中心的原水分布管后，进入中空纤维膜的纤维之间，在流体压力推动下反渗透至纤维中心，再于树脂管板端部汇集引出为纯水。被中空纤维膜截留的浓缩水在纤维外汇集并穿过隔网，自管壳上的浓缩水引出管引出。就中空纤维膜来讲，反渗透压力来自膜的管外，膜受外压，而组件外壳还是承受内压。中空纤维反渗透膜强度好，膜体不需其他材料支撑，单位体积膜表面积可达 16000 ～ 30000 m^2/m^3。设备体积小、工作压力较低、寿命长，但是组件价格较高，膜堵塞时去污困难，水的预处理要求严，而且膜一旦破坏不能更换及修复。

反渗透膜组件还有板框式或管式的。应用反渗透法时都需备有高压泵来提供原水的压力。目前主要采用柱塞泵。柱塞泵的扬程高、流量小，同时提供原水的流量总有起伏脉动，因此常用双柱塞式或三柱塞式泵以减小流量脉冲幅度。

③ 反渗透装置的特点：a. 反渗透装置运行时，水和盐的渗透系数都随温度的升高而增大，过高的温度会导致膜的压实或引起膜的水解，故宜在 20 ～ 30 ℃条件下运行。b. 透水量随压力升高而加大，应根据盐类的含量、膜的透水性能及水的回收率来确定操作压力，一般为 2.5 ～ 7 MPa。c. 膜表面的盐浓度较高，易产生浓差极化，导致阻力增加，透水量下降，甚至引起盐在膜表面沉积。为此，需要提高进液流速，保持湍流状态。d. 反渗透膜使用条件较为苛刻，比如原水中悬浮物、有害化学元素、微生物等均会降低膜的使用效果，所以应用反渗透装置时原水处理要求较为严格。

（6）超滤

超滤是用多孔性半透膜为介质，依靠薄膜两侧的压力差作为推动力，以错流方式分离溶液中不同分子量的物质的过程。

超滤膜是超滤技术的关键，大多数超滤膜是非对称性的多孔膜，与料液接触一面有一层极薄的亚微孔结构的表面，称为有效层，起着分离作用，其厚度仅占总厚度的几百分之一，其余部分则是孔径较大的多孔支撑层。超滤膜的孔径在 2 ～ 50 nm，大于反渗透膜而小于微孔滤膜。最常用的超滤膜的分子量截留值在 10000 ～ 50000 之间（孔径约 3 ～ 7 nm）。用于水净化的膜孔径约 0.2 ～ 10 nm，故能截留溶液中大分子溶质（分子量约 1200 ～ 2000000），而让较小分子溶质（无机盐）通过。超滤膜对大分子的截留机理主要是筛分作用，决定截留效果的主要是膜的表面活性层孔的大小与形状，膜的物化性质对分离特性影响不大。制造超滤膜的材料有醋酸纤维素、聚丙烯腈、聚砜、聚酰胺、聚偏氯乙烯等，聚砜的耐热、耐酸碱性能最好。

超滤技术具有十分广泛的分离范围，可用于从水中分离细菌、大肠埃希菌、热原、病毒、大分子有机物质等。其过程不发生相变，能耗低，是节能技术，广泛用于溶液的分离提纯，尤其是在常温下工作，对热敏性物质能防止热分解而确保产品质量。

（7）微滤

微滤是用于去除水中的细微粒和微生物的膜工艺。滤芯的材料和孔径可根据需要选择，孔径大小通常是 0.04 ～ 0.45 μm。微滤应用的范围很广，包括不进行最终灭菌药液的无菌过滤。如果选择合适的材料，微孔过滤器可以耐受加热和化学消毒。减少微孔过滤器位置及数量会使维护更容易些。

微孔过滤器一般用于纯水系统中一些组件后的微生物截留，那里可能存在微生物的增长，微孔过滤器在这个区域内的效果非常明显，但是必须采取适当的操作步骤以保证安装和更换膜过程中过滤器的完整性，从而确保其固有的性能。

3. 纯化水制备流程与工艺

一套完整的纯化水制备流程由五个部分组成：预处理、初级除盐、深度除盐、后处理及纯化水输送分配系统。常用的纯化水制备工艺包括全离子交换法、电渗析-离子交换法、二级反渗透法流程、一级反渗透-二级混床流程、一级反渗透-电去离子（EDI）流程、二级反渗透 -EDI 法等。

（1）全离子交换法

原水→预处理→阳离子交换→阴离子交换→混床→纯化水。常用于处理含盐量＜ 500 mg/L 的原水，但该法的运行成本较高且树脂再生会造成酸碱污染，因此现在企业制备纯化水已很少使用该方法。

（2）电渗析 - 离子交换法

原水→预处理→电渗析→阳离子交换→阴离子交换→混床→纯化水。常用于含盐量＞ 500 mg/L 的原水，是将电渗析和离子交换法相结合制备纯化水的方法，能去除 75% ～ 85% 的可溶性盐离子，降低树脂再生频率，延长树脂制水周期，大大减少了再生时酸、碱用量和排污量。

（3）二级反渗透流程

原水→预处理→一级高压泵→一级反渗透→二级高压泵→二级反渗透→纯化水（图 5-115）。该流程可省去树脂再生时带来的酸、碱污染，具有脱盐率高、除菌、去热原、降低化学需氧量（COD）的作用，但其投资和运行费用较高。

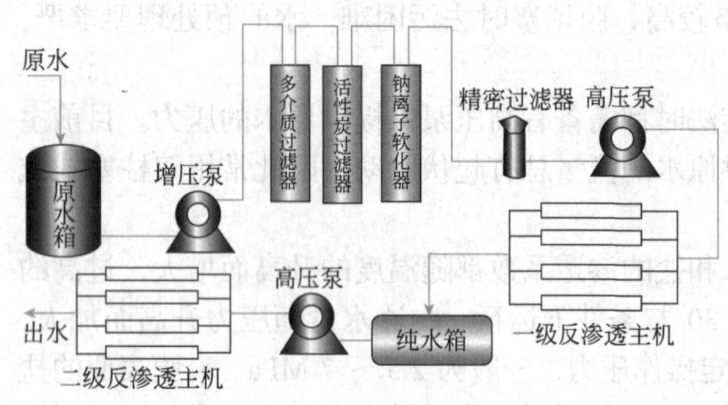

图5-115　二级反渗透制水系统

（4）一级反渗透 - 二级混床流程

原水→预处理→一级反渗透→一级混床→二级混床→纯化水（图 5-116）。该流程以反渗透作为混床的前处理，相比于全离子交换流程，该流程的废酸碱排放量可减少 90%，但混床再生需要储备酸碱液，操作也很烦琐，同时需要在混床前设置脱气塔以减轻混床再生时的碱液用量，以脱去水中的 CO_2。

（5）一级反渗透 - 电去离子（EDI）流程

原水→预处理→一级反渗透→ EDI →纯化水。该流程具有不产生酸碱废液、去离子能力更强、可以连续生产、出水水质稳定等优点，目前在国内已得到一定程度的普及推广。

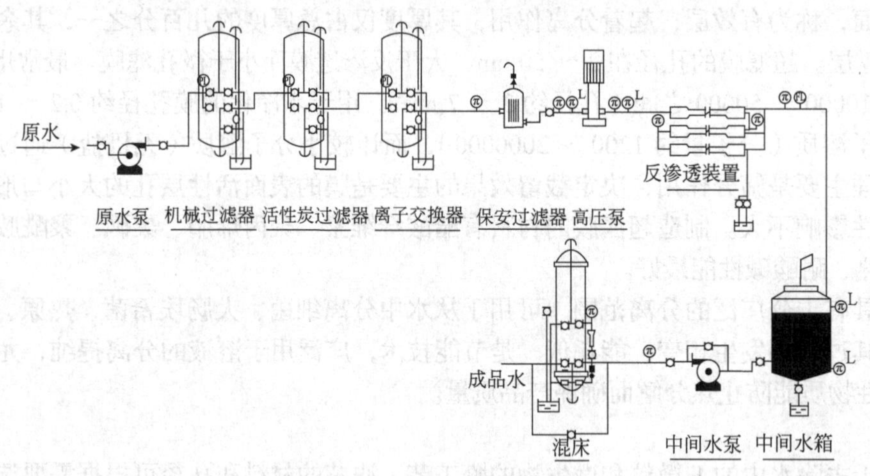

图5-116　一级反渗透混床系统

（三）注射用水的制备

注射用水为纯化水经蒸馏所得的水，不含微生物和热原物，可作为配制注射剂、滴眼剂等的溶剂或稀释剂及容器的精洗。

1. 不同国家药典对注射用水的指标对比

各国药典对注射用水的生产工艺均有限定条件，如《美国药典》明确规定注射用水的生产工艺只能是蒸馏法及反渗透法，《中国药典》则规定注射用水的生产工艺只能是蒸馏法。这些是各国根据本国的实际情况用以保证注射用水质量的必要条件。中国、欧洲、美国药典规定注射用水指标对比见表 5-9。

表5-9 中国、欧洲、美国药典注射用水指标对比

检测项目	《中国药典》(2020年版)	《欧洲药典6.7》[1]	《美国药典32》[2]
来源	本品为纯化水经蒸馏所得的水	符合法律规定的饮用水或纯化水经适当方法蒸馏而得	由符合美国环境保护协会或欧盟或日本法定要求饮用水经蒸馏或反渗透纯化而得
性状	无色澄明液体、无臭、无味	无色澄明液体、无臭、无味	—
pH	5.0 ～ 7.0	—	—
氨	0.2×10^{-6}	—	—
氯化物、硫酸盐与钙盐、亚硝酸盐、二氧化碳、不挥发物	符合规定	—	—
硝酸盐	0.06×10^{-6}	0.2×10^{-6}	—
重金属	0.5×10^{-6}	0.1×10^{-6}	—
铝盐	—	用于生产渗析液时方控制此项	—
易氧化物	符合规定	符合规定	—
总有机碳(TOC)/(mg/L)	—	0.5	0.5
电导率/(μS/cm)	—	1.1(20 ℃)	符合规定
细菌内毒素/(EU/mL)	0.25	0.25	0.25
微生物纠偏限度/(cfu/mL)	—	10	10

①《欧洲药典》中TOC和易氧化物项目，可任选一项监控。

②《美国药典》中规定：现生产的注射用水（原料）监测TOC和电导率，装入容器内供商用的注射用水（非无菌注射用水），应符合无菌纯水的试验要求。表中所列为现生产注射用水的监测项目。

2. 注射用水的制备方法

蒸馏法是制备制药用水最经典、最可靠的方法。蒸馏法制备注射用水是在纯化水的基础上，通过气液相变法和分离法进行化学和微生物纯化的工艺过程。蒸馏过程中，水被蒸发，产生的蒸汽从水中脱离出来，经冷凝后成为注射用水；未蒸发水中的可溶性盐、不挥发微粒和高分子杂质则从下面排出。在蒸馏过程中，低分子杂质也可能被以水雾或水滴的形式夹带在水蒸发形成的蒸汽中，所以需要通过一个分离装置来去除细小的水雾和夹带的杂质。通过蒸馏的方法至少能减少水中99.99%的内毒素。蒸馏水机可分为多效蒸馏水机和气压式蒸馏水机两大类。多效蒸馏水机是目前应用最广泛的注射用水制备设备。多效蒸馏水机是由多个单蒸馏水器串联而成，利用前一次蒸发的二次蒸汽作为后一效的加热蒸汽，前一效的浓缩水作为后一效原水再次被加热蒸发，所以具有耗能低、产量高等特点。多效蒸馏水机可分为列管式、盘管式和板式三种类型，其中板式类型蒸馏水机尚未广泛使用。以下仅介绍3种常见的多效蒸馏水机。

(1) 列管式多效蒸馏水机

列管式多效蒸馏水机是采用列管式的多效蒸发制取蒸馏水的设备。

蒸发器的结构有降膜式蒸发器、外循环长管蒸发器及内循环短管蒸发器，图5-117为列管式四效蒸馏水机流程。其内部为传热管束与管板、壳体组成的降膜式列管蒸发器，生成的蒸汽自下部排出，再沿内胆与分离筒间的螺旋叶片旋转向上运动，蒸汽中夹带的液滴被分离，在分离筒内壁形成水层，由疏水环流至分离筒与外壳构成的疏水通道，下流汇集于器底，蒸汽继续上升至分离筒顶端，从蒸汽出口排出。蒸发器内还有发夹形换热器，用以加热料水。

(2) 塔式多效蒸馏水机

此种蒸馏水机属于蛇管降膜蒸发器，又称盘管式多效蒸馏水机。蒸发传热面是蛇管结构，蛇管上方设有进料水分布器，将进料水均匀地分布到蛇管的外表面，吸收热量后，部分蒸发，二次蒸汽经除雾器分出雾滴后，由导管送入下一效，作为该效的热源，未蒸发的水由底部节流孔流入下一效的分布器，继续蒸发。这种蒸馏水机具有传热系数大、安装不需支架、操作稳定等优点。一般的系统效能多为 3 ～ 5 效，5 效以上是蒸汽耗量降低不明显，每效包括一个蒸发器、一个分离装置和一个预热器。

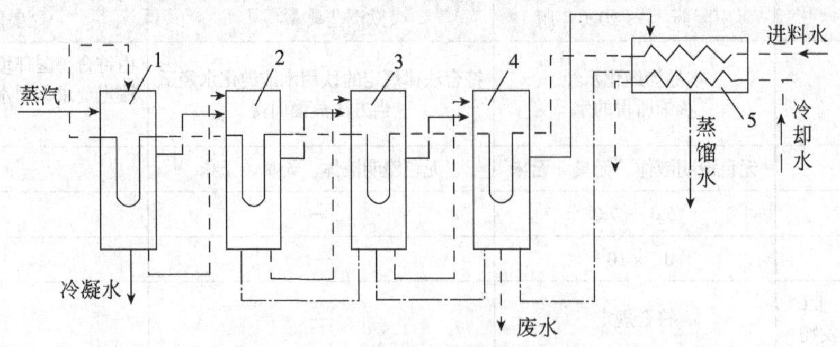

图5-117　列管式四效蒸馏水机流程

1 ～ 4—蒸发器；5—冷凝器

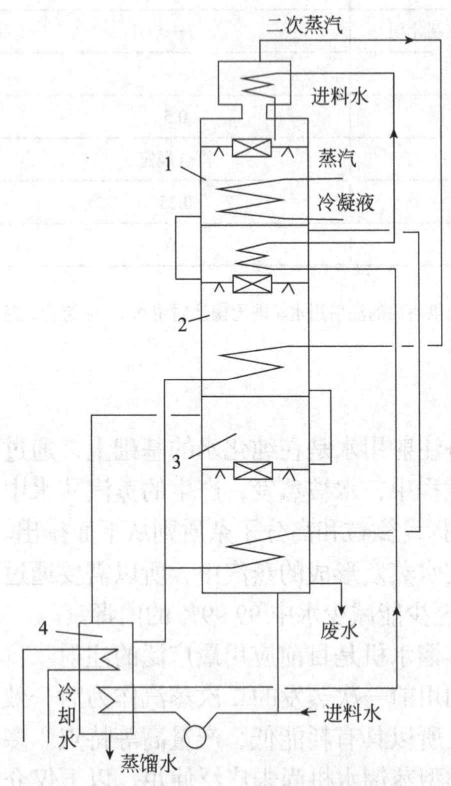

图5-118　塔式多效蒸馏水机流程

1—第一效；2—第二效；3—第三效；4—冷凝冷却器

塔式多效蒸馏水机流程见图 5-118。进料水经泵升压后，进冷凝冷却器 4，然后顺次经第 N-1 效至第一效预热器，最后进入第一效的分布器，喷淋到蛇管外表面，部分料水被蒸发，蒸汽作为第二效热源，未被蒸发的料水流入第二效分布器。以此原理顺次流经第三效，直至第 N 效，第 N 效底部排出少量的浓缩水，大部分被泵抽吸循环使用。

由锅炉来的蒸汽进入第一效蛇管内，冷凝水排出。第一效产生的二次蒸汽进入第二效蛇管作为热源。第二效的二次蒸汽作为第三效热源，直至第 N 效。由第二效至第 N 效的冷凝水汇集到冷凝冷却器，在此与第 N 效二次蒸汽的冷凝水汇流到蒸馏水贮罐，蒸馏水温度 95 ～ 98 ℃。

（3）气压式蒸馏水器

气压式蒸馏水器又称热压式蒸馏水器，主要由自动进水器、换热器、蒸发室、冷凝器、压缩机、仪表和控制系统等组成。其结构如图 5-119 所示。

原水自进水管经换热器预热后，经泵进入蒸发器加热管，受热汽化，产生的二次蒸汽进入蒸发室；经除雾器除去其中夹带的雾沫、液滴后，进入压气机压缩，使其压力和温度同时升高，变成过热蒸汽；然后将压缩后的二次蒸汽送入蒸发冷凝器的管间，作为蒸发器加热室的热源，通过管壁与进水换热，使进水受热蒸发，自身放出潜热冷凝；冷凝水送入不冷凝气体分离器中除去不凝性气体后，经泵送入换热器预热原水，同时自身进一步降温，最后成品水从蒸馏水出口引出。

叶片式转子压缩机是气压蒸馏水器的关键部件，过热蒸汽的加热保证了蒸馏水中无菌、无热原的质量要求。

3. 制药用水工艺要求

（1）GMP 对制药工艺用水规定

我国《药品生产质量管理规范（2010 年修订版）》对制药工艺用水系统有如下的要求：

第九十六条　制药用水应适合其用途，并符合《中华人民共和国药典》的质量标准及相关要求。制药用水至少应采用饮用水。

第九十七条　水处理设备及其输送系统的设计、安装、运行和维护应确保制药用水达到设定的质量标准。水处理设备的运行不得超出其设计能力。

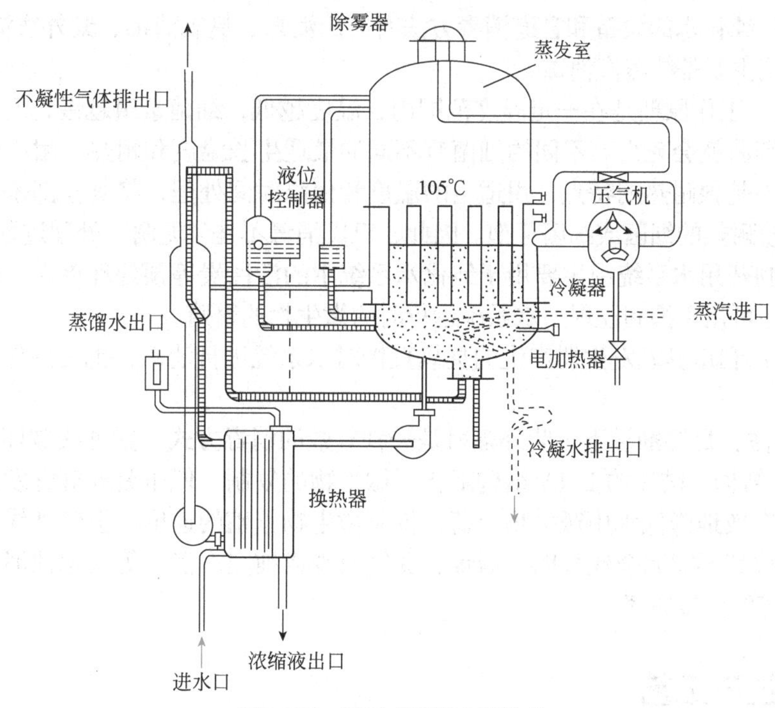

图5-119　气压式蒸馏水器结构

第九十八条　纯化水、注射用水储罐和输送管道所用材料应无毒、耐腐蚀；储罐的通气口应安装不脱落纤维的疏水性除菌滤器；管道的设计和安装应避免死角、盲管。

第九十九条　纯化水、注射用水的制备、贮存和分配应能防止微生物的滋生。纯化水可采用循环，注射用水可采用 70 ℃以上保温循环。

第一百条　应对制药用水及原水的水质进行定期监测，并有相应的记录。

第一百零一条　应按照操作规程对纯化水、注射用水管道进行清洗消毒，并有相关记录。发现制药用水微生物污染达到警戒限度及纠偏限度时应按操作规程处理。

附录 1：无菌药品 第四十九条 无菌原料药的精制、无菌药品的配制、直接接触药品的包装材料和器具等最终清洗、A/B 级洁净区内消毒剂和清洁剂配制的用水应符合注射用水的质量标准。

附录 2：原料药 第十一条 非无菌原料药精制工艺用水至少应当符合纯化水的质量标准。

附录 5：中药制剂 第三十一条 中药材洗涤、浸润、提取用水的质量标准不得低于饮用水标准，无菌制剂的提取用工艺用水应采用纯化水。

（2）GMP 对纯化水、注射用水储存和输送规定

纯化水、注射用水的制备、储存和分配应能防止微生物的滋生和污染。

注射用水的储存可采用 80 ℃以上保温、65 ℃以上保温循环或 4 ℃以下存放，储存周期不超过 2 h，纯化水的储存周期不应大于 24 h。贮罐应采用优质不锈钢材料及其他验证合格的材料制作，贮罐内壁应光滑，接管或焊缝不应有死角。注射用水贮罐宜采用保温夹套，以保证注射用水的储存温度；无菌制剂注射用水宜采用氮气保护，不用氮气保护的注射用水贮罐的通气口应安装不脱落纤维的疏水性除菌滤器，且显示液面、温度、压力等的传感器应不得形成滞水污染。

纯化水、注射用水预处理设备所用的管道一般采用 ABS（丙烯腈 - 丁二烯 - 苯乙烯共聚物）工程塑料，也有采用 PVC（聚氯乙烯）、PPR（无规则的共聚聚丙烯）或其他合适材料的。但纯化水及注射用水的分配系统应采用与化学消毒、巴氏消毒、热压灭菌等相适应的管道材料，如 PVDF（聚偏氟乙烯）、ABS、PPR 等，最好采用不锈钢，尤以 316L 型号为最佳。注射用水应采用循环管路输送，管路应保温，而纯化水宜采用循环管路输送。

（3）制药用水系统的消毒

制药用水系统中，通过对水处理设备和分配系统管道进行消毒灭菌，将水中的微生物数量控制在

标准范围之内。通常纯化水的设备和管道消毒方法有巴氏消毒、臭氧消毒、紫外线消毒、蒸汽消毒等，注射用水的分配系统主要是纯蒸汽消毒。

① 巴氏消毒法：工作原理是在一定温度范围内，温度越低，细菌繁殖越慢，而温度越高，繁殖越快，但温度太高，细菌就会死亡。不同的细菌有不同的最适生长温度和耐热、耐冷能力。巴氏消毒其实就是利用病原体不是很耐热的特点，用适当的温度和保温时间处理，将其全部杀灭，但经巴氏消毒后，仍残存小部分较耐热的细菌或细菌芽孢。因此，巴氏消毒不是“无菌”处理过程。

巴氏消毒法对制药用水系统中主要用于纯化水系统中的活性炭等预处理单元、储存与分配管网单元的周期性消毒；还可用于抑制注射用水系统运行时的微生物的繁殖。

② 臭氧消毒法：利用臭氧发生器产生的臭氧直接对水系统进行消毒，也可制作臭氧水对储水罐等进行消毒。

③ 紫外线消毒法：足够剂量下，紫外辐射是一种有效的消毒方式。紫外线破坏微生物（细菌、病毒和真菌等）DNA 结构，破坏的 DNA 结构阻止了微生物的复制，低压紫外灯管发出的紫外线集中在 254 nm，可以快速有效地降低水中微生物负荷，抑制微生物繁殖的速度。但紫外线不能杀灭附着在分配管路的微生物，故其不能完全代替巴氏消毒、臭氧消毒或纯蒸汽消毒等周期性消毒措施，但它可有效降低整个分配系统的消毒频率。

二、无菌制剂生产工艺

（一）无菌制剂的定义和种类

无菌制剂包括灭菌制剂与无菌操作制剂。**灭菌制剂**是指采用某一物理、化学方法杀灭或除去所有活的微生物繁殖体和芽孢的一类药物制剂，即采用最终灭菌的制剂。这种制剂的生产过程一般要采用避菌操作以尽量避免微生物污染，如大部分注射剂的制备等。**无菌操作制剂**系指采用某一无菌操作方法或技术制备的不含任何活的微生物繁殖体和芽孢的一类药物制剂。该法适合一些不耐热药物的注射剂、眼用制剂、皮试液、海绵剂和创伤制剂的制备。按照无菌操作法制备的产品，最后不再进行灭菌，因此无菌操作法对于保证无菌产品的质量非常重要。

根据制备工艺的特点，无菌制剂可分为最终灭菌小容量注射剂、最终灭菌大容量注射剂、非最终灭菌无菌粉针剂。其中非最终灭菌无菌粉针剂又包括无菌分装粉针剂和无菌冻干粉针剂。

（二）最终灭菌小容量注射剂生产工艺

最终灭菌小容量注射剂是指装量小于 50 mL，采用湿热灭菌法制备的灭菌注射剂。除一般理化性质外，无菌、无热原和细菌内毒素、澄明度、pH 等项目的检查均应符合规定。

1. 最终灭菌小容量注射剂生产工艺流程

按照生产工艺中安瓿的洗涤、烘干灭菌、灌装的机器设备的不同，将最终灭菌小容量注射剂生产工艺流程分为单机灌装工艺流程和洗、烘、灌、封联动机组工艺流程，以及塑料安瓿工艺流程。

最终灭菌小容量注射剂洗、烘、灌、封联动机组工艺流程及环境区域划分示意图见图 5-120。

2. 最终灭菌小容量注射剂的容器及处理方法

最终灭菌小容量注射剂的容器根据其制造材料可分为玻璃容器和塑料容器；按分装剂量可分为单剂量装、多剂量装及大剂量装容器。

（1）玻璃容器

① 玻璃容器的种类和样式：最终灭菌小容量注射剂常用的玻璃容器是安瓿和西林瓶，有单剂量和多剂量两种；常用的玻璃有中性玻璃、含钡玻璃和含锆玻璃 3 种。单剂量玻璃容器大多为安瓿，有 1 mL、2 mL、3 mL、5 mL、10 mL、20 mL、25 mL、30 mL 八种。安瓿大多为无色，有利于检查药液

的澄明度，而对光敏感的药物可用琥珀色玻璃以滤除紫外线。多剂量玻璃容器一般为具有橡胶塞的玻璃小瓶（也称西林瓶），有 3 mL、5 mL、10 mL、20 mL、30 mL、50 mL 等规格。玻璃容器除用于灌装小剂量注射液外，还可用于灌装注射用无菌粉末、疫苗和血清等生物制品。

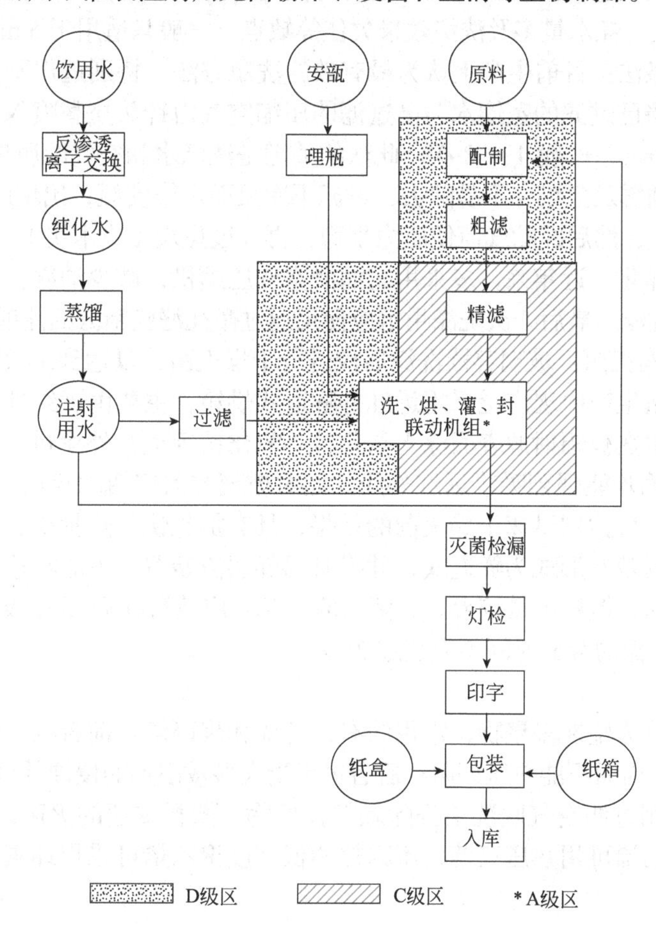

图5-120　最终灭菌小容量注射剂洗、烘、灌、封联动机组工艺流程及环境区域划分示意图

国标 GB/T 2637—2016 规定水针剂使用的安瓿一律为曲颈易折安瓿（简称易折安瓿），过去习惯使用的直颈安瓿、双联安瓿及曲颈安瓿均已淘汰。为避免折断安瓿瓶颈时造成玻璃屑、微粒进入安瓿污染药液，现已强制推行易折安瓿。其结构如图 5-121 所示。

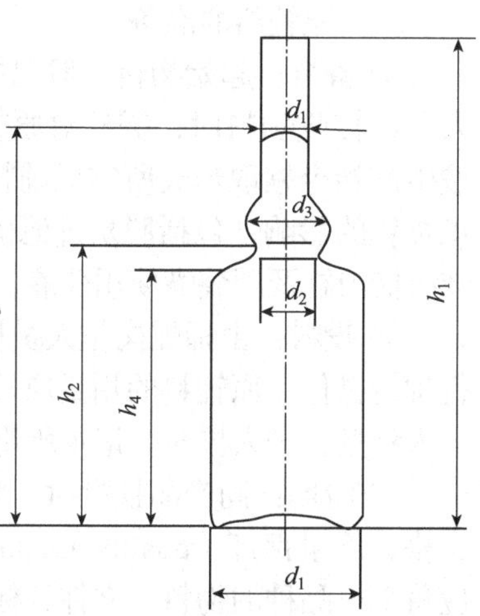

图5-121　易折安瓿

② 玻璃容器的质量要求：玻璃容器应透明，以便检查药液的杂质、颜色及澄明度；应具有低的膨胀系数及优良的耐热性及足够的机械强度，以耐受洗涤和灭菌过程中所产生的热冲击或较高的压力，避免在生产、装运及储存过程中造成破损；具有高度的化学稳定性，不改变药液的 pH，且不与注射液发生物质交换；熔点较低，便于封口；瓶壁不得有麻点、气泡及砂粒等。

③ 玻璃容器的检查：供生产用的玻璃容器应按照国家标准进行检查，合格后才能使用，一般必须进行物理或化学检查。物理检查主要包括玻璃容器外观、尺寸、应力、清洁度、热稳定性等。化学检查主要考察玻璃容器的耐酸性、耐碱性和中性检查，可按有关规定的方法进行。装药验证试验是指生产前对不同材质的玻璃容器进行装药试验，检查玻璃容器与药液的相容性，证明其对药液无影响后方能应用。

④ 玻璃容器的清洗：最终灭菌小容量注射剂所用的容器通常为安瓿，所以本部分主要介绍安瓿的

洗涤方法。安瓿的洗涤可分为甩水洗涤法和加压喷射气水洗涤法。

a. 甩水洗涤法：灌水机将过滤的去离子水或蒸馏水灌入安瓿，必要时也可采用稀酸溶液，甩水机将水甩出，如此反复3次，达到清洗的目的。这种方法具有生产效率高、设备简单等优点，曾被广泛采用，但由于占地面积大、耗水量多及洗涤效果欠佳等缺点，一般只适用于5 mL以下的安瓿。

b. 加压喷射气水洗涤法：目前生产上认为最有效的洗瓶方法，特别适用于大安瓿与曲颈安瓿的洗涤。该法在加压情况下将已过滤的蒸馏水与已过滤的压缩空气由针头交替喷入安瓿内进行洗涤，冲洗顺序为气→水→气→水→气，一般4～8次。此法的关键是洗涤水和空气的质量，特别是空气的过滤。因为压缩空气中有润滑油雾及尘埃，不易除去，过滤不净反而污染安瓿，出现所谓的"油瓶"。一般情况下，压缩空气先经冷却，然后经贮气筒使压力平稳，再经过焦炭（或木炭）、泡沫塑料、瓷圈、砂滤棒等过滤，完成空气的净化。近年来，多采用无润滑空气压缩机，减少油雾，简化过滤系统。洗涤水和空气也可用微孔滤膜过滤。最后一次洗涤用水应使用通过微孔滤膜精滤的注射用水。

⑤ 玻璃容器的干燥与灭菌：玻璃容器洗涤后应进行干燥灭菌，以达到杀灭细菌和热原的目的。少量制备可采用烘箱，大量生产中现广泛采用远红外隧道式烘箱，主要由远红外发生装置与自动传送装置组成，一般在碳化硅电热板辐射源表面涂上氧化钛、氧化锆等远红外涂料，便可辐射远红外线，而水、玻璃及大多数有机物均能强烈吸收远红外线。如对玻璃容器安瓿的灭菌，采用远红外干燥装置，温度可达250～350 ℃，可达到迅速干燥灭菌的效果，具有加热快、热损少、产量大等优点。还有一种电热隧道灭菌烘箱，其基本形式为隧道式，并附有局部层流装置，安瓿在连续层流洁净空气中，经高温干燥灭菌后极为洁净，但耗电量较大。灭菌后的安瓿，应放置在局部A级洁净区中冷却，待温度降至室温即可应用，空安瓿的存放时间不应超过24 h。

（2）塑料容器

塑料容器的主要成分为塑性多聚物，常用的有聚乙烯和聚丙烯。前者吸水性小，可耐受大多数溶剂的侵蚀，但耐热性差，因而不能热压灭菌；后者可耐受大多数溶剂的侵蚀并可热压灭菌。

塑料安瓿的洗涤采用过滤空气吹洗法去除颗粒性异物。塑料安瓿的灭菌因材料不同而有所差别，其中聚乙烯或高密度聚乙烯可用热压灭菌，不耐热的低密度聚乙烯可采用环氧乙烷或高能电子束等方式灭菌。

3. 药液的配制和过滤

（1）原辅料的准备

① 备料：起始物料一般包括溶剂、活性药物成分和辅料，所有的原辅料必须是注射用规格。工作人员在接收物料时，需核对原辅料的品名、批号、规格、含量、检验报告书、合格证、产地及数量，按生产指令领取当天所需原辅料，存放在暂存间，并做好物料交接记录。在计算物料平衡时应考虑可见损耗的影响，包括脱炭过滤器留存药液、二级过滤器留存药液、终端过滤器留存药液、在线清洗灌装机储液缸及灌装嘴使用药液、管道留存药液。

② 投料：由稀配岗位人员根据批生产指令到物料暂存间领取所需物料，认真核对，准确无误后进行称量操作。原辅料的用量应按处方量计算，对含有结晶水的药物应注意换算。称量时需有两人参加，一人称量，一人核对。记录所用原辅料的来源、批号、用量和投料时间。

③ 清场：同产品换批时，将前一批次产品的文件、物料、标示等清出称量间。经清场负责人检查合格，质量保证（quality assurance，QA）复查人检查合格后进行下一批次的生产。换产品、规格时，应将上一品种的物料、文件、标示等清出称量间，并经清场负责人检查合格，QA复查人检查合格，发清场合格证后方可进行下一品种生产。

（2）配液

配液前首先确认本条生产线是否已清场、配药罐等是否已清洁，检查系统有无泄漏等。根据每个产品的工艺要求及操作注意事项，进行产品配制，配制过程要有专人复核。电子台秤每次使用前均需核查，做好记录，在校验合格有效期内使用。注射剂的批号以每一配制罐为一个批号。配制药液所用的注射用水温度根据工艺要求控制，配成药液混匀后取样，测定含量、pH 等。调整含量须要有复核人复核。配好的药液须标明品名、规格、批号、批量、日期等。

① 配制用具的选择与处理：调配器具使用前，要用洗涤剂或硫酸清洁液处理、洗净。临用前用新鲜注射用水荡洗或灭菌后备用。每次配液后，一定要立即刷洗干净，玻璃容器可加入少量硫酸清洁液或 75% 乙醇放置，以免长菌，使用时再依规程洗净。

② 配制方法：配液方式有两种。一种方法是将原料加入所需的溶剂中一次配成所需浓度的药液，即所谓稀配法，适用于质量好的原料；另一种方法是将全部原料药物加入部分溶剂中配成浓溶液，加热过滤，必要时也可冷藏后再过滤，然后稀释至所需浓度，即浓配法，溶解度小的杂质在浓配时可以过滤除去。配制所用注射用水其储存时间不得超过 12 h。对于不易滤清的药液可加 0.1% ～ 0.3% 的活性炭，但使用活性炭时要注意其对药物的吸附作用，要通过加炭前后药物含量的变化，确定能否使用。活性炭在酸性溶液中吸附作用较强；在碱性溶液中有时出现“胶溶”或脱吸附作用，反而使溶液中的杂质增加，故活性炭最好用酸处理并活化后使用。药液配好后，要进行半成品的测定，一般主要包括 pH、含量等项目，合格后才能过滤灌封。

（3）药液的过滤

滤器按其过滤能力可分为粗滤（预滤）器和精滤（末端过滤）器。粗滤器包括砂滤棒、板框式压滤器、钛滤器；精滤器包括垂熔玻璃滤器、微孔滤膜过滤器、超滤膜过滤器、核孔膜过滤器等。

在注射剂车间生产中，通常用的过滤器有砂滤棒、钛滤器和微孔滤膜过滤器等。

① 砂滤棒：国产砂滤棒有两种。一种是硅藻土砂滤棒，质地较松散，一般适用于黏度较高、浓度较大的滤液；另一种是多孔素瓷砂滤棒，由白陶土烧结而成，此种滤器质地致密，适用于低黏度药液。砂滤棒价廉易得，滤速较快，但易于脱砂，对药液吸附性强，难以清洗，且有可能改变药液的 pH。砂滤棒用后应立即取出，用常水冲洗，毛刷刷洗，用热蒸馏水抽洗或煮沸，再用注射用水抽洗至澄明。为防止交叉污染，砂滤棒最好按品种专用。

② 钛滤器：它是用粉末冶金工艺将钛粉末加工制成过滤元件，有钛滤棒与钛滤片两种。钛滤器抗热震性能好、强度大、质轻、不易破碎，过滤阻力小，滤速大。注射剂配制中孔径不大于 30 μm 的钛滤棒可进行脱碳过滤。钛滤器在注射剂生产中是一种较好的粗滤材料，目前许多制剂生产单位已开始应用。

③ 微孔滤膜过滤器：它是用高分子材料制成的薄膜过滤介质。在薄膜上分布有大量的穿透性微孔，孔径 0.025 ～ 14 μm，分成多种规格。微孔滤膜常用醋酸纤维膜、硝酸纤维膜、醋酸纤维与硝酸纤维混合脂膜等。微孔滤膜具有孔径小、截留能力强、不受流体流速和压力影响等特点，因此药液通过薄膜时阻力小、滤速快，与同样截留指标的其他过滤介质相比，滤速快 40 倍。滤膜是一个连续的整体，过滤时无介质脱落，不影响药液的 pH；滤膜用后弃去，药液之间不会产生交叉污染。由于微孔滤膜的过滤精度高，因而广泛应用于注射剂生产中。但其主要缺点是易于堵塞，有些纤维素类滤膜稳定性不理想。

为了保证微孔滤膜的质量，应对制好的膜进行必要的质量检查，包括孔径大小、孔径分布和流速等。孔径大小的测定一般采用气泡法，每种滤膜都有特定的气泡点，它是滤膜孔径额定值的函数，是推动空气通过被液体饱和的膜滤器所需的压力，故测定滤膜的气泡点即可知道该膜的孔径大小。

具体测定方法是：将微孔滤膜湿润后装在过滤器中，并在滤膜上覆盖一层水，从过滤器下端通入氮气，以每分钟压力升高 34.3 kPa 的速度加压，水从微孔中逐渐被排出。当压力升高至一定值，滤膜上面水层中开始有连续气泡逸出，此压力值即为该滤膜的气泡点（图 5-122）。

不同种类滤膜适合不同的溶液，因此在使用前，应进行膜与药物溶液的配伍试验，证明确无相互作用才能使用。如纤维素酯滤膜适用于药物的水溶液、稀酸和稀碱、脂肪族和芳香族碳氢化合物或非极性液体，不适用于强酸和强碱。

微孔滤膜过滤器的安装方式有两种，即圆盘形膜滤器和圆筒形膜滤器。图 5-123 所示是圆盘形膜滤器，由多孔筛板、微孔滤膜、底板垫圈、滤器底板、盖板垫圈等构成。

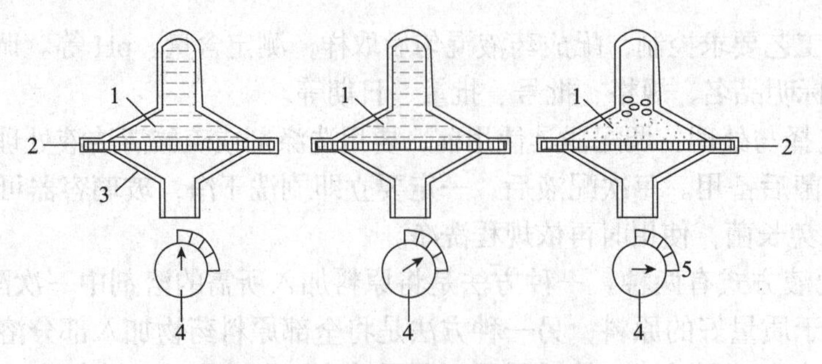

图5-122 气泡点压力测定示意图

1—水；2—微孔滤膜；3—滤器；4—压力表；5—气泡点压力

注射剂的过滤通常有高位静压过滤、减压过滤及加压过滤等方法。其中高位静压过滤装置适用于生产量不大、缺乏加压或减压设备的情况，此法压力稳定、质量好，但滤速稍慢。而减压过滤装置适用于各种滤器，设备要求简单，但压力不够稳定，操作不当易使滤层松动，影响质量。一般可采用如图 5-124 所示的减压过滤装置。此装置可以进行连续过滤，整个系统都处在密闭状态，药液不易污染。但进入系统中的空气必须经过过滤。

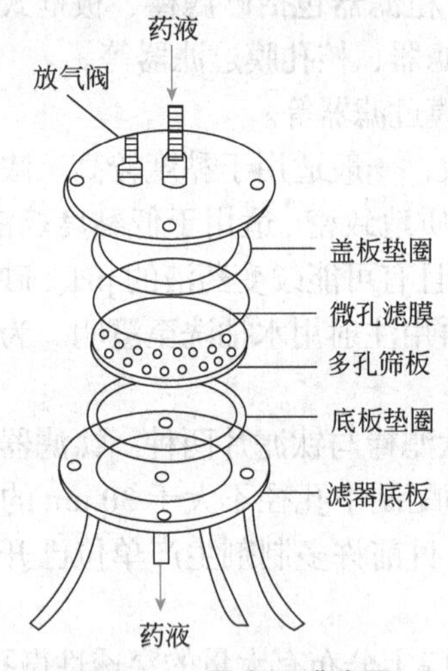

图5-123 圆盘形膜滤器

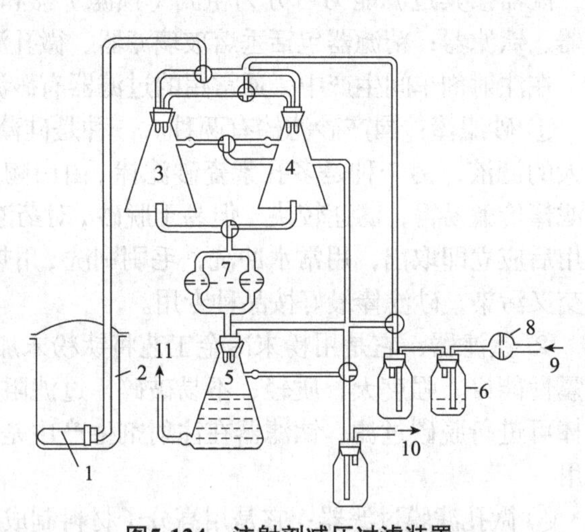

图5-124 注射剂减压过滤装置

1—滤棒；2—贮液桶；3～5—滤液瓶；6—洗气瓶；7—垂熔玻璃漏斗；8—滤气球；9—进气口；10—抽气；11—接灌注器

加压过滤多用于药厂大量生产，压力稳定、滤速快、质量好、产量高。由于全部装置保持正压，因此即使过滤时中途停顿，也不会对滤层产生较大影响，同时外界空气不易漏入过滤系统。但此法需要离心泵或压滤器等耐压设备，适于配液、过滤及液封工序在同一平面的情况。加压过滤装置如图 5-125 所示。

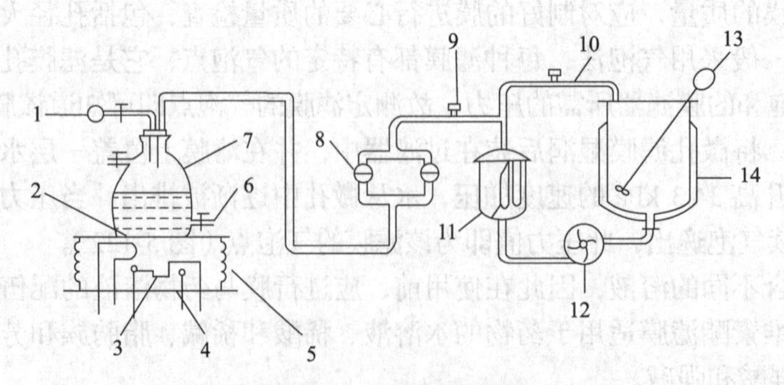

图5-125 加压过滤装置

1—空气进口滤器；2—限位开关（常断）；3—连板接点；4—限位开关（常通）；5—弹簧；6—接灌注器；7—贮液瓶；8—滤器（滤球或微孔膜滤器）；9—阀；10—回流管；11—砂棒；12—泵；13—电动搅拌器；14—配液

4. 灌封

最终灭菌小容量注射剂的灌封包括灌注药液和封口两步。灌封操作可在C级洁净区内进行，通常采取定期监控作为质量控制的一部分。近年来，吹灌封系统已得到广泛的应用，其主要特点是缩短了暴露于环境的时间，降低了污染的风险。

（1）安瓿灌封工艺过程

安瓿灌封的工艺过程一般应包括安瓿的排整、灌注、充氮、封口等工序。

① 安瓿的排整：将烘干、灭菌、冷却后的安瓿依照灌封机的要求，在一定时间间隔（灌封机动作周期）内，将定量的（固定支数）安瓿按一定的距离间隔排放在灌封机的传送装置上。

② 灌注：静置后的药液经计量，按一定体积注入安瓿中。为适应不同规格、尺寸的安瓿要求，计量机构应便于调节。由于安瓿颈部尺寸较小，计量后的药液需使用类似注射针头状的灌注针灌入安瓿。又因灌封是数支安瓿同时灌注，故灌封机相应地有数套计量机构和灌注针头。

③ 充氮：为了防止药品氧化，有时需要向安瓿内药液上部的空间充填氮气以取代空气。此外，有时在灌注药液前还得预充氮，提前以氮气置换空气。充氮功能是通过氮气管线端部的针头来完成的。

④ 封口：将已灌注药液且充氮后的安瓿颈部用火焰加热，使其熔融后密封。加热时安瓿需自转，使颈部均匀受热熔化。目前灌封机均采用拉丝封口工艺，即在瓶颈玻璃熔合的同时，用拉丝钳将瓶颈上部多余的玻璃靠机械动作强力拉走，加上安瓿自身的旋转动作，可以保证封口严密不漏，不留毛细孔隐患，并且封口处玻璃薄厚均匀，不易出现冷爆现象。

（2）灌装过程应注意的问题

① 剂量要准确：灌装时可按现行《中国药典》要求适当增加药液量，以保证注射用量不少于标示量。根据药液的黏稠程度不同，在灌装前必须校正注射器的吸液量，试装若干支安瓿，经检查合格后再行灌装。

② 药液不得沾瓶：如果灌注速度过快，药液易溅至瓶壁而沾瓶。另外，注射器活塞中心常有毛细孔，可使针头挂的水滴缩回，以防止沾瓶。

在安瓿灌封过程中可能出现的问题还有封口不严（毛细孔）、出现大头、焦头、瘪头、爆头等，应分析缘由并及时解决。焦头出现的主要原因有：安瓿颈部沾有药液，封口时炭化不当；灌药时给药太急，溅起药液在安瓿瓶壁上；针头往安瓿里灌药时不能立即回缩或针头安装不正；打药行程不配合等也会导致焦头的产生。另外，充二氧化碳时容易发生瘪头、爆头等问题。

5. 灭菌与检漏

（1）灭菌

除采用无菌操作生产的注射剂之外，其余注射剂在灌封后必须尽快进行灭菌，其目的是杀灭或除去所有微生物繁殖体和芽孢，使注射剂无菌无热原并符合《中国药典》检查要求。

常用的灭菌方法有物理灭菌法和化学灭菌法。物理灭菌法系采用加热、射线照射或过滤等方法杀灭或除去微生物的技术，亦称物理灭菌技术。该技术包括干热灭菌法、湿热灭菌法、除菌过滤法和辐射灭菌法等。化学灭菌法是指用化学药品直接作用于微生物将其杀死，同时不损害制品的质量的方法。其目的在于减少微生物的数目，以控制无菌状况至一定水平。常用的方法有气体灭菌法和表面消毒法。

目前国内注射剂厂家最常使用的是湿热灭菌方法，一般情况下1～2 mL注射剂多采用100 ℃流通蒸汽30 min灭菌，10～20 mL注射剂则采用100 ℃流通蒸汽45 min灭菌。设备为单扉柜式卧式热压灭菌箱或双扉式卧式热压灭菌柜。对某些特殊的注射剂产品，可根据药物性质适当选择灭菌温度和时间，也可采用其他灭菌方法，如微波灭菌法和高速热风灭法。

（2）检漏

安瓿熔封后若存在毛细孔或细小的裂缝，在储存时会发生药液泄漏、微生物和空气侵入等现象，污染包装并影响药液的稳定性，因此安瓿灭菌之后有一道检漏工序，检查安瓿封口的严密性，以保证灌封后的密闭性。

检漏一般是在灭菌结束后先放进冷水淋洗安瓿使其温度降低，然后关闭箱门将箱内空气抽出，当箱内真空度达到 0.853 ～ 0.906 MPa 时，打开有色水管，将有色溶液（常用 0.05% 曙红或亚甲蓝溶液）吸入箱内，将安瓿全部浸没，安瓿遇冷内部气体收缩形成负压，有色水即从漏气的毛细孔进入而被检出。

6. 质量检查

（1）可见异物检查

可见异物是指存在于注射剂中目视可以观测到的不溶性物质，其粒径或长度通常大于 50 μm。含有颗粒物质的注射剂在给药时可能发生血管阻塞、注射部位肿胀、大量组织发炎并被感染等危害，如果血凝块进入肺部，会引起肺组织结疤，甚至可能导致有生命危险的过敏反应。

可见异物的检查法有灯检法和光散射法。一般常用灯检法，也可采用光散射法。灯检法不适用的品种，如有色透明容器包装或液体色泽较深的品种应选用光散射法。注射液的可见异物检查应按照《中国药典》（2020 年版）四部通则 0904 可见异物检查法。

（2）不溶性微粒检查

对溶液型静脉注射剂，在可见异物检查符合规定后，尚需检查不溶性微粒的大小及数量。测定方法包括光阻法和显微计数法。当光阻法测定结果不符合规定或供试品不适于用光阻法测定时，应采用显微计数法进行测定，并以显微计数法的测定结果作为判定依据。详细内容参见《中国药典》（2020 年版）四部通则 0903 不溶性微粒检查法。

（3）热原检查

热原的检查方法目前有家兔法和细菌内毒素法。家兔法系将一定剂量的供试品静脉注入家兔体内，在规定时间内观察家兔的体温升高情况，以判定供试品中热原的限度是否符合规定。细菌内毒素法系利用鲎试剂来检测或量化由革兰氏阴性菌产生的细菌内毒素，以判断供试品中细菌内毒素的限度是否符合规定。详细内容参见《中国药典》（2020 年版）四部通则 1142 热原检查法和四部通则 1143 细菌内毒素检查法。

（4）无菌检查

注射剂在灭菌后应抽取一定数量的样品进行无菌检查，以确保产品的灭菌效果。通过无菌操作制备的成品更应注意无菌检查的结果。无菌检查的具体方法见《中国药典》（2020 年版）四部通则 1101 无菌检查法。

（5）降压物质检查

《中国药典》（2020 年版）四部规定对由发酵制得的原料，制成注射剂后一定要进行降压物质检查。由发酵提取而得的抗生素如两性霉素 B 等，若质量不好往往会混有少量组胺，其毒性很大，可作为降压物质的代表。降压物质检查的具体操作见《中国药典》（2020 年版）四部通则 1145 降压物质检查法。

（6）稳定性检查

溶液型注射液需要注意其在储存中的化学稳定性，应制定主成分含量测定方法和有关物质检查方法，通过加速试验等方法来评价其化学稳定性。

（7）其他

注射剂的装量检查按现行《中国药典》规定方法进行。此外，鉴别、含量测定、pH 测定、毒性试验、刺激性试验等按具体品种要求进行检查。

（三）最终灭菌大容量注射剂生产工艺

最终灭菌大容量注射剂常称为输液，是指 100 mL 及 100 mL 以上的最终灭菌注射剂。主要分为电解质溶液、营养输液、胶体输液、含药输液这四大类，具有调整人体内水、电解质、糖或蛋白质代谢及扩充血容量等作用。

输液的质量要求与小容量注射剂基本一致，但由于其用量大且是直接进入血液，故对无菌、无热原及澄明度要求更严格，这也是目前输液生产中存在的主要质量问题。同时，含量、色泽、pH 等项目均应符合要求。pH 应在保证药物稳定和疗效的基础上，尽可能接近人体血液的 pH。渗透压可为等渗或偏高渗，输入人体后不应引起血象的任何变化。此外，输液要求不能有产生过敏反应的异性蛋白及降压物质，输液中不得添加任何抑菌剂，且在储存过程中质量应稳定。

1. 最终灭菌大容量注射剂生产工艺流程

最终灭菌大容量注射剂生产过程包括原辅料的准备、浓配、稀配、瓶外洗、粗洗、精洗、灌、灭菌、灯检、包装等步骤。最终灭菌大容量注射剂（玻璃瓶）生产工艺流程及环境区域划分示意图见图 5-126，最终灭菌大容量注射剂（塑料容器）生产工艺流程及环境区域划分示意图见图 5-127。

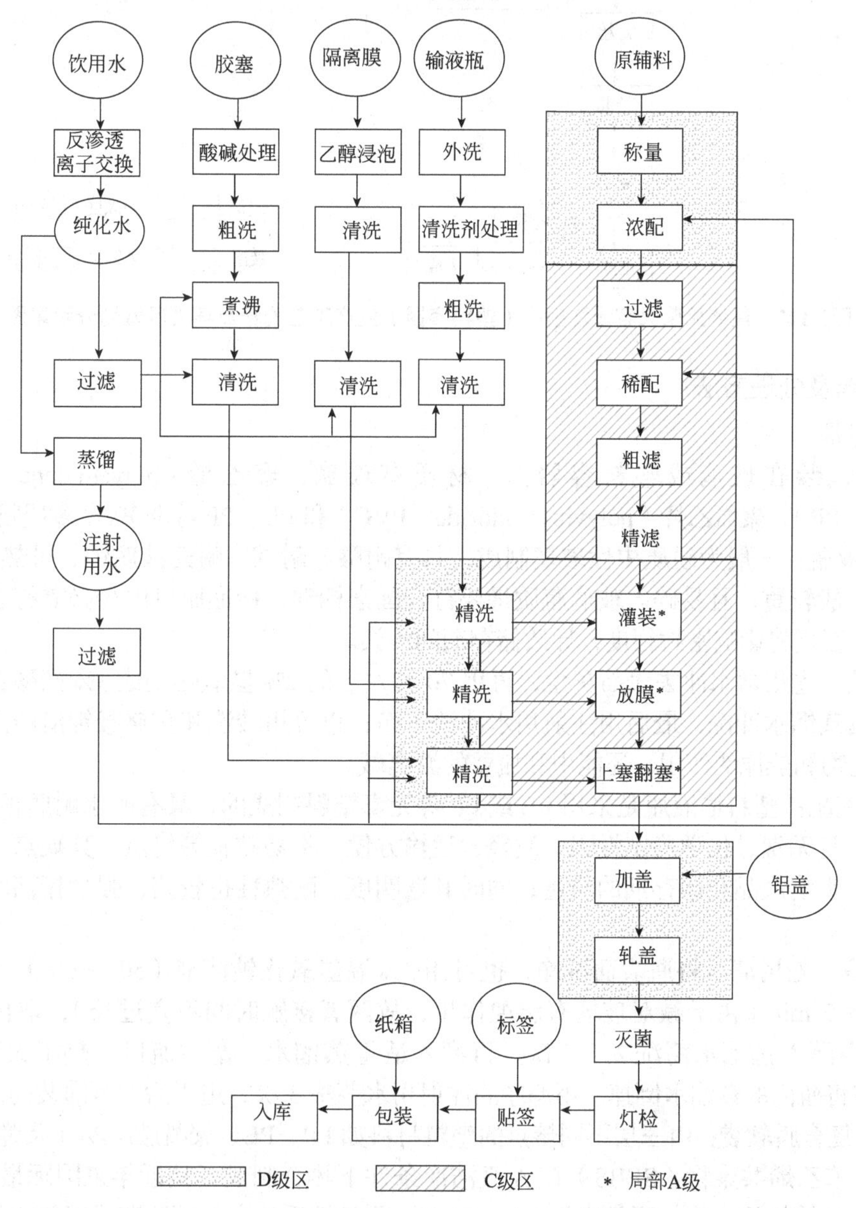

图5-126　最终灭菌大容量注射剂（玻璃瓶）生产工艺流程及环境区域划分示意图

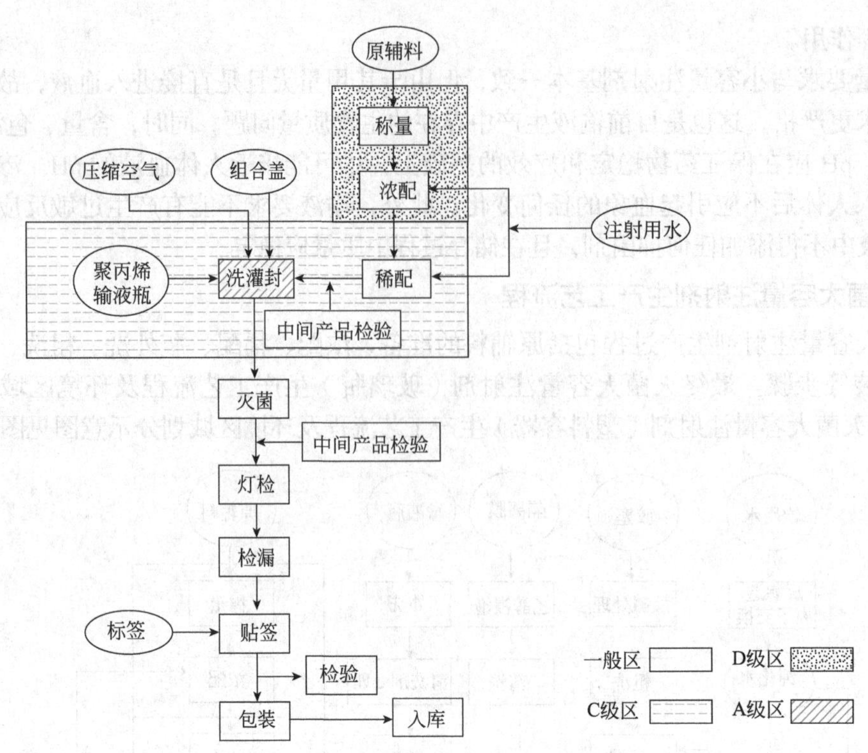

图5-127 最终灭菌大容量注射剂（塑料容器）生产工艺流程及环境区域划分示意图

2. 输液容器及处理方法

（1）输液容器

输液通常包装在玻璃或塑料容器内，材质有玻璃、聚乙烯（polyethylene，PE）、聚丙烯（polypropylene，PP）、聚氯乙烯（polyvinyl chloride，PVC）和 PE、PP 等非 PVC 多层膜复合共挤膜等。

① 玻璃输液瓶：一般为硬质中性玻璃制成，具有耐酸、耐碱、耐药液腐蚀、可热压灭菌的特点，缺点是玻璃瓶一般较重，且易碎。玻璃瓶质量要符合国家标准，标准瓶口内径必需符合要求，光滑圆整，大小一致，否则将影响密封程度，导致储存期间污染。

清洗方法是：先用常水冲去表面灰尘，再用 70 ℃左右的 2% 氢氧化钠或 3% 碳酸钠溶液冲洗内壁约 10 s，然后用蒸馏水冲洗，最后用注射用水冲洗干净；也可用酸洗和重铬酸钾清洁液洗，后者既有强力的消灭微生物和热原的作用，还能中和瓶壁的游离碱。

② 塑料输液瓶：塑料输液瓶是采用 PE 或 PP 等无毒塑料制成的，具有耐水耐腐蚀、机械强度高、可以热压灭菌，且无毒、化学稳定性强、质轻、运输方便、不易破损等优点。其缺点是湿气和空气可以透过塑料袋，影响产品在储存期的质量；同时其透明度、耐热性也较差，强烈振荡时，可产生轻度乳光。

清洗方法是：先用清水将瓶表面洗净，也可用 2% 温氢氧化钠溶液（50 ～ 60 ℃）清洗，将瓶浸入温碱液中 2 ～ 3 min（由于碱对玻璃有腐蚀作用，故两者接触时间不宜过长），取出用水冲瓶外碱液，然后在瓶内灌入蒸馏水荡洗 2 ～ 3 次，再灌入适量蒸馏水，塞住瓶口，热压灭菌（0.5 kg/cm^2）30 min。临用前将瓶内的蒸馏水倒掉，用滤净的注射用水荡洗 3 次，甩干后即可灌装药液。

③ 非 PVC 复合膜软袋：由三层不同熔点的塑料材料如 PP、PE、聚酰胺（PA）及弹性材料苯乙烯 - 乙烯 - 丁二烯 - 苯乙烯共聚物（SEBS）在 A 级洁净条件下热合制成，是近年来国际最新的包装材料。内层为完全无毒的惰性聚合物，通常采用 PP、PE 等，化学性质稳定，不脱落或降解出异物；中层为致密材料，如 PP、PA 等，具有优良的水、气阻隔性能；外层主要是提高软袋的机械强度。

非 PVC 复合膜的成分中不含增塑剂，对热稳定，透明性能佳；对蒸汽和气体透过性极低，有利于保持输液的稳定性；惰性好，不与药物发生化学反应；韧性强，可自收缩，药液在大气压力下，可通过封闭的输液管路输液，消除空气污染及气泡造成的栓塞危险，同时有利于急救及急救车内加压使用；使用过的输液袋处理非常容易，焚烧后只产生水、二氧化碳，对环境无害。总之，非 PVC 复合膜是一种理想的输液包装材料，是当今世界输液包装材料的发展趋势。

（2）胶塞

玻璃输液瓶所用胶塞对输液澄明度影响很大，其质量要求为：①富于弹性及柔软性；②针头刺入和拔出后应立即闭合，并能耐受多次穿刺无碎屑脱落；③具耐溶性，不致增加药液中的杂质；④可耐受高温灭菌；⑤有高度的化学稳定性，不与药物成分发生相互作用；⑥对药液中药物或附加剂的吸附作用应达最低限度；⑦无毒性及溶血作用。

目前我国正在逐步推广合成橡胶塞如丁基橡胶的使用。丁基胶塞的特点是气密性好、化学成分稳定、杂质少，不用翻边加膜。有时为了保证药物的稳定性，还可在胶塞的内缘加上稳定涂层。丁基胶塞洗涤时直接使用滤净的注射用水冲洗，而不必像橡胶塞那样需经酸碱处理。

3. 输液的配制

最终灭菌大容量注射剂的配制，必须使用新鲜合格的注射用水，要注意控制注射用水的质量，特别是热原、pH 与铝盐，原料应选用优质注射用原料。配制称量时必须严格核对原辅料的名称、规格、质量。配制好后，要检查半成品质量。配液容器一般采用带有夹层的不锈钢罐，可以加热。用具的处理要特别注意，避免污染热原，特别是管道阀门的安装，不得遗留死角。配液方法常采用浓配法，即先配成较高浓度的溶液，经过滤处理后再进行稀释，这种方法有利于除去杂质。当原料质量好时，也可采用稀配法。输液配液时需要加入 0.01% ～ 0.5% 针用活性炭，具体用量视原料而定，加入活性炭的目的是吸附热原、杂质和色素，并可用作助滤剂。

4. 输液的过滤

输液的过滤方法、滤过装置与安瓿剂基本相同，过滤多采用加压过滤法，效果较好，过滤材料一般用陶瓷滤棒、砂滤棒或微孔钛滤棒。在预滤时，滤棒上应先吸附一层活性炭，并在过滤开始，反复进行循环回滤至滤液澄明合格为止，过滤过程中，不要随便中断，以免冲动滤层，影响过滤质量。精滤多采用微孔滤膜，根据不同品种，选用孔径为 0. 22 ～ 0. 45 μm 微孔滤膜或微孔滤芯，以降低药液的微生物污染水平。药液终端过滤使用 0.22 μm 微孔滤膜时，先用注射用水漂洗至无异物脱落，再在使用前后做气泡点试验。

5. 输液的灌封

最终灭菌大容量注射剂采用玻璃瓶灌装时，由药液灌注、加胶塞和轧盖三步组成，三步连续完成。采用塑料袋灌装时，将袋内最后一次洗涤水倒空，以常压灌至所需要量，排尽袋内空气，电热封口，灌封时药液维持在 50 ℃。

6. 输液的灭菌

为了减少微生物污染繁殖的机会，输液灌封后应立即进行灭菌。最终灭菌大容量注射剂一般采用热压灭菌，从配制到灭菌不应超过 4 h。根据输液的质量要求及输液容器大且厚的特点，灭菌开始应逐渐升温，一般预热 20 ～ 30 min，如果骤然升温，会引起输液瓶爆炸。待达到灭菌温度 115 ℃时，维持 30 min，然后停止升温，待锅内压力下降到零时，放出锅内蒸汽，使锅内压力与大气相等后，再缓慢（约 15 min）打开灭菌锅门，不可带压操作。

7. 质量检查

最终灭菌大容量注射剂对澄明度、热原、无菌的质量检查比最终灭菌小容量注射剂更为严格。

（1）澄明度与微粒检查

由于肉眼只能检出 50 μm 以上的微粒，因此澄明度除目检应符合有关规定外，现行《中国药典》还规定了不溶性微粒检查法。该法规定标示量 100 mL 或 100 mL 以上注射液应做该项检查。检查方法有显微计数法及光阻法。

① 光阻法：取 50 mL 测定，要求每 10 mL 大容量注射剂中含 10 μm 及 10 μm 以上的不溶性微粒应在 10 粒以下，含 25 μm 及 25 μm 以上的微粒不得超过 2 粒。

② 显微计数法：取 50 mL 测定，要求含 10 μm 及 10 μm 以上的不溶性微粒应在 20 粒以下，含 25 μm 及 25 μm 以上的微粒不得超过 5 粒。详见《中国药典》（2020 年版）四部通则 0903。

（2）热原检查

每一批最终灭菌大容量注射剂都必须按现行《中国药典》规定的热原检查法或细菌内毒素检查法进行热原检查。详见《中国药典》（2020 年版）四部通则 1142 热原检查法和四部通则 1143 细菌内毒素检查法。

（3）无菌检查

无菌要求与小容量注射剂相同。此外，国外对最终灭菌大容量注射剂的无菌检查，更注重灭菌的工艺过程，各项工艺参数（如温度、时间、饱和蒸气压、F_0 值及其他关键参数）均应达到要求，以保证最后的无菌检查合格。详见《中国药典》（2020 年版）四部通则 1101 无菌检查法。

（4）稳定性评价

与小容量注射剂相似，但要求更高，如乳浊液或混悬液，应按要求检查粒度，80% 的微粒应小于 1 μm，微粒大小均匀，不得有大于 5μm 的微粒，色泽和降解产物也应合格。

（5）酸碱度和含量测定

按不同品种进行严格测定。

（四）无菌分装粉针剂生产工艺

无菌分装粉针剂系指以无菌操作法将经过无菌精制的药物粉末分（灌）装于灭菌容器内的粉针剂。需要无菌分装的粉针剂为不耐热、不能采用成品灭菌工艺的产品，其生产过程必须无菌操作，并要防止异物混入。无菌分装的粉针剂吸湿性强，在生产过程中应特别注意无菌室的相对湿度、胶塞和瓶子的水分、工具的干燥和成品包装的严密性。

1. 无菌分装粉针剂生产工艺流程

无菌分装粉针剂的生产工序包括：洗瓶及干燥灭菌、胶塞处理及灭菌、铝盖洗涤及灭菌、分装轧盖、包装。按 GMP 规定，其生产区域空气洁净度级别分为 A 级、C 级和 D 级。无菌分装粉针剂工艺流程及环境区域划分见图 5-128。

2. 无菌分装粉针剂的生产过程

（1）原材料准备

① 原料药的准备：为制定合理的生产工艺，首先应对药物的理化性质进行研究和测定。通过测定药物的热稳定性，可确定产品最后能否进行灭菌处理；通过测定药物的临界相对湿度，确保分装室的相对湿度控制在临界相对湿度以下，避免药物吸潮变质。此外，粉末晶型和粉末松密度与制备工艺有密切关系，通过测定，分装易于控制。

无菌原料药可用灭菌结晶法、喷雾干燥法等方法制备，必要时可进行粉碎、过筛等操作，在无菌条件下分装而制得符合注射用的灭菌粉末。

② 玻璃瓶的清洗、灭菌和干燥：根据最新《药品生产质量管理规范》要求，玻璃瓶经过粗洗后用纯水冲洗，最后一次用 0.22 μm 微孔滤膜过滤的注射用水冲洗，同时要求洗净的玻璃瓶应在 4 h 内灭菌和干燥，使玻璃瓶达到洁净、干燥、无菌、无热原。常见的干热灭菌条件是 180 ℃加热 1.5 h 或者于隧道式干热灭菌器内 320 ℃加热 5 min 以上。灭菌后的玻璃瓶应存放在 A 级层流下或存放在专用容器中。

③ 胶塞的清洗、灭菌和干燥：胶塞用稀盐酸煮洗、饮用水及纯化水冲洗，最后用注射用水漂洗。洗净的胶塞进行硅化，硅油应经 180 ℃加热 1.5 h 去除热原。处理后的胶塞在 8 h 内灭菌，可采用湿热蒸汽灭菌法，在 121 ℃热压灭菌 40 min，并于 120 ℃烘干备用。灭菌后的胶塞应存放在 A 级层流下或存放在专用容器中。

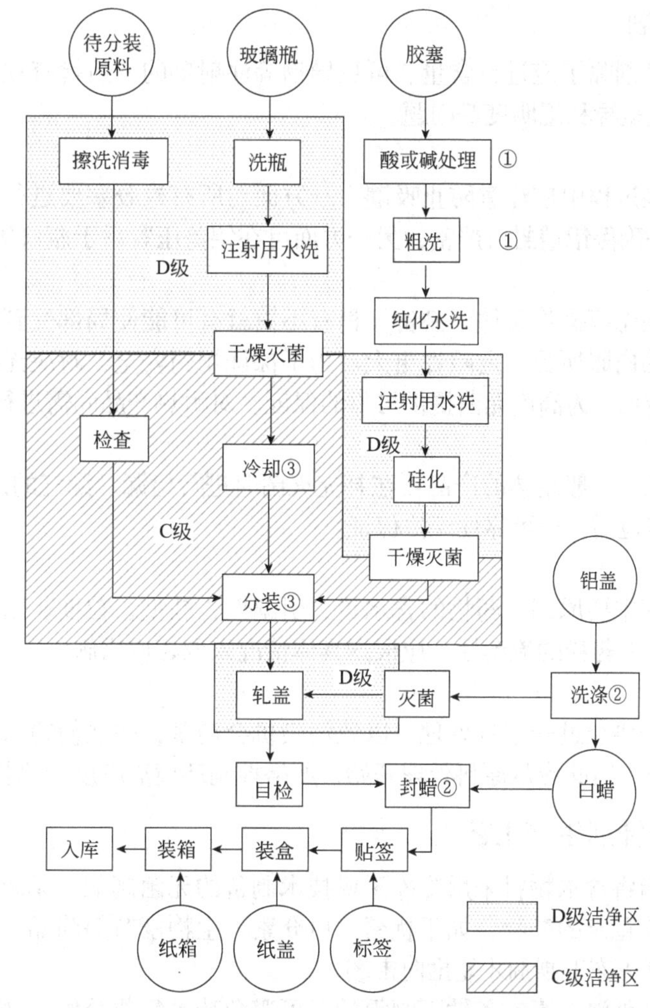

图5-128 无菌分装粉针剂工艺流程及环境区域划分

①适用于天然胶塞；②该工序可根据需要设置；③局部A级洁净区

④ 制备无菌原料：无菌原料可用灭菌结晶或喷雾干燥等方法制备，必要时需进行粉碎、过筛等操作，在无菌条件下制得符合注射用的无菌粉末。

（2）无菌粉针剂的充填、盖胶塞和轧封铝盖

分装必须在高度洁净的无菌室中按照无菌操作法进行。采用容积定量或螺杆计量方式，通过装粉机构定量地将粉剂分等在玻璃瓶内，并在同一洁净等级环境下将经过清洗、灭菌、干燥的洁净胶塞盖在瓶口上。此过程在专用分装机上完成，分装机应有局部层流装置。玻璃瓶装粉盖胶塞后，将铝盖严密地包封在瓶口上，保证瓶内的密封，防止药品受潮、变质。

（3）半成品检查

药物分装轧盖后，粉针剂的基本生产过程即已完成。为保证产品质量，在此阶段应进行半成品检查，主要检查玻璃瓶有无破损、裂纹，胶塞、铝盖是否密封，装量是否准确，以及瓶内有无异物等。异物检查一般在传送带上目检。

（4）印字包装

目前生产上印字包装均已实现机械化操作。将带有药品名称、药量、用法、生产批号、有效期、批准文号、生产厂及特定标识字样的标签牢固、规整地粘贴在玻璃瓶瓶身上。经过此过程生产出来的产品，经过检验就是成品。粉针剂制成成品后，为方便储运，以10瓶、20瓶或50瓶为一组装在纸盒里并加封，再装入纸箱。

3. 无质量检查与控制

注射用无菌分装粉针剂除了应进行含量、可见异物等注射剂的一般检查项目外，还应特别注意其吸湿、无菌、检漏、装量差异和澄明度等问题。

（1）吸湿

无菌分装产品在分装过程中应注意防止吸潮。一方面对所有橡胶塞要进行密封防潮性能测定，选择密封性能好的胶塞，并确保铝盖封口严密；另一方面可在铝盖压紧后于瓶口烫蜡，防止水汽渗入。

（2）无菌

无菌分装粉针剂系在无菌操作条件下制备，稍有不慎就有可能使局部受到污染，而微生物在固体粉末中繁殖较慢，不易为肉眼所见，危险性更大。为了保证用药安全，解决无菌分装过程中的污染问题，要求采用层流净化装置，为高度无菌提供可靠的保证。对耐热产品尚需进行补充灭菌。

（3）检漏

粉针的检漏较为困难。一般耐热的产品可在补充灭菌时进行检漏，漏气的产品在灭菌时吸湿结块。不耐热的产品可用亚甲蓝检漏，但可靠性无法保证。

（4）装量差异

药粉流动性降低是其主要原因。药物的含水量、引湿性、晶型、粒度、比容及分装室内相对湿度和机械性能等因素均能影响药粉的流动性，应根据具体情况采取相应措施。

（5）澄明度

由于无菌分装粉针剂要经过一系列处理，以致污染机会增多，往往使粉末溶解后出现毛毛、小点等，导致澄明度不合要求。因此应从原料处理开始，严格控制环境洁净度和原料质量，以防止污染。

（五）无菌冻干粉针剂生产工艺

无菌冻干粉针剂系指将含水物料采用冷冻干燥技术制备的无菌制剂。无菌冻干粉针剂在医药上广泛使用，凡是在常温下不稳定的药物，如干扰素、白介素、生物疫苗等药品，以及一些医用酶制剂和血浆等生物制剂，均需制成冻干制剂才能推向市场。

无菌冻干粉针剂是在低温、真空条件下制得的，可避免药品氧化分解、变质，而且冷冻干燥所得产品质地疏松，剂量准确，外观优良，药品复溶性好，加水后迅速溶解并恢复药液原有的特性。药液配制和灌装容易实现无菌化生产，实行药液的无菌过滤处理，有效去除细菌及杂物。但其也有不足之处，如：溶剂不能随意选择，技术比较复杂，需特殊生产设备、成本较高、产量低等。

1. 无菌冻干粉针剂生产工艺流程

粉针剂的生产工序包括洗瓶及干燥灭菌、胶塞处理及灭菌、铝盖洗涤及灭菌、分装加半塞、冻干、轧盖、包装等。按 GMP 规定，其生产区域空气洁净度级别分为 A 级、C 级和 D 级。无菌冻干粉针剂生产工艺流程及环境区域划分见图 5-129。

2. 冷冻干燥原理

冷冻干燥是指将含水物料在较低的温度（-50 ～ -10 ℃）下冻结为固态后，在适当的真空度（1.3 ～ 13 Pa）下逐渐升温，使其中的水分不经液态直接升华为气态，再利用真空系统中的冷凝器将水蒸气冷凝，使物料低温脱水而达到干燥目的的一种技术。

冷冻干燥的原理可用水的三相图加以说明，如图 5-130 所示。图中 *OA* 线是冰和水的平衡曲线，在此线上冰、水共存；*OB* 线是水和水蒸气平衡曲线，在此线上水、气共存；*OC* 线是冰和水蒸气的平衡曲线，在此线上冰、气共存；*O* 点是冰、水、气的平衡点，在这个温度和压力时冰、水、气共存，这个温度为 0.01 ℃，压力为 613.3 Pa，此时对于冰来说，降压或升温都可打破气 - 固平衡，从图可以看出，当压力低于 613.3 Pa 时，不管温度如何变化，只有水的固态和气态存在，液态不存在。固相（冰）受热时不经过液相直接变为气相，而气相遇冷时放热直接变为冰。冷冻干燥就是根据这个原理进行的。

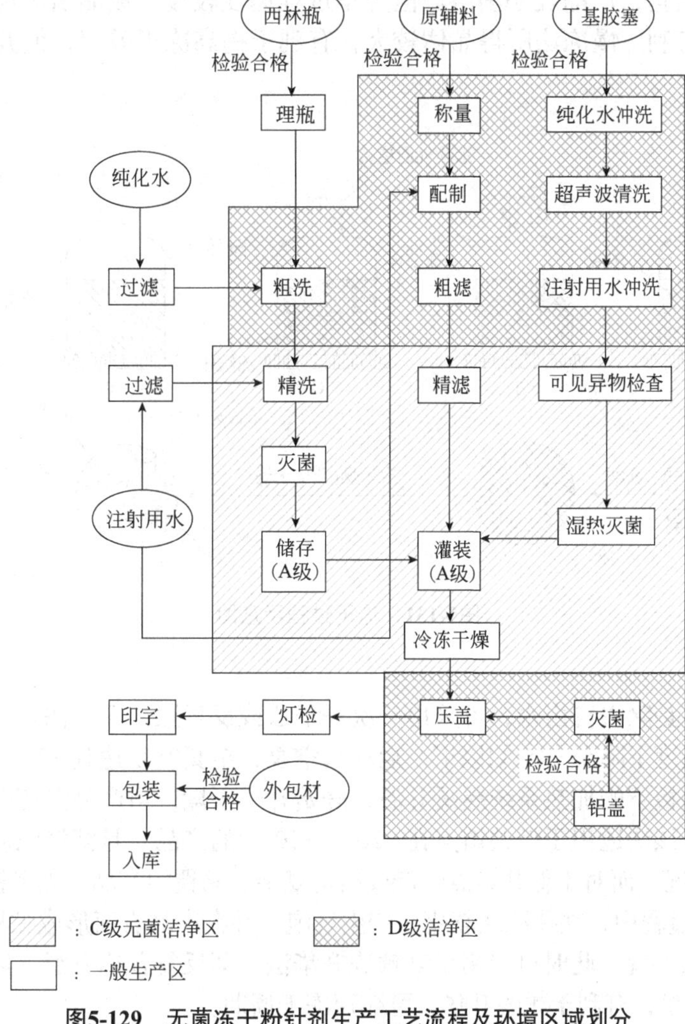

图5-129　无菌冻干粉针剂生产工艺流程及环境区域划分

3. 无菌冻干粉针剂生产工艺技术

该技术主要包括预冻、一次干燥（升华）和二次干燥（解吸附）三个彼此独立而又相互依赖的步骤，如图 5-131 所示。

（1）配液与灌装

将药品和赋形剂溶解于适当溶剂（通常为注射用水）中，将药液通过 0.22 μm 的除菌过滤器过滤，灌装于已灭菌的容器中，并在无菌条件下进行半压塞。

（2）预冻

预冻是在常压下使制品冻结，使之适于升华干燥的状态。预冻时，冷却速度，制品的成分、含水量，液体黏度和不可结晶成分的存在等，是影响晶体大小、形状和升华阶段的主要因素。预冻温度应低于产品共熔点 10 ～ 20 ℃。如果预冻温度不在低共熔点以下，抽真空时则有少量液体“沸腾”而使制品表面凹凸不平。

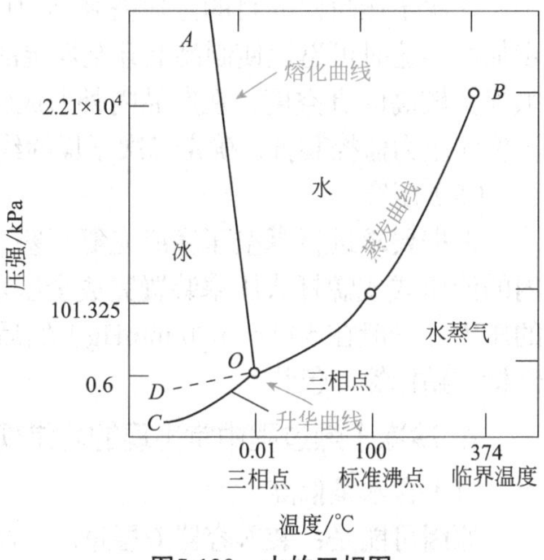

图5-130　水的三相图

预冻方法有速冻法和慢冻法。速冻法就是在产品进箱之前，先把冻干箱温度降到 -45 ℃以下，再将制品装入箱内。这样急速冷冻，可形成细微冰晶，晶体中空隙较小，制品粒子均匀细腻，具有较大的比表面积和多孔结构，产品疏松易溶。但升华过程速度较慢，成品引湿性也较大，对于酶类或活菌、活病毒的保存有利。慢冻法所得晶体较大，有利于提高冻干效率，但升华后制品中空隙相对较大。

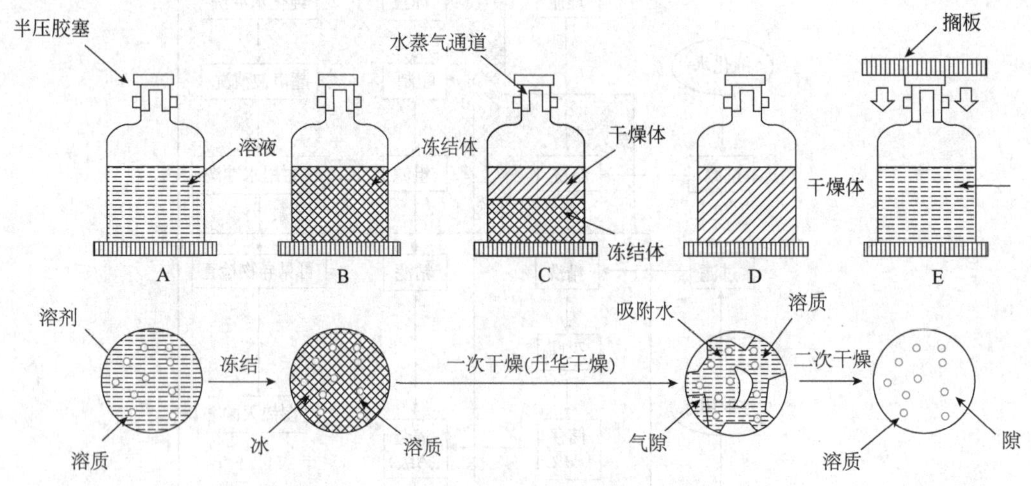

图5-131　冻干过程示意图

（3）一次干燥

一次干燥阶段主要是除去自由水，可采用一次升华法或反复预冻升华法。一次升华法系在溶液完全冻结后，将冷凝器温度下降至 -45 ℃以下，启动真空泵，至真空度达到 13.33 Pa（0.1 mmHg）以下时关闭冷冻机，通过隔板下的加热系统缓缓升温，开始升华干燥，当产品温度升至 3 ～ 5 ℃后，保持此温度至除去自由水。该法适用于低共熔点在 -20 ～ -10 ℃的产品，且溶液浓度和黏度不大，装量高度在 10 ～ 15 mm 的情况。而对于低共熔点较低或结构复杂、黏稠的产品（如多糖或中药提取物等难以冻干的产品），在升华过程中，往往冻块软化，产生气泡，并在产品表面形成黏稠状的网状结构，从而影响升华干燥和产品的外观。此时可采用反复预冻升华法，即反复预冻升温，以改变产品结构，使其表面外壳由致密变为疏松，有利于冰的升华，可缩短冻干周期。

（4）二次干燥

二次干燥阶段的目的是除去制品内以吸附形式结合的水分。待制品内自由水基本除去后进行第二步加温，这时可迅速使制品上升至规定的最高温度，进行解吸干燥（即二次干燥）。此时，冻干箱内必须保持较高的真空度，在产品内外形成较大的蒸汽压差，促进产品内水分的逸出。还需要配备精确的温度和压力监控装置，确定二次干燥的终点。

（5）压塞

根据要求进行真空压塞或充氮压塞。如果是真空压塞，则在干燥结束后立即进行，通常由冻干机内的液压式或螺杆式压塞装置完成全压塞密封。如果是充氮压塞，则需进行预放气，使氮气充到设定的压力（一般在 500 ～ 600 mmHg）然后压塞。压塞完毕后放气，直至大气压后出箱，出箱后轧铝盖、灯检、贴标签、包装。

4. 冷冻干燥过程中常出现的异常现象及处理方法

（1）含水量偏高

原因可能是：装入容器液层过厚，超过 10 ～ 15 mm；干燥过程中热量供给不足，使蒸发量减少；真空度不够，冷凝器温度偏高等。

（2）喷瓶

原因可能有：预冻时间短，预冻温度过高，使产品冻结不实，有少量液体；或升华时供热过快，局部过热，使部分制品熔化为液体，在高真空条件下，少量液体从已干燥的固体界面下喷出而形成喷瓶。为了防止喷瓶，必须控制温度在低共熔点以下 10 ～ 20 ℃，同时，加热升华，温度不要超过该溶液的低共熔点，升温速率均匀，且不宜过快。

（3）产品外形不饱满或萎缩成团粒

形成此种现象的原因可能是冻干时开始形成的干外壳结构致密。升华的水蒸气的穿过阻力很大，水蒸气在干层停滞时间较长，使部分药品逐渐潮解，以致体积收缩，外形不饱满或成团粒。黏度较大的样品更易出现这类现象，解决办法主要是从配制处方和冻干工艺两方面考虑，可以加入或改变填充剂，或采用反复预冷升华法，改善结晶状态和制品的通气性，使水蒸气顺利逸出，从而使产品外观得到改善。

5. 质量控制

无菌冻干粉针剂除了应符合一般注射剂的质量控制标准外，应为完整的块状物或海绵状物，具有足够的强度，不易碎成粉，外形饱满不萎缩，色泽均一，干燥充分，保持药物稳定，加入溶剂后能迅速恢复成冻干前的状态。

三、无菌制剂生产设备

（一）最终灭菌小容量注射剂生产设备

最终灭菌小容量注射剂的生产工艺主要包括安瓿的洗涤和干燥灭菌，药液的配制、过滤和灌封，成品的灭菌、检漏、灯检和印字包装等过程。

1. 安瓿的洗涤设备

目前国内大生产使用的安瓿洗涤设备主要有3种：喷淋式安瓿洗瓶机组、气水喷射式安瓿洗瓶机组和超声波安瓿洗瓶机组。

（1）喷淋式安瓿洗瓶机组

该机组由喷淋机、蒸煮箱、甩水机、水过滤器及水泵等机件组成，如图5-132所示。喷淋机主要由传送带、淋水板及水循环系统组成；蒸煮箱可用普通消毒箱改制而成；甩水机主要由外壳、离心架框、固定杆、不锈钢丝网罩盘、机架、电机及传动机件等组成。洗瓶时，首先将盛满安瓿的铝盘放置在传

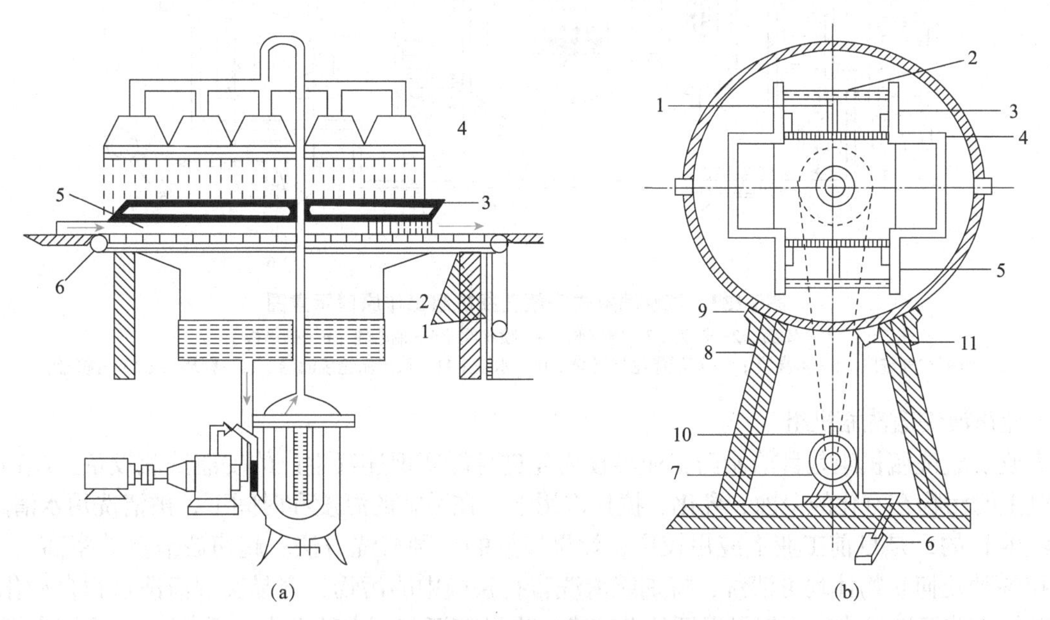

图5-132　喷淋式安瓿洗瓶机组示意图

（a）喷淋机示意图：1—链带；2—水箱；3—尼龙网；4—多孔喷头；5—安瓿盘；6—链轮

（b）甩水机示意图：1—安瓿；2—固定杆；3—铝盘；4—离心架框；5—丝网罩盘；6—刹车踏板；7—电机；8—机架；9—外壳；10—皮带；11—出水口

送带上，送入喷淋机箱体内，顶部多孔喷头喷出的去离子水或蒸馏水清洗安瓿的外部，同时使安瓿内部也灌满水；然后将灌满水的安瓿送入蒸煮箱中，通入蒸汽加热约 30 min，随即趁热将蒸煮后的安瓿送入甩水机，利用离心原理将安瓿内的积水甩干；再次将安瓿送往喷淋机灌满水，经蒸煮消毒、甩水机甩去积水，如此反复洗涤 2 ～ 3 次即可达到清洗要求。由于洗涤过程中，安瓿外表的脏物污垢随水流入水箱，因此，必须在淋水板和水泵之间设置一个过滤器，不断对洗涤水过滤净化，同时经常调换水箱的水，以确保循环使用的供水系统的洁净。

该法洗涤安瓿清洁度一般可达到要求，生产效率高，劳动强度低，符合批量生产需要，但洗涤质量不如气水喷射式洗涤法好，一适用于 5 mL 以下的安瓿。另外，洗涤时会因个别安瓿内部注水不满而影响洗瓶质量；且机组体积庞大、占地面积大、耗水量多，因此，对 10 ～ 20 mL 大规格安瓿和曲颈安瓿可采用其他类型的洗瓶机进行清洗。

（2）气水喷射式安瓿洗瓶机组

气水喷射式安瓿洗瓶机组主要由供水系统、压缩空气及其过滤系统、洗瓶机三大部分组成。洗涤时利用洁净的洗涤水及经过过滤的压缩空气，通过喷嘴交替喷射安瓿内外部，将安瓿洗净。整个机组的关键设备是洗瓶机，而关键技术是洗涤水和空气的过滤。该机组的工艺及设备较复杂，但洗涤效果比喷淋式安瓿洗瓶机组好，可达到 GMP 要求。这种机组适用于大规格安瓿和曲颈安瓿的洗涤，是目前水针剂生产上常用的洗涤方法。

图 5-133 为气水喷射式安瓿洗瓶机组的工作原理示意图。洗瓶机工作时，首先将安瓿加入进瓶斗，在拨轮的作用下，依次进入往复摆动的槽板中，然后落入移动尺板上，经过二水二气的冲洗吹净。在完成二水二气的洗瓶过程中，气水开关与针头架的动作配合协调。当针头架下移时，针头插入安瓿，此时气水开关打开气或水的通路，分别往安瓿内注入水或喷气。当针头架上移时，针头离开安瓿，此时气水开关关闭，停止向安瓿供水供气。

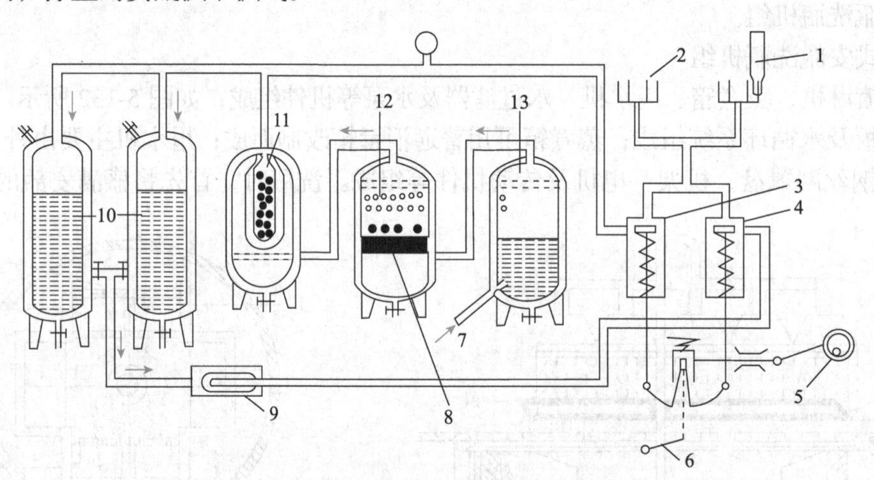

图5-133　气水喷射式安瓿洗瓶机组工作原理示意图

1—安瓿；2—针头；3—喷气阀；4—喷水阀；5—偏心轮；6—脚踏板；
7—压缩空气进口；8—木炭层；9—双层涤纶袋滤器；10—水罐；11—双层涤纶袋滤器；12—瓷环层；13—洗气罐

（3）超声波安瓿洗瓶机组

超声波安瓿洗瓶机组是目前制药工业界较为先进且能实现连续生产的安瓿洗瓶设备。超声波清洗是指瓶壁上的污物在空化的侵蚀、乳化、搅拌作用下，在适宜的温度和时间下，被清洗用水清除干净，达到清洗的目的，是目前工业上应用较广、效果较好的一种清洗方法。超声波清洗效率高、质量好，对盲孔和各种几何状物体均可清洗，特别能清洗盲孔狭缝中的污物，容易实现清洗过程自动化。将安瓿浸没在超声波清洗槽中，不仅可保证外壁洁净，也可保证安瓿内部无尘、无菌，从而达到洁净指标。超声波安瓿洗瓶机分为卧式和立式两种，均由超声波清洗槽、传送系统、水供应系统（纯化水、注射用水和循环水）、压缩空气供应系统和控制系统组成。

超声波安瓿洗瓶机组由18等分圆盘、18（排）9（针）的针盘、上下瞄准器、装瓶斗、推瓶器、出瓶器、水箱等构件组成。工作原理如图5-134所示，输送带做间歇运动，每批送瓶9支。整个针盘有18个工位，每个工位有9针，可安排9支安瓿同时进行清洗。针盘由螺旋锥齿轮、螺杆-等分圆盘传动系统传动，当主轴转过一周则针盘转过1/18周，一个工位。

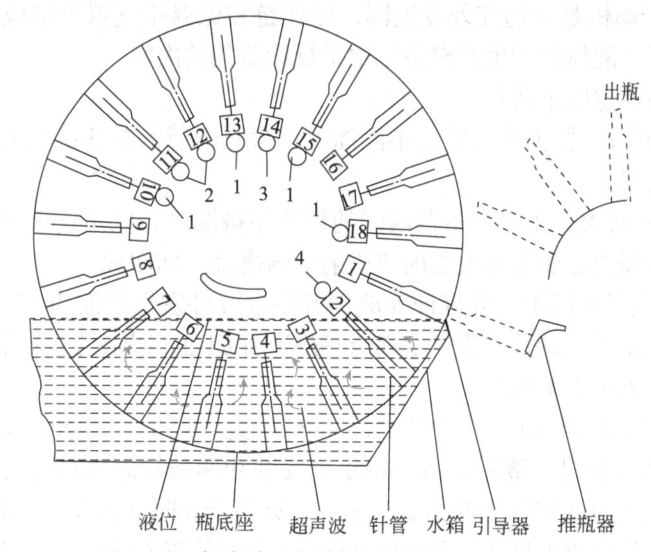

图5-134　超声波安瓿洗瓶机组工作原理示意图

1—吹气；2—冲循环水；3—冲新鲜水；4—注水

洗瓶时，将安瓿送入装瓶斗，由输送带送进的一排9支安瓿，经推瓶器依次推入针盘的第1个工位；当针盘转至第2个工位时，由针管向安瓿内注纯化水；从第2～7工位，安瓿在水箱内进行超声波洗涤，水温控制在60～65 ℃，使玻璃安瓿表面上的污垢溶解，这一阶段称为粗洗。当安瓿转到第10工位时，针管喷出净化压缩空气，将安瓿内部污水吹净。在第11、12工位，针管向安瓿内部冲注过滤的纯化水，对安瓿再次进行冲洗。第13工位重复第10工位的送气。第14工位时，采用洁净的注射用水再次对安瓿内壁进行冲洗，第15工位又是送气。至此，安瓿已洗涤干净，这一阶段称为精洗。当安瓿转到第18工位时，针管再一次对安瓿送气并利用气压将安瓿从针管架上推离出来，再由出瓶器送入输送带。在整个超声波洗瓶过程中，应不断将污水排出，并补充新鲜洁净的纯化水，严格执行操作规范。

常见的立式超声波洗瓶机见图5-135。

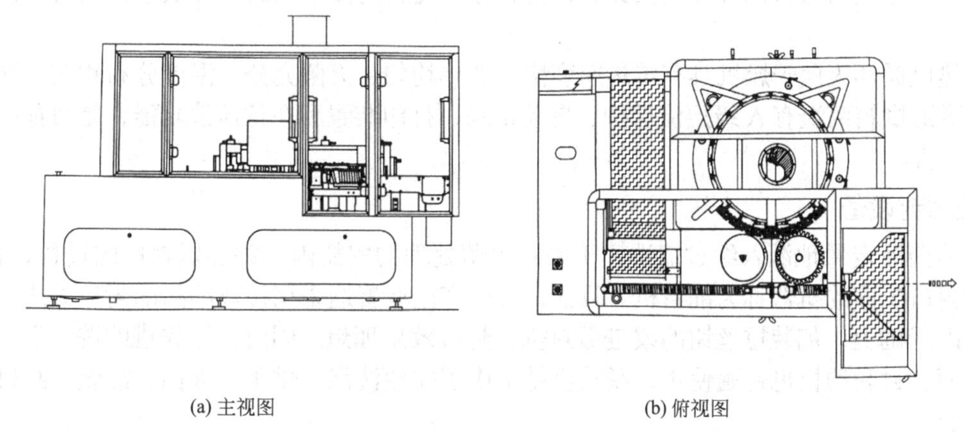

(a) 主视图　　(b) 俯视图

图5-135　立式超声波洗瓶机

2. 安瓿干燥灭菌设备

安瓿经淋洗只能除去菌体、尘埃及杂质粒子，还需通过干燥灭菌达到杀灭细菌和热原的目的，同时也可对安瓿进行干燥。干燥灭菌设备类型众多，最原始的设备是烘箱，因其规模小、机械化程度低、劳动强度大，目前大多被隧道式灭菌干燥机所代替，现常用的有隧道式远红外灭菌干燥机和隧道式热风循环灭菌干燥机。

（1）隧道式远红外灭菌干燥机

隧道式远红外灭菌干燥机是由远红外发生器、传送链和保温排气罩等组成的，具体结构如图 5-99 所示。工作原理参见本章“液体制剂生产设备”中干燥设备相关内容。

该机操作和维修时应注意以下几点：

① 调风板开启度的调节。根据煤气成分不同而异，每只辐射器在开机前需逐一调节调风板，当燃烧器赤红无焰时固紧调风板。

② 防止远红外发生器回火。压紧发生器内网的周边不得漏气，以防止火焰自周边缝隙（指大于加热网孔的缝隙）窜入发生器内部引起发生器内或引射器内燃烧，即回火。

③ 安瓿规格需与隧道尺寸匹配。应保证安瓿顶部距远红外发生器面为 15 ～ 20 cm，此时烘干效率最高，否则应及时调整其距离。此外，还需定期清扫隧道并加油，以保持运转部位润滑。

（2）隧道式热风循环灭菌干燥机

隧道式热风循环灭菌干燥机由机架、过滤器、加热装置、风机、传动装置、不锈钢传送带及电控柜等部件组成。安瓿从洗瓶机进入隧道，由一条水平安装和两条侧面垂直安装的网状不锈钢输送带同步输送安瓿，经预热后进入 300 ℃以上的高温灭菌区，灭菌干燥时间为 10 ～ 20 min，然后在冷却区进行风冷，安瓿经冷却后在出口处温度不高于室温 15 ℃，安瓿从进入隧道至出口，全过程时间平均约为 30 min。

隧道式热风循环灭菌干燥机采用热空气平行流灭菌，高温热空气流经高效空气过滤器，获得洁净度为 A 级的平行流空气，然后直接对安瓿进行加热灭菌。在预热段，风机将灭菌隧道所处环境或空气净化系统中的空气吸入，空气经过初级滤网和高效滤网后形成层流，该层流吹过安瓿后，废气被输送带下的风机排出。输送带在预热段和冷却段都保持在灭菌隧道中，并始终处于层流洁净空气的保护之下，输送带的运行方向是预热段→高温段→冷却段，输送安瓿进行灭菌过程，然后输送带经连通预热段和冷却段的狭长隧道返回预热段继续输送安瓿。该狭长隧道两端的预热段和冷却段的气压是不同的，冷却段的气压始终高于预热段的气压，以防止预热段的空气进入冷却段污染已经灭菌的安瓿。高温段的高温层流空气在风机的作用下形成闭环流动回路，以充分利用热量，减少能耗。高温空气从两边被抽吸回流，可以使灭菌温度均匀分布，确保灭菌效果。顶部的空气补充系统，可以不断吸入洁净空气，高温段的气压高于两端的输入端和冷却段，确保没有冷空气从两端流入高温段影响灭菌效果。冷却段的低温层流空气形成闭环流动回路，以提高水 / 气热交换系统的冷却效率，且防止该段的气压过低。

隧道式热风循环灭菌干燥机具有传热速度快、加热均匀、灭菌充分、温度分布均匀、无尘埃污染源的优点。隧道烘箱两端有 A 级层流保护、自动记录、打印装置和在位清洗功能，是目前国际公认的先进灭菌干燥机。

3. 安瓿灌封设备

将滤净的药液定量地灌入经过清洗、干燥及灭菌处理的安瓿内，并加以封口的过程，称为灌封。完成灌装和封口工序的机器称为灌封机。目前，各生产企业普遍采用拉丝灌封的封口方式。拉丝灌封机是在熔封的基础上，加装拉丝钳的改进灌封机，封口效果理想。同时，更先进的洗、灌、封联动机和洗、烘、灌、封联动机也普遍使用，联动机是集中了安瓿洗涤、烘干、灭菌、灌装、封口多种功能于一体的机器。

注射液灌封是注射剂装入容器的最后一道工序，也是注射剂生产中最重要的工序，注射剂质量直接由灌封区域环境和灌封设备决定。因此，灌封区域是整个注射剂生产车间的关键部位，应保持较高的洁净度。GMP 规定，药液暴露部位均需达到 A 级层流空气环境，凡有灌封机操作的车间必须配置空调净化系统。同时，灌封设备的合理设计及正确使用也直接影响注射剂产品的质量。

（1）生产工艺对灌装封口设备的基本要求

安瓿灌封液体产品时的灌装精度要求较高，一般采用固定体积的活塞泵或时间 - 压力系统，通过计量方式灌装。灌装后，有时需要在产品中进一步充入无菌保护性气体（如氮气），降低在灌装过程中带入的氧气浓度。产品容器接触面为不锈钢材质，设计合理，且经过抛光处理，避免对产品产生污染；装量准确；拆卸方便；产品和容器密封件接触部位应能承受反复清洗和灭菌；活动部件和药品触的部件应尽量减少；传送系统稳定，对玻璃容器损坏程度低；灌药时无外溢、带药现象，并具有无瓶止灌功能；打药泵应耐摩擦，无脱落物；下塞位置准确，并设有控制胶塞流动和计数装置；轧盖松紧适中；灌封区设有 A 级装置。

（2）灌装设备的构造与工作原理

灌封机由传送部分、灌注部分、封口部分三部分组成。经烘干、灭菌、冷却后的安瓿从灭菌干燥机的出口网带上以密集排列输出，进入安瓿灌封机的进瓶网带，并由进瓶螺杆将安瓿逐个分离推送至扇形齿板的齿槽内，然后再由扇形齿板以 6 瓶一组将安瓿相继送入往复运动的推送齿条上，从而使安瓿随齿条做步进运动到达各工位，完成前充氮、灌药液、后充氮、预热、拉丝封口及出瓶的整个工艺过程。

① 传送部分：安瓿传送部分如图 5-136 所示。将前工序洗净灭菌干燥后的安瓿放置在与水平成 45 ℃倾角的进瓶斗内，由链轮带动的梅花盘每转 1/3 周，将 2 支安瓿拨入固定齿板的三角形齿槽中。固定齿板有上、下两条，安瓿上下两端恰好被搁置其上而固定；并使安瓿仍与水平保持 45 ℃倾角，口朝上，以便灌注药液。与此同时，移瓶齿板在其偏心轴的带动下开始运动。移瓶齿板也有上、下两条，与固定齿板等距地装置在其内侧（在同一个垂直面内共有 4 条齿板，最上最下的 2 条是固定齿板，中间 2 条是移瓶齿板）。移瓶齿板的齿形为椭圆形，以防在送瓶过程中将瓶撞碎。当偏心轴带动移瓶齿板运动时，先将安瓿从固定齿板上托起，然后越过其齿顶，将安瓿移过 2 个齿距。如此反复动作，完成送瓶的动作。偏心轴每转 1 周，安瓿右移 2 个齿距，依次通过灌药和封口 2 个工位，最后将安瓿送入出瓶斗。完成封口的安瓿在进入出瓶斗时，移动齿板推动的惯性力及安装在出瓶斗前的一块有一定角度斜置的舌板的作用，使安瓿转动并呈竖立状态进入出瓶斗。此外应当指出的是，偏心轴在旋转 1 周的周期内，前 1/3 周期是用来使移瓶齿板完成托瓶、移瓶和放瓶的动作；后 2/3 周期内，安瓿在固定齿板上滞留不动，以供完成药液的灌注和安瓿的封口。

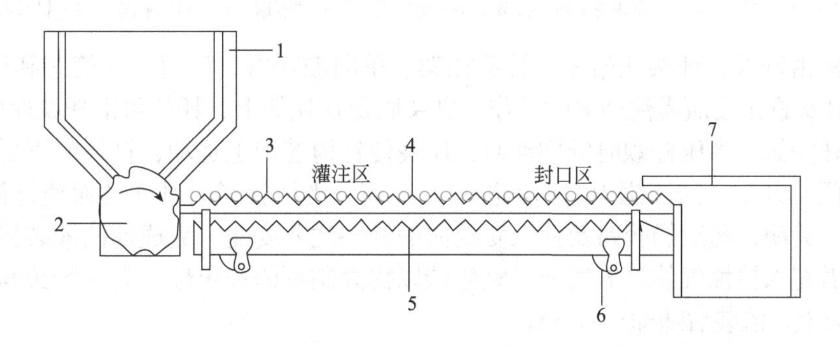

图5-136　安瓿拉丝灌装机传送部分结构示意图

1—安瓿斗；2—梅花盘；3—安瓿；4—固定齿板；5—移瓶齿板；6—偏心轴；7—出瓶斗

灌封机进瓶控制机构及其工作原理如图 5-137 所示，在进瓶输送带的接口处设有伸缩缓冲带和接口控制箱，箱内装有储瓶上下限位接近开关。当缓冲带 3 处于下限（即缺瓶）时，下限接近开关使进瓶螺杆 2 停转不供瓶；缓冲带达到高位（即满瓶堆积）时，上限接近开关使烘箱输送网带停机不动，不再送瓶。该控制箱能使二机机速匹配协调，再加上清洗机与烘箱输送网带的接口匹配协调，从而使洗、烘、灌三机达到接口匹配协调，运转安全可靠。

② 灌注部分：灌注部分的执行动作主要由凸轮-杠杆、注射灌液和缺瓶止灌 3 个分支机构组成。其

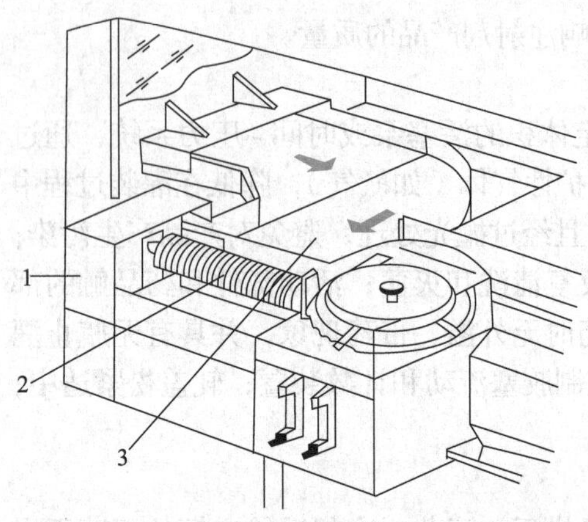

图5-137　灌封机进瓶控制机构及其工作原理图

1—控制箱；2—进瓶螺杆；3—缓冲带

结构与工作原理如图5-138所示。

凸轮-杠杆机构是由凸轮、扇形板、顶杆、顶杆座及针筒等部件组成。它的功能是完成针筒内的筒芯做上、下往复运动，将药液从贮液罐中吸入针筒内并输向针头进行灌装。它的整个传动系统如下：凸轮的连续转动，通过扇形板转换为顶杆的上、下往复移动，再转换为压杆的上、下摆动，最后转换为筒芯在针筒内的上、下往复移动。实际上，这里的针筒与一般容积式医用注射器相仿。所不同的是，在它的上、下端各装有一个单向玻璃阀。当筒芯在针筒内向上移动时，筒内下部产生真空；下单向阀开启，药液由贮液罐中被吸入针筒的下部；当筒芯向下运动时，下单向阀关闭，针筒下部的药液通过底部的小孔进入针筒上部。筒芯继续上移，上单向阀受压而自动开启，药液通过导管及伸入安瓿内的针头而注入安瓿内。与此同时，针筒下部因筒芯上提造成真空，再次吸取药液；如此循环不息，完成安瓿的灌装。

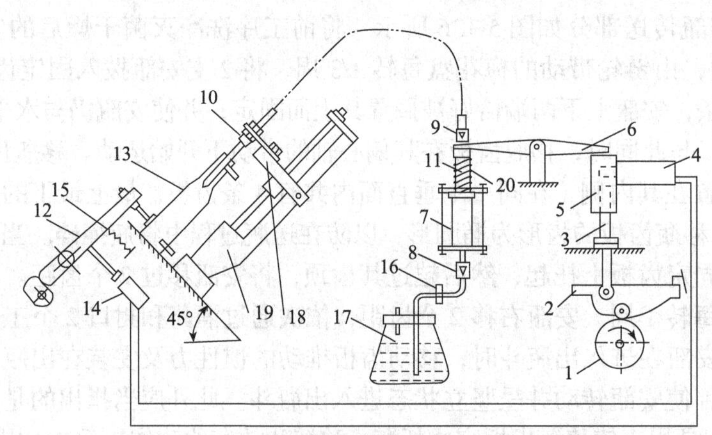

图5-138　安瓿灌装机灌注部分结构及工作原理图

1—凸轮；2—扇形板；3—顶杆；4—电磁阀；5—顶杆座；6—压杆；7—针筒；8，9—单向玻璃阀；10—针头；11—压簧；12—摆杆；13—安瓿；14—行程开关；15—拉簧；16—螺丝夹；17—贮液罐；18—针头托架；19—针头托架座；20—针筒芯

注射灌液机构由针头、针头托架座、针头托架、单向玻璃阀、压簧、针筒芯和针筒等部件组成。它的功能是提供针头进出安瓿灌注药液的动作。针头固定在托架上，托架可沿托架座的导轨上下滑动，使针头伸入或离开安瓿。当压杆顺时针摆动时，压簧使针筒芯向上运动，针筒的下部将产生真空，此时单向玻璃阀关闭、开启，药液罐中的药液被吸入针筒。当压杆逆时针摆动而使针筒芯向下运动时，单向玻璃阀开启、关闭，药液经管路及伸入安瓿内的针头注入安瓿，完成药液灌装操作。此外，灌装药液后的安瓿常需充入惰性气体如氮气或二氧化碳以提高制剂的稳定性。充气针头与灌液针头并列安装于同一针头托架上，灌装后随即充入气体。

缺瓶止灌机构由摆杆、行程开关、拉簧及电磁阀等部件组成。其功能是当送瓶机构因某种故障致使在灌液工位出现缺瓶时，能自动停止灌液，以免药液的浪费和污染。当灌装工位因故致使安瓿空缺时，拉簧将摆杆下拉，直至摆杆触头与行程开关触头相接触，行程开关闭合，致使开关回路上的电磁阀开始动作，将伸入顶杆座的部分拉出，使顶杆失去对压杆的上顶动作，从而达到了自动止灌的目的。

灌液泵采用无密封环的不锈钢柱塞泵，该泵装有精密的驱动机构及独立的校准器，可快速调节装量（有粗调和微调）；此外还可以进一步调整吸回量，避免药液溅溢。驱动机构中设有灌液安全装置，当灌注系统出现故障，能立即停机止灌。

③ 封口部分：安瓿封口采用气动拉丝封口，如图 5-139 所示。拉丝封口主要由拉丝机构、加热部件及压瓶机构三部分组成。当灌好药液的安瓿到达封口工位时，由于压瓶凸轮 - 摆杆机构的作用，被压瓶滚轮压住不能移动，但受到蜗轮蜗杆箱的传动，能在固定位置绕自身轴线做缓慢转动。此时瓶颈受到来自喷嘴火焰的高温加热而呈熔融状态，与此同时，气动拉丝钳沿钳座导轨下移并张开钳口将安瓿头钳住，然后拉丝钳上移，将熔融态的瓶口玻璃拉抽成丝头。

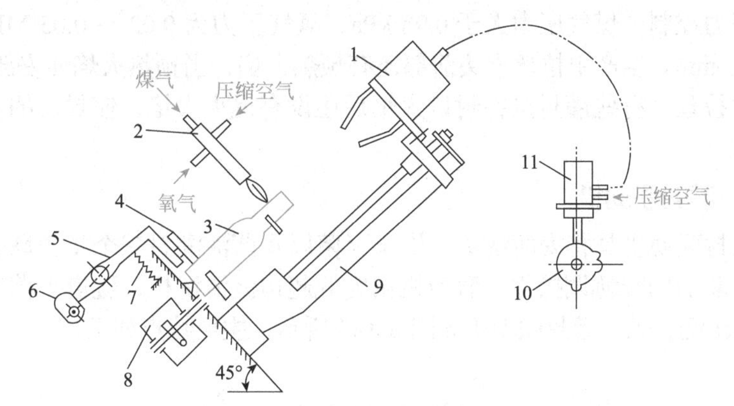

图5-139　气动拉丝封口结构示意图

1—拉丝钳；2—喷嘴；3—安瓿；4—压瓶滚轮；5—摆杆；6—压瓶凸轮；7—拉簧；8—蜗轮蜗杆箱；9—钳座；10—凸轮；11—气阀

当拉丝钳上移到一定位置时，钳口再次启闭 2 次，将拉出的玻璃丝头拉断并甩掉。拉丝钳的启闭由偏心凸轮及气动阀机构控制；加热火焰由煤气、氧气及压缩空气的混合气体燃烧而得，火焰温度约 1400 ℃。安瓿封口后，由压瓶凸轮 - 摆杆机构将压瓶滚轮拉开，安瓿则被移动齿板送出。

（3）安瓿灌封过程的常见问题及解决方法

① 冲液：在灌注药液过程中，药液从安瓿内冲溅到瓶颈上方或冲出瓶外，造成药液浪费、容量不准、封口焦头和封口不密等问题。

解决冲液的主要方法：将注液针头出口多采用三角形开口、中间拼拢的“梅花形针端”；调节注液针头进入安瓿的位置，使其恰到好处；改进提供针头托架运动的凸轮的轮廓设计，使针头吸液和注液的行程加长，非注液时的空行程缩短，使针头出液先急后缓。

② 束液：在灌注药液结束时，因灌注系统“束液”不好，针尖上留有剩余的液滴，易弄湿安瓿颈。束液既影响注射剂容量，又会出现焦头或封口时瓶颈破裂等问题。

解决束液的主要方法有：改进灌液凸轮的轮廓设计，使其在注液结束时返回行程缩短、速度快；设计使用有毛细孔的单向玻璃阀，使针筒在注液结束后对针筒内的药液有微小的倒吸作用；在贮液瓶和针筒连接的导管上加夹一只螺丝夹，靠乳胶导管的弹性作用控制束液。

③ 封口火焰调节：因封口而影响产品质量的问题较复杂，如火焰温度、火焰头部与安瓿瓶颈的距离、安瓿转动的均匀程度及操作的熟练程度，均对封口质量有影响。常见的封口问题有焦头、泡头、平头和尖头。

a. 焦头产生的原因：灌注太猛使药液溅到安瓿内壁；针头回药慢，针尖挂有液滴且针头不正，针头碰到安瓿内壁；瓶口粗细不匀，碰到针头；灌注与针头行程未配合好；针头升降不灵；火焰进入安瓿瓶内等。解决焦头的主要方法：调换针筒或针头；选用合格的安瓿；调整修理针头升降机构；强化操作规范。

b. 泡头产生的原因：火焰太大导致药液挥发；预热火头太高；主火头摆动角度不当；安瓿压脚未压妥，使瓶子上爬；拉丝钳子位置太低，钳去玻璃太多。解决泡头的主要方法：调小火焰；钳子调高；适当调低火头位置并调整火头摆动角度在 1° ～ 2° 。

c. 平头（瘪头）产生的原因：瓶口有水迹或药迹，拉丝后因瓶口液体挥发，压力减少，外界压力大而瓶口倒吸形成平头。解决平头的主要方法：调节针头位置和大小，防止药液外冲；调节退火火焰，防止已圆好口的瓶口重熔。

d. 尖头产生的原因：预热火焰、加热火焰太大，使拉丝时丝头过长；火焰喷嘴离瓶口过远，加热温度太低；压缩空气压力太大，造成火力过急，以致温度低于玻璃软化点。解决尖头的主要方法：调小煤气量；调节中层火头，对准瓶口，离瓶 3 ～ 4 mm；调小空气量。

e. 其他：此外，充惰性气体二氧化碳时容易发生瘪头、爆头。

从以上常见的封口问题可见，封口火焰的调节是封口好坏的关键。封口温度一般调节在 1400 ℃左右，由煤气和氧气压力控制，煤气压力大于 0.98 kPa，氧气压力为 0.02 ～ 0.05 MPa。火焰头部与安瓿瓶颈的最佳距离为 10 mm。生产中拉丝火头前部还有预热火焰，当预热火焰使安瓿瓶颈加热到微红后，再移入拉丝火焰熔化拉丝。有些灌封机在封口火焰后还设有退火火焰，使封口的安瓿缓慢冷却，以防安瓿快速冷却而爆裂。

4. 安瓿洗、烘、灌封联动机

安瓿洗、烘、灌封联动机是将安瓿洗涤、烘干灭菌以及药液灌封三个步骤联合起来的生产线，实现了注射剂生产承前联后同步协调操作。联动机由安瓿超声波清洗机、隧道灭菌箱和多针拉丝安瓿灌封机三部分组成。安瓿洗、烘、灌封联动机如图 5-140 所示，主要特点如下：

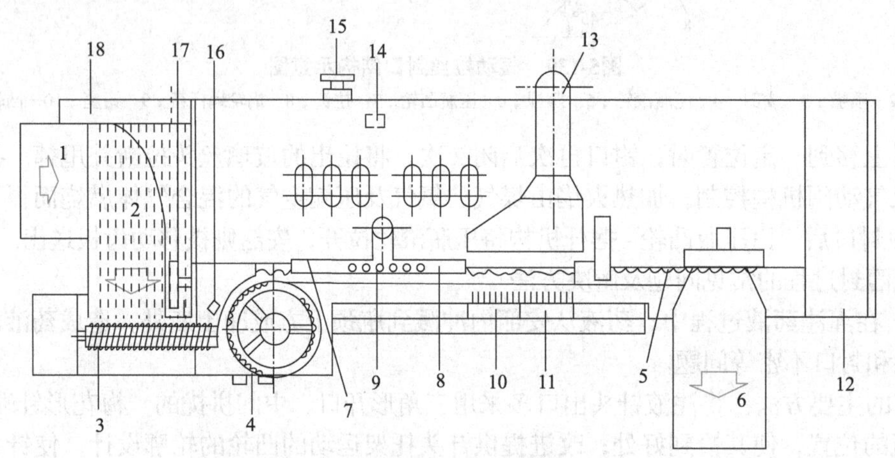

图5-140 安瓿洗、烘、灌封联动机

1—进料斗（与烘干灭菌烘箱接口）；2—进瓶输送网带；3—进瓶螺杆；4—扇形齿板；
5—推送齿条；6—出瓶料斗；7—前充氮；8—后充氮；9—灌药液；10—预热火焰；11—拉丝封口；
12—电源控制箱；13—吸风；14—灌液安全装置；15—调节装置；16—投、受光器；17—接口控制；18—进瓶安全装置

① 采用先进的超声波清洗、多针水气交替冲洗、热风循环 A 级灭菌、层流净化、多针灌装和拉丝封口等先进生产工艺和技术，不仅节省了车间、厂房场地的投资，而且减少了半成品的中间周转，使药物受污染的可能降低到最小限度。

② 适合于 1 mL、2 mL、5 mL、10 mL、20 mL 五种安瓿规格，通用性强，规格更换件少，易操作。但安瓿洗、烘、灌封联动机价格昂贵，部件结构复杂，对操作人员的管理知识和操作水平要求较高，维修也较困难。

③ 全机设计考虑了运转过程的稳定可靠性和自动化程度，采用了先进的电子技术和微机控制，实现机电一体化，使整个生产过程达到自动平衡、监控保护、自动控温、自动记录、自动报警和故障显示。需要指出的是，灭菌干燥机与跟它前后相衔接的清洗机及灌封机的速度匹配是至关重要的问题。箱体内网带的运送具有伺服特性（图 5-141），为安瓿在箱体内的平稳运行创造了条件。伺服机构是通过接近开关与满缺瓶控制板等相互作用来执行的，即将网带入口处安瓿的疏密程度通过支点作用反馈到接近开关上，使接近开关及时发出信号进行控制并自动处理以下几种情况。

a. 当网带入口处安瓿疏松时，感应板在拉簧作用下脱离后接近开关，此时能立即发出信号，令烘箱电机跳闸，网带停止运行。

b. 当安瓿清洗机的翻瓶器间歇动作出瓶时，即在网带入口处的安瓿呈现“时紧时弛”状态，感应

板亦随之来回摆动。当安瓿密集时，感应板覆盖后接近开关，于是发出信号，网带运行，将安瓿送走；当网带运行一段距离后，入口处的安瓿又呈现疏松状态，致使感应板脱离后接近开关，于是网带停止运行。如此周而复始，两机速度匹配达到正常运行状态。

c. 当网带入口处安瓿发生堵塞，感应板覆盖到前接近开关时，此时能立即发出信号，令清洗机停机，避免产生轧瓶故障（此时网带则照常运行）。

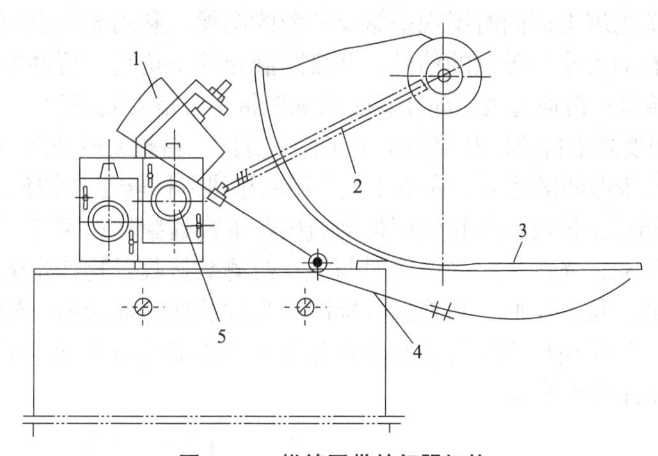

图5-141　烘箱网带的伺服机构

1—感应板；2—拉簧；3—垂直网带；4—满缺瓶控制板；5—接近开关

5. 安瓿灭菌、检漏设备

为确保针剂的内在质量，对灌封后的安瓿必须进行高温灭菌，以杀死可能混入药液或附在安瓿内壁的细菌，确保药品的无菌。高温灭菌箱是小容量注射剂常用的一种单扉柜式灭菌箱。其箱体分内、外两层，外层由覆有保温材料的保温层及外壳构成；内层箱体内装有淋水管、蒸汽排管、消毒箱轨道及与外界接通的蒸汽进管、排冷凝水管、进水管、排水管、真空管、有色水管等。箱门由人工启闭；因箱内为受压容器，故装有安全阀。

灭菌箱使用时先开蒸汽阀，让蒸汽通过夹层中加热约 10 min，压力表读数上升到灭菌所需压力。同时，用小车将装有安瓿的格车沿轨道推入灭菌箱内，严密关闭箱门，控制一定压力。当箱内温度达到灭菌温度时，开始计时，灭菌时间到达后，先关蒸汽阀，然后开排气阀排出箱内蒸汽，灭菌过程结束。

检漏的目的是检查安瓿封口的严密性，将封口不严、冷爆及毛细孔等不合格的安瓿分辨检出，以保证安瓿灌封后的密封性。一般将灭菌消毒与检漏在同一个密闭容器中完成。利用湿热法的蒸汽高温灭菌在未冷却降温之前，立即向密闭容器注入色水，将安瓿全部浸没后，安瓿内的气体与药水遇冷成负压。这时如遇有封口不严密的安瓿将出现色水渗入安瓿的现象，同时实现灭菌和检漏工艺。

6. 安瓿灯检设备

注射剂的澄明度检查是保证注射剂质量的关键。因为注射剂生产过程中难免会带入一些异物，如未滤去的不溶物、容器或滤器的剥落物以及空气中的尘埃等，这些异物在体内会引起肉芽肿、微血管阻塞及肿块等不同的损坏。这些带有异物的注射剂通过澄明度检查必须剔除。经灭菌、检漏后的安瓿通过一定照度的光线照射，用人工或光电设备可进一步判别是否存在破裂、漏气、装量过满或不足等问题。空瓶、焦头、泡头或有色点、浑浊、结晶、沉淀以及其他异物等不合格的安瓿可得到剔除。

（1）人工灯检

人工目测检查主要依靠待测安瓿被振摇后药液中微粒的运动从而达到检测目的。按照我国 GMP 的有关规定，一个灯检室只能检查一个品种的安瓿。检查时一般采用 40 W 青光的日光灯作光源，并用挡板遮挡以避免光线直射入眼内；背景应为黑色或白色（检查有色异物时用白色），使其有明显的对比度，提高检测效率。检测时将待测安瓿置于检查灯下距光源约 200 mm 处轻轻转动安瓿，目测药液内有无异物微粒。人工灯检，要求灯检人员视力不低于 0.9（每年必须定期检测视力）。

（2）安瓿异物光电自动检查仪

安瓿异物光电自动检查仪的原理是利用旋转的安瓿带动药液一起旋转，当安瓿突然停止转动时，药液由于惯性会继续旋转一段时间。在安瓿停转的瞬间，以束光照射安瓿，在光束照射下产生变动的散射光或投影，背后的荧光屏上即同时出现安瓿及药液的图像。利用光电系统采集运动图像中（此时只有药液是运动的）微粒的大小和数量的信号，并排除静止的干扰物；再经电路处理可直接得到不溶物的大小及多少的显示结果；再通过机械动作及时准确地将不合格安瓿剔除。

图 5-142 为安瓿澄明度光电自动检查仪的主要工位示意图。待检安瓿放入不锈钢履带上输送进拨瓶盘，拨盘和回转工作台同步做间歇运动，安瓿 4 支一组间歇进入回转工作转盘，各工位同步进行检测。第一工位是顶瓶夹紧；第二工位高速旋转安瓿带动瓶内药液高速翻转；第三工位异物检查，安瓿停止转动，瓶内药液仍高速运动，光源从瓶底部透射药液，检测头接收异物产生的散射光或投影，然后向微机输出检测信号；第四工位是空瓶、药液过少检测，光源从瓶侧面透射，检测头接收信号整理后输入微机程序处理；第五工位是由电磁阀动作对合格品和不合格品进行甄别，不合格品从废品出料轨道予以剔除，合格品则由正品轨道输出。

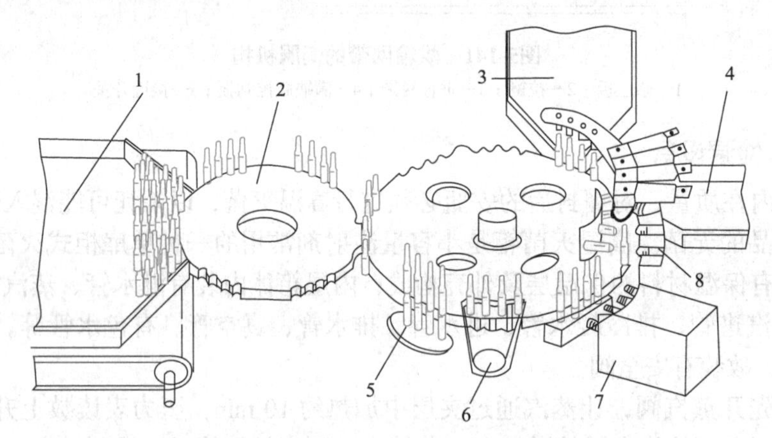

图5-142　安瓿澄明度光电自动检查仪主要工位示意图

1—输瓶盘；2—拨瓶盘；3—合格贮瓶盘；4—不合格贮瓶盘；5—顶瓶；6—转瓶；7—异物检查；8—空瓶、液量过少检查

（二）最终灭菌大容量注射剂生产设备

最终灭菌大容量注射剂（即大输液）主要采用可灭菌生产工艺，首先将配制好的药液灌封于输液瓶或输液袋内，再用蒸汽热压灭菌。目前，我国输液市场上输液剂的包装形式主要有玻璃瓶、塑料瓶、非 PVC 软袋等。软袋装输液因制造简便、质轻耐压、运输方便等而发展较快。非 PVC 软袋有单室袋、液液双室袋、粉液双室袋、液液多室袋等多种包装，其中双室袋包装应用较多。

1. 玻璃瓶大输液生产设备

玻璃瓶大输液生产联动线流程见图 5-143。玻璃输液瓶由理瓶机理瓶经转盘送入外洗机，刷洗瓶外表面。然后由输送带进入滚筒式清洗机（或箱式洗瓶机），洗净的玻璃瓶直接进入灌装机。灌满药液立即封口（经盖膜、塞胶塞机、翻胶塞机、轧盖机）和灭菌，再经灯检、贴签及包装后即得成品。

（1）理瓶机

理瓶机的作用是将拆包取出的瓶子按顺序排列起来，并逐个输送进洗瓶机。常见的理瓶机类型有离心转盘式理瓶机、圆盘式理瓶机和等差式理瓶机。

① 离心转盘式理瓶机：采用一个大直径的转盘，盛放待整理的瓶体，转盘转动时产生离心力，使瓶体沿转盘外圆周排列，在出口处受到相应的导瓶、拨瓶、推瓶或分瓶等机构的作用，实现瓶体的单列排队输出。这类理瓶机理瓶速度不高，主要适用于质量比较小的瓶体，如塑料瓶。

② 圆盘式理瓶机：如图 5-144 所示，在低速旋转的圆盘上搁置着玻璃瓶，固定的拨杆将运动着的瓶子拨向转盘周边，经由周边的固定围沿将瓶子引导至输送带上。

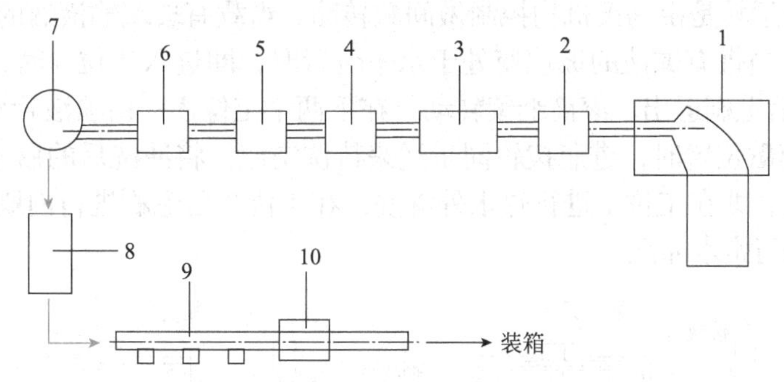

图5-143　玻璃瓶大输液生产联动线流程图

1—送瓶机组；2—外洗机；3—洗瓶机组；4—灌装机；5—翻塞机；6—轧盖机；7—贮瓶台；8—灭菌柜；9—灯检工段；10—贴签机

③ 等差式理瓶机：如图 5-145 所示，由等速和差速两台单机组成。等速进瓶机的 7 条平行等速传送带由同一动力的链轮带动，将玻璃瓶送至与其相垂直的差速机输送带上；差速进瓶机上第Ⅰ、Ⅱ条传送带以较慢速度运行，第Ⅲ条传送带速度加快，第Ⅳ条传送带速度更快，玻璃瓶在各输送带和挡板的作用下，成单列顺序输出；第Ⅴ条传送带速度较慢且方向相反，其目的是将卡在出瓶口的瓶子迅速带走。差速是为了在输液瓶传送时，不形成堆积而保持逐个输送。

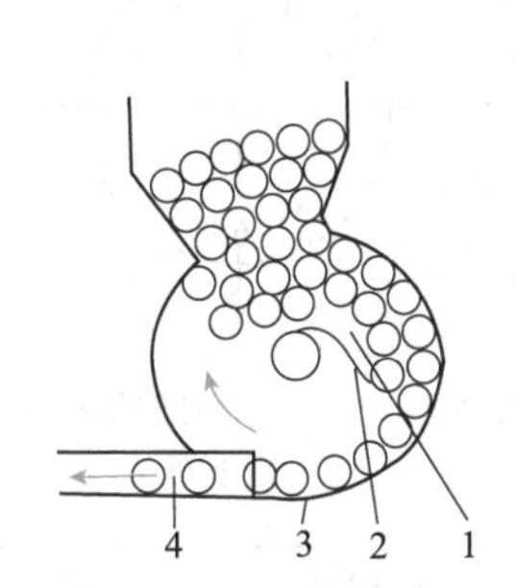

图5-144　圆盘式理瓶机

1—转盘；2—拨杆；3—围沿；4—输送带

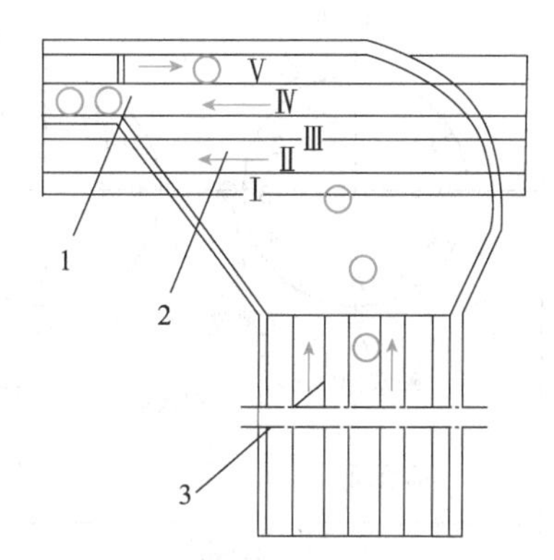

图5-145　等差式理瓶机

1—玻璃瓶出口；2—差速进瓶机；3—等速进瓶机

（2）外洗瓶机

洗瓶是输液剂生产中一个重要工序。玻璃输液瓶有 A 型、B 型两种型号，分别有 50 mL、100 mL、250 mL、500 mL 及 1000 mL 五种规格。外洗瓶机是洗涤输液瓶外表面的设备。通常有两种洗涤方式：一种洗涤方式为毛刷旋转运动，瓶子通过时产生相对运动，使毛刷能全部洗净瓶子表面，毛刷上部安有喷淋水管，可及时冲走刷洗的污物。另一种洗涤方式为毛刷固定两边，瓶子在输送带的带动下从毛刷中间通过，以达到清洗的目的。

（3）玻璃瓶清洗机

大多数输液剂采用玻璃瓶灌装，且多数为重复使用。为了消除各种可能存在的危害到产品质量及使用安全的因素，必须在使用输液瓶之前对其进行认真清洗。所以洗瓶工序是输液剂生产中的一个重要工序，其洗涤质量的好坏直接影响产品质量。玻璃瓶清洗机主要用来清洗玻璃输液瓶内腔。其种类很多，常用洗瓶设备有滚筒式洗瓶机和箱式洗瓶机。

① 滚筒式洗瓶机：一种带毛刷刷洗玻璃瓶内腔的清洗机。该机的主要优点是结构简单、操作可靠、维修方便、占地面积小，且粗洗、精洗可分别置于不同洁净级别的生产区内，不产生交叉污染。该设备的缺点是对玻璃瓶几何尺寸要求较严格，使用单位需要逐一摸索调整；每道洗涤工序后在玻璃瓶内有微量残留液。

滚筒式洗瓶机由两组滚筒组成，其结构及工作示意图分别如图 5-146 和图 5-147 所示。一组滚筒为粗洗段，另一组滚筒为精洗段，中间用长 2 m 的输送带连接，滚筒做间歇转动。粗洗段是由前滚筒与后滚筒组成，滚筒的运转是由马氏机构控制做间歇转动。当载有玻璃输液瓶的滚筒转动到工位 1 时，碱液注入瓶内，冲洗。当带有碱液的玻璃瓶处于水平位置时，即进入工位 3 时，毛刷进入瓶内带碱液刷洗瓶内壁约 3 s，之后毛刷退出。滚筒继续转动，在下两个工位逐一由喷液管对瓶内腔冲碱液；当滚筒载瓶转到进瓶通道停歇位置时，进瓶拨轮同步送来待洗空瓶，将冲洗后的瓶子推向后滚筒，进行常水外淋、内刷、内冲洗，即在工位 1 进行热水外淋洗，在工位 3 用毛刷进行内刷洗，在工位 4、6 进行热水冲洗，在工位 7 进行常水冲洗。

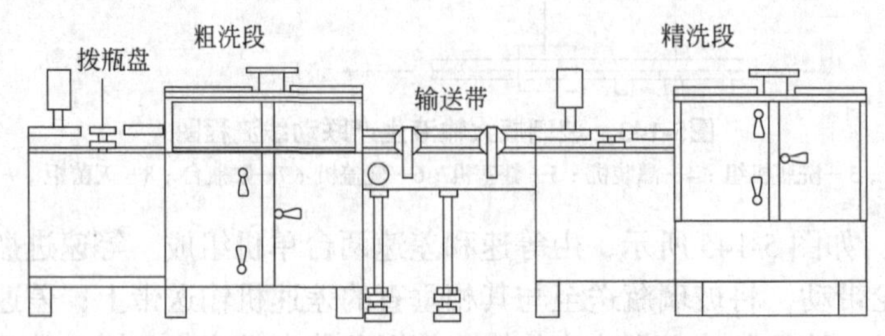

图5-146　滚筒式洗瓶机结构示意图

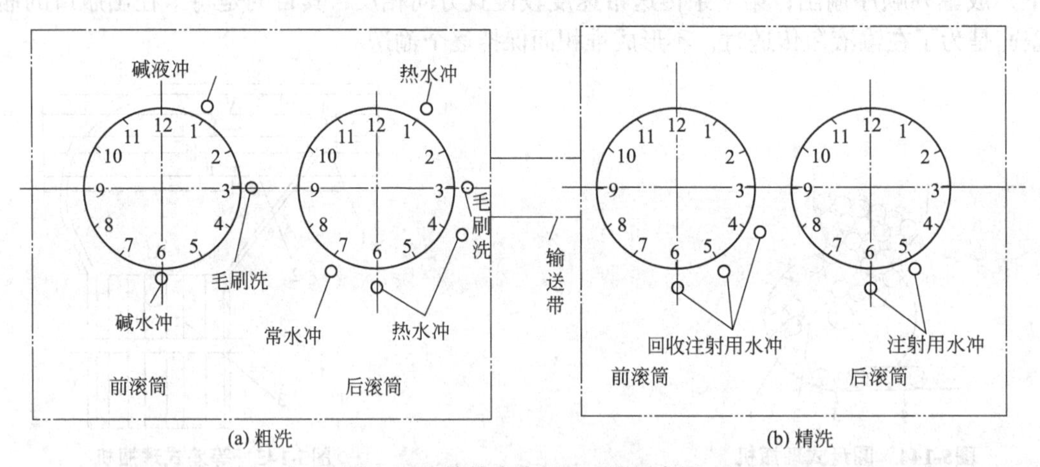

(a) 粗洗　　(b) 精洗

图5-147　滚筒式洗瓶机工作示意图

粗洗后的玻璃瓶经输送带送入精洗滚筒进行清洗。精洗段同样由前滚筒、后滚筒组成。其结构及工作原理与粗洗滚筒相同，只是精洗滚筒取消了毛刷部分。滚筒下部设置了注射用水回收装置和注射用水的喷嘴，粗洗后的玻璃输液瓶利用回收注射用水在前滚筒进行外淋洗、内冲洗。在后滚筒，首先利用新鲜注射用水冲洗，然后沥水。精洗段设置在洁净区，洗净的玻璃输液瓶不会被空气污染而直接进入灌装工序，从而保证了洗瓶质量。进入滚筒的空瓶数由设置在滚筒前端的拨瓶轮控制，一次可拨两瓶、三瓶、四瓶或更多瓶；通过更换不同齿数的拨瓶轮得到所需要的进瓶数。

② 箱式洗瓶机：箱式洗瓶机如图 5-148 所示。箱式洗瓶机有带毛刷和不带毛刷清洗两种方式。不带毛刷的全自动箱式洗瓶机采用全冲洗方式。对于在制造及储运过程中受到污染的玻璃输液瓶，仅靠冲洗难以保证将瓶洗净，故多在箱式洗瓶机前端配置毛刷粗洗工序。目前，带毛刷的履带行列式箱式洗瓶机应用较广泛。

该机为密闭系统，由不锈钢铁皮或有机玻璃罩罩起来工作，进瓶和出瓶分别在箱体的两端进行，可防止交叉污染。工艺流程如下：热水喷淋（两道）→碱液喷淋（两道）→热水喷淋（两道）→冷水喷淋（两道）→喷水毛刷清洗（两道）→冷水喷淋（两道）→蒸馏水喷淋（三喷两淋）→沥干（三工位）。在各种不同淋洗液装置的下部均设有单独的液体收集槽，其中，碱液是循环使用的。为防止各工位淋溅下来的液滴污染轨道下边的空瓶盒，在箱体内安装一道隔板收集残液。

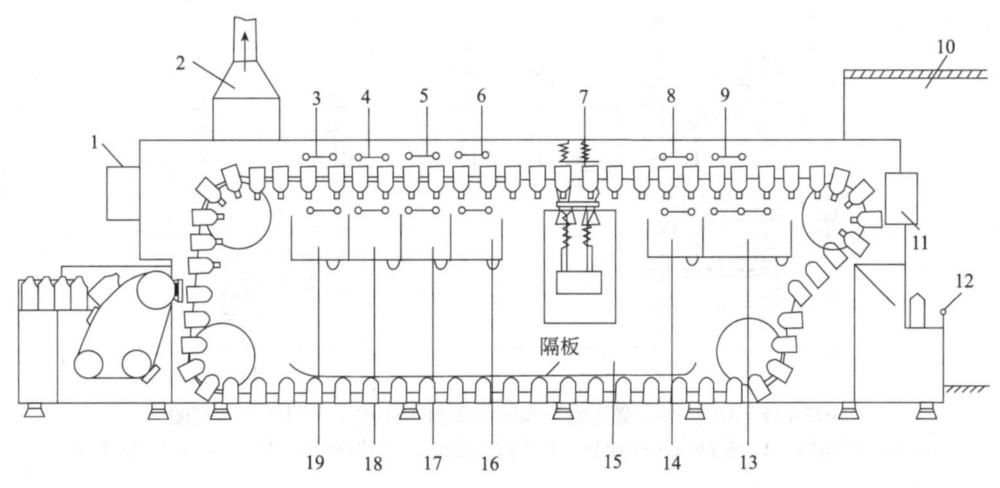

图5-148　箱式洗瓶机示意图

1，11—控制箱；2—排风管；3，5—热水喷淋；4—碱水喷淋；6，8—冷水喷淋；7—毛刷带冷喷；9—蒸馏水喷淋；10—出瓶净化室；12—手动操纵杆；13—蒸馏水收集槽；14，16—冷水收集槽；15—残液收集槽；17，19—热水收集槽；18—碱水收集槽

洗瓶机上部装有引风机，将水蒸气、碱蒸气强制排出，并保证机内空气由净化段流向箱内，各工位装置都在同一水平面内呈直线排列，自动化程度高，集碱液、热水、毛刷、蒸馏水等清洗功能于一体，能自动、连续地进行洗瓶作业。箱式洗瓶机洗瓶产量大；倒立式装夹进入各洗涤工位，瓶内不挂余水；冲刷准确可靠；密闭条件下工作符合 GMP 要求。

③ 超声波洗瓶机：在安瓿剂的洗涤设备中已经详细地介绍了超声波洗瓶机的清洗原理、工作原理、工艺流程及使用注意事项等。常用的设备有 CSX100/500 型超声波洗瓶机、QCG24/8 超声波洗瓶灌装机等。超声波洗瓶机有以下特点：①采用超声波洗瓶，能有效地清洗玻璃瓶内、外表面残留的微粒、油污，避免毛刷刷瓶时出现的洗瓶有死角和破瓶；②常水代替碱水，降低能耗，有利于环保；③可将内部粗、精洗区域完全隔开，有利于提高产品质量；④更换 100 mL、250 mL、500 mL 各种规格方便。

（4）胶塞清洗设备

胶塞所使用的橡胶有天然橡胶、合成橡胶及硅橡胶等。天然橡胶为了便于成型加有大量的附加剂以赋予其一定的理化性质。这些附加剂主要有：填充剂，如氧化锌、碳酸钙；硫化剂，如硫黄；防老化剂，如 *N*- 苯基 -*β*- 萘胺；润滑剂，如石蜡、矿物油；着色剂，如立德粉等。总之，胶塞的组成比较复杂，注射液与胶塞接触后，其中一些物质能够进入药液，使药液出现浑浊或产生异物；另外有些药物还可能与这些成分发生化学反应。因此天然橡胶制成的胶塞在处理时，除了进行酸碱蒸煮、纯化水清洗外，在使用时还需在药液与胶塞之间加隔离膜。合成橡胶具有高弹性、强稳定性等特点。硅橡胶是完全饱和的惰性体，性质稳定，可以经多次高压灭菌，在较大的温度范围内仍能保持其弹性，但价格较贵，限制了它的应用。我国推荐使用丁基橡胶输液瓶塞，以逐步取代天然橡胶输液瓶塞。制药工业中瓶用胶塞使用量极大，皆需要经过清洗、灭菌、干燥方可使用。下面介绍几种胶塞的处理设备。

① 超声波胶塞清洗罐：超声清洗是利用超声在液体中传播，使液体在超声场中受到强烈的压缩和拉伸，产生空腔、空化作用，空腔不断产生、不断移动、不断消失，空腔完全闭合时产生自中心向外具有很大能量的微激波，形成微冲流，强烈地冲击被清洗的胶塞，大大削减了污物的附着力，经一定时间的微激波冲击将污物清洗干净。常用的设备如 CXS 型超声波胶塞清洗罐。

② 胶塞清洗机：常用的胶塞清洗机有容器型机组和水平多室圆筒型机组两种。该机集胶塞的清洗、硅化、灭菌、干燥于一体；全电脑控制；可用于大输液的丁基橡胶塞和西林瓶橡胶塞的清洗。其清洗器为圆筒形，安装时，器身置于洁净室内，机身（支架及传动装置）置于洁净室外。常用设备如 JS-90 型胶塞灭菌干燥联合机组，其外观及内部结构示意图见图 5-149。

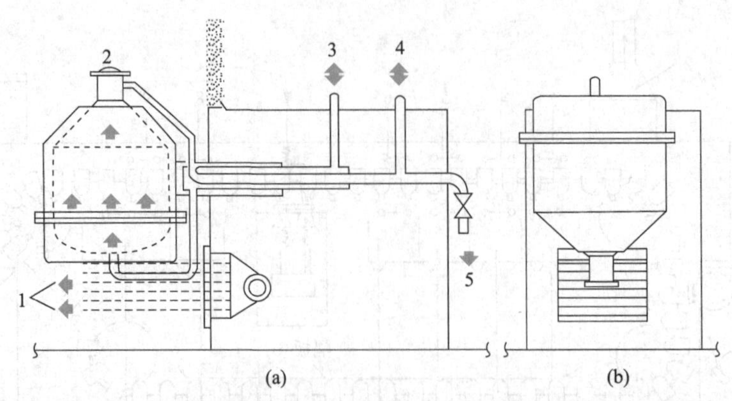

图5-149　JS-90型胶塞灭菌干燥联合机组的外观及内部结构示意图

1—A级空气层流；2—洁净区；3—准备区；4—洁净水进出口、蒸汽进出口、热空气进出口；5—胶塞

该机组主要由清洗灭菌干燥容器、抽真空系统、洁净空气输入系统、洁净水、蒸汽、热空气输入系统以及控制系统组成。利用真空将胶塞吸入容器内，洁净水经过分布器流至分布板形成向上的层流，同时间断鼓入适量的灭菌空气，使胶塞在洁净水中不断翻动，脱落的颗粒状杂质随水、空气一同排出器外，器身向左右各做90°摆动，使附着于胶塞上的较大颗粒及杂质与胶塞迅速分离而排出。采用直接湿热空气（121 ℃）灭菌30 min后，灭菌热空气由上至下将胶塞吹干，器身自动摇动或手动旋转，以防止胶塞凹处积水并使传热均匀，卸料时器身旋转180°，使锥顶向下，并在层流洁净空气流的保护下，在洁净室内倒出经处理的胶塞。

（5）灌装设备

输液剂的灌装是将配制合格的药液，由输液灌装机灌入清洗合格的输液瓶（或袋）内的过程。灌装机是将经含量测定、可见异物检查合格的药液灌入洁净的容器中的生产设备。

灌装工作室的局部洁净度为A级。根据灌装工序的质量要求，灌装后首先检查药液的可见异物，其次是灌装误差。需要使用输液剂灌装设备将配制好的药液灌注到容器中时，对输液剂灌装设备的基本要求是：灌装易氧化的药液时，设备应有充惰性气体的装置；与药液接触的零部件因摩擦有可能产生微粒时，如计量泵注射式，此种灌装设备须加终端过滤器等，以保证产品质量。

输液剂的灌装机有许多形式，按灌装方式的不同可分为常压灌装、负压灌装、正压灌装和恒压灌装4种；按计量方式的不同可分为流量定时式、量杯容积式、计量泵注射式3种；按运动形式的不同可分为直线式间歇运动、旋转式连续运动2种。旋转式灌装机广泛应用于糖浆剂等液体的灌装中，由于是连续式运动，机械设计较为复杂；直线式灌装机则属于间歇式运动，机械结构相对简单，主要用于灌装500 mL输液剂。如果使用塑料瓶灌装药液，则常在吹塑机上成型后于模具中立即灌装和封口，再脱模出瓶，这样更易实现无菌生产。目前，国内使用的输液灌装机主要为用于玻璃瓶输液的计量泵注射式灌装机、量杯式负压灌装机、恒压式灌装机等，还有用于塑料瓶、塑料袋的输液灌装机。

① 计量泵注射式灌装机：该机是通过计量泵对药液进行计量，并在活塞的压力下，将药液充填于容器中。计量泵注射式灌装机是以活塞的往复运动进行充填，为常压灌装。计量原理是以容积计量既有粗调定位装置控制药液装量，又有微调装置控制装量精度。调整计量时，首先粗调活塞行程达到灌装量，装量精度由下部的微调螺母来调整，从而达到很高的计量精度。

计量泵注射式灌装机有直线式和回转式两种机型。前者输液瓶做间歇运动，产量较低；后者为连续作业，产量则较高。充填头有二头、四头、六头、八头、十二头等，如八泵直线式灌装机（如图5-150）有八个充填头，是较常用的计量泵注射式灌装机。

该机具有如下优点：通过改变进液阀出口形式可对不同容器进行灌装。除玻璃瓶外，还有塑料瓶、塑料袋及其他容器。该灌装机为活塞式强制充填液体，适应不同浓度液体的灌装。无瓶时，计量泵转阀不打开，保证无瓶不灌液。采用计量泵式计量，计量泵与药液接触的零部件少，没有不易清洗的死角，清洗消毒方便。采用容积式计量，计量调节范围较广，可按需要在100～500 mL间调整。

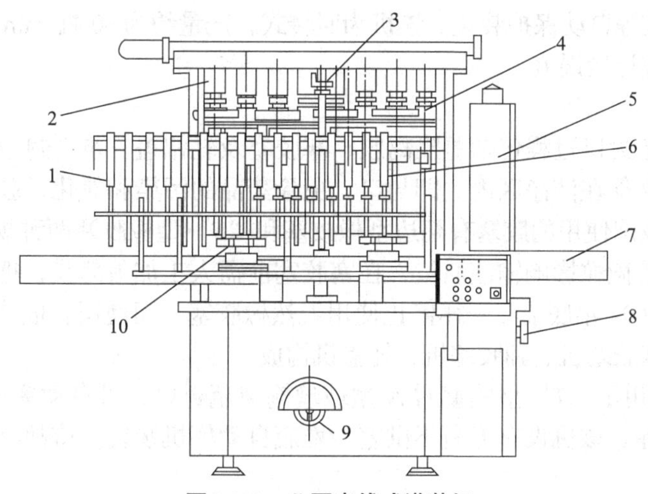

图5-150 八泵直线式灌装机

1—预充氮头；2—进液阀；3—灌装头位置调节手柄；4—计量缸；5—接线箱；
6—灌装头；7—灌装台；8—装量调节手柄；9—装置调节手柄；10—星轮

② 量杯式负压灌装机：该机是以量杯的容积计量，负压灌装。量杯式计量调节方式，如图5-151所示，是以容积定量，当药液超过液流缺口时，药液自动从缺口流入盛料桶进行计量粗定位。计量精确调节是通过计量调节块在计量杯中所占的体积而定的，即旋动调节螺母，使计量调节块上升或下降，调节其在计量杯内所占的体积以控制装量精度。吸液管与真空管路接通，使计量杯内药液负压流入输液瓶内。计量杯下部的凹坑可保证将药液吸净。量杯式负压灌装机中输液瓶由螺杆式输瓶器经拨瓶星轮送入转盘的托瓶装置，托瓶装置由圆柱凸轮控制升降，灌装头套住瓶肩形成密封空间，计量杯与灌装头由硅橡胶管连接，通过真空管道抽真空，真空吸液管将药液负压吸入瓶内。

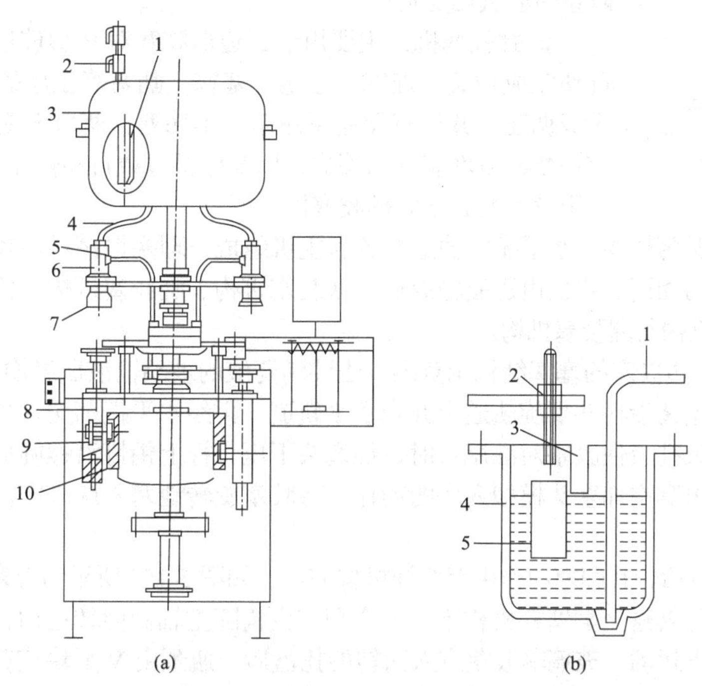

图5-151 量杯式负压灌装机（a）与量杯式计量器（b）

（a）1—计量杯；2—进液调节阀；3—盛料筒；4—硅橡胶管；5—真空吸管；
6—瓶颈定位套；7—橡胶喇叭口；8—瓶托；9—滚子；10—升降凸轮
（b）1—吸液管；2—调节螺母；3—量杯缺口；4—计量杯；5—计量调节块

该机具有如下特点：量杯计量、负压灌装；药液与其接触的零部件无相对机械摩擦，没有微粒产生，不需加终端过滤器，保证药液在灌装过程中的可见异物检查合格；计量块计量调节，调节方便简捷；机器设有无瓶不灌装等自动保护装置。该机为回转式，产量约为60瓶/min。机器回转速度加快时，量杯药液易产生偏斜造成计量误差。

（6）封口设备

玻璃瓶输液剂的一般封口过程包括盖隔离膜、塞胶塞及轧铝盖三步。封口设备是与灌装机配套使用的设备，药液灌装后必须在洁净区内立即封口，免除药品的污染和氧化，胶塞的外面再盖铝盖并轧紧，封口完毕。目前，我国使用的胶塞有翻边型橡胶塞和“T”型橡胶塞两种规格，多采用天然橡胶制成。为避免胶塞可能脱落微粒影响输液质量，在塞胶塞前需人工加盖薄膜，把胶塞与药液隔开。国家药品监督管理局规定，2004年底前，一律停止使用天然橡胶塞，而使用合成橡胶塞，这样即省去了盖薄膜过程。封口设备由塞胶塞机、翻胶塞机、轧盖机构成。

① 塞胶塞机：主要用于“T”型胶塞对A型玻璃输液瓶封口，可自动完成输瓶、螺杆同步送瓶、理塞、送塞、塞塞等工序。该机设有无瓶不供塞、堆瓶自动停机装置。待故障消除后，机器可自动恢复正常运转。

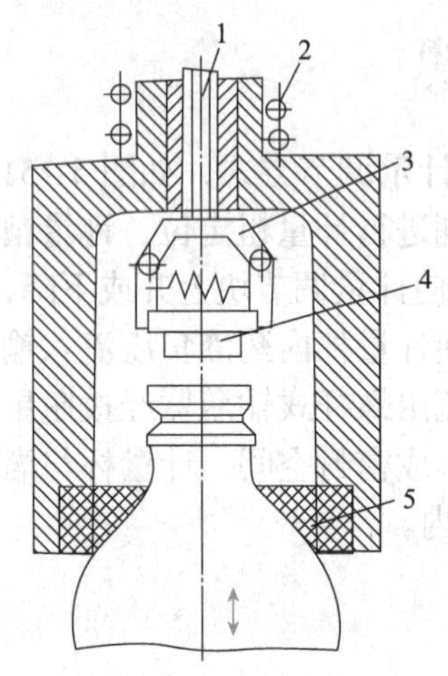

图5-152 塞胶塞机结构
1—真空吸孔；2—弹簧；3—夹塞爪；4—“T”型塞；5—密封圈

塞胶塞机属于压力式封口机械，如图5-152所示。灌好药液的玻璃输液瓶在输瓶轨道上经螺杆按设定的节距分隔开来。再经拨轮送入回转工作台的托盘上。“T”型橡胶塞在理塞料斗中经垂直振荡装置，沿螺旋形轨道送入水平轨道。水平振荡将胶塞送至扣塞头内的夹塞爪上（机械手），夹塞爪抓住“T”型塞，当玻璃瓶瓶托在凸轮作用下上升时，扣塞头下降套住瓶肩，密封圈套住瓶肩形成密封区间，此时，真空泵向瓶内抽真空，真空吸孔充满负压，玻璃瓶继续上升，同时夹塞爪对准瓶口中心，在凸轮控制和瓶内真空的作用下，将塞插入瓶口，弹簧始终压住密封圈接触瓶肩。在塞胶塞的同时抽真空，使瓶内形成负压，胶塞易于塞好，同时防止药液氧化变质。

② 翻胶塞机：主要用于翻边形胶塞对B型玻璃输液瓶进行封口，可自动完成输瓶、理塞、送塞、塞塞、翻塞等工序的工作。该机采用变频无级调速，并设有无瓶不送塞、不塞塞，瓶口无塞停机补塞，输送带上前缺瓶或后堆瓶自动停启，以及电机过载自动停车等全套自动保护装置。常用设备如FS200翻胶塞机。

翻胶塞机由理塞振荡料斗、水平振荡输送装置和主机组成。理塞振荡料斗和水平振荡输送装置的结构原理与塞胶塞机的相同。主机由进瓶输瓶机、塞胶塞机构、翻胶塞机构、传动系统及控制柜等组成，主要介绍塞胶塞机构与翻胶塞机构。

图5-153所示为翻边胶塞的塞塞结构示意图。当装满药液的玻璃输液瓶经输送带进入拨瓶转盘时，在料斗内胶塞经垂直振荡沿料斗螺旋轨道上升到水平轨道，再经水平振荡送入分塞装置，加塞头插入胶塞的翻口时，真空吸孔吸住胶塞对准瓶口时，加塞头下压，杆上销钉沿螺旋槽运动，塞头既有向瓶口压塞的功能，又有由真空加塞头模拟人手的动作，将胶塞旋转地塞入瓶口内，即模拟人手旋转胶塞向下按的动作。

胶塞塞入输液瓶口后，其翻塞动作由翻塞杆机构完成。如图5-154所示为翻塞杆机构示意图。塞好胶塞的输液瓶由拨瓶轮转送至翻塞杆机构下，整个翻塞机构随主轴做回转运动，翻塞杆在平面凸轮或圆柱凸轮轨道上做上下运动。玻璃输液瓶进入回转的托盘后，瓶颈由V形块或花盘定位，瓶口对准胶塞，翻塞杆沿凸轮槽下降，翻塞爪插入橡胶塞，翻塞芯杆由于下降距离的限制，抵住胶塞大头内径平面停止下降，而翻塞爪张开并继续向下运动，将胶塞翻边头翻下，并平整地将瓶口外表面包住，达到开塞子翻口的作用。要求翻塞杆机构翻塞效果好，且不损坏胶塞，普遍设计为五爪式翻塞机，爪子平时靠弹簧收拢。

③ 玻璃输液瓶轧盖机：玻璃输液瓶轧盖机由振动落盖装置、掀盖头、轧盖头等组成，能够进行电磁振荡输送和整理铝盖、挂铝盖、轧盖。轧盖时瓶子不转动，而轧刀绕瓶旋转。轧头上设有三把轧刀，

呈正三角形布置，轧刀收紧由凸轮控制，轧刀的旋转是由专门的一组皮带变速机构来实现的，且转速和轧刀的位置可调。

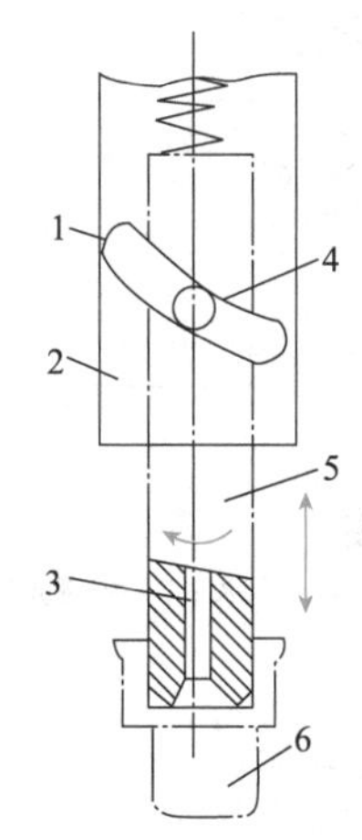

图5-153　翻边胶塞的塞塞结构

1—螺旋槽；2—轴套；3—真空吸孔；4—销；5—加塞头；6—翻边胶塞

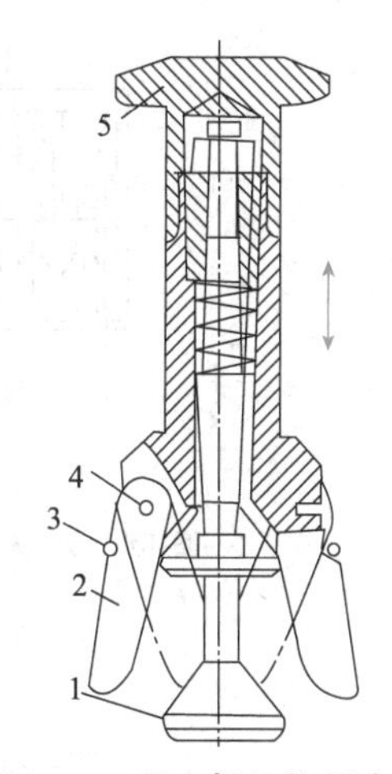

图5-154　翻塞杆机构示意图

1—芯杆；2—爪子；3—弹簧；4—铰链；5—顶杆

轧刀如图 5-155 所示，整个轧刀机构沿主轴旋转，又在凸轮作用下做上下运动。三把轧刀均能自行以转销为轴自行转动。轧盖时，压瓶头抵住铝盖平面，凸轮收口座继续下降，滚轮沿斜面运动，使三把轧刀（图中只绘一把）向铝盖下沿收紧并滚压，即起到轧紧铝盖作用。

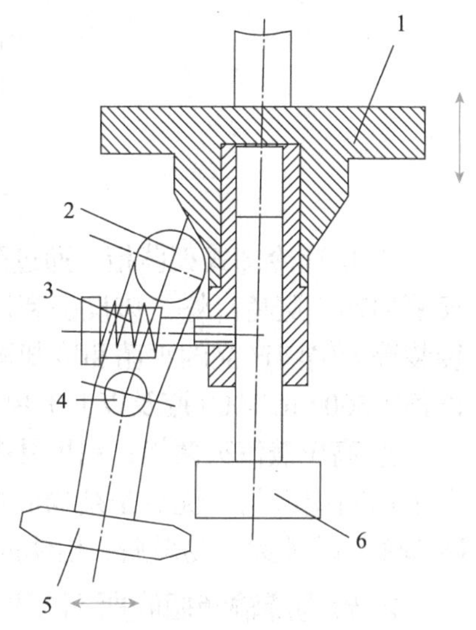

图5-155　轧刀机构示意图

1—凸轮收口座；2—滚轮；3—弹簧；4—转销；5—轧刀；6—压瓶头

（7）灭菌设备

大容量注射剂体积较大，热量不易穿透、传热慢，为保证灭菌效果，不适合采用流通蒸汽灭菌法。同样，由于容量大也不宜采用过滤除菌法。通常采用热压灭菌法进行灭菌，同时热压灭菌的温度和时间应达到无菌保证要求。由于大容量注射剂的包装形式多样，污染途径不同，因此，防污染措施也不尽相同，灭菌条件也有一定区别。

① 水浴式灭菌柜：由矩形灭菌柜、热水循环泵、换热器及计算机控制系统等组成，见图 5-156。灭菌室内先注入洁净的灭菌介质（纯化水）至一定液位，然后循环泵从底部抽灭菌水，经板式换热器加热后，连续循环进入灭菌柜顶部的喷淋系统，喷出雾状高温水与灭菌物品均匀密切接触。在冷却过程中，关蒸汽阀，开冷水阀，使灭菌水连续逐步冷却，用于灭菌物品的快速冷却，并辅以一定反压保护以防止爆瓶。整个工作过程中，灭菌介质运行于封闭的循环系统，有效防止了二次污染，符合 GMP 要求。该设备自动化程度高，温度调控范围宽、温度均匀性好，辅以反压和对压保护措施，灭菌结束或有故障时均有讯响器发出信号，安全可靠，监控仪监控灭菌过程保证了灭菌质量，广泛适用于制药行业对玻璃瓶装、塑料瓶装、软袋装等大输液产品的灭菌操作。

② 回转水浴式灭菌柜：见图 5-157。其工作原理与前述静态水浴式灭菌柜基本相同，只是柜内设有旋转内筒，玻璃瓶固紧在小车上，小车与内筒压紧为一体。小车进出柜内方便；小车以一个可以调整的速度不断地正反旋转，通过强制对流形成强力扰动的温度场。与静态式相比，柜内温度场更趋一致，热的传递更快且无死角，从而缩短柜室内温度均衡的时间。由于灭菌时瓶内药液不停地旋转翻滚，药液传热快，温度均匀，不易产生沉淀或分层，可满足脂肪乳和其他混悬输液药品的灭菌工艺要求；且灭菌效果更佳、灭菌周期更短。该设备采用先进的密封装置——磁力驱动器，可以将柜体外的减速机与柜体内筒的转轴无接触隔离，从根本上取消了旋转内筒轴密封结构，使动密封改变为静密封，灭菌

柜处于全封闭状态，灭菌过程无泄漏、无污染。

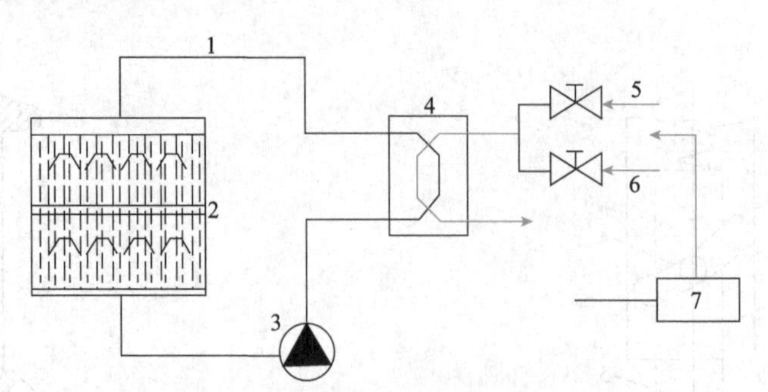

图5-156　水浴式灭菌柜结构示意图

1—循环水；2—灭菌柜；3—热水循环泵；4—换热器；5—蒸汽；6—冷水；7—控制系统

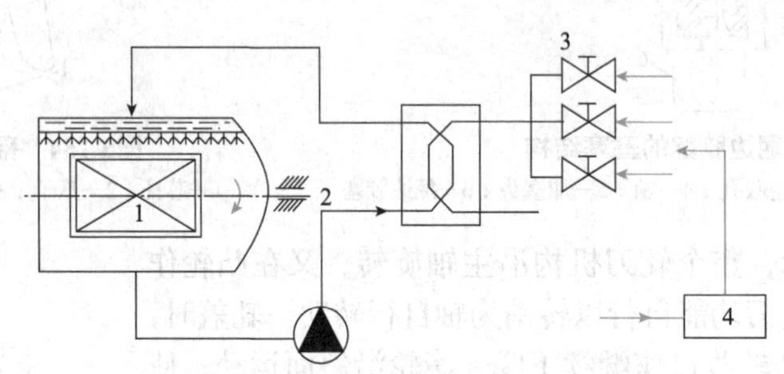

图5-157　回转水浴式灭菌柜结构示意图

1—回转内筒；2—减速机构；3—执行阀；4—控制系统

③ 快速冷却式灭菌柜：通过附加喷淋装置对灭菌后输液进行快速冷却，减少药物成分分解、缩短灭菌周期、避免冷爆。该设备利用饱和蒸汽为灭菌介质，广泛适用于各种耐湿热灭菌的玻璃瓶装、软袋装等大输液产品的灭菌和冷却操作。该系列小型设备（500 mL/500 瓶）采用普通灭菌工艺，大中型设备（500 mL/1000 瓶及以上）用于玻璃瓶装大输液灭菌，全过程仅需 1 h 左右。

④ 高压蒸汽灭菌柜：利用具有一定压力的饱和蒸汽作为加热介质，直接通入柜体内进行加热灭菌，人工启闭蒸汽阀。优点是结构简单、维护容易、价格低廉；缺点是柜内空气不能完全排净、传热慢、冷却慢、温差大、易爆瓶、柜体内温度分布不均匀，易造成灭菌不彻底。

2. 聚丙烯输液瓶吹瓶 / 洗灌封设备

聚丙烯输液瓶一体机由直线式吹瓶系统、输瓶中转机构、清洗装置、灌装系统、封口装置和自动控制系统组成。

（1）工艺流程

将医用级聚丙烯由送料机输送到注塑台料斗内，原料流入注塑螺杆内，经加热后熔融，由注塑系统注入注塑模具（瓶坯模）内，冷却后脱模形成瓶坯。在预备吹塑工位，低压空气对瓶坯进行预备吹塑，以达到消除原料内部应力并促进双向拉伸的效果。预吹的瓶坯在传动到吹瓶工位后，进行高压空气吹塑及定型，最终产品经滑槽送出机台外（图 5-158）。成型后的聚丙烯输液瓶（以下简称 PP 瓶）直接由机械手输送至输瓶中转机构。该机构首先将瓶子降低至洗灌封工位的工作高度；然后通过伺服系统将间歇运动的 PP 瓶送入连续运动的洗灌封系统，从而保证间隙运动的直线式吹瓶系统与连续运动的旋转式洗灌封系统同步运行。

由吹塑成型装置吹出的 PP 瓶处于瓶口朝下的倒立状态，且在进入灌装之前一直处于倒立运行。倒立的 PP 瓶经过输瓶中转机构被送至气洗转盘，气洗喷头随气洗转盘运转，并在凸轮控制下迅速上升，插入瓶内并密封瓶口，对 PP 瓶进行高压离子风（带有离子的高压气体）冲洗，同时对瓶内抽真空，真空泵通过排气系统将废气抽走，即通过吹吸功能消除瓶壁在挤压吹塑过程中产生的静电。气洗工序完成后，气洗喷头在凸轮控制下迅速下降，离开瓶口。PP 瓶经中转机构再进入水洗转盘，进行高压水冲洗。洗净后的 PP 瓶经翻转 180°，瓶口朝上进入灌装系统完成灌装。灌装完毕，PP 瓶又经中转机构输送到封口装置，抓盖头从分盖盘上依次抓取瓶盖，与灌装好的 PP 瓶同步进入熔封段。一组加热片分别对瓶口和瓶盖进行非接触式电加热，离开加热区瞬间，在弹簧和凸轮作用下使瓶盖与瓶口紧密融合，完成封口。

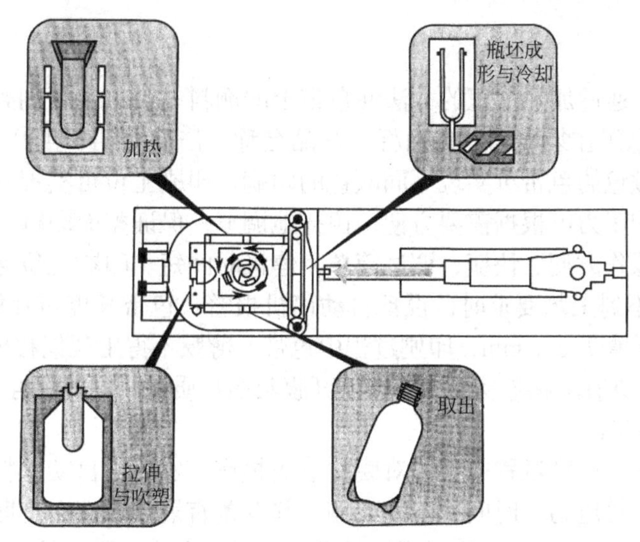

图5-158 塑瓶制瓶过程

（2）塑瓶制瓶特点

塑瓶制瓶所用原料为医用级聚丙烯粒料。全自动塑料瓶制瓶机为一步成型，即塑料瓶经注塑、拉伸和吹塑一次成型。设备由注塑机、注塑模具、吹塑模具及传动机构组成，并包括吹瓶用无油空压机、运行用空压机、自动原料输送机、模具温度调节器、冷水温度调整机等辅机；设备的稳定运行速度不低于 2500 瓶 /h（250 mL 规格）；成品率不低于 98%；原料利用率不低于 99.5%。

（3）PP 瓶吹瓶 / 洗灌封设备的性能特点

本机集吹瓶、清洗、灌装、送盖、封口于一体，是一种多功能的机电一体化产品。采用气动、双向拉伸吹瓶工艺，速度快，吹制成型的 PP 瓶透明度好。PP 瓶吹塑成型后，中转输瓶、清洗、灌装、封口等一系列工序过程，均由机械手一一对应交接，定位准确，保证了设备的稳定性和成品的合格率；PP 瓶在吹塑成型后到灌装前，瓶子一直倒立运行，从而进一步降低了瓶子受污染的可能性；且结构更简单，维护方便；洗瓶采用离子风清洗、水洗两种方式，有效保证瓶的洁净度。

采用压力 - 时间式灌装原理，灌装开关采用气动隔膜阀，计量准确，装量精度达到现行《中国药典》要求；药液通道中无机械摩擦的微粒产生，确保药液澄明度；灌装装置可实现在线清洗（CIP）、在线灭菌（SIP）；具有无瓶不灌装功能。

采用振荡和风送悬浮原理输送瓶盖，减少瓶盖与输送轨道的摩擦，并具有无瓶不送盖功能；采用上、下双层加热板加热，可分别调节和控制加热温度，适合瓶盖与瓶口熔封的不同温度要求。

3. 非 PVC 膜软袋大输液生产设备

非 PVC 膜软袋大输液生产线是集制袋、灌装、封口为一体的高效型生产线。能自动完成送膜、印字、口管焊接、制袋、灌装、封口直到成品输出。适用于 50 ～ 3000 mL 等多种规格产品的生产需求。主机为直线式结构，由送膜工位、印刷工位、制袋工位、传送工位、灌装工位、封盖工位、出料工位以及上料、CIP/SIP 等附加装置组成。采用非 PVC 双卷多层共挤片膜，设备的包材适应性强，整套工序完成后，成品率不低于 99%。

（1）送膜工位

采用传感器控制的恒重力张紧膜机构，带导向滚筒导向，由电机完成连续的、平稳的送膜动作，保证膜在行进中始终保持同一张紧状态。膜卷用气胀轴固定在卷轴上，无须工具即可更换。膜材传输系统由伺服电机控制，能够自动完成送膜。膜卷自动张紧、定位，张紧力平稳。停机后再开机对拉膜无影响。送膜长度可调节，可适应多种膜材。传动装置稳定可靠，膜位置在连续生产时的累积误差不大于 2 mm，拉膜过程中不出现拉偏或拉不动的现象。送膜工位具有去离子风除静电装置、压缩空气的集中收集和排放系统。系统内部各工位互相连接，但最终只连接到一个排气管道。所有气动阀门压缩空气集中收集排放。

（2）印刷工位

采用热箔印刷技术，通过加热加压的方法使色带上的颜料与色带基材剥离，与膜材外表面升华染色附着结合，将产品信息印在袋表面，如商标、产品名称、产品介绍、生产厂家、生产日期、批号、有效日期等。选择不同颜色的色带可实现不同颜色的印刷。印刷工位可实现双色印刷功能，印字清晰美观。印字时间、温度和压力可根据需要方便、快捷地调节，保证整面印刷。批号及生产日期等生产数据以及色带的更换，操作方便、快捷，调试简单，停机时间短。印刷工位保证温度控制良好，并进行持续监控，如温度达不到工艺要求时，设备自动停机报警。色带长度可在触摸屏上进行设置调整。色带消耗控制精确，控制精度 ±1 mm，印刷过程中色带及薄膜不得出现偏移现象，印刷版在印刷过程中不能对膜材造成损伤，具有防粘连功能，不影响开膜及灌装质量。停机后再开机，不影响印刷功能。

（3）制袋及接口焊接工位

薄膜由专用装置开膜，开口过程中不能对膜材造成损伤。然后由自动上料装置传送到接口热合工位，将膜材焊接成袋。焊接压力、时间、温度可调，并设置有最佳焊接温度区间，一般控温精度都在 ±2 ℃范围。模具设置冷却板，防止成型过程中袋子之间因温度过高而出现粘连，影响药液灌装或其他质量问题。最后将袋与口管热合。

（4）灌装工位

灌装系统采用自动隔膜阀和 E+H 质量流量计控制，适用于不同规格产品的灌装，灌装量调整方便，装量控制精确、稳定、可靠，隔膜阀膜片使用寿命长，灌装针管无滴液、漏液现象。

（5）封盖工位

自动上盖工位配有自动上料料斗，与振荡盘配套，振荡料斗内加装负离子压缩空气清洗系统，对组合盖及接口进行气洗以去除微粒。在封口前将袋内残余空气排出，使袋内空气残留达到最少。采用非接触性热熔封口，无污染且封口严实、美观。组合盖和接口之间加热片温度可调整，以能适应各种材料的盖子，加热片温度、加热时间、压力可自动控制和调节，控温精度在 ±2 ℃范围内，带有温度检测装置，防止出现过热现象。成品袋子由夹具系统取出，放置在出料传送带上。不合格的袋子将被自动剔除，并落入废袋收集盘中。

（三）无菌分装粉针剂生产设备

无菌分装粉针剂生产是以设备联动线的形式来完成的，其工艺流程如图 5-159 所示。

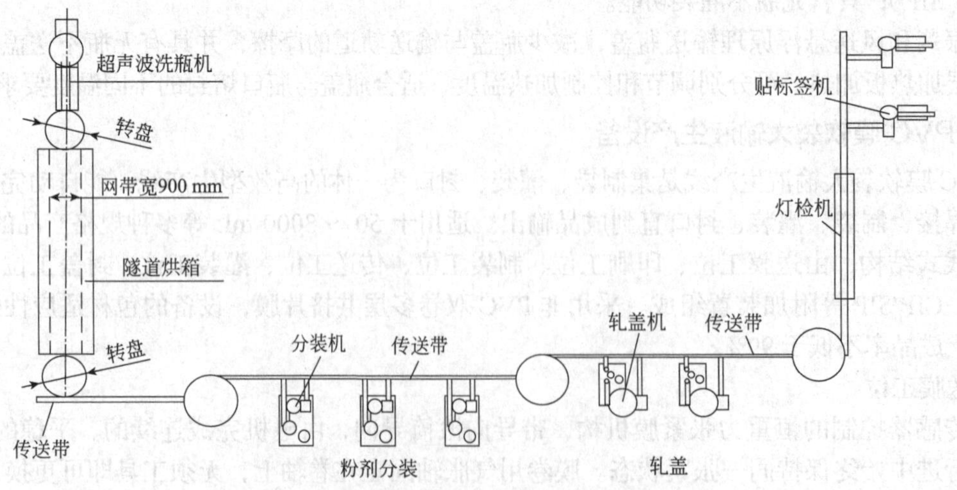

图5-159　无菌分装粉针剂生产设备联动线工艺流程

无菌分装粉针剂生产过程包括粉针剂玻璃瓶的清洗、灭菌和干燥、粉针剂充填、盖胶塞、轧封铝盖、半成品检查、粘贴标签等。目前，国内无菌分装粉针剂的分装容器一般为西林瓶，根据制造方法的不同西林瓶分为两种类型：一种是管制抗生素玻璃瓶；一种是模制抗生素玻璃瓶。管制抗生素玻璃瓶规格有 3 mL、7 mL、10 mL、25 mL 四种。模制抗生素瓶按形状分为 A 型、B 型两种，其中 A 型瓶有 5 ～ 100 mL 共 10 种规格，B 型瓶有 5 ～ 12 mL 共 3 种规格。下面将无菌分装粉针剂生产设备按生产工艺流程进行介绍。

1. 西林瓶洗瓶机

西林瓶洗瓶机根据清洗原理不同分为毛刷洗瓶机和超声波洗瓶机两种类型。由于毛刷洗瓶机易脱毛且存在二次污染的可能，已被逐步淘汰。

超声波洗瓶机按适用清洗玻璃瓶的规格分类，分为单一型和综合型；按清洗玻璃瓶传动装置传送方式分类，又分为水平传动型和行列式传动型。水平传动型超声波洗瓶机，被清洗的玻璃瓶在传送过程中处在水平面内运动；行列式传动型超声波洗瓶机，被清洗的玻璃瓶在传送过程中处在行列式传动的垂直和水平面内运动。超声波洗瓶机形式虽有不同，但其结构基本相同，一般由送瓶机构、清洗装置、冲洗机构、出瓶机构、主传动系统、水气系统、床身及电气控制系统等部分组成。

水平传动型超声波洗瓶机的工艺过程：玻璃瓶瓶口向上，由送瓶机构通过网带连续地送入水槽中。送瓶机构由电机、减速器、输瓶网带、过桥、喷淋头等组成，是玻璃瓶排列并输送到清洗装置的传递机构。清洗装置由超声波换能器、送瓶螺杆、提升装置等机构组成，安装在床身水槽中。当玻璃瓶经过过桥时，喷淋头喷水充满玻璃瓶，经过超声波换能器上方时进行超声波清洗，瓶壁的污垢被清洗掉。然后送瓶螺杆将其连续输送到提升装置，由提升块逐个送入冲洗机构进行清洗。通过输瓶螺杆和提升装置，小瓶被机械手夹持，机械手翻转使瓶口向下，喷针插入瓶内并与瓶同步运动，喷出循环水、注射用水，将瓶的内外壁冲洗干净。瓶上的残留水再经洁净压缩空气初步吹干。机械手再翻转使瓶口向上，与出瓶机构接口时，瓶子被拨瓶盘拨送至干燥灭菌。

行列式传动型超声波洗瓶机的工艺过程与上述水平传动基本相同，均为超声波清洗加气、水交替反复冲洗，主要区别是超声清洗后，玻璃瓶传递是行列成排进行的，而水平传动型是依靠机械手单个连续进行的。

2. 西林瓶灭菌干燥设备

洗净的西林瓶必须尽快干燥灭菌，以防止污染。灭菌干燥设备常用的是柜式和隧道式。隧道式灭菌烘箱的结构和原理在安瓿的灭菌干燥设备中已经做了介绍。

柜式灭菌烘箱一般适用于小批量粉针剂生产过程中的灭菌干燥，以及铝盖和胶塞的灭菌干燥。柜式灭菌烘箱主体结构是由不锈钢板制成的保温箱体、电加热丝、托架（隔板）、风机、可调挡风板等组成。箱体前后开门，并有测温点、进风口和指示灯等，如图 5-160 所示。

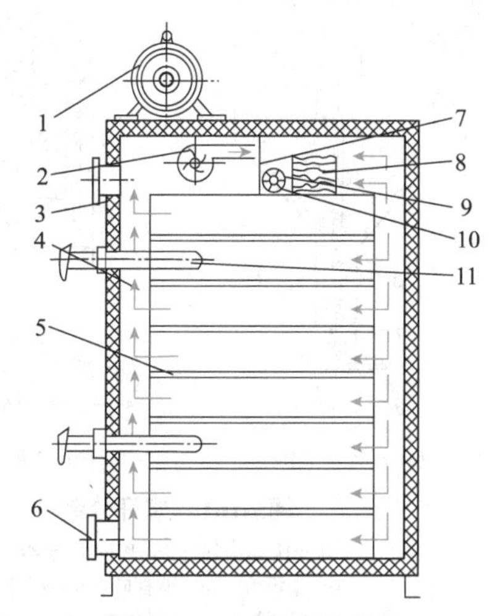

图5-160　柜式灭菌烘箱

1—电机；2—风机；3—保温层；4—风量调节板；5—托架；6—进风口；7—挡风板；8—电热丝；9—排风口；10—排风调节板；11—温度计

其工作原理是：洗净后的玻璃瓶整齐排列放入底部有孔的方盘中，然后将方盘从烘箱后门送进灭菌烘箱，放置在托架上，通电启动风机并升温，当箱内温度升至 180 ℃，保持 1.5 h，即完成了玻璃瓶的灭菌干燥。停止加热，风机继续运转对瓶进行冷却，当箱内温度降至比室温高 15 ～ 20 ℃时，灭菌烘箱停止工作，打开洁净室一侧的前门，出瓶转入下一道工序。

3. 粉针剂分装设备

粉针剂分装设备用于将无菌的药品粉末定量分装在经过灭菌干燥的玻璃瓶内，并盖紧胶塞密封。常用两种类型的分装设备：一种为螺杆分装机，一种是气流分装机。两种分装机都是按体积计量的，因此药粉的黏度、流动性、比容积、颗粒大小和分布都直接影响到装量的精度，也影响到分装机构的选择。在装粉后及时盖塞是防止药品再污染的最好措施，所以盖塞及装粉多是在同一装置上先后进行的。轧铝盖是防橡胶塞绷弹的必要手段，但为了避免铝屑污染药品，轧铝盖都是与前面的工序分开进行的，甚至不在同室进行。

（1）螺杆分装机

螺杆分装机是通过控制螺杆的转数，量取定量粉剂分装到玻璃瓶中。螺杆分装计量与螺杆的结构形式有关，关键是控制每次分装螺杆的转数即可实现精确地装量。分装机由进瓶转盘、定位星轮、饲料器、分装头、胶塞振荡饲料器、盖塞机构和故障自动停车装置所组成，有单头分装机和多头分装机两种。螺杆分装机具有结构简单，无须净化压缩空气及真空系统等附属设备，使用中不会产生漏粉、喷粉现象，调节装量范围大，以及原料药粉损耗小等优点；但分装速度较慢。

图 5-161 为其中的螺杆分装头。粉剂置于粉斗中，在粉斗下部有落粉头，其内部有单向间歇旋转的计量螺杆，每个螺距具有相同的容积，计量螺杆与导料管的壁间有均匀及适量的间隙（约 0.2 mm），螺杆转动时，料斗内的药粉则被沿轴移送到送药嘴处，并落入位于送药嘴下方的药瓶中，精确地控制螺杆的转角就能获得药粉的准确计量，其容积计量精度可达 ±2%。为使粉剂加料均匀，料斗内还有一搅拌桨，连续反向旋转以疏松药粉。

控制离合器间歇定时“离”或“合”是保证计量准确的关键，图 5-162 为螺杆计量与控制机构，扇形齿轮通过中间齿轮带动离合器套，当离合器套顺时针转动时，靠制动滚珠压迫弹簧，离合器轴也被带动，与离合器轴同轴的搅拌叶和计量螺杆一同回转。当偏心轮带着扇形齿轮反向回转时，弹簧不再受力，滚珠只自转，不拖带离合器轴转动。现在也有使用两个反向弹簧构成单向离合器的，较滚珠式离合器简单、可靠。利用调节螺丝可改变曲柄在偏心轮上的偏心距，从而改变扇形齿轮的连续摆动角度，达到改变计量螺杆转角，以达到剂量微量调节的目的。当装量要求变化较大时则需要更换具有不同螺距及根径尺寸的螺杆，才能满足计量要求。

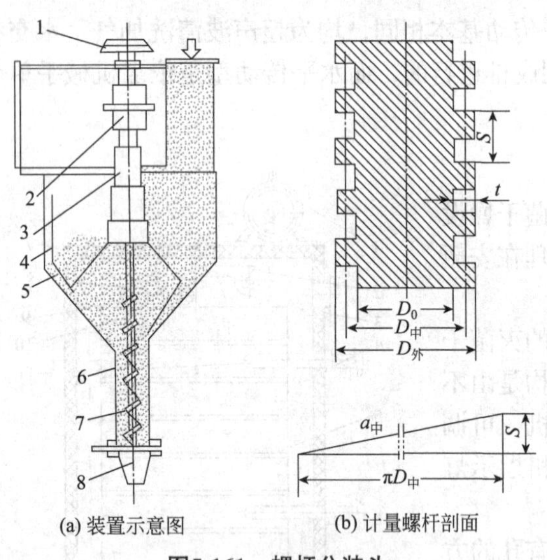

(a) 装置示意图　(b) 计量螺杆剖面

图5-161　螺杆分装头

1—传动齿轮；2—单向离合器；3—支承座；4—搅拌叶；5—料斗；6—导料管；7—计量螺杆；8—送药嘴

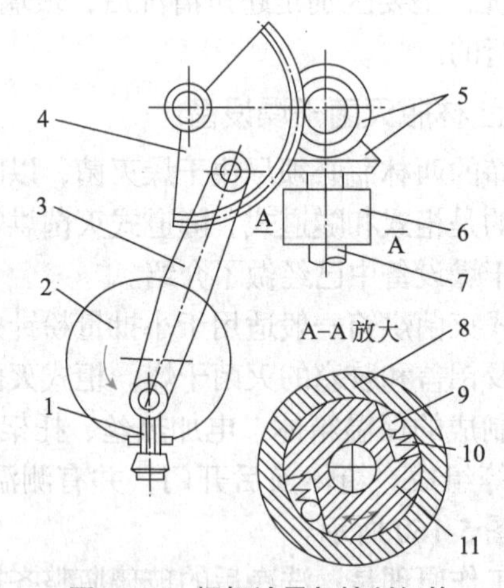

图5-162　螺杆计量与控制机构

1—调节螺丝；2—偏心轮；3—曲柄；4—扇形齿轮；5—中间齿轮；6—单向离合器；7—螺杆轴；8—离合器套；9—制动滚珠；10—弹簧；11—离合器轴

（2）气流分装机

气流分装机利用真空吸取定量容积粉剂，再通过净化干燥压缩空气将粉剂吹入玻璃瓶中，其装量误差小、速度快、机器性能稳定，但分装时形成的粉尘较大，设备清洗灭菌麻烦，能耗较大。气流分装机是一种较为先进的粉针分装设备，实现了机械半自动流水线生产，提高了生产能力和产品质量。

典型气流分装机的结构由粉剂分装系统、盖胶塞机构、床身及主传动系统、玻璃瓶输送系统、拨瓶转盘机构、真空系统、压缩空气系统和局部净化系统几部分组成。

① 粉剂分装系统：其工作原理见图 5-163。搅粉斗内搅拌桨每吸粉一次旋转一转，其作用是将装粉筒落下的药粉保持疏松，并协助将药粉装进粉剂分装头的定量分装孔中。真空接通，药粉被吸入定量分装孔内并有粉剂吸附隔离塞阻挡，让空气逸出；当粉剂分装头回转 180° 至装粉工位时，净化压缩空气通过吹粉阀门将药粉吹入瓶中。分装盘后端面有与装粉孔数相同且和装粉孔相通的圆孔，靠分配盘与真空和压缩空气相连，实现分装头在间歇回转中的吸粉和卸粉。

当缺瓶时机器自动停车，剂量孔内药粉经废粉回收收集。为了防止细小粉末阻塞吸附隔离塞而影响装量，在分装孔转至与装粉工位前相隔 60° 的位置时，用净化空气吹净吸附隔离塞。装粉剂量的调节是通过一个阿基米德螺旋槽来调节隔离塞顶部与分装盘圆面的距离（孔深）来实现的。根据药粉的不同特性，分装头可配备不同规格的粉剂吸附隔离塞。粉剂吸附隔离塞有两种类型，一种是活塞柱，另一种是吸粉柱。其头部滤粉部分可用烧结金属或细不锈钢纤维压制的隔离刷，外罩不锈钢丝网，如图 5-164 所示。

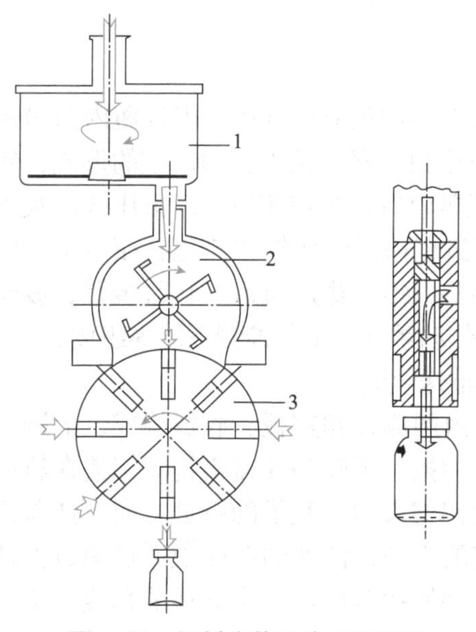

图5-163 粉剂分装系统工作原理

1—装粉筒；2—搅粉斗；3—粉剂分装头

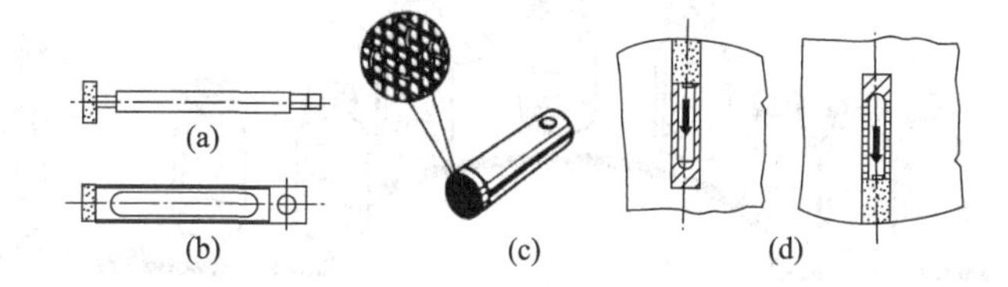

图5-164 粉剂吸附隔离塞

（a）烧结金属活塞柱；（b）烧结金属吸粉柱；（c）隔离刷吸粉柱；（d）吸粉和出粉示意

② 盖胶塞机构：主要由供料漏斗、胶塞料斗、振荡器、垂直滑道、喂胶塞器、压胶塞头及其传动装置和升降机构组成。供料漏斗是由不锈钢板制成的倒锥形筒件，用来储存胶塞。胶塞料斗下部有振荡器为料斗提供振荡力和扭摆力矩。胶塞料斗也是由不锈钢制成的筒形件，为减轻质量，料斗壁上冲有减轻圆孔，底板呈矮锥形，上端开口。料斗内壁焊有两条平行的螺旋上升滑道，并一直延伸至外壁有 2/3 周长的距离，与垂直滑道相接。在螺旋滑道上有胶塞鉴别、整理机构，使胶塞呈一致方向进入垂直滑道。垂直滑道是由两组带与胶塞尺寸相适应的沟槽构件和挡板组成，构成输送胶塞轨道，将从料斗输送来的胶塞送入滑道下边的喂胶塞器。喂胶塞器的主要功能是将垂直滑道送过来的胶塞通过移位推杆进行真空定位，吸掉胶塞内的污物后送到压胶塞头体上的爪扣中。压胶塞头是实现盖胶塞功能的重要部分，主体是个圆环体，其上装有 8 等分分布的盖塞头，盖塞头上有 3 个爪扣、2 个回位弹簧和 1 个压杆，在压头作用下将胶塞旋转地拧按在已装好药粉的瓶口上。传动装置主要由传动箱、传动轴、8 工位间歇机构、传动齿轮、凸轮-摆杆机构等组成，实现压胶塞头间歇转动、喂塞移位推杆进出、压头摆动运动。升降机构组成与粉剂分装系统的升降机构相同，用于调整盖塞头爪扣与瓶口距离。

③ 床身及主传动系统：床身由不锈钢方管焊成的框架、面板、底板、侧护板组成，下部有可调地脚，用于调整整机水平和使用高度。主传动系统主要由带有减速器、无级调速机构和电机组成的驱动

装置、链轮、套筒滚子链、换向机构、间歇机构等组成，为装粉和盖塞系统提供动力。

④ 玻璃瓶输送系统：由不锈钢丝制成的单排或双排输送网带及驱动装置、张紧轮、支承梁、中心导轨、侧导轨组成，完成粉剂分装过程玻璃瓶的输送。

⑤ 拨瓶转盘机构：此机构安装在装粉工位和盖塞工位。主要由拨瓶盘、传动轴、8 等分啮合的电磁离合器以及刹车盘组成的过载保护机构等组成。其作用是通过间歇机构的控制，准确地将输送网带送入的玻璃瓶送至分装头和盖塞头下进行装粉和盖胶塞。当这两个工位出现倒瓶或卡车时，会使整机停车并发出故障显示信号。

⑥ 真空系统：有两个真空系统，一个用于装粉，一个用于盖塞。装粉真空系统由水环真空泵、真空安全阀、真空调节阀、真空管路以及进水管、水电磁阀、过滤器、排水管组成，为吸粉提供真空。盖塞真空系统由真空泵、调节阀、滤气器等组成，其作用是吸住胶塞定位和清除胶塞内腔上的污垢。

⑦ 压缩空气系统：由油水分离器、调压阀、无菌过滤器、缓冲器、电磁阀、节流阀及管路组成。工作时，经过过滤、干燥的压缩空气再经无菌系统净化，分成 3 路：一路用于卸粉，另两路用于清理卸粉后的装粉孔。

4. 粉针剂轧盖设备

粉针剂易吸湿，在有水分的情况下药物稳定性下降，因此粉针剂应该立刻轧盖，保证瓶内药粉密封不透气。轧盖机负责用铝盖对分装、盖好胶塞的玻璃瓶进行再密封。根据铝盖收边成型的形式，轧盖机可分为卡口式和滚压式。卡口式是利用分瓣的卡口模具将铝盖收口包封在瓶口上。滚压式是利用旋转的滚刀通过横向进给将铝盖滚压在瓶口上。轧盖机一般由料斗、铝盖输送轨道、轧盖装置、玻璃瓶输送装置、传动系统、电气控制系统等组成。

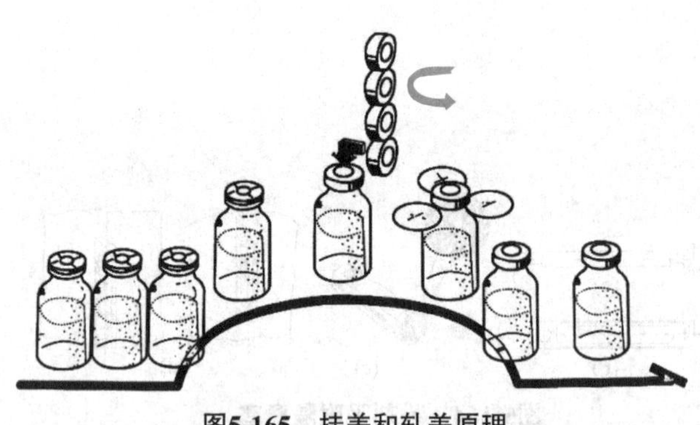

图5-165　挂盖和轧盖原理

（1）铝盖输送轨道

一般都是由两侧板和盖板、底板构成，上端与料斗铝盖出口相接，下端为挂盖机构。铝盖在轨道中的方向总是铝盖口对着瓶子的行进方向。挂盖机构设置在轨道的下部，活动的两侧板通过弹簧夹持和定位铝盖，并使铝盖倾斜一个合适的角度。工作时瓶子经过挂盖机构下方时正好将铝盖挂在瓶口上，再经过压板将铝盖压正，如图 5-165。

（2）轧盖装置

轧盖装置是轧盖机的核心部分，作用是铝盖扣在瓶口上后，将铝盖紧密牢固地包封在瓶口上。轧盖装置的结构类型有滚压式和卡口式两种。其中滚压式有瓶子不动和瓶子随动两种类型。

① 瓶子不动三刀滚压型轧盖装置：由三组滚压刀头及连接刀头的旋转体、铝盖压边套、直杆和皮带轮组及电机组成。电机通过皮带轮组带动滚压刀头高速旋转，转速约 2000 r/min，在偏心轮带动下，轧盖装置整体向下运动，先是压边套盖住铝盖，只露出铝盖边沿待收边的部分，在继续下降过程中，滚压刀头在沿压边套外壁下滑的同时，在高速旋转离心力作用下向心收拢滚压铝盖边沿使其收口。

② 瓶子随动三刀滚压型轧盖装置：由电机、传动齿轮组、七组滚压刀组件、中心固定轴、回转轴、控制滚压刀组件上下运动的平面凸轮和控制滚压刀离合的槽形凸轮等组成。扣上铝盖的小瓶在拨瓶盘带动下进入一组正好转动过来并已下降的滚压刀下，滚压刀组件中的压边套先压住锅盖，在继续转动中，滚压刀通过槽形凸轮下降并借助自转在弹簧力作用下，在行进中将铝盖收边轧封在小瓶口上。

③ 卡口式（开合式）轧盖装置：由分瓣卡口模、卡口套、连杆、偏心（曲柄）机构等组成。扣上铝盖的小瓶由拨瓶盘送到轧盖装置下方间歇停止不动时，偏心（曲柄）轴带动连杆推动分瓣卡口模、卡口套向下运动（此时卡口模瓣呈张开状态），卡口模先行到达收口位置，卡口套继续向下，收拢卡口模瓣使其闭合，就将铝盖收边轧封在小瓶口上。

5. 西林瓶贴签设备

以 ELN 2011 型贴签机为例介绍专供西林瓶用的贴签机（图 5-166），该贴签机适用于 7 mL 抗生素玻璃瓶。因真空吸签而简化了机械结构，使贴签顺序交接连续运动，实现了机械化生产，提高了产品质量和生产能力；并具有无瓶不粘签、无签不打字的功能。

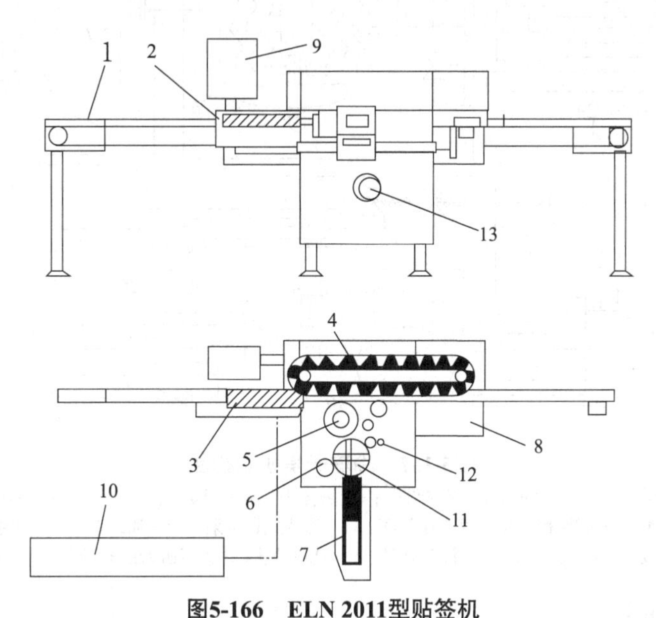

图5-166　ELN 2011型贴签机

1—玻璃瓶输送装置；2—挡瓶机构；3—送瓶螺杆；4—V形夹传动链；5—贴签辊；6—涂胶机构；7—签盒；8—床身；9—操纵箱；10—电气控制柜；11—转动圆盘机构；12—打印机构；13—主传动系统

传签形式在结构上设置了一个转动圆盘机构，上面安装 4 个类型和动作一样的摆动传签头，代替供签系统中的吸签机构和传签辊、打字辊、涂胶头。传签头先在涂胶辊上粘上胶，随着圆盘转到签盒部位粘上签，当转到打字工位，印字辊就将标记印在标签上，再转下去与贴签辊相接，贴签辊通过爪勾和真空吸附将标签接过并使之与瓶接触，把标签贴在瓶上。整个传签过程从传签头将标签从签盒中粘出到传给贴签辊，标签始终粘在传签头上，省去了从吸签头把签传给传签辊，传签辊再传给打字辊这两个交接环节，减小了传签失误率。

贴签机工作中常见问题及解决方法如下。

① 瓶签不正：原因是真空度不够，瓶签槽与吸签辊相对位置不平行，造成标签纸在吸签辊部位不正，应加以适当调节，保证吸签位置正好盖在 6 个真空吸孔上。

② 吸不出签：主要原因是签纸太厚或真空度不够。

③ 每次吸两张签：主要原因是瓶签纸张太薄。

④ 瓶签贴不牢：原因是胶黏度不够，应重新调整；或者是瓶签纸张为横丝纹，应通知印签厂改为横切横印。

⑤ 胶水满布瓶身：原因是涂胶位置不当，应调整涂胶水位置以避免胶水满布瓶签。

（四）无菌冻干粉针剂生产设备

本部分主要介绍冻干过程中使用的冷冻干燥设备，其余设备已在之前的章节阐述。

1. 冷冻干燥机的构造与功能

按系统分，冷冻干燥机由真空系统、制冷系统、加热系统和控制系统 4 个主要部分组成；按结构分，冷冻干燥机由冻干箱或干燥箱、冷凝器、冷冻机、真空泵和阀门、电气控制元件等组成。常见冷冻干燥机结构见图 5-167。

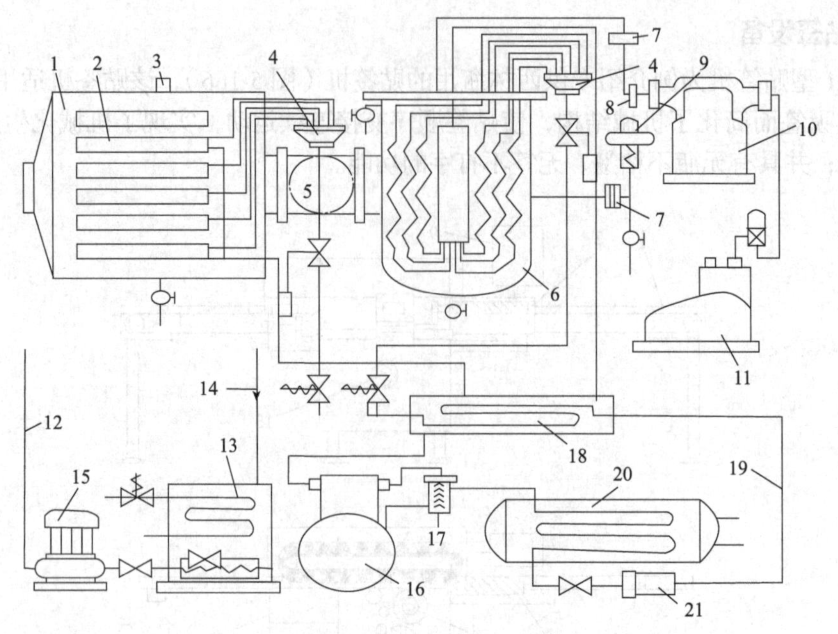

图5-167　冷冻干燥机结构图

1—干燥箱；2—冷热搁板；3—真空测头；4—分流阀；5—大蝶阀；6—冷凝器；7—小蝶阀；8—真空馏头；9—鼓风机；10—罗茨真空泵；11—旋片式真空泵；12—油路管；13—油水冷却管；14—制冷低压管路；15—油泵；16—冷冻机；17—油分离器；18—热交换器；19—制冷高压管路；20—水冷凝器；21—干燥过滤器

（1）干燥箱（冻干箱）

制品的冻干在干燥箱内进行，箱内有若干层搁板，搁板内通入导热液，实现制品的冷冻或加温。干燥箱内还有西林瓶压塞机构：一种是采用液压或螺杆在上部伸入冻干室，将搁板一起推叠，使塞子压紧在西林瓶上；另一种是桥式设计，系将搁板支座杆从底部拉出冻干室，同时室内的搁板升起而将塞子压入西林瓶。

（2）冷凝器

与干燥箱相连接的是低温冷凝器，冷凝器内装有螺旋式冷气盘管，其工作温度低于干燥箱中药品温度，最低可达 -60 ℃。它捕集来自干燥箱中制品升华的水汽，以保护真空泵，并使之在盘管上冷凝，从而保证冻干过程的顺利完成。由于真空状态下水蒸气体积增加，因此，冷凝器必须有效地吸凝全部水蒸气。

（3）制冷系统

制冷系统的作用是将冷凝器内的水蒸气冷凝以及将干燥箱内的制品冷冻。制冷机组可采用双级压缩制冷（单机双级压缩机组，其蒸发温度低于 -60 ℃）或复叠式制冷系统（蒸发温度可至 -85 ℃）。在冷凝器内，采用直接蒸发式；在干燥箱内采用间接供冷。制冷系统使用的制冷液体是高压氟利昂，由水冷凝器出来的高压氟利昂，经过干燥过滤器、热交换器电磁阀到达膨胀阀，有节制地进入蒸发器，由于冷冻机的抽吸作用，蒸发器内压力下降，高压液体制冷剂在蒸发器内迅速膨胀，吸收环境热量，使干燥箱内的制品或冷凝器中的水蒸气温度下降而凝固。高压液体制冷液吸热后，迅速蒸发而成为低压制冷剂，气体被冷冻机抽回，再经压缩成高压气体，又被冷凝器冷却成高压制冷液，重新进入制冷系统循环。

（4）真空系统

真空系统的作用是使冰在真空条件下升华。真空系统的选择是根据排气的容积以及冷凝器的温度，真空下的压力应低于升华温度下冰的蒸气压（-40 ℃下冰的饱和蒸气压为 12.88 Pa）而高于冷凝器内温度下的蒸气压。真空系统多采用一台或两台初级泵（油回转真空泵）和一台前置泵（罗茨真空泵）串联组成。冻干箱与冷凝器之间装有大口径真空蝶阀，冷凝器与增压泵之间装有小蝶阀及真空测头，便于对系统进行真空测漏检查。

（5）冷热交换系统

使用制冷剂或电热将循环于搁板中的导热液进行降温或升温的装置，以确保制品冻结、升华、干燥过程的进行。

（6）操作压力和温度

根据冻结温度、加热温度、操作压力和水分捕集温度确定冷冻干的操作压力和温度。一般来说，冻结温度应控制在物质的低共熔点以下 10 ～ 20 ℃，加热温度应控制在被干燥物的允许温度，操作压力应控制在冻结物质的饱和蒸气压以下，水分捕集温度应控制在操作压力的饱和温度以下。

2. 冻干机的维护保养

冻干机运行使用的正常性、稳定性以及使用寿命完全依赖于冻干机的维护保养。冻干机的维护保养应从保证冻干产品质量为主入手，首先制冷系统是冻干机的“心脏”，真空系统是冻干机生产冻干产品无菌的质量保证，自动控制系统是保证冻干产品能够顺利生产的关键。应根据运行时间、次数来进行定期更换，实时监控真空度、压力传感器等重要仪器，做到定时校正，记录保管。

四、无菌制剂生产车间工程设计

（一）最终灭菌小容量注射剂车间工程设计

1. 注射剂生产车间的设计要求

（1）位置选择

注射剂的生产要求洁净的生产环境，因此根据《药品生产质量管理规范（2010 年修订版）》的要求，注射剂的车间应选择环境安静，空气比较洁净的地方。不宜选择邻近马路等尘土飞扬的地方。车间周围应开阔宽敞，光线充足，无泥土外露，有草坪，不种花。

（2）车间布局

注射剂车间按工序一般分为洗涤室、配滤室、灌封室、灭菌室和质检室等，各工序之间应相互衔接，流动应该是单向的，无交叉现象。人流、物流应严格分开，在人进入物流区域进行操作的入口应设置缓冲间，供操作人员进行沐浴、更衣、风淋等。

注射剂车间应划分洁净区域。根据各工序对洁净度的要求不同，可将整个车间分为 3 个区域，即一般生产区、控制区和洁净区。现行 GMP 规定无菌药品生产所需的洁净区可分为 A、B、C、D 四个级别。其中，A 级（相当于 100 级层流）是高风险操作区，如灌装区、放置胶塞桶、敞口安瓿瓶、敞口西林瓶的区域及无菌装配或连接操作的区域。通常用层流操作台（罩）来维持该区的环境状态。层流系统在其工作区域必须均匀送风，风速为 0.36 ～ 0.54 m/s，应有数据证明层流的状态并须验证。在密闭的隔离操作器或手套箱内，可使用单向流或较低的风速。B 级（相当于 100 级动态）是无菌配制和灌装等高风险操作 A 级区所处的背景区域。C 级（相当于 10000 级）是生产无菌药品过程中重要程度较次的洁净操作区。D 级（相当于 100000 级）是生产无菌药品过程中重要程度较次的洁净操作区。图 5-168 为水针（联动机组）车间工艺布置图。一般生产区包括安瓿外清处理、半成品的灭菌检漏、异物检查、印包等。D 级洁净区包括物料称量、浓配、质检、安瓿的洗烘、工作服的洗涤等。C 级洁净区包括稀配、灌封，且灌封机自带局部 A 级层流。

生产区要严格按照生产工艺流程布置，各个级别相同的生产区相对集中，洁净级别不同的房间相互联系中设立传递窗或缓冲间，使物料传递路线尽量短捷、顺畅。物流路线的一条线是原辅料，物料经过外清处理，进行浓配、稀配；另一条线是安瓿瓶，安瓿经过外清处理后，进入洗灌封联动线清洗、烘干，两条线汇聚于灌封工序。灌封后的安瓿再经过灭菌、检漏、擦瓶、异物检查，最后外包，完成整个生产过程。具体进出水针车间的人流、物流路线如图 5-169 所示。

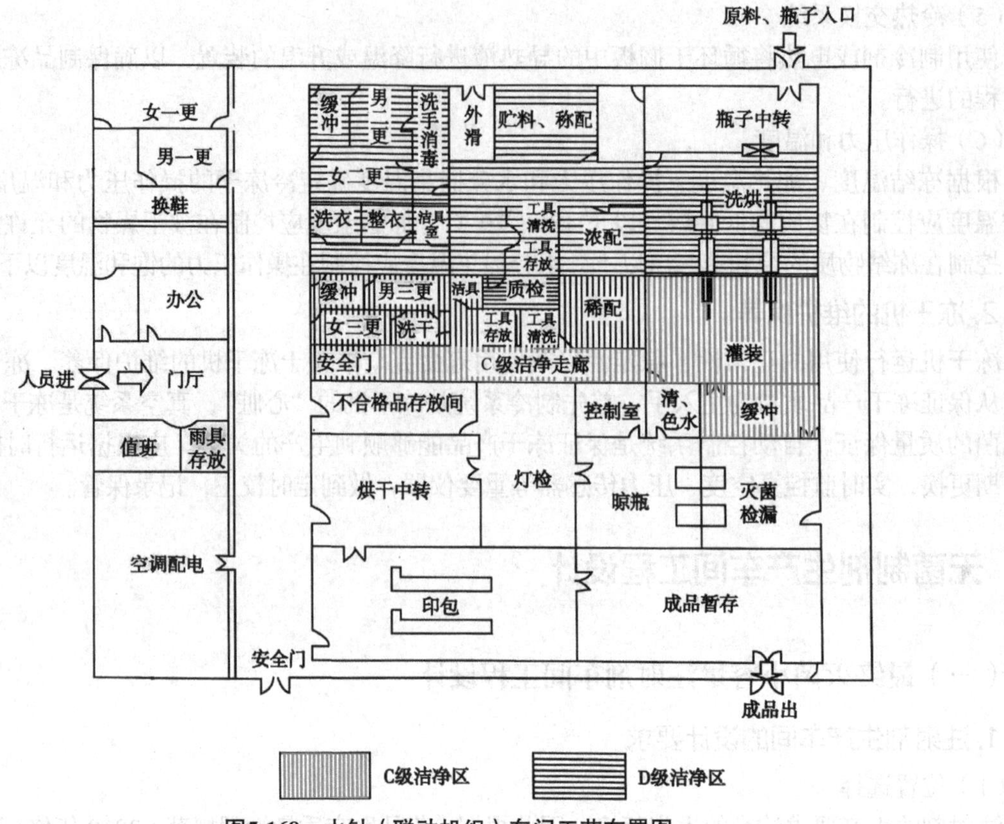

图5-168 水针（联动机组）车间工艺布置图

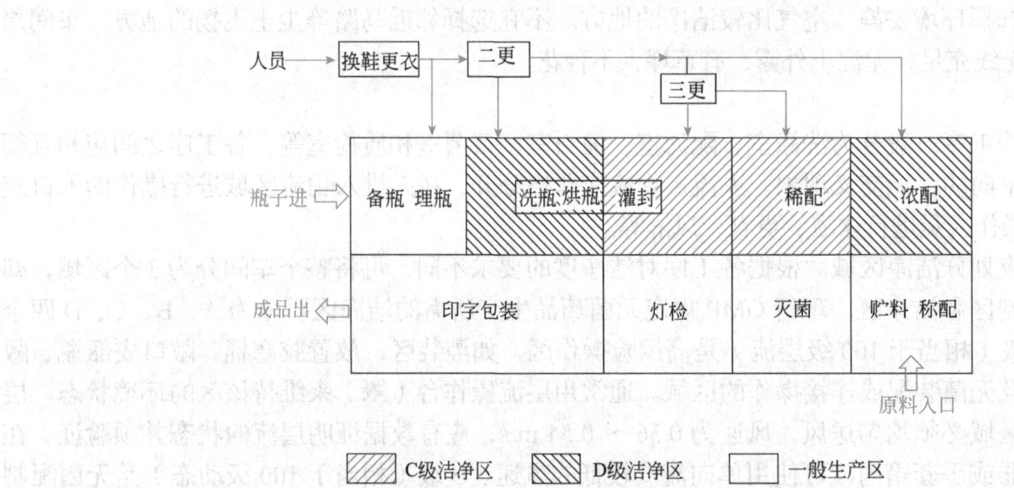

图5-169 进出水针车间的人流、物流路线

辅助用房的合理设置是制剂车间GMP设计的一个重要环节。厂房内设置与生产规模相适应的原辅料、半成品、成品存放区域，且尽可能靠近与其联系的生产区域，减少运输过程中的混杂与污染。存放区域内应安排待验区、合格品区和不合格品区；贮料称量室、质检室、工具清洗存放间、清洁工具洗涤存放间、洁净工作服洗涤干燥室等均要围绕工艺生产来布置，要有利于生产管理；空调间、泵房、配电室、办公室、控制室要设在洁净区外，并且要有利于包括空调风管在内的公用管线的布置。

水针生产车间内地面一般为耐清洗的环氧自流坪地面，隔墙采用轻质彩钢板，墙与墙、墙与地面、墙与吊顶之间接缝处采用圆弧角处理，不得留有死角。水针生产车间需要排热、排湿的房间有浓配间、稀配间、工具清洗间、灭菌间、洗瓶间、洁具室等，灭菌检漏需考虑通风。公用工程包括给排水、供气、供热、强弱电、制冷通风、采暖等专业设计应符合GMP原则。

2. 注射剂的生产管理

（1）生产工艺规程

其内容包括品名、剂型、处方、生产工艺的操作要求，物料、中间产品、成品的质量标准、技术参数及储存注意事项，成品容器、包装材料的要求等。必须制定注射剂产品的操作规程，以对整个生产过程进行规范，保证终产品的质量。

（2）生产记录

注射剂的每道生产工序都必须有详细的生产记录，以提供产品的生产历史及与质量有关的情况。生产记录必须字迹清晰，内容真实，数据完整，并保存至药品有效期后1年备查。

（3）洁净室的管理

洁净室是注射剂车间的核心和注射剂生产的关键部位。洁净级别高的区域相对于洁净级别低的区域要保持至少10 Pa的正压差。如工艺无特殊要求，一般洁净区温度为18～26 ℃，相对湿度为45%～65%。进入洁净室的人员应经沐浴、更衣、风淋后才能进入，洁净室人员所穿的工作服应根据洁净度级别在颜色和式样上有所区别，无菌服应上下连体，头发要彻底清洗并不得外露。进入洁净室的人员要尽量避免不必要的讲话、动作及走动。洁净室应每周进行彻底的消毒，每日用消毒清洁剂对门窗、墙面、地面、室内用具及设备外壁进行清洁，并开启紫外线灯进行消毒。洁净室还应按规定要求进行监测，监测的主要项目有温度、湿度、风速、空气压力、微粒数及菌落数等。通过监测以保证各项指标符合要求，保证产品的质量。

（二）最终灭菌大容量注射剂车间工程设计

1. 输液车间的基本要求

输液是大容量注射剂，制备工艺与注射剂几乎相同。根据我国现行GMP规定，输液生产必须有合格的厂房或车间，并有必要的设备和经过训练的人员，才能进行生产。

2. 大输液生产车间设计一般性要点

（1）大输液的生产工艺是车间设计的关键

大输液的生产过程一般包括原辅料的准备、浓配、稀配、包材处理（瓶外洗、粗洗、精洗等）、灌封、灭菌、灯检、包装等工序。但盛装输液的容器不同（玻璃瓶、聚乙烯塑料瓶、复合膜等），其生产工艺也有差异。

（2）设计时要分区明确

按照现行GMP规定和大输液生产工艺流程及环境区域划分示意图可知，大输液生产分为一般生产区、D级洁净区、C级洁净区及局部A级洁净区。一般生产区包括瓶外洗、粒子处理、灭菌、灯检、包装等；D级洁净区包括原辅料称配、浓配、瓶粗洗、轧盖等；C级洁净区包括瓶精洗、稀配、灌封，其中瓶精洗后到灌封工序的暴露部分需A级层流保护。生产相联系的功能区要相互靠近，如物料流向：原辅料称配→浓配→稀配→灌封工序尽量靠近，以达到物流顺畅、管线短捷的要求。

车间设计时应合理布置人流、物流，尽量避免人流和物流交叉。人流路线包括人员经过不同的更衣进入一般生产区、D级洁净区、C级洁净区；进出车间的物流一般有以下几条：瓶子或微粒的进入、原辅料的进入、外包材的进入以及成品的出口。进出输液车间的人流、物流路线见图5-170。

（3）熟练掌握工艺生产设备是设计好输液车间的关键之一

输液包装容器不同时生产工艺不同，导致其生产设备亦不同。即使是同一包装容器的输液，其生产线也有不同的选择，如玻璃瓶装输液的洗瓶，有分粗洗、精洗的滚筒式洗瓶机和集粗洗、精洗于一体的箱式洗瓶机。工艺设备的差异，车间布置必然不同。目前国内的输液生产多采用联动线。

（4）合理布置好辅助用房

辅助用房是大输液车间生产质量保证的重要内容，辅助用房的布置是否得当是车间设计成败的关键之一。一般大输液生产车间的辅助用房包括C级工具清洗存放间、D级工具清洗存放间、化验室、洗瓶水配制间、不合格品存放间、洁具室等。

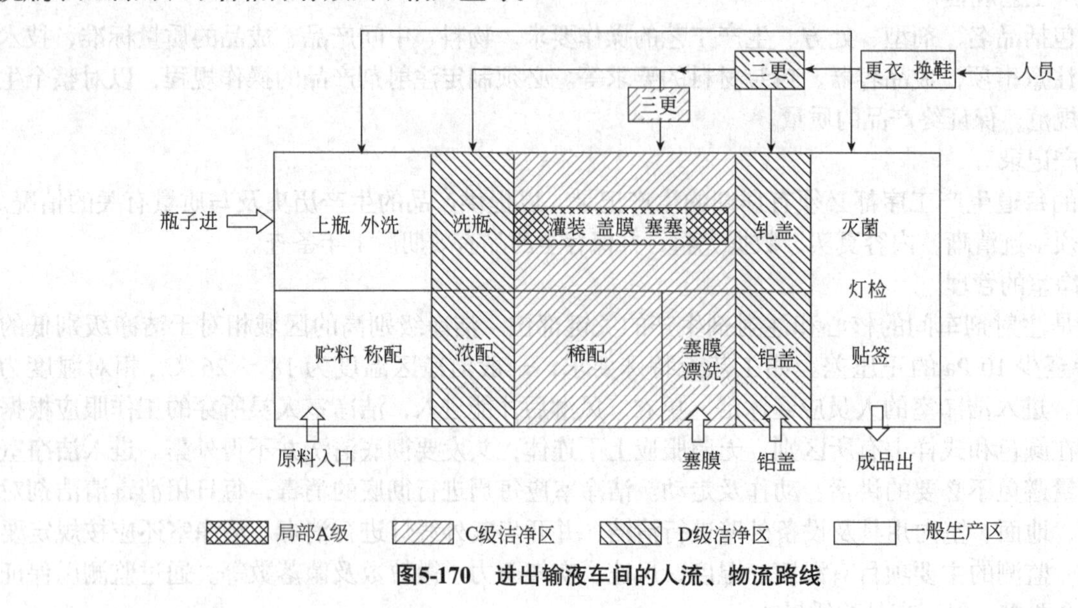

图5-170 进出输液车间的人流、物流路线

3. 大输液车间一般性技术要求

① 大输液车间控制区包括D级洁净区、C级洁净区，C级环境下的局部A级层流，控制区温度为18 ～ 26 ℃，相对湿度为45% ～ 65%。各工序需安装紫外线灯。

② 洁净生产区一般高度为2.7 m左右较为合适，上部吊顶内布置包括风管在内的各种管线，加上考虑维修需要，吊顶内部高度需为2.5 m。洁净生产区需用洁净地漏，A/B级区不得设置地漏。

③ 大输液生产车间内，一般采用耐清洗的环氧自流坪地面，隔墙采用轻质彩钢板，墙与墙、墙与地面、墙与吊顶之间的接缝处采用圆弧角处理，不得留有死角。

④ 浓配间、稀配间、工具清洗间、灭菌间、洗瓶间、洁具室需排热、排湿。在塑料颗粒制瓶和制盖的过程中均产生较多热量，除采用低温水系统冷却外，空调系统应考虑相应的负荷，塑料颗粒的上料系统必须考虑除尘措施。洗瓶水配制间要考虑防腐与通风。

⑤ 纯化水和注射用水管道设计时要求65 ℃回路循环，管道应为不锈钢材质，安装坡度一般为0.3% ～ 0.5%，不锈钢材质。支管盲段长度不应超过循环主管管径的6倍。

⑥ 不同环境区域要保持至少10 Pa的压差，C级洁净区对D级洁净区保持≥ 10 Pa的正压，D级洁净区对一般生产区保持≥ 10 Pa的正压。

4. 车间布置

玻璃瓶装大输液车间布置图选用粗洗、精洗合一的箱式洗瓶机，具体布置见图5-171。塑料瓶装大输液车间选用塑料瓶二步法成型工艺，具体布置见图5-172。

（三）无菌分装粉针剂车间工程设计

按现行GMP规定，无菌分装粉针剂生产区域空气洁净度级别分为A级、C级和D级。其中瓶子灭菌、冷却、分装、加塞、轧盖等暴露于空间的工序均需设计为C级、局部A级保护下的高级别洁净厂房，洗瓶、烘瓶等为C级洁净厂房。包装间及库房为普通生产区。无菌分装粉针剂多数不耐热，生产的最终成品不做灭菌处理，故生产过程必须保证无菌操作。无菌分装的药品吸湿性强，应特别注意分装室的相对湿度，容器、工具的干燥和成品的包装严密性。主要生产工序温度为20 ～ 22 ℃，相对湿度45% ～ 50%。

应将工艺及通风管道安装在夹层内。同时还应设置卫生通道、物料通道、安全通道和参观走廊。

车间内人流、物流为单向流动，避免交叉污染及混杂。人流经缓冲间换鞋更衣、淋浴、一更、二更、三更，通过风淋室进入生产岗位。分装原料的进出需经表面处理（用苯酚溶液揩拭），原料的外包装消毒可用 75% 乙醇擦洗，然后通过紫外线灯的传递框照射灭菌后进入储存室，再送入分装室。铝盖的处理另设一套通道，以避免人流、物流之间有大的交叉。具体布置如图 5-173 所示。

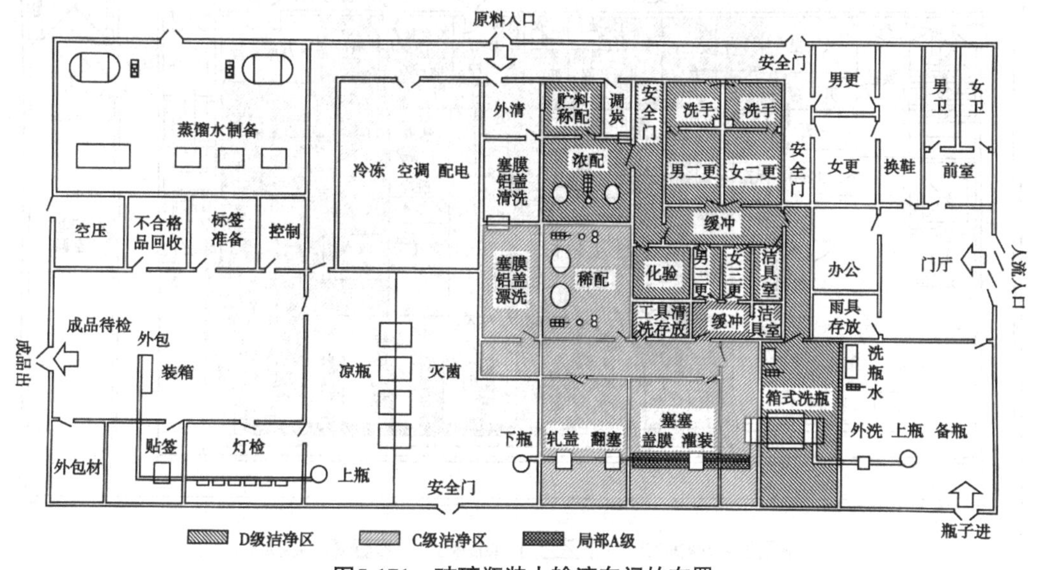

图5-171 玻璃瓶装大输液车间的布置

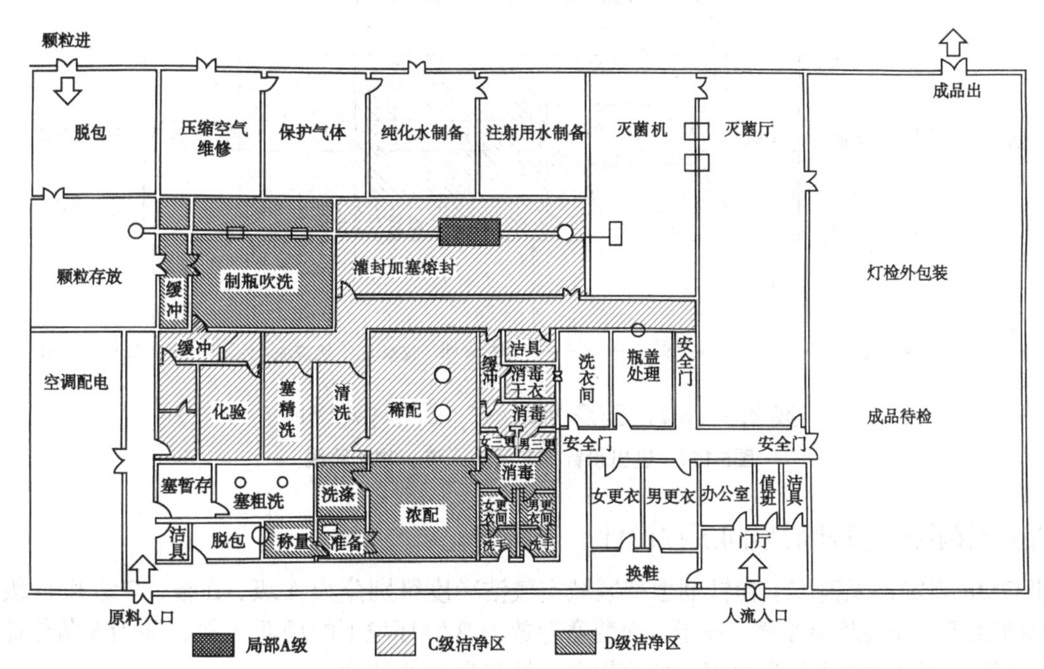

图5-172 塑料瓶装大输液车间的布置

进出粉针剂车间人流、物流路线如图 5-174 所示。车间设计要做到人流、物流分开的原则，按照工艺流向及生产工序的相关性，有机地将不同洁净要求的功能区布置在一起，使物料流短捷、顺畅。粉针剂车间的物流基本上有以下几种：原辅料、西林瓶、胶塞、铝盖、外包材及成品出车间。进入车间的人员必须经过不同程度的更衣，分别进入 C 级和 D 级洁净区。

车间设置净化空调和舒适性空调系统，能有效控制温度、湿度；并能确保培养室的温度、湿度要求；若无特殊工艺要求，控制区温度为 18 ～ 26 ℃，相对湿度为 45% ～ 65%。各工序需安装紫外线灯灭菌。一般洗瓶区、隧道烘箱灭菌间、洗胶塞铝盖间、胶塞灭菌间、工具清洗间、洁具室等需要排热、排湿。级别不同的洁净区之间至少保持 10 Pa 的正压差。每个房间应有测压装置。如果是生产青霉素或其他高致敏性药品，分装室应保持相对负压。如果轧盖会产生大量的微粒，应设置单独的轧盖间，并有措施防止所产生的微粒对其他区域的污染。无菌生产的 A/B 级洁净区内禁止设置水池和池漏。

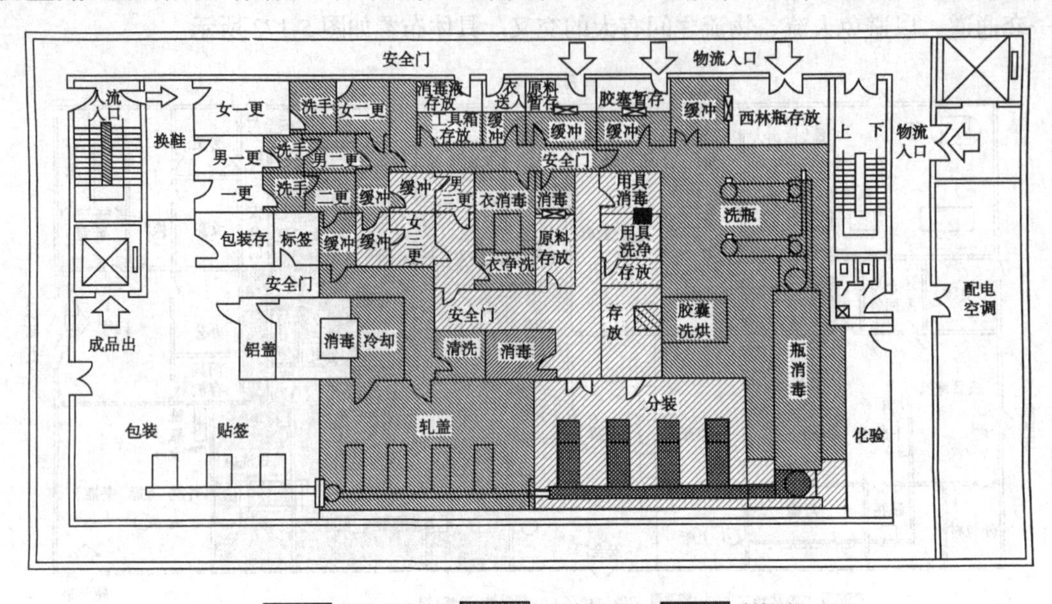

图5-173　无菌分装粉针剂车间工艺布置图

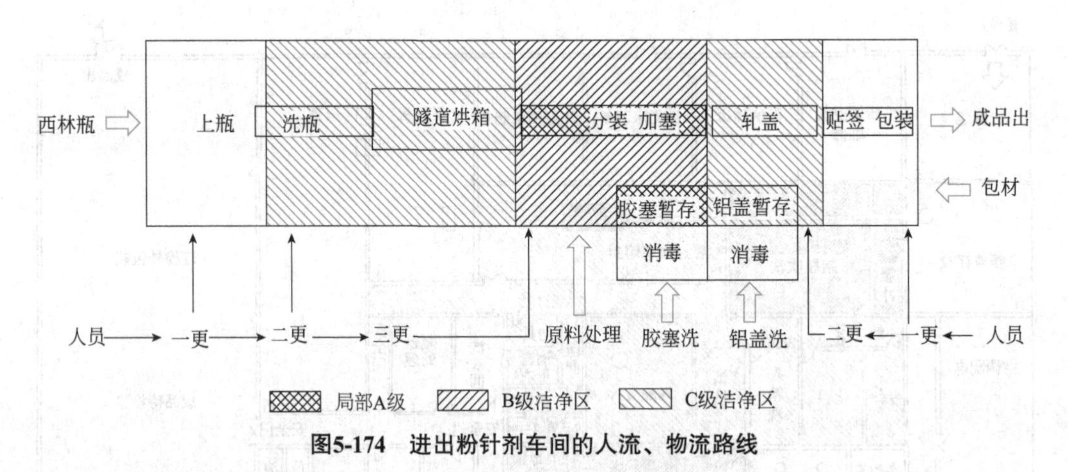

图5-174　进出粉针剂车间的人流、物流路线

（四）无菌冻干粉针剂车间工程设计

按照 GMP 规定，无菌冻干粉针剂生产区域空气洁净度级别分为 A 级、B 级、C 级和 D 级。其中料液的无菌过滤、分装及半加塞、冻干、净瓶塞存放为 B 级环境下的局部 A 级，即为无菌作业区；配料、瓶塞精洗、瓶塞干燥灭菌为 C 级；瓶塞粗洗、轧盖为 D 级环境。

车间设计力求布局合理，遵循人流、物流分开的原则，不交叉返流。进入车间的人员必须经过不同程度的净化程序分别进入 A 级、B 级、C 级和 D 级洁净区。进入 A 级区的人员必须穿戴无菌工作服，洗涤灭菌后的无菌工作服在 A 级层流保护下整理。无菌作业区的气压要高于其他区域，应尽量把无菌作业区布置在车间的中心区域，这样有利于气压从较高的房间流向较低的房间。

辅助用房的布置要合理，清洁工具间、容器具清洗间宜设在无菌作业区外，非无菌工艺作业的岗位不能布置在无菌作业区内。物料或其他物品进入无菌作业区时，应设置供物料、物品消毒或灭菌用的灭菌室或灭菌设备。洗涤后的容器具应经过消毒或灭菌处理方能进入无菌作业区。

车间设置净化空调和舒适性空调系统，可有效控制温度、湿度；并能确保培养室的温度、湿度要求；控制区温度为 18 ～ 26 ℃，相对湿度为 45% ～ 65%。各工序需安装紫外线灯。按照 GMP 的要求布置纯水及注射用水的管道。

若有活菌培养，如生物疫苗制品冻干车间，则要求将洁净区严格区分为活菌区与死菌区，并控制、处理好活菌区的空气排放及带有活菌的污水。生物疫苗制品冻干车间布置见图 5-175。

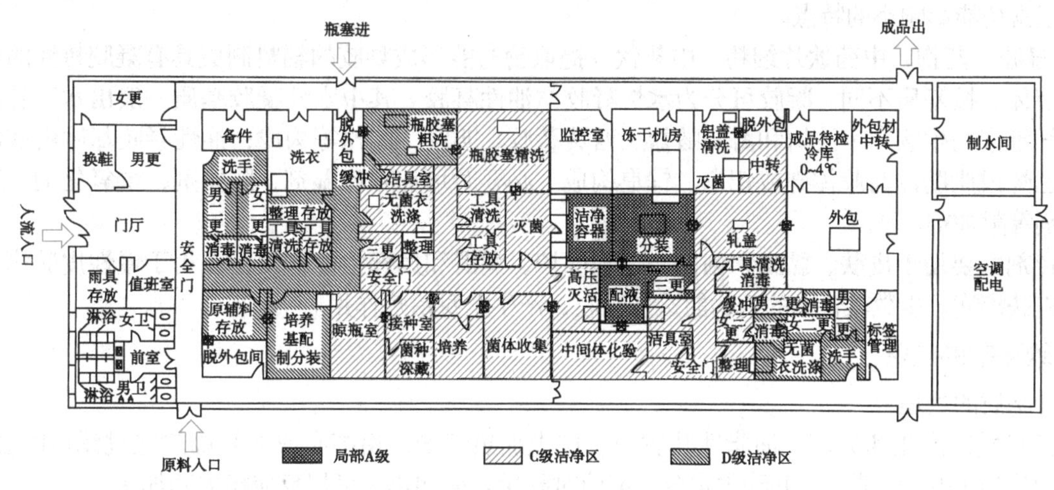

图5-175　生物疫苗制品冻干车间布置图

空调系统活菌隔离措施根据室内洁净级别和工作区域内是否与活菌接触，冻干生产车间设置 3 套空调系统，具体如下。

（1）D 级空调净化系统

它主要解决二更间、培养基的配制、培养基的灭菌以及无菌衣服的洗涤，系统回风，与活菌区保持 5 ～ 10 Pa 的正压。

（2）C 级空调净化系统

该区域为活菌区，它主要解决接种、菌种培养、菌体收集、高压灭活、瓶塞的洗涤灭菌、工具清洗存放、三更、缓冲的空调净化。该区域保持相对负压，空气全新风运行，排风系统的空气需经高效过滤器过滤，以防止活菌外逸。

（3）C 级空调净化系统和 A 级空调净化系统

主要解决净瓶塞的存放、配液、灌装加半塞、冻干、压塞和化验。该区域为死菌区，系统回风。除空调系统外，该车间在建筑密封性、纯化水、注射用水的管道布置、污物排放等方面的设计上也要有防止交叉污染的措施。

第四节　其他制剂

一、软膏剂

（一）软膏剂概述

1. 软膏剂的分类

软膏剂（ointments）是指药物、中药饮片细粉、中药饮片提取物与适宜基质均匀混合制成的具有适当稠度的半固体外用制剂。常用**软膏基质**可分为油脂性、水溶性和乳状液型基质。根据软膏基质的特性，软膏可分为油膏、乳膏和凝胶。

① **油膏**：以油脂类、类脂类及烃类等作为油脂性基质制成的软膏，具有润滑、无刺激性、对皮肤有保护和软化作用等优点，但吸水性差、药物释放性差、油腻性大，不易洗除。

② **乳膏**：以水相、油相和乳化剂作为乳剂型基质制成的软膏，具有易清洗、药物透皮性能好，对皮肤的正常功能影响小的特点。

③ **凝胶**：药物、中药饮片细粉、中药饮片提取物与能形成凝胶的辅料制成具有凝胶特性的半固体或稠厚液体。按基质不同，凝胶可分为水性凝胶与油性凝胶。其中水性凝胶基质一般由水、甘油或丙二醇与纤维素衍生物、卡波姆和海藻酸盐、西黄蓍胶、明胶、淀粉等构成；油性凝胶基质由液体石蜡与聚氧乙烯或脂肪油与胶体硅或铝皂、锌皂构成。必要时可加入保湿剂、防腐剂、抗氧化剂、透皮吸收促进剂等附加剂。

软膏剂主要用于皮肤、黏膜和创面，起到保护、润滑和局部治疗作用，多用于慢性皮肤病，禁用于急性皮肤疾病。少数软膏中的药物能透皮吸收，产生全身治疗作用。

2. 软膏剂的制备

（1）基质的处理

软膏基质需净化和灭菌。油脂性基质一般应先加热熔融，用细布或七号筛趁热过滤以除去杂质，再继续加热到 150 ℃灭菌 1 h 并除去水分。灭菌时忌用直火加热，可用反应罐夹套加热。

（2）制备方法

软膏剂的制备方法有研和法、熔融法和乳化法。

① 研和法：基质为油脂性的半固体时，可直接采用研和法（水溶性基质、乳剂型基质不宜用）。一般在常温下药物细粉用等量基质研匀或用适宜液体研磨成细糊状，再加其余基质研匀。此法适用于小量制备，且药物不溶于基质。少量制备时用软膏刀在陶瓷或玻璃的软膏板上调制，也可在如乳钵中研匀；大量生产可用电动乳钵或滚筒研磨机。

② 熔融法：该方法是将高熔点基质加热熔化，再加入其他低熔点基质，熔合成均匀基质，最后加入液体组分和药物，边加边搅拌，直至冷凝。凡软膏中含有的基质熔点不同、在常温下不均匀混合，或含固体药物量较多以及大量制备油脂性基质时均可采用此法。

③ 乳化法：制备过程包括熔化和乳化两个过程。将处方中的油溶性和油脂性组分加热至 80 ℃左右成油溶液（油相），用纱布过滤保持油相温度在 80 ℃左右；另将水溶性组分溶于水并加热至与油相相同的温度，或略微高于油相温度，两相混合，边加边搅拌至冷凝，最后加入水、油均不溶解的组分，搅匀即得。在搅拌过程中应尽量防止空气混入软膏剂中，如有气泡存在，一方面导致制剂体积增大，另一方面也可能使制剂在储存和运输中发生腐败变质。大量生产时由于油相温度不易控制而冷却不均匀，或两相混合时搅拌不匀致乳膏不够细腻，可在温度降至 30 ℃后，通过胶体磨或均质机使乳膏更加细腻均匀。

乳化法中油、水两相的混合方法有 3 种：①连续相加入分散相中，适用于大多数乳剂系统，在混合过程中可引起乳剂的转型，从而使形成的乳剂均匀细腻；②分散相加入连续相中，适用于含小体积分散相的乳剂系统；③两相同时混合到一起，适用于连续或大批量生产。

（3）药物加入的一般方法

为了减少软膏对患者患病部位的刺激，要求制剂均匀细腻，且不含有固体粗粒。因此，药物通常可按以下几种方法进行处理。

药物不溶于基质或基质的任何组分时，须将药物粉碎至细粉。如采用研和法制备，一般可将药粉先与适量液体组分如液状石蜡、植物油、甘油等研匀成糊状，再与其余基质混匀。

药物可溶于基质时，一般油溶性药物溶解于液体油中，再与油脂性基质混匀，制成油脂性软膏；水溶性药物溶解于少量水中，再与水溶性基质混匀，制成水溶性软膏；水溶性药物也可用少量水溶解后，用羊毛脂等吸水性强的油脂性基质吸收，再加入油脂性基质中。

特殊性质的药物，如半固体黏稠性药物（如鱼石脂）可直接与基质混合，必要时先与少量羊毛脂或聚山梨酯类混合，再与凡士林等油脂性基质混合；一些挥发性或易于升华的药物或受热易结块的树脂类药物，应使基质降温至 40 ℃左右，再与药物混合均匀；挥发性低共熔组分（如樟脑、冰片、薄荷脑、麝香草酚）可先研磨至共熔后，再与冷却至 40 ℃左右的基质混匀。

中药浸出物为液体（如中药煎剂、流浸膏）时，可先浓缩至稠膏状再加入基质中。固体浸膏可加少量水或稀醇等研成糊状，再与基质混合。

（二）软膏剂生产工艺及专用设备

1. 软膏剂的生产工艺流程

软膏剂的生产工艺由药物与基质的性质、制备量及设备条件确定，主要生产过程包括制管、配料、灌装。

油膏的生产工艺流程如图 5-176 所示，油脂性基质在使用前需经灭菌处理，可采用反应罐夹套加热至 150 ℃保持 1 h。过滤采用压滤或多层细布抽滤，去除各种杂质。

乳膏的生产工艺流程如图 5-177 所示，包括熔化和乳化两个过程。熔化过程中分别配制油相和水相，将油脂性基质等组分放入带搅拌的反应罐中，加热至 80 ℃左右，过 200 目筛，然后过 200 目筛，得到油相。将水溶性组分溶解于蒸馏水中，加热至 80 ℃左右，过 200 目筛，得到水相。乳化过程则是将油水两相混合、乳化的过程。

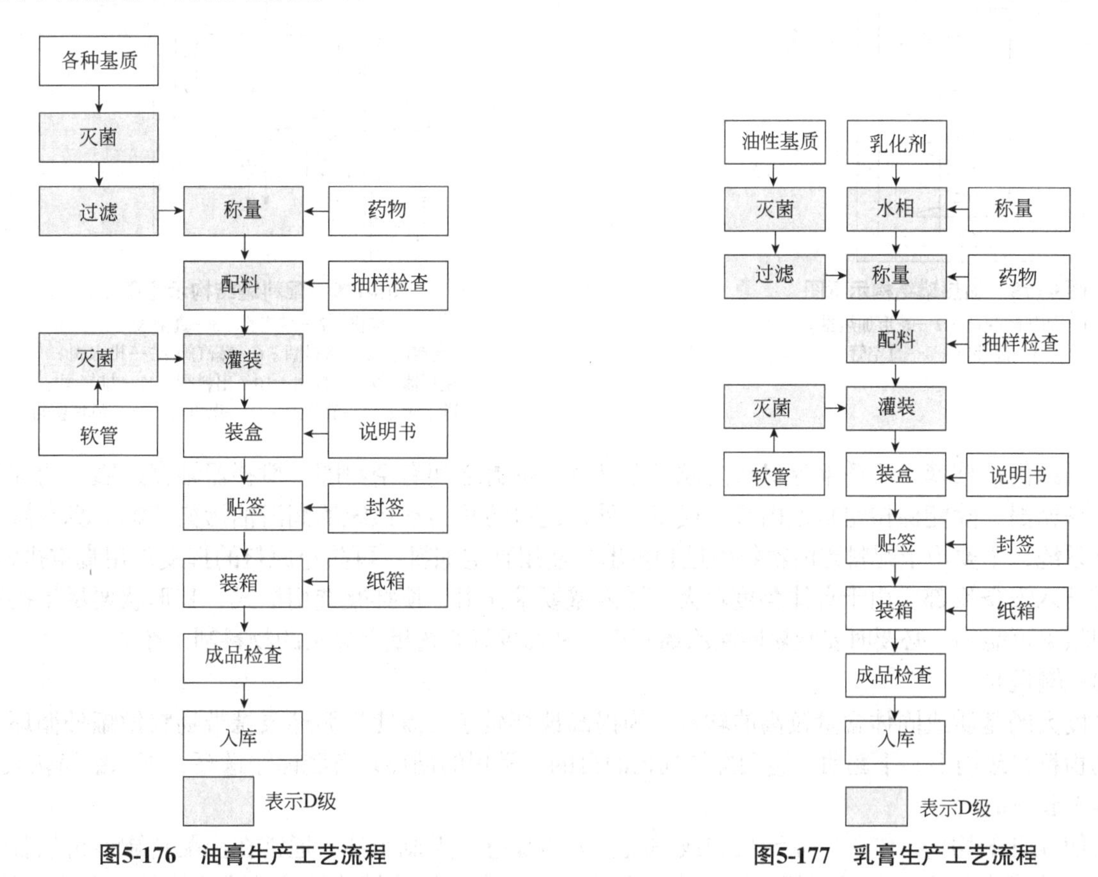

图5-176　油膏生产工艺流程

图5-177　乳膏生产工艺流程

2. 软膏剂生产专用设备

（1）加热罐

凡士林、石蜡等油脂性基质在低温时常处于半固体状态，与主药混合前需加热降低其黏稠度。一般采用蛇管蒸汽加热器加热，在蛇管加热器中央安装有一个桨式搅拌器。加热罐结构示意图如图 5-178 所示。低黏稠基质被加热后，使用真空管将其从加热罐底部吸出，进入输料管线进行下一步的处理。

输料管线需安装适宜的加热、保温设备，以避免黏稠性基质凝固后堵塞管道。对于黏稠性较强的物料，多种基质辅料在配料前需使用加热罐加热与预混匀。一般采用夹套加热器、内装框式搅拌器，大多顶部加料、底部出料。

（2）配料罐

软膏基质在制备过程中需充分加热、保温和搅拌，才能保证基质完全熔融，需使用配料罐来完成。配料罐结构示意如图 5-179 所示。其搅拌系统由电机、减速器、搅拌器等构成。夹套可采用热水或蒸汽加热。使用热水加热时，根据对流原理，进水阀安装在设备底部，排水阀安装在上部，在夹套的高位置处安装有放气阀，以防止顶部气体降低传热效果。

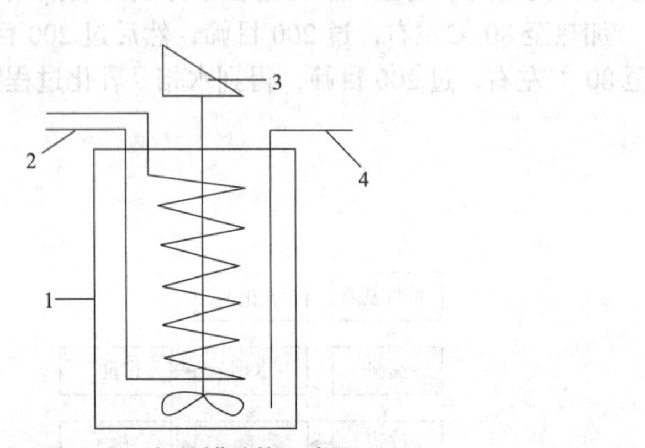

图5-178　加热罐结构示意图

1—加热罐壳体；2—蛇形加热器；
3—搅拌器；4—真空管

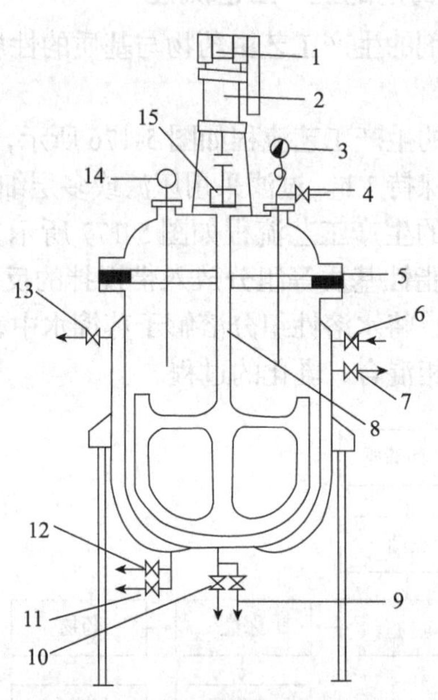

图5-179　配料罐结构示意图

1—电机；2—减速器；3—真空表；
4—真空阀；5—密封圈；6—蒸汽阀；7—排水阀；
8—搅拌器；9—进料阀；10—出料阀；11—排气阀；
12—进水阀；13—放气阀；14—温度计；15—机械密封

配料罐由搪玻璃、不锈钢等材料制成。在罐体与罐盖之间有密封圈。搅拌器轴穿过罐盖的部位安装有机械密封，除能保持密封罐内真空或压力外，还可防止传动系统的润滑油污染药物。真空阀可接通真空系统，主要用于配料罐内物料引进和排出。使用真空加料，可防止原料的挥发；用真空排料时，接管需伸入设备底部。由于膏体黏度较大，罐内壁要求光滑，搅拌桨选用框式，其形状要尽量接近内壁，间隙尽可能小，必要时安装聚四氟乙烯刮板，从而保证将内壁上黏附的物料刮干净。

（3）输送泵

黏度大的基质或固体含量较高的软膏，为提高搅拌质量，需使用循环泵携带物料做罐外循环，从而帮助物料在罐内上、下翻动，达到搅拌均匀的目的。常用的循环泵有胶体输送泵、不锈钢齿轮泵。

（4）胶体磨

为使软膏剂均匀、细腻，涂于皮肤或黏膜上无粗糙感、无刺激性，通常在出配料罐后再用胶体磨加工。胶体磨由转子与定子两部分构成。由电动机通过皮带传动带动转齿（或称为转子）高速旋转，膏体通过本身的质量或外部压力（可由泵产生）加压产生向下的螺旋冲击力，通过定齿（或称为定子）、转齿之间的间隙（间隙可调）时，受到强大的剪切、摩擦、高频振动以及高速旋涡等物理作用，被有效地乳化、分散、均质和粉碎。

常用胶体磨有立式和卧式两种。如图 5-180 所示为立式胶体磨，膏体从料斗进入胶体磨，研磨后的膏体在离心盘作用下自出口排出。图 5-181 为卧式胶体磨，膏体自水平的轴向进入，在叶轮作用下向出口排出。

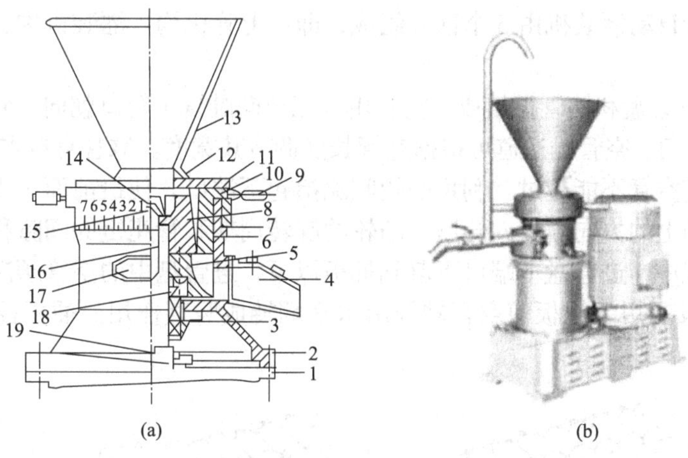

图5-180　立式胶体磨结构示意图（a）和实物图（b）

1—电机；2—机座；3—密封盖；4—排料槽；5—圆盘；6，11—密封圈；7—产品溜槽；8—转齿；9—手柄；10—间隙调整套；12—垫圈；13—料斗；14—盖形螺母；15—注油孔；16—主轴；17—铭牌；18—机械密封；19—甩油盘

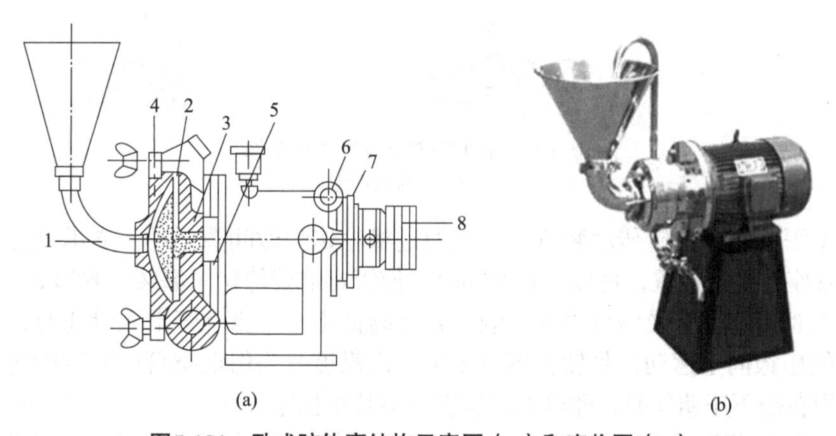

图5-181　卧式胶体磨结构示意图（a）和实物图（b）

1—进料口；2—转子；3—定子；4—工作面；5—卸料口；6—锁紧装置；7—调整环；8—皮带轮

胶体磨与膏体接触部分由不锈钢材料制成，耐腐蚀性好，对药物原料无污染。采用调节圈调节定子和转子间的空隙，可以控制流量和细度。研磨时产生的热可在外夹套通冷却水带走。为避免磨损，其轴封常用聚四氟乙烯、硬质合金或陶瓷环制成。胶体磨运行过程中应尽量避免停车，操作完毕立即清洗，切不可留有余料。

（5）制膏机

制膏机是配制软膏的关键设备。所有物料均需经过制膏机的搅拌、加热和乳化。现在常用的制膏机如图5-182所示，主要由夹套罐体、液压提升装置、胶体磨、带刮板框式搅拌器及桨式搅拌器组成。胶体磨、带刮板框式搅拌器、桨式搅拌器均固联在罐盖上，当使用液压装置抬起罐盖时，各装置也同时升高、离开罐体。罐体可翻转，利于出料、清洗。桨式搅拌器偏置在罐体旁，可使膏体做多种方向流动。紧贴罐壁安装的聚四氟乙烯软性刮板框式搅拌器可减少搅拌死角，又能刮净罐壁的余料。

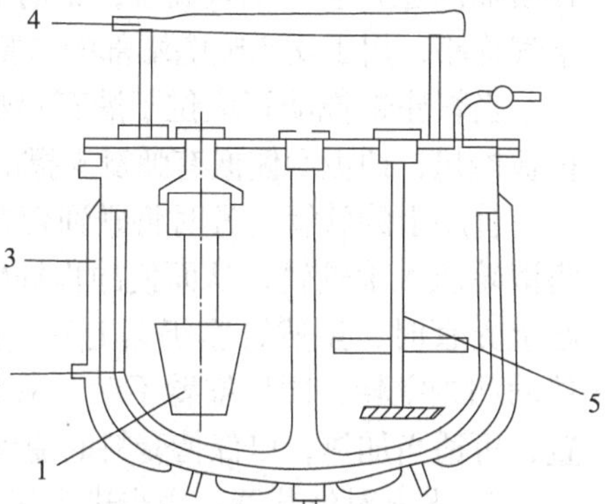

图5-182　制膏机结构示意图

1—胶体磨；2—带刮板框式搅拌器；3—夹套罐体；4—液压提升装置；5—桨式搅拌器

（6）灌装和封尾设备

软膏灌装机，按自动化程度可分为手工灌装机、半自动灌装机和自动灌装机；按膏体定量装置可分为活塞式和旋转泵式容积定量灌装机；按膏体开关装置可分为旋塞式和阀门式灌装机；按软管操作工位可分为直线式和回转式灌装机；按软管材质可分为金属管、塑料管和通用灌装机；按灌装头数可分为单头、双头或多头灌装机。

生产中常用的软膏自动灌装机由 5 个部分组成，即：上管机构、灌装机构、光电对位装置、封口机构和出料机构。

① 上管机构：由进管盘和输管盘组成。空管由手工单向卧置（管口朝向一致）推入进管盘内，进管盘与水平面成一定斜角。空管输送道可根据空管长度调节其宽度。靠管身自重在输送道的斜面下滑，出口处被插板挡住，使空管不能越过。利用凸轮间隙抬起下端口，使最前面一支空管越过插板，并受翻管板作用，以管尾朝上的方向被滑入管座。凸轮的旋转周期和管座链的间隙移动周期一致。在管座链拖带管座移开的过程中，进管盘下端口下落到插板以下，进管盘中的空管顺次前移一段距离。插板起到阻挡空管的前移及利用翻管板使空管轴线由水平翻转成竖直作用。插板控制器及翻管示意图如图 5-183 所示。

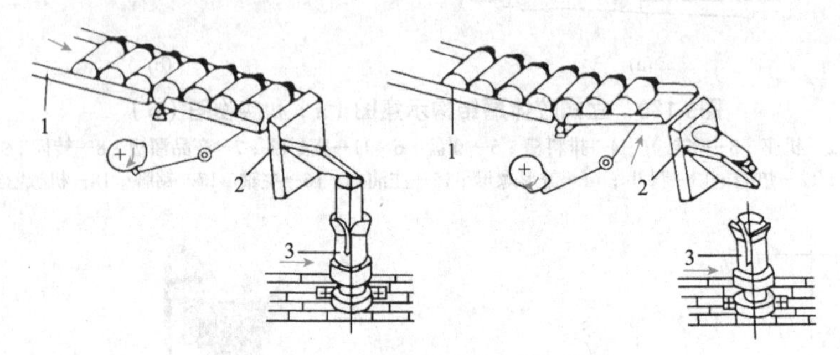

图5-183　插板控制器及翻管示意图

1—进管盘；2—插板（带翻管盘）；3—管座

管座链是一个平面布置的链传动装置，链轮通过槽轮传动做间隙运动。支承软管的管座间隔地安装在链上。调整管座在链上位置，可保证管座间隙，使管座准确停位于灌装、封口各工序。

由翻管板落入管座的空管受摩擦力的影响，管尾高低不一。当空管滑入管座时，其上方有一个受四连杆机构带动的压板向下运动，将软管尾口压至一定高度。为保证空管中心准确定位，在管座上装有弹性夹片，压板在做下压动作时，即可保证软管在夹片中插紧。

② 灌装机构：灌装药物采用活塞泵计量，为保证计量精度，可微调活塞行程来加以控制。图 5-184 为灌装活塞动作示意图，可通过冲程摇臂下端的螺丝调节活塞的冲程。随着冲程摇臂做往复运动，控制旋转的泵阀间或与料斗接通，使得物料进入泵缸；或与灌药泵嘴接通，将缸内的药物挤出喷嘴而灌药。活塞泵同时具有回吸功能，当软管接收药物后尚未离开喷嘴时，活塞先稍微返回一小段，泵阀尚未转动，喷嘴管中的膏料即缩回一段距离，可避免嘴外余料碰到软管封尾处的内壁而影响封尾质量。在喷嘴内还套装一个吹风管，平时膏料从风管外喷出，灌装结束开始回吸时，泵阀上的转齿接通压缩空气管路，用于吹净喷嘴端部的膏料。

当管座链拖动管座位于灌药喷嘴下方时，利用凸轮将管座抬起，将空管套入喷嘴。管座沿着槽形护板抬起，护板两侧嵌有弹簧支撑的永久磁铁，利用磁铁吸住管座，可保持管座稳定升高。

管座上的软管上升时将碰到套在喷嘴上的释放环，推动其上升。利用杠杆原理，使顶杆下压摆杆，将滚轮压入滚轮轨，从而使冲程摇臂受传动凸轮带动，将活塞杆推向右方，泵缸中的膏料挤出。当管座上无管时，虽然管座仍然上升，但因为没有软管推动释放环，拉簧使滚轮抬起，不会压入滚轮轨，传动凸轮空转，冲程摇臂不动，从而保证无管时不灌药。活塞泵缸上方置有料斗，外臂装有电加热装置，可适当加热，以保持膏料的流动性。

③ 光电对位装置：由步进电机和光电管组成。其作用是使软膏管在封尾前，管外壁的商标图案都按同一方向排列。步进电机直接带动管座转动一定角度，并通过同步传送带，保持软管和电机同步转动，软管被送到光电对位工位时，对光凸轮使提升杆向上抬起，使管座离开托杯，再由对光中心锥凸轮的作用使圆锥中心压紧软管。接近开关控制器，使步进电机由慢速转动变成快速转动，管子和管座随之转动。当发射式光电开关识别到管子上预先印好的色标条纹后，步进电机随即制动而停止转动。在对光升降凸轮的作用下，提升套随之下降，管座落到原来托杯中，完成对位工作。光电开关离开色

标条纹后，步进电机又开始慢速转动，进入下一个循环。光电对位装置结构示意图如图 5-185 所示。

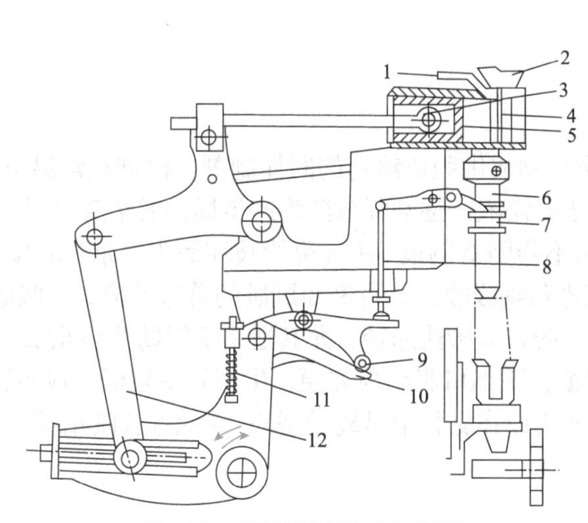

图5-184　灌装活塞动作示意图

1—压缩空气管；2—料斗；3—活塞杆；4—回转泵阀；5—活塞；6—灌药喷嘴；7—释放杯；8—顶杆；9—滚轮；10—滚轮轨；11—拉簧；12—冲程摇臂

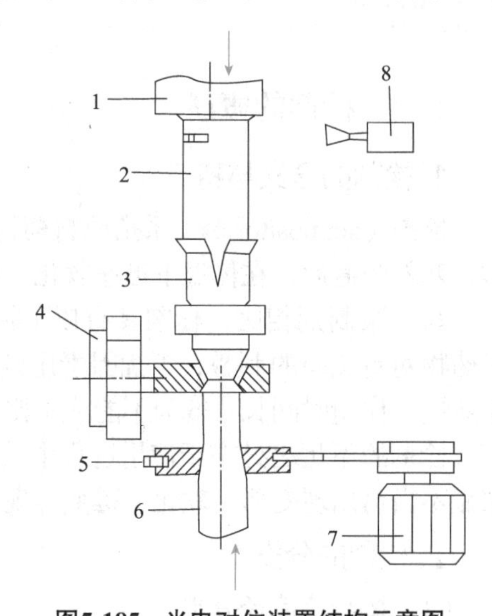

图5-185　光电对位装置结构示意图

1—锥形夹头；2—软管；3—管座；4—管座链；5—齿槽传动链；6—顶杆；7—步进电机；8—光电开关

④ 封口机构：根据软管材料不同，封口机构分为塑料管的加热压纹封尾和金属管的折叠式封尾。其中金属管折叠式封口机构，在封口架上配有三套平口刀站、两套折叠刀站和一套花纹刀站。封口机架除了支撑六套刀站外，还可根据软管不同长度调整刀架的上、下位置。封口机构通过两对弧齿圆锥齿轮、一对正齿轮将主轴上动力传递到封口机构的控制轴上，由一对封尾共轭凸轮和杠杆传送到封尾轴，在封尾轴上安装各种刀站，刀站上每套架有两片刀，同时向管子中心压紧。软管封尾过程如图 5-186 所示，其中 1、3、5 是由平口刀站完成，2、4 是由折叠刀站完成，6 由花纹刀站完成。六套钳口在机架上的安装位置及钳口的尺寸变化依软管的规格可进行调换与调整。

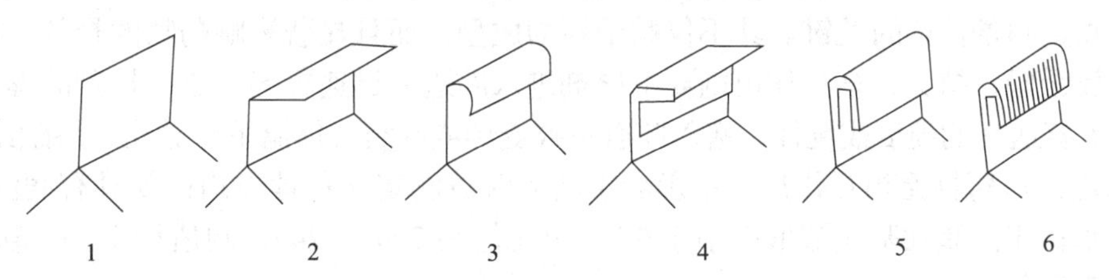

图5-186　软管封尾过程示意图

1，3，5—由平口刀站完成；2，4—由折叠刀站完成；6—由花纹刀站完成

⑤ 出料机构：封尾后的软管随管座链运行至出料工位，主轴上的出料凸轮带动出料顶杆上抬，从管座的中心孔将软管顶出，如图 5-187 所示，其滚翻到出料斜槽中，滑入输送带，送去外包装。

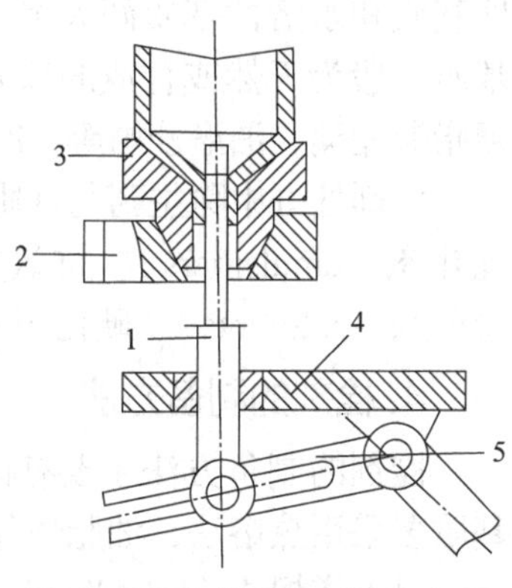

图5-187　出料顶缸对位示意图

1—出料顶杆；2—管座链节；3—管座；4—机架；5—凸轮摆杆

3. 软膏剂的质量评价

软膏剂的质量要求：应均匀细腻，具有适当黏稠性，易涂布于皮肤或黏膜，无刺激性；无酸败、异臭、变色、变硬、油水分离等变质现象，必要时可加适量防腐剂或抗氧剂。用于创面的软膏应无菌。

软膏剂的质量评价主要包括药物含量测定、物理性状检查、刺激性和稳定性检测、装量检查、微生物限度检查以及药物释放和吸收的评定。用于烧伤、严重创伤或临床必须无菌的软膏剂应进行无菌检查；混悬型软膏剂或含饮片细粉的软膏剂应进行粒度检查。

二、栓剂

（一）栓剂的概述

1. 栓剂的含义与特点

栓剂（suppositories）系指原料药物与适宜基质等制成供腔道给药的固体制剂。栓剂在常温下为固体，塞入腔道后，在体温下迅速软化、熔融或溶解于分泌液，逐渐释放药物产生局部或全身作用。

与口服制剂相比，栓剂具有以下特点：①药物不会因胃肠道 pH 或酶的破坏而失去活性；②减少了药物对胃黏膜的刺激，干扰因素比口服少，能促进药物吸收；③可避免肝脏的首过效应；④吸收快、起效快、作用时间长；⑤为不能或不愿吞服药物患者的有效给药途径，尤其适用于婴幼儿和儿童。

栓剂的不足之处在于使用过程中某些患者不习惯，不如口服给药方便，生产效率较低，成本稍高；储藏不当易出现变形、软化、霉变等现象；难溶性药物或在黏膜中呈离子型的药物不宜直肠给药。

2. 栓剂的分类

（1）按给药途径分类

栓剂因施用腔道的不同，分为直肠用、阴道用、尿道用栓剂等，如肛门栓、阴道栓、尿道栓等，其中最常用的是肛门栓和阴道栓。直肠给药既可起到局部治疗作用，又能使药物发挥全身治疗作用，而阴道给药主要起到局部治疗作用。直肠栓为鱼雷形、圆锥形和圆柱形等。成人用直肠栓每粒质量约为 2 g，儿童用约为 1 g，长 3 ～ 4 cm 以鱼雷形较为常用，因其塞入肛门后在括约肌的收缩作用下易引入直肠。阴道栓为鸭嘴形、球形和卵形等。每粒质量为 3 ～ 5 g，长 1.5 ～ 2.5 cm，以鸭嘴形较为常用。

（2）按制备工艺与释药特点分类

栓剂按制备工艺与释药特点不同，分为传统工艺制备的普通栓剂和特殊工艺制备的双层栓、中空栓、微囊栓、渗透泵栓、缓释栓、凝胶栓及泡腾栓等。

3. 栓剂的基质与其他附加剂

栓剂的基质是制备栓剂的关键。其不仅赋予药物成型，而且显著影响药物的释放。局部作用的栓剂要求药物释放缓慢、持久，全身作用则要求栓剂进入腔道后迅速释药。制备栓剂的理想基质的要求有：①在室温下有适宜的硬度或韧性，塞入腔道不致变形或碎裂，体温下易软化、熔融或溶解于体液；②理化性质稳定，与药物无相互作用，不影响主药的含量测定和药理作用；③具有润湿或乳化能力，能混入较多的水；④油脂性基质酸值应小于 0.2，皂化值为 200 ～ 245，碘值低于 7；⑤对黏膜无刺激性、毒性和过敏反应。

作为实际应用的栓剂基质，可以根据用药目的和药物的性质等来选用。常用的栓剂基质分为油脂性基质和水溶性基质两大类。油脂性基质主要包括天然油脂、半合成或全合成脂肪酸甘油酯。水溶性基质一般为天然或合成的高分子水溶性物质。常用的水溶性基质有甘油明胶、聚乙二醇、聚氧乙烯单硬脂酸酯类、泊洛沙姆等，冷凝后呈凝胶状，亦称水凝胶基质。

栓剂处方中除主药与基质外，根据不同的用药目的还需要加入吸收促进剂（penetration enhancers）、乳化剂（emulsifiers）、抗氧剂（antioxidants）、防腐剂（preservatives）、增稠剂（thickening agents）、着色剂（colorants）、硬化剂（hardeners）等附加剂。

4. 栓剂的制备方法

栓剂的制备方法主要有搓捏法、冷压法与热熔法，可根据所用基质性质的不同加以选择。水溶性基质多采用热熔法，油脂性基质可采用上述任何一种方法。

（1）搓捏法（kneading）

本法为最简单和古老的栓剂制备方法，是将含有主药的混合好的栓剂基质以手工搓制成型。这种方法制备所得栓剂外形不一致，不美观，已很少使用，仅适用于小量制备或实验用。

（2）冷压法（cold compressing method）

此法多用于油脂性基质的制备。其过程是先将药物与基质粉末置于容器内，混匀后装于制栓机的圆桶内，通过模型挤压成型。常用的制栓机为卧式机，其结构如图 5-188 所示。采用冷压法制栓操作简单，外形美观，但生产效率低，成型过程中易混入空气造成剂量不准，不易大量生产，在国内栓剂生产中很少应用。

（3）热熔法（fusion method）

油脂性基质和水溶性基质均可采用此法制备，是应用最广泛的一种制栓方法。将基质加热熔化（勿使温度过高），然后加入不同的药物，混合，使药物均匀分散于基质中，倾入已冷却并涂有润滑剂的栓模中，冷却成型。为了避免过热，一般在基质熔融达 2/3 时即应停止加热，适当搅拌。

（二）栓剂生产设备

热熔法制备栓剂（包括灌注、冷却和取出）全部由机器完成，其设备主要由配料设备和灌装成型设备组成。

1. 配料设备

在栓剂生产的配料工艺中，常用设备包括粉碎机、筛分机、混合罐及熔融罐等。其中以熔融罐应用最多。

熔融罐用于栓剂基质的熔融。一般的熔融罐均采用水浴夹套加热，罐外加保温层，罐内装有低速搅拌器，以防止高速搅拌时带入空气产生气泡。熔融罐有分离式和整体式两类。在分离式设备中，栓剂基质的熔融、过滤和保温储存分别由带有水浴的搅拌罐、过滤器和带有保温功能的料桶 3 个独立的设备完成，设备占用空间大，采用较少。而在整体式设备中（图 5-189），上述三个功能合并在一台仪器完成。

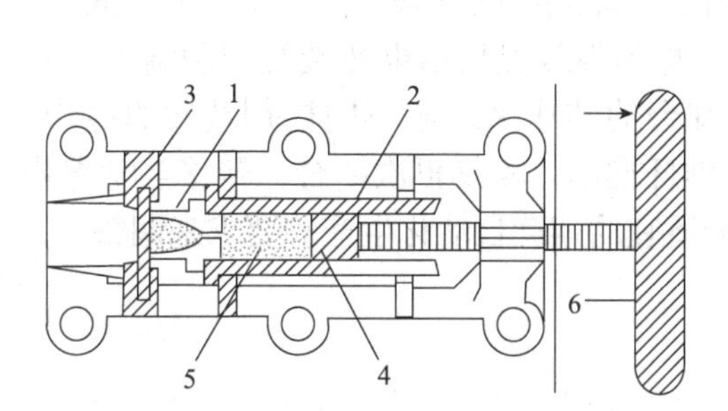

图5-188　卧式制栓机示意图

1—模型；2—圆筒；3—平板；4—旋塞；
5—药物与基质的混合物；6—旋轮

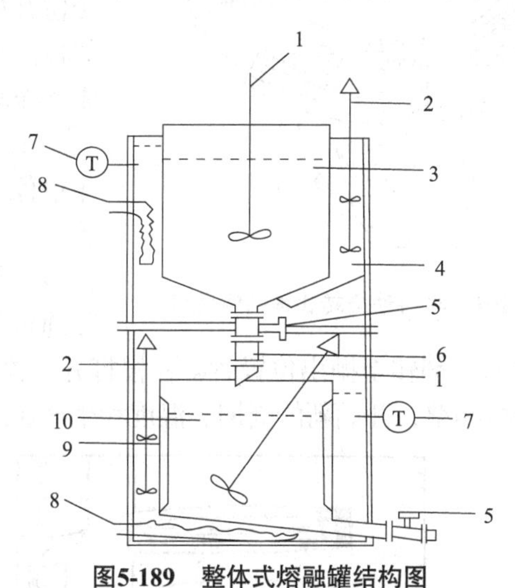

图5-189　整体式熔融罐结构图

1—溶液搅拌；2—水浴搅拌；3—熔融罐主罐；4—水浴；5—阀；
6—过滤器；7—温度控制器；8—电热元件；9—挡板；10—熔融罐副罐

2. 灌装成型设备

模制成型过程可分为手工、半自动和全自动 3 种。手工制备比较简单，主要用于小试及小批量栓剂的制备。大量生产栓剂主要采用热熔法并用半自动、全自动模制机器。成品可采用铝箔、塑料袋或塑料盒包装。

半自动注模及包装流程如图 5-190 所示。在半自动灌注机上手工灌注药液和铲除余料，而模具自动转位及冷却。在包装机上手工使栓剂就位，其后由机器自动完成塑料盒成型或铝塑热封及成品冲切等工序。

全自动成型工艺借助于栓剂灌装成型机械，是进行大规模生产栓剂的常用方法。栓剂灌装成型机械包括栓剂挤压机、栓剂压片机和栓剂注模机，其中常用的为栓剂注模机。其有直线型及旋转型等类型，在注模机上完成注模、冷却、出料等过程。常用的栓剂注模机有半自动旋转式栓剂注模机与自动旋转式制栓机。

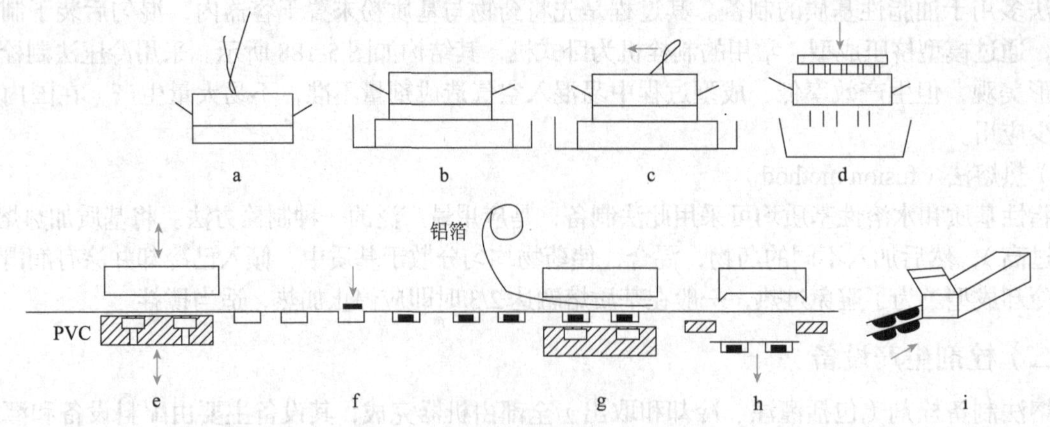

图5-190 半自动注模及包装流程图

a—手工注模；b—冷却；c—手工铲除；d—手工出料；e—加热吸塑成型；f—手工置栓剂；g—热压封装；h—冲切；i—装盒

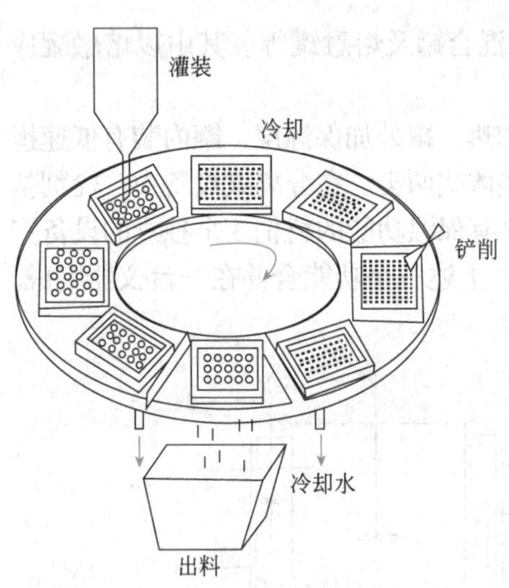

图5-191 半自动旋转式栓剂注模机

① 半自动旋转式栓剂注模机（图5-191）：主要由机械传动、注模导轨、冷却板、气动系统、制冷给水系统、控制系统组成。其工作原理为环形轨道上装有8副灌装模具，做间歇回转。环形轨道每回转一周停位8次，使注模依次于各工位处完成灌注、冷却、铲除余料、脱模出料等过程。待回转停位时，环形轨道下移，使模具落位于冷却板上，各模具内药物被冷却成型。在转位开始前，利用气缸将环形轨道及注模同时顶起，以离开冷却板。在圆形环冷却板上有一处缺口（对应着8副模具之一），成型冷却后的栓剂在缺口处出料。

② 自动旋转式制栓机（图5-192）：栓剂基质加入加料斗，斗中保持恒温并持续搅拌，基质灌注进入模具，应保持模具的满盈，模具的预先润滑通过涂刷或喷雾来完成。待基质凝固后，将多余部分削去。注入与刮削装置均由电热装置控制温度。一般通过调节旋转式冷却台的转速来适应不同栓剂基质的冷却。当凝固的栓剂转至抛出位置时，栓模打开，栓剂被一个钢制推杆推出，模具再次闭合，转移至喷雾装置处进行润湿，开始新的周期。温度和生产速度可按能获得最适宜的连续自动化生产的要求来调整。

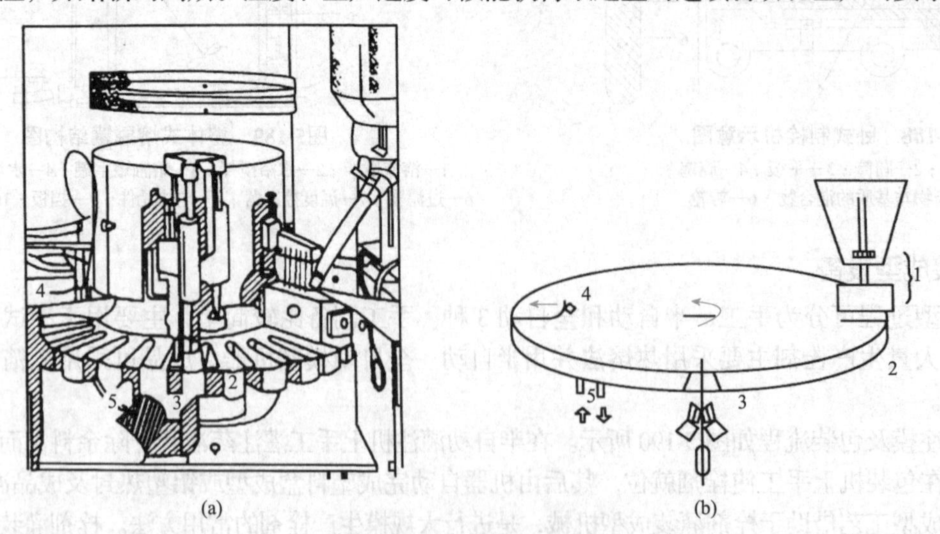

图5-192 自动旋转式制栓机

（a）外形示意图；（b）操作主要部分

1—同料装置及加料斗；2—旋转式冷却台；3—栓剂抛出台；4—刮削设备；5—冷冻剂入口及出口

目前，栓剂的生产基本采用全自动栓剂灌封机组（图 5-193），可以实现从制壳、灌注、定型、脱模、包装到成品的全过程。在该设备中，成卷的塑料片材（PVC、PVC/PE）经过栓剂制带机正压吹塑成型，自动进入灌注工位，已搅拌均匀的药液通过高精度计量装置自动灌注到空壳内，然后进入冷却工位，经过一定时间的低温定型，药液凝固，得到固体栓剂。接着顺次通过封口工位的预热、封口、打批号、打撕口线、切底边、齐上边、计数剪切工序，最终得到成品栓剂。

图5-193　全自动栓剂灌封机组

（a）全自动栓剂灌封机组外形图；（b）制壳工序；（c）灌注工序；（d）冷却工序；（e）封口工序

三、膜剂

（一）膜剂概述

1. 膜剂的含义与特点

膜剂（films）系指原料药物与适宜的成膜材料经加工制成的膜状制剂。其可供口服、口含、舌下、黏膜、腔道等使用，也可用于皮肤创伤、烧伤或炎症表面的敷贴，发挥局部或全身作用。膜剂的形状、大小、厚度视应用部位的特性、药物性质及成膜材料而定。

膜剂质轻、体积小，成膜材料用量少，便于携带、运输和储存；药物剂量准确，稳定性好，使用方便；生产工艺简单，生产过程中无粉尘飞扬；可控制药物释放速度；多层复方膜剂还可避免药物的配伍禁忌。但膜剂载药量少，不适用于剂量较大的药物。

2. 膜剂的分类

（1）按给药途径分类

膜剂可分为供口服的内服膜剂，如地西泮膜剂、复方炔诺酮膜剂等；供口腔或舌下给药的口腔用膜剂，如硝酸甘油膜剂、口腔溃疡膜剂等；用于皮肤或黏膜创伤及炎症的外用膜剂，可起到治疗及保护作用，如止血消炎膜剂；其他膜剂，如眼用膜剂、阴道用膜剂、牙周用膜剂、皮肤植入膜剂等。

（2）按膜剂的结构类型分类

膜剂可分为单层膜剂、多层膜剂和夹心膜剂等。单层膜剂系指药物直接溶解或分散在成膜材料中制成的膜剂，普通膜剂多属于这一类。多层膜剂是将有配伍禁忌或相互有干扰的药物分别制成薄膜，然后再将各层叠合黏结在一起，有利于解决药物配伍禁忌，也可以制备成缓释、控释膜剂。夹心膜剂是将含有药物的膜置于两层不溶的高分子膜中间，可起缓释、长效或矫味作用。

膜剂外观应完整光洁，色泽均匀，厚度一致，无明显气泡，剂量准确，性质稳定，无刺激性、毒性。多剂量膜剂的分格压痕应均匀清晰，并能按压痕撕开。

3. 膜剂的成膜材料

膜剂一般由药物、成膜材料、增塑剂等组成，根据不同给药途径、药物与成膜材料的性质、给药剂量及临床要求，也可加入着色剂、填充剂、表面活性剂、促渗剂、抗氧剂、增溶剂等。其中成膜材料作为药物的载体，其性能、质量不仅影响膜剂成型工艺，而且对成品质量及药物释放具有重要影响。

（1）成膜材料的基本要求

理想的成膜材料应对人体无毒、无刺激性、无过敏性，用于皮肤、黏膜等创面时，应不妨碍组织愈合；性质稳定，不与药物反应，不降低药物的活性，不干扰药物的含量测定；成膜和脱膜性能良好，成膜后具有足够的强度和柔韧性；用于口服、腔道等膜剂的成膜材料应具有良好的水溶性，可被逐渐降解、吸收或排泄；外用膜剂的成膜材料应能完全迅速释放药物；来源丰富、价格便宜。

（2）常用成膜材料

常用成膜材料主要有天然或合成的高分子化合物。

① 天然高分子成膜材料：有虫胶、明胶、阿拉伯胶、琼脂、淀粉、玉米朊、白及胶、海藻酸等。多数可生物降解或溶解，但成膜与脱膜性能较差，故常与合成高分子材料合用。

② 合成高分子成膜材料：有纤维素衍生物、聚乙烯类化合物、丙烯酸类共聚物等。此类材料成膜性能良好，成膜后具有足够的强度和柔韧性。

（3）增塑剂

在膜剂制备中，为改善成膜材料的成膜性能，增加其柔韧性，往往需加入增塑剂。增塑剂通常是低分子化合物，能够插入聚合物分子链间，削弱链间的相互作用力，增加链的柔性，从而降低高分子聚合物的玻璃化转变温度，增加成膜材料的柔韧性。常用增塑剂可分为水溶性和脂溶性两大类。水溶性增塑剂主要是低分子的多元醇类，如丙二醇、甘油、山梨醇、PEG400、PEG600等；脂溶性增塑剂主要是有机羧酸酯类化合物，如三醋酸甘油酯、邻苯二甲酸酯等。膜剂中增塑剂的选择取决于成膜材料的性质，可通过相容性试验视增塑效率（抗张强度、拉伸率、滞留值等）而定，一般水溶性成膜材料选择水溶性增塑剂，脂溶性成膜材料选择脂溶性增塑剂。

4. 膜剂的制备方法

膜剂的制备方法主要包括涂膜法、热塑制膜法、复合制膜法、溶剂制膜法、压延制膜法、挤出制膜法等，国内制备膜剂多采用涂膜法。

① 涂膜法：又称匀浆制膜法。将成膜材料溶于适当的溶剂中，过滤，取滤液，加入药物溶液或细粉及附加剂，充分混合成含药浆液（水溶性药物可先溶于水中后加入；醇溶性药物可先溶于少量乙醇中，然后再混合；不溶于水的药物可粉碎成细粉加入，也可加适量聚山梨酯80或甘油研匀加入），脱去气泡，然后用涂膜机涂成所需厚度的涂层，干燥，根据药物含量计算单剂量膜的面积，剪切后用适宜的材料包装即得。本法常用于以PVA等为载体的膜剂的制备。

② 热塑制膜法：将药物细粉和成膜材料混合，用橡皮滚筒混炼，热压成膜；或将药物细粉加入熔融的成膜材料中，使其溶解或混合均匀，在冷却过程中成膜。本法溶剂用量少，机械生产效率高，常用于以EVA等为载体的膜剂制备。

③ 复合制膜法：以不溶性的热塑性成膜材料（如 EVA）为外膜，制成具有凹穴的外膜带，另将水溶性的成膜材料（如 PVA）用匀浆制膜法制成含药的内膜带，剪切成单位剂量大小的小块，置于两层外膜带中，热封，即得。此法常用来制备缓释膜剂。

④ 溶剂制膜法：根据成膜材料的性能，选择适宜的溶剂，使之溶解，然后加入药物溶解或混合均匀，用倾倒、喷雾或涂抹等方式吸附在具一定容量的平面容器中，待溶剂挥发或回收后，即成薄膜状，并在减压下将此薄膜放置一定时间，使溶剂充分逸出，即得。此法简单，不需特殊设备，适合少量制备。

⑤ 压延制膜法：膜料与填料混合后，在一定温度和压力下，用压延机热压熔融成一定厚度的薄膜，后冷却、脱模。

⑥ 挤出制膜法：将多聚物经加热（干法）或加入溶剂（湿法）使之成流动状态，借助挤出机的旋转推进压力的作用，使之通过一定模型的机头，制成一定厚度的薄膜。

（二）膜剂的制备工艺与生产设备

1. 膜剂的制备工艺流程

膜剂制备方法虽有多种，但制备工艺流程基本相同，具体流程见图 5-194。

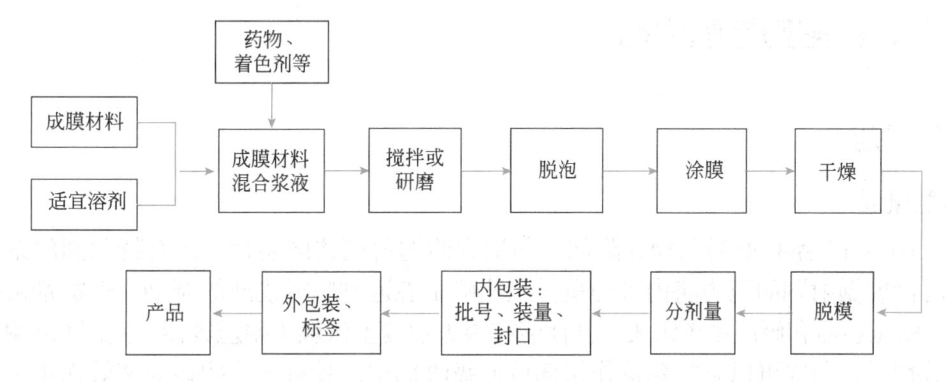

图5-194 膜剂的制备工艺流程

2. 生产设备

与膜剂生产相适应的设备主要包括配料罐、搅拌机、涂膜机等，本节主要阐述膜剂生产最常用的设备涂膜机，如图 5-195 所示。

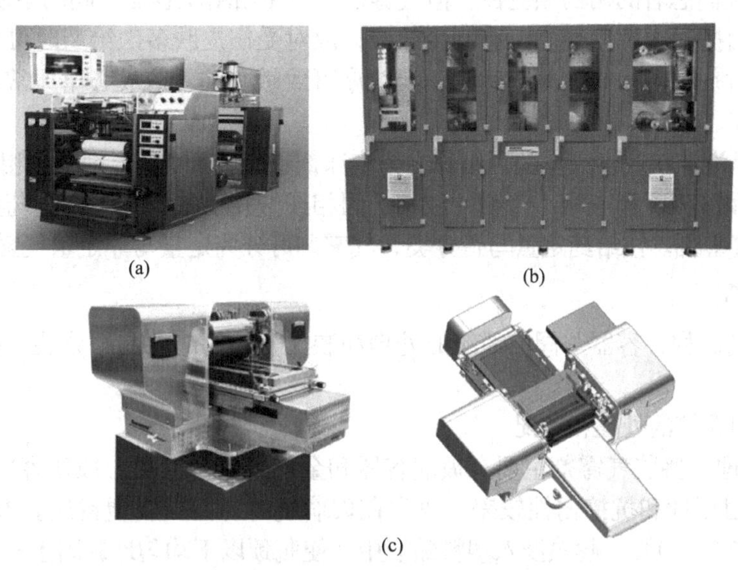

图5-195 涂膜机设备图

（a）TB-300药用速溶涂膜机；（b）智能涂膜机；（c）薄膜涂膜机

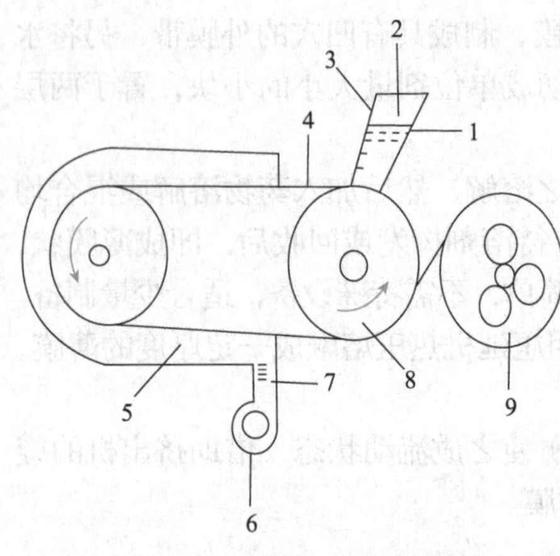

图5-196　涂膜机结构示意图

1—流液嘴；2—含药浆液；3—控制板；4—不锈钢循环带；5—干燥箱；6—鼓风机；7—电热丝；8—主动轮；9—卷膜盘

涂膜机主要由干燥箱、鼓风机、电热丝、卷膜盘、流液嘴、控制板、不锈钢循环带等部件构成，基本结构如图5-196所示。将已配制好的含药膜料倒入加料斗中，通过可调节流量的流液嘴，膜液以一定的宽度和恒定的流量涂在抹有脱模剂的不锈钢循环带上，经热风（80～100 ℃）干燥，迅速成膜，然后将药膜从传送带上剥落，由卷膜盘将药膜卷入聚乙烯薄膜或涂塑纸、涂塑铝箔、金属箔等包装材料中，根据剂量热压或冷压划痕成单剂量的分格，再进行包装，即得。

3. 质量评价

膜剂应完整，光洁，厚度一致，色泽均匀，无明显气泡。多剂量的膜剂，分格压痕应均匀清晰，并能按压痕撕开。重量差异、微生物限度等应按现行版《中国药典》（2020年版）四部通则膜剂项下的各项规定进行。

四、气雾剂、粉雾剂与喷雾剂

（一）气雾剂

1. 气雾剂概述

气雾剂（aerosol）系指原料药物和附加剂与适宜的抛射剂共同装封于具有特制阀门系统的耐压容器中，使用时借助抛射剂的压力将内容物呈雾状物喷至腔道黏膜或皮肤的制剂。气雾剂由抛射剂、药物与附加剂、耐压容器和阀门系统组成。其性能在很大程度上依赖于耐压容器、阀门系统和抛射剂等。

使用气雾剂后，药物可以直接到达作用部位或吸收部位，具有十分明显的速效作用（如吸入气雾剂）与定位作用，如治疗哮喘的气雾剂可使药物粒子直接进入肺部，吸入两分钟即能显效，因此在呼吸道给药方面具有其他剂型不能替代的优势。气雾剂经肺部吸收给药，还可克服口服给药造成的胃肠道不适与肝脏的首过效应；气雾剂中的药物封装于密闭的容器可以保持清洁和无菌状态，减少药物受污染的机会，有利于提高药物的稳定性；使用气雾剂时，无须饮水，一揿（吸）即可，尤其适用于OTC药物，有助于提高患者的用药顺应性。但气雾剂需要使用耐压容器、阀门系统和特殊的生产设备，故生产成本较高；因抛射剂挥发性高，有制冷效应，故对受伤皮肤多次给药时可引起不适感和刺激作用；氟氯烷烃类抛射剂在动物或人体内达到一定浓度可致敏心脏，造成心律失常，故治疗用的气雾剂对心脏病患者不适宜。

内容物喷出后呈泡沫状或半固体装，则称之为泡沫剂或凝胶剂/乳膏剂。按相的组成分类，气雾剂可分为两相（气相和液相）和三相（气相、液相、固相或液相）气雾剂。按给药途径分类，气雾剂可分为吸入和非吸入气雾剂。按给药定量与否分类，气雾剂可分为定量与非定量气雾剂。

2. 气雾剂的制备

气雾剂制备工艺流程：容器与阀门系统的处理和装配→药物的配制与分装→抛射剂的填充→质量检查→包装→成品。

（1）容器与阀门系统的处理和装配

① 耐压容器处理：盛装气雾剂主要有玻璃容器和金属容器两大类。玻璃容器化学性质比较稳定，目前应用最多，但耐压性和抗撞击性较差，故常在玻璃瓶的外面搪以塑料层。方法是将玻璃瓶洗净、烘干，并预热到（125±5）℃，趁热浸入塑料黏液中，使瓶颈以下均匀地黏附上一层塑料液，倒置，在（160±10）℃干燥15 min即可。塑料黏液可由高分子材料、增塑剂（如苯二甲酸二丁酯或苯二甲酸二辛酯）、润滑剂（如硬脂酸钙或硬脂酸锌）和色素等组成。金属容器包括铝、马口铁和不锈钢等，耐压

性强，但不利于药物稳定，故常内涂环氧树脂、聚氯乙烯或聚乙烯等保护层。

② 阀门系统的处理与装配：阀门系统用于控制药物的喷射剂量。除一般阀门系统外，还有吸入用的定量阀门，供腔道或皮肤等外用的泡沫阀门。制造阀门系统的塑料、橡胶、铝或不锈钢等材料应对内容物为惰性，具有并保持适当的强度，加工应精密。

阀门系统一般由定量室、橡胶垫圈、定量杆、弹簧、阀杆和引液槽等组成，并通过铝帽将阀门系统固定在耐压容器上，如图 5-197 所示。

将阀门系统中的塑料和尼龙制品洗净后，浸于 95% 乙醇中备用；不锈钢弹簧在 1% ～ 3% 碱液中煮沸 10 ～ 30 min，用水洗至无油腻，浸泡在 95% 乙醇中备用；橡胶制品用 75% 乙醇浸泡 24 h，干燥备用。上述经处理的零件按阀门系统的构造进行装配。

（2）药物的配制与分装

根据药物的性质和处方组成的差异，气雾剂中药液的配制方式各有不同。一般而言，溶液型气雾剂应制成透明药液；混悬型气雾剂应将药物微粉化处理，与其他附加剂混匀；乳剂型气雾剂应制成均匀稳定的乳剂。将上述配制好的药物分散系统定量分装于容器内，装配阀门，扎紧封帽。

（3）抛射剂的填充

抛射剂的填充主要有压灌法和冷灌法两种，其中压灌法较为常用。

① 压灌法：在压灌法中，配制好的药液已预先分装于容器内，并装配了阀门和封帽。然后压装机上的灌装针头插入气雾剂阀门杆的膨胀室内，阀门杆向下移动，压装机与气雾剂的阀门同时打开，过滤后的液化抛射剂在压缩气体的压力下定量地进入气雾剂的耐压容器内。常用压罐设备如图 5-198 所示。

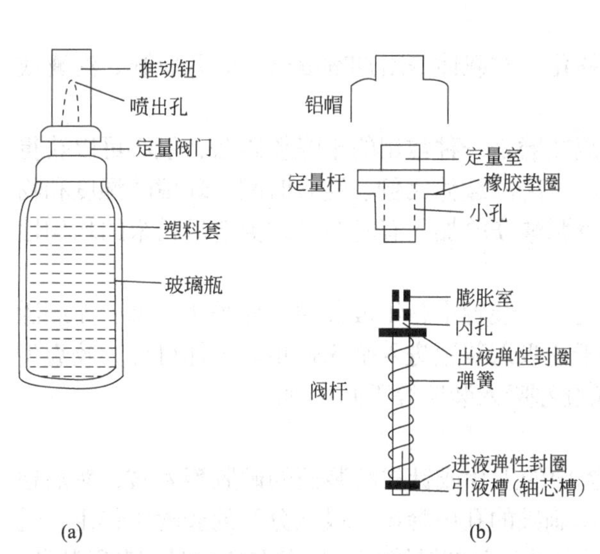

图5-197　气雾剂的定量阀门系统装置及部件图

（a）气雾剂外形；（b）定量阀部件

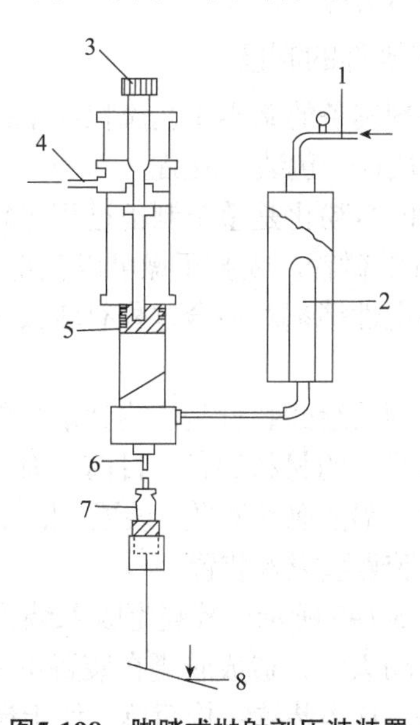

图5-198　脚踏式抛射剂压装装置

1—抛射剂进口；2—滤棒；3—装置调节器；4—压缩空气进口；5—活塞；6—灌装针；7—容器；8—脚踏板

压灌法在室温下操作，设备简单，抛射剂的损耗少；但生产速度慢，并且在使用过程中压力的变化幅度较大。国外气雾剂的生产主要采用高速旋转压装抛射剂的工艺，产品质量稳定，生产效率大为提高。

② 冷灌法：在冷灌法中，利用冷却设备将药液冷却至低温（-20 ℃左右），进行药液的分装，然后将冷却至沸点以下至少 5 ℃的抛射剂灌装到气雾剂的耐压容器中；或将冷却的药液和抛射剂同时进行灌装，再立即安装上阀门系统，并用封帽扎紧。

冷灌法是在开口的容器上进行灌装，对阀门系统没有影响，成品压力较稳定。但需要制冷设备和低温操作。由于抛射剂损失较多，因此操作必须迅速。乳剂型或含水分的气雾剂不适于用此法进行灌装。

3. 气雾剂的质量评价

吸入型气雾剂应标明每瓶装量、主药含量、总揿次和每揿主药含量等。三相气雾剂应将微粉化（或乳化）药物和附加剂充分混合制得稳定的混悬液或乳液，并抽样检查，符合要求后分装。吸入型气雾剂的药物颗粒应控制在 10 μm 以下，大多数在 5 μm 以下。两相气雾剂应为澄清、均匀的溶液，其雾滴大小也要控制。制成的气雾剂还应进行泄漏和爆破检查，确保安全使用。

（二）粉雾剂

1. 粉雾剂概述

粉雾剂（powder aerosol）按用途可分为吸入粉雾剂、非吸入粉雾剂和外用粉雾剂。**吸入粉雾剂**系指固体微粉化原料药物单独或与合适载体混合后，以胶囊、泡囊或多剂量贮库形式，采用特制的干粉吸入装置，由患者主动吸入雾化药物至肺部的制剂。**非吸入粉雾剂**系指药物或药物与载体以胶囊或泡囊形式，采用特制的干粉给药装置，将雾化药物喷至腔道黏膜的制剂。**外用粉雾剂**系指药物或与适宜的附加剂灌装于特制的干粉给药器具中，使用时借助外力将药物喷至皮肤或黏膜的制剂。

与气雾剂及喷雾剂相比，粉雾剂具有以下一些特点：患者主动吸入药粉，不存在给药协同配合困难，顺应性好；不含抛射剂，可避免气雾剂使用氟氯烷烃类抛射剂所造成的毒副作用和环保问题；药物可以胶囊或泡囊形式给药，剂量准确，无超剂量给药危险；不含防腐剂及乙醇等溶剂，对病变黏膜无刺激性；不受定量阀门系统的限制，剂量范围较大，最大剂量可达几十毫克；尤其适用于多肽和蛋白类药物的给药。

2. 粉雾剂的制备

粉雾剂制备的基本工艺流程如下：原料药物→微粉化→与载体等附加剂混合→装入胶囊、泡囊或装置中→质检→包装→成品。

药物的微粉化是整个制备过程比较关键的一步。流能磨是一种常用的干燥粉碎法，最小可以获得 2 ～ 3 μm 的微粉。喷雾干燥可以获得粒径更小的药粉。药物 / 载体比例、混合时间、环境的湿度和物料的表面电性等都对混合过程有较大影响。润滑剂如硬脂酸镁的加入有时会导致混合后粉末的均匀性下降。

粉雾剂的给药装置是影响其治疗效果的主要因素之一。装置中各组成部件均应采用无毒、无刺激性和性质稳定的材料制备。目前已有多种不同类型的干粉吸入装置进入临床使用。大体可分为胶囊型吸入装置、铝箔泡囊型吸入装置、贮库型吸入装置和雾化型吸入装置等不同类别。

（1）胶囊型吸入装置

如图 5-199 所示，胶囊型吸入装置一般是通过装置中的刀片或针先将装药的硬胶囊刺破，然后通过患者主动吸气，造成胶囊在装置中快速转动，药粉从刺破的孔中释出，或从分开的胶囊中释出，进入呼吸道。这类装置结构简单，便于携带和清洗。不足之处是单剂量给药，患者在急症时需自行装药，不太方便；药物的防湿作用取决于储存的胶囊质量；药物剂量小时需添加附加剂。

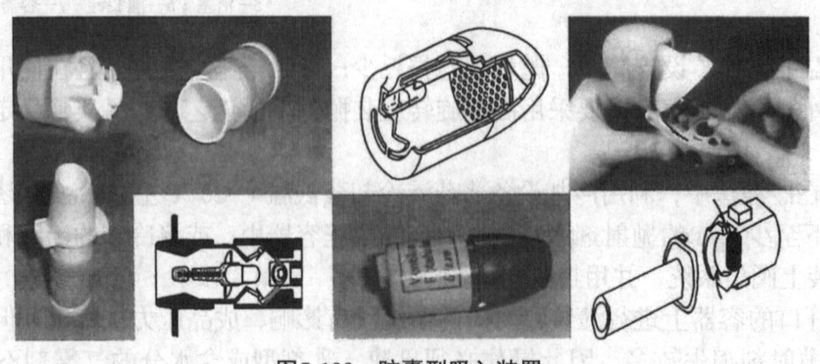

图5-199 胶囊型吸入装置

（2）铝箔泡囊型吸入装置

图 5-200 为铝箔泡囊型吸入装置图，它是将药物按剂量分装于铝箔上的水泡眼中，装入相应的吸入装置，用时装置可刺破铝箔，吸气时药粉即可释出。这类装置防潮性能更好，患者无须重新安装装置便可吸入多个剂量，剂量可以很小而无须使用附加剂，但仍需更换铝箔包装。

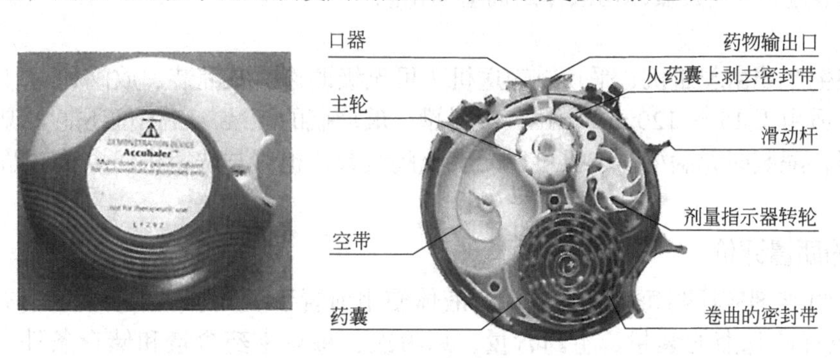

图5-200　铝箔泡囊型吸入装置

（3）贮库型吸入装置

贮库型吸入装置（图 5-201）能将多剂量药物储存在装置中，用时旋转装置，单剂量的药物即可释出并随吸气吸入。因患者不用换药，故使用方便，是目前比较受欢迎的类型。

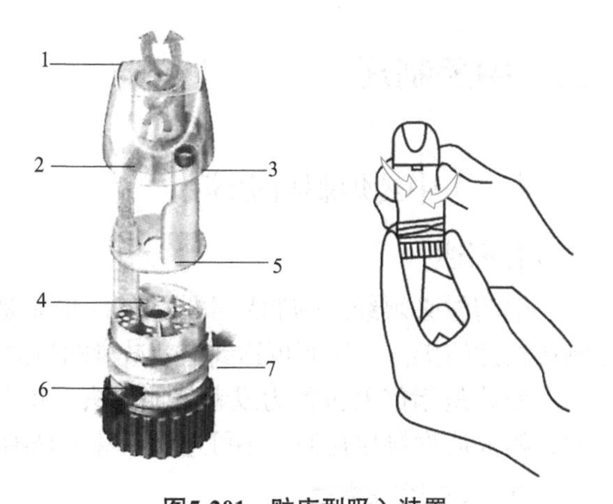

图5-201　贮库型吸入装置

1—双螺旋通道口器；2—吸气通道；3—储药池；4—定量药盘；5—刮药板；6—内置干燥剂处；7—旋转把手

3. 粉雾剂的质量评价

粉雾剂应按《中国药典》（2020 年版）四部通则规定进行装量差异、含量均匀度、排空率、每瓶总揿次、每揿主药含量、雾（滴）粒分布、微生物限度等质量评价。胶囊型和泡囊型粉雾剂（包括吸入与非吸入型）应标明每粒胶囊或泡囊中的药物含量、用法（如在吸入装置中吸入，而非吞服）、有效期和贮藏条件（粉雾剂应置凉暗处保存防止吸潮），以确保完全使用。多剂量贮库型吸入粉雾剂应标明每瓶的装量、主药含量、总吸次、每吸主药含量。

（三）喷雾剂

1. 喷雾剂概述

喷雾剂（spraying agent）系指原料药物或与适宜辅料填充于特制的装置中，使用时借助手动泵的压力、高压气体、超声振动或其他方法将内容物呈雾状物释出，直接喷至腔道黏膜或皮肤等的制剂。喷雾剂按内容物组成分为溶液型、乳状液型或混悬型；按用药途径可分为吸入喷雾剂、鼻用喷雾剂及用于皮肤、黏膜的喷雾剂；按给药定量与否，还可分为定量喷雾剂和非定量喷雾剂。喷雾剂喷射的雾滴粒径比较大，不适用于肺部吸入，以局部应用为主。可用于鼻腔、口腔、喉部、眼部、耳部和体表等不同的部位。其中以鼻腔和体表的喷雾给药比较多见。

喷雾给药装置通常由利用机械或电子装置制成的手动泵和容器两部分构成。手动泵的种类非常多，从给药途径上，可分为口腔喉部、鼻腔和体表给药装置；从喷雾的形式上，可分为喷雾与射流给药装置；从给药剂量上，可分为单剂量和多剂量给药装置；从内容物的物态上，可分为溶液、乳液和凝胶给药装置等。常用的容器有塑料瓶和玻璃瓶两种：前者一般为不透明的白色塑料制成，质轻但强度较高，便于携带；后者一般为透明的棕色玻璃制成，强度略差。该装置中各组成部件均应采用无毒、无刺激性和性质稳定的材料制成。

2. 喷雾剂的制备

喷雾剂的基本制备工艺流程：原辅料→配液→灌装→质检→包装→成品。

（1）配液

喷雾剂的配液过程及生产要求与液体制剂基本相似。

（2）灌装

喷雾剂灌装生产线由理瓶机、平顶链输送机（可无级调速）及灌装、放阀和封口三工位一体的自动灌装线组成，适用于 15 ～ 120 mL 铝罐、塑料罐、玻璃瓶的灌装，各工位还能实现有瓶工作、无瓶停机的全部功能，灌装时无滴漏。本机可以配装上阀装置，也可与洗瓶机、烘箱、贴标机、喷码机等组成生产线。

3. 喷雾剂的质量评价

单剂量吸入喷雾剂应标明每剂药物剂量、液体使用前置于吸入装置中吸入、有效期和储存条件；多剂量喷雾剂应标明每瓶的装量、主药含量、总喷次、每喷主药含量和储存条件。按《中国药典》（2020 年版）四部通则的有关规定，喷雾剂应就每瓶总喷次、每喷喷量、每喷主药含量、递送剂量均一性、装量差异、装量、无菌和微生物限度进行检查。

五、中药制剂

（一）中药炮制与粉碎

1. 概述

中药材必须经过炮制后才能入药。炮制是指按照中医药理论，将药材净制、切制或炮炙等处理后制成饮片的操作。炮制可达到增效减毒的目的，同时满足调配、制剂需要。

粉碎是指借助机械力或者其他方法，将大块固体物料破碎和研磨成碎块、细粉甚至是超细粉的过程，粉碎后物料粒径的大小可达微米甚至是纳米级。

2. 中药粉碎方法

（1）干法粉碎

干法粉碎（dry comminution）系指将药物经适当干燥，使水分降低到一定限度（一般应少于 5%）再粉碎的方法。除特殊中药外，绝大多数中药材均采用干法粉碎。

① 单独粉碎：将一味中药单独粉碎，便于应用于各种复方制剂中。通常需要单独粉碎的中药包括：贵重中药（如牛黄、羚羊角、西洋参、麝香等，主要目的是避免损失）、毒性或刺激性强的中药（如红粉、轻粉、蟾酥、斑蝥、信石、马钱子等，主要目的是避免损失、便于劳动保护和避免对其他药物的污染）、氧化性与还原性强的中药（如雄黄、火硝、硫黄等，主要目的是避免混合粉碎引起爆炸），以及质地坚硬不便与其他药物混合粉碎的中药（如磁石等）。对水分多、黏性大的药材，可置于烘箱内 60 ～ 80 ℃烘干，放冷后即可粉碎，如肉苁蓉、枸杞子等。对黏液汁特别多的单味药材，可采取烘干后取出碾压再烘干的反复操作方法以达粉碎目的，如生地黄、熟地黄、山茱萸、桂圆肉等。

② 混合粉碎：将中药复方制剂中的某些性质和硬度相似的中药，全部或部分混合在一起进行粉碎的方法。该法将药物粉碎与混合结合在一起同时完成，也可以克服单独粉碎中的一些困难。根据药物的性质和粉碎方式不同，特殊的混合物粉碎方法有以下几种：

a. 串料粉碎：先将处方中其他中药粉碎成粗粉，再将含有大量糖分、树脂、树胶、黏液质的中药陆续掺入，逐步粉碎成所需粒度。需要串料粉碎的中药，如乳香、没药、黄精、玉竹、熟地黄、山茱萸、枸杞子、麦冬、天冬等。

b. 串油粉碎：先将处分中其他中药粉碎成粗粉，再将含有大量油脂性成分的中药陆续掺入，逐步粉碎成所需粒度；或将油脂类中药研成糊状再与其他药物粗粉混合粉碎成所需粒度。需串油粉碎的中药主要是种子类药物，如桃仁、苦杏仁、苏子、酸枣仁、火麻仁、核桃仁等。

c. 蒸罐粉碎：先将处方中其他中药粉碎成粗粉，再将用适当方法蒸制过的动物类或其他中药陆续掺入，经干燥，再粉碎成所需粒度。需蒸罐粉碎的中药主要是动物的皮、肉、筋、骨及部分需蒸制的植物药，如乌鸡、鹿胎、制何首乌、酒黄芩、熟地黄、酒黄精、红参等。

（2）湿法粉碎

湿法粉碎（wet comminution）系指在药物中加入适量水或其他液体一起研磨粉碎的方法。通常选用的液体是以药物遇湿不膨胀、不溶解，两者混合不起化学变化，不妨碍药效为原则。某些有较强刺激性或毒性药物，用湿法粉碎可避免粉尘飞扬。根据粉碎时加入液体的情况可分为加液研磨法和水飞法。

① 加液研磨法：是在将要粉碎的药物中加入少量的液体后研磨粉碎的方法。粉碎非极性晶体樟脑、冰片、薄荷脑等时，常加入少量乙醇或水进行研磨；粉碎麝香时，常加入少量水，俗称“打潮”，剩下麝香渣时，“打潮”更易研碎。粉碎中药冰片和麝香时遵循“轻研冰片，重研麝香”的原则。

② 水飞法：是利用粗细粉末在水中悬浮性不同，将不溶于水的药物反复研磨制备成所需粒度的粉碎方法。朱砂、珍珠、炉甘石等通常采用传统的“水飞法”粉碎，即将药物先打成碎块，除去杂质，放入研钵或电动研钵中，加适量水，用研锤重力研磨。当有部分细粉研成时，应倾泻出来，余下的药物再加水反复研磨，倾泻，直至全部研细为止，再将研得的混悬液合并，沉淀得到的湿粉进行干燥，研散，过筛，可得极细粉。水溶性的矿物药如芒硝、硼砂，不能采用水飞法粉碎。

（3）低温粉碎

低温粉碎（cryogenic comminution）系指将药物冷却后或在低温条件下进行粉碎的方法。低温时物料脆性增加，易于粉碎，因此可用于常温下难以粉碎的、热敏感的、富含糖分或黏液质或胶质类的药物。并且低温粉碎可以获得更细的药物粉末。

（4）超微粉碎

超微粉碎（ultrafine comminution）技术是20世纪70年代后发展起来的一种物料加工新技术。超微粉碎又称超细粉碎，是指将粉粒物料磨碎到粒径为微米级以下的操作。超微粉体又称超细粉体，通常分为微米级、亚微米级（粒径0.1～1 μm）以及纳米级（粒径1～100 nm）粉体。在这种条件下，植物细胞的破壁率高，通常可达95%，有利于药物成分的释放或溶出，减少提取的时间和溶剂用量；提高了药物特别是难溶性药物的生物利用度和疗效；为混悬剂注射剂、混悬型滴眼剂等剂型的制备打下了基础。

3. 中药粉碎的设备

（1）柴田式粉碎机

柴田式粉碎机亦称万能粉碎机，由动力轴、挡板、风扇机壳内壁钢齿、加料斗、电动机和出粉风管等部件组成（如图5-202）。粉碎时主要靠六块打板的碰撞作用。柴田式粉碎机构造简单，使用方便，粉碎能力强，是中药厂普遍应用的粉碎机，广泛适用于黏软性、纤维性及坚硬的中药的粉碎，但对油性过多的药料不适用。

（2）万能磨粉机

万能磨粉机由有两个带齿的圆盘及环形筛所组成（如图5-203），靠着圆盘上的钢齿之间撞击、研磨和撕裂进行粉碎。具有在粉碎过程中易产生大量的热的特点，因此不适用于一些含大量挥发性成分及黏性或遇热发黏的药物，可用于干燥的、结晶型的、纤维性的药物的粉碎。

（3）球磨机

将药物放入一个装有一定数量不锈钢球或者瓷球的圆筒内（如图5-204），通过球体下落产生的撞击，圆球与筒壁、球体之间的研磨作用而被粉碎。不仅适用于干法粉碎，也可用于湿法粉碎。但其缺点其粉碎时间长、能耗较大。球磨机使用时应注意转速。转速过慢时，筒内的球或者棒会沿筒壁滚下，使得研磨不完全；转速过快时，圆球或棒受离心力作用会紧贴筒壁，大大削弱了粉碎的动力，从而失去了粉碎作用。球磨机的粉碎效率还受圆球或者棒的大小、数量、质量、药物的性质、球磨机圆筒的长度与直径的比例等因素所影响。

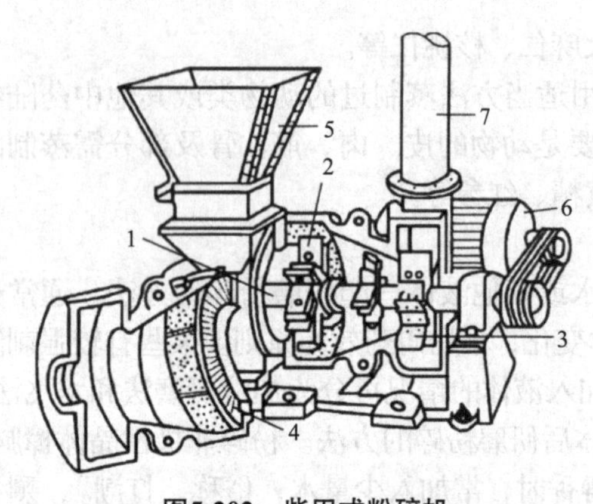

图5-202　柴田式粉碎机

1—动力轴；2—挡板；3—风扇；4—机壳内壁钢齿；
5—加料斗；6—电动机；7—出粉风管

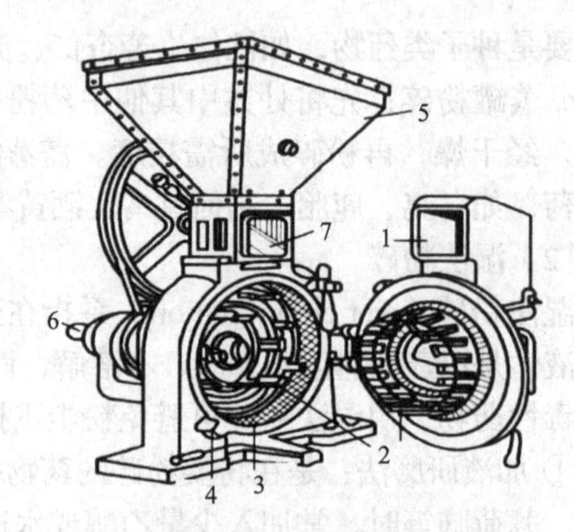

图5-203　万能磨粉机

1—入料口；2—钢齿；3—环状筛板；4—出粉口；
5—加料斗；6—水平轴；7—抖动装置

球磨机适用于粉碎结晶性药物、易熔化的树脂、树胶、非纤维性的脆性药物、毒性刺激性药、贵重细料药、易吸湿性的药、含挥发性成分的药物，以及药物的湿法粉碎、药物的无菌粉碎等。

（4）流能磨

流能磨系指借助于高速而有弹性的空气、蒸汽或惰性气体迅猛冲击药物的颗粒，而使得颗粒之间及颗粒与粉碎室内壁之间相互碰撞的粉碎装置（图5-205）。粉碎动力来源于自由高速气流形成的碰撞与剪切作用。粉碎后得到的微粉在10 μm以下。流能磨粉碎过程中由于气流的存在会在粉碎室内膨胀而冷却，因此粉碎过程中的温度变化不大，因此该法适用于热敏性药物、脆性及坚硬的药物粉碎。

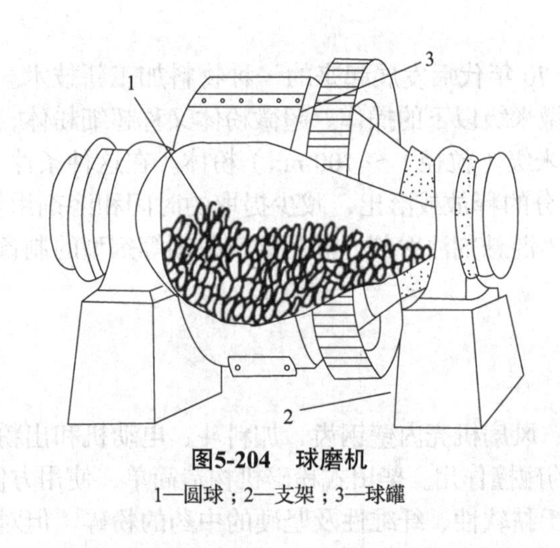

图5-204　球磨机

1—圆球；2—支架；3—球罐

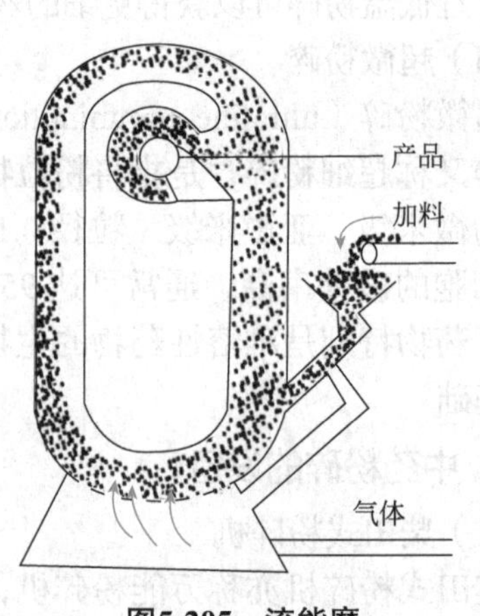

图5-205　流能磨

（二）中药提取

1. 概述

中药的有效成分提取绝大多数采用浸提法。浸提系指应用适宜的溶剂与方法将中药材中有效成分或有效部位浸出的操作。其目的是尽可能多地浸出中药材中的有效成分及辅助成分，最大限度地避免无效成分和组织物质的浸出，以利于简化后期的分离精制工艺。因此，进行中药提取操作时应明确中药材中哪些是有效成分需要提取的、哪些是无效成分应当去除的。

2. 浸提过程

（1）浸润与渗透

药材中加入溶剂后首先润湿药材表面，由于液体静压和毛细管作用，溶剂能够进一步渗透进入药材内部。浸提溶剂能否湿润药材，并渗透进入药材内部，是浸出有效成分的前提条件。药材能否被润湿主要取决于浸提溶剂与药材的性质，大多数中药材含糖、蛋白质等极性基团，很容易被水和不同浓度的乙醇等极性溶剂浸润和渗透。如果采用非极性溶剂例如氯仿、石油醚等来浸提脂溶性有效成分时，药材要先进行干燥。

（2）解吸与溶解

药材中各成分之间存在亲和力，浸提溶剂渗透进入药材首先需要克服化学成分之间的吸附力，这一过程称为解除吸附即解吸。随着解吸的进行，药材中的成分不断溶解于溶剂之中，完成溶解过程。化学成分能否被溶剂溶解，取决于化学成分和溶剂的极性，即“相似相溶”原理。此外，加热或在溶剂中加入适量的酸、碱、甘油及表面活性剂等辅助剂，也可增加有效成分的解吸与溶解。

（3）扩散

进入药材组织细胞内的溶剂溶解大量化学成分后，细胞内药物浓度升高，使细胞内外出现浓度差和渗透压差。在此浓度差和渗透压差作用下，细胞内高浓度的溶液向外扩散而细胞外的溶剂分子向细胞内渗透，直至内外浓度相等，达到动态平衡。

3. 浸提效率的影响因素

① 溶剂：溶剂的性质与用量对浸提效率有很大的影响。应该根据有效成分的性质选择合适的溶剂。例如水可用于药材中生物碱、苷类、多糖、氨基酸、微量元素、酶等有效成分的提取。乙醇与水混溶后可以调节极性，如 90% 乙醇可提取挥发油、叶绿素、树脂等；70% ～ 90% 乙醇可提取香豆素、内酯等；50% ～ 70% 乙醇可浸提生物碱、苷类等；一些极性较大的成分如蒽醌苷等常用 50% 左右或以下的乙醇浸提。脂溶性成分可以采用非极性溶剂浸提。溶剂用量大，利于有效成分扩散、置换，但用量过大，则给后续的浓缩等工艺带来困难。

② 药材粒度：粒度越细，溶剂越容易进入药材内部且扩散的距离变短，有利于药材成分的浸出。但实际生产中，药材粒度也不宜过细，因为过细的粉末吸附能力强，造成溶剂的浪费和有效成分的损失；粉碎过细，导致大量组织细胞破裂，浸出的高分子杂质增多，增加了后续操作的复杂程度，同时也给浸提操作带来困难。

③ 药材成分：小分子物质相较之下更易浸出，因此小分子成分主要在最初部分的浸提液中，随着浸提的进行，大分子成分（主要是杂质）浸出逐渐增多。因此浸提次数不宜过多。

④ 浸提温度：适当提高浸提温度，可加速成分的解吸、溶解并促进扩散，有利于提高浸提效果，但温度过高，热敏性成分易被破坏，造成无效成分的浸出增多。

⑤ 浸提时间：浸提过程的完成需要一定的时间，以有效成分扩散达到平衡作为浸提过程完成的终止标志。浸提时间过短，不利于有效成分的浸出；而浸提时间过长，又导致杂质的浸出增加。

⑥ 浓度梯度：浓度梯度即药材组织内外的浓度差，是扩散的主要动力。通过更换新鲜溶剂，不断搅拌或浸出液强制循环流动，或采用流动溶剂渗漉提取等方法均可增大浓度梯度，提高浸提效果。

⑦ 溶剂 pH：适当调节浸提溶剂的 pH 可改善浸提效果。如用酸性溶剂提取生物碱，用碱性溶剂提取酸性皂苷等。

⑧ 浸提压力：加压可加速溶剂对质地坚硬的药材的浸润和渗漉过程，同时也会造成部分药材细胞壁破裂，有利于缩短浸提时间。

⑨ 浸提方法：针对不同的有效成分，不同的浸提方法提取的效率也不同。

4. 常用的中药方法

（1）煎煮法（decoction）

煎煮法系指以水为溶剂，通过加热煎煮来浸提药材中有效成分的方法。适用于能溶于水，且对湿热较稳定的有效成分的浸提。所获得的提取液除直接用于汤剂以外，也可作为中间体制备合剂、颗粒剂、注射剂等剂型。煎煮法能提取出来的成分较多，因此当有效成分尚不明确时，大多是选择煎煮法进行提取。但用溶剂水进行煎煮，杂质往往较多，也会有少量脂溶性成分，给纯化带来不便；浸提液也容易霉败变质，故应该及时处理。

（2）浸渍法（maceration）

浸渍法系指在规定的温度下，将药材饮片或粗颗粒在适量的溶剂中浸泡来提取中药材成分的方法。浸渍法是一种静态浸提过程，耗时长，且有效成分浸出不完全。该法适用于黏性强、无组织结构、易膨胀或新鲜药材的浸提，不适用于贵重细料药材、毒性药材以及高浓度制剂的制备。浸渍法分为冷浸渍法、热浸渍法和重浸渍法。冷浸渍法是在室温下进行的，常用于酊剂、酒剂的制备。热浸渍法一般需在 40 ～ 60 ℃下进行，常用于酒剂的制备。重浸渍法是将全部溶剂分成几份，药材的第一份溶剂浸渍后收集浸出液，药渣再以第二份溶剂浸渍，如此重复 2 ～ 3 次，最后将各份浸出液合并处理，可减少药材成分的损失。

（3）渗漉法（percolation）

渗漉法系指将药材粗分置于渗漉器内，溶剂连续从渗漉器上部加入，在重力作用下渗透药材，提取其中有效成分的动态浸提方法。因为浸提过程中能保持较大的浓度梯度，使得浸出成分较完全。适用于贵重、毒性、有效成分含量低的药材以及制备高浓度的浸出制剂。但是却不适用于新鲜、易膨胀的药材。渗漉法分为单渗漉法、重渗漉法、加压渗漉法和逆流渗漉法。

（4）回流法（circumfluence）

回流法系指用乙醇等挥发性有机溶剂浸提药材，受热时溶剂馏出，经冷凝后又回流到浸提容器中，周而复始直到有效成分浸提完全的方法。回流法分为回流热浸法和回流冷浸法。回流热浸法使用的溶剂能循环使用，但不能不断更新，为提高浸提效率，一般需更换新溶剂 2 ～ 3 次，用量较大。回流冷浸法使用的溶剂既能循环使用，又能不断更新，且在浸提过程中一直能保持较大的浓度梯度，提取更完全。回流法不适用于热敏性中药成分的浸提。

（5）水蒸气蒸馏法（vapor distillation）

水蒸气蒸馏法系指将含有挥发性成分的药材与水或水蒸气共同蒸馏，挥发性成分随水蒸气一并馏出，再经冷凝后分离挥发性成分的方法。该法适用于具有挥发性成分、能随水蒸气一起蒸馏且不被破坏、不与水发生反应、难溶或不溶于水的药材成分的提取和分离，如中药挥发油的提取。水蒸气蒸馏法分为直接加热法、通水蒸气蒸馏法及水上蒸馏法 3 种，其中通水蒸气蒸馏法所需加热温度低（100 ℃）、条件温和，应用最多。为提高馏出液的纯度或浓度，一般需进行重蒸馏，收集重蒸馏液，但蒸馏次数不宜过多，避免挥发油中某些成分氧化或分解。

（6）超临界流体提取法（supercritical fluid extraction）

超临界流体提取法系指利用超临界流体对药材中某些成分的特殊溶解性来提取有效成分的方法。其中超临界流体是指处于临界温度和临界压力以上，性质介于气体和液体之间的流体。随着环境温度及压力的变化，任何物质都存在三种相态，即气相、液相、固相，三相共存的点称为三相点。液、气两相共存的点称为临界点。在临界点时的温度和压力称为临界温度和临界压力，不同的物质临界点的温度和压力各不相同。

超临界流体提取的特点有：①萃取温度低，避免热敏性成分的破坏，提取效率高；②无有机溶剂残留，安全性高；③萃取物中无菌，具有抗氧化、灭菌作用；④提取分离合二为一，简化工艺流程，生产效率高；⑤超临界流体纯度高，价廉易得，可循环使用，极性可以改变，适用范围广。

（7）超声波提取法（ultrasonic assisted extraction）

超声波提取法系指在超声波作用下，提取中药有效成分的方法。超声波是频率为 20 kHz ～ 50 MHz 的电磁波，用超声波进行提取无须加热，因此适用于对热敏感的有效成分。该法提取效率高，有利于中药资源的充分利用；使用的溶剂少，可节约成本；且超声波提取是物理过程，提取过程中无化学反应发生，不影响大多数药物的活性。

（三）中药丸剂

1. 丸剂概述

丸剂（pills）系指饮片细粉或提取物加适宜的黏合剂或其他辅料制成的球形或类球形制剂，主要供内服。

丸剂的作用特点如下：

① 作用迟缓：传统丸剂作用迟缓，多用于慢性病的治疗。与汤剂、散剂等比较，传统的水丸、蜜丸、糊丸、蜡丸内服后在胃肠道中溶散缓慢，起效迟缓，但作用持久，故多用于慢性病的治疗或作为滋补药的剂型。然而例如滴丸等现代新型丸剂，也具有奏效迅速的特点，市面上常见的有苏冰滴丸、速效救心丸等。

② 可缓和某些药物的毒副作用：有些毒性、刺激性药物，可通过选用赋形剂，如制备成糊丸、蜡丸，以延缓其吸收，减轻毒性和不良反应。

③ 可减缓某些药物成分的挥发：有些芳香性药物或有特殊不良气味的药物，可通过制丸工艺，使其在丸心层，减缓其挥发或掩盖不良气味。

④ 服用剂量大：传统丸剂多以原粉入药，服用剂量大，小儿服用困难，微生物易超标。

根据赋形剂不同分类，丸剂可分为水丸、蜜丸、水蜜丸、浓缩丸、糊丸、蜡丸等。根据制法不同分类，丸剂可分为泛制丸、塑制丸等。

2. 蜜丸

（1）概述

蜜丸（honeyed pills）系指饮片细粉以蜂蜜为黏合剂制成的丸剂。临床多用于滋补剂。其中每丸重量在 0.5 g 及以上的称为大蜜丸，每丸重量在 0.5 g 以下的称为小蜜丸。近代将饮片细粉以蜂蜜和水为黏合剂制成的丸剂，称为水蜜丸。

（2）制备流程

蜜丸主要采用塑制法制备（如图 5-206）。除用以蜜丸的制备之外，还可用于水蜜丸、水丸、浓缩丸、糊丸、蜡丸等的制备。

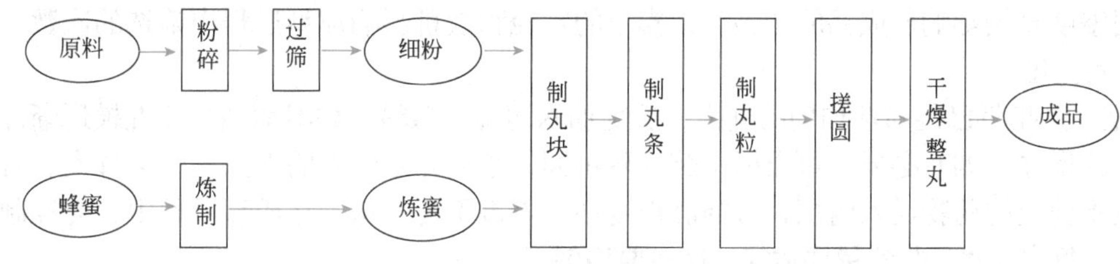

图5-206　蜜丸塑制法制备工艺流程图

① 炼蜜：蜂蜜的炼制是指将蜂蜜加水稀释溶化，过滤，加热熬炼至一定程度的操作。通过炼蜜可以去除杂质、降低水分含量、杀死微生物、破坏酶、增强黏性。按炼蜜程度分为嫩蜜、中蜜和老蜜三种规格，其黏性逐渐升高，适用于不同性质的饮片细粉制丸。在其他条件相同的情况下，一般冬季多用嫩蜜，夏季用老蜜。

② 原料处理：根据处方中药材性质，依法炮制，粉碎，过筛，得细粉或最细粉，备用。

③ 制丸块：制丸块又称和药、合坨。这是塑制法的关键工序，丸块的软硬程度及黏稠度，直接影响丸粒成型和在储存中是否变形。将混合均匀的饮片细粉加入适量的适宜规格的蜂蜜，用混合机充分混匀，制成软硬适宜，具有一定可塑性的丸块。

④ 干燥：蜜丸一般成丸后应立即分装，以保证丸药的滋润状态，为防止蜜丸霉变和控制含水量，也可适当干燥，常采用微波干燥、远红外辐射干燥，可达到干燥和灭菌的双重效果。

3. 水丸

（1）概述

水丸（watered pills）系指饮片细粉以水（或根据制法用黄酒、醋、稀药汁、糖液等）为黏合剂制成的丸剂。临床上主要用于解表剂、清热剂及消导剂。传统制备方法是泛制法，现代工业化生产中主要采用塑制法。

水丸以水或者水性液体为赋形剂，服用后较易溶散，起效比蜜丸、糊丸、蜡丸快；一般不含固体赋形剂，实际含药量高；泛制法操作时，可根据药物性质、气味等分层泛入，掩盖不良气味，防止芳香成分的挥发，提高药物的稳定性；丸粒小，表面致密光滑，易于吞服，利于贮藏；水丸使用的赋形种类繁多，根据中医辨证施治的要求，酌情选用，以利发挥药效；水丸的制备设备简单，但操作费时，对成品的主要含量、溶散时限较难控制，也常引起微生物的污染。

水丸的规格：丸粒大小是根据临床需要而定的，故大小不一。历史上多次以实物为参照，如芥子大、梧桐子、赤小豆大等。现代统一用重量为标准，如上清丸每 10 丸重 1 g，麝香保心丸每丸重 22.5 mg。

（2）制备流程

泛制法是水丸常用的制备方法（如图 5-207），同时水蜜丸、糊丸、浓缩丸等也可以使用此法进行制备。泛制法系指在转动的容器或机械中，交替加入药粉与适宜的赋形剂，润湿起模、不断翻滚、黏结成粒、逐渐增大并压实的一种制丸方法。

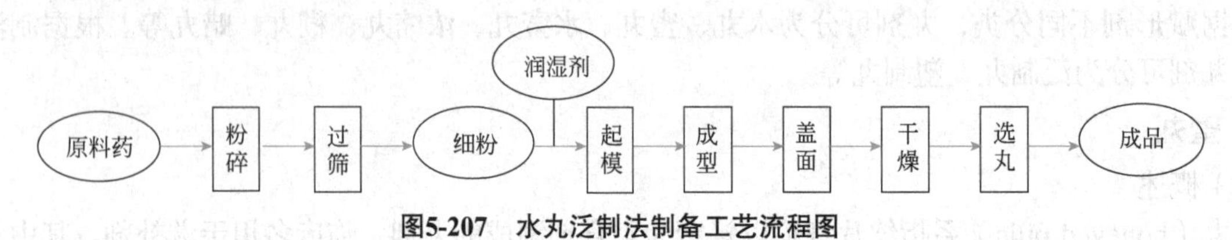

图5-207　水丸泛制法制备工艺流程图

① 原料准备：除另有规定外，通常将饮片粉碎成细粉或最细粉备用。起模或盖面工序一般用过七号筛的细粉，或根据处方规定选用处方中特定药材饮片的细粉；成型工序可用通过五号或六号筛的药粉。需要制汁的药材按规定制备。

② 起模：系指利用水性液体的润湿作用诱导药粉产生黏性而使药粉之间相互黏着成细小的颗粒，并经泛制，层层增大而成丸模的操作。起模是泛制法制备丸剂的关键操作，也是泛丸成型的基础，因为模子的圆整度直接影响着成品的圆整度，模子的粒径和数目影响成型过程中筛选的次数、丸粒规格及药物含量均匀度。

③ 成型：系指将已经筛选均匀的丸模，反复加水润湿、撒粉、黏附滚圆、使丸模逐渐加大直至接近成品规格的操作。如有必要，可根据中药性质不同，采用分层泛入的方法，将易挥发、有刺激性的气味、性质不稳定的药物泛入内层，可提高稳定性，掩盖不良气味。在成型过程中，应控制丸粒的粒度和圆整度。每次加水、加粉量要适宜，撒布要均匀。

④ 盖面：是指将已经接近成品规格并筛选均匀的丸粒，用饮片细粉或清水继续在泛丸锅内滚动，使达到成品粒径标准的操作。通过盖面使丸粒表面致密、光洁、色泽一致。

⑤ 干燥：水泛制丸含水量大，易发霉，应及时干燥。《中国药典》（2020 年版）规定水丸的含水量不得超过 9.0%。常用干燥温度一般应在 80 ℃以下，含挥发性成分的水丸，应控制在 60 ℃以下干燥。

⑥ 选丸：为保证丸粒圆整、大小均匀、剂量准确，丸粒干燥后，可用手摇筛、振动筛、滚筒筛等筛分设备筛选分离出不合格丸粒。

4. 其他丸剂

（1）水蜜丸

水蜜丸（water-honeyed pills）系指饮片细粉以蜂蜜和水为黏合剂制成的丸剂。具有丸粒小、光滑圆整、易于吞服的特点。将炼蜜用沸水稀释后作黏合剂，同蜜丸相比，节省蜂蜜，降低成本，易于储存。

药粉的性质与水蜜的比例用量关系密切，蜜水浓度与药粉的性质相对适应，才能制备出合格的水蜜丸。一般药材细粉黏度适中，每 100 g 细粉，用炼蜜 40 g 左右；但含糖分、黏液质、胶质类较多的饮片细粉，则需要低浓度的蜜水为黏合剂，即 100 g 药粉加 10 ～ 15 g 炼蜜；如含纤维质和矿物质较多的药粉，则每 100 g 药粉须用 50 g 左右炼蜜；将炼蜜加水、搅匀、煮沸、过滤即可作为黏合剂。炼蜜加水的比例一般为（1∶2.5）～（1∶3.0）。

（2）糊丸

糊丸（pasted pills）系指饮片细粉以米粉、米糊或面糊等为黏合剂制成的丸剂。糊丸干燥后丸粒坚硬，口服后溶散迟缓，可以延长药效、同时也能减少药物对胃肠道的刺激性，适宜于含有毒性或刺激性较强的药物制丸。

以米、糯米、小麦等的细粉加水加热或蒸熟制成糊。其中糯米粉的黏合力最强，面粉糊则使用较为广泛。由于所用的糊粉和制糊的方法不同，制成的糊，其黏合力和临床治疗作用也不同，故糊丸也有一定的灵活性，能适应各种处方的特性，充分发挥药物的治疗作用。制糊法又分为冲糊法、煮糊法、蒸糊法三种，其中冲糊法的使用较多。

糊丸的制备方法有泛制法与塑制法两种，而泛制法制备的糊丸溶散较快。

（3）蜡丸

蜡丸（waxed pills）系指饮片细粉以蜂蜡为黏合剂制成的丸剂。蜂蜡为黄色、淡黄棕色或黄色固体，内含脂肪酸、游离脂肪醇等成分，不溶于水，还含有芳香性有色物质蜂蜡素以及各种杂质，用前应精制除去杂质。蜡丸在体内外均不溶散，药物通过溶蚀等方式缓慢释放，因此可以延长药效，并能防止药物中毒以及对于胃肠道的刺激性。

蜡丸一般采用塑制法，按处方规定数量的纯净蜂蜡，加热熔化，稍冷至60 ℃左右，待蜡液边沿开始凝固、表面有结膜时，倾倒混合好的药粉，并立即搅拌，直至混合均匀，趁热制丸。

（4）浓缩丸

浓缩丸（concentrated pills）系指饮片或部分饮片提取浓缩后，与适宜的辅料或其余饮片细粉，以水、蜂蜜或蜂蜜和水为黏合剂制成的丸剂。根据所用黏合剂的不同，分为浓缩水丸、浓缩蜜丸和浓缩水蜜丸。目前生产的浓缩丸以浓缩水丸为主。

浓缩丸是目前丸剂中较好的一种剂型，其特点是药物全部或部分经过提取浓缩，体积缩小，便于服用和吸收，发挥药效好；同时利于储存，不易霉变。如六味地黄丸。《中国药典》（2020年版）规定，水蜜丸一次口服6 g，小蜜丸一次口服9 g，一日2次；而制成浓缩丸后，一次8丸（重1.44 g，相当于饮片3 g），一日3次，服用量显著降低。但是，浓缩丸的中药在浸提过程中，特别是在浓缩过程中由于受热时间较长，有些成分可能会受到影响，使药效降低。

浓缩丸的制备方法有泛制法、塑制法和压制法，目前常用的是塑制法。

5. 丸剂的质量要求与评价

（1）丸剂的质量要求

丸剂在生产与贮藏期间应符合下列有关规定：

① 除另有规定外，供制丸剂用的药粉应为细粉或最细粉。

② 蜜丸所需蜂蜜需经炼制后使用。按炼蜜程度分为嫩蜜、中蜜和老蜜，制备蜜丸时可根据品种、气候等具体情况选用。除另有规定外，用塑制法制备蜜丸时，炼蜜应趁热加入药粉中，混合均匀；处方中有树脂类、胶类及含挥发性成分的药味时，炼蜜应在60 ℃左右加入；泛制法制备水蜜丸时，炼蜜应用沸水稀释后使用。

③ 浓缩丸所用的提取物应按制法规定，采用一定的方法提取浓缩制得。除另有规定外，水丸、水蜜丸、浓缩水蜜丸和浓缩水丸均应在80 ℃以下干燥；含挥发性成分或淀粉较多的丸剂（包括糊丸）应在60 ℃以下干燥；不宜加热干燥的应采取其他适宜的方法干燥。

④ 制备蜡丸所用的蜂蜡应符合《中国药典》该饮片项下的规定。制备时，加蜂蜡加热熔化，待冷却至60 ℃左右按比例加入药粉，混合均匀，趁热按塑制法制丸，并注意保温。

⑤ 凡需包衣和打光的丸剂，应使用各品种制法项下规定的包衣材料进行包衣和打光。丸剂外观应圆整均匀、色泽一致。蜜丸应细腻滋润，软硬适中。蜡丸表面应光滑无裂纹，丸内不得有蜡点和颗粒。

⑥ 除另有规定外，丸剂应密封储存。蜡丸应密封并置阴凉干燥处储存。

（2）丸剂的质量评价

① 性状：丸剂外观应圆整、色泽一致。大蜜丸和小蜜丸应细腻滋润，软硬适中。蜡丸表面应光滑

无裂纹。丸内不得有蜡点和颗粒。

② 水分：取供试品照《中国药典》（2020 年版）四部通则水分测定法测定。除另有规定外，蜜丸、浓缩丸中所含水分不得超过 15.0%；水蜜丸、浓缩水蜜丸不得超过 12.0%；水丸、糊丸和浓缩水丸不得超过 9.0%。蜡丸不检查水分。

③ 重量差异：除另有规定外，丸剂按照下述方法检查，应符合标准。

检查法：以 10 丸为一份（丸重 1.5 g 及 1.5 g 以上的 1 丸为 1 份），取供试品 10 份，分别称定重量，再与每份标示重量（每丸标示量 × 称取丸数）项比较（无标示重量的丸剂，与平均重量比较），按照表 5-10 的规定，超出重量差异的不得多于 2 份，且不得有 1 份超出限量 1 倍。

表 5-10　丸剂重量差异限度

平均丸重	重量差异限度	平均丸重	重量差异限度
0.05 g 及 0.05 g 以下	±12%	1.5 g 以上至 3 g	±8%
0.05 g 以上至 0.1 g	±11%	3 g 以上至 6 g	±7%
0.1 g 以上至 0.3 g	±10%	6 g 以上至 9 g	±6%
0.3 g 以上至 1.5 g	±9%	9 g 以上	±5%

包糖衣的丸剂应检查丸芯的重量差异并应符合规定，其他包衣丸剂应在包衣后检查重量差异并应符合规定，凡进行装量差异检查的单剂量包装丸剂，不再进行重量差异检查。

④ 装量差异：单剂量分装的丸剂，装量差异限度应符合规定。

其检查法是：取供试品 10 袋（瓶）分别称定每袋（瓶）内容物的重量，每袋（瓶）装量与标示装量相比较，按表 5-11 的规定，超出装量差异限度的不得多于 2 袋（瓶），并不得有 1 袋（瓶）超出装量差异限度 1 倍。

表 5-11　单剂量分装丸剂装量差异限度

平均丸重	重量差异限度	平均丸重	重量差异限度
0.5 g 及 0.5 g 以下	±12%	3 g 以上至 6 g	±6%
0.5 g 以上至 1 g	±11%	6 g 以上至 9 g	±5%
1 g 以上至 2 g	±10%	9 g 以上	±4%
2 g 以上至 3 g	±8%		

⑤ 装量：多剂量分装的丸剂，照《中国药典》（2020 年版）四部通则最低装量检查法检查，应符合规定。以丸数标示的多剂量包装丸剂，不检查装量。

⑥ 溶散时限：除另有规定外，取供试品 6 丸，选择适当孔径筛网的吊篮（丸剂直径在 2.5 mm 以下的用孔径约 0.42 mm 的筛网；在 2.5 mm ～ 3.5 mm 之间的用孔径约 1.0 mm 的筛网；在 3.5 mm 以上的用孔径约 2.0 mm 的筛网），照《中国药典》（2020 年版）四部通则崩解时限检查法片剂项下的方法加挡板进行检查。除另有规定外，小蜜丸、水蜜丸和水丸应在 1 h 内全部溶散；浓缩丸和糊丸应在 2 h 内全部溶散。操作过程中如供试品黏附挡板妨碍检查时，应另取供试品 6 丸，以不加挡板进行检查。

上述检查应在规定时间内全部通过筛网。如有细小颗粒物未通过筛网，但已软化无硬芯者可做合格论。蜡丸照《中国药典》（2020 年版）四部通则片剂项下的肠溶衣片检查法检查，应符合规定。除另有规定的外，大蜜丸及研碎、嚼碎或用开水、黄酒等分散后服用的丸剂不检查溶散时限。

⑦ 微生物限度：照《中国药典》（2020 年版）四部通则微生物限度检查法检查，应符合规定。

（四）中药膏剂

1. 煎膏剂

（1）概述

煎膏剂（concentrated decoction）系指饮片用水煎煮，取煎煮液浓缩，加炼蜜或糖或转化糖制成的半流体制剂，同时具有滋补与缓和的治疗作用。煎膏剂的药物浓度高，体积小且便于服用，多用于慢性疾病的治疗。含热敏性成分及挥发性成分的中药不宜制备成煎膏剂。

（2）制备工艺流程

煎膏剂制备工艺流程如图 5-208 所示。

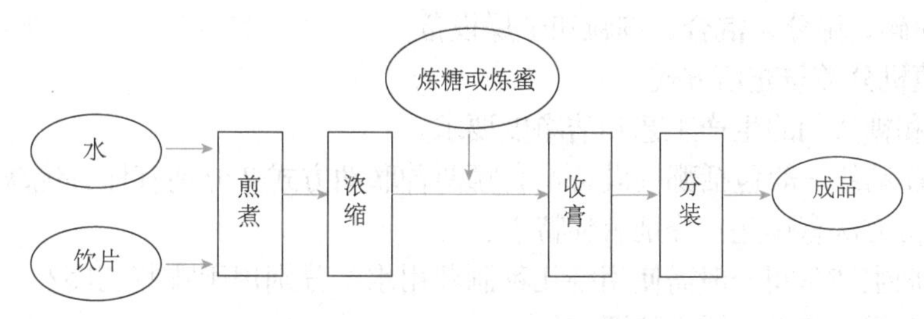

图5-208　煎膏剂制备工艺流程图

药材煎煮、浓缩至规定的相对密度，一般在 1.21 ～ 1.25（80 ℃），即得清膏。

① 炼糖：取蔗糖加入糖量一半的水及 0.1% 的酒石酸，加热溶解保持微沸状态，至“滴水成珠，脆不沾牙，色泽金黄”的程度，蔗糖转化率达到 40% ～ 50%。可去除水分、净化杂质和杀死微生物，经炼制后，能控制蔗糖适宜的转化率，防止煎膏剂产生“返砂”（储存过程中有糖的结晶析出）现象。炼蜜内容与中药丸剂章节中相符。

② 收膏：取清膏，加入规定量的炼糖或炼蜜（一般不超过清膏量的三倍），继续加热，不断搅拌，掠去液面上的浮沫，熬炼至规定的稠度即可。稠度视品种而定，相对密度一般控制在 1.40 左右。少量制备时也可凭经验判断，如用细棒趁热挑起，“夏天挂旗，冬天挂丝”；或将膏液滴于食指上与拇指共捻，能拉出 2 cm 左右的白丝等。

2. 流浸膏剂与浸膏剂

（1）概述

流浸膏剂（fluid extract）或**浸膏剂**（extract）系指饮片用适宜的溶剂提取有效成分，蒸去部分或全部溶剂，调整至规定浓度而制成的制剂。蒸去部分溶剂得到液体制剂为流浸膏剂；蒸去大部分或全部溶剂得到半固体或固体制剂为浸膏剂。除另有规定外，流浸膏剂 1 mL 相当于原饮片 1 g；浸膏剂 1 g 相当于原饮片 2 ～ 5 g。

流浸膏剂与浸膏剂大多作为配制其他制剂的原料。流浸膏剂一般多用于配制酊剂、合剂、糖浆剂等的中间体，大多以不同浓度的乙醇为溶剂，少数以水为溶剂，要注意防腐问题，其成品中要加入 20% ～ 25% 的乙醇作为防腐剂。浸膏剂一般多用于配制颗粒剂、片剂、胶囊剂、散剂、丸剂等的中间体，按照干燥程度又分为粉末状的干浸膏剂和半固体状的稠浸膏剂，干浸膏剂含水量大约为 5%，稠浸膏剂含水量为 15% ～ 20%。浸膏剂不含或含极少量溶剂，性质较稳定，可长久储存。

（2）制备方法

除另有规定外，流浸膏剂用渗漉法制备，也可用浸膏剂稀释制得；浸膏剂用煎煮法或渗漉法制备，全部煎煮液或渗漉液应低温浓缩至稠膏状，加稀释剂或继续浓缩至规定的量。一些干浸膏具有较强的吸湿性，在制备、储存与应用过程中要注意防潮问题。

（丁杨　王若宁　张华清　周建平　季鹏　葛亮）

思考题

1. 简述片剂的概念、特点和分类。
2. 写出湿法制粒压片的工艺流程。
3. 简述片剂制备中可能发生的问题及原因。

4. 简述片剂的包衣的目的、包衣的基本类型、包衣的方法和包衣装置。
5. 简述颗粒剂的概念与制备方法。
6. 颗粒剂的质量检查项目有哪些?
7. 胶囊剂的概念、分类与特点是什么?
8. 简述常用的粉碎、筛分、混合、制粒和干燥设备。
9. 简述胶囊充填机分类与充填方式。
10. 简述口服液和糖浆剂的生产工艺和洁净度要求。
11. 口服液生产联动线一般包括哪些设备?有哪两种联动方式?分别有什么优缺点?
12. 糖浆剂的制备方法有哪些?分别有何特点?
13. 口服液体制剂生产车间一般需使用哪几种制药用水?分别用于哪些工序?
14. 简述口服液车间工艺设计原则和要点。
15. 简述制药工艺用水的分类及其质量要求。
16. 常用的制备纯化水的方法有哪些?简述每种方法的原理及其特点。
17. 什么是无菌制剂?无菌制剂可分为哪几类?
18. 画出最终灭菌大容量注射剂生产工艺流程框图(可用箭头图表示)。
19. 请简述安瓿灌封过程中常见的问题与解决方法。
20. 请结合冷冻干燥机的构造简述冻干粉针剂的冻干原理。
21. 请简述最终灭菌小容量注射剂、最终灭菌大容量注射剂、无菌分装粉针剂和无菌冻干粉针剂的常用制剂设备。
22. 请简述注射剂与冻干粉针剂的生产车间工程设计的异同点。
23. 请简述四种无菌制剂生产车间的人流、物流设备。
24. 软膏剂基质分为哪几类?各有何特点?
25. 简述软膏剂的生产流程。
26. 简述乳膏剂基质的类型及其常用附加剂。
27. 简述栓剂的优缺点及其分类。
28. 简述栓剂的基质、附加剂及制备方法。
29. 简述栓剂生产中易出现的问题及原因。
30. 简述膜剂的一般处方组成、制备方法和制备工艺流程。
31. 简述气雾剂定义和分类。
32. 中药炮制的目的有哪些?请举例说明。
33. 试述中药材粉碎方法及其选择原则。
34. 试述中药浸提常用的方法及其选择原则并举例。
35. 中药材的有效成分提取除了使用浸提法,还有什么方法?
36. 泛制法、塑制法和滴制法分别适用什么类型的丸剂制备?
37. 丸剂包衣的目的是什么?
38. 试述制备水丸时起模的方法与操作要点。
39. 水丸的溶散时间容易超限,原因是什么?制备时应采取什么措施?
40. 流浸膏剂与浸膏剂有何区别?
41. 煎膏剂中糖和蜂蜜需要炼制的原因是什么?对于炼制的程度有何规定?

参考文献

[1] 吴正红，周建平. 工业药剂学. 北京：化学工业出版社，2021.
[2] 张洪斌. 药物制剂工程技术与设备. 3版. 北京：化学工业出版社，2019.
[3] 陈燕忠，朱盛山. 药物制剂工程. 北京：化学工业出版社，2018.
[4] 王岩. 中药药剂学. 北京：化学工业出版社. 2018.
[5] 韩永萍. 药物制剂生产设备及车间工艺设计. 北京：化学工业出版社，2015.
[6] 方亮. 药剂学. 8版. 北京：人民卫生出版社，2016.
[7] 柯学. 药物制剂工程. 北京：人民卫生出版社，2014.
[8] 平其能，屠锡德，张钧寿，等. 药剂学. 北京：人民卫生出版社，2013.
[9] 冯年平. 中药药剂学. 北京：科学出版社. 2017.
[10] 国家药典委员会. 中华人民共和国药典. 2020年版. 北京：中国医药科技出版社，2020.
[11] 周长征，李学涛. 制药工程原理与设备. 2版. 北京：中国医药科技出版社，2018.
[12] 王沛. 药物制剂设备. 北京：中国医药科技出版社，2016.
[13] 国家食品药品监督管理局药品认证管理中心. 药品GMP实施指南. 北京：中国医药科技出版社，2011.
[14] 中华人民共和国医药行业标准，管制口服液瓶，YY0056—91.
[15] 中华人民共和国医药行业标准，玻璃口服液瓶灌装联动线，JB/T 2007.1—2009.
[16] 中华人民共和国医药行业标准，口服液玻璃瓶超声波式清洗机，JB/T 2007.2—2009.
[17] 中华人民共和国医药行业标准，口服液玻璃瓶隧道式灭菌干燥机，JB/T 2007.3—2009.
[18] 中华人民共和国医药行业标准，玻璃口服液瓶灌装轧盖机，JB/T 2007.4—2009.
[19] 田冰. 常见压片机结构、控制原理及维修. 机电信息，2012，(9)：44-53.
[20] 韩蓓蓓，梁毅. 固体制剂GMP综合车间设计实例探讨. 机电信息，2010，(11)：12-17.

第六章
制剂包装工程

本章学习要求

1. 掌握：药物制剂包装的概念、分类以及作用，包装材料的分类、要求及选用原则，常用的包装材料及其特性。

2. 熟悉：不同剂型包装设计的一般原则，常用的制剂包装技术。

3. 了解：药品包装相关法规、标准，药包材与药物相容性试验及其研究内容，药物制剂辅助包装技术以及常用包装机械。

第一节　概　述

一、药物制剂包装的概念

药物制剂包装（pharmaceutical preparation packaging）系指采用适当的包装材料或容器、适宜的包装技术对药物制剂的半成品或成品进行分（灌）、封、装、贴签等操作，为药品提供品质保证、鉴定商标与说明的一种加工过程的总称。在药品的储存、运输、销售、展示和使用中，包装不仅提供保护、外观、信息特征，而且提供便利性、容纳性及顺应性等功能。

随着对药品质量、安全意识的普遍提高，人们已认识到包装在保证药品的质量、安全性、均一性、重现性、纯度、最低产品责任风险以及良好的贮藏稳定性等方面的重要作用，因此，将完整的药品包装工艺作为药物研发的组成部分是非常必要的。

广义地说，**药物制剂包装工程**（engineering of pharmaceutical preparation packaging）包括对制剂包装材料的研究和生产，以及利用包装材料和设备实施包装过程所需要进行的系列工作。对药物制剂包装本身，也可以从两个方面去理解：从静态角度看，包装是用有关包装材料、包装容器和辅助物等将药品包装起来，起到应有的功能；从动态角度看，包装是采用包装材料、包装容器和辅助物的技术方法，是包装工艺及操作。

二、药物制剂包装的分类

药物制剂包装按其在流通领域中的作用，通常可分为**内包装**（inner packaging）、**外包装**（outer packaging）及**辅助包装**（auxiliary packaging）的三级包装形式；其中内包装按其服用剂量方式，又可分为**单剂量包装**（single dose packaging）和**多剂量包装**（multiple dose packaging）。

① 内包装：系指直接与药品接触的包装（如注射剂的安瓿、输液瓶、口服液瓶、片剂或胶囊剂泡罩包装用的铝箔、丸剂包装用的复合膜等）。内包装应能保证药品在生产、运输、贮藏及使用过程中的质量，并便于医疗使用。

② 外包装：属于次级包装，系指内包装以外的包装，按由里向外分为中包装和大包装。如将已完成内包装的药品装入箱、袋、桶或罐等容器中，其目的是将小包装的药品进一步集中于较大的容器内，以防止水分、光线、微生物、外力撞击等因素对药品造成破坏性影响，从而有利于药品的储存和运输、标识、销售和使用等。外包装应根据药品的特性选用不易破损的包装，以保证药品在运输、贮藏、使用过程中的质量。

③ 辅助包装：属于第三级包装，系指有利于药品贮藏、运输、展示及方便使用的包装。如宣传单或说明书、独立的分配调匙和泵系统等。

④ 单剂量包装：系指一个包装内只装入一次服用药物的剂量的包装形式，亦称分剂量包装，是按照临床用途和给药方法对药物制剂进行分剂量包装的过程。如将颗粒剂装入小包装袋，一次服用一包；注射剂的玻璃安瓿包装，一次注射一支；将片剂、胶囊剂装入泡罩内的泡罩包装等。

⑤ 多剂量包装：系指一个包装内装入数个或数十个剂量的包装形式，如将多个片剂或胶囊剂装入塑料瓶中，一次取出一个剂量服用；将口服溶液装入玻璃瓶中，按给药剂量分次取用；将滴眼液装入塑料瓶等。

常见的药物制剂包装见图 6-1。

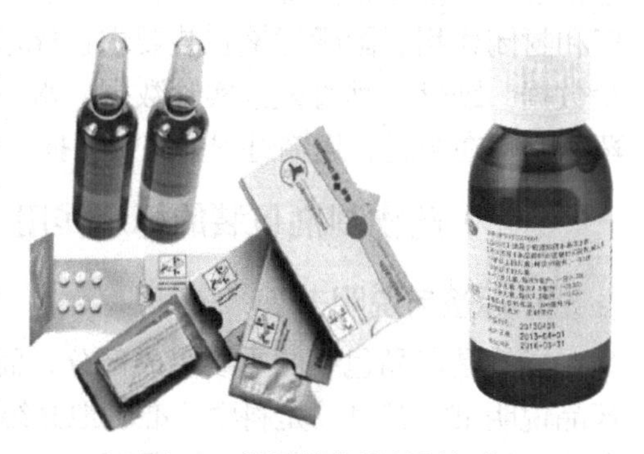

图6-1　常见的药物制剂包装

三、药物制剂包装的作用

由于药品这一商品的特殊性，现代药品的包装作用已经不单纯是保证药品的质量、稳定、便于储存和运输、提供标识，甚至是作为给药装置，以及实现药品经济价值的一种方式。

（一）药物制剂包装的保护作用

中国国家药品监督管理局（National Medical Products Administration，NMPA）和美国 FDA 在进行药品评价时，要求该药品的包装在整个使用期内能够保证其药效的稳定性。新药研究过程中就应当将药物制剂置于上市包装内进行稳定性考察。合适的包装应能够对药品的质量起到关键性保证作用。

1. 防止有效期内药品变质

一般情况下，药品暴露在空气中易氧化、染菌；某些药物见光会分解、变色；遇水和潮气会造成剂型破坏和变质；遇热易挥发、软化；激烈的震动会致使制剂变形、碎裂等。药品的物理或化学性质的改变，会导致药品失效，有时不仅不能治病，甚至会导致疾病。因此，在选择药品包装时，不管装潢设计如何，都应当将包装材料的保护功能作为首要的考虑因素。

药物制剂包装应当使内含的药物制剂中的药物成分与外界隔离。一方面防止药物活性成分挥发、逸出及泄漏。挥发性药物成分能溶解于包装材料的内侧，在渗透压的作用下向另一侧扩散，如含芳香性成分及内含挥发性活性成分的固体药物制剂，其活性成分易挥发并穿透某些材料，并且对一般有机物的包装材料有强的溶蚀作用，液体制剂易泄漏。此类药物应当选择复合膜容器、玻璃容器、金属容器或陶瓷容器。另一方面防止外界的空气、光线、水分、异物、微生物进入包装容器内而与药品接触。空气中含有氧气、水分、大量的微生物和异物颗粒，这些成分进入包装容器后会导致药品氧化、水解、降解、污染和发酵，含有机活性成分的固体药物制剂长时间裸露在空气中会逐渐氧化降解，而液体制剂如糖浆剂、合剂会有部分液体成分挥发并可能发酵。有些药物见光分解，这类药物除了在制剂处方中加入遮光剂（如片剂包衣时加二氧化钛），还应当在包装过程中采取以下措施：用棕色瓶包装、用铝塑复合膜材料包装、在包装材料中加遮光剂等。此外，包装材料还应有隔热防寒作用，某些药物制剂如栓剂、软膏剂、颗粒剂和含有脂质体的药物制剂，对温度较为敏感，所以，包装材料还应当具有隔热、防寒作用。此类制剂采用一般材料包装达不到要求，需在药物制剂处方筛选时考察包装材料对制剂稳定性的影响。

2. 防止运输、储存过程中药品被破坏

药物制剂在运输、储存过程中，要受到各种外力的作用，如震动、挤压和冲击，从而造成药物制剂的破坏。如片剂和胶囊剂等固体制剂包装时，常在内包装容器中多余空间部位填装消毒的棉花等，单剂量包装的外面多使用瓦楞纸或硬质塑料，将每个容器分隔且固定起来。目前采用的新材料还有发泡聚乙烯、泡沫聚丙烯等缓冲材料，效果较好。药品的外包装应当有一定的机械强度，起到防震、耐压和封闭作用。国际运输包装要求：标示包装的部位及牢固性，包装适用的温度与湿度范围，堆码实验数据，跌落、垂直碰撞实验数据，水平冲击、斜面冲击和摆动冲击数据等。通过系列检测，以确保药物制剂在搬运、运输过程中完好无损。

（二）药物制剂包装的标示作用

1. 标签与说明书

标签是药品包装的重要组成部分，而且每个单剂量包装上都应具备标签，内包装中应当有单独的药品说明书。其目的是科学、准确地介绍具体药物品种的基本内容，便于使用时识别。《药品包装管理办法》规定标签内容包括：注册商标、品名、批准文号、主要成分及含量、装量、主治、用法、用量、禁忌、厂名、生产批号、生产日期、有效期等。说明书上除标签内容外，还应当更详细介绍药物制剂的成分、作用、功能、使用范围、使用方法及有特殊要求时的使用图示、注意事项、储存方法等。

2. 包装标志

包装标志是为了药品的分类运输、储存和临床使用时便于识别和防止用错。包装标志通常应当含品名、装量等，包装材料上还应当加特殊标志，即一方面要加安全标志，如对剧毒、易燃、易爆等药品应加特殊且鲜明的标志，以防止不当处理和使用；另一方面要加防伪标志，如在包装容器的封口处贴有特殊而鲜明的标志，配合商标以防伪和防造假。

（三）便于药物制剂的携带和使用

药物研究过程中在考察包装材料（单剂量包装和内包装）对药物制剂稳定性影响的同时，还应当精心设计包装结构，以方便使用和携带。目前，药物制剂包装的多样化发展，为方便制剂的携带和使用起到了重要的作用。

1. 单剂量包装

单剂量包装中所包装的药品剂量是单次使用的剂量，在多种剂型中广泛应用，如条形包装（strip packaging）和泡罩包装常用于片剂和胶囊剂。单剂量包装既可以方便患者或医生使用及药品销售，同时也可以减少药品的浪费。单剂量包装时可采用一次性包装，适用于临时性、必要时或一次性给药的药品，如止痛药、抗晕药、抗过敏药、催眠药等。单剂量包装的滴眼液可有效避免染菌的风险。

2. 配套包装和组合包装

配套包装系指便于药品使用的包装。组合包装系指为了达到治疗目标的包装。前者如大容量注射

液配带输液管和针头；后者如将数种药物集中于一个包装盒内，便于旅行和家用，如抗结核药物组合包装是将多种抗结核药物按给药方案、剂量、服用时间分类包装，从而避免药物漏服和错服。

3. 儿童安全包装

儿童安全包装（child-resistant packaging）系指为满足儿童用药方便和安全而设计的特殊包装，经过特殊设计的包装容器或材料（如特殊设计的瓶盖、耐撕裂的薄膜等）既方便给药，又使儿童无法开启，以防止儿童误食。

4. 作为给药装置

在一些特殊的药物制剂中，包装已经不单纯是起到传统的“包装”作用，而同时可作为给药装置，包装与药品是密不可分的。预灌装注射剂是将单剂量或多剂量药物灌封在特殊的注射器套筒内无菌包装，使用时开启包装后，安装好针头后即可直接注射给药，不仅用药方便，还可避免注射剂配制时的污染风险，如自主给药的胰岛素注射液。另一类典型的例子是气雾剂和吸入粉雾剂，其包装容器同时作为给药装置，配合适当的容器和喷雾/吸入装置可实现定量分配药物。

5. 防毒包装的标志

在剧毒药品的标签上用黑色标示“毒”；用红色标示“限制”；在外用药品标签上标示“外用”；兽用药品上也要有特殊标志，以防误用。常用药品包装标志示意图见图6-2。

图6-2　常用药品包装标志示意图

6. 外包装的运输保存标志

为防止药品在储存和运输过程中质量受到影响，每件外包装（运输包装）上应有特殊标志。

① 识别标志：一般用三角形等图案配以代用简字作为发货人向收货人表示该批货的特定记号，同时，还要标出品名、规格、数量、批号、出厂日期、有效期、体积、质量、生产单位等，以防弄错。

② 运输与放置标志：对装卸、搬运操作的要求或存放保管条件应在包装上明确提出如“向上”“防湿”“小心轻放”“防晒”“冷藏”等。

常用外包装的运输保存标志示意图见图6-3。

图6-3　常用外包装的运输保存标志示意图

第二节　药品包装法规

药物制剂包装是药品生产的一个重要环节，是保证药品安全有效的措施之一，也是制剂的组成部分。为了保证药品质量和提高药品包装技术，其相关的法规和标准要求的严格程度均需要远高于其他类型产品，这对于维护最终的使用者（专业人员和患者）和承担产品质量责任的企业的利益而言都是必需的。对药品包装的严格标准尤其与较高风险的制剂如大容量注射液、注射剂和植入剂等或包装同时作为给药装置的制剂密切相关。因此，国内外医药主管部门相继颁布了一系列的药品包装法规。

一、我国药品包装法规

我国对药物制剂的包装非常重视，制定了一系列药品包装法规，使我国医药包装行业逐步走上规范化、法制化的轨道。就药品而言，国家在一些药品管理法规中都列有包装专章。如 2019 年 8 月 26 日正式发布并于 2019 年 12 月 1 日起施行的《中华人民共和国药品管理法》的第四章“药品生产”对直接接触药品的包装材料和容器、药品包装、药品标签和说明书三方面的监督管理作了规定。

第四十六条规定：“直接接触药品的包装材料和容器，应当符合药用要求，符合保障人体健康、安全的标准。对不合格的直接接触药品的包装材料和容器，由药品监督管理部门责令停止使用。”

第四十八条规定：“药品包装应当适合药品质量的要求，方便储存、运输和医疗使用。发运中药材应当有包装。在每件包装上，应当注明品名、产地、日期、供货单位，并附有质量合格的标志。”

第四十九条规定：“药品包装应当按照规定印有或者贴有标签并附有说明书。标签或者说明书应当注明药品的通用名称、成分、规格、上市许可持有人及其地址、生产企业及其地址、批准文号、产品批号、生产日期、有效期、适应证或者功能主治、用法、用量、禁忌、不良反应和注意事项。标签、说明书中的文字应当清晰，生产日期、有效期等事项应当显著标注，容易辨识。”

我国的《药品包装管理办法（试行）》于 1981 年产生，是我国药品包装行业以法治业的开端，经过六年实施，根据其试行及国内药品发展情况，参考国外有关药品包装的法令、法规和准则等进行修改与完善，1988 年国家颁布了《药品包装管理办法》(以下简称《办法》)。它包括 7 个部分，共 44 条。该《办法》明确提出包装的目的是保证药品质量，为此规定“各级医药管理部门和药品生产、经营企业必须有专职或兼职的技术管理人员负责包装管理工作”。国家各级设立药品包装质量检测机构。《办法》要求，“凡选用直接接触药品的包装材料、容器（包括油墨、黏合剂、衬垫、填充物等）必须无毒，与药品不发生化学作用，不发生组分脱落或迁移到药品当中，必须保证和方便安全用药”。“直接接触药品（中药材除外）的包装材料、容器不准采用污染药品和药厂卫生的草包、麻袋、柳筐等包装”。“标签、说明书、盒、袋等物的装潢设计，应体现药品的特点，品名醒目、文字清晰、图案简洁、色调鲜明”，“严禁模仿和抄袭别厂的设计”。标签内容应包括：注册商标、品名、卫生行政部门批准文号、主要成分含量（化学药）、装量、主治、用法、用量、禁忌、厂名、批号、有效期等。麻醉药品、精神药品、毒性药品、放射性药品和外用药品必须在其标签、说明书、瓶、盒、箱等包装物的明显位置上印刷规定的标志。说明书除标签所要求的内容外，还应包括：成分（中成药）、作用、功能、应用范围、使用方法及必要的图示、注意事项、保存要求等。《办法》的 3 ～ 10 条，对药品包装效果提出了基本要求。要求药品无包装者不得出厂，有箱包等包装物的明显位置上印刷规定的标志。有包装的必须封严，附件齐备，无破损；运输包装必须牢固，防潮，防震动，凡怕冻、怕热药品在不同时令发运到不同地区，须采取相应的防寒或防暑措施。《办法》还对从事包装的工作人员，包装的厂房环境，包装管理工作的监督、检查、处罚等问题都作了明文规定。国家药品监督管理局 1998 年修订的《药品生产质量管理规范》，分为 14 章 88 条。第九章生产管理对药品的包装作了明确的规定。该章对包装材料与标签，对一般药品的包装材料、标签说明书的要求和管理都作了明确规定。

1991 年 5 月 28 日，国家药品监督管理局发布第 10 号令《药品包装用材料、容器生产管理办法（试行）》，重点对生产直接接触药品的包装材料、容器的企业实施许可证制度。1996 年 4 月 29 日，又发布第 15 号令《直接接触药品的包装材料、容器生产质量管理规范（试行）》。2000 年 4 月 29 日发布第 21 号令《药品包装用材料、容器管理办法（暂行）》，开始对药品包装材料、容器产品分类实施《药包材注册证书》的注册制度，步入统一监督管理轨道。加强药包材的监督管理，保证药包材质量，2004 年 7 月 20 日发布《直接接触药品的包装材料和容器管理办法》，其中规定："生产、进口和使用药包材，必须符合药包材国家标准，药包材国家标准由国家食品药品监督管理局制订和颁布。"2006 年 6 月 1 日起施行的《药品包装标签和说明书管理》对药品包装也作了详细的规定。药品包装是与保证药品质量和临床用药安全相关的重要环节。药品包装材料、容器标准对不同材料规定的项目涵盖了处理、鉴别试验、物理试验、机械性能试验、化学试验、微生物限度和生物安全试验等，以及通过药包材与药物的相容试验考察药包材与药物间是否发生迁移或吸附等现象。这些项目的设置为药包材的安全应用提供了基本保证，也为国家对药包材实施注册制度提供了技术支持。

二、其他国家对药品包装的规定

世界各国对药品包装都十分重视，制定了许多法规，以保证药品包装的质量。美国 FDA 规定，在评价一种药物时，必须确定此药物使用的包装能在整个使用期内保持其药效纯度、一致性、浓度和质量。在美国政府食品、药物及化妆品条例中，虽然对容器或容器塞子没有提出规格或标准，但是条例规定制造厂有责任证明包装材料的安全性，在用此材料包装任何食品或药物前必须获得批准。

美国 FDA 对包装容器所用材料进行审批。FDA 公布"一般认为安全"（generally recognized as safe，GRAS）的材料名单，如采用 GRAS 中不包括的或以前批准的任何材料包装药品或食品时，必须由制造厂进行试验，并向 FDA 提供数据。在药品上市之前，药物所使用的任何容器必须与药物共同获得批准。制药厂应将容器及与药物接触的包装部分的数据列举在新药申请书（NDA）中，如 FDA 能确定药物是安全有效的，并且认定包装适宜，FDA 即可批准此药物和包装。一经批准，在再次取得 FDA 批准前，任何情况下均不得改变包装。使用塑料做包装品时，多数树脂制造厂都把它们的树脂向 FDA 备案。根据树脂制造厂的请求，FDA 将以该档案作为审批制药厂申请新药的参考资料。

三、各国药典对药物制剂包装的要求

《美国药典》《欧洲药典》和《日本药局方》等都包含了有关药品包装的指导原则，如《日本药局方》通则 31 ～ 35 条就是讲有关药品包装的事项。《欧洲药典》是欧洲各国主要的参照来源，对塑料和各种类型的药用玻璃均有规定，规定了允许作为药品容器使用的塑料，对于每一类材料都给出相应的标准、测试方法和添加剂用量。其中规定，塑料容器的材料可由一种或多种聚合物及某些添加剂组成，但不能含有任何能够被内容物萃取而改变产品的有效性和稳定性或导致毒性增加的物质。在各品种项下指出，添加剂的性质和用量依赖于聚合物的类型、将塑料加工为容器的工艺以及容器的使用目的。经许可的添加剂包括抗氧剂、稳定剂、增塑剂、润滑剂、染料和冲击改性剂等。抗静电和脱膜剂只能添加于口服和外用制剂的容器。特殊允许使用的添加剂在药典品种项下的材料标准中给出。选择适宜的聚合物时，需要重点关注的是药物不被包装材料吸附，不通过材料迁移，聚合物也不产生任何数量足以影响产品的稳定性和毒性的物质。

四、GMP 对药品包装的要求

世界上发达国家对于药品的包装均比较严格。美国最早颁布了 GMP。该法规的要求之一是防止污染与混淆。规定药物制剂的包装应达到以下要求：①防止直接接触药物的容器与塞子带来杂物与微生物；②在装填和分包包装工序中防止交叉污染（其他药品粉尘混入）；③防止包装作业中发生标志混淆；④防止标志错误（如印刷打印差错）；⑤标签与说明书之类标志材料应加强管理；⑥包装成品需进行检验；⑦包装各工序皆应做好记录。

GMP 的管理效果极好，已被许多国家采纳，且越来越普遍。日本对药品包装也十分重视，《日本药事法》中明确规定了药品包装容器直接接触容器包装材料、内袋、外部容器、外部包装材料、附加说明书、封口等包装术语的含义。

五、药品包装的相关标准

为了促进国际标准化发展，以便国际交流，国际化标准组织（ISO）第 122 包装技术委员会 CISO/T（122）制定了几十个包装标准。目前许多国家积极采用，中国也在密切结合本国国情，在符合国家的有关法规和政策，讲求经济效益、技术先进、经济合理、安全可靠的原则下积极采用国际包装标准，以促进中国包装工业的发展，改善医药包装。

按照《中华人民共和国药品管理法》及其实施条例规定和《国家药品安全“十二五”规划》中关于“提高 139 个直接接触药品的包装材料的标准”要求，2015 年 8 月 9 日国家药品监督管理局第 164 号公告发布了 YBB00032005—2015《钠钙玻璃输液瓶》等 130 项直接接触药品的包装材料和容器的国家标准。新标准于 2015 年 12 月 1 日起实施，其中包括产品标准 80 个、方法标准 47 个、通则 2 个以及指导原则 1 个。方法标准是在进行相关产品检验时通用性的检验方法；2 个通则分别是复合膜 / 袋和供挤出输液用膜 / 袋的通则；涵盖的材料包括塑料、橡胶、玻璃和金属等。

药包材标准是为保证所包装药品的质量而制定的技术要求。国家药包材标准由国家颁布的药包材标准（YBB 标准）和产品注册标准组成。药包材质量标准又分为方法标准和产品标准。药包材产品标准主要包括三个部分：

① 物理性能：主要考察影响产品使用的物理参数、力学性能及功能性指标。如橡胶类制品的穿刺力、穿刺落屑，塑料及复合膜类制品的密封性、阻隔性能等。物理性能的检测项目应根据标准的检验规则确定抽样方案，并对检测结果进行判断。

② 化学性能：考察影响产品性能、质量和使用的化学指标，如浸出物试验、溶剂残留量等。

③ 生物性能：考察项目应根据所包装药物制剂的要求制定，如注射剂类药包材的检验项目包括细胞毒性、急性全身毒性试验和溶血试验等；滴眼剂瓶应考察异常毒性、眼刺激试验等。

药包材的质量标准应建立在经主管部门确认的生产条件、生产工艺以及原材料牌号、来源等基础上，按照所用材料的性质、产品结构特性、所包装药物的要求和临床使用要求制定试验方法和设置技术指标。不同给药途径的药包材，其规格和质量标准要求亦不相同，应根据实际情况在制剂规格范围内确定药包材的规格，并根据制剂要求、使用方式制定相应的质量控制项目。在制定药包材质量标准时既要考虑药包材自身的安全性，也要考虑药包材的配合性和影响药物贮藏、运输、质量、安全性和有效性的要求。药包材产品应使用国家颁布的 YBB 标准，如需制定产品注册标准的，其项目设定和技术要求不得低于同类产品的 YBB 标准。此外，自 2016 年起，为贯彻落实《国务院关于改革药品医疗器械审评审批制度的意见》（国发〔2015〕44 号），简化药品审批程序，对于新申报的药包材，由以前的单独审批改为在审批药品注册申请时一并审评审批。

六、药包材与药物的相容性研究

药包材与药物的相容性研究是选择药包材的基础。药物制剂在选择药包材时必须进行药包材与药物的相容性研究。药包材与药物的相容性试验应考虑剂型的风险水平、药物与药包材相互作用的可能性（见表 6-1）。

表 6-1　药包材风险程度分类

不同用途药包材的风险程度	药物制剂与药包材发生相互作用的可能性		
	高	中	低
最高	吸入气雾剂及喷雾剂、液体注射剂和注射混悬液	无菌或注射用粉末、吸入性粉末	—
高	眼用溶液和混悬液、皮肤用软膏、鼻用气雾剂和喷雾剂	—	—
低	局部给药的液体制剂和混悬液、局部舌下给药的气雾剂、口服制剂和混悬液	局部给药的粉末、口服粉末	口服片剂、口服胶囊（软、硬）

药包材与药物相容性研究的内容包括药包材对药物的影响以及药物对药包材的影响，主要包括三个方面：提取试验、相互作用研究（包括迁移试验和吸附试验）和安全性研究。

① 药包材对药物的影响：包括药包材（如印刷物、黏合剂、添加剂、残留单体、小分子化合物以及加工和使用过程中产生的分解物等）的提取、迁移研究及提取、迁移研究结果的毒理学评估；药物与药包材之间发生反应的可能性；药物活性成分或功能性辅料被药包材吸附或吸收的情况和内容物的逸出以及外来物的渗透等。

② 药物对药包材的影响：考察经包装药物后药包材的完整性、功能性及质量的变化情况，如玻璃容器的脱片、胶塞变形等。

③ 包装制剂后药物的质量变化（药物稳定性）：包括加速试验和长期试验药品质量的变化情况，具体不同的包材应考察的内容和研究方法可参见由国家药典委员会审定，于 2015 年 12 月 1 日开始实施的《药品包装材料与药物相容性试验指导原则》（YBB00142002—2015）。

第三节　药物制剂的包装材料

一、概述

药品包装材料对于药物制剂的稳定性和使用安全性都有着十分重要的影响。药品包装材料的选择除了要满足相关法规的要求、经过适当的稳定性和相容性评价外，同时还要能适应工业化生产。

（一）药品包装材料的定义与分类

1. 定义

包装材料（packing material）系指用于制造包装容器、包装装潢、包装印刷、包装运输等满足产品包装要求所使用的材料，既包括金属、塑料、玻璃、陶瓷、纸、复合材料等主要包装材料，又包括涂料、黏合剂、捆扎带、装潢、印刷材料等辅助材料。药品包装材料则是指药品生产企业生产的药品和医疗机构配制的制剂所使用的直接接触药品的包装材料和容器，简称药包材。

2. 分类

（1）按使用方式分类

药包材主要分三类，包括Ⅰ类、Ⅱ类和Ⅲ类药包材。

① Ⅰ类药包材：系指直接接触药品且直接使用的药品包装用材料、容器，如固体药用聚烯烃塑料瓶、塑料输液瓶（袋）等。

② Ⅱ类药包材：系指直接接触药品，但便于清洗，在实际使用过程中，经清洗后需要并可以消毒灭菌的药品包装用材料、容器，如安瓿、管制及模制玻璃输液瓶及抗生素瓶等。

③ Ⅲ类药包材：系指间接使用或非直接接触药品，除Ⅰ、Ⅱ类以外其他可能直接影响药品质量的药品包装用材料、容器，如输液瓶铝（合金铝）盖、铝塑组合盖、抗生素瓶铝盖等。

（2）按材料组成分类

药包材主要分为玻璃类、塑料类、橡胶类、金属类、复合材料及其他如纸、干燥剂等。

（3）按所使用形状分类

① 容器：如口服固体药用高密度聚乙烯瓶、玻璃输液瓶等。

② 片、膜、袋：如聚氯乙烯固体药用硬片、药用复合膜、袋等。

③ 塞：如药用氯化丁基橡胶塞等。

④ 盖：如口服溶液瓶撕拉铝盖等。

（二）药物制剂对包装材料的要求

1. 一定的机械性能

包装材料应能有效地保护药品，因此应具有一定的强度、韧性和弹性等，以适应压力、冲击、震动等静力和动力因素的影响。

2. 良好的阻隔性能

根据对药品包装的不同要求，包装材料应对水分、水蒸气、气体、光线、芳香气、异味、热量等具有一定的阻挡作用。

3. 良好的安全性能

包装材料本身的毒性要小，以免污染产品和影响人体健康。包装材料应无腐蚀性，并具有防虫、防蛀、防鼠、抑制微生物等性能，以保护产品安全。

4. 合适的加工性能

包装材料应宜于加工，易于制成各种包装容器，应易于包装作业的机械化、自动化，以适应大规模工业生产；应适于印刷，便于印刷包装标志。

5. 较好的经济性能

包装材料应来源广泛、取材方便、成本低廉，使用后的包装材料和包装容器应易于处理，不污染环境、以免造成公害。

（三）药物制剂包装材料的选择原则

1. 经济性原则

在选择药品包装时，除了必须考虑保证药品的质量外，还应考虑药品的物性或相应的价值。对于贵重药品或附加值高的药品，应选用性价比高的包装材料；对于价格适中的常用药品，除考虑美观外，还要多考虑经济性，其所用的包装材料应与之相协调。对于价格较低的普通药品，在确保其具有安全性，保持其保护功能的同时，应注重实惠性，选用价格较低的药品包装材料。

2. 适应性原则

药品必须通过流通领域才能到达患者手中，而各种药品的流通条件并不相同，因此包装材料的选用应与流通条件相适应。流通条件包括气候、运输方式、流通对象与流通周期等。

3. 美学性原则

药品的包装是否符合美学，在一定程度上会左右一个药品的命运。从包装材料的选用来看，主要包括药包材的颜色、透明度、挺度及种类等。

4. 相容性原则

包装系统一方面为药品提供保护，以满足其预期的安全有效性用途；另一方面还应与药品具有良好的相容性，即不能引入可引发安全性风险的浸出物，或引入浸出物的水平符合安全性要求等。

5. 协调性原则

药品包装应与该包装所期望的功能相协调，如保护、容纳、阻隔、便利、耐高温、防篡改、防替换、防儿童开启等，应针对性地选用适宜的包装材料与容器以实现期望功能。

6. 环保性原则

药品包装向环保、安全、人性化的方向发展，也体现了药包材的选择原则。倡导的绿色包装设计，有利于保护自然环境，避免废弃物对环境造成损害。另外，采用绿色包装可对包装材料进行重复利用，有利于增加相对资源，缓解资源紧张的现状。

二、药用玻璃

药用玻璃材料和容器用于直接接触各类药物制剂的包装，是药品的组成部分。玻璃是经高温熔融、冷却而得到的非晶态透明固体，是化学性能最稳定的材料之一。该类产品不仅具有良好的耐水性、耐酸性和一般的耐碱性，还具有良好的热稳定性、一定的机械强度、光洁、透明、易清洗消毒、高阻隔性、易于密封等一系列优点，可广泛地用于各类药物制剂的包装。

（一）药用玻璃的性能与特点

1. 药用玻璃的性能

（1）热稳定性

玻璃的热学性质主要有热膨胀系数、热稳定性、导热性和比热容等。其中以热膨胀系数、热稳定性较为重要，与玻璃制品的使用和生产都有密切联系。膨胀系数分线膨胀系数和体膨胀系数。**线膨胀系数**（coefficient of linear thermal expansion）是指温度升高 1 ℃时，在其原长度的相对变化值，用 α 表示。**体膨胀系数**（coefficient of volume expansion）是指当温度升高 1 ℃时，其体积的相对变化值，用 β 表示。热膨胀系数越小，玻璃能承受的温差越大，表示热稳定性越好。

（2）化学稳定性

玻璃抵抗气体（潮湿空气等）或水、酸、碱及其他化学试剂和药物溶液等的侵蚀破坏的能力，可分为耐水性、耐酸性和耐碱性。

① 耐水性：系指玻璃抵抗水侵蚀的能力。水对玻璃的侵蚀在于水分子的扩散以及 Na^+、K^+ 等与水中 H^+ 的交换作用。二价金属氧化物 CaO、高价易积聚离子的氧化物 ZrO_2、引入适量的 Al_2O_3 和 B_2O_3 或玻璃的硫霜化等表面处理均可提高其耐水性。

② 耐酸性：系指玻璃抵抗酸性介质侵蚀的能力。除氢氟酸外，一般的酸并不直接与玻璃起反应，而是通过水对玻璃起侵蚀作用。酸浓度大，水含量低，因此，浓酸对玻璃的侵蚀能力低于稀酸。

③ 耐碱性：系指玻璃抵抗碱性介质侵蚀的能力。碱性溶液不仅对网络外体氧化物起作用，而且也对玻璃结构中的硅氧骨架起溶蚀作用。含二氧化锆、氧化锌、氧化铝的玻璃有较高的耐碱性。

（3）物理机械性能

一般用抗压强度、抗折强度、抗张强度和抗冲击等指标表示玻璃的机械强度。玻璃以抗压强度高、硬度高而得到广泛应用，也因其抗折强度和抗张强度不高，弹性和韧性差，脆性大而使其应用受到一定的限制。

（4）光学性能

玻璃的光学性能体现为透光性和折光性。所装内容物一目了然，具极好的陈列效果。当使用不透明的玻璃或棕色玻璃时，光的破坏作用大大降低，玻璃的厚度和种类均影响其滤光性。

（5）阻隔性能

玻璃对所有气体、液体或溶剂均具有完全阻隔性能。

（6）加工与使用性能

玻璃具有良好的成型加工性能，在高温下具有较好的热塑性，可以通过适当的模具、工艺制成各种形状和大小的容器，而且成型加工灵活方便，易于上色，外观漂亮，包装效果好。

（7）回收再利用

玻璃制品价格较便宜，还具有可回收再利用的特点，废弃物可回炉熔炼再成型，既可节省原材料资源、降低能源，又利于环境保护。

2. 药用玻璃的特点

（1）药用玻璃的优点

① 阻隔性优良，能提供良好的保持条件。

② 透明性好，光亮美观，内容物清晰可见，可加有色金属盐改善遮光性，满足药品包装的特殊要求。

③ 化学稳定性良好、耐腐蚀、不污染内装物。

④ 温度耐受性好，可高温灭菌，也可低温贮藏。

⑤ 刚性好，不易变形。

⑥ 使用方便，易于封口，易于开启。

⑦ 原料丰富、可回收利用，成本低等。

（2）药用玻璃的缺点

① 容器自重与容量之比大，运输费用高。

② 脆性大，易破碎。

③ 加工能耗大。

④ 印刷第二次加工性能差。

（二）药用玻璃的组成

药用玻璃的组成，根据其作用和用量不同，可分为主要原料和辅助原料两类。主要原料为酸性氧化物如二氧化硅（SiO_2）和各种金属氧化物如纯碱（碳酸钠，$NaCO_3$）等。二氧化硅在玻璃中形成硅氧四面体网状结构，成为玻璃的骨架，使玻璃具有一定的机械强度、耐热性和良好的透明性、稳定性等。为了获得某些必要的性质和加速熔制过程等，常常加入澄清剂、着色剂、脱色剂、氧化剂、还原剂等辅助原料，这些辅助原料用量很小，但作用独特而重要。

1. 酸性氧化物

是形成玻璃主体的主要成分。

① 二氧化硅：玻璃的形成氧化物，以硅氧四面体（SiO_4）的结构组元形成不规则连续网络，成为玻璃的骨架。熔点 1713 ℃，单纯的 SiO_2 可在 1800 ℃以上高温熔制成石英玻璃。在硅酸盐玻璃中，SiO_2 能降低热膨胀系数。引入二氧化硅的原料一般为石英砂。

② 氧化硼（B_2O_3）：玻璃的形成氧化物，在硼硅玻璃中与硅氧四面体共同组成网络结构。氧化硼有助熔作用，能降低热膨胀系数。引入氧化硼的原料为工业硼砂。

2. 碱性氧化物

能降低玻璃的熔化温度和黏度，对玻璃的熔制和成型有利，但同时也降低了玻璃的化学稳定性、热稳定性和机械强度。

① 氧化钠（Na_2O）：玻璃的网络外体氧化物，降低玻璃的黏度和熔制温度，在药用玻璃中要限制其用量。引入氧化钠的原料一般为纯碱。

② 氧化钾（K_2O）：玻璃的网络外体氧化物，作用与氧化钠相似。还能增加玻璃的透明度和光泽。引入氧化钾的原料为碳酸钾和钾长石（$K_2O \cdot Al_2O_3 \cdot 6SiO_2$）。

3. 碱土金属氧化物

能改善玻璃的化学稳定性和机械强度，调节玻璃的熔制和成型性质。

① 氧化钙（CaO）：二价的网络外体氧化物，主要作用是稳定剂，能增加玻璃的化学稳定性和机械强度，并能降低高温黏度。引入氧化钙的原料一般为方解石、石灰石和工业碳酸钙。

② 氧化镁（MgO）：玻璃的网络中间体氧化物，能提高玻璃的弹性，改善脆性，但含氧化镁高的玻璃安瓿和输液瓶在水或碱液的作用下很容易产生脱片现象。

一般常用二氧化锆提高玻璃黏度、硬度和化学稳定性，特别是能提高玻璃的耐碱性能、降低玻璃的热膨胀系数。

（三）药用玻璃的分类

1. 按化学成分及性能分类

目前，中国参考 ISO 12775：1997（E）分类方法，根据三氧化二硼含量和平均线热膨胀系数的不同将玻璃分为两类，即硼硅玻璃和钠钙玻璃，其中硼硅玻璃又可分为高硼硅玻璃、中硼硅玻璃、低硼硅玻璃。如表 6-2 所示。

表 6-2　中国国家标准对玻璃的分类

化学组成及性能		玻璃类型			
		高硼硅玻璃	中硼硅玻璃	低硼硅玻璃	钠钙玻璃
B_2O_3/%		≥12	≥8	≥5	＜5
$SiO_2$①/%		约81	约75	约71	约70
Na_2O+K_2O①/%		约4	4～8	约11.5	12～16
MgO＋CaO＋BaO＋（SrO）①/%		—	约5	约5.5	约12
$Al_2O_3$①/%		2～3	2～7	3～6	0～3.5
平均线热膨胀系数②/$\times10^{-6}K^{-1}$（20～300 ℃）		3.2～3.4	3.5～6.1	6.2～7.5	7.6～9.0
121 ℃颗粒耐水性③		1级	1级	1级	2级
98 ℃颗粒耐水性④		HGB1级	HGB1级	HGB1级或HGB2级	HGB2级或HGB3级
内表面耐水性⑤		HC1级	HC1级	HC1级或HCB级	HC2级或HC3级
耐酸性能	重量法	1级	1级	1级	1～2级
	原子吸收分光光度法	100μg/dm²	100μg/dm²	—	—
耐碱性能		2级	2级	2级	2级

① 各种玻璃的化学组成并不恒定，是在一定范围内波动，因此同类型玻璃化学组成允许有变化，不同的玻璃厂家生产的玻璃化学组成也稍有不同。

② 参照《平均线热膨胀系数测定法》。

③ 参照《玻璃颗粒在 121 ℃耐水性测定法和分级》。

④ 参照《玻璃颗粒在 98 ℃耐水性测定法和分级》。

⑤ 参照《121 ℃内表面耐水性测定法和分级》。

2. 按耐水性能分类

药用玻璃材料按颗粒耐水性的不同分为Ⅰ类玻璃和Ⅲ类玻璃。Ⅰ类玻璃即为硼硅类玻璃，具有高的耐水性；Ⅲ类玻璃即为钠钙类玻璃，具有中等耐水性。Ⅲ类玻璃制成容器的内表面经过中性化处理后，可达到高的内表面耐水性，称为Ⅱ类玻璃容器。

3. 按成型方法分类

药用玻璃容器根据成型工艺的不同可分为模制瓶和管制瓶。模制瓶的主要品种有大容量注射剂包装用的输液瓶、小容量注射剂包装用的模制注射剂瓶（或称西林瓶）和口服制剂包装用的药瓶。管制瓶的主要品种有小容量注射剂包装用的安瓿、管制注射剂瓶（或称西林瓶）、预灌封注射器玻璃针管、笔式注射器硼硅玻璃套筒（或称卡式瓶），以及口服制剂包装用的管制口服液体瓶、药瓶等。不同成型生产工艺对玻璃容器质量的影响不同，管制瓶热加工部位内表面的化学耐受性低于未受热的部位，同一种玻璃管加工成型后的产品质量可能不同。

4. 按产品用途分类

① 注射水针剂玻璃瓶：主要有安瓿和管制注射剂瓶。

② 注射粉针剂玻璃瓶：主要有模制注射剂瓶和管制注射剂瓶。

③ 输液剂玻璃瓶：主要有输液瓶。

④ 生物药剂、血液制剂、冻干粉针剂玻璃瓶：主要有冷冻粉针剂玻璃瓶和高档管制、模制注射剂瓶。

⑤ 片剂、口服液、保健品玻璃瓶：主要有玻璃药瓶和口服液瓶。

（四）药用玻璃容器的应用

1. 水针剂包装

水针剂的包装主要是安瓿，常用的有 1 mL、2 mL、5 mL、10 mL、20 mL 等。安瓿的应用目前以小规格居多，1 mL、2 mL 安瓿约占制剂总量的 80% 以上，大规格安瓿、耐强酸和强碱的安瓿、避光安瓿及印字安瓿的应用也在逐步扩大。目前国内生产的曲颈易折安瓿有两种，一种是在安瓿颈部有一刻痕，刻痕的上方有一色点标志，如图 6-4（a）所示，称为点刻易折安瓿。另一种是在安瓿颈部有一圈低熔点玻璃色环，因色环与玻璃本身的膨胀系数不同，可产生局部应力，所以容易折断，如图 6-4（b）所示，一般称之为色环易折安瓿。

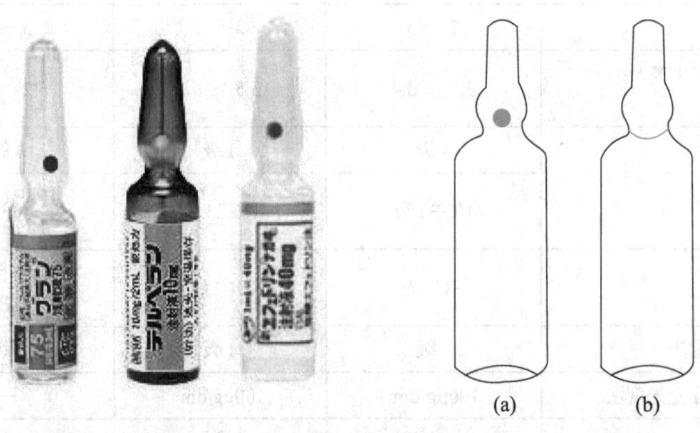

图6-4　点刻易折安瓿（a）和色环易折安瓿（b）示意图

2. 粉针剂包装

粉针剂以各类抗生素药品为主，其包装主要是模制注射剂瓶和管制注射剂瓶。目前国内粉针剂的包装，模制注射剂瓶占 70% ～ 80%，管制注射剂瓶占 20% ～ 30%。国际上也是模制注射剂瓶居多。模制注射剂瓶的特点是尺寸稳定，强度高；管制注射剂瓶的特点是质轻，外观透明度好。

3. 输液剂包装

目前，国内大输液的包装以玻璃输液瓶为主，约占制剂总量的 90% 以上。近年来，塑料输液容器逐步增加，但是，优质轻量的Ⅱ型输液瓶仍将具备一定的竞争优势。玻璃输液瓶具有光洁透明、易消毒、耐侵蚀、耐高温、密封性能好等特点，目前仍是普通输液剂的首选包装。一些特殊的输液制剂（如强碱性输液剂）应选用材质为硼硅玻璃的输液瓶。

4. 冻干制剂包装

冻干制剂包装有管制和模制注射剂瓶，以前还有安瓿，现已基本淘汰。冻干制剂应选用优质的管制瓶及优质轻量的模制瓶。对贵重的特殊的冻干制剂药品应用性能优异的材质为硼硅玻璃的管制瓶或模制瓶。

5. 口服溶液剂包装

口服溶液制剂大部分采用药用玻璃包装，主要是管制的白色和棕色口服液瓶以及模制的棕色玻璃药瓶。对化学性质较活泼的各类口服溶液制剂应选用具备避光性能的棕色管制玻璃瓶或棕色模制玻璃药瓶。

6. 片剂、胶囊剂等包装

片剂及胶囊的包装不断地被塑料瓶泡罩包装等替代，但是优质轻量及避光的黄色或白色玻璃药瓶仍有其不可替代的优势及发展空间。

各种玻璃容器应用如表 6-3 及图 6-5 所示。

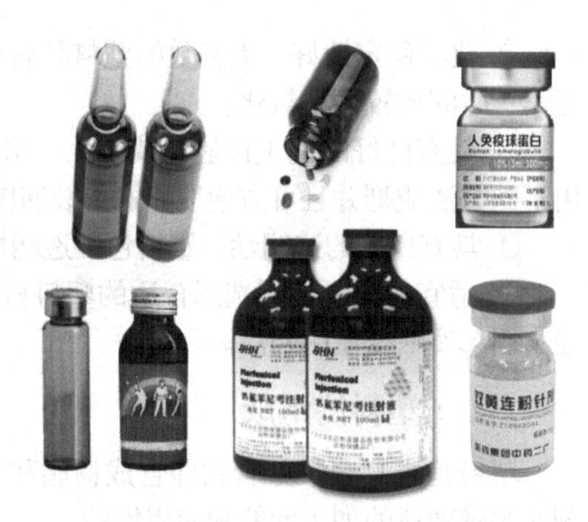

图6-5　制剂中常用玻璃容器示意图

表 6-3　常见玻璃容器的适用对象

产品	剂型	产品	剂型
模制注射剂瓶	粉针剂	口服液瓶	口服溶液剂
管制注射剂瓶		玻璃药瓶	片剂、胶囊剂、丸剂
安瓿、管制瓶	水针剂	硼硅玻璃管制冻干粉针瓶	生物制剂、冻干剂、血液制剂、疫苗
输液瓶	输液剂		

三、塑料

塑料（plastic）系指一种以合成或天然的高分子化合物为主要成分，在一定的温度和压力条件下，可塑制成一定形状，当外力解除后，在常温下仍能保持其形状不变的材料。一般塑料的分子结构都是线性的高分子链或者带支链的高分子链段，有结晶和非结晶两种。由于塑料的分子结构千差万别，形成了不同的品种，性能差异很大。塑料包装是塑料产业的重要组成部分，是包装用四大材料之一，被广泛应用于食品、药品工业。

（一）塑料的分类与特点

1. 塑料的分类

根据塑料受热后的性质不同，可分为热塑性塑料和热固性塑料。

① 热塑性塑料：系指由可以多次反复加热后而仍具有可塑性的合成树脂制得的塑料。这类塑料的分子结构都呈线型或支链型，通常互相缠绕但并不联结在一起，受热后能软化或熔融，从而可以进行成型加工，冷却后固化，可反复成型，但刚硬性低，耐热性不高。常用的热塑性塑料有聚乙烯、聚氯乙烯、聚苯乙烯、聚丙烯、聚酰胺、聚碳酸酯、聚酯等。热塑性塑料成型过程比较简单，能够连续化生产，并且具有相当高的机械强度，因此发展很快。

② 热固性塑料：系指由加热硬化的合成树脂制得的塑料。这类塑料的分子结构是体型结构，在受热时也发生软化，可以塑制成一定的形状，但受热到一定的程度或加入少量固化剂后，就硬化定型，再加热也不会变软和改变形状了。热固性塑料加工成型后，受热不再软化，因此不能回收。常用的热固性塑料有酚醛塑料、氨基塑料、环氧树脂等。热固性塑料成型工艺过程比较复杂，所以连续化生产有一定的困难，但其耐热性好、不容易变形，而且价格比较低廉。

2. 塑料的特点

① 质量轻、力学性能好：塑料的密度小，可以获得较高的包装得率，同样容积的包装，使用塑料比金属和玻璃材料的质量轻得多，强度较高，耐冲击。

② 化学稳定性好：大多数的塑料具有良好的化学稳定性，能够耐受一般的酸、碱及各类有机溶剂，可第一时间放置而不氧化。

③ 具有良好的加工性能和装饰性：塑料包装成型容易，所需成型能耗低于钢铁等金属材料。可采用不同方法成型并且可方便地印刷上装潢图案。

④ 具有良好的透明性：塑料包装透明性好，可以清楚地看清内容物，方便商品展示和销售。

⑤ 适宜的阻隔性：选择合适的塑料材料，可以制成适宜的阻隔性包装，用来包装容易因氧、光等因素引起腐败变质的药品。

（二）塑料的组成

塑料是由高分子聚合物即合成树脂和其他助剂组成。树脂决定塑料的类型、用途和主要性能，助剂能改善塑料的加工性能和使用性能。

1. 树脂

树脂是一种没有加工过的原始聚合物，是塑料的最主要成分，其含量一般为 40% ～ 100%。

2. 助剂

助剂又称塑料添加剂，是塑料进行成型加工时为了改善其加工性能或为了改善树脂本身性能不足而必须添加的一些化合物。助剂种类繁多，其选择与应用必须兼顾应用对象的种类、加工方式、制品特征及配合组分等多种因素。常用助剂有以下几类。

① 增塑剂（plasticizer）：系指可增加塑料的可塑性和柔软性，降低制品脆性，易于加工成型的添加剂。常用的增塑剂大多为一些不易挥发的高沸点的液体有机化合物或低熔点的固体有机化合物。增塑剂的主要缺点是加入增塑剂后会降低塑料的稳定性、介电性能和机械强度。因此在塑料中应尽可能地减少增塑剂的含量。

② 稳定剂：为了防止合成树脂在加工、贮藏和使用过程中受光和热的作用分解和破坏，延长使用寿命，要在塑料中加入稳定剂。常用的稳定剂有硬脂酸盐、环氧树脂等。

③ 着色剂：可使塑料具有各种鲜艳、美观的颜色的同时，还可以适当改善制品的耐候性（weather fastness）、力学强度等性能。有机染料和无机颜料常用作着色剂，但其用量不宜过大，一般为塑料的 0.01% ～ 0.02%。

④ 润滑剂和脱模剂：润滑剂的作用是提高物料与模具之间的润滑性、减少摩擦，防止塑料在成型时黏在金属模具上，同时可使塑料的表面光滑美观。常用的润滑剂有硬脂酸及其钙镁盐等。脱模剂则是为了方便制品脱离模具，在制品和模具之间添加的一种助剂。脱模剂要求能够耐受高温，不会在加工时被蒸发，化学稳定性要好，不会与制品产生化学反应等。

⑤ 抗氧化剂：在塑料的生产、储存、加工和使用过程中，会因为光照、氧气和热的作用而发生老化，从而导致聚合物强度、刚度、韧性和表面光泽的下降，出现变色和划痕。添加抗氧化剂是为了防止塑料在加热成型或高温使用过程中受热氧化，而使塑料变黄、发裂。

除了使用上述助剂外，塑料中还可加入阻燃剂、发泡剂、抗静电剂等，以满足不同的使用要求。

（三）常用的塑料

1. 聚乙烯（polyethylene，PE）

聚乙烯系指由乙烯单体聚合而成，是包装中用量最大的塑料品种之一。根据其制法与结构性质不同可分为低密度聚乙烯（LDPE）和高密度聚乙烯（HDPE）。PE 树脂无毒、无色、无臭、无味，化学稳定性好，不受强酸、强碱和大多数溶剂的影响，它的耐寒性、耐磨性、阻湿性较好，但阻味性、耐油性较差。LDPE 主要用于制造薄膜。薄膜制品约占其制品总产量的一半以上，用于农用薄膜及各种食品、药品和工业品的包装，以及复合薄膜中的热封和黏合层。比较而言，HDPE 的性能更好一点，主要用于制造中空硬制品如瓶、罐、桶等，占总消费量的 40% ～ 65%。聚乙烯可以作为除了芳香性、油脂性、易挥发、易氧化的大部分固体及液体药物的塑料包装用瓶的主要原料，实际生产中也是应用最广泛、最多的一种聚合物原料。

2. 聚丙烯（polypropylene，PP）

聚丙烯系指由丙烯单体聚合而成的热塑性聚合物，也是包装中最常用的塑料品种之一。

聚丙烯无毒、无味、无色、无臭，其相对密度为 0.900 ～ 0.915 g/cm^3，是目前常用塑料中最轻的塑料。与 HDPE 相比，屈服强度、抗张强度大，硬度高，弹性率也高，抗应力破裂性能优异。除了热的芳香族或卤化物溶剂能使它软化外，聚丙烯的化学稳定性好，包括能耐强酸、强碱和大多数有机物。聚丙烯气密性、蒸汽阻隔性优良，甚至优于 HDPE，熔点高达 175 ℃，特别适用于制作需要高温消毒灭菌的塑料瓶。聚丙烯主要缺点是透明性差，耐寒性差，低温时很脆。为降低脆性，生产中在普通级的 PP 料中掺入一定比例的 PE 等原料。目前多数液体药用塑料瓶采用聚丙烯为主要原料。

3. 聚苯乙烯（polystyrene，PS）

聚苯乙烯系指由苯乙烯单体经自由基加聚反应合成的聚合物，是目前世界上应用最广的塑料之一。聚苯乙烯大分子主链上带有体积较大的苯环侧基，使得大分子的内旋受阻，所以大分子的柔顺性差，且不易结晶，属线型无定形聚合物。

聚苯乙烯是质硬、脆、透明、无定形的热塑性塑料。没有气味，燃烧时冒黑烟。密度为 1.04 ～ 11.09 g/cm^3，易于染色和加工，吸湿性低，尺寸稳定性、电绝缘和热绝缘性能极好。聚苯乙烯的透光率为 87% ～ 92%，其透光性仅次于有机玻璃，具有高透明度、廉价、刚性、绝缘、印刷性好、易成型等优点，主要缺点是性脆和耐热性低。

4. 聚氯乙烯（polyvinyl chloride，PVC）

聚氯乙烯系指由氯乙烯单体在过氧化物、偶氮化合物等引发剂，或在光、热作用下按自由基聚合反应机理聚合而成的聚合物。PVC 为微黄色半透明状，有光泽，透明度胜于聚乙烯，差于聚苯乙烯，随助剂用量不同，分为软、硬 PVC，软制品柔而韧，手感黏，硬制品的硬度高于低密度聚乙烯，低于聚丙烯，在弯折处会出现白化现象。聚氯乙烯的主要特性如下。

① 性能可调，采用不同助剂，可制成不同机械性能的塑料制品。

② 化学稳定性好，在常温条件下一般不受无机酸、碱的侵蚀。

③ 耐热性较差，受热易变形。聚氯乙烯对光和热的稳定性差，在 100 ℃以上或经长时间阳光曝晒，就会分解而产生氯化氢，因此加工时必须加入热稳定剂。制品受热还会加剧增塑剂的挥发而加速老化。在低温作用下，材料易脆裂，所以使用温度一般为 -15 ～ 55 ℃。

④ 阻气、阻油性好，阻湿性稍差。硬质 PVC 阻隔性较软质 PVC 好，软质 PVC 的阻隔性与其加入助剂的品种和数量有很大关系。

⑤ 光学性能较好，可制成透光性、光泽度均良好的制品。

⑥ 由于 PVC 分子中含有 C—Cl 极性键，与油墨的亲和性能好，与极性油墨结合牢固，另外其热封性也较好。

PVC 应用比较广泛。在包装材料方面，它可制造包装薄膜、收缩薄膜、复合薄膜和透明片材，还可制作集装箱和周转箱以及包装涂层。

5. 聚偏二氯乙烯（polyvinylidene chloride，PVDC）

聚偏二氯乙烯是硬质、韧性、半透明至透明材料，带有不同程度的黄色。经紫光照射后呈暗橙色至淡紫色荧光。与其他塑料相比，PVDC 对很多气体和溶液具有很低的透过率，所以广泛用作包装材料。

6. 聚酯（polyethylene terephthalate，PET）

其全称为聚对苯二甲酸乙二醇酯，包装工业中用得最多的是热塑性聚酯，俗称“涤纶”。

PET 因具有许多优良的特性，近年来被广泛应用于生产包装薄膜和包装容器中。PET 是一种无色透明且极为坚韧的材料，无味、无毒，以其强度、韧性和透明度著称。在热塑性塑料中，它的强韧性是最大的，其薄膜的抗拉强度与铝箔相当，是聚乙烯的5～10倍，为尼龙和聚碳酸酯的2～3倍；抗冲击强度也为一般薄膜的3～5倍。它具有良好的刚性、硬度、耐磨性、耐折性和尺寸稳定性，耐蠕变性也较好。

PET具有良好的防止异味透过性、气密性和防潮性。同时耐热性、耐寒性也很好，在较宽的温度范围内仍能保持其优良的物理机械性能，能在120 ℃条件下长期使用，在150 ℃条件下短期使用，在-200 ℃的液氮中仍不硬脆，在-40 ℃时仍可保持其抗冲击强度，可在-70～150 ℃之间使用。能耐弱酸、弱碱和大多数有机溶剂，耐油性好，适于印刷。这些优点使它成为塑料中的佼佼者。以聚酯为主要原料制成的药用塑料瓶无论从外观、光泽，还是理化性能，在质量上都是一个飞跃。

PET的主要缺点是：酯键的存在使其对热水和碱液敏感，在水中煮沸易降解；强酸、氯化烷烃对其有侵蚀作用；易带静电，且尚无适当的防止静电的方法；无热封性；价格较高。

7. 聚酰胺（polyamide，PA）

聚酰胺俗称尼龙（Nylon，NY），是一类主键上含有许多重复酰胺基团的聚合物的总称。

PA是由内酰胺开环聚合制得，也可由二元胺与二元羧酸缩聚等制得。大都是坚韧、不甚透明的角质材料，无味、无毒，燃烧时有羊毛烧焦气味。其结晶性强，熔点高，机械性能优良。其韧性好，抗拉强度和抗冲击强度明显优于一般塑料，且抗冲击强度随含水量的增高而增大，耐磨性好，摩擦系数低，耐弯曲疲劳强度较好。PA熔点大多在200 ℃以上，但它的高温稳定性差，易降解老化，一般应在100 ℃以下使用。它的耐低温性好，可在-40 ℃使用。PA的气密性较PE、PP好；成型加工及印刷性能良好；耐油性优良，耐烃类、酯类等有机溶剂和弱碱。其主要缺点是吸水性强，透湿率大，吸水后其气密性急剧下降，且影响其尺寸稳定性，不耐酸、氯化烷烃、苯酚和醇类等极性溶剂，易带静电。

8. 聚碳酸酯（polycarbonate，PC）

聚碳酸酯系指分子链中含有碳酸酯基的高分子聚合物，根据酯基的结构可分为脂肪族、芳香族、脂肪族-芳香族等多种类型。

PC无色或微黄色透明颗粒，无味、无臭。其熔融温度很高，为220～230 ℃，吸水性及尺寸稳定性优异，透光率可达90%，具有很高的抗冲击强度，可制成全透明容器，能经受高温灭菌。化学稳定性好且能耐油性药物，但价格较贵，一般只用来制作特殊要求的塑料瓶。

（四）塑料包装材料的应用

塑料通过各种加工手段制成具有各种性能和形状的包装容器及制品，药品包装上常用的有口服及外用塑料瓶、注射剂用安瓿、输液瓶、软袋等，见表6-4。

表6-4 药物制剂常用的塑料包装形式

包装形式	常用包装材料及其包装形式	药物制剂与给药途径
塑料瓶	PE瓶，PP瓶，PET瓶	口服及外用的固体、液体制剂
输液瓶	PP瓶，PE瓶	注射用输液剂
多层共挤膜（袋）	PP/PE或改性PP塑料，如三层共挤膜（袋）、五层共挤膜（袋）等，包括接口、组合盖	注射用输液剂
塑料（软）袋	PP直立式（软）袋，PP/PE或改性PP塑料（软）袋	注射用输液剂
塑料安瓿	PE安瓿，PP安瓿	注射用小针剂
预灌封注射器	环状聚烯烃（COC）（器身）注射器	注射用小针剂、疫苗、生物工程药物

四、金属

（一）金属材料的性能特点

早在5000多年前，人类就开始使用金属器皿，但现代金属包装技术从1814年英国发明马口铁罐开始仅有200多年的历史。金属材料广泛用于各种产品的包装、运输包装及销售包装，是现代药品、食品包装的四大包装材料之一，在我国占包装材料总量的20%左右。其性能特点主要有：

① 优良的力学性能和阻隔性能，综合保护性能好。金属包装材料具有良好的抗张、抗压、抗弯强度以及良好的韧性和硬度，能适应流通过程中的各种机械振动和冲击，其机械强度优于其他包装材料。另外，金属包装材料有极好的阻隔性能，如阻气性（如氧气、二氧化碳、水蒸气等）、防潮性、遮光性（特别是阻隔紫外线）、保香性能，对内容物具有极好的保护作用，因此，广泛用于食品、药品、化工产品的包装。

② 成型加工性能好，生产效率高。金属材料具有良好的塑性变形性能，易于制成各种形状的容器以满足药品包装的需要。现代金属容器加工技术及设备成熟、生产效率高，适于连续自动化大生产。此外，金属包装材料具有很好的延展性和强度，可以轧制成各种厚度的板材、箔材，箔材可与纸、塑料等进行复合，金属铝、金、银、铬、钛等还可在塑料和纸上镀膜。

③ 具有良好的耐高、低温性、导热性和耐热冲击性。可以适应药品冷热加工、高温灭菌及灭菌后的快速冷却等加工需要。

④ 表面装饰性好，外观美观。金属材料具有自己独特的金属光泽，便于印刷、装饰，使商品外表华丽美观，提高商品的销售价值。另外，各种金属箔和镀金属薄膜，也是非常理想的商标印刷材料。

⑤ 卫生无毒，资源丰富，易回收处理。金属材料卫生无毒，符合药品包装卫生和安全要求，且作为主要金属包装材料的铁和铝，蕴藏量极为丰富，且已形成大规模工业化生产，材料品种繁多。另外，金属包装容器一般可以回炉再生，循环使用，减少环境污染。

但是，金属材料作为药品包装材料也存在一些缺点。

① 经济性差：与塑料、玻璃等容器相比，价格较贵、成本较高，自身的质量也较大。

② 化学稳定性差：在酸、碱、盐及潮湿空气的作用下，易于锈蚀，同时，金属离子易析出而影响药品的稳定性，这在一定程度上限制了其使用，但现在使用各种性能优良的涂料，使这个缺点得以弥补。

（二）金属材料分类

1. 金属材料按材质分类

一类是钢质包装材料，与其他金属包装材料相比，来源丰富，价格便宜，它的用量在金属包装材料中占首位，主要包括镀锡薄钢板（俗称马口铁）、镀铬薄钢板（TFS板，tin-free steel）、低碳薄钢板、镀锌薄钢板、不锈钢板等。另一类是铝质包装材料，质轻、加工性能优异，包括纯铝板、铝合金薄板、铝箔、铝丝和镀铝薄膜等。

2. 按材料厚度分类

一般将厚度小于0.2 mm的称箔材，大于或等于0.2 mm的称板材。

（三）铝质包装材料的分类与特点

1. 铝质包装材料的分类

用于药品包装的铝质材料主要包括纯铝和铝合金两大类，工业上把铝含量大于99.0%的铝质材料称为纯铝。在铝中加入少量元素锰、镁等制成的合金称为铝合金。

（1）纯铝薄板和合金铝薄板

将工业纯铝或铝合金制成厚度为0.2 mm以上的板材称为铝薄板。铝薄板具有优异的金属压延性能，容易成型，易于形成薄壁，适用于制造各种罐、瓶、软管等包装容器。纯铝薄板质软、强度低，故较少用它作为包装材料，但也有用它作为容器。合金铝薄板的强度和硬度明显提高，多用于金属包装容器等。

（2）铝箔

铝箔是一种用纯度99.5%以上的纯铝经多次冷轧、退火加工制成的金属箔材，厚度在0.005～0.2 mm

之间。铝箔在包装上应用广泛，可以单独包装物品，更多的是与纸、塑料薄膜制成复合材料，作为阻隔层，提高阻隔性能。

（3）镀铝薄膜

镀铝薄膜采用特殊工艺在包装塑料薄膜或纸张表面（单面或双面）镀上一层极薄的金属铝，镀铝层厚约 30 nm，其阻隔性比铝箔差，但耐刺扎性优良，常用于制作衬袋材料和装饰性包装膜。

2. 铝质包装材料特点

铝是一种资源丰富的白色轻金属，产量高，在包装工业中的应用占首位，具有以下优点。

① 质轻：铝的密度为 2.7 g/cm^3，仅为钢的 35%，质轻，可降低贮运费用，方便流通和消费。

② 良好的热性能：铝耐热、导热性能好，导热系数为钢的 3 倍，耐热冲击，可适应包装药品加热杀菌和低温冷藏处理要求，且减少能耗。

③ 良好的阻隔性能：能阻隔气、汽、水、油等，良好的光屏蔽性，具有良好的保护作用。

④ 具有较好的耐蚀性：铝在空气中易氧化形成组织致密、坚韧的氧化铝薄膜，能阻止氧化的进一步进行，从而保护内部铝材料。采用钝化处理可获得更厚的氧化铝膜，能更好地抗氧化腐蚀。但铝抗酸、碱、盐腐蚀的能力较差。

⑤ 较好的机械性能：纯铝强度不如钢，但比纸、塑料高，可在纯铝中加入少量铜、镁等元素形成铝合金，或通过变形硬化提高强度。

⑥ 成型加工性好：易于通过压延制成铝薄板、铝箔等包装材料，易开口，铝箔可与纸、塑料膜复合，制成具有良好综合包装性能的复合材料。废料可回收再利用等。

但是，铝材质地较软，在制造和运输中易变形、表面擦伤，且存在铝材焊接困难，价格偏贵等缺点。

（四）金属包装材料的应用

金属包装多用于运输包装的大容器、罐、桶、盒等，如工业产品包装容器中的半成品粉粒、液体或固体物质的包装等，也用于药物制剂中气雾剂、软膏剂、泡腾片等的包装以及配套包装中的瓶盖、弹簧等。常用的金属包装容器见图 6-6。

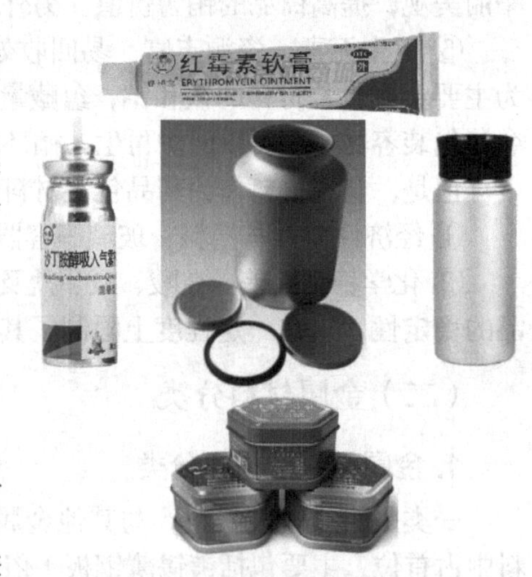

图6-6 常用的金属包装容器

五、纸

纸类包装材料，通常称纸，系指从悬浮液中将植物纤维、动物纤维、矿物纤维、化学纤维或这些纤维的混合物沉积到适当的成型设备上，经干燥制成的平整、均匀的薄页。简单说来，纸是以纤维为原料所制材料的通称，是由纤维交织而成的网络状薄片材料。纸是一种古老的包装材料，自中国发明造纸术后，纸不仅带来文化的普及和繁荣，也相应促进了科学技术的发展。

药用纸包装及容器系指用于包装、盛放药品的纸制品和复合纸制品以及药品生产、流通、使用过程中直接接触药品的纸容器、纸用具等制品。

（一）纸类包装材料的特点及性能

1. 纸包装材料的特点

纸类包装材料和容器在现代包装工业体系中占有重要地位，某些发达国家纸类包装材料占包装材料总量的 40% ～ 50%，我国占 40% 左右，且有着用量越来越大的趋势，主要是由于纸包装材料有着以下许多独特的优点：

①原料来源广泛、成本低廉、品种多样、容易形成大批量生产；②加工性能好、便于复合加工，而且印刷性能优良；③具有一定机械性能、质量较轻、缓冲性好；④卫生安全性好；⑤使用后废弃物可回收利用，无白色污染。

2. 纸包装材料的性能

纸作为现代包装材料主要用于制作纸箱、纸盒、纸袋、纸质容器等包装制品，其中瓦楞纸板及其纸箱占据纸类包装材料和制品的主导地位；由多种材料复合而成的复合纸和纸板、特种加工纸已被广泛应用，并将部分取代塑料包装材料在药品包装上的应用，以解决塑料包装所造成的环境问题。用作药品包装的纸类包装材料，其性能主要体现在以下几方面。

① 印刷性能：纸和纸板吸收和粘结油墨的能力较强，印刷性能好，因此，在包装上常用作印刷表面。纸和纸板的印刷性能主要决定于其表面平滑度、施胶度、弹性及粘结力等。

② 卫生安全性能：在纸的加工过程中，尤其是化学法制浆时，通常会残留一定的化学物质（如硫酸盐法制浆过程残留的碱液及盐类），因此必须根据包装内容物来正确合理选择各种纸和纸板。

③ 阻隔性能：纸和纸板属于多孔性纤维材料，对水分、气体、光线、油脂等具有一定程度的渗透性，且其阻隔性受温度和湿度的影响较大。单一纸类包装材料一般不能用于包装水分、油脂含量较高及阻隔性要求高的药品，但可以通过适当的表面加工来满足其阻隔性能的要求。

④ 机械力学性能：纸和纸板具有一定的强度、挺度和机械适应性，它的强度大小主要决定于纸的材料、质量、厚度、加工工艺、表面状况及一定的温度和湿度条件等；另外纸还具有一定的折叠性、弹性及撕裂性等，以适合制作成包装容器或用于裹包。

环境温度和湿度对纸和纸板的强度有很大的影响，其变化会引起纸和纸板平衡水分的变化，最终使纸和纸板的机械性能发生不同程度的变化。由于纸质纤维具有较大的吸水性，当湿度增大时，纸的抗拉强度和撕裂强度会下降而影响纸和纸板的使用性。

⑤ 加工性能：纸和纸板具有良好的加工性能，可折叠处理，并可采用多种封合方式，容易加工成具有各种性能的包装容器，容易实现机械化加工操作。良好的加工性能为设计各种功能性结构（如开窗、提手、间壁及设计展示台等）制造了条件。另外，通过适当的表面加工处理，可以为纸和纸板提供必要的防潮性、防虫性、阻隔性、热封性、强度及其他物理性能等，扩大其使用范围。

（二）常用的纸类包装材料

1. 纸类包装材料的分类

纸类包装材料一般按定量与厚度可分为纸和纸板两大类。定量系指纸或纸板每平方米的质量，以 g/m^2 表示。厚度则是指纸样在测量板间经受一定压力所测得的纸样两面之间的垂直距离，单位为 mm，表示纸张的厚薄程度。按照国家标准，将定量小于 225 g/m^2 或厚度小于 0.1 mm 的称为纸；定量大于 225 g/m^2 或厚度大于 0.1 mm 的称为纸板。在包装方面，纸主要用于包装产品、制作纸袋、印刷装潢商标等。纸板则主要用于生产纸箱、纸盒、纸桶等包装容器。常用包装用纸及纸板如下：

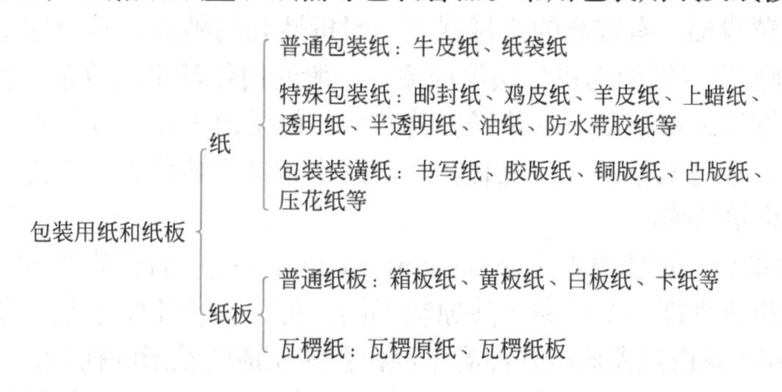

2. 常用的包装用纸

① 牛皮纸（kraft paper）：系指采用硫酸盐木浆为原料，经打浆，在长网造纸机上抄制而成的高级

包装用纸，具有高施胶度，因其坚韧结实似牛皮而得名。常用作纸盒的挂面、挂里以及制作要求坚牢的纸袋等。

从外观上牛皮纸可分为单面牛皮纸、双面牛皮纸及条纹牛皮纸三种。双面牛皮纸又分压光和不压光两种。牛皮纸表面涂树脂，机械强度特别高，有良好的耐破度和纵向撕裂度，且弹性、抗水性、防潮性良好。牛皮纸具有打光的表面，纸面可以透明花纹、条纹或磨光，表面适于印刷。

② 羊皮纸（parchment paper）：系指采用化学木浆和破布浆抄成纸页后再送入72%浓硫酸浴槽内处理而得，是一种半透明包装纸。具有结构紧密、防油性强、防水、湿强度大、不透气、弹性较好等特点。

羊皮纸经过羊皮化处理后，防潮性、气密性、耐油性和机械性能明显提高，还具有高强度及一定的耐折度，可用作半透膜。主要适用于药品等的包装，还可用作铁罐的内衬包装材料。

③ 玻璃纸（glassine paper）：又称赛璐玢，是一种天然再生纤维素透明薄膜，系用高级漂白亚硫酸木浆经过一系列化学处理制成黏胶液，再形成薄膜而成。玻璃纸是一种透明性最好的高级包装材料，可见光透过率达100%，质地柔软、厚薄均匀，有优良的光泽度、印刷性、阻气性、耐油性、耐热性，且不带静电，主要用于商品美化包装，也可用于纸盒的开窗包装，药品包装中主要用于与其他材料复合制成复合材料。

④ 复合纸（compound paper）：是另一类加工纸，系将纸、纸板与其他挠性包装材料如塑料、铝箔、布等层合而制成的一种高性能包装纸。复合纸不仅能改善纸和纸板的外观性能和强度，主要提高其防水、防潮、耐油、气密保香等性能，同时还会获得耐热性、阻光性、耐封性等。常用的复合材料有塑料及塑料薄膜如PE、PP、PET、PVDC等，金属箔如铝箔等。

3. 常用的包装用纸板

① 白纸板（white board）：系指具有2～3层结构的纸板，主要用于销售包装。白纸板有单面和双面两种，其结构由面层、芯层、底层组成，定量为200～400 g/m^2。

白纸板具有印刷功能、加工功能、包装功能。经彩色印刷后制成各种类的纸盒、箱，起着保护商品、装潢美化商品以利于促销作用，也可以用于制作吊牌、衬版和吸塑包装的底版。用于印制儿童教育图片和文具用品、化妆品、食品、药品的商标。薄厚一致，不起毛、不掉粉、有韧性、折叠时不易断裂。

② 黄纸板（yellow straw board）：又称草纸板，马粪纸，系一种呈粪黄色、用途广泛的纸板。定量120～400 g/m^2，具有一定的强度。主要由半化学浆和高得率化学浆在圆网纸机上抄造。通常使用稻麦草以烧碱或石灰法制浆，轻度打浆。根据厚度不同，可以使用具有2～4个或更多圆网笼的造纸机抄造。生产工艺简单，成本和产品质量要求不高。主要用于制作低档的中小型食品纸盒，讲义夹、皮箱衬垫、书籍封面的内衬，也用于包装五金制品和一些价廉商品，用一层印刷精美的标签纸贴面后，也用来包装服装和针织品等。

③ 箱纸板（liner board）：是一种专供制作外包装纸箱用的比较坚固的纸板。有一般的和高级的两种。表面平滑，色泽淡黄浅褐，有较高的机械强度、耐折性和耐破性。水分应适当控制（通常不超过14%），以避免商品受潮变质或纸板起拱分层等现象。一般的用化学未漂草浆为料，高级的则掺用褐色磨木浆、硫酸盐木浆、棉浆或麻浆等。纸浆经妥善蒸煮，使质地柔软，并经充分洗涤和适当打浆，然后在多网纸板机上抄成，经过机械压光。也有在其表面涂布聚乙烯薄膜，以提高其防潮性能。广泛用于食品、包装书籍、百货用品等。

④ 瓦楞原纸与瓦楞纸板：瓦楞原纸（corrugating medium）是一种低定量的薄纸板，具有一定的耐压、抗拉、耐破损、耐折叠性能。瓦楞原纸按原料不同，可分为半化学木浆、草浆和废纸浆三种。瓦楞纸板（corrugated board）系由瓦楞原纸在高温下经机器滚压成波纹形的楞纸，再与纸板粘合成单楞或双楞的瓦楞纸板，具有较好的弹性和延伸性，主要用来制作纸盒、纸箱和做衬垫用。瓦楞原纸在瓦楞纸板中起支撑和骨架作用。

单层瓦楞纸板系由一张面纸与一张瓦楞芯纸粘合而成，也称二层纸板。主要利用其弹性来保护药品，常作为内包装及包装衬垫，很少单独作为外包装材料。双面瓦楞纸板又称单楞瓦楞纸板，由一张瓦楞芯纸两面各粘一张箱板纸或牛皮纸组合而成，多用于生产中包装或外包装的小型纸箱。双芯双面瓦楞纸板系由面、里和芯三张纸和两张瓦楞芯纸粘合而成，又称双面双楞瓦楞纸板。其主要用来制作纸箱，因其强度大、装载稳定，可制作较大规格和载重量大的纸箱。三芯双面芯纸板系由里、面、芯、芯四张纸及三张瓦楞芯纸粘合而成。其主要用于重型药品的包装，有时可利用其高强度制作一些特殊衬垫。

（三）纸类包装材料的应用

药品在加工、运输、贮藏、销售及使用过程中均需要包装。纸类包装容器主要有包装纸盒、纸箱、纸桶、复合纸罐等。纸箱和纸盒是主要的纸制包装容器，两者形状相似，没有严格的区分界限，习惯上小的称盒，大的称箱。纸盒一般用于销售包装，而纸箱多用于运输包装。

1. 纸箱

包装用纸箱按结构可分为瓦楞纸箱和硬纸板纸箱两类。药品包装上用得较多的是瓦楞纸箱（corrugated box），见图6-7。瓦楞纸箱系由瓦楞纸板经过模切、压痕、钉箱或粘箱制作而成，是使用最为广泛的纸质包装容器，其用量一直是各种包装制品的首位，大量用于运输包装。

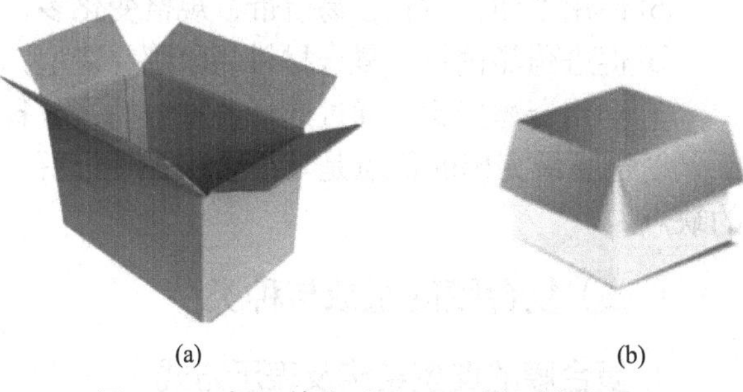

图6-7　瓦楞纸箱（a）和硬纸板纸箱（b）

2. 纸盒

纸盒是一个立体造型，是用纸板制成的由若干个组成的面的移动、堆积、折叠、包围而成的多面形体构成的包装容器。其造型和结构设计往往要根据不同药品的特点和要求，采用适当的尺寸、适宜的材料（白纸板、挂面纸板、双面异色纸板及其他涂布纸板等耐折纸箱板）和美观的造型来保护药品、美化药品、方便使用和促进销售。所以式样和类型较多，有长方形、正方形、多边形、异形纸盒等。但其制造工艺基本相同，即选择材料→设计图标→制造模板→冲压→接合成盒。

用于药品包装的纸盒一般是由纸板裁切，经过折痕压线后折叠成型、装订或黏接成型而制成的中小型销售包装容器。制盒材料已由单一纸板向纸基复合纸板材料发展。纸盒的种类很多，根据其结构形式、开口方式和封口方法不同而有差别。通常按制盒方式可分为折叠纸盒（见图6-8）和固定纸盒两类。

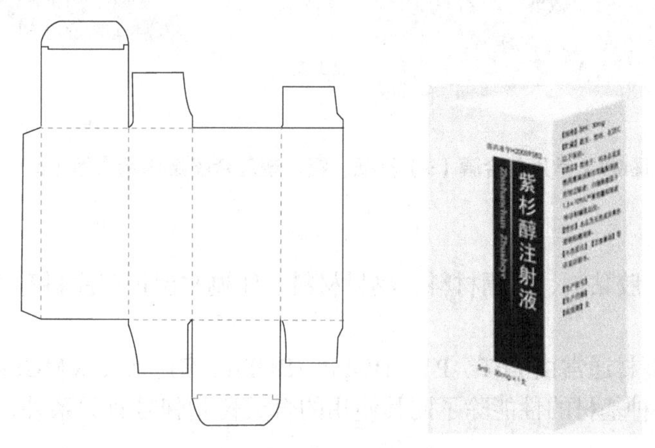

图6-8　管式折叠纸盒

六、复合膜材料

复合膜系指由各种塑料与纸、金属或其他材料通过层合挤出贴面、共挤塑等工艺技术结合在一起而形成的多层结构的膜。复合膜具有防尘、防污、阻隔气体、保持香味、透明或不透明、防紫外线、装潢、印刷、蒸煮杀菌、防静电、微波加热等功能，适用于机械加工或其他各种封合方式，基本上可以满足药品包装所需的各种要求和功能。

（一）复合膜的特点

① 可以通过改变基材的种类和层合的数量来调节复合材料的性能，满足药品包装各种不同的需求。

② 对药品具有很强的保护作用，可以根据药品包装的实际需求，制造出具有高度防潮、隔氧、保香、避光的复合膜材料。

③ 机械性能优良，具有较理想的抗拉强度以及耐撕裂、耐冲击、耐折断、耐磨损、耐穿刺等性能。

④ 机械包装适应性好，可用于大批量生产。复合包装材料易成型、易热封，且封口牢固，尺寸稳定，耐划伤穿孔。

⑤ 使用方便，质轻，易携带，规格变化多，运输体积小，费用低，易开启。

⑥ 促进药品销售，复合材料易印刷、造型，可以增加花色品种，提高商品陈列效应。

⑦ 利用资源广泛，通过选择各种结构，节省材料，降低能耗和成本。

复合膜最突出的优点是其综合保护性能好，费用低廉。但某些复合膜也有难以回收、易造成污染的缺点。

（二）复合膜的组成与种类

1. 复合膜的典型结构及表示方式

在复合膜工艺中，通常用简写的方式表示一个多层复合材料的结构。比如典型的药用复合膜可表示为：表层 / 印刷层 / 黏合层 / 铝箔 / 黏合内层（热封层），常用的复合膜及纸、铝、塑复合膜结构示意图如图 6-9 所示。

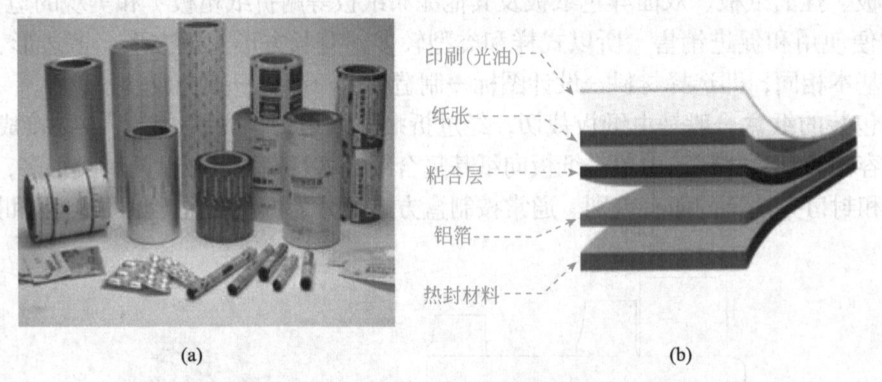

图6-9　常用复合膜（a）及纸、铝、塑复合膜结构示意图（b）

2. 复合膜的组成

复合膜一般由基材、胶黏剂、阻隔材料、热封材料、印刷与保护层涂料等组成。

（1）基材

在复合膜构成中，基材通常由 PET、PT、BOPP、BOPA、铝、纸、VMCPP（镀铝 CPP）、VMPET（镀铝 PET）等构成。各种基材的性能除了同其使用的合成树脂牌号有关系外，还同加工成型的方法和条件有关。

（2）胶黏剂

胶黏剂系指借助表面黏结及其本身强度使相邻两个相同的或不同的固体材料连接在一起的所有非金属材料的总称。胶黏剂是涂于两固体之间的一层媒介物质。胶黏剂的种类繁多，组成各不相同。复合膜所使用的胶黏剂属于合成胶黏剂，它通常是由以下几部分组成。

① 黏合物质：它是构成胶黏剂的主体材料，又叫基料，决定了胶黏剂的主要性质。

② 固化剂：胶黏剂必须在流动状态下涂覆并浸润被粘物质表面，然后通过适当的方法使其成为固体才能承受各种负荷，这个过程称为固化。现代高性能胶黏剂的固化通常都是指化学过程，即在固化过程中，胶黏剂中主剂与固化剂之间起化学反应，同时被粘物表面也起相应的化学反应。

③ 溶剂：它是用来溶解黏合物质及调节胶黏剂的黏度，增加胶黏剂对被粘物质的浸润性及渗透能力，改善胶黏剂的工艺性能。

④ 其他助剂：增塑剂、防腐剂、填料、消泡剂等。

（3）各层常用材料

复合膜结构一般为：表层 / 黏合层 1/ 中间阻隔层 / 黏合层 2/ 内层（热封层）。

① 表层：要求透明性好（里印材料）或不透明材料；优良的印刷装潢性；较强的耐热性能；具备一定的耐摩擦、耐穿刺等性能，对中间层起保护作用；当是双层复合膜时，表层同时也起到阻隔作用。常用材料有 PET、BOPP、PT、纸、BOPA 等。

② 中间阻隔层：要求能很好地阻止内外气体或液体的渗透；避光性好（透明包装除外）；阻隔层应尽量靠近被包装物。常用材料有铝或镀铝膜、BOPA、EVOH 等。

③ 内层（热封层）：要求无毒性，符合国际规范的材料；具有化学惰性，即不与包装物发生作用而产生腐蚀或渗透；良好的热封性；良好的机械强度、耐穿刺、耐撕裂、耐冲击、耐压等；符合要求的内表面爽滑性；当透明包装时，要求内封层透明性好；良好的耐热性或耐寒性。常用材料有 PE、PP、EVA 等。

3. 复合膜的种类及应用

复合膜的种类繁多，从不同角度或侧重某一方面可以有许多种不同的包装分类办法，如阻隔性包装、耐热性包装、选择渗透性包装、保鲜性包装、导电性包装、分解性包装等。按照其功能可将药用包装复合膜分为以下几种。

（1）普通复合膜

① 典型结构：PET/DL/Al/DL/PE 或 PET/AD/PE/Al/DL/PE（注：DL 为干式复合缩写，AD 为胶黏剂）。

② 生产工艺：干法复合法或先挤后干复合法。

③ 产品特点：良好的印刷适应性，有利于提高产品的档次；良好的气体、水分阻隔性。

④ 广泛应用于一般药品如片剂、颗粒剂、散剂的包装，也可作为其他剂型药品的外包装。

（2）药用条状易撕包装材料

① 典型结构：PT/AD/PE/Al/AD/PE。

② 生产工艺：挤出复合。

③ 产品特点：具有良好的易撕性，方便消费者取用产品；良好的气体、水分阻隔性，保证内容物较长的保质期；良好的降解性，有利于环保；适用于泡腾剂、涂料、胶囊等药品包装。

④ 适用于泡腾剂、涤剂、胶囊等药品的包装。

（3）纸铝塑复合膜

① 典型结构：纸 /PE/Al/AD/PE。

② 生产工艺：挤出复合。

③ 产品特点：良好的印刷性，有利于提高产品的档次；具有较好的挺度，保证了产品良好的成型性；对气体或水分具有良好的阻隔性，可以保证内容物较长的保质期；良好的降解性，有利于环保。

④ 主要应用于片剂、胶囊、散剂、颗粒剂等剂型药品的包装。

（4）高温蒸煮膜

① 典型结构：透明结构 BOPA/CPP 或 PET/CPP ；不透明结构 PET/Al/CPP 或 PET/Al/NY/CPP。

② 生产工艺：干法复合。

③ 产品特点：基本能杀死包装内所有细菌；可常温放置，无须冷藏；有良好的水分、气体阻隔性，耐高温蒸煮；高温蒸煮膜可以里印，具有良好的印刷性能。

④ 主要应用于输液袋、血液袋等液体的包装。

（5）多层共挤复合膜

① 典型结构：外层 / 阻隔层 / 内层。

② 生产工艺：多层共挤出复合。

③ 产品特点：外层一般为有较好机械强度和印刷性能的材料，如PET、PP等；阻隔层具有较好的对气体、水蒸气等的阻隔性，如EVOH、PA、PVDC、PET等通过阻隔层来防止水分、气体的进入，阻止药品有效成分流失和药品的分解；内层具有耐药性好、耐化学性高、热封性能较好的特点，如聚烯烃类。多层共挤膜具有优异的阻隔性能及良好的防伪性能，同时结构多样，便于控制成本。

④ 主要应用于输液袋、血液袋等液体的包装。

（6）复合成型材料

① 典型结构：NY/Al/PVC，NY/Al/PP。

② 产品特点：解决了药品避光与吸潮分解的难题；可以有效地避免气体、香料和其他物质对药品成分的破坏，保证药品在更长的使用期限内品质不发生任何改变；适用于丸剂、片剂、粉剂、栓剂、胶囊及外敷等药品的包装，且易于开启；适用于任何气候地区的药品包装，如PVC具有更高的阻隔性，能对药品进行全方位保护。

（三）复合膜的生产工艺

复合膜的生产工艺，可分为湿式复合、干式复合、挤出复合、共挤出复合、热熔黏合剂复合、无溶剂复合等。目前广泛用于药品复合膜生产的工艺有干式复合法和挤出复合法。

1. 干式复合法

干式复合法系指用各种涂覆法将胶黏剂溶液涂布在薄膜基材表面后送入干燥烘道内使胶黏剂溶剂挥发，在薄膜表面形成不含溶剂的均匀胶黏剂层（厚约1.5～5 μm），再在复合部与第二基材复合。为使胶黏剂固化，要将产品膜卷在一定温度和时间条件下固化以得到适当的黏合强度（见图6-10）。

干式复合法的特点：

① 可选择的基材范围广。

② 复合牢度高，可以生产使用条件相当苛刻的高温蒸煮袋等高档软塑包装材料。

③ 复合效率高。

④ 干式复合制品可以表面印刷，也可以反印刷（里印）。

⑤ 干式复合法生产的复合膜成本比较高，尤其是高温蒸煮袋使用了昂贵的耐高温蒸煮油墨和耐蒸煮胶黏剂。

⑥ 存在较严重的环境污染问题，溶剂挥发量大，工人的劳动条件差。

2. 挤出复合法

挤出复合法系指将聚乙烯等热塑性材料在挤出机中熔融，从扁平机头中呈薄膜状流出，在橡胶压辊与冷却金属辊之间与纸、薄膜等连续传送的膜状材料压合后，在冷却辊处冷却固化，再从冷却辊表面平滑地剥下，制成复合薄膜（见图6-11）。

挤出复合法的特点：

① 可供选择的基材面较广。

② 能容易地调节所需挤出膜的宽度、厚度。

③ 复合制品的卫生性好，因为所涂的锚涂剂大部分属无毒低毒，且涂布量是干式复合用量的1/10，因此溶剂残留量问题、环境污染问题都比干式复合法小得多。

④ 通过调节挤出量及成型线速度可加工厚度范围宽（4～100 μm）的产品。

⑤ 可赋予基材热封性并改善基材的物理性能、阻隔性、耐化学药品性、耐油脂性及包装机适应性等。

⑥ 价格比干式复合膜便宜。

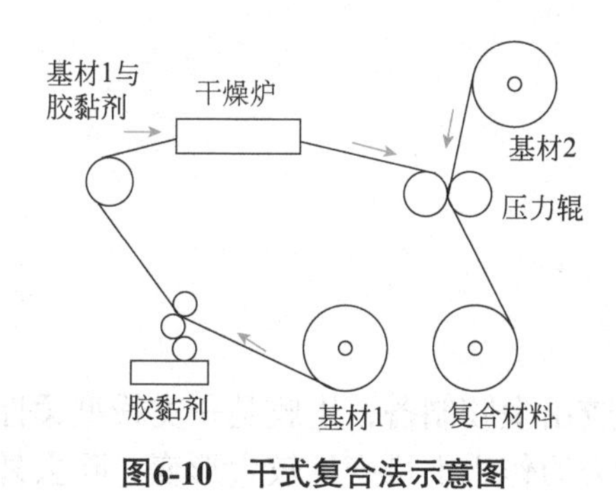

图6-10　干式复合法示意图

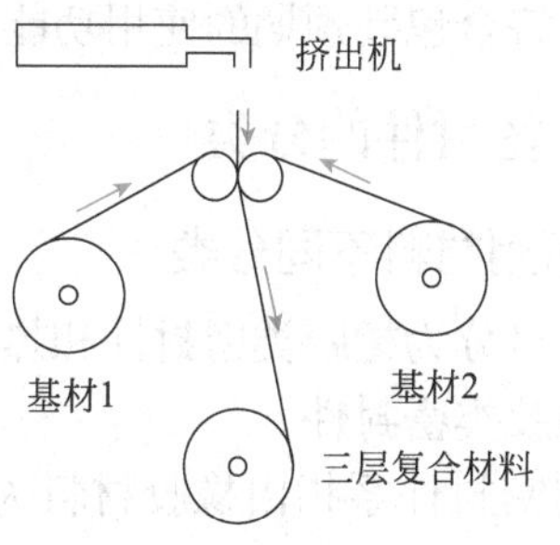

图6-11　挤出复合法示意图

七、橡胶

（一）概述

医药工业使用橡胶的历史与橡胶工业一样久远。橡胶的固有特性是：①高弹性，可获得良好的密封性能和再密封性能；②低的透气性和透水性；③良好的物理和化学性能；④耐灭菌；⑤良好的药品的相容性等。因此，为防止药品在储存、运输和使用过程中受到污染和渗漏，橡胶一般常用作药物制剂包装的密封件，如冻干剂瓶塞、血液试管胶塞、输液泵胶塞、齿科麻醉针筒活塞、预装注射针筒活塞、胰岛素注射器活塞和各种气雾瓶所用密封件等。

天然橡胶因其具有比较理想的特性，如其回弹性可提供良好的密封性，而且可耐受注射针头多次穿刺仍能重新密封等特点，是第一代用于药用瓶塞的橡胶。但是，天然橡胶在割胶和加工过程中不可避免地受到细菌等污染，造成成分复杂，存在异性蛋白等杂质引起注射剂热原等问题给用药安全留下隐患；另外，天然橡胶需要高含量的硫化剂、防老剂以防老化，所以会产生药品不需要的高残余量的抽浸出物，其吸收率也不理想。因此，天然橡胶塞已逐渐被淘汰。药品包装中使用的橡胶是多种成分的复杂混合物，典型的硫化天然橡胶的成分见表6-5。

表6-5　典型的硫化天然橡胶的成分

种类	成分	含量/%	种类	成分	含量/%
弹性体	天然橡胶	60.0	活化剂	氧化锌	2.5
填充剂	碳酸钙	25.0	硫化系统	促进剂 （硫胺类、二硫代氨基甲酸盐）	1.5
颜料	红色铁氧化物	4.0		硫	1.0
增塑剂	石蜡油	5.0	加工助剂	硬脂酸	1.0

弹性体（elastomer）系指在弱应力下形变显著，应力松弛后能迅速恢复到接近原有状态和尺寸的高分子材料。因天然橡胶塞已被淘汰，本节主要介绍合成橡胶和热塑性弹性体。合成橡胶属于第二代合成橡胶，如丁基橡胶、卤化丁基橡胶等。因其具有天然胶塞无法比拟的优越性，我国在20世纪90年代初引进和开发出丁基橡胶瓶塞并实现产业化，成为输液及粉针注射药品封装的首选产品。热塑性弹性体（thermoplastic elastomer，TPE）被称作“第三代合成橡胶”，系指在高温下能塑化成型，在常温下又能显示橡胶弹性的一种材料，兼有热塑性塑料加工成型的特征和硫化橡胶的橡胶弹性性能。其实，TPE是苯乙烯系热塑性弹性体，是一种以氢化苯乙烯-丁二烯-苯乙烯嵌段共聚物（SEBS）为基材通过共混改性而成的热塑性弹性体。由于热塑性弹性体性能卓越，在业界享有“橡胶黄金”之美誉。TPE具备无毒、无臭、无害等优点，有优良的耐热性、耐低温性、耐一般化学品性，其加工工艺简化，且可100%完全回收，环保又节能。

弹性体密封件（elastomer seal）系指药品包装系统中直接接触药品的橡胶密封件、热塑性弹性体密封件的总称，简称密封件。作为药物制剂包装组件，密封件应满足包装系统对密封性的要求，为药品提供保护并符合包装预期的使用功能。

（二）密封件的分类

1. 按所用材料不同分类

密封件可分为橡胶类密封件和热塑性弹性体密封件。

（1）橡胶类密封件

橡胶类密封件系指由橡胶材料为主制成的密封件。橡胶由生胶制备，生胶是一类线型柔性高分子聚合物；其分子链柔性好，经硫化后形成网状结构，在外力的作用下可产生较大形变，除去外力后能迅速恢复原状。橡胶的特点是在很宽的温度范围内具有优异的弹性，所以又称弹性体。由于成型时发生不可逆的交联反应，橡胶也被称为热固性弹性体。

药品包装常用的橡胶材料主要有：聚异戊二烯橡胶、丁基橡胶、卤化（氯化/溴化）丁基橡胶、硅橡胶、三元乙丙橡胶等。

按照橡胶组件的结构，又可分为：有隔层密封件、无隔层密封件。按照其加工工艺，又可分为：覆膜工艺、镀膜工艺和涂膜工艺等。

① 覆膜胶塞：系指采用覆膜工艺制得的胶塞。其目的是改善胶塞与药品的相容性，在胶塞硫化成型时在与药品的接触部位通过热压交联方式黏合上（非黏合剂黏合）一层具有良好阻隔效果的高分子材料阻隔层，从而减少胶塞内部的物质向制剂中迁移。根据膜层材料成分的不同，可分为聚四氟乙烯（polytetrafluoroethylene，PTFE）覆膜胶塞、四氟乙烯-六氟丙烯共聚物（fluorinated ethylene propylene，FEP）覆膜胶塞、乙烯-四氟乙烯共聚物（ethylene-tetra-fluoro-ethylene，ETFE）覆膜胶塞、聚对苯二甲酸乙二醇酯（polyethylene terephthalate，PET）覆膜胶塞。

② 镀膜胶塞：系指采用镀膜工艺制得的胶塞。其目的是改善胶塞与药品的相容性，在成品胶塞的关键部位聚合一层具有良好阻隔效果的高分子材料膜，从而减少胶塞内部的物质向制剂中迁移。该材料为聚对二甲苯（parylene），是一种完全线型的高度结晶结构的高分子聚合物。采用真空气相沉积工艺，由对二甲苯双聚体高温裂解成活性小分子在基材表面“生长”出完全敷形的聚合物薄膜涂层，其能涂敷到各种形状的表面，包括尖锐的棱边、裂缝里和内表面。

③ 涂膜胶塞：系指采用涂膜工艺制得的胶塞。其目的是改善胶塞与药品的相容性，在成品胶塞的关键部位通过喷涂、刷涂、浸涂等方式涂覆一层具有良好阻隔效果的高分子材料，从而减少胶塞内部的物质向制剂中迁移。涂覆的高分子材料可以是硅氧烷类、氟树脂类、聚酯类、偏二氯乙烯类等。

（2）热塑性弹性体密封件

热塑性弹性体密封件系指由热塑性弹性体为主制成的密封件。热塑性弹性体是具有类似于橡胶特性的热塑性材料，在常温下显示橡胶的高弹性，在高温下又能塑化成型的高分子材料。

热塑性弹性体按照制备方法分为共聚型（化学合成型）和共混型（橡胶共混型）。按照化学结构可分为苯乙烯系嵌段共聚物（styreneic block copolymers，SBC）、聚氨酯类（thermoplastic polyurethanes，TPU）、聚酯类（thermoplastic polyethylene elastomer，TPEE）和聚烯烃类（thermoplastic polyolefin，TPO）等。目前用于药品密封件的热塑性弹性体主要是以苯乙烯嵌段聚合物为主的共混体系、高分子弹性体和塑料通过动态硫化的共混体系。

2. 按照药品的剂型及给药途径不同分类

密封件可分为：注射剂用密封件、吸入制剂用密封件、液体（口服/外用）制剂用密封件，以及其他制剂用密封件等。

① 注射剂用密封件：常用的有注射剂用卤化（氯化/溴化）丁基橡胶塞，注射用无菌粉末用卤化（氯化/溴化）丁基橡胶塞，注射用冷冻干燥用卤化（氯化/溴化）丁基橡胶塞，药用合成聚异戊二烯垫片，预灌封注射器用氯（溴）化丁基橡胶活塞，预灌封注射器用聚异戊二烯橡胶针头护帽，笔式注射器用氯（溴）化丁基橡胶活塞和垫片等。

② 吸入制剂用密封件：常用的有气雾剂阀的内、外密封圈，其材料主要为三元乙丙橡胶（ethylene propylene diene monomer，EPDM）和热塑性弹性体密封圈。

其他液体制剂用密封件有硅橡胶垫片等。

（三）橡胶密封件配方与加工工艺

通常情况下，根据成品的性能要求及加工工艺等因素，选择确定橡胶材料和各种配合剂的类型及其用量。

1. 配合体系

一个完整的橡胶配合体系包括生胶体系、硫化体系、补强填充体系、软化体系、防老体系、着色体系。

（1）生胶体系

生胶体系系指橡胶密封件配方中的母体材料或基体材料，是用化学合成的方法制得的未经过任何加工的高分子材料。常的有丁基橡胶、卤化（氯化/溴化）丁基橡胶、聚异戊二烯橡胶、三元乙丙橡胶等。

① 丁基橡胶：是由异丁烯和少量异戊二烯单体聚合而成的高饱和度橡胶；其具有较好的化学稳定性和热稳定性，以及较好的气密性和水密性。

② 卤化丁基橡胶：包括氯化丁基橡胶和溴化丁基橡胶，是丁基橡胶与氯或溴反应的改性产物。卤化丁基橡胶具有丁基橡胶的全部特性，改性后改善了加工性能。

③ 聚异戊二烯橡胶：是以异戊二烯单体聚合而成的高顺-1,4-聚异戊二烯橡胶。由于与天然橡胶化学结构类似，也称为合成天然橡胶。

④ 三元乙丙橡胶：是指乙烯、丙烯和非共轭二烯烃的三元共聚物。三元乙丙橡胶的主要聚合物链是完全饱和的，这一特性使得其可以抵抗热、光、氧气，尤其是臭氧。三元乙丙橡胶本身无极性，对极性溶液和化学物质具有较好的抵抗性，吸水率低，有良好绝缘特性。

（2）硫化体系

硫化体系系指能与橡胶大分子起化学作用，使橡胶线型大分子交联形成空间网状结构，提高橡胶的性能及稳定形态的物质。硫化体系包括硫化剂、硫化促进剂和硫化活性剂。

① 硫化剂：是指在一定条件下能使橡胶发生交联的物质。目前常用的硫化剂有硫黄、含硫化合物、过氧化物、酚醛树脂和金属化合物等。

② 硫化促进剂：是指能加快硫化速率、缩短硫化时间的物质，简称促进剂。使用促进剂可减少硫化剂的用量，或降低硫化温度，并可提高硫化胶的物理机械性能。

③ 硫化活性剂：是指能增加促进剂活性，从而减少促进剂用量或缩短硫化时间，改善硫化胶性能的物质，简称活性剂。活性剂多为金属氧化物，常用的有氧化锌、氧化镁等。

（3）补强填充体系

补强填充体系系指可以提高橡胶的力学性能，改善加工工艺性能的物质，包括补强剂和填充剂。补强剂是指可提高橡胶物理机械性能的物质，常用的有天然气炭黑、白炭黑（二氧化硅）和其他矿物填料；填充剂是指在胶料中起增加容积作用的物质，常用的有碳酸钙、煅烧高岭土（水合硅酸铝）、滑石粉（硅酸镁）等。

（4）软化体系

软化体系是一类分子量较低的化合物，其能够降低橡胶制品的硬度和混炼胶的黏度，改善加工工艺性能。常用的有药用凡士林、低分子聚乙烯（如聚乙烯蜡）等。

（5）防老体系

防老体系是指能防止和延缓橡胶老化，提高橡胶制品使用寿命的化学物质；也称为防老剂。主要有酚类 1010、1076 等。

（6）着色体系

着色体系主要是为了调整橡胶制品的标识色。常用的着色剂有氧化铁（红色）、钛白粉（白色）、天然气炭黑（灰色）等。

2. 加工工艺

橡胶密封件的制备过程一般包括混炼、压延或压出、硫化、冲切、清洗、包装等工序。

① 混炼：是指将各种配合剂混入生胶中制成质量均匀的混炼胶的工艺过程。

② 压延：是指利用压延机辊筒之间的挤压力作用，使混炼胶发生塑性流动变形，最终制成具有一定断面尺寸和几何形状的片状材料的工艺过程。

③ 压出：是指混炼胶在压出机机筒和螺杆间的挤压作用下，连续地通过一定形状的口型，制成各种复杂断面形状的半成品的工艺过程。

④ 硫化：是橡胶密封件的成型工序，是指混炼胶在一定的压力和温度下，橡胶大分子由线型结构变成网状结构的交联过程。硫化后的橡胶由塑性的混炼胶转变为高弹性的交联橡胶，从而获得更完善的物理机械性能和化学性能。硫化方法主要有注射模压工艺和常规模压工艺。

⑤ 冲切：将硫化好的成片橡胶密封件用冲切设备冲成单只产品。

⑥ 清洗：使用纯化水或注射用水对橡胶密封件进行清洗、硅化，然后干燥（灭菌）；清洗后会加入适量二甲基硅油（以下简称硅油）硅化，使橡胶密封件滑爽、走机顺畅。

⑦ 包装：在 C+A 洁净区域，用双层塑料洁净袋包装（免清洗橡胶塞应使用无菌袋），然后移到外包装间纸箱封装。

3. 丁基胶塞的典型制造过程

丁基胶塞和覆膜丁基胶塞的工艺流程如图 6-12 和图 6-13 所示。

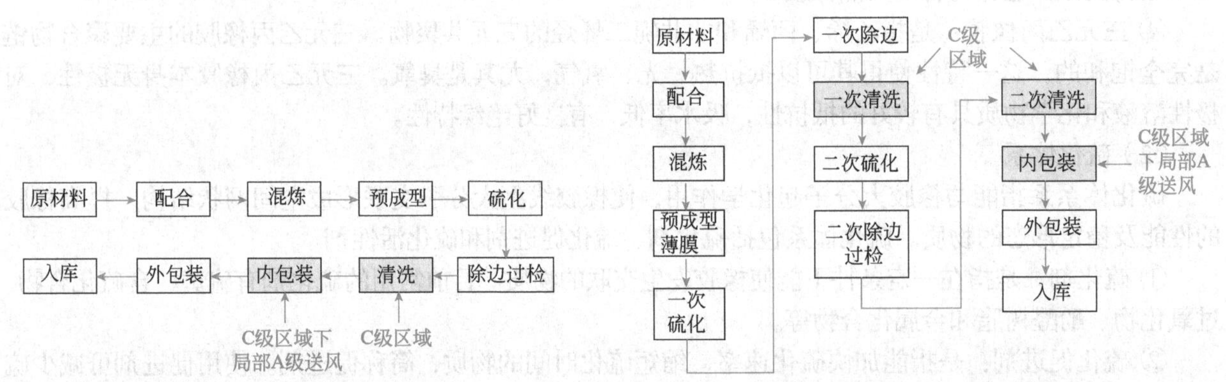

图6-12 丁基胶塞的工艺流程图　　**图6-13 覆膜丁基胶塞的工艺流程图**

（四）热塑性弹性体密封件的配方与加工工艺

热塑性弹性体密封件在高温时可以像塑料一样采用注压、挤出、吹塑、模压等加工工艺。热塑性弹性体一般为多相结构，至少由两相组成，各相的性能及其之间的相互作用将决定热塑性弹性体的最终性能。

1. 配方体系

用于药品密封件的热塑性弹性体主要有两种：① A-B-A 苯乙烯嵌段聚合物系热塑性弹性体；②高分子弹性体和塑胶动态硫化热塑性弹性体。一个完整的热塑性弹性体配方体系包括弹性相、塑胶相、增塑剂、填充剂、抗氧化剂、硫化剂等。

① 弹性相：苯乙烯嵌段聚合物为主的共混体系的 A-B-A 结构中，B 嵌段为弹性相，常见的有聚丁二烯、聚异戊二烯等。高分子弹性体和塑胶通过动态硫化（交联）的共混体系中的弹性相是已交联的高分子弹性体颗粒，常用的有三元乙丙共聚物、乙丙共聚物、异丁聚合物 / 卤代乙丙共聚物、丙烯腈丁二烯共聚物等。

② 塑胶相：苯乙烯嵌段聚合物为主的共混体系的A-B-A结构中，聚苯乙烯A嵌段为塑胶相。此外，

热塑性弹性体为了达到所要求的物理强度及抗温性，一般需要和塑胶共混，常用的共混塑胶是聚烯烃类，如，聚丙烯、聚乙烯等，根据需要也可以使用其他塑胶。

③ 增塑剂：为了提高弹性，降低硬度，热塑性弹性体通常含有增塑剂，常用的增塑剂有矿物油和合成基础油等。

④ 填充剂：苯乙烯嵌段聚合物为主的共混体系通常不加填充剂，但在特殊情况下也会加填充剂。热塑性弹性体中常用的填充剂和橡胶类似，主要有碳酸钙、煅烧高岭土（水合硅酸铝）、滑石粉（硅酸镁）等。

⑤ 抗氧化剂：因热塑性弹性体的共混和成型都在高温下进行，一般都会在共混时加入抗氧化剂以防止材料氧化降解。主要抗氧化剂有酚类抗氧剂，如 2,6- 二叔丁基 -4- 甲基苯酚或者二丁基羟基甲苯，屏蔽酚无灰抗氧剂 [3-（3,5- 二叔丁基 -4- 羟基苯基）丙烯酸异辛酯] 等。协同抗氧化剂如亚磷酸三（2,4- 二叔丁基苯基）酯等。

⑥ 硫化剂：主要用于动态硫化热塑性弹性体中高分子弹性体的交联。硫化剂取决于所用的交联高分子弹性体，如果高分子弹性体是三元乙丙共聚物，硫化剂可用酚醛树脂、有机过氧化物和硅氢加成反应硫化系统。

2. 加工工艺

（1）共混

根据所用热塑性弹性体的不同，主要有两种。

① 简单共混：指将各种配料混合充分而制成质量均匀的共混物的过程。苯乙烯嵌段聚合物为主的共混体系是通过共混工艺制得，共混在高于塑胶熔点的温度下进行。

② 动态硫化共混：高分子弹性体在高温和高剪切力下与熔化的塑胶共混的同时发生交联，交联后的弹性体被高剪切力绞碎成颗粒后分散在塑胶中。理想的颗粒大小在 5 μm 以下，圆球形状。高分子弹性体和塑胶动态硫化的共混体系是通过动态硫化工艺制得的。

（2）注塑成型

将熔化的原料以注塑成型的工艺注入模具中冷却成型。成型通常在洁净室中进行。

（3）包装

用双层无菌塑料袋包装，然后移到外包装间纸箱封装。

3. 热塑性弹性体密封件的典型制造过程（见图 6-14）

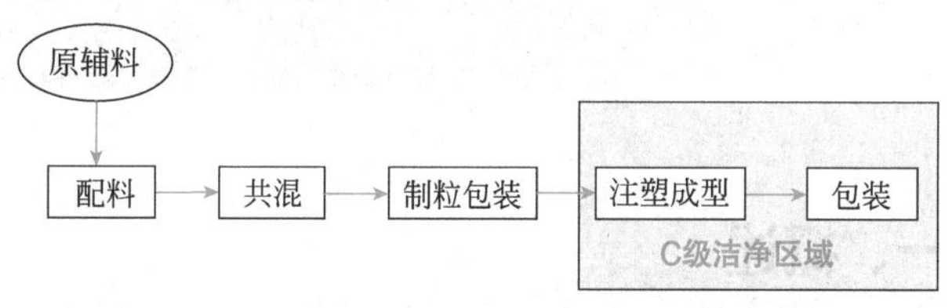

图6-14　热塑性弹性体密封件的典型制造流程图

（五）橡胶的应用

卤化（氯化 / 溴化）丁基橡胶在注射剂和冻干粉针剂的胶塞应用中最为广泛（见图 6-15）。而聚异戊二烯橡胶塞相对来说应用较少，更多的是作为针头帽和垫片而广泛使用。硅橡胶主要在口服制剂中使用。三元乙丙橡胶密封圈因其优良的耐老化性、密封性而常被用作特殊部件用包装容器的密封材料。

热塑性弹性体胶塞的生产省去了配料、炼胶、预成型和除边等工序，整个生产流程缩短了近 3/4，节约能耗 60% 以上，生产效率大大提高（通常丁基胶塞的生产周期为 7 天，热塑性弹性体胶塞则只需 3 h 就可以完成生产）。但橡胶和热塑性弹性体在性能上有各自的优势，在实际产品开发中可以根据需求加以挑选，不同剂型药物制剂常用的密封件见表 6-6。在选择合适的橡胶类材料时，应该考虑到药物和橡胶的相互作用，当橡胶材料影响药品质量时，可以考虑对橡胶表面进行修饰（镀膜、覆膜、涂膜），也可以选用更为稳定的材料。新材料的运用，为药品包装材料提供了更多的选择空间，例如热塑性弹性体材料的应用，将有利于药品包装和整体制药水平的提升，更有利于药品质量的保障，同时其在环保、降低成本等诸多方面也具备了十分明显的优势。

图6-15 常见卤化丁基橡胶瓶塞

表6-6 不同剂型药物制剂常用的密封件

给药途径/剂型	常用的密封件
吸入气雾剂和吸入溶液剂，鼻喷雾剂	三元乙丙橡胶密封件，热塑性弹性体密封件
注射液，注射用混悬液	注射液用卤化（氯化/溴化）丁基橡胶塞，聚异戊二烯橡胶塞
注射用无菌粉末和注射用冻干粉末	注射用无菌粉末用和注射用冻干粉末用卤化（氯化/溴化）丁基橡胶塞
局部用溶液及混悬液，局部用和口腔用气雾剂	三元乙丙橡胶密封件
口服溶液及混悬液	卤化（氯化/溴化）丁基橡胶密封件，硅橡胶密封件，热塑性弹性体密封件

第四节 各种剂型药物制剂的包装

一、概述

药物制剂包装是药品生产过程的最后一道工序。一种药品，从原料、中间体、成品、制剂、包装到使用，一般要经过生产和流通两个阶段。制剂包装在这两个阶段中间起着重要的桥梁作用，有其特殊的功能。药物制剂包装既能保证药品的有效性，防止药品损坏，又能起标示作用，便于携带和使用等。当然，在进行药物制剂包装时，除应保证药品有效性和保护药品外，还应注意以下几方面：①药物制剂包装要适应生产的机械化、专业化和自动化的需要，符合药品社会化生产的要求；②药物制剂包装要从贮运过程和使用过程的方便性出发，考虑药品包装的尺寸、规格、形态等；③药物制剂包装既要适应流通过程中的仓储、陈列的需要，也要便于临床应用中的摆设和保管等；④便于回收利用及绿色环保等。

（一）药物制剂包装设计的一般原则

对药物制剂进行包装设计时，应充分考虑多个因素，包括制剂剂型和包装材料的成分、药品的使用方式、药品的稳定性、是否需要保护药品不受某些环境因素的影响、药品与包装材料的相容性、包装材料的患者顺应性、包装过程以及监管、法规和质量等。

1. 固体制剂

目前，片剂、胶囊剂等固体制剂仍是最常用的剂型，传统上固体制剂的包装常用玻璃瓶或塑料瓶。为避免药物的光解，器壁常为琥珀色或不透明。容器的封闭系统应具备适宜的阻隔作用，同时易于打开和可重复性封闭。此外，瓶口应足够大，以满足在高速生产线上的快速填充和分装。

粉末和颗粒作为最终剂型有多种用途，其药品包装也多样化。其中常见的感冒或流感疫苗散剂或颗粒剂在使用时用（温）水溶解，这类制剂常用单剂量包装，可将一天的剂量包装于软袋中，方便携带。包装小袋需用隔水性好的复合膜材料制成，同时可将药品的相关信息印刷在包装袋上。这类制剂的包装对药品的处方和生产工艺有一定要求，如所生产颗粒的粒径和密度分布应均匀，以避免在包装阶段出现粒子的离析，从而导致药物剂量不均匀。注射用无菌粉末是粉末作为最终剂型的另一个重要应用。生产中需将药液灌装于玻璃小瓶或安瓿中冷冻干燥，因此此包装容器应经合理地设计优化以满足冻干工艺和其他包装环节的需求。

2. 液体制剂

玻璃容器常用于液体制剂的包装，但目前品种繁多的塑料对液体的渗透性很低，也广泛用于液体制剂的包装。水性制剂是最常见的液体制剂，常用的包装材料如高密度聚乙烯适用于药品的中、短期储存，不会出现水分的损失。油类可能被塑料吸附，导致制剂的药效改变或塑料容器的损坏。如制剂处方中用于矫味的挥发油，如果与塑料包装材料存在亲和性，即使塑料对油类的吸附量很少，也会显著改变产品的味道或气味。

许多液体制剂要求无菌，因此，该类制剂的包装材料需能耐受终端灭菌。玻璃是最好的无菌液体制剂包装材料，通常不受灭菌过程的影响，可制成多种规格和形状（如输液瓶、抗生素瓶、安瓿等），且容易密封。选择塑料包装材料则存在一定的局限性，因为灭菌过程中可能会发生药品和包材间的相互作用或包材性能发生改变，如辐射灭菌可能会产生高反应活性的自由基。如果包装设计不完善，灭菌还可能引起其他问题。

目前，注射剂中使用的塑料包装材料主要包括聚氯乙烯膜输液袋、聚丙烯输液瓶、多层共挤复合膜输液袋等。其中聚丙烯输液瓶包含瓶和组合盖两部分，输液软袋通常含袋、接口和组合盖。由于塑料输液袋具有一定的透湿、透气性，对于某些不稳定的产品，可以在直接接触药品的包装基础上，增加有一定阻隔性能的外袋，即所谓的内外袋组合包装。某些产品，如氨基酸注射液在内外袋间还可添加吸氧剂。

3. 半固体制剂

半固体制剂包括软膏剂、凝胶剂和糊剂等，往往存在黏度大、流动性差，且由于含大量水分，产品易被微生物污染和水分损失的潜在问题，因此包装时应充分考虑方便制剂取用的问题。玻璃或塑料材质的广口瓶或管是常用的包装容器，该类制剂开口面积大，应采取适当的防腐措施以避免微生物污染。柔性软管常用于盛装半固体制剂，常用的包装材料有铝、聚乙烯、塑料 / 铝的复合片材，纯铝管的使用已经不常见。塑料与铝的复合片材与单纯塑料相比成本更高。

与大多数药品包装不同，半固体制剂的包装管有两个封口，药品通过管尾填充，通过折叠、卷边（铝）或加热和加压的方式将管尾密封。半固体制剂应能在管内保持一定的形态而不流出，使用时能顺利挤出。

4. 气雾剂

在气雾剂包装方面，虽然玻璃容器、塑料容器和带塑料涂层的玻璃容器都有使用，但使用最多的仍是金属容器。气雾剂容器可以用制造金属容器的任何一种方法制造，包括铝的冲挤、马口铁组合或者拉伸和壁打薄等。在可以满足基本相容性要求的前提下，容器的选择常应考虑形状、外观以及可能的装饰效果，容器内通常涂环氧 - 酚醛漆以防止容器和产品之间的作用。

最便宜的气雾剂容器是马口铁组合容器，喷射焊接、胶合以及熔焊工艺可减小接缝宽度，气雾剂容器外粘贴标签也可遮盖侧缝，因此组合容器包装越来越受欢迎。铝制气雾剂容器可制成“一体式”，即无侧缝也无底部的凸缘。然而由于技术或经济的原因，这些“一体式”容器通常仅限用于小型气雾剂容器。大型容器通常由两部分组成，即连续的侧壁和接缝连接的底。如果使用两种不同的金属，如铝身、马口铁底，由于存在电解腐蚀的危险，因此必须进行产品的相容性检查。另外，添加适当的特殊涂层有防止腐蚀的作用。

5. 封闭和封闭系统

封闭和封闭系统是所有包装的必要组成部分，在经济的前提下有助于保护、说明及辨识（提供信息）和方便使用（直至产品完全从包装中取出）。封闭本身必须洁净并且有足够的惰性，不能由于从产品的吸收 / 吸附、反应或允许外界迁移性物质通过而对产品产生影响。另外，还要求在产品有效期内能保护产品免受外界气候、化学、生物和机械等因素的影响。封闭系统提供的安全性及保障对于防止由渗漏、渗出、泄漏、偷盗、被错误的人群（如儿童）接触，或污染和杂质造成的质量、纯度下降等因所引起的危害是必要的。

封闭也可以作为包装整体设计的组成部分，提升装饰的吸引力（形象 / 外观）。另外，封闭能发挥使用中的功能性作用，如对于多剂量包装制剂，需要满足有效期内可重复封闭的特征；还能辅助产品的使用，如气雾剂阀门同时被设计成可以按需要的方式分配药品。对于重组后使用的产品，封闭必须承担两种不完全相同的作用，即重组前的粉末或结晶产品和重组后为液体形式的产品。对于越来越多的老年人，由于行动不便、协调能力差、视力下降等，使用方便的重要性应得到重视。因此，需要平衡容易开启 / 再封闭与防止儿童接触和防触动等方面的要求。

胶塞多用于多剂量玻璃瓶和一次性注射器。胶塞生产中，特定组分的加入使胶塞具有某些预期的性能。因胶塞的组成和生产工艺复杂，使用中常出现一些问题，如胶塞和注射液的接触过程中，胶塞可能会吸附溶液中的组分，同时胶塞中的成分可能会进入溶液中。

尽管上述提到的封闭似乎只是针对主包装或直接包装，其实封闭对于次级包装（外包装）同样重要。例如，全部用胶带缠封和胶合的包装箱比部分胶带缠封的刚性大，能更有效地耐受运输和堆码。

6. 安全包装和易开启包装

防触动或触动标识是药品安全包装所需考虑的重要问题。美国 FDA 将防触动（偷换）包装定义为具有指示作用或打开障碍，如果违反或丢失，可以合理地预计并向消费者提供可视化证据，提示消费者已发生触动。防触动包装可能涉及密封体系或次级包装或其组合，目的是在生产、分销和零售期间提供关于包装完整性的可视化指示。可视化指示通过适当的插图或警示性说明将信息传达给消费者。触动标识封闭系统包括胶或胶带黏结的纸箱（前提是使用纤维性撕裂密封）、纸箱（薄膜）外层包装（透明的材料需印有可识别的标记）、隔膜密封、各种封盖断裂系统、收缩密封或收缩带、密封管（即具有封闭端软金属管）、袋装、泡罩和窄条包装等。如棘轮式塑料盖，在这种设计中，瓶盖底部有一个与瓶颈棘轮相接合的撕开带，当瓶盖和瓶颈棘轮之间的撕开带断裂后才能打开瓶盖，且瓶盖打开后不能恢复原状。此外，外包装须保证密封的完整性并且在包装上打印或带有独特的装饰，以排除包装内的产品被替换的可能性。例如在外包装纸箱的印刷表面涂覆一层热敏性清漆，即在外包装密封状态下外包装纸始终黏附在包装纸箱上。外包装的去除会损坏纸箱，使得纸箱不能够密封如初。

制药行业使用儿童安全包装已有几十年，通常使用儿童无法开启的包装封闭系统。儿童安全包装的标准是 85% 以上的儿童不能打开，而 90% 以上的成年人可以开启。目前常用的儿童安全包装有 3 种：压旋盖、挤旋盖和暗码盖。这 3 种儿童安全盖都是 20 世纪 70 年代的设计产品，但因成本合理、具有一定的防护儿童安全性能，一直沿用至今，如图 6-16 所示。图 6-16（a）为压旋盖，开启时需要压力和扭力共同作用。图 6-16（b）为挤旋盖，开启时需按照瓶盖上的指示方向用力挤压外盖裙部，内外盖就会啮合为一体，于是外盖带着内盖一起转动。图 6-16（c）为暗码盖，侧面有一个三角凸起状标记，内表面下缘有一凸台，凸台处于外表面三角标记所指示的位置时才能打开。此外，泡罩包装和小袋也有一定程度的儿童安全性。

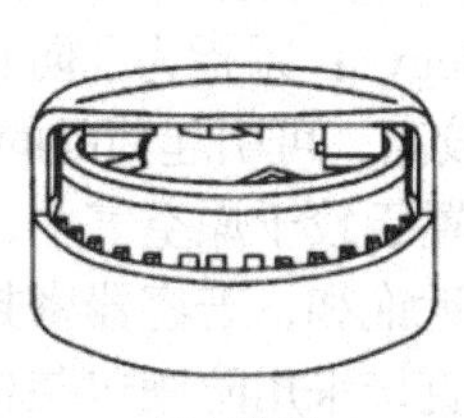
(a) 压旋盖

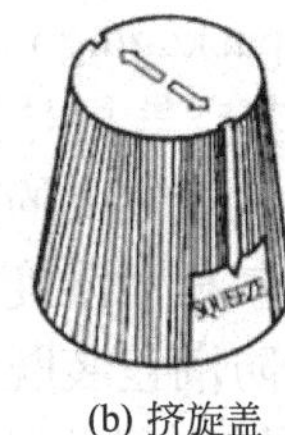

(b) 挤旋盖

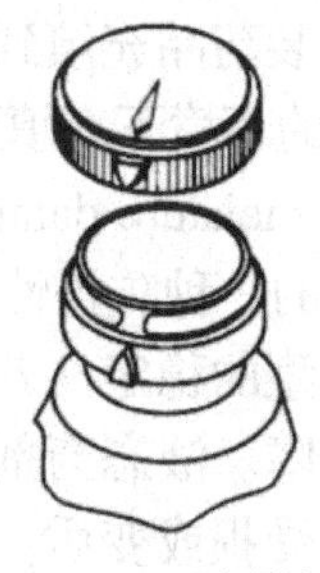
(c) 暗码盖

图6-16 三种常用的儿童安全包装形式

老人易开包装是老人容易开启和重新密封的包装。便于开启是老年人要求方便的最基本的心理需求，包装设计时应从包装容器、包装结构等方面改进开启方式，如适当增加撕启齿孔的数目、减少密封胶用量和降低开启扭矩等。

（二）药物制剂包装技术

1. 定义与分类

药物制剂包装技术（pharmaceutical packaging technology）系指研究药物制剂包装过程中所涉及的技术的机理、原理、工艺过程和操作方法的总称。制剂包装过程是指一件制剂产品进行包装，成为一个包装件，然后进入流通领域的全过程。药物制剂包装是药品生产的关键过程，其包装水平不仅直接影响药品包装的质量和效果，而且还影响包装药品的贮运和销售。

药物制剂种类繁多，可采用的包装材料、容器各异，包装的形成和方法也多种多样，但是要形成一个药品基本的独立包装件的基本工艺过程和步骤是大体相同的。但不同药品有不同的特性和包装要求，根据其不同的特性和要求，应选用不同的包装材料和技术方法，因此根据其实现包装功能的技术方法不同，一般分为两类，即通用包装技术和专门包装技术。

① 通用包装技术：系指实现包装操作活动的技术方法，即把形成一个药品基本的独立包装件的技术和方法称为通用药品包装技术。主要包括：药品充填、灌装技术和方法，裹包与袋装技术与方法，装盒与装箱技术，热成型和热收缩技术，封口、贴标和捆扎技术和方法等。

② 专门包装技术：系指适用于某些特定产品属性的包装技术方法。为了进一步提高药品包装质量和延长包装药品的储存期，在通用药品包装技术的基础上又逐渐形成了药品包装的专门技术，主要包括：真空包装、充气包装、防潮包装、无菌包装等。

2. 常用制剂包装技术

① 真空包装技术（vacuum packaging technology）：系指将药品装入气密性包装容器，抽去容器内部空气，使密封后的容器内达到预定真空度的一种包装方法。其目的是减少包装内氧气的含量，防止包装药品的霉腐变质，保持药品原有的性质并延长保质期。常用的包装容器有金属罐、玻璃瓶、塑料及其复合膜等。

② 充气包装技术（gas packaging technology）：系指将药品装入气密性容器，用惰性气体如氮气、二氧化碳等置换容器中原有空气的一种包装方法。其目的是通过破坏微生物赖以生存繁殖的条件，减少包装内部的氧含量及充入一定量的理想气体来减缓包装药品的变质。充气包装既能有效地保全包装药品的质量，又能解决真空包装易黏结在一起或缩成一团的不足，使内外压力趋于平衡而保护内装药品，并使其保持包装形体美观，适用于易被压碎或带棱角的药品。

③ 无菌包装技术（aseptic packaging technology）：药品受到微生物污染后可引起药品质量变化，甚至危及生命，如药品有效成分的破坏，药品外观和形态的改变，可产生毒素，引起继发感染，引发过敏反应等。无菌包装技术系指在被包装药品、包装容器或材料、包装辅助材料无菌的条件下，在无菌的环境中进行充填和封合的一种包装方法。根据药品在容器内外灭菌的不同可分为最后灭菌和无菌加

工。最后灭菌是指被包装药品充填到容器中后，进行严密封口，再进行灭菌处理。而无菌加工则是经过灭菌后的药品在无菌的环境下充填至无菌的包装材料或容器中并进行严格密封。

④ 防潮包装技术（moisture damp-proof packaging technology）：系指为了防止潮气浸入包装内影响被包装药品质量所采取的一种防护性措施。若空气相对湿度较高，可引起药品的氧化分解、配伍变化、滋生霉菌，甚至影响剂型的稳定。若平衡含水量较大的药品置于较干燥空气中，可引起收缩脱水或失去结晶水，引起质量下降。液态药剂表面空气相对湿度几乎近饱和，若容器密封不良，可导致液体的溶剂挥发，使内装药品受损或变质。常用的防潮包装既可以直接采用防潮包装材料密封产品，也可以在包装容器内加入适量的干燥剂以吸收残存的潮气和通过包装材料透入的潮气。

⑤ 避光包装技术（dark packaging technology）：一些药品在受到光辐射后可引起光化学反应而产生分解或变质，如生物碱、维生素等可引起变色、含量下降；也可引起糖衣片的褪色。为防止光敏药物受光分解，应采用避光容器包装或在容器外再加避光外包装。避光容器可采用避光材料如金属铝箔等，或采用在材料中加入紫外线吸收剂或光遮断剂等方法。可见光遮断剂有氧化铁、二氧化钛、酞菁染料、蒽醌类等，紫外线吸收剂有水杨酸衍生物、苯并唑类等。

⑥ 缓冲包装技术（cushion packaging technology）：为防止药品在运输中因受震动、冲击、跌落而损坏，采用缓冲材料吸收冲击能，使势能转变成形变能，然后缓慢释放而保护药品的包装，称为药品缓冲包装。缓冲材料可分为天然缓冲材料与合成缓冲材料。前者有瓦楞纸板、皱纹纸、纸丝、植物纤维等，后者有泡沫塑料、气囊塑料薄膜等。

二、药物制剂的包装机械

（一）包装机械及其特点

包装机械系指完成全部或部分包装过程的机器。包装过程包括成型、充填、裹包等主要包装工序，以及与其相关的工序，如清洗、干燥、灭菌、贴标、捆扎、堆码和拆卸等前后包装工序，转送、选别等其他辅助工序。包装机械从功能上和原理上都类似于装配机械，但因药品包装机械尤其是完成内包装工作的工艺原理有一定的特殊性，而且必须符合 GMP，故其形成了一种独立的机械类型，包括包装材料与被包装物料的输送与供料、称量、包封、贴标签、计数、成品输送等，如灌装机、捆扎机等均属于此类机械。

药品包装机械既具有一般自动机械的共性，也具有其自身的特点。

① 大多数包装机械结构复杂，运动速度快，动作精度高。为满足性能要求，对零部件的刚度和表面质量等都有较高的要求。

② 用于药品的包装机械要便于清洗，与药品接触的部位要用不锈钢或经化学处理的无毒材料制成。符合药品的卫生要求。

③ 包装执行机构的工作力一般都较小，所以包装机械的电机功率较小。

④ 因为影响包装质量的因素很多，诸如包装机械的工作状态（机构的运动状态，工作环境的温度、湿度等）、包装材料和包装物的质量等。所以，为便于机器的调整，满足质量和生产能力的需要，包装机械大多采用无级变速装置。

⑤ 包装机械是特殊类型的专业机械，种类繁多，生产数量有限。为便于制造和维修，减少设备投资，在包装机械的设计中应注意标准化、通用性及多功能性。

⑥ 药品包装机械必须符合 GMP 的要求，保证药品的安全性。

⑦ 药品包装机械的自动化程度高，有部分已采用 PLC、单片机控制，实现了智能化。

（二）包装机械的组成

药物制剂包装机械具备包装机械的一般特点，也由以下 8 个部分组成。

① 药品的计量与供送装置：系指对包装药品进行整理、排列及计量，并输送至预定包装工位的装置。

② 包装材料的整理与供送系统：系指对包装材料进行定长切断或整理排列，并逐个输送至预定包装工位的装置。有的在供送过程中还完成纸袋或包装容器竖起、定型和定位。

③ 主传送系统：系指将把包装药品和包装材料由一个包装工位顺序传送到下一个包装工位的装置。单工位包装机械没有主传送系统。

④ 包装执行机构：系指直接进行裹包、充填、封口、贴标、捆扎和容器成型等包装操作的机构。

⑤ 成品输出机构：系指将包装成品从包装机械上卸下、定向排列并输出的机构。有的机器是由主传送系统或靠成品自重卸下。

⑥ 动力机与传送系统：系指将动力机的动力与运动传递给包装执行机构和控制元件，使之实现预定包装动作的系统。通常由机、电、光、液、气等多种形式的传动、操纵、控制以及辅助装置等组成。

⑦ 控制系统：由各种自动和手动控制装置等组成，是现代药品包装机械的重要组成部分，包括包装过程及其参数的测控、包装质量、故障与安全的控制等。

⑧ 机身：用于支撑和固定有关零部件，保持其工作时要求的相对位置，并起一定的保护、美化外观的作用。

（三）包装机械的作用与分类

1. 药物制剂包装机械的作用

现代医药生产中，主要包括三大基本环节，即原料处理、中间加工和药品包装。包装是生产中相当重要的环节。药品包装机械是使药品包装实现机械化、自动化的根本保证，因此包装机械在医药现代工业生产中起着重要的作用。

① 药品包装机械实现了药品包装生产的专业化，大幅度地提高生产效率。

② 药品包装机械化降低劳动强度，改善劳动条件，保护环境，节约原材料，降低产品成本。手工包装液体产品时，易造成产品外溅：包装粉状产品时，往往造成粉尘飞扬，既污染了环境，又浪费了原材料。采用机械包装能防止产品的散失。既保护了环境，又节约了原材料。

③ 保证了包装药品的卫生和安全，提高了药品包装质量，增强市场销售的竞争力。药品的卫生性和安全性要求很严格，采用机械包装，避免了人手和药品的直接控触，减少了对药品的污染。同时由于机械包装速度快，药品在空气中停留时间短，从而减少了污染机会，有利于药品的卫生和安全。

④ 延长药品的保质期，方便药品的流通。采用真空、充气、无菌等包装机，可使药品的流通范围更加广泛，延长药品的保质期。

⑤ 药品采用包装机，可减少包装场地面积，节约基建投资。当药品采用手工包装时，由于包装工人多，工序不紧凑，所以包装作业占地面积大，基建投资多。而采用机械包装，药品和包装材料的供给比较集中，各包装工序安排比较紧凑，减少了包装的占地面积，可以节约基建投资。

2. 药物制剂包装机械的分类

药品包装机械与其他包装机械一样，分类方法很多，没有统一的规定。但大体可以分为两大类：即加工包装材料的机械和完成包装过程的机械。如充填机、灌装机、裹包机、贴标机、捆扎机和堆垛机等。此外还有制袋 - 充填 - 封口机等多功能包装机械。除了完成主要工作过程的包装机械外，还有完成前期和后期工作过程的辅助设备，如清洗机、灭菌机、烘干机、选别机等。将几台自动包装机与某些辅助设备联系起来，通过检测与控制装置进行协调就可以构成自动包装线，如包装机之间不是自动输送和连接起来的，而由工人完成某些辅助操作，则称之为包装流水线。

① 充填机：系指将产品按预定量填充到包装容器内的机器。根据其计量方式不同又可分为容积式填充机如量杯式填充机、柱塞式填充机等；称重式填充机如组合式称重式填充机、连续称重式填充机等；计数式填充机如定时填充机、多件计数填充机等。

② 灌装机：系指将液体按预定量灌注到包装容器内的机器。根据其灌装原理不同，包括负压灌装机、常压灌装机、等压灌装机和压力灌装机。

③ 封口机：系指在包装容器内盛装产品后，对容器进行封口的机器。常用的有热压式封口机、压盖式封口机、滚压封口机等。

④ 裹包机：系指用挠性包装材料全部或部分裹包产品的机器。常用的有覆盖式裹包机、缠绕式裹包机等。

⑤ 多功能包装机：系指在一台整机上可以完成两个或两个以上包装工序的机器。如袋成型 - 充填 - 封口机、热成型 - 灌装 - 封口机等。

⑥ 贴标机：系指采用胶黏剂将标签贴在包装件或产品上的机器。常用的有不干胶标签机、黏合贴标机等。

⑦ 清洗机：系指对包装容器、包装材料、包装辅助物以及包装件进行清洗，以达到预期清洁度的机器。常用的有超声波清洗机、组合清洗机等。

三、片剂、胶囊剂的包装

从包装设计和剂型对包装机械的适应性来看，片剂与胶囊剂有比较相近的物性，两者的包装形式、生产和包装流程有许多相同之处，其包装自动线也基本一致。需要关注的问题是，胶囊壳中的明胶及其本身的含水量会引起其硬度和脆性的变化，胶囊壳与内装药物的相互作用也可能导致胶囊不溶解。

片剂与胶囊剂的产量大，迫切需要实现生产和包装的机械化与自动化。对于片剂和胶囊剂，其包装虽然有各种类型，但不外乎如下三类：①泡罩式包装；②条带式包装；③瓶包装或袋类的散包装。

（一）片剂与胶囊剂的泡罩式包装

泡罩式包装（blister packaging）系指在真空吸泡、吹泡或模压成型的泡罩内充填药品，使用铝箔等覆盖材料，并通过压力，在一定温度和时间条件下与成泡基材热合密封而成的包装形式。由于空穴的形状是 PVC 起泡而成泡罩状，故取名为泡罩包装，国外称其为起泡（blister）包装。因其外形像一个个水泡，又俗称为“水泡眼”包装。又因服药时用手挤压小泡罩，药片便可冲破铝箔而脱出，故也称其为压穿式包装（press through pack，PTP）。泡罩式包装是药品包装的主要形式之一，适用于片剂、胶囊剂、栓剂、丸剂等固体制剂药品的机械化包装。

完成泡罩包装形态的包装机械称为泡罩包装机。事实上，这种类型的包装机从最初包装药品，到现在已发展成为能包装任意形态物料的包装机，如食品、日用品、药品、机器零件。形成的空穴容器已不是一个小泡罩，而是较大的盘或盒，一般亦称其为吸塑包装或容器热成型充填包装。

泡罩式包装具有质轻、运输方便、密封性好、能包装任何异形品、装箱不必用缓冲材料、外形美观、便于销售等优点。对于片剂、胶囊剂等药品，还有不互混、服用不浪费等优点。

由于药品采用 PTP 包装，内容物清晰可见，铝箔表面可以印上设计新颖独特容易辨认的图案、商标说明文字等。同时铝箔体轻阻隔性能好，有一定的保护作用，取药方便，轻巧便于携带，而 PVC 亦有一定阻隔性能等优点，故这种包装形式在医药领域得到广泛应用。泡罩式包装是目前包装领域中重要且又有发展前途的包装形式，但对于一些温度敏感的药品，如有些抗生素胶囊或需要避光的药品等，不完全适用。

1. 泡罩式包装机的组成

泡罩式包装机的类型很多，完成包装操作的方法也各不相同，但它们的组成及其部件功能基本相同，主要由放卷部、加热器、成型部、充填部、热封部、夹送装置、打印装置、冲裁部、传动系统、机体和气压、冷却、电气控制、变频调速等系统组成。泡罩式包装机的机身造型结构可分为墙板型与箱体型，需按对机器各部件功能的要求，在设计时统一考虑造型问题。一般来讲，滚筒型机身取墙板型结构，平板型和组合型机身取箱体型结构。

2. 泡罩式包装机的分类

根据泡罩式包装机自动化程度、成型方法、封接方法和驱动方式等的不同，可分为多种机型。根据 PVC 类（还有聚丙烯、聚偏二氯乙烯等）硬片薄膜成型的方法不同，有平板压缩空气成型与转鼓真空成型两种。转鼓真空成型都是连续式的，而平板压缩空气成型大部分为间歇式的，但也存在连续式的，应该说平板的连续成型的这种结构较为先进，但对于充填液体等物料显然还是间歇式的好。因此，应根据具体的包装对象来确定用哪种结构的泡罩式包装机。泡罩式包装机组成部件与分类见表 6-7。

表 6-7　泡罩式包装机组成部件与分类

组成部件	分类
加热部	直接加热：使薄膜与加热部接触，使其加热
	间接加热：利用辐射热，靠近薄膜加热
成型部	压缩空气成型：间歇或连续传送的平板型
	真空形成：负压成型，连续传送的滚筒型
充填部	自动充填：适用于片剂、胶囊剂等固体剂型
	手动充填：适用于食品、杂货等形状复杂的物品
封合部	平板封合：间歇传送
	滚筒封合：连续传送
驱动部	气动驱动
	凸轮驱动、旋转
薄膜盖板	卷筒（铝箔纸）薄膜进给硬纸板（从料斗把纸板放在已成型的树脂薄膜上）
机身部	墙板型
	箱体型

（1）平板式泡罩包装机

平板式泡罩包装机（见图 6-17）主要由平板成型模具（传导加热）、平板式热封合，上下模具平面接触，热封消耗功率大，适用于小批量药品或特殊形状物品的包装。

（2）滚筒式泡罩包装机

滚筒式泡罩包装机主要由辊式成型模具（辐射加热）、双辊滚动热封合，具有真空吸塑成型、连续包装、生产效率高、适合大批量包装作业等特点。常用的有卧式和立式二种，分别见图 6-18 和图 6-19。

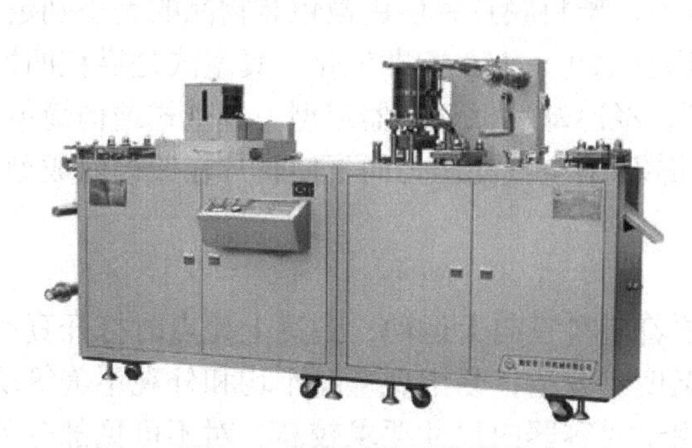

图6-17　平板式泡罩包装机

图6-18　卧式滚筒式泡罩包装机

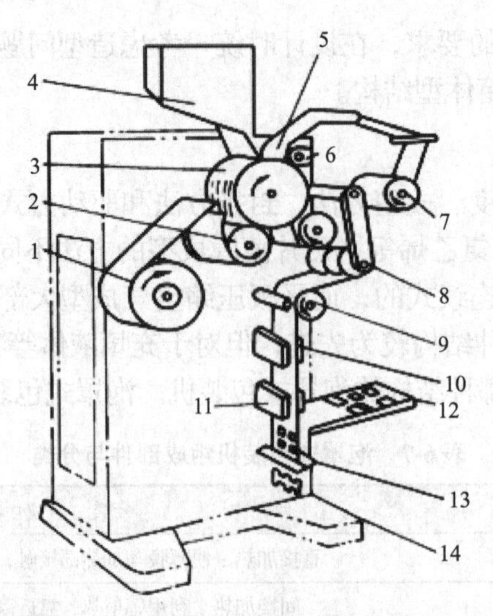

图6-19　立式滚筒式泡罩包装机结构组成

1—PVC薄膜；2—加热滚筒（加热辊）；3—成型滚筒模（成型辊）；4—加料斗；5—铝箔；6—热封滚筒（热压辊）；7—卷筒铝箔；8—缓冲张紧轮；9—传送轮；10—打印装置；11—冲切器；12—成品输出；13—剪断；14—废料

（3）滚板式泡罩包装机

结合滚筒式和平板式泡罩包装机的优点，采用平板式成型模具，压缩空气成型，滚筒式连续封合，效率高、质量好，见图6-20。

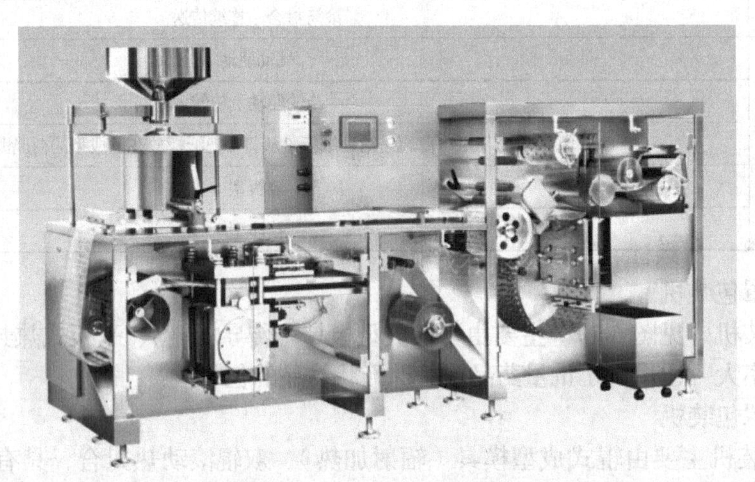

图6-20　DHP-220/260全自动高速滚板式泡罩包装机

3. 泡罩式包装机热成型方法

（1）直接热成型方法

这是最简单的方法，有真空式和空压式两种，见图6-21。塑料膜片厚度由被包装物品的大小确定，如包装药片等常用0.028～0.030 mm的无毒塑料膜，加热至120～150 ℃即软化。真空式是靠在凹模底部抽真空，使软化了的膜片在凹模内被向下吸引而成型，经冷却后保证容器定型。真空式结构简单，但不适合大直径、形状复杂和拉伸比大的情况。空压式则靠压缩空气的压力向下使膜片在凹模内成型，成型压力大，适合成型大且深的异形容器，但结构较复杂。

（2）阳模法热成型方法

阳模法热成型方法见图6-22（a），采用阳模冲头，顶着塑料膜向上运动，到达上死点时打开真空阀，由于塑料膜与对模之间减压后紧贴在阳模上，如果温度不合适，易出现壁厚不均和外观不美等现象。为了防止模间褶皱，需多加间隔用辅助框。此法适用于对容器内尺寸要求较高、对不可见部分外观要求不高的场合。

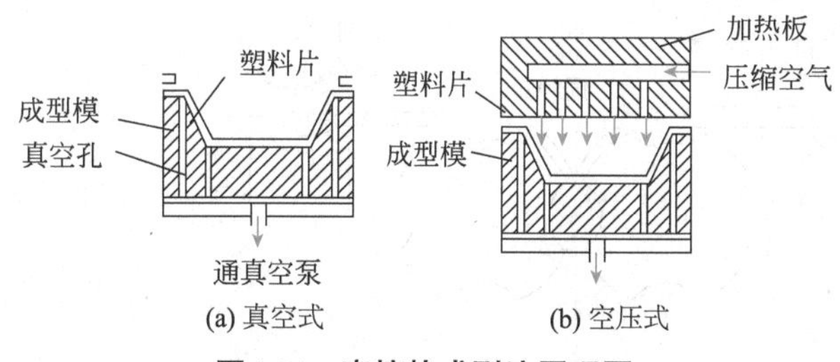

图6-21　直接热成型法原理图

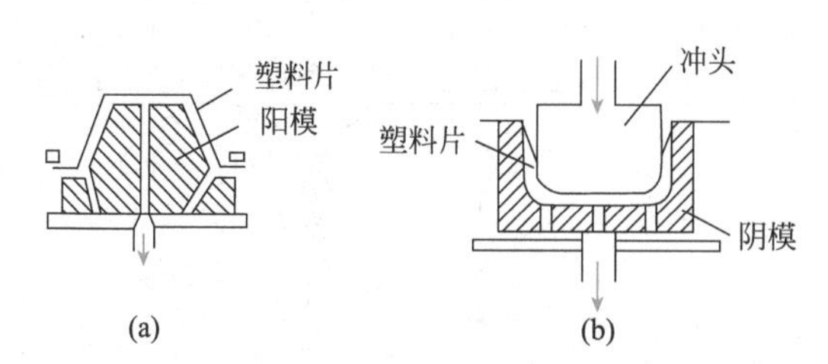

图6-22　阳模法（a）与冲头辅助法（b）原理图

（3）气拉伸热成型方法

气拉伸热成型方法是阳模法的改进，即在阳模和塑料膜之间通入压缩空气使塑料膜得到预拉伸，可以获得壁厚较均匀的容器。

（4）冲头辅助成型方法

采用阴模成型，见图6-22（b）。但为了获得壁厚均匀的容器，采用与阴模相似外形的阳模对达到合适成型温度的塑料膜进行辅助冲压。接近阴模底部时，打开真空阀，使塑料膜贴紧在阴模上进气，随后冷却定型，这样可以达到较高的拉伸比，用于深容器的成型。

（5）热封工艺

聚氯乙烯膜与铝箔的热封方法有辊式与板式两种，由于薄膜很薄，为了保证热封质量，封接器尺寸精度要求很高，如标准差不得大于0.001 mm。

铝箔接合面上涂有一层热熔性黏合剂，在加热和加压情况下，铝箔才与塑料膜结合，塑料膜与铝箔的带结，要求黏合剂的黏结度好，但又不能强度过大，否则使用时不易撕开或压开。同时黏合剂应无毒、无味、不易透气透水、透明度高、熔化温度低等，常用的黏合剂为聚氨酯树脂加聚二氯乙烯。热封温度一般为100～300 ℃。过高易使已成型的容器变形，过低不能使黏合剂充分熔化，黏结不牢。为了提高黏结力和美化外观，在热封辊或板上均刻有图6-23所示的线密封或点密封两种花纹。

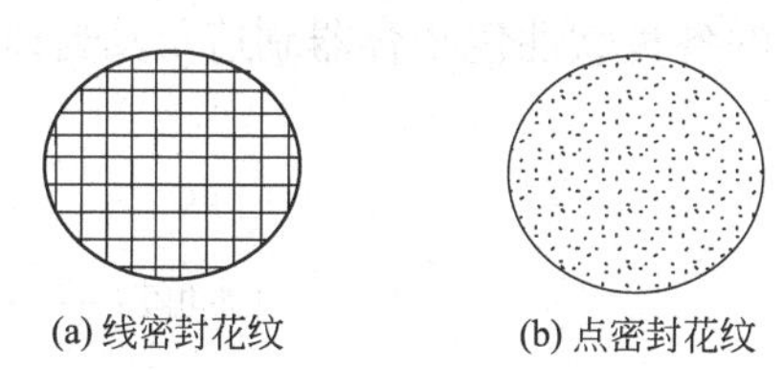

图6-23　热封面的密封花纹图

4. 检测和冲裁装置

（1）缺料检测装置

由于自动上料机构在高速运行情况下，有可能出现漏装，自动包装机应能检测出来且报警，冲裁后能自动分选出来，为此常采用光电装置作为有无物料的传感器。无料时，光电管发出信号，放大后，带动报警系统动作，同时记忆下来，等传到冲裁机构动作之后，由分选机构将其分离到废品箱内。

（2）冲裁装置

冲裁是最后的包装工序，它把包装物品按预定的数量和排列形式冲裁成片或件。冲裁必须十分精确，稍有偏离将会降低包装质量，所以一般均采用精密调节的结构。冲裁尺寸必须考虑到减少余料，同时考虑包装尺寸变化时的通用性，减少换产时的调整时间。

（二）片剂与胶囊剂的条带式包装

条带式包装（strip packing，SP）系由两层膜片（铝塑复合膜、双纸塑料复合膜等）经黏合或热压而形成的带状包装。条带式包装是单剂量包装的另一种形式，可以有单层或多层材料制备，只要是两个内层可通过加热或压力封合即可。材料选择范围广，与泡罩式包装比较，工序简便，成本较低。

条带式包装可以通过内容物的插入使包装材料延展形成泡眼区域，也可以在填充前预成型泡眼（见图6-24）。

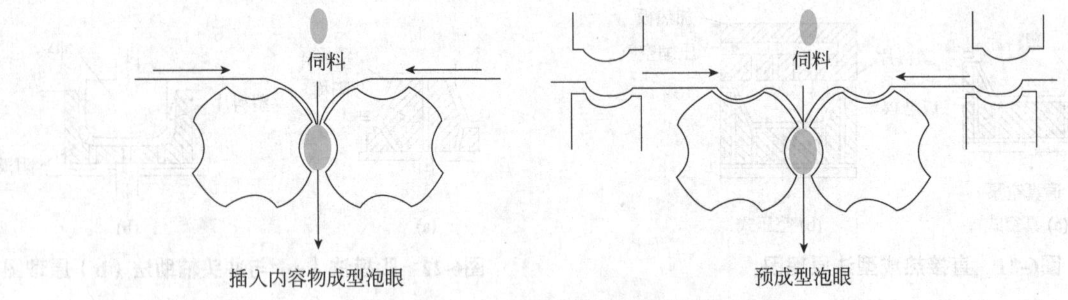

图6-24　条带式包装泡眼成型示意图

条带式包装机械比泡罩包装要简单和小得多，通常只含有伺料系统、产品插入和热封系统以及切割到适当尺寸的剪切装置。伺料通常采用伺料轨道的振荡料斗，也可以采用带有下落立管或刮板的旋转台。大多数机器采用垂直加料，但偶尔卷材也会随着平板式刮板水平运行。

铝塑热封包装机是以塑料薄膜为包装材料，间歇投入药片，分别为双片和单片包装。具有压合牢靠、花纹美观等特点，已广泛用于各种形状的口服固体制剂如片剂、胶囊剂等的包装。

热熔性塑料材料在受加热作用时，会软化成为熔融的热塑化状态，包装封接部位的薄膜层受热软化到熔融状态时，对其施加接触压力，使处于熔融状态的封接部位材料界面之间被突破而熔接成一体，冷却后得到熔接连接，即热封包装。因而热熔性塑料薄膜及有这种塑料膜层的复合材料用于包装材料，可采用加热、加压熔接的热熔封合连接方式（称热熔封接或热封合）。热封合的加热方法常用电阻加热、高频电流加热、超声波加热、电磁诱导加热和高能光源加热等技术。封合技术常常应用于塑料薄膜层的各种软性包装容器制造及其封口封接连接中。图 6-25 为铝塑热封包装机的结构示意图。

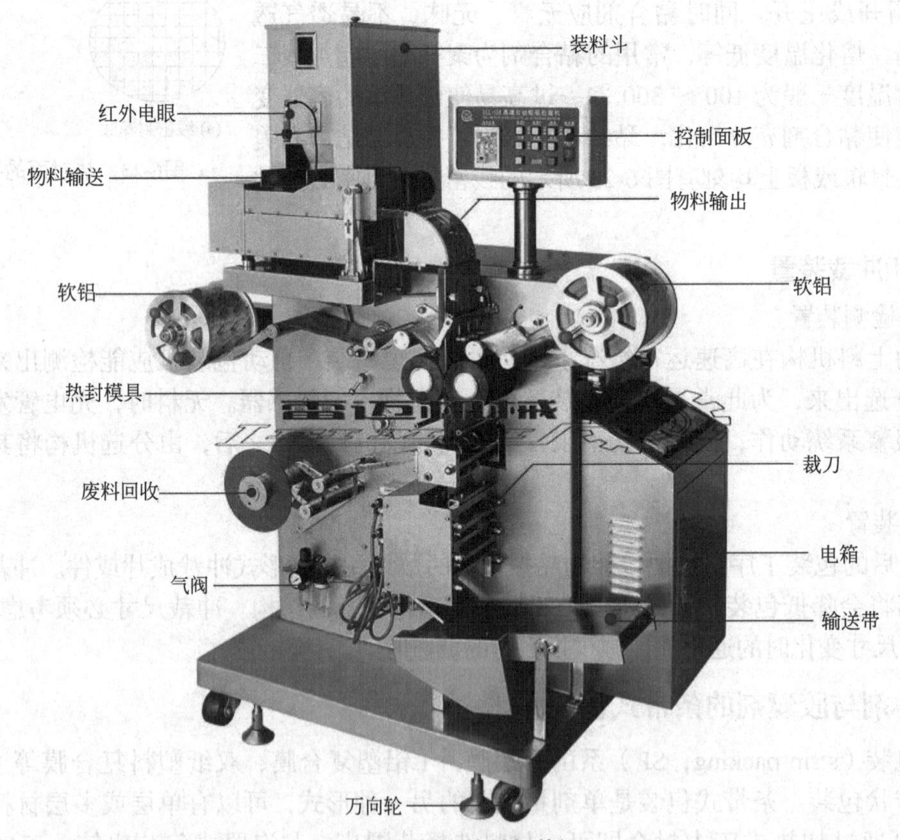

图6-25　铝塑热封包装机

（三）片剂和胶囊剂的瓶包装

许多固体制剂如片剂、胶囊剂、丸剂等，常以几粒乃至几百粒不等的数量装入瓶中供应市场。瓶装片剂与胶囊剂主要采用玻璃瓶与塑料瓶两种包装形式。采用塑料瓶时，在向计数填装机供应塑料瓶之前要经过一道预备工序：空气清洗。其余包装形式都是相同的。瓶子的容量最小是 10 片，大的可达 500 片、1000 片，因此为了封瓶计数和填装的自动化，一定要按不同的品种和容量分别采用专用设备。药用瓶包装联动线是以粒计数的药物由装瓶机械完成内包装过程的成套设备。一般由理瓶机、计数充填机、塞入机（塞入纸、聚氨酯泡沫塑料、棉花或干燥剂等）、上盖旋盖机、铝箔封口机、贴标签机、装盒机、纸盒集装机或捆扎机、产品检验机等组成。药用瓶包装联动线见图 6-26。组成生产线的每台设备均有独立的操作控制系统，可单独使用，也可组成完整的包装生产线使用，智能联控功能保证各道工序动作协调。瓶包装自动线内设有检验装置，例如计数填装机上装有“缺片（胶囊）检验机”和“缺瓶检出机”；旋盖机上装有“瓶盖密封检验装置”等。目前，计数充填机已经采用微机控制的全自动系统，提高了检验的效率和准确性。

图6-26 药用瓶包装联动线

就自动线内的纸盒集装机、纸盒捆扎机和收缩包装机的捆包方式而言，一般将片剂、胶囊剂装入单个内包装，如板片内盒和瓶装内盒，又以包装单位数集中装入外盒（箱），再将这外盒（箱）装入某个盒子里或瓦楞纸箱，这是一种代表性的捆包方式。包装线内代替这些外盒（箱）的是各种包装膜，将装有制剂的单剂量包装以包装单位数集中，然后用各种材料的膜进行捆包。这种捆包使用透明膜，单个内包装的设计可见，因而商品性提高，包装材料费减少。此外，盒（箱）式包装的机械设备简单，这种趋势还将得到发展。但是因外箱包装改为膜包装，所以运输中缓冲性下降；时间长膜会变色，产生皱纹和吸附尘埃等。

1. 输瓶机构

输瓶机构由理瓶机构和输瓶轨道两部分组成。经灭菌处理过的空瓶在输瓶轨道上进行连续送瓶，为了防止挤坏、堵塞，并以适当的间距与速度单个地传送到药片装瓶处，就必须在输瓶机构中采用限位机构。常见的限位机构有螺旋输送式和拨盘式两种。典型送瓶机构的基本组成包括由锥齿轮传动的变螺距螺杆、固定侧向导板、链式水平输送带和组合式拨瓶星轮等。

2. 药片计数机构

目前广泛使用的片、胶囊、丸计数机构主要有两类，一类为传统的模板式计数，另一类为先进的光电计数机构。

（1）模板式计数机构

模板式计数机构是机械式的固定计数机构，也称为转盘式数片机构，系指利用转盘上的计数孔板对片、胶囊、丸等固体制剂进行计数、充填的机械。其核心部件是一个与水平成 30° 角的不锈钢固定圆盘，中间安装有一个旋转的计数孔板，孔板上均布 3 ～ 4 组小孔，每组孔数由每瓶的装量决定，圆盘上开有扇形缺口，仅可容纳一组小孔。缺口下方连接落片斗，落片斗下口直抵装药瓶口。图 6-27 为转盘计数式充填机。

工作时，圆盘内存积一定数量的药片或胶囊，药粒一边随孔板转动，一边靠自身的质量沿斜面滚到孔板的最低处落入小孔中，填满小孔的药片随孔板旋转到圆盘缺口处，通过落片斗落入药瓶。当改变装瓶粒数时，只需更换孔板即可。

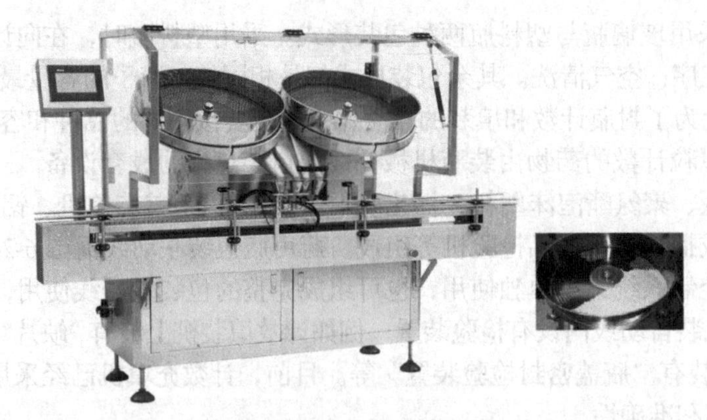

图6-27　转盘计数式充填机

（2）光电计数机构

光电计数机构是利用光电传感器，对片、丸、胶囊等制剂进行计数、充填的机械。工作时，利用一个旋转平盘，将药粒抛向旋盘周边，在周边围墙开缺口处药粒将被抛出旋盘。在药粒由旋盘滑入药粒溜道时，溜道上设有光电传感器。通过光电系统将信号放大并转换成脉冲电信号，输入具有“预先设定”及“比较”功能的控制器内。当输入的脉冲个数等于人为预选的数目时，控制器发生脉冲电压信号，将通道上的翻板翻转，药粒通过并引导入瓶（见图 6-28）。这种计数机构也可以制成双斗装瓶机构，药粒通道上的翻板对着分岔的两个出料口，翻板停在一侧，有一个出料口打开，另一个出料口关闭。图 6-29 所示为 SHG-16 型自动电子数粒机，利用旋转平盘对药粒进行排列并使之进入计数通道，在光电检测及控制装置的作用下进行计数和分装。

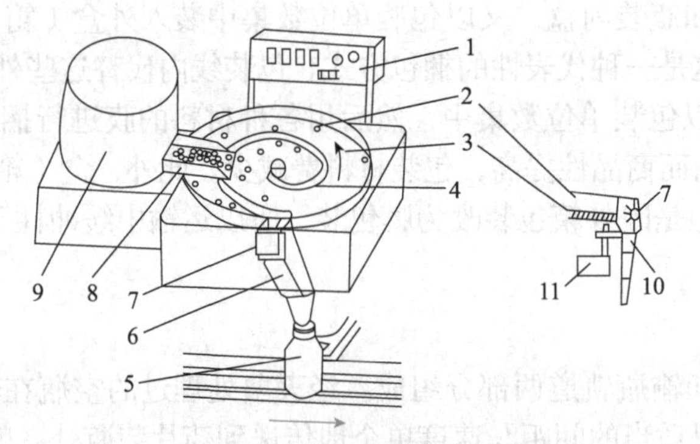

图6-28　光电计数装置示意图

1—控制面板；2—围墙；3—旋转平盘；4—回形拨杆；5—药瓶；6—药粒溜道；7—光电质感器；8—下料溜板；9—料桶；10—翻板；11—磁铁

图6-29　SHG-16型自动电子数粒机

3. 塞入机构

塞入机是对已充填药品的瓶装容器塞入相应填充物的机械。瓶装药物的实际体积均小于瓶子的容积，为防止贮运过程中药物相互磕碰，造成破碎、掉末等现象，常用洁净碎纸条或纸团、脱脂棉等填充瓶中的剩余空间，对于易吸湿的药物可在瓶内加入干燥剂。在装瓶联动机或生产线上可根据装瓶要求配置塞入机。

常见塞入机构有两类。一类是利用真空吸头，从已裁好的纸堆中吸起一张纸，然后转位到瓶口处，由塞纸冲头将纸折塞入瓶；另一类是利用钢钎扎起一张纸后塞入瓶内。

4. 封蜡机构与封口机构

封蜡机构是指药瓶加盖软木塞后，为防止吸潮，常需用石蜡将瓶口封固的机械。它应包括熔蜡罐及蘸蜡机构，熔蜡罐是用电加热使石蜡熔化并保温的容器，蘸蜡机构是利用机械手将输瓶轨道上的药瓶（已加木塞的）提起并翻转，使瓶口朝下浸入石蜡液面一定深度（2 ～ 3 mm），然后再翻转至输瓶轨道前，将药瓶放在轨道上。

这类机构原理简单，但形式变化较多。用塑料瓶装药物时，由于塑料瓶尺寸规范，可以采用浸树脂纸封口，利用模具将胶膜纸冲裁后，经加热使封纸上的胶软熔。同时，输送轨道将待封药瓶送至压辊下，当封纸带通过时，封口纸粘于瓶口上，废纸带自行卷绕收拢。

5. 旋盖机

旋盖机是将螺旋盖旋合在瓶装容器口径上的机械。无论玻璃瓶或塑料瓶均以螺旋口和瓶盖连接，人工拧盖不仅劳动强度大，而且松紧程度不一致。旋盖机是在输瓶轨道旁，设置机械手将到位的药瓶抓紧，由上部自动落下扭力扳手（俗称旋盖头）先衔住对面机械手送来的瓶盖，再快速将瓶盖拧在瓶口上，当旋拧至一定松紧时，扭力扳手自动松开，并回升到上停位。当轨道上没有药瓶时，机械手抓不到瓶子，扭力扳手不下落，送盖机械手也不送盖，直到机械手抓到瓶子时，下一周期才重新开始。

四、注射剂的包装

注射剂系指原料药物或与适宜的辅料制成的供注入人体内的无菌制剂。《中国药典》将注射液分为注射液、注射用无菌粉末和注射用浓溶液三大类。其中注射液根据其容量分为小容量注射液和大容量注射液，一般以 20 mL 为区分点，小于或等于 20 mL 的为小容量注射液，采用的包装容器常为硬质中性玻璃制成的安瓿，常规为 1 mL、2 mL、5 mL、10 mL、20 mL，故又称安瓿剂，俗称水针剂。大容量注射液（除另有规定外，一般不小于 100 mL，生物制品一般不小于 50 mL）供静脉滴注，故又称输液。

（一）水针剂的包装

1. 水针剂安瓿包装自动线

水针剂的生产工艺流程包括原辅料的准备、配制、过滤、灌封、灭菌、质检、印字、包装等步骤，可分为单机生产工艺和联动机生产工艺两种。图 6-30 为水针剂安瓿包装自动线，第一道工序由水针剂安瓿洗灌封联动机完成，其生产工序包括：进瓶、洗瓶、烘瓶（灭菌）、灌装、封口和装盘等。

水针剂安瓿洗灌封联动机主要由安瓿超声波清洗机、隧道式干燥灭菌机和多针拉丝安瓿灌封机三台单机组成，既可以组成一体连续操作，每台单机也可根据工艺需要进行单独的生产操作，见图 6-31。

洗灌封联动机实现了从洗瓶、烘干、灌液到封口多道工序生产的联动，缩短了工艺过程，减少了安瓿间的交叉污染，明显提高了水针剂的生产质量和生产效率。其特点包括：

① 采用了先进的超声波清洗、多针水气交替冲洗、热空气层流消毒、层流净化、多针灌封和拉丝封口等先进生产工艺和技术。全机安瓿进出料采用串联式，可避免交叉污染，使整条联动机生产线结构清晰、明朗和紧凑，占地面积小。

② 全机设计考虑了运转过程的稳定可靠性和自动化程度，采用了先进的电子技术和计算机控制，实现机电一体化，使整个生产过程达到自动平衡、监控保护、自动控温、自动记录、自动报警和故障显示，减轻了劳动强度，减少了操作人员。

③ 生产全过程是在密闭或层流条件下工作的，符合 GMP 要求。

④ 适合于我国 1 mL、2 mL、5 mL、10 mL、20 mL 5 种安瓿规格，通用性强，规格更换件少，更换容易。

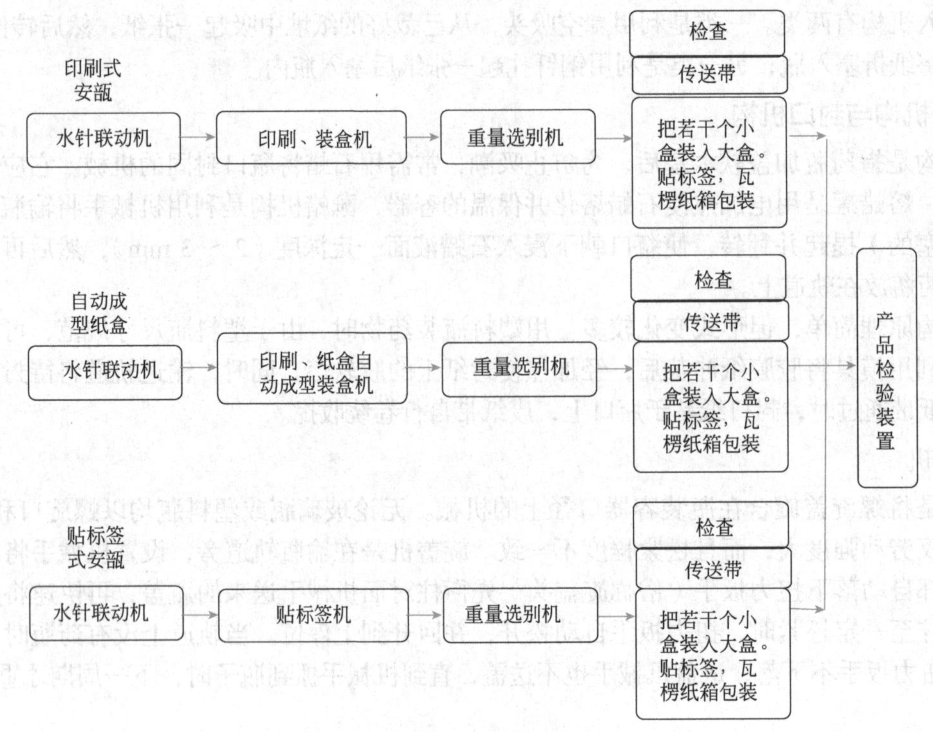

图6-30　水针剂安瓿包装自动线

图6-31　水针剂安瓿洗灌封联动机

安瓿以10支为单位包装在带有波形注射剂床座的纸盒中，然后将5盒（50支装）或10盒（100支装）集装在一个大盒内（销售的最小单位）。安瓿的标识方法有直接印刷和贴标签两种，但由于需要标识的项目越来越多，印刷方式很难适应，采用贴标签方法是发展趋势。

2. 安瓿灌装机构

安瓿灌装机构的执行动作主要由凸轮-杠杆机构、注射灌液机构和缺瓶止灌机构组成（见图6-32）。凸轮-杠杆机构由凸轮1、扇形板2、顶杆3、顶杆座5和针筒7等构件组成。工作时，凸轮1的连续转动，通过扇形板2转换为顶杆3的往复移动，再转换为压杆6的上下摆动，最后转换为针筒芯20在针筒7内上下往复移动，从而将药液从贮液罐17中吸入针筒7内并向针头10进行灌装。注射灌液机构由针头10、针头托架18及针头托架座19组成。其功能是提供针头10进出安瓿完成灌注药液的动作。针头10固定在针头托架18上，随它一起沿针头托架座19上的圆柱导轨做上下滑动，完成对安瓿的药液灌装。为了增加针剂的稳定性，常常在药液灌装后还需注入某些惰性气体如氮气，充气针头与灌液针头常并列安装在同一针头托架上，同步运作。缺瓶止灌机构由摆杆12、行程开关14、拉簧15和电磁阀4组成。其功能是当送瓶机构故障致使灌液工位出现缺瓶时能自动停止灌液，以免药液的浪费和污染。

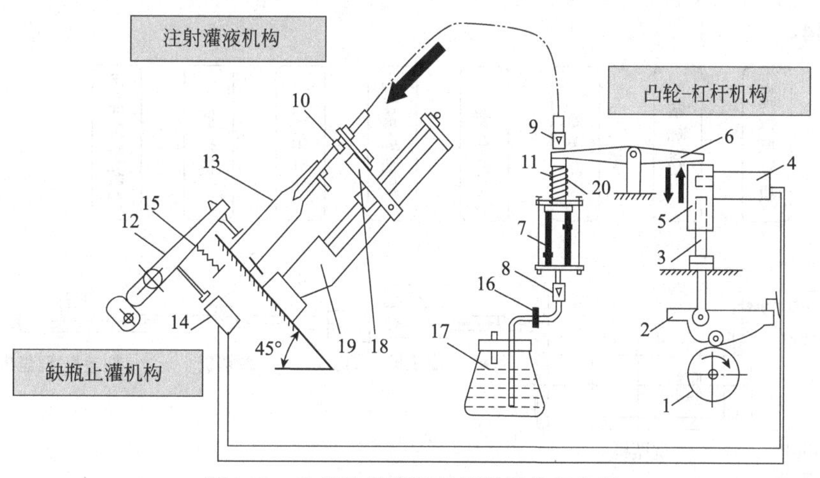

图6-32　安瓿拉丝灌封机灌装机构示意图

1—凸轮；2—扇形板；3—顶杆；4—电磁阀；5—顶杆座；6—压杆；7—针筒；8，9—单项阀；10—针头；
11—压簧；12—摆杆；13—安瓿；14—行程开关；15—拉簧；16—螺丝夹；17—贮液罐；18—针头托架；19—针头托架座；20—针筒芯

3. 安瓿拉丝封口

安瓿封口方式主要有熔封和拉丝封口两种。熔封是指旋转安瓿瓶颈，玻璃在火焰的加热下熔融，借助表面张力作用而闭合的一种封口形式。拉丝封口是指当旋转安瓿瓶颈，玻璃在火焰加热下熔融时，采用机械方法将瓶颈闭口。国内熔封技术不过关，易产生封口毛细孔、“爆头”“脱顶”等现象，目前已被拉丝封口工艺取代。

拉丝封口主要由拉丝机构、加热部件及压瓶机构组成。拉丝机构包括拉丝钳、控制钳口开闭部分及钳子上下运动部分，其传动形式有气动拉丝和机械拉丝两种。两者不同之处在于控制钳口开闭部分，气动拉丝通过气阀凸轮控制压缩空气经管道进入拉丝钳使钳口开闭，而机械拉丝则由钢丝绳通过连杆和凸轮控制拉丝钳口开闭。气动拉丝结构简单，造价低，维修方便。机械拉丝结构复杂，制造精度要求高，适用于无气源的地方，且不存在排气的污染。

图 6-33 所示 LAG1-2 安瓿拉丝灌封机的气动拉丝封口机构主要由拉丝、加热、压瓶三个机构组成。已灌装药液的安瓿经移动齿板传递到封口位置时，安瓿边转动边加热，预热段火焰温度达到 750 ℃，拉丝位可达 1400 ℃左右，当安瓿颈部周围加热到一定温度时，拉丝钳口张开向下移动，在钳口处最低位时拉丝合拢将安瓿头部钳住，钳子上移时将安瓿熔化丝头抽出并由安瓿回转而使安瓿闭合严密。当拉丝钳达最高位时拉丝钳张开、闭合两次，将拉出的废丝头丢掉，从而完成拉丝动作。安瓿封口完成后，凸轮驱动摆杆将压瓶轮抬起，移动齿板将封口的安瓿移至出瓶斗呈直立状态。

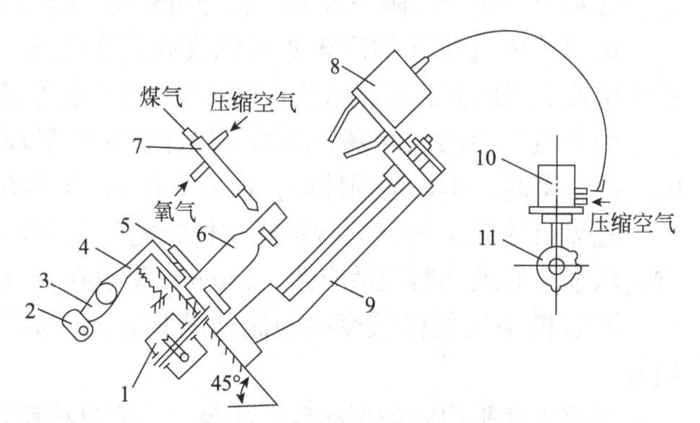

图6-33　LAG1-2安瓿拉丝灌封机气动拉丝封口机构示意图

1—拉丝钳；2—喷嘴；3—安瓿；4—压瓶滚轮；5—摆杆；
6—凸轮；7—拉簧；8—减速箱；9—钳座；10—凸轮；11—气阀

（二）输液的包装

输液（infusions）系指供静脉滴注用的大容量注射剂，常用的装量有 50 mL、100 mL、250 mL、500 mL、1000 mL 五种规格。其包装容器主要有玻璃瓶、塑料瓶和输液软袋三种类型。

1. 玻璃瓶装输液的包装

输液是临床急救必不可少的药物，目前对输液用药生产及其包装的机械化、自动化的要求越来越高。虽然玻璃瓶装注射剂的内装药品、形状、容量等各有不同，但加瓶塞和瓶帽卷边后的各道工序大体相同，见图 6-34。

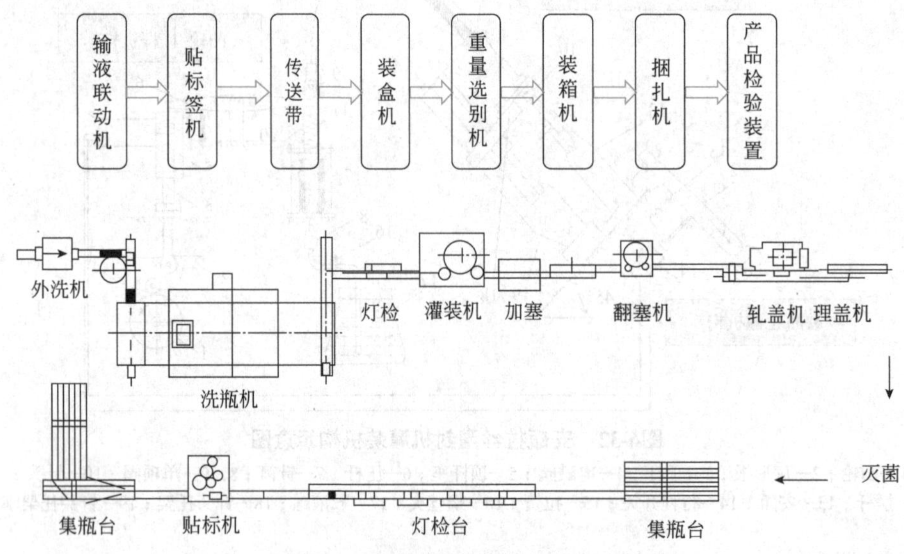

图6-34　玻璃瓶装输液的包装自动线

下面以 SV500 型大输液联动机组为例，对其结构形式及特点进行简单介绍。SV500 型大输液联动机组由理瓶机、输瓶机、外洗机、内洗机、灌装机、翻塞机、轧盖机及贴签机 8 种单机 12 台设备联合组成输液自动生产线。本机组的基本机型为 SV500 型，派生机型为 SV250 型。该联动机组的联动工序为：

理瓶→输瓶→淋水→外刷→淋水→输瓶→第 1 次内刷（砂棒过滤自来水）→第 1 次内冲水（砂棒过滤自来水）→第 2 次内刷→冲洗涤液→第 2 次内冲水（砂棒过滤自来水）→第 1 次外冲水→第 3 次内冲水（砂棒过滤自来水）→第 1 次内冲三级过滤交换水→第 2 次内冲三级过滤交换水→输瓶→第 1 次内冲三级过滤蒸馏水→第 2 次内冲三级过滤蒸馏水→灌装药液→人工放膜放塞→翻塞→落盖→轧盖→计数→装车→灭菌→人工灯检→贴标签→印批号等 30 个工序。

机组的内洗机又称筒式洗瓶机或双筒洗瓶机，它由粗洗机、精洗机、输瓶机三个部分组成。粗、精洗由输瓶机隔开，按输液生产的 GMP 要求放在各自的生产区域内。

翻塞机采用两次翻塞和翻塞头局部转动的跟踪式结构，翻爪中心转动式定位，对形变胶塞适应性强，翻塞率高。本机适用性好，适应 250 mL 和 500 mL 两种规格的输液瓶翻塞。

轧盖机的轧头为三刀行星式柔性结构，瓶固定，轧刀转动，可消除中心定位误差对轧盖质量的影响，增强了对玻璃瓶的适应性。250 mL 和 500 mL 的瓶能通用。

灌装机采用无机械摩擦的流动灌装方式，灌装漏斗采用滚焊和氢弧焊的结构，确保输液灌装的质量。

落盖工序采用电磁振动自动落盖，舌形自动戴盖，结构简单，戴盖准确。

输瓶机结构简单，独立传动，运行稳定可靠，采用拨轮进出瓶机构，进瓶平稳，噪声小，变换规格及安装方便。

贴签机采用双转鼓真空吸签，能做到无瓶不递签、不取签，无签不涂浆、不印批号、不贴签。采用非等距搅笼进瓶机构，进瓶平稳，贴签效果好，适用规格广。

全套包装线以内洗机为中心，采用无级调速的直流电机，电控箱全部置于轨道之上，使用方便，且防水防潮。

2. 塑料瓶装输液的包装

瓶装输液，除采用玻璃瓶包装外，目前更多使用的是塑料瓶包装。塑料输液瓶多为聚丙烯瓶，具有耐水、耐腐蚀、无毒、质轻、耐热性好、机械强度高、化学稳定性好的特点，其生产线的优点很多。塑料瓶输液生产方法分一步法和分步法两种。一步法是从塑料颗粒处理开始，制瓶、灌装、封口等工艺在一台机器内完成。分步法则是由塑料颗粒制瓶后再在清洗、灌装、封口联动生产线上完成。塑料瓶装输液生产线从制瓶到输液成品完成，可在同一洁净车间一次完成，省去了玻璃瓶生产中空瓶包装、运输、拆开和清洗等重复劳动。更可取的是，塑料输液瓶常在吹塑机上成型后于模具中立即灌装和封口，再脱模出瓶，这样更易实现无菌生产，生产过程中的劳动量及劳动强度均大为改善。标签可直接印刷到瓶上，或先贴标签，然后连同说明书同时封在一个小包装盒里，再将几个包装小盒包装在一个单元盒内或捆包起来，经检验，最后装入瓦楞纸箱。也有像安瓿，采用贴好标签后再自动封入包装小盒或单元纸盒的包装自动线。

全自动塑料瓶制瓶机主要由注塑机、注塑模具、吹塑模具及传动机构组成，为一步法成型机，即塑料瓶是注塑、拉伸和吹塑一次成型。工作时，医用级聚丙烯原料经送料机输送到注塑台料斗内，再流入注塑螺杆内经加热并熔融后由注塑系统注入注塑模具（瓶坯模）内，经冷却后脱模形成瓶坯。瓶坯再经预备吹塑工位通过温度调整后由低压空气对瓶坯进行预备吹塑，以达到消除原料内部应力并促进双向拉伸效果。经预吹之瓶坯传动到吹瓶工位进行高压空气吹塑及定型，最终产品经滑槽送出机台外。

塑料输液瓶洗灌封机主要由输瓶、夹瓶传递装置，清洗工位，灌装工位，焊接工位，出料工位，以及上料、在线 CIP/SIP 等附加装置，电气控制、气动控制、传动系统等组成。工作时，人工上瓶或通过与制瓶机边线自动上瓶，通过气吹使塑料瓶加速连续运行，被分瓶盘等距分隔开，通过机械手夹持将其依次送入第一、第二洗瓶工位，将其翻转倒扣在洗瓶嘴上进行冲洗，再被送入灌装区内进行灌装，再进入封口区进行焊接封口，封好口的塑料瓶通过输送带输送出去（见图 6-35）。整机全过程采用机械手夹持瓶口完成气洗、水洗、灌装、封口各项功能。其次将气洗、水洗、灌装、封口四大功能结合在一台机械上，实现洗、灌、封一体化，减少了中间环节的污染，全部过程自动化。

图6-35　塑料输液瓶吹、洗、灌、封生产线

3. 共挤膜软袋输液包装

多层共挤膜软袋输液剂目前有单室、双室、多室等多种形式（见图 6-36）。它改变了传统的输液包装方式，具有很多优点，如无毒；与药液相容性好；可自收缩，输液过程无须进入空气，消除了二次污染；低透水透气性和低迁移性；耐 121 ℃高温灭菌；机械强度高、抗低温、不易破裂、易于运输和储存；易回收处理，对环境无害等。国内外普遍采用的膜材主要有三层结构和五层结构的多层共挤复合膜。

（1）三层共挤膜

外层为机械强度较高的聚酯或聚丙烯，具有能够阻绝空气及良好的印刷性能；中间层为聚丙烯与不同比例的弹性材料混合或苯乙烯 - 乙烯 - 丁烯 - 苯乙烯共聚物（SEBS），要求阻水并具有抗渗透性和弹性；内层为聚丙烯与 SEBS 的混合，要求具有无毒、良好的热封性和弹性、与药液具有很好的相容性。

（2）五层共挤膜

外层为机械强度较高的聚酯共聚物，要求能提供优良的热封性和保护性，有良好的印刷性能；第二层为乙烯 - 甲基丙烯酸酯聚合物，起外层和第三层结合作用；第三层为聚乙烯，要求提供水汽阻隔性和柔软性；第四层为聚乙烯，起第三层和内层连接作用；内层为改性乙烯 - 丙烯聚合物，要求无毒、具有良好的输液产品的相容性，优秀的热封性和缓冲外界撞击性。五层共挤膜制袋过程中温度控制范围 128 ～ 205 ℃，热结合温度比较宽，袋的结合质量更易控制，渗漏率低。

软袋输液剂联动生产线有两种主要形式，即以美国 PDC 为代表的回传式结构和德国普鲁玛为代表的直线式结构。其中直线式结构的市场占有率更高，主要包括共挤膜输送部分、印字部分、口管整理输送和预热部分、软袋焊接成型部分、口管热合整型部分、软袋废边剔除部分、药液灌装部分、盖子整理输送和预热部分、盖子焊接部分、PLC 控制系统、液压控制系统、气动控制系统、传动系统等（见图 6-37）。

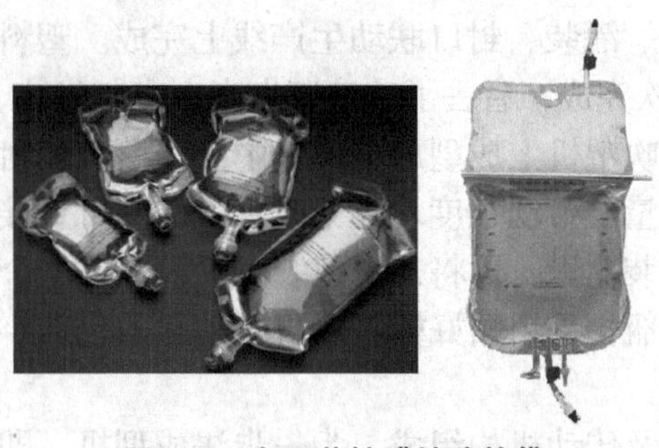

图6-36　多层共挤膜输液软袋

图6-37　软袋输液剂制袋洗灌封生产线

该联动线能自动完成开膜、印字、打印批号、制袋、灌装、自动上盖、焊接封口、排列出袋等工序，现再配上软袋传送、灭菌、检漏、灯检等辅助设备，能完成整个软袋输液剂的生产，生产过程如图 6-38 所示。

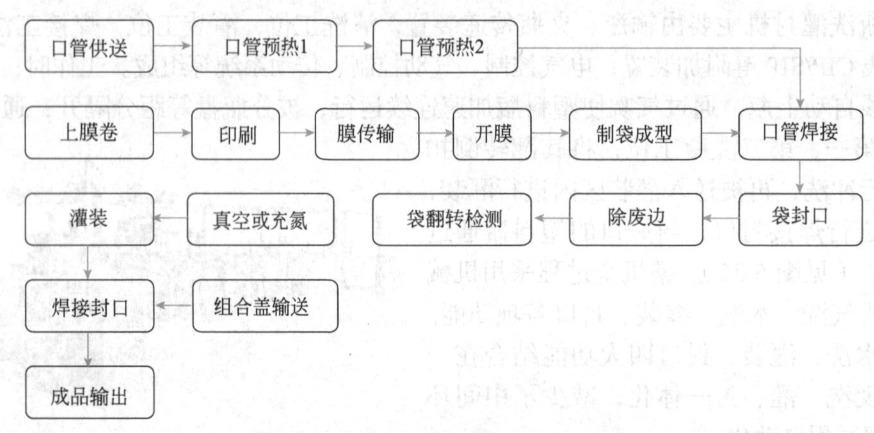

图6-38　共挤膜软袋输液剂工艺流程

五、软膏剂的包装

软膏剂是常用的半固体制剂，其包装容器主要有软膏管与软膏瓶（罐）两种形式（见图 6-39）。软膏管的充填过程是按软管的容积，采用活塞泵抽吸一定剂量的软膏，再将其注入各倒置的软膏管中。软膏剂自动充填机，除了高速、自动化之外，其机构运动与手动充填机械基本相同。生产中使用的软膏充填封合机，通常是由半自动的送管装置、上管装置、拧盖装置、充填装置、打印装置、加热料斗、料斗内搅拌装置或计数装置等一系列部件组成。金属软膏管一般采用折尾的方式封闭，而塑料软管的封闭则采用热封合工艺。

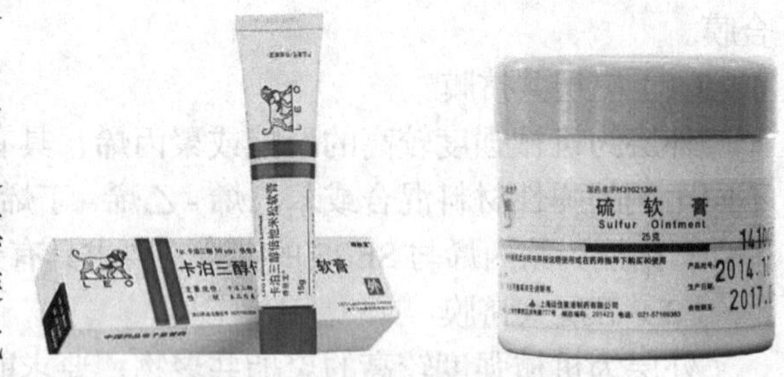

图6-39　软膏剂的常用包装形式

（一）软膏剂的充填

软膏剂等膏状物料黏稠度大、流动性较差，若用一般的固体物料输送给料装置进行给料或者用液体物料管道自高位靠重力输送给料，因其黏滞阻力很大而不易实现。即使应用真空灌注法，有些物料其流动速度也很慢，装填灌注的生产能力低下，无法适应包装生产的需要。但是，这些膏状物料，其分子之间的结合力差，内摩擦阻力小，在外界压力作用下体积不可压缩，很容易发生形变流动，能沿任何方向等强度地传递压力等性质，因而适宜采用加压后在管道内输送再充填（灌注）入包装容器的装料方法，即强制充填灌注装料法。

强制充填灌注是用机械装置对包装物料施加机械压力后，再经装填导引注入包装容器中。强制充填灌注属于压差灌注法，其灌注压力是由专门的机械装置泵所施加的，能得到较大的压差，可提高充填灌注的生产能力。机械设备所占的空间较小，但机械装备较复杂，工作耗能较大，强制充填灌注的装置包括贮料斗、进料管道、排料管道、溢流管道和相应的阀门装置，加压等设备（机械泵），灌注嘴及充填控制装置等。贮料斗通常设置在高位，有进料管道和相应的阀门与加压机械设备相连通，在机械装置运转中，将待包装物料由进料通道抽吸到加压机械设备中进行加压，然后由与之连接的阀门和排料管道排出到灌注嘴供装填灌注到包装容器中（见图 6-40）。常用加压机械设备有柱（活）塞泵、齿轮泵、螺杆泵、膜片泵等。

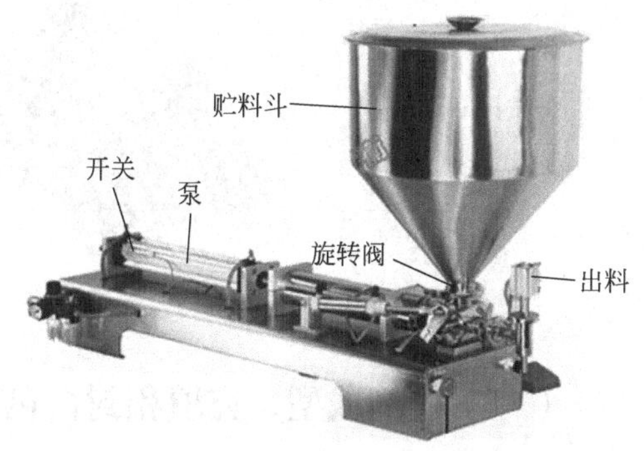

图6-40　软膏剂强制充填灌注装置

（二）软膏剂包装机

软膏剂包装设备按自动化程度可分手工、半自动和全自动灌封机。下面以 IU60 型全自动软膏灌装封口机为例进行简单介绍。该机由软管输送槽、转盘、料斗、活塞及泵、旋转阀、软管封尾、合格品和次品排出、机座、传动系统、控制箱组成，适合于各种软管的封口，如铝管的折尾、塑料管或复合管的热压或热封合等。

1. 软管进料

软管进料最简便的方法是用手朝固定加料器槽方向推入。一般来讲，加料装置和自动储存装置的功能是自动的，如同一个盒式加料器，软管从槽到达预定位置的吸入部分，再从吸入部分推入管孔。

2. 拧盖

采用与软管尺寸形式相当的工具拧紧螺纹盖，软管清洗装置也是处于这个拧盖的位置。

3. 印刷标记

如果遗漏了印刷标记，旋转停止，后面灌装过程也停止。

4. 软膏灌装

从顶上的漏斗通过直接连接的管路，使膏剂下落进行灌装。水平的软膏剂通过活塞挤出，漏斗和活塞间的旋转阀开启，软膏剂在活塞泵作用下经过灌装喷嘴进入软管。随着灌装过程不断地进行，软管升到盒式加料器喷嘴之上，然后降落下来，这个方法可以防止由于空气驻留而导致的介质不易充满的情况发生。

5. 软管清理

金属管在三个位置封口，必须根据是双褶或三褶的管托进行封闭，折叠工具回转而没有任何剪力，折叠工具加压，滚花并加上标记号码。PE 和层压管材的热封在两个位置完成。接缝是在两个冷却夹片中加压，还能按个别需要在调整前打印。

6. 软管的翻转和弹出

封管摇摆地返回到较低的水平位置并弹出，特别设计的运转系统和纸盒机能适应多种软膏剂包装连续地进入纸盒。将 IU60 型全自动软膏灌装封口机与纸盒机连接，构成一种理想的软管包装自动线。国产软膏剂灌装封口机见图 6-41。

图6-41　软膏剂灌装封口机

六、栓剂的包装

目前，栓剂的包装形式主要有两种。一种是在 PVC 薄膜或铝箔模压成型的浅盘容器内，灌注栓剂的熔融混合物，然后使之冷却成型；另一种是加工成型的栓剂用铝箔加以热封合。前者类似于片剂的透明泡罩式包装，后者相当于片剂两面用铝箔进行热封合包装（见图 6-42）。

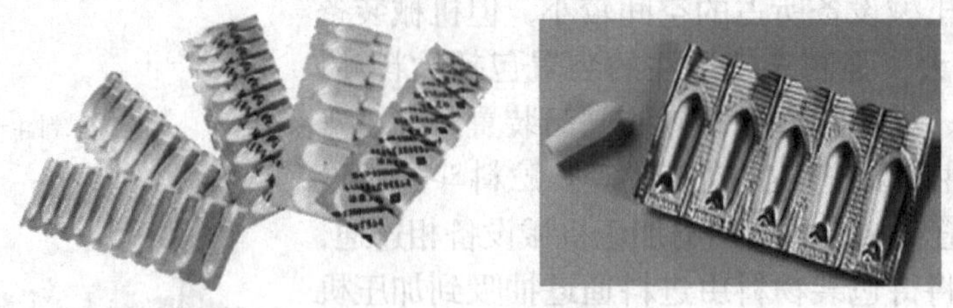

图6-42　栓剂的包装

（一）栓剂成型、充填和封合包装机

这类包装机的工作原理与前述卧式滚筒型泡罩式包装机的工作原理基本相同，其工艺流程见图 6-43。

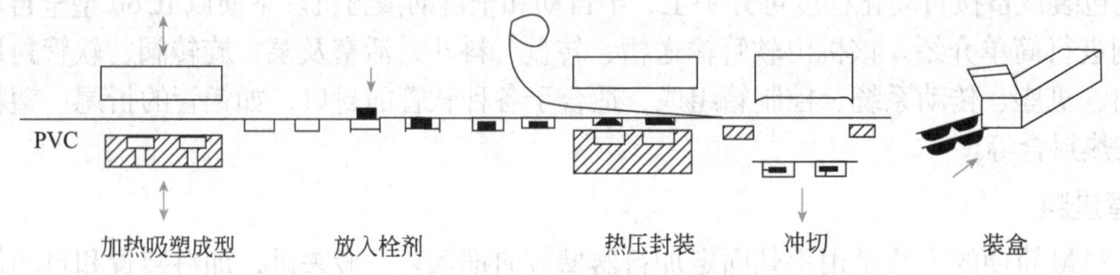

图6-43　栓剂包装流程示意图

工业化大量生产已采用自动化模制机来完成。全自动栓剂灌封机（图 6-44）主要由制带机、灌注机、冷冻机、封口机等组成，能在同一台设备中自动完成栓剂的制壳、灌注、冷却成型、封口等全部工序，产量为 18000 ～ 30000 粒 /h。其中制壳材料为塑料和铝箔，它不仅是包装材料，又是栓剂模具。此种包装不仅方便生产，减轻劳动强度，而且不需冷藏保存。此外，灌注机组同时具有智能检测模块，可以实现自动纠偏、瘪泡检测、装量检测、剔除废品等功能，节省劳力，确保产品质量。

图6-44　全自动栓剂灌封机

（二）铝箔热封合栓剂包装机

图 6-45 为单列与双列的栓剂充填包装机，成型的栓剂在该机上通过铝箔和铝塑复合材料自动封合进行包装，依靠电磁振荡器送料的功能将栓剂输入工位。这种热封包装形式一般都是双列以上，因为单列形式对栓剂包装而言是不经济的，所以可以采用多列包装，如四列、六列等。

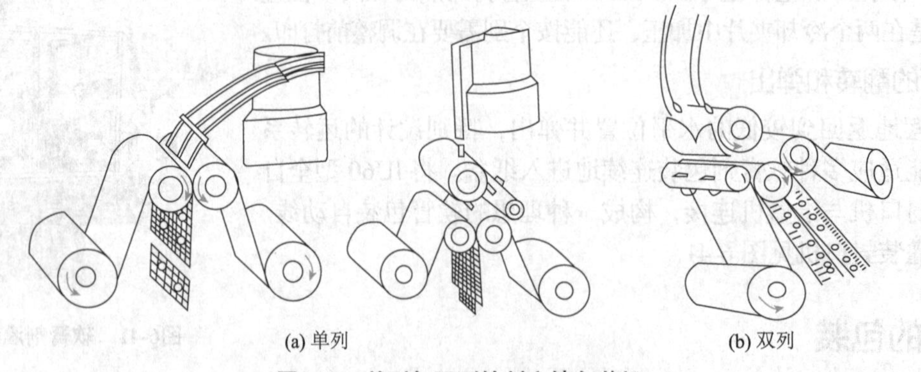

图6-45　单列与双列栓剂充填包装机

七、气雾剂的包装

气雾剂的包装组成主要包括耐压容器、塑料盖帽和阀门系统（见图 6-46）。容器包装材料有钢板、铝板、玻璃、不锈钢和塑料，其中以钢板为大多数，占 80% ～ 90%，铝板占 10% ～ 15%。内容物主要有产品和抛射剂。不同类型的抛射剂，初始压力会有所不同，21 ℃时，压力通常在 10 ～ 70 lbf/m^2（1 lbf = 4.45 N）范围内，但抛射剂是压缩的惰性气体时，容器在初始时的压力很高（90 ～ 150 lbf/m^2）。阀门被设计成可以按需要的方式释放产品，同时在产品被用尽之前，保持产品和抛射剂的密封状态。产品被密封在容器内并与空气和外界其他污染物隔离。阀门类型需要根据处方、抛射剂和产品释放方式进行选择，如雾、泡沫、射流、粉末等。

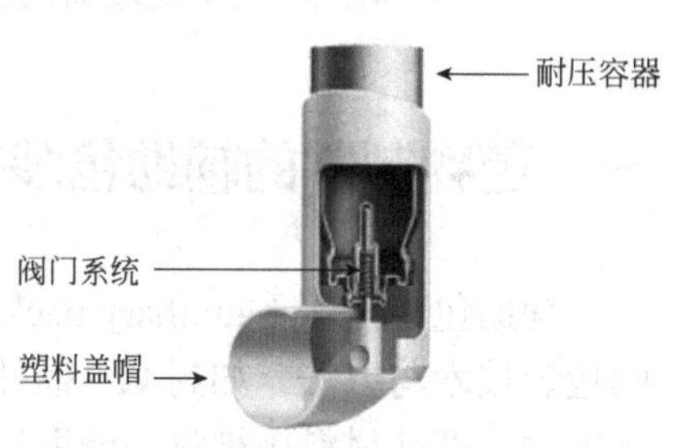

图6-46　气雾剂的包装示意图

（一）阀座的安装

气雾剂的容器是一种压力容器，通常采用金属材料制备，也有玻璃或塑料的气雾剂容器。阀门系统的安装是确保气雾剂包装密封性能的关键。

阀座通常由马口铁制成，并带有一个垫圈（通常为丁腈橡胶）以确保锥形体的防渗漏密封。除最小的“一体”容器外，锥形体均配以标准的 1 in（1 in = 0.02539 m）口。把阀座封闭连接至锥形体上的方法是卷边、钳紧，或更准确地说冷挤（即在锥形体的弯边以下通过机械方法使阀支座膨胀，从而使连接处达到一定的机械强度），填充后的包装可耐受高达 50 lbf/in^2 的压强。冷挤工艺本身非常关键，挤压深度和直径必须严格控制，以免泄漏。在阀座中心安装有阀体，其中安装有阀杆。它通过一个不锈钢弹簧而保持“关”的位置。通过按下或侧压触动装置或按钮打开阀门，产品则通过吸液管向外释放。阀体和阀座之间的密封通常受丁腈橡胶或氯丁橡胶垫圈的影响。

（二）填充和包装

气雾剂的填充过程包括四个主要步骤，即填充、排气、冷挤和抛射剂填充，其顺序可以不同。可以采用冷填充和压力填充两种方法。

冷填充系指产品和抛射剂都被冷冻并在压入前以液体形式通过直径 1 in 的口，并按容量填充（此过程为自排气）。产品组成必须能够耐受低温，常常适合填充非含水产品，目前已很少使用。压力填充也是从产品填充开始，但抛射剂在填充时为气体状态。产品填充后，顶空部位被抛射剂蒸气所充满，然后将阀冷挤定位。压力填充的一种改型方式称为阀座下填充，即先填充产品，然后将阀门松开，将容器抽真空，在阀座下注入抛射剂，最后将阀座冷挤入容器。压力填充设备比冷填充设备昂贵，但运行费用较低。

在所有这些工艺中，通过真空或抛射剂蒸发排气清除顶空部位的空气是至关重要的，否则容器内部压力会降低。

填充和封闭后，容器在 55 ℃或更高温度的水浴中检漏。然后容器被干燥，装上按钮。所有容器都在一特殊的喷台中检测喷雾情况。未印刷的容器被贴上标签并套盖。在这一阶段部分产品被取出，然后在一定储存期内（允许垫圈膨胀）检查失重。

有时使用两部分组成的盖，其内部是触动装置，而外部质硬，其一般的功能是防止由于顶压而导致的意外喷射。加盖和贴标签的气雾剂，随后装入带隔板或无隔板的外包装箱，或收缩包裹。

在许多国家，强制性要求在容器上加入警告性文字，如“高压容器，避光，不要暴露在超过 50 ℃的环境中，即使使用后也禁止刺孔或燃烧，禁止冲明火或自燃材料喷射”等。如果根据适当标准检测方法认定阀门操作时的喷射物具有易燃性，则必须进行说明。这些警示语通常不仅在外包装，而且在单元包装容器上也是必需的。另一个对气雾剂而言日渐重要的要求是对防止儿童接触和触动标识封闭的要求。

第五节　药物制剂的辅助包装

一、药物制剂的辅助包装技术

辅助包装技术（auxiliary packaging technology）系指在药物制剂的各种包装操作中具有通用性工序的包装技术与方法，如封缄、捆扎、贴标、打印和防伪包装等。所用的包装材料如装潢材料、黏合剂、封闭物、捆扎材料等被称为辅助包装材料。随着新型包装辅助材料的不断出现和新的工艺的不断应用，药物制剂的辅助包装在药品包装质量和功能方面起着越来越重要的作用。

（一）药品包装封缄技术

封缄（sealing）也称封闭、封合，系指包装容器装入产品后，为了确保内装物品在运输、储存和销售过程中保留在容器中，并避免受到污染而进行的各种封闭工艺。药物制剂包装封缄的方法和使用的材料很多，主要包括黏合、封盖（塞、帽等）、热封和钉封等，常见的封口封合方式见表6-8。

表6-8　药物制剂包装常见的封口封合方式

项目	无封口材料	有封口材料	有辅助封口材料
过程	直接用包装容器口壁部分材料经热熔、黏结或扭结折叠等方法实现封口	用封口材料预先制成与被封容器口相配的封盖，然后在专用的封口机上用封盖将容器口封合	用外加的材料将已封盖或未完全封盖的容器口封合
特点	在相应的裹包机或袋装机的封口工位上直接完成操作，如安瓿熔封	适合金属、玻璃、塑料等刚性容器，有专用的封口机	可用专门的器具或机器完成封口操作，也可由人工完成封口操作

1. 黏合

黏合系指两种同类或不同类的固体，由于介于两者表面之间的另外一种物质（黏合剂）的作用而牢固结合起来的现象。简单地说，黏合是使用黏合剂进行封合的方法。其具有工艺简单，生产率高，结合强度大，应力分布均匀，密封性好，适应范围广，可增加绝热绝缘性能等优点，广泛用于纸、布、木材、塑料、金属等各种材料的结合。在封口、复合材料的制造、封箱（盒）、贴条、贴标等过程中，起重要作用。

2. 热封

热封也称加热黏合，不需要外加材料，仅靠包装材料本身加热后熔化而黏合。因此，其研究对象主要是塑料薄膜、塑料捆扎带等。

3. 用封闭物封缄

封闭物是包装容器装进产品后，为了确保内装物在运输、储存和销售过程中保留在容器里并避免受到污染而附加在包装容器上的盖、塞等封闭物或覆盖器材的总称。封闭物种类繁多，功能各异，需根据包装容器和被包装物品来选择。

（1）用于瓶、罐类包装件的封闭物

这类封闭物主要是盖和塞。盖的种类很多，目前多为金属和塑料制成，常用的有：①螺旋盖；②快旋盖；③王冠盖；④易开盖；⑤滚压盖；⑥儿童安全盖等。塞多用于狭颈容器，用软木、橡胶和塑料等制成。由于各种盖不断发展，塞的应用范围不断缩小，有的与盖合为一体，有的已被盖所代替，但有些特殊物品的包装仍需用塞封缄，如无菌的抗生素粉剂及瓶装注射液等。

此外有的瓶、罐类还有第二封口。如蜡、纤维素、金属箔片、热收缩性塑料以及其他衬垫等。它们主要起防气、防湿、装潢和防盗的作用。

（2）用于纸盒、纸箱的封闭物

纸盒、瓦楞纸箱的封缄除前面已讲过的用胶黏合或用胶带封合的方法外，还有用卡钉钉合的。卡钉是用金属制成的，与订书机用钉相似。常用的有带形与U形两种。带形卡钉是将圆的或扁平的金属丝钉子用塑料粘成带状，可成卷供应，使用方便，并可避免由于连接不良所造成的断钉或卡钉变形以及操作上的损失。卡钉经过镀镍，防锈性能良好。使用带形卡钉的封箱机一次可装1250～4000只钉，可减少装订的麻烦。对各种厚度的瓦楞纸箱，均能保证封合质量，并可进行深钉或浅钉，不会破坏箱内的衬里。U形卡钉经过防锈处理，可长期保存。卡钉连接强度良好并且柔软，具有通用性，可在手动、气动和自动封箱机上使用。

（二）防伪包装技术

防伪包装系指防止伪造、假冒、盗窃商品的包装。防伪包装技术则指在药品包装过程中对制作假冒伪劣药品行为起遏制作用的一系列技术手段。它既是防伪技术的组成部分，又是包装技术的组成部分。包装技术防伪是目前大多数生产厂家采用的主要防伪措施，但是有些产品即使采用了防伪技术，甚至是新技术的产品也不能有效地防伪。

选择防伪技术应视药品属性与价值而定。根据所做的防伪包装定位分析，可采用单一技术防伪，也可采用多重技术防伪。简单、实用、有效、经济是选择防伪包装手段的重要原则。目前防伪包装手段有很多，但主要集中在以下几个方面：防伪标识、特种材料与工艺、印刷技术和包装结构等。

1. 激光全息图像

激光全息图像是当前最为流行的防伪手段，综合了激光、精密机械和物理化学等学科的最新成果，技术含量较高。全息照相是利用光的干涉原理将光波的振幅和相位记录下来，其中振幅表示光的强弱，相位表示光在传播过程中各质点所在的位置及振动方向。一般来说，贴有全息防伪标志的药品，选购较为放心。对小批量伪造者而言，激光全息标志的技术含量高，全套制造技术较难掌握。激光全息防伪商标的制作工艺流程见图6-47。

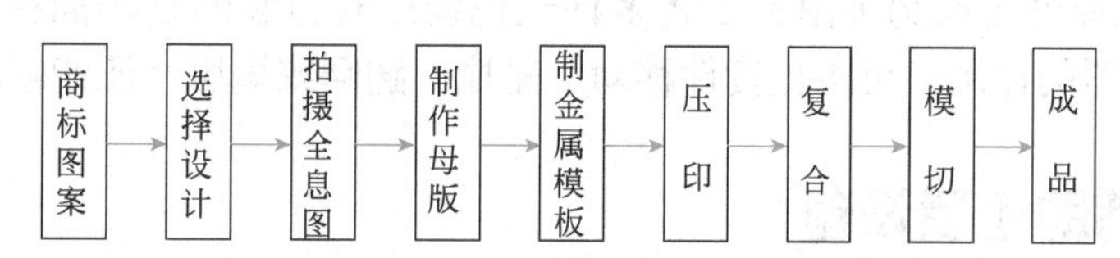

图6-47　激光全息防伪商标的制作工艺流程

经过激光处理的材料兼有防伪和装潢两方面功能。改变全息图像标识的局部防伪方式，达到整体防伪效果。整个包装都经过激光处理，加上厂家名称、商标等，呈大面积主体化防伪，制假者无从着手。激光包装材料在光线的照射下呈现七彩颜色，增加了包装的美感。常用的激光处理包装材料主要有四大类。①软包装袋：用高新技术制出激光薄膜，然后再和普通塑料薄膜复合，加上印刷形成激光材料软包装袋（或称镭射软包装袋）。②硬包装盒：一种是先用高新技术制出激光薄膜，然后再和硬纸板复合，加上印刷形成；另一种是先在一般硬纸盒上印刷，然后再和经激光处理的上光膜复合，形成上光式硬盒。③手提袋：制作方法与硬纸盒相似，可制成规格大小不同的包装袋。④镭射纸：是直接用激光处理的纸张。其生产工艺难度较大，成本较高，但容易印刷，便于处理，无环保问题。

2. 隐形标识系统

隐形标识系统主要包括使用特殊性能的防伪油墨印刷的标识、计算机形成的图案和商品中添加生物抗体三大类。这些标识在药品消费时必须通过专用的仪器检测或专家鉴定，这是在国外获得广泛应用的防伪技术。

① 使用特殊性能的防伪油墨：包括光变油墨、磁性油墨、荧光油墨与磷光油墨、热敏油墨四大类。

② 计算机形成的图案：系由计算机产生全息图、计算机密码图案、计算机光学图案系统等。

③ 在商品中加入生物抗体：是美国生物码公司成功开发的一种全新隐形标识系统。此系统包括两

种物质，即加入产品中的标志化合物和用于识别标志必要时做定量分析的抗体。虽然普通消费者不能看到隐形标识，但检验人员可以检验出。与全息图标识相比，隐形防伪更具发展潜力。

3. 激光编码

激光编码封口技术是一种较好的容器防伪技术。在产品被充填完并封口加盖后，在盖与容器接缝处进行激光印字，字形可以跨骑在盖与容器上。激光编码主要用于包装的生产日期、产品批号的印刷。

其他还有凹版印刷防伪、特种工艺与材料、特殊的包装结构等。如一次性使用的包装容器，一旦开启即不能重复使用，这可以防止“真瓶装假药”一类的伪造。此外大量使用的防窃启包装也具有一定的防伪功能，主要防止偷换与掺假。

（三）打印技术

打印（printing）系指在商品或包装件上印上各种经常变动的资料。如药品出厂日期、批号、有效期等。这些内容对于商品仓储、运输、销售和消费者购买都很重要，而且要经常变化。因此，不能在印刷包装袋、包装箱和标签时大量印刷，必要时只印出空白框格，在包装后再进行打印。

（四）贴标技术

标签系指贴在容器上的纸条或其他材料，上面印有产品说明和图样，或者是直接印在容器或物品上的产品说明和图样。其主要内容包括制造者、商品名称、商标、成分、品质特点、使用方法、包装数量、贮藏应注意的事项以及其他广告性图案文字等。其功能是介绍药品，方便使用。有时通过精选的图案和印刷，起到宣传药品、扩大销售的作用。

（五）捆扎技术

捆扎是用挠性捆扎原件（或另加附件）将多件无包装或有包装的货物捆在一起，起到集装货物、固定货物和加固包装容器的作用。可防止货件移动、碰撞、翻倒或塌垛，还能起防盗、装饰的作用。

二、药物制剂的辅助包装设备

（一）贴标签机

贴标签机系指将标签贴在药品包装容器的一定部位上的机器。药品完成包装后需要标签明示产品的说明，因此药品包装的贴标签操作不仅关系到贴标签工作本身的质量，而且还直接关系到患者的安全用药问题，因此，瓶（罐）的贴标签作业，无疑是一项十分重要的工序。

1. 贴标签机的分类

按容器和标签的性质、形状、大小及黏合剂的不同，贴标签机可达百种以上，其分类通常如下。

① 按标签的种类分类：可分为片状标签、卷辊状标签、热黏结性标签、压敏性标签贴标机等。

② 按容器的种类分类：可以分为镀锡薄钢板圆罐贴标机和玻璃瓶罐贴标机等。

③ 按容器的运动方向分类：可分为立式和卧式贴标机。

④ 按容器的运动形式分类：可分为直通式和转盘式贴标机。

此外，还可按标签在容器上的位置、黏合剂的种类等对贴标签机进行分类。

2. 贴标签机的组成

（1）容器的供给及输送

通常同时使用导向槽与输送螺杆，或输送量轮与往复柱塞对容器进行排列，并与定时器配合把容器供给贴标签机的贴标部分。容器在贴标签机中的运行方式有边移动边回转和只移动不回转两种，前者用于圆筒形容器的贴标，而后者不仅可用于圆筒形容器的贴标，同时可用于异形容器等的贴标。

（2）标签托架与给标、涂胶及贴标

用移动涂料胶辊把胶料涂布在分页的采标板上，采标板取标签盒内最下面的一张标签，把粘到的标签从标签盒中抽出，采标板把粘得的标签送到容器处，挡标板把标签贴到容器上。如此反复进行贴标工作。

（3）抚压装置

用上述方法欲把标签牢固地贴在容器上颇有困难，因此常用抚压装置使标签密贴。对于圆筒形容器来说，把贴标的容器置于固定板和做回转运动的主动带之间，对容器进行滚搓，也有使用低速回转带来代替固定板，且主动带与低速回转带的运动方向相反，以加强对容器的搓滚作用。对于偏平或异形容器，则用两条厚而柔软且等速同向回转的传动带，对容器施加一定的夹持力而使标签密贴在容器上。

（4）黏合剂

制造容器和标签的材料有很多种，因此必须使用与其性质相宜的黏合剂。当容器是薄膜容器时，必须选用不会在胶槽中挥发凝固的黏合剂，同时贴标后标签的背面需迅速干燥，以防标签偏移和脱落。当容器是玻璃制品和金属罐，而标签是纸制品时，通常用淀粉浆或合成胶浆作黏合剂。

3. 常用的贴标签机

西林瓶贴标签设备是专供西林瓶粘贴标签用，采用双轨进瓶，可按需要在瓶口封蜡或不封蜡。贴标签机因真空吸签而简化了机械结构，使贴签顺序交接连续运动，实现了机械化生产。提高了产品质量和生产能力，减轻了工人劳动强度。近年来在粉针剂厂家得到广泛应用。

贴标签机（湿胶式）主要由压瓶转盘、压瓶轨道、拨盘、上胶盘、签槽、吸签手、贴签轨道等组成，另外还有真空泵、热吹风和封蜡等辅助设施。其贴标签原理与注射剂包装盒上贴标签相类似，均采用真空吸签方式，贴标签工序结构示意如图 6-48 所示。

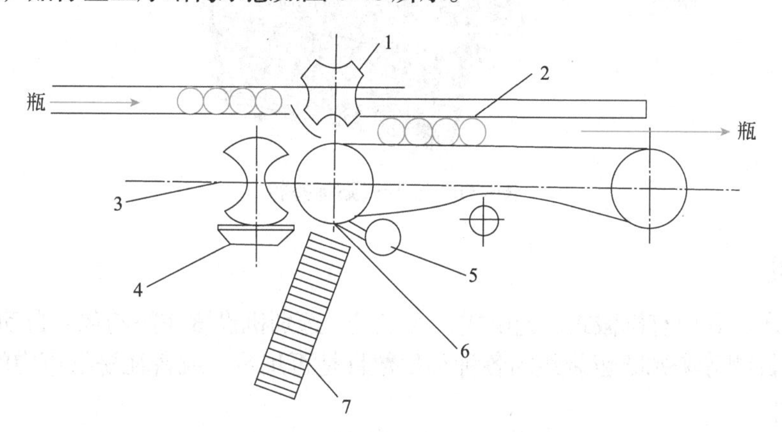

图6-48　贴标签工序结构示意图

1—拨盘；2—海绵压紧块；3—海绵轮；4—胶水轮；5—吸签手；6—六等分吸签轮；7—标签槽

龙门式贴标签机是最简单的湿敏黏合剂贴标签机，适合于粘贴宽度等于半个瓶身周长的标签，如图 6-49 所示。标签放置在标盒 2 中，重块 3 始终压着它们向左下方移动；取标辊 1 每转动一圈，从标盒中取出最前面的一张标签；向下落到拉标辊 4 处，被传送给涂胶辊 5，在其背面涂上一层黏合剂，黏合剂是由上胶辊 6 从胶缸 7 中带到涂胶辊上的；随后标签沿龙门导轨落下；药瓶等向右运动，通过龙门导轨时，带着标签一齐移动，靠毛刷 10 将标签熨平在药瓶等容器上面。各机构的运动由齿轮 9 传给。这种贴标机结构简单，适合于产量不大，但容器容量较大的瓶罐贴标，但贴标签速度受落标的限制速度不能很快。

为了与高速灌装机配套，可以采用旋转式贴标签机（见图 6-50），容器沿着连续转动的托瓶盒旋转用真空转鼓取标，并同步地黏贴在瓶身、瓶颈和瓶肩等处。所有的工作机构都要一面同步旋转，一面向前动作，因此结构比较复杂，但速度很高。另一种黏合贴标签机是热熔黏合贴标签机，它所用的黏合剂是前面介绍过的热熔胶，能提高贴标速度和保证质量，但价格较贵。

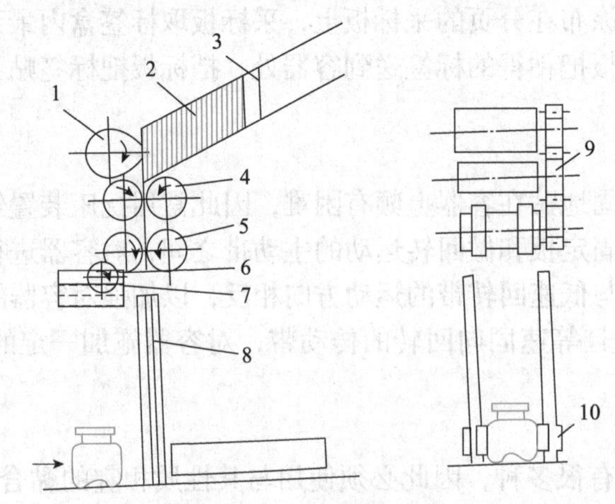

图6-49　龙门式贴标签机

1—取标辊；2—标盒；3—重块；4—拉标辊；5—涂胶辊；6—上胶辊；7—胶缸；8—龙门导轨；9—齿轮；10—毛刷

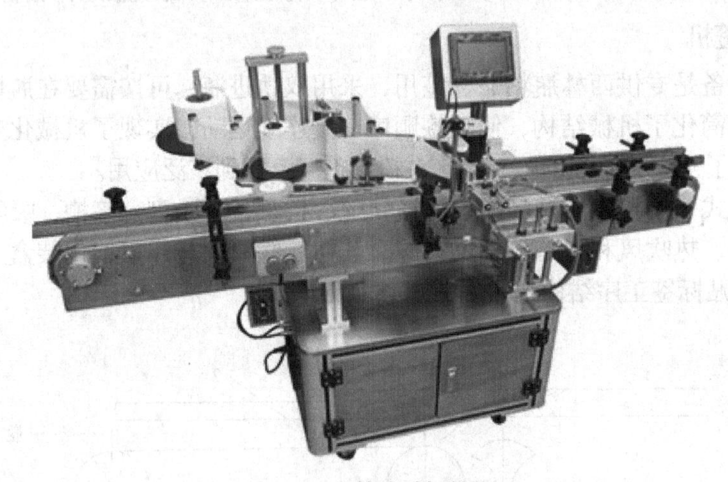

图6-50　旋转式贴标签机

（二）选别机

选别机种类很多，其中有机械式、光电式、人工式。选别机设置在医药包装自动线的结合部位，利用其称重、光电、目测等来判断包袋线的各种剂型数目是否足量，或者瓦楞纸箱中的包装盒是否足量。

1. 重量选别机

最初的包装重量选别工作是由简单机械进行的，随着现代化的自动包装线的产生和发展，自动重量选别机应用越来越广泛。

自动重量选别机是一种可以在药品包装落至高速输送带上的运动状态下对包装进行称重的装置。通过精确地对每件药物包装进行称重，检重器可以将药品包装按重量自动而有效地进行分类。装有微型计算机的检重器能够提供每种重量区域中的包装数量，每工作班的包装产品等数据，也能计算出药物包装重量的平均误差和标准误差，甚至还可以用来自动控制充填机的充填精确度，降低因弃料而增加的成本。若检重器配置一种剔除装置，会及时将重量不足和超重的药品包装从自动线上剔除。具有这些功能的检重器，还可以用来检查药品包装中的缺片、缺袋、少瓶等的包装，并随时自动剔除。

图6-51为胶囊片剂重量选别机，主要用于胶囊、片剂的重量检测和不合格剔除。这种选别机不需更换模具，既可用于抛光后的00、0、1、2、3、4、5等型号及其加长型的胶囊的逐粒检重，也可用于各种形状和尺寸的片剂的逐粒检重。其选别精度为 ±2 mg，选别能力为600粒/min。

2. 光电式缺片检验器

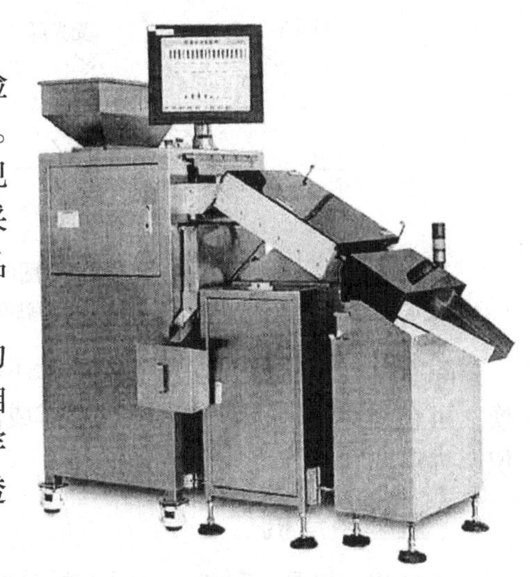

图6-51　胶囊片剂重量选别机

包装中若发现药品缺少，则该包装必须予以剔除。缺片检验器装有自动排出装置，包装后如发现药片缺片时能自动检出。一般缺片都是用肉眼进行检验。但是随包装速度的提高，目视检验会出现错漏，而检查的项目又多，容易出现质量事故。采用缺片检验器，不但大大减轻了工作强度，而且还保证了药品的包装质量。

片剂 PTP 包装工序如图 6-52 所示，它是带有缺片检验器的片剂包装机。缺片检验器的传感元件中，投光器、受光器互相对向安置。检验器有两种传感元件，一种是可以透过膜片的穿透型传感器。另一种是只能从一方检验的反射型传感器，穿透型适合于铝膜封合前检验，反射型适合于封合后的检验。

（1）穿透传感检测缺片

采用穿透型传感器检验时，片剂能将光源遮断，从而检测出有无片剂。光源采用透射率好、光通量稳定的近似于红外线的发光二极管。它发出的光能透过聚氯乙烯透明膜片、红色透明等着色膜片和半透明的纸类。

对于穿透型传感器，因薄膜片不易受到振动，且成本低廉，故使用广泛。光源主要采用非调制式发光二极管。受光器由滤光器组成，片剂直径与受光直径必须相称，如受光直径过小，则只能检测到片剂薄膜边缘的信号，因此要选好合适的受光直径，如图 6-53 所示，受光器于点 a 遮光，点 b、c 入光。受光直径不合宜时，会出现波长特性不好和在膜袋边缘点 a 遮光。

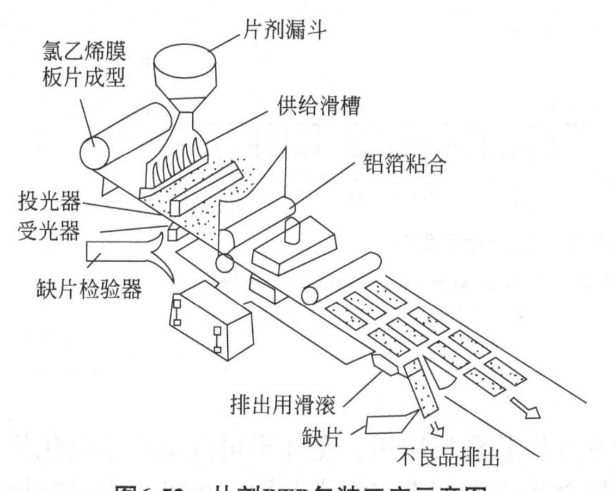

图6-52　片剂PTP包装工序示意图

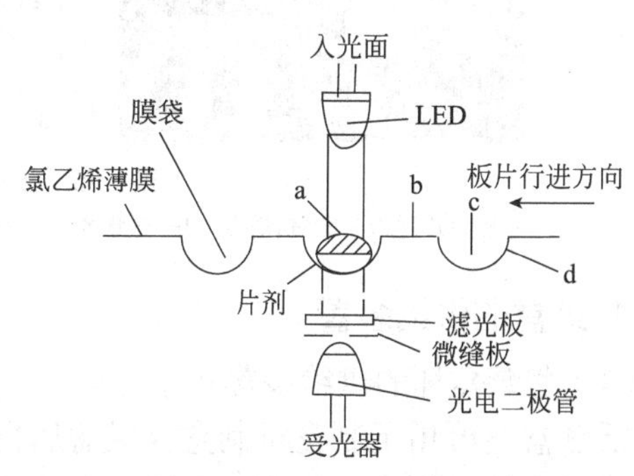

图6-53　光电式穿透传感器示意图

（2）反射传感检测缺片

反射型传感器是从片剂一面的一个方向来检测封合后的板片。投光部要与受光部保持一定角度，以使投光刚好入射在铝膜板上而反射到受光器上。

若有片剂存在，反射角会有变化，或反射光减弱。光源仍然是发光二极管，为了易于辨认检测点，可使用红色可见光二极管，为补充能量可采用调制式点灯。另外，传感器内装有放大器、灵敏电位器，从而能根据片剂位置校正反射的偏差。在检测被封合后的板片时，因为反射型传感器是根据板片的表面反射工作的，所以需要充分控制板片的振动，为此必须有专门的板片导轨（见图 6-54）。

缺片板片的排出形式大约有三种。一是以空气气流吹落漏斗的形式，即在规定输出时间开启电磁阀门，而空气不致吹到前后膜板上。二是自动倾斜式，仅使一块板片自动倾斜，让缺片的板片落下，这种方法需要凸轮。三是采用空气吸入阀，在信号穿透板片后，再将板片送至传送带。

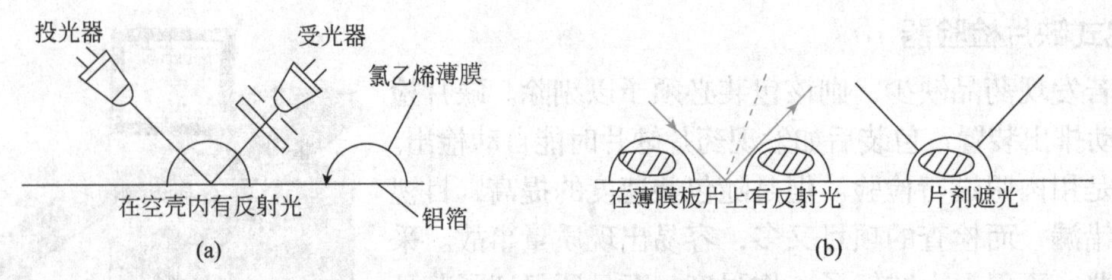

图6-54　光电式反射传感器示意图

（a）已设定好合适角度，有投光器、受光器，通过薄膜板上的光线有无反射，可检测出是否缺片；（b）如板片有振动，虚线的光线就向外反射

除空气气流吹落的输出形式外，还可用离合方式，让输出保持到第二次检验信号。输出形式的变换，可在程序机上选定一次通过形式或离合方式的排出结构组合。除此之外，还有图像监视药片检查仪、外观选别机等。

（三）装盒机

药品装盒机是一种把一个贴有标签的药品瓶子或安瓿与一张说明书同时装入一个包装纸盒的医药包装机械。装盒机按形式不同可分为卧式和立式两种。按工艺不同，装盒机有两种类型：一种是由与包装机同步进行的制盒机来承担冲裁纸板并将纸盒糊好，然后供给包装机进行装盒折粘作业。另一种是仅将冲裁好的纸板供给包装机，然后包装机充填药品并成型封口。后一种方式装盒机工艺比较合理，成本较低。

通常安瓿需在瓶身上印刷药品名称、含量、批号、有效期以及商标等标记，并以 10 支为单位装入带有波纹纸隔条的纸盒中装在一个大盒内。印包机包括开盒机、印字机、装盒关盖机、贴标签机等四个单机联动而成，安瓿印包生产线工艺流程见图 6-55。

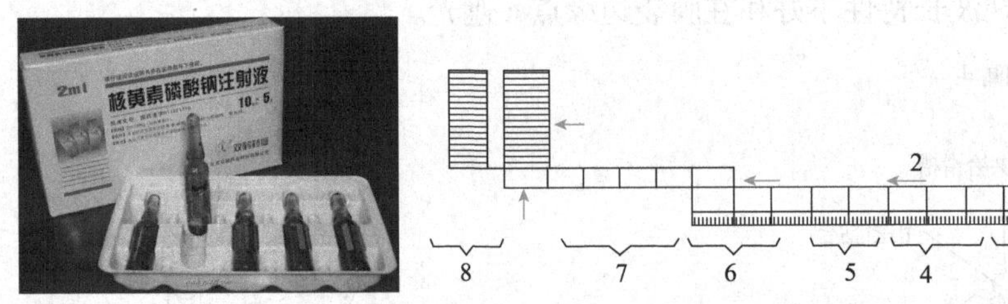

图6-55　安瓿印包生产线工艺流程示意图

1—贮盒输送带；2—传送带；3—开盒区；4—安瓿印字理放区；5—放说明书；6—关盖区；7—贴签区；8—捆扎区

1. 纸盒的供给装置

（1）包装盒坯的供给装置

纸盒盒坯可用于制盒机制盒，成盒后再叠合成盒片供装盒机应用。盒坯也可直接用于裹包机，在裹包过程中完成制盒、封盒。盒坯的供给可采用机械摩擦引送和真空吸送装置，也可用机械推板供给和胶带摩擦引送装置等。

（2）叠合盒片的真空吸送供盒装置

真空吸送叠合盒片是现代自动包装机广泛应用的供盒方法，具有工作可靠、效率高、适应性强、供送盒机构及运动简单等优点。用真空吸嘴吸住叠合盒片的一个盒面（通常是一个大的盒侧面），将其从盒片贮箱下部经过通道送往盒托槽内，吸送过程中盒片自动撑展成方柱盒体，最后送进输送链道上的托盒槽。

2. 包装盒的封口装置

图 6-56 为常见的有两小封舌及带插舌的大封盖形式的包装盒的折封过程及装置原理图。它们是装盒机结构组成中的一部分。装盒机包括包装盒片的供给装置、包装盒输送链道、底部盒口折封装置、包装物料的计量装填装置、包装盒的上盒口折封装置、包装盒的排出和检测装置等。图中仅示出了上盒口折封装置，它与包装盒底部盒口折封装置类同。从图 6-56 中看到，包装盒的两个小封舌由活动折舌板 1 及固定折舌板 2 折合，活动折舌板 1 由凸轮杠杆机构或其他机构操控，在包装盒的输送链道运

转停歇时间内完成；固定折舌板 2 则在输送链载着包装盒做输送运行中实现对另一小舌的折合。带插舌的封盖也是在输送链载着包装盒运行中由封盖折合板 3 折合，当折合到一定程度后，封盖折舌插板 4 就将封盖插舌弯折以备插舌，最后由封盒模板 5 把封盖的插舌插入盒中完成折封。如包装盒要求封口处贴封签，则还需按要求再施加封签贴封作业。

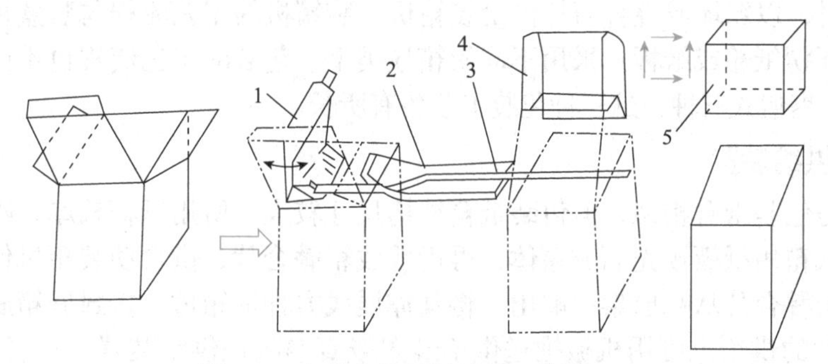

图6-56　包装盒的折封过程及装置原理

1—活动折舌板；2—固定折舌板；3—封盖折舌板；4—封盖折舌插板；5—封盒模板

有两个小封舌及两个封盖结构的包装纸盒的原理示意图见图 6-57。以活动折舌板 1 及固定折舌板 2 折合两个小封舌，两个封盖分别由二条固定式封盖折合板条 3 或折合机构进行折合。封盖折合后，于封盖表面用涂胶装置 4 施涂黏合剂，再用贴封签装置 5 把封签粘贴到盖表面，经加压贴合及干涸后得到牢固的封盒。

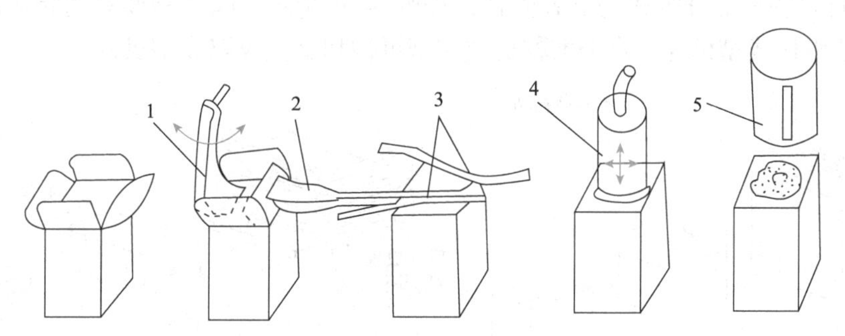

图6-57　封签封盒的程序和装置原理

1—活动折舌板；2—固定折舌板；3—封盖折合板条；4—涂胶装置；5—贴封签装置

两个小封舌及两个封盖结构的包装纸盒，用于直接包装松散粉粒物品时，为保障包装严密，在包装盒两端折合封口之前，于两端盒口先封接上一塑料薄膜覆盖层，然后再进行盒口折封。图 6-58 为包装盒装载药品后的封盒程序和装置原理。覆盖薄膜经输送而覆盖在包装盒口，热封装置 3 使覆盖薄膜 2 与封舌、封盖热熔封接，形成密封。裁切装置 4 裁切掉多余的薄膜。再用整位器使封舌、封盖处于直立状态，之后活动折舌板 5 及固定折舌板 6 相继折封两个小封舌，封盖则由盒盖折板 7 及盒盖插接板 8 插接结合在一起，完成包装盒的封盒作业。

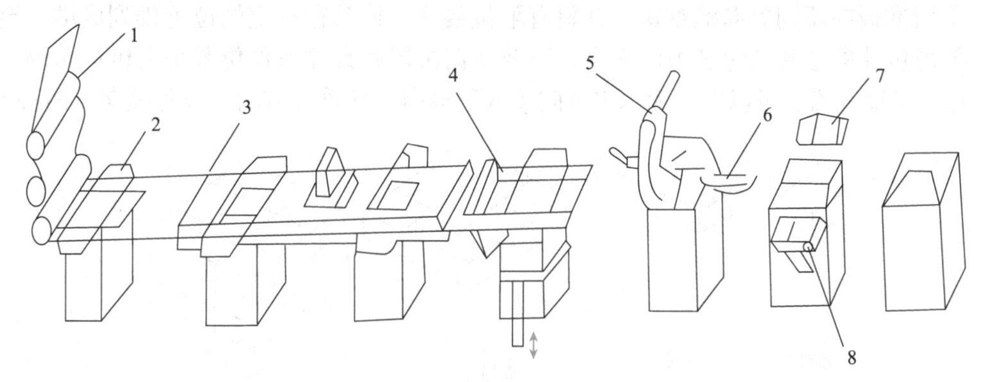

图6-58　覆盖膜的封盒程序和装置原理

1—薄膜输送装置；2—覆盖薄膜；3—热封装置；4—裁切装置；5—活动折舌板；6—固定折舌板；7—盒盖折板；8—盒盖插接板

纸盒包装中的封口作业机械装置，折合舌盖和封接机械装置，系由凸轮连杆机构和折合导板、条组合而成，根据机器包装工艺需要配置成多种形式。

（四）装箱机

纸箱用于包装时，以箱坯或叠合箱片供给装箱机。装箱机的工艺流程与装盒机类似，只是包装材料不是纸盒，而是瓦楞纸箱或纸板。采用不同的箱坯类型，包装的工艺流程也不同。常见的有侧装侧封式、立装立封式、裹包式三种，这三种包装工艺各有所长。

1. 包装纸箱的供给装置

包装纸箱结构与包装纸盒相似，但包装纸箱结构尺寸较大，所用纸板较厚，刚性大，封舌结构形式多种多样。包装纸箱用纸板预先制成箱体，再折叠成箱叠合片，供自动装箱机使用。包装纸箱的供给工序包括：将纸箱叠合片从贮放架中取出，将其撑展成方柱形箱体，折封好箱底，最后送往装箱工作台等。纸箱叠合片的供给也可用机械推送供给装置或真空吸送供给装置，后者具有机械结构简单、紧凑、工作可靠、适应性强等优点，得到广泛应用。

包装纸箱的供给装置还有其他多种结构形式，如卧式真空吸送供给装置、机械推送供给装置、双链输送道式供给装置等，它们结构上各有其特点，都能用于纸箱叠合片的供给。

2. 开箱机构

开箱机构是装箱机械中的一个重要机构。瓦楞纸箱通常是折叠存放，需撑开成箱型，再送至装箱工位。由于装箱的方法一般分卧式与立式两种，如图 6-59 所示，因此需要采用相应的开箱成型机构。主要包括竖直存放机械成型机构、水平堆积机械成型机构和真空吸取成型机构。

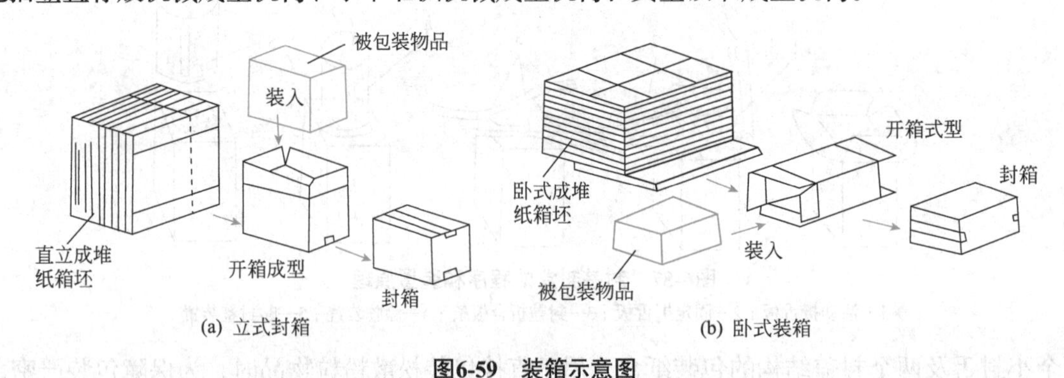

图6-59　装箱示意图

3. 盒装药品的排列和装箱机构

呈块状的药品包装或已完成小包装的袋、盒、罐之类药品的装箱，在进行裹包和进箱之前必须将其有规则地排列起来，以节省所占空间，达到节约包装材料、美观包装外形和保护药品完好的作用。

装药瓶的小盒（通常 5 盒或 10 盒为单元）属于块状物品，其一般排列顺序如图 6-60 所示。集堆的方法，一般采用推板在不同方向的推送，并附有限位装置，使其在一定的位置排列成堆。至于哪个方向先排列，要视包装的形状及包装方法而定，还要根据机器和具体操作位置来定机构布局。不管排法如何，就其运动特征来看，可以归纳为水平方向（或称横向）和垂直方向（或称纵向）两种推送方法。

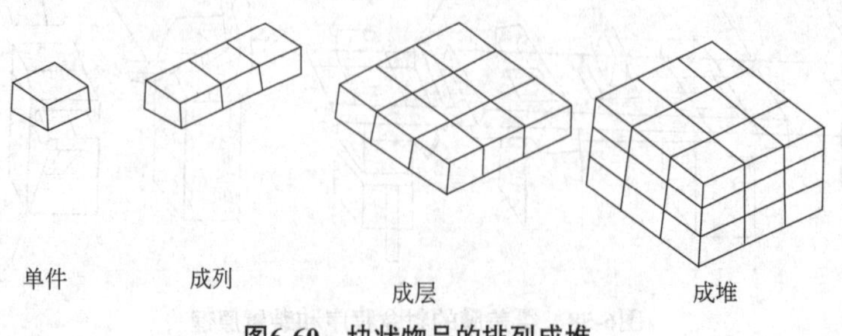

图6-60　块状物品的排列成堆

4. 封箱机构

封箱包括折小舌、上胶、折大叶和热压贴条等几个操作过程。

（1）折小舌机构

最简单的折小舌机构如图 6-61 所示，先用折舌器 3 将左小舌在传送过程中压下，到位后随即用绕轴 1 旋转的转舌器将箱子 4 的左舌折下，再送到下一个工位，折舌器 3 将继续保持小舌不回松。此种机型结构简单，但需一个传送工位折左舌，机械尺寸稍大。此外还有利用双气缸折舌机构和螺旋折舌机构，在运动过程中可连续完成各动作，生产效率高。

（2）上胶机构

上胶机构常见的有刷胶和滴胶两种上轮胶方式。图 6-62 为刷胶机构原理。推箱入上胶工位时，压舌片 4 继续压住小舌，轴 8 带动胶水滚轮 2 旋转，把胶水缸中的胶水带上，轴 3 带动毛刷 6 旋转，先与胶水滚轮接触沾上胶水，转过去则把胶水刷在小舌表面上。而滴胶机需要专门的胶泵，采用热熔胶喷滴上胶方式进行上胶，其最大优点是胶结牢、凝固快，特别适用于高速包装线使用。

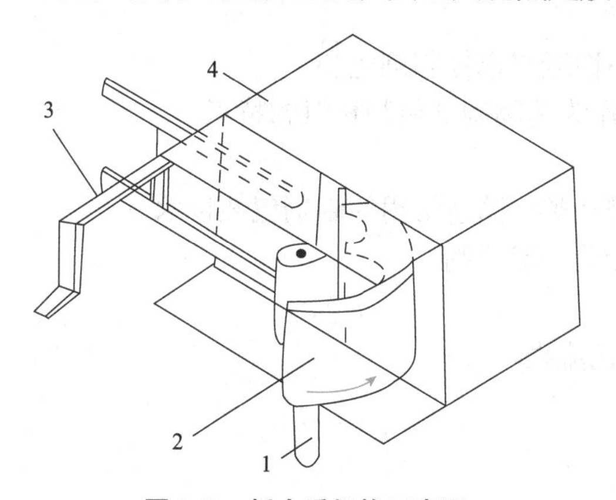

图6-61　折小舌机构示意图

1—绕轴；2—转舌器；3—折舌器；4—箱子

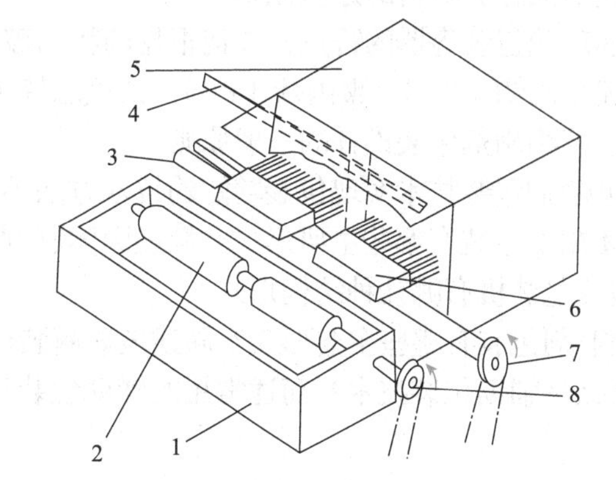

图6-62　刷胶机构原理

1—胶水缸头；2—胶水滚轮；3，8—轴；4—压舌片；5—箱坯；6—毛刷；7—皮带轮

（3）折大叶装置

最简单的折大叶装置是采用固定的曲面折叶板（见图 6-63），利用纸箱传送过程，把大叶折合。这种装置简单可靠，造价低，但占地面积大，折叶质量稍差。也有采用活动折叶板，可以在工位间完成折叶动作，缩短了一个工位的距离，从而减少占地面积。

（4）贴封条机构

贴封条主要是为了防止产品受潮。粘贴的牢度与位置正确与否，直接关系产品的保护和包装的外观质量。图 6-64 为贴封条机构原理。

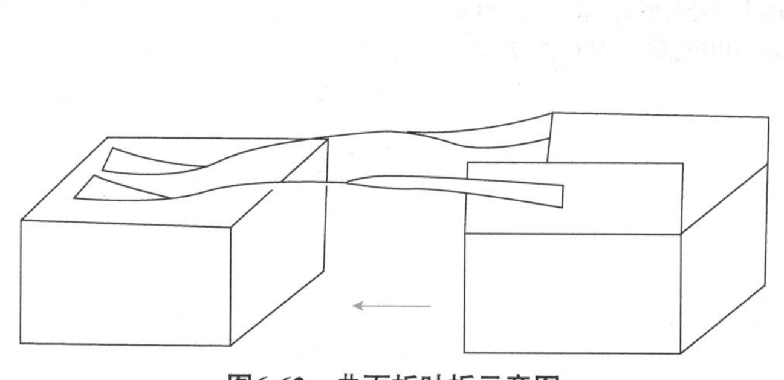

图6-63　曲面折叶板示意图

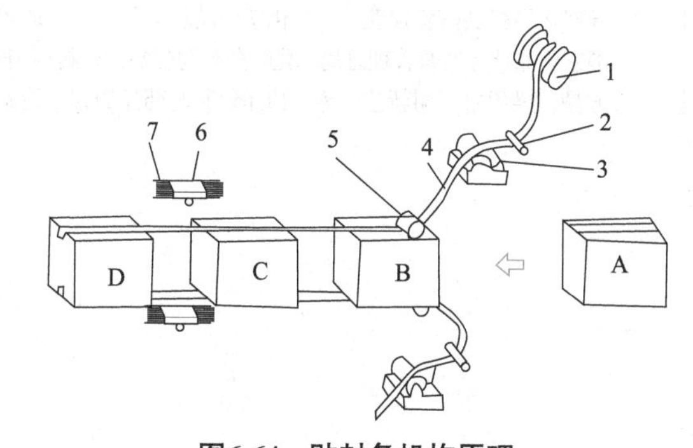

图6-64　贴封条机构原理

1—纸架；2—滚轮；3—热水槽；
4—封条；5—压轮；6—切刀；7—毛刷

纸箱 A 按图示箭头方向输送入工位，封条 4 纸卷采用单面胶带纸，装在上、下纸架 1 上，拉出经

滚轮2到达热水槽3。在温水作用下，单面胶溶化产生黏性，在压轮5的作用下与纸箱B箱缝粘住。随纸箱前进，单面胶被拉出。当到达C、D位置时，切刀6动作，将上下两条胶带切断，并在毛刷7的作用下，把胶纸两头分别刷平粘在纸箱的两个侧面上。因为结构简单，纸箱的步进传送与切刀的上下运动多采用气动传动。

（刘珊珊　吴琼珠）

思考题

1. 简述药品包装的意义与作用。
2. 简述药包材与药物相容性研究的主要内容。
3. 什么是药品包装材料？简述其分类方法。
4. 简述药品包装材料的选择原则。
5. 简述玻璃包装容器的特点，如何根据药物与玻璃成分与性能来选择制剂包装？
6. 简述聚乙烯（PE）、聚丙烯（PP）、聚氯乙烯（PVC）作为药物制剂包装材料的特点。
7. 简述药物制剂包装设计的一般原则。
8. 根据制剂包装技术实现包装功能的技术方法不同可分哪几类？简述常用的制剂包装技术。
9. 固体制剂包装有哪些主要形式？简述固体制剂包装设计的一般原则。
10. 泡罩包装机有哪几种结构形式？
11. 注射剂包装有哪些主要形式？简述玻璃瓶装输液的工艺流程。
12. 什么是辅助包装技术？简述常用的辅助包装技术。

参考文献

[1] 孙智慧. 药品包装学. 北京：中国轻工业出版社，2015.
[2] 陈燕忠，朱盛山. 药物制剂工程. 3版. 北京：化学工业出版社，2018.
[3] 李亚琴，周建平. 药物制剂工程. 北京：化学工业出版社，2008.
[4] 邓才彬，王泽. 药物制剂设备. 北京：人民卫生出版社，2009.
[5] 方亮. 药剂学. 8版. 北京：人民卫生出版社，2016.
[6] 国家药典委员会. 中华人民共和国药典. 2020年版. 北京：中国医药科技出版社，2020.
[7] 王丹丹，金宏，俞辉，等. 国内外包装材料标准的比较. 中国药品标准，2013，14（3）：212-214.
[8] D. A. 迪安，E. R. 埃文斯，I. H. 霍尔. 药品包装技术. 徐晖，杨丽，等译. 北京：化学工业出版社，2006.
[9] 孙智慧. 药品包装实用技术. 北京：化学工业出版社，2005.
[10] 国家食品药品监督管理总局. 化学药品注射剂与塑料包装材料相容性研究技术指导原则（试行），2012.
[11] 国家食品药品监督管理总局. 化学药品注射剂与药用玻璃包装容器相容性研究技术指导原则（试行），2015.
[12] 国家食品药品监督管理总局. 化学药品与弹性体密封件相容性研究技术指导原则（试行），2016.
[13] 方旻，梁伊琳，谢新艺，等. 药品包装与药品的相容性研究进展. 中国包装，2018，7：78-81.

第七章

制剂质量控制工程

本章学习要求

1. 掌握：制剂质量控制工程的含义及各环节要点。
2. 熟悉：制剂留样方法及常用制剂分析技术，质量问题及处理方法。
3. 了解：制剂质量控制工程法律依据，质量体系、质量控制及经济效益相关内容。

第一节　概　述

制剂质量控制工程是指对制剂研究、生产和使用的各环节进行质量监控的技术实施过程。药物制剂质量控制的依据是《中华人民共和国药品管理法》和《中华人民共和国药品管理法实施条例》，以及其他相关的政策法规。另外，与药物制剂质量控制相关的法规还有《中华人民共和国药典》《药品注册管理办法》《直接接触药品的包装材料和容器管理办法》和《药品说明书和标签管理规定》等；与药品生产关系比较紧密的法规是《药品生产质量管理规范》（Good Manufacturing Practice，GMP）。质量控制的目的是向消费者提供符合质量特性的制剂产品。

全面质量管理（total quality control，TQC；或 total quality management，TQM）是一种全新的质量管理模式，它强调企业全员参加，并对产品生产全过程的各项工作都进行质量管理。此外，全面质量管理还特别强调产品的设计过程的质量控制。1987 年国际标准化组织（International Organization for Standardization，ISO）在总结各国全面质量管理经验的基础上，制定了 ISO 9000（质量管理和质量保证）系列标准。在国际质量认证工作中，均以 ISO 9000 系列标准作为评价企业质量保证能力的依据。

ISO 9000 系列由五个标准构成。即：① ISO 9000 质量管理和质量保证标准的选择和使用指南。② ISO 9001 质量体系：设计、开发、生产、安装和服务的质量保证模式。③ ISO 9002 质量体系：生产和安装的质量保证模式。④ ISO 9003 质量体系：最终检验和试验的质量保证模式。⑤ ISO 9004 质量管理和质量体系要素的指南。其中，ISO 9000-0 标准是采用和选择 ISO 9000 系列标准的总指南，也就是本标准的指导性文件，阐明了质量管理、质量体系、质量控制和质量保证等几个基本概念和关系，见图 7-1。

- 质量管理（quality management，QM）：确定质量方针、目标和职责，并在质量体系中通过诸如质量策划、质量控制、质量保证和质量改进，使其实施的全部管理职能活动。

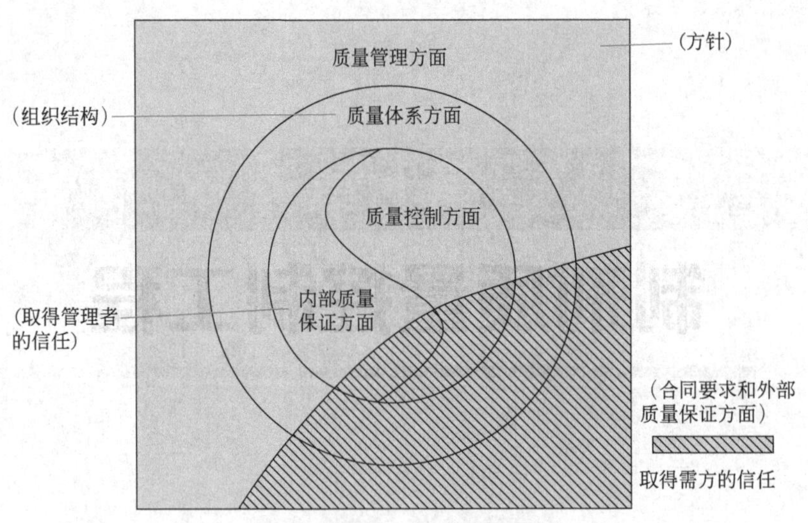

图7-1 质量控制体系的关系图

- 质量体系（quality system，QS）：为实施质量管理所需要的组织结构、职责、程序、过程和资源。
- 质量控制（quality control，QC）：为达到质量要求所采取的作业技术和活动。
- 质量保证（quality assurance，QA）：为提供某实体能满足质量要求的适当信赖程度，在质量体系内所实施的并按需要进行证实的全部有策划的和系统的活动。质量保证有“内部”和“外部”两种，内部质量保证是向管理者提供信任，外部质量保证是向顾客或其他人提供信任。GMP涵盖了质量体系、质量控制和质量保证的全部内容。

一、质量体系

质量体系是为保证产品、过程或服务质量满足规定或潜在的要求，由组织机构、职责、程序、活动、能力和资源等构成的有机整体。企业应当建立药品质量管理体系。该体系应当涵盖影响药品质量的所有因素，包括确保药品质量符合预定用途的有组织、有计划的全部活动。

1. 组织机构

企业应当设立独立的质量管理部门，履行质量保证和质量控制的职责。质量管理部门可以分别设立质量保证部门和质量控制部门。

2. 质量责任和权限

质量管理部门应当参与所有与质量有关的活动，负责审核所有与GMP有关的文件。质量管理部门人员不得将职责委托给其他部门的人员。

所有人员应当明确并理解自己的职责，熟悉与其职责相关的要求，并接受必要的培训，包括上岗前培训和继续培训。职责通常不得委托给他人，确需委托的，其职责可委托给具有相当资质的指定人员。

3. 人员

企业应当配备足够数量并具有适当资质（含学历、培训和实践经验）的管理和操作人员，应当明确规定每个部门和每个岗位的职责。岗位职责不得遗漏，交叉的职责应当有明确规定。每个人所承担的职责不应过多。

关键人员应当为企业的全职人员，至少应当包括企业负责人、生产管理负责人、质量管理负责人和质量受权人。

质量管理负责人和生产管理负责人不得互相兼任。质量管理负责人和质量受权人可以兼任。应当制定操作规程，确保质量受权人独立履行职责，不受企业负责人和其他人员的干扰。

4. 厂房、设施、设备

（1）厂房

企业应当有整洁的生产环境。厂区的地面、路面及运输等不应当对药品的生产造成污染。生产、行政、生活和辅助区的总体布局应当合理，不得互相妨碍。厂区和厂房内的人流、物流走向应当合理。应当采取适当措施，防止未经批准人员的进入。

厂房的选址、设计、布局、建造、改造和维护必须符合药品生产要求，应当能够最大限度地避免污染、交叉污染、混淆和差错，便于清洁、操作和维护。

应当根据厂房及生产防护措施综合考虑选址，厂房所处的环境应当能够最大限度地降低物料或产品遭受污染的风险。

厂房应当有适当的照明、温度、湿度和通风，确保生产和储存的产品质量以及相关设备性能不会直接或间接地受到影响。

厂房、设施的设计和安装应当能够有效防止昆虫或其他动物进入。应当采取必要的措施，避免所使用的灭鼠药、杀虫剂、烟熏剂等对设备、物料、产品造成污染。

（2）设施、设备

设备的设计、选型、安装、改造和维护必须符合预定用途，应当尽可能降低产生污染、交叉污染、混淆和差错的风险，便于操作、清洁、维护，以及必要时进行的消毒或灭菌。

企业应当建立设备使用、清洁、维护和维修的操作规程，并保存相应的操作记录。同时建立并保存设备采购、安装、确认的文件和记录。

此外，生产设备不得对药品质量产生任何不利影响。与药品直接接触的生产设备表面应当平整、光洁、易清洗或消毒、耐腐蚀，不得与药品发生化学反应、吸附药品或向药品中释放物质。

设备所用的润滑剂、冷却剂等不得对药品或容器造成污染，应当尽可能使用食用级或级别相当的润滑剂。

生产用模具的采购、验收、保管、维护、发放及报废应当制定相应文件，设专人专柜保管，并有相应记录。

企业应制定文件规定生产设备清洁，规定包括具体而完整的清洁方法、清洁用设备或工具、清洁剂的名称和配制方法、去除前一批次标识的方法、保护已清洁设备在使用前免受污染的方法、已清洁设备最长的保存时限、使用前检查设备清洁状况的方法，使操作者能以可重现的、有效的方式对各类设备进行清洁。

如需拆装设备，还应当规定设备拆装的顺序和方法；如需对设备消毒或灭菌，还应当规定消毒或灭菌的具体方法、消毒剂的名称和配制方法。必要时，还应当规定设备生产结束至清洁前所允许的最长间隔时限。

5. 标准和记录

标准是指为取得全面的最佳效果，依据科学技术和实践经验的综合成果，在充分协商的基础上，对经济、技术和管理等活动中具有多样性、相关性特征的重复事物和概念，以特定程序和形式颁发的统一规定。GMP 规定药品生产企业应有生产管理和质量管理的各项制度和记录，这就是生产、经营管理的书面标准和实施标准的结果，如图 7-2 所示。

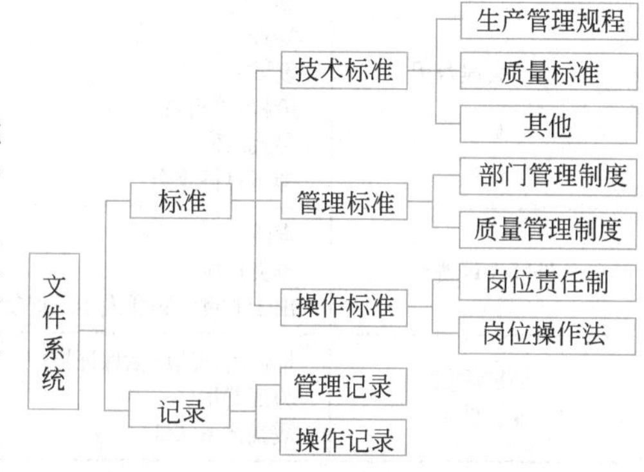

图7-2　GMP规定中的文件系统

为了保证产品质量，保持良好的技术状态控制，GMP 提出了一整套的控制方法，包括：工艺规程、岗位操作规程和标准操作规程，物料、半成品和成品的标准，检验操作规程和验证制度。

文件是质量保证系统的基本要素。企业必须有内容正确的书面质量标准、生产处方和工艺规程、操作规程以及记录等文件。

企业应当建立文件管理的操作规程，系统地设计、制定、审核、批准和发放文件。与GMP有关的文件应当经质量管理部门的审核。文件的内容应当与药品生产许可、药品注册等相关要求一致，并有助于追溯每批产品的历史情况。

记录是反映实际生产活动中执行标准的情况，制定记录的书写规程，从而可以保证记录的原始性、真实性、内容完整性与书写清晰性，实现生产工作的科学化和规范化。

二、质量控制与经济效益

人们早就注意到产品质量与经济效益的关系，并不断探求如何通过经济分析的手段来得到以最合理的投入产生适宜的质量水平，使企业与社会的经济效益都有最满意的效果。质量体系的有效性对组织的盈亏影响特别大，而从另外一个方面，盈亏分析亦能在更广泛的范围上反映质量控制的有效性。实质上经济效益也是质量体系的结构要素，其主要表现在质量成本上。

1. 质量成本

在国家标准GB/T 19000中，质量成本（quality cost）的定义是将产品质量保持在规定的质量水平上所需的有关费用。而在ISO 8402中，其定义是为了确保和保证满意的质量而发生的费用以及没有达到满意的质量所造成的损失。ISO 8402把“未能达到满意的质量水平而造成的损失（包括有形与无形的损失）”也计算在成本中，它是经营总成本的有机组成部分。质量成本内容见表7-1所示。

表7-1 质量成本内容一览表

成本费用分类	成本内容	备注
预防性费用	质量规划 供应商验收审批系统 培训文件编制——SOP专论文章 预防性检修 校准 卫生工作 工艺验证 质量保证审查和自查 数据的年度总结和倾向分析	此类费用是防止失误和（或）减少鉴证开支的投入
鉴证费用	原材料和包装材料的检查和化验费用 半成品材料的检查和化验费用 成品检查和化验费用 稳定性试验费用	鉴定费用是指检查和化验以及质量评估的费用
内部失误费用	不合格 返工 复查 复试 废料/碎角料 寻找故障 降级材料分类	内部失误费用是指那些与未确认的材料联系在一起的费用，这些材料不符合质量标准，然而却属于公司的财产
外部失误费用	索赔 不良反应 由于质量问题所发生的退货	是指成品出厂后不再属于公司之后由于特殊情况而发生的费用
外部质量保证费用	提供附加的质量保证措施、程序、数据 验证费用 质量体系认证	保证产品质量的附加费用

2. 最适宜的质量成本

在质量成本与效益之间取得最佳的经济效果，就是最适宜的质量成本。实践表明，鉴定成本和预防成本随着合格品率的提高而趋于增加，而内、外部故障（失误）成本则随合格品率的增加而减少。适宜的成本就是建立在这两类质量成本合理平衡的基础上，如图 7-3 所示。

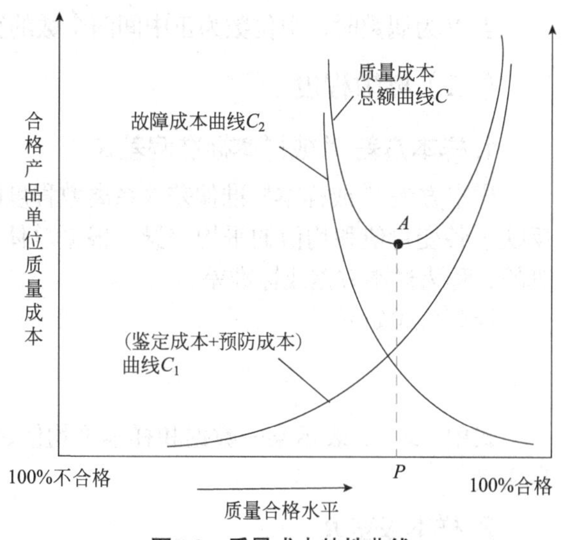

图7-3　质量成本特性曲线

图 7-3 中反映四大项目的成本费用与产品合格质量水平之间的变化关系的曲线，称为质量成本特性曲线。其中，曲线 C_1 表示预防成本加鉴定成本之和，此线随着合格率的提高而增加；曲线 C_2 表示内部故障加外部故障之和，它随着合格率增加而减少；曲线 C 为上述四项之和，为质量成本总额曲线，即质量成本特性曲线。C 曲线最低处 A 是质量成本的最低处，称为最佳质量成本；而对应的不合格品率 P，称为最适宜的质量水平。这就是从经济观点，选择质量目标的理论依据。虽然，就总体而言，企业内部运行质量成本变化的基本模式是一致的，但由于生产类型、产品性质和工艺特点不同，质量成本的最佳值应通过实践去寻求。

第二节　质量控制常用的统计学方法

质量控制工作的一个主要内容就是进行质量定量分析，这就需要大量的质量统计数据。在质量控制活动中，为了收集分析数据、寻找存在问题、改进质量水平，经常要使用一些统计技术与方法，因此质量统计数据是质量控制的基础。按统计技术方法的性质可以分为数字统计技术方法和非数字统计技术方法两大类。非数字统计技术方法，又称情理统计技术方法。质量数据的收集通常有两种方法，一种是随机取样，即质量控制对象各个部分都有相同机会或可能性被抽取；另一种是系统抽样，就是每隔一定时间连续抽取若干件产品，以代表当时的生产或施工状况。这些质量统计数据，在正常生产条件下一般呈正态分布。质量控制工作中，常用的质量统计工具主要有以下几种。

一、统计特征数

统计特征数是对样本来说的。常用的统计特征数可分为两类：一是表示数据的集中位置：样本平均值 $\bar{x}$，样本中位数 x；二是表示数据的离散程度：样本方差 S^2，样本标准偏差 S，样本极差 R。

（一）数据的集中位置

1. 样本平均值 $\bar{x}$

$\bar{x}$ 是最常用的测度值，是集中趋势的测度值之一，易受极端值影响，计算公式如下：

$$\bar{x}=\frac{1}{n}\sum_{i=1}^{n}x_i \tag{7-1}$$

式中，$\bar{x}$ 是样本的算术平均值；n 是样本大小。

2. 样本中位数 x

将所收集的数按大小排序，在正中位置的数为中位数。中位数为集中趋势的测度值之一，且受极端值影响。

当 N 为奇数时，中位数为正中间位置的数。

当 N 为偶数时，中位数为正中间两个数的算术平均值。

（二）离散程度

1. 样本方差 S^2 或样本标准偏差 S

样本方差 S^2 或样本标准偏差 S 系离散程度的测度值之一，是最常用的测度值，反映了数据的分布，反映了各变量值和均值的平均差异。根据总体数据计算的，称为总体方差或标准差；根据样本数据计算的，称为样本方差或标准差。

计算公式如下：

$$S^2 = \frac{1}{n-1}\sum_{i=1}^{n}(x_i - \bar{x})^2 \tag{7-2}$$

式中，$x_i - \bar{x}$ 表示某一数据和样本平均值之间的偏差；n 表示采集的样本数；$n-1$ 表示样本方差的自由度。

2. 样本极差 R

样本极差 R 系一组数据的最大值与最小值之差，是离散程度的最简单测度值，表示数据的分散范围，易受极端值影响。

二、简易图表

简易图表主要包括折线图、柱状图、饼分图和雷达图等。在质量控制活动中，简易图表使用很广泛，也很简单，效果也很好。其特点是直观、易懂、好画。

① 折线图：也叫波动图。它常用来表示质量特性数据随着时间推移而波动的状况。

② 柱状图：用长方条的高低来表示数据大小，并对数据进行比较分析。

③ 饼分图：也叫圆形图。它是把数据的构成按比例用圆的扇形面积来表示的图形。各扇形面积表示的百分率加起来是100%，即整个圆形面积。

三、调查表

1. 定义

调查表，又称检查表、核对表、统计分析表。它是收集和记录数据的一种形式，便于按统一的方式收集数据并进行分析。

2. 用途

系统地收集资料积累数据；确认事实对数据进行粗略的整理分析。

3. 常用调查表

（1）不合格项目调查表

不合格品项目调查表主要用来调查生产现场不合格品项目频数和不合格率，以便继而用于排列图等分析研究。

（2）缺陷位置调查表

缺陷位置调查表主要记录、统计、分析不同类型的外观质量缺陷所发生的部位和密集程度，进而从中找出规律性，为进一步调查或找出解决问题的办法提供事实依据。

（3）质量分布调查表

质量分布调查表是根据以往的资料，将某一质量特性项目的数据分布范围分成若干区间而制成的表格，用以记录和统计每一质量特性数据落在某一区间的频率。

（4）矩阵调查表

矩阵调查表是一种多因素调查表，它要求把产生问题的对应因素分别排列成行和列，在其交叉点上标出调查到的各种缺陷、问题及数量。

四、正交试验法

1. 定义

正交试验设计法，简称正交试验法。它是指利用正交表来合理安排试验，优选出代表性较强的少量试验，求得较优或最优的实验条件，并对试验数据进行分析、处理而获得最佳设计方案或工艺的一种方法。表示方式如下：

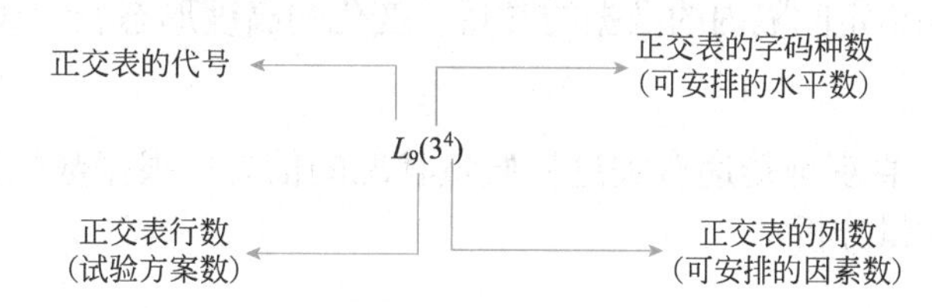

2. 目的

安排任何一项试验，首先要明确试验的目的。在药品研究、生产中，研究人员、技术人员需要通过大量的试验进行新药的研究、生产工艺的设计或改进，为了减少试验次数，节约试验经费，加快试验速度，就必须对试验方案进行合理的设计。

3. 基本概念

（1）指标

衡量试验结果好坏的标准称为试验指标，常用 y 表示。根据实验目的确定一个或几个考察指标。

① 定量指标：能够用数量来表示的试验指标。如：一次合格率、含量、水分、pH、时间、温度等。正交试验法主要涉及此类指标，常用 x、y、z 表示。

② 定性指标：不能用数量来表示的试验指标。如：颜色、外观、气味等。

（2）因素

因素是指对试验指标可能产生影响的原因。因素是试验中应当加以考察的重点内容。常用 A、B、C……来表示。

① 可控因素：能够人为地加以控制和调节的一类因素。如搅拌速度、投料量、时间、温度等。在正交试验中，只选取可控因素参加试验。

② 不可控因素：由于试验条件限制，暂时还不能人为加以控制和调节的因素。如：机器轻微振动、自然环境的变化等。

（3）水平

水平是指因素在试验中所处的状态或条件，又叫位级。中国惯称水平，日本惯称位级。在正交试验中，常用该因素的字母加上下角标阿拉伯数字 1、2、3……表示。如：A_1、A_2、A_3……。在试验中需要考察某因素的几种状态时，则称该因素为几水平的因素。

（4）正交表的选用步骤

① 明确试验目的。

② 确定衡量考核试验结果的指标。

③ 确定对指标有影响的因素。

④ 确定各因素所选择的水平。

⑤ 根据因素数、水平数在正交表中选择。

⑥ 选择相应的正交表进行试验。

五、直方图

1. 定义

直方图是从总体中随机抽取样本，将从样本中获得的数据进行整理，根据这些数据找出质量运动规律，预测工序质量好坏，估算工序不合格品率的一种常用工具。

2. 主要用途

直观地显示过程质量状况；帮助寻找可以改进的项目。

3. 特点

直方图是使用一系列宽度相等、高度不等的长方形表示数据的图。长方形的宽度表示数据范围的间隔；长方形的高度表示在给定间隔内的数据的数目；变化的高度形态表示数据的分布情况。

4. 作用

显示质量波动的状态；直观地传递有关过程质量状况的信息；根据数据波动，掌握过程的能力状况和受控状态，进行过程质量分析。

5. 应用步骤

（1）收集数据

样本数据应大于 50；求极差 R，即样本数据中最大值减去最小值。

（2）确定分组的组数 K 和组距 H

组距 H 即直方图每组的宽度，一般取测量单位的整数倍；组数的确定可参照表 7-2。

表 7-2　直方图组数 K 选用表

数据个数	分组数 K	常用组数 K
50～100	5～10组	10
101～250	7～12组	
250以上	12～20组	

（3）确定各组界限

以下界限为起始，以确定的组距为间隔，依次确定各组的界限值。为避免出现数据值与组的界限值重合，而出现一个数据同时属于两个组，造成重复计数。

① 组的界限值的末位数应取最小测量单位的 1/2。如：最小测量值单位为 1 mm，组的界限值的末位数应取 1/2 = 0.5，分组时应把样本数据中最大值和最小值包括在内。第一组的下限值为最小值减去最小测量单位的 1/2，上限值为下限值加组距；第二组的下限值就是第一组的上限值，上限值就是第二组的下限值加组距；第三组以后，依次类推计算各组的上下界限值。

② 一种较为简易的方法，可将各组区间按“左开右闭”原则取数，即可将各组数据区间定为左边（小数）属本组，右边（大数）属下组。

（4）作频数分布表

将测得的原始数据分别归入相应组中，统计各组数据个数，即频数 f_i，填好各组频数后，检查总数是否与数据总数相符，避免重复或遗漏。

（5）画直方图

横坐标表示质量特性，纵坐标为频数（或频率），在横轴上标明各组组界，以组距为底，频数为高，画出一系列的直方柱，就成了直方图。

（6）直方图的标注及计算

在画好的直方图标注出公差上下限 T_L 和 T_U、样本数 n、样本平均值 $\bar{x}$，即样本分布中心、样本标准偏差 S 及公差中心 M 的位置。

六、控制图

1. 定义

控制图（control chart），又称管制图，是对过程质量特性进行测定、记录、评估，从而监察过程是否处于控制状态的一种用统计方法设计的图；是用于区分由异常原因（系统原因）引起的波动或是由过程固有的随机原因引起波动的一种工具。控制图是建立在数理统计学的基础上，运用有效数据建立控制界线。图上有三条平行于横轴的直线：中心线（central line，CL）、上控制线（upper control line，UCL）和下控制线（lower control line，LCL）。并有按时间顺序抽取的样本统计量数值的描点序列。UCL、CL、LCL 统称为控制线（control line），通常控制界限设定在 ±3 标准差的位置。中心线是所控制的统计量的平均值，上下控制界限与中心线相距数倍标准差。若控制图中的描点落在 UCL 与 LCL 之外或描点在 UCL 和 LCL 之间的排列不随机，则表明过程异常。

2. 应用步骤

① 确定所控制的质量特性，如：重量、不合格品数等。

② 选图并画图。

③ 确定样本容量和抽样间隔。

④ 收集并记录样本数据，至少 20 ～ 25 组。

⑤ 计算各样本的统计量，如：样本平均值、极差等。

⑥ 计算控制界限。

⑦ 将控制界限及中心线画在图上。

⑧ 分析两图中出界或排列有缺陷的点，采取措施予以消除，修改数据或重新采集数据，重新画。

3. 作用

（1）质量诊断

用来度量过程的稳定性，即过程是否处于统计控制状态。

（2）质量控制

用来确定何时需要对过程进行调整，什么时候需使过程保持相应的稳定状态。

（3）质量改进

用来确认某过程是否得到了改进。

七、*t* 检验法

1. 平均值与标准值的比较

实际工作中，为了检查分析方法或操作过程是否存在较大的系统误差，可对标准试样进行若干次分析，再利用 t 检验法比较分析结果的平均值与标准试样的标准值之间是否存在显著性差异，就可做出判断。

根据下式知，在一定的置信度时，平均值的置信区间为：

$$\mu = \bar{x} \pm \frac{tS}{\sqrt{n}} \tag{7-3}$$

可以看出，如果这一区间可将标准值 μ 包括在其中，即使 $\bar{x}$ 与 μ 不完全一致，也只能得出在 $\bar{x}$ 与 μ 之间不存在显著性差异的结论，因为按 t 分布规律，这些差异是偶然误差造成的，不属于系统误差。进行 t 检验时，通常并不需要计算其置信区间，而是首先按下式计算出 t 值：

$$t = \frac{|\bar{x} - \mu|}{S} \sqrt{n} \tag{7-4}$$

检验两个分析结果是否存在显著性差异是用双侧检验，即 t 值 $> t_{\alpha,f}$ 值，则两个分析结果存在显著性差异，否则不存在显著性差异。分析化学中，通常以 95% 的置信度为检验标准，即双侧检验时显著性水平 $\alpha = 0.05$。

2. 两组平均值的比较

不同分析人员或同一分析人员采用不同方法分析同一样品，所得结果的平均值一般是不相等的。现在要判断这两组数据之间是否存在系统误差，即两平均值之间是否存在显著性差异，亦可采用 t 检验法进行判断。

设两组分析数据为：

$$n_1 \quad S_1 \quad \overline{x}_1$$
$$n_2 \quad S_2 \quad \overline{x}_2$$

S_1 和 S_2 分别表示第一组和第二组分析数据的精密度，它们之间是否有显著性差异，可采用 F 检验法进行判断。如证明它们之间没有显著性差异，则可认为 $S_1 \approx S_2 \approx S$。而 S 应根据这两组分析的所有数据，由下式求出：

$$S = \sqrt{\frac{\text{偏差平方和}}{\text{总自由度}}} = \sqrt{\frac{\sum (x_{1i} - \overline{x}_1)^2 + \sum (x_{2i} - \overline{x}_2)^2}{(n_1 - 1) + (n_2 - 1)}} \tag{7-5}$$

式中，S 称为合并标准偏差，总自由度 $f = n_1 + n_2 - 2$。若已知两组数据的标准偏差 S_1 和 S_2 也可用下式计算合并标准偏差。

$$S = \sqrt{\frac{S_1^2(n_1 - 1) + S_2^2(n_2 - 1)}{(n_1 - 1) + (n_2 - 1)}} \tag{7-6}$$

为了判断两组平均值 $\overline{x}_1$ 和 $\overline{x}_2$ 之间是否存在显著性差异，必须计算出两个平均值之差的 t。假设 $\overline{x}_1$ 和 $\overline{x}_2$ 属于同一总体，即 $\mu_1 = \mu_2$，根据下式有：

$$t = \frac{|\overline{x}_1 - \overline{x}_2|}{S}\sqrt{\frac{n_1 n_2}{n_1 + n_2}} \tag{7-7}$$

当 $t > t_{\alpha,f}$（双侧检验）时，可认为 $\mu_1 \neq \mu_2$，两组分析数据不属于同一总体，它们之间存在显著性差异；反之，当 $t \leqslant t_{\alpha,f}$ 时，$\mu_1 = \mu_2$，两组分析数据属于同一总体，即它们之间不存在显著性差异。置信度 95% 的 f 值见表 7-3，常用 $t_{\alpha,f}$ 值见表 7-4。

表 7-3　置信度 95% 的 f 值（单侧）

$f_{小}$	$f_{大}$									
	2	3	4	5	6	7	8	9	10	∞
2	19.00	19.16	19.25	19.30	19.33	19.36	19.37	19.38	19.39	19.5
3	9.55	9.28	9.12	9.01	8.94	8.88	8.84	8.81	8.78	8.53
4	6.94	6.59	6.39	6.26	6.16	6.09	6.04	6.00	5.96	5.63
5	5.79	5.41	5.19	5.05	4.95	4.88	4.82	4.78	4.74	4.36
6	5.14	4.76	4.53	4.39	4.28	4.21	4.15	4.10	4.06	3.67
7	4.74	4.35	4.12	3.97	3.87	3.79	3.73	3.68	3.63	3.23
8	4.46	4.07	3.84	3.69	3.58	3.50	3.44	3.39	3.34	2.93
9	4.26	3.86	3.63	3.48	3.37	3.29	3.23	3.10	3.13	2.71
10	4.10	3.71	3.48	3.33	3.22	3.14	3.07	3.02	2.97	2.54
∞	3.00	2.60	2.37	2.21	2.10	2.01	1.94	1.88	1.83	1.00

注：$f_{大}$ 是大方差数据的自由度；$f_{小}$ 是小方差数据的自由度。

表7-4　常用$t_{\alpha,f}$值（双侧）

f	置信度，显著性水平		
	$P=0.90$	$P=0.95$	$P=0.99$
	$\alpha=0.10$	$\alpha=0.05$	$\alpha=0.01$
1	6.31	12.71	63.66
2	2.92	4.3	9.92
3	2.35	3.18	5.84
4	2.13	2.78	4.6
5	2.02	2.57	4.03
6	1.94	2.45	3.71
7	1.9	2.36	3.5
8	1.86	2.31	3.36
9	1.83	2.26	3.25
10	1.81	2.23	3.17
20	1.72	2.09	2.84
∞	1.64	1.96	2.58

第三节　生产过程的质量控制

一、生产的控制

（一）物料管理

1. 物料采购

采购部门根据采购计划，应依据质量管理部门批准下发的质量标准购进物料。供应商的选择是质量保证的重要一环，对于生产类物料，如在生产过程中使用的原辅包材或者是与药品直接接触的物料等，应从经质量管理部门定期核准的《合格供应商目录》中的供应商处进行采购。对于不在《合格供应商目录》中的新供应商，应首先考察供应商的基本情况，考察的内容包括：产品质量信誉、经营管理状况、质量管理水平等，必要时需开展对供应商的现场审计或者书面审计工作。通过协商和交流，供应商提供符合要求的物料，对其开展验证工作，验证合格后，新供应商方可纳入《合格供应商目录》中，作为可正常采购的供应商单位。

2. 物料的入库、储存与发放

原料、辅料及包装材料的质量控制始于验收入库。物料到货后物料仓库保管员应核对送货凭证与收料通知单信息一致，账物相符。需注意外包装是否完整无污渍，标签是否完整无污渍，确认无误后方可入库。在系统入库后生成外购入库单、物料请验单，填写物料货位卡。这些记录包括物料名称、物料代码、供应商批号、包装规格及数量等。打印物料状态卡标明该批物料信息及物料状态（待验），并将物料请验单交接给检测中心。

检测中心接收到物料请验单后对物料进行取样检测。根据结果将物料状态分为合格、不合格，合格、不合格的物料应张贴有相应的标识，不合格的物料应存放在不合格品库，严格地隔离待验品、合格品与不合格品，以免误用。

物料应分库存放，对有温度、湿度及特殊要求的物料应按规定条件储存。按温度分类，可分为：冷库（0～5 ℃）、阴凉库（10～20 ℃，相对湿度35%～75%）、常温库（0～30 ℃，相对湿度35%～75%）。按性质分类，则有：GMP库［原辅料库、胶囊库、乙醇库、包材库、立体库（常温库）、立体库（阴凉库）、冷库等］和非GMP库（化学试剂库、剧毒库等）。此外，固体物料与液体物料应分开储存；挥发性物料应注意避免污染其他物料。物料按规定的有效期进行储存，无规定有效期的，其储存期原辅料、内包材一般不超过三年，外包材一般不超过五年，储存期内如有特殊情况应及时复验。除此外，内包材每两年复验一次，外包材每三年复验一次。

药品的标签、使用说明书应由专人保管和领用，应有专柜或专库存放。凭已批准的调拨单计数发放。发放、使用和销毁都应有记录。

物料发放时应按照先进先出，以及近效期先出的原则进行。毒、麻、精、放类药品出库须双人复核，并依照生产指令中所列的物料品名、物料代码、批号、规格和数量等进行发放，同时做好记录并妥善保存。

仓库应配备必要的通风、照明设备，以及防虫、防鼠等设施。物料要定期进行质量检查，一般品种每月或每季度检查一次，部分特殊品种酌情增加检查次数，发现问题及时处理。

药品共线生产质量管理指南

（二）生产过程控制

1. 固体制剂——片剂

在片剂生产过程中，各工序的质量监控点见表7-5。

表7-5 片剂生产过程中各工序的质量监控点

工序	质量控制点	质量控制项目	频次
粉碎	原辅料	异物	每批
	粉碎过筛	粒径	每批
称量	原辅料	异物	每批
		数量	每批
制粒	投料	品种、数量	每批
		异物	每批
	颗粒	黏合剂浓度、温度	1次/锅
		含量均匀度、水分	每批
烘干	烘箱	温度、时间、清洁度	随时/班
	流化床	温度、滤袋	随时/班
压片	素片	厚度	定时/班
		装量	定时/班
		硬度	定时/班
		脆碎度	定时/班
		外观	随时/班
充填	胶囊	装量	随时/班
		外观	定时/班
包衣	薄膜衣片	外观	定时/班
		崩解时限	1次/批

（1）粉碎

原辅料使用前核对品名、物料代号、供应商批号、规格和数量；核对外观性状，需符合质量标准，检查日视无异物或黑点。粉碎前需确认粉碎机安装完好可正常运行，筛网安装正确。粉碎过程需检查目视无异物或黑点，已粉碎物料粒度均匀。操作完成后测定已粉碎物料的粒径是否符合要求。本工序主要监控原辅料中的异物和粉碎后的细度。

（2）称量

称量前核对原辅料品名、物料代号、规格、供应商批号、供应商名称等项目，按处方称量，按拟定工艺操作。称量过程中核对原辅料外观性状，需符合质量标准，检查目视无异物或黑点。本工序主要监控原辅料中的异物，称量数量的准确性和原辅料使用正确无误。

（3）制粒

将称量好的原辅料核对无误投料进行预混合，混合均匀的原辅料加入黏合剂，按技术参数要求控制黏合剂温度、浓度和用量。黏合剂浓度、用量不仅与原辅料的种类性质和比例有关，还与其含水量、环境湿度以及温度有关。预混合、喷浆、成粒等过程，记录混合时间、搅拌速度、切碎速度、扭矩、蠕动泵转速等参数。本工序主要控制黏合剂温度、浓度和用量，颗粒含量均一性、水分等参数。

（4）整粒

将制好的颗粒（或干燥后的颗粒）通过整粒机按照工艺参数要求进行整粒。整粒过程需检查目视无异物或黑点，整粒后物料粒度均匀。本工序主要监控颗粒中的异物和粒径大小。

（5）干燥

严格按照工艺参数控制干燥温度，防止颗粒融熔、变质以及有效成分迁移，并定时检查干燥温度的均匀性。操作完成后测定颗粒的水分是否符合要求和药物的均匀性。本工序主要监控颗粒的水分、有关物质等参数。

（6）总混合

将整批量颗粒置于混合机内混匀，按照工艺参数控制混合转速和混合时间，每混合一次为一个批号。本工序主要监控颗粒的松密度、水分、粒度分布、含量均匀度、外观色泽及流动性。

（7）压片

压片前应试压，设定压片机转速、压力，在“试运行模式”下，点动强迫加料器，填料器中加满物料，使加料器内物料分布均匀。在调试阶段避免由于设备没有物料而出现过多的报警。当参数设置好后，设备在“调试模式”下先运行 5 圈左右。将粉料的上料、加料、填充都达到一个稳定状态，避免设备内一开始压片不稳定。然后，开始取样，取样数量应覆盖所有冲头数量。样品必须检测外观、平均片重、厚度、硬度等。完成调机后，设备切换至“生产模式”，开机后进行取样检测，取样数量覆盖所有冲头数量。样品必须检测外观、单片片重、硬度、厚度以及脆碎度。所有检测片子都做废品处理。如果检测不合格，应切换至“调试模式”，重新调试。生产后根据工艺要求每隔一段时间抽样检查素片的外观、片重、厚度、硬度、脆碎度，以及对设备运行过程中的主压力、预压力、转速等参数进行抄表查看，并将数据记录在批生产记录（batch production record，BPR）中。本工序主要监控素片的外观、片重、厚度、硬度、脆碎度等。

（8）包衣

包衣前需根据工艺提前配制包衣液。配制后应根据包衣液属性，经过试验确定制定配制后的使用时限。喷枪在安装前应该先进行调试，检查雾化效果，防止有喷射的空隙。蠕动泵开启前需根据包衣液的状况，进行蠕动泵喷液量的调节，计算喷液量是否满足工艺要求。将素片加入滚筒后，先将素片预热至工艺要求的规定温度，达到工艺要求后再开始包衣程序。包衣过程要监控进风温度、出风温度、片床温度、锅内负压、滚筒转速、雾化压力、喷液流量。包衣液喷完，进入干燥程序后，滚动继续转动。进风风量和温度维持不变，干燥 5 ～ 10 min 后，完成片子的最终干燥。干燥完成后，片床温度较高，此时程序关闭进风并停止加热。滚筒继续转动 10 ～ 15 min，排风保持运行，抽走腔室内高温气体。本工序主要监控包衣片的外观和崩解时限。

2. 固体制剂——胶囊剂

胶囊剂的粉碎、称量、制粒、整粒、干燥、总混合过程与片剂相同。充填步骤描述如下。

充填前应试运行设备，设定充填机转速、计量杆高度，往胶囊料仓内加入空心胶囊，粉末料斗内加入颗粒到计量盘料位传感器高度。按下开机键开始试机，按工艺要求调节胶囊的装量和压缩量，直至符合产品要求。正式生产后进行取样检测，取样数量覆盖所有工位数量。生产过程中控时，根据工艺要求取一定量胶囊检查胶囊外观、单个装量、缩合，生产后根据工艺要求每隔一段时间抽样检查胶囊外观、单个装量、缩合度，并将数据记录在 BPR 中。结批之前进行末检，取样数量覆盖所有工位数量。本工序主要监控胶囊的外观、装量、缩合。

3. 液体制剂——可灭菌大容量注射剂

大容量注射剂生产共需经过洗瓶、配液、灌装、轧盖、灭菌、灯检及包装七个主要工序。其中，洗瓶工序包含了粗洗和精洗两个过程；配液工序包含了称量和配液两个过程，并且配液过程根据产品配制要求又可细分为浓配工序和稀配工序两部分；灌装工序包含了胶塞处理和灌装压塞两个过程。生产过程中，各工序的质量监控点见表 7-6。

表 7-6　大容量注射剂生产过程中各工序的质量监控点

工序	监控点	监控项目	监控频率
洗瓶	粗洗过程	针头对中情况	每批
		压缩空气压力	每批
		循环水压力	每批
		饮用水压力	每批
	精洗过程	针头对中情况	每批
		工艺用压缩空气压力	每批
		循环水压力	每批
		注射用水压力	每批
		控制用压缩空气压力	每批
配液	注射用水	pH：5.0～7.0	每批
	配制原辅料	原辅料质量	每批
	介质	工艺用压缩空气压力	每批
		控制用压缩空气压力	每批
	配制过程	按照经批准的生产工艺进行，生产工艺需定期	每批
	药液	性状、含量、pH 等项目	每批
	除菌过滤器	完整性测试	2次/每批
灌装	介质	工艺用压缩空气	在线监测
		控制用压缩空气	在线监测
	药液装量	需符合产品要求	每批
轧盖	轧盖效果	轧盖紧密度	每批
		外观不得飞边、褶皱、瓶口无裂纹	每批
灭菌	灭菌过程	温度符合工艺要求	每柜
		时间符合工艺要求	每柜
		灭菌图谱完整	每柜
		F_0 值符合要求	每柜
		灭菌指示带变色	每车
	介质	工业蒸汽压力	在线监测
		控制用压缩空气压力	在线监测
		冷冻水压力	在线监测
		纯化水压力	在线监测
灯检	灯检品	可见异物	每瓶

续表

工序	监控点	监控项目	监控频率
包装	贴签	生产日期、产品批号、有效期至、外观	每批
	装盒	说明书、生产日期、产品批号、有效期至	每批
	电子监管码	对应关系	每批
	装箱	生产日期、产品批号、有效期至、数量、柜次号	每批

（1）洗瓶

该岗位主要目的为对生产使用的输液瓶进行清洁，保证输液瓶至灌装岗位时瓶子为洁净的状态。药品生产过程使用洗瓶机完成此项工作。FAW1120 洗瓶机结构示意图见图 7-4。

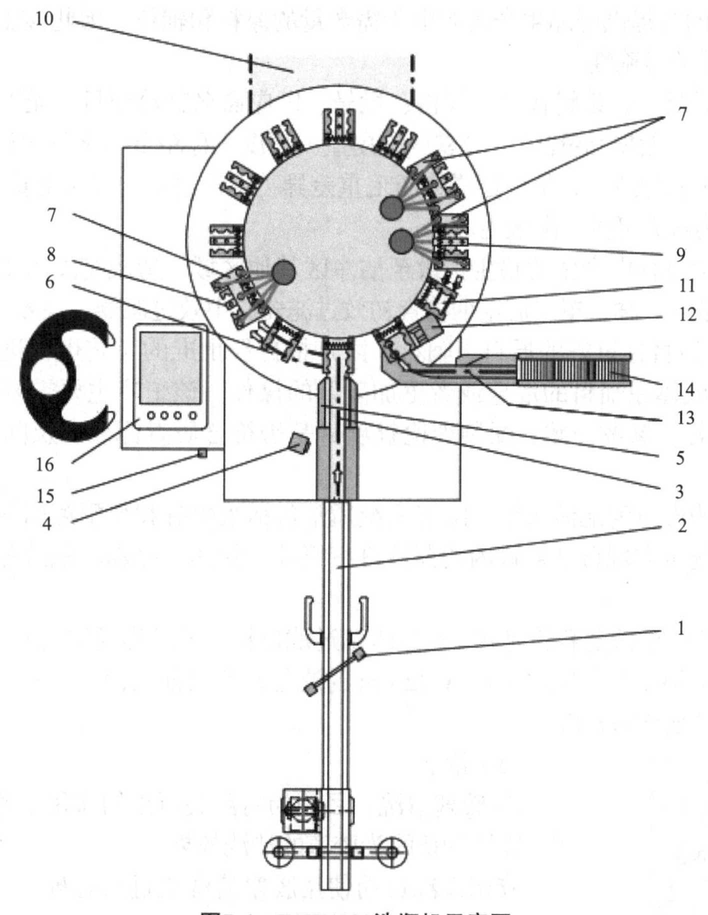

图7-4　FAW1120洗瓶机示意图

1—进料堆积传感器；2，14—输送带；3—加速皮带；4—进瓶检测电眼；5—进料导轨；
6 ～ 9，11—夹子板；10—滤芯；12—出瓶推杆；13—出瓶模具；15—点动仪插口；16—显示屏

本设备共 8 个清洗工位，采用的是“四洗四吹”的原理。输液瓶经传送带送至进瓶口，待输送带上走满输液瓶时开始清洗，输液瓶由夹子夹住瓶子完成翻转动作，瓶口朝下，大转盘继续旋转送至清洗工位 1，用循环用水冲洗瓶内壁、外壁、瓶口和瓶底内外壁；机械结构动作，夹子夹住瓶子完成翻转动作，瓶口朝下，大转盘继续旋转到达清洗工位 2，用循环用水冲洗瓶内壁；机械结构动作，夹子夹住瓶子完成翻转动作，瓶口朝下；大转盘继续旋转到达清洗工位 3，用压缩空气吹瓶内壁；机械结构动作，夹子夹住瓶子完成翻转动作，瓶口朝下；大转盘继续旋转到达清洗工位 4，用注射用水冲洗瓶内壁；机械结构动作，夹子夹住瓶子完成翻转动作，瓶口朝下；大转盘继续旋转到达清洗工位 5，用压缩空气吹瓶内壁；机械结构动作，夹子夹住瓶子完成翻转动作，瓶口朝下；大转盘继续旋转到达清洗工位 6，用注射用水冲洗瓶内壁；机械结构动作，夹子夹住瓶子完成翻转动作，瓶口朝下；大转盘继续旋

转到达清洗工位 7，用压缩空气吹瓶内壁、瓶口和瓶底；机械结构动作，夹子夹住瓶子完成翻转动作，瓶口朝下；大转盘继续旋转到达清洗工位 8，用压缩空气吹瓶内壁、外壁、瓶底，最后由出瓶推杆将输液瓶送出。

根据设备工作原理，该工序在生产过程中需检查所用介质的压力，以及喷针的对中性，以确保清洗程序的顺利进行，且为保证清洗效果，清洗过程中所使用的所有介质循环水、注射用水及工艺用压缩空气均经过除菌级滤芯过滤。

为更好地保证输液瓶的清洁效果，生产企业通常会设置两道洗瓶岗位，即上文中提到的粗洗岗位和精洗岗位。先在一般区通过粗洗岗位对输液瓶进行一次清洗，然后再传入洁净区通过精洗岗位进行二次清洗，最终输液瓶输送到灌装岗位进行药液灌装。

（2）配液

① 称量：主要目的是提供产品生产工艺中所需数量的原料和辅料。因此该工序需要检查所用物料的准确性以及称量质量的准确性。

称量前核对原辅料品名、物料代号、规格、批号、供应商名称等项目，无误后根据产品处方量进行称重，称量方法可为“七步称量法”：清零→称皮重→去皮→称净重→拿下物料→清零→称毛重。所有物料均经过以上七步称量所得，最终还需判断毛重差异（理论毛重与实称毛重）需在规定的范围内。以上内容均核对后，物料方可投入配液生产。

此外，为避免称量过程中产生的粉尘扩散至洁净区其他区域，造成交叉污染，称量的整个过程需要在负压式称量罩下进行。称量罩中需定期检查初效过滤器、中效过滤器、高效过滤器压差以及风速。

② 配液：目的即为将称量好的原料、辅料、溶剂根据经批准的工艺规程进行配制，可能为固体原辅料的溶解或者为液体原辅料的混合或者更加复杂的操作。该工序主要需要检查的为配制过程是否与经批准的工艺流程、参数一致，配制液检查项目是否符合质量标准以及除菌过滤工艺是否满足要求。

配液过程所使用的设备为配液系统。配液系统通常包括浓配罐和稀配罐两部分，根据具体生产工艺进行使用。配液系统可实现自动对罐内的药液进行搅拌、加热、冷却、脱碳等处理，通过循环泵将药液输送至灌装岗位。

最终灭菌产品的药液输送至灌装前需要经过除菌过滤过程。该过程通常是使用 0.3 μm PP 材质的滤芯和 0.22 μm PVDF 材质的滤芯串联实现。0.22 μm 的滤芯在使用前及使用后必须进行完整性测试，且两次完整性测试结果必须全部合格。

（3）灌装

① 胶塞清洗：目的为对灌装所用的卤化丁基橡胶塞进行处理，该工序需要确认的为胶塞的清洗效果。

胶塞清洗目前使用胶塞清洗机进行处理，意大利 ICOS 公司制造的 LST-P240 胶塞清洗机见图 7-5。

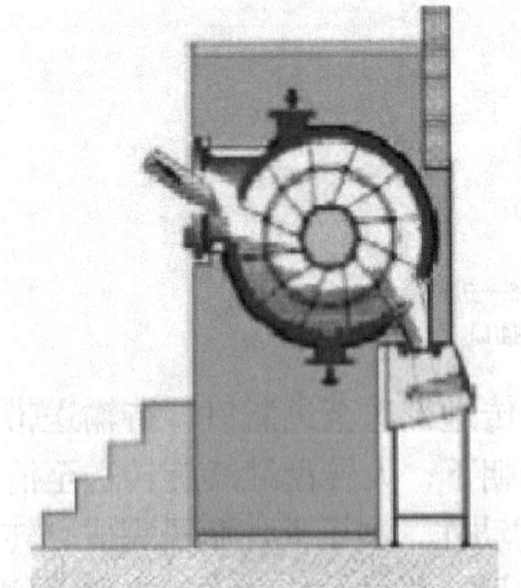

图7-5　LST-P240胶塞清洗机示意图

本设备有一个腔体，腔体内有 20 个篮筐，将胶塞均匀分布在 20 个篮筐中，开启程序，腔体上部的喷淋头会开始喷淋注射用水，主轴转动，篮筐开始旋转，进行清洗胶塞，清洗完毕后，电加热通入热风，对胶塞干燥，干燥结束，电加热关闭，通入冷风，对胶塞冷却。完毕后，从后门进行卸料操作。

该工序需检查的为胶塞清洗效果以控制产品中不会有由胶塞引入的可见异物。在最后一遍胶塞清洗排放溢流水的时候会接取溢流水检查可见异物，以及每锅胶塞清洗结束后随机抽取 5 只胶塞放入可见异物检查合格的注射用水中振荡然后检查注射用水可见异物。以上均为判断胶塞是否清洗合格的措施。

② 灌装：目的为将配制合格的药液按照装量要求分装至输液瓶中并对输液瓶进行加胶塞的操作，该工序需要确认的为药液装量。

最终灭菌的大容量注射剂是在C级背景下局部A级的环境中进行灌装操作，灌装操作通过灌装机进行完成。本文以德国Bausch+Strobel公司制造的EBS6000灌装脱氧加塞机（图7-6）为例介绍。

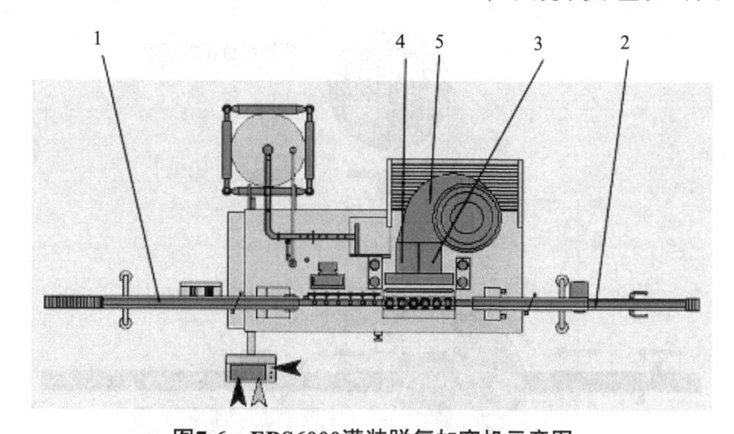

图7-6　EBS6000灌装脱氧加塞机示意图

1—进瓶输送带；2—出瓶输送带；3，4—压塞头；5—振荡盘

该设备共6个灌装工位，6个压塞工位，每个工位1根灌装针头，一个压塞头。已清洗干净的玻璃瓶经输送带送至灌装，经进瓶电眼检测到之后，由传送螺杆带动玻璃瓶到达灌装工位，进行灌装，灌装完毕后，传送螺杆旋转带动玻璃瓶到达压塞工位，在此工位，可根据产品特性选择抽真空压塞、不抽真空压塞。压塞完毕的玻璃瓶由传送螺杆旋转带到出瓶输送带，通过出瓶计数电眼计数后，由传送带送至下一工段。

装量检查可以通过量筒法直接量取药液测得，亦可通过称重法测得药液质量经换算后获得体积数据，后者与前者相比不会损失药液。

装量的调整方面，EBS6000灌装脱氧加塞机是通过加减灌注时间来控制装量的加减。装量的控制范围除法规所要求的范围外，企业制定了警戒线以及行动线的标准用来保证所生产的产品在装量方面100%满足质量要求。

因灌装工序药液存在短时间暴露的情况，因此需对灌装所处的环境进行监控，如灌装区域需监控A级层流的压差、风速，环境中悬浮粒子、沉降菌、浮游菌等。

（4）轧盖

本工序的目的为轧紧瓶颈处已压的胶塞，以确保产品在长时间内的完整性和无菌性。该工序需确认轧盖效果。

轧盖区紧邻灌装区，以保证加塞后的产品在最短的时间内完成轧盖，轧盖区的级别为D级，与灌装区不在同一区域可避免轧盖过程中产生的颗粒对产品造成的影响。轧盖操作通过轧盖机完成，本文以德国Bausch+Strobel公司制造的KS1020轧盖机（见图7-7）为例介绍。

本设备共1个轧盖工位，该工位共3个刀头。输液瓶经输送带传送至进瓶挡杆处，待进料堆积传感器检测到输液瓶后，进料挡杆缩回，输液瓶进入传送星轮凹槽中，传送星轮间歇旋转，先经过输液瓶检测电眼、胶塞检测电眼，然后经过下盖轨道加组合盖，继续传送至轧盖站进行轧盖，最后经组合盖检测站检测后由传送星轮传送到下游设备。每个轧盖周期处理一个容器。

生产过程中需定时检查输液瓶的轧盖效果，及时调整轧盖刀头状态，确保不会出现刀头划伤瓶颈，组合盖飞边、褶皱等情况。

另外，需要对生产所用的输液瓶、胶塞、组合盖的压塞轧盖密封性进行验证，确保投入生产中的该套系统密封性满足产品长时间内的完整性和无菌性。

（5）灭菌

本工序的目的为对已轧盖的产品进行灭菌，保证产品的无菌性。本工序需检查灭菌温度、灭菌时间以及F_0值。

完成产品灭菌是通过灭菌柜来实现的，灭菌的方法通常可分为湿热灭菌法和干热灭菌法。最终灭菌的大容量注射剂产品多采用湿热灭菌法。本文以 SWSR-10.09.45/2 过热水喷淋式灭菌柜（图 7-8）为例介绍。

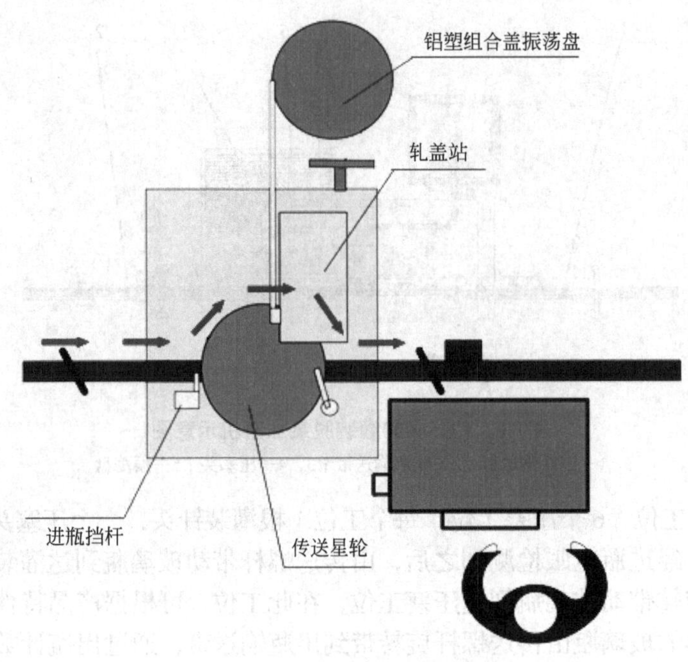

图7-7　KS1020轧盖机示意图

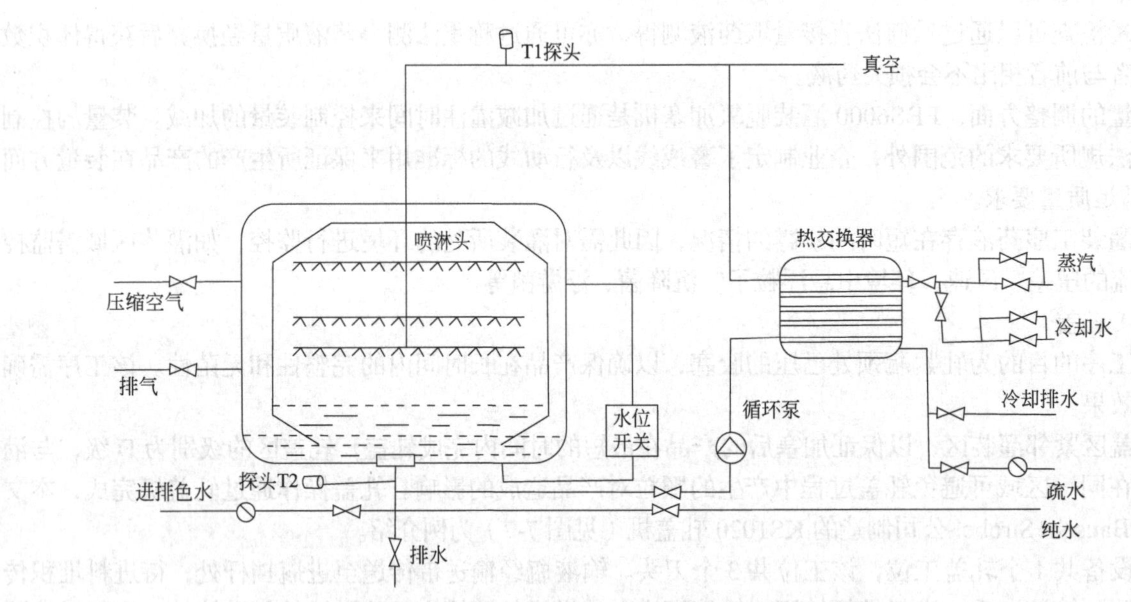

图7-8　SWSR-10.09.45/2过热水喷淋式灭菌柜示意图

灭菌柜原理是过热水灭菌。在加热、灭菌、冷却过程中，只有纯化水直接与输液瓶接触，而工业蒸汽及冷却水通过热交换器对纯化水进行加热或冷却，灭菌柜内纯化水由水泵抽取，经过热交换热器加热或冷却，最终经由喷淋头喷淋输液瓶，从而维持腔体内部温度分布均匀。整个过程可分为准备、腔体进水、水循环、稳定、加热、灭菌、冷却、冷却延时、腔体排水、返回大气压、循环结束等步骤。

灭菌过程对于最终灭菌产品是至关重要的一环，严格保证灭菌温度及灭菌时间是产品无菌保证的重要基础。灭菌柜需根据不同产品、不同装载方式分别定期进行验证，确认冷点位置、热点位置等重要参数。每柜产品均需在冷点位置取样进行无菌项目的检测，以确保当柜产品的灭菌效果。

（6）灯检

本工序的目的为剔除产品中所有的不合格产品，确保进入市场的产品外观指标均符合标准。

因自动灯检设备目前技术尚不成熟，会受到输液瓶材质、均匀性和玻璃表面和内部的瑕疵影响，因此目前该工序为人工灯检，经过培训上岗的操作人员通过“灯检六步法”逐瓶检查，每瓶检测时间6～8 s。

灯检六步法为：

① 垂直拾起，检查铝盖完整性、装量、液面明显异物（玻屑、头发丝、纤维、色块等），检查输液瓶挂水、气泡、结石、破瓶等；

② 倒立看，视线由下而上异动检查，检查白点、白块、色点、色块、纤维、头发丝、玻屑等异物；

③ 将输液瓶倾斜检查液面，检查液面异物漂浮；

④ 旋转检查输液瓶瓶身，检查输液瓶的破瓶、结石、破损及畸形；

⑤ 检查封口、瓶底及胶塞，检查胶塞的污染，三指法检查封口；

⑥ 检查白瓶并标记。

因本工序为人工灯检，因此员工视力、技能、灯检环境为所需注意事项，目前要求灯检员工视力需在4.9以上，并每三个月对灯检人员的视力进行检测。灯检员工需在取得灯检上岗证后方可正式灯检产品。灯检仪的光照度每批均进行检测，控制在1000～1500 lx。

（7）包装

该工序的目的为对灯检合格的产品进行贴签、装盒、扫码、装箱成为成品。该工序需注意防止混淆以及保证打印信息的正确性。

包材的领用遵循先进先出、近效先出、零头先用的原则。

根据成品物料表领取相应的包装材料（标签、白板纸小盒、说明书、瓦楞纸箱），并与所生产的品种、规格进行核对，应一致。

本工序对所使用的所有包装材料均进行物料平衡的统计，并将统计结果记录在批包装记录中。

4. 液体制剂——可灭菌小容量注射剂

在可灭菌小容量注射剂生产过程中，各工序的质量监控点见表7-7。

表7-7 可灭菌小容量注射剂生产过程中各工序的质量监控点

工序	监控点	监控项目	监控频率
称量	原辅料	异物	每批
		数量	每批
配制	投料	品种、数量	每批
		异物	每批
	配制液	含量、pH、有关物质、澄明度	每批
	超滤系统	完整性、衰减值	每批
洗烘	洗瓶机注射水	压力值	半小时/班
	洗瓶机压缩空气		半小时/班
	洗瓶机循环水		半小时/班
	隧道烘箱	预热区、灭菌区、冷却区温度	半小时/班
	隧道烘箱	预热区、灭菌区、冷却区高效压差	半小时/班
	隧道烘箱网带	速度值	半小时/班
灌封	灌封封口机	药液澄明度	定时/班
		装量	定时/班
		封口效果检查	定时/班
		除菌过滤滤芯泡点测试	班前、班后
灭菌	灭菌柜	标记、装载方式、探头摆放、灭菌温度、时间、F_0	每柜/班
	灭菌前半成品	微生物负载、标识、存放	每柜/班
	灭菌后半成品	外壁清洁度、标识、存放、无菌检测	每柜/班

续表

工序	监控点	监控项目	监控频率
灯检	灯检品	澄明度、外观	每柜/班
检漏	检漏品	容器密封性	每柜/批
包装	贴签	生产日期、产品批号、有效期至、外观	每批
	装盒	说明书、生产日期、产品批号、有效期至	每批
	电子监管码	对应关系	每批
	装箱	生产日期、产品批号、有效期至、数量、柜次号	每批

（1）称量

称量前核对原辅料品名、物料代号、规格、供应商批号、供应商名称等项目，按处方称量，按拟定工艺操作。称量过程中核对原辅料外观性状，需符合质量标准，检查目视无异物或黑点。本工序主要监控原辅料中的异物，称量数量的准确性和原辅料使用正确无误。

为确保称量过程物料、环境受控，需在负压式称量罩下进行相关操作，每日使用前关注称量罩的风速；初、中、高效压差，应在初压差的 1 ～ 2 倍之间。定期对初、中效进行更换。

（2）配制

生产前确认环境符合要求，设备清洁及灭菌在时限内。按生产前准备要求对设备进行确认，确认无余水残留后罐体清零。按工艺要求加入规定量的注射水，控制水温并按要求进行充氮（若需要）。按工艺要求的顺序依次投入原辅料。

配液过程所使用的设备为配液系统。配液系统通常包括浓配罐和稀配罐两部分及搪瓷罐，根据具体生产工艺进行使用。配液系统可实现自动对罐内的药液进行搅拌、加热、冷却、脱碳等处理，通过循环泵将药液输送至灌装岗位。

最终灭菌产品的药液输送至灌装前需要经过除菌过滤过程，该过程通常是使用两级 0.22 μm 聚偏氟乙烯（PVDF）材质的滤芯串联实现，0.22 μm 的滤芯在使用前及使用后必须进行完整性测试，且两次完整性测试结果必须全部合格。

随着产品一致性项目的推进，产品活性炭除热源的工艺在逐渐被超滤系统代替。目前生产采用的有中空纤维过滤器及膜包过滤。在使用前均需对完整性进行测试，同时膜包在使用是还需确认衰减值符合要求。

（3）灌封

小容量车间灌封工艺流程图见图 7-9。

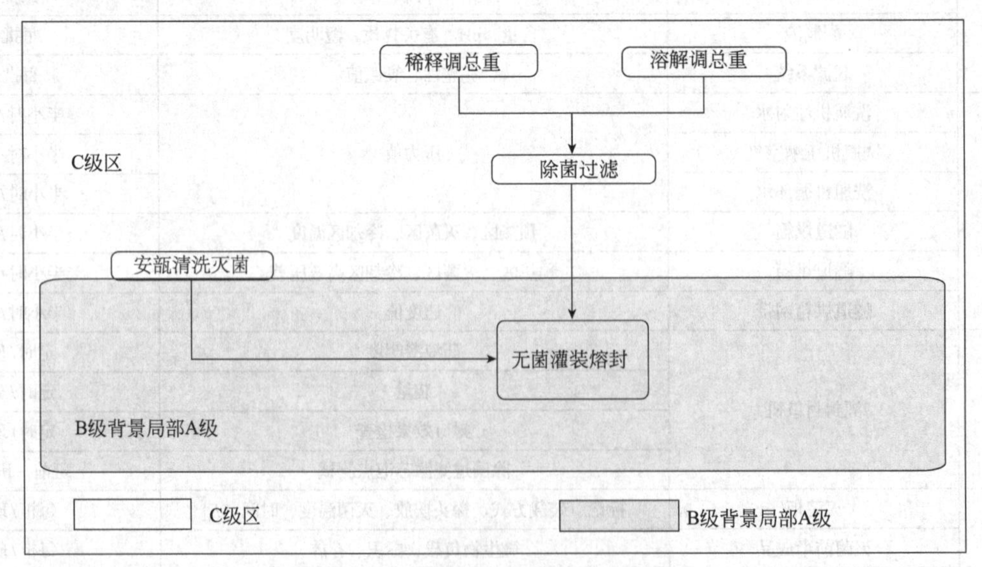

图7-9　小容量车间灌封工艺流程图

本工序的目的为将配制合格的药液按照装量要求分装至安瓿瓶中并对安瓿瓶进行拉丝封口的操作。该工序需要确认的为药液装量。

因车间生产有无菌工艺产品，车间品种均按无菌管理要求进行管理，故最终灭菌的小容量注射剂是在B级背景下局部A级的环境中进行灌装操作，灌装操作通过灌装机进行完成。以德国Bausch+Strobel公司制造的灌封机（图7-10）为例介绍。

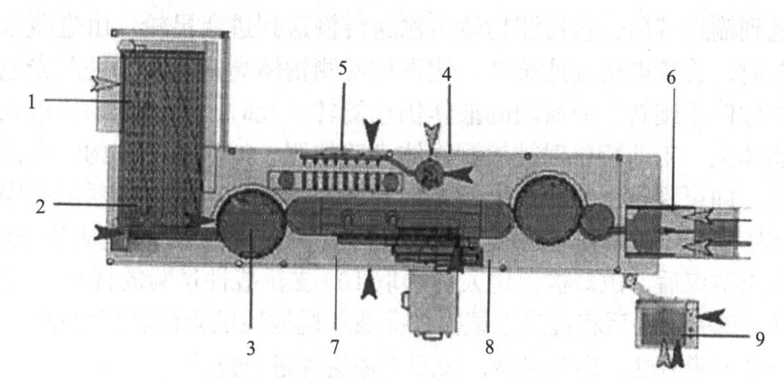

图7-10　Bausch+Strobel公司制造的灌封机示意图

1—进瓶网带；2—进瓶绞龙；3—进瓶转轮；4—缓冲罐；5—药液分配管路；6—出瓶口；7—前充氮；8—拉丝灌封工序；9—操作屏

该设备可以用于1 mL、2 mL、5 mL、10 mL安瓿瓶的灌装封口。该设备共有3个工位，灌装和充氮工位各有8个针头，封口工位有8个预火火嘴和8个主火火嘴。设备工作流程为：安瓿经输送网带、进瓶绞龙、进瓶转轮至传送夹，传送至充氮灌装工位进行灌装；再至封口工位，封口工位采用氢、氧混合气体燃烧直立旋转拉丝式封口，封口好的安瓿经出料轮出料。

装量检查可以通过量筒法直接量取药液测得，亦可通过称重法测得药液质量经换算后获得体积数据，后者较前者而言可以将操作外移，避免灌封间操作动作过多。

装量的控制范围除法规所要求的范围外，企业应制定警戒线以及行动线的标准用来保证所生产的产品在装量方面100%满足质量要求。

因灌装工序药液存在短时间暴露的情况，因此需对灌装所处的环境进行监控，如灌装区域需监控A级层流的压差、风速，环境中悬浮粒子、沉降菌、浮游菌等。

① 生产管理控制要点

a. 灌装准备。在最终灭菌小容量注射剂的灌装过程中应严防微生物的污染，已配好的药液应在规定时限内进行灌装，确保无菌、热原符合要求。每个品种的灌封时限依据各品种的工艺验证进行确认。

灌装管道、针头等在使用前经注射用水洗净并湿热灭菌。为确保转移过程的无菌保证，需用呼吸袋进行包裹后再进行灭菌。应选用不脱落微粒的软管（软管的确认需经过验证）。

盛药液容器应密闭，使用的气体、消毒剂需经过滤。调节密封位置的火焰设定。检查药液的颜色和可见异物。

b. 灌装过程。需充填惰性气体的产品在灌封操作过程中需注意气体压力的变化，保证充填足够的惰性气体。车间使用的惰性气体为氮气。检查容器密封性、玻璃安瓿的形状和焦头等。灌封后应及时抽取少量半成品用于可见异物、装量、封口等质量状况的检查。

c. 灌装结束。层流设备的检查；设备表面的清洗和消毒。

② 质量控制要点：烘干容器的清洁度、药液的颜色、药液装量、药液的可见异物。

③ 验证工作要点：药液灌装量、灌装速度、惰性气体的纯度、容器内充入惰性气体后的残氧量（必要时）、灌装过程中最长时限的验证、灌封后产品密封的完整性、清洁灭菌效果。

（4）灭菌

本工序的目的为对已封口的产品进行灭菌，保证产品的无菌性。本工序需检查灭菌温度、灭菌时间以及F_0值。

灭菌过程对于最终灭菌产品是至关重要的一环，严格保证灭菌温度及灭菌时间是产品无菌保证的重要基础。灭菌柜需根据不同产品、不同装载方式分别定期进行验证，确认冷点位置、热点位置等重要参数。每柜产品均需在冷点位置取样进行无菌项目的检测，以确保当柜产品的灭菌效果。

（5）灯检

颗粒是指除了气泡以外的来自外界的或产品析出的、可移动的、不可溶的颗粒。其他缺陷包括瓶身裂缝、安瓿瓶泡头等。颗粒和其他缺陷的测试车间采用机器检测的方法实施。

当被检测物体送到输送带后，被检测物体由输送带输送到进瓶星轮，由进瓶星轮输送到转盘检验区。当到达旋瓶装置时，旋瓶电机高速旋转，使得被检测物体高速旋转。进入光电检测前，通过刹车制动，使得被检测物体停止旋转，而瓶内的液体仍在旋转。此时，被检测物体进入光电检测区，光源一直照射到被检测物体上，工业相机对被检测物体高速拍照，如果被检测物体内液体有任何杂质，经过几幅图像进行比较，即可判定出来。根据预先设定好的参数，电脑会判断出此安瓿是合格品还是不合格品，最后将合格品和不合格品分别送入合格品通道和不合格品通道，完成整个灯检的过程。

每天生产前和每天结束后，由灯检岗位人员领取100支挑战性试验的样品，按照SOP要求进行挑战性试验，由班长确认试验合格后将挑战性试验样品放入挑战性试验样品柜保存。

若挑战性试验一次不能通过，出现漏检，按照下述流程进行操作。

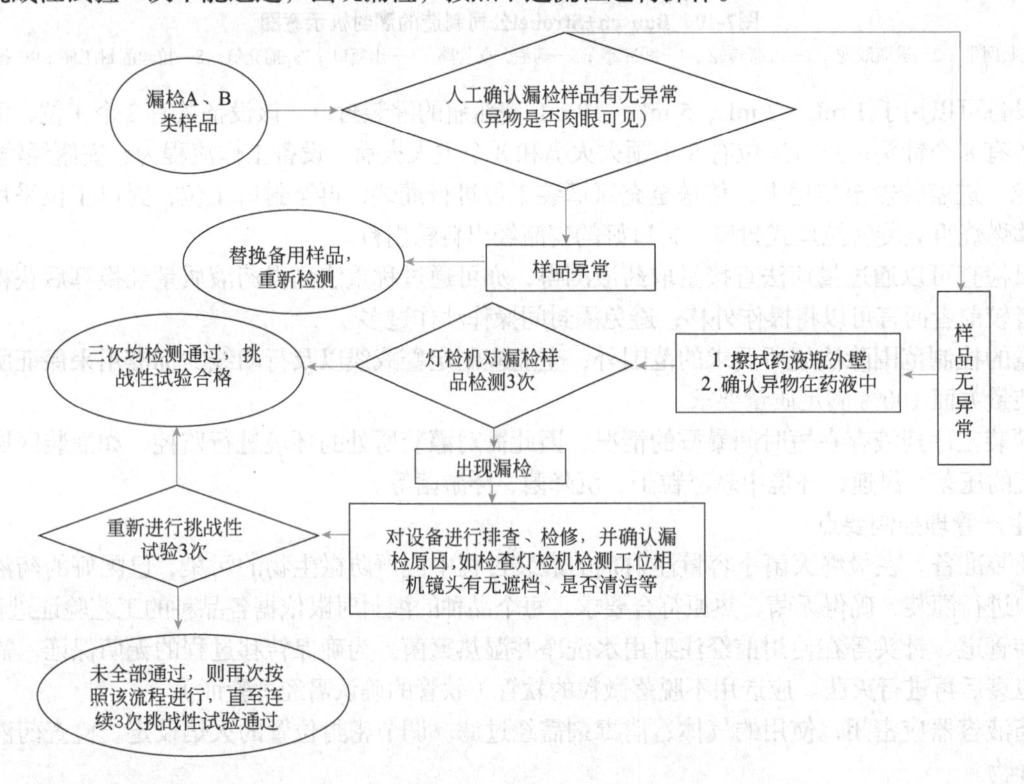

① 样品制备。样品批量制备前必须对从事制备工作的员工进行岗前培训。

样品批量制备过程必须在班长监督下进行，与正常生产产品必须有明显的区域隔离，制备区域应有醒目的标志，并控制其他人员进入，现场不得有其他的生产行为。

灯检样品制备时应在当班的批记录中备注挑战性试验样品类型、数量，便于追溯来源。

样品批量制备必须有记录，记录中要包含日期、样品类别、样品数量、样品编号、制备人、复核人等信息。

用于设备功能测试的样品必须有明显的区别标识。

② 可见异物挑战性实验样品制备。在特定的房间内由工控机（industrial personal computer，IPC）或班长监督下从收集灯检不合格品中选取不同类型的样品各20支。20支要根据不同的内容物标上不同颜色、不同序号来区分。样品数量不足20支的可适当减少，但不得少于各类型不合格样品要求数量。

将挑选的不合格品按照类型依次经灯检机检测，选取5次均剔除的样品（剔除率为100%）。

将样品进行人工全检，灯检员工按照样品类型逐一灯检，IPC或班长对灯检员工剔除的样品进行灯检，选取全部剔除的样品。用标签将编号贴于瓶头处。

装量、空瓶等不合格样品由IPC人员、班长确认数量和类型，并用标签将编号贴于瓶头处。

③ 合格品挑战性试验样品制备。挑战性试验合格样品：从灯检合格品中选约10支样品，经灯检机检测，选取5次灯检均通过的样品（合格率为100%）。灯检人员对选取的样品进行全检，IPC或班长对灯检员工灯检合格的样品进行再次灯检，最后选取全部灯检合格的样品。

（6）检漏

无菌产品的容器密封系统应能防止微生物侵入。在最终密封产品的检查过程中，应查出并剔除有损坏或缺陷的产品。要有严格的安全措施，防止由于密封完整性缺陷导致污染的产品投放市场。设备适用性差、容器及密封件供货缺陷，或没有检出并剔除密封系统存在缺陷的产品，可导致市场召回，应采取措施检出并防止上述问题的发生。

① 设备灵敏度。在应用自动在线高压电检漏时，需对不同密封性缺陷具有一定的检测灵敏度（辨识性）。生产设备配置了相应灵敏度的检测部件，在灵敏度设定时也将容器内溶液的物化性质如导电性、容器表面水分、容器性质综合考虑在内。因每个品种之间存在差异，车间采取的是每个品种均开展设备确认。

② 生产使用前设备性能确认。在线高压电检漏设备，如日本IDK的高压电弧检漏机在每批次检验前均需使用标准测试样品对设备性能进行使用前确认。根据待检部位，采购有缺陷和无缺陷的标准测试样品。生产前将此标准测试样品分别放入设备中进行测试，通过能否正确判别出良品和不良品对设备性能进行确认，以确保生产工作中能对生产中间产品进行有效的高压电检漏。

（7）包装

该工序的目的为对灯检合格的产品进行贴签、装盒、扫码、装箱成为成品。该工序需注意防止混淆以及保证打印信息的正确性。

包材的领用遵循先进先出、近效先出、零头先用的原则。

根据成品物料表领取相应的包装材料（标签、白板纸小盒、说明书、瓦楞纸箱），并与所生产的品种、规格进行核对，应一致。

本工序对所使用的所有包装材料均进行物料平衡的统计，并将统计结果记录在批包装记录中。

5. 液体制剂——无菌灌装注射剂

注射剂应首选终端灭菌工艺。如经充分研究（包括处方工艺研究、质量控制研究等）证实产品无法耐受终端灭菌工艺，且产品能通过除菌过滤工艺进行过滤除菌，则可采用包含除菌过滤的无菌灌装工艺进行生产。

无菌灌装注射剂无灭菌过程，其他生产过程与最终灭菌注射剂一致，包括称量、配制、洗烘、过滤、灌封等过程。

进行无菌灌装注射剂生产时，工艺研究和生产过程控制的重点是影响无菌保证水平的工艺步骤和工艺参数，主要包括物料（如原料药、辅料、内包装材料等）的质量控制、除菌过滤系统的设计及选择、除菌过滤工艺参数的研究、除菌过滤生产过程的控制等。

（1）原辅料的控制

由于微生物通过除菌过滤器的概率随着待过滤药液中微生物数量的增加而增加，最终除菌过滤前，待过滤药液的微生物负荷一般小于等于10 cfu/100 mL。所以注射剂使用的原辅料需要在质量标准内进行微生物限度控制，若通过原辅料累积计算得到的配制液微生物限度超过10 cfu/100 mL，则需通过进一步严格原辅料标准或者增加预过滤器以降低除菌过滤前的微生物负载。

（2）与药液直接接触的内包材的控制

对于无菌灌装注射液，因其无最终灭菌过程，配制液经除菌过滤后即与其内包材接触，包材的无菌水平直接影响产品无菌水平。目前最常使用的内包材为玻璃安瓿，生产中玻璃安瓿瓶经洗瓶机清洗后，需转入干热烘箱进行干热灭菌和除热原，以保障与药液接触时包材的洁净、无菌。

（3）除菌过滤系统的选择及过滤参数研究

① 除菌过滤系统的选择。除菌过滤工艺应根据工艺目的，选用 0.22 μm（更小孔径或相同过滤效力）的除菌级过滤器。

选择过滤器材质时，应充分考察其与待过滤介质的兼容性。过滤器不得因与产品发生反应、释放物质或吸附作用而对产品质量产生不利影响。除菌过滤器不得脱落纤维，严禁使用含有石棉的过滤器。

合理的过滤膜面积需要经过科学的方法评估后得出。面积过大可能导致产品收率下降、过滤成本上升；过滤面积过小可能导致过滤时间延长、中途堵塞甚至产品报废。

应注意过滤系统结构的合理性，避免存在卫生死角。过滤器进出口存在一定的限流作用。应根据工艺需要，选择合适的进出口大小。

此外，药品生产企业在选择除菌过滤器供应商时，应审核供应商提供的验证文件和质量证书，确保选择的过滤器是除菌级过滤器。药品生产企业应将除菌过滤器厂家作为供应商进行管理，例如进行文件审计或工厂现场审计、质量协议和产品变更控制协议的签订等。

② 过滤参数研究

使用过滤器时，应根据实际工艺要求，确定过滤温度范围、最长过滤时间、过滤流速、灭菌条件、进出口压差范围或过滤流速范围等工艺参数，并确认这些参数是否在可承受范围内。

（4）验证

无菌灌装注射剂处方和工艺确定后，需开展相关验证保障产品无菌水平。无菌生产工艺验证主要包括除菌过滤工艺验证及无菌工艺模拟试验。

① 除菌过滤工艺验证。除菌过滤工艺验证一般包括细菌截留验证（细菌活度试验+细菌截留试验）、化学兼容性试验、可提取物或浸出物试验、安全性评估和吸附评估等内容。应结合产品特点及实际过滤工艺中的最差条件，对相关验证试验进行合理设计，具体验证操作（如细菌截留试验中挑战用微生物的选择、滤膜的要求，可提取物和浸出试验中的风险评估、提取方式、检测方法及安全性评估，化学兼容性试验中应重点考察的指标，吸附试验的试验条件等）可参照《除菌过滤技术及应用指南》及《化学药品注射剂生产所用的塑料组件系统相容性研究技术指南（试行）》相关内容进行。

② 无菌工艺模拟试验。无菌工艺模拟试验是指采用适当的培养基或其他介质，模拟制剂生产中无菌操作的全过程，评价该工艺无菌保障水平的一系列活动。应结合产品特点及实际工艺中的最差条件，对相关验证试验进行合理设计。具体验证操作包括模拟介质的选择与评价（培养基、其他介质）、灌装数量及容器的装量、最差条件的选择、培养方式、结果评价等，可参照《无菌工艺模拟试验指南（无菌制剂）》相关内容进行。

6. 液体制剂——冻干制剂

（1）冻干制剂生产过程中各工序的质量监控点见表 7-8。

表 7-8　冻干制剂生产过程中各工序的质量监控点

工序	关键工艺参数	对应质量属性
洗瓶	循环水压力、注射用水压力、压缩空气压力、溢流水压力、循环水水温、洗瓶速度、压差、温度、网带速度	不溶性微粒、可见异物、无菌、细菌内毒素
胶塞处理	胶塞清洗灭菌程序	不溶性微粒、可见异物、无菌
配制	配制温度、pH、定容质量、搅拌速度、定容后搅拌时间、过滤器完整性、上下游压差/过滤器上游压力	含量、pH、有关物质、无菌
无菌灌装	装量	装量差异
	灌装时限	有关物质、细菌内毒素
冷冻干燥	冻干曲线	性状、溶液澄清度和颜色、含量、有关物质、水分
轧盖	轧盖时限	水分、无菌

（2）工艺过程

① 洗瓶、灭菌工序：运行洗瓶机，使用经 0.2 μm 微孔过滤器的注射用水对西林瓶进行清洗，并且对清洗后的西林瓶经隧道烘箱进行灭菌、冷却。

② 胶塞清洗、灭菌工序：运行胶塞清洗机，使用经 0.2 μm 微孔过滤器的注射用水清洗，并且对清洗后的胶塞进行灭菌、冷却。

③ 配制工序：包括称量、浓配、稀配、检验及无菌过滤等过程。

a. 需对配制液含量、pH 等进行检测，合格后方可过滤。

b. 直接与药液接触的惰性气体，使用前需经净化处理，其所含微粒量要符合规定的洁净度要求。

c. 使用到的过滤器需提前进行灭菌、清洗等处理，同时对过滤器使用前后的起泡点进行检测。

④ 无菌灌装工序：包括灌装、半加塞、进冻干箱等步骤。

配制液中间体检测合格后可经无菌过滤进入灌装工序，装量可根据含量进行调整，灌装过程中根据要求控制装量、装量速度等，并且定期进行装量和澄明度等检查。

⑤ 冷冻干燥工序：包括预冻、升华干燥、解析干燥、压塞、出箱等步骤。将灌装完成且半加塞的样品放入冻干箱内进行冷冻干燥工序，根据要求摆放好温度探头位置，设定冻干曲线参数。

a. 预冻：降低板层温度以使制品达到完全冻结的状态。

b. 升华干燥：对板层进行加热，并使冻干机保持一定真空度，使水分持续升华，一般升华干燥终点为目测水迹线消失后维持 2 h 左右。

c. 解析干燥：对板层继续进行加热，除去制品中剩余的吸附水，使制品中水分继续干燥至目标值即完成冷冻干燥过程。

d. 压塞、出箱：将冻干结束后制品胶塞压紧，如需对制品充入惰性气体进行保护，可在压塞前充入。压紧胶塞后，可打开冻干箱门，取出制品。

⑥ 轧盖工序：将铝盖灭菌后轧盖，定时检查制品的密封完整性。

⑦ 灯检工序：将破瓶、坏盖、缺顶及冻干不合格产品剔除。

⑧ 包装工序：贴签、装盒、装箱，入库。

7. 眼用液体制剂——滴眼剂

眼用制剂系指直接用于眼部发挥治疗作用的无菌制剂。

眼用制剂可分为眼用液体制剂（滴眼剂、洗眼剂、眼内注射溶液等）、眼用半固体制剂（眼膏剂、眼用乳膏剂、眼用凝胶剂等）、眼用固体制剂（眼膜剂、眼丸剂、眼内插入剂等）。眼用液体制剂也可以固态形式包装，另备溶剂，在临用前配成溶液或混悬液。

滴眼剂系指由原料药物与适宜辅料制成的供滴入眼内的无菌液体制剂，可分为溶液、混悬液或乳状液。本部分主要针对滴眼剂进行阐述。

（1）称量

称量前核对原辅料品名、物料代号、规格、供应商批号、供应商名称等项目，按处方称量，按拟定工艺操作。称量过程中核对原辅料外观性状，需符合质量标准，检查目视无异物或黑点。本工序主要监控原辅料中的异物、称量数量的准确性和原辅料使用正确无误。

为确保称量过程物料、环境受控，需在负压式称量罩下进行相关操作。每日使用前关注称量罩的风速，初、中、高效压差，定期对初、中效进行更换。

（2）配制

生产前确认环境符合要求，设备清洁及灭菌在时限内。按生产前准备要求对设备进行确认，确认无余水残留后罐体清零。按工艺要求加入规定量的注射水，控制水温并按要求进行充氮（若需要）。按工艺要求的顺序依次投入原辅料。需根据具体生产工艺选择合适配液系统。配液系统可实现自动对罐内的药液进行搅拌、加热、冷却等处理。应规定配制时限。

（3）过滤

配制液经两级除菌过滤滤芯（通常为0.2 μm）除菌过滤后，再压入吹灌封一体机的缓冲罐中，等待灌封。0.2 μm的滤芯在使用前及使用后必须进行完整性测试，且两次完整性测试结果必须全部合格。

（4）吹灌封

① 领取合格的内包材，核对厂家、品名、检验合格报告书。

② 吹灌封一体机加热，调试挤出器温度至合适温度。

③ 开启挤出器，制备空瓶，取样进行检查，空瓶质量应符合规定。

④ 空瓶检查合格后开始预灌装，检查性状（目测）、可见异物及装量，如若出现异常，及时调整设备参数，待合格后正式灌装。

灌装过程中需监测除菌过滤器上游压力，且应规定除菌过滤开始到灌装结束的时限。

（5）切分

当灌装开始时，开启切分机，检查切分质量；刚开机的产品，抽取120支检查切分质量（应无破瓶），检查无问题后连续开机，生产过程中需监测切分质量。

应规定待包装产品从灌装结束到包装开始的时限。

装量检查可以通过量筒法直接量取药液测得，亦可通过称重法测得药液质量，经换算后获得体积数据，后者较前者而言可以将操作外移，避免灌封间操作动作过多。

装量的控制范围除法规所要求的范围外，企业制定了警戒线以及行动线的标准用来保证所生产的产品在装量方面100%满足质量要求。

灌装工序需对灌装所处的环境进行监控，如灌装区域需监控A级层流的压差、风速，环境中悬浮粒子、沉降菌、浮游菌等。

（6）灭菌（需结合产品除菌工艺）

本工序的目的为对已封口的产品进行灭菌，保证产品的无菌性。本工序需检查灭菌温度、灭菌时间以及F_0值。

灭菌过程对于最终灭菌产品是至关重要的一环，严格保证灭菌温度及灭菌时间是产品无菌保证的重要基础。灭菌柜需根据不同产品、不同装载方式分别定期进行验证，确认冷点位置、热点位置等重要参数。每柜产品均需在冷点位置取样进行无菌项目的检测，以确保此柜产品的灭菌效果。

（7）灯检

颗粒是指除了气泡以外的来自外界的或产品析出的、可移动的、不可溶的颗粒。其他缺陷包括瓶身裂缝等。颗粒和其他缺陷的测试车间采用机器检测的方法实施。

灯检人员领取待包装产品，剔除外观及可见异物不合格品。

（8）检漏

无菌产品的容器密封系统应能防止微生物侵入。在最终密封产品的检查过程中，应查出并剔除有损坏或缺陷的产品。要有严格的安全措施，防止由于密封完整性缺陷导致污染的产品投放市场。设备适用性差、容器及密封件供货缺陷，或没有检出并剔除密封系统存在缺陷的产品，会导致市场召回，因此应采取措施检出并防止上述问题的发生。

（9）包装

该工序的目的为对灯检合格的产品进行贴签、装盒、扫码、装箱成为成品。该工序需注意防止混淆以及保证打印信息的正确性。

包材的领用遵循先进先出、近效先出、零头先用的原则。

根据成品物料表领取相应的包装材料（标签、白板纸小盒、说明书、瓦楞纸箱），并与所生产的品种、规格进行核对，应一致。

本工序对所使用的所有包装材料均进行物料平衡的统计，并将统计结果记录在批包装记录中。

8. 半固体制剂——乳膏剂

半固体制剂包括软膏剂（ointments）、乳膏剂、凝胶剂（gels）和栓剂（suppository）。

软膏剂指药物与适宜基质均匀混合制成的具有一定稠度的半固体外用制剂。常用基质分为油脂性、水溶性基质。因药物在基质中分散状态不同，有溶液型和混悬型之分。溶液型为药物溶解或共熔于基质或基质组分中制成的，混悬型为药物细粉均匀分散于基质中制成的。乳膏剂指药物与适宜乳剂型基质均匀混合制成的易于涂布的半固体外用制剂。

（1）乳膏剂的制备工艺

以硝酸益康唑乳膏为例：

① 油相制备：将硬脂酸、白凡士林、单硬脂酸甘油酯等加入液体石蜡中，加热熔化，调节温度在80 ℃，保温。用二甲亚砜溶解羟苯乙酯，加入油相混合均匀。

② 水相制备：将十二烷基硫酸钠、三乙醇胺、甘油加入蒸馏水中，加热至 80 ℃，保温。

③ 乳化：油相中搅拌加入硝酸益康唑细粉，开启搅拌，混合均匀。将水相加入油相，慢速搅拌，转相后，待膏体降温至 40 ℃左右，快速搅拌冷凝即得。

④ 灌封：按含量灌装。

（2）乳膏剂的生产过程中各工序的质量监控点（表 7-9）

表 7-9 乳膏剂生产过程中各工序的质量监控点

工序	监控点	监控项目	监控标准	监控频率
个人卫生	生产区域	健康状况	健康	每班
		衣着	整齐、整洁、穿戴正确	
		个人卫生（头发、胡须、指甲等）	符合要求	
		化妆品、饰物	不用、无	
	D级洁净厂房	温度、相对湿度	18 ～ 26 ℃、45% ～ 65%	每班
		压差	＞5Pa，＞10Pa	每班
		沉降菌、尘埃粒子	符合D级洁净度要求	每月
配料	原辅料	原辅料	有合格证、无异物	每批
	称量	品名、数量	正确无误	每批
	油相	油相温度、保温时间	应符合规定	每批
	水相	水相温度、保温时间	应符合规定	每批
	乳化	乳化温度、压力、时间	应符合规定	每批
灌装	乳膏	半成品质量	合格	每批
	软管	软管	清洁、有合格证、内容正确	每批
	灌装	灌装装量、封口	符合要求、批号正确清晰	每批定时
	清场	清场	符合要求	每批
包装	装盒	说明书、生产日期、产品批号、有效期	封口严密	每批定时
	电子监管码	对应关系	正确	每批
	装箱	生产日期、产品批号、有效期、数量、柜次号	数量正确、内容统一	每批定时
	清场	清场	符合要求	每批

9. 贴剂

贴剂生产过程中各工序的质量监控点（采用连续性涂布层合生产工艺）见表 7-10。

表7-10　贴剂生产过程中各工序的质量监控点

工序	监控点	监控项目	频次
基质溶液制备	原辅料	核对实物、标志、品名、合格证、规格	每批
		核对性状、可见异物	每批
	投料	品名、数量、批号	每批
		混合时间、搅拌速度	
	基质溶液	温度、含量、固含量、黏度	1次/批（班）
涂布	涂布装置	涂布温度、转筒转速、涂布厚度	半小时/班
干燥	干燥设备	温度、气流速度、有机溶剂在空气中的百分比、转轮的速率、基材的张力	半小时/班
收卷	收卷装置	收卷速度	半小时/班
层和①	层和装置	层和速度、线压力	半小时/班
切割、分剂量	冲割机	冲割速度	半小时/班
	半成品	膏体尺寸	半小时/班

① 对于具有多层结构贴剂，则就必须有层合工艺。

（1）基质溶液的制备

原辅料使用前核对品名、批号、规格和数量。核对外观性状，如为固体粉末，随机抽样置于洁净的白盆上检视有无异物或黑点；如为液体，随机抽样置于伞棚灯下检视有无可见异物。

配料前核对原辅料品名、规格以及批号等项目，按处方称量投料，按拟定工艺操作，记录混合时间、搅拌速度等参数。

（2）涂布

将混合均匀的基质溶液转移至贮槽中，通过涂布装置开始涂布，该过程主要关注涂布温度、转筒转速、涂布厚度。

（3）干燥

干燥过程中，应连续监测涂布质量、干燥速度、衬面移动速度和空气循环速度等参数，发现与标准参数的偏差应及时校正。同时鉴别出针眼、褶皱、气泡以及灰尘等影响内在质量或外观的疵点，做出标记，在后续工艺中予以剔除。

（4）收卷

基材先在一对辊筒间放卷，经涂布和干燥隧道到达位于干燥隧道末端的卷绕架，然后被卷紧。因为基质是黏性的，所以必须特别注意收卷速度以避免对基质的损害。

（5）层合工艺

层合时，要使涂布机所有单元的转动速率同步，以免基底层的张力不一。需要调整线压力，如挤压压力太大就易破坏；反之，如压力太小，层间将产生很弱的黏合力，这两种情况都应避免。

（6）切割、分剂量

多层膜结构的透皮给药系统的质量随其厚度的增加而增加，如质量过大，圆筒形保存时重力可能将其损坏，故应切割成小圆筒保管。透皮贴剂是从小卷筒上冲切下来，这一生产工序中，要用到特殊工艺的冲割机，使冲割小片能保证精确的传递速度。有两种分剂量的方法：①直接在胶带上冲出一定尺寸；②分别将胶带及防黏层冲出一定尺寸。然后将两者覆盖。再将单个小片密封在内包装袋中，最后用中盒包装。

（三）中间品及中转站

中间品又称半成品，是指生产过程中的物料加工品。每个操作工序都有一个产品（即中间品），如混合配料、制粒（颗粒）、压片（素片）等。液体制剂生产各工序往往是连续的，中间品可以在线管理而不需要另设储存，但要定点抽样检测进行监控。

中间产品和待包装产品应当在适当的条件下储存。

中间产品和待包装产品应当有明确的标识，并标明下述内容：①产品名称和产品代号；②产品批号；③产品质量（如毛重、净重等）；④加工状态（如颗粒、胶囊等）；⑤产品质量状态（必要时，如待验、合格、不合格、已取样）。

固体制剂和有些半固体制剂生产作业线是间断的，往往是一个工序完成一个批量后转到下一个工序。各个工序的中间品转到下个工序停留的时间是不等的，有时还存在多个批量中间品停留在同一工序的情况。为了对中间品实施有效监控，避免混淆，除各工序对中间品进行抽查、自查、互查外，还必须加强中间品存放和交接的管理。设置中转站，实行划区、专人管理，以具有明显标记的周转容器交接。中间品出入站需双人严格复核并填写记录。中转站有分散式和集中式两种形式。分散式，物流一条线，但不便专人管理；集中式，可以集中专人管理，能有效防止错乱，在设计中应尽量考虑工艺过程衔接的合理性。

固体车间中转站布置：包衣片待包装中转站。

（1）分散式

包衣	中转站
素片存放	中转站
压片	中转站
颗粒	中转站
制粒总混	中转站

（2）集中式

<table>
<tr><td>包衣</td><td rowspan="3">中转站</td></tr>
<tr><td>压片</td></tr>
<tr><td>制粒总混</td></tr>
</table>

（四）包装

每种药品的每个生产批量均应当有经企业批准的工艺规程，不同药品规格的每种包装形式均应当有各自的包装操作要求。包装操作是把产品容器和标签结合成一个成品单位，是制剂生产的工序之一。

当产品实验检查结果符合质量标准各项指标后，包装工段可按照生产指令规定的包装材料及其数量领料，并按生产指令的包装程序进行包装。

在开始包装操作前，质管人员和 IPC 必须对以下内容进行检查核实：

① 包装线清场和设备清洗情况；

② 被包装产品品种数量，以保证没有外来的药物和标签混入，保证使用的容器、标签及其文字内容正确无误；

③ 包装操作前，还应当检查所领用的包装材料正确无误，核对待包装产品和所用包装材料的名称、规格、数量、质量状态，且与工艺规程相符。

包装材料的选用应符合《直接接触药品的包装材料和容器管理办法》，不得使用未在“原料药、药用辅料和药包材信息登记平台”公示的包装材料容器。片剂、胶囊剂颗粒制剂包装用药品包装用 PTP（press through packaging）铝箔、药用 PVC（polyvinyl chloride）硬片、药用塑料复合硬片、复合膜（袋）、固体药用塑料瓶应清洁储存。使用时储存时间不得超过 3 天。直接使用的塑料瓶、袋、铝塑等包装材料的外包装应严密、内部清洁并保持干燥。

（五）成品入库及发运

包装完成后的产品，经质量管理部门检验符合企业内控标准后，获得车间负责人批准后方可入库。入库时必须经过现场 QA 确认及仓库管理员验收并签字。

制剂的储存应当根据稳定性研究结果确定条件，成品生产后应当及时按照待验储存管理，直至放行。成品的储存条件应当符合药品注册批准的要求，不合格的成品的每个包装容器上均应当有清晰醒目的标志，并在隔离区内妥善保存且处理应当经质量管理负责人批准，并有记录。

发运产品应按照“及时、准确、安全、经济”的原则，并及时做好出库发运记录。不论何种剂型制剂，在产品制造结束时，以及在过程中的每个工序结束时均需按理论值核对实际产量，并抽取有代表性的样品进行实验检查，同时确认生产全过程整个操作是按规定的程序完成。

二、信息流的控制

（一）标准

标准是衡量事物的准则，它包括技术标准、管理标准和工作标准。例如生产计划、标准操作规程（SOP）及质量标准等。

生产计划分周、月、季、年和长期计划，主要内容包括产量、产值、生产成本、产品质量、生产人员、生产程序、生产设备等。其编制一方面取决于市场，另一方面取决于物料、成品库存和生产能力。市场预测是生产计划的重要依据，以销定产；生产能力是实施生产计划的保证；原材料和成品库存量是评估生产计划的主要指标。生产计划与质量的关系主要表现在库存量信息上。如果市场预测有误，产大于销，就会导致成品积压。药品都有有效期，随着库存时间的延长，产品将濒临过期、销毁。另一方面，产品滞销，生产必然比原计划减产，累及原材料过剩。原材料也有其稳定性和有效期，库存时间过长，质量问题也是显而易见的。反之，销大于产，企业为了追求更大的产出，增加任务使生产超负荷，质量难以保证。原材料采购是实施生产计划的第一步。由物料管理部门以生产计划为依据，制订采购计划，向经认定的供应商定点订购。生产指令系对即将生产的一批产品下的指令，内容包括品名、数量、批号、生产完成日期等，是生产计划实施的具体化，也是批生产计划的量化评估依据，常与批生产记录一同存档。

SOP 是经批准用以指示操作的通用性文件及管理办法。例如，压片岗位标准操作规程、检验标准操作规程、设备清洗标准操作规程、通用类管理规程。每一项独立的生产作业可分别制定相应的 SOP 以规范操作。SOP 的正文包括操作名称、目的、职责、方法、程序、条件、技术参数、考核指标（结果）、人员及应用的设备、材料、管理通则等。SOP 是由岗位技术人员起草，经验证或依据法定标准定稿后由技术负责人批准的文件。岗位操作执行 SOP 能有效地将影响产品质量的因素消除在生产过程中。操作的标准化是实现产品一致性的必经途径。编制制剂生产中的标准操作规程的主要依据是我国的 GMP 和企业拟订的工艺规程。工艺规程是企业生产和质量控制的重要文件，内容包括：品名、剂型、处方、制备工艺、生产操作要求、包装操作要求、物料及生产设备信息、半成品和成品质量标准、技术参数和物料平衡的计算方法等。

质量标准包括药典、部颁标准、注册标准、企业内控标准，内容有原料药、中药材、辅料、包装材料、半成品及成品的质量规格、试验方法及相关说明。质量标准是全面控制生产过程、判断产品质量合格与否和确保用药安全有效的依据。制定质量标准不仅是为了保证产品标示质量，同时也为了检查和鉴定杂质。杂质包括生产过程中外界引入的杂质和产品中药物和辅料的降解产物，这已成为值得关注的影响临床用药安全的问题。

（二）记录

记录是反映实际生产活动中执行标准的情况，包括生产操作记录、台账、报表和有关凭证等。例如批生产记录、批包装记录、销售记录、主处方记录、检验报告单。记录通常分批存档。随着科技的发展，有的记录转换成数字后以电子版形式储存。记录用于考评生产全过程的操作和结果是否偏离标准，用于追查产品不合格的根源，是分析解决问题的原始依据。各种生产记录应保存 3 年或产品有效期后 1 年。记录内容、表格都是经设计制订、检查审核签署后使用的。

1. 主处方记录

每种产品的主处方记录内容应包括：产品名称、剂型、处方成分及处方量，各成分的标准（规格）、生产过程各工序的结果（指标）及注意事项等。为了保证每批产品能完全一致地再生产，每生产一批产品都需先把主处方记录中的生产处方、生产方法、质量标准等正确地复制。

2. 批生产记录

批生产记录为该批药品生产全过程的完整记录。其中生产指令，内容有产品名称、剂型、规格、批号、计划产量、工艺及工艺要求、技术质量标准、生产日期；生产记录有物料领用记录、称量记录、各工序操作记录、设备清洗记录、清场记录、交接记录、问题分析处理结果记录和检验记录。表 7-11 和表 7-12 分别为片剂制造和进站记录（样张）。

表 7-11 片剂制造记录（样张）

产品名称		规格		批号		领用颗粒	kg	领用者	
冲模规格	m/m	应压片重	g	片重	g	压片者		复核者	
崩解 min	压片日期		班次		第　间	工艺员签名		颗粒领用日期班次	
压片机号	时间片重							每格时间	min
								每格重抵	mg
								左轨	红色
								右轨	蓝色
								颗粒情况	
								压片情况	
								处理情况	

表 7-12 片剂进站记录（样张）

压片进站记录						包衣片进站记录						
日期	班次	压片者	桶数	总重	中间站签名	日期	班次	送片者	桶数	万片数	操作者	中间站签名
合计桶　　kg			堆放位置			合计桶万片			堆放位置			

每份记录表都由操作者、复核者签全名。批生产中所有记录的批号、品名、规格、剂型等与生产指令一致，以便查找产品制备控制细节。批生产记录可以另张列表，由工艺员分段填写，也可将有关岗位原始记录、检验报告单汇总而成，对生产记录中不符合要求的填写必须由填写人更正并签字，标明更正日期。每批产品的记录及其他必需的文件，同抽取的该批产品样品一起送质量控制部门检查并做出评议。

3. 检验记录

样品检验管理的核心是采取一切措施保证能追溯到每批产品的每个检验项目的检验情况。因此每批产品的检验过程都必须记录清楚。检验部门需要建立相应的规程，以此来保证数据的完整性。

检验记录包括检品的品名、批号、唯一性编号、规格、请验日期、每个检验项目的具体检验过程及检验记录的编制依据等。

原始检验记录应用蓝色或蓝黑色水笔书写（显微绘图可用铅笔），应尽可能采用生产和检验设备自动打印的记录、图谱和曲线图等。如用热敏纸打印的数据，为防止日久褪色难以识别，应以蓝黑色水笔将主要数据记录于记录纸上，并将热敏纸复印与原件一并附在记录上，复印件上需备注“该复印件与原件一致”并签名。记录上不涉及之处，如整个检验项目无须填写，则用“/”表示，并在每处斜线旁签上姓名及日期。如记录中仅部分内容存在无须填写项目，可用“N/A”标示。记录中应体现原始数据（天平打印数据、薄层鉴别照片等），相关原始数据需附在记录中。天平打印数据上应有天平的名称、型号、设备编号、时间等信息。

检验过程中，所有的数据均应及时、完整地记录，严禁事后补记或转抄。如发现填写有误，可用单线划去并保持原有的字迹可辩，不得擦抹涂改；并在修改处签上姓名及日期，并注明修改原因。检验或试验结果，无论成败（包括必要的复试），均应详细记录、保存。每个检验项目均应根据检验结果作出单项结论（符合规定或不符合规定），如有具体数据应体现具体数据，并签署检验人的姓名和检验日期。

4. 销售记录

销售管理的核心是采取一切措施保证能追查每批产品的出厂情况，保证全部产品在必要时能及时收回。因此每批产品的去向（客户名称、地址）、检验报告单号、合同单号都必须记录清楚。销售部门要建立客户档案，以便查阅联系。

三、人流控制

制剂产品质量控制以人为本，把资源输入“过程”中，通过人的劳动转化为产品和新的信息服务等输出。产品所达到的质量程度与生产全过程及质量监控人员的工作态度成正比。企业领导在重视引进高科技人才的同时，还必须坚持不懈地开展职工培训。通过比较我国的GMP与美国的cGMP会发现，我国在软件和人员培训方面与发达国家有一定差距。我国的GMP规定：从事药品生产操作及质量检验人员应经专业技术培训，具有基础理论知识和实际操作技能；对从事药品生产的各级人员应按GMP的要求进行培训和考核。通过培训和政治学习，不仅能激发职工学知识、掌握技能的热情，还能规范其行为模式，增强质量意识。药品生产和检查方面的关键人员应当承担责任，监督产品配方、加工、取样、试验、包装等。保证生产操作符合GMP要求和制剂质量符合标准并具有一致性。直接管理人员必须指导并控制操作，在出现疑问或问题时，应随时到场答疑解难。操作人员必须遵照净化程序进出操作室，应严格执行SOP操作和上、下工序交接制度。

建立合理有效的人员卫生管理制度，防止或减少人员对药品质量的影响，以此为基准建立生产区人员净化管理。

1. 一般生产区人员净化程序

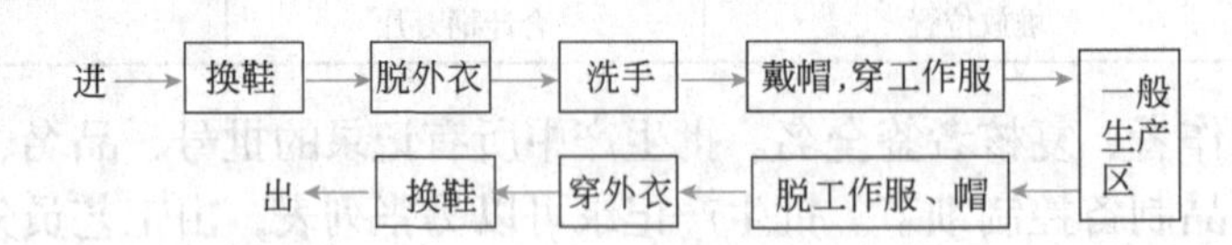

2. 固体车间D级区人员净化程序

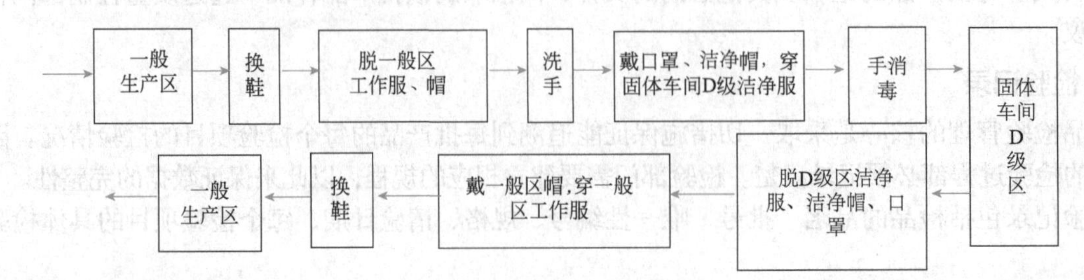

3. 大容量注射剂车间 D 级区人员净化程序

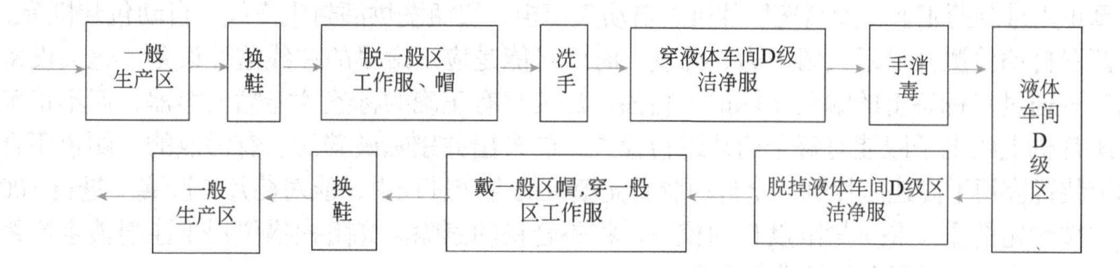

4. 大、小容量注射剂车间 C 级区人员净化程序

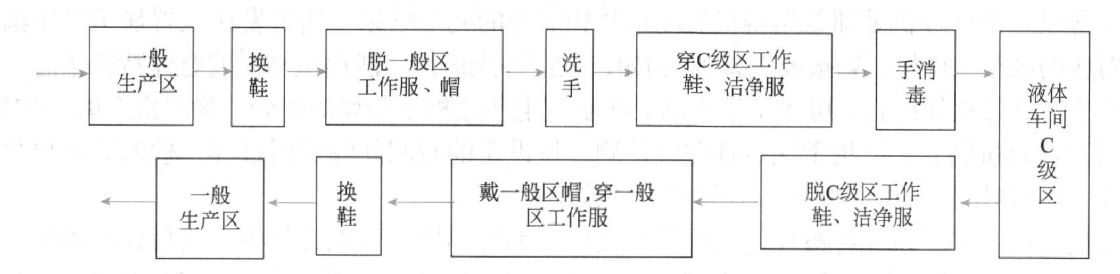

5. 小容量注射剂车间 B 级区人员净化程序

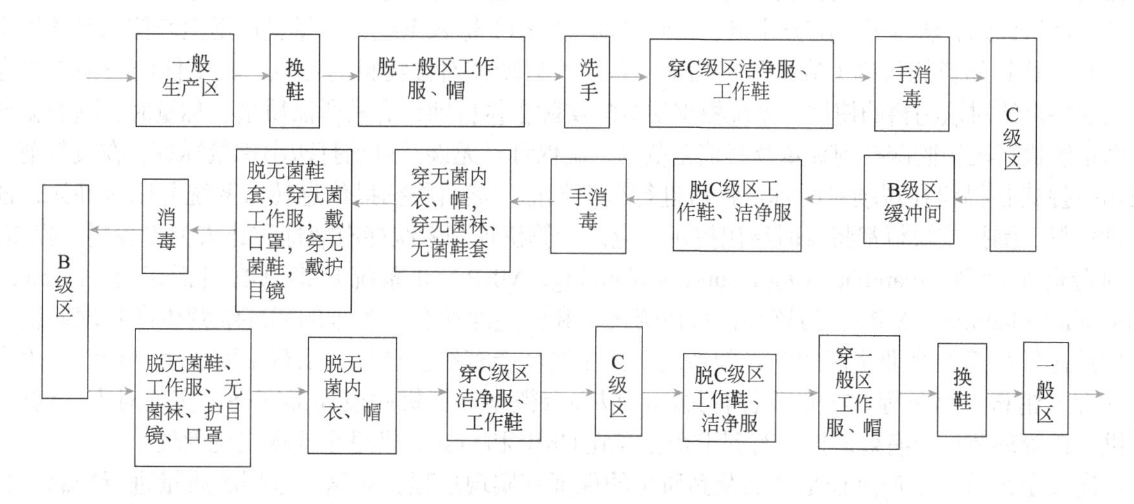

严格按照规程指导净化操作，减少污染和交叉污染，保证药品质量安全。

四、技术改造与生产过程质量控制

采用先进技术不断改造现有企业的产品、装备、技术和条件，不仅能扩大生产规模、节能增效，还能使生产规范化、标准化、现代化，从根本上保证产品质量。

自 2019 年 12 月 1 日起，新版《中华人民共和国药品管理法》开始实施。自 2019 年 12 月 1 日起，取消药品 GMP、GSP 认证，不再受理 GMP、GSP 认证申请。不再发放药品 GMP、GSP 证书。与欧美发达国家接轨，通过不定期飞行检查对企业的生产质量管理体系进行常态化检查工作，加速制药工业标准化与国际接轨的进程，对改进和保证药品质量具有现实的和长远的意义。

GMP 改造是将制药工业引向规范化、标准化。随着科技的进步，特别是信息技术的迅速发展，技术改造的目标是企业实现现代化。例如，将企业资源规划（enterprise resource planning，ERP）工程引入药品质量控制中。

自动化、无人车间是工业现代化的标志之一。早期靠机械装置设计使某单元或某工序操作由设备运转完成就认为是自动化，例如自动计数（量）分装机、自动灌装机、自动制机等。但这些设备不知自已完成的工作质量和被加工对象是否合格。近 30 年来，在线检测监控成功地应用于生产实践，才使自动化真正走进制药工业，如高速压片机、自动灭菌柜、安瓿洗烘灌封生产线、自动包装机等。

灭菌器自动检测并显示灭菌压力、温度、时间可能是应用最早的在线监控设备。包装设备上的光电扫描装置通过对标签上的编码（标记）扫描，保证只有正确的标签才能贴上容器，而不正确的则被清除。压片机上的电子眼能对每个药片进行检查，能查出并剔除破碎的、有污点的、颜色不合格的药片。称量装置应用于高速压片机、全自动胶囊充填机的生产过程中，能对药片（胶囊）进行 100% 抽样检查，并按预定的重（装）量限度自动校对，将不合格的剔除。光阻扫描仪用于注射液生产线上可检测微粒和澄清度，并对不合格品进行清除。

计算机已广泛应用于在线检测。将检测仪器或探头测得的参数经传感器等装置转换成相对应的信号输入计算机，由计算机处理数据得出被测参数相对应的测量结果，通过发送装置显示打印输出，或形成相对应的决策（停机、警报或调整）。例如，近红外光谱仪，能提供物质的整体特征信息，与计算机系统和化学计量软件结合，可应用于检测固体制剂生产过程中干燥的水分、物料混合时的均匀度等。色谱分析与计算机联合，应用于注射剂在线检测：按设定的时间间隔定时进样，检测的结果数据（曲线下面积、滞留时间、药物浓度）由计算机自动输出。

计算机控制系统是事先将被控对象的状态设定值和数学模型输入计算机，然后计算机执行应用程序，定时、定点地采集被控对象的各项参数，并与设定值相比较，对偏差通过执行机构调整、控制，使偏差接近于 0。例如，某企业计算机生产管理系统中的称量投料：仓库员将生产指令中配方原辅料的相关信息（物料代码、流水号、配方用量、接收日期及状态）输入系统，称量员根据生产信息系统提供的资料，对所称量物料的代码（流水号）扫描，系统将自动校对该物料的信息，其中任何一项不符合要求，系统将拒绝对该物料的使用。系统根据配方的实际含量自动计算其所需质量。称量时，随着物料的加入由系统执行机构监测控制称量及其偏差范围，确保称量无误并自动打印出称量标签。在投料前，操作员用手提式扫描仪在现场对所称量物料进行全面扫描，然后将扫描信息转入系统并比较确认，任何非本批物料、漏扫或缺料都将及时给出提示。应用计算机控制系统能有效地防止人为投少料、投错料。

制造资源计划（manufacturing resources planning，MRP）Ⅱ系统是指以物料需求计划（material requirements planning，MRP）为核心，对物资运动和资金运动统一管理的闭环经营生产管理系统，是目前应用比较普遍的企业生产经营管理系统。其主要功能有经营计划、物料采购、生产计划、生产流程、库存、销售、财务等，在企业各有关部门以多台微型计算机联成局部网络，实现对人、财、物、产、供、销等环节进行有效调控，有利于企业实施 GMP 和 GSP，推进企业现代化管理。

从定义上来看，生产过程是产品及其质量的保证和实现过程，对这一过程的质量进行控制，具有重要意义。设计和开发过程的质量很高，能得到很高的设计和开发成果；采购过程的质量高，能采购回高质量的产品。而生产过程的质量不高，就不能保证实现最终产品及其质量，其重要性不言而喻。

为规范生产过程管理，保证良好的生产秩序，符合《药品生产质量管理规范》要求，需对生产过程进行详细规定和要求。

（一）生产过程基本技术文件的准备

① 文件项目：批生产记录、批包装记录、粉碎物料清单（bill of material，BOM）、半成品 BOM、成品 BOM。

② 批生产记录 / 批包装记录的管理：批生产记录 / 批包装记录的制定、审核、批准、下发流程均按照《生产工艺规程、批生产记录和批包装记录的管理规程》中要求执行。

③ 产品的批号编制的管理：产品的批号编制要严格执行《批号管理规程》。

（二）生产过程用物料准备

生产计划下达后，车间主任将复核后的半成品 BOM、成品 BOM 提供给车间核算员。车间核算员根据 BOM 上的领料数据开具调拨单，经过车间主任及物料仓库主任批准后，物料仓库按照《物料的发放管理规程》中要求发放物料，并张贴标识。

（三）生产现场准备

1. 对生产现场清场情况检查

① 检查生产现场应达到《清场管理规程》的标准。

② 检查生产环境、设备、介质应符合要求。

③ 生产现场应按照《状态标志管理规程》中相关要求张贴状态标志。

2. 物料领用

按照《生产区原辅料和包装材料的管理规程》中要求发放物料，并张贴标识。

3. 签发生产许可证

具备下列各项，符合标准，由Ⅱ级 IPC 签发生产许可证方可生产。

① 设备清洁完好，有状态标识，对于清洁验证所涉及的设备，该设备清洁验证除生化项目外的其他项目合格结果出具前不得使用，车间接收《清洁验证检验结果通知单》检验合格后可用于该品种或其他品种的生产。

② 所有物料、中间产品、待包装产品均有状态标识或物料标签。

③ 设备及工作场所无上批遗留的产品、文件，无与本批产品生产无关的物料。

4. 生产流程

操作人员根据半成品 BOM 和批生产记录、成品 BOM 和批包装记录，对物料、中间产品、待包装产品在领用前进行核对品种、批号、物料代号、数量等相关信息的工作，确保准确无误。复核人对规定的复核项目要独立操作。复核时需确认以下内容：

① 物料或中间产品的品名、规格、批号（编号）、检验证号、加工状态、数量等与半成品 BOM 和批生产记录、成品 BOM 和批包装记录保持一致。

② 容器标记齐全，内容完整。

5. 依法操作

各操作人员要严格执行 BOM 表、批生产记录、批包装记录、生产工艺规程及规定的标准操作规程。生产过程中要真实、详细、准确、及时做好记录，严格执行《记录管理规程》。QA 巡检员、班长、IPC 人员及时复核、签字，并对发生的异常和偏差进行调查、解释和处理，详细记录。中间产品、待包装产品按照相关质量标准和检验操作规程检验。

车间班长、IPC 和 QA 巡检员要严格监控，确保相关指令一丝不苟地执行。

6. 生产结束后物料处理

生产结束后，操作人员按照《结料、退料管理规程》将剩余原辅料、包装材料及时退库。

（四）中间站管理

中间站储存中间产品、待包装产品要严格执行《中间站管理规程》中相关要求，防止混淆、差错。

中间产品、待包装产品的流转要严格履行递交手续，严格复核，详细记录，防止混淆、差错。物料及中间产品储存要有明显的状态标志，码放整齐、规范。

（五）物料平衡

生产过程的各关键工序要严格按照《物料平衡及得率管理规程》进行物料平衡或得率的计算。符合规定要求的方可递交下道工序继续操作或放行；超出规定要求的，若是计算错误或公式错误应按照《纠正措施与预防措施处理规程》执行 CAPA 处理流程，否则按《偏差处理规程》进行调查分析，采取的措施要经质量管理部批准，并在 QA 的严格控制下实施。

（六）防止污染、混淆与差错

生产过程应当采取措施，最大限度防止污染和交叉污染。

① 在分隔的区域内生产不同品种的药品。

② 采用阶段性生产方式。

③ 设置必要的气锁间和排风。空气洁净度级别不同的区域应当有压差控制。

④ 应当降低未经处理或未经充分处理的空气再次进入生产区导致污染的风险。

⑤ 在易产生交叉污染的生产区内，操作人员应当穿戴该区域专用的防护服。

⑥ 采用经过验证或已知有效的清洁和去污染操作规程进行设备清洁。必要时，应当对与物料直接接触的设备表面的残留物进行检测。

⑦ 采用密闭系统生产。

⑧ 干燥设备的进风应当有空气过滤器，排风应当有防止空气倒流装置。

⑨ 生产和清洁过程中应当避免使用易碎、易脱屑、易发霉器具。使用筛网时，应当有防止因筛网断裂而造成污染的措施。

⑩ 液体制剂的配制、过滤、灌封、灭菌等工序应当在规定时间内完成。

⑪ 不得在同一生产操作间同时进行不同品种和规格药品的生产操作，除非没有交叉污染的可能。

⑫ 样品从包装生产线取走后不应当再返还，以防止产品混淆和污染。

⑬ 包装工序有数条生产线同时进行包装时，应有有效的隔离措施，外观相似的产品不应同时在相邻的包装线上包装。

⑭ 各工序生产人员要严格按照各岗位的岗位操作规程进行生产操作，如发生偏差，按照《偏差处理规程》执行。

⑮ 各工序的房间、设备及各种物料、中间产品、待包装产品都有明显的状态标志，见《状态标志管理规程》《洁净区房间使用管理规程》，防止混淆和差错。

⑯ 各生产车间应当综合考虑药品的特性、工艺和预定用途等因素，结合厂房、生产设施和设备布局、使用情况，包括多产品共用厂房、生产设施和设备的情况，进行风险评估，采取对应的措施。

⑰ 每年在产品年度质量回顾期，各车间应结合年度回顾情况对防止交叉污染、交叉污染措施的适用性和有效性进行评价。风险应在可接受范围内，必要时应重新采取措施。相关 SOP 有评价规定的，应按 SOP 执行。

⑱ 各工序清洁卫生工作应严格执行《生产区清洁卫生管理规程》。

⑲ 生产区人员卫生、净化及着装要求需严格执行《生产区人员净化管理规程》《工作人员着装管理规程》。

（七）生产过程监控

产品生产的关键工序，如称量、投料、配制、包装首件、产品灭菌参数等重要监控点的操作，需在班长或 QA 巡检员或 IPC 人员严格监控下进行，并签字确认。操作人员根据工艺要求定期对关键操作参数、中间产品质量、环境指标进行监控，并填写相关记录，在生产、包装、仓储过程中使用自动或电子设备的，应当按照操作规程定期进行校准和检查，确保其操作功能正常，校准和检查应当有相应记录。

1. 安全操作

有毒、有害、高活性、易燃、易爆等危险岗位要严格执行相关的安全操作规程，有效地实施防范措施，车间管理人员要严格检查、防范。

2. 生产记录

① 生产过程中要真实、详细、准确、及时地做好批生产记录、批包装记录、包装工段首件检查记录等与生产相关的记录，严格执行《记录管理规程》。

② 生产前，检查生产区域的温度、湿度情况，做好温度、湿度记录，并将温度、湿度记录于本批批生产记录、批包装记录中；如发现温度、湿度超出规定范围，应拒绝开始生产，直至完成异常情况调查处理及温度、湿度恢复正常。

③ 各工序记录要由班长或工段长严格按有关规定程序认真核对，不能遗漏。

3. 不合格品管理

① 生产过程中的不合格品要严格执行《生产过程中不合格品及待处理品管理规程》《不合格物料的处理规程》项下有关规定，并履行批准手续，不得擅自处理。

② 不合格品的销毁要严格按照有关销毁管理程序进行，应及时销毁，销毁过程有人监控，并进行记录，确保销毁过程无误，并采取措施防止造成各种污染。

③ 中间产品的取样按照《中间产品取样规程》中要求进行。每批成品生产结束，按照《成品取样规程》中要求进行取样。

4. 成品入库

成品入库要严格执行《成品药的接收与发货规程》。仓库凭成品入库单接收车间的成品药。根据成品入库单核对无误后，将成品送到指定的货位存放。

（八）生产车间停产管理

生产车间停产指因无生产计划或厂房改造而造成洁净区不生产的状态，各车间在停产前要根据具体停产原因按照以下要求开展相关工作，并填写《车间停产评估通知》。

停产前洁净区环境、制药用水对已生产产品影响评估。

需每班或每批对生产区域进行环境监测的车间，根据结果即可对所生产品种进行评估，在停产前不需进行环境检测。

周期性对生产区域进行环境检测、制药用水检测，未评估上次检测到停产前生产产品是否受到环境、制药用水的影响，需要在停产前再进行周期性的环境、制药用水检测。但以下两种情况不需开展该工作：①停产时间在上次检测时间后 3 天之内的；②停产为无生产计划且在 15 天内的。例如：D 级关键区域沉降菌检测周期为半个月，上次检测时间为 10 月 1 日，车间计划 10 月 3 日之内停产的，不需要检测沉降菌；若计划 10 月 10 日停产，尚未到下次检测时间 10 月 15 日，为评估 10 月 1 日至 10 月 10 日期间生产的产品是否受到环境影响，在停产前最后一次生产时需对关键区域进行沉降菌检测。

停产前以及停产期间生产设备以及公用系统应采取措施的要求根据各生产设备维护规程以及公用系统维护规程执行。

在停产期间还需要按以下要求开展相关工作。

1. 停产时间在 15 天以内

① 停产前按要求清洁、消毒厂房，停产期间不对厂房进行清洁、消毒。

② 车间库存原辅料、包装材料不使用的尽量退库，若存放在车间的需确定符合储存条件；若中间产品不能生产至成品结束，至少需生产至待包装产品，并储存在规定条件下上锁管理；包装结束的成品全部入库。

③ 温度、湿度、压差记录，厂房清洁消毒记录，地漏消毒记录等没有开展相关工作的记录不再填写。

2. 停产时间超过 15 天

① 厂房日常清洁、消毒，设备预防性维修全部不开展。

② 原辅料、包装材料全部退库，车间不储存中间产品、待包装产品及成品。

③ 洁净区需尽可能减少人员进出，降低洁净区被污染的风险。

④ 温度、湿度、压差记录，厂房清洁消毒记录，地漏消毒记录等没有开展相关工作的记录不再填写。

第四节 抽样和检验

一、抽样方案

抽样是指从总体中随机抽取适量的样本以判断总体的过程。在实际生产中，考虑到产品批量大，检验时间长，生产数量多或检验费用高，加上有些方法还需要进行破坏性检验等因素，全数产品的检查是不现实或没有必要的，经常要通过抽样来对产品的质量进行检查。一个有效的质量保证体系需要制订适宜的抽样方法以及抽取适当大小数目的样本，根据样本检验结果来判断对总体的接收与拒收。为了得到对总体有代表性的值，避免错判的发生，良好的抽样设计是必要的。

取样指为一特定目的，自某一总体（物料、中间产品、待包装产品、成品）中抽取样品的操作。

取样人员应具有良好的职业道德和素质，保证取样过程不受他人意愿的影响，各生产车间的中间产品、待包装产品的取样人员应在一定时间内相对稳定，以保证取样工作的有效安全开展。

（一）取样方法

1. 大容量注射剂车间、小容量注射剂车间配制液取样方法

取样时，取样人员应先用药液荡洗取样容器（100 mL具塞透明输液瓶）3次（每次至少10 mL以上），淋洗液作废液处理，不允许倒回配制罐，然后在经过0.22 μm滤芯（大容量注射剂1号车间为后，小容量注射剂1号车间为前）的取样点进行取样，取样后，取样人员及时关闭取样口，用封口膜密封取样瓶口。

2. 大容量注射剂车间、小容量注射剂车间灭菌中间产品取样方法

取样时，取样人员应在产品经灭菌后的最热点中随机抽取，首先进行外观检查，防止外观缺陷造成的部分项目检测异常。取样时按生产批次进行取样，如同一批产品经多个灭菌设备或同一灭菌设备分次灭菌的，样品应当从各个 / 次灭菌设备中平均抽取，存放在黑色塑料袋中。

3. 小容量注射剂车间检漏中间产品取样方法

取样时，取样人员应在经检漏后产品中随机抽取，首先进行外观检查，防止外观缺陷造成的部分项目检测异常。取样时按收盘盘数进行取样，前、中、后随机抽取，存放在黑色塑料袋中。

4. 固体制剂中间产品的取样规则（见表7-13）

表7-13 固体制剂中间产品的取样规则

总包装件数N	取样量（件）n
$N \leqslant 3$	全部$n=N$
$3 < N \leqslant 300$	$n=\sqrt{N}+1$
$N > 300$	$n=\frac{\sqrt{N}}{2}+1$

注：若$\sqrt{N}$不为整数，则余数需进位。例：容器数为21桶，取样数应为6桶。

5. 放行样品中的理化分析样品、成品留样样品及稳定性考察样品

取样在外包装工段进行，取样人员将一般留样取样量（包括理化分析样品及留样样品）和稳定性考察样品合计计数后，根据当批批量及生产进度安排分别在前、中、后进行取样。

注意：前、中、后对应生产过程应分别指当批产品成品件数的前15%、1/2±10%、后15%，其中部分产品批量较小时，中间段取样样品应位于整批成品件数的1/3～2/3。此处的成品件数为取样前根据产品批量、得率预估计算所得。

① 在线包装（自动包装）：于包装线上称重仪后（如有）、电子监管码扫描前在线分前、中、后取样。

② 非在线包装（手工包装）：于电子监管码扫描前分前、中、后取样，每次尽可能从不同包装人员处取样。

如果一批药品分数次进行包装的，则每次包装应保留 1 件最小市售包装作为留样，并标注“第 × 次包装留样”。

注意：数次包装指车间在包装某个产品过程中穿插其他品种包装的行为。一批产品分数天连续包装的行为不称为数次包装。

6. 放行样品中的无菌样品及细菌内毒素（热原）样品

（1）大容量注射剂

① 无菌样品：同一批产品经多个灭菌设备或同一灭菌设备分次灭菌的，样品应当源自各个车次灭菌冷点层。取样在灯检前进行，抽取各柜次相应数量的冷点层样品作为无菌样品（每柜次按照各车次尽量平均）。车间应采取措施对传入灯检间的冷点层样品及非冷点层样品进行区分并防止灯检过程中混淆，在车间相应 SOP 中明确规定。

② 细菌内毒素样品：取样应在灯检过程中进行，样品应为灯检合格的产品。取样人员从整批产品的第一车的最底层和最后一车最顶层抽取细菌内毒素样品（分别对应的是灌装顺序中灌装开始和灌装结束的产品），检测中心分别检测，分别出具灌装开始、灌装结束细菌内毒素检测报告。

（2）小容量注射剂

① 无菌样品：同一批产品经多个灭菌设备或同一灭菌设备分次灭菌的，样品应当源自各个车次灭菌冷点。取样在灭菌检漏结束后进行。各柜次的冷点应在灭菌盘上进行注明，并放置于灯检暂存间的指定区域，取样人员按柜次在相应的冷点盘中尽量平均抽取。

② 细菌内毒素（热原）样品：取样在灯检过程中进行。取样人员在当批次灯检贴签前，在前 5 盘及最后 5 盘中分别抽取细菌内毒素（热原）样品（按照灌装顺序取灌装开始和灌装结束的产品），检测中心分别检测，分别出具灌装开始、灌装结束细菌内毒素（热原）检测报告。

7. 放行样品中的无菌样品及细菌内毒素（热原）样品

为保证取样的随机性，规范取样操作，保证药品质量符合标准，制定如下规则。

（1）无菌样品

无菌样品取样规则见表 7-14。

表 7-14　无菌样品取样规则

样品体积	取样量
$V \leq 1$ mL	60瓶（支）/柜（次）
1 mL $< V \leq$ 100 mL	30瓶（支）/柜（次）
100 mL $< V \leq$ 500 mL	15瓶（支）/柜（次）

（2）细菌内毒素（热原）样品

细菌内毒素（热原）样品取样量为前后各 1 支 / 瓶。

（二）抽样方法

按样本的质量特性，抽样检查方法可分为计数抽样与计量抽样。计数抽样的数据是不能用测量仪器检测的，数据库是不连续的整数，如不合格品数、废品数等。计量抽样数据是用测量仪器检测的质量特性值，如含量、长度、硬度等，这些数据是连续的。有时，也可混合使用计数与计量两种抽样检查方法，例如，某制剂的含量、黏度等数据是计量数据，而重量差异、装量差异等数据是计数数据，在抽样检查时既可选择计量抽样也可实施计数抽样。以下介绍计数抽样方案。

按抽样检查次数可分一次、二次和多次抽样方法。

一次抽样：从批中只抽取一次样本，判断批是否合格。

二次抽样：先抽取一次样本检验，如不合格，再抽取第二次样本，根据第一和第二次样本检查的结果，判断是否合格。

多次抽样：原理与二次抽样一样，每次抽样的样本大小相同，即 $n_1=n_2=n_3=\cdots=n_n$

1. 计数抽样方案

一次（单次）抽样方案（single sampling inspection），是对总体为 N 的制剂产品随机抽取 n 件产品作为样本进行检验，合格判定数为 c 的抽样方案，记作（n/c），即 n 中的不合格品数 d 和预先规定的允许不合格品数 c 对比，判断该批产品是否合格，实施方案如下：

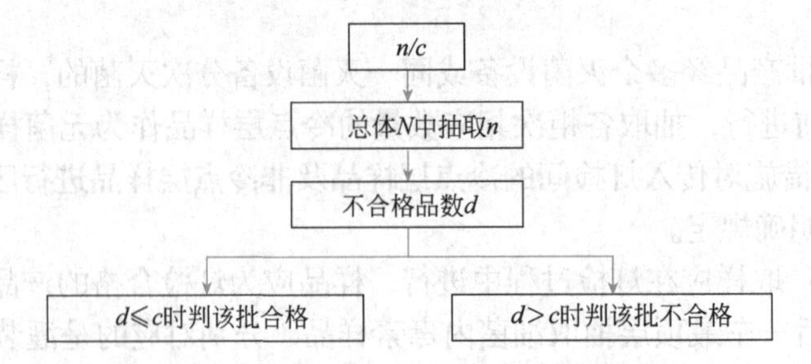

二次（双次）抽样方案（double sampling inspection）是对总体为 N 的制剂产品，随机抽取两个样本 n_1 和 n_2，设定两个合格判定数 c_1 和 c_2，两次样本中的不合格品数分别为 d_1 和 d_2，实施流程方案如下：

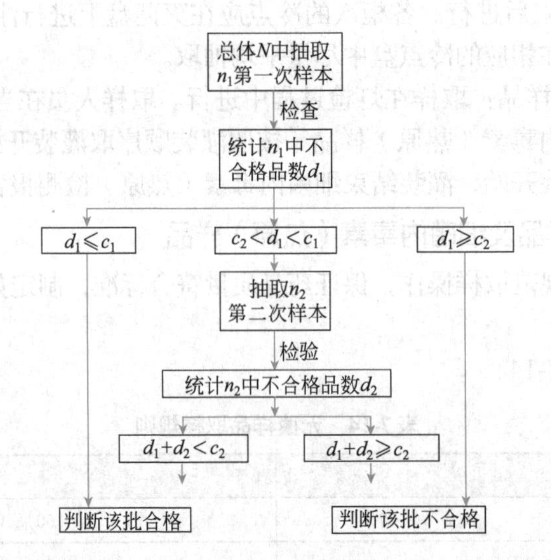

多次抽样方案（multiple sampling inspection）程序与二次抽样方案相似。

2. 计数抽样检查

（1）不合格品出现概率

设 N 为总体数，n 为样本数，总体不合格品率为 P，总体不合格数为 D，随机抽样，样本中不合格品个数 d 的出现概率用 $P(d)$ 表示。则：

$$P(d)=\frac{C_D^d C_{N-D}^{n-d}}{C_N^n}$$

例 7-1　批量为 $N=10$ 的产品，其中不合格品 $D=3$，现从中抽取 $n=2$ 个样本进行检查，求出现 1 个不合格的概率是多少？

解：出现 1 个不合格品的概率：

$$P(d)=\frac{C_3^1C_{10-3}^{2-1}}{C_{10}^2}=\frac{C_3^1C_7^1}{C_{10}^2}=\frac{\frac{3!}{1!\times2!}\times\frac{7!}{1!\times6!}}{\frac{10!}{2!\times8!}}=\frac{3\times7}{45}=0.467$$

不出现不合格的概率：

$$P(0)=\frac{C_3^0C_{10-3}^{2-0}}{C_{10}^2}=\frac{\frac{3!}{0!\times3!}\times\frac{7!}{2!\times5!}}{\frac{10!}{2!\times8!}}=\frac{21}{45}=0.467$$

出现 2 个不合格品的概率：1 -（0.467 + 0.467）= 0.066

（2）批合格概率

设批量为 N，不合格品率为 P，抽样方案（n/c），则样本中出现不合格品数 $d \leqslant (c+1)$ 为批不合格。批合格概率 $L(P)$ 的计算：

$$L(P)=\sum_{d=0}^{c}\frac{C_D^dC_{N-D}^{n-d}}{C_N^n}=P(d=0)+P(d=1)+\cdots+P(d=c)$$

如上例，（n/c）是（2/1），则批合格率 $L(P)$：

$$L(P)=P_0+P_1=0.467+0.467=0.934$$

批量较大时通常用二项分布做近似计算，超几何分布在数值较大时计算阶乘相当复杂，所以用二项分布，如果批量 $N/n \geqslant 10$ 时用下式：

$$P(d)=C_n^dP^d(1-P)^{n-d}$$

$$L(P)=\sum_{d=0}^{c}C_n^dP^d(1-P)^{n-d}$$

例 7-2　对批量较大的药片检查其片重差异时，按《中国药典》规定取 20 片，依次检查超出规定限度的药片不得超过 2 片。设：不合格品率为 0%、5%、10%、15%、20%、25%、50% 时，该批药片被接收的概率分别是多少？

解：$N=20$，$c=2$，$N/n>10$，$P=$ 0%、5%、10%、15%、20%、25%、50%

$$L(P)=\sum_{d=0}^{2}C_n^dP^d(1-P)^{n-d}$$

以 $P=10\%$ 为例

$$L(10\%)=\sum_{d=0}^{2}C_{20}^d\times0.1^d\times0.9^{20-d}$$

$$P(0)=C_{20}^0\times0.1^0\times0.9^{20}=0.12158$$

$$P(1)=C_{20}^1\times0.1^1\times0.9^{19}=0.27017$$

$$P(2)=C_{20}^2\times0.1^2\times0.9^{18}=0.28518$$

$$L(P)=L(10\%)=0.12158+0.27017+0.28518=67.70\%$$

按此法计算：

$$L(0)=100\%$$

$$L(5\%)=92.46\%$$

$$L(10\%)=67.70\%$$

$$L(15\%)=40.49\%$$

$$L(20\%)=20.60\%$$

$$L(50\%)=0.02\%$$

3. 抽样检查特性曲线

对既定的抽样方案，交验批的质量水平与接收概率间的函数关系的曲线称抽样特性曲线（operating characteristic curve），简称 OC 曲线。OC 曲线是说明抽样方案合理性的函数曲线。理想的抽样方案是不存在的，即合格判定标准定为 P_0 时，当交验批的不合格品率 $P \leqslant P_0$ 时，应当以 100% 概率接收；当 $P > P_0$ 时，以 100% 概率拒收。这种理想抽检方案的 OC 曲线见图 7-11 。

实际的抽检方案只能是以高概率接收合格批，或以高概率拒收不合格批，见图 7-12。

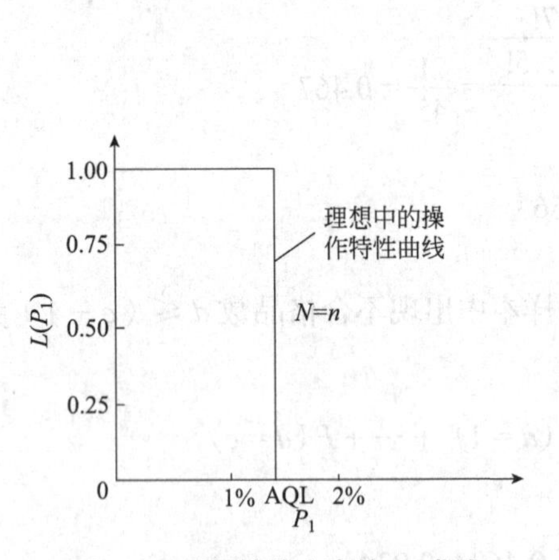

图7-11　理想抽检方案的OC曲线

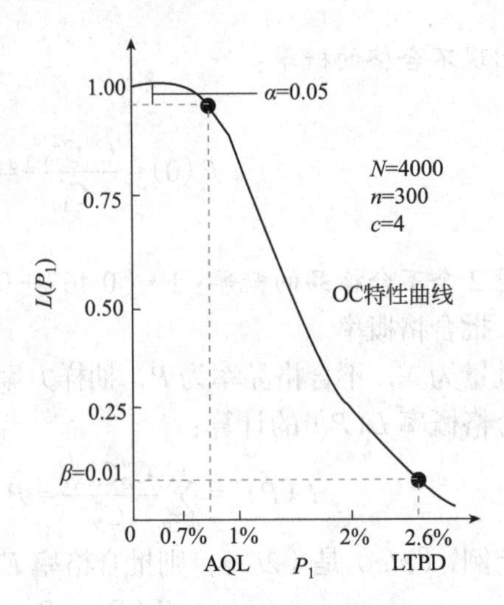

图7-12　OC特性曲线

抽样方案将合格批错判为不合格批的风险概率为 α（又称生产厂风险，producer's risk）；将不合格批错判为合格批被接受的概率为 β（又称用户风险 consumer's risk）。抽样方案的 OC 曲线中包含了四个重要参数：α、β、合格质量水平（acceptable quality level，AQL）、批最大允许不合格率（lot tolerance percent defective，LTPD）。从图 7-12 中可以看出：α 与 AQL 相关，β 与 LTPD 相关。

AQL 代表供方在正常生产下的平均不合格率，代表了供方的平均质量水平。当 $P_1 <$ AQL 时，该交验批产品为合格品，以高概率接收，$L(P_1) > 1 - \alpha$。LTPD 代表需求方能够接受的批不合格率的极限。当 $P_1 >$ LTPD 时，该交验批产品为劣质品，应以低概率接收 $L(P_1) < \beta$。AQL 与 LTPD 是两个分别代表供方与需求方双方利益的重要参数。

4. 抽样方案与 OC 曲线的关系

（1）n、c 一定，N 变化时对 OC 曲线的影响

如图 7-13 所示，$n = 20$，$c = 0$，N 分别为 1000、500、100 的 3 条曲线 A、B、C 变化不大。说明当批量 N 为样品量 n 的几倍时，随批量变大，其接收概率结果没有什么显著差别，即 N 变化时对 OC 曲线影响很小。

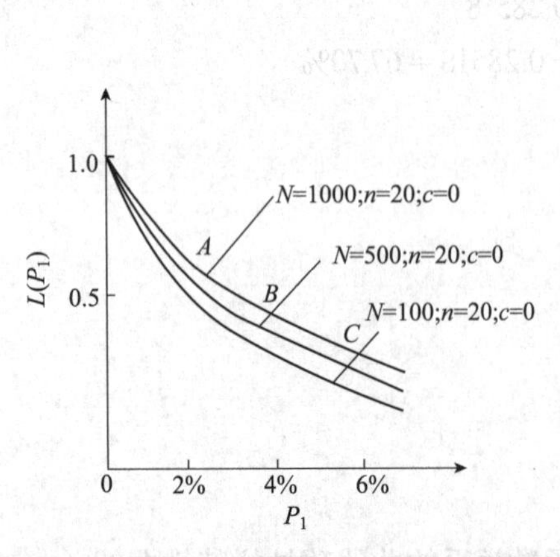

图7-13　n、c一定，N变化时对OC曲线的影响

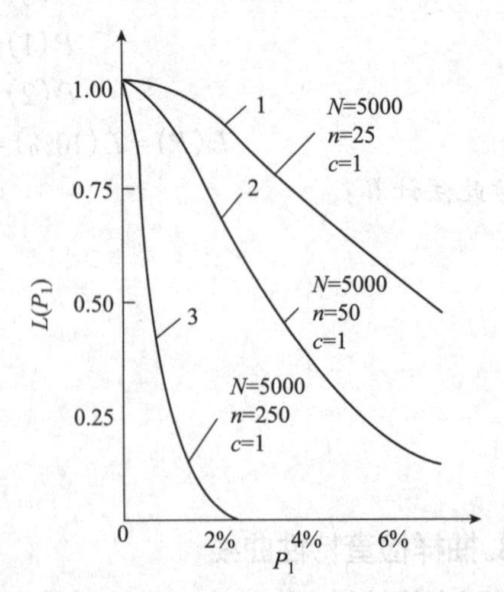

图7-14　N、c一定，n变化时对OC曲线的影响

（2）N、c一定，n变化时对OC曲线的影响

如图7-14所示，$N=5000$、$c=1$，n越大曲线越向左下方移动，倾斜度加大，方案更严，即供方风险增大，需求方风险减少；而n越小，曲线越向右上方移动，倾斜度变小，方案变宽，供方风险变小。

（3）N、n一定，c变化时对OC曲线的影响

如图7-15所示，$N=2000$，$n=50$，c越小，OC曲线越向左下方移动，倾斜度加大，方案变严；反之，方案变宽。

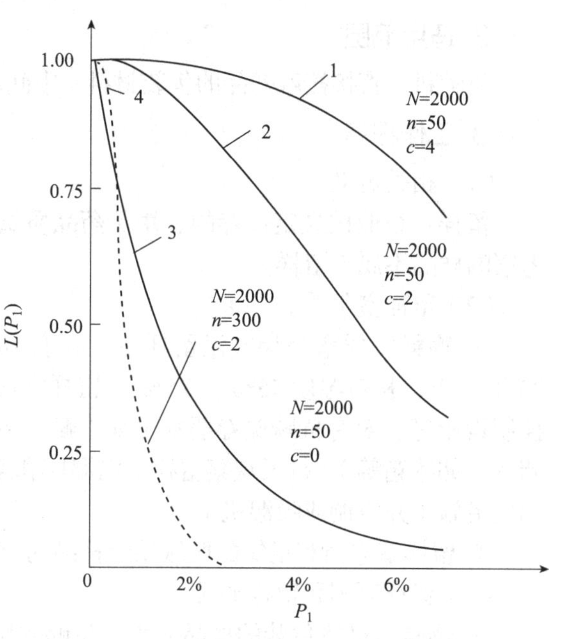

图7-15　N、n一定，c变化时对OC曲线的影响

调整抽样方案是调整n、c，当产品批质量较好时，以高概率判为合格批而接收；当产品批质量降低时，迅速降低接收概率；当产品批质量低到一定界限时，则以高概率拒收。

在实际工作中，常以百分比抽样，即样本大小n随批量N而变化。按上述讨论的OC线，N的大小对OC曲线影响很小。当批量N增大，如果按百分比抽样n随之增大，由（2）可知，n越大，供方风险就越大。

5. 其他抽样方案

我国GMP中规定的原辅料抽检方案为：当$N<3$时，$n=N$；当$N<300$时，$n=\sqrt{N}+1$；当$N>300$时，$n=\frac{\sqrt{N}}{2}+1$。此种抽样方案不仅会出现批量越大，方案越严，还存在批量交替区方案突然放宽的问题。

统计学抽样首先强调产品的均匀性，但实际上固体和半固体等制剂产品往往存在均匀性问题，要做到取样的代表性和合理性，必须根据产品性质来选择取样点。以下列举几种常规剂型制剂分（灌）装前抽样方法。

粉末、颗粒状物料，在桶的上、中、下和周围间隔相等的部位取等量样，再将所有取样彻底混合均匀，然后从中取出所需的供试量。

半固体制剂（软膏剂、煎膏剂、凝胶剂）桶装，取样点和方法与上述相同。

片剂、胶囊剂生产过程中取样，过程的始末必须取样，正常运转设定时间间隔取样。

液体制剂（注射剂、酊剂、流浸膏剂等），首先彻底混匀，分别从不同部位取样作供试品。

所有的制剂成品，必须按《中国药典》要求抽取样品。

要控制制剂的质量，必须对原料、辅料、包装材料、半成品和成品进行抽样检验。供方可以是供应商和生产过程中的上道工序，用户可以是本企业生产过程中的下道工序如制剂产品发放单位。要使生产全过程处于监控状态，设计一套科学的抽样方案是必要的。为了保证产品符合国家标准，生产企业需要制定内控标准，抽样方案可以采用加严方案。生产正常的情况下，半成品检查，可以采用放宽方案，发现问题时再转到加严方案。

二、留样

1. 目的

建立留样管理制度，为投放市场的药品的质量追溯或调查提供依据，规范样品留样管理流程，为药品质量追溯或调查提供正确样品和准确的检测数据。

2. 适用范围

原辅料、直接接触药品的包装材料、中间产品和成品留样的管理。

3. 工作程序

（1）相关定义

留样：企业按规定保存的、用于药品质量追溯或调查的物料、产品样品为留样。用于产品稳定性考察的样品不属于留样。

（2）留样室条件

① 物料留样室分为室温留样室（温度 10 ～ 25 ℃，相对湿度 45% ～ 65%）、阴凉留样室（温度 20 ℃以下，相对湿度 45% ～ 75%）。留样室应具备必要的样品存放条件，如具有温湿度计以及相应的控制设施等。对有特殊储存要求（如冷藏、冷冻等留样室无法达到的储存条件）的样品，在适宜地点储存（如冰箱等）。每天观察留样室温湿度和空调运行情况。当发现温湿度不符合要求时，应立即采取相应措施（开空调或吸湿机）。

② 留样室应当有足够的区域用于样品的存放，需能够避免混淆和交叉污染。

（3）留样原则和留样形式

① 物料和最终包装的成品应当有足够的留样，以备必要的检查或检验。留样应能代表被取样批次的物料或产品。

② 除另有规定外，原辅料、直接接触药品的包装材料以及成品均需按批留样，中间产品在必要时留样。液体辅料、化工原料、极易变质的辅料不留样。

③ 留样应按药品市售包装形式储存（如果一批药品分成数次进行包装，则每次包装至少应当保留一件最小市售包装的成品），最终包装容器过大的成品除外。

④ 原辅料的留样如无法采用市售包装形式的，需密封包装（固体原辅料可用自封袋包装或取样袋热封，见光分解的需避光保存），在条件允许的情况下进行模拟包装。液体原辅料留样（生产过程中使用的溶剂、制药用水除外）用棕色玻璃瓶盛装并密封，需保证密封性良好。固体原辅料留样用一次性塑料取样袋盛装，外层包装一般要求为黑色塑料袋。包装材料用一次性塑料取样袋盛装，与药品直接接触的包装材料可以追溯到成品留样的可以不留样（如输液瓶、瓶塞等），印刷性包材附一份样品（瓦楞纸箱以双面拍照后打印）于相应包材检验记录中留样。用于稳定性考察的样品不属于留样。

（4）留样量和留样时间

① 除另有规定外，留样量为取样量减去检验量后的剩余量，应满足抽检所需的样品量。注射液新产品前 6 批的成品留样数量至少应当能够确保按照注册批准的质量标准完成两次全检（不包括无菌检查和 1 次可见异物检查）。一般情况下，每批成品的留样数量至少应当能够确保按照注册批准的质量标准完成两次全检（无菌检查、可见异物检查和热原检查等除外），物料的留样量应当至少满足鉴别检验。中间产品、待包装产品的留样量一般为检测量的两倍（粒度检查除外）。

② 生产现场取样后，收样人员根据药品品种按照规定的检测量和留样量（见表 7-15），随机抽取留样样品进行分装，留样管理员将留样样品送至留样室，并对留样进行登记。留样管理员接收样品时须检查样品的数量、包装完好性等，检查无误后按照样品规定的储存条件进行管理。留样应及时放入相应的留样架上，注明留样所在位置以及批号 / 入库编号等信息，并应对每批原辅料、与药品直接接触的包装材料以及中间产品的留样加贴留样标识。

③ 成品留样应当按照注册批准的储存条件至少保存至药品有效期后一年。中间产品、待包装产品的留样应保存至该批成品放行后方可进行销毁。

④ 除稳定性较差的原辅料外，用于制剂生产的原辅料（不包括生产过程中使用的溶剂、气体或制药用水）和与药品直接接触的包装材料的留样应当至少保存至所生产最后一批产品放行后两年，一般保存五年，留样日期以样品接收日期进行计算。如果物料的有效期较短，则留样时间可相应缩短至有效期后两年。

⑤ 中间产品的留样保存在其成品规定的储存条件下，至其相应成品放行后销毁。

表7-15 中间产品的留样量

剂型	类型	最低留样量
非无菌制剂	中间产品和待包装产品（未完成内包工序）：颗粒、素片、包衣片、胶囊、干膏、干膏（已粉碎）、清膏、挥发油、药粉、微粉化	0.5倍全检量
无菌制剂	中间产品和待包装产品（未完成内包工序）：配制液	0.5倍全检量（无菌、热原除外）
非无菌制剂	中间产品和待包装产品（已完成内包工序）：板装半成品、瓶装半成品、袋装中间产品	不留样
无菌制剂	中间产品和待包装产品（已完成轧盖、灌封）：冻干半成品、灭菌半成品	不留样

注：中间产品留样储存房间条件为温度15～25℃，湿度≤75%

（5）留样的考察

① 对成品的留样，留样管理员在每年12月份下旬，对留样信息进行汇总统计并上报检测中心主任。在不影响成品留样样品完整性的前提下，应每年对留样品种批次进行一次外观质量检查，由主任安排化验员在12月底之前进行留样的目检观察。

② 成品在保存期间内，应至少每年对同一成品3批留样的外观质量进行一次目检观察。液体制剂检查可见异物，20支（瓶）检查的供试品中，均不得检出明显可见异物；固体制剂一般在不破坏直接接触药品包装的情况下检查，对铝塑包装的，在标准规定中应描述透过包装的药品性状，如无变色、无裂片、无漏粉等；对不透明的复合膜包装或塑瓶包装的药品，需从每批中取1板或1瓶破坏外包装进行留样观察。

③ 在有效期内观察外观出现异常时（例如外包装变形、褪色、字迹不清晰或掉字等），留样管理员应在一个工作日内填写留样品种异常情况报告，交检测中心主任审核后，交质管部部长审核。质管部部长应会同生产有关部门一同查明及确认该异常情况产生的原因及对药品质量的影响，给出意见并采取相应措施。

④ 物料的微生物限度、异常毒性、热原等项目仅在进厂时检验，不作为留样检验项目。

⑤ 原辅料、直接接触药品的包装材料、中间产品等留样如需要进行考察和检测时，相关部门提出留样考察方案，经检测中心主任审核、质管部部长批准后执行。

⑥ 上市成品出现质量投诉需要对留样进行检测的，QA应及时书面通知检测中心，对相应批次进行检测，必要时QA需组织相关部门制定留样考察方案，经质管部部长批准后执行。检验结果需上报质管部部长，质管部部长应会同生产有关部门对药品质量进行评价并采取相应措施。

（6）样品的管理

① 根据药品的储藏要求分别在不同储存条件下保存样品。

② 留样管理员接收样品、检验人员领用样品均需进行登记，多余且未破坏的样品应退回留样室，并及时填写留样样品收样记录，留样样品领用记录，成品留样卡，原料、辅料、包装材料留样卡。

③ 留样未经检测中心主任同意不得擅自取（领）用。其他部门需领用留样样品时，必须经质管部部长同意。成品的留样主要用于市场投诉调查时使用，原则上不得随意领用。如有特殊情况需领用留样应填写留样样品领用记录。

④ 超过留样期限的样品，由留样管理员填写留样及稳定性考察样品现场审批及销毁记录，报质管部部长批准后每季度销毁一次。销毁方法执行不合格物料的处理规程，按固体废物污染环境防治管理规程进行处理。销毁时需有监销人（监销人为QA）监督销毁，并填写留样及稳定性考察样品现场审批及销毁记录，处置现场销毁人员和监销人共同签字确认，并将监销时的照片附于记录后，监销人在照片上签署姓名和监销日期。销毁后由检测中心主任在留样及稳定性考察样品现场审批及销毁记录中签字确认。

⑤ 对于特殊留样样品（如属毒性药材、特殊管制类产品等），需根据样品的属性按一定方式处理后方可销毁，同时需有上级药品监督管理部门监督。

⑥ 如企业终止药品生产或关闭的，应当将留样转交授权单位保存，并告知药品监督管理部门，以便在必要时可随时取得留样。

三、常用制剂分析技术

1. 物理评价

通过观察和测量评价供试品是否符合《中国药典》四部制剂通则规定的有关要求 。检查的内容包括：外观、相对密度、黏度、粒度、澄明度、不溶性微粒、硬度、脆碎度、重量差异、装量差异、最低装量、崩解时限、融变时限、每瓶总揿（喷）次等。

2. 化学分析

化学分析，一方面利用化学反应结果（颜色变化 、沉淀等）对供试品中的组分进行鉴别；另一方面对被测组分进行化学定量，其化学反应通式为：

$$\underset{x}{m\mathrm{C}} + \underset{v}{n\mathrm{R}} \longrightarrow \underset{w}{\mathrm{C}_m\mathrm{R}_n}$$

式中，C 为被测组分，组分的量计为 x；R 为试剂，试剂的量计为 v；$\mathrm{C}_m\mathrm{R}_n$ 为生成物，生成物的量计为 w。

依据上式，用称量方法求得生成物的质量 w 来计量被测组分的方法称为重量分析，制剂分析中常用沉淀法和炽灼残渣等。从与组分反应的试剂 R 的浓度和体积求得组分 C 的含量的方法称为容量分析，例如碱酸滴定、络合滴定、电位滴定等。化学分析主要用于测定含量、含量均匀度及溶出度。化学方法因为需要的样品量较大，耗费时间较长，自动化程度比较低或多用手工操作，故现在已越来越多地被仪器分析所取代。

3. 仪器分析

仪器分析为利用精密仪器，根据被测物质某种物理化学性质和组分之间的关系，进行鉴定或测定的分析方法，一般是半微量（0.01 ～ 0.1 g）、微量（0.1 ～ 10 mg）、超微量（＜ 0.1 mg）组分的分析。仪器分析灵敏、快速、准确，因此发展很快。药物制剂检验目前主要用光谱法和色谱法。

光谱法是基于物质与电磁辐射作用时，测量由物质内部发生量子化的能级之间的跃迁而产生的发射、吸收或散射辐射的波长和强度进行分析的方法。按不同的分类方式，光谱法可分为发射光谱法、吸收光谱法、散射光谱法；或分为原子光谱法和分子光谱法；或分为能级谱，电子、振动、转动光谱，电子自旋及核自旋谱等。分光光度法是光谱法的重要组成部分，是通过测定被测物质在特定波长或一定波长范围内的吸光度，对该物质进行定性定量分析的方法。光谱定量是基于朗伯 - 比尔（Lambert-Beer）定律（$A = EcL$）：单色光穿过被测物质溶液时，被测物质的吸光度（A）与该物质的浓度（c）、溶液层的厚度（L）成正比，吸收系数为 E。光谱法按物质对光的选择性吸收波长范围分：190 ～ 400 nm 为紫外分光光度法；400 ～ 760 nm 为可见分光光度法（或比色法）；760 ～ 2500 nm 为近红外分光光度法；2.5 ～ 40 μm 或 4000 ～ 250 cm 为红外分光光度法、荧光分光光度法和原子吸收分光光度法，以及光散射法和拉曼光谱法。

色谱法根据分离原理可分为：吸附色谱法、分配色谱法、离子交换色谱法与排阻色谱法等。吸附色谱法是利用被分离物质在吸附剂上吸附能力的不同，用溶剂或气体洗脱使组分分离；常用的吸附剂有氧化铝、硅胶、聚酰胺等有吸附活性的物质。分配色谱法是利用被分离物质在两相中分配系数的不同使组分分离，其中一相被涂布或键合在固体载体上，称为固定相，另一相为液体或气体，称为流动相；常用的载体有硅胶、硅藻土、硅镁型吸附剂与纤维素粉等。离子交换色谱法是利用被分离物质在离子交换树脂上交换能力的不同使组分分离；常用的树脂有不同强度的阳离子交换树脂、阴离子交换树脂，流动相为水或含有机溶剂的缓冲液。分子排阻色谱法又称凝胶色谱法，是利用被分离物质分子大小的不同导致在填料上渗透程度不同使组分分离；常用的填料有分子筛、葡聚糖凝胶、微孔聚合物、微孔硅胶或玻璃珠等，根据固定相和供试品的性质选用水或有机溶剂作为流动相。

色谱法又可根据分离方法分为：纸色谱法、薄层色谱法、柱色谱法、气相色谱法、高效液相色谱法等。所用溶剂应与供试品不发生化学反应，纯度要求较高。分析时的温度，除气相色谱法或另有规定外，一般指在室温下操作。分离后各成分的检出，应采用各品种项下所规定的方法。采用纸色谱法、薄层色谱法或柱色谱法分离有色物质时，可根据其色带进行区分；分离无色但在紫外线下有荧光的物质时，可在短波（254 nm）或长波（365 nm）紫外灯下检视，其中纸色谱或薄层色谱也可喷以显色剂使之显色，或在薄层色谱中用加有荧光物质的薄层硅胶，采用荧光猝灭法检视。柱色谱法、气相色谱法和高效液相色谱法可用于色谱柱出口处的各种检测器检测。柱色谱法还可分步收集流出液后用适宜方法测定。为了确保仪器测量的精密度和准确度，所有仪器应按照国家计量检定规程定期校正。

仪器分析通常是在化学分析的基础上进行的，如试剂的溶解，对照品溶液的配制，制剂中干扰物质的分离，比色法中的显色，溶剂系统的选择等。在分析复方制剂时，往往不是用一种方法，而是结合应用几种方法，取长补短，互相配合。

仪器分析还有热分析法、放射分析法、核磁共振光谱法、质谱法以及仪器联用技术。联用技术如气相色谱 - 质谱（GC-MS）、高效液相色谱 - 质谱（HPLC-MS）、高效液相色谱 - 质谱 - 质谱（HPLC-MS-MS）等，仪器联用技术的分离效果更好，辨别率更高，提供的参数更客观。

4. 生物学方法

当药物不可能或难以用上述方法测定时，可采用生物学方法，即利用健康动物、动物制品、离体组织或微生物对药物进行定性定量检测。法定的定性定量生物学试验有：抗生素抑菌试验，药物小鼠异常毒性试验，静脉注射剂兔热原检查，药品与垂体后叶标准品比较的大鼠升压试验，药品与组胺对照品的猫（狗）降压试验，灭菌制剂灭菌检查，非灭菌制剂微生物限量检查，肝素抗凝血试验，洋地黄和有关强心苷对鸽子的最小致死量测定，黄体生成素对幼大鼠精囊增重试验等。生物学试验耗时长，费用高且不方便，其精密度不及化学分析法和仪器分析法。生物学的试验结果值若在 ±20% 之内为较好，在 ±10% 之内则为优。

四、制剂的检验

根据 ISO9000：2000，检验（inspection）的定义是“通过观察和判断，适当时结合测量、试验所进行的符合性评价”。药物制剂的检验是执行《中国药典》或国家标准、注册标准以及某些行业和企业内控标准。

检验包括四个基本要素：检测、比较、判断和处理。检验就是采用有效的检查方法，测定样本的质量特性。比较就是将结果同质量标准比较。判断就是根据比较的结果，对产品做出是否合格的判断。处理就是对受检产品根据判断的结果，采取进一步的管理行动。

检验必备条件：有足够的具有资质的检验人员，有检测方法、有可依据的标准、有一套管理文件。

1. 制剂分析评价指标

（1）专属性

专属性系指在其他成分（如杂质、降解产物、辅料等）存在下，采用的分析方法能正确测定被测物的能力。通常用来表示含有干扰物质的制剂或原辅料样品检测结果的偏离程度。

（2）准确度

准确度是指用所建立方法测定的结果与真实值或参比值接近的程度，一般用回收率（%）表示。准确度应在规定的线性范围内试验。样品中待测定成分含量和回收率限度见表 7-16。

表 7-16　样品中待测定成分含量和回收率限度

待测定成分含量			待测定成分质量分数/（g/g）	回收率限度/%
100%	—	1000 mg/g	1.0	98 ～ 101
10%	100 000 ppm	100 mg/g	0.1	95 ～ 102

续表

待测定成分含量			待测定成分质量分数/(g/g)	回收率限度/%
1%	10 000 ppm	10 mg/g	0.01	92 ~ 105
0.1%	1 000 ppm	1 mg/g	0.001	90 ~ 108
0.01%	100 ppm	100 μg/g	0.000 1	85 ~ 110
0.001%	10 ppm	10 μg/g	0.000 01	80 ~ 115
0.0001%	1 ppm	1 μg/g	0.000 001	75 ~ 120
	10 ppb	0.01 μg/g	0.000 000 01	70 ~ 125

注：此表源自 *AOAC Guidelines for Single Laboratory Validation of Chemical Methods for Dietary Supplements and Botanicals*。

（3）精密度

精密度是指在规定的测定条件下，同一份均匀供试品，经多次取样测定所得结果之间的接近程度。精密度一般用偏差（*D*）、标准偏差（*SD*）或相对标准偏差（*RSD*）表示。*SD* 或 *RSD* 小，表明方法有良好的重现性。

在相同条件下，由同一个分析人员测定所得结果的精密度称为重复性。在同一实验室内的条件改变，如不同时间、不同分析人员、不同设备等测定结果之间的精密度称为中间精密度。不同实验室测定结果之间的精密度，称为重现性。

（4）线性与范围

线性是指在设计的范围内，线性试验结果与试样中被测物浓度直接呈比例关系的能力。一般用对照品制备一系列对照品溶液的方法进行测定，至少制备 5 个不同浓度水平。已测定的响应信号作为被测物浓度的函数作图，观察是否呈线性，再用最小二乘法进行线性回归，计算回归曲线的斜率，斜率越接近 1.00，表明越呈线性。

范围是指分析方法能达到精密度、准确度和线性要求的高低限浓度或量的区间。

（5）检测限

检测限系指试样中被测物能被检测出的最低量。药品的鉴别试验和杂质检查方法，均应通过测试确定方法的检测限。对于杂质分析时，可检出能力的判断。

（6）定量限

定量限系指试样中被测物能被定量测定的最低量，其测定结果应符合准确度和精密度要求。对微量或痕量药物分析、定量测定药物杂质和降解产物时，应确定方法的定量限。

（7）耐用性

耐用性系指在测定条件有小的变动时，测定结果不受影响的承受程度，为所建立的方法用于日常检验提供依据。耐用性可用于评价不同品牌仪器和色谱柱方法的适用程度。

2. 检验标准操作规程（SOP）的内容

封面包括：文件目录（涉及内容有编制依据、质量标准/检验操作规程、说明、相关文件、记录和标签、附录、变更记载、培训需求，可根据实际内容设置不同的内容）、颁发部门、分发部门及分发份数、执行日期、制定审核批准签字栏。

正文如涉及以下内容需符合下述要求：

① 编制依据：文件编制的法定依据。质量标准编制的法定依据及与之相关的经批准的文件名称、文件代号，如原法定依据后续有补充申请批件或国家下发的标准修订函的，应同时注明补充申请批件的文件号及标准修订函的编号。

② 质量标准：物料和不同生产阶段产品的有关质量要求。

③ 检验操作规程：对物料和不同生产阶段产品所进行的分析与试验步骤，以保证检品符合给定的质量标准。主要内容包括检验项目、标准限度和检验方法，其中检验方法按《中国药典》四部通则简要描述。

④ 说明：对该文件出现的特殊符号或内容的注释。

⑤ 相关文件、记录和标签：与该文件有联系的主要文件、记录、标签的代号和名称。

⑥ 附录：培训考试试卷，与该文件有联系的非记录、标签且未列入正文的相关内容。

⑦ 变更记载：由文件制定人编写，内容包括文件编号、执行日期、制定人、变更原因、依据及详细变更内容，使文件具有严密的可追踪性。

⑧ 培训需求：须在文件中列明对于不同部门、岗位和管理人员的掌握要求。

五、质量问题及处理

1. 返工或销毁

（1）返工

① 不符合质量标准的中间产品或原料药可重复既定生产工艺中的步骤，进行重结晶等其他物理、化学处理，如蒸馏、过滤、层析、粉碎等。

② 多数批次都要进行的返工，应当作为一个工艺步骤列入常规的生产工艺中。

③ 除已列入常规生产工艺的返工外，应当对将未反应的物料返回至某一工艺步骤并重复进行化学反应的返工进行评估，确保中间产品或原料药的质量未受到生成副产物和过度反应物的不利影响。

④ 经中间控制检测表明某一工艺步骤尚未完成，仍可按照正常供应继续操作，不属于返工。

⑤ 产品回收需经预先批准，并对相关的质量风险进行充分评估，根据评估结论决定是否回收。回收应按预定的操作规程进行，并有相应记录。回收处理后的产品应按回收处理中最早批次产品的生产日期确定有效期。

⑥ 制剂产品不得进行重新加工。不合格的制剂中间产品、待包装产品和成品一般不得进行返工。只有不影响产品质量、符合相应质量标准，且根据预定、经批准的操作规程以及对相关风险充分评估后，才允许返工处理。返工应有相应记录。

⑦ 对返工或重新加工或回收合并后生产的成品，质量管理部门应考虑需要进行额外相关项目的检验和稳定性考察。制药企业应建立返工或重新加工的相关规程。

（2）销毁

① 企业应建立适用于所有检验不合格或其他原因导致不能放行的物料、中间产品、待包装产品和成品的处理。

② 对于不合格的印刷性包装材料破坏至无法使用，销毁方式有撕毁、泼墨等。未包装的液体药品直接排入污水处理池内处理；已包装的液体药品用工具将内、外包装破坏，液体冲入下水道排入污水处理池，破损的包装材料按一般废弃物处理，破坏至无法使用或泼墨。

③ 不合格的原辅料、中间产品、待包装产品和成品的每个包装容器上均应当贴上不合格标签，包装材料为同批次同种包装规格的每托盘张贴不合格标签。

④ 对于不合格原辅料、印字包材、半成品、成品的销毁（包括过期或不合格的空白片、安慰剂、小试制产品、生产岗位已成型的废料），由 QA 现场监督销毁过程。

⑤ 不合格品销毁后，由 QA 和相关人员在相关台账上签字确认。如需要将不合格品退回给供应商（如供应商原因造成的不合格品双方同意退回供应商处理的），可以根据协议进行退回处理；印字包材出现不合格，若需退货处理，在退回企业之前，需做毁损处理。

2. 追查事故原因

在《药品生产质量管理规范》中，要求企业应当建立偏差处理的操作规程，规定偏差的报告、记录、调查、处理以及所采取的纠正措施，并有相应的记录。偏差是指对批准的指令或规定标准的任何偏离，包括任何偏离生产工艺规程、物料平衡限度、质量标准、检验方法、标准操作规程等的情况。

制剂的生产包括一系列上下承接的操作工序，而每一操作工序偏离都可能对成品的质量产生影响。

从接收原材料开始，经过制备和包装的各个不同阶段，直至最后验收产品，在任何时间内，都有可能发生差错。

追查偏差原因一般是组织有关人员，形成偏差调查小组。利用头脑风暴进行讨论，将可能原因按照“人、机、料、法、环、测、稳定性”分类展开调查，调查过程可包括：

① 与偏差发生过程中涉及的人员进行沟通；

② 回顾相关的SOP、质量标准、分析方法、验证报告、产品年度回顾报告、设备校验记录、预防维修计划、变更控制等；

③ 复核涉及批次的批生产记录、岗位操作记录、设备日志及设备预防维修记录等；

④ 涉及的产品、物料、留样；

⑤ 设备设施的检查及维修记录；

⑥ 投诉趋势、稳定性考察结果趋势、曾经发生过的类似不符合趋势；

⑦ 重要偏差应考虑是否需要对产品进行额外的检验以及对产品有效期的影响，必要时对涉及的产品进行稳定性考察；

⑧ 特殊情况访问或审计供应商等；

⑨ 回顾过去至少6个月内是否曾经发生过类似偏差，如有发生，应当对当时的调查及制定的措施进行评估；

⑩ 必要时访问或审计供应商；

⑪ 查找导致偏差产生的证据，确定与根本原因的关联性；

⑫ 是否需要对产品进行额外检验，是否影响产品效期，必要时需评估是否需要进行产品的稳定性考察。

偏差调查负责人需要明确描述偏差发生的根本原因或者最可能的根本原因。如经过调查发现不止一个可能的原因，应逐一列出并说明。如有必要可使用分析统计工具帮助识别根本原因：

① 鱼骨图：从人、机、料、法、环、测量等方面对偏差进行分析。

② 差距分析：以实际的操作与文件规定进行对比，找出差距。

③ 5个“为什么”：对一个问题点连续以5个“为什么”来自问，以追究其根本原因。根据问题的复杂程度，提问的次数并不限于5次，主要是找到根本原因即可。

④ 偏差流程图：对偏差的每一个阶段，每一个细节注意进行调查分析，找出导致风险发生的因素。

例如，片剂含量偏低的原因（见图7-16），可按记录对生产工艺以及与产品质量相关的其他几个环节进行检查，找到问题的原因并制定整改措施。

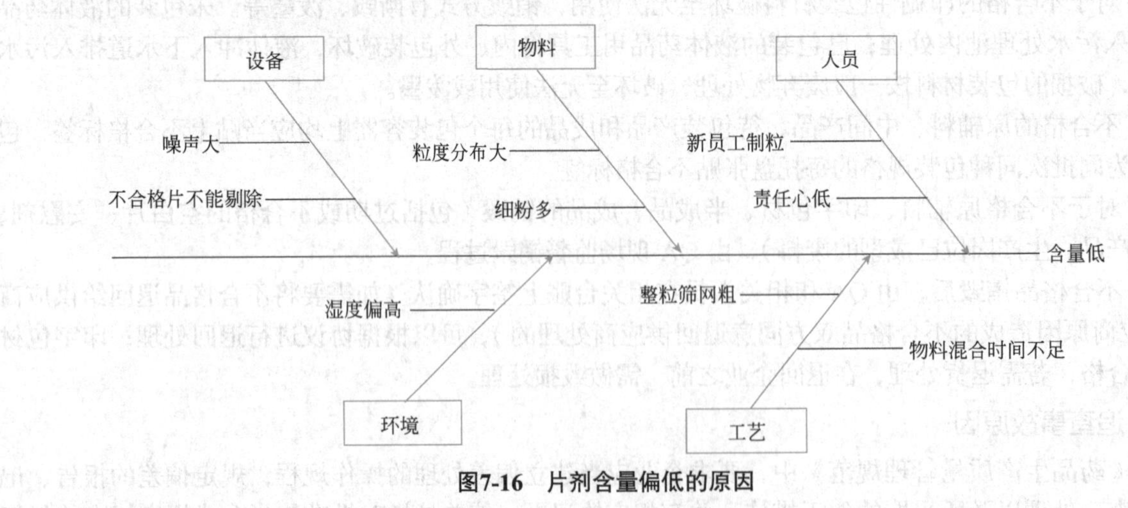

图7-16 片剂含量偏低的原因

3. 处理和改进

企业应当建立纠正措施和预防措施系统，对投诉、召回、偏差、自检或外部检查结果、工艺性能和质量监测趋势等进行调查并采取纠正和预防措施。调查的深度和形式应当与风险的级别相适应。纠正措施和预防措施系统应当能够增进对产品和工艺的理解，改进产品和工艺。

纠正措施（CA）：即消除已发现或其他不期望的情况的原因所采取的措施，以防止问题的再次发生。

预防措施（PA）：即消除可能出现不期望情况的原因所采取的措施。

为了改进和提高产品质量，企业应当在各个岗位（包括管理部门）经常性地开展 QC 小组活动，按照 PDCA 循环的规则对产品质量进行改进提高。

（1）PDCA 循环

这是美国质量控制专家戴明倡导的，又叫戴明循环。PDCA 是英文 Plan（计划）、Do（执行）、Check（检查）和 Action（处理）四个词的缩写。PDCA 循环突出每一件事情都应分为四个阶段去做，在这种循环过程中得到改进和提高。此循环中的四个阶段的顺序是一定的、相连的，似爬楼梯，见图 7-17。

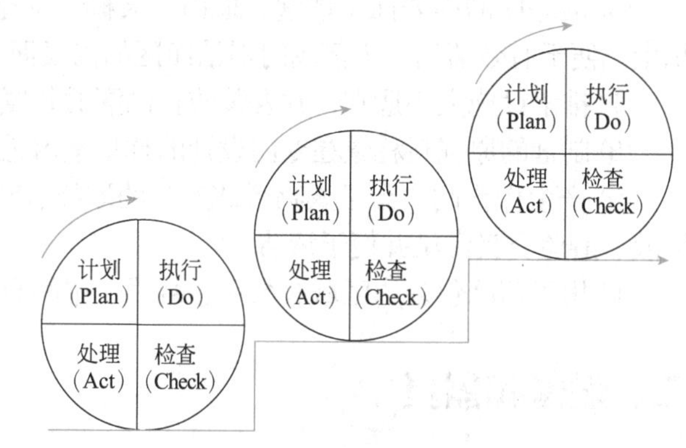

图7-17　PDCA循环四个阶段

其中，P 阶段，充分应用统计学方法，分析现状找出存在的质量问题，再分析影响质量的因素并找出其中的主要原因，然后针对主要影响因素制订改进计划，主要内容包括 5W1H（见表 7-17）。D 阶段为按计划组织实施阶段。C 阶段检查实施效果，是否达到预期目标，常借助直方图、控制图进行统计分析。A 阶段，总结处理结果和经验，将改进的方法重新编制形成新的标准程序，批准执行；同时，将尚未解决的问题转入下一个 PDCA 循环，以追求最终能 100% 满足顾客需求的目标。

表 7-17　P 阶段针对主要影响因素制订改进计划的主要内容

5W1H	说明	5W1H	说明
What	要做的是什么，可否取消此任务	When	什么时间做此项任务最合适
Why	为什么这个任务必须做	Who	什么人做此项工作，可否由他人代替
Where	在什么地方做	How	如何做此项工作，用何种方法去做

（2）防故障设计

这是日本学者森口凡一先生的质量控制思想：运用源头检查和防故障程序，使产品达到零缺陷的目的。源头检查是指每个工序的每个操作人员都视下道工序为顾客，为确保给下位顾客提供完美产品，而在每道工序开始之前开展检查（或自查），把缺陷杜绝在下道工序开始之前。

第五节　工艺卫生控制

一、厂房和环境

① 厂房的选址、设计、布局、建造、改造和维护符合药品生产要求，要最大限度地避免污染、交叉污染、混淆和差错，便于清洁、操作和维护。

② 厂房有适当的照明、温度、湿度和通风，能确保生产和储存的产品质量以及相关设备性能不会

直接或间接地受到影响。

③ 生产区和储存区有足够的空间，确保有序地存放设备、物料、中间产品、待包装产品和成品，避免不同产品或物料的混淆、交叉污染，避免生产或质量控制操作发生遗漏或差错。

④ 已根据药品品种、生产操作要求及外部环境状况等配置空调净化系统，使生产区有效通风，并有温度、湿度控制和空气净化过滤，保证药品的生产环境符合要求。

⑤ 洁净区与非洁净区之间、不同级别洁净区之间的压差不低于 10 Pa。相同洁净度级别的不同功能区域（操作间）之间也应当保持适当的压差梯度。

⑥ 洁净区的内表面（墙壁、地面、天棚）平整光滑、无裂缝、接口严密、无颗粒物脱落，可避免积尘，便于有效清洁，大清场时对洁净区的内表面（墙壁、地面、天棚）进行消毒。

⑦ 排水设施大小适宜，并安装防止倒灌的装置。

⑧ 制剂的原辅料称量在专门设计的称量室内进行。

⑨ 产尘操作间（如干燥物料或产品的取样、称量、混合、包装等操作间）呈相对负压，防止粉尘扩散、避免交叉污染并便于清洁。

⑩ 用于药品包装的区域有数条包装线，中间有隔离措施，避免混淆或交叉污染。

二、设备和器具

① 设备的设计、选型、安装、改造和维护符合预定用途，降低污染、交叉污染、混淆和差错的风险，便于操作、清洁、维护，定期进行消毒或灭菌。

② 建立设备使用、清洁、维护和维修的操作规程，并保存相应的操作记录。

③ 建立并保存设备采购、安装、确认的文件和记录。

④ 与药品直接接触的生产设备表面平整、光洁、易清洗或消毒、耐腐蚀，不与药品发生化学反应、吸附药品或向药品中释放物质。

⑤ 生产设备有明显的状态标识，标明设备编号和内容物（如名称、规格、批号）；没有内容物的标明清洁状态。

⑥ 生产和检验使用的关键衡器、量具、仪表、记录和控制设备以及仪器均已经过校准，所得出的数据准确、可靠。

三、人员和操作

① 制药企业必须配备一定数量的与药品生产相适应的具有专业知识、生产经验及组织能力的管理人员和技术人员。

② 企业主管药品生产管理和质量管理的负责人应具有医药或相关专业大专以上学历，有药品生产和质量管理经验。

③ 生产部门和质量管理部门的负责人应具有医药或相关专业大专以上学历，有药品生产和质量管理的实践经验，有能力对药品生产和质量管理中的实际问题做出正确判断和处理，并对各级人员应进行培训。

④ 所有人员都已接受卫生要求的培训，企业建立了人员卫生操作规程，最大限度地降低人员对药品生产造成污染的风险。

⑤ 人员卫生操作规程包括与健康、卫生习惯及人员着装相关的内容。生产区和质量控制区的人员能正确理解相关的人员卫生操作规程。

⑥ 直接接触药品的生产人员上岗前接受健康检查，每年至少进行一次健康检查。

⑦ 体表有伤口、患有传染病或其他可能污染药品疾病的人员不可从事直接接触药品的生产。

⑧ 参观人员和未经培训的人员不得进入生产区和质量控制区，特殊情况确需进入的，应当事先对个人卫生、更衣等事项进行指导。

⑨ 任何进入生产区的人员均应需按照规定更衣。工作服的选材、式样及穿戴方式应当与所从事的工作和空气洁净度级别要求相适应。

⑩ 进入洁净生产区的人员不得化妆和佩戴饰物。

⑪ 生产区、仓储区应当禁止吸烟和饮食，禁止存放食品、饮料、香烟和个人用药品等非生产用物品。

⑫ 操作人员应当避免裸手直接接触药品、与药品直接接触的包装材料和设备表面。

四、原料、辅料和包装材料

① 药品生产所用的原辅料、与药品直接接触的包装材料都符合相应的质量标准。药品上直接印字所用油墨符合食用标准要求。进口原辅料符合国家相关的进口管理规定。

② 建立物料和产品的操作规程，确保物料和产品的正确接收、储存、发放、使用和发运，防止污染、交叉污染、混淆和差错。物料和产品的处理按照操作规程。

③ 物料供应商的确定及变更进行质量评估后，经质量管理部门批准后采购。

④ 物料和产品的运输能够满足其保证质量的要求。

⑤ 原辅料、与药品直接接触的包装材料和印刷包装材料的接收有操作规程，所有到货物料均经过检查，确保与订单一致，并确认供应商已经质量管理部门批准。物料的外包装均有标签，并注明规定的信息。

⑥ 物料接收和成品生产后及时按照待验管理，直至放行。

⑦ 物料和产品已根据其性质有序分批储存和周转，发放及发运应当符合先进先出和近效期先出的原则。

⑧ 使用计算机化仓储管理的，有相应的操作规程，防止因系统故障、停机等特殊情况而造成物料和产品的混淆和差错。

⑨ 印刷包装材料的版本变更时，采取相应措施，确保产品所用印刷包装材料的版本正确无误。过期或废弃的印刷包装材料销毁并记录。

⑩ 包装材料包括药用 PVC 硬片、药用塑料瓶、药用塑料复合硬片、复合膜（袋）及特定式样和印刷内容的包装材料，如印字铝箔、标签、说明书、纸盒等。

⑪ 药用 PVC 硬片、药用塑料瓶、药用塑料复合硬片、印字复合膜（袋）、印字铝箔等，这些材料在高温下成型。任何原辅料和直接接触药品的包装材料，都要脱去外包装才能进入生产区。

⑫ 待验、合格、不合格物料要严格管理。不合格的物料要专区存放，有易于识别的明显标志，并按有关规定及时处理。对温度、湿度或其他条件有特殊要求的物料，应按规定条件储存。物料应按规定的使用期限储存，期满后应复验。储存期内如有特殊情况应及时复验。

⑬ 改变原辅料、与药品直接接触的包装材料、生产工艺、主要生产设备以及其他影响药品质量的主要因素时，还应当对变更实施后最初至少三个批次的药品质量进行评估。如果变更可能影响药品的有效期，则质量评估还应当包括对变更实施后生产的药品进行稳定性考察。

⑭ 包材的标签、使用说明书应由专人保管、领用，其要求如下：

a. 标签和使用说明书均应按品种、规格有专柜或专库存放，凭批包装指令发放，按实际需要量领取；

b. 标签要计数发放、领用人核对、签名，使用数、残损数及剩余数之和应与领用数相符，印有批号的残损或剩余标签应由专人负责计数销毁；

c. 签发放、使用、销毁应有记录。

五、卫生制度和文明生产

① 在开始生产前检查现场的清洁状态，换批或换品种时查看清场和设备清洗记录。在生产过程中或等待生产完毕时，及时清理现场。每班结束后，做好清洁工作，交接班时交接清洁记录。

② 妥善处理生产过程中的垃圾，如药品残屑、包装物料、机台油污等。不能乱丢造成满地垃圾，要放入准备好的垃圾桶（袋）中。对有毒有害的垃圾要做销毁处理（焚烧或深埋），并备有记录。标签和贴有标签的容器等，必须将标签等标示材料撕碎后做垃圾处理。

③ 操作人员的不良习惯如粗暴操作、贪简求快，以及其他不文明举止，都是造成生产差错和污染的因素，应采取措施予以杜绝。岗位操作都应严格按 SOP 的要求进行。

④ 良好的生产秩序是一种高质量、高效率的表现，除了要求操作人员有良好的行为举止外，还包括将生产场所的设备、工具、容器、桌椅等定点定量存放，加强生产区的定置管理；各种文件、记录有条不紊，使其有规律性，让操作人员在一种条理清晰、令人心情舒畅的环境中工作。

⑤ 每批药品的每一生产阶段完成后必须由生产操作人员清场，并填写清场记录。清场记录内容包括：操作间编号、产品名称、批号、生产工序、清场日期、检查项目及结果、清场负责人及复核人签名。清场记录应当纳入批生产记录。

⑥ 所有药品的生产和包装均按照批准的工艺规程和操作规程进行操作并有相关记录，确保药品达到规定的质量标准，并符合药品生产许可和注册批准的要求。

⑦ 不得在同一生产操作间同时进行不同品种和规格药品的生产操作，除非没有发生混淆或交叉污染的可能。

⑧ 在生产的每一阶段，应当保护产品和物料免受微生物和其他污染。

第六节　流通跟踪和信息反馈处理

产品质量的流通跟踪和信息反馈也是包装药品安全使用的重要环节。产品的正确标记是通过使用标示物（通常为标签）来保证的，标记除药品名称、企业名称外，还有商标、条形码、追溯码、批准文号、生产批号、有效期等组成产品的鉴别系统。自动包装机在包装时利用扫码枪对每盒药品进行扫描，并与大箱码标签进行关联，确保每盒药品均能被追溯。自此，产品带着这些标记进入仓库直至上市。

一、药品不良反应

制药企业为了及时了解产品的质量及使用情况，会定期主动收集个例药品不良反应、药品群体不良事件以及境外发生的严重药品不良反应。对于个例药品不良反应，企业获知或者发现后应详细记录、分析和处理。企业获知或者发现可能与用药有关的不良反应，应当按照可疑即报原则，直接通过国家药品不良反应监测系统报告所有不良反应。若出现死亡病例，企业应当进行调查，详细了解死亡病例的基本信息、药品使用情况、不良反应发生及诊治情况等，并在 15 日内完成调查报告，报药品生产企业所在地的省级药品不良反应监测机构。对于药品群体不良事件，药品生产、经营企业和医疗机构获知或者发现药品群体不良事件后，应当立即通过电话或者传真等方式报所在地的县级药品监督管理部门、卫生行政部门和药品不良反应监测机构，必要时可以越级报告。企业应当立即开展调查，详细了解药品群体不良事件的发生、药品使用、患者诊治以及药品生产、储存、流通、既往类似不良事件等情况，在 7 日内完成调查报告，报所在地省级药品监督管理部门和药品不良反应监测机构。同时迅速开展自查，分析事件发生的原因，必要时应当暂停生产、销售、使用并召回相关药品，并报所在地省级药品监督管理部门。对于境外发生的严重药品不良反应事件（包括自发报告系统收集的、上市后临床研究发现的、文献报道的），企业应自获知之日起 15 日内报送国家药品不良反应监测中心。国家药品不良反应监测中心要求提供原始报表及相关信息的，企业当在 5 日内提交。进口药品和国产药品在境外因药品不良反应被暂停销售、使用或者撤市的，药品生产企业应当在获知后 24 小时内书面报国家药品监督管理局和国家药品不良反应监测中心。

二、投诉管理

用户对药品的质量投诉包括包装的损坏、无封签、标签的缺失、标识的错误、产品数量和装量不符（多或少）等与包装有关的各种投诉；产品外观性状改变，产品中混有杂物，一项或多项理化指标不符合质量标准，或有证据表明产品的杂质种类增多、杂质含量升高，以及产品的主要成分含量有明显的改变等内在质量缺陷有关的各种投诉。为了维护消费者和企业自身的利益，药品生产企业指定了质量管理部门专人负责产品投诉，并对每一件投诉做好记录，内容包括投诉方单位、姓名、联系方式、产品名称、规格、批号、数量、患者基本信息及大概的投诉内容，必要时索要样品，并于 1 小时内向质量受权人、质量负责人、生产负责人、质管部部长汇报，必要时，组织召开紧急会议。生产或相关部门在接到投诉反馈后应立即展开调查。回复客户内容需经质管部确认；回复内容或预计所需调查时限应在 48 小时内回复给客户；需调查的投诉应在调查报告审批结束后 1 个工作日内将结果反馈给投诉人。对于客户要求提供正式书面反馈的，如因客观原因确实无法按时回复的，时限可适当延长，但最长不得超过 7 天。如果有来自医疗单位关于药品使用中出现不良反应的投诉，要详细记录投诉内容，并及时向当地药品监督管理部门报告。

三、召回

鉴于其他产品（如汽车）已经实施召回制度，而药品作为一种特殊商品，与民众的生命密切相关，因此药品召回制度的实施是对消费者权益的有力保障，具有重大意义。目前，我国对有缺陷药品的处理主要是由消费者对有缺陷的药品，以违约或侵权为由，通过法律手段向生产企业或药品经营企业提出索赔。但是，由于研发、生产等原因可能使药品具有的危及人体健康和生命安全的不合理危险时，应由药品监督管理部门给出一整套管理、处罚以及弥补缺陷产品造成的损失的方案。只有实施药品召回制度，才能真正保护消费者的权益，促进生产企业按照质量规定生产出满足市场需求的合格药品。虽然召回制度的实施对药品生产和经营企业的利益会造成冲击，但是，只有这样，我国的药品质量才能提高并得到保证。

制药企业对保证药品质量在业务上、社会上和法律上负有重大责任，只有通过良好的生产组织、人员培训和配备，并在生产前、生产中与生产后正确地进行质量控制和质量跟踪，才能保证良好的产品质量和维持良好的企业信誉。

（杨丹　祁小乐）

思考题

1. 制剂质量控制工程的法律依据是什么？
2. 简述片剂质量控制要点。

3. 简述液体制剂——无菌灌装注射剂质量控制要点。
4. 简述留样的原则。
5. 常用抽样方法有哪些？
6. 简述 GMP 对设备和器具的要求。
7. 说明检验标准操作规程（SOP）需包含的主要内容。

参考文献

［1］ 陈燕忠 朱盛山. 药物制剂工程. 3 版. 北京：化学工业出版社，2018.
［2］ 安登魁. 现代药物分析选论. 北京：中国医药科技出版社，2011.
［3］ 邓海根. 制药企业 GMP 管理实用指南. 北京：中国计量出版社，2000.
［4］ 国家食品药品监督局认证管理中心. 药品 GMP 指南. 北京：中国医药科技出版社，2011.
［5］ 李钧. 药品质量风险管理. 北京：中国医药科技出版社，2011.
［6］ 顾维军. 制药工艺的验证. 北京：中国质检出版社，2011.
［7］ 李歆. 设备验证方法与实务. 北京：中国医药科技出版社，2012.
［8］ 许钟麟. 药厂洁净室设计、运行与 GMP 认证. 上海：同济大学出版社，2011.
［9］ 何国强. 制药工艺验证实施手册. 北京：化学工业出版社，2012.
［10］ 中国药典委员会. 中华人民共和国药典. 2020 年版. 北京：中国医药科技出版社，2020.

第八章

制剂新产品研究开发

本章学习要求

1. 掌握：制剂新产品开发的处方研究内容、制剂新产品稳定性研究和药品注册分类。
2. 熟悉：制剂新产品的开发流程、产品的质量研究内容和各项申报资料的要求。
3. 了解：制剂新产品剂型设计的依据、产品开发的选题原则和临床试验内容。

制剂新产品的研究开发是一项高投入、高风险、高技术的长期系统工程，其开发过程需要多学科支撑，从选题立项到生产上市，涵盖了对制剂新产品药学、药理学、毒理学和临床医学全过程的评价。制剂新产品的研究开发过程是新药评价过程，同时也是新药提请审批过程，通过综合考虑临床的需求、专利状态的评估、市场开发的状态、药物的性质等来统筹安排研究计划。制剂产品的开发过程见图 8-1 所示。

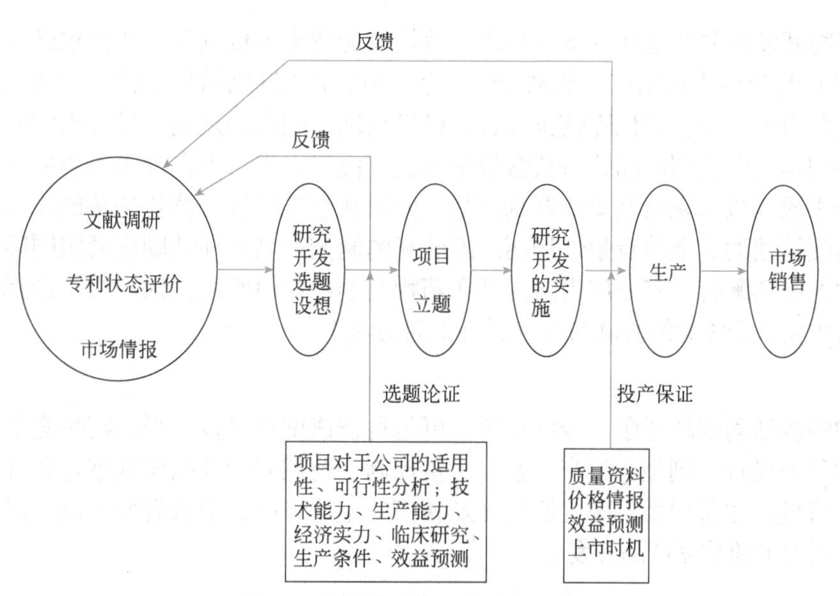

图8-1　制剂产品的开发过程流程图

第一节　制剂新产品开发立项与可行性分析

一、选题原则

产品的立项选题是制剂新产品开发的先决条件，决定了制剂新产品的临床适用性和市场效益。制剂新产品的立项选题必须遵循需求性、可行性、科学性、创新性和效益性的原则。

1. 需求性

需求性是制剂新产品立项选题的最基本原则。企业需根据我国的基本国情与医疗保障事业的用药需求，选择开发临床医疗需要和社会用药消费需求较大的制剂产品。选题研究的制剂新产品如为社会所需要，必将具有良好的市场前景，从而产生较大的社会效益和企业经济效益。同时企业研究开发制剂新产品时，还应考虑企业的主要研究发展方向。

2. 可行性

制剂新产品的立项选题，应进行立项论证。要分析立项选题的价值、难易程度，达到立项目标所必须具备的客观条件。需从研究方案、仪器设备、主客观条件等各方面进行综合评估，确认立项的可行性。立项依据主要来自市场调查及企业单位的自身研发条件，如科研水平、经济实力，研发人员的能力（即对某一领域的药物知识的积累以及对某类疾病的发病机制、治疗药物、药理研究模型等掌握的程度）。某些新剂型、新技术的研究虽已取得较大的进展，但目前仍处在技术研究阶段，开发这类制剂需考虑客观研究条件和研究人员主观条件的可行程度。新产品的开发还要考虑药理实验时是否有合适的对照药物，否则药理研究无法进行。制剂产品的研究还要考虑临床研究的可行性，如是否容易搜集临床病例等。因此，在制剂新产品立项选题时就要非常慎重地考虑其可行性。

3. 科学性

当今世界药物开发的研究已从资本力量的竞争转变为技术力量竞争，从追求已有产品的高质低价竞争进而转移到开发产品的新工艺、新剂型的竞争。就我国现有制剂产品的总规模和生产总量而言，尤其对于国内医药市场基本医疗保障需求而言，已经出现了明显的过剩。最突出的问题是原有药物制剂产品的科学性问题，即制剂产品的科技含量是否高。由于人类对生存健康需求的持续增长，我们必须试图用先进的手段和技术来研制新的制剂产品；同时在全球经济一体化趋势的不可遏制性下，药物制剂产品也将面临持续的、全球竞争性局面。因此新的制剂产品立项选题应紧跟国际新药研究的发展趋势，与相邻学科密切配合，充分应用国内外在药物制剂研究中所取得的成果，选择高起点的研究课题，逐步使制剂产品从传统的经验制药上升到科学制药水平。

4. 创新性

创新是一种经济活动市场竞争、经济竞争，更是科技速度和科技水平的特色竞争。因此选题时应将制剂新产品的处方设计、剂型、生产工艺、质量控制、药理实验及临床观察等各环节结合现代技术加以考虑。注重特色，注重创新，确定研究开发新药的主攻方向，争取有所突破。避免研制产品结构雷同，低水平、同水平地重复产品开发。

5. 效益性

新制剂产品的研制还应考虑到它所能产生的效益。效益主要包括科学效益、社会效益、经济效益。科学效益是社会效益和经济效益的基础和保证。经济效益是新制剂产品发展的动力。没有效益，新制剂产品是没有生命力的，因此在新制剂产品研究开发选题时，必须分析市场份额，预测立项产品的效益，选择生命周期长的产品开发。

二、选题途径

1. 研制新化合物的制剂

化学药的研究正逐步从仿制为主转变到以创新为主的轨道上。新化合物申请临床，必须通过制剂的研究与开发，被赋予一定的剂型，发挥作用。新化合物开发后，一般都要同时开发一种或几种制剂。可根据药物的理化性质和医疗用途，通过处方前工作，选择片剂、胶囊剂、注射剂等合适剂型，加以研究开发。

2. 对原有剂型进行改革

根据医疗需要，改变原剂型，开发新制剂。如一些口服固体制剂尚存在溶出度差、起效慢和生物利用度低等缺点，可研究开发分散片等口服速释固体制剂，提高药物的溶出度及生物利用度。对急性病症，为使药效迅速，可将药物剂型改革为注射剂、气雾剂、舌下片剂、黏膜用制剂等合适剂型。兼顾不同患者的用药习惯，满足不同用药对象的需求，提高治疗效果。一种药可制成多种剂型，如为了适于吞咽困难、卧床患者和老、幼患者，也便于在工作现场不易获得饮用水的人员服药，可将普通制剂改剂型为口崩片，服用方便，增加顺应性等。如为了适合小儿用药的需要，将片剂改制成干糖浆剂等。在我国新药研究中，制剂多样化程度不高。以化学药制剂为例，从制剂数目占制剂总数的比例看，一药一剂较多，而一药四剂、一药五剂仅占少数，远远低于世界医药工业先进国家的比例，这些国家一般是一种原料药有 7 ～ 10 种以上的剂型。

药物的疗效也可因不同的剂型、不同的给药途径而不同。如硫酸镁制成溶液剂，口服可致泻；制成注射剂静脉注射，则可抗惊，用于子痫等。为充分发挥一部分化学原料药的多种临床疗效，可对原有剂型进行改革。

3. 开发缓释、控释制剂

缓释、控释制剂一直是令人关注的制剂新领域，它可以延长药物的作用时间，得到较平稳的血药浓度，减少药物的毒副作用，提高患者用药的顺应性，已有越来越多的药物制成口服缓释控释制剂。目前国外已上市的缓释制剂至少已有 200 余种、上千种规格，而国内至今上市的缓释、控释制剂还较少，有的还未形成规模生产，因此国内还有较大的项目开发空间。

4. 研究新给药系统

近年来，新药研究开发和上市面临的困难越来越大，而新给药系统是在现有的原料药基础上，进行新的工艺技术研制，不仅可提供疗效高、副作用小、使用方便的药品，提高了参加市场竞争的能力，且研究开发周期短、费用相对较少、经济效益大，应是我国医药工业发展的出路之一，因而日益引起医药工业的关注。经皮给药、黏膜给药等新的给药方法，具有可以使药物免受胃肠道破坏、避免肝脏首过效应、控制药物的给药速率、既可持续给药又可随时终止给药、使用方便等优点，是近十年来研究开发的热点。国外已上市的透皮制剂约有十余种药物，我国已批准上市的有硝酸甘油等经皮给药系统和鲑鱼降钙素鼻腔给药制剂等新给药系统数种。脂质体等靶向给药系统，通过载体将药物导向靶部位，从而减轻对非靶器官和组织的毒副作用，获得最佳疗效。随着两性霉素 B 脂质体的上市，已有越来越多的脂质体制剂被研究开发。口服结肠定位给药系统是经口服到达结肠部位释放的药物，其主要意义有：治疗结肠局部疾病而避免药物引起的全身性副作用，如结肠炎、结肠癌、结肠性寄生虫病等；利用结肠对药物进行择时吸收，治疗如哮喘等时辰性疾病；利用结肠吸收避免胃肠道对多肽蛋白类药物的破坏，提高疗效。口服结肠定位给药系统不仅有重要的临床意义，也有广阔的市场前景。口服结肠定位给药系统已经引起人们的广泛关注与研究。新剂型将是以高技术、新方法、新材料为支撑，新给药系统如靶向释药系统、脑给药系统、智能型给药系统等将得到应用和发展。各种给药途径和新型辅料的研制开发，也都具有十分光明的前景。

5. 有限仿制

随着药品专利从方法扩展到品种，以及实行的药品行政保护，我们对国外专利产品和技术的仿制受到限制。为了迅速有效地进行新药研究开发，各制药公司除通过自身进行研究开发、互相购买或交换必要的新药专利许可证外，有选择地仿制仍是新产品开发的主要途径之一。这就要求我们在选择开发品种时，不仅要注意市场的需求、技术的可行性，还要掌握该产品的专利法律情况，选择那些既为我们所需又不侵犯专利权的药品。如已经到期或即将到期的专利药品等，尚未在中国申请专利或已丧失优先权而又未在中国申请行政保护的专利药品等。我们应当十分重视这些信息，充分地合法利用我们需要的技术。我们也可从专利中挑选一些临床疗效肯定、不良反应少、经济效益好的药物，研究其专利文献中保护的制造方法，对方法专利技术进行必要的改进，或选择与专利文献记载不同的生产工艺技术方法，开发出新产品，创造新专利。

6. 开发中药制剂

从中医临床治病的中药方剂中创制开发中药新制剂，关注天然药物、海洋药物研究发展的新成果，研究开发新的制剂产品，可能成为中药新药开发的主要途径之一。中药复方制剂可能作为多靶点作用的药物，在治疗一些重大疾病中发挥巨大作用。研究开发中药复方制剂，中药的现代化中有很多是剂型现代化工作，用现代制剂技术对传统中药产品进行改造，前景广阔。借鉴化学药新剂型的成功技术，开发适宜中药的新剂型，致力于开发具有高效、速效、长效、剂量小、毒性小、副作用小且便于储存、携带和服用的优质中药产品。我国现有 5 大类、43 种中成药剂型，共 800 余种中成药。其中有些产品经过长期临床考察，诸多方面优于化学药。对这些确有疗效的中药制剂可进行二次研究与开发，使其成为更优质、安全、稳定的新型中药制剂。如开发中药注射剂、滴丸，气雾剂等，以适应急病重症抢救需要。中药新剂型有：膜剂、气雾剂、滴丸剂、栓剂、凝胶膏剂（巴布剂）、鼻腔给药、缓释与控释制剂等。

7. 开发生物技术药物制剂

生物技术药物在新药中所占比例日益增多，已成为新药的主要来源之一。它们是通过基因重组技术、细胞融合技术、酶工程技术等得到的新一类药物，通常口服不稳定，需注射给药。因此，大力研制生物技术药物的口服制剂、黏膜给药制剂和靶向给药制剂是制剂工业的新任务。

三、市场调查

衡量一种新药开发工作成功与否，主要有以下两个指标：①与同类药品相比有独特的优点，深受广大患者与医务人员的欢迎；②有较大的市场与销售利润。因此，开发新药的选题应建立在市场调研基础上，顺应国内外市场发展趋势。

1. 临床需求情况

对人类健康与生命有严重威胁的疾病用药状况，常见病和多发病的用药状况，特殊群体的用药状况都是市场调查的重点。死亡率比较高的疾病用药，如肿瘤、艾滋病等必定是未来新药开发的重点。呼吸系统疾病的死亡率一直排在我国主要疾病死亡原因前十位，但治疗该类疾病的药物制剂品种却较少。由于人口老龄化，一些老年性疾病药物的市场会不断扩大，如阿尔茨海默病治疗药、心脑血管药、降血糖药、风湿病治疗药等的市场会有所上升。由于社会发展加快，工作压力增大，精神症状患者和胃肠道疾病患者会不断增加，这一领域药物市场前景广阔。青少年疾病如肥胖、病毒性肝炎等的治疗药也具有较大的市场。

2. 文献调研

开发某一药物制剂的立题依据，应立足于大量的文献调研基础上。通过文献调研，充分了解药物的性质。如药物本身治疗作用机制；药物的基本性质，如溶解度、晶型和酸、光、热中的稳定性等；药物的特殊性质，如生物半衰期及体内代谢机理等。

3. 专利状态评价

市场调查应注意对专利文献的查阅和有价值信息的捕捉。申请专利的目的就是控制某一研究领域或占领某一类药物的市场。根据对比某一药物现有专利，可以了解专利的主体，即专利申请人的实力强弱与其开发战略；可以预测专利的客体，即专利技术的成熟程度、改进趋势及研究的侧重。系统地分析外国企事业在我国的专利申请，可以推测国外哪些厂商对我国哪一类药品市场感兴趣，其研究开发的重点和实力这些蕴含在专利中的商业情报、法律情报、技术情报，均与未来若干年内或相当一段时间的市场占有率密切相关，不能忽略。

4. 市场情报

市场调查还应注意所选品种在国内的开发情况，了解国内有无单位正在研究开发，进度如何，从而对本单位开发成功之后在市场上所占份额的大小进行综合分析。应关注国内外的技术动向，注意开发尚未被人们所重视或暂时不为市场所热需，但具有潜在优势的药物。

四、效益预测

在选题时，应突出高疗效、高技术含量、高起点和高预期效益，避免低水平重复。随着我国医疗体制改革的日趋深入，临床上越来越重视如何合理利用有限的医疗经费，对患者采用何种治疗方案疗效最佳、副作用最小、价格最合理。为适应这一发展趋势，必须运用药物经济学的方法，对所选的新药进行科学的销价定位和效益预测。首先选择一些与待开发新药作用相近的且已广泛应用于临床的药物作为参照药物。它们可以是待开发新药的不同剂型或与待开发新药临床疗效相近的药物。计算使用参照药物治疗某疾病一个疗程所需的费用（C）：$C = C_1 + C_2 + C_3$。其中 C_1 为患者使用的参照药品的总费用，C_2 为患者用药时需要支付的费用，C_3 为患者在整个疗程所需时间的社会劳动值费用，即患者日平均工资 ×1 个疗程。计算单位剂量的待开发新药预期销售价格（C'）：$C' = C/(D \times d)$。其中 D 为用药天数，d 为每天用药次数。在预测新药销价时还应根据以下 3 个因素对上面计算出的数据做适当调整，使之更趋合理：①比较参照药品和待开发新药的总疗效；②比较两者的临床作用特点，哪种药品更为患者接受；③如果主要用于住院患者，还应考虑住院费用因素。

例如，以优力欣、头孢曲松钠、舒氨西林为参照药品，预测舒他西林片的市场销售价格。优力欣：片剂，规格 375 mg，疗程 1 天，$C' = 72.0$ 元。头孢曲松钠：粉针剂，规格 1 g，疗程 1 天，$C' = 83.1$ 元。舒氨西林：粉针剂，规格 750 mg，疗程 1 天，$C' = 84.0$ 元。以上 3 种药 $C'/6$ 分别为 12 元、13.85 元、14 元。舒他西林片治疗淋病的使用方法为 375 mg×6 片，加服 1 g 丙磺舒。除去丙磺舒的价格后，舒他西林片的价格应定位在每片 11 ～ 13 元。结合以上 3 种药品的市场销售情况不难看出，舒他西林片的市场销售价定位在 11.5 元 / 片左右，患者是完全可以接受的。根据新药的定位价格、新药研究开发过程中的投资及生产成本，可预测经济效益。

第二节　剂型与处方工艺设计

药物必须制成适宜的剂型才能较好地发挥药物作用并应用于临床。剂型选择不当、处方工艺设计不合理不仅影响产品的理化特性（如外观、溶出度、稳定性），而且可能降低生物利用度与临床疗效。因此，剂型与处方设计是制剂工艺设计的基础。正确选择剂型，设计合理的处方与工艺以满足不同给药途径的需要，提高产品质量是剂型新产品研究开发工作中的重点工作。药物剂型与制剂的设计流程见图 8-2。在研究过程中，通过实验筛选剂型、处方、工艺路线、工艺条件，将实验中获得的实测数据经过统计处理，择优选定合适的剂型、合适的辅料及各原辅料间的配比、合理的工艺路线、最佳的工艺条件。

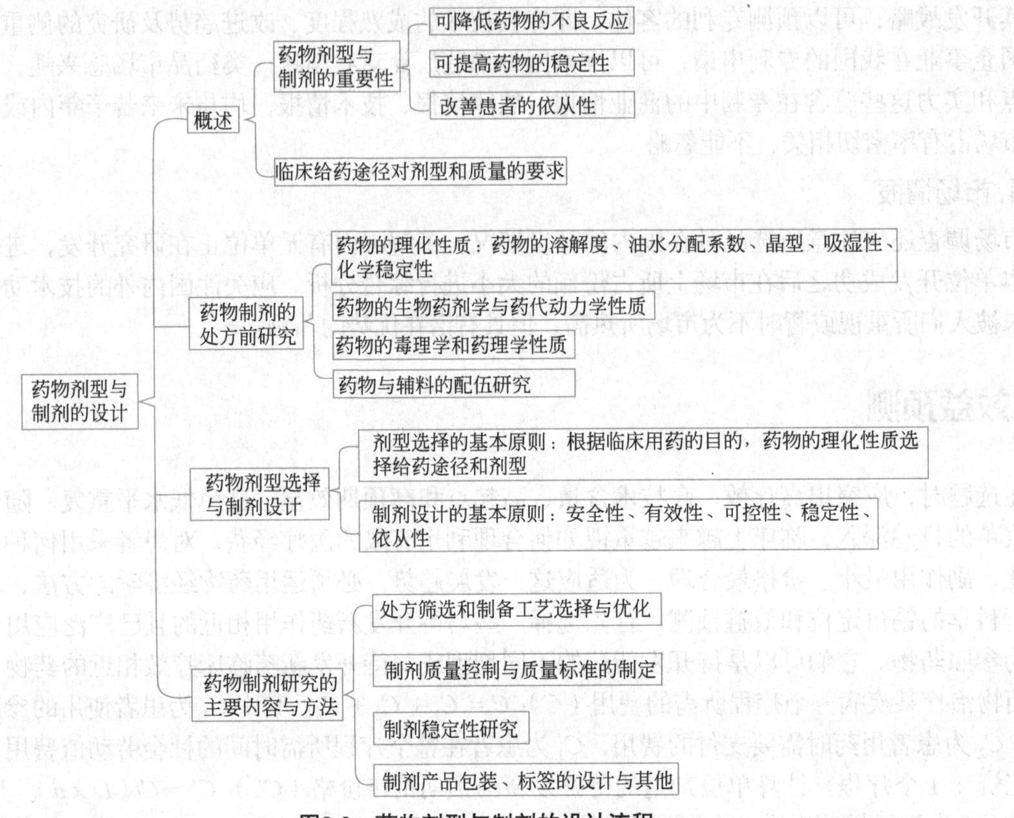

图8-2　药物剂型与制剂的设计流程

一、剂型设计

药物本身的理化性质、药理作用、临床需求等是发挥药物疗效的重要因素，而剂型对发挥疗效和减少毒副作用有着十分显著的影响。研究任何一种剂型，首先要说明选择的剂型依据，充分阐述剂型选择的科学性、合理性和必要性。同时要说明该剂型在国内外的研究现状，并提供国内外相关文献资料。理想的剂型应符合三效（高效、速效、长效）、三小（剂量小、毒性小、副作用小）、五方便（服用方便、携带方便、生产方便、运输方便、储存方便）的要求。如缓释控释制剂可使短效治疗药物在较长时间内起作用，维持平稳的血药浓度，减少服药次数；口腔鼻腔等黏膜给药系统与经皮给药系统可以使药物避免在胃肠道降解与首过效应；靶向给药系统利用载体将药物导向病变部位，增加疗效，减少全身毒副作用。同一种药物制成不同剂型，疗效与毒副反应可能有明显差异。如治疗哮喘病的芸香草或其有效成分胡椒酮的口服剂型，不仅用量大、显效慢、疗效差且表现出胃肠道副反应。若将胡椒酮制成气雾剂，则其用量小、显效快、疗效增加、副作用减小。剂型设计是一个复杂的研究过程，受多方面因素影响，可依据临床需要、药物的理化性质、药动学数据和现行生产工艺条件等因素，通过文献研究和预试验予以确定。设计时应充分发挥各剂型的特点，尽可能选用新剂型。

1. 依据临床需要设计

剂型不同制剂产品释放药物的条件、方式、速率也不一样，所以剂型设计首先要根据临床的需要和药物本身的治疗作用适应证，考虑不同剂型可能适用于不同的临床病症需要，以及用药对象的顺应性和生理情况等。抢救危重患者、急症患者或昏迷患者应选择速效剂型和非口服剂型，如注射剂、气雾剂和舌下片等。药物作用需要持久的可用缓释控释制剂或经皮给药系统。控制哮喘急性发作，宜选择吸入剂。局部用药应根据用药部位的特点，选用不同的剂型，如皮肤疾病可用软膏剂、涂膜剂、糊剂和巴布剂等，腔道疾病如痔疮可用栓剂。

2. 依据药物的理化性质设计

剂型设计前应掌握药物的分子结构、药物色泽、臭味、颗粒大小、形状、晶型、熔点、水分、含量、纯度、溶解度、溶解速度、稳定性等药物理化性质，特别要了解热、湿、光对药物稳定性的影响。剂型设计要考虑药物的性质，克服药物本身的某些缺点，充分发挥药物的疗效。药物的有些性质对剂型的选择起决定性作用。如有苦味、臭气的药物，易挥发、潮解的药物，都需要选用包衣片等合适的剂型。药物的溶解性能与油水分配系数亦影响剂型的选择，难溶性药物不能制成以水为介质的溶液型剂型。在胃肠道中不能充分溶解的药物，制成普通口服制剂就有可能发生生物利用度低的问题。晶型问题可能会直接影响制剂疗效。有些晶型问题会影响压片等生产过程，使制剂难以工业化生产。药物的稳定性是剂型设计要考虑的另一个重要因素。根据影响药物不稳定的因素，通过剂型设计尽量减少药物的分解破坏。如遇水不稳定药物，制成固体剂型；胃肠道不稳定的药物，选择注射剂、黏膜给药系统或经皮给药系统。

3. 依据药物的生物学性质设计

药物生物学性质包括药物生物半衰期，对生物膜的通透性，在生理环境下的稳定性，吸收、分布、代谢、消除等药代动力学性质，毒副作用及治疗窗等，对制剂研究有重要指导作用。对于口服吸收较差的药物，通过选择适当的制剂技术和处方，可能改善药物的吸收。如药代动力学研究结果提示药物口服吸收极差，则开发片剂、胶囊剂等剂型是不适宜的，可考虑选择注射剂等剂型。药物的生物半衰期比较短的，应考虑将该药物设计成长效缓释制剂，以免造成多次频繁给药，血药浓度波动很大的不良效果。缓释、控释制剂对药物的半衰期、治疗指数等均有一定要求，研发中需要特别注意。如果药物在体内的代谢有明显的肝脏首过效应，剂型设计时宜避开首过作用。如硝酸甘油若用普通口服片剂给药，则药物从肠道吸收进入肝门静脉后，会发生严重的代谢反应。硝酸甘油可采用舌下片，经口腔、舌下黏膜迅速吸收直接进入血液循环。选择剂型时应考虑临床用药剂量，以及不同剂型的载药量。另外，一些抗菌药物在剂型选择时应考虑到尽量减少耐药菌的产生，延长药物的临床应用周期。

4. 依据生产工艺条件设计

剂型选择还要考虑制剂工业化生产的可行性及生产成本。剂型不同所采取的工艺路线、所用设备及生产环境的要求亦不同。如注射剂的生产对配液区与灌封区的洁净度有较高要求，冻干粉针剂的生产需要有冻干设备等。

5. 临床用药的顺应性

临床用药的顺应性也是剂型选择的重要因素。开发缓释、控释制剂可以减少给药次数，平稳血药浓度，降低毒副作用，提高患者的顺应性。对于老年、儿童及吞咽困难的患者，选择口服溶液、泡腾片、分散片等剂型有一定优点。在选择剂型时需充分考虑药物安全性，应在比较剂型因素产生疗效增益的同时，关注可能产生的安全隐患（包括毒性和副作用）。

二、处方研究

制剂处方研究是根据制剂原料性质、剂型特点、临床用药要求等，筛选适宜的辅料，确定制剂处方的过程。处方研究包括对原料药和辅料的考察、处方设计、处方筛选和优化等工作。处方研究与制剂质量研究、稳定性试验和安全性、有效性评价密切相关。处方研究结果为制剂质量标准的设定和评估提供了参考和依据，也为药品生产过程控制参数的设定提供了参考。处方研究中需要注意实验数据的积累和分析。在制剂处方筛选研究过程中，为减少研究中的盲目性，提高工作效率，获得预期的效果，可在预实验的基础上应用各种数理方法安排试验，如采用单因素比较法、正交设计、均匀设计或其他适宜的方法。如研究的制剂是国内外已生产并在临床上应用的品种，且采用的处方与已有的品种的主药、辅料种类及用量完全一致，并能提供已有品种处方的可靠资料，则可不进行处方筛选。若只有辅料种类相同而用量不同，则应进行处方筛选。自行设计处方时应根据药物理化性质、稳定性试验结果和药物吸收等情况，结合所选剂型的特点，确定适当的指标，选择适宜的辅料进行处方筛选和优化。在进行处方筛选时，应结合制剂特点至少设计 3 种以上处方供小样试制。处方中应包括主药和符合剂型要求的各类辅料。处方筛选的主要工作是辅料及用量的筛选。

1. 制剂处方前研究

制剂处方前研究是制剂成型研究的基础，其目的是保证药物的稳定、有效，并使制剂处方和制剂工艺适应工业化生产的要求。一般在制剂处方确定之前，应针对不同药物剂型的特点及其制剂要求，进行制剂处方前研究。制剂原料的性质对制剂工艺、辅料、设备的选择有较大的影响，在很大程度上决定了制剂成型的难易，例如用于制备固体制剂的原料，应主要了解其溶解性、吸湿性、流动性、稳定性、可压性、堆密度等内容。用于制备口服液体制剂的原料，应主要了解其溶解性、酸碱性、稳定性以及臭味等内容，并提供文献或试验研究资料。

2. 辅料的选择

辅料是制剂中除主药外其他物料的总称，是药物制剂的重要组成部分。辅料是药物剂型和制剂存在的物质基础，具有赋形、充当载体的作用。辅料能使药剂具有人们希望的理化性质，如增强主药的稳定性，延长药剂的有效期，调控主药在体内外的释放速度，改变药物的给药途径和作用方式等。因此，药用辅料的选择对制剂的质量、生产工艺都有很大影响。

（1）辅料选择的一般要求

应根据剂型或制剂条件及给药途径的需要选择适宜的辅料，例如小剂量片剂主要选择填充剂，以便制成适当大小的片剂，便于生产与使用；对一些难溶性药物的片剂，除一般成型辅料外，主要应考虑选择一些较好的崩解剂或表面活性剂；凝胶剂则应选择可形成凝胶的辅料；混悬剂中需要能调节药物粒子沉降速率的辅料。所用辅料应符合药用要求。辅料选择一般应考虑以下原则：满足制剂成型、稳定、作用特点的要求，不应与主药发生不良相互作用，不影响制剂的含量测定及有关物质检查，制剂处方应能在尽可能少的辅料用量下获得良好的制剂成型性。

（2）辅料的理化性质及合理用量范围

辅料理化性质的变化可能影响制剂的质量，包括分子量及其分布、取代度、黏度、粒度及分布、流动性、水分、pH 等。例如稀释剂的粒度、密度变化可能对固体制剂的含量均匀性产生影响。对于缓释、控释制剂中使用的控制药物释放的高分子材料，其分子量、黏度变化可能对药物释放行为有较显著的影响。辅料理化性质的变化可能是辅料生产过程造成的，也可能与辅料供货来源改变有关。因此需要根据制剂的特点及药品给药途径，分析处方中可能影响制剂质量的辅料的理化性质，如果研究证实这些参数对保证制剂质量非常重要，需要注意制订或完善相应的质控标准并注意选择适宜的供货来源，保证辅料质量的稳定。了解辅料在已上市产品中给药途径及在各种给药途径下的合理用量范围是处方前研究工作的一项重要内容，这些信息可以为处方设计提供科学的依据。药物研发者可以通过检索国内外相关数据库及有关信息资源，了解所考察的辅料在已上市药品中的合理使用情况；对某些不常用的辅料，或辅料用量过大，超出常规用量且无文献支持的，需进行必要的药理毒理试验，以验证这些辅料在所选用量下的安全性。对于改变给药途径的辅料，应充分证明所用途径下的安全性。

（3）辅料选择评价

辅料选择得当，可以充分发挥主药的药理活性，提高疗效；可以减少药物用量，降低主药的毒副作用；可以增强药物的稳定性，延长储存时间；可以控制和调节药物在体内的释放，减少服药次数等。例如消炎镇痛药萘普生与环糊精制成 1∶1 的包合物，能改善药物的溶出度、促进吸收、提高疗效；疏水性强的抗疟药本芴醇溶解在亚油酸中的软胶丸剂，能提高生物利用度，减少临床用药量；阿霉素制成脂质体制剂后能减轻心脏毒性和急性毒性；以羟丙甲纤维素为辅料生产的阿司匹林比用淀粉为辅料的片剂稳定性好，不出现存放期间药片硬度增加、主药溶出度下降的现象；盐酸吗啡用类脂辅料制成的片剂，每隔 12 h 服药一次，减少血药浓度的波动、降低峰值的毒副作用、增加谷值的治疗作用；局部用制剂的辅料，如软膏和栓剂的基质影响药物释放和渗透到皮肤组织深部，克霉唑栓剂在亲水性基质中的释放比油脂性基质快；苯巴比妥栓剂加入 3% 月桂氮䓬酮生物利用度能提高 1 倍。反之，辅料选择不当往往会影响制剂生物利用度或药物的稳定性，使安全性和有效性受到影响。例如以硬脂酸镁（钙）作辅料，与苯唑青霉素钠发生化学反应；四环素用磷酸氢二钙作辅料生成难以吸收的钙四环素配合物，降低生物利用度；因为胶囊填充物用易溶于水的乳糖代替不溶的硫酸钙，致使苯妥英钠的溶出速率增大，血药浓度上升，甚至发生苯妥英钠胶囊剂中毒事件。

3. 处方相容性研究

处方相容性研究是指研究主药与辅料的相互作用。大多数辅料在化学性质上表现为惰性，但也不排除某些辅料与药物混合时出现的配伍变化。因此，新药应进行主药与辅料相互作用的研究。以口服固体制剂为例，具体实验方法如下。选用若干种辅料，如辅料用量较大（如赋形剂、填充剂、稀释剂等），可用主药∶辅料 =1∶5 的比例混合；若用量较少（如润滑剂），则用主药∶辅料 =20∶1 的比例混合。取一定量混合物按照药物稳定性指导原则中影响因素的实验方法，分别在强光［（4500±500）lx］、高温（60 ℃）、高湿（相对湿度 90%±5%）的条件下放置 10 天，采用 HPLC 或其他适宜的方法检查含量及有关物质在放置前后有无变化，同时观察外观色泽等物理性状的变化。必要时可用原料进行平行对照实验，以区别是原料本身的变化还是辅料的影响。还可采用差示热分析、漫反射等方法进行实验。如用漫反射法可研究药物与辅料间有无相互作用，相互作用是物理吸附还是化学吸附或化学反应。该法是广泛用于化学药处方前研究的常规试验项目之一。根据实验结果，判断主药与辅料是否发生相互作用，选择与主药没有相互作用的辅料，用于处方研究。通过研究辅料与主药的配伍变化，考察辅料对主药的鉴别与含量测定的影响，设计含有不同辅料及不同配比的制剂，以外观性状、pH、澄明度、溶出度、降解产物、含量等相关质量检查项目为指标，考察不同处方制剂的质量，以及光、热、湿对不同制剂质量的影响，可以筛选出质量高且稳定的最佳处方。

三、制剂工艺筛选

制剂成型工艺研究是按照制剂处方研究的内容，将制剂原料与辅料进行加工处理，采用客观、合理的评价指标进行筛选，确定适宜的工艺和设备，制成一定的剂型并形成最终产品的过程。通过制剂成型研究进一步改进和完善处方设计，最终确定制剂处方、工艺和设备。制剂工艺会影响药剂的质量，根据剂型的特点，结合药物理化性质和稳定性等情况，考虑生产条件和设备，进行工艺研究。如不同的制剂工艺会影响口服固体制剂的生物利用度或液体制剂的澄明度与稳定性。注射剂制备过程中活性炭处理的方法会影响注射剂的澄明度、色泽与含量。注射剂的灭菌温度与时间，也会影响成品的色泽、pH 和含量等。固体制剂制备时原料药粒子大小、制粒操作及压片时的压力等都可能影响药物的溶出速率，进而影响药物的吸收。因此，应对关键工艺进行不同条件的筛选，确定最优的生产工艺。

1. 工艺路线设计

工艺路线的设计依据是药物的理化性质、剂型、处方、生产技术、设备条件、经济成本等因素。

可根据剂型特点，结合已掌握的药物理化性质和生物学性质，设计几种基本合理的制剂工艺。如实验或文献资料明确显示药物存在多晶型现象且晶型对其稳定性和/或生物利用度有较大影响的，可通过粉末X射线衍射、DSC等方法研究粉碎、制粒等过程对药物晶型的影响，避免药物晶型在工艺过程中发生变化。如对湿不稳定的原料药，在注意对生产环境湿度控制的同时，制备工艺宜尽量避免水分的影响，可采用干法制粒、粉末直接压片工艺等。工艺设计还需充分考虑与工业化生产的可衔接性，主要是工艺、操作、设备在工业化生产中的可行性，尽量选择与生产设备原理一致的实验设备，避免制剂研发与生产过程脱节。

2. 工艺条件筛选

工艺研究的目的是保证生产过程中药品的质量及其重现性。制剂工艺通常由多个关键步骤组成，涉及多种生产设备，均可能对制剂生产造成影响。工艺研究的重点是确定影响制剂生产的关键环节和因素，并建立生产过程的控制指标和工艺参数。首先考察工艺过程各主要环节对产品质量的影响，可根据剂型及药物特点选择有代表性的检查项目作为考察指标，根据工艺过程各环节的考察结果，分析工艺过程中影响制剂质量的关键环节。如对普通片剂，原料药和辅料粉碎、混合，湿颗粒的干燥以及压片过程均可能对片剂质量产生较大影响。对于采用新方法、新技术、新设备的制剂，应对其制剂工艺进行更详细的研究。在初步研究的基础上，应通过研究建立关键工艺环节的控制指标。研究工艺条件、操作参数、设备型号等变化对制剂质量的影响。一般至少需要对连续三批样品的制备过程进行考察，研究工艺的重现性。这些工作是保证制剂生产和药品质量稳定的重要方法，也是工艺放大及向工业化生产过渡的重要参考。指标的制订宜根据剂型及工艺的特点进行。指标的允许波动范围应由研究结果确定，并随着对制备工艺研究的深入和完善不断修订，最终根据工艺放大和工业化生产有关数据确定合理范围。

3. 制剂基本性能评价

各种制剂的基本性能须符合剂型的要求，在辅料选择、处方筛选和工艺筛选中，得到的新制剂都需对其进行基本性能考察。如片剂，需考察性状、硬度、脆碎度、崩解时限、水分、溶出度或释放度、含量均匀度、有关物质、含量等基本质量评价项目。研究工作中宜根据剂型的特点，从中选择影响制剂内在质量和稳定性的关键项目，进行制剂的基本性能评价。例如注射剂处方工艺筛选过程中可以设计不同pH的系列处方，考察其在灭菌前后性状、澄明度、pH、不溶性微粒、有关物质、含量等方面的变化，以评价pH对处方质量及稳定性的影响，确定处方的合理pH范围。对某些制剂的特殊性尚需要通过翔实的研究证明其合理性。如以带有刻痕的可分割片剂为例，需要对分割后片剂的药物均匀性进行检查，对分割后片剂的药物溶出行为与完整片剂进行比较。

四、包装材料的选择

药品的包装材料和容器作为药品的组成部分对药品的质量和稳定性具有较大影响。其可分为直接与药品接触的包装材料（内包装）和外包装。作为药品的一部分，内包装本身的质量、安全性、与药物之间的相容性以及使用性能可直接影响药品的质量。而外包装主要起方便运输和物理防护的作用。因此，药品包装材料的选择主要侧重于药品内包装材料的考察。对具体药品的包装需根据剂型类别、主药的理化性质、药品的装量以及制剂的规格等选用质量合格、大小适宜的内包装材料。内包装材料不可与药品各组成成分发生反应与吸附，也不应改变药物的安全性、有效性、浓度或强度与纯度，同时能保护药物不受外界因素引起的破坏或污染。因此，内包装材料应具有良好的安全性、适应性、稳定性、功能性、保护性和便利性，从而在药品的包装、贮藏、运输和使用过程中起到保护药品质量、安全、有效、实现给药目的的作用。

在选择内包装材料时，可以通过对同类药品及其包装材料进行相应的文献调研，为证明包装材料选择的可行性提供依据。内包装材料的选择应考虑以下方面：①包装材料需有助于保证制剂质量在一定时间内保持稳定。对于光照或高湿条件下不稳定的制剂，可以考虑选择避光或防潮性能好的包装材料。②包装材料需和制剂有良好的相容性，不与制剂发生不良相互作用。液体或半固体制剂可能出现药物吸附于内包装表面，或内包装中某些组分浸出到溶液中等问题，引起制剂含量下降或产生安全性方面的问题，对这些制剂包装材料的选择必要时需进行详细的研究。由于塑料类包装材料生产过程中添加的增塑剂在血浆、乳剂中比在水溶液中更容易浸出，血浆制品、乳剂采用这些包装材料时需要翔实的研究资料的支持。③与制剂生产工艺相适应。例如，静脉注射液等无菌制剂的内包装需满足热压灭菌、射线灭菌等工艺的要求。④对于包含定量给药装置的内包装需要保证定量给药的准确性和重现性。内包装材料可参考《中国药典》2020年版《药包材通用要求指导原则》中的相关要求进行合理选择。所选择的内包材的原料应经过物理、化学性能和生物安全评估，应具有一定的机械强度、化学性质稳定、对人体无生物学意义上的毒害。内包材的生产条件应与所包装制剂的生产条件相适应；内包材生产环境和工艺流程应按照所要求的空气洁净度级别进行合理布局，生产不洗即用包材，产品成型及以后各工序的洁净度要求应与所包装的药品生产洁净度相同。根据不同的生产工艺及用途，内包材的微生物限度或无菌应符合要求；注射剂用内包材的热原或细菌内毒素、无菌等应符合所包装制剂的要求；眼用制剂用内包材的无菌等应符合所包装制剂的要求。药品应使用有质量保证的内包材，内包材在所包装药物的有效期内应保证质量稳定，多剂量包装的内包材应保证药品在使用期间质量稳定。不得使用不能确保药品质量和国家公布淘汰的内包材，以及可能存在安全隐患的内包材。

内包材与药物的相容性研究是选择内包材材料的基础，药物制剂在选择内包材时必须进行包材与药物的相容性研究。包材与药物的相容性试验应考虑剂型的风险水平和药物与包材相互作用的可能性，一般应包括以下几部分内容：①内包材对药物质量影响的研究，包括包材（如印刷物、黏合物、添加剂、残留单体、小分子化合物以及加工和使用过程中产生的分解物等）的提取、迁移研究及提取、迁移研究结果的毒理学评估，药物与药包材之间发生反应的可能性，药物活性成分或功能性辅料被药包材吸附或吸收的情况和内容物的逸出以及外来物的渗透等；②药物对包材影响的研究，考察经包装药物后内包材完整性、功能性及质量的变化情况，如玻璃容器的脱片、胶塞变形等；③包装制剂后药物的质量变化（药物稳定性），包括加速试验和长期试验药品质量的变化情况。在包装材料的选择研究中除进行稳定性实验外，还需根据上述包装材料选择考虑增加特定考察项目。如药品有明显吸湿性的，需要考察所选内包材的抗水分透过能力；对输液及凝胶剂等溶液剂或半固体制剂，需注意考察容器的水蒸气透过作用；对含乙醇的液体制剂，需要注意乙醇对包装材料的影响。上述研究结果为制剂包装材料的选择提供了依据，同时也为药品质量标准中是否增加特殊的检查项目提供参考。例如，滴眼液或静脉输液等的与包装材料相容性研究结果显示包材中可浸出物含量低于公认的安全范围，且长期稳定性实验结果也证明这些浸出物水平在贮藏过程中基本恒定，没有增加，这种情况下可以不再增加对制剂中可浸出物的检查和控制。

第三节　制剂新产品研究开发中试放大与工艺规程

新药研究的最终目的是生产出质量合格的药品，供医疗应用。新药投入生产之前，必须研制出一条成熟、稳定、适合于工业生产的技术工艺路线。药物制剂产品研究要经历实验室研究、小试、中试、工业生产这些过程。中试放大是在小试研究制订的处方和制备工艺的基础上，采用常规工业生产设备和工艺路线进行的小量生产试验。由于实验室制剂设备、操作条件等与工业化生产不同，实验室建立的制剂工艺在工业化生产中常常会遇到问题。如胶囊剂工业化生产采用的高速填装设备与实验室设备不一致，实验室确定的处方颗粒的流动性可能并不完全适合生产的需要，可能导致重量差异变大。对于缓释、控释等新剂型，工艺放大研究更为重要。中试放大研究是新产品研究开发过程中评价实验室处方与制备方法是否适应工业化大生产的主要环节。

中试放大的目的是通过模拟生产考察处方、工艺及其设备的适应性，确定生产工艺和最佳参数，为工业化生产提供标准操作程序，解决生产中可能出现的工艺技术和质量问题，制订工艺过程。中试生产的制剂可直接供患者使用，但应严格按照GMP的要求进行。

一、中试放大研究的主要任务

中试放大评价主要考虑：对处方与设备的评价，产品的均匀性和稳定性评价，原材料评价，过程生产率评价，生产线布置、人员核定和工艺条件评价。

中试放大研究的主要任务如下：

① 完善工艺路线，确定工艺生产条件。小试研究后新药制剂工艺基本上是确定的，但各工艺的各个操作环节及制备工艺条件会随着试验规模和设备等外部条件的不同而改变，因此实验室研究可能无法预测新制剂的制备方法是否适合工业生产，必须进行多次的中试放大研究，解决生产中可能出现的工艺技术和质量问题，才能完善生产工艺路线，确定生产的工艺条件。如以乙基纤维素等辅料作为片剂缓释骨架材料时，一般要求粉末细度达到100目，在实验室小试研制阶段，由于实验室研究所需的该辅料量较少，研究人员多采取过100目筛的方法，取得粉末细度符合要求的该辅料，因此在小试的工艺中没有粉碎这一环节。但在中试放大时发现，从可操作性和经济成本方面考虑，均无法仅采用筛选操作对原辅材料进行前处理，需要对辅料进行粉碎，从而达到所需的粒度。原辅材料投料时，按GMP的管理要求，每个包装单位是一次投料完毕。因此，中试放大过程中就要对原辅材料的粉碎方法、粉碎条件及粉碎的可行性进行试验。根据试验结果，调整制备工艺路线，选择最佳粉碎条件。

② 选用合适的设备，满足生产工艺条件。从实验室小试研究开始，研究人员就应考虑工业生产设备的选用和生产线的布置。中试放大时的处方、制备原理、工艺路线与实验室研究结果是一致的，但实验室所用的仪器设备与工业生产设备是不同的。在中试阶段由于处理的物料量加大，因而有必要考虑操作方法如何适应工业生产的要求，注意缩短工序时间，简化操作程序。进行中试放大时应选择所需设备，并验证其适用性。某些制剂对设备的材质也有较高要求。如易氧化药物制剂就应避免与金属设备部件、输液管道等接触。因此，将新制剂的设备工艺由实验室转至工业生产时必须解决设备的适用性问题（包括设备的规格、材质、类型等）。同时，新设备的应用也应在中试阶段加以试验和性能测定。一般中试放大所选用的设备应与主要生产所用的设备相类似，以便后期进行生产。

③ 初步核算成本，做好原辅材料的评价。中试放大过程中根据原材料消耗、水电消耗及劳动成本等对产品成本进行初步核算。在核算成本过程中，应注意做好原材料的评价，生产过程中应注意辅料的品种、品牌、规格和生产厂家可能会更换。这种更换必须通过中试放大得以证实其不影响药品的质量。如两个厂家生产的羟丙甲纤维素均符合《中国药典》标准，但采用该辅料以同一配方、同一工艺生产的骨架型缓释片结果出现质量的差异，经过中试研究发现两者的颗粒度和羟丙基含量上有差异，进而引起缓释片释放的差异。

④ 制备样品中试工作的另一项任务是为后续研究工作提供样品。供质量标准、稳定、临床研究用样品应是经中试研究的成熟工艺制备的产品。中试过程中应考察工艺、设备极其性能的适应性，加强制备工艺关键技术参数的考核、修订，完善适合生产的制备工艺，提供至少三批中试生产数据，包括投料量、辅料用量、质量指标、成品量及成品率等，提供制剂通则要求的一般质量检查、微生物限度和含量测定结果。

⑤ 修订完善质量标准。由于实验室研究条件与实际生产条件不一定完全一致，因此中试制备的样品应按质量标准进行检查，以考察其成分在大量生产情况下是否有变化，同时对质量标准是否能有效地控

制新药在工业化生产过程中的质量进行评价。制订或修订中间体和成品的质量标准以及分析鉴定方法，为修订完善质量标准提出实验依据。如在中试放大阶段研究发现，羟丙基纤维素的颗粒度与羟丙基的含量会影响骨架型缓释片的质量。应在羟丙基纤维素的质量项目中增订粒度限度检查和修正羟丙基含量下限指标，为大生产有效消除辅料质量差异导致的成品质量差异。

二、中试放大的步骤和方法

中试放大的步骤：①中试放大工艺的设计；②中试放大生产关键参数的确定；③设备操作参数的优选；④中试放大过程优化设计；⑤物料平衡计算；⑥工艺验证；⑦稳定性研究；⑧环境验证。

中试放大的主要方法如下：

① 建立有较强适用性的中试车间。随着制剂新技术的发展，可建立适应性很强的中试车间，进行多种产品的中试放大或者多品种小批量生产。中试车间在设计上需符合 GMP 的要求，能控制室内温度、湿度、洁净度。主要设备类型与生产使用的设备相同。经这样的中试车间研究所得的中试放大的处方及工艺的影响因素较小，工艺条件、制备方法用于大生产时有较大的适应性。

② 在生产线上实施全程小批量试验。如注射剂的实验室批量与生产批量之间的差异远比固体制剂大，而且同类小型设备较少，加之中试放大试验区域应符合 GMP 的要求，因此注射液的中试研究可在生产线上进行。中试放大批量、批量规模在正常情况下由设备大小、原料以及试生产量的经济性来决定。中试放大的生产量一般为大生产的十分之一或实验室制备量的十倍以上。

三、中试放大工艺参数和条件的优化选择

在小试实验处方及工艺的基础上，根据现有中试设备进行中试放大实验的设计。以成品制剂的质量为标准，在 GMP 条件下采用中试设备确定中试放大生产过程中的关键工艺参数，调整处方，确定最佳的制备工艺条件和处方组成。

剂型的种类很多，每种剂型所用的辅料不同，成型的方式不同，生产过程各有特点，如注射剂、片剂、栓剂的生产工艺各不相同。即使同类剂型，由于原料药、辅料、处方不同，也会有差异。因此，中试生产要结合剂型特点，适应大生产的需要，认真做好中试生产工艺的设计。应根据剂型特点、处方内容、原辅料的性质和制剂规格，对可能影响制剂质量的各种因素如加热、粉碎、搅拌和加压等工序，以及灭菌消毒方法等逐项进行研究。对生产过程中所用的原料药、辅料、溶剂、半成品和成品进行中控检验，从而生产出优良的制剂。此外，还要注意简化工艺，提高劳动生产率，降低成本。本节以片剂和液体制剂为例加以讨论。

1. 片剂中试放大生产关键工艺参数和条件

（1）物料前处理

关键工艺参数有物料的粉碎程度、细粉的收率等。通过中试放大选择最佳的粉碎方法。如缓释片中常用辅料乙基纤维素细度为 100 目，生产时需经粉碎后获得。由于乙基纤维素热塑性软化点为 100 ～ 130 ℃，常法单独粉碎时会出现软化，从而出现吸附聚集现象，无法达到要求的细度。在中试时需要选择适宜的粉碎方法。一般可采用混合粉碎方法，即加入处方中其他物料同时粉碎。混合粉碎中应选择与乙基纤维素性质相近的其他物料，以达到粉碎产品粒度的一致，否则由于各种物料硬度、密度等的差异及物料量的不同，混合时各种物料的粒度不易一致，影响后续生产。粉碎时除选择方法外，还应对粉碎设备及设备的操作参数进行优化。不同的粉碎方式使用不同的设备，设备的转速、进料速度、筛孔的尺寸和筛网厚度都会影响物料的细度和细料的收率和分布。

（2）物料的混合

混合的考察指标有混合均匀度和粒度分布等，关键工艺参数有混合时间、具体的设备参数。生产

上使用的混合设备型号较多，设计、装量等原理不一，达到均匀混合的条件和时间不同。经过中试工艺摸索应确定混合设备和混合时间。混合时间的影响与其他工艺和处方的影响是结合在一起的。一般来说，只要黏合剂所占比例足以使粒子结聚增长，那么随着混合时间延长，平均粒径增大，粒子流动性增强，均匀度增加，球形度增大。但混合时间太长也易导致结聚而产生团块。一般来讲，可对混合过程中物料进行取样中控，从而获得最佳的混合时间。通常将两物料混合后，分别在混合 10 min、20 min、25 min、30 min、35 min 各取 20 个不同位置的样品进行含量测定，由分析测定结果确定分布规律；在最佳混料区间内确定最佳混料时间；在最佳混料时间时集中位置 X_t 和分散程度 S_t 与混料前真值 X、S 的检验。通过对中试结果的分析，选择出最优混料时间，其物料特性值（水分）的集中位置应与真值一致，如特性值的分散程度经混料后缩小较多，说明选择 t 时间为最佳混料时间是可行合理的。

（3）制粒

考察指标有颗粒松密度、颗粒紧密度、颗粒强度、颗粒休止角、溶出度 / 释放度等。关键工艺参数有：黏合剂的加入方式和速度，黏合剂的加入量、工艺参数。工艺参数视设备、工艺而异。干法制粒主要考虑实验室用设备与生产用设备的压力差异，关键是控制所有成分的松密度和流动性。采用高速搅拌混合制粒，影响粒子大小、粒度分布等粒子特性的因素很多，关键工艺参数为投料量、搅拌桨速度、切割桨速度及制粒时间等。投料量大时，所得粒径较小、均匀度好，投料量太大时制粒结果往往不理想，因此需在适宜的投料范围内投料。

（4）压片

压片工艺考察的指标有硬度、片重、片重差异、溶出度 / 释放度等。关键工艺参数有压片机压力、转速等。生产过程中，润滑剂的使用量、混合均匀程度对于纠正黏冲、解决片重差异、改善片剂外观及克服崩解迟缓都有一定影响。颗粒制成后，粒度与细粉的比例不当，粗粒或细粉多都可能出现崩解迟缓、裂片、松片、片重差异或片面有斑点的现象。压片机的规格型号和性能、设备运转时的机械状况、压片机冲模的磨损程度等都直接影响片剂的质量，因此要选择合适的设备。如旋转式压片机比撞击式压片机的压力大且均匀，裂片现象容易得到控制。引湿性比较强的药物颗粒容易出现黏冲的现象，因而压片室的相对湿度一般应予以控制。

（5）包衣

包衣工艺考察指标有包衣膜的厚度、均匀度、释放度等。工艺参数主要有喷雾速度与雾化压力、热风温度与风量、包衣锅转速、片床温度等。生产条件通常影响包衣溶剂的蒸发效率、喷雾液滴的大小分布等。包衣溶剂的蒸发效率明显影响衣膜的形成质量，风量、温度和湿度是影响包衣溶剂蒸发效率的主要参数。喷雾液滴的大小、分布对衣膜的均匀性有重要影响。喷雾液滴的大小、分布取决于喷雾用风量和压力，风量越大，压力越高，则喷雾液滴的粒径越小。此外，喷雾液滴的大小也还受包衣液处方、黏度及其表面张力的影响。

2. 液体制剂中试放大生产关键工艺参数和条件

液体制剂生产工艺参数的优选由于批量差异，需要通过中试或中试放大生产获得。中试条件应与实际生产条件相关。

（1）搅拌

配液搅拌工艺考察指标有搅拌器每分钟的转数和混合时间。必须提供搅拌桨形状和大小的详细情况。例如要有说明在混悬剂中有效成分分布的有关分析数据。

（2）过滤

在中试过程必须对过滤过程进行考察，筛选过滤介质和考察工艺参数前，还需考虑一些指标，如所要求的流量、最小的合格流量、所要求的压降、可接受的最小压降、过滤介质的期望寿命、可使用的灭菌方法、物流资料（溶剂、百分比、pH、温度等）、流量条件等，通过试验预测生产上要采用的过滤器的寿命，并测定出待选过滤器是否能满足流量条件以及所需过滤面积和过滤器的孔隙率等。

（3）容器选择、输送与灌装

必须保证所有要使用的设备是合适的。包括结构材料、产品的各种成分是否会与设备反应，考察输送过程中药液的均匀性等物理性质稳定性，选择灌装设备的类型和确定总的操作时间等。

四、工艺规程

工艺规程是为生产一定数量成品所需起始原料和包装材料的数量，以及工艺、加工说明和注意事项，包括生产过程中控制的一个或一套文件。阐述生产一定量的某一药品所需原辅料、包装材料、中间产品和成品的质量标准以及批生产处方、生产规程、作业方法、中间控制方法和注意事项。工艺规程是药品生产和质量控制中最重要的文件，它囊括该产品的各项质量标准及工艺控制技术参数，其制定必须通过验证。工艺规程是对产品的设计、生产、包装、规格标准及质量控制进行全面描述的基准性技术标准文件，是制定生产指令包括批生产配料单、批生产记录、批包装指令、批包装记录的重要依据。

工艺规程的主要内容包括：产品名称及剂型；产品概述处方和处方依据，制造处方系将处方用量根据生产批量按一定比例放大，处方依据指产品标准依据；工艺流程图，是从原料加工到成品入库的全过程，按工序注明主要工艺技术条件的示意图；制剂操作过程及工艺条件，按工序及工艺流程图详细叙述生产工艺过程，详细说明有关操作方法；质量监控，详细阐明质量监控点、监控频次及监控标准，并说明监控执行的标准操作规程编号；质量标准，包括原料、辅料、中间产品、成品、包装材料质量标准工艺卫生要求，指为了保证药品质量，对生产厂房、设备、容器、工具、操作人员在卫生方面提出的要求和必须采取的措施，主要包括工艺卫生、环境卫生、物净程序、人净程序、工作服要求等；设备一览表及主要设备生产能力，列表说明工艺流程中所需设备名称、材质、型号、产地、数量及主要设备生产能力；技术安全及劳动保护，为了保护操作人员防止和消除各类事故发生所采取的技术措施，生产过程中为保护职工的健康，采取的各种保护措施；劳动组织、岗位定员、工时定额与产品生产周期原辅料、包装材料的消耗定额及物料平衡。

第四节　质量研究

新制剂产品的质量研究与质量标准的制定是药物研发的主要内容之一。在药物的研发过程中需对其质量进行系统、深入的研究，制定出科学、合理、可行的质量标准，并不断地修订和完善，以控制药物的质量，保证其在有效期内安全有效。

一、质量研究内容的确定

药物质量标准的建立主要包括以下过程：确定质量研究的内容、进行方法学研究、确定质量标准的项目及限度、制定及修订质量标准。药物的质量研究是质量标准制定的基础，质量研究的内容应考虑不同剂型的特点、临床用法，复方制剂不同成分之间的相互作用，辅料对制剂安全性和有效性的影响，不同工艺的影响，在贮藏过程中可能产生的降解产物和质量可能发生的变化，直接接触药品的包装材料对产品质量的影响，同时还应考虑生产规模的不同对产品质量的影响，以使质量研究的内容能充分地反映产品的特性及质量变化的情况。

二、方法学研究

方法学研究包括方法的选择和方法的验证，通常要根据选定的研究项目及试验目的选择试验方法，一般要有方法选择的依据，包括文献依据、理论依据及试验依据。常规项目通常可采用《中国药典》收载的方法。鉴别项应重点考察方法的专属性；检查项重点考察方法的专属性、灵敏度和准确性；有关物质检查和含量测定通常要采用两种或两种以上的方法进行对比研究，比较方法的优劣，择优选择。当原料药的测定方法不受制剂辅料干扰时，制剂亦可用相同的方法。选择的试验方法应经过方法的验证。验证内容包括方法的专属性、线性、范围、准确度、精密度、检测限、定量限、耐用性和系统适用性等。

三、质量标准项目及限度的确定

《中国药典》的制剂通则中对各种不同剂型在生产和贮藏期间的一般质量都有明确规定，规定了需要检查的项目、检查方法和控制指标。由于制剂剂型很多，在研究新药制剂时既要遵循《中国药典》相应制剂通则的规定及制剂的特性要求，又要设置针对产品自身特点的项目，能灵敏地反映产品质量的变化情况。质量标准的项目及限度应在充分的质量研究基础上，根据不同药物的特性确定，以达到控制产品质量的目的。质量标准中限度的确定通常基于安全性、有效性的考虑，还应注意工业化生产规模产品与进行安全性、有效性研究样品质量的一致性。对一般杂质，可参照现行版《中国药典》的常规要求确定其限度，也可参考其他国家的药典。对特殊杂质，则需有限度确定的试验或文献的依据，制剂质量标准一般应包括药品名称（通用名、汉语拼音名、英文名）、化学结构式、分子式、分子量、含量限度、性状、鉴别、检查、含量（效价）测定、类别、规格、贮藏、有效期等内容，各项目应有相应的起草说明。

四、制剂的质量标准

新药质量标准是对新药系统评价基础上的高度概括，是根据实验研究、临床试验和中试生产三方面的结果制订的。因此，新药质量标准的制订分为三个阶段。

1. 临床用药品质量标准

临床用药品质量标准重点在于保证临床研究用药品的安全性。由于人们对所研究产品特性认识的局限，质量控制项目应尽可能地全面，以便从不同的角度全面控制产品的质量。对影响产品安全性的考察项目，均应制定质量标准。如残留溶剂、杂质等，其限度可通过文献资料或动物安全性试验结果初步确定。临床用药品质量标准仅在新药临床阶段有效，而且只能在研制单位与临床试验单位之间使用。中试生产的工艺条件与实验研究不尽相同，有可能产品的质量达不到实验研究的水平。制定新药质量标准时，则要全面考虑，宽严适度，具有合理性和可行性。在保证药品安全性、有效性的前提下，根据实验研究的资料，结合中试生产的实际情况，制定出既确保药品质量，又能符合生产实际，并能促进生产的新药质量标准。

2. 生产用药品质量标准

生产用药品质量标准是新药研制单位申报生产时制定的，重点考虑生产工艺中试研究或工业化生产后产品质量的变化情况，并结合临床研究的结果对质量标准的项目或限度做适当调整和修订，在保证产品安全性的同时，还要注重质量标准的实用性。被批准后该标准即为试行标准，试行期二年。

3. 正式的药品质量标准

新药试生产转正式生产后，应将试行标准转为正式标准。通过较长时间实践，试行质量标准中所用检测方法的可行性和稳定性通过验证，或对检测方法进行改进或优化。随着生产工艺的稳定、成熟，以及产品质量的提高，对产品安全性的确认，可对质量标准进行修订。应不断地提高质量标准，使其更有效地控制产品的质量。

第五节　稳定性研究

药品的稳定性是指药物制剂保持物理、化学、生物学和微生物学特性的能力，是药品在生产、运输、贮藏、周转，直至临床应用前的一系列过程中发生质量变化的速度和程度。稳定性研究是基于对制剂及其生产工艺的系统研究和理解的基础上，通过设计试验获得制剂的质量特性在各种环境因素（如温度、湿度、光线照射等）的影响下随时间变化的规律，并据此为药品的处方、工艺、包装、储存、运输条件和有效期（复检期）的确定提供支持性科学依据，以保证临床用药的安全有效。稳定性研究是药品质量控制研究的重要指标之一，与药品质量稳定性研究始于药品研发的初期，并贯穿于药品研发的整个过程。

药品若发生分解、变质，会导致药效降低，甚至产生或增加毒副作用，危及患者的身体健康和生命安全，因此药品的稳定性是确定药品使用期限的主要依据，对于保障其临床应用的有效性和安全性具有重要意义。有效性、安全性和稳定性是对药物制剂的基本要求，而稳定性又是保证药品有效性和安全性的基础。

一、药物稳定性分类

药物及其制剂的稳定性一般包括化学、物理和生物学三个方面。

① 化学稳定性是指药物因受外界因素的影响或与制剂中其他组分等发生化学反应而引起的药品含量或效价、色泽等产生变化，主要包括水解、氧化、还原、光解等化学反应。

② 物理稳定性是指药品因物理变化所引起的稳定性改变，如混悬剂中药物颗粒结块、结晶生长，乳剂的分层、破裂，胶体制剂的老化，片剂崩解度、溶出速率的改变等。

③ 生物学稳定性一般指由微生物的污染使药品变质、腐败所引起的稳定性的改变。

二、药物稳定性试验的基本要求

稳定性试验的基本要求有以下几个方面：

① 稳定性试验包括影响因素试验、加速试验与长期试验。影响因素试验采用 1 个批次的制剂样品进行；如果试验结果不明确，则应加试 2 个批次样品。生物制品应直接使用 3 个批次。加速试验与长期试验要求用 3 批供试品进行。

② 药物制剂供试品应是放大试验的产品，其处方与工艺应与大生产一致。每批放大试验的规模，至少是中试规模。大体积包装的制剂，如静脉输液等，每批放大规模的数量通常应为各项试验所需总量的 10 倍。特殊品种、特殊剂型所需数量，根据情况另定。

③ 加速试验与长期试验所用供试品的包装应与拟上市产品一致。

④ 研究药物稳定性，要采用专属性强、准确、精密、灵敏的药物分析方法与有关物质（含降解产物及其他变化所生成的产物）的检查方法，并对方法进行验证，以保证药物稳定性试验结果的可靠性。在稳定性试验中，应重视降解产物的检查。

⑤ 若放大试验比规模生产的数量要小，申报者应承诺在获得批准后，从放大试验转入规模生产时，对最初通过生产验证的 3 批规模生产的产品进行加速试验与长期稳定性试验。

⑥ 对包装在通透性容器内的药物制剂应当考虑药物的湿敏感性或可能的溶剂损失。

⑦ 制剂质量的“显著变化”通常定义为：a. 含量与初始值相差 5%，或采用生物或免疫法测定时效价不符合规定；b. 降解产物超过标准限度要求；c. 外观、物理常数、功能试验（如颜色、相分离、再分散性、黏结、硬度、每揿剂量）等不符合标准要求；d. pH 不符合规定；e. 12 个制剂单位的溶出度不符合标准的规定。

三、稳定性研究的内容及试验设计

稳定性研究是药物制剂质量控制研究的重要组成部分，其是通过设计一系列的试验来揭示药物制剂的稳定性特征。药物制剂稳定性研究，首先应查阅原料药稳定性有关资料，特别了解温度、湿度、光线对原料药稳定性的影响，并在处方筛选与工艺设计过程中，根据主药与辅料性质，参考原料药的试验方法，进行影响因素试验、加速试验与长期试验，符合一定条件可以应用括号法和矩阵法简化试验方案。

1. 影响因素试验

影响因素试验是在剧烈条件下考察药物制剂对光、湿、热、酸、碱、氧化等条件的稳定性，了解药物制剂的敏感性、主要降解途径及降解产物，并据此为制剂生产工艺、包装、储存条件和建立降解产物分析方法提供科学依据。药物制剂进行影响因素试验的目的是考察制剂处方的合理性与生产工艺及包装条件。将供试品如片剂、胶囊剂、注射剂（注射用无菌粉末如为西林瓶装，不能打开瓶盖，以保持严封的完整性），除去外包装，并根据试验目的和产品特性考虑是否除去内包装，置适宜的开口容器中，进行高温试验、高湿试验与强光照射试验。对于需冷冻保存的药物制剂，应验证其在多次反复冻融条件下产品质量的变化情况。

（1）高温试验

供试品开口置适宜和洁净的恒温设备中，60 ℃条件下放置 10 天，于第 5 天和第 10 天取样，并按照稳定性重点考察项目进行检测。若供试品含量低于规定限度，则在 40 ℃条件下同法进行试验。若 60 ℃无明显变化，则不再进行 40 ℃试验。

（2）高湿试验

供试品开口置恒湿密闭容器中，在 25 ℃于相对湿度 90%±5% 条件下放置 10 天，于第 5 天和第 10 天取样，按稳定性重点考察项目要求检测，同时准确称量试验前后供试品的质量，以考察供试品的吸湿潮解性能。若吸湿增重 5% 以上，则在相对湿度 75%±5% 条件下，同法进行试验；若吸湿增重 5% 以下，其他考察项目符合要求，则不再进行相对湿度 75%±5% 条件下的试验。恒湿条件可在密闭容器如干燥器下部放置饱和盐溶液，根据不同相对湿度的要求，可以选择 NaCl 饱和溶液（相对湿度为 75%±1%，15.5 ～ 60 ℃）、KNO_3 饱和溶液（相对湿度为 92.5%，25 ℃）。

（3）强光照射试验

供试品开口放于光照箱或其他适宜的光照仪器内，光源可选择任何输出相似于 D65/ID65 发射标准的光源，或同时暴露于冷白荧光灯和紫外灯下，并于照度为 4500 lx±500 lx 的条件下放置 10 天，于第 5 天和第 10 天取样，按稳定性重点考察项目进行检测，需特别注意供试品的外观变化。

此外，根据药物的性质，必要时可设计试验：原料药在溶液或混悬液状态时，或在较宽 pH 范围讨论 pH 与氧及其他条件对药物稳定性的影响，并研究分解产物的分析方法。创新药物应对分解产物的性质进行必要的分析。冷冻保存的原料药物，应验证其在多次反复冻融条件下产品性质的变化情况。在加速或长期放置条件下已证明某些降解产物并不形成，则可不必再做专门检查。

2. 加速试验

加速试验是在加速的条件下进行的，是采用超出贮藏条件的试验设计来加速制剂的化学降解或物理变化的试验，是正式稳定性研究的一部分。其目的是通过加速药物制剂的化学或物理变化，探讨药物制剂的稳定性，为处方设计、工艺改进、质量研究、包装改进、运输、储存提供必要的资料。供试品按市售包装，在温度 40 ℃ ±2 ℃、相对湿度 75%±5% 的条件下放置 6 个月。所用设备应能控制温度 ±2 ℃、相对湿度 ±5%，并能对真实温度与湿度进行监测。在至少包括初始和末次等的 3 个时间点（如 0 个月、3 个月、6 个月）取样，按稳定性重点考察项目检测。如在温度 25 ℃ ±2 ℃、相对湿度 60%±5% 的条件下进行试验，6 个月中任何时间点的供试品经检测不符合制定的质量标准，则应进行中间条件试验。中间条件为温度 30 ℃ ±2 ℃、相对湿度 65%±5%，建议的考察时间为 12 个月，应包括所有的稳定性重点考察项目，检测至少包括初始和末次等的 4 个时间点（如 0 个月、6 个月、9 个月、12 个月）。溶液剂、混悬剂、乳剂、注射液等含有水性介质的制剂可不要求相对湿度。

对温度特别敏感的药物制剂，预计只能在冰箱（5 ℃ ±3 ℃）内保存使用，此类药物制剂的加速试验，可在温度 25 ℃ ±2 ℃、相对湿度 60%±5% 的条件下进行，时间为 6 个月。对拟冷冻贮藏的制剂，应对一批样品在 5 ℃ ±3 ℃或 25 ℃ ±2 ℃条件下放置适当的时间进行试验，以了解短期偏离标签贮藏条件（如运输或搬运时）对药物的影响。

乳剂、混悬剂、软膏剂、乳膏剂、糊剂、凝胶剂、泡腾片及泡腾颗粒宜直接采用温度 30 ℃ ±2 ℃、相对湿度 65%±5% 的条件进行试验，其他要求与上述相同。

对于包装在半透性容器的药物制剂，如低密度聚乙烯制备的输液袋、塑料安瓿、塑料瓶装滴眼剂和滴鼻剂等，则应在温度 40 ℃ ±2 ℃，相对湿度 25%±5% 的条件下（可用 $CH_3COOK \cdot 1.5H_2O$ 饱和溶液）进行试验。

3. 长期试验

长期试验是在接近药品的实际储存条件下进行，其目的是为确定药品的有效期提供依据。供试品在温度 25 ℃ ±2 ℃、相对湿度 60%±5% 的条件下放置 12 个月，或在温度 30 ℃ ±2 ℃、相对湿度 65%±5% 的条件下放置 12 个月。至于上述两种条件选择哪一种由研究者确定。每 3 个月取样一次，分别于 0 个月、3 个月、6 个月、9 个月、12 个月取样，按稳定性重点考察项目进行检测。12 个月以后，仍需继续考察的，分别于 18 个月、24 个月、36 个月取样进行检测。将结果与 0 个月比较以确定药品的有效期。由于实测数据的分散性，一般应按 95% 置信度进行统计分析，得出合理的有效期。如 3 批统计分析结果差别较小，则取其平均值为有效期限。若差别较大，则取其最短的为有效期。数据表明很稳定的药品，不进行统计分析。

对温度特别敏感的药品，长期试验可在温度 5 ℃ ±3 ℃的条件下放置 12 个月，按上述时间要求进行检测，12 个月以后，仍需按规定继续考察，确定在低温储存条件下的有效期。

对拟冷冻贮藏的制剂，长期试验可在温度 −20 ℃ ±5 ℃的条件下至少放置 12 个月，货架期应根据长期试验放置条件下实际时间的数据而定。

对于包装在半透性容器中的药物制剂，则应在温度 25 ℃ ±2 ℃、相对湿度 40%±5%，或 30 ℃ ±2 ℃、相对湿度 35%±5% 的条件进行试验，至于上述两种条件选择哪一种由研究者确定。

对于所有制剂，应充分考虑运输路线、交通工具、距离、时间、条件（温度、湿度、震动情况等）、产品包装（外包装、内包装等）、产品放置和温度监控情况（监控器的数量、位置等）等对产品质量的影响。

此外，有些药物制剂还应考察临用时配制和使用过程中的稳定性。例如，应对配制或稀释后使用、在特殊环境（如高原低压、海洋高盐雾等环境）使用的制剂开展相应的稳定性研究，同时还应对药物的配伍稳定性进行研究，为说明书 / 标签上的配制、贮藏条件和配制或稀释后的使用期限提供依据。

稳定性重点考察项目如表 8-1 所示，表中未列入的考察项目及剂型，可根据剂型及品种的特点制订。对于缓控释制剂、肠溶制剂等应考察释放度等，微粒制剂应考察粒径、包封率、泄漏率等。

表 8-1 药物制剂稳定性重点考察项目参考表

剂型	稳定性考察项目	剂型	稳定性考察项目
片剂	性状、含量、有关物质、崩解时限、溶出度或释放度	凝胶剂	性状、均匀性、含量、粒度、有关物质，乳胶剂应检查分层现象
胶囊剂	性状、含量、有关物质、崩解时限、溶出度或释放度、水分，软胶囊要检查内容物有无沉淀	眼用制剂	如为溶液，应考察性状、可见异物、含量、pH、有关物质；如为混悬液，还应考察粒度、再分散性；洗眼剂还应考察无菌；眼丸剂应考察粒度与无菌
注射剂	性状、含量、pH、可见异物、不溶性微粒、有关物质，应考察无菌	丸剂	性状、含量、溶散时限、有关物质
栓剂	性状、含量、融变时限、有关物质	糖浆剂	性状、含量、澄清度、相对密度、有关物质、pH
软膏剂	性状、均匀性、含量、粒度、有关物质	口服溶液剂	性状、含量、澄清度、有关物质
乳膏剂	性状、均匀性、含量、粒度、有关物质、分层现象	口服乳剂	性状、含量、分层现象、有关物质
糊剂	性状、均匀性、含量、粒度、有关物质	口服混悬剂	性状、含量、沉降体积比、有关物质、再分散性
气雾剂（非定量）	不同放置方位（正、倒、水平）有关物质、揿射速率、揿出总量、泄漏率	散剂	性状、含量、粒度、有关物质、外观均匀度
气雾剂（定量）	不同放置方位（正、倒、水平）有关物质、递送剂量均一性、泄漏率	颗粒剂	性状、含量、粒度、有关物质、溶化性、溶出度或释放度
喷雾剂	不同放置方位（正、倒、水平）有关物质、每喷主药含量、递送剂量均一性（混悬型和乳液型定量鼻用喷雾剂）	透皮贴剂	性状、含量、有关物质、释放度、黏附力
吸入气雾剂	不同放置方位（正、倒、水平）有关物质、微细粒子剂量、递送剂量均一性、泄漏率	冲洗剂、洗剂、灌肠剂	性状、含量、有关物质、分层现象（乳状型）、分散性（混悬剂），冲洗剂应考察无菌
吸入喷雾剂	不同放置方位（正、倒、水平）有关物质、微细粒子剂量、pH，应考察无菌	搽剂、涂剂、涂膜剂	性状、含量、有关物质、分层现象（乳状型）、分散性（混悬剂），涂膜剂还应考察成膜性
吸入粉雾剂	有关物质、微细粒子剂量、递送剂量均一性、水分	耳用制剂	性状、含量、有关物质，耳用散剂、喷雾剂与半固体制剂分别按相关剂型要求检查
吸入液体制剂	有关物质、微细粒子剂量、递送速率及递送总量、pH、含量，应考察无菌	鼻用制剂	性状、pH、含量、有关物质，鼻用散剂、喷雾剂与半固体制剂分别按相关剂型要求检查
脂质体	性状、粒径、包封率、溶血磷脂、含量等		

四、对药物稳定性的评价

对药物及其制剂稳定性的评价是指确定药品的有效期。有效期是指药品在一定储存条件下能保持质量的期限。根据稳定性试验数据，采用反应动力学方法推算产品的有效期，其结果只是预测值，并不代表产品实际的有效期。药品的有效期应综合加速试验和长期试验的结果，进行适当的统计分析得到，最终有效期一般以长期试验的结果来确定。

药品在注册阶段进行的稳定性研究，一般并不能完全代表实际生产产品的稳定性，具有一定的局限性，在药品获准生产上市后应采用实际生产规模的药品继续进行长期试验，必要时还应进行加速试验和影响因素试验。根据继续进行的稳定性研究的结果，对包装、储存条件和有效期进行进一步的确认。药品在获得上市批准后，可能会因各种原因而申请对制备工艺、处方组成、规格、包装材料等进行变更，一般应进行相应的稳定性研究，以考察变更后药品的稳定性趋势，并与变更前的稳定性研究资料进行对比，以评价变更的合理性。

第六节　药理学与毒理学研究

新制剂产品的药理学与毒理学研究主要包括药理学、毒理学与药物动力学等临床前研究。在此过程中，每一项研究方法的科学性和研究结果的正确性不仅与所研究的药物制剂的开发成败有关，更关系到用药者的疗效和安全。要获得科学的结论，必须有科学的评价方法、科学的实验设计、正确的统计学方法、科学的管理手段。《药物非临床安全性研究质量管理规范》（GLP）和《药品临床试验管理规范》（GCP）的实施提高了新药的安全性和有效性评价的质量。

一、药理学研究

新药的药理研究包括主要药效学研究和一般药理学研究。由于药物作用类型和作用机制的不同，需要运用不同的药理方法和实验模型去研究。

1. 主要药效学研究

主要药效学研究的目的是根据受试药物的特点选择与治疗作用有关的药理模型，证明所研制药物的有效性和药效特点。通过药效学实验，初步证实新药是否有效，药效的强度、范围、特点，与同类药或原剂型药比较，了解新药的优点、特色、有无实用价值及发展前景，可否进行临床研究。因此，实验应根据新药的不同药理作用，按该类型药物评价药效的研究方法和判断标准进行。药效作用应当用体内、体外两种以上实验模型获得证明，其中一种必须是整体的正常动物或动物病理模型；观察指标应明确、客观、可定量；各项实验均应有空白对照和已知药物对照；剂量设计应能反映量效关系，至少有三种以上剂量；给药途径应与临床用药途径一致；药理实验结果需经正确的统计学处理。

2. 一般药理研究

一般药理学研究是指对主要药效学作用以外进行的广泛的药理学研究，包括安全药理学和次要药效学。一般药理学主要是研究药物在治疗范围内或治疗范围以外的剂量时，潜在的不期望出现的对生理功能的不良影响，观察受试药物对中枢神经系统、心血管系统、呼吸系统和其他系统的影响。一般药理学研究的目的包括以下几个方面：确定药物可能关系到安全性的非期望药理作用，评价药物不良反应；用产生主要药效作用的剂量，观察给药后的活动情况和行为变化；观察对心率、心电图、血压等的影响；测试对呼吸频率和深度的影响。

二、毒理学研究

药物毒理学是一门研究外源因素（化学、物理、生物因素）对生物系统的有害作用的应用学科。主要研究化学物质对生物体的毒性反应、严重程度、发生频率和毒性作用机制，并对毒性作用进行定性和定量评价。安全、有效和质量可控是对药品的基本要求，也是药品审评的主要内容。新药进入临床试验之前，必须提供毒理学研究资料。经对其毒性、疗效等全面衡量，申报批准后才能进入临床试验，以排除不安全药物进入临床试验。通过系统的毒理学研究，发现其毒性作用的性质和规律。了解新药在大剂量或长期使用后是否会对机体产生毒性、会产生什么样的毒性、毒性反应的靶器官、毒性反应的可逆性如何等。通过毒理学研究估算新药的安全剂量范围，为临床确定治疗剂量提供依据。临床前毒理学研究是新药评价的核心内容之一，是审评新药能否进入临床试验的重要依据之一。新药毒理学研究应符合《药品非临床安全性研究质量管理规范》要求。GLP 规定了进行新药评价的实验室必须具备的基本条件，必须制定相应的标准操作规程，实验人员必须严格按照 SOP 进行药物安全性评价研究以确保新药安全性评价研究的质量。我国的新药审批办法对各类新药临床前安全性研究提出了系统的技术要求，并制定了配套的指导原则。

任何药物在剂量足够大或疗程足够长时，都不可避免地具有毒性作用。因此，可通过临床前动物实验，获得初步的药物毒性信息，预测用于临床的安全性。其研究方法大致可分为以下两种。

（1）体内实验法

通常在整体动物进行，使实验动物在一定时间内，按人体实际接触方式接触一定剂量的受试外来化合物，然后观察动物可能出现的形态或功能变化。实验多采用哺乳动物，例如大鼠、小鼠、豚鼠和家兔等。通常检测外来化合物一般毒性，例如急性毒性试验、亚慢性毒性试验和慢性毒性试验等。

（2）体外实验法

大多利用游离器官、原代培养细胞、细胞系和细胞器等进行。利用器官灌流技术可对肝脏、肾脏、肺和脑等进行灌流，借此可使离体脏器在一定时间内保持生活状态，与受试外来化合物接触，观察脏器出现的形态和功能变化，同时还可观察受试物在脏器中的代谢情况。游离细胞和细胞器多用于外来化合物对机体各种损害作用的初步筛检、作用机理和代谢转化过程的深入研究，有许多优点。

毒理学研究包括急性毒性试验、长期毒性试验、局部用药的毒性试验和特殊毒性试验。

1. 急性毒性试验

急性毒性试验包括半数致死量（LD_{50}）测定和最大耐受量测定。试验目的是测出引起急性中毒致死的大致剂量和中毒过程中出现的症状。急性毒性试验是在 24 h 内给药 1 次或 2 次（间隔 6.8 h），观察动物接受过量的受试药物所产生的急性中毒反应，为多次反复给药的毒性试验设计剂量、分析毒性作用的主要靶器官、分析人体过量时可能出现的毒性反应、为 I 期临床的剂量选择和观察指标的设计提供参考信息等，是新药安全性评价依据之一。

2. 长期毒性试验

长期毒性试验是观察动物因连续用药而产生的毒性反应和严重程度，以及停药后的发展和恢复情况。分别用两种动物，分高、低剂量组和对照组，试验连续给药期一般是临床用药期的 3 倍。观察反复给予受试药物后动物对机体产生的毒性反应及其严重程度，主要的毒性靶器官及其损害的可逆性，提供无毒性反应剂量及临床上主要的监测指标，为制定人用剂量提供参考。

3. 局部用药的毒性试验

局部用药制剂需进行局部用药毒性研究，如皮肤急性毒性、长期毒性、刺激性、过敏试验；眼刺激试验；滴鼻剂、吸入剂及直肠与阴道制剂的急性毒性、刺激性试验。血管内给药注射剂还需进行过敏性、溶血性、血管刺激性等试验。

4. 特殊毒性试验

特殊毒性试验有致突变试验、致癌试验、生殖毒性试验。

因此，新药临床前毒理学研究的目的在于通过动物实验确立的药物毒性信息，达到预测人类临床用药的可能性，以制定防治措施，同时推算临床研究的安全参考剂量和安全范围（定量）的目的。

三、药物动力学研究

新药在临床前进行药物动力学研究，其目的在于了解新药在动物体内动态变化的规律及特点，阐明药物吸收、分布、代谢和排泄的过程和特点，给临床合理用药提供参考。研究内容包括药物的吸收、分布、代谢、排泄和蛋白结合率等。根据动物实验数据，求算药代动力学参数，为在动物中进行药理学和毒理学研究以及为临床合理用药的安全性和有效性研究提供依据。

第七节 临床研究

临床试验（clinical trial）是指在患者或者健康志愿者体内进行药品的系统性研究，以证实或揭示药品的作用、不良反应或药品的吸收、分布、代谢和排泄，目的是确定药品的疗效与安全性。新药的临床研究包括临床试验和生物等效性试验。研制单位和临床研究单位进行新药临床研究，均须符合国家药品监督管理局《药品临床试验管理规范》（GCP）的有关规定。临床试验方案依据“重复、对照、随机、均衡”的原则制定。

一、新药临床试验

新药的临床试验分为Ⅰ、Ⅱ、Ⅲ、Ⅳ期。

Ⅰ期临床试验是初步的临床药理学及人体安全性评价试验，是在大量实验室研究、试管实验与动物实验基础上，将新药品开始用于人类的试验。Ⅰ期临床试验的目的在于了解剂量反应与毒性，进行初步的安全性评价，研究人体对新药的耐受性及药代动力学，以提供初步的给药方案。受试对象一般为健康志愿者，在特殊情况下也选择患者作为受试对象。方法为开放、基线对照、随机和盲法。一般受试例数为 20 ～ 30 例。

Ⅱ期临床试验主要对新药的有效性、安全性进行初步评价，推荐临床给药剂量。一般采用严格的随机双盲对照试验，以平行对照为主。通常应该与标准疗法进行比较，也可以使用安慰剂。我国现行法规规定，试验组和对照组的例数都不得低于 100 例。需注意诊断标准、疗效标准的科学性、权威性和统一性。要根据试验目的选择恰当的观测指标，包括诊断指标、疗效指标、安全性指标。选择指标时，应注意其客观性、可靠性、灵敏度、特异性、相关性和可操作性。参照临床前试验和Ⅰ期临床试验的实际情况制定药物的剂量研究方案。应有符合伦理学要求的中止试验的标准和个别受试对象退出试验的标准。对不良事件、不良反应的观测、判断和及时处理都应作出具体规定。应有严格的观测、记录及数据管理制度。试验结束后，对数据进行统计分析，由有关人员对药物的安全性、有效性、使用剂量等作出初步评价和结论。

Ⅲ期临床试验为扩大的多中心随机对照临床试验，旨在进一步验证和评价药品的有效性和安全性。根据Ⅱ期临床试验结果，对原设计方案进行适当调整，以准确反映试验结果的疗效和不良反应，从而更好地评价临床应用价值。试验一般应为具有足够样本量的随机盲法对照试验。Ⅲ期临床试验的试验组例数一般不低于300例，对照组与治疗组的比例不低于1 ：3，具体例数应符合统计学要求。可根据本期试验的目的调整选择受试者的标准，适当扩大特殊受试人群，进一步考察不同对象所需剂量及其依从性。

Ⅳ期临床试验是在新药上市后的实际应用过程中加强监测，在更广泛、更长期的实际应用中继续考察疗效及不良反应。可采用多形式的临床应用和研究。新药上市前试验的病例数较少，考察时间不长，因此要求上市后进行进一步的观察与评价，特别是对适应证较多又有潜在不良反应的新药，在试生产期间更应按新药审批要求进行补充。Ⅳ期临床试验一般可不设对照组，但应在多家医院进行，观察例数通常不少于2000例。本期试验应注意考察不良反应、禁忌证、长期疗效和使用时的注意事项，以便及时发现可能有的远期副作用，并评估远期疗效。此外，还应进一步考察对患者的经济与生活质量的影响。

二、生物等效性试验

生物等效性（bioequivalence，BE）研究是指在相似的试验条件下单次或多次服用相同剂量的药物后，以药代动力学参数为终点评价指标比较受试制剂与参比制剂的吸收速度和吸收程度差异是否在可接受范围内的研究，可用于化学药物仿制药的上市申请，也可用于已上市药物的变更（如新增规格、新增剂型、新的给药途径）申请。生物等效性试验是保证含有同一种药物的不同制剂质量一致性的主要依据。主要研究方法包括药代动力学研究、药效动力学研究、临床研究和体外对照。平均生物等效性方法只比较药代动力学参数的平均水平，未考虑个体内变异及个体与制剂的交互作用引起的变异。在某些情况下，可能需要考虑其他分析方法。例如气雾剂的体外BE研究可采用群体生物等效性（population bioequivalence，PBE）方法，以评价制剂间药代动力学参数的平均水平及个体内变异是否等效。

生物等效性评价是对求得的生物利用度参数进行统计学分析，评价参数通常选用AUC、C_{max}、t_{max}。

第八节　药品注册分类及资料申报

新药按照审批管理要求进行分类，具体分类如下所示。

一、化学药品注册分类及申报资料要求

1. 化学药品注册分类

化学药品注册分类分为创新药、改良型新药、仿制药、境外已上市境内未上市化学药品，分为以下5个类别：

1类：境内外均未上市的创新药。指含有新的结构明确的、具有药理作用的化合物，且具有临床价值的药品。

2类：境内外均未上市的改良型新药。指在已知活性成分的基础上，对其结构、剂型、处方工艺、给药途径、适应证等进行优化，且具有明显临床优势的药品。

2.1 含有用拆分或者合成等方法制得的已知活性成分的光学异构体，或者对已知活性成分成酯，或者对已知活性成分成盐（包括含有氢键或配位键的盐），或者改变已知盐类活性成分的酸根、碱基或金属元素，或者形成其他非共价键衍生物（如络合物、螯合物或包合物），且具有明显临床优势的药品。

2.2 含有已知活性成分的新剂型（包括新的给药系统）、新处方工艺、新给药途径，且具有明显临床优势的药品。

2.3 含有已知活性成分的新复方制剂，且具有明显临床优势。

2.4 含有已知活性成分的新适应证的药品。

3 类：境内申请人仿制境外上市但境内未上市原研药品的药品。该类药品应与参比制剂的质量和疗效一致。

4 类：境内申请人仿制已在境内上市原研药品的药品。该类药品应与参比制剂的质量和疗效一致。

5 类：境外上市的药品申请在境内上市。

5.1 境外上市的原研药品和改良型药品申请在境内上市。改良型药品应具有明显临床优势。

5.2 境外上市的仿制药申请在境内上市。

原研药品是指境内外首个获准上市，且具有完整和充分的安全性、有效性数据作为上市依据的药品。

参比制剂是指经国家药品监管部门评估确认的仿制药研制使用的对照药品。参比制剂的遴选与公布按照国家药品监管部门相关规定执行。

2. 申报资料要求

① 申请人提出药物临床试验、药品上市注册及化学原料药申请，应按照国家药品监管部门公布的相关技术指导原则的有关要求开展研究，并按照现行版《M4：人用药物注册申请通用技术文档（CTD）》（以下简称 CTD）格式编号及项目顺序整理并提交申报资料。不适用的项目可合理缺项，但应标明不适用并说明理由。

② 申请人在完成临床试验提出药品上市注册申请时，应在 CTD 基础上提交电子临床试验数据库。数据库格式以及相关文件等具体要求见临床试验数据递交相关指导原则。

③ 国家药监局药审中心将根据药品审评工作需要，结合 ICH 技术指导原则修订情况，及时更新 CTD 文件并在中心网站发布。

二、中药注册分类及申报资料要求

1. 中药注册分类

中药是指在我国中医药理论指导下使用的药用物质及其制剂。

1 类：中药创新药。指处方未在国家药品标准、药品注册标准及国家中医药主管部门发布的《古代经典名方目录》中收载，具有临床价值，且未在境外上市的中药新处方制剂。一般包含以下情形：

① 中药复方制剂，系指由多味饮片、提取物等在中医药理论指导下组方而成的制剂。

② 从单一植物、动物、矿物等物质中提取得到的提取物及其制剂。

③ 新药材及其制剂，即未被国家药品标准、药品注册标准以及省、自治区、直辖市药材标准收载的药材及其制剂，以及具有上述标准药材的原动、植物新的药用部位及其制剂。

2 类：中药改良型新药。指改变已上市中药的给药途径、剂型，且具有临床应用优势和特点，或增加功能主治等的制剂。一般包含以下情形：

① 改变已上市中药给药途径的制剂，即不同给药途径或不同吸收部位之间相互改变的制剂。

② 改变已上市中药剂型的制剂，即在给药途径不变的情况下改变剂型的制剂。

③ 中药增加功能主治。

④ 已上市中药生产工艺或辅料等改变引起药用物质基础或药物吸收、利用明显改变的。

3 类：古代经典名方中药复方制剂。古代经典名方是指符合《中华人民共和国中医药法》规定的，至今仍广泛应用、疗效确切、具有明显特色与优势的古代中医典籍所记载的方剂。古代经典名方中药复方制剂是指来源于古代经典名方的中药复方制剂。包含以下情形：

① 按古代经典名方目录管理的中药复方制剂。

② 其他来源于古代经典名方的中药复方制剂。包括未按古代经典名方目录管理的古代经典名方中药复方制剂和基于古代经典名方加减化裁的中药复方制剂。

4类：同名同方药。指通用名称、处方、剂型、功能主治、用法及日用饮片量与已上市中药相同，且在安全性、有效性、质量可控性方面不低于该已上市中药的制剂。

天然药物是指在现代医药理论指导下使用的天然药用物质及其制剂。天然药物参照中药注册分类。

其他情形，主要指境外已上市境内未上市的中药、天然药物制剂。

2. 申报资料要求

本申报资料项目及要求适用于中药创新药、改良型新药、古代经典名方中药复方制剂以及同名同方药。申请人需要基于不同注册分类、不同申报阶段以及中药注册受理审查指南的要求提供相应资料。申报资料应按照项目编号提供，对应项目无相关信息或研究资料，项目编号和名称也应保留，可在项下注明“无相关研究内容”或“不适用”。如果申请人要求减免资料，应当充分说明理由。申报资料的撰写还应参考相关法规、技术要求及技术指导原则的相关规定。境外生产药品提供的境外药品管理机构证明文件及全部技术资料应当是中文翻译文本并附原文。

天然药物制剂申报资料项目按照本文件要求，技术要求按照天然药物研究技术要求。天然药物的用途以适应证表述。

境外已上市境内未上市的中药、天然药物制剂参照中药创新药提供相关研究资料。

中药注册申报资料主要包括以下五个部分：行政文件和药品信息、概要、药学研究资料、药理毒理研究资料、临床研究资料。

（1）行政管理文件和药品信息

1.0 说明函（详见附：说明函）

1.1 目录

1.2 申请表

1.3 产品信息相关材料

1.3.1 说明书；1.3.2 包装标签；1.3.3 产品质量标准和生产工艺；1.3.4 古代经典名方关键信息；1.3.5 药品通用名称核准申请材料；1.3.6 检查相关信息（适用于上市许可申请）；1.3.7 产品相关证明性文件；1.3.8 其他产品信息相关材料。

1.4 申请状态（如适用）

1.4.1 既往批准情况；1.4.2 申请调整临床试验方案、暂停或者终止临床试验；1.4.3 暂停后申请恢复临床试验；1.4.4 终止后重新申请临床试验；1.4.5 申请撤回尚未批准的药物临床试验申请、上市注册许可申请；1.4.6 申请上市注册审评期间变更仅包括申请人更名、变更注册地址名称等不涉及技术审评内容的变更；1.4.7 申请注销药品注册证书。

1.5 加快审评审批通道申请（如适用）

1.5.1 加快上市注册程序申请；1.5.2 加快上市注册程序终止申请；1.5.3 其他加快注册程序申请。

1.6 沟通交流会议（如适用）

1.6.1 会议申请；1.6.2 会议背景资料；1.6.3 会议相关信函、会议纪要以及答复。

1.7 临床试验过程管理信息（如适用）

1.7.1 临床试验期间增加功能主治；1.7.2 临床试验方案变更、非临床或者药学的变化或者新发现等可能增加受试者安全性风险的；1.7.3 要求申办者调整临床试验方案、暂停或终止药物临床试验。

1.8 药物警戒与风险管理（如适用）

1.9 上市后研究（如适用）

包括Ⅳ期和有特定研究目的的研究等。

1.10 申请人/生产企业证明性文件

1.10.1 境内生产药品申请人/生产企业资质证明文件；1.10.2 境外生产药品申请人/生产企业资质证

明文件；1.10.3 注册代理机构证明文件。

1.11 小微企业证明文件（如适用）

（2）概要

2.1 品种概况

2.2 药学研究资料总结报告

2.2.1 药学主要研究结果总结：临床试验期间补充完善的药学研究（适用于上市许可申请）；处方药味及药材资源评估；饮片炮制；生产工艺；质量标准；稳定性研究。2.2.2 药学研究结果分析与评价。2.2.3 参考文献。

2.3 药理毒理研究资料总结报告

2.3.1 药理毒理试验策略概述；2.3.2 药理学研究总结；2.3.3 药代动力学研究总结；2.3.4 毒理学研究总结；2.3.5 综合分析与评价；2.3.6 参考文献。

2.4 临床研究资料总结报告

2.4.1 中医药理论或研究背景；2.4.2 人用经验；2.4.3 临床试验资料综述；2.4.4 临床价值评估；2.4.5 参考文献。

2.5 综合分析与评价

（3）药学研究资料

3.1 处方药味及药材资源评估

3.1.1 处方药味；3.1.2 药材资源评估；3.1.3 参考文献。

3.2 饮片炮制

3.2.1 饮片炮制方法；3.2.2 参考文献。

3.3 制备工艺

3.3.1 处方；3.3.2 制法；3.3.3 剂型及原辅料情况；3.3.4 制备工艺研究资料；3.3.5 中试和生产工艺验证；3.3.6 试验用样品制备情况；3.3.7“生产工艺”资料（适用于上市许可申请）；3.3.8 参考文献。

3.4 制剂质量与质量标准研究

3.4.1 化学成分研究；3.4.2 质量研究；3.4.3 质量标准；3.4.4 样品检验报告；3.4.5 参考文献。

3.5 稳定性

3.5.1 稳定性总结；3.5.2 稳定性研究数据；3.5.3 直接接触药品的包装材料和容器的选择；3.5.4 上市后的稳定性研究方案及承诺（适用于上市许可申请）；3.5.5 参考文献。

（4）药理毒理研究资料

4.1 药理学研究资料

4.1.1 主要药效学；4.1.2 次要药效学；4.1.3 安全药理学；4.1.4 药效学药物相互作用。

4.2 药代动力学研究资料

4.2.1 分析方法及验证报告；4.2.2 吸收；4.2.3 分布（血浆蛋白结合率、组织分布等）；4.2.4 代谢（体外代谢、体内代谢、可能的代谢途径、药物代谢酶的诱导或抑制等）；4.2.5 排泄；4.2.6 药代动力学药物相互作用（非临床）；4.2.7 其他药代试验。

4.3 毒理学研究资料

4.3.1 单次给药毒性试验；4.3.2 重复给药毒性试验；4.3.3 遗传毒性试验；4.3.4 致癌性试验；4.3.5 生殖毒性试验；4.3.6 制剂安全性试验（刺激性、溶血性、过敏性试验等）；4.3.7 其他毒性试验。

（5）临床研究资料

5.1 中药创新药

5.1.1 处方组成符合中医药理论、具有人用经验的创新药；5.1.2 其他来源的创新药。

5.2 中药改良型新药

5.2.1 研究背景；5.2.2 临床试验；5.2.3 临床价值评估。

5.3 古代经典名方中药复方制剂

5.3.1 按古代经典名方目录管理的中药复方制剂；5.3.2 其他来源于古代经典名方的中药复方制剂。

5.4 同名同方药

5.4.1 研究背景；5.4.2 临床试验。

5.5 临床试验期间的变更（如适用）

三、治疗用生物制品注册分类及申报资料要求

1. 治疗用生物制品注册分类

1 类：创新型生物制品。境内外均未上市的治疗用生物制品。

2 类：改良型生物制品。对境内或境外已上市制品进行改良，使新产品的安全性、有效性、质量可控性有改进，且具有明显优势的治疗用生物制品。

2.1 在已上市制品基础上，对其剂型、给药途径等进行优化，且具有明显临床优势的生物制品。

2.2 增加境内外均未获批的新适应证和 / 或改变用药人群。

2.3 已有同类制品上市的生物制品组成新的复方制品。

2.4 在已上市制品基础上，具有重大技术改进的生物制品，如重组技术替代生物组织提取技术；较已上市制品改变氨基酸位点或表达系统、宿主细胞后具有明显临床优势等。

3 类：境内或境外已上市生物制品。

3.1 境外生产的境外已上市、境内未上市的生物制品申报上市。

3.2 境外已上市、境内未上市的生物制品申报在境内生产上市。

3.3 生物类似药。

3.4 其他生物制品。

2. 治疗用生物制品申报资料要求

① 对于治疗用生物制品临床试验申请及上市注册申请，申请人应当按照《M4：人用药物注册申请通用技术文档（CTD）》（以下简称 CTD）撰写申报资料。

② 申报资料具体内容除应符合 CTD 格式要求外，还应符合不断更新的相关法规及技术指导原则的要求。根据药品的研发规律，在申报的不同阶段，药学研究，包括工艺和质控是逐步递进和完善的过程。不同生物制品也各有其药学特点。如果申请人认为不必提交申报资料要求的某项或某些研究，应标明不适用，并提出充分依据。

③ 对于生物类似药，质量相似性评价部分的内容可在“3.2.R.6 其他文件”中提交。

④ 对于抗体药物偶联物或修饰类制品，小分子药物药学研究资料可按照 CTD 格式和内容的要求单独提交整套研究资料，也可在“3.2.S.2.3 物料控制”中提交所有的药学研究资料。

⑤ 对于复方制品或多组分产品，可每个组分分别提交一个完整的原液和 / 或制剂章节。

⑥ 对于细胞和基因治疗产品，可根据产品特点，在原液和 / 或制剂相应部分提交药学研究资料，对于不适用的项目，可注明“不适用”。例如，关键原材料中的质粒和病毒载体的药学研究资料，可参照 CTD 格式和内容的要求在“3.2.S.2.3 物料控制”部分提交完整的药学研究资料。

⑦ 申请人在完成临床试验提出药品上市注册申请时，应在 CTD 基础上以光盘形式提交临床试验数据库。数据库格式及相关文件等具体要求见临床试验数据递交相关指导原则。

⑧ 按规定免做临床试验的肌内注射的普通或者特异性人免疫球蛋白、人血白蛋白等，可以直接提出上市申请。

⑨ 生物制品类体内诊断试剂按照 CTD 撰写申报资料。

四、预防用生物制品注册分类及申报资料要求

1. 预防用生物制品注册分类

1 类：创新型疫苗。境内外均未上市的疫苗。

1.1 无有效预防手段疾病的疫苗。

1.2 在已上市疫苗基础上开发的新抗原形式，如新基因重组疫苗、新核酸疫苗、已上市多糖疫苗基础上制备的新的结合疫苗等。

1.3 含新佐剂或新佐剂系统的疫苗。

1.4 含新抗原或新抗原形式的多联 / 多价疫苗。

2 类：改良型疫苗。对境内或境外已上市疫苗产品进行改良，使新产品的安全性、有效性、质量可控性有改进，且具有明显优势的疫苗，包括：

2.1 在境内或境外已上市产品基础上改变抗原谱或型别，且具有明显临床优势的疫苗。

2.2 具有重大技术改进的疫苗，包括对疫苗菌毒种 / 细胞基质 / 生产工艺 / 剂型等的改进（如更换为其他表达体系或细胞基质的疫苗；更换菌毒株或对已上市菌毒株进行改造；对已上市细胞基质或目的基因进行改造；非纯化疫苗改进为纯化疫苗；全细胞疫苗改进为组分疫苗等）。

2.3 已有同类产品上市的疫苗组成的新的多联 / 多价疫苗。

2.4 改变给药途径，且具有明显临床优势的疫苗。

2.5 改变免疫剂量或免疫程序，且新免疫剂量或免疫程序具有明显临床优势的疫苗。

2.6 改变适用人群的疫苗。

3 类：境内或境外已上市的疫苗。

3.1 境外生产的境外已上市、境内未上市的疫苗申报上市。

3.2 境外已上市、境内未上市的疫苗申报在境内生产上市。

3.3 境内已上市疫苗。

2. 预防用生物制品申报资料要求

对疫苗临床试验申请及上市注册申请，申请人应当按照《M4：人用药物注册申请通用技术文档（CTD）》（以下简称 CTD）撰写申报资料。

申报资料具体内容除应符合 CTD 格式要求外，还应符合不断更新的相关法规及技术指导原则的要求。根据药品的研发规律，在申报的不同阶段，药学研究，包括工艺和质控是逐步递进和完善的过程。不同生物制品也各有其药学特点。如果申请人认为不必提交申报资料要求的某项或某些研究，应标明不适用，并提出充分依据。

ICH M4 中对生物制品的要求主要针对基因工程重组产品，根据疫苗研究的特点，还需要考虑：

药学方面：

① 不同种类疫苗药学资料的考虑：在 ICH M4 基本框架的基础上，应根据疫苗特点提交生产用毒种、工艺开发、工艺描述、质量特性研究等资料。

② 种子批及细胞基质的考虑：对于涉及病毒毒种的疫苗申报资料，应在 3.2.S.2.3 部分提交生产用毒种资料。在 3.2.S.2.3 提供生产用毒种种子批和生产用细胞基质种子批中检院复核检定报告。

③ 佐剂：佐剂相关研究资料提交至以下两个部分：在 3.2.P 提交佐剂的概述；在 3.2.A.3 提交完整的药学研究信息，包括原材料、工艺、质量属性、检测方法、稳定性等。

④ 外源因子安全性评价：应按照相关技术指南进行外源因子安全性系统分析。整体上，传统疫苗参照疫苗相关要求，重组疫苗可参照重组治疗用生物制品相关要求。

目标病毒灭活验证资料在 3.2.S.2.5 工艺验证部分提交。

非目标病毒的去除 / 灭活验证研究在 3.2.A.2 外源因子安全性评价部分提交。

⑤ 多联 / 多价疫苗：对于多价疫苗，根据各型组分生产工艺和质量控制的差异情况考虑申报资料的组织方式，如果较为相似，可在同一 3.2.S 章节中描述，如果差异较大，可分别提交单独的 3.2.S 章节。当产品含有多种组分时（例如联合疫苗，或附带稀释剂），可每个组分分别提供一个完整的原液和 / 或制剂章节。

非临床研究方面：

① 佐剂：对于佐剂，如有药代、毒理学研究，按照 ICH M4 基本框架在相应部分提交；使用佐剂类型、添加佐剂必要性及佐剂 / 抗原配比合理性、佐剂机制等研究内容在 4.2.1.1 主要药效学部分提交。

② 多联 / 多价疫苗：多联 / 多价疫苗抗原配比合理性、多价疫苗抗体交叉保护活性研究内容在 4.2.1.1 主要药效学部分提交。

③ 其他：除常规安全性研究外，其他安全性研究可在 4.2.3.7 其他毒性研究部分提交。

临床试验方面：

"试验用药物检验报告书及试验用药物试制记录（包括安慰剂）"应归入"E3：9.4.2 研究性产品的标识"，具体资料在"16. 附录"的"16.1.6 如使用 1 批以上药物，接受特定批次试验药品 / 研究性产品的患者列表"中提交。

申请人在完成临床试验提出药品上市注册申请时，应在 CTD 基础上以光盘形式提交临床试验数据库。数据库格式及相关文件等具体要求见临床试验数据递交相关指导原则。

境外申请人申请在境内开展未成年人用疫苗临床试验的，应至少取得境外含目标人群的Ⅰ期临床试验数据。为应对重大突发公共卫生事件急需的疫苗或者国务院卫生健康主管部门认定急需的疫苗除外。

五、《M4：人用药物注册申请通用技术文档（CTD）》

自 2018 年 2 月 1 日起，化学药品注册分类 1 类、5.1 类以及治疗用生物制品 1 类和预防用生物制品 1 类注册申请适用《M4：人用药物注册申请通用技术文档（CTD）》。《M4：人用药物注册申请通用技术文档（CTD）》包括《M4（R4）：人用药物注册申请通用技术文档的组织》《人用药物注册通用技术文档：行政管理信息》《M4Q（R1）：人用药物注册通用技术文档：药学部分》《M4S（R2）：人用药物注册通用技术文档：安全性部分》和《M4E（R2）：人用药物注册通用技术文档：有效性部分》。

1. M4（R4）指导原则

本指导原则主要适用于新药（包括生物制品）的注册申请过程中需要提交资料的组织架构信息。本指导原则并非说明需要开展哪些研究，而仅说明对所获得的数据进行呈现的适当格式。申请人不能修改本指导原则所述的通用技术文档的总体组织结构。但是在非临床和临床总结中，为了使技术信息获得最佳的呈现，以便有助于对结果的理解和评估，如需要，申请人可根据情况修改个别文件格式。

通用技术文档可以按五个模块进行组织。模块 1 为区域性要求，模块 2 ～ 5 则统一。遵守本指导原则应该能够确保这四个模块的格式都能为各监管机构所接受。图 8-3 为 ICH CTD 通用技术文档的组织图示说明。

（1）模块 1. 行政文件和药品信息

1.0 说明函（详见附：说明函）

1.1 目录

1.2 申请表

1.3 产品信息相关材料

1.3.1 说明书；1.3.2 包装标签；1.3.3 产品质量标准和生产工艺 / 制造和检定规程；1.3.4 临床试验相关资料（适用于临床试验申请）；1.3.5 产品相关证明性文件。

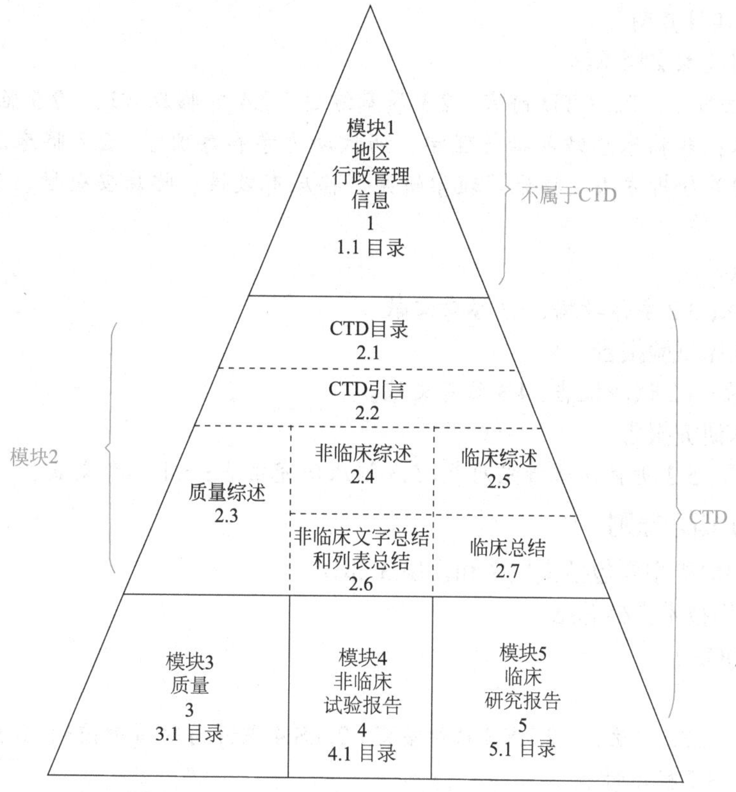

图8-3 ICH CTD通用技术文档的组织图示说明

1.4 申请状态（如适用）

1.4.1 既往批准情况；1.4.2 申请撤回药物临床试验申请；1.4.3 申请重新恢复临床试验；1.4.4 申请撤回尚未批准的上市许可申请、仿制药申请、或补充申请（如有，可提供相关证明文件）；1.4.5 申请撤回上市药物；1.4.6 申请撤回批准的申请或注销上市许可批准证明文件。

1.5 加快审评审批通道申请（如适用）

1.5.1 加快审评审批通道认定申请；1.5.2 加快审评审批通道认定撤回申请；1.5.3 其他加快审评审批通道认定申请。

1.6 沟通交流会议（如适用）

1.6.1 会议申请；1.6.2 会议背景资料；1.6.3 会议相关信函、会议纪要。

1.7 临床试验过程管理信息（如适用）

1.7.1 临床试验期间增加新适应证临床试验；1.7.2 变更临床试验方案、重大药学变更、非临床研究重要安全性发现等可能增加受试者安全性风险的。

1.8 风险管理（如适用）

1.8.1 临床试验期间的风险管理；1.8.2 风险管理计划（RMP）。

1.9 上市后研究（如适用）

包括Ⅳ期和有特定研究目的的研究等。

1.10 上市后变更（如适用）

1.10.1 上市后药学变更；1.10.2 上市后说明书信息变更（除适应证、用法用量及给药途径变更外）；1.10.3 上市许可持有人变更；1.10.4 上市后其他变更。

1.11 申请人 / 上市许可持有人证明性文件

1.11.1 申请人资质证明文件；1.11.2 上市许可持有人证明文件（如适用）；1.11.2.1 资质证明文件；1.11.2.2 药品质量安全责任承担能力相关文件。

1.12 小微企业证明文件（如适用）

1.13 申报资料真实性声明

（2）模块 2. 通用技术文档总结

2.1 通用技术文档目录。2.2 CTD 前言。2.3 质量综述。2.4 非临床综述。2.5 临床综述。2.6 非临床文字总结和列表总结：非临床总结包括药理学、药代动力学和毒理学。2.7 临床总结：临床总结包括生物药剂学研究及相关分析方法、临床药理学研究、临床有效性、临床安全性、参考文献和单项研究摘要。

（3）模块 3. 质量

3.1 模块 3 的目录；3.2 主体数据；3.3 参考文献。

（4）模块 4. 非临床试验报告

4.1 模块 4 的目录；4.2 试验报告；4.3 参考文献。

（5）模块 5. 临床研究报告

5.1 模块 5 的目录；5.2 所有临床研究列表；5.3 临床研究报告；5.4 参考文献。

2. M4Q（R1）指导原则

M4Q（R1）指导原则主要包括模块 2 和模块 3 部分。

（1）模块 2：通用技术文档总结

2.3 质量综述（QOS）

2.3.S 原料药

2.3.S.1 基本信息；2.3.S.2 生产；2.3.S.3 特性鉴定；2.3.S.4 原料药的质量控制；2.3.S.5 对照品 / 标准品；2.3.S.6 包装系统；2.3.S.7 稳定性。

2.3.P 制剂

2.3.P.1 剂型及产品组成；2.3.P.2 产品开发；2.3.P.3 生产；2.3.P.4 辅料的控制；2.3.P.5 制剂的质量控制；2.3.P.6 对照品 / 标准品；2.3.P.7 包装系统；2.3.P.8 稳定性。

2.3.A 附录

2.3.A.1 设施和设备；2.3.A.2 外源因子的安全性评价；2.3.A.3 辅料

2.3.R 区域性信息

（2）模块 3：质量

3.1 模块 3 的目录

3.2 主体数据

3.2.S 原料药

3.2.S.1 基本信息：3.2.S.1.1 药品名称；3.2.S.1.2 结构；3.2.S.1.3 基本性质。

3.2.S.2 生产：3.2.S.2.1 生产商；3.2.S.2.2 生产工艺和工艺控制；3.2.S.2.3 物料控制；3.2.S.2.4 关键步骤和中间体的控制；3.2.S.2.5 工艺验证和 / 或评价；3.2.S.2.6 生产工艺的开发。

3.2.S.3 特性鉴定：3.2.S.3.1 结构和理化性质；3.2.S.3.2 杂质。

3.2.S.4 原料药的质量控制：3.2.S.4.1 质量标准；3.2.S.4.2 分析方法；3.2.S.4.3 分析方法的验证；3.2.S.4.4 批分析；3.2.S.4.5 质量标准制定依据。

3.2.S.5 对照品 / 标准品。

3.2.S.6 包装系统。

3.2.S.7 稳定性：3.2.S.7.1 稳定性总结和结论；3.2.S.7.2 批准后稳定性研究方案和承诺；3.2.S.7.3 稳定性数据。

3.2.P 制剂

3.2.P.1 剂型及产品组成。

3.2.P.2 产品开发：3.2.P.2.1 处方组成（3.2.P.2.1.1 原料药；3.2.P.2.1.2 辅料）；3.2.P.2.2 制剂（3.2.P.2.2.1 处方开发过程；3.2.P.2.2.2 过量投料；3.2.P.2.2.3 制剂相关特性）；3.2.P.2.3 生产工艺的开发；3.2.P.2.4 包装

系统；3.2.P.2.5 微生物属性；3.2.P.2.6 相容性。

3.2.P.3 生产：3.2.P.3.1 生产商；3.2.P.3.2 批处方；3.2.P.3.3 生产工艺和工艺控制；3.2.P.3.4 关键步骤和中间体的控制；3.2.P.3.5 工艺验证和/或评价。

3.2.P.4 辅料的控制：3.2.P.4.1 质量标准；3.2.P.4.2 分析方法；3.2.P.4.3 分析方法的验证；3.2.P.4.4 质量标准制定依据；3.2.P.4.5 人源或动物源辅料；3.2.P.4.6 新型辅料。

3.2.P.5 制剂的质量控制：3.2.P.5.1 质量标准；3.2.P.5.2 分析方法；3.2.P.5.3 分析方法的验证；3.2.P.5.4 批分析；3.2.P.5.5 杂质分析；3.2.P.5.6 质量标准制定依据。

3.2.P.6 对照品/标准品。

3.2.P.7 包装系统。

3.2.P.8 稳定性：3.2.P.8.1 稳定性总结和结论；3.2.P.8.2 批准后稳定性研究方案和承诺；3.2.P.8.3 稳定性数据。

3.2.A 附录

3.2.A.1 设施和设备；3.2.A.2 外源因子的安全性评价；3.2.A.3 辅料；3.2.R 区域性信息。

3.3 参考文献

3. M4S（R2）指导原则

M4S（R2）指导原则包括模块 2 和模块 4 两个方面。

（1）模块 2：通用技术文档总结

2.4 非临床综述

2.6 非临床文字总结和列表总结

2.6.1 前言。

2.6.2 药理学文字总结：2.6.2.1 概要；2.6.2.2 主要药效学；2.6.2.3 次要药效学；2.6.2.4 安全药理学；2.6.2.5 药效学药物相互作用；2.6.2.6 讨论和结论；2.6.2.7 表格和图示。

2.6.3 药理学列表总结。

2.6.4 药代动力学文字总结：2.6.4.1 概要；2.6.4.2 分析方法；2.6.4.3 吸收；2.6.4.4 分布；2.6.4.5 代谢（种属间比较）；2.6.4.6 排泄；2.6.4.7 药代动力学药物相互作用；2.6.4.8 其他药代动力学试验；2.6.4.9 讨论和结论；2.6.4.10 表格和图示。

2.6.5 药代动力学列表总结。

2.6.6 毒理学文字总结：2.6.6.1 概要；2.6.6.2 单次给药毒性；2.6.6.3 重复给药毒性（包括伴随毒代动力学试验）；2.6.6.4 遗传毒性；2.6.6.5 致癌性（包括伴随毒代动力学试验）；2.6.6.6 生殖毒性（包括剂量范围探索试验和伴随毒代动力学试验）；2.6.6.7 局部耐受性；2.6.6.8 其他毒性试验（如有）；2.6.6.9 讨论和结论；2.6.6.10 表格和图示。

2.6.7 毒理学列表总结。

（2）模块 4：非临床试验报告

4.1 模块 4 的目录；4.2 试验报告；4.3 参考文献。

4. M4E（R2）指导原则

M4E（R2）指导原则包括模块 2 和模块 5 两个方面。

（1）模块 2：通用技术文档总结

2.5 临床综述：前言、目录、临床综述内容的详细讨论。

2.5.1 产品开发依据；2.5.2 生物药剂学综述；2.5.3 临床药理学综述；2.5.4 有效性综述；2.5.5 安全性综述；2.5.6 获益与风险结论；2.5.7 参考文献。

2.7 临床总结

2.7.1 生物药剂学研究及相关分析方法总结：2.7.1.1 背景和综述；2.7.1.2 单项研究结果总结；2.7.1.3 研究间结果的比较与分析；2.7.1.4 附录。

2.7.2 临床药理学研究总结：2.7.2.1 背景和综述；2.7.2.2 单项研究结果总结；2.7.2.3 研究间结果的比较与分析；2.7.2.4 特殊研究；2.7.2.5 附录。

2.7.3 临床有效性总结：2.7.3.1 临床有效性的背景和综述；2.7.3.2 单项研究结果总结；2.7.3.3 研究间结果的比较与分析（2.7.3.3.1 研究人群；2.7.3.3.2 所有研究间的有效性结果的比较；2.7.3.3.3 亚群间结果的比较）；2.7.3.4 与推荐剂量相关的临床信息分析；2.7.3.5 疗效的持续性和 / 或耐药性；2.7.3.6 附录。

2.7.4 临床安全性总结：2.7.4.1 药物暴露（2.7.4.1.1 总体安全性评估计划和安全研究叙述；2.7.4.1.2 总体暴露程度；2.7.4.1.3 研究人群的人口统计学特征和其他特征）；2.7.4.2 不良事件（2.7.4.2.1 不良事件分析；2.7.4.2.2 叙述性描述）；2.7.4.3 临床实验室评价；2.7.4.4 生命体征，体检结果和其他安全性观察结果；2.7.4.5 特殊人群和特殊情况下的安全性（2.7.4.5.1 内在因素；2.7.4.5.2 外在因素；2.7.4.5.3 药物相互作用；2.7.4.5.4 妊娠期和哺乳期用药；2.7.4.5.5 药物过量；2.7.4.5.6 药物滥用；2.7.4.5.7 撤药和反跳；2.7.4.5.8 对驾驶或机械操控能力或心理方面的影响）；2.7.4.6 上市后数据；2.7.4.7 附录。

2.7.5 参考文献。

2.7.6 单项研究摘要。

（2）模块 5：临床研究报告

5.1 模块 5 目录

5.2 所有临床研究列表

5.3 临床研究报告

5.3.1 生物药剂学研究报告：5.3.1.1 生物利用度（BA）研究报告；5.3.1.2 相对 BA 和生物等效性（BE）研究报告；5.3.1.3 体外 - 体内相关性研究；5.3.1.4 人体研究的生物分析和分析方法的报告。

5.3.2 使用人体生物材料进行的药代动力学研究报告：5.3.2.1 血浆蛋白结合研究报告；5.3.2.2 肝脏代谢和药物相互作用研究报告；5.3.2.3 使用其他人体生物材料的研究报告。

5.3.3 人体药代动力学（PK）研究报告：5.3.3.1 健康受试者 PK 和初始耐受性研究报告；5.3.3.2 患者 PK 和初始耐受性研究报告；5.3.3.3 内在因素 PK 研究报告；5.3.3.4 外在因素 PK 研究报告；5.3.3.5 群体 PK 研究报告。

5.3.4 人体药效动力学研究报告：5.3.4.1 健康受试者 PD 和 PK/PD 研究报告；5.3.4.2 患者 PD 和 PK/PD 研究报告。

5.3.5 有效性和安全性研究报告：5.3.5.1 与申报适应证相关的对照临床研究报告；5.3.5.2 非对照临床研究报告；5.3.5.3 多项研究数据的分析报告；5.3.5.4 其他研究报告。

5.3.6 上市后报告。

5.3.7 病例报告表和个体患者列表。

5.4 参考文献

（黄海琴　吴紫珩）

思考题

1. 制剂新产品的开发立项选题需具备哪几个原则？
2. 制剂新产品如何进行剂型设计？剂型中如何选择辅料？
3. 产品开发中试放大主要包括哪些内容？
4. 简述药品稳定性的定义及分类。
5. 药物稳定性试验的基本要求包括哪些？
6. 简述药品注册分类。

参考文献

[1] 陈燕忠，朱盛山．药物制剂工程．3版．北京：化学工业出版社，2018.

[2] 吴正红，周建平．工业药剂学．北京：化学工业出版社，2021.

[3] 张莉．最新药品注册工作指南．2版．北京：中国医药科技出版社，2012.

[4] 国家药典委员会．中华人民共和国药典．2020年版．北京：中国医药科技出版社，2020.

[5] 国家食品药品监督管理总局．化学药物（原料药和制剂）稳定性研究技术指导原则 [EB/OL]，2015-02-05. http://www.nmpa.gov.cn.

[6] 国家药品监督管理局药品审评中心．关于发布化学药品注册分类申报资料要求（试行）的通告（2016年第80号），2016-05-04. http://www.cde.org.cn/policy.do? method=view&id=39c8757f3cfe0032.

[7] 国家药品监督管理局．国家药监局关于发布《M4：人用药物注册申请通用技术文档（CTD）》模块 - 文件及CTD中文版的通告（2019年第17号），2019-04-11. https://www.nmpa.gov.cn/xxgk/ggtg/qtggtg/20190417174001488.html.